有向几何学

平面点集重心线有向度量理论与应用

（上）

喻德生　著

南昌航空大学科学文库

科学出版社

北京

内 容 简 介

本书是《有向几何学》系列成果之四. 在《平面有向几何学》和《有向几何学》系列研究的基础上, 创造性地、广泛地综合运用多种有向度量法和有向度量定值法, 特别是有向面积法和有向面积定值法, 对平面 $2n$ 点集、$2n$ 多角形 (多边形) 重心线的有关问题进行深入、系统的研究, 得到一系列的有关平面 $2n$ 点集、$2n$ 多角形 (多边形) 重心线的有向度量定理, 主要包括 $2n$ 点集、$2n$ 多角形 (多边形) 重心线三角形有向面积的定值定理; 点到 $2n$ 点集、$2n$ 多角形 (多边形) 重心线有向距离的定值定理; 共点 $2n$ 点集重心线有向距离定理; $2n$ 点集、$2n$ 多角形 (多边形) 重心线的共点定理、定比分点定理; $2n$ 点集各点、$2n$ 多角形(多边形) 各顶点到重心线的有向距离公式等, 以及以上定理和公式的应用, 从而揭示这些定理之间, 这些定理与经典数学问题、数学定理之间的联系, 较系统、深入地阐述了平面 $2n$ 点集、$2n$ 多角形 (多边形) 重心线有向度量的基本理论、基本思想和基本方法. 它对开拓数学的研究领域, 揭示事物之间本质的联系, 探索数学研究的新思想、新方法具有重要的理论意义; 对丰富几何学各学科, 以及相关数学学科的教学内容, 促进大、中学数学教学内容改革的发展具有重要的现实意义; 此外, 有向几何学的研究成果和研究方法, 对数学定理的机械化证明和工程有关学科也具有重要的应用和参考价值.

本书可供数学研究工作者、大学和中学数学教师、大学数学专业学生和研究生以及高中生阅读, 可以作为大学数学专业学生、研究生和中学数学竞赛的教材, 也可供相关学科专业的师生、科技工作者参考.

图书在版编目(CIP)数据

有向几何学. 平面点集重心线有向度量理论与应用. 上/喻德生著.—北京: 科学出版社, 2024.5
ISBN 978-7-03-078574-9

Ⅰ.①有… Ⅱ.①喻… Ⅲ.①有向图 Ⅳ.①O157.5

中国国家版本馆 CIP 数据核字(2024)第 102889 号

责任编辑: 胡庆家　贾晓瑞/责任校对: 杨聪敏
责任印制: 吴兆东/封面设计: 陈　敬

科学出版社 出版
北京东黄城根北街 16 号
邮政编码: 100717
http://www.sciencep.com
北京中石油彩色印刷有限责任公司印刷
科学出版社发行　各地新华书店经销
*
2024 年 5 月第 一 版　开本: 720×1000　1/16
2025 年 6 月第二次印刷　印张: 23 1/2
字数: 470 000
定价: 168.00 元
(如有印装质量问题, 我社负责调换)

作者简介

喻德生, 江西高安人. 1980 年步入教坛, 1990 年江西师范大学数学系硕士研究生毕业, 获理学硕士学位. 南昌航空大学数学与信息科学学院三级教授, 硕士研究生导师, 江西省第六批中青年骨干教师, 中国教育数学学会常务理事, 《数学研究期刊》编委, 南昌航空大学省优质课程《高等数学》负责人, 教育部学位与研究生教育发展中心评审专家, 全国研究生数学建模竞赛评审专家, 江西省教育厅青年教师讲课比赛评委、专业评估专家, 江西科技厅评审专家. 历任大学数学教研部主任等职. 指导硕士研究生 12 人. 主要从事几何学、计算机辅助几何设计和数学教育等方面的研究. 参与国家自然科学基金课题 3 项, 主持或参与省部级教学科研课题 12 项、厅局级教学科研课题 16 项. 在国内外学术刊物发表论文 60 余篇, 撰写专著 8 部, 主编出版教材 12 种 18 个版本. 作为主持人获江西省优秀教学成果二等奖 1 项、三等奖 2 项, 指导学生参加全国数学建模竞赛获全国一等奖 1 项、二等奖 2 项, 省级一等奖 3 项, 并获江西省优秀教学成果荣誉 2 项, 南昌航空工业学院优秀教学成果奖 6 项, 获校级优秀教师或优秀主讲教师 8 次.

Email: yuds17@163.com

前　言

"有向"是自然科学中的一个十分重要而又应用非常广泛的概念. 我们经常遇到的有向数学模型无外乎如下两类：

一是"泛物"的有向性. 如微积分学中的左右极限、左右连续、左右导数等用到的量的有向性, 定积分中用到的线段 (即区间) 的有向性, 对坐标的曲线积分用到的曲线的有向性, 对坐标的曲面积分用到的曲面的有向性等, 这些都是有向性的例子. 尽管这里的问题很不相同, 但是它们都只有正、负两个方向, 因此称为"泛物"的有向性. 然而, 这里的有向性没有可加性, 不便运算.

二是"泛向"的有向量, 亦即我们在数学与物理中广泛使用的向量. 我们知道, 这里的向量有无穷多个方向, 而且两个方向不同的向量相加通常得到一个方向不同的向量. 因此, 我们称为"泛向"的有向量. 这种"泛向"的有向数学模型, 对于我们来说方向太多, 不便应用.

然而, 正是由于"泛向"有向量的可加性与"泛物"有向性的二值性, 启示我们研究一种既有二值有向性又有可加性的几何量. 一维空间的有向距离, 二维空间的有向面积, 三维空间乃至一般的 N 维空间的有向体积等都是这种几何量的例子. 一般地, 我们把带有方向的度量称为有向度量.

"有向度量"并不是数学中一个全新的概念, 各种有向度量的概念散见于一些数学文献中. 但是, 有向度量的概念并未发展成为数学中的一个重要概念. 有向度量的应用仅仅局限于其"有向性", 而极少触及其"可加性". 要使有向度量的概念变得更加有用, 要发现各种有向度量的规律性, 使有向度量的知识系统化, 就必须对有向度量进行深入的研究, 创立一门独立的几何学——有向几何学. 为此, 必须明确有向几何学的研究对象, 确立有向几何学的研究方法, 构建有向几何学的知识体系. 这对开拓数学研究的领域, 揭示事物之间本质的联系, 探索数学研究的新思想、新方法具有重要的理论意义; 对丰富几何学各学科, 以及相关数学学科, 特别是数学分析、高等数学等学科的教学内容, 促进高等学校数学教学内容改革的发展具有重要的现实意义; 此外, 有向几何学的研究成果和研究方法, 对数学定理的机械化证明也具有重要的应用和参考价值.

就我们所知, 著名数学家希尔伯特在他的数学名著《直观几何》中, 利用三角形的有向面积证明了一个简单的几何问题, 这是历史上较早的使用有向面积证题的例子. 二十世纪五六十年代, 著名数学家 Wilhelm Blaschke 在他的《圆与球》中, 利用有向面积深入地讨论了圆的极小性问题, 这是历史上比较系统地使用有向面积方法解决问题的例子. 但是, 有向面积法并未发展成一种普遍使用, 而又十分有效的方法.

二十世纪八九十年代, 我国著名数学家吴文俊、张景中院士, 开创了数学机械化的研究, 而计算机中使用的距离和面积都是有向的, 因此数学机械化的研究拓广了有向距离和有向面积应用的范围. 特别是张景中院士十分注重面积关系在数学机器证明中的作用, 指出面积关系是"数学中的一个重要关系", 并利用面积关系创立了一种可读的数学机器证明方法 ——所谓的消点法, 也称为面积法.

近年来, 我们在分析与借鉴上述两种思想方法的基础上, 发展了一种研究有向几何问题的方法, 即所谓的有向度量定值法. 除上述提到的两个原因外, 我们也受到如下两种数学思想方法的影响.

一是数学建模的思想方法. 我们知道, 一个数学模型通常不是一个简单的数学结论. 它往往包含一个或多个参数, 只要给定参数的一个值, 就可以得出一个相应的结论. 这与经典几何学中一个一个的、较少体现知识之间联系的结论形成了鲜明的对照. 因此, 我们自然会问, 几何学中能建立涵盖面如此广泛的结论吗? 这样, 寻找几何学中联系不同结论的参数, 进行几何学中的数学建模, 就成为我们研究有向几何问题的一个重点.

二是函数论中的连续与不动点的思想方法. 我们知道, 经典几何学中的结论通常是离散的, 一个结论就要给出一个证明, 比较麻烦. 我们能否引进一个连续变化的量, 使得对于变量的每一个值, 某个几何量或某几个几何量之间的关系始终是不变的? 这样, 构造几何量之间的定值模型就成为我们研究有向几何问题的一个突破口.

尽管几何定值问题的研究较早, 一些方面的研究也比较深入, 但有向度量定值问题的研究尚处于起步阶段. 近年来, 我们研究了有向距离、有向面积定值的一些问题, 得到了一些比较好的结果, 并揭示了这些结果与一些著名的几何结论之间的联系. 不仅使很多著名的几何定理——Euler 定理、Pappus 定理、Pappus 公式、蝴蝶定理、Servois 定理、中线定理、Harcourt 定理、Carnot 定理、Brahmagupta 定理、切线与辅助圆定理、Anthemius 定理、焦点和切线的 Apollonius 定理、Zerr 定理、配极定理、Salmon 定理、二次曲线的 Pappus 定理、两直线上的 Pappus 定理、Desarques 定理、Ceva 定理、等截共轭点定理、共轭直径的 Apollonius 定理、正弦及余弦差角公式、Weitzentock 不等式、Mobius 定理、Monge 公式、Gauss 五边形公式、Erdos-Mordell 不等式、Gauss 定理、Gergonne 定理、梯形的施泰纳定理、拿破仑三角形定理、Cesàro 定理、三角形的中垂线定理、Simson 定理、三角形的共点线定理、完全四边形的 Simson 线定理、高线定理、Neuberg 定理、共点线的施泰纳定理、Zvonko Cerin 定理、双重透视定理、三重透视定理、Pappus 重心定理、角平分线定理、Menelaus 定理、Newton 定理、Brianchon 定理等结论和一大批数学竞赛题在有向度量的思想方法下得到了推广或证明, 而且揭示了这些经典结论之间、有向度量与这些经典结论之间的内在联系. 显示出有向面积定值法的新颖性、综合性、有效性和简洁性. 特别是在三角形、四边形和二次曲线外切多边形中有向面积定值问题的研究, 涵盖面广、内容丰富、结论优美, 并引起了国内外数学界的关注.

打个比方说, 如果我们把经典的几何定理看成是一颗颗的珍珠, 那么几何有向度量的定值定理就像一条条的项链, 把一些看似没有联系的若干几何定理串连起来, 形成一个完美的整体. 因此, 几何有向度量的定值定理更能体现事物之间的联系, 揭示事物的本质.

本书是《有向几何学》系列成果之四. 在《平面有向几何学》和《有向几何学》系列研究的基础上, 创造性地、广泛地综合运用多种有向度量法和有向度量定值法, 特别是有向面积法和有向面积定值法, 对平面 $2n$ 点集、$2n$ 多边形 (多边形) 重心线的有关问题进行深入、系统的研究, 得到一系列的有关平面 $2n$ 点集、$2n$ 多边形 (多边形) 重心线的有向度量定理, 主要包括 $2n$ 点集、$2n$ 多边形 (多边形) 重心线三角形有向面积的定值定理; 点到 $2n$ 点集、$2n$ 多边形 (多边形) 重心线有向距离的定值定理; 共点 $2n$ 点集重心线有向距离定理; $2n$ 点集、$2n$ 多角形 (多边形) 重心线的共点定理、定比分点定理; $2n$ 点集各点、$2n$ 多角形 (多边形) 各顶点到重心线的有向距离公式等, 以及以上定理和公式的应用, 从而揭示这些定理之间, 这些定理与经典数学问题、数学定理之间的联系, 较系统、深入地阐述了平面 $2n$ 点集、$2n$ 多角形 (多边形) 重心线有向度量的基本理论、基本思想和基本方法. 它对开拓数学的研究领域, 揭示事物之间本质的联系, 探索数学研究的新思想、新方法具有重要的理论意义; 对丰富几何学各学科, 以及相关数学学科的教学内容, 促进大、中学数学教学内容改革的发展具有重要的现实意义; 此外, 有向几何学的研究成果和研究方法, 对数学定理的机械化证明和工程有关学科也具有重要的应用和参考价值.

除一些引证的结果外, 本系列著作均为作者原创性成果. 如被引用, 请注明出处.

本书得到南昌航空大学科研成果专项资助基金的资助, 得到科学技术处、数学与信息科学学院领导的大力支持, 在此表示衷心感谢! 同时, 也感谢科学出版社胡庆家、陈玉琢两位编辑的关心与帮助.

由于作者阅历、水平有限,书中可能出现疏漏,敬请国内外同仁和读者不吝批评指正.

作 者

2022 年 6 月

目 录

前言
第 1 章 平面点集重心线的基本概念与基本知识 ·················· 1
  1.1 平面点集重心线的基本概念与性质 ·················· 1
    1.1.1 平面点集完备集对的概念与性质 ·················· 2
    1.1.2 平面点集完备集对重心线的概念与性质 ·················· 2
    1.1.3 平面点集完备集对重心线的分类与序化 ·················· 5
  1.2 基础点集重心线三角形有向面积的定值定理与应用 ·················· 6
    1.2.1 点集直和的基本概念与性质 ·················· 6
    1.2.2 重心线三角形有向面积的基本概念与引理 ·················· 7
    1.2.3 基础点集重心线三角形有向面积的定值定理与应用 ·················· 8
    1.2.4 基础点集重心线的共点定理和定比分点定理与应用 ·················· 12
  1.3 点到基础点集重心线的有向距离与应用 ·················· 14
    1.3.1 乘数有向距离的概念与引理 ·················· 14
    1.3.2 点到基础点集重心线有向距离的定值定理与应用 ·················· 15
    1.3.3 共线基础点集重心线有向距离定理与应用 ·················· 17
    1.3.4 三点集各点到重心线有向距离公式与应用 ·················· 19

第 2 章 四点集重心线有向度量的定值定理与应用 ·················· 21
  2.1 四点集 1-类重心线有向度量的定值定理与应用 ·················· 21
    2.1.1 四点集 1-类重心线三角形有向面积的定值定理 ·················· 21
    2.1.2 四点集 1-类重心线三角形有向面积定值定理的应用 ·················· 23
    2.1.3 点到四点集 1-类重心线有向距离的定值定理与应用 ·················· 27
    2.1.4 共线四点集 1-类重心线有向距离定理与应用 ·················· 29
  2.2 四点集 1-类 2-类重心线有向度量的定值定理与应用 ·················· 32
    2.2.1 四点集 1-类 2-类重心线三角形有向面积的定值定理 ·················· 33
    2.2.2 四点集 1-类 2-类重心线三角形有向面积的定值定理的应用 ·················· 35
    2.2.3 点到四点集 1-类 2-类重心线有向距离的定值定理与应用 ·················· 38
    2.2.4 共线四点集 1-类 2-类重心线有向距离定理与应用 ·················· 43
  2.3 四点集重心线的共点定理和定比分点定理与应用 ·················· 47
    2.3.1 四点集各类重心线的共点定理及其应用 ·················· 47

2.3.2　四点集各类重心线的定比分点定理及其应用 ·················· 49
　　2.3.3　四点集各类重心线有向度量定值定理的物理意义 ············· 51

第 3 章　四点集各点到重心线的有向距离与应用 ··························· 52
3.1　四点集各点到 1-类重心线有向距离公式与应用 ··················· 52
　　3.1.1　四点集各点到 1-类重心线有向距离公式 ························ 52
　　3.1.2　四点集各点到 1-类重心线有向距离公式的应用 ··············· 53
　　3.1.3　四点集 1-类自重心线三角形有向面积公式及其应用 ········· 54
3.2　四点集各点到 2-类重心线有向距离公式与应用 ··················· 58
　　3.2.1　四点集各点到 2-类重心线有向距离公式 ························ 58
　　3.2.2　四点集各点到 2-类重心线有向距离公式的应用 ··············· 60
　　3.2.3　四点集 2-类重心线三角形有向面积公式及其应用 ············ 61

第 4 章　六点集同类重心线有向面积的定值定理与应用 ·················· 67
4.1　六点集 1-类重心线有向度量的定值定理与应用 ··················· 67
　　4.1.1　六点集 1-类重心线有向面积的定值定理 ························ 67
　　4.1.2　六点集 1-类重心线有向面积定值定理的应用 ·················· 68
　　4.1.3　点到六点集 1-类重心线有向距离的定值定理与应用 ········· 72
　　4.1.4　共线六点集 1-类重心线有向距离定理与应用 ·················· 75
4.2　六点集 2-类重心线有向度量的定值定理与应用 ··················· 77
　　4.2.1　预备知识与记号 ··· 78
　　4.2.2　六点集 2-类重心线有向面积的定值定理 ························ 78
　　4.2.3　六点集 2-类重心线有向面积定值定理的应用 ·················· 80
　　4.2.4　点到六点集 2-类重心线有向距离的定值定理与应用 ········· 81
　　4.2.5　共线六点集 2-类重心线有向距离定理与应用 ·················· 83
4.3　六点集 3-类重心线有向度量的定值定理与应用 ··················· 84
　　4.3.1　预备知识与记号 ··· 85
　　4.3.2　六点集 3-类重心线有向面积的定值定理 ························ 86
　　4.3.3　六点集 3-类重心线有向面积定值定理的应用 ·················· 88
　　4.3.4　点到六点集 3-类重心线有向距离的定值定理与应用 ········· 90
　　4.3.5　共线六点集 3-类重心线有向距离定理与应用 ·················· 92

第 5 章　六点集两类重心线有向度量的定值定理与应用 ·················· 95
5.1　六点集 1-类 2-类重心线有向度量的定值定理与应用 ············· 95
　　5.1.1　六点集 1-类 2-类重心线有向面积的定值定理 ·················· 95
　　5.1.2　六点集 1-类 2-类重心线有向面积定值定理的应用 ············ 98
　　5.1.3　点到六点集 1-类 2-类重心线有向距离的定值定理与应用 ·· 102
　　5.1.4　共线六点集 1-类 2-类重心线有向距离定理与应用 ··········· 107

5.2 六点集 1-类 3-类重心线有向度量的定值定理与应用 ……………… 111
5.2.1 六点集 1-类 3-类重心线三角形有向面积的定值定理 …………… 111
5.2.2 六点集 1-类 3-类重心线三角形有向面积定值定理的应用 ……… 113
5.2.3 点到六点集 1-类 3-类重心线有向距离的定值定理与应用 ……… 116
5.2.4 共线六点集 1-类 3-类重心线有向距离定理与应用 …………… 121

5.3 六点集 2-类 3-类重心线有向度量的定值定理与应用 ……………… 124
5.3.1 六点集 2-类 3-类重心线三角形有向面积的定值定理 …………… 124
5.3.2 六点集 2-类 3-类重心线三角形有向面积定值定理的应用 ……… 127
5.3.3 点到六点集 2-类 3-类重心线有向距离的定值定理与应用 ……… 130
5.3.4 共线六点集 2-类 3-类重心线有向距离定理与应用 …………… 135

5.4 六点集重心线的共点定理和定比分点定理与应用 …………………… 138
5.4.1 六点集各类重心线的共点定理及其应用 ……………………… 139
5.4.2 六点集各类重心线的定比分点定理及其应用 ………………… 141
5.4.3 六点集各类重心线有向度量定值定理的物理意义 …………… 143

第 6 章 六点集各点到重心线的有向距离与应用 …………………………… 146
6.1 六点集各点到 1-类重心线的有向距离公式与应用 ………………… 146
6.1.1 六点集各点到 1-类重心线有向距离公式 ……………………… 146
6.1.2 六点集各点到 1-类重心线有向距离公式的应用 ……………… 147
6.1.3 六点集 1-类自重心线三角形有向面积公式及其应用 ………… 150

6.2 六点集各点到 2-类重心线的有向距离公式与应用 ………………… 154
6.2.1 六点集各点到 2-类重心线有向距离公式 ……………………… 154
6.2.2 六点集各点到 2-类重心线有向距离公式的应用 ……………… 156
6.2.3 六点集 2-类自重心线三角形有向面积公式与应用 …………… 158

6.3 六点集各点到 3-类重心线的有向距离公式与应用 ………………… 164
6.3.1 六点集各点到 3-类重心线有向距离公式 ……………………… 164
6.3.2 六点集各点到 3-类重心线有向距离公式的应用 ……………… 166
6.3.3 六点集 3-类自重心线三角形有向面积公式与应用 …………… 168

第 7 章 $2n$ 点集同类重心线有向度量的定值定理与应用 ………………… 179
7.1 $2n$ 点集 1-类重心线有向度量的定值定理与应用 …………………… 179
7.1.1 $2n$ 点集 1-类重心线三角形有向面积的定值定理 ……………… 179
7.1.2 $2n$ 点集 1-类重心线三角形有向面积定值定理的应用 ………… 181
7.1.3 点到 $2n$ 点集 1-类重心线有向距离的定值定理与应用 ………… 186
7.1.4 共线 $2n$ 点集 1-类重心线有向距离定理与应用 ……………… 190

7.2 $2n$ 点集 2-类重心线三角形有向面积的定值定理与应用 …………… 194
7.2.1 $2n$ 点集的单倍集组的概念与性质 …………………………… 194

目录

- 7.2.2 $2n$ 点集 2-类重心线三角形有向面积的定值定理 · · · · · · · · · · · · · · · · · · · 196
- 7.2.3 $2n$ 点集 2-类重心线三角形有向面积定值定理的应用 · · · · · · · · · · · · · · · 198
- 7.3 $2n$ 点集 2-类重心线有向距离 (的定值) 定理与应用 · · · · · · · · · · · · · · · · · · 206
  - 7.3.1 点到 $2n$ 点集 2-类重心线有向距离的定值定理与应用 · · · · · · · · · · · · · 206
  - 7.3.2 共线 $2n$ 点集 2-类重心线有向距离定理与应用 · · · · · · · · · · · · · · · · · · · 212

第 8 章　$2n$ 点集两类重心线有向度量的定值定理与应用 · · · · · · · · · · · · · · 220
- 8.1 $2n$ 点集 1-类 2-类重心线有向度量的定值定理与应用 · · · · · · · · · · · · · · · · · 220
  - 8.1.1 $2n$ 点集 1-类 2-类重心线三角形有向面积定值定理 · · · · · · · · · · · · · · · · · 220
  - 8.1.2 $2n$ 点集 1-类 2-类重心线三角形有向面积定值定理的应用 · · · · · · · · · · · 223
  - 8.1.3 点到 $2n$ 点集 1-类 2-类重心线有向距离的定值定理与应用 · · · · · · · · · 228
  - 8.1.4 共线 $2n$ 点集 1-类 2-类重心线有向距离定理与应用 · · · · · · · · · · · · · · · 235
- 8.2 $2n$ 点集 1-类 m-类重心线三角形有向面积的定值定理与应用 · · · · · · · · 240
  - 8.2.1 $2n$ 点集 1-类 $m(m<n)$-类重心线三角形有向面积的定值定理与应用 · · · 241
  - 8.2.2 $2n$ 点集 1-类 n-类重心线三角形有向面积的定值定理与应用 · · · · · · · 250
- 8.3 点到 $2n$ 点集 1-类 m-类重心线有向距离的定值定理与应用 · · · · · · · · 258
  - 8.3.1 点到 $2n$ 点集 1-类 $m(m<n)$-类重心线有向距离的定值定理与应用 · · · 259
  - 8.3.2 点到 $2n$ 点集 1-类 n-类重心线有向距离的定值定理与应用 · · · · · · · · 268
- 8.4 共线 $2n$ 点集 1-类 m-类重心线有向距离的定值定理与应用 · · · · · · · · 279
  - 8.4.1 共线 $2n$ 点集 1-类 $m(m<n)$-类重心线有向距离的定值定理与应用 · · · 279
  - 8.4.2 共线 $2n$ 点集 1-类 n-类重心线有向距离的定值定理与应用 · · · · · · · · 287
- 8.5 $2n$ 点集重心线的共点定理和定比分点定理与应用 · · · · · · · · · · · · · · · · · 295
  - 8.5.1 $2n$ 点集各类重心线的共点定理及其应用 · 295
  - 8.5.2 $2n$ 点集各类重心线的定比分点定理及其应用 · 298
  - 8.5.3 $2n$ 点集各类重心线有向度量定值定理的物理意义 · · · · · · · · · · · · · · · · 300

第 9 章　$2n$ 点集各点到重心线 (重心包络线) 的有向距离与应用 · · · · · · 303
- 9.1 $2n$ 点集各点到 1-类重心线的有向距离公式与应用 · · · · · · · · · · · · · · · · · 303
  - 9.1.1 $2n$ 点集各点到 1-类重心线有向距离公式 · 303
  - 9.1.2 $2n$ 点集各点到 1-类重心线有向距离公式的应用 · · · · · · · · · · · · · · · · · · 304
  - 9.1.3 $2n$ 点集 1-类自重心线三角形有向面积公式及其应用 · · · · · · · · · · · · · · 307
- 9.2 $2n$ 点集各点到 2-类重心线的有向距离公式与应用 · · · · · · · · · · · · · · · · · 314
  - 9.2.1 $2n$ 点集各点到 2-类重心线有向距离公式 · 314
  - 9.2.2 $2n$ 点集各点到 2-类重心线有向距离公式的应用 · · · · · · · · · · · · · · · · · · 317
  - 9.2.3 $2n$ 点集 2-类自重心线三角形有向面积公式与应用 · · · · · · · · · · · · · · · · 319
- 9.3 $2n$ 点集各点到 m-类重心线的有向距离公式与应用 · · · · · · · · · · · · · · · · 328
  - 9.3.1 $2n$ 点集各点到 $m(3 \leqslant m \leqslant n)$-类重心线有向距离公式 · · · · · · · · · · · · 328

9.3.2　$2n$ 点集各点到 $m(3\leqslant m\leqslant n)$-类重心线有向距离公式的应用 ········· 332

　　9.3.3　$2n$ 点集 $m(3\leqslant m\leqslant n)$-类自重心线三角形有向面积公式与应用 ······· 341

9.4　$2n$ 点集各点到重心包络线的有向距离与应用 ···················· 346

　　9.4.1　$2n$ 点集重心包络线的概念与引理 ························ 347

　　9.4.2　$2n$ 点集各点到重心包络线有向距离的关系定理 ················ 347

　　9.4.3　$2n$ 点集各点到重心包络线有向距离关系定理的应用 ············· 348

参考文献 ····································· 353

名词索引 ····································· 356

第 1 章 平面点集重心线的基本概念与基本知识

1.1 平面点集重心线的基本概念与性质

众所周知，点是构成平面点集和平面图形的基本要素. 但点既没有大小，也没有方向. 因此，就平面上单个点而言，其大小的有向度量 (度量) 是零，方向的有向度量 (度量) 不确定，或者说是 $-180\sim180(0\sim360)$ 度的任何方向. 除此之外，单点集不具有本书所指的其他有向度量 (度量) 性质.

然而，随着点的个数的增加，平面点集的有向度量 (度量) 性质，会越来越广泛，越来越丰富. 诸如有向距离 (距离)、有向面积 (面积)、有向角度 (角度) 等等. 平面点集重心线有关这些有向度量 (度量)，以及这些有向度量 (度量) 之间的关系，即这些有向度量 (度量) 的不变量，就是构成了本系列研究的主要对象. 而有向度量 (度量) 和有向度量定值法就是本系列研究，乃至整个有向几何学研究的基本方法. 这些研究的结果，主要是有向度量 (度量) 的定值定理，就构成有向几何学的基本内容.

在重力场中，重心是物体处于任何方向时所有各组成支点的重力的合力都通过的那一点. 例如，一点 $S=\{P\}$ 的重心 G 就是该点本身，即 $G=P$；两点集 $S=\{P_1,P_2\}$ 的重心 G 就是这两点连线 P_1P_2 的中点，即 $G=(P_1+P_2)/2$；等等.

一般地，规则而密度均匀物体的重心就是它的几何中心. 因此，可以推断平面 n 点集 $S=\{P_1,P_2,\cdots,P_n\}$ 的重心就是 $G=(P_1+P_2+\cdots+P_n)/n$.

但在数学上，我们怎样才能严格证明平面 n 点集重心公式？怎样才能系统地研究、刻画平面 n 点集重心的稳定性？ 本书通过引进点集重心线的概念，以一点和两点重心的公式为基础，逐步建立平面三点、四点，乃至一般的 n 点集重心线有向度量的定值定理，以构成关于这些点集重心稳定性的方程和方程组，从而在本质上利用类似于数学归纳法的思想方法，来推导证明平面 n 点集重心公式 $G=(P_1+P_2+\cdots+P_n)/n$，并比较系统深入地刻画、揭示这些点集重心的稳定性. 因此，我们亦把这些点集重心线有向度量的定值定理 (即关于点集重心稳定性的方程和方程组)，称为点集重心的稳定性系统和子系统；并根据点集重心线有向度量的定值定理成立是否需要前提条件，将点集重心稳定性系统 (子系统) 分为无条件重心稳定性系统 (子系统) 和条件重心稳定性系统 (子系统)，无条件重心稳定性系统 (子系统) 亦简称重心稳定性系统 (子系统).

本节主要论述平面点集重心线的概念与性质. 首先, 给出平面点集完备集对的概念与性质; 其次, 给出平面点集完备集对重心线的概念与性质; 最后, 给出平面点集完备集对重心线的分类和序化.

1.1.1 平面点集完备集对的概念与性质

定义 1.1.1 设 $S=\{P_1,P_2,\cdots,P_n\}$ 是 n 点 (指平面 n 个不同的点, 其余类同) 的集合, $S_m=\{P_{i_1},P_{i_2},\cdots,P_{i_m}\}$ 是 S 中 m 个点的集合, $T_{n-m}=\{P_{i_{m+1}},P_{i_{m+2}},\cdots,P_{i_n}\}$ 是 S 中其余 $n-m$ 个点的集合, 则称这两个子集所构成的集对 (S_m,T_{n-m}) 为 S 的一个 $(m,n-m)$ 完备集对.

特别地, 我们把 S 看成是 S 的 $(0,n)$ 或 $(n,0)$ 完备集对, 即把 S 看成是 S 的 $(m,n-m)$ 完备集对的特殊形情形.

显然, n 点集 S 的完备点集对 (S_m,T_{n-m}) 中两个集合的交集是空集, 即 $S_m \cap T_{n-m} = \varnothing$; 两个集合的并集是 n 点集 S 本身, 即 $S_m \cup T_{n-m} = S$.

有时, 为明确起见, n 点集 $S=\{P_1,P_2,\cdots,P_n\}$ 的 $(m,n-m)$ 完备集对 (S_m,T_{n-m}), 亦记为 $(P_{i_1},P_{i_2},\cdots,P_{i_m};P_{i_{m+1}},P_{i_{m+2}},\cdots,P_{i_n})$, 其中 $i_1,i_2,\cdots,i_n=1,2,\cdots,n$ 且互不相等.

定理 1.1.1 设 $S=\{P_1,P_2,\cdots,P_n\}$ 是 n 点的集合, $S_m=\{P_{i_1},P_{i_2},\cdots,P_{i_m}\}$ 是 S 中 m 个点的子集, $T_{n-m}=\{P_{i_{m+1}},P_{i_{m+2}},\cdots,P_{i_n}\}$ 是 S 中其余 $n-m$ 个点的子集, 则 S 的 $(m,n-m)$ 完备集对 (S_m,T_{n-m}) 共有 C_n^m 个.

证明 显然, 由组合数的知识易知, 从 S 中取出 m 个点的所有子集 S_m 共有 C_n^m 个. 而一旦确定了 S_m, S 中其余 $n-m$ 个点的子集 T_{n-m} 也随之确定, 从而 S 的一个 $(m,n-m)$ 完备集对 (S_m,T_{n-m}) 也就完全确定. 因此, S 的 $(m,n-m)$ 完备集对 (S_m,T_{n-m}) 共有 C_n^m 个.

定理 1.1.2 设 $S=\{P_1,P_2,\cdots,P_n\}$ 是 n 点的集合, 则 S 的所有完备集对共有 2^n 个.

证明 因为 S 的所有完备集对是 S 的 $(m,n-m)(m=0,1,\cdots,n)$ 集对个数的和, 故由定理 1.1.1 和 n 元集组合数定理可得, S 的所有完备集对的个数为

$$\mathrm{C}_n^0 + \mathrm{C}_n^1 + \cdots + \mathrm{C}_n^n = 2^n.$$

1.1.2 平面点集完备集对重心线的概念与性质

定义 1.1.2 设 $S=\{P_1,P_2,\cdots,P_n\}$ 是 n 点的集合, $(S_m^k,T_{n-m}^k)(k=1,2,\cdots,\mathrm{C}_n^m)$ 是 S 的一个 $(m,n-m)$ 完备集对, G_m^k,H_{n-m}^k 分别是 $S_m^k,T_{n-m}^k(k=1,2,\cdots,\mathrm{C}_n^m)$ 的重心, 则称这两个重心点之间的连线 $G_m^k H_{n-m}^k (k=1,2,\cdots,\mathrm{C}_n^m)$ 为该 $(m,n-m)$ 完备集对的重心线, 简称重心线.

1.1 平面点集重心线的基本概念与性质

特别地，我们把 S 的重心，即 S 的 $(0,n)$ 和 $(n,0)$ 完备集对的重心，看成是 S 的 $(m,n-m)$ 完备集对重心线的特殊情形，并称之为 S 的奇异重心线；而其余的重心线称为 S 的非奇异重心线。

显然，S 的奇异重心线，实际上就是 S 的重心. 一点的重心线就是该点自身. 且当两重心点 G_m^k, H_{n-m}^k $(k=1,2,\cdots,\mathrm{C}_n^m)$ 重合时，我们把这个重合的点看成是非奇异重心线 $G_m^k H_{n-m}^k$ $(k=1,2,\cdots,\mathrm{C}_n^m)$ 的特殊情形，并称 $G_m^k H_{n-m}^k (k=1,2,\cdots,\mathrm{C}_n^m)$ 为 (非奇异) 退化重心线；否则，称 $G_m^k H_{n-m}^k$ $(k=1,2,\cdots,\mathrm{C}_n^m)$ 为 (非奇异) 非退化重心线.

可以证明，对任意的 $k=1,2,\cdots,\mathrm{C}_n^m$，若 $G_m^k H_{n-m}^k$ 为退化重心线 (非退化重心线)，则 $\mathrm{d}_{G_m^k H_{n-m}^k} = 0$ ($\mathrm{d}_{G_m^k H_{n-m}^k} \neq 0$)；反之亦然.

关于重心线的表述，在一些特殊情形下，我们还用到如下几个更为直观的记号. 现说明如下：

当 $m=1$，即 $S_1^k = \{P_k\}$ $(k=1,2,\cdots,n)$ 时，n 点集 S 的 $(1,n-1)$ 的完备集对通常记为 (S_1^i, T_{n-1}^i) $(i=1,2,\cdots,n)$，其重心线通常记为 $P_i H_{n-1}^i$ $(i=1,2,\cdots,n)$，而较少用上述抽象概括中的表述 $G_1^k H_{n-1}^k (k=1,2,\cdots,n)$.

当 $m=2$，即 $S_2^k = \{P_{i_1}, P_{i_2}\}$ $(k=1,2,\cdots,\mathrm{C}_n^2)$ 时，n 点集 S 的 $(2,n-2)$ 的完备集对通常记为 $(S_2^j, T_{n-2}^j)(j=1,2,\cdots,\mathrm{C}_n^2)$，其重心线通常记为 $G_2^j H_{n-2}^j$ 或 $G_{i_1 i_2} H_{n-2}^j (j=1,2,\cdots,\mathrm{C}_n^2)$，这里 $G_{i_1 i_2}$ 是线段 $P_{i_1} P_{i_2}$ 的中点；也可以用上述抽象概括中的表述 $G_2^k H_2^k(k=1,2,\cdots,\mathrm{C}_n^2)$.

当 $m=2, n=4$，即 $S_2^i = \{P_{i_1}, P_{i_2}\}, T_2^i = \{P_{i_3}, P_{i_4}\}$ $(i=1,2,\cdots,6)$ 时，四点集 $S = \{P_1, P_2, P_3, P_4\}$ 的 $(2,2)$ 的完备集对通常记为 $(S_2^j, T_2^j)(j=1,2,\cdots,6)$，其重心线通常记为重心线 $G_{i_1 i_2} G_{i_3 i_4} (i_1, i_2, i_3, i_4 = 1,2,\cdots,6)$，而较少用上述抽象概括中的表述 $G_2^k H_2^k (k=1,2,\cdots,6)$.

一般地，当 $S_m^i = \{P_{i_1}, P_{i_2}, \cdots, P_{i_m}\}$ $(i=1,2,\cdots,\mathrm{C}_n^m)$ 时，n 点集 S 的 $(m,n-m)$ 的完备集对 (S_m^i, T_{n-m}^i) 的重心线 $G_m^k H_{n-m}^k (k=1,2,\cdots,\mathrm{C}_n^m)$，亦记为 $G_{i_1 i_2 \cdots i_m} H_{n-m}^k (k=1,2,\cdots,\mathrm{C}_n^m)$，这里 $k=k(i_1,i_2,\cdots,i_k)=1,2,\cdots,\mathrm{C}_n^m$.

必须指出，不管哪种记号，其中 $k = k(i_1, i_2, \cdots, i_m)$ 只与 $S_m^k = \{P_{i_1}, P_{i_2}, \cdots, P_{i_m}\}(k=1,2,\cdots,\mathrm{C}_n^m)$ 中的 m 个点有关，而与这 m 个点的顺序无关. 因此，对 $i_1, i_2, \cdots, i_m$ 任一排列 $i_1' i_2' \cdots i_m'$，均有 $k(i_1', i_2', \cdots, i_m') = k(i_1, i_2, \cdots, i_m)$.

定义 1.1.3 设 $S = \{P_1, P_2, \cdots, P_n\}$ 是多角形 (多边形) $P_1 P_2 \cdots P_n$ 顶点的集合，$(S_m^k, T_{n-m}^k)(k=1,2,\cdots,\mathrm{C}_n^m)$ 是 S 的一个 $(m,n-m)$ 完备集对，G_m^k, H_{n-m}^k 分别是 $S_m^k, T_{n-m}^k (k=1,2,\cdots,\mathrm{C}_n^m)$ 的重心.

(1) 若 $(S_m^k, T_{n-m}^k)(k=1,2,\cdots,\mathrm{C}_n^m)$ 中两个集合都是 $P_1 P_2 \cdots P_n$ 单个顶点、一边或一条对角线上两个端点的集合，则称该 $(m,n-m)$ 完备集对的重心线 $G_m^k H_{n-m}^k (k=1,2,\cdots,\mathrm{C}_n^m)$ 为 $P_1 P_2 \cdots P_n$ 的重心线.

(2) 若 $(S_m^k, T_{n-m}^k)(k=1,2,\cdots,C_n^m)$ 中两个集合中至少有一个不是 $P_1P_2\cdots P_n$ 单个顶点、一边或一条对角线上两个端点的集合, 则称该 $(m,n-m)$ 完备集对的重心线 $G_m^k H_{n-m}^k (k=1,2,\cdots,C_n^m)$ 为 $P_1P_2\cdots P_n$ 的 m-级重心线.

显然, 当 $n=3$ 时, 三角形 $P_1P_2P_3$ 顶点集合 $S=\{P_1,P_2,P_3\}$ 的 1-类重心线, 就是 $P_1P_2P_3$ 的重心线, 即三角形 $P_1P_2P_3$ 的中线; 当 $n=4$ 时, 四角形 (四边形) $P_1P_2P_3P_4$ 顶点集合 $S=\{P_1,P_2,P_3,P_4\}$ 的 $(2,2)$ 的完备集对 (S_2^k, T_2^k) 的 2-类重心线 $G_{i_1i_2}G_{i_3i_4}$, 也是 $P_1P_2P_3P_4$ 的重心线, 即 $P_1P_2P_3P_4$ 的中位线.

除以上两种情形外, 多角形 (多边形) $P_1P_2\cdots P_n$ 顶点集合 $S=\{P_1,P_2,\cdots,P_n\}$ 所有的 m-类重心线, 都不是 $P_1P_2\cdots P_n$ 的重心线, 而只是 $P_1P_2\cdots P_n$ 相应的 m-级重心线.

定理 1.1.3 n 点集 $S=\{P_1,P_2,\cdots,P_n\}$ 所有的 $(m,n-m)$ 完备集对的重心线和所有的 $(n-m,m)$ 完备集对的重心线的条数相等, 方向相反.

证明 因为 n 点集 S 的每个 $(m,n-m)$ 完备集对 (S_m, T_{n-m}) 和 $(n-m,m)$ 完备集对 (S_{n-m}, T_m), 既可以从 S 中取出 m 个点来确定, 也可以从 S 中取出 $n-m$ 来确定. 因此, 它们的重心线是一一对应的, 即 S 的 $(m,n-m)$ 完备集对的重心线和 $(n-m,m)$ 完备集对的重心线的条数相等.

又显然, n 点集 S 的 $(m,n-m)$ 完备集对 (S_m, T_{n-m}) 的重心线 $G_m^k H_{n-m}^k$ ($k=k(i_1,i_2,\cdots,i_m)$) 和 $(n-m,m)$ 完备集对 (S_{n-m}, T_m) 的重心线 $G_{n-m}^k H_m^k$ ($k=k(i_{m+1},i_{m+2},\cdots,i_n)$) 反向重合.

定理 1.1.4 若不论正反方向, 则 n 点集 $S=\{P_1,P_2,\cdots,P_n\}$ 共有 2^{n-1} 条不同的重心线, 共有 $2^{n-1}-1$ 条非奇异重心线.

证明 根据定理 1.1.2 和定理 1.1.3, 易知 S 所有不同重心线的条数为

$$(C_n^0 + C_n^1 + \cdots + C_n^n)/2 = 2^n/2 = 2^{n-1};$$

非奇异重心线的条数为 $2^{n-1}-1$.

因此, 根据定理 1.1.4, 为避免重复, 在讨论 n 点集 $S=\{P_1,P_2,\cdots,P_n\}$ 重心线 $G_m^k H_{n-m}^k$ 时, 必须对 m 进行限制, 即要求 $m \leqslant [n/2]$. 其中, 当 $n=2n'+1, m=1,2,\cdots,n'$ 或 $n=2n', m=1,2,\cdots,n'-1$ 时, $k=1,2,\cdots,C_n^m$; 当 $n=2n', m=n'$ 时, $k=1,2,\cdots,C_n^{n'}/2$.

这样, 在不论正反方向的情况下, 就可以完全避免重心线重复或遗漏的问题. 但为方便起见, 当 $n=2n', m=n'$ 时, 有时我们也使用正反两个方向所有的重心线 $G_{n'}^k H_{n'}^k (k=1,2,\cdots,C_{2n'}^{n'})$. 此时, $G_{n'}^k H_{n'}^k (k=1,2,\cdots,C_{2n'}^{n'}/2)$ 与 $G_{n'}^{C_{2n'}^{n'}-k+1} H_{n'}^{C_{2n'}^{n'}-k+1} (k=1,2,\cdots,C_{2n'}^{n'}/2)$ 均是反向重合的.

1.1.3 平面点集完备集对重心线的分类与序化

为方便讨论, 可以按不同的标准对点集重心线进行分类. 首先, 根据定义 1.1.2, 平面 n 点集 S 的重心线可分为奇异重心线和非奇异重心线两种; 其次, 根据定理 1.1.3, 可以按 m 的大小, 来进行 S 的 $(m, n-m)$ 完备集对 $(S_m, T_{n-m})(m = 0, 1, \cdots, [n/2])$ 重心线的分类.

定义 1.1.4 n 点集 $S = \{P_1, P_2, \cdots, P_n\}$ 的完备集对 (S_m, T_{n-m}) 的重心线, 称为 S 的 m-类重心线, 其中 $m = 0, 1, \cdots, [n/2]$.

显然, S 的 0-类重心线, 即 S 的奇异重心线; 而 1-类 $\sim [n/2]$-类重心线, 统称为 S 的非奇异重心线. 因此, 点集完备集对重心线的分类为

$$n \text{ 点集 } S \text{ 的重心线} \begin{cases} \text{奇异重心线: 0-类重心线,} \\ \text{非奇异重心线} \begin{cases} 1\text{-类重心线,} \\ 2\text{-类重心线,} \\ \cdots\cdots \\ [n/2]\text{-类重心线.} \end{cases} \end{cases}$$

必须指出, 非奇异重心线是本书讨论的重点. 显然, 根据定理 1.1.4, 当 n 为奇数时, 对每个 $m = 0, 1, \cdots, [n/2]$, n 点集 S 的 m-类重心线共有 C_n^m 条; 当 n 为偶数时, 对每个 $m = 0, 1, \cdots, [n/2] - 1$, n 点集 S 的 m-类重心线亦共有 C_n^m 条, 但对 $m = [n/2]$, n 点集 S 的 $[n/2]$-类重心线共有 $C_n^{[n/2]}/2 = C_n^{n/2}/2$ 条.

例如, 不共线三点集 $S = \{P_1, P_2, P_3\}$ 只有 0-类重心线和 1-类重心线两种. 其中 0-类重心线有一条, 即三角形 $P_1 P_2 P_3$ 的重心; 1-类重心线共有三条, 即三角形 $P_1 P_2 P_3$ 的三条中线.

四点集 $S = \{P_1, P_2, P_3, P_4\}$ 只有 0-类重心线、1-类重心线和 2-类重心线三种. 其中 0-类重心线有一条, 即四点集 $S = \{P_1, P_2, P_3, P_4\}$ 的重心; 1-类重心线共有四条, 即四点集 $S = \{P_1, P_2, P_3, P_4\}$ 的每个点与其余三点重心的连线; 2-类重心线共有三条, 即四点集 $S = \{P_1, P_2, P_3, P_4\}$ 中三组两点连线 $P_1 P_2, P_1 P_3, P_2 P_3$ 的中点分别与另三组两点连线 $P_3 P_4, P_2 P_4, P_4 P_1$ 的中点之间的连线.

定义 1.1.5 设 $S = \{P_1, P_2, \cdots, P_n\} (n \geqslant 2)$ 是 n 点的集合, $(S_m^k, T_{n-m}^k)(k = 1, 2, \cdots, C_n^m)$ 是 S 的 $(m, n-m)$ 完备集对, 则称 S_m^k 的字典排列顺序为完备集对 $(S_m^k, T_{n-m}^k)(k = 1, 2, \cdots, C_n^m)$ 的大小排列顺序.

例如, n 点集 $S = \{P_1, P_2, \cdots, P_n\}$ 所有完备集对 (S_1^i, T_{n-1}^i) $(i = 1, 2, \cdots, n)$ 的大小排列顺序即 S_1^i $(i = 1, 2, \cdots, n)$ 的字典排列顺序, 即 (S_1^i, T_{n-1}^i) $(i = 1, 2, \cdots, n)$ 的大小排列顺序与自然数 $1, 2, \cdots, n$ 的对应顺序为 $(P_i; P_{i+1}, P_{i+2}, \cdots, P_{i+n-1})$ $(i = 1, 2, \cdots, n; P_{n+i} = P_i)$; 四点集 $S = \{P_1, P_2, P_3, P_4\}$ 所有完

备集对 (S_2^j, T_2^j) $(j = 1, 2, 3)$ 的大小排列顺序与自然数 $1, 2, 3$ 的对应顺序依次为：$(P_1, P_2; P_3, P_4)$, $(P_1, P_3; P_2, P_4)$, $(P_1, P_4; P_2, P_3)$, 等等.

1.2 基础点集重心线三角形有向面积的定值定理与应用

什么是直线和平面的基础点集呢? 简单地说, 就是可以确定直线和平面的点集. 我们知道, 两个不同的点确定一条直线, 三个不共线的点确定一个平面. 因此, 两点集是直线的基础点集, 三点集是平面的基础点集.

本节主要应用有向面积和有向面积定值法, 研究这两个基础点集重心线有向度量的有关问题. 首先, 给出点集直和的概念与性质; 其次, 给出重心线三角形有向面积的基本概念与引理; 再次, 给出基础点集和 $2n$ 点集重心线三角形有向面积的定值定理, 从而将三角形重心线 (即中线) 有向面积的定值定理和等腰三角形两腰上中线的一些结论推广到三点集的情形; 最后, 利用基础点集重心线三角形有向面积的定值定理, 得出基础点集重心线的共点定理, 进而推出三点集重心线的定比分点定理.

1.2.1 点集直和的基本概念与性质

定义 1.2.1 设 $A = \{a_1, a_2, \cdots, a_m\}$, $B = \{b_1, b_2, \cdots, b_n\}$ 分别是 m 点和 n 点的集合, 则称将这两个集合的所有的点放到一起 (重复的点重复计算), 所得到的 $m + n$ 点的集合为这两个集合的直和, 记为 $A + B$. 即

$$A + B = \langle a_1, a_2, \cdots, a_m; b_1, b_2, \cdots, b_n \rangle,$$

且其中相同的点可以用这个点的倍数表示.

例如, 设 $A = \{a_1, a_2, a_3\}, B = \{a_1, a_3, a_4, a_5\}$, 则

$$A + B = \langle a_1, a_1, a_2, a_3, a_3, a_4, a_5 \rangle = \langle 2a_1, a_2, 2a_3, a_4, a_5 \rangle.$$

注意, 集合的直和 "⟨ ⟩" 与普通意义上的集合的并集 "{ }" 是两个不同的概念. 它们的本质区别在于, 普通意义上集合的并集的元素是不同的, 但集合的直和的元素可以相同.

定理 1.2.1 设 A, B, C 是三个点集, 则集合的直和具有如下一些运算性质:

(i) **对称性** $A + B = B + A$;

(ii) **倍和性** $A + A = 2A$;

(iii) **结合律** $A + B + C = (A + B) + C = A + (B + C)$.

证明 根据定义 1.2.1, 即得.

定义 1.2.2 设 $S = \{P_1, P_2, \cdots, P_{2n}\}(n \geqslant 1)$ 是 $2n$ 点的集合, $i_1, i_2, \cdots, i_{2n} \in \{1, 2, \cdots, 2n\}$ 且互不相等; $j = 1, 2, \cdots, C_{2n}^n$ 是关于 $i_1, i_2, \cdots, i_n$ 的函数且其值

与 $i_1, i_2, \cdots, i_n$ 的排列次序无关, 即 $j = j(i'_1, i'_2, \cdots, i'_n) = j(i_1, i_2, \cdots, i_n)$, 其中 $i'_1 i'_2 \cdots i'_n$ 是 $i_1, i_2, \cdots, i_n$ 的任一排列. 若 $j_1, j_2, \cdots, j_\sigma \in \{1, 2, \cdots, C_{2n}^n\}$ 且互不相等, $S_n^{j_1} = \{P_{i_1^{j_1}}, P_{i_2^{j_1}}, \cdots, P_{i_n^{j_1}}\}, S_n^{j_2} = \{P_{i_1^{j_2}}, P_{i_2^{j_2}}, \cdots, P_{i_n^{j_2}}\}, \cdots,$ $S_n^{j_\sigma} = \{P_{i_1^{j_\sigma}}, P_{i_2^{j_\sigma}}, \cdots, P_{i_n^{j_\sigma}}\} (\sigma = C_{2n}^n)$ 都是 $2n$ 点的集合 $S = \{P_1, P_2, \cdots, P_{2n}\}$ 的 n 点子集. 若其中两个集合 $S_n^{j_\alpha}, S_n^{j_\beta} (1 \leqslant \alpha < \beta \leqslant \sigma)$ 满足如下两个条件:

(1) $S_n^{j_\alpha} \cap S_n^{j_\beta} = \varnothing$;

(2) $S_n^{j_\alpha} + S_n^{j_\beta} = S$,

则称 $S_n^{j_\alpha}, S_n^{j_\beta}$ 为 S 的一个 n 点子集单倍组.

特别地, 若 $S = \{P_1, P_2, \cdots, P_{2n}\}$ 是 $2n$ 角形 ($2n$ 边形) $P_1 P_2 \cdots P_{2n} (n \geqslant 2)$ 顶点的集合, 则称 $S_n^{j_\alpha}, S_n^{j_\beta}$ 为 $2n$ 角形 ($2n$ 边形) $P_1 P_2 \cdots P_{2n} (n \geqslant 2)$ 的一个 n 点子集单倍组.

显然, $S = \{P_1, P_2, \cdots, P_{2n}\} (n \geqslant 1)$ 的 n 点子集单倍组共有 $C_{2n}^n / 2$ 个, 且其 $C_{2n}^n / 2$ 个 n 点子集单倍组可以依次记为: $S_n^q, S_n^{j_2^q} (q = 1, 2, \cdots, C_{2n}^n / 2)$, 并称 $S_n^q, S_n^{j_2^q} (q = 1, 2, \cdots, C_{2n}^n / 2)$ 为 S 的第 q-个 n 点子集单倍组.

例如, 两点集 $S = \{P_1, P_2\}$ 的一点子集单倍组为: S_1^1, S_1^2, 即 S 的单点集 $\{P_1\}, \{P_2\}$; 四点集 $S = \{P_1, P_2, P_3, P_4\}$ 的两点子集单倍组依次为: $S_2^1, S_2^6; S_2^2, S_2^5;$ S_2^3, S_2^4, 即 $\{P_1, P_2\}, \{P_3, P_4\}; \{P_1, P_3\}, \{P_2, P_4\}; \{P_1, P_4\}, \{P_2, P_3\}$; 等等.

1.2.2 重心线三角形有向面积的基本概念与引理

定义 1.2.3 设 $S = \{P_1, P_2, \cdots, P_n\} (n \geqslant 2)$ 是 n 点的集合, G_m^k, H_{n-m}^k 分别是 S 的 $(m, n-m)$ 完备集对 $(S_m^k, T_{n-m}^k)(k = 1, 2, \cdots, C_n^m)$ 中两个集合的重心, $G_m^k H_{n-m}^k (k = 1, 2, \cdots, C_n^m)$ 是 S 的重心线, 则称平面上任意一点 P 与重心线 $G_m^k H_{n-m}^k$ 所构成的三角形 $P G_m^k H_{n-m}^k (k = 1, 2, \cdots, C_n^m)$ 为 S 的 m-类重心线三角形, 简称重心线三角形.

特别地, 若 $S = \{P_1, P_2, P_3\}$ 是不共线三点的集合, 则 S 的 1-类重心线三角形 $P P_1 G_{23}, P P_2 G_{13}, P P_3 G_{12}$, 即三角形 $P_1 P_2 P_3$ 的中线三角形; 若 $S = \{P_1, P_2, P_3, P_4\}$ 是四角形 (四边形) 顶点的集合, 则 S 的 2-类重心线三角形 $P G_{12} G_{34}, P G_{13} G_{24}, P G_{14} G_{23}$, 即四角形 (四边形) $P_1 P_2 P_3 P_4$ 的中位线三角形.

为方便起见, 当 P 在重心线 $G_m^k H_{n-m}^k (k = 1, 2, \cdots, C_n^m)$ 所在直线上时, 我们把 P 与重心线 $G_m^k H_{n-m}^k$ 所构成的直线段 $P G_m^k H_{n-m}^k (k = 1, 2, \cdots, C_n^m)$ 看成是重心线三角形的特殊情形.

定义 1.2.4 设 $S = \{P_1, P_2, \cdots, P_n\} (n \geqslant 2)$ 是 n 点的集合, G_m^k, H_{n-m}^k 分别是 S 的 $(m, n-m)$ 完备集对 $(S_m^k, T_{n-m}^k)(k = 1, 2, \cdots, C_n^m)$ 中两个集合的重心, $G_m^k H_{n-m}^k (k = 1, 2, \cdots, C_n^m)$ 是 S 的重心线, 则称 S 的任意一点 P_i ($i = 1, 2,$ $\cdots, n$) 与重心线 $G_m^k H_{n-m}^k$ 所构成的三角形 $P_i G_m^k H_{n-m}^k (k = 1, 2, \cdots, C_n^m)$ 为 S

的 m-类自重心线三角形, 简称自重心线三角形.

显然, S 的 m-类自重心线三角形是 S 的 m-类重心线三角形的特殊情形. 而当 $P_i(i=1,2,\cdots,n)$ 在 $G_m^k H_{n-m}^k (k=1,2,\cdots,C_n^m)$ 所在直线上时, 我们把两者所构成的线段 $P_i G_m^k H_{n-m}^k$ 看成是重心线三角形的特殊情形.

定义 1.2.5 设 $P_1P_2P_3$ 是三角形, $D_{P_1P_2P_3}(a_{P_1P_2P_3})$ 为 $P_1P_2P_3$ 的有向面积 (面积), λ 为非零实数, 则称 $\lambda D_{P_1P_2P_3}(|\lambda|a_{P_1P_2P_3})$ 为 $P_1P_2P_3$ 的乘数有向面积 (乘数面积), 简称为 (三角形的) 乘数有向面积 (乘数面积).

若 $PG_m^k H_{n-m}^k (k=1,2,\cdots,C_n^m)$ 为 n 点集 $S=\{P_1,P_2,\cdots,P_n\} (n \geqslant 2)$ 重心线三角形, $D_{PG_m^k H_{n-m}^k}$ 为 $PG_m^k H_{n-m}^k (k=1,2,\cdots,C_n^m)$ 的有向面积, λ 为非零实数, 则称 $\lambda D_{PG_m^k H_{n-m}^k}(|k|a_{PG_m^k H_{n-m}^k})$ 为 S 的重心线三角形 $PG_m^k H_{n-m}^k (k=1,2,\cdots,C_n^m)$ 的乘数有向面积 (乘数面积), 简称为 (重心线三角形的) 乘数有向面积 (乘数面积).

特别地, 当 $\lambda=1(|\lambda|=1)$ 时, 以上两种情形都就是通常意义上的 (三角形的) 有向面积 (面积).

引理 1.2.1[1] (三角形有向面积公式) 设三角形 $P_1P_2P_3$ 顶点的坐标为 $P_i(x_i, y_i)\ (i=1,2,3)$, $D_{P_1P_2P_3}$ 表示三角形 $P_1P_2P_3$ 的有向面积, 则

$$D_{P_1P_2P_3} = \frac{1}{2}\begin{vmatrix} x_1 & y_1 & 1 \\ x_2 & y_2 & 1 \\ x_3 & y_3 & 1 \end{vmatrix} = \frac{1}{2}\sum_{i=1}^{3}(x_i y_{i+1} - x_{i+1} y_i). \tag{1.2.1}$$

注 1.2.1 当 P_1, P_2, P_3 为共线三点时, 规定 $D_{P_1P_2P_3}=0$, 则公式 (1.2.1) 亦成立. 因此, 不管三点共线与否, 我们都将直接应用该公式, 而不另加说明.

1.2.3 基础点集重心线三角形有向面积的定值定理与应用

根据 1.1 节的讨论, 两点的集合 $S=\{P_1,P_2\}$ 只有一条不同的非奇异的重心线, 即两点之间的线段 P_1P_2. 因此, 要得出相应的重心线的定值定理, 似乎是不太可能的. 为此, 我们先给出三点集重心线有向面积的定值定理.

定理 1.2.2 设 $S=\{P_1,P_2,P_3\}$ 是三点的集合, $G_{i+1,i+2}$ 是两点集 $T_2^i = \{P_{i+1},P_{i+2}\}\ (i=1,2,3)$ 的重心, $P_i G_{i+1,i+2}\ (i=1,2,3)$ 是 S 的 1-类重心线, P 是平面上任意一点, 则

$$D_{PP_1G_{23}} + D_{PP_2G_{31}} + D_{PP_3G_{12}} = 0. \tag{1.2.2}$$

证明 设 S 各点和任意点的坐标分别为 $P_i(x_i,y_i)\ (i=1,2,3); P(x,y)$. 于是

两点集 T_2^i ($i=1,2,3$) 重心的坐标分别为

$$G_{i+1,i+2}\left(\frac{x_{i+1}+x_{i+2}}{2},\frac{y_{i+1}+y_{i+2}}{2}\right) \quad (i=1,2,3).$$

故由三角形有向面积公式, 得

$$4\sum_{i=1}^{3}\mathrm{D}_{PP_iG_{i+1,i+2}}=\sum_{i=1}^{3}\begin{vmatrix} x & y & 1 \\ x_i & y_i & 1 \\ x_{i+1}+x_{i+2} & y_{i+1}+y_{i+2} & 2 \end{vmatrix}$$

$$=x\sum_{i=1}^{3}(2y_i-y_{i+1}-y_{i+2})-y\sum_{i=1}^{3}(2x_i-x_{i+1}-x_{i+2})$$

$$+\sum_{i=1}^{3}(x_iy_{i+1}-x_{i+1}y_i)+\sum_{i=1}^{3}(x_iy_{i+2}-x_{i+2}y_i)$$

$$=x\sum_{i=1}^{3}(2y_i-y_i-y_i)-y\sum_{i=1}^{3}(2x_i-x_i-x_i)$$

$$+\sum_{i=1}^{3}(x_iy_{i+1}-x_{i+1}y_i)+\sum_{i=1}^{3}(x_{i+1}y_i-x_iy_{i+1})$$

$$=0,$$

因此, 式 (1.2.2) 成立.

推论 1.2.1[1] 设 $P_1P_2P_3$ 是三角形, G_{12},G_{23},G_{31} 分别是各边 P_1P_2,P_2P_3,P_3P_1 的中点, $P_1G_{23},P_2G_{31},P_3G_{12}$ 是 $P_1P_2P_3$ 的中线, P 是 $P_1P_2P_3$ 所在平面上任意一点, 则式 (1.2.2) 亦成立.

证明 设 $S=\{P_1,P_2,P_3\}$ 是三角形 $P_1P_2P_3$ 顶点的集合, 对不共线三点的集合 S 应用定理 1.2.2, 即得.

定理 1.2.3 设 $S=\{P_1,P_2,P_3\}$ 是三点的集合, $G_{i+1,i+2}$ 是两点集 $T_2^i=\{P_{i+1},P_{i+2}\}$ ($i=1,2,3$) 的重心, $P_iG_{i+1,i+2}$ ($i=1,2,3$) 是 S 的 1-类重心线, P 是平面上任意一点, 则以下三个重心线三角形的面积 $\mathrm{a}_{PP_1G_{23}},\mathrm{a}_{PP_2G_{23}},\mathrm{a}_{PP_3G_{12}}$ 中, 其中一个较大的面积等于另两个较小的面积的和.

证明 根据定理 1.2.2, 在式 (1.2.2) 中, 注意到其中一个绝对值较大的重心线三角形的有向面积的符号与另两个绝对值较小的重心线三角形的有向面积的符号相反, 即得.

注 1.2.2 根据定理 1.2.2, 易知式 (1.2.2) 的几何意义就是其中一个较大的

重心线三角形的面积都等于另两个较小的重心线三角形的面积的和. 为方便起见, 今后但凡涉及类似情况, 均作如此理解.

推论 1.2.2[1] 设 $P_1P_2P_3$ 是三角形, G_{12}, G_{23}, G_{31} 分别是各边 P_1P_2, P_2P_3, P_3P_1 的中点, $P_1G_{23}, P_2G_{31}, P_3G_{12}$ 是 $P_1P_2P_3$ 的中线, P 是 $P_1P_2P_3$ 所在平面上任意一点, 则以下三个中线三角形的面积 $\mathrm{a}_{PP_1G_{23}}, \mathrm{a}_{PP_2G_{23}}, \mathrm{a}_{PP_3G_{12}}$ 中, 其中一个较大的面积等于另两个较小的面积的和.

证明 设 $S = \{P_1, P_2, P_3\}$ 是三角形 $P_1P_2P_3$ 顶点的集合, 对不共线三点的集合 S 应用定理 1.2.3, 即得.

反观两点集的情形, 并根据线段的有向性与三角形有向面积之间的关系, 就可以揭示两点集重心线三角形有向面积相应的结论. 兹列如下.

定理 1.2.4 设 $S = \{P_1, P_2\}$ 是两点的集合, $P_i\ (i=1,2)$ 是单点集 $T_1^i = \{P_i\}\ (i=1,2)$ 的重心, P_1P_2, P_2P_1 是 S 的 1-类重心线, P 是平面上任意一点, 则

$$\mathrm{D}_{PP_1P_2} + \mathrm{D}_{PP_2P_1} = 0 \quad (\mathrm{a}_{PP_1P_2} = \mathrm{a}_{PP_2P_1}). \tag{1.2.3}$$

显然, 式 (1.2.3) 是一个平凡的结论, 似乎没有什么意义. 但值得指出的是, 正是这个简单平凡的结论, 可以启示我们理解更一般的情形. 即如下的定理.

定理 1.2.5 设 $S = \{P_1, P_2, \cdots, P_{2n}\}(n \geqslant 1)$ 是 $2n$ 点的集合, $(S_n^j, T_n^j) = (P_{i_1}, P_{i_2}, \cdots P_{i_n}; P_{i_{n+1}}, P_{i_{n+2}}, \cdots, P_{i_{2n}})(i_1, i_2, \cdots, i_{2n} = 1, 2, \cdots, 2n)$ 是 S 的完备集对, $G_n^j, H_n^j (j = 1, 2, \cdots, \mathrm{C}_{2n}^n)$ 依次是 (S_n^j, T_n^j) 中两个集合的重心, $G_n^j H_n^j (j = 1, 2, \cdots, \mathrm{C}_{2n}^n)$ 是 S 的 n-类重心线, $S_n^q, S_n^{j_2^q} (q = 1, 2, \cdots, \mathrm{C}_{2n}^n)$ 为 S 的第 q-个 n 点子集单倍组, P 是平面上任意一点, 则对任意的 $q, q' = 1, 2, \cdots, \mathrm{C}_{2n}^n/2$, 恒有

$$\mathrm{D}_{PG_n^q H_n^{j_2^q}} + \mathrm{D}_{PG_n^{q'} H_n^{j_2^{q'}}} = 0 \quad \left(\mathrm{a}_{PG_n^q H_n^{j_2^q}} = \mathrm{a}_{PG_n^{q'} H_n^{j_2^{q'}}}\right), \tag{1.2.4}$$

其中 $q = j(i_1, i_2, \cdots, i_n), q' = j(i_{n+1}, i_{n+2}, \cdots, i_{2n})$.

证明 因为 $q = j(i_1, i_2, \cdots, i_n), q' = j(i_{n+1}, i_{n+2}, \cdots, i_{2n})$, 所以 S 中与之相对应的两个 n 点子集单倍点集组 $S_n^q, S_n^{j_2^q}; S_n^{q'}, S_n^{j_2^{q'}}\ (q, q' = 1, 2, \cdots, \mathrm{C}_{2n}^n/2)$ 的两条重心线 $G_n^q H_n^{j_2^q}, G_n^{q'} H_n^{j_2^{q'}}$ 反向重合, 因此式 (1.2.4) 成立.

推论 1.2.3 设 $P_1P_2\cdots P_{2n}(n \geqslant 2)$ 是 $2n$ 角形 ($2n$ 边形), G_n^k, H_n^k 分别是两 n 角形 $P_{i_1}P_{i_2}\cdots P_{i_n}$ 和 $P_{i_{n+1}}P_{i_{n+2}}\cdots P_{i_{2n}}(k = 1, 2, \cdots, \mathrm{C}_{2n}^n; i_1, i_2, \cdots, i_{2n} = 1, 2, \cdots, 2n)$ 的重心, $G_n^k H_n^k (k = 1, 2, \cdots, \mathrm{C}_{2n}^n)$ 是 $P_1P_2\cdots P_{2n}$ 的 n-级重心线, $S_n^q, S_n^{j_2^q} (q = 1, 2, \cdots, \mathrm{C}_{2n}^n)$ 为 S 的第 q 个 n 点子集单倍组, P 是 $P_1P_2\cdots P_{2n}$ 所在平面上任意一点, 则定理 1.2.5 的结论亦成立.

证明 设 $S = \{P_1, P_2, \cdots, P_{2n}\}$ 是 $2n$ 角形 ($2n$ 边形)$P_1P_2\cdots P_{2n}(n \geqslant 2)$ 顶点的集合, 对不共线 $2n$ 点的集合 S 应用定理 1.2.5, 即得.

1.2 基础点集重心线三角形有向面积的定值定理与应用

注 1.2.3 推论 1.2.3 中两 n 角形 (n 边形) $P_{i_1}P_{i_2}\cdots P_{i_n}$ 和 $P_{i_{n+1}}P_{i_{n+2}}\cdots P_{i_{2n}}$ 是指 $P_{i_1}P_{i_2}\cdots P_{i_n}$ 和 $P_{i_{n+1}}P_{i_{n+2}}\cdots P_{i_{2n}}$ 为 n 角形或 n 边形, 与 $P_1P_2\cdots P_{2n}(n \geqslant 2)$ 为 $2n$ 角形 ($2n$ 边形) 并无对应关系. 以后但凡遇到类似情形, 均作这种理解.

定理 1.2.6 设 $S = \{P_1, P_2, P_3\}$ 是三点的集合, $G_{i+1,i+2}$ 是两点集 $T_2^i = \{P_{i+1}, P_{i+2}\}$ ($i = 1, 2, 3$) 的重心, $P_iG_{i+1,i+2}$ ($i = 1, 2, 3$) 是 S 的 1-类重心线, P 是平面上任意一点, 则 $\mathrm{D}_{PP_iG_{i+1,i+2}} = 0 (i = 1, 2, 3)$ 的充分必要条件是

$$\mathrm{D}_{PP_{i+1}G_{i+2,i}} + \mathrm{D}_{PP_{i+2}G_{i,i+1}} = 0 \quad (i = 1, 2, 3). \tag{1.2.5}$$

证明 根据定理 1.2.2, 先将式 (1.2.2) 改写成

$$\mathrm{D}_{PP_iG_{i+1,i+2}} + \mathrm{D}_{PP_{i+1}G_{i+2,i}} + \mathrm{D}_{PP_{i+2}G_{i,i+1}} = 0 \quad (i = 1, 2, 3).$$

即得: $\mathrm{D}_{PP_iG_{i+1,i+2}} = 0 (i = 1, 2, 3)$ 的充分必要条件是 (1.2.5) 成立.

推论 1.2.4[1] 设 $P_1P_2P_3$ 是三角形, G_{12}, G_{23}, G_{31} 分别是各边 P_1P_2, P_2P_3, P_3P_1 的中点, $P_1G_{23}, P_2G_{31}, P_3G_{12}$ 是 $P_1P_2P_3$ 的中线, P 是 $P_1P_2P_3$ 所在平面上任意一点, 则 $\mathrm{D}_{PP_iG_{i+1,i+2}} = 0$ ($i = 1, 2, 3$) 的充分必要条件是式 (1.2.5) 成立.

证明 设 $S = \{P_1, P_2, P_3\}$ 是三角形 $P_1P_2P_3$ 顶点的集合, 对不共线三点的集合 S 应用定理 1.2.6, 即得.

定理 1.2.7 设 $S = \{P_1, P_2, P_3\}$ 是三点的集合, $G_{i+1,i+2}$ 是两点集 $T_2^i = \{P_{i+1}, P_{i+2}\}$ ($i = 1, 2, 3$) 的重心, $P_iG_{i+1,i+2}$ ($i = 1, 2, 3$) 是 S 的 1-类重心线, P 是平面上任意一点, 则 P 在重心线 $P_iG_{i+1,i+2}$ ($i = 1, 2, 3$) 所在直线上的充分必要条件是两重心线三角形 $PP_{i+1}G_{i+2,i}, PP_{i+2}G_{i,i+1}$ ($i = 1, 2, 3$) 面积相等方向相反.

证明 根据定理 1.2.6, 由 $\mathrm{D}_{PP_iG_{i+1,i+2}} = 0$ ($i = 1, 2, 3$) 和式 (1.2.5) 的几何意义, 即得.

推论 1.2.5[1] 设 $P_1P_2P_3$ 是三角形, G_{12}, G_{23}, G_{31} 分别是各边 P_1P_2, P_2P_3, P_3P_1 的中点, $P_1G_{23}, P_2G_{31}, P_3G_{12}$ 是 $P_1P_2P_3$ 的中线, P 是平面上任意一点, 则 P 在中线 $P_iG_{i+1,i+2}$ ($i = 1, 2, 3$) 所在直线上的充分必要条件是两中线三角形 $PP_{i+1}G_{i+2,i}, PP_{i+2}G_{i,i+1}$ ($i = 1, 2, 3$) 面积相等方向相反.

证明 设 $S = \{P_1, P_2, P_3\}$ 是三角形 $P_1P_2P_3$ 顶点的集合, 对不共线三点集 S 应用定理 1.2.7, 即得.

注 1.2.4 在定理 1.2.6 和推论 1.2.4、定理 1.2.7 和推论 1.2.5 中, 线段 $P_{i+1}P_{i+2}$ 及其中点 $G_{i+1,i+2}(i = 1, 2, 3)$ 的下标均具有循环性, 即 $P_{3+i} = P_i, G_{3+i,4+i} = G_{i,i+1}(i = 1, 2, 3)$. 以后但凡遇到类似的情形, 均作如此理解, 不一一说明.

定理 1.2.8[1] 设 $P_1P_2P_3$ 是三角形, G_{12}, G_{23}, G_{31} 分别是各边 P_1P_2, P_2P_3, P_3P_1 的中点, $P_1G_{23}, P_2G_{31}, P_3G_{12}$ 是 $P_1P_2P_3$ 的中线, 则

$$\mathrm{D}_{P_1P_2G_{31}} + \mathrm{D}_{P_1P_3G_{12}} = 0 \quad (\mathrm{a}_{P_1P_2G_{31}} = \mathrm{a}_{P_1P_3G_{12}}), \tag{1.2.6}$$

$$D_{P_2P_1G_{23}} + D_{P_2P_3G_{12}} = 0 \quad (a_{P_2P_1G_{23}} = a_{P_2P_3G_{12}}), \tag{1.2.7}$$

$$D_{P_3P_1G_{23}} + D_{P_3P_2G_{31}} = 0 \quad (a_{P_3P_1G_{23}} = a_{P_3P_2G_{31}}). \tag{1.2.8}$$

证明 根据定理 1.2.2, 将 $P = P_1$ 代入式 (1.2.2), 即得 $D_{P_1P_2G_{31}} + D_{P_1P_3G_{12}} = 0$. 该式移项后等号两边取绝对值, 即得 $a_{P_1P_2G_{31}} = a_{P_1P_3G_{12}}$. 因此, 式 (1.2.6) 成立.

类似地, 可以证明, 式 (1.2.7) 和 (1.2.8) 成立.

推论 1.2.6[1] 设 $P_1P_2P_3$ 是三角形, G_{12}, G_{23}, G_{31} 分别是各边 P_1P_2, P_2P_3, P_3P_1 的中点, $P_1G_{23}, P_2G_{31}, P_3G_{12}$ 是 $P_1P_2P_3$ 的中线, 则 $P_1P_2P_3$ 的每个顶点与另两个顶点为起点的重心线所构成的两个三角形面积相等方向相反.

证明 根据定理 1.2.8, 由式 (1.2.6)~(1.2.8) 的几何意义, 即得.

1.2.4 基础点集重心线的共点定理和定比分点定理与应用

定理 1.2.9[1] (三角形重心线的共点定理) 设 $P_1P_2P_3$ 是三角形, G_{12}, G_{23}, G_{31} 分别是各边 P_1P_2, P_2P_3, P_3P_1 的中点, $P_1G_{23}, P_2G_{31}, P_3G_{12}$ 是 $P_1P_2P_3$ 的重心线, 则 $P_1G_{23}, P_2G_{31}, P_3G_{12}$ 相交于一点 G, 且这点为 $P_1P_2P_3$ 的重心, 即 $G = (P_1 + P_2 + P_3)/3$.

证明 显然, 三角形的两重心线 P_1G_{23}, P_2G_{31} 所在直线仅相交于一点. 不妨设此交点为 G, 于是 $D_{GP_1G_{23}} = D_{GP_2G_{31}} = 0$. 代入式 (1.2.2), 得 $D_{GP_3G_{12}} = 0$. 因此, G 在重心线 P_3G_{12} 所在直线上. 从而 $P_1G_{23}, P_2G_{31}, P_3G_{12}$ 所在直线相交于一点 G.

现求 G 点的坐标. 设三角形 $P_1P_2P_3$ 顶点的坐标为 $P_i(x_i, y_i)$ $(i = 1, 2, 3)$, 于是三边 P_iP_{i+1} 中点的坐标为

$$G_{i,i+1}\left(\frac{x_i + x_{i+1}}{2}, \frac{y_i + y_{i+1}}{2}\right) \quad (i = 1, 2, 3).$$

因为 G 是 $P_1G_{23}, P_2G_{31}, P_3G_{12}$ 的交点, 故由 G 关于中线 $P_1G_{23}, P_2G_{31}, P_3G_{12}$ 的对称性, 在三直线的方程

$$\frac{x - x_i}{x_{G_{i+1,i+2}} - x_i} = \frac{y - y_i}{y_{G_{i+1,i+2}} - y_i} = t_i \quad (i = 1, 2, 3)$$

中, 令 $t_1 = t_2 = t_3 = t$ 得

$$x_G = x_i + t(x_{G_{i+1,i+2}} - x_i) \quad (i = 1, 2, 3).$$

于是

$$3x_G = \sum_{i=1}^{3} x_i + t\sum_{i=1}^{3}(x_{G_{i+1,i+2}} - x_i)$$

$$= \sum_{i=1}^{3} x_i + \frac{t}{2}\sum_{i=1}^{3}(x_{i+1}+x_{i+2}-2x_i) = \sum_{i=1}^{3} x_i,$$

所以 $x_G = \frac{1}{3}\sum_{i=1}^{3} x_i$.

类似地, 可以求得

$$y_G = \frac{1}{3}\sum_{i=1}^{3} y_i.$$

所以 $G = (P_1+P_2+P_3)/3$, 即 G 是三角形 $P_1P_2P_3$ 的重心. 又显然, G 是各重心线的内点, 所以 $P_1G_{23}, P_2G_{31}, P_3G_{12}$ 相交于一点 G.

注 1.2.5 共线三点集 S 的 1-类重心线的交点 (公共点) 不唯一, 通常有无穷多个点, 即包含 S 重心的一个区间. 因此, 从这个意义上来说, 共线三点集的奇异重心线和非奇异重心线一起才能确定它的重心.

定理 1.2.10 (三点集重心线的定比分点定理) 设 $S = \{P_1, P_2, P_3\}$ 是三点的集合, $G_{i+1,i+2}$ 是两点集 $T_1^i = \{P_{i+1}, P_{i+2}\}$ $(i = 1, 2, 3)$ 的重心, $P_iG_{i+1,i+2}$ $(i = 1, 2, 3)$ 是 S 的非奇异 1-类重心线, 则 S 的重心 G 是重心线 $P_iG_{i+1,i+2}$ $(i=1,2,3)$ 的 2-分点 (各点与其余两点的加权重心), 即

$$\mathrm{D}_{P_iG}/\mathrm{D}_{GG_{i+1,i+2}} = 2 \quad \text{或} \quad G = (P_i + 2G_{i+1,i+2})/3 \quad (i=1,2,3).$$

证明 不妨设三点集 $S = \{P_1, P_2, P_3\}$ 各点的坐标如定理 1.2.9 所设, 且 $P_iG_{i+1,i+2}$ $(i=1,2,3)$ 与 x 轴均不垂直, 则由定理 1.2.9 和注 1.2.5, 可得

$$\frac{\mathrm{D}_{P_iG}}{\mathrm{D}_{GG_{i+1,i+2}}} = \frac{\mathrm{Prj}_x\mathrm{D}_{P_iG}}{\mathrm{Prj}_x\mathrm{D}_{GG_{i+1,i+2}}} = \frac{x_G - x_i}{x_{G_{i+1,i+2}} - x_G}$$

$$= \frac{(x_i+x_{i+1}+x_{i+2})/3 - x_i}{(x_{i+1}+x_{i+2})/2 - (x_i+x_{i+1}+x_{i+2})/3}$$

$$= \frac{2(x_{i+1}+x_{i+2}-2x_i)}{x_{i+1}+x_{i+2}-2x_i} = 2 \quad (i=1,2,3),$$

所以 $G = (P_i + 2G_{i+1,i+2})/3$ $(i=1,2,3)$, 即重心 G 是中线 $P_1G_{23}, P_2G_{31}, P_3G_{12}$ 的 2-分点 (加权重心).

推论 1.2.7 (三角形重心线的定比分点定理) 设 $P_1P_2P_3$ 是三角形, G_{12}, G_{23}, G_{31} 分别是各边 P_1P_2, P_2P_3, P_3P_1 的中点, $P_1G_{23}, P_2G_{31}, P_3G_{12}$ 是 $P_1P_2P_3$ 的重心线, G 是 $P_1P_2P_3$ 的重心, 则 G 是重心线 $P_1G_{23}, P_2G_{31}, P_3G_{12}$ 的 2-分点 (各顶点与其对边的加权重心), 即

$$\mathrm{D}_{P_iG}/\mathrm{D}_{GG_{i+1,i+2}} = 2 \quad \text{或} \quad G = (P_i + 2G_{i+1,i+2})/3 \quad (i=1,2,3).$$

证明 设 $S=\{P_1,P_2,P_3\}$ 是三角形 $P_1P_2P_3$ 的集合, 对不共线三点的集合 S 应用定理 1.2.10, 即得.

1.3 点到基础点集重心线的有向距离与应用

本节主要应用有向距离和有向距离定值法, 进一步研究三点集重心线有向度量的有关问题. 首先, 给出乘数有向距离的概念与引理; 其次, 给出点到基础点集重心线有向距离的定值定理, 从而将等腰三角形腰上中线的有关结论推广到三点集重心线的情形; 再次, 给出共线三点集重心线的有向距离定理, 从而得出共线三点集一条较长的重心线等于另两条较短的重心线之和等结论; 最后, 给出三点集各点到重心线有向距离公式, 并讨论公式的一些应用.

1.3.1 乘数有向距离的概念与引理

定义 1.3.1 设 $S=\{P_1,P_2,\cdots,P_n\}(n\geqslant 2)$ 是 n 点的集合, $G_m^k H_{n-m}^k(k=1,2,\cdots,\mathrm{C}_n^m)$ 为 S 的重心线, P 为平面上任意一点, 则当 $G_m^k H_{n-m}^k$ 为非退化重心线时, 定义点 P 到重心线 $G_m^k H_{n-m}^k$ 的有向距离为点 P 到重心线 $G_m^k H_{n-m}^k$ 所在直线的有向距离; 当 $G_m^k H_{n-m}^k$ 为退化重心线时, 定义点 P 到重心线 $G_m^k H_{n-m}^k$ 的有向距离为零. 点 P 到重心线 $G_m^k H_{n-m}^k$ 的有向距离记为 $\mathrm{D}_{P\text{-}G_m^k H_{n-m}^k}$.

因此, 点 $P(x,y)$ 到非退化重心线 $G_m^k H_{n-m}^k(k=1,2,\cdots,\mathrm{C}_n^m)$ 的有向距离, 均可用点到 $G_m^k H_{n-m}^k$ 所在直线的有向距离公式来计算, 即

$$\mathrm{d}_{G_m^k H_{n-m}^k}\mathrm{D}_{P\text{-}G_m^k H_{n-m}^k}$$
$$=(y_{G_m^k}-y_{H_{n-m}^k})x+(x_{H_{n-m}^k}-x_{G_m^k})y+(x_{G_m^k}y_{H_{n-m}^k}-x_{H_{n-m}^k}y_{G_m^k}),$$

且当 $G_m^k H_{n-m}^k$ 为退化重心线时, 以上公式亦成立. 故不管重心线是退化的还非化的, 都可以直接应用该公式来计算点到重心线的有向距离.

定义 1.3.2 设 $S=\{P_1,P_2,P_3\}$ 是平面上三点的集合, $\mathrm{D}_{P_3\text{-}P_1P_2}(\mathrm{d}_{P_3\text{-}P_1P_2})$ 为 P_3 到 P_1P_2 所在直线的有向距离 (距离), λ 为非零实数, 则称 $\lambda\mathrm{D}_{P_3\text{-}P_1P_2}(|\lambda|\mathrm{d}_{P_3\text{-}P_1P_2})$ 为 P_3 到 P_1P_2 所在直线的乘数有向距离 (乘数距离), 简称为 (点到直线的) 乘数有向距离 (乘数距离).

若 $G_m^k H_{n-m}^k(k=1,2,\cdots,\mathrm{C}_n^m)$ 为 n 点集 $S=\{P_1,P_2,\cdots,P_n\}(n\geqslant 2)$ 的重心线, P 为平面上任意一点, $\mathrm{D}_{P\text{-}G_m^k H_{n-m}^k}$ 为点 P 到重心线 $G_m^k H_{n-m}^k$ 的有向距离, λ 为非零实数, 则称 $\lambda\mathrm{D}_{P\text{-}G_m^k H_{n-m}^k}(|\lambda|\mathrm{d}_{P\text{-}G_m^k H_{n-m}^k})$ 为点 P 到重心线 $G_m^k H_{n-m}^k(k=1,2,\cdots,\mathrm{C}_n^m)$ 的乘数有向距离 (乘数距离), 简称为 (点到重心线的) 乘数有向距离 (乘数距离).

特别地, 当 $\lambda = 1(|\lambda| = 1)$ 时, 以上两种情形都就是通常意义上的 (点到直线的) 有向距离 (距离).

定义 1.3.3 设 $S = \{P_1, P_2\}$ 是直线上两点的集合, $\mathrm{D}_{P_1P_2}(\mathrm{d}_{P_1P_2})$ 为线段 P_1P_2 的有向距离 (距离), λ 为非零实数, 则称 $\lambda\mathrm{D}_{P_1P_2}(|\lambda|\mathrm{d}_{P_1P_2})$ 为 P_1P_2 的乘数有向距离 (乘数距离), 简称为 (线段的) 乘数有向距离 (乘数距离).

若 $G_m^k H_{n-m}^k (k = 1, 2, \cdots, \mathrm{C}_n^m)$ 为 n 点集 $S = \{P_1, P_2, \cdots, P_n\} (n \geqslant 2)$ 的重心线, $\mathrm{D}_{G_m^k H_{n-m}^k}$ 为重心线 $G_m^k H_{n-m}^k$ 的有向距离, λ 为非零实数, 则称 $\lambda\mathrm{D}_{G_m^k H_{n-m}^k}$ ($|\lambda|\mathrm{d}_{G_m^k H_{n-m}^k}$) 为重心线 $G_m^k H_{n-m}^k (k = 1, 2, \cdots, \mathrm{C}_n^m)$ 的乘数有向距离 (乘数距离), 简称为 (重心线的) 乘数有向距离 (乘数距离).

特别地, 当 $\lambda = 1(|\lambda| = 1)$ 时, 以上两种情形就是通常意义上的 (线段的) 有向距离 (距离).

引理 1.3.1 (有向面积与有向距离之间的关系) 设 $P_1P_2P_3$ 是三角形, $\mathrm{d}_{P_iP_{i+1}}$ 表示线段 $P_iP_{i+1} (i = 1, 2, 3)$ 的距离, $\mathrm{D}_{P_{i+2}\text{-}P_iP_{i+1}}$ 表示 P_{i+2} 到 $P_iP_{i+1} (i = 1, 2, 3)$ 所在有向直线的有向距离, 则

$$\mathrm{D}_{P_1P_2P_3} = \frac{1}{2}\mathrm{d}_{P_iP_{i+1}}\mathrm{D}_{P_{i+2}\text{-}P_iP_{i+1}} \quad (i = 1, 2, 3). \tag{1.3.1}$$

证明 设 $P_1P_2P_3$ 顶点的坐标为 $P_i(x_i, y_i) (i = 1, 2, 3)$, 则直线 $P_iP_{i+1} (i = 1, 2, 3)$ 的方程为 [2]

$$(y_i - y_{i+1})x + (x_{i+1} - x_i)y + (x_iy_{i+1} - x_{i+1}y_i) = 0,$$

于是由点到直线的有向距离公式可得

$$\begin{aligned}
\mathrm{d}_{P_iP_{i+1}}\mathrm{D}_{P_{i+2}\text{-}P_iP_{i+1}} &= (y_i - y_{i+1})x_{i+2} + (x_{i+1} - x_i)y_{i+2} + (x_iy_{i+1} - x_{i+1}y_i) \\
&= (x_iy_{i+1} - x_{i+1}y_i) + (x_{i+1}y_{i+2} - x_{i+2}y_{i+1}) + (x_{i+2}y_i - x_iy_{i+2}) \\
&= 2\mathrm{D}_{P_iP_{i+1}P_{i+2}} = 2\mathrm{D}_{P_1P_2P_3} \quad (i = 1, 2, 3),
\end{aligned}$$

因此, 式 (1.3.1) 成立.

注 1.3.1 当 P_1, P_2, P_3 三点共线时, 我们把 P_1, P_2, P_3 构成的线段看成是三角形的特殊情形, 并规定这三点所构成的线段的有向面积 (面积) $\mathrm{D}_{P_1P_2P_3} = 0$ ($\mathrm{a}_{P_1P_2P_3} = 0$), 则式 (1.3.1) 仍然成立. 反之, 若 $\mathrm{D}_{P_1P_2P_3} = 0(\mathrm{a}_{P_1P_2P_3} = 0)$, 则三点 P_1, P_2, P_3 共线. 这就是三角形有向面积 (面积) 为零的几何意义.

1.3.2 点到基础点集重心线有向距离的定值定理与应用

定理 1.3.1 设 $S = \{P_1, P_2, P_3\}$ 是三点的集合, $G_{i+1,i+2}$ 是两点集 $T_1^i = \{P_{i+1}, P_{i+2}\} (i = 1, 2, 3)$ 的重心, $P_iG_{i+1,i+2} (i = 1, 2, 3)$ 是 S 的 1-类重心线, P

是平面上任意一点. 若 $d_{P_1P_2} = d_{P_2P_3} = d_{P_3P_1}$, 则

$$D_{P\text{-}P_1G_{23}} + D_{P\text{-}P_2G_{31}} + D_{P\text{-}P_3G_{12}} = 0. \qquad (1.3.2)$$

证明 根据定理 1.2.2, 由式 (1.2.2) 和三角形有向面积与有向距离之间的关系并化简, 可得

$$d_{P_1G_{23}}D_{P\text{-}P_1G_{23}} + d_{P_2G_{31}}D_{P\text{-}P_2G_{31}} + d_{P_3G_{12}}D_{P\text{-}P_3G_{12}} = 0. \qquad (1.3.3)$$

依题设, 有 $d_{P_1G_{23}} = d_{P_2G_{31}} = d_{P_3G_{12}} \neq 0$, 故由式 (1.3.3), 即得式 (1.3.2).

注 1.3.2 因为 $d_{P_1P_2} = d_{P_2P_3} = d_{P_3P_1} \neq 0$ 可以排除 $S = \{P_1, P_2, P_3\}$ 为共线三点的情形, 所以定理 1.3.1 就是等边三角形中相应的结论, 以下类同.

推论 1.3.1 设 $S = \{P_1, P_2, P_3\}$ 是三点的集合, $G_{i+1,i+2}$ 是两点集 $T_1^i = \{P_{i+1}, P_{i+2}\}$ $(i = 1, 2, 3)$ 的重心, $P_iG_{i+1,i+2}$ $(i = 1, 2, 3)$ 是 S 的 1-类重心线, P 是平面上任意一点. 若 $d_{P_1P_2} = d_{P_2P_3} = d_{P_3P_1}$, 则如下三条点 P 到重心线的距离 $d_{P\text{-}P_1G_{23}}, d_{P\text{-}P_2G_{31}}, d_{P\text{-}P_3G_{12}}$ 中, 其中一条较长的距离等于另两条较短的距离的和.

证明 根据定理 1.3.1, 在式 (1.3.2) 中, 注意到其中一条绝对值较长的有向距离的符号与另外两条绝对值较短的有向距离的符号相反, 即得.

定理 1.3.2 设 $S = \{P_1, P_2, P_3\}$ 是三点的集合, $G_{i+1,i+2}$ 是两点集 $T_1^i = \{P_{i+1}, P_{i+2}\}$ $(i = 1, 2, 3)$ 的重心, $P_iG_{i+1,i+2}$ $(i = 1, 2, 3)$ 是 S 的 1-类重心线, P 是平面上任意一点. 若 $d_{P_iG_{i+1,i+2}} = d_{P_{i+1}G_{i+2,i}} \neq 0$, $d_{P_{i+2}G_{i,i+1}} \neq 0$, 则 $D_{P\text{-}P_{i+2}G_{i,i+1}} = 0$ $(i = 1, 2, 3)$ 的充分必要条件是

$$D_{P\text{-}P_iG_{i+1,i+2}} + D_{P\text{-}P_{i+1}G_{i+2,i}} = 0 \quad (i = 1, 2, 3). \qquad (1.3.4)$$

证明 根据定理 1.3.1 的证明, 并将式 (1.3.3) 改写成

$$d_{P_iG_{i+1,i+2}}D_{P\text{-}P_iG_{i+1,i+2}} + d_{P_{i+1}G_{i+2,i}}D_{P\text{-}P_{i+1}G_{i+2,i}} + d_{P_{i+2}G_{i,i+1}}D_{P\text{-}P_{i+2}G_{i,i+1}} = 0,$$

其中 $i = 1, 2, 3$. 因为 $d_{P_iG_{i+1,i+2}} = d_{P_{i+1}G_{i+2,i}} \neq 0$, $d_{P_{i+2}G_{i,i+1}} \neq 0$, 故由上式, 即得: $D_{P\text{-}P_{i+2}G_{i,i+1}} \neq 0$ $(i = 1, 2, 3)$ 的充分必要条件是式 (1.3.4).

推论 1.3.2 设 $S = \{P_1, P_2, P_3\}$ 是三点的集合, $G_{i+1,i+2}$ 是两点集 $T_1^i = \{P_{i+1}, P_{i+2}\}$ $(i = 1, 2, 3)$ 的重心, $P_iG_{i+1,i+2}$ $(i = 1, 2, 3)$ 是 S 的 1-类重心线, P 是平面上任意一点. 若 $d_{P_iG_{i+1,i+2}} = d_{P_{i+1}G_{i+2,i}} \neq 0$, $d_{P_{i+2}G_{i,i+1}} \neq 0$, 则点 P 在重心线 $P_{i+2}G_{i,i+1}$ $(i = 1, 2, 3)$ 所在直线上的充分必要条件是点 P 在两重心线 $P_iG_{i+1,i+2}, P_{i+1}G_{i+2,i}$ 外角平分线上.

证明 根据定理 1.3.2, 对任意的 $i = 1, 2, 3$, 由 $D_{P\text{-}P_{i+2}G_{i,i+1}} = 0$ 和式 (1.3.4) 的几何意义, 即得.

注 1.3.3 所谓两重心线 $P_iG_{i+1,i+2}, P_{i+1}G_{i+2,i}$ 内角 (外角), 即这两条重心线所在直线的内角 (外角), 直观地说就是自一条重心线 $P_iG_{i+1,i+2}(P_{i+1}G_{i+2,i})$ 正向一侧反向行进至两重心线所在直线的交点, 再按另一条重心线所在直线 $P_{i+1}G_{i+2,i}$ $(P_iG_{i+1,i+2})$ 的方向 (反向) 行进所形成的 0~180 度之间的角.

推论 1.3.3[1] 设 $P_1P_2P_3$ 是等腰三角形, G_{12}, G_{23}, G_{31} 分别是各边 P_1P_2, P_2P_3, P_3P_1 的中点, $P_1G_{23}, P_2G_{31}, P_3G_{12}$ 是 $P_1P_2P_3$ 的中线. 若 $\mathrm{d}_{P_iG_{i+1,i+2}} = \mathrm{d}_{P_{i+1}G_{i+2,i}} \neq 0$ $(i=1,2,3)$, 则底边上的中线 $P_{i+2}G_{i,i+1}$ $(i=1,2,3)$ 所在直线上与两腰上的中线 $P_iG_{i+1,i+2}, P_{i+1}G_{i+2,i}$ $(i=1,2,3)$ 外角平分线重合.

证明 设 $S = \{P_1, P_2, P_3\}$ 是三角形 $P_1P_2P_3$ 顶点的集合, 对不共线三点的集合 S 应用推论 1.3.2, 即得.

对于两点集和一般的 $2n$ 点集的情形, 可以得出 1.2 节类似的结果, 兹列如下:

定理 1.3.3 设 $S = \{P_1, P_2\}$ 是两点的集合, P_i $(i=1,2)$ 是单点集 $T_1^i = \{P_i\}$ $(i=1,2)$ 的重心, P_1P_2, P_2P_1 是 S 的 1-类重心线, P 是平面上任意一点, 则

$$\mathrm{D}_{P\text{-}P_1P_2} + \mathrm{D}_{P\text{-}P_2P_1} = 0 \quad (\mathrm{d}_{P\text{-}P_1P_2} = \mathrm{d}_{P\text{-}P_2P_1}).$$

定理 1.3.4 设 $S = \{P_1, P_2, \cdots, P_{2n}\}(n \geqslant 1)$ 是 $2n$ 点的集合, $(S_n^j, T_n^j) = (P_{i_1}, P_{i_2}, \cdots, P_{i_n}; P_{i_{n+1}}, P_{i_{n+2}}, \cdots, P_{i_{2n}})(i_1, i_2, \cdots, i_{2n} = 1, 2, \cdots, 2n)$ 是 S 的完备集对, $G_n^j, H_n^j(j = 1, 2, \cdots, C_{2n}^n)$ 依次是 (S_n^j, T_n^j) 中两个集合的重心, $G_n^j H_n^j(j = 1, 2, \cdots, C_{2n}^n)$ 是 S 的 n-类重心线, $S_n^q, S_n^{j_2^q}(q = 1, 2, \cdots, C_{2n}^n)$ 为 S 的第 q-个 n 点子集单倍组, P 是平面上任意一点, 则对任意的 $q, q' = 1, 2, \cdots, C_{2n}^n/2$, 恒有

$$\mathrm{D}_{P\text{-}G_n^q H_n^{j_2^q}} + \mathrm{D}_{P\text{-}G_n^{q'} H_n^{j_2^{q'}}} = 0 \quad \left(\mathrm{d}_{P\text{-}G_n^q H_n^{j_2^q}} = \mathrm{d}_{P\text{-}G_n^{q'} H_n^{j_2^{q'}}}\right),$$

其中 $q = j(i_1, i_2, \cdots, i_n), q' = j(i_{n+1}, i_{n+2}, \cdots, i_{2n})$.

推论 1.3.4 设 $P_1P_2 \cdots P_{2n}(n \geqslant 2)$ 是 $2n$ 角形 ($2n$ 边形), G_n^k, H_n^k 分别是两 n 角形 (n 边形) $P_{i_1}P_{i_2} \cdots P_{i_n}$ 和 $P_{i_{n+1}}P_{i_{n+2}} \cdots P_{i_{2n}}(k=1,2,\cdots,C_{2n}^n; i_1, i_2, \cdots, i_{2n} = 1, 2, \cdots, 2n)$ 的重心, $G_n^k H_n^k(k = 1, 2, \cdots, C_{2n}^n)$ 是 $P_1P_2 \cdots P_{2n}$ 的 n-级重心线, $S_n^q, S_n^{j_2^q}(q = 1, 2, \cdots, C_{2n}^n)$ 为 S 的第 q-个 n 点子集单倍组, P 是 $P_1P_2 \cdots P_{2n}$ 所在平面上任意一点, 则定理 1.3.4 的结论亦成立.

1.3.3 共线基础点集重心线有向距离定理与应用

定理 1.3.5 设 $S = \{P_1, P_2, P_3\}$ 是共线三点的集合, $G_{i+1,i+2}$ 是两点集 $T_1^i = \{P_{i+1}, P_{i+2}\}$ $(i=1,2,3)$ 的重心, $P_iG_{i+1,i+2}$ $(i=1,2,3)$ 是 S 的 1-类重心线, 则

$$\mathrm{D}_{P_1G_{23}} + \mathrm{D}_{P_2G_{31}} + \mathrm{D}_{P_3G_{12}} = 0. \tag{1.3.5}$$

证明 不妨设 P 是三点所在直线外任意一点. 因为 P_1, P_2, P_3 三点共线, 所以三重心线 $P_i G_{i+1,i+2}$ $(i=1,2,3)$ 共线, 从而

$$2\mathrm{D}_{PP_iG_{i+1,i+2}} = \mathrm{d}_{P\text{-}P_iG_{i+1,i+2}} \mathrm{D}_{P_iG_{i+1,i+2}} \quad (i=1,2,3).$$

故根据定理 1.2.2, 由式 (1.2.2), 可得

$$\mathrm{d}_{P\text{-}P_1G_{23}}\mathrm{D}_{P_1G_{23}} + \mathrm{d}_{P\text{-}P_2G_{31}}\mathrm{D}_{P_2G_{31}} + \mathrm{d}_{P\text{-}P_3G_{12}}\mathrm{D}_{P_3G_{12}} = 0. \tag{1.3.6}$$

注意到 $\mathrm{d}_{P\text{-}P_1G_{23}} = \mathrm{d}_{P\text{-}P_2G_{31}} = \mathrm{d}_{P\text{-}P_3G_{12}} \neq 0$, 故由式 (1.3.6), 即得式 (1.3.5).

推论 1.3.5 设 $S = \{P_1, P_2, P_3\}$ 是共线三点的集合, $G_{i+1,i+2}$ 是两点集 $T_1^i = \{P_{i+1}, P_{i+2}\}$ $(i=1,2,3)$ 的重心, $P_i G_{i+1,i+2}$ $(i=1,2,3)$ 是 S 的 1-类重心线, 则以下三条重心线的距离 $\mathrm{d}_{P_1G_{23}}, \mathrm{d}_{P_2G_{31}}, \mathrm{d}_{P_3G_{12}}$ 中, 其中一条较长的距离等于另两条较短的距离的和.

证明 根据定理 1.3.5, 在式 (1.3.5) 中, 注意到该式三条有向距离中, 其中一条绝对值较长的有向距离的符号与另两条绝对值较短的有向距离的符号相反, 即得.

定理 1.3.6 设 $S = \{P_1, P_2, P_3\}$ 是共线三点的集合, $G_{i+1,i+2}$ 是两点集 $T_1^i = \{P_{i+1}, P_{i+2}\}$ $(i=1,2,3)$ 的重心, $P_i G_{i+1,i+2}$ $(i=1,2,3)$ 是 S 的 1-类重心线, 则 $\mathrm{D}_{P_{i+2}G_{i,i+1}} = 0$ $(i=1,2,3)$ 的充分必要条件是

$$\mathrm{D}_{P_iG_{i+1,i+2}} + \mathrm{D}_{P_{i+1}G_{i+2,i}} = 0 \quad (\mathrm{d}_{P_iG_{i+1,i+2}} = \mathrm{d}_{P_{i+1}G_{i+2,i}}) \quad (i=1,2,3). \tag{1.3.7}$$

证明 根据定理 1.3.5, 将式 (1.3.5) 改写成

$$\mathrm{D}_{P_iG_{i+1,i+2}} + \mathrm{D}_{P_{i+1}G_{i+2,i}} + \mathrm{D}_{P_{i+2}G_{i,i+1}} = 0 \quad (i=1,2,3).$$

于是由上式即得: $\mathrm{D}_{P_{i+2}G_{i,i+1}} = 0$ $(i=1,2,3)$ 的充分必要条件是式 (1.3.7) 成立.

推论 1.3.6 设 $S = \{P_1, P_2, P_3\}$ 是共线三点的集合, $G_{i+1,i+2}$ 是两点集 $T_1^i = \{P_{i+1}, P_{i+2}\}$ $(i=1,2,3)$ 的重心, $P_i G_{i+1,i+2}$ $(i=1,2,3)$ 是 S 的 1-类重心线, 则两点 $P_{i+2}, G_{i,i+1}$ $(i=1,2,3)$ 重合的充分必要条件是两重心线 $P_i G_{i+1,i+2}$, $P_{i+1} G_{i+2,i}$ 距离相等方向相反.

证明 根据定理 1.3.6, 由 $\mathrm{D}_{P_{i+2}G_{i,i+1}} = 0$ $(i=1,2,3)$ 和式 (1.3.7) 的几何意义, 即得.

对于两点集和一般的 $2n$ 点集的情形, 可以得出 1.2 节类似的结果, 兹列如下:

定理 1.3.7 设 $S = \{P_1, P_2\}$ 是两点的集合, P_i $(i=1,2)$ 是单点集 $T_1^i = \{P_i\}$ $(i=1,2)$ 的重心, P_1P_2, P_2P_1 是 S 的 1-类重心线, P 是平面上任意一点, 则

$$\mathrm{D}_{P_1P_2} + \mathrm{D}_{P_2P_1} = 0 \quad (\mathrm{d}_{P_1P_2} = \mathrm{d}_{P_2P_1}).$$

定理 1.3.8 设 $S=\{P_1,P_2,\cdots,P_{2n}\}(n\geqslant 1)$ 是共线 $2n$ 点的集合,$(S_n^j,T_n^j)=(P_{i_1},P_{i_2},\cdots P_{i_n};P_{i_{n+1}},P_{i_{n+2}},\cdots,P_{i_{2n}})(i_1,i_2,\cdots,i_{2n}=1,2,\cdots,2n)$ 是 S 的完备集对,$G_n^j,H_n^j(j=1,2,\cdots,\mathrm{C}_{2n}^n)$ 依次是 (S_n^j,T_n^j) 中两个集合的重心,$G_n^jH_n^j(j=1,2,\cdots,\mathrm{C}_{2n}^n)$ 是 S 的 n-类重心线,$S_n^q,S_n^{jq}(q=1,2,\cdots,\mathrm{C}_{2n}^n)$ 为 S 的第 q-个 n 点子集单倍组,P 是平面上任意一点,则对任意的 $q,q'=1,2,\cdots,\mathrm{C}_{2n}^n/2$,恒有

$$\mathrm{D}_{G_n^q H_n^{jq}}+\mathrm{D}_{G_n^{q'} H_n^{jq'}}=0 \quad \left(\mathrm{d}_{G_n^q H_n^{jq}}=\mathrm{d}_{G_n^{q'} H_n^{jq'}}\right),$$

其中 $q=j(i_1,i_2,\cdots,i_n)$,$q'=j(i_{n+1},i_{n+2},\cdots,i_{2n})$.

1.3.4 三点集各点到重心线有向距离公式与应用

定理 1.3.9 设 $S=\{P_1,P_2,P_3\}$ 是三点的集合,$G_{i+1,i+2}$ 是两点集 $T_1^i=\{P_{i+1},P_{i+2}\}(i=1,2,3)$ 的重心,$P_iG_{i+1,i+2}(i=1,2,3)$ 是 S 的 1-类重心线,则

$$\mathrm{d}_{P_iG_{i+1,i+2}}\mathrm{D}_{P_{i+1}\text{-}P_iG_{i+1,i+2}}=\mathrm{D}_{P_{i+1}P_iP_{i+2}} \quad (i=1,2,3), \tag{1.3.8}$$

$$\mathrm{d}_{P_iG_{i+1,i+2}}\mathrm{D}_{P_{i+2}\text{-}P_iG_{i+1,i+2}}=\mathrm{D}_{P_{i+2}P_iP_{i+1}} \quad (i=1,2,3). \tag{1.3.9}$$

证明 设 $S=\{P_1,P_2,P_3\}$ 各点的坐标为 $P_i(x_i,y_i)$ $(i=1,2,3)$,于是 T_1^i 重心的坐标为

$$G_{i+1,i+2}\left(\frac{x_{i+1}+x_{i+2}}{2},\frac{y_{i+1}+y_{i+2}}{2}\right) \quad (i=1,2,3),$$

重心线 $P_iG_{i+1,i+2}$ 所在的有向直线的方程为

$$\left(y_i-\frac{y_{i+1}+y_{i+2}}{2}\right)x+\left(\frac{x_{i+1}+x_{i+2}}{2}-x_i\right)y$$
$$+\left(x_i\frac{y_{i+1}+y_{i+2}}{2}-\frac{x_{i+1}+x_{i+2}}{2}y_i\right)=0,$$

其中 $i=1,2,3$. 故由点到直线的有向距离公式,可得

$$2\mathrm{d}_{P_iG_{i+1,i+2}}\mathrm{D}_{P_{i+1}\text{-}P_iG_{i+1,i+2}}$$
$$=(2y_i-y_{i+1}-y_{i+2})x_{i+1}+(x_{i+1}+x_{i+2}-2x_i)y_{i+1}$$
$$+(x_iy_{i+1}-x_{i+1}y_i)+(x_iy_{i+2}-x_{i+2}y_i)$$
$$=(x_{i+1}y_i-x_iy_{i+1})+(x_iy_{i+2}-x_{i+2}y_i)+(x_{i+2}y_{i+1}-x_{i+1}y_{i+2})$$
$$=2\mathrm{D}_{P_{i+1}P_iP_{i+2}},$$

因此式 (1.3.8) 成立.

类似地, 可以证明, 式 (1.3.9) 成立.

推论 1.3.7 设 $P_1P_2P_3$ 是三角形, G_{12}, G_{23}, G_{31} 分别是各边 P_1P_2, P_2P_3, P_3P_1 的中点, $P_1G_{23}, P_2G_{31}, P_3G_{12}$ 是 $P_1P_2P_3$ 的中线, 则

$$2\mathrm{D}_{P_{i+1}P_iG_{i+1,i+2}} = \mathrm{D}_{P_{i+1}P_iP_{i+2}} \quad (i=1,2,3), \tag{1.3.10}$$

$$2\mathrm{D}_{P_{i+2}P_iG_{i+1,i+2}} = \mathrm{D}_{P_{i+2}P_iP_{i+1}} \quad (i=1,2,3). \tag{1.3.11}$$

证明 设 $S = \{P_1, P_2, P_3\}$ 是三角形 $P_1P_2P_3$ 顶点的集合, 对不共线三点的集合 S 应用定理 1.3.9, 由式 (1.3.8) 和 (1.3.9) 以及三角形有向面积与有向距离之间的关系, 即得.

定理 1.3.10 设 $S = \{P_1, P_2, P_3\}$ 是三点的集合, $G_{i+1,i+2}$ 是两点集 $T_1^i = \{P_{i+1}, P_{i+2}\}(i=1,2,3)$ 的重心, $P_iG_{i+1,i+2}(i=1,2,3)$ 是 S 的 1-类重心线, 则

$$\mathrm{D}_{P_{i+1}\text{-}P_iG_{i+1,i+2}} + \mathrm{D}_{P_{i+2}\text{-}P_iG_{i+1,i+2}} = 0 \quad (i=1,2,3). \tag{1.3.12}$$

证明 根据定理 1.3.9, 式 (1.3.8)+(1.3.9), 可得

$$\mathrm{d}_{P_iG_{i+1,i+2}}(\mathrm{D}_{P_{i+1}-P_iG_{i+1,i+2}} + \mathrm{D}_{P_{i+2}-P_iG_{i+1,i+2}}) = 0 \quad (i=1,2,3).$$

于是若 $\mathrm{d}_{P_iG_{i+1,i+2}} \neq 0$, 则式 (1.3.12) 成立; 若 $\mathrm{d}_{P_iG_{i+1,i+2}} = 0$, 则两点 $P_i, G_{i+1,i+2}$ 重合, 从而三点 P_1, P_2, P_3 共线, 式 (1.3.12) 亦成立.

推论 1.3.8 设 $P_1P_2P_3$ 是三角形, G_{12}, G_{23}, G_{31} 分别是各边 P_1P_2, P_2P_3, P_3P_1 的中点, $P_1G_{23}, P_2G_{31}, P_3G_{12}$ 是 $P_1P_2P_3$ 的中线, 则三角形两顶点 P_{i+1}, P_{i+2} 到重心线 $P_iG_{i+1,i+2}(i=1,2,3)$ 的距离相等侧向相反.

证明 设 $S = \{P_1, P_2, P_3\}$ 是三角形 $P_1P_2P_3$ 顶点的集合, 对不共线三点的集合 S 应用定理 1.3.10, 由式 (1.3.12) 的几何意义, 即得.

定理 1.3.11 设 $S = \{P_1, P_2, P_3\}$ 是三点的集合, $G_{i+1,i+2}$ 是两点集 $T_1^i = \{P_{i+1}, P_{i+2}\}(i=1,2,3)$ 的重心, $P_iG_{i+1,i+2}(i=1,2,3)$ 是 S 的 1-类重心线, 则

$$\mathrm{D}_{P_{i+1}P_iG_{i+1,i+2}} + \mathrm{D}_{P_{i+2}P_iG_{i+1,i+2}} = 0 \quad (i=1,2,3). \tag{1.3.13}$$

证明 根据定理 1.3.10, 由式 (1.3.12) 和三角形有向面积与有向距离之间的关系, 即得.

推论 1.3.9 设 $P_1P_2P_3$ 是三角形, G_{12}, G_{23}, G_{31} 分别是各边 P_1P_2, P_2P_3, P_3P_1 的中点, $P_1G_{23}, P_2G_{31}, P_3G_{12}$ 是 $P_1P_2P_3$ 的中线, 则两中线三角形 $P_{i+1}P_iG_{i+1,i+2}$, $P_{i+2}P_iG_{i+1,i+2}(i=1,2,3)$ 面积相等方向相反.

证明 设 $S = \{P_1, P_2, P_3\}$ 是三角形 $P_1P_2P_3$ 顶点的集合, 对不共线三点的集合 S 应用定理 1.3.11, 由式 (1.3.13) 的几何意义, 即得.

第 2 章 四点集重心线有向度量的定值定理与应用

2.1 四点集 1-类重心线有向度量的定值定理与应用

本节主要应用有向度量和有向度量定值法, 研究四点集 1-类重心线有向度量的有关问题. 首先, 给出四点集 1-类重心线有向面积的定值定理及其推论, 从而得出四角形 (四边形) 中相应的结论; 其次, 利用上述定值定理, 得出四点集、四角形 (四边形) 中任意点与重心线两端点共线, 以及两重心线三角形面积相等方向相反的充分必要条件等结论; 再次, 在一定条件下, 给出点到四点集 1-类重心线有向距离的定值定理, 从而得出该条件下四点集、四角形 (四边形) 中任意点在重心线所在直线之上、任意点在两重心线外角平分线之上的充分必要条件等结论; 最后, 给出共线四点集 1-类重心线的有向距离定理, 从而得出点为共线四点重心线端点, 以及共线四点两重心线方向相反距离相等的充分必要条件等结论.

2.1.1 四点集 1-类重心线三角形有向面积的定值定理

定理 2.1.1 设 $S=\{P_1,P_2,P_3,P_4\}$ 是四点的集合, H_3^i 是 $T_3^i=\{P_{i+1},P_{i+2},P_{i+3}\}$ $(i=1,2,3,4)$ 的重心, $P_iH_3^i$ $(i=1,2,3,4)$ 是 S 的 1-类重心线, P 是平面上任意一点, 则

$$\mathrm{D}_{PP_1H_3^1}+\mathrm{D}_{PP_2H_3^2}+\mathrm{D}_{PP_3H_3^3}+\mathrm{D}_{PP_4H_3^4}=0. \tag{2.1.1}$$

证明 设 S 各点和任意点的坐标分别为 $P_i(x_i,y_i)$ $(i=1,2,3,4); P(x,y)$. 于是 T_3^i 重心的坐标为

$$H_3^i\left(\frac{1}{3}\sum_{\mu=1}^3 x_{\mu+i},\ \frac{1}{3}\sum_{\mu=1}^3 y_{\mu+i}\right)\quad (i=1,2,3,4).$$

故由三角形有向面积公式, 得

$$6\sum_{i=1}^4 \mathrm{D}_{PP_iH_3^i}$$

$$=\sum_{i=1}^4 \begin{vmatrix} x & y & 1 \\ x_i & y_i & 1 \\ x_{i+1}+x_{i+2}+x_{i+3} & y_{i+1}+y_{i+2}+y_{i+3} & 3 \end{vmatrix}$$

$$= x \sum_{i=1}^{4}(3y_i - y_{i+1} - y_{i+2} - y_{i+3}) - y \sum_{i=1}^{4}(3x_i - x_{i+1} - x_{i+2} - x_{i+3})$$

$$+ \sum_{i=1}^{4}[(x_iy_{i+1} - x_{i+1}y_i) + (x_iy_{i+2} - x_{i+2}y_i) + (x_iy_{i+3} - x_{i+3}y_i)]$$

$$= x \sum_{i=1}^{4}(3y_i - y_i - y_i - y_i) - y \sum_{i=1}^{4}(3x_i - x_i - x_i - x_i)$$

$$+ \sum_{i=1}^{4}[(x_iy_{i+1} - x_{i+1}y_i) + (x_{i+2}y_i - x_{i+2}y_i) + (x_{i+1}y_i - x_iy_{i+1})]$$

$$= 0,$$

因此, 式 (2.1.1) 成立.

推论 2.1.1 设 $S = \{P_1, P_2, P_3, P_4\}$ 是四点的集合, H_3^i 是 $T_3^i = \{P_{i+1}, P_{i+2}, P_{i+3}\}$ ($i = 1, 2, 3, 4$) 的重心, $P_iH_3^i$ ($i = 1, 2, 3, 4$) 是 S 的 1-类重心线, P 是平面上任意一点, 则如下四个重心线三角形的面积 $a_{PP_1H_3^1}, a_{PP_2H_3^2}, a_{PP_3H_3^3}, a_{PP_4H_3^4}$ 中, 其中一个较大的面积等于另外三个较小的面积的和, 或其中两个面积的和等于另两个面积的和.

证明 根据定理 2.1.1, 由式 (2.1.1) 中四个重心线三角形有向面积的符号 (当有向面积为零时, 其符号看成正或负均可), 分两种情形证明.

情形 1 若四个重心线三角形的有向面积 $D_{PP_1H_3^1}, D_{PP_2H_3^2}, D_{PP_3H_3^3}, D_{PP_4H_3^4}$ 中, 其中一个重心线三角形有向面积的符号与另三个重心线三角形有向面积的符号相反, 不妨设 $D_{PP_4H_3^4}$ 与 $D_{PP_1H_3^1}, D_{PP_2H_3^2}, D_{PP_3H_3^3}$ 的符号相反, 则 $D_{PP_4H_3^4}$ 与 $-D_{PP_1H_3^1}, -D_{PP_2H_3^2}, -D_{PP_3H_3^3}$ 的符号相同. 根据定理 2.1.1, 先将式 (2.1.1) 改写成

$$D_{PP_4H_3^4} = -(D_{PP_1H_3^1} + D_{PP_2H_3^2} + D_{PP_3H_3^3}),$$

再在上式等号两边取绝对值, 即得

$$a_{PP_4H_3^4} = a_{PP_1H_3^1} + a_{PP_2H_3^2} + a_{PP_3H_3^3}.$$

因此, 此时结论成立.

情形 2 若四个重心线三角形的有向面积 $D_{PP_1H_3^1}, D_{PP_2H_3^2}, D_{PP_3H_3^3}, D_{PP_4H_3^4}$ 中, 其中两个重心线三角形有向面积的符号与另两个重心线三角形有向面积的符号相反, 不妨设 $D_{PP_3H_3^3}, D_{PP_4H_3^4}$ 与 $D_{PP_1H_3^1}, D_{PP_2H_3^2}$ 的符号相反, 则 $D_{PP_3H_3^3}, D_{PP_4H_3^4}$ 与 $-D_{PP_1H_3^1}, -D_{PP_2H_3^2}$ 的符号相同. 根据定理 2.1.1, 先将式 (2.1.1) 改写成

$$D_{PP_3H_3^3} + D_{PP_4H_3^4} = -(D_{PP_1H_3^1} + D_{PP_2H_3^2}),$$

2.1 四点集 1-类重心线有向度量的定值定理与应用

再在上式等号两边取绝对值, 即得

$$a_{PP_3H_3^3} + a_{PP_4H_3^4} = a_{PP_1H_3^1} + a_{PP_2H_3^2}.$$

因此, 此时结论亦成立.

注 2.1.1 从上述证明可以看出, 定理 2.1.1 的结论的几何意义也可以理解为: 在四点集 $S = \{P_1, P_2, P_3, P_4\}$ 的四个重心线三角形的有向面积 $D_{PP_1H_3^1}, D_{PP_2H_3^2}, D_{PP_3H_3^3}, D_{PP_4H_3^4}$ 中, 同为 "+" 号的重心线三角形的面积 (面积的和) 与同为 "−" 号的重心线三角形的面积 (面积的和) 相等.

因此, 为简便起见, 在本书后续证明中, 但凡遇到类似情形, 我们称之为相应式子的几何意义并据此直接得出结论, 而不给出如上类似的具体证明.

推论 2.1.2 设 $P_1P_2P_3P_4$ 是四角形 (四边形), H_3^i 是三角形 $P_{i+1}P_{i+2}P_{i+3}(i = 1, 2, 3, 4)$ 的重心, $P_iH_3^i$ ($i = 1, 2, 3, 4$) 是 $P_1P_2P_3P_4$ 的 1-级重心线, P 是平面上任意一点, 则定理 2.1.1 的结论亦成立.

证明 设 $S = \{P_1, P_2, P_3, P_4\}$ 是四角形 (四边形) $P_1P_2P_3P_4$ 顶点的集合, 对不共线四点的集合 S 应用定理 2.1.1, 即得.

2.1.2 四点集 1-类重心线三角形有向面积定值定理的应用

定理 2.1.2 设 $S = \{P_1, P_2, P_3, P_4\}$ 是四点的集合, H_3^i 是 $T_3^i = \{P_{i+1}, P_{i+2}, P_{i+3}\}$ ($i = 1, 2, 3, 4$) 的重心, $P_iH_3^i$ ($i = 1, 2, 3, 4$) 是 S 的 1-类重心线, P 是平面上任意一点, 则

(1) $D_{PP_4H_3^4} = 0$ 的充分必要条件是

$$D_{PP_1H_3^1} + D_{PP_2H_3^2} + D_{PP_3H_3^3} = 0; \tag{2.1.2}$$

(2) $D_{PP_1H_3^1} = 0$ 的充分必要条件是

$$D_{PP_2H_3^2} + D_{PP_3H_3^3} + D_{PP_4H_3^4} = 0;$$

(3) $D_{PP_2H_3^2} = 0$ 的充分必要条件是

$$D_{PP_3H_3^3} + D_{PP_4H_3^4} + D_{PP_1H_3^1} = 0;$$

(4) $D_{PP_3H_3^3} = 0$ 的充分必要条件是

$$D_{PP_4H_3^4} + D_{PP_1H_3^1} + D_{PP_2H_3^2} = 0.$$

证明 (1) 根据定理 2.1.1, 由式 (2.1.1) 即得: $D_{PP_4H_3^4} = 0$ 的充分必要条件是式 (2.1.2) 成立.

类似地, 可以证明 (2)~(4) 中结论成立.

推论 2.1.3 设 $S = \{P_1, P_2, P_3, P_4\}$ 是四点的集合, H_3^i 是 $T_3^i = \{P_{i+1}, P_{i+2}, P_{i+3}\}$ ($i = 1, 2, 3, 4$) 的重心, $P_iH_3^i$ ($i = 1, 2, 3, 4$) 是 S 的 1-类重心线, P 是平面上任意一点, 则

(1) 三点 P, P_4, H_3^4 共线的充分必要条件是如下三个重心线三角形的面积 $a_{PP_1H_3^1}, a_{PP_2H_3^2}, a_{PP_3H_3^3}$ 中, 其中一个较大的面积等于另外两个较小的面积的和;

(2) 三点 P, P_1, H_3^1 共线的充分必要条件是如下三个重心线三角形的面积 $a_{PP_2H_3^2}, a_{PP_3H_3^3}, a_{PP_4H_3^4}$ 中, 其中一个较大的面积等于另外两个较小的面积的和;

(3) 三点 P, P_2, H_3^2 共线的充分必要条件是如下三个重心线三角形的面积 $a_{PP_3H_3^3}, a_{PP_4H_3^4}, a_{PP_1H_3^1}$ 中, 其中一个较大的面积等于另外两个较小的面积的和;

(4) 三点 P, P_3, H_3^3 共线的充分必要条件是如下三个重心线三角形的面积 $a_{PP_2H_3^2}, a_{PP_4H_3^4}, a_{PP_1H_3^1}$ 中, 其中一个较大的面积等于另外两个较小的面积的和.

证明 (1) 根据定理 2.1.2, 由 $D_{PP_4H_3^4} = 0$ 和式 (2.1.2) 的几何意义, 即得.

类似地, 可以证明 (2)~(4) 中结论成立.

定理 2.1.3 设 $S = \{P_1, P_2, P_3, P_4\}$ 是四点的集合, H_3^i 是 $T_3^i = \{P_{i+1}, P_{i+2}, P_{i+3}\}$ ($i = 1, 2, 3, 4$) 的重心, $P_iH_3^i$ ($i = 1, 2, 3, 4$) 是 S 的 1-类重心线, P 是平面上任意一点, 则以下三组式子中的两个式子均等价:

$$D_{PP_1H_3^1} + D_{PP_2H_3^2} = 0 \quad (a_{PP_1H_3^1} = a_{PP_2H_3^2}), \tag{2.1.3}$$

$$D_{PP_3H_3^3} + D_{PP_4H_3^4} = 0 \quad (a_{PP_3H_3^3} = a_{PP_4H_3^4}); \tag{2.1.4}$$

$$D_{PP_2H_3^2} + D_{PP_3H_3^3} = 0 \quad (a_{PP_2H_3^2} = a_{PP_3H_3^3}), \tag{2.1.5}$$

$$D_{PP_4H_3^4} + D_{PP_1H_3^1} = 0 \quad (a_{PP_4H_3^4} = a_{PP_1H_3^1}); \tag{2.1.6}$$

$$D_{PP_2H_3^2} + D_{PP_4H_3^4} = 0 \quad (a_{PP_2H_3^2} = a_{PP_4H_3^4}), \tag{2.1.7}$$

$$D_{PP_3H_3^3} + D_{PP_1H_3^1} = 0 \quad (a_{PP_3H_3^3} = a_{PP_1H_3^1}). \tag{2.1.8}$$

证明 根据定理 2.1.1, 由式 (2.1.1) 即得: 式 (2.1.3) 成立的充分必要条件是式 (2.1.4) 成立, 式 (2.1.5) 成立的充分必要条件是式 (2.1.6) 成立, 式 (2.1.7) 成立的充分必要条件是式 (2.1.8) 成立.

推论 2.1.4 设 $S = \{P_1, P_2, P_3, P_4\}$ 是四点的集合, H_3^i 是 $T_3^i = \{P_{i+1}, P_{i+2}, P_{i+3}\}$ ($i = 1, 2, 3, 4$) 的重心, $P_iH_3^i$ ($i = 1, 2, 3, 4$) 是 S 的 1-类重心线, P 是平面上任意一点, 则

(1) 两重心线三角形 $PP_1H_3^1, PP_2H_3^2$ 面积相等方向相反的充分必要条件是另外两重心线三角形 $PP_3H_3^3, PP_4H_3^4$ 面积相等方向相反;

2.1 四点集 1-类重心线有向度量的定值定理与应用

(2) 两重心线三角形 $PP_2H_3^2, PP_3H_3^3$ 面积相等方向相反的充分必要条件是另外两重心线三角形 $PP_4H_3^4, PP_1H_3^1$ 面积相等方向相反;

(3) 两重心线三角形 $PP_2H_3^2, PP_4H_3^4$ 面积相等方向相反的充分必要条件是另外两重心线三角形 $PP_3H_3^3, PP_1H_3^1$ 面积相等方向相反.

证明 (1) 根据定理 2.1.3, 由式 (2.1.3) 和 (2.1.4) 的几何意义, 即得.

类似地, 可以证明 (2) 和 (3) 中结论成立.

定理 2.1.4 设 $S = \{P_1, P_2, P_3, P_4\}$ 是四点的集合, H_3^i 是 $T_3^i = \{P_{i+1}, P_{i+2}, P_{i+3}\}$ $(i = 1, 2, 3, 4)$ 的重心, $P_iH_3^i$ $(i = 1, 2, 3, 4)$ 是 S 的 1-类重心线, 则

$$D_{P_1P_2H_3^2} + D_{P_1P_3H_3^3} + D_{P_1P_4H_3^4} = 0, \quad (2.1.9)$$

$$D_{P_2P_1H_3^1} + D_{P_2P_3H_3^3} + D_{P_2P_4H_3^4} = 0, \quad (2.1.10)$$

$$D_{P_3P_1H_3^1} + D_{P_3P_2H_3^2} + D_{P_3P_4H_3^4} = 0, \quad (2.1.11)$$

$$D_{P_4P_1H_3^1} + D_{P_4P_2H_3^2} + D_{P_4P_3H_3^3} = 0. \quad (2.1.12)$$

证明 根据定理 2.1.1, 依次将 $P = P_1, P_2, P_3, P_4$ 代入式 (2.1.1), 即得式 (2.1.9)~(2.1.12).

推论 2.1.5 设 $S = \{P_1, P_2, P_3, P_4\}$ 是四点的集合, H_3^i 是 $T_3^i = \{P_{i+1}, P_{i+2}, P_{i+3}\}$ $(i = 1, 2, 3, 4)$ 的重心, $P_iH_3^i$ $(i = 1, 2, 3, 4)$ 是 S 的 1-类重心线, 则以下四组各三个自重心线三角形的面积 $a_{P_1P_2H_3^2}, a_{P_1P_3H_3^3}, a_{P_1P_4H_3^4}$; $a_{P_2P_1H_3^1}, a_{P_2P_3H_3^3}, a_{P_2P_4H_3^4}$; $a_{P_3P_1H_3^1}, a_{P_3P_2H_3^2}, a_{P_3P_4H_3^4}$; $a_{P_4P_1H_3^1}, a_{P_4P_2H_3^2}, a_{P_4P_3H_3^3}$ 中, 每组其中一个较大的面积都等于另两个较小的面积的和.

证明 根据定理 2.1.4, 分别由式 (2.1.9)~(2.1.12) 的几何意义, 即得.

定理 2.1.5 设 $S = \{P_1, P_2, P_3, P_4\}$ 是四点的集合, H_3^i 是 $T_3^i = \{P_{i+1}, P_{i+2}, P_{i+3}\}$ $(i = 1, 2, 3, 4)$ 的重心, $P_iH_3^i$ $(i = 1, 2, 3, 4)$ 是 S 的 1-类重心线, 则

(1) $D_{P_1P_2H_3^2} = 0, D_{P_1P_3H_3^3} = 0$ 和 $D_{P_1P_4H_3^4} = 0$ 的充分必要条件依次是

$$D_{P_1P_3H_3^3} + D_{P_1P_4H_3^4} = 0 \quad (a_{P_1P_3H_3^3} = a_{P_1P_4H_3^4}), \quad (2.1.13)$$

$$D_{P_1P_2H_3^2} + D_{P_1P_4H_3^4} = 0 \quad (a_{P_1P_2H_3^2} = a_{P_1P_4H_3^4}), \quad (2.1.14)$$

$$D_{P_1P_2H_3^2} + D_{P_1P_3H_3^3} = 0 \quad (a_{P_1P_2H_3^2} = a_{P_1P_3H_3^3}); \quad (2.1.15)$$

(2) $D_{P_2P_1H_3^1} = 0, D_{P_2P_3H_3^3} = 0$ 和 $D_{P_2P_4H_3^4} = 0$ 的充分必要条件依次是

$$D_{P_2P_3H_3^3} + D_{P_2P_4H_3^4} = 0 \quad (a_{P_2P_3H_3^3} = a_{P_2P_4H_3^4}),$$

$$D_{P_2P_1H_3^1} + D_{P_2P_4H_3^4} = 0 \quad (a_{P_2P_1H_3^1} = a_{P_2P_4H_3^4}),$$

$$D_{P_2P_1H_3^1} + D_{P_2P_3H_3^3} = 0 \quad (a_{P_2P_1H_3^1} = a_{P_2P_3H_3^3});$$

(3) $D_{P_3P_1H_3^1} = 0, D_{P_3P_2H_3^2} = 0$ 和 $D_{P_3P_4H_3^4} = 0$ 的充分必要条件依次是

$$D_{P_3P_2H_3^2} + D_{P_3P_4H_3^4} = 0 \quad (d_{P_3P_2H_3^2} = d_{P_3P_4H_3^4}),$$

$$D_{P_3P_1H_3^1} + D_{P_3P_4H_3^4} = 0 \quad (d_{P_3P_1H_3^1} = d_{P_3P_4H_3^4}),$$

$$D_{P_3P_1H_3^1} + D_{P_3P_2H_3^2} = 0 \quad (d_{P_3P_1H_3^1} = d_{P_3P_2H_3^2});$$

(4) $D_{P_4P_1H_3^1} = 0, D_{P_4P_2H_3^2} = 0$ 和 $D_{P_4P_3H_3^3} = 0$ 的充分必要条件依次是

$$D_{P_4P_2H_3^2} + D_{P_4P_3H_3^3} = 0 \quad (d_{P_4P_2H_3^2} = d_{P_4P_3H_3^3}),$$

$$D_{P_4P_1H_3^1} + D_{P_4P_3H_3^3} = 0 \quad (d_{P_4P_1H_3^1} = d_{P_4P_3H_3^3}),$$

$$D_{P_4P_1H_3^1} + D_{P_4P_2H_3^2} = 0 \quad (d_{P_4P_1H_3^1} = d_{P_4P_2H_3^2}).$$

证明 (1) 根据定理 2.1.4, 由式 (2.1.9) 即得: $D_{P_1P_2H_3^2} = 0$ 的充分必要条件是式 (2.1.13) 成立, $D_{P_1P_3H_3^3} = 0$ 的充分必要条件是式 (2.1.14) 成立, $D_{P_1P_4H_3^4} = 0$ 的充分必要条件是式 (2.1.15) 成立.

类似地, 可以证明 (2)~(4) 中结论成立.

推论 2.1.6 设 $S = \{P_1, P_2, P_3, P_4\}$ 是四点的集合, H_3^i 是 $T_3^i = \{P_{i+1}, P_{i+2}, P_{i+3}\}$ $(i = 1, 2, 3, 4)$ 的重心, $P_iH_3^i$ $(i = 1, 2, 3, 4)$ 是 S 的 1-类重心线, 则

(1) 三点 P_1, P_2, H_3^2 共线的充分必要条件是两自重心线三角形 $P_1P_3H_3^3, P_1P_4H_3^4$ 面积相等方向相反; 三点 P_1, P_3, H_3^3 共线的充分必要条件是两自重心线三角形 $P_1P_2H_3^2, P_1P_4H_3^4$ 面积相等方向相反; 三点 P_1, P_4, H_3^4 共线的充分必要条件是两自重心线三角形 $P_1P_2H_3^2, P_1P_3H_3^3$ 面积相等方向相反.

(2) 三点 P_2, P_1, H_3^1 共线的充分必要条件是两自重心线三角形 $P_2P_3H_3^3, P_2P_4H_3^4$ 面积相等方向相反; 三点 P_2, P_3, H_3^3 共线的充分必要条件是两自重心线三角形 $P_2P_1H_3^1, P_2P_4H_3^4$ 面积相等方向相反; 三点 P_2, P_4, H_3^4 共线的充分必要条件是两自重心线三角形 $P_2P_1H_3^1, P_2P_3H_3^3$ 面积相等方向相反.

(3) 三点 P_3, P_1, H_3^1 共线的充分必要条件是两自重心线三角形 $P_3P_2H_3^2, P_3P_4H_3^4$ 面积相等方向相反; 三点 P_3, P_2, H_3^2 共线的充分必要条件是两自重心线三角形 $P_3P_1H_3^1, P_3P_4H_3^4$ 面积相等方向相反; 三点 P_3, P_4, H_3^4 共线的充分必要条件是两自重心线三角形 $P_3P_1H_3^1, P_3P_2H_3^2$ 面积相等方向相反.

(4) 三点 P_4, P_1, H_3^1 共线的充分必要条件是两自重心线三角形 $P_4P_2H_3^2, P_4P_3H_3^3$ 面积相等方向相反; 三点 P_4, P_2, H_3^2 共线的充分必要条件是两自重心线三角形 $P_4P_1H_3^1, P_4P_3H_3^3$ 面积相等方向相反; 三点 P_4, P_3, H_3^3 共线的充分必要条件是两自重心线三角形 $P_4P_1H_3^1, P_4P_2H_3^2$ 面积相等方向相反.

证明 (1) 根据定理 2.1.5(1), 分别由 $D_{P_1P_2H_3^2} = 0$ 和式 (2.1.13), $D_{P_1P_3H_3^3} = 0$ 和式 (2.1.14), 以及 $D_{P_1P_4H_3^4} = 0$ 和式 (2.1.15) 的几何意义, 即得.

类似地, 可以证明 (2)~(4) 中结论成立.

推论 2.1.7 设 $P_1P_2P_3P_4$ 是四角形 (四边形), H_3^i 是三角形 $P_{i+1}P_{i+2}P_{i+3}(i = 1, 2, 3, 4)$ 的重心, $P_iH_3^i$ $(i = 1, 2, 3, 4)$ 是 $P_1P_2P_3P_4$ 的 1-级重心线, 则定理 2.1.2~定理 2.1.5 和推论 2.1.3~推论 2.1.6 的结论均成立.

证明 设 $S = \{P_1, P_2, P_3, P_4\}$ 是四角形 (四边形) 顶点的集合, 对不共线四点的集合 S 分别应用定理 2.1.2~定理 2.1.5 和推论 2.1.3~推论 2.1.6, 即得.

2.1.3 点到四点集 1-类重心线有向距离的定值定理与应用

定理 2.1.6 设 $S = \{P_1, P_2, P_3, P_4\}$ 是四点的集合, H_3^i 是 $T_3^i = \{P_{i+1}, P_{i+2}, P_{i+3}\}$ $(i = 1, 2, 3, 4)$ 的重心, $P_iH_3^i$ $(i = 1, 2, 3, 4)$ 是 S 的 1-类重心线, P 是平面上任意一点. 若 $d_{P_1H_3^1} = d_{P_2H_3^2} = d_{P_3H_3^3} = d_{P_4H_3^4}$, 则

$$D_{P\text{-}P_1H_3^1} + D_{P\text{-}P_2H_3^2} + D_{P\text{-}P_3H_3^3} + D_{P\text{-}P_4H_3^4} = 0. \tag{2.1.16}$$

证明 根据定理 2.1.1, 由式 (2.1.1) 和三角形有向面积与有向距离之间的关系并化简, 可得

$$d_{P_1H_3^1}D_{P\text{-}P_1H_3^1} + d_{P_2H_3^2}D_{P\text{-}P_2H_3^2} + \cdots + d_{P_4H_3^4}D_{P\text{-}P_4H_3^4} = 0. \tag{2.1.17}$$

依题设, $d_{P_1H_3^1} = d_{P_2H_3^2} = d_{P_3H_3^3} = d_{P_4H_3^4} \neq 0$, 故由上式, 即得式 (2.1.16).

推论 2.1.8 设 $S = \{P_1, P_2, P_3, P_4\}$ 是四点的集合, H_3^i 是 $T_3^i = \{P_{i+1}, P_{i+2}, P_{i+3}\}$ $(i = 1, 2, 3, 4)$ 的重心, $P_iH_3^i$ $(i = 1, 2, 3, 4)$ 是 S 的 1-类重心线, P 是平面上任意一点. 若 $d_{P_1H_3^1} = d_{P_2H_3^2} = d_{P_3H_3^3} = d_{P_4H_3^4}$, 则如下四条点 P 到重心线的距离 $d_{P\text{-}P_1H_3^1}, d_{P\text{-}P_2H_3^2}, d_{P\text{-}P_3H_3^3}, d_{P\text{-}P_4H_3^4}$ 中, 其中一条较长的距离等于另三条较短的距离的和, 或其中两条距离的和等于另两条的距离的和.

证明 根据定理 2.1.6 和题设, 由式 (2.1.16) 的几何意义即得.

定理 2.1.7 设 $S = \{P_1, P_2, P_3, P_4\}$ 是四点的集合, H_3^i 是 $T_3^i = \{P_{i+1}, P_{i+2}, P_{i+3}\}$ $(i = 1, 2, 3, 4)$ 的重心, $P_iH_3^i$ $(i = 1, 2, 3, 4)$ 是 S 的 1-类重心线, P 是平面上任意一点.

(1) 若 $d_{P_2H_3^2} = d_{P_3H_3^3} = d_{P_4H_3^4} \neq 0, d_{P_1H_3^1} \neq 0$, 则 $D_{P\text{-}P_1H_3^1} = 0$ 的充分必要条件是

$$D_{P\text{-}P_2H_3^2} + D_{P\text{-}P_3H_3^3} + D_{P\text{-}P_4H_3^4} = 0; \tag{2.1.18}$$

(2) 若 $d_{P_3H_3^3} = d_{P_4H_3^4} = d_{P_1H_3^1} \neq 0, d_{P_2H_3^2} \neq 0$, 则 $D_{P\text{-}P_2H_3^2} = 0$ 的充分必要条件是

$$D_{P\text{-}P_3H_3^3} + D_{P\text{-}P_4H_3^4} + D_{P\text{-}P_1H_3^1} = 0;$$

(3) 若 $\mathrm{d}_{P_4H_3^4}=\mathrm{d}_{P_1H_3^1}=\mathrm{d}_{P_2H_3^2}\neq 0,\mathrm{d}_{P_3H_3^3}\neq 0$, 则 $\mathrm{D}_{P\text{-}P_3H_3^3}=0$ 的充分必要条件是

$$\mathrm{D}_{P\text{-}P_4H_3^4}+\mathrm{D}_{P\text{-}P_1H_3^1}+\mathrm{D}_{P\text{-}P_2H_3^2}=0;$$

(4) 若 $\mathrm{d}_{P_1H_3^1}=\mathrm{d}_{P_2H_3^2}=\mathrm{d}_{P_3H_3^3}\neq 0,\mathrm{d}_{P_4H_3^4}\neq 0$, 则 $\mathrm{D}_{P\text{-}P_4H_3^4}=0$ 的充分必要条件是

$$\mathrm{D}_{P\text{-}P_1H_3^1}+\mathrm{D}_{P\text{-}P_2H_3^2}+\mathrm{D}_{P\text{-}P_3H_3^3}=0.$$

证明 (1) 根据定理 2.1.6 的证明和题设, 由式 (2.1.17) 即得: $\mathrm{D}_{P\text{-}P_1H_3^1}=0$ 的充分必要条件是式 (2.1.18) 成立.

类似地, 可以证明 (2)~(4) 中结论成立.

推论 2.1.9 设 $S=\{P_1,P_2,P_3,P_4\}$ 是四点的集合, H_3^i 是 $T_3^i=\{P_{i+1},P_{i+2},P_{i+3}\}$ $(i=1,2,3,4)$ 的重心, $P_iH_3^i$ $(i=1,2,3,4)$ 是 S 的 1-类重心线, P 是平面上任意一点.

(1) 若 $\mathrm{d}_{P_2H_3^2}=\mathrm{d}_{P_3H_3^3}=\mathrm{d}_{P_4H_3^4}\neq 0,\mathrm{d}_{P_1H_3^1}\neq 0$, 则点 P 在重心线 $P_1H_3^1$ 所在直线之上的充分必要条件是点 P 到其余三条重心线的距离 $\mathrm{d}_{P\text{-}P_2H_3^2},\mathrm{d}_{P\text{-}P_3H_3^3},\mathrm{d}_{P\text{-}P_4H_3^4}$ 中, 其中一条较长的距离等于另外两条较短的距离的和.

(2) 若 $\mathrm{d}_{P_3H_3^3}=\mathrm{d}_{P_4H_3^4}=\mathrm{d}_{P_1H_3^1}\neq 0,\mathrm{d}_{P_2H_3^2}\neq 0$, 则点 P 在重心线 $P_2H_3^2$ 所在直线之上的充分必要条件是点 P 到其余三条重心线的距离 $\mathrm{d}_{P\text{-}P_3H_3^3},\mathrm{d}_{P\text{-}P_4H_3^4},\mathrm{d}_{P\text{-}P_1H_3^1}$ 中, 其中一条较长的距离等于另外两条较短的距离的和.

(3) 若 $\mathrm{d}_{P_4H_3^4}=\mathrm{d}_{P_1H_3^1}=\mathrm{d}_{P_2H_3^2}\neq 0,\mathrm{d}_{P_3H_3^3}\neq 0$, 则点 P 在重心线 $P_3H_3^3$ 所在直线之上的充分必要条件是点 P 到其余三条重心线的距离 $\mathrm{d}_{P\text{-}P_4H_3^4},\mathrm{d}_{P\text{-}P_1H_3^1},\mathrm{d}_{P\text{-}P_2H_3^2}$ 中, 其中一条较长的距离等于另外两条较短的距离的和.

(4) 若 $\mathrm{d}_{P_1H_3^1}=\mathrm{d}_{P_2H_3^2}=\mathrm{d}_{P_3H_3^3}\neq 0,\mathrm{d}_{P_4H_3^4}\neq 0$, 则点 P 在重心线 $P_4H_3^4$ 所在直线之上的充分必要条件是点 P 到其余三条重心线的距离 $\mathrm{d}_{P\text{-}P_1H_3^1},\mathrm{d}_{P\text{-}P_2H_3^2},\mathrm{d}_{P\text{-}P_3H_3^3}$ 中, 其中一条较长的距离等于另外两条较短的距离的和.

证明 (1) 根据定理 2.1.7(1) 和题设, 由 $\mathrm{D}_{P\text{-}P_1H_3^1}=0$ 和式 (2.1.8) 的几何意义, 即得.

类似地, 可以证明 (2)~(4) 中结论成立.

定理 2.1.8 设 $S=\{P_1,P_2,P_3,P_4\}$ 是四点的集合, H_3^i 是 $T_3^i=\{P_{i+1},P_{i+2},P_{i+3}\}$ $(i=1,2,3,4)$ 的重心, $P_iH_3^i$ $(i=1,2,3,4)$ 是 S 的 1-类重心线, P 是平面上任意一点.

(1) 若 $\mathrm{d}_{P_1H_3^1}=\mathrm{d}_{P_2H_3^2}\neq 0,\mathrm{d}_{P_3H_3^3}=\mathrm{d}_{P_4H_3^4}\neq 0$, 则如下两个式子等价:

$$\mathrm{D}_{P\text{-}P_1H_3^1}+\mathrm{D}_{P\text{-}P_2H_3^2}=0\quad(\mathrm{d}_{P\text{-}P_1H_3^1}=\mathrm{d}_{P\text{-}P_2H_3^2}), \tag{2.1.19}$$

$$\mathrm{D}_{P\text{-}P_3H_3^3}+\mathrm{D}_{P\text{-}P_4H_3^4}=0\quad(\mathrm{d}_{P\text{-}P_3H_3^3}=\mathrm{d}_{P\text{-}P_4H_3^4}); \tag{2.1.20}$$

(2) 若 $\mathrm{d}_{P_1H_3^1} = \mathrm{d}_{P_3H_3^3} \neq 0, \mathrm{d}_{P_2H_3^2} = \mathrm{d}_{P_4H_3^4} \neq 0$, 则如下两个式子等价:

$$\mathrm{D}_{P\text{-}P_1H_3^1} + \mathrm{D}_{P\text{-}P_3H_3^3} = 0 \quad (\mathrm{d}_{P\text{-}P_1H_3^1} = \mathrm{d}_{P\text{-}P_3H_3^3}),$$

$$\mathrm{D}_{P\text{-}P_2H_3^2} + \mathrm{D}_{P\text{-}P_4H_3^4} = 0 \quad (\mathrm{d}_{P\text{-}P_2H_3^2} = \mathrm{d}_{P\text{-}P_4H_3^4});$$

(3) 若 $\mathrm{d}_{P_1H_3^1} = \mathrm{d}_{P_4H_3^4} \neq 0, \mathrm{d}_{P_2H_3^2} = \mathrm{d}_{P_3H_3^3} \neq 0$, 则如下两个式子等价:

$$\mathrm{D}_{P\text{-}P_1H_3^1} + \mathrm{D}_{P\text{-}P_4H_3^4} = 0 \quad (\mathrm{d}_{P\text{-}P_1H_3^1} = \mathrm{d}_{P\text{-}P_4H_3^4}),$$

$$\mathrm{D}_{P\text{-}P_2H_3^2} + \mathrm{D}_{P\text{-}P_3H_3^3} = 0 \quad (\mathrm{d}_{P\text{-}P_2H_3^2} = \mathrm{d}_{P\text{-}P_3H_3^3}).$$

证明 根据定理 2.1.6 的证明和题设, 由式 (2.1.17) 即得: 式 (2.1.19) 成立的充分必要条件是式 (2.1.20) 成立.

类似地, 可以证明 (2) 和 (3) 中结论成立.

推论 2.1.10 设 $S = \{P_1, P_2, P_3, P_4\}$ 是四点的集合, H_3^i 是 $T_3^i = \{P_{i+1}, P_{i+2}, P_{i+3}\}$ ($i = 1, 2, 3, 4$) 的重心, $P_iH_3^i$ ($i = 1, 2, 3, 4$) 是 S 的 1-类重心线, P 是平面上任意一点.

(1) 若 $\mathrm{d}_{P_1H_3^1} = \mathrm{d}_{P_2H_3^2} \neq 0, \mathrm{d}_{P_3H_3^3} = \mathrm{d}_{P_4H_3^4} \neq 0$, 则点 P 在两重心线 $P_1H_3^1, P_2H_3^2$ 外角平分线上的充分必要条件是点 P 在另两重心线 $P_3H_3^3, P_4H_3^4$ 外角平分线上;

(2) 若 $\mathrm{d}_{P_1H_3^1} = \mathrm{d}_{P_3H_3^3} \neq 0, \mathrm{d}_{P_2H_3^2} = \mathrm{d}_{P_4H_3^4} \neq 0$, 则点 P 在两重心线 $P_1H_3^1, P_3H_3^3$ 外角平分线上的充分必要条件是点 P 在另两重心线 $P_2H_3^2, P_4H_3^4$ 外角平分线上;

(3) 若 $\mathrm{d}_{P_1H_3^1} = \mathrm{d}_{P_4H_3^4} \neq 0, \mathrm{d}_{P_2H_3^2} = \mathrm{d}_{P_3H_3^3} \neq 0$, 则点 P 在两重心线 $P_1H_3^1, P_4H_3^4$ 外角平分线上的充分必要条件是点 P 在另两重心线 $P_2H_3^2, P_3H_3^3$ 外角平分线上.

证明 (1) 根据定理 2.1.8(1) 和题设, 由式 (2.1.19) 和 (2.1.20) 的几何意义, 即得.

类似地, 可以证明 (2) 和 (3) 中结论成立.

推论 2.1.11 设 $P_1P_2P_3P_4$ 是四角形 (四边形), H_3^i 是三角形 $P_{i+1}P_{i+2}P_{i+3}$ ($i = 1, 2, 3, 4$) 的重心, $P_iH_3^i$ ($i = 1, 2, 3, 4$) 是 $P_1P_2P_3P_4$ 的 1-级重心线, P 是平面上任意一点. 若相应的条件满足, 则定理 2.1.6∼ 定理 2.1.8 和推论 2.1.8∼ 推论 2.1.10 的结论均成立.

证明 设 $S = \{P_1, P_2, P_3, P_4\}$ 是四角形 (四边形) 顶点的集合, 对不共线四点的集合 S 分别应用定理 2.1.6∼ 定理 2.1.8 和推论 2.1.8∼ 推论 2.1.10, 即得.

2.1.4 共线四点集 1-类重心线有向距离定理与应用

定理 2.1.9 设 $S = \{P_1, P_2, P_3, P_4\}$ 是共线四点的集合, H_3^i 是 $T_3^i = \{P_{i+1}, P_{i+2}, P_{i+3}\}$ ($i = 1, 2, 3, 4$) 的重心, $P_iH_3^i$ ($i = 1, 2, 3, 4$) 是 S 的 1-类重心线, 则

$$\mathrm{D}_{P_1H_3^1} + \mathrm{D}_{P_2H_3^2} + \mathrm{D}_{P_3H_3^3} + \mathrm{D}_{P_4H_3^4} = 0. \tag{2.1.21}$$

证明 不妨设 P 是共线四点所在直线外任意一点. 因为 P_1, P_2, P_3, P_4 四点共线, 所以四重心线 $P_iH_3^i$ ($i=1,2,3,4$) 共线, 从而

$$2\mathrm{D}_{PP_iH_3^i} = \mathrm{d}_{P\text{-}P_iH_3^i}\mathrm{D}_{P_iH_3^i} \quad (i=1,2,3,4).$$

故根据定理 2.1.1, 由式 (2.1.1) 可得

$$\mathrm{d}_{P\text{-}P_1H_3^1}\mathrm{D}_{P_1H_3^1} + \mathrm{d}_{P\text{-}P_2H_3^2}\mathrm{D}_{P_2H_3^2} + \mathrm{d}_{P\text{-}P_3H_3^3}\mathrm{D}_{P_3H_3^3} + \mathrm{d}_{P\text{-}P_4H_3^4}\mathrm{D}_{P_4H_3^4} = 0.$$

注意到 $\mathrm{d}_{P\text{-}P_1H_3^1} = \mathrm{d}_{P\text{-}P_2H_3^2} = \mathrm{d}_{P\text{-}P_3H_3^3} = \mathrm{d}_{P\text{-}P_4H_3^4} \neq 0$, 故由上式, 即得式 (2.1.21).

推论 2.1.12 设 $S = \{P_1, P_2, P_3, P_4\}$ 是共线四点的集合, H_3^i 是 $T_3^i = \{P_{i+1}, P_{i+2}, P_{i+3}\}$ ($i=1,2,3,4$) 的重心, $P_iH_3^i$ ($i=1,2,3,4$) 是 S 的 1-类重心线, 则在如下四条重心线的距离 $\mathrm{d}_{P_1H_3^1}, \mathrm{d}_{P_2H_3^2}, \mathrm{d}_{P_3H_3^3}, \mathrm{d}_{P_4H_3^4}$ 中, 其中一条较长的距离等于另三条较短的距离的和, 或其中两条距离的和等于另两条距离的和.

证明 根据定理 2.1.9, 由式 (2.1.21) 中四条重心线有向距离的符号 (当有向距离为零时, 其符号看成正或负均可), 分两种情形证明.

情形 1 若四条重心线的有向距离 $\mathrm{D}_{P_1H_3^1}, \mathrm{D}_{P_2H_3^2}, \mathrm{D}_{P_3H_3^3}, \mathrm{D}_{P_4H_3^4}$ 中, 其中一条重心线有向距离的符号与另三条重心线有向距离的符号相反, 不妨设 $\mathrm{D}_{P_4H_3^4}$ 与 $\mathrm{D}_{P_1H_3^1}, \mathrm{D}_{P_2H_3^2}, \mathrm{D}_{P_3H_3^3}$ 的符号相反, 则 $\mathrm{D}_{P_4H_3^4}$ 与 $-\mathrm{D}_{P_1H_3^1}, -\mathrm{D}_{P_2H_3^2}, -\mathrm{D}_{P_3H_3^3}$ 的符号相同. 根据定理 2.1.9, 先将式 (2.1.21) 改写成

$$\mathrm{D}_{P_4H_3^4} = -(\mathrm{D}_{P_1H_3^1} + \mathrm{D}_{P_2H_3^2} + \mathrm{D}_{P_3H_3^3}),$$

再在上式等号两边取绝对值, 即得

$$\mathrm{d}_{P_4H_3^4} = \mathrm{d}_{P_1H_3^1} + \mathrm{d}_{P_2H_3^2} + \mathrm{d}_{P_3H_3^3}.$$

因此, 此时结论成立.

情形 2 若四条重心线的有向距离 $\mathrm{D}_{P_1H_3^1}, \mathrm{D}_{P_2H_3^2}, \mathrm{D}_{P_3H_3^3}, \mathrm{D}_{P_4H_3^4}$ 中, 其中两条重心线有向距离的符号与另两条重心线有向距离的符号相反, 不妨设 $\mathrm{D}_{P_3H_3^3}, \mathrm{D}_{P_4H_3^4}$ 与 $\mathrm{D}_{P_1H_3^1}, \mathrm{D}_{P_2H_3^2}$ 的符号相反, 则 $\mathrm{D}_{P_3H_3^3}, \mathrm{D}_{P_4H_3^4}$ 与 $-\mathrm{D}_{P_1H_3^1}, -\mathrm{D}_{P_2H_3^2}$ 的符号相同. 根据定理 2.1.9, 先将式 (2.1.21) 改写成

$$\mathrm{D}_{P_3H_3^3} + \mathrm{D}_{P_4H_3^4} = -(\mathrm{D}_{P_1H_3^1} + \mathrm{D}_{P_2H_3^2}),$$

再在上式等号两边取绝对值, 即得

$$\mathrm{d}_{P_3H_3^3} + \mathrm{d}_{P_4H_3^4} = \mathrm{d}_{P_1H_3^1} + \mathrm{d}_{P_2H_3^2}.$$

因此, 此时结论亦成立.

2.1 四点集 1-类重心线有向度量的定值定理与应用

注 2.1.2 从上述证明可以看出, 推论 2.1.12 的结论的几何意义也可以理解为: 在四点集 $S = \{P_1, P_2, P_3, P_4\}$ 的重心线有向距离 $\mathrm{D}_{P_1H_3^1}, \mathrm{D}_{P_2H_3^2}, \mathrm{D}_{P_3H_3^3}, \mathrm{D}_{P_4H_3^4}$ 中, 同为 "+" 号的重心线的距离 (距离的和) 与同为 "−" 号的重心线的距离 (距离的和) 相等.

因此, 为简便起见, 在本书后续证明中, 但凡遇到类似的情形, 我们称之为相应式子的几何意义并据此直接得出结果, 而不给出如上类似的具体证明.

定理 2.1.10 设 $S = \{P_1, P_2, P_3, P_4\}$ 是共线四点的集合, H_3^i 是 $T_3^i = \{P_{i+1}, P_{i+2}, P_{i+3}\}$ $(i = 1, 2, 3, 4)$ 的重心, $P_iH_3^i$ $(i = 1, 2, 3, 4)$ 是 S 的 1-类重心线, 则

(1) $\mathrm{D}_{P_1H_3^1} = 0$ 的充分必要条件是

$$\mathrm{D}_{P_2H_3^2} + \mathrm{D}_{P_3H_3^3} + \mathrm{D}_{P_4H_3^4} = 0; \tag{2.1.22}$$

(2) $\mathrm{D}_{P_2H_3^2} = 0$ 的充分必要条件是

$$\mathrm{D}_{P_3H_3^3} + \mathrm{D}_{P_4H_3^4} + \mathrm{D}_{P_1H_3^1} = 0;$$

(3) $\mathrm{D}_{P_3H_3^3} = 0$ 的充分必要条件是

$$\mathrm{D}_{P_4H_3^4} + \mathrm{D}_{P_1H_3^1} + \mathrm{D}_{P_2H_3^2} = 0;$$

(4) $\mathrm{D}_{P_4H_3^4} = 0$ 的充分必要条件是

$$\mathrm{D}_{P_1H_3^1} + \mathrm{D}_{P_2H_3^2} + \mathrm{D}_{P_3H_3^3} = 0.$$

证明 (1) 根据定理 2.1.9, 由式 (2.1.21) 即得: $\mathrm{D}_{P_1H_3^1} = 0$ 的充分必要条件是式 (2.1.22) 成立.

类似地, 可以证明 (2)~(4) 中结论成立.

推论 2.1.13 设 $S = \{P_1, P_2, P_3, P_4\}$ 是共线四点的集合, H_3^i 是 $T_3^i = \{P_{i+1}, P_{i+2}, P_{i+3}\}$ $(i = 1, 2, 3, 4)$ 的重心, $P_iH_3^i$ $(i = 1, 2, 3, 4)$ 是 S 的 1-类重心线, 则

(1) 两点 P_1, H_3^1 重合的充分必要条件是其余三条重心线的距离 $\mathrm{d}_{P_2H_3^2}, \mathrm{d}_{P_3H_3^3}, \mathrm{d}_{P_4H_3^4}$ 中, 其中一条较长的距离等于另外两条较短的距离的和;

(2) 两点 P_2, H_3^2 重合的充分必要条件是其余三条重心线的距离 $\mathrm{d}_{P_3H_3^3}, \mathrm{d}_{P_4H_3^4}, \mathrm{d}_{P_1H_3^1}$ 中, 其中一条较长的距离等于另外两条较短的距离的和;

(3) 两点 P_3, H_3^3 重合的充分必要条件是其余三条重心线的距离 $\mathrm{d}_{P_4H_3^4}, \mathrm{d}_{P_1H_3^1}, \mathrm{d}_{P_2H_3^2}$ 中, 其中一条较长的距离等于另外两条较短的距离的和;

(4) 两点 P_4, H_3^4 重合的充分必要条件是其余三条重心线的距离 $\mathrm{d}_{P_1H_3^1}, \mathrm{d}_{P_2H_3^2}, \mathrm{d}_{P_3H_3^3}$ 中, 其中一条较长的距离等于另外两条较短的距离的和.

证明 (1) 根据定理 2.1.10(1), 由 $\mathrm{D}_{P_1H_3^1} = 0$ 和式 (2.1.22) 的几何意义, 即得.

类似地, 可以证明 (2)~(4) 中结论成立.

定理 2.1.11 设 $S=\{P_1,P_2,P_3,P_4\}$ 是共线四点的集合, H_3^i 是 $T_3^i=\{P_{i+1},P_{i+2},P_{i+3}\}$ $(i=1,2,3,4)$ 的重心, $P_iH_3^i$ $(i=1,2,3,4)$ 是 S 的 1-类重心线, 则以下三组式子中的两个式子均等价:

$$\mathrm{D}_{P_1H_3^1}+\mathrm{D}_{P_2H_3^2}=0 \quad (\mathrm{d}_{P_1H_3^1}=\mathrm{d}_{P_2H_3^2}), \tag{2.1.23}$$

$$\mathrm{D}_{P_3H_3^3}+\mathrm{D}_{P_4H_3^4}=0 \quad (\mathrm{d}_{P_3H_3^3}=\mathrm{d}_{P_4H_3^4}); \tag{2.1.24}$$

$$\mathrm{D}_{P_1H_3^1}+\mathrm{D}_{P_3H_3^3}=0 \quad (\mathrm{d}_{P_1H_3^1}=\mathrm{d}_{P_3H_3^3}), \tag{2.1.25}$$

$$\mathrm{D}_{P_2H_3^2}+\mathrm{D}_{P_4H_3^4}=0 \quad (\mathrm{d}_{P_2H_3^2}=\mathrm{d}_{P_4H_3^4}); \tag{2.1.26}$$

$$\mathrm{D}_{P_1H_3^1}+\mathrm{D}_{P_4H_3^4}=0 \quad (\mathrm{d}_{P_1H_3^1}=\mathrm{d}_{P_4H_3^4}), \tag{2.1.27}$$

$$\mathrm{D}_{P_2H_3^2}+\mathrm{D}_{P_3H_3^3}=0 \quad (\mathrm{d}_{P_2H_3^2}=\mathrm{d}_{P_3H_3^3}). \tag{2.1.28}$$

证明 根据定理 2.1.9, 由式 (2.1.21) 即得: 式 (2.1.23) 成立的充分必要条件式 (2.1.24) 成立, 式 (2.1.25) 成立的充分必要条件式 (2.1.26) 成立, 式 (2.1.27) 成立的充分必要条件式 (2.1.28) 成立.

推论 2.1.14 设 $S=\{P_1,P_2,P_3,P_4\}$ 是共线四点的集合, H_3^i 是 $T_3^i=\{P_{i+1},P_{i+2},P_{i+3}\}$ $(i=1,2,3,4)$ 的重心, $P_iH_3^i$ $(i=1,2,3,4)$ 是 S 的 1-类重心线, 则

(1) 两重心线 $P_1H_3^1, P_2H_3^2$ 的距离相等方向相反的充分必要条件是另外两条重心线 $P_3H_3^3, P_4H_3^4$ 的距离相等方向相反;

(2) 两重心线 $P_1H_3^1, P_3H_3^3$ 的距离相等方向相反的充分必要条件是另外两条重心线 $P_2H_3^2, P_4H_3^4$ 的距离相等方向相反;

(3) 两重心线 $P_1H_3^1, P_4H_3^4$ 的距离相等方向相反的充分必要条件是另外两条重心线 $P_2H_3^2, P_3H_3^3$ 的距离相等方向相反.

证明 根据定理 2.1.11, 分别由式 (2.1.23)~(2.1.28) 的几何意义, 即得.

2.2 四点集 1-类 2-类重心线有向度量的定值定理与应用

本节主要应用有向度量和有向度量定值法, 研究四点集 1-类 2-类重心线有向度量的有关问题. 首先, 给出四点集 1-类 2-类重心线三角形有向面积的定值定理及其推论, 从而得出四角形 (四边形) 中相应的结论; 其次, 利用上述定值定理, 得出四点集、四角形 (四边形) 中一个较大的重心线三角形乘数面积等于另两个较小的重心线三角形乘数面积之和, 以及任意点与重心线两端点共线的充分必要条件等结论; 再次, 在一定条件下, 给出点到四点集 1-类 2-类重心线有向距离的定值定理, 从而得出该条件下四点集、四角形 (四边形) 中一条较长的点到重心线乘数距

2.2 四点集 1-类 2-类重心线有向度量的定值定理与应用 · 33 ·

离等于另两条较短的点到重心线乘数距离之和, 以及任意点在重心线所在直线之上的充分必要条件等结论; 最后, 给出共线四点集 1-类 2-类重心线的有向距离定理, 从而得出一条较长的重心线乘数距离等于另两条较短的重心线乘数距离之和, 以及点为共线四点重心线端点的充分必要条件等结论.

2.2.1 四点集 1-类 2-类重心线三角形有向面积的定值定理

定理 2.2.1 设 $S = \{P_1, P_2, P_3, P_4\}$ 是四点的集合, H_3^i $(i = 1, 2, 3, 4)$ 是 $T_3^i = \{P_{i+1}, P_{i+2}, P_{i+3}\}$ $(i = 1, 2, 3, 4)$ 的重心, $G_{i_1 i_2}(i_1, i_2 = 1, 2, 3, 4; i_1 < i_2)$ 是 $P_{i_1} P_{i_2}$ 的中点, $P_i H_3^i$ $(i = 1, 2, 3, 4); G_{12}G_{34}, G_{13}G_{24}, G_{14}G_{23}$ 分别是 S 的 1-类重心线和 2-类重心线, P 是平面上任意一点, 则

$$3\mathrm{D}_{PP_1H_3^1} + 3\mathrm{D}_{PP_2H_3^2} - 4\mathrm{D}_{PG_{12}G_{34}} = 0, \tag{2.2.1}$$

$$3\mathrm{D}_{PP_3H_3^3} + 3\mathrm{D}_{PP_4H_3^4} + 4\mathrm{D}_{PG_{12}G_{34}} = 0; \tag{2.2.2}$$

$$3\mathrm{D}_{PP_1H_3^1} + 3\mathrm{D}_{PP_3H_3^3} - 4\mathrm{D}_{PG_{13}G_{24}} = 0, \tag{2.2.3}$$

$$3\mathrm{D}_{PP_2H_3^2} + 3\mathrm{D}_{PP_4H_3^4} + 4\mathrm{D}_{PG_{13}G_{24}} = 0; \tag{2.2.4}$$

$$3\mathrm{D}_{PP_2H_3^2} + 3\mathrm{D}_{PP_3H_3^3} - 4\mathrm{D}_{PG_{23}G_{41}} = 0, \tag{2.2.5}$$

$$3\mathrm{D}_{PP_4H_3^4} + 3\mathrm{D}_{PP_1H_3^1} + 4\mathrm{D}_{PG_{23}G_{41}} = 0. \tag{2.2.6}$$

证明 设 S 各点和任意点的坐标分别为 $P_i(x_i, y_i)$ $(i = 1, 2, 3, 4); P(x, y)$. 于是 T_3^i 的重心和 $P_i P_{i+1}$ 中点的坐标分别为

$$H_3^i \left(\frac{1}{3} \sum_{\mu=1}^{3} x_{\mu+i}, \frac{1}{3} \sum_{\mu=1}^{3} y_{\mu+i} \right) \quad (i = 1, 2, 3, 4),$$

$$G_{i_1 i_2} \left(\frac{x_{i_1} + x_{i_2}}{2}, \frac{y_{i_1} + y_{i_2}}{2} \right) \quad (i_1, i_2 = 1, 2, 3, 4; i_1 < i_2).$$

故由三角形有向面积公式, 得

$$6\mathrm{D}_{PP_1H_3^1} = \begin{vmatrix} x & y & 1 \\ x_1 & y_1 & 1 \\ x_2 + x_3 + x_4 & y_2 + y_3 + y_4 & 3 \end{vmatrix}$$

$$= x(3y_1 - y_2 - y_3 - y_4) - y(3x_1 - x_2 - x_3 - x_4) + (x_1 y_2 - x_2 y_1)$$

$$+ (x_1 y_3 - x_3 y_1) + (x_1 y_4 - x_4 y_1). \tag{2.2.7}$$

类似地, 可以求得

$$6D_{PP_2H_3^2} = x(3y_2 - y_3 - y_4 - y_1) - y(3x_2 - x_3 - x_4 - x_1) + (x_2y_3 - x_3y_2)$$
$$+ (x_2y_4 - x_4y_2) + (x_2y_1 - x_1y_2), \tag{2.2.8}$$

$$8D_{PG_{12}G_{34}} = 2x(y_1 + y_2 - y_3 - y_4) - 2y(x_1 + x_2 - x_3 - x_4) + (x_1y_3 - x_3y_1)$$
$$+ (x_1y_4 - x_4y_1) + (x_2y_3 - x_3y_2) + (x_2y_4 - x_4y_2), \tag{2.2.9}$$

式 (2.2.7) + (2.2.8) − (2.2.9), 得

$$6D_{PP_1H_3^1} + 6D_{PP_2H_3^2} - 8D_{PG_{12}G_{34}} = 0,$$

因此, 式 (2.2.1) 成立.

类似地, 可以证明, 式 (2.2.2)~(2.2.6) 成立.

推论 2.2.1 设 $S = \{P_1, P_2, P_3, P_4\}$ 是四点的集合, H_3^i ($i = 1, 2, 3, 4$) 是 $T_3^i = \{P_{i+1}, P_{i+2}, P_{i+3}\}$ ($i = 1, 2, 3, 4$) 的重心, $G_{i_1i_2}(i_1, i_2 = 1, 2, 3, 4; i_1 < i_2)$ 是 $P_{i_1}P_{i_2}$ 的中点, $P_iH_3^i$ ($i = 1, 2, 3, 4$); $G_{12}G_{34}, G_{13}G_{24}, G_{14}G_{23}$ 分别是 S 的 1-类重心线和 2-类重心线, P 是平面上任意一点, 则以下六组各三个重心线三角形的乘数面积

$$3\mathrm{a}_{PP_1H_3^1}, 3\mathrm{a}_{PP_2H_3^2}, 4\mathrm{a}_{PG_{12}G_{34}}; \quad 3\mathrm{a}_{PP_3H_3^3}, 3\mathrm{a}_{PP_4H_3^4}, 4\mathrm{a}_{PG_{12}G_{34}};$$

$$3\mathrm{a}_{PP_2H_3^2}, 3\mathrm{a}_{PP_3H_3^3}, 4\mathrm{a}_{PG_{23}G_{41}}; \quad 3\mathrm{a}_{PP_4H_3^4}, 3\mathrm{a}_{PP_1H_3^1}, 4\mathrm{a}_{PG_{23}G_{41}};$$

$$3\mathrm{a}_{PP_1H_3^1}, 3\mathrm{a}_{PP_3H_3^3}, 4\mathrm{a}_{PG_{13}G_{24}}; \quad 3\mathrm{a}_{PP_2H_3^2}, 3\mathrm{a}_{PP_4H_3^4}, 4\mathrm{a}_{PG_{13}G_{24}}$$

中, 每组其中一个较大的乘数面积均等于另两个较小的乘数面积的和.

证明 根据定理 2.2.1, 在式 (2.2.1) 中, 注意到如下三个重心线三角形的乘数有向面积 $3D_{PP_1H_3^1}, 3D_{PP_2H_3^2}, -4D_{PG_{12}G_{34}}$ 中, 其中一个绝对值较大的乘数有向面积的符号与另两个绝对值较小的乘数有向面积的符号相反, 即得三个重心线三角形的乘数面积 $3\mathrm{a}_{PP_1H_3^1}, 3\mathrm{a}_{PP_2H_3^2}, 4\mathrm{a}_{PG_{12}G_{34}}$ 中, 其中一个较大的乘数面积等于另两个较小的乘数面积的和.

类似地, 可以证明, 其余五组重心线三角形的乘数面积中, 每组其中一个较大的乘数面积等于另两个较小的乘数面积的和.

注 2.2.1 根据如上证明可知, 式 (2.2.1) 的几何意义是: 三个重心线三角形的乘数有向面积 $3D_{PP_1H_3^1}, 3D_{PP_2H_3^2}, -4D_{PG_{12}G_{34}}$ 中, 其中一个绝对值较大的乘数有向面积的符号与另两个绝对值较小的乘数有向面积的符号相反. 以后但凡遇到类似情形, 我们将不给出如上具体的证明, 而是直接根据这种几何意义得出结果.

推论 2.2.2 设 $P_1P_2P_3P_4$ 是四角形 (四边形), H_3^i $(i=1,2,3,4)$ 是三角形 $P_{i+1}P_{i+2}P_{i+3}$ $(i=1,2,3,4)$ 的重心, $G_{i_1i_2}(i_1,i_2=1,2,3,4;\ i_1<i_2)$ 是各边 (对角线) $P_{i_1}P_{i_2}$ 的中点, $P_iH_3^i$ $(i=1,2,3,4)$; $G_{12}G_{34}$, $G_{13}G_{24}$, $G_{14}G_{23}$ 分别是 $P_1P_2P_3P_4$ 的 1-级重心线和重心线, P 是 $P_1P_2P_3P_4$ 所在平面上任意一点, 则定理 2.2.1 和推论 2.2.1 的结论均成立.

证明 设 $S=\{P_1,P_2,P_3,P_4\}$ 是四角形 (四边形) $P_1P_2P_3P_4$ 四个顶点的集合, 对不共线四点的集合 S 应用定理 2.2.1 和推论 2.2.1, 即得.

推论 2.2.3 设 $S=\{P_1,P_2,P_3,P_4\}$ 是四点的集合, H_3^i $(i=1,2,3,4)$ 是 $T_3^i=\{P_{i+1},P_{i+2},P_{i+3}\}$ $(i=1,2,3,4)$ 的重心, $P_iH_3^i$ $(i=1,2,3,4)$ 是 S 的 1-类重心线, P 是平面上任意一点, 则式 (2.1.1) 成立.

证明 根据定理 2.2.1, 式 (2.2.1) + (2.2.2) 并化简, 即得式 (2.1.1).

2.2.2 四点集 1-类 2-类重心线三角形有向面积的定值定理的应用

定理 2.2.2 设 $S=\{P_1,P_2,P_3,P_4\}$ 是四点的集合, H_3^i $(i=1,2,3,4)$ 是 $T_3^i=\{P_{i+1},P_{i+2},P_{i+3}\}$ $(i=1,2,3,4)$ 的重心, $G_{i_1i_2}(i_1,i_2=1,2,3,4;\ i_1<i_2)$ 是 $P_{i_1}P_{i_2}$ 的中点, $P_iH_3^i$ $(i=1,2,3,4)$; $G_{12}G_{34}$, $G_{13}G_{24}$, $G_{14}G_{23}$ 分别是 S 的 1-类重心线和 2-类重心线, P 是平面上任意一点, 则

(1) $\mathrm{D}_{PG_{12}G_{34}}=0$ 的充分必要条件是如下两式之一成立:

$$\mathrm{D}_{PP_1H_3^1}+\mathrm{D}_{PP_2H_3^2}=0 \quad (\mathrm{a}_{PP_1H_3^1}=\mathrm{a}_{PP_2H_3^2}), \tag{2.2.10}$$

$$\mathrm{D}_{PP_3H_3^3}+\mathrm{D}_{PP_4H_3^4}=0 \quad (\mathrm{a}_{PP_3H_3^3}=\mathrm{a}_{PP_4H_3^4}); \tag{2.2.11}$$

(2) $\mathrm{D}_{PG_{13}G_{24}}=0$ 的充分必要条件是如下两式之一成立:

$$\mathrm{D}_{PP_1H_3^1}+\mathrm{D}_{PP_3H_3^3}=0 \quad (\mathrm{a}_{PP_1H_3^1}=\mathrm{a}_{PP_3H_3^3}),$$

$$\mathrm{D}_{PP_2H_3^2}+\mathrm{D}_{PP_4H_3^4}=0 \quad (\mathrm{a}_{PP_2H_3^2}=\mathrm{a}_{PP_4H_3^4});$$

(3) $\mathrm{D}_{PG_{23}G_{41}}=0$ 的充分必要条件是如下两式之一成立:

$$\mathrm{D}_{PP_2H_3^2}+\mathrm{D}_{PP_3H_3^3}=0 \quad (\mathrm{a}_{PP_2H_3^2}=\mathrm{a}_{PP_3H_3^3}),$$

$$\mathrm{D}_{PP_4H_3^4}+\mathrm{D}_{PP_1H_3^1}=0 \quad (\mathrm{a}_{PP_4H_3^4}=\mathrm{a}_{PP_1H_3^1}).$$

证明 (1) 根据定理 2.2.1, 由式 (2.2.1) 和 (2.2.2), 可得: $\mathrm{D}_{PG_{12}G_{34}}=0 \Leftrightarrow$ 式 (2.2.10) 成立 $\Leftrightarrow$ 式 (2.2.11) 成立.

类似地, 可以证明 (2) 和 (3) 中结论成立.

推论 2.2.4 设 $S=\{P_1,P_2,P_3,P_4\}$ 是四点的集合, H_3^i $(i=1,2,3,4)$ 是 $T_3^i=\{P_{i+1},P_{i+2},P_{i+3}\}$ $(i=1,2,3,4)$ 的重心, $G_{i_1i_2}(i_1,i_2=1,2,3,4;\ i_1<i_2)$ 是

$P_{i_1}P_{i_2}$ 的中点, $P_iH_3^i$ ($i = 1, 2, 3, 4$); $G_{12}G_{34}, G_{13}G_{24}, G_{14}G_{23}$ 分别是 S 的 1-类重心线和 2-类重心线, P 是平面上任意一点, 则

(1) 三点 P, G_{12}, G_{34} 共线的充分必要条件是两重心线三角形 $PP_1H_3^1, PP_2H_3^2$ 面积相等方向相反, 或两重心线三角形 $PP_3H_3^3, PP_4H_3^4$ 面积相等方向相反;

(2) 三点 P, G_{13}, G_{24} 共线的充分必要条件是两重心线三角形 $PP_1H_3^1, PP_3H_3^3$ 面积相等方向相反, 或两重心线三角形 $PP_2H_3^2, PP_4H_3^4$ 面积相等方向相反;

(3) 三点 P, G_{23}, G_{41} 共线的充分必要条件是两重心线三角形 $PP_2H_3^3, PP_3H_3^3$ 面积相等方向相反, 或两重心线三角形 $PP_4H_3^4, PP_1H_3^1$ 面积相等方向相反.

证明 (1) 根据定理 2.2.2(1), 由 $\mathrm{D}_{PG_{12}G_{34}} = 0$ 及式 (2.2.10) 和 (2.2.11) 的几何意义, 即得.

类似地, 可以证明 (2) 和 (3) 中结论成立.

定理 2.2.3 设 $S = \{P_1, P_2, P_3, P_4\}$ 是四点的集合, H_3^i ($i = 1, 2, 3, 4$) 是 $T_3^i = \{P_{i+1}, P_{i+2}, P_{i+3}\}$ ($i = 1, 2, 3, 4$) 的重心, $G_{i_1i_2}(i_1, i_2 = 1, 2, 3, 4; i_1 < i_2)$ 是 $P_{i_1}P_{i_2}$ 的中点, $P_iH_3^i$ ($i = 1, 2, 3, 4$); $G_{12}G_{34}, G_{13}G_{24}, G_{14}G_{23}$ 分别是 S 的 1-类重心线和 2-类重心线, P 是平面上任意一点, 则

(1) $\mathrm{D}_{PP_1H_3^1} = 0$ 的充分必要条件是如下三式之一成立:

$$3\mathrm{D}_{PP_2H_3^2} - 4\mathrm{D}_{PG_{12}G_{34}} = 0 \quad (3\mathrm{a}_{PP_2H_3^2} = 4\mathrm{a}_{PG_{12}G_{34}}), \tag{2.2.12}$$

$$3\mathrm{D}_{PP_3H_3^3} - 4\mathrm{D}_{PG_{13}G_{24}} = 0 \quad (3\mathrm{a}_{PP_3H_3^3} = 4\mathrm{a}_{PG_{13}G_{24}}), \tag{2.2.13}$$

$$3\mathrm{D}_{PP_4H_3^4} + 4\mathrm{D}_{PG_{23}G_{41}} = 0 \quad (3\mathrm{a}_{PP_4H_3^4} = 4\mathrm{a}_{PG_{23}G_{41}}); \tag{2.2.14}$$

(2) $\mathrm{D}_{PP_2H_3^2} = 0$ 的充分必要条件是如下三式之一成立:

$$3\mathrm{D}_{PP_1H_3^1} - 4\mathrm{D}_{PG_{12}G_{34}} = 0 \quad (3\mathrm{a}_{PP_1H_3^1} = 4\mathrm{a}_{PG_{12}G_{34}}),$$

$$3\mathrm{D}_{PP_4H_3^4} + 4\mathrm{D}_{PG_{13}G_{24}} = 0 \quad (3\mathrm{a}_{PP_4H_3^4} = 4\mathrm{a}_{PG_{13}G_{24}}),$$

$$3\mathrm{D}_{PP_3H_3^3} - 4\mathrm{D}_{PG_{23}G_{41}} = 0 \quad (3\mathrm{a}_{PP_3H_3^3} = 4\mathrm{a}_{PG_{23}G_{41}});$$

(3) $\mathrm{D}_{PP_3H_3^3} = 0$ 的充分必要条件是如下三式之一成立:

$$3\mathrm{D}_{PP_4H_3^4} + 4\mathrm{D}_{PG_{12}G_{34}} = 0 \quad (3\mathrm{a}_{PP_4H_3^4} = 4\mathrm{a}_{PG_{12}G_{34}}),$$

$$3\mathrm{D}_{PP_1H_3^1} - 4\mathrm{D}_{PG_{13}G_{24}} = 0 \quad (3\mathrm{a}_{PP_1H_3^1} = 4\mathrm{a}_{PG_{13}G_{24}}),$$

$$3\mathrm{D}_{PP_2H_3^2} - 4\mathrm{D}_{PG_{23}G_{41}} = 0 \quad (3\mathrm{a}_{PP_2H_3^2} = 4\mathrm{a}_{PG_{23}G_{41}});$$

(4) $\mathrm{D}_{PP_4H_3^4} = 0$ 的充分必要条件是如下三式之一成立:

$$3\mathrm{D}_{PP_3H_3^3} + 4\mathrm{D}_{PG_{12}G_{34}} = 0 \quad (3\mathrm{a}_{PP_3H_3^3} = 4\mathrm{a}_{PG_{12}G_{34}}),$$

$$3\mathrm{D}_{PP_2H_3^2} + 4\mathrm{D}_{PG_{13}G_{24}} = 0 \quad (3\mathrm{a}_{PP_2H_3^2} = 4\mathrm{a}_{PG_{13}G_{24}}),$$

$$3\mathrm{D}_{PP_1H_3^1} + 4\mathrm{D}_{PG_{23}G_{41}} = 0 \quad (3\mathrm{a}_{PP_1H_3^1} = 4\mathrm{a}_{PG_{23}G_{41}}).$$

证明 (1) 根据定理 2.2.1, 由式 (2.2.1), (2.2.3) 和 (2.2.6), 可得: $\mathrm{D}_{PP_1H_3^1} = 0 \Leftrightarrow$ 式 (2.2.12) 成立 $\Leftrightarrow$ 式 (2.2.13) 成立 $\Leftrightarrow$ 式 (2.2.14) 成立.

类似地, 可以证明 (2)~(4) 中结论成立.

推论 2.2.5 设 $S = \{P_1, P_2, P_3, P_4\}$ 是四点的集合, H_3^i ($i=1,2,3,4$) 是 $T_3^i = \{P_{i+1}, P_{i+2}, P_{i+3}\}$ ($i=1,2,3,4$) 的重心, $G_{i_1 i_2}$ ($i_1, i_2 = 1,2,3,4; i_1 < i_2$) 是 $P_{i_1}P_{i_2}$ 的中点, $P_iH_3^i$ ($i=1,2,3,4$); $G_{12}G_{34}, G_{13}G_{24}, G_{14}G_{23}$ 分别是 S 的 1-类重心线和 2-类重心线, P 是平面上任意一点, 则

(1) 三点 P, P_1, H_3^1 共线的充分必要条件是两重心线三角形 $PP_2H_3^2, PG_{12}G_{34}$ 方向相同且 $3\mathrm{a}_{PP_2H_3^2} = 4\mathrm{a}_{PG_{12}G_{34}}$, 或两重心线三角形 $PP_3H_3^3, PG_{13}G_{24}$ 方向相同且 $3\mathrm{a}_{PP_3H_3^3} = 4\mathrm{a}_{PG_{13}G_{24}}$, 或两重心线三角形 $PP_4H_3^4, PG_{23}G_{41}$ 方向相反且 $3\mathrm{a}_{PP_4H_3^4} = 4\mathrm{a}_{PG_{23}G_{41}}$;

(2) 三点 P, P_2, H_3^2 共线的充分必要条件是两重心线三角形 $PP_1H_3^1, PG_{12}G_{34}$ 方向相同且 $3\mathrm{a}_{PP_1H_3^1} = 4\mathrm{a}_{PG_{12}G_{34}}$, 或两重心线三角形 $PP_4H_3^4, PG_{13}G_{24}$ 方向相反且 $3\mathrm{a}_{PP_4H_3^4} = 4\mathrm{a}_{PG_{13}G_{24}}$, 或两重心线三角形 $PP_3H_3^3, PG_{23}G_{41}$ 方向相同且 $3\mathrm{a}_{PP_3H_3^3} = 4\mathrm{a}_{PG_{23}G_{41}}$;

(3) 三点 P, P_3, H_3^3 共线的充分必要条件是两重心线三角形 $PP_4H_3^4, PG_{12}G_{34}$ 方向相反且 $3\mathrm{a}_{PP_4H_3^4} = 4\mathrm{a}_{PG_{12}G_{34}}$, 或两重心线三角形 $PP_1H_3^1, PG_{13}G_{24}$ 方向相同且 $3\mathrm{a}_{PP_1H_3^1} = 4\mathrm{a}_{PG_{13}G_{24}}$, 或两重心线三角形 $PP_2H_3^2, PG_{23}G_{41}$ 方向相同且 $3\mathrm{a}_{PP_2H_3^2} = 4\mathrm{a}_{PG_{23}G_{41}}$;

(4) 三点 P, P_4, H_3^4 共线的充分必要条件是两重心线三角形 $PP_3H_3^3, PG_{12}G_{34}$ 方向相反且 $3\mathrm{a}_{PP_3H_3^3} = 4\mathrm{a}_{PG_{12}G_{34}}$, 或两重心线三角形 $PP_2H_3^2, PG_{13}G_{24}$ 方向相反且 $3\mathrm{a}_{PP_2H_3^2} = 4\mathrm{a}_{PG_{13}G_{24}}$, 或两重心线三角形 $PP_1H_3^1, PG_{23}G_{41}$ 方向相反且 $3\mathrm{a}_{PP_1H_3^1} = 4\mathrm{a}_{PG_{23}G_{41}}$.

证明 (1) 根据定理 2.2.3(1), 由 $\mathrm{D}_{PP_1H_3^1} = 0$ 及式 (2.2.12)~(2.2.14) 的几何意义, 即得.

类似地, 可以证明 (2)~(4) 中结论成立.

推论 2.2.6 设 $P_1P_2P_3P_4$ 是四角形 (四边形), H_3^i ($i=1,2,3,4$) 是三角形 $P_{i+1}P_{i+2}P_{i+3}$ ($i=1,2,3,4$) 的重心, $G_{i_1 i_2}$ ($i_1, i_2 = 1,2,3,4; i_1 < i_2$) 是各边 (对角线) $P_{i_1}P_{i_2}$ 的中点, $P_iH_3^i$ ($i=1,2,3,4$); $G_{12}G_{34}, G_{13}G_{24}, G_{14}G_{23}$ 分别是 $P_1P_2P_3P_4$ 的 1-级重心线和重心线, P 是 $P_1P_2P_3P_4$ 所在平面上任意一点, 则定理 2.2.2 和推论 2.2.4、定理 2.2.3 和推论 2.2.5 的结论均成立.

证明 设 $S = \{P_1, P_2, P_3, P_4\}$ 是四角形 (四边形) $P_1P_2P_3P_4$ 四个顶点的集合, 对不共线四点的集合 S 分别应用定理 2.2.2 和推论 2.2.4、定理 2.2.3 和推论 2.2.5, 即得.

2.2.3 点到四点集 1-类 2-类重心线有向距离的定值定理与应用

定理 2.2.4 设 $S = \{P_1, P_2, P_3, P_4\}$ 是四点的集合, H_3^i $(i = 1, 2, 3, 4)$ 是 $T_3^i = \{P_{i+1}, P_{i+2}, P_{i+3}\}$ $(i = 1, 2, 3, 4)$ 的重心, $G_{i_1 i_2}(i_1, i_2 = 1, 2, 3, 4; i_1 < i_2)$ 是 $P_{i_1}P_{i_2}$ 的中点, $P_iH_3^i$ $(i = 1, 2, 3, 4)$; $G_{12}G_{34}$, $G_{13}G_{24}$, $G_{14}G_{23}$ 分别是 S 的 1-类重心线和 2-类重心线, P 是平面上任意一点.

(1) 若 $\mathrm{d}_{P_1H_3^1} = \mathrm{d}_{P_2H_3^2} = \mathrm{d}_{G_{12}G_{34}} \neq 0$, 则

$$3\mathrm{D}_{P\text{-}P_1H_3^1} + 3\mathrm{D}_{P\text{-}P_2H_3^2} - 4\mathrm{D}_{P\text{-}G_{12}G_{34}} = 0; \tag{2.2.15}$$

(2) 若 $\mathrm{d}_{P_3H_3^3} = \mathrm{d}_{P_4H_3^4} = \mathrm{d}_{G_{12}G_{34}} \neq 0$, 则

$$3\mathrm{D}_{P\text{-}P_3H_3^3} + 3\mathrm{D}_{P\text{-}P_4H_3^4} + 4\mathrm{D}_{P\text{-}G_{12}G_{34}} = 0;$$

(3) 若 $\mathrm{d}_{P_1H_3^1} = \mathrm{d}_{P_3H_3^3} = \mathrm{d}_{G_{13}G_{24}} \neq 0$, 则

$$3\mathrm{D}_{P\text{-}P_1H_3^1} + 3\mathrm{D}_{P\text{-}P_3H_3^3} - 4\mathrm{D}_{P\text{-}G_{13}G_{24}} = 0;$$

(4) 若 $\mathrm{d}_{P_2H_3^2} = \mathrm{d}_{P_4H_3^4} = \mathrm{d}_{G_{13}G_{24}} \neq 0$, 则

$$3\mathrm{D}_{P\text{-}P_2H_3^2} + 3\mathrm{D}_{P\text{-}P_4H_3^4} + 4\mathrm{D}_{P\text{-}G_{13}G_{24}} = 0;$$

(5) 若 $\mathrm{d}_{P_2H_3^2} = \mathrm{d}_{P_3H_3^3} = \mathrm{d}_{G_{23}G_{41}} \neq 0$, 则

$$3\mathrm{D}_{P\text{-}P_2H_3^2} + 3\mathrm{D}_{P\text{-}P_3H_3^3} - 4\mathrm{D}_{P\text{-}G_{23}G_{41}} = 0;$$

(6) 若 $\mathrm{d}_{P_4H_3^4} = \mathrm{d}_{P_1H_3^1} = \mathrm{d}_{G_{23}G_{41}} \neq 0$, 则

$$3\mathrm{D}_{P\text{-}P_4H_3^4} + 3\mathrm{D}_{P\text{-}P_1H_3^1} + 4\mathrm{D}_{P\text{-}G_{23}G_{41}} = 0.$$

证明 (1) 根据定理 2.2.1, 由式 (2.2.1) 和三角形有向面积与有向距离之间的关系并化简, 可得

$$3\mathrm{d}_{P_1H_3^1}\mathrm{D}_{P\text{-}P_1H_3^1} + 3\mathrm{d}_{P_2H_3^2}\mathrm{D}_{P\text{-}P_2H_3^2} - 4\mathrm{d}_{G_{12}G_{34}}\mathrm{D}_{P\text{-}G_{12}G_{34}} = 0. \tag{2.2.16}$$

因为 $\mathrm{d}_{P_1H_3^1} = \mathrm{d}_{P_2H_3^2} = \mathrm{d}_{G_{12}G_{34}} \neq 0$, 故由上式, 即得式 (2.2.15).

类似地, 可以证明 (2)~(6) 中结论成立.

推论 2.2.7 设 $S = \{P_1, P_2, P_3, P_4\}$ 是四点的集合，H_3^i $(i=1,2,3,4)$ 是 $T_3^i = \{P_{i+1}, P_{i+2}, P_{i+3}\}$ $(i=1,2,3,4)$ 的重心，$G_{i_1 i_2}(i_1, i_2 = 1,2,3,4; i_1 < i_2)$ 是 $P_{i_1} P_{i_2}$ 的中点，$P_i H_3^i$ $(i=1,2,3,4)$；$G_{12}G_{34}, G_{13}G_{24}, G_{14}G_{23}$ 分别是 S 的 1-类重心线和 2-类重心线，P 是平面上任意一点.

(1) 若 $d_{P_1 H_3^1} = d_{P_2 H_3^2} = d_{G_{12}G_{34}} \neq 0$，则如下三条点 P 到重心线的乘数距离 $3d_{P\text{-}P_1 H_3^1}, 3d_{P\text{-}P_2 H_3^2}, 4d_{P\text{-}G_{12}G_{34}}$ 中，其中一条较长的乘数距离等于另两条较短的乘数距离的和；

(2) 若 $d_{P_3 H_3^3} = d_{P_4 H_3^4} = d_{G_{12}G_{34}} \neq 0$，则如下三条点 P 到重心线的乘数距离 $3d_{P\text{-}P_3 H_3^3}, 3d_{P\text{-}P_4 H_3^4}, 4d_{P\text{-}G_{12}G_{34}}$ 中，其中一条较长的乘数距离等于另两条较短的乘数距离的和；

(3) 若 $d_{P_1 H_3^1} = d_{P_3 H_3^3} = d_{G_{13}G_{24}} \neq 0$，则如下三条点 P 到重心线的乘数距离 $3d_{P\text{-}P_1 H_3^1}, 3d_{P\text{-}P_3 H_3^3}, 4d_{P\text{-}G_{13}G_{24}}$ 中，其中一条较长的乘数距离等于另两条较短的乘数距离的和；

(4) 若 $d_{P_2 H_3^2} = d_{P_4 H_3^4} = d_{G_{13}G_{24}} \neq 0$，则如下三条点 P 到重心线的乘数距离 $3d_{P\text{-}P_2 H_3^2}, 3d_{P\text{-}P_4 H_3^4}, 4d_{P\text{-}G_{13}G_{24}}$ 中，其中一条较长的乘数距离等于另两条较短的乘数距离的和；

(5) 若 $d_{P_2 H_3^2} = d_{P_3 H_3^3} = d_{G_{23}G_{41}} \neq 0$，则如下三条点 P 到重心线的乘数距离 $3d_{P\text{-}P_2 H_3^2}, 3d_{P\text{-}P_3 H_3^3}, 4d_{P\text{-}G_{23}G_{41}}$ 中，其中一条较长的乘数距离等于另两条较短的乘数距离的和；

(6) 若 $d_{P_4 H_3^4} = d_{P_1 H_3^1} = d_{G_{23}G_{41}} \neq 0$，则如下三条点 P 到重心线的乘数距离 $3d_{P\text{-}P_4 H_3^4}, 3d_{P\text{-}P_1 H_3^1}, 4d_{P\text{-}G_{23}G_{41}}$ 中，其中一条较长的乘数距离等于另两条较短的乘数距离的和.

证明 (1) 根据定理 2.2.4(1)，注意到式 (2.2.15) 中，三条点 P 到重心线的乘数有向距离 $3D_{P\text{-}P_1 H_3^1}, 3D_{P\text{-}P_2 H_3^2}, -4D_{P\text{-}G_{12}G_{34}}$ 中，其中一条绝对值较长的乘数有向距离的符号与另两条绝对值较短的乘数有向距离的符号相反，即得.

类似地，可以证明 (2)~(6) 中结论成立.

注 2.2.2 根据如上证明可知，式 (2.2.15) 的几何意义是：如下三条点 P 到重心线的乘数有向距离 $3D_{P\text{-}P_1 H_3^1}, 3D_{P\text{-}P_2 H_3^2}, -4D_{P\text{-}G_{12}G_{34}}$ 中，其中一条绝对值较长的乘数有向距离的符号与另两条绝对值较短的乘数有向距离的符号相反. 以后但凡遇到类似情形，我们将不给出如上具体的证明，而是直接根据式的这种几何意义得出结果.

定理 2.2.5 设 $S = \{P_1, P_2, P_3, P_4\}$ 是四点的集合，H_3^i $(i=1,2,3,4)$ 是 $T_3^i = \{P_{i+1}, P_{i+2}, P_{i+3}\}$ $(i=1,2,3,4)$ 的重心，$G_{i_1 i_2}(i_1, i_2 = 1,2,3,4; i_1 < i_2)$ 是 $P_{i_1} P_{i_2}$ 的中点，$P_i H_3^i$ $(i=1,2,3,4)$；$G_{12}G_{34}, G_{13}G_{24}, G_{14}G_{23}$ 分别是 S 的 1-类重心线和 2-类重心线，P 是平面上任意一点.

(1) 若 $d_{P_1H_3^1} = d_{P_2H_3^2} \neq 0, d_{G_{12}G_{34}} \neq 0$, 则 $D_{P\text{-}G_{12}G_{34}} = 0$ 的充分必要条件是

$$D_{P\text{-}P_1H_3^1} + D_{P\text{-}P_2H_3^2} = 0 \quad (d_{P\text{-}P_1H_3^1} = d_{P\text{-}P_2H_3^2}), \tag{2.2.17}$$

(2) 若 $d_{P_3H_3^3} = d_{P_4H_3^4} \neq 0, d_{G_{12}G_{34}} \neq 0$, 则 $D_{P\text{-}G_{12}G_{34}} = 0$ 的充分必要条件是

$$D_{P\text{-}P_3H_3^3} + D_{P\text{-}P_4H_3^4} = 0 \quad (d_{P\text{-}P_3H_3^3} = d_{P\text{-}P_4H_3^4});$$

(3) 若 $d_{P_1H_3^1} = d_{P_3H_3^3} \neq 0, d_{G_{13}G_{24}} \neq 0$, 则 $D_{P\text{-}G_{13}G_{24}} = 0$ 的充分必要条件是

$$D_{P\text{-}P_1H_3^1} + D_{P\text{-}P_3H_3^3} = 0 \quad (d_{P\text{-}P_1H_3^1} = d_{P\text{-}P_3H_3^3});$$

(4) 若 $d_{P_2H_3^2} = d_{P_4H_3^4} \neq 0, d_{G_{13}G_{24}} \neq 0$, 则 $D_{P\text{-}G_{13}G_{24}} = 0$ 的充分必要条件是

$$D_{P\text{-}P_2H_3^2} + D_{P\text{-}P_4H_3^4} = 0 \quad (d_{P\text{-}P_2H_3^2} = d_{P\text{-}P_4H_3^4});$$

(5) 若 $d_{P_2H_3^2} = d_{P_3H_3^3} \neq 0, d_{G_{23}G_{41}} \neq 0$, 则 $D_{P\text{-}G_{23}G_{41}} = 0$ 的充分必要条件是

$$D_{P\text{-}P_2H_3^2} + D_{P\text{-}P_3H_3^3} = 0 \quad (d_{P\text{-}P_2H_3^2} = d_{P\text{-}P_3H_3^3});$$

(6) 若 $d_{P_1H_3^1} = d_{P_4H_3^4} \neq 0, d_{G_{23}G_{41}} \neq 0$, 则 $D_{P\text{-}G_{23}G_{41}} = 0$ 的充分必要条件是

$$D_{P\text{-}P_1H_3^1} + D_{P\text{-}P_4H_3^4} = 0 \quad (d_{P\text{-}P_1H_3^1} = d_{P\text{-}P_4H_3^4}).$$

证明 (1) 根据定理 2.2.4 的证明和题设, 由式 (2.2.16), 即得: $D_{P\text{-}G_{12}G_{34}} = 0$ 的充分必要条件是式 (2.2.17) 成立.

类似地, 可以证明 (2)~(6) 中结论成立.

推论 2.2.8 设 $S = \{P_1, P_2, P_3, P_4\}$ 是四点的集合, H_3^i $(i = 1, 2, 3, 4)$ 是 $T_3^i = \{P_{i+1}, P_{i+2}, P_{i+3}\}$ $(i = 1, 2, 3, 4)$ 的重心, $G_{i_1i_2}(i_1, i_2 = 1, 2, 3, 4; i_1 < i_2)$ 是 $P_{i_1}P_{i_2}$ 的中点, $P_iH_3^i$ $(i = 1, 2, 3, 4)$; $G_{12}G_{34}, G_{13}G_{24}, G_{14}G_{23}$ 分别是 S 的 1-类重心线和 2-类重心线, P 是平面上任意一点.

(1) 若 $d_{P_1H_3^1} = d_{P_2H_3^2} \neq 0, d_{G_{12}G_{34}} \neq 0$, 则点 P 在重心线 $G_{12}G_{34}$ 所在直线上的充分必要条件是点 P 在另两重心线 $P_1H_3^1, P_2H_3^2$ 外角平分线上.

(2) 若 $d_{P_3H_3^3} = d_{P_4H_3^4} \neq 0, d_{G_{12}G_{34}} \neq 0$, 则点 P 在重心线 $G_{12}G_{34}$ 所在直线上的充分必要条件是点 P 在另两重心线 $P_3H_3^3, P_4H_3^4$ 外角平分线上.

(3) 若 $d_{P_1H_3^1} = d_{P_3H_3^3} \neq 0, d_{G_{13}G_{24}} \neq 0$, 则点 P 在重心线 $G_{13}G_{24}$ 所在直线上的充分必要条件是点 P 在另两重心线 $P_1H_3^1, P_3H_3^3$ 外角平分线上.

(4) 若 $d_{P_2H_3^2} = d_{P_4H_3^4} \neq 0, d_{G_{13}G_{24}} \neq 0$, 则点 P 在重心线 $G_{13}G_{24}$ 所在直线上的充分必要条件是点 P 在另两重心线 $P_2H_3^2, P_4H_3^4$ 外角平分线上.

(5) 若 $d_{P_2H_3^2} = d_{P_3H_3^3} \neq 0, d_{G_{23}G_{41}} \neq 0$, 则点 P 在重心线 $G_{23}G_{41}$ 所在直线上的充分必要条件是点 P 在另两重心线 $P_2H_3^2, P_3H_3^3$ 外角平分线上.

(6) 若 $d_{P_1H_3^1} = d_{P_4H_3^4} \neq 0, d_{G_{23}G_{41}} \neq 0$, 则点 P 在重心线 $G_{23}G_{41}$ 所在直线上的充分必要条件是点 P 在另两重心线 $P_1H_3^1, P_4H_3^4$ 外角平分线上.

证明 (1) 根据定理 2.2.5(1) 和题设, 由 $D_{P\text{-}G_{12}G_{34}} = 0$ 和式 (2.2.17) 的几何意义, 即得.

类似地, 可以证明 (2)~(6) 中结论成立.

定理 2.2.6 设 $S = \{P_1, P_2, P_3, P_4\}$ 是四点的集合, H_3^i ($i = 1, 2, 3, 4$) 是 $T_3^i = \{P_{i+1}, P_{i+2}, P_{i+3}\}$ ($i = 1, 2, 3, 4$) 的重心, $G_{i_1i_2}(i_1, i_2 = 1, 2, 3, 4; i_1 < i_2)$ 是 $P_{i_1}P_{i_2}$ 的中点, $P_iH_3^i$ ($i = 1, 2, 3, 4$); $G_{12}G_{34}, G_{13}G_{24}, G_{14}G_{23}$ 分别是 S 的 1-类重心线和 2-类重心线, P 是平面上任意一点.

(1) 若 $d_{P_2H_3^2} = d_{G_{12}G_{34}} \neq 0, d_{P_1H_3^1} \neq 0$, 则 $D_{P\text{-}P_1H_3^1} = 0$ 的充分必要条件是

$$3D_{P\text{-}P_2H_3^2} - 4D_{P\text{-}G_{12}G_{34}} = 0 \quad (3d_{P\text{-}P_2H_3^2} = 4d_{P\text{-}G_{12}G_{34}}); \tag{2.2.18}$$

(2) 若 $d_{P_1H_3^1} = d_{G_{12}G_{34}} \neq 0, d_{P_2H_3^2} \neq 0$, 则 $D_{P\text{-}P_2H_3^2} = 0$ 的充分必要条件是

$$3D_{P\text{-}P_1H_3^1} - 4D_{P\text{-}G_{12}G_{34}} = 0 \quad (3d_{P\text{-}P_1H_3^1} = 4d_{P\text{-}G_{12}G_{34}});$$

(3) 若 $d_{P_4H_3^4} = d_{G_{12}G_{34}} \neq 0, d_{P_3H_3^3} \neq 0$, 则 $D_{P\text{-}P_3H_3^3} = 0$ 的充分必要条件是

$$3D_{P\text{-}P_4H_3^4} + 4D_{P\text{-}G_{12}G_{34}} = 0 \quad (3d_{P\text{-}P_4H_3^4} = 4d_{P\text{-}G_{12}G_{34}});$$

(4) 若 $d_{P_3H_3^3} = d_{G_{12}G_{34}} \neq 0, d_{P_4H_3^4} \neq 0$, 则 $D_{P\text{-}P_4H_3^4} = 0$ 的充分必要条件是

$$3D_{P\text{-}P_3H_3^3} + 4D_{P\text{-}G_{12}G_{34}} = 0 \quad (3d_{P\text{-}P_3H_3^3} = 4d_{P\text{-}G_{12}G_{34}});$$

(5) 若 $d_{P_3H_3^3} = d_{G_{13}G_{24}} \neq 0, d_{P_1H_3^1} \neq 0$, 则 $D_{P\text{-}P_1H_3^1} = 0$ 的充分必要条件是

$$3D_{P\text{-}P_3H_3^3} - 4D_{P\text{-}G_{13}G_{24}} = 0 \quad (3d_{P\text{-}P_3H_3^3} = 4d_{P\text{-}G_{13}G_{24}});$$

(6) 若 $d_{P_1H_3^1} = d_{G_{13}G_{24}} \neq 0, d_{P_3H_3^3} \neq 0$, 则 $D_{P\text{-}P_3H_3^3} = 0$ 的充分必要条件是

$$3D_{P\text{-}P_1H_3^1} - 4D_{P\text{-}G_{13}G_{24}} = 0 \quad (3d_{P\text{-}P_1H_3^1} = 4d_{P\text{-}G_{13}G_{24}});$$

(7) 若 $d_{P_4H_3^4} = d_{G_{13}G_{24}} \neq 0, d_{P_2H_3^2} \neq 0$, 则 $D_{P\text{-}P_2H_3^2} = 0$ 的充分必要条件是

$$3D_{P\text{-}P_4H_3^4} + 4D_{P\text{-}G_{13}G_{24}} = 0 \quad (3d_{P\text{-}P_4H_3^4} = 4d_{P\text{-}G_{13}G_{24}});$$

(8) 若 $d_{P_2H_3^2} = d_{G_{13}G_{24}} \neq 0, d_{P_4H_3^4} \neq 0$, 则 $D_{P\text{-}P_4H_3^4} = 0$ 的充分必要条件是

$$3D_{P\text{-}P_2H_3^2} + 4D_{P\text{-}G_{13}G_{24}} = 0 \quad (3d_{P\text{-}P_2H_3^2} = 4d_{P\text{-}G_{13}G_{24}});$$

(9) 若 $d_{P_3H_3^3} = d_{G_{23}G_{41}} \neq 0, d_{P_2H_3^2} \neq 0$, 则 $D_{P\text{-}P_2H_3^2} = 0$ 的充分必要条件是

$$3D_{P\text{-}P_3H_3^3} - 4D_{P\text{-}G_{23}G_{41}} = 0 \quad (3d_{P\text{-}P_3H_3^3} = 4d_{P\text{-}G_{23}G_{41}});$$

(10) 若 $d_{P_2H_3^2} = d_{G_{23}G_{41}} \neq 0, d_{P_3H_3^3} \neq 0$, 则 $D_{P\text{-}P_3H_3^3} = 0$ 的充分必要条件是

$$3D_{P\text{-}P_2H_3^2} - 4D_{P\text{-}G_{23}G_{41}} = 0 \quad (3d_{P\text{-}P_2H_3^2} = 4d_{P\text{-}G_{23}G_{41}});$$

(11) 若 $d_{P_1H_3^1} = d_{G_{23}G_{41}} \neq 0, d_{P_4H_3^4} \neq 0$, 则 $D_{P\text{-}P_4H_3^4} = 0$ 的充分必要条件是

$$3D_{P\text{-}P_1H_3^1} + 4D_{P\text{-}G_{23}G_{41}} = 0 \quad (3d_{P\text{-}P_1H_3^1} = 4d_{P\text{-}G_{23}G_{41}});$$

(12) 若 $d_{P_4H_3^4} = d_{G_{23}G_{41}} \neq 0, d_{P_1H_3^1} \neq 0$, 则 $D_{P\text{-}P_1H_3^1} = 0$ 的充分必要条件是

$$3D_{P\text{-}P_4H_3^4} + 4D_{P\text{-}G_{23}G_{41}} = 0 \quad (3d_{P\text{-}P_4H_3^4} = 4d_{P\text{-}G_{23}G_{41}}).$$

证明 (1) 根据定理 2.2.4 的证明和题设, 由式 (2.2.16), 即得: $D_{P\text{-}P_1H_3^1} = 0$ 的充分必要条件是式 (2.2.18) 成立.

类似地, 可以证明 (2)~(12) 中结论成立.

推论 2.2.9 设 $S = \{P_1, P_2, P_3, P_4\}$ 是四点的集合, H_3^i ($i = 1, 2, 3, 4$) 是 $T_3^i = \{P_{i+1}, P_{i+2}, P_{i+3}\}$ ($i = 1, 2, 3, 4$) 的重心, $G_{i_1i_2}(i_1, i_2 = 1, 2, 3, 4; i_1 < i_2)$ 是 $P_{i_1}P_{i_2}$ 的中点, $P_iH_3^i$ ($i = 1, 2, 3, 4$); $G_{12}G_{34}, G_{13}G_{24}, G_{14}G_{23}$ 分别是 S 的 1-类重心线和 2-类重心线, P 是平面上任意一点.

(1) 若 $d_{P_2H_3^2} = d_{G_{12}G_{34}} \neq 0, d_{P_1H_3^1} \neq 0$, 则点 P 在重心线 $P_1H_3^1$ 所在直线上的充分必要条件是点 P 在另两重心线 $P_2H_3^2, G_{12}G_{34}$ 内角之内且 $3d_{P\text{-}P_2H_3^2} = 4d_{P\text{-}G_{12}G_{34}}$;

(2) 若 $d_{P_1H_3^1} = d_{G_{12}G_{34}} \neq 0, d_{P_2H_3^2} \neq 0$, 则点 P 在重心线 $P_2H_3^2$ 所在直线上的充分必要条件是点 P 在另两重心线 $P_1H_3^1, G_{12}G_{34}$ 内角之内且 $3d_{P\text{-}P_1H_3^1} = 4d_{P\text{-}G_{12}G_{34}}$;

(3) 若 $d_{P_4H_3^4} = d_{G_{12}G_{34}} \neq 0, d_{P_3H_3^3} \neq 0$, 则点 P 在重心线 $P_3H_3^3$ 所在直线上的充分必要条件是点 P 在另两重心线 $P_4H_3^4, G_{12}G_{34}$ 外角之内且 $3d_{P\text{-}P_4H_3^4} = 4d_{P\text{-}G_{12}G_{34}}$;

(4) 若 $d_{P_3H_3^3} = d_{G_{12}G_{34}} \neq 0, d_{P_4H_3^4} \neq 0$, 则点 P 在重心线 $P_4H_3^4$ 所在直线上的充分必要条件是点 P 在另两重心线 $P_3H_3^3, G_{12}G_{34}$ 外角之内且 $3d_{P\text{-}P_3H_3^3} = 4d_{P\text{-}G_{12}G_{34}}$;

(5) 若 $d_{P_3H_3^3} = d_{G_{13}G_{24}} \neq 0, d_{P_1H_3^1} \neq 0$, 则点 P 在重心线 $P_1H_3^1$ 所在直线上的充分必要条件是点 P 在另两重心线 $P_3H_3^3, G_{13}G_{24}$ 内角之内且 $3d_{P\text{-}P_3H_3^3} = 4d_{P\text{-}G_{13}G_{24}}$;

(6) 若 $\mathrm{d}_{P_1H_3^1} = \mathrm{d}_{G_{13}G_{24}} \neq 0, \mathrm{d}_{P_3H_3^3} \neq 0$, 则点 P 在重心线 $P_3H_3^3$ 所在直线上的充分必要条件是点 P 在另两重心线 $P_1H_3^1, G_{13}G_{24}$ 内角之内且 $3\mathrm{d}_{P\text{-}P_1H_3^1} = 4\mathrm{d}_{P\text{-}G_{13}G_{24}}$;

(7) 若 $\mathrm{d}_{P_4H_3^4} = \mathrm{d}_{G_{13}G_{24}} \neq 0, \mathrm{d}_{P_2H_3^2} \neq 0$, 则点 P 在重心线 $P_2H_3^2$ 所在直线上的充分必要条件是点 P 在另两重心线 $P_4H_3^4, G_{13}G_{24}$ 外角之内且 $3\mathrm{d}_{P\text{-}P_4H_3^4} = 4\mathrm{d}_{P\text{-}G_{13}G_{24}}$;

(8) 若 $\mathrm{d}_{P_2H_3^2} = \mathrm{d}_{G_{13}G_{24}} \neq 0, \mathrm{d}_{P_4H_3^4} \neq 0$, 则点 P 在重心线 $P_4H_3^4$ 所在直线上的充分必要条件是点 P 在另两重心线 $P_2H_3^2, G_{13}G_{24}$ 外角之内且 $3\mathrm{d}_{P\text{-}P_2H_3^2} = 4\mathrm{d}_{P\text{-}G_{13}G_{24}}$;

(9) 若 $\mathrm{d}_{P_3H_3^3} = \mathrm{d}_{G_{23}G_{41}} \neq 0, \mathrm{d}_{P_2H_3^2} \neq 0$, 则点 P 在重心线 $P_2H_3^2$ 所在直线上的充分必要条件是点 P 在另两重心线 $P_3H_3^3, G_{23}G_{41}$ 内角之内且 $3\mathrm{d}_{P\text{-}P_3H_3^3} = 4\mathrm{d}_{P\text{-}G_{23}G_{41}}$;

(10) 若 $\mathrm{d}_{P_2H_3^2} = \mathrm{d}_{G_{23}G_{41}} \neq 0, \mathrm{d}_{P_3H_3^3} \neq 0$, 则点 P 在重心线 $P_3H_3^3$ 所在直线上的充分必要条件是点 P 在另两重心线 $P_2H_3^2, G_{23}G_{41}$ 内角之内且 $3\mathrm{d}_{P\text{-}P_2H_3^2} = 4\mathrm{d}_{P\text{-}G_{23}G_{41}}$;

(11) 若 $\mathrm{d}_{P_1H_3^1} = \mathrm{d}_{G_{23}G_{41}} \neq 0, \mathrm{d}_{P_4H_3^4} \neq 0$, 则点 P 在重心线 $P_4H_3^4$ 所在直线上的充分必要条件是点 P 在另两重心线 $P_1H_3^1, G_{23}G_{41}$ 外角之内且 $3\mathrm{d}_{P\text{-}P_1H_3^1} = 4\mathrm{d}_{P\text{-}G_{23}G_{41}}$;

(12) 若 $\mathrm{d}_{P_4H_3^4} = \mathrm{d}_{G_{23}G_{41}} \neq 0, \mathrm{d}_{P_1H_3^1} \neq 0$, 则点 P 在重心线 $P_1H_3^1$ 所在直线上的充分必要条件是点 P 在另两重心线 $P_4H_3^4, G_{23}G_{41}$ 外角之内且 $3\mathrm{d}_{P\text{-}P_4H_3^4} = 4\mathrm{d}_{P\text{-}G_{23}G_{41}}$.

证明 (1) 根据定理 2.2.6(1) 和题设, 由 $\mathrm{D}_{P\text{-}P_1H_3^1} = 0$ 和式 (2.2.18) 的几何意义, 即得.

类似地, 可以证明 (2)~(12) 中结论成立.

推论 2.2.10 设 $P_1P_2P_3P_4$ 是四角形 (四边形), H_3^i ($i=1,2,3,4$) 是三角形 $P_{i+1}P_{i+2}P_{i+3}$ ($i=1,2,3,4$) 的重心, $G_{i_1i_2}$ ($i_1, i_2 = 1,2,3,4; i_1 < i_2$) 是各边 (对角线) $P_{i_1}P_{i_2}$ 的中点, $P_iH_3^i$ ($i=1,2,3,4$); $G_{12}G_{34}, G_{13}G_{24}, G_{14}G_{23}$ 分别是 $P_1P_2P_3P_4$ 的 1-级重心线和重心线, P 是 $P_1P_2P_3P_4$ 所在平面上任意一点. 若相应的条件满足, 则定理 2.2.4~ 定理 2.2.6 和推论 2.2.7~ 推论 2.2.9 的结论均成立.

证明 设 $S = \{P_1, P_2, P_3, P_4\}$ 是四角形 (四边形) $P_1P_2P_3P_4$ 顶点的集合, 对不共线四点的集合 S 分别应用定理 2.2.4~ 定理 2.2.6 和推论 2.2.7~ 推论 2.2.9, 即得.

2.2.4 共线四点集 1-类 2-类重心线有向距离定理与应用

定理 2.2.7 设 $S = \{P_1, P_2, P_3, P_4\}$ 是共线四点的集合, H_3^i 是 $T_3^i = \{P_{i+1}, P_{i+2}, P_{i+3}\}$ ($i=1,2,3,4$) 的重心, $(S_2^j, T_2^j) = (P_{i_1}, P_{i_2}; P_{i_3}, P_{i_4})$($i_1, i_2, i_3, i_4 =$

$1,2,3,4$) 是 S 的完备集对, $G_{i_1i_2}$ 是 $P_{i_1}P_{i_2}(i_1, i_2 = 1,2,3,4)$ 的中点, $P_iH_3^i$ ($i = 1,2,3,4$); $G_{12}G_{34}, G_{13}G_{24}, G_{14}G_{23}$ 分别是 S 的 1-类重心线和 2-类重心线, 则

$$3\mathrm{D}_{P_1H_3^1} + 3\mathrm{D}_{P_2H_3^2} - 4\mathrm{D}_{G_{12}G_{34}} = 0, \tag{2.2.19}$$

$$3\mathrm{D}_{P_3H_3^3} + 3\mathrm{D}_{P_4H_3^4} + 4\mathrm{D}_{G_{12}G_{34}} = 0; \tag{2.2.20}$$

$$3\mathrm{D}_{P_1H_3^1} + 3\mathrm{D}_{P_3H_3^3} - 4\mathrm{D}_{G_{13}G_{24}} = 0, \tag{2.2.21}$$

$$3\mathrm{D}_{P_2H_3^2} + 3\mathrm{D}_{P_4H_3^4} + 4\mathrm{D}_{G_{13}G_{24}} = 0; \tag{2.2.22}$$

$$3\mathrm{D}_{P_2H_3^2} + 3\mathrm{D}_{P_3H_3^3} - 4\mathrm{D}_{G_{23}G_{41}} = 0, \tag{2.2.23}$$

$$3\mathrm{D}_{P_4H_3^4} + 3\mathrm{D}_{P_1H_3^1} + 4\mathrm{D}_{G_{23}G_{41}} = 0. \tag{2.2.24}$$

证明 不妨设 P 是四点所在直线外任意一点. 因为 P_1, P_2, P_3, P_4 四点共线, 所以三重心线 $P_1H_3^1, P_2H_3^2, G_{12}G_{34}$ 共线, 从而

$$2\mathrm{D}_{PP_iH_3^i} = \mathrm{d}_{P\text{-}P_iH_3^i}\mathrm{D}_{P_iH_3^i} \ (i = 1,2), \quad 2\mathrm{D}_{PG_{12}G_{34}} = \mathrm{d}_{P\text{-}G_{12}G_{34}}\mathrm{D}_{G_{12}G_{34}}.$$

故根据定理 2.2.1, 由式 (2.2.1), 可得

$$3\mathrm{d}_{P\text{-}P_1H_3^1}\mathrm{D}_{P_1H_3^1} + 3\mathrm{d}_{P\text{-}P_2H_3^2}\mathrm{D}_{P_2H_3^2} - 4\mathrm{d}_{P\text{-}G_{12}G_{34}}\mathrm{D}_{G_{12}G_{34}} = 0.$$

注意到 $\mathrm{d}_{P\text{-}P_1H_3^1} = \mathrm{d}_{P\text{-}P_2H_3^2} = \mathrm{d}_{P\text{-}G_{12}G_{34}} \neq 0$, 故由上式, 即得式 (2.2.19).

类似地, 可以证明, 式 (2.2.20)~(2.2.24) 成立.

推论 2.2.11 设 $S = \{P_1, P_2, P_3, P_4\}$ 是共线四点的集合, H_3^i 是 $T_3^i = \{P_{i+1}, P_{i+2}, P_{i+3}\}$ ($i = 1,2,3,4$) 的重心, $(S_2^j, T_2^j) = (P_{i_1}, P_{i_2}; P_{i_3}, P_{i_4})(i_1, i_2, i_3, i_4 = 1,2,3,4)$ 是 S 的完备集对, $G_{i_1i_2}$ 是 $P_{i_1}P_{i_2}(i_1, i_2 = 1,2,3,4)$ 的中点, $P_iH_3^i$ ($i = 1,2,3,4$); $G_{12}G_{34}, G_{13}G_{24}, G_{14}G_{23}$ 分别是 S 的 1-类重心线和 2-类重心线, 则以下六组各三条重心线的乘数距离

$3\mathrm{d}_{P_1H_3^1}, 3\mathrm{d}_{P_2H_3^2}, 4\mathrm{d}_{G_{12}G_{34}}; \quad 3\mathrm{d}_{P_3H_3^3}, 3\mathrm{d}_{P_4H_3^4}, 4\mathrm{d}_{G_{12}G_{34}}; \quad 3\mathrm{d}_{P_1H_3^1}, 3\mathrm{d}_{P_3H_3^3}, 4\mathrm{d}_{G_{13}G_{24}},$

$3\mathrm{d}_{P_2H_3^2}, 3\mathrm{d}_{P_4H_3^4}, 4\mathrm{d}_{G_{13}G_{24}}; \quad 3\mathrm{d}_{P_2H_3^2}, 3\mathrm{d}_{P_3H_3^3}, 4\mathrm{d}_{G_{23}G_{41}}; \quad 3\mathrm{d}_{P_4H_3^4}, 3\mathrm{d}_{P_1H_3^1}, 4\mathrm{d}_{G_{23}G_{41}}$

中, 每组其中一条较长的乘数距离均等于另外两条较短的乘数距离的和.

证明 根据定理 2.2.7, 在式 (2.2.19) 中, 注意到三条重心线的乘数有向距离 $3\mathrm{D}_{P_1H_3^1}, 3\mathrm{D}_{P_2H_3^2}, -4\mathrm{D}_{G_{12}G_{34}}$ 中, 其中一条绝对值较长的乘数有向距离的符号与另外两条绝对值较短的乘数有向距离的符号相反, 即得三条重心线的乘数距离 $3\mathrm{d}_{P_1H_3^1}, 3\mathrm{d}_{P_2H_3^2}, 4\mathrm{d}_{G_{12}G_{34}}$ 中, 其中一条较长的乘数距离等于另外两条较短的乘数距离的和.

类似地, 可以证明其余五种情形.

注 2.2.3 根据如上证明可知, 式 (2.2.19) 的几何意义是: 如下三条重心线的乘数有向距离 $3\mathrm{D}_{P_1H_3^1}$, $3\mathrm{D}_{P_2H_3^2}$, $-4\mathrm{D}_{G_{12}G_{34}}$ 中, 其中一条绝对值较长的乘数有向距离的符号与另外两条绝对值较短的乘数有向距离的符号相反. 以后但凡遇到类似情形, 我们将不给出如上具体的证明, 而是直接根据式的这种几何意义得出结果.

定理 2.2.8 设 $S = \{P_1, P_2, P_3, P_4\}$ 是共线四点的集合, H_3^i 是 $T_3^i = \{P_{i+1}, P_{i+2}, P_{i+3}\}$ ($i = 1,2,3,4$) 的重心, $(S_2^j, T_2^j) = (P_{i_1}, P_{i_2}; P_{i_3}, P_{i_4})(i_1, i_2, i_3, i_4 = 1,2,3,4)$ 是 S 的完备集对, $G_{i_1i_2}$ 是 $P_{i_1}P_{i_2}(i_1, i_2 = 1,2,3,4)$ 的中点, $P_iH_3^i$ ($i = 1,2,3,4$); $G_{12}G_{34}$, $G_{13}G_{24}$, $G_{14}G_{23}$ 分别是 S 的 1-类重心线和 2-类重心线, 则

(1) $\mathrm{D}_{G_{12}G_{34}} = 0$ 的充分必要条件是如下两个式子之一成立:

$$\mathrm{D}_{P_1H_3^1} + \mathrm{D}_{P_2H_3^2} = 0 \quad (\mathrm{d}_{P_1H_3^1} = \mathrm{d}_{P_2H_3^2}), \tag{2.2.25}$$

$$\mathrm{D}_{P_3H_3^3} + \mathrm{D}_{P_4H_3^4} = 0 \quad (\mathrm{d}_{P_3H_3^3} = \mathrm{d}_{P_4H_3^4}); \tag{2.2.26}$$

(2) $\mathrm{D}_{G_{13}G_{24}} = 0$ 的充分必要条件是如下两个式子之一成立:

$$\mathrm{D}_{P_1H_3^1} + \mathrm{D}_{P_3H_3^3} = 0 \quad (\mathrm{d}_{P_1H_3^1} = \mathrm{d}_{P_3H_3^3}),$$

$$\mathrm{D}_{P_2H_3^2} + \mathrm{D}_{P_4H_3^4} = 0 \quad (\mathrm{d}_{P_2H_3^2} = \mathrm{d}_{P_4H_3^4});$$

(3) $\mathrm{D}_{G_{23}G_{41}} = 0$ 的充分必要条件是如下两个式子之一成立:

$$\mathrm{D}_{P_2H_3^2} + \mathrm{D}_{P_3H_3^3} = 0 \quad (\mathrm{d}_{P_2H_3^2} = \mathrm{d}_{P_3H_3^3})$$

$$\mathrm{D}_{P_4H_3^4} + \mathrm{D}_{P_1H_3^1} = 0 \quad (\mathrm{d}_{P_4H_3^4} = \mathrm{d}_{P_1H_3^1}).$$

证明 (1) 根据定理 2.2.7, 由式 (2.2.19) 和 (2.2.20), 即得: $\mathrm{D}_{G_{12}G_{34}} = 0 \Leftrightarrow$ 式 (2.2.25) 成立 $\Leftrightarrow$ (2.2.26) 成立.

类似地, 可以证明 (2) 和 (3) 中结论成立.

推论 2.2.12 设 $S = \{P_1, P_2, P_3, P_4\}$ 是共线四点的集合, H_3^i 是 $T_3^i = \{P_{i+1}, P_{i+2}, P_{i+3}\}$ ($i = 1,2,3,4$) 的重心, $(S_2^j, T_2^j) = (P_{i_1}, P_{i_2}; P_{i_3}, P_{i_4})(i_1, i_2, i_3, i_4 = 1,2,3,4)$ 是 S 的完备集对, $G_{i_1i_2}$ 是 $P_{i_1}P_{i_2}(i_1, i_2 = 1,2,3,4)$ 的中点, $P_iH_3^i$ ($i = 1,2,3,4$); $G_{12}G_{34}$, $G_{13}G_{24}$, $G_{14}G_{23}$ 分别是 S 的 1-类重心线和 2-类重心线, 则

(1) 两重心点 G_{12}, G_{34} 重合的充分必要条件是两重心线 $P_1H_3^1, P_2H_3^2$ ($P_3H_3^3, P_4H_3^4$) 距离相等方向相反;

(2) 两重心点 G_{13}, G_{24} 重合的充分必要条件是两重心线 $P_1H_3^1, P_3H_3^3$ ($P_2H_3^2, P_4H_3^4$) 距离相等方向相反;

(3) 两重心点 G_{23}, G_{41} 重合的充分必要条件是两重心线 $P_2H_3^2, P_3H_3^3$ ($P_4H_3^4, P_1H_3^1$) 距离相等方向相反.

证明 (1) 根据定理 2.2.8(1), 由式 (2.2.25) 和 (2.2.26) 的几何意义, 即得.

类似地, 可以证明 (2) 和 (3) 中结论成立.

定理 2.2.9 设 $S = \{P_1, P_2, P_3, P_4\}$ 是共线四点的集合, H_3^i 是 $T_3^i = \{P_{i+1}, P_{i+2}, P_{i+3}\}$ ($i = 1, 2, 3, 4$) 的重心, $(S_2^j, T_2^j) = (P_{i_1}, P_{i_2}; P_{i_3}, P_{i_4})(i_1, i_2, i_3, i_4 = 1, 2, 3, 4)$ 是 S 的完备集对, $G_{i_1 i_2}$ 是 $P_{i_1}P_{i_2}(i_1, i_2 = 1, 2, 3, 4)$ 的中点, $P_iH_3^i$ ($i = 1, 2, 3, 4$); $G_{12}G_{34}, G_{13}G_{24}, G_{14}G_{23}$ 分别是 S 的 1-类重心线和 2-类重心线, 则

(1) $\mathrm{D}_{P_1H_3^1} = 0$ 的充分必要条件是如下三个式子之一成立:

$$3\mathrm{D}_{P_2H_3^2} - 4\mathrm{D}_{G_{12}G_{34}} = 0 \quad (3\mathrm{d}_{P_2H_3^2} = 4\mathrm{d}_{G_{12}G_{34}}), \tag{2.2.27}$$

$$3\mathrm{D}_{P_3H_3^3} - 4\mathrm{D}_{G_{13}G_{24}} = 0 \quad (3\mathrm{d}_{P_3H_3^3} = 4\mathrm{d}_{G_{13}G_{24}}), \tag{2.2.28}$$

$$3\mathrm{D}_{P_4H_3^4} + 4\mathrm{D}_{G_{23}G_{41}} = 0 \quad (3\mathrm{d}_{P_4H_3^4} = 4\mathrm{d}_{G_{23}G_{41}}); \tag{2.2.29}$$

(2) $\mathrm{D}_{P_2H_3^2} = 0$ 的充分必要条件是如下三个式子之一成立:

$$3\mathrm{D}_{P_1H_3^1} - 4\mathrm{D}_{G_{12}G_{34}} = 0 \quad (3\mathrm{d}_{P_1H_3^1} = 4\mathrm{d}_{G_{12}G_{34}}),$$

$$3\mathrm{D}_{P_4H_3^4} + 4\mathrm{D}_{G_{13}G_{24}} = 0 \quad (3\mathrm{d}_{P_4H_3^4} = 4\mathrm{d}_{G_{13}G_{24}}),$$

$$3\mathrm{D}_{P_3H_3^3} - 4\mathrm{D}_{G_{23}G_{41}} = 0 \quad (3\mathrm{d}_{P_3H_3^3} = 4\mathrm{d}_{G_{23}G_{41}});$$

(3) $\mathrm{D}_{P_3H_3^3} = 0$ 的充分必要条件是如下三个式子之一成立:

$$3\mathrm{D}_{P_4H_3^4} + 4\mathrm{D}_{G_{12}G_{34}} = 0 \quad (3\mathrm{d}_{P_4H_3^4} = 4\mathrm{d}_{G_{12}G_{34}}),$$

$$3\mathrm{D}_{P_1H_3^1} - 4\mathrm{D}_{G_{13}G_{24}} = 0 \quad (3\mathrm{d}_{P_1H_3^1} = 4\mathrm{d}_{G_{13}G_{24}}),$$

$$3\mathrm{D}_{P_2H_3^2} - 4\mathrm{D}_{G_{23}G_{41}} = 0 \quad (3\mathrm{d}_{P_2H_3^2} = 4\mathrm{d}_{G_{23}G_{41}});$$

(4) $\mathrm{D}_{P_4H_3^4} = 0$ 的充分必要条件是如下三个式子之一成立:

$$3\mathrm{D}_{P_3H_3^3} + 4\mathrm{D}_{G_{12}G_{34}} = 0 \quad (3\mathrm{d}_{P_3H_3^3} = 4\mathrm{d}_{G_{12}G_{34}}),$$

$$3\mathrm{D}_{P_2H_3^2} + 4\mathrm{D}_{G_{13}G_{24}} = 0 \quad (3\mathrm{d}_{P_2H_3^2} = 4\mathrm{d}_{G_{13}G_{24}}),$$

$$3\mathrm{D}_{P_1H_3^1} + 4\mathrm{D}_{G_{23}G_{41}} = 0 \quad (3\mathrm{d}_{P_1H_3^1} = 4\mathrm{d}_{G_{23}G_{41}}).$$

证明 (1) 根据定理 2.2.7, 由式 (2.2.19), (2.2.21) 及 (2.2.24), 即得: $\mathrm{D}_{P_1H_3^1} = 0 \Leftrightarrow$ 式 (2.2.27) 成立 $\Leftrightarrow$ 式 (2.2.28) 成立 $\Leftrightarrow$ 式 (2.2.29) 成立.

类似地, 可以证明 (2)~(4) 中结论成立.

推论 2.2.13 设 $S=\{P_1,P_2,P_3,P_4\}$ 是共线四点的集合, H_3^i 是 $T_3^i=\{P_{i+1},P_{i+2},P_{i+3}\}$ $(i=1,2,3,4)$ 的重心, $(S_2^j,T_2^j)=(P_{i_1},P_{i_2};P_{i_3},P_{i_4})(i_1,i_2,i_3,i_4=1,2,3,4)$ 是 S 的完备集对, $G_{i_1i_2}$ 是 $P_{i_1}P_{i_2}(i_1,i_2=1,2,3,4)$ 的中点, $P_iH_3^i$ $(i=1,2,3,4)$; $G_{12}G_{34}$, $G_{13}G_{24}$, $G_{14}G_{23}$ 分别是 S 的 1-类重心线和 2-类重心线, 则

(1) 两点 P_1, H_3^1 重合的充分必要条件是两重心线 $P_2H_3^2$, $G_{12}G_{34}$ 同向且 $3\mathrm{d}_{P_2H_3^2}=4\mathrm{d}_{G_{12}G_{34}}$, 或两重心线 $P_3H_3^3$, $G_{13}G_{24}$ 同向且 $3\mathrm{d}_{P_3H_3^3}=4\mathrm{d}_{G_{13}G_{24}}$; 或两重心线 $P_4H_3^4$, $G_{23}G_{41}$ 反向且 $3\mathrm{d}_{P_4H_3^4}=4\mathrm{d}_{G_{23}G_{41}}$;

(2) 两点 P_2, H_3^2 重合的充分必要条件是两重心线 $P_1H_3^1$, $G_{12}G_{34}$ 同向且 $3\mathrm{d}_{P_1H_3^1}=4\mathrm{d}_{G_{12}G_{34}}$, 或两重心线 $P_4H_3^4$, $G_{13}G_{24}$ 反向且 $3\mathrm{d}_{P_4H_3^4}=4\mathrm{d}_{G_{13}G_{24}}$, 或两重心线 $P_3H_3^3$, $G_{23}G_{41}$ 同向且 $3\mathrm{d}_{P_3H_3^3}=4\mathrm{d}_{G_{23}G_{41}}$;

(3) 两点 P_3, H_3^3 重合的充分必要条件是两重心线 $P_4H_3^4$, $G_{12}G_{34}$ 反向且 $3\mathrm{d}_{P_4H_3^4}=4\mathrm{d}_{G_{12}G_{34}}$, 或两重心线 $P_1H_3^1$, $G_{13}G_{24}$ 同向且 $3\mathrm{d}_{P_1H_3^1}=4\mathrm{d}_{G_{13}G_{24}}$, 或两重心线 $P_2H_3^2$, $G_{23}G_{41}$ 同向且 $3\mathrm{d}_{P_2H_3^2}=4\mathrm{d}_{G_{23}G_{41}}$;

(4) 两点 P_4, H_3^4 重合的充分必要条件是两重心线 $P_3H_3^3$, $G_{12}G_{34}$ 反向且 $3\mathrm{d}_{P_3H_3^3}=4\mathrm{d}_{G_{12}G_{34}}$, 或两重心线 $P_2H_3^2$, $G_{13}G_{24}$ 反向且 $3\mathrm{d}_{P_2H_3^2}=4\mathrm{d}_{G_{13}G_{24}}$, 或两重心线 $P_1H_3^1$, $G_{23}G_{41}$ 反向且 $3\mathrm{d}_{P_1H_3^1}=4\mathrm{d}_{G_{23}G_{41}}$.

证明 (1) 根据定理 2.2.9(1), 由 $\mathrm{D}_{P_1H_3^1}=0$ 及式 (2.2.27)~(2.2.29) 的几何意义, 即得.

类似地, 可以证明 (2)~(4) 中结论成立.

2.3 四点集重心线的共点定理和定比分点定理与应用

本节主要应用有向度量和有向度量定值法, 研究四点集重心线共点和定比分点的有关问题. 首先, 利用四点集重心线三角形有向面积的定值定理, 得出不共线四点集重心线的共点定理, 从而推出四角形 (四边形) 重心线的共点定理; 其次, 给出四点集重心线的定比分点定理, 从而推出四角形 (四边形) 重心线的定比分点定理; 最后, 给出四点集各类重心线有向度量定值定理的物理意义.

2.3.1 四点集各类重心线的共点定理及其应用

定理 2.3.1 设 $S=\{P_1,P_2,P_3,P_4\}$ 是不共线四点的集合, H_3^i $(i=1,2,3,4)$ 是 $T_3^i=\{P_{i+1},P_{i+2},P_{i+3}\}$ $(i=1,2,3,4)$ 的重心, $G_{i_1i_2}(i_1,i_2=1,2,3,4;i_1<i_2)$ 是 $P_{i_1}P_{i_2}$ 的中点, $P_iH_3^i$ $(i=1,2,3,4)$; $G_{12}G_{34}$, $G_{13}G_{24}$, $G_{14}G_{23}$ 分别是 S 的 1-类重心线和 2-类重心线, 则 $P_iH_3^i$ $(i=1,2,3,4)$; $G_{12}G_{34}$, $G_{13}G_{24}$, $G_{14}G_{23}$ 相交于一点 G, 且该交点为 S 的重心, 即 $G=(P_1+P_2+P_3+P_4)/4$.

证明 因为 $S=\{P_1,P_2,P_3,P_4\}$ 是不共线四点的集合, 所以 S 的 1-类重心线 $P_iH_3^i$ $(i=1,2,3,4)$ 线中至少有两条仅相交于一点. 不妨设 $P_1H_3^1$, $P_2H_3^2$ 仅相

交于一点 G, 则
$$\mathrm{D}_{GP_1H_3^1} = \mathrm{D}_{GP_2H_3^2} = 0,$$
代入式 (2.2.1), 得 $\mathrm{D}_{GG_{12}G_{34}} = 0$. 再将 $\mathrm{D}_{GP_1H_3^1} = \mathrm{D}_{GP_2H_3^2} = \mathrm{D}_{GG_{12}G_{34}} = 0$, 分别代入式 (2.2.2)、(2.2.4) 和 (2.2.6) 并化简, 得

$$\mathrm{D}_{GP_3H_3^3} + \mathrm{D}_{GP_4H_3^4} = 0, \tag{2.3.1}$$

$$3\mathrm{D}_{GP_4H_3^4} + 4\mathrm{D}_{GG_{13}G_{24}} = 0, \tag{2.3.2}$$

$$3\mathrm{D}_{GP_4H_3^4} + 4\mathrm{D}_{GG_{23}G_{41}} = 0. \tag{2.3.3}$$

显然, 式 (2.3.1)~(2.3.3) 都是可以看成是关于点 G 坐标的二元一次方程 (即此时把 G 看成是动点, 而未必是两重心线 $P_1H_3^1$, $P_2H_3^2$ 的交点), 且相互独立的方程的个数不小于 2. 因此, 这三条直线的方程构成一个二元一次方程组, 其系数矩阵 A 的秩 $R(A) \geqslant 2$. 故由线性方程组解的理论易知: 该方程组只有零解. 而

$$\mathrm{D}_{GP_3H_3^3} = \mathrm{D}_{GP_4H_3^4} = \mathrm{D}_{GG_{13}G_{24}} = \mathrm{D}_{GG_{23}G_{41}} = 0$$

就是该方程组的零解. 所以 G 在重心线 $P_3H_3^3$, $P_4H_3^4$, $G_{13}G_{24}$, $G_{14}G_{23}$ 所在直线之上. 因此, $P_iH_3^i$ ($i = 1, 2, 3, 4$); $G_{12}G_{34}$, $G_{13}G_{24}$, $G_{14}G_{23}$ 所在直线相交于一点 G.

现求 G 的坐标. 设 S 各点的坐标分别为 $P_i(x_i, y_i)$ ($i = 1, 2, 3, 4$), 于是 T_3^i 重心的坐标为

$$H_3^i \left(\frac{1}{3} \sum_{\mu=1}^{3} x_{\mu+i}, \frac{1}{3} \sum_{\mu=1}^{3} y_{\mu+i} \right) \quad (i = 1, 2, 3, 4).$$

因为 G 是四条 1-类重心线 $P_iH_3^i$ ($i = 1, 2, 3, 4$) 的交点, 故由 G 关于 $P_iH_3^i$ ($i = 1, 2, 3, 4$) 的对称性, 在各直线 $P_iH_3^i$ 的方程

$$\frac{x - x_i}{x_{H_3^i} - x_i} = \frac{y - y_i}{y_{H_3^i} - y_i} = t_i \quad (i = 1, 2, 3, 4)$$

中令 $t_1 = t_2 = t_3 = t_4 = t$ 并化简, 可得

$$x_G = x_i + t\left(x_{H_3^i} - x_i\right) \quad (i = 1, 2, 3, 4).$$

于是

$$4x_G = \sum_{i=1}^{4} x_i + t \sum_{i=1}^{4} \left(x_{H_3^i} - x_i\right) = \sum_{i=1}^{4} x_i + t \sum_{i=1}^{4} \left(\frac{x_{i+1} + x_{i+2} + x_{i+3}}{3} - x_i \right)$$

$$= \sum_{i=1}^{4} x_i + \frac{t}{3} \sum_{i=1}^{4} (x_{i+1} + x_{i+2} + x_{i+3} - 3x_i) = \sum_{i=1}^{4} x_i,$$

所以
$$x_G = \frac{x_1 + x_2 + x_3 + x_4}{4}.$$

类似地, 可以求得
$$y_G = \frac{y_1 + y_2 + y_3 + y_4}{4}.$$

所以 $G = (P_1 + P_2 + P_3 + P_4)/4$, 即 G 是 S 的重心.

又显然, G 是各重心线的内点, 所以 $P_iH_3^i$ ($i = 1,2,3,4$); $G_{12}G_{34}, G_{13}G_{24}$, $G_{14}G_{23}$ 相交于一点.

注 2.3.1 当 $S = \{P_1, P_2, P_3, P_4\}$ 为共线四点的集合时, S 的 1-类重心线和 2-类重心线同在一条直线上, 各类重心线的公共点不唯一, 通常有无穷多个点, 即包含 S 重心的一个区间, 但可以验证 G 亦是各重心线的内点, 从而 G 亦是各重心线的重心. 因此, 从这个意义上来说, 共线四点集的奇异重心线和非奇异重心线一起才能确定它的重心.

推论 2.3.1 (四角形、四边形重心线的共点定理) 设 $P_1P_2P_3P_4$ 是四角形 (四边形), H_3^i ($i = 1,2,3,4$) 是三角形 $P_{i+1}P_{i+2}P_{i+3}$ ($i = 1, 2, 3, 4$) 的重心, $G_{i_1i_2}$(i_1, $i_2 = 1,2,3,4$; $i_1 < i_2$) 是各边 (对角线) $P_{i_1}P_{i_2}$ 的中点, $P_iH_3^i$ ($i = 1, 2, 3, 4$); $G_{12}G_{34}, G_{13}G_{24}, G_{14}G_{23}$ 分别是 $P_1P_2P_3P_4$ 的 1-级重心线和重心线, 则 $P_iH_3^i$ ($i = 1, 2, 3, 4$); $G_{12}G_{34}, G_{13}G_{24}, G_{14}G_{23}$ 相交于一点 G, 且该交点为 S 的重心, 即 $G = (P_1 + P_2 + P_3 + P_4)/4$.

证明 设 $S = \{P_1, P_2, P_3, P_4\}$ 是四角形 (四边形) $P_1P_2P_3P_4$ 顶点的集合, 对不共线四点的集合 S 应用定理 2.3.1, 即得.

2.3.2 四点集各类重心线的定比分点定理及其应用

定理 2.3.2 (四点集 1-类重心线的定比分点定理) 设 $S = \{P_1, P_2, P_3, P_4\}$ 是四点的集合, H_3^i ($i = 1,2,3,4$) 是 $T_3^i = \{P_{i+1}, P_{i+2}, P_{i+3}\}$ ($i = 1,2,3,4$) 的重心, $P_iH_3^i$ ($i = 1,2,3,4$) 是 S 的非退化 1-类重心线, 则 S 的重心 G 是 $P_iH_3^i$ ($i = 1,2,3,4$) 的 3-分点, 即

$$\mathrm{D}_{P_iG}/\mathrm{D}_{GH_3^i} = 3 \quad \text{或} \quad G = (P_i + 3H_3^i)/4 \quad (i = 1,2,3,4).$$

证明 不妨设 S 的四条 1-类 $P_iH_3^i$ ($i = 1,2,3,4$) 与 x 轴均不垂直, 且其各点的坐标如定理 2.3.1 所设, 则由定理 2.3.1 及注 2.3.1, 可得

$$\frac{\mathrm{D}_{P_iG}}{\mathrm{D}_{GH_3^i}} = \frac{\mathrm{Prj}_x \mathrm{D}_{P_iG}}{\mathrm{Prj}_x \mathrm{D}_{GH_3^i}} = \frac{x_G - x_i}{x_{H_3^i} - x_G}$$

$$= \frac{(x_i + x_{i+1} + x_{i+2} + x_{i+3})/4 - x_i}{(x_{i+1} + x_{i+2} + x_{i+3})/3 - (x_i + x_{i+1} + x_{i+2} + x_{i+3})/4}$$

$$= \frac{3(x_{i+1} + x_{i+2} + x_{i+3} - 3x_i)}{x_{i+1} + x_{i+2} + x_{i+3} - 3x_i} = 3 \quad (i = 1, 2, 3, 4),$$

所以 $G = (P_i + 3H_3^i)/4$ $(i = 1, 2, 3, 4)$, 即重心 G 是重心线 $P_iH_3^i$ $(i = 1, 2, 3, 4)$ 的 3-分点.

推论 2.3.2 (四角形、四边形 1-级重心线的定比分点定理) 设 $P_1P_2P_3P_4$ 是四角形 (四边形), H_3^i $(i = 1, 2, 3, 4)$ 是三角形 $P_{i+1}P_{i+2}P_{i+3}$ $(i = 1, 2, 3, 4)$ 的重心, $P_iH_3^i$ $(i = 1, 2, 3, 4)$ 是 $P_1P_2P_3P_4$ 的非退化 1-级重心线, 则 $P_1P_2P_3P_4$ 的重心 G 是 $P_iH_3^i$ $(i = 1, 2, 3, 4)$ 的 3-分点, 即

$$D_{P_iG}/D_{GH_3^i} = 3 \quad \text{或} \quad G = (P_i + 3H_3^i)/4 \quad (i = 1, 2, 3, 4).$$

证明 设 $S = \{P_1, P_2, P_3, P_4\}$ 是四角形 (四边形) $P_1P_2P_3P_4$ 顶点的集合, 对不共线四点的集合 S 应用定理 2.3.2, 即得.

定理 2.3.3 (四点集 2-类重心线的定比分点定理) 设 $S = \{P_1, P_2, P_3, P_4\}$ 是四点的集合, $G_{i_1i_2}(i_1, i_2 = 1, 2, 3, 4; i_1 < i_2)$ 是 $P_{i_1}P_{i_2}$ 的中点, $G_{12}G_{34}$, $G_{13}G_{24}$, $G_{14}G_{23}$ 是 S 的非退化 2-类重心线, 则 S 的重心 G 是 $G_{12}G_{34}$, $G_{13}G_{24}$, $G_{14}G_{23}$ 的中点, 即

$$D_{G_{12}G}/D_{GG_{34}} = D_{G_{13}G}/D_{GG_{24}} = D_{G_{23}G}/D_{GG_{41}} = 1$$

或

$$G = (G_{12} + G_{34})/2 = (G_{13} + G_{24})/2 = (G_{14} + G_{23})/2.$$

证明 根据定理 2.3.1 及注 2.3.1, 仿定理 2.3.2 证明即得.

推论 2.3.3 (四角形、四边形中位线的定比分点定理) 设 $P_1P_2P_3P_4$ 是四角形 (四边形), $G_{i_1i_2}(i_1, i_2 = 1, 2, 3, 4; i_1 < i_2)$ 是各边 (对角线) $P_{i_1}P_{i_2}$ 的中点, $G_{12}G_{34}$, $G_{13}G_{24}$, $G_{14}G_{23}$ 是 $P_1P_2P_3P_4$ 的非退化中位线, 则 $P_1P_2P_3P_4$ 的重心 G 是 $G_{12}G_{34}$, $G_{13}G_{24}$, $G_{14}G_{23}$ 的中点, 即

$$D_{G_{12}G}/D_{GG_{34}} = D_{G_{13}G}/D_{GG_{24}} = D_{G_{23}G}/D_{GG_{41}} = 1$$

或

$$G = (G_{12} + G_{34})/2 = (G_{13} + G_{24})/2 = (G_{14} + G_{23})/2.$$

证明 设 $S = \{P_1, P_2, P_3, P_4\}$ 是四角形 (四边形) $P_1P_2P_3P_4$ 顶点的集合, 对不共线四点的集合 S 应用定理 2.3.3, 即得.

2.3.3 四点集各类重心线有向度量定值定理的物理意义

综上所述, 四点集两类非奇异重心线都是通过其奇异重心线, 即重心的线段. 本章前两节给出的有关这两类重心线的有向度量的定值定理, 都是描述四点集重心稳定性的系统和子系统.

四点集所有的 1-类重心线三角形有向面积构成一个重心稳定性系统, 该系统 1-类重心线三角形有向面积的定值定理的物理意义是: 在任何时刻, 平面上任一动点在运动的过程中, 按顺时针方向和按逆时针方向两种方式扫过单位质点四点集 1-类重心线的面积的代数和为零. 即在该四点集 1-类重心线系统的四条重心线中, 其中动点按顺时针方向扫过的单位质点四点集 1-类重心线的面积的和恒等于动点按逆时针方向扫过的单位质点四点集 1-类重心线的面积的和.

四点集所有的 1-类 2-类重心线三角形有向面积构成一个总的重心稳定性系统, 而该系统又包含六个重心稳定性子系统. 每个子系统有向面积的定值定理的物理意义都是: 在任何时刻, 平面上任一动点在运动的过程中, 按顺时针方向和按逆时针方向两种方式扫过单位质点四点集每对子系统中两个子系统各三条 1-类重心线和 2-类重心线的乘数面积的代数和为零. 即在每个四点集 1-类 2-类重心线子系统的三条重心线中, 其中动点按顺时针方向扫过的单位质点四点集 1-类重心线和 2-类重心线的乘数面积的和恒等于动点按逆时针方向扫过的单位质点四点集 1-类重心线和 2-类重心线的面积的和, 且扫过 1-类重心线乘数面积与 2-类重心线乘数面积的比为 3:4.

类似地, 可以给出四点集各类重心线有向距离定值定理的物理意义, 且这些重心线有向距离定值定理通常都是四点集的条件重心稳定性系统和子系统.

第 3 章 四点集各点到重心线的有向距离与应用

3.1 四点集各点到 1-类重心线有向距离公式与应用

本节主要应用有向距离法, 研究四点集各点到 1-类重心线有向距离的有关问题. 首先, 给出四点集各点到 1-类重心线有向距离公式, 从而推出四角形 (四边形) 各个顶点到其 1-级重心线相应的公式; 其次, 根据这些重心线有向距离公式, 得出四点集各点到 1-类重心线、四角形 (四边形) 各顶点到 1-级重心线有向距离的关系定理, 以及点在重心线所在直线之上的充分必要条件等结论; 最后, 根据上述重心线有向距离公式, 得出四点集 1-类重心线、四角形 (四边形)1-级重心线自重心线三角形有向面积公式和四点集 1-类重心线、四角形 (四边形)1-级重心线三角形有向面积的关系定理, 以及点与重心线两端点共线的充分必要条件等结论.

3.1.1 四点集各点到 1-类重心线有向距离公式

定理 3.1.1 设 $S = \{P_1, P_2, P_3, P_4\}$ 是四点的集合, H_3^i 是 $T_3^i = \{P_{i+1}, P_{i+2}, P_{i+3}\}$ $(i = 1, 2, 3, 4)$ 的重心, $P_i H_3^i$ $(i = 1, 2, 3, 4)$ 是 S 的 1-类重心线, 则

$$3\mathrm{d}_{P_i H_3^i} \mathrm{D}_{P_{i+1}\text{-}P_i H_3^i} = 2(\mathrm{D}_{P_{i+1} P_i P_{i+2}} + \mathrm{D}_{P_{i+1} P_i P_{i+3}}) \quad (i = 1, 2, 3, 4), \tag{3.1.1}$$

$$3\mathrm{d}_{P_i H_3^i} \mathrm{D}_{P_{i+2}\text{-}P_i H_3^i} = 2(\mathrm{D}_{P_{i+2} P_i P_{i+1}} + \mathrm{D}_{P_{i+2} P_i P_{i+3}}) \quad (i = 1, 2, 3, 4), \tag{3.1.2}$$

$$3\mathrm{d}_{P_i H_3^i} \mathrm{D}_{P_{i+3}\text{-}P_i H_3^i} = 2(\mathrm{D}_{P_{i+3} P_i P_{i+1}} + \mathrm{D}_{P_{i+2} P_{i+3} P_i}) \quad (i = 1, 2, 3, 4). \tag{3.1.3}$$

证明 设 $S = \{P_1, P_2, P_3, P_4\}$ 各点的坐标为 $P_i(x_i, y_i)(i = 1, 2, 3, 4)$, 于是 T_3^i 重心的坐标为

$$H_3^i \left(\frac{1}{3} \sum_{\mu=1}^{3} x_{\mu+i}, \frac{1}{3} \sum_{\mu=1}^{3} y_{\mu+i} \right) \quad (i = 1, 2, 3, 4),$$

重心线 $P_i H_3^i$ 所在的有向直线的方程为

$$(y_i - y_{H_3^i})x + (x_{H_3^i} - x_i)y + (x_i y_{H_3^i} - x_{H_3^i} y_i) = 0 \quad (i = 1, 2, 3, 4).$$

故由点到直线的有向距离公式, 可得

$$3\mathrm{d}_{P_i H_3^i} \mathrm{D}_{P_{i+1}\text{-}P_i H_3^i}$$

$$= 3(y_i - y_{H_3^i})x_{i+1} + 3(x_{H_3^i} - x_i)y_{i+1} + 3(x_i y_{H_3^i} - x_{H_3^i} y_i)$$

$$= (3y_i - y_{i+1} - y_{i+2} - y_{i+3})x_{i+1} + (x_{i+1} + x_{i+2} + x_{i+3} - 3x_i)y_{i+1}$$

$$+ x_i(y_{i+1} + y_{i+2} + y_{i+3}) - (x_{i+1} + x_{i+2} + x_{i+3})y_i$$

$$= [(x_{i+1}y_i - x_i y_{i+1}) + (x_i y_{i+2} - x_{i+2} y_i) + (x_{i+2} y_{i+1} - x_{i+1} y_{i+2})]$$

$$+ [(x_{i+1}y_i - x_i y_{i+1}) + (x_i y_{i+3} - x_{i+3} y_i) + (x_{i+3} y_{i+1} - x_{i+1} y_{i+3})]$$

$$= 2\mathrm{D}_{P_{i+1}P_i P_{i+2}} + 2\mathrm{D}_{P_{i+1}P_i P_{i+3}} \quad (i = 1, 2, 3, 4),$$

因此式 (3.1.1) 成立.

类似地, 可以证明, 式 (3.1.2) 和 (3.1.3) 成立.

推论 3.1.1 设 $P_1P_2P_3P_4$ 是四角形 (四边形), H_3^i 是三角形 $P_{i+1}P_{i+2}P_{i+3}$ ($i=1,2,3,4$) 的重心, $P_iH_3^i$ ($i=1,2,3,4$) 是 $P_1P_2P_3P_4$ 的 1-级重心线, 则式 (3.1.1)~(3.1.3) 亦成立.

证明 设 $S = \{P_1, P_2, P_3, P_4\}$ 是四角形 (四边形) $P_1P_2P_3P_4$ 顶点的集合, 对不共线四点的集合 S 应用定理 3.1.1, 即得.

3.1.2 四点集各点到 1-类重心线有向距离公式的应用

定理 3.1.2 设 $S = \{P_1, P_2, P_3, P_4\}$ 是四点的集合, H_3^i 是 $T_3^i = \{P_{i+1}, P_{i+2}, P_{i+3}\}$ ($i=1,2,3,4$) 的重心, $P_iH_3^i$ ($i=1,2,3,4$) 是 S 的 1-类重心线, 则

$$\mathrm{D}_{P_{i+1}\text{-}P_iH_3^i} + \mathrm{D}_{P_{i+2}\text{-}P_iH_3^i} + \mathrm{D}_{P_{i+3}\text{-}P_iH_3^i} = 0 \quad (i=1,2,3,4). \tag{3.1.4}$$

证明 根据定理 3.1.1, 式 (3.1.1)+(3.1.2)+(3.1.3), 得

$$3\mathrm{d}_{P_iH_3^i}\left(\mathrm{D}_{P_{i+1}\text{-}P_iH_3^i} + \mathrm{D}_{P_{i+2}\text{-}P_iH_3^i} + \mathrm{D}_{P_{i+3}\text{-}P_iH_3^i}\right) = 0 \quad (i=1,2,3,4).$$

故若 $\mathrm{d}_{P_iH_3^i} \neq 0$, 式 (3.1.4) 成立; 而若 $\mathrm{d}_{P_iH_3^i} = 0$, 则由点到重心线有向距离的定义知, 式 (3.1.4) 成立.

推论 3.1.2 设 $S = \{P_1, P_2, P_3, P_4\}$ 是四点的集合, H_3^i 是 $T_3^i = \{P_{i+1}, P_{i+2}, P_{i+3}\}$ ($i=1,2,3,4$) 的重心, $P_iH_3^i$ ($i=1,2,3,4$) 是 S 的 1-类重心线, 则如下三条点到重心线 $P_iH_3^i$ ($i=1,2,3,4$) 的距离 $\mathrm{d}_{P_{i+1}\text{-}P_iH_3^i}$, $\mathrm{d}_{P_{i+2}\text{-}P_iH_3^i}$, $\mathrm{d}_{P_{i+3}\text{-}P_iH_3^i}$ ($i=1,2,3,4$) 中, 其中一条较长的距离等于另两条较短的距离的和.

证明 根据定理 3.1.2, 由式 (3.1.4) 的几何意义即得.

定理 3.1.3 设 $S = \{P_1, P_2, P_3, P_4\}$ 是四点的集合, H_3^i 是 $T_3^i = \{P_{i+1}, P_{i+2}, P_{i+3}\}$ ($i=1,2,3,4$) 的重心, $P_iH_3^i$ ($i=1,2,3,4$) 是 S 的 1-类重心线, 则

(1) $\mathrm{D}_{P_{i+1}\text{-}P_iH_3^i} = 0$ $(i=1,2,3,4)$ 的充分必要条件是

$$\mathrm{D}_{P_{i+2}\text{-}P_iH_3^i} + \mathrm{D}_{P_{i+3}\text{-}P_iH_3^i} = 0 \quad (\mathrm{d}_{P_{i+2}\text{-}P_iH_3^i} = \mathrm{d}_{P_{i+3}\text{-}P_iH_3^i}) \quad (i=1,2,3,4); \tag{3.1.5}$$

(2) $\mathrm{D}_{P_{i+2}\text{-}P_iH_3^i} = 0$ $(i=1,2,3,4)$ 的充分必要条件是

$$\mathrm{D}_{P_{i+1}\text{-}P_iH_3^i} + \mathrm{D}_{P_{i+3}\text{-}P_iH_3^i} = 0 \quad (\mathrm{d}_{P_{i+1}\text{-}P_iH_3^i} = \mathrm{d}_{P_{i+3}\text{-}P_iH_3^i}) \quad (i=1,2,3,4);$$

(3) $\mathrm{D}_{P_{i+3}\text{-}P_iH_3^i} = 0$ $(i=1,2,3,4)$ 的充分必要条件是

$$\mathrm{D}_{P_{i+1}\text{-}P_iH_3^i} + \mathrm{D}_{P_{i+2}\text{-}P_iH_3^i} = 0 \quad (\mathrm{d}_{P_{i+1}\text{-}P_iH_3^i} = \mathrm{d}_{P_{i+2}\text{-}P_iH_3^i}) \quad (i=1,2,3,4).$$

证明 (1) 根据定理 3.1.2, 由式 (3.1.4), 即得: $\mathrm{D}_{P_{i+1}\text{-}P_iH_3^i}=0$ $(i=1,2,3,4) \Leftrightarrow$ 式 (3.1.5) 成立.

类似地, 可以证明, (2) 和 (3) 中结论成立.

推论 3.1.3 设 $S = \{P_1, P_2, P_3, P_4\}$ 是四点的集合, H_3^i 是 $T_3^i = \{P_{i+1}, P_{i+2}, P_{i+3}\}$ $(i=1,2,3,4)$ 的重心, $P_iH_3^i$ $(i=1,2,3,4)$ 是 S 的 1-类重心线, 则

(1) 点 P_{i+1} 在重心线 $P_iH_3^i$ $(i=1,2,3,4)$ 所在直线上的充分必要条件是另两点 P_{i+2}, P_{i+3} 到重心线 $P_iH_3^i$ $(i=1,2,3,4)$ 的距离相等侧向相反;

(2) 点 P_{i+2} 在重心线 $P_iH_3^i$ $(i=1,2,3,4)$ 所在直线上的充分必要条件是另两点 P_{i+1}, P_{i+3} 到重心线 $P_iH_3^i$ $(i=1,2,3,4)$ 的距离相等侧向相反;

(3) 点 P_{i+3} 在重心线 $P_iH_3^i$ $(i=1,2,3,4)$ 所在直线上的充分必要条件是另两点 P_{i+2}, P_{i+3} 到重心线 $P_iH_3^i$ $(i=1,2,3,4)$ 的距离相等侧向相反.

证明 (1) 根据定理 3.1.3, 由式 (3.1.5) 的几何意义, 即得.

类似地, 可以证明 (2) 和 (3) 中结论成立.

推论 3.1.4 设 $P_1P_2P_3P_4$ 是四角形 (四边形), H_3^i 是三角形 $P_{i+1}P_{i+2}P_{i+3}$ $(i=1,2,3,4)$ 的重心, $P_iH_3^i$ $(i=1,2,3,4)$ 是 $P_1P_2P_3P_4$ 的 1-级重心线, 则定理 3.1.2 和推论 3.1.2、定理 3.1.3 和推论 3.1.3 的结论均成立.

证明 设 $S = \{P_1, P_2, P_3, P_4\}$ 是四角形 (四边形) $P_1P_2P_3P_4$ 顶点的集合, 对不共线四点的集合 S 分别应用定理 3.1.2 和推论 3.1.2、定理 3.1.3 和推论 3.1.3, 即得.

3.1.3 四点集 1-类自重心线三角形有向面积公式及其应用

定理 3.1.4 设 $S = \{P_1, P_2, P_3, P_4\}$ 是四点的集合, H_3^i 是 $T_3^i = \{P_{i+1}, P_{i+2}, P_{i+3}\}$ $(i=1,2,3,4)$ 的重心, $P_iH_3^i$ $(i=1,2,3,4)$ 是 S 的 1-类重心线, 则

$$3\mathrm{D}_{P_{i+1}P_iH_3^i} = \mathrm{D}_{P_{i+1}P_iP_{i+2}} + \mathrm{D}_{P_{i+1}P_iP_{i+3}} \quad (i=1,2,3,4), \tag{3.1.6}$$

$$3\mathrm{D}_{P_{i+2}P_iH_3^i} = \mathrm{D}_{P_{i+2}P_iP_{i+1}} + \mathrm{D}_{P_{i+2}P_iP_{i+3}} \quad (i=1,2,3,4), \tag{3.1.7}$$

3.1 四点集各点到 1-类重心线有向距离公式与应用

$$3\mathrm{D}_{P_{i+3}P_iH_3^i} = \mathrm{D}_{P_{i+3}P_iP_{i+1}} + \mathrm{D}_{P_{i+3}P_iP_{i+2}} \quad (i=1,2,3,4). \tag{3.1.8}$$

证明 根据定理 3.1.1, 由式 (3.1.1) 和三角形有向面积与有向距离之间的关系, 得

$$6\mathrm{D}_{P_{i+1}P_iH_3^i} = 2(\mathrm{D}_{P_{i+1}P_iP_{i+2}} + \mathrm{D}_{P_{i+1}P_iP_{i+3}}) \quad (i=1,2,3,4),$$

等号两边同除以 2, 即得式 (3.1.6).

类似地, 可以证明式 (3.1.7) 和 (3.1.8) 成立.

推论 3.1.5 设 $S = \{P_1, P_2, P_3, P_4\}$ 是四点的集合, H_3^i 是 $T_3^i = \{P_{i+1}, P_{i+2}, P_{i+3}\}$ $(i=1,2,3,4)$ 的重心, $P_iH_3^i$ $(i=1,2,3,4)$ 是 S 的 1-类重心线, 则如下三组各三个三角形的乘数面积

$$3\mathrm{a}_{P_{i+1}P_iH_3^i}, \mathrm{a}_{P_{i+1}P_iP_{i+2}}, \mathrm{a}_{P_{i+1}P_iP_{i+3}} \quad (i=1,2,3,4);$$

$$3\mathrm{a}_{P_{i+2}P_iH_3^i}, \mathrm{a}_{P_{i+2}P_iP_{i+1}}, \mathrm{a}_{P_{i+2}P_iP_{i+3}} \quad (i=1,2,3,4);$$

$$3\mathrm{a}_{P_{i+3}P_iH_3^i}, \mathrm{a}_{P_{i+3}P_iP_{i+1}}, \mathrm{a}_{P_{i+3}P_iP_{i+2}} \quad (i=1,2,3,4)$$

中, 每组其中一个较大的乘数面积等于另外两个较小的乘数面积的和.

证明 根据定理 3.1.4, 分别由式 (3.1.6)~(3.1.8) 的几何意义, 即得.

定理 3.1.5 设 $S = \{P_1, P_2, P_3, P_4\}$ 是四点的集合, H_3^i 是 $T_3^i = \{P_{i+1}, P_{i+2}, P_{i+3}\}$ $(i=1,2,3,4)$ 的重心, $P_iH_3^i$ $(i=1,2,3,4)$ 是 S 的 1-类重心线, 则

(1) $\mathrm{D}_{P_{i+1}P_iH_3^i} = 0$ $(i=1,2,3,4)$ 的充分必要条件是

$$\mathrm{D}_{P_{i+1}P_iP_{i+2}} + \mathrm{D}_{P_{i+1}P_iP_{i+3}} = 0 \quad (i=1,2,3,4); \tag{3.1.9}$$

(2) $\mathrm{D}_{P_{i+2}P_iH_3^i} = 0$ $(i=1,2,3,4)$ 的充分必要条件是

$$\mathrm{D}_{P_{i+2}P_iP_{i+1}} + \mathrm{D}_{P_{i+2}P_iP_{i+3}} = 0 \quad (i=1,2,3,4);$$

(3) $\mathrm{D}_{P_{i+3}P_iH_3^i} = 0$ $(i=1,2,3,4)$ 的充分必要条件是

$$\mathrm{D}_{P_{i+3}P_iP_{i+1}} + \mathrm{D}_{P_{i+3}P_iP_{i+2}} = 0 \quad (i=1,2,3,4).$$

证明 (1) 根据定理 3.1.4, 由式 (3.1.6) 可得: $\mathrm{D}_{P_{i+1}P_iH_3^i} = 0$ $(i=1,2,3,4)$ 的充分必要条件是式 (3.1.9) 成立;

类似地, 可以证明 (2) 和 (3) 中结论成立.

推论 3.1.6 设 $S = \{P_1, P_2, P_3, P_4\}$ 是四点的集合, H_3^i 是 $T_3^i = \{P_{i+1}, P_{i+2}, P_{i+3}\}$ $(i=1,2,3,4)$ 的重心, $P_iH_3^i$ $(i=1,2,3,4)$ 是 S 的 1-类重心线, 则

(1) 三点 P_{i+1}, P_i, H_3^i $(i=1,2,3,4)$ 共线的充分必要条件是两三角形 $P_{i+1}P_iP_{i+2}$, $P_{i+1}P_iP_{i+3}$ $(i=1,2,3,4)$ 面积相等方向相反;

(2) 三点 P_{i+2}, P_i, H_3^i $(i=1,2,3,4)$ 共线的充分必要条件是两三角形 $P_{i+2}P_iP_{i+1}$, $P_{i+2}P_iP_{i+3}$ $(i=1,2,3,4)$ 面积相等方向相反;

(3) 三点 P_{i+3}, P_i, H_3^i $(i=1,2,3,4)$ 共线的充分必要条件是两三角形 $P_{i+3}P_iP_{i+1}$, $P_{i+3}P_iP_{i+2}$ $(i=1,2,3,4)$ 面积相等方向相反.

证明 (1) 根据定理 3.1.5(1), 由 $\mathrm{D}_{P_{i+1}P_iH_3^i}=0$ $(i=1,2,3,4)$ 和式 (3.1.9) 的几何意义, 即得.

类似地, 可以证明 (2) 和 (3) 中结论成立.

定理 3.1.6 设 $S=\{P_1,P_2,P_3,P_4\}$ 是四点的集合, H_3^i 是 $T_3^i=\{P_{i+1}, P_{i+2}, P_{i+3}\}$ $(i=1,2,3,4)$ 的重心, $P_iH_3^i$ $(i=1,2,3,4)$ 是 S 的 1-类重心线, 则

(1) $\mathrm{D}_{P_{i+1}P_iP_{i+2}}=0$ $(i=1,2,3,4)$ 的充分必要条件是如下两式之一成立:

$$3\mathrm{D}_{P_{i+1}P_iH_3^i}=\mathrm{D}_{P_{i+1}P_iP_{i+3}} \quad (i=1,2,3,4), \tag{3.1.10}$$

$$3\mathrm{D}_{P_{i+2}P_iH_3^i}=\mathrm{D}_{P_{i+2}P_iP_{i+3}} \quad (i=1,2,3,4); \tag{3.1.11}$$

(2) $\mathrm{D}_{P_{i+1}P_iP_{i+3}}=0$ $(i=1,2,3,4)$ 的充分必要条件是如下两式之一成立:

$$3\mathrm{D}_{P_{i+1}P_iH_3^i}=\mathrm{D}_{P_{i+1}P_iP_{i+2}} \quad (i=1,2,3,4),$$

$$3\mathrm{D}_{P_{i+3}P_iH_3^i}=\mathrm{D}_{P_{i+3}P_iP_{i+2}} \quad (i=1,2,3,4);$$

(3) $\mathrm{D}_{P_{i+2}P_iP_{i+3}}=0$ $(i=1,2,3,4)$ 的充分必要条件是如下两式之一成立:

$$3\mathrm{D}_{P_{i+2}P_iH_3^i}=\mathrm{D}_{P_{i+2}P_iP_{i+1}} \quad (i=1,2,3,4),$$

$$3\mathrm{D}_{P_{i+3}P_iH_3^i}=\mathrm{D}_{P_{i+3}P_iP_{i+1}} \quad (i=1,2,3,4).$$

证明 (1) 根据定理 3.1.3, 由式 (3.1.6) 和 (3.1.7) 即得: $\mathrm{D}_{P_{i+1}P_iP_{i+2}}=0$ $(i=1,2,3,4)$ ⇔ 式 (3.1.10) 成立 ⇔ 式 (3.1.11) 成立.

类似地, 可以证明 (2) 和 (3) 中结论成立.

推论 3.1.7 设 $S=\{P_1,P_2,P_3,P_4\}$ 是四点的集合, H_3^i 是 $T_3^i=\{P_{i+1}, P_{i+2}, P_{i+3}\}$ $(i=1,2,3,4)$ 的重心, $P_iH_3^i$ $(i=1,2,3,4)$ 是 S 的 1-类重心线, 则

(1) 三点 P_i, P_{i+1}, P_{i+2} $(i=1,2,3,4)$ 共线的充分必要条件是两三角形 $P_{i+1}P_iH_3^i$, $P_{i+1}P_iP_{i+3}$ $(P_{i+2}P_iH_3^i, P_{i+2}P_iP_{i+3})$ 同向且 $3\mathrm{a}_{P_{i+1}P_iH_3^i}=\mathrm{a}_{P_{i+1}P_iP_{i+3}}$ $(3\mathrm{a}_{P_{i+2}P_iH_3^i}=\mathrm{a}_{P_{i+2}P_iP_{i+3}})$ $(i=1,2,3,4)$;

(2) 三点 P_i, P_{i+1}, P_{i+3} $(i=1,2,3,4)$ 共线的充分必要条件是两三角形 $P_{i+1}P_iH_3^i$, $P_{i+1}P_iP_{i+2}$ $(P_{i+3}P_iH_3^i, P_{i+3}P_iP_{i+2})$ 同向且 $3\mathrm{a}_{P_{i+1}P_iH_3^i}=\mathrm{a}_{P_{i+1}P_iP_{i+2}}$ $(3\mathrm{a}_{P_{i+3}P_iH_3^i}=\mathrm{a}_{P_{i+3}P_iP_{i+2}})$ $(i=1,2,3,4)$;

(3) 三点 P_i, P_{i+2}, P_{i+3} $(i=1,2,3,4)$ 共线的充分必要条件是两三角形 $P_{i+2}P_iH_3^i$, $P_{i+2}P_iP_{i+1}$ $(P_{i+3}P_iH_3^i, P_{i+3}P_iP_{i+1})$ 同向且 $3\mathrm{a}_{P_{i+2}P_iH_3^i} = \mathrm{a}_{P_{i+2}P_iP_{i+1}}(3\mathrm{a}_{P_{i+3}P_iH_3^i} = \mathrm{a}_{P_{i+3}P_iP_{i+1}})$ $(i=1,2,3,4)$.

证明 (1) 根据定理 3.1.6(1), 由 $\mathrm{D}_{P_{i+1}P_iP_{i+2}} = 0$ $(i=1,2,3,4)$ 以及式 (3.1.10) 和 (3.1.11) 的几何意义, 即得.

类似地, 可以证明 (2) 和 (3) 中结论成立.

定理 3.1.7 设 $S=\{P_1,P_2,P_3,P_4\}$ 是四点的集合, H_3^i 是 $T_3^i=\{P_{i+1},P_{i+2},P_{i+3}\}$ $(i=1,2,3,4)$ 的重心, $P_iH_3^i$ $(i=1,2,3,4)$ 是 S 的 1-类重心线, 则

$$\mathrm{D}_{P_{i+1}P_iH_3^i} + \mathrm{D}_{P_{i+2}P_iH_3^i} + \mathrm{D}_{P_{i+3}P_iH_3^i} = 0 \quad (i=1,2,3,4). \tag{3.1.12}$$

证明 根据定理 3.1.4, 式 (3.1.6)+(3.1.7)+(3.1.8), 得

$$3\left(\mathrm{D}_{P_{i+1}P_iH_3^i} + \mathrm{D}_{P_{i+2}P_iH_3^i} + \mathrm{D}_{P_{i+3}P_iH_3^i}\right) = 0 \quad (i=1,2,3,4),$$

所以式 (3.1.12) 成立.

推论 3.1.8 设 $S=\{P_1,P_2,P_3,P_4\}$ 是四点的集合, H_3^i 是 $T_3^i=\{P_{i+1},P_{i+2},P_{i+3}\}$ $(i=1,2,3,4)$ 的重心, $P_iH_3^i$ $(i=1,2,3,4)$ 是 S 的 1-类重心线, 则如下三个重心线三角形的面积

$$\mathrm{a}_{P_{i+1}P_iH_3^i}, \mathrm{a}_{P_{i+2}P_iH_3^i}, \mathrm{a}_{P_{i+3}P_iH_3^i} \quad (i=1,2,3,4)$$

中, 其中一个较大的面积等于另两个较小的面积的和.

证明 根据定理 3.1.7, 由式 (3.1.12) 的几何意义, 即得.

定理 3.1.8 设 $S=\{P_1,P_2,P_3,P_4\}$ 是四点的集合, H_3^i 是 $T_3^i=\{P_{i+1},P_{i+2},P_{i+3}\}$ $(i=1,2,3,4)$ 的重心, $P_iH_3^i$ $(i=1,2,3,4)$ 是 S 的 1-类重心线, 则

(1) $\mathrm{D}_{P_{i+1}P_iH_3^i}=0$ $(i=1,2,3,4)$ 的充分必要条件是

$$\mathrm{D}_{P_{i+2}P_iH_3^i} + \mathrm{D}_{P_{i+3}P_iH_3^i} = 0 \quad (\mathrm{a}_{P_{i+2}P_iH_3^i} = \mathrm{a}_{P_{i+3}P_iH_3^i}) \quad (i=1,2,3,4); \tag{3.1.13}$$

(2) $\mathrm{D}_{P_{i+2}P_iH_3^i}=0$ $(i=1,2,3,4)$ 的充分必要条件是

$$\mathrm{D}_{P_{i+1}P_iH_3^i} + \mathrm{D}_{P_{i+3}P_iH_3^i} = 0 \quad (\mathrm{a}_{P_{i+1}P_iH_3^i} = \mathrm{a}_{P_{i+3}P_iH_3^i}) \quad (i=1,2,3,4);$$

(3) $\mathrm{D}_{P_{i+3}P_iH_3^i}=0$ $(i=1,2,3,4)$ 的充分必要条件是

$$\mathrm{D}_{P_{i+1}P_iH_3^i} + \mathrm{D}_{P_{i+2}P_iH_3^i} = 0 \quad (\mathrm{a}_{P_{i+1}P_iH_3^i} = \mathrm{a}_{P_{i+2}P_iH_3^i}) \quad (i=1,2,3,4).$$

证明 (1) 根据定理 3.1.7, 由式 (3.1.12), 即得: $\mathrm{D}_{P_{i+1}P_iH_3^i}=0$ $(i=1,2,3,4) \Leftrightarrow$ 式 (3.1.13) 成立.

类似地, 可以证明, (2) 和 (3) 中结论成立.

推论 3.1.9 设 $S=\{P_1,P_2,P_3,P_4\}$ 是四点的集合, H_3^i 是 $T_3^i=\{P_{i+1},P_{i+2},P_{i+3}\}$ ($i=1,2,3,4$) 的重心, $P_iH_3^i$ ($i=1,2,3,4$) 是 S 的 1-类重心线, 则

(1) 三点 P_{i+1}, P_i, H_3^i ($i=1,2,3,4$) 共线的充分必要条件是两重心线三角形 $P_{i+2}P_iH_3^i$, $P_{i+3}P_iH_3^i$ ($i=1,2,3,4$) 面积相等方向相反;

(2) 三点 P_{i+2}, P_i, H_3^i ($i=1,2,3,4$) 共线的充分必要条件是两重心线三角形 $P_{i+1}P_iH_3^i$, $P_{i+3}P_iH_3^i$ ($i=1,2,3,4$) 面积相等方向相反;

(3) 三点 P_{i+3}, P_i, H_3^i ($i=1,2,3,4$) 共线的充分必要条件是两重心线三角形 $P_{i+1}P_iH_3^i$, $P_{i+2}P_iH_3^i$ ($i=1,2,3,4$) 面积相等方向相反.

证明 (1) 根据定理 3.1.8, 由 $\mathrm{D}_{P_{i+1}P_iH_3^i}=0$ ($i=1,2,3,4$) 和式 (3.1.13) 的几何意义, 即得.

类似地, 可以证明 (2) 和 (3) 中结论成立.

推论 3.1.10 设 $P_1P_2P_3P_4$ 是四角形 (四边形), H_3^i 是三角形 $P_{i+1}P_{i+2}P_{i+3}$ ($i=1,2,3,4$) 的重心, $P_iH_3^i$ ($i=1,2,3,4$) 是 $P_1P_2P_3P_4$ 的 1-级重心线, 则定理 3.1.4~ 定理 3.1.8 和推论 3.1.5~ 推论 3.1.9 的结论均成立.

证明 设 $S=\{P_1,P_2,P_3,P_4\}$ 是四角形 (四边形) $P_1P_2P_3P_4$ 顶点的集合, 对不共线四点的集合 S 分别应用定理 3.1.4~ 定理 3.1.8 和推论 3.1.5~ 推论 3.1.9, 即得.

3.2 四点集各点到 2-类重心线有向距离公式与应用

本节主要应用有向距离法, 研究四点集各点到 2-类重心线有向距离的有关问题. 首先, 给出四点集各点到 2-类重心线有向距离公式, 从而推出四角形 (四边形) 各个顶点到其中位线相应的公式; 其次, 根据上述重心线有向距离公式, 得出四点集两点到 2-类重心线、四角形 (四边形) 两顶点到中位线有向距离的关系定理, 从而推出两点 (两顶点) 到四点集 2-类重心线、四角形 (四边形) 中位线距离相等方向相反等的结论; 最后, 根据上述重心线有向距离公式, 得出四点集 2-类重心线、四角形 (四边形) 2-级重心线自重心线三角形有向面积公式和四点集 2-类重心线、四角形 (四边形) 中位线三角形有向面积的关系定理, 以及自重心线 (中位线) 三角形面积相等方向相反等结论.

3.2.1 四点集各点到 2-类重心线有向距离公式

定理 3.2.1 设 $S=\{P_1,P_2,P_3,P_4\}$ 是四点的集合, $G_{i_1i_2}$ ($i_1,i_2=1,2,3,4$; $i_1<i_2$) 是 $P_{i_1}P_{i_2}$ 的中点, $G_{12}G_{34}$, $G_{13}G_{24}$, $G_{14}G_{23}$ 是 S 的 2-类重心线, 则

$$2\mathrm{d}_{G_{12}G_{34}}\mathrm{D}_{P_1\text{-}G_{12}G_{34}} = \mathrm{D}_{P_1P_2P_3} + \mathrm{D}_{P_1P_2P_4}, \qquad (3.2.1)$$

3.2 四点集各点到 2-类重心线有向距离公式与应用

$$2d_{G_{12}G_{34}}D_{P_2\text{-}G_{12}G_{34}} = -(D_{P_1P_2P_3} + D_{P_1P_2P_4}); \quad (3.2.2)$$

$$2d_{G_{12}G_{34}}D_{P_3\text{-}G_{12}G_{34}} = -(D_{P_1P_3P_4} + D_{P_2P_3P_4}), \quad (3.2.3)$$

$$2d_{G_{12}G_{34}}D_{P_4\text{-}G_{12}G_{34}} = D_{P_1P_3P_4} + D_{P_2P_3P_4}; \quad (3.2.4)$$

$$2d_{G_{13}G_{24}}D_{P_1\text{-}G_{13}G_{24}} = D_{P_1P_3P_4} - D_{P_1P_2P_3}, \quad (3.2.5)$$

$$2d_{G_{13}G_{24}}D_{P_2\text{-}G_{13}G_{24}} = D_{P_2P_3P_4} - D_{P_1P_2P_4}; \quad (3.2.6)$$

$$2d_{G_{13}G_{24}}D_{P_3\text{-}G_{13}G_{24}} = D_{P_1P_2P_3} - D_{P_1P_3P_4}, \quad (3.2.7)$$

$$2d_{G_{13}G_{24}}D_{P_4\text{-}G_{13}G_{24}} = D_{P_1P_2P_4} - D_{P_2P_3P_4}; \quad (3.2.8)$$

$$2d_{G_{23}G_{41}}D_{P_1\text{-}G_{23}G_{41}} = D_{P_1P_2P_4} + D_{P_1P_3P_4}, \quad (3.2.9)$$

$$2d_{G_{23}G_{41}}D_{P_2\text{-}G_{23}G_{41}} = D_{P_2P_3P_4} + D_{P_1P_2P_3}; \quad (3.2.10)$$

$$2d_{G_{23}G_{41}}D_{P_3\text{-}G_{23}G_{41}} = -(D_{P_2P_3P_4} + D_{P_1P_2P_3}), \quad (3.2.11)$$

$$2d_{G_{23}G_{41}}D_{P_4\text{-}G_{23}G_{41}} = -(D_{P_1P_2P_4} + D_{P_1P_3P_4}). \quad (3.2.12)$$

证明 设 $S = \{P_1, P_2, P_3, P_4\}$ 各点的坐标为 $P_i(x_i, y_i)(i=1,2,3,4)$，于是 $P_{i_1}P_{i_2}$ 中点的坐标为

$$G_{i_1i_2}\left(\frac{x_{i_1}+x_{i_2}}{2}, \frac{y_{i_1}+y_{i_2}}{2}\right) \quad (i_1, i_2 = 1,2,3,4; i_1 < i_2),$$

重心线 $G_{12}G_{34}$ 所在的有向直线的方程为

$$(y_{G_{12}} - y_{G_{34}})x + (x_{G_{34}} - x_{G_{12}})y + (x_{G_{12}}y_{G_{34}} - x_{G_{34}}y_{G_{12}}) = 0.$$

故由点到直线的有向距离公式，可得

$$4d_{G_{12}G_{34}}D_{P_1\text{-}G_{12}G_{34}}$$
$$= 4(y_{G_{12}} - y_{G_{34}})x_1 + 4(x_{G_{34}} - x_{G_{12}})y_1 + 4(x_{G_{12}}y_{G_{34}} - x_{G_{34}}y_{G_{12}})$$
$$= 2(y_1 + y_2 - y_3 - y_4)x_1 + 2(x_3 + x_4 - x_1 - x_2)y_1$$
$$\quad + (x_1 + x_2)(y_3 + y_4) - (x_3 + x_4)(y_1 + y_2)$$
$$= [(x_1y_2 - x_2y_1) + (x_2y_3 - x_3y_2) + (x_3y_1 - x_1y_3)]$$
$$\quad + [(x_1y_2 - x_2y_1) + (x_2y_4 - x_4y_2) + (x_4y_1 - x_1y_4)]$$
$$= 2D_{P_1P_2P_3} + 2D_{P_1P_2P_4},$$

因此式 (3.2.1) 成立.

类似地, 可以证明, 式 (3.2.2)~(3.2.12) 成立.

推论 3.2.1 设 $P_1P_2P_3P_4$ 是四角形 (四边形), $G_{i_1i_2}(i_1, i_2 = 1, 2, 3, 4; i_1 < i_2)$ 是各边 (对角线) $P_{i_1}P_{i_2}$ 的中点, $G_{12}G_{34}, G_{13}G_{24}, G_{14}G_{23}$ 是 $P_1P_2P_3P_4$ 的中位线, 则式 (3.2.1)~(3.2.12) 亦成立.

证明 设 $S = \{P_1, P_2, P_3, P_4\}$ 是四角形 (四边形) $P_1P_2P_3P_4$ 顶点的集合, 对不共线四点的集合 S 应用定理 3.2.1, 即得.

3.2.2　四点集各点到 2-类重心线有向距离公式的应用

定理 3.2.2 设 $S = \{P_1, P_2, P_3, P_4\}$ 是四点的集合, $G_{i_1i_2}(i_1, i_2 = 1, 2, 3, 4; i_1 < i_2)$ 是 $P_{i_1}P_{i_2}$ 的中点, $G_{12}G_{34}, G_{13}G_{24}, G_{14}G_{23}$ 是 S 的 2-类重心线, 则

$$D_{P_1\text{-}G_{12}G_{34}} + D_{P_2\text{-}G_{12}G_{34}} = 0 \quad (d_{P_1\text{-}G_{12}G_{34}} = d_{P_2\text{-}G_{12}G_{34}}), \tag{3.2.13}$$

$$D_{P_3\text{-}G_{12}G_{34}} + D_{P_4\text{-}G_{12}G_{34}} = 0 \quad (d_{P_3\text{-}G_{12}G_{34}} = d_{P_4\text{-}G_{12}G_{34}}); \tag{3.2.14}$$

$$D_{P_1\text{-}G_{13}G_{24}} + D_{P_3\text{-}G_{13}G_{24}} = 0 \quad (d_{P_1\text{-}G_{13}G_{24}} = d_{P_3\text{-}G_{13}G_{24}}), \tag{3.2.15}$$

$$D_{P_2\text{-}G_{13}G_{24}} + D_{P_4\text{-}G_{13}G_{24}} = 0 \quad (d_{P_2\text{-}G_{13}G_{24}} = d_{P_4\text{-}G_{13}G_{24}}); \tag{3.2.16}$$

$$D_{P_2\text{-}G_{23}G_{41}} + D_{P_3\text{-}G_{23}G_{41}} = 0 \quad (d_{P_2\text{-}G_{23}G_{41}} = d_{P_3\text{-}G_{23}G_{41}}), \tag{3.2.17}$$

$$D_{P_4\text{-}G_{23}G_{41}} + D_{P_1\text{-}G_{23}G_{41}} = 0 \quad (d_{P_4\text{-}G_{23}G_{41}} = d_{P_1\text{-}G_{23}G_{41}}). \tag{3.2.18}$$

证明 根据定理 3.2.1, 式 (3.2.1)+(3.2.2), 得

$$2d_{G_{12}G_{34}}(D_{P_1\text{-}G_{12}G_{34}} + D_{P_2\text{-}G_{12}G_{34}}) = 0.$$

故若 $d_{G_{12}G_{34}} \neq 0$, 式 (3.2.13) 成立; 而若 $d_{G_{12}G_{34}} = 0$, 则由点到重心线有向距离的定义知, 式 (3.2.13) 成立.

类似地, 可以证明, 式 (3.2.14)~(3.2.18) 成立.

推论 3.2.2 设 $S = \{P_1, P_2, P_3, P_4\}$ 是四点的集合, $G_{i_1i_2}(i_1, i_2 = 1, 2, 3, 4; i_1 < i_2)$ 是各边 (对角线) $P_{i_1}P_{i_2}$ 的中点, $G_{12}G_{34}, G_{13}G_{24}, G_{14}G_{23}$ 是 S 的 2-类重心线, 则两点 P_1, P_2 (P_3, P_4) 到重心线 $G_{12}G_{34}$ 的距离相等侧向相反; 两点 P_1, P_3 (P_2, P_4) 到重心线 $G_{13}G_{24}$ 的距离相等侧向相反; 两点 P_2, P_3 (P_4, P_1) 到重心线 $G_{23}G_{41}$ 的距离相等侧向相反.

证明 根据定理 3.2.2, 分别由式 (3.2.13) 与 (3.2.14), (3.2.15) 与 (3.2.16), (3.2.17) 与 (3.2.18) 的几何意义即得.

推论 3.2.3 设 $P_1P_2P_3P_4$ 是四角形 (四边形), $G_{i_1i_2}(i_1, i_2 = 1, 2, 3, 4; i_1 < i_2)$ 是各边 (对角线) $P_{i_1}P_{i_2}$ 的中点, $G_{12}G_{34}, G_{13}G_{24}, G_{14}G_{23}$ 是 $P_1P_2P_3P_4$ 的中位线, 则定理 3.2.2 和推论 3.2.2 的结论均成立.

证明 设 $S = \{P_1, P_2, P_3, P_4\}$ 是四角形 (四边形) $P_1P_2P_3P_4$ 顶点的集合, 对不共线四点的集合 S 分别应用定理 3.2.2 和推论 3.2.2, 即得.

3.2.3 四点集 2-类重心线三角形有向面积公式及其应用

定理 3.2.3 设 $S = \{P_1, P_2, P_3, P_4\}$ 是四点的集合, $G_{i_1 i_2}(i_1, i_2 = 1, 2, 3, 4; i_1 < i_2)$ 是 $P_{i_1}P_{i_2}$ 的中点, $G_{12}G_{34}, G_{13}G_{24}, G_{14}G_{23}$ 是 S 的 2-类重心线, 则

$$4\mathrm{D}_{P_1G_{12}G_{34}} = \mathrm{D}_{P_1P_2P_3} + \mathrm{D}_{P_1P_2P_4}, \tag{3.2.19}$$

$$4\mathrm{D}_{P_2G_{12}G_{34}} = -(\mathrm{D}_{P_1P_2P_3} + \mathrm{D}_{P_1P_2P_4}); \tag{3.2.20}$$

$$4\mathrm{D}_{P_3G_{12}G_{34}} = -(\mathrm{D}_{P_1P_3P_4} + \mathrm{D}_{P_2P_3P_4}), \tag{3.2.21}$$

$$4\mathrm{D}_{P_4G_{12}G_{34}} = \mathrm{D}_{P_1P_3P_4} + \mathrm{D}_{P_2P_3P_4}; \tag{3.2.22}$$

$$4\mathrm{D}_{P_1G_{13}G_{24}} = \mathrm{D}_{P_1P_3P_4} - \mathrm{D}_{P_1P_2P_3}, \tag{3.2.23}$$

$$4\mathrm{D}_{P_2G_{13}G_{24}} = \mathrm{D}_{P_2P_3P_4} - \mathrm{D}_{P_1P_2P_4}; \tag{3.2.24}$$

$$4\mathrm{D}_{P_3G_{13}G_{24}} = \mathrm{D}_{P_1P_2P_3} - \mathrm{D}_{P_1P_3P_4}, \tag{3.2.25}$$

$$4\mathrm{D}_{P_4G_{13}G_{24}} = \mathrm{D}_{P_1P_2P_4} - \mathrm{D}_{P_2P_3P_4}; \tag{3.2.26}$$

$$4\mathrm{D}_{P_1G_{23}G_{41}} = \mathrm{D}_{P_1P_2P_4} + \mathrm{D}_{P_1P_3P_4}, \tag{3.2.27}$$

$$4\mathrm{D}_{P_2G_{23}G_{41}} = \mathrm{D}_{P_2P_3P_4} + \mathrm{D}_{P_1P_2P_3}; \tag{3.2.28}$$

$$4\mathrm{D}_{P_3G_{23}G_{41}} = -(\mathrm{D}_{P_2P_3P_4} + \mathrm{D}_{P_1P_2P_3}), \tag{3.2.29}$$

$$4\mathrm{D}_{P_4G_{23}G_{41}} = -(\mathrm{D}_{P_1P_2P_4} + \mathrm{D}_{P_1P_3P_4}). \tag{3.2.30}$$

证明 根据定理 3.2.1, 由式 (3.2.1) 和三角形有向面积与有向距离之间的关系, 即得式 (3.2.19).

类似地, 可以证明式 (3.2.20)~(3.2.30) 成立.

推论 3.2.4 设 $S = \{P_1, P_2, P_3, P_4\}$ 是四点的集合, $G_{i_1 i_2}(i_1, i_2 = 1, 2, 3, 4; i_1 < i_2)$ 是 $P_{i_1}P_{i_2}$ 的中点, $G_{12}G_{34}, G_{13}G_{24}, G_{14}G_{23}$ 是 S 的 2-类重心线, 则如下十二组各三个三角形的乘数面积

$$4\mathrm{a}_{P_1G_{12}G_{34}}, \mathrm{a}_{P_1P_2P_3}, \mathrm{a}_{P_1P_2P_4}; \quad 4\mathrm{a}_{P_2G_{12}G_{34}}, \mathrm{a}_{P_1P_2P_3}, \mathrm{a}_{P_1P_2P_4};$$

$$4\mathrm{a}_{P_3G_{12}G_{34}}, \mathrm{a}_{P_1P_3P_4}, \mathrm{a}_{P_2P_3P_4}; \quad 4\mathrm{a}_{P_4G_{12}G_{34}}, \mathrm{a}_{P_1P_3P_4}, \mathrm{a}_{P_2P_3P_4};$$

$$4\mathrm{a}_{P_1G_{13}G_{24}}, \mathrm{a}_{P_1P_3P_4}, \mathrm{a}_{P_1P_2P_3}; \quad 4\mathrm{a}_{P_2G_{13}G_{24}}, \mathrm{a}_{P_2P_3P_4}, \mathrm{a}_{P_1P_2P_4};$$

$$4\mathrm{a}_{P_3G_{13}G_{24}}, \mathrm{a}_{P_1P_2P_3}, \mathrm{a}_{P_1P_3P_4}; \quad 4\mathrm{a}_{P_4G_{13}G_{24}}, \mathrm{a}_{P_1P_2P_4}, \mathrm{a}_{P_2P_3P_4};$$

$$4\mathrm{a}_{P_1G_{23}G_{41}}, \mathrm{a}_{P_1P_2P_4}, \mathrm{a}_{P_1P_3P_4}; \quad 4\mathrm{a}_{P_2G_{23}G_{41}}, \mathrm{a}_{P_2P_3P_4}, \mathrm{a}_{P_1P_2P_3};$$

$4\mathrm{a}_{P_3G_{23}G_{41}}, \mathrm{a}_{P_2P_3P_4}, \mathrm{a}_{P_1P_2P_3}; \quad 4\mathrm{a}_{P_4G_{23}G_{41}}, \mathrm{a}_{P_1P_2P_4}, \mathrm{a}_{P_1P_3P_4}$

中, 每组其中一个较大的乘数面积等于另外两个较小的乘数面积的和.

证明 根据定理 3.2.3, 由式 (3.2.19)~(3.2.30) 的几何意义, 即得.

定理 3.2.4 设 $S=\{P_1, P_2, P_3, P_4\}$ 是四点的集合, $G_{i_1i_2}(i_1, i_2=1,2,3,4; i_1<i_2)$ 是 $P_{i_1}P_{i_2}$ 的中点, $G_{12}G_{34}, G_{13}G_{24}, G_{14}G_{23}$ 是 S 的 2-类重心线, 则

(1) $\mathrm{D}_{P_1G_{12}G_{34}}=0$ $(\mathrm{D}_{P_2G_{12}G_{34}}=0)$ 的充分必要条件是

$$\mathrm{D}_{P_1P_2P_3} + \mathrm{D}_{P_1P_2P_4} = 0 \quad (\mathrm{a}_{P_1P_2P_3} = \mathrm{a}_{P_1P_2P_4}); \tag{3.2.31}$$

(2) $\mathrm{D}_{P_3G_{12}G_{34}}=0$ $(\mathrm{D}_{P_4G_{12}G_{34}}=0)$ 的充分必要条件是

$$\mathrm{D}_{P_1P_3P_4} + \mathrm{D}_{P_2P_3P_4} = 0 \quad (\mathrm{a}_{P_1P_3P_4} = \mathrm{a}_{P_2P_3P_4});$$

(3) $\mathrm{D}_{P_1G_{13}G_{24}}=0$ $(\mathrm{D}_{P_3G_{13}G_{24}}=0)$ 的充分必要条件是

$$\mathrm{D}_{P_1P_3P_4} - \mathrm{D}_{P_1P_2P_3} = 0 \quad (\mathrm{a}_{P_1P_3P_4} = \mathrm{a}_{P_1P_2P_3});$$

(4) $\mathrm{D}_{P_2G_{13}G_{24}}=0$ $(\mathrm{D}_{P_4G_{13}G_{24}}=0)$ 的充分必要条件是

$$\mathrm{D}_{P_2P_3P_4} - \mathrm{D}_{P_1P_2P_4} = 0 \quad (\mathrm{a}_{P_2P_3P_4} = \mathrm{a}_{P_1P_2P_4});$$

(5) $\mathrm{D}_{P_1G_{23}G_{41}}=0$ $(\mathrm{D}_{P_4G_{23}G_{41}}=0)$ 的充分必要条件是

$$\mathrm{D}_{P_1P_2P_4} + \mathrm{D}_{P_1P_3P_4} = 0 \quad (\mathrm{a}_{P_1P_2P_4} = \mathrm{a}_{P_1P_3P_4});$$

(6) $\mathrm{D}_{P_2G_{23}G_{41}}=0$ $(\mathrm{D}_{P_3G_{23}G_{41}}=0)$ 的充分必要条件是

$$\mathrm{D}_{P_2P_3P_4} + \mathrm{D}_{P_1P_2P_3} = 0 \quad (\mathrm{a}_{P_2P_3P_4} = \mathrm{a}_{P_1P_2P_3}).$$

证明 (1) 根据定理 3.2.3, 由式 (3.2.19) 和 (3.2.20), 即得: $\mathrm{D}_{P_1G_{12}G_{34}}=0$ $(\mathrm{D}_{P_2G_{12}G_{34}}=0)$ 的充分必要条件是式 (3.2.31) 成立.

类似地, 可以证明 (2)~(6) 中结论成立.

推论 3.2.5 设 $S=\{P_1, P_2, P_3, P_4\}$ 是四点的集合, $G_{i_1i_2}(i_1, i_2=1,2,3,4; i_1<i_2)$ 是 $P_{i_1}P_{i_2}$ 的中点, $G_{12}G_{34}, G_{13}G_{24}, G_{14}G_{23}$ 是 S 的 2-类重心线, 则

(1) 四点 P_1, P_2, G_{12}, G_{34} 共线的充分必要条件是两三角形 $P_1P_2P_3, P_1P_2P_4$ 面积相等方向相反;

(2) 四点 P_3, P_4, G_{12}, G_{34} 共线的充分必要条件是两三角形 $P_1P_3P_4, P_2P_3P_4$ 面积相等方向相反;

3.2 四点集各点到 2-类重心线有向距离公式与应用

(3) 四点 P_1, P_3, G_{13}, G_{24} 共线的充分必要条件是两三角形 $P_1P_3P_4, P_1P_2P_3$ 面积相等方向相同;

(4) 四点 P_2, P_4, G_{13}, G_{24} 共线的充分必要条件是两三角形 $P_2P_3P_4, P_1P_2P_4$ 面积相等方向相同;

(5) 四点 P_1, P_4, G_{23}, G_{41} 共线的充分必要条件是两三角形 $P_1P_2P_4, P_1P_3P_4$ 面积相等方向相反;

(6) 四点 P_2, P_3, G_{23}, G_{41} 共线的充分必要条件是两三角形 $P_2P_3P_4, P_1P_2P_3$ 面积相等方向相反.

证明 (1) 根据定理 3.2.4, 由 $D_{P_1G_{12}G_{34}} = 0 (D_{P_2G_{12}G_{34}} = 0)$ 和式 (3.2.31), 即得: 三点 $P_1, G_{12}, G_{34}(P_2, G_{12}, G_{34})$ 共线的充分必要条件是两三角形 $P_1P_2P_3$, $P_1P_2P_4$ 面积相等方向相反, 从而四点 P_1, P_2, G_{12}, G_{34} 共线的充分必要条件是两三角形 $P_1P_2P_3, P_1P_2P_4$ 面积相等方向相反.

类似地, 可以证明 (2)~(6) 中结论成立.

定理 3.2.5 设 $S = \{P_1, P_2, P_3, P_4\}$ 是四点的集合, $G_{i_1i_2}(i_1, i_2 = 1, 2, 3, 4; i_1 < i_2)$ 是 $P_{i_1}P_{i_2}$ 的中点, $G_{12}G_{34}, G_{13}G_{24}, G_{14}G_{23}$ 是 S 的 2-类重心线, 则

(1) $D_{P_1P_2P_3} = 0$ 的充分必要条件是如下六式之一成立

$$4D_{P_1G_{12}G_{34}} = D_{P_1P_2P_4} \quad (4a_{P_1G_{12}G_{34}} = a_{P_1P_2P_4}), \tag{3.2.32}$$

$$4D_{P_2G_{12}G_{34}} = -D_{P_1P_2P_4} \quad (4a_{P_2G_{12}G_{34}} = a_{P_1P_2P_4}), \tag{3.2.33}$$

$$4D_{P_1G_{13}G_{24}} = D_{P_1P_3P_4} \quad (4a_{P_1G_{13}G_{24}} = a_{P_1P_3P_4}), \tag{3.2.34}$$

$$4D_{P_3G_{13}G_{24}} = -D_{P_1P_3P_4} \quad (4a_{P_3G_{13}G_{24}} = a_{P_1P_3P_4}), \tag{3.2.35}$$

$$4D_{P_2G_{23}G_{41}} = D_{P_2P_3P_4} \quad (4a_{P_2G_{23}G_{41}} = a_{P_2P_3P_4}), \tag{3.2.36}$$

$$4D_{P_3G_{23}G_{41}} = -D_{P_2P_3P_4} \quad (4a_{P_3G_{23}G_{41}} = a_{P_2P_3P_4}); \tag{3.2.37}$$

(2) $D_{P_1P_2P_4} = 0$ 的充分必要条件是如下六式之一成立

$$4D_{P_1G_{12}G_{34}} = D_{P_1P_2P_3} \quad (4a_{P_1G_{12}G_{34}} = a_{P_1P_2P_3}),$$

$$4D_{P_2G_{12}G_{34}} = -D_{P_1P_2P_3} \quad (4a_{P_2G_{12}G_{34}} = a_{P_1P_2P_3}),$$

$$4D_{P_2G_{13}G_{24}} = D_{P_2P_3P_4} \quad (4a_{P_2G_{13}G_{24}} = a_{P_2P_3P_4}),$$

$$4D_{P_4G_{13}G_{24}} = -D_{P_2P_3P_4} \quad (4a_{P_4G_{13}G_{24}} = a_{P_2P_3P_4}),$$

$$4D_{P_1G_{23}G_{41}} = D_{P_1P_3P_4} \quad (4a_{P_1G_{23}G_{41}} = a_{P_1P_3P_4}),$$

$$4D_{P_4G_{23}G_{41}} = -D_{P_1P_3P_4} \quad (4a_{P_4G_{23}G_{41}} = a_{P_1P_3P_4});$$

(3) $D_{P_1P_3P_4} = 0$ 的充分必要条件是如下六式之一

$$4D_{P_3G_{12}G_{34}} = -D_{P_2P_3P_4} \quad (4a_{P_3G_{12}G_{34}} = a_{P_2P_3P_4}),$$

$$4D_{P_4G_{12}G_{34}} = D_{P_2P_3P_4} \quad (4a_{P_4G_{12}G_{34}} = a_{P_2P_3P_4}),$$

$$4D_{P_1G_{13}G_{24}} = -D_{P_1P_2P_3} \quad (4a_{P_1G_{13}G_{24}} = a_{P_1P_2P_3}),$$

$$4D_{P_3G_{13}G_{24}} = D_{P_1P_2P_3} \quad (4a_{P_3G_{13}G_{24}} = a_{P_1P_2P_3}),$$

$$4D_{P_1G_{23}G_{41}} = D_{P_1P_2P_4} \quad (4a_{P_1G_{23}G_{41}} = a_{P_1P_2P_4}),$$

$$4D_{P_4G_{23}G_{41}} = -D_{P_1P_2P_4} \quad (4a_{P_4G_{23}G_{41}} = a_{P_1P_2P_4});$$

(4) $D_{P_2P_3P_4} = 0$ 的充分必要条件是如下六式之一成立

$$4D_{P_3G_{12}G_{34}} = -D_{P_1P_3P_4} \quad (4a_{P_3G_{12}G_{34}} = a_{P_1P_3P_4}),$$

$$4D_{P_4G_{12}G_{34}} = D_{P_1P_3P_4} \quad (4a_{P_4G_{12}G_{34}} = a_{P_1P_3P_4}),$$

$$4D_{P_2G_{13}G_{24}} = -D_{P_1P_2P_4} \quad (4a_{P_2G_{13}G_{24}} = a_{P_1P_2P_4}),$$

$$4D_{P_4G_{13}G_{24}} = D_{P_1P_2P_4} \quad (4a_{P_4G_{13}G_{24}} = a_{P_1P_2P_4}),$$

$$4D_{P_2G_{23}G_{41}} = D_{P_1P_2P_3} \quad (4a_{P_2G_{23}G_{41}} = a_{P_1P_2P_3}),$$

$$4D_{P_3G_{23}G_{41}} = -D_{P_1P_2P_3} \quad (4a_{P_3G_{23}G_{41}} = a_{P_1P_2P_3}).$$

证明 (1) 根据定理 3.2.3, 由式 (3.2.19), (3.2.20), (3.2.23), (3.2.25), (3.2.28) 和 (3.2.29), 即得: $D_{P_1P_2P_3} = 0 \Leftrightarrow$ 式 (3.2.32) 成立 $\Leftrightarrow$ 式 (3.2.33) 成立 $\Leftrightarrow$ 式 (3.2.34) 成立 $\Leftrightarrow$ 式 (3.2.35) 成立 $\Leftrightarrow$ 式 (3.2.36) 成立 $\Leftrightarrow$ 式 (3.2.37) 成立.

类似地, 可以证明 (2)~(4) 中结论成立.

推论 3.2.6 设 $S = \{P_1, P_2, P_3, P_4\}$ 是四点的集合, $G_{i_1i_2}(i_1, i_2 = 1, 2, 3, 4; i_1 < i_2)$ 是 $P_{i_1}P_{i_2}$ 的中点, $G_{12}G_{34}, G_{13}G_{24}, G_{14}G_{23}$ 是 S 的 2-类重心线, 则

(1) 三点 P_1, P_2, P_3 共线的充分必要条件是两三角形 $P_1G_{12}G_{34}, P_1P_2P_4$ 同向且 $4a_{P_1G_{12}G_{34}} = a_{P_1P_2P_4}$, 或两三角形 $P_2G_{12}G_{34}, P_1P_2P_4$ 反向且 $4a_{P_2G_{12}G_{34}} = a_{P_1P_2P_4}$, 或两三角形 $P_1G_{13}G_{24}, P_1P_3P_4$ 同向且 $4a_{P_1G_{13}G_{24}} = a_{P_1P_3P_4}$, 或两三角形 $P_3G_{13}G_{24}, P_1P_3P_4$ 反向且 $4a_{P_3G_{13}G_{24}} = a_{P_1P_3P_4}$, 或两三角形 $P_2G_{23}G_{41}, P_2P_3P_4$ 同向且 $4a_{P_2G_{23}G_{41}} = a_{P_2P_3P_4}$, 或两三角形 $P_3G_{23}G_{41}, P_2P_3P_4$ 反向且 $4a_{P_3G_{23}G_{41}} = a_{P_2P_3P_4}$;

(2) 三点 P_1, P_2, P_4 共线的充分必要条件是两三角形 $P_1G_{12}G_{34}, P_1P_2P_3$ 同向且 $4a_{P_1G_{12}G_{34}} = a_{P_1P_2P_3}$, 或两三角形 $P_2G_{12}G_{34}, P_1P_2P_3$ 反向且 $4a_{P_2G_{12}G_{34}} = a_{P_1P_2P_3}$, 或两三角形 $P_2G_{13}G_{24}, P_2P_3P_4$ 同向且 $4a_{P_2G_{13}G_{24}} = a_{P_2P_3P_4}$, 或两三角形

3.2 四点集各点到 2-类重心线有向距离公式与应用

$P_4G_{13}G_{24}$, $P_2P_3P_4$ 反向且 $4\mathrm{a}_{P_4G_{13}G_{24}} = \mathrm{a}_{P_2P_3P_4}$, 或两三角形 $P_1G_{23}G_{41}$, $P_1P_3P_4$ 同向且 $4\mathrm{a}_{P_1G_{23}G_{41}} = \mathrm{a}_{P_1P_3P_4}$, 或两三角形 $P_4G_{23}G_{41}$, $P_1P_3P_4$ 反向且 $4\mathrm{a}_{P_1G_{23}G_{41}} = \mathrm{a}_{P_1P_3P_4}$;

(3) 三点 P_1, P_3, P_4 共线的充分必要条件是两三角形 $P_3G_{12}G_{34}$, $P_2P_3P_4$ 反向且 $4\mathrm{a}_{P_3G_{12}G_{34}} = \mathrm{a}_{P_2P_3P_4}$, 或两三角形 $P_4G_{12}G_{34}$, $P_2P_3P_4$ 同向且 $4\mathrm{a}_{P_4G_{12}G_{34}} = \mathrm{a}_{P_2P_3P_4}$, 或两三角形 $P_1G_{13}G_{24}$, $P_1P_2P_3$ 反向且 $4\mathrm{a}_{P_1G_{13}G_{24}} = \mathrm{a}_{P_1P_2P_3}$, 或两三角形 $P_3G_{13}G_{24}$, $P_1P_2P_3$ 同向且 $4\mathrm{a}_{P_3G_{13}G_{24}} = \mathrm{a}_{P_1P_2P_3}$, 或两三角形 $P_1G_{23}G_{41}$, $P_1P_2P_4$ 同向且 $4\mathrm{a}_{P_1G_{23}G_{41}} = \mathrm{a}_{P_1P_2P_4}$, 或两三角形 $P_4G_{23}G_{41}$, $P_1P_2P_4$ 反向且 $4\mathrm{a}_{P_4G_{23}G_{41}} = \mathrm{a}_{P_1P_2P_4}$;

(4) 三点 P_2, P_3, P_4 共线的充分必要条件是两三角形 $P_3G_{12}G_{34}$, $P_1P_3P_4$ 反向且 $4\mathrm{a}_{P_3G_{12}G_{34}} = \mathrm{a}_{P_1P_3P_4}$, 或两三角形 $P_4G_{12}G_{34}$, $P_1P_3P_4$ 同向且 $4\mathrm{a}_{P_4G_{12}G_{34}} = \mathrm{a}_{P_1P_3P_4}$, 或两三角形 $P_2G_{13}G_{24}$, $P_1P_2P_4$ 反向且 $4\mathrm{a}_{P_2G_{13}G_{24}} = \mathrm{a}_{P_1P_2P_4}$, 或两三角形 $P_4G_{13}G_{24}$, $P_1P_2P_4$ 同向且 $4\mathrm{a}_{P_4G_{13}G_{24}} = \mathrm{a}_{P_1P_2P_4}$, 或两三角形 $P_2G_{23}G_{41}$, $P_1P_2P_3$ 同向且 $4\mathrm{a}_{P_2G_{23}G_{41}} = \mathrm{a}_{P_1P_2P_3}$, 或两三角形 $P_3G_{23}G_{41}$, $P_1P_2P_3$ 反向且 $4\mathrm{a}_{P_3G_{23}G_{41}} = \mathrm{a}_{P_1P_2P_3}$.

证明 (1) 根据定理 3.2.5(1), 由 $\mathrm{D}_{P_1P_2P_3} = 0$ 和式 (3.2.32)~(3.2.37) 的几何意义, 即得.

类似地, 可以证明 (2)~(4) 中结论成立.

定理 3.2.6 设 $S = \{P_1, P_2, P_3, P_4\}$ 是四点的集合, $G_{i_1i_2}(i_1, i_2 = 1, 2, 3, 4; i_1 < i_2)$ 是 $P_{i_1}P_{i_2}$ 的中点, $G_{12}G_{34}$, $G_{13}G_{24}$, $G_{14}G_{23}$ 是 S 的 2-类重心线, 则

$$\mathrm{D}_{P_1G_{12}G_{34}} + \mathrm{D}_{P_2G_{12}G_{34}} = 0 \quad (\mathrm{a}_{P_1G_{12}G_{34}} = \mathrm{a}_{P_2G_{12}G_{34}}), \tag{3.2.38}$$

$$\mathrm{D}_{P_3G_{12}G_{34}} + \mathrm{D}_{P_4G_{12}G_{34}} = 0 \quad (\mathrm{a}_{P_3G_{12}G_{34}} = \mathrm{a}_{P_4G_{12}G_{34}}); \tag{3.2.39}$$

$$\mathrm{D}_{P_1G_{13}G_{24}} + \mathrm{D}_{P_3G_{13}G_{24}} = 0 \quad (\mathrm{a}_{P_1G_{13}G_{24}} = \mathrm{a}_{P_3G_{13}G_{24}}), \tag{3.2.40}$$

$$\mathrm{D}_{P_2G_{13}G_{24}} + \mathrm{D}_{P_4G_{13}G_{24}} = 0 \quad (\mathrm{a}_{P_2G_{13}G_{24}} = \mathrm{a}_{P_4G_{13}G_{24}}); \tag{3.2.41}$$

$$\mathrm{D}_{P_2G_{23}G_{41}} + \mathrm{D}_{P_3G_{23}G_{41}} = 0 \quad (\mathrm{a}_{P_2G_{23}G_{41}} = \mathrm{a}_{P_3G_{23}G_{41}}), \tag{3.2.42}$$

$$\mathrm{D}_{P_4G_{23}G_{41}} + \mathrm{D}_{P_1G_{23}G_{41}} = 0 \quad (\mathrm{a}_{P_4G_{23}G_{41}} = \mathrm{a}_{P_1G_{23}G_{41}}). \tag{3.2.43}$$

证明 根据定理 3.2.3, 式 (3.2.19) + (3.2.20), 得

$$4(\mathrm{D}_{P_1G_{12}G_{34}} + \mathrm{D}_{P_2G_{12}G_{34}}) = 0.$$

因此, 式 (3.2.38) 成立.

类似地, 可以证明, 式 (3.2.39)~(3.2.43) 成立.

推论 3.2.7 设 $S=\{P_1, P_2, P_3, P_4\}$ 是四点的集合，$G_{i_1i_2}(i_1, i_2=1,2,3,4; i_1<i_2)$ 是各边 (对角线) $P_{i_1}P_{i_2}$ 的中点，$G_{12}G_{34}, G_{13}G_{24}, G_{14}G_{23}$ 是 S 的 2-类重心线，则

(1) 如下两对重心线三角形 $P_1G_{12}G_{34}, P_2G_{12}G_{34}; P_3G_{12}G_{34}, P_4G_{12}G_{34}$ 中，每对中的两三角形均面积相等方向相反；

(2) 如下两对重心线三角形 $P_1G_{13}G_{24}, P_3G_{13}G_{24}; P_2G_{13}G_{24}, P_4G_{13}G_{24}$ 中，每对中的两三角形均面积相等方向相反；

(3) 如下两对重心线三角形 $P_2G_{23}G_{41}, P_3G_{23}G_{41}; P_4G_{23}G_{41}, P_1G_{23}G_{41}$ 中，每对中的两三角形均面积相等方向相反.

证明 (1) 根据定理 3.2.6，由式 (3.2.37) 和 (3.2.38) 的几何意义，即得.

类似地，可以证明，式 (2) 和 (3) 中结论成立.

推论 3.2.8 设 $P_1P_2P_3P_4$ 是四角形 (四边形)，$G_{i_1i_2}(i_1, i_2=1,2,3,4; i_1<i_2)$ 是各边 (对角线) $P_{i_1}P_{i_2}$ 的中点，$G_{12}G_{34}, G_{13}G_{24}, G_{14}G_{23}$ 是 $P_1P_2P_3P_4$ 的中位线，则定理 3.2.3～定理 3.2.6 和推论 3.2.4～推论 3.2.7 的结论均成立.

证明 设 $S=\{P_1, P_2, P_3, P_4\}$ 是四角形 (四边形) $P_1P_2P_3P_4$ 顶点的集合，对不共线四点的集合 S 分别应用定理 3.2.3～定理 3.2.6 和推论 3.2.4～推论 3.2.7，即得.

第 4 章 六点集同类重心线有向面积的定值定理与应用

4.1 六点集 1-类重心线有向度量的定值定理与应用

本节主要应用有向度量和有向度量定值法, 研究六点集 1-类重心线有向度量的有关问题. 首先, 给出六点集 1-类重心线有向面积的定值定理及其推论, 从而得出六角形 (六边形) 中相应的结论; 其次, 利用上述定值定理, 得出六点集、六角形 (六边形) 中任意点与重心线两端点共线, 以及两重心线三角形面积相等方向相反的充分必要条件和 1-类 (1-级) 自重心线三角形有向面积的关系定理等结论; 再次, 在一定条件下, 给出点到六点集 1-类重心线有向距离的定值定理, 从而得出该条件下六点集、六角形 (六边形) 中任意点在重心线所在直线之上、在两重心线外角平分线之上的充分必要条件等结论; 最后, 给出共线六点集 1-类重心线的有向距离定理, 从而得出点为共线六点集重心线端点, 以及共线六点集两重心线距离相等方向相反的充分必要条件等结论.

在本节中, 恒假设 $i_1, i_2, \cdots, i_6 \in I_6 = \{1, 2, \cdots, 6\}$ 且互不相等.

4.1.1 六点集 1-类重心线有向面积的定值定理

定理 4.1.1 设 $S = \{P_1, P_2, \cdots, P_6\}$ 是六点的集合, H_5^i 是 $T_5^i = \{P_{i+1}, P_{i+2}, \cdots, P_{i+5}\}$ $(i = 1, 2, \cdots, 6)$ 的重心, $P_i H_5^i$ $(i = 1, 2, \cdots, 6)$ 是 S 的 1-类重心线, P 是平面上任意一点, 则

$$\mathrm{D}_{PP_{i_1}H_5^{i_1}} + \mathrm{D}_{PP_{i_2}H_5^{i_2}} + \cdots + \mathrm{D}_{PP_{i_6}H_5^{i_6}} = 0. \tag{4.1.1}$$

证明 设 S 各点和任意点的坐标分别为 $P_i(x_i, y_i)$ $(i = 1, 2, \cdots, 6); P(x, y)$. 于是 T_5^i 重心的坐标为

$$H_5^i \left(\frac{1}{5} \sum_{\mu=1}^{5} x_{\mu+i}, \frac{1}{5} \sum_{\mu=1}^{5} y_{\mu+i} \right) \quad (i = 1, 2, \cdots, 6).$$

故由三角形有向面积公式, 得

$$10 \sum_{i=1}^{6} \mathrm{D}_{PP_i H_5^i}$$

$$= \sum_{i=1}^{6} \begin{vmatrix} x & y & 1 \\ x_i & y_i & 1 \\ x_{i+1}+x_{i+2}+\cdots+x_{i+5} & y_{i+1}+y_{i+2}+\cdots+y_{i+5} & 5 \end{vmatrix}$$

$$= x\sum_{i=1}^{6}(5y_i - y_{i+1} - y_{i+2} - \cdots - y_{i+5}) - y\sum_{i=1}^{6}(5x_i - x_{i+1} - x_{i+2} - \cdots - x_{i+5})$$

$$+ \sum_{i=1}^{6}[(x_iy_{i+1} - x_{i+1}y_i) + (x_iy_{i+2} - x_{i+2}y_i) + \cdots + (x_iy_{i+5} - x_{i+5}y_i)]$$

$$= x\sum_{i=1}^{6}(5y_i - y_i - y_i - y_i - y_i - y_i) - y\sum_{i=1}^{6}(5x_i - x_i - x_i - x_i - x_i - x_i)$$

$$+ \sum_{i=1}^{6}[(x_iy_{i+1} - x_{i+1}y_i) + (x_iy_{i+2} - x_{i+2}y_i) + (x_{i+3}y_i - x_iy_{i+3})$$

$$+ (x_{i+2}y_i - x_iy_{i+2}) + (x_{i+1}y_i - x_iy_{i+1})]$$

$$= 0,$$

因为 $i_1, i_2, \cdots, i_6 \in I_6$ 且互不相等, 所以式 (4.1.1) 成立.

推论 4.1.1 设 $S = \{P_1, P_2, \cdots, P_6\}$ 是六点的集合, H_5^i 是 $T_5^i = \{P_{i+1}, P_{i+2}, \cdots, P_{i+5}\}$ $(i = 1, 2, \cdots, 6)$ 的重心, $P_iH_5^i$ $(i = 1, 2, \cdots, 6)$ 是 S 的 1-类重心线, P 是平面上任意一点, 则如下六个重心线三角形的面积 $a_{PP_{i_1}H_5^{i_1}}$, $a_{PP_{i_2}H_5^{i_2}}$, $\cdots$, $a_{PP_{i_6}H_5^{i_6}}$ 中, 其中一个较大的面积等于另外五个较小的面积的和, 或其中两个面积的和等于另外四个面积的和, 或其中三个的面积的和等于另外三个面积的和.

证明 根据定理 4.1.1, 由式 (4.1.1) 的几何意义, 即得.

推论 4.1.2 设 $P_1P_2\cdots P_6$ 是六角形 (六边形), H_5^i $(i = 1, 2, \cdots, 6)$ 是五角形 (五边形) $P_{i+1}P_{i+2}\cdots P_{i+5}$ $(i = 1, 2, \cdots, 6)$ 的重心, $P_iH_5^i$ $(i = 1, 2, \cdots, 6)$ 是 $P_1P_2\cdots P_6$ 的 1-级重心线, P 是 $P_1P_2\cdots P_6$ 所在平面上任意一点, 则定理 4.1.1 和推论 4.1.1 的结论均成立.

证明 设 $S = \{P_1, P_2, \cdots, P_6\}$ 是六角形 (六边形) $P_1P_2\cdots P_6$ 顶点的集合, 对不共线六点的集合 S 分别应用定理 4.1.1 和推论 4.1.1, 即得.

4.1.2 六点集 1-类重心线有向面积定值定理的应用

定理 4.1.2 设 $S = \{P_1, P_2, \cdots, P_6\}$ 是六点的集合, H_5^i 是 $T_5^i = \{P_{i+1}, P_{i+2}, \cdots, P_{i+5}\}$ $(i = 1, 2, \cdots, 6)$ 的重心, $P_iH_5^i$ $(i = 1, 2, \cdots, 6)$ 是 S 的 1-类重心线, P 是平面上任意一点, 则对任意的 $i_1, i_2, \cdots, i_6 \in I_6$, 恒有 $D_{PP_{i_6}H_5^{i_6}} = 0$ 的充分必要

4.1 六点集 1-类重心线有向度量的定值定理与应用

条件是

$$\mathrm{D}_{PP_{i_1}H_5^{i_1}} + \mathrm{D}_{PP_{i_2}H_5^{i_2}} + \cdots + \mathrm{D}_{PP_{i_5}H_5^{i_5}} = 0. \qquad (4.1.2)$$

证明 根据定理 4.1.1, 由式 (4.1.1) 即得: 对任意的 $i_1, i_2, \cdots, i_6 \in I_6$, 恒有 $\mathrm{D}_{PP_{i_6}H_5^{i_6}} = 0$ 的充分必要条件是式 (4.1.2) 成立.

推论 4.1.3 设 $S = \{P_1, P_2, \cdots, P_6\}$ 是六点的集合, H_5^i 是 $T_5^i = \{P_{i+1}, P_{i+2}, \cdots, P_{i+5}\}$ $(i = 1, 2, \cdots, 6)$ 的重心, $P_i H_5^i$ $(i = 1, 2, \cdots, 6)$ 是 S 的 1-类重心线, P 是平面上任意一点, 则对任意的 $i_1, i_2, \cdots, i_6 \in I_6$, 恒有三点 $P, P_{i_6}, H_5^{i_6}$ 共线的充分必要条件是如下五个重心线三角形的面积 $\mathrm{a}_{PP_{i_1}H_5^{i_1}}, \mathrm{a}_{PP_{i_2}H_5^{i_2}}, \cdots, \mathrm{a}_{PP_{i_5}H_5^{i_5}}$ 中, 其中一个较大的面积等于另外四个较小的面积的和, 或其中两个面积的和等于另外三个面积的和.

证明 根据定理 4.1.2, 对任意的 $i_1, i_2, \cdots, i_6 \in I_6$, 由 $\mathrm{D}_{PP_{i_6}H_5^{i_6}} = 0$ 和式 (4.1.2) 的几何意义, 即得.

定理 4.1.3 设 $S = \{P_1, P_2, \cdots, P_6\}$ 是六点的集合, H_5^i 是 $T_5^i = \{P_{i+1}, P_{i+2}, \cdots, P_{i+5}\}$ $(i = 1, 2, \cdots, 6)$ 的重心, $P_i H_5^i$ $(i = 1, 2, \cdots, 6)$ 是 S 的 1-类重心线, P 是平面上任意一点, 则对任意的 $i_1, i_2, \cdots, i_6 \in I_6$, 以下两式均等价:

$$\mathrm{D}_{PP_{i_1}H_5^{i_1}} + \mathrm{D}_{PP_{i_2}H_5^{i_2}} = 0 \quad (\mathrm{a}_{PP_{i_1}H_5^{i_1}} = \mathrm{a}_{PP_{i_2}H_5^{i_2}}), \qquad (4.1.3)$$

$$\mathrm{D}_{PP_{i_3}H_5^{i_3}} + \mathrm{D}_{PP_{i_4}H_5^{i_4}} + \mathrm{D}_{PP_{i_5}H_5^{i_5}} + \mathrm{D}_{PP_{i_6}H_5^{i_6}} = 0. \qquad (4.1.4)$$

证明 根据定理 4.1.1, 由式 (4.1.1) 即得: 对任意的 $i_1, i_2, \cdots, i_6 \in I_6$, 式 (4.1.3) 成立的充分必要条件是式 (4.1.4) 成立.

推论 4.1.4 设 $S = \{P_1, P_2, \cdots, P_6\}$ 是六点的集合, H_5^i 是 $T_5^i = \{P_{i+1}, P_{i+2}, \cdots, P_{i+5}\}$ $(i = 1, 2, \cdots, 6)$ 的重心, $P_i H_5^i$ $(i = 1, 2, \cdots, 6)$ 是 S 的 1-类重心线, P 是平面上任意一点, 则对任意的 $i_1, i_2, \cdots, i_6 \in I_6$, 均有两重心线三角形 $PP_{i_1}H_5^{i_1}, PP_{i_2}H_5^{i_2}$ 面积相等方向相反的充分必要条件是其余四个重心线三角形的面积 $\mathrm{a}_{PP_{i_3}H_5^{i_3}}, \mathrm{a}_{PP_{i_4}H_5^{i_4}}, \mathrm{a}_{PP_{i_5}H_5^{i_5}}, \mathrm{a}_{PP_{i_6}H_5^{i_6}}$ 中, 其中一个较大的面积等于另外三个较小的面积的和, 或其中两个面积的和等于另外两个面积的和.

证明 根据定理 4.1.3, 对任意的 $i_1, i_2, \cdots, i_6 \in I_6$, 由式 (4.1.3) 和 (4.1.4) 的几何意义, 即得.

定理 4.1.4 设 $S = \{P_1, P_2, \cdots, P_6\}$ 是六点的集合, H_5^i 是 $T_5^i = \{P_{i+1}, P_{i+2}, \cdots, P_{i+5}\}$ $(i = 1, 2, \cdots, 6)$ 的重心, $P_i H_5^i$ $(i = 1, 2, \cdots, 6)$ 是 S 的 1-类重心线, P 是平面上任意一点, 则对任意的 $i_1, i_2, \cdots, i_6 \in I_6$; $\min\{i_1, i_2, i_3\} < \min\{i_4, i_5, i_6\}$, 以下两式均等价:

$$\mathrm{D}_{PP_{i_1}H_5^{i_1}} + \mathrm{D}_{PP_{i_2}H_5^{i_2}} + \mathrm{D}_{PP_{i_3}H_5^{i_3}} = 0, \qquad (4.1.5)$$

$$\mathrm{D}_{PP_{i_4}H_5^{i_4}} + \mathrm{D}_{PP_{i_5}H_5^{i_5}} + \mathrm{D}_{PP_{i_6}H_5^{i_6}} = 0. \qquad (4.1.6)$$

证明 定理 4.1.1, 由式 (4.1.1) 即得: 对任意的 $i_1, i_2, \cdots, i_6 \in I_6$; $\min\{i_1, i_2, i_3\} < \min\{i_4, i_5, i_6\}$, 式 (4.1.5) 成立的充分必要条件是式 (4.1.6) 成立.

推论 4.1.5 设 $S = \{P_1, P_2, \cdots, P_6\}$ 是六点的集合, H_5^i 是 $T_5^i = \{P_{i+1}, P_{i+2}, \cdots, P_{i+5}\}$ $(i = 1, 2, \cdots, 6)$ 的重心, $P_iH_5^i$ $(i = 1, 2, \cdots, 6)$ 是 S 的 1-类重心线, P 是平面上任意一点, 则对任意的 $i_1, i_2, \cdots, i_6 \in I_6$; $\min\{i_1, i_2, i_3\} < \min\{i_4, i_5, i_6\}$, 均有如下三个重心线三角形的面积 $\mathrm{a}_{PP_{i_1}H_5^{i_1}}$, $\mathrm{a}_{PP_{i_2}H_5^{i_2}}$, $\mathrm{a}_{PP_{i_3}H_5^{i_3}}$ 中, 其中一个较大的面积等于另外两个较小的面积的和的充分必要条件是其余三个重心线三角形的面积 $\mathrm{a}_{PP_{i_4}H_5^{i_4}}$, $\mathrm{a}_{PP_{i_5}H_5^{i_5}}$, $\mathrm{a}_{PP_{i_6}H_5^{i_6}}$ 中, 其中一个较大的面积等于另外两个较小的面积的和.

证明 根据定理 4.1.4, 对任意的 $i_1, i_2, \cdots, i_6 \in I_6$; $\min\{i_1, i_2, i_3\} < \min\{i_4, i_5, i_6\}$, 由式 (4.1.5) 和 (4.1.6) 的几何意义, 即得.

推论 4.1.6 设 $P_1P_2\cdots P_6$ 是六角形 (六边形), H_5^i $(i = 1, 2, \cdots, 6)$ 是五角形 (五边形) $P_{i+1}P_{i+2}\cdots P_{i+5}$ $(i = 1, 2, \cdots, 6)$ 的重心, $P_iH_5^i$ $(i = 1, 2, \cdots, 6)$ 是 $P_1P_2\cdots P_6$ 的 1-级重心线, P 是 $P_1P_2\cdots P_6$ 所在平面上任意一点, 则定理 4.1.2~ 定理 4.1.4 和推论 4.1.3~ 推论 4.1.5 的结论均成立.

证明 设 $S = \{P_1, P_2, \cdots, P_6\}$ 是六角形 (六边形) $P_1P_2\cdots P_6$ 顶点的集合, 对不共线六点的集合 S 分别应用定理 4.1.2~ 定理 4.1.4 和推论 4.1.3~ 推论 4.1.5, 即得.

定理 4.1.5 设 $S = \{P_1, P_2, \cdots, P_6\}$ 是六点的集合, H_5^i 是 $T_5^i = \{P_{i+1}, P_{i+2}, \cdots, P_{i+5}\}$ $(i = 1, 2, \cdots, 6)$ 的重心, $P_iH_5^i$ $(i = 1, 2, \cdots, 6)$ 是 S 的 1-类重心线, P 是平面上任意一点. 若 $\mathrm{D}_{PP_{i_6}H_5^{i_6}} = 0 (i_6 \in I_6)$, 则对任意的 $i_1, i_2, \cdots, i_5 \in I_6\setminus\{i_6\}$, 以下两式均等价:

$$\mathrm{D}_{PP_{i_1}H_5^{i_1}} + \mathrm{D}_{PP_{i_2}H_5^{i_2}} = 0 \quad (\mathrm{a}_{PP_{i_1}H_5^{i_1}} = \mathrm{a}_{PP_{i_2}H_5^{i_2}}), \qquad (4.1.7)$$

$$\mathrm{D}_{PP_{i_3}H_5^{i_3}} + \mathrm{D}_{PP_{i_4}H_5^{i_4}} + \mathrm{D}_{PP_{i_5}H_5^{i_5}} = 0. \qquad (4.1.8)$$

证明 根据定理 4.1.1 和题设, 由式 (4.1.1) 即得: 对任意的 $i_1, i_2, \cdots, i_5 \in I_6\setminus\{i_6\}$, 式 (4.1.7) 成立的充分必要条件是式 (4.1.8) 成立.

推论 4.1.7 设 $S = \{P_1, P_2, \cdots, P_6\}$ 是六点的集合, H_5^i 是 $T_5^i = \{P_{i+1}, P_{i+2}, \cdots, P_{i+5}\}$ $(i = 1, 2, \cdots, 6)$ 的重心, $P_iH_5^i$ $(i = 1, 2, \cdots, 6)$ 是 S 的 1-类重心线, P 是平面上任意一点. 若三点 $P, P_{i_6}, H_5^{i_6}$ $(i_6 \in I_6)$ 共线, 则对任意的 $i_1, i_2, \cdots, i_5 \in I_6\setminus\{i_6\}$, 均有两重心线三角形 $PP_{i_1}H_5^{i_1}$, $PP_{i_2}H_5^{i_2}$ 面积相等方向相反的充分必要

条件是其余三个重心线三角形的面积 $\mathrm{a}_{PP_{i_3}H_5^{i_3}}$, $\mathrm{a}_{PP_{i_4}H_5^{i_4}}$, $\mathrm{a}_{PP_{i_5}H_5^{i_5}}$ 中, 其中一个较大的面积等于另外两个面积的和.

证明 根据定理 4.1.5 和题设, 对任意的 $i_1, i_2, \cdots, i_5 \in I_6 \backslash \{i_6\}$, 由 $\mathrm{D}_{PP_{i_6}H_5^{i_6}} = 0$ ($i_6 \in I_6$) 以及式 (4.1.7) 和 (4.1.8) 的几何意义, 即得.

推论 4.1.8 设 $P_1P_2\cdots P_6$ 是六角形 (六边形), H_5^i ($i = 1, 2, \cdots, 6$) 是五角形 (五边形) $P_{i+1}P_{i+2}\cdots P_{i+5}$ ($i = 1, 2, \cdots, 6$) 的重心, $P_iH_5^i$ ($i = 1, 2, \cdots, 6$) 是 $P_1P_2\cdots P_6$ 的 1-级重心线, P 是 $P_1P_2\cdots P_6$ 所在平面上任意一点. 若相应的条件满足, 则定理 4.1.5 和推论 4.1.7 的结论均成立.

证明 设 $S = \{P_1, P_2, \cdots, P_6\}$ 是六角形 (六边形) $P_1P_2\cdots P_6$ 顶点的集合, 对不共线六点的集合 S 应用定理 4.1.5 和推论 4.1.7, 即得.

注 4.1.1 根据排列组合知识和 2.1 节的具体结论, 易知定理 4.1.2 的结论包括 $\mathrm{C}_6^1 = 6$ 种情形; 定理 4.1.3 的结论包括 $\mathrm{C}_6^2/2 = 15$ 种情形; 定理 4.1.4 的结论包括 $\mathrm{C}_6^3/2 = 10$ 种情形; 定理 4.1.5 的结论包括 $6 \times \mathrm{C}_5^2/2 = 60$ 种情形. 以后但凡遇到类似情形, 均作如此理解.

定理 4.1.6 设 $S = \{P_1, P_2, \cdots, P_6\}$ 是六点的集合, H_5^i 是 $T_5^i = \{P_{i+1}, P_{i+2}, \cdots, P_{i+5}\}$ ($i = 1, 2, \cdots, 6$) 的重心, $P_iH_5^i$ ($i = 1, 2, \cdots, 6$) 是 S 的 1-类重心线, 则对任意的 $i_1 \in I_6$, 恒有

$$\mathrm{D}_{P_{i_1}P_{i_2}H_5^{i_2}} + \mathrm{D}_{P_{i_1}P_{i_3}H_5^{i_3}} + \cdots + \mathrm{D}_{P_{i_1}P_{i_6}H_5^{i_6}} = 0. \tag{4.1.9}$$

证明 根据定理 4.1.1, 对任意的 $i_1 \in I_6$, 将 $P = P_{i_1}$ 代入式 (4.1.1), 即得.

推论 4.1.9 设 $S = \{P_1, P_2, \cdots, P_6\}$ 是六点的集合, H_5^i 是 $T_5^i = \{P_{i+1}, P_{i+2}, \cdots, P_{i+5}\}$ ($i = 1, 2, \cdots, 6$) 的重心, $P_iH_5^i$ ($i = 1, 2, \cdots, 6$) 是 S 的 1-类重心线, 则对任意的 $i_1 \in I_6$, 恒有如下五个自重心线三角形的面积 $\mathrm{a}_{P_{i_1}P_{i_2}H_5^{i_2}}, \mathrm{a}_{P_{i_1}P_{i_3}H_5^{i_3}}, \cdots, \mathrm{a}_{P_{i_1}P_{i_6}H_5^{i_6}}$ 中, 其中一个较大的面积等于另外四个较小的面积的和, 或其中两个面积的和等于另外三个面积的和.

证明 根据定理 4.1.6, 对任意的 $i_1 \in I_6$, 由式 (4.1.9) 的几何意义, 即得.

推论 4.1.10 设 $P_1P_2\cdots P_6$ 是六角形 (六边形), H_5^i ($i = 1, 2, \cdots, 6$) 是五角形 (五边形) $P_{i+1}P_{i+2}\cdots P_{i+5}$ ($i = 1, 2, \cdots, 6$) 的重心, $P_iH_5^i$ ($i = 1, 2, \cdots, 6$) 是 $P_1P_2\cdots P_6$ 的 1-级重心线, P 是 $P_1P_2\cdots P_6$ 所在平面上任意一点, 则定理 4.1.6 和推论 4.1.9 的结论均成立.

证明 设 $S = \{P_1, P_2, \cdots, P_6\}$ 是六角形 (六边形) $P_1P_2\cdots P_6$ 顶点的集合, 对不共线六点的集合 S 分别应用定理 4.1.6 和推论 4.1.9, 即得.

注 4.1.2 根据定理 4.1.6, 由式 (4.1.9) 也可以得出类似于定理 4.1.2~ 定理 4.1.5 和推论 4.1.3~ 推论 4.1.8 的结论, 不一一赘述.

4.1.3 点到六点集 1-类重心线有向距离的定值定理与应用

定理 4.1.7 设 $S=\{P_1,P_2,\cdots,P_6\}$ 是六点的集合，H_5^i 是 $T_5^i=\{P_{i+1},P_{i+2},\cdots,P_{i+5}\}$ $(i=1,2,\cdots,6)$ 的重心，$P_iH_5^i$ $(i=1,2,\cdots,6)$ 是 S 的 1-类重心线，P 是平面上任意一点. 若 $\mathrm{d}_{P_{i_1}H_5^{i_1}}=\mathrm{d}_{P_{i_2}H_5^{i_2}}=\cdots=\mathrm{d}_{P_{i_6}H_5^{i_6}}$，则

$$\mathrm{D}_{P\text{-}P_{i_1}H_5^{i_1}}+\mathrm{D}_{P\text{-}P_{i_2}H_5^{i_2}}+\cdots+\mathrm{D}_{P\text{-}P_{i_6}H_5^{i_6}}=0. \qquad (4.1.10)$$

证明 根据定理 4.1.1，由式 (4.1.1) 和三角形有向面积与有向距离之间的关系并化简，可得

$$\mathrm{d}_{P_{i_1}H_5^{i_1}}\mathrm{D}_{P\text{-}P_{i_1}H_5^{i_1}}+\mathrm{d}_{P_{i_2}H_5^{i_2}}\mathrm{D}_{P\text{-}P_{i_2}H_5^{i_2}}+\cdots+\mathrm{d}_{P_{i_6}H_5^{i_6}}\mathrm{D}_{P\text{-}P_{i_6}H_5^{i_6}}=0. \qquad (4.1.11)$$

依题设，$\mathrm{d}_{P_{i_1}H_5^{i_1}}=\mathrm{d}_{P_{i_2}H_5^{i_2}}=\cdots=\mathrm{d}_{P_{i_6}H_5^{i_6}}\neq 0$，故由上式，即得式 (4.1.10).

推论 4.1.11 设 $S=\{P_1,P_2,\cdots,P_6\}$ 是六点的集合，H_5^i 是 $T_5^i=\{P_{i+1},P_{i+2},\cdots,P_{i+5}\}$ $(i=1,2,\cdots,6)$ 的重心，$P_iH_5^i$ $(i=1,2,\cdots,6)$ 是 S 的 1-类重心线，P 是平面上任意一点. 若 $\mathrm{d}_{P_{i_1}H_5^{i_1}}=\mathrm{d}_{P_{i_2}H_5^{i_2}}=\cdots=\mathrm{d}_{P_{i_6}H_5^{i_6}}$，则如下六条点 P 到重心线的距离 $\mathrm{d}_{P\text{-}P_{i_1}H_5^{i_1}},\mathrm{d}_{P\text{-}P_{i_2}H_5^{i_2}},\cdots,\mathrm{d}_{P\text{-}P_{i_6}H_5^{i_6}}$ 中，其中一条较长的距离等于另外五条较短的距离的和，或其中两条距离的和等于另外四条的距离的和，或其中三条距离的和等于另外三条的距离的和.

证明 根据定理 4.1.7 和题设，由式 (4.1.10) 的几何意义，即得.

定理 4.1.8 设 $S=\{P_1,P_2,\cdots,P_6\}$ 是六点的集合，H_5^i 是 $T_5^i=\{P_{i+1},P_{i+2},\cdots,P_{i+5}\}$ $(i=1,2,\cdots,6)$ 的重心，$P_iH_5^i$ $(i=1,2,\cdots,6)$ 是 S 的 1-类重心线，P 是平面上任意一点. 若 $\mathrm{d}_{P_{i_1}H_5^{i_1}}=\mathrm{d}_{P_{i_2}H_5^{i_2}}=\cdots=\mathrm{d}_{P_{i_5}H_5^{i_5}}\neq 0$，$\mathrm{d}_{P_{i_6}H_5^{i_6}}\neq 0$，则对任意的 $i_1,i_2,\cdots,i_6\in I_6$，恒有 $\mathrm{D}_{P\text{-}P_{i_6}H_5^{i_6}}=0$ 的充分必要条件是

$$\mathrm{D}_{P\text{-}P_{i_1}H_5^{i_1}}+\mathrm{D}_{P\text{-}P_{i_2}H_5^{i_2}}+\cdots+\mathrm{D}_{P\text{-}P_{i_5}H_5^{i_5}}=0. \qquad (4.1.12)$$

证明 根据定理 4.1.7 的证明和题设，由式 (4.1.11) 即得：对任意的 $i_1,i_2,\cdots,i_6\in I_6$，恒有 $\mathrm{D}_{P\text{-}P_{i_6}H_5^{i_6}}=0$ 的充分必要条件是式 (4.1.12) 成立.

推论 4.1.12 设 $S=\{P_1,P_2,\cdots,P_6\}$ 是六点的集合，H_5^i 是 $T_5^i=\{P_{i+1},P_{i+2},\cdots,P_{i+5}\}$ $(i=1,2,\cdots,6)$ 的重心，$P_iH_5^i$ $(i=1,2,\cdots,6)$ 是 S 的 1-类重心线，P 是平面上任意一点. 若 $\mathrm{d}_{P_{i_1}H_5^{i_1}}=\mathrm{d}_{P_{i_2}H_5^{i_2}}=\cdots=\mathrm{d}_{P_{i_5}H_5^{i_5}}\neq 0$，$\mathrm{d}_{P_{i_6}H_5^{i_6}}\neq 0$，则对任意的 $i_1,i_2,\cdots,i_6\in I_6$，恒有点 P 在重心线 $P_{i_6}H_5^{i_6}$ 所在直线上的充分必要条件是如下五条点 P 到重心线的距离 $\mathrm{d}_{P\text{-}P_{i_1}H_5^{i_1}},\mathrm{d}_{P\text{-}P_{i_2}H_5^{i_2}},\cdots,\mathrm{d}_{P\text{-}P_{i_5}H_5^{i_5}}$ 中，其中一条较长的距离等于另外四条较短的距离的和，或其中两条距离的和等于另外三条距离的和.

证明 根据定理 4.1.8 和题设, 对任意的 $i_1, i_2, \cdots, i_6 \in I_6$, 由 $\mathrm{D}_{P\text{-}P_{i_6}H_5^{i_6}} = 0$ 和式 (4.1.12) 的几何意义, 即得.

定理 4.1.9 设 $S = \{P_1, P_2, \cdots, P_6\}$ 是六点的集合, H_5^i 是 $T_5^i = \{P_{i+1}, P_{i+2}, \cdots, P_{i+5}\}$ ($i = 1, 2, \cdots, 6$) 的重心, $P_i H_5^i$ ($i = 1, 2, \cdots, 6$) 是 S 的 1-类重心线, P 是平面上任意一点. 若 $\mathrm{d}_{P_{i_1}H_5^{i_1}} = \mathrm{d}_{P_{i_2}H_5^{i_2}} \neq 0, \mathrm{d}_{P_{i_3}H_5^{i_3}} = \mathrm{d}_{P_{i_4}H_5^{i_4}} = \cdots = \mathrm{d}_{P_{i_6}H_5^{i_6}} \neq 0$, 则对任意的 $i_1, i_2, \cdots, i_6 \in I_6$, 如下两式均等价:

$$\mathrm{D}_{P\text{-}P_{i_1}H_5^{i_1}} + \mathrm{D}_{P\text{-}P_{i_2}H_5^{i_2}} = 0 \quad (\mathrm{d}_{P\text{-}P_{i_1}H_5^{i_1}} = \mathrm{d}_{P\text{-}P_{i_2}H_5^{i_2}}), \tag{4.1.13}$$

$$\mathrm{D}_{P\text{-}P_{i_3}H_5^{i_3}} + \mathrm{D}_{P\text{-}P_{i_4}H_5^{i_4}} + \cdots + \mathrm{D}_{P\text{-}P_{i_6}H_5^{i_6}} = 0. \tag{4.1.14}$$

证明 根据定理 4.1.7 的证明和题设, 由式 (4.1.11) 即得: 对任意的 $i_1, i_2, \cdots, i_6 \in I_6$, 式 (4.1.13) 成立的充分必要条件是式 (4.1.14) 成立.

推论 4.1.13 设 $S = \{P_1, P_2, \cdots, P_6\}$ 是六点的集合, H_5^i 是 $T_5^i = \{P_{i+1}, P_{i+2}, \cdots, P_{i+5}\}$ ($i = 1, 2, \cdots, 6$) 的重心, $P_i H_5^i$ ($i = 1, 2, \cdots, 6$) 是 S 的 1-类重心线, P 是平面上任意一点. 若 $\mathrm{d}_{P_{i_1}H_5^{i_1}} = \mathrm{d}_{P_{i_2}H_5^{i_2}} \neq 0, \mathrm{d}_{P_{i_3}H_5^{i_3}} = \mathrm{d}_{P_{i_4}H_5^{i_4}} = \cdots = \mathrm{d}_{P_{i_6}H_5^{i_6}} \neq 0$, 则对任意的 $i_1, i_2, \cdots, i_6 \in I_6$, 均有点 P 在两重心线 $P_{i_1}H_5^{i_1}, P_{i_2}H_5^{i_2}$ 外角平分线上的充分必要条件是如下四条点 P 到重心线的距离 $\mathrm{d}_{P\text{-}P_{i_3}H_5^{i_3}}, \mathrm{d}_{P\text{-}P_{i_4}H_5^{i_4}}, \cdots, \mathrm{d}_{P\text{-}P_{i_6}H_5^{i_6}}$ 中, 其中一条较长的距离等于另外三条较短的距离的和, 或其中两条距离的和等于另外两条距离的和.

证明 根据定理 4.1.9 和题设, 对任意的 $i_1, i_2, \cdots, i_6 \in I_6$, 由式 (4.1.13) 和 (4.1.14) 的几何意义, 即得.

定理 4.1.10 设 $S = \{P_1, P_2, \cdots, P_6\}$ 是六点的集合, H_5^i 是 $T_5^i = \{P_{i+1}, P_{i+2}, \cdots, P_{i+5}\}$ ($i = 1, 2, \cdots, 6$) 的重心, $P_i H_5^i$ ($i = 1, 2, \cdots, 6$) 是 S 的 1-类重心线, P 是平面上任意一点. 若 $\mathrm{d}_{P_{i_1}H_5^{i_1}} = \mathrm{d}_{P_{i_2}H_5^{i_2}} = \mathrm{d}_{P_{i_3}H_5^{i_3}} \neq 0, \mathrm{d}_{P_{i_4}H_5^{i_4}} = \mathrm{d}_{P_{i_5}H_5^{i_5}} = \mathrm{d}_{P_{i_6}H_5^{i_6}} \neq 0$, 则对任意的 $i_1, i_2, \cdots, i_6 \in I_6; \min\{i_1, i_2, i_3\} < \min\{i_4, i_5, i_6\}$, 如下两式均等价:

$$\mathrm{D}_{P\text{-}P_{i_1}H_5^{i_1}} + \mathrm{D}_{P\text{-}P_{i_2}H_5^{i_2}} + \mathrm{D}_{P\text{-}P_{i_3}H_5^{i_3}} = 0, \tag{4.1.15}$$

$$\mathrm{D}_{P\text{-}P_{i_4}H_5^{i_4}} + \mathrm{D}_{P\text{-}P_{i_5}H_5^{i_5}} + \mathrm{D}_{P\text{-}P_{i_6}H_5^{i_6}} = 0. \tag{4.1.16}$$

证明 根据定理 4.1.7 的证明和题设, 由式 (4.1.11) 即得: 对任意的 $i_1, i_2, \cdots, i_6 \in I_6; \min\{i_1, i_2, i_3\} < \min\{i_4, i_5, i_6\}$, 式 (4.1.15) 成立的充分必要条件是式 (4.1.16) 成立.

推论 4.1.14 设 $S = \{P_1, P_2, \cdots, P_6\}$ 是六点的集合, H_5^i 是 $T_5^i = \{P_{i+1}, P_{i+2}, \cdots, P_{i+5}\}$ ($i = 1, 2, \cdots, 6$) 的重心, $P_i H_5^i$ ($i = 1, 2, \cdots, 6$) 是 S 的 1-类

重心线, P 是平面上任意一点. 若 $\mathrm{d}_{P_{i_1}H_5^{i_1}} = \mathrm{d}_{P_{i_2}H_5^{i_2}} = \mathrm{d}_{P_{i_3}H_5^{i_3}} \neq 0$, $\mathrm{d}_{P_{i_4}H_5^{i_4}} = \mathrm{d}_{P_{i_5}H_5^{i_5}} = \mathrm{d}_{P_{i_6}H_5^{i_6}} \neq 0$, 则对任意的 $i_1, i_2, \cdots, i_6 \in I_6; \min\{i_1, i_2, i_3\} < \min\{i_4, i_5, i_6\}$, 均有如下三条点 P 到重心线的距离 $\mathrm{d}_{P\text{-}P_{i_1}H_5^{i_1}}$, $\mathrm{d}_{P\text{-}P_{i_2}H_5^{i_2}}$, $\mathrm{d}_{P\text{-}P_{i_3}H_5^{i_3}}$ 中, 其中一条较长的距离等于另外两条较短的距离的和的充分必要条件是其余三条点 P 到重心线的距离 $\mathrm{d}_{P\text{-}P_{i_4}H_5^{i_4}}$, $\mathrm{d}_{P\text{-}P_{i_5}H_5^{i_5}}$, $\mathrm{d}_{P\text{-}P_{i_6}H_5^{i_6}}$ 中, 其中一条较长的距离等于另外两条较短的距离的和.

证明 根据定理 4.1.10 和题设, 对任意的 $i_1, i_2, \cdots, i_6 \in I_6; \min\{i_1, i_2, i_3\} < \min\{i_4, i_5, i_6\}$, 由式 (4.1.15) 和 (4.1.16) 的几何意义, 即得.

定理 4.1.11 设 $S = \{P_1, P_2, \cdots, P_6\}$ 是六点的集合, H_5^i 是 $T_5^i = \{P_{i+1}, P_{i+2}, \cdots, P_{i+5}\}$ $(i = 1, 2, \cdots, 6)$ 的重心, $P_iH_5^i$ $(i = 1, 2, \cdots, 6)$ 是 S 的 1-类重心线, P 是平面上任意一点. 若 $\mathrm{d}_{P_{i_1}H_5^{i_1}} = \mathrm{d}_{P_{i_2}H_5^{i_2}} \neq 0$, $\mathrm{d}_{P_{i_3}H_5^{i_3}} = \mathrm{d}_{P_{i_4}H_5^{i_4}} = \mathrm{d}_{P_{i_5}H_5^{i_5}} \neq 0$, 且 $\mathrm{D}_{P\text{-}P_{i_6}H_5^{i_6}} = 0$ $(i_6 \in I_6)$, 则对任意的 $i_1, i_2, \cdots, i_5 \in I_6 \setminus \{i_6\}$, 如下两式均等价:

$$\mathrm{D}_{P\text{-}P_{i_1}H_5^{i_1}} + \mathrm{D}_{P\text{-}P_{i_2}H_5^{i_2}} = 0 \quad (\mathrm{d}_{P\text{-}P_{i_1}H_5^{i_1}} = \mathrm{d}_{P\text{-}P_{i_2}H_5^{i_2}}), \tag{4.1.17}$$

$$\mathrm{D}_{P\text{-}P_{i_3}H_5^{i_3}} + \mathrm{D}_{P\text{-}P_{i_4}H_5^{i_4}} + \mathrm{D}_{P\text{-}P_{i_5}H_5^{i_5}} = 0. \tag{4.1.18}$$

证明 根据定理 4.1.7 的证明和题设, 由式 (4.1.11) 即得: 对任意的 $i_1, i_2, \cdots, i_5 \in I_6 \setminus \{i_6\}$, 式 (4.1.17) 成立的充分必要条件是式 (4.1.18) 成立.

推论 4.1.15 设 $S = \{P_1, P_2, \cdots, P_6\}$ 是六点的集合, H_5^i 是 $T_5^i = \{P_{i+1}, P_{i+2}, \cdots, P_{i+5}\}$ $(i = 1, 2, \cdots, 6)$ 的重心, $P_iH_5^i$ $(i = 1, 2, \cdots, 6)$ 是 S 的 1-类重心线, P 是平面上任意一点. 若 $\mathrm{d}_{P_{i_1}H_5^{i_1}} = \mathrm{d}_{P_{i_2}H_5^{i_2}} \neq 0, \mathrm{d}_{P_{i_3}H_5^{i_3}} = \mathrm{d}_{P_{i_4}H_5^{i_4}} = \mathrm{d}_{P_{i_5}H_5^{i_5}} \neq 0$, 且点 P 在重心线 $P_{i_6}H_5^{i_6} (i_6 \in I_6)$ 所在直线上, 则对任意的 $i_1, i_2, \cdots, i_5 \in I_6 \setminus \{i_6\}$, 均有点 P 在两重心线 $P_{i_1}H_5^{i_1}, P_{i_2}H_5^{i_2}$ 外角平分线上的充分必要条件是点 P 到其余三条重心线的距离 $\mathrm{d}_{P\text{-}P_{i_3}H_5^{i_3}}$, $\mathrm{d}_{P\text{-}P_{i_4}H_5^{i_4}}$, $\mathrm{d}_{P\text{-}P_{i_5}H_5^{i_5}}$ 中, 其中一条较长的距离等于另外两条较短的距离的和.

证明 根据定理 4.1.11 和题设, 对任意的 $i_1, i_2, \cdots, i_5 \in I_6 \setminus \{i_6\}$, 由 $\mathrm{D}_{P\text{-}P_{i_6}H_5^{i_6}} = 0$ $(i_6 \in I_6)$ 以及式 (4.1.17) 和 (4.1.18) 的几何意义, 即得.

推论 4.1.16 设 $P_1P_2\cdots P_6$ 是六角形 (六边形), H_5^i $(i = 1, 2, \cdots, 6)$ 是五角形 (五边形) $P_{i+1}P_{i+2}\cdots P_{i+5}$ $(i = 1, 2, \cdots, 6)$ 的重心, $P_iH_5^i$ $(i = 1, 2, \cdots, 6)$ 是 $P_1P_2\cdots P_6$ 的 1-级重心线. 若相应的条件满足, 则定理 4.1.7~ 定理 4.1.11 和推论 4.1.11~ 推论 4.1.15 的结论均成立.

证明 设 $S = \{P_1, P_2, \cdots, P_6\}$ 是六角形 (六边形) $P_1P_2\cdots P_6$ 顶点的集合,

对不共线六点的集合 S 分别应用定理 4.1.7~ 定理 4.1.11 和推论 4.1.11~ 推论 4.1.15, 即得.

定理 4.1.12 设 $S = \{P_1, P_2, \cdots, P_6\}$ 是六点的集合, H_5^i 是 $T_5^i = \{P_{i+1}, P_{i+2}, \cdots, P_{i+5}\}$ $(i = 1, 2, \cdots, 6)$ 的重心, $P_i H_5^i$ $(i = 1, 2, \cdots, 6)$ 是 S 的 1-类重心线. 若 $\mathrm{d}_{P_{i_2} H_5^{i_2}} = \mathrm{d}_{P_{i_3} H_5^{i_3}} = \cdots = \mathrm{d}_{P_{i_6} H_5^{i_6}} \neq 0$, 则对任意的 $i_1 \in I_6$, 恒有

$$\mathrm{D}_{P_{i_1}\text{-}P_{i_2} H_5^{i_2}} + \mathrm{D}_{P_{i_1}\text{-}P_{i_3} H_5^{i_3}} + \cdots + \mathrm{D}_{P_{i_1}\text{-}P_{i_6} H_5^{i_6}} = 0. \tag{4.1.19}$$

证明 根据定理 4.1.7 的证明, 对任意的 $i_1 \in I_6$, 将 $P = P_{i_1}$ 代入式 (4.1.11), 可得

$$\mathrm{d}_{P_{i_2} H_5^{i_2}} \mathrm{D}_{P_{i_1}\text{-}P_{i_2} H_5^{i_2}} + \mathrm{d}_{P_{i_3} H_5^{i_3}} \mathrm{D}_{P_{i_1}\text{-}P_{i_3} H_5^{i_3}} + \cdots + \mathrm{d}_{P_{i_6} H_5^{i_6}} \mathrm{D}_{P_{i_1}\text{-}P_{i_6} H_5^{i_6}} = 0.$$

故由题设和上式, 即得式 (4.1.19).

推论 4.1.17 设 $S = \{P_1, P_2, \cdots, P_6\}$ 是六点的集合, H_5^i 是 $T_5^i = \{P_{i+1}, P_{i+2}, \cdots, P_{i+5}\}$ $(i = 1, 2, \cdots, 6)$ 的重心, $P_i H_5^i$ $(i = 1, 2, \cdots, 6)$ 是 S 的 1-类重心线. 若 $\mathrm{d}_{P_{i_2} H_5^{i_2}} = \mathrm{d}_{P_{i_3} H_5^{i_3}} = \cdots = \mathrm{d}_{P_{i_6} H_5^{i_6}} \neq 0$, 则对任意的 $i_1 \in I_6$, 均有如下五条点 P_{i_1} 到重心线的距离 $\mathrm{d}_{P_{i_1}\text{-}P_{i_2} H_5^{i_2}}, \mathrm{d}_{P_{i_1}\text{-}P_{i_3} H_5^{i_3}}, \cdots, \mathrm{d}_{P_{i_1}\text{-}P_{i_6} H_5^{i_6}}$ 中, 其中一条较长的距离等于另外四条较短的距离的和, 或其中两条距离的和等于另外三条距离的和.

证明 根据定理 4.1.12 和题设, 对任意的 $i_1 \in I_6$, 由式 (4.1.19) 的几何意义, 即得.

推论 4.1.18 设 $P_1 P_2 \cdots P_6$ 是六角形 (六边形), H_5^i $(i = 1, 2, \cdots, 6)$ 是五角形 (五边形) $P_{i+1} P_{i+2} \cdots P_{i+5}$ $(i = 1, 2, \cdots, 6)$ 的重心, $P_i H_5^i$ $(i = 1, 2, \cdots, 6)$ 是 $P_1 P_2 \cdots P_6$ 的 1-级重心线. 若 $\mathrm{d}_{P_{i_2} H_5^{i_2}} = \mathrm{d}_{P_{i_3} H_5^{i_3}} = \cdots = \mathrm{d}_{P_{i_6} H_5^{i_6}} \neq 0$, 则定理 4.1.12 和推论 4.1.17 的结论均成立.

证明 设 $S = \{P_1, P_2, \cdots, P_6\}$ 是六角形 (六边形) $P_1 P_2 \cdots P_6$ 顶点的集合, 对不共线六点的集合 S 分别应用定理 4.1.12 和推论 4.1.17, 即得.

注 4.1.3 根据定理 4.1.12, 由式 (4.1.19) 也可以得出类似于定理 4.1.8~ 定理 4.1.11 和推论 4.1.12~ 推论 4.1.16 的结论, 不一一赘述.

4.1.4 共线六点集 1-类重心线有向距离定理与应用

定理 4.1.13 设 $S = \{P_1, P_2, \cdots, P_6\}$ 是共线六点的集合, H_5^i 是 $T_5^i = \{P_{i+1}, P_{i+2}, \cdots, P_{i+5}\}$ $(i = 1, 2, \cdots, 6)$ 的重心, $P_i H_5^i$ $(i = 1, 2, \cdots, 6)$ 是 S 的 1-类重心线, 则

$$\mathrm{D}_{P_{i_1} H_5^{i_1}} + \mathrm{D}_{P_{i_2} H_5^{i_2}} + \cdots + \mathrm{D}_{P_{i_6} H_5^{i_6}} = 0. \tag{4.1.20}$$

证明 不妨设 P 是六点所在直线外任意一点. 因为 $P_1, P_2, \cdots, P_6$ 六点共线, 所以六重心线 $P_iH_5^i$ $(i=1,2,\cdots,6)$ 共线, 从而

$$2\mathrm{D}_{PP_iH_5^i} = \mathrm{d}_{P\text{-}P_iH_5^i}\mathrm{D}_{P_iH_5^i} \quad (i=1,2,\cdots,6).$$

故根据定理 4.1.1, 由式 (4.1.1) 可得

$$\mathrm{d}_{P\text{-}P_{i_1}H_5^{i_1}}\mathrm{D}_{P_{i_1}H_5^{i_1}} + \mathrm{d}_{P\text{-}P_{i_2}H_5^{i_2}}\mathrm{D}_{P_{i_2}H_5^{i_2}} + \cdots + \mathrm{d}_{P\text{-}P_{i_6}H_5^{i_6}}\mathrm{D}_{P_{i_6}H_5^{i_6}} = 0.$$

注意到 $\mathrm{d}_{P\text{-}P_1H_5^1} = \mathrm{d}_{P\text{-}P_2H_5^2} = \cdots = \mathrm{d}_{P\text{-}P_6H_5^6} \neq 0$, 故由上式, 即得式 (4.1.20).

推论 4.1.19 设 $S = \{P_1, P_2, \cdots, P_6\}$ 是共线六点的集合, H_5^i 是 $T_5^i = \{P_{i+1}, P_{i+2}, \cdots, P_{i+5}\}$ $(i=1,2,\cdots,6)$ 的重心, $P_iH_5^i$ $(i=1,2,\cdots,6)$ 是 S 的 1-类重心线, 则如下六条重心线的距离 $\mathrm{d}_{P_1H_5^1}, \mathrm{d}_{P_2H_5^2}, \cdots, \mathrm{d}_{P_6H_5^6}$ 中, 其中一条较长的距离等于另外五条较短的距离的和, 或其中两条距离的和等于另外四条距离的和, 或其中三条距离的和等于另外三条距离的和.

证明 根据定理 4.1.13, 由式 (4.1.20) 的几何意义, 即得.

定理 4.1.14 设 $S = \{P_1, P_2, \cdots, P_6\}$ 是共线六点的集合, H_5^i 是 $T_5^i = \{P_{i+1}, P_{i+2}, \cdots, P_{i+5}\}$ $(i=1,2,\cdots,6)$ 的重心, $P_iH_5^i$ $(i=1,2,\cdots,6)$ 是 S 的 1-类重心线, 则对任意的 $i_1, i_2, \cdots, i_6 \in I_6$, 恒有 $\mathrm{D}_{P_{i_6}H_5^{i_6}} = 0$ 的充分必要条件是

$$\mathrm{D}_{P_{i_1}H_5^{i_1}} + \mathrm{D}_{P_{i_2}H_5^{i_2}} + \cdots + \mathrm{D}_{P_{i_5}H_5^{i_5}} = 0. \tag{4.1.21}$$

证明 根据定理 4.1.13, 由式 (4.1.20) 即得: 对任意的 $i_1, i_2, \cdots, i_6 \in I_6$, 恒有 $\mathrm{D}_{P_{i_6}H_5^{i_6}} = 0$ 的充分必要条件是式 (4.1.21) 成立.

推论 4.1.20 设 $S = \{P_1, P_2, \cdots, P_6\}$ 是共线六点的集合, H_5^i 是 $T_5^i = \{P_{i+1}, P_{i+2}, \cdots, P_{i+5}\}$ $(i=1,2,\cdots,6)$ 的重心, $P_iH_5^i$ $(i=1,2,\cdots,6)$ 是 S 的 1-类重心线, 则对任意的 $i_1, i_2, \cdots, i_6 \in I_6$, 恒有两点 $P_{i_6}, H_5^{i_6}$ 重合的充分必要条件是其余五条重心线的距离 $\mathrm{d}_{P_{i_1}H_5^{i_1}}, \mathrm{d}_{P_{i_2}H_5^{i_2}}, \cdots, \mathrm{d}_{P_{i_5}H_5^{i_5}}$ 中, 其中一条较长的距离等于另外四条较短的距离的和, 或其中两条距离的和等于另外三条距离的和.

证明 根据定理 4.1.14, 对任意的 $i_1, i_2, \cdots, i_6 \in I_6$, 由 $\mathrm{D}_{P_{i_6}H_5^{i_6}} = 0$ 和式 (4.1.21) 的几何意义, 即得.

定理 4.1.15 设 $S = \{P_1, P_2, \cdots, P_6\}$ 是共线六点的集合, H_5^i 是 $T_5^i = \{P_{i+1}, P_{i+2}, \cdots, P_{i+5}\}$ $(i=1,2,\cdots,6)$ 的重心, $P_iH_5^i$ $(i=1,2,\cdots,6)$ 是 S 的 1-类重心线, 则对任意的 $i_1, i_2, \cdots, i_6 \in I_6$, 以下两式均等价:

$$\mathrm{D}_{P_{i_1}H_5^{i_1}} + \mathrm{D}_{P_{i_2}H_5^{i_2}} = 0 \quad (\mathrm{d}_{P_{i_1}H_5^{i_1}} = \mathrm{d}_{P_{i_2}H_5^{i_2}}), \tag{4.1.22}$$

$$\mathrm{D}_{P_{i_3}H_5^{i_3}} + \mathrm{D}_{P_{i_4}H_5^{i_4}} + \mathrm{D}_{P_{i_5}H_5^{i_5}} + \mathrm{D}_{P_{i_6}H_5^{i_6}} = 0. \tag{4.1.23}$$

证明 根据定理 4.1.13, 由式 (4.1.20) 即得: 对任意的 $i_1, i_2, \cdots, i_6 \in I_6$, 式 (4.1.22) 成立的充分必要条件是式 (4.1.23) 成立.

推论 4.1.21 设 $S = \{P_1, P_2, \cdots, P_6\}$ 是共线六点的集合, H_5^i 是 $T_5^i = \{P_{i+1}, P_{i+2}, \cdots, P_{i+5}\}$ $(i = 1, 2, \cdots, 6)$ 的重心, $P_i H_5^i$ $(i = 1, 2, \cdots, 6)$ 是 S 的 1-类重心线, 则对任意的 $i_1, i_2, \cdots, i_6 \in I_6$, 均有两重心线 $P_{i_1} H_5^{i_1}, P_{i_2} H_5^{i_2}$ 距离相等方向相反的充分必要条件是其余四条重心线的距离 $\mathrm{d}_{P_{i_3}H_5^{i_3}}, \mathrm{d}_{P_{i_4}H_5^{i_4}}, \mathrm{d}_{P_{i_5}H_5^{i_5}}, \mathrm{d}_{P_{i_6}H_5^{i_6}}$ 中, 其中一条较长的距离等于另外三条较短的距离的和, 或其中两条距离的和等于另外两条距离的和.

证明 根据定理 4.1.15, 对任意的 $i_1, i_2, \cdots, i_6 \in I_6$, 由式 (4.1.22) 和 (4.1.23) 的几何意义, 即得.

定理 4.1.16 设 $S = \{P_1, P_2, \cdots, P_6\}$ 是共线六点的集合, H_5^i 是 $T_5^i = \{P_{i+1}, P_{i+2}, \cdots, P_{i+5}\}$ $(i = 1, 2, \cdots, 6)$ 的重心, $P_i H_5^i$ $(i = 1, 2, \cdots, 6)$ 是 S 的 1-类重心线. 若 $\mathrm{D}_{P_{i_6}H_5^{i_6}} = 0 (i_6 \in I_6)$, 则对任意的 $i_1, i_2, \cdots, i_5 \in I_6 \setminus \{i_6\}$, 以下两式均等价:

$$\mathrm{D}_{P_{i_1}H_5^{i_1}} + \mathrm{D}_{P_{i_2}H_5^{i_2}} = 0 \quad (\mathrm{d}_{P_{i_1}H_5^{i_1}} = \mathrm{d}_{P_{i_2}H_5^{i_2}}), \tag{4.1.24}$$

$$\mathrm{D}_{P_{i_3}H_5^{i_3}} + \mathrm{D}_{P_{i_4}H_5^{i_4}} + \mathrm{D}_{P_{i_5}H_5^{i_5}} = 0. \tag{4.1.25}$$

证明 根据定理 4.1.13 和题设, 由式 (4.1.20) 即得: 对任意的 $i_1, i_2, \cdots, i_5 \in I_6 \setminus \{i_6\}$, 式 (4.1.24) 成立的充分必要条件是 (4.1.25) 成立.

推论 4.1.22 设 $S = \{P_1, P_2, \cdots, P_6\}$ 是共线六点的集合, H_5^i 是 $T_5^i = \{P_{i+1}, P_{i+2}, \cdots, P_{i+5}\}$ $(i = 1, 2, \cdots, 6)$ 的重心, $P_i H_5^i$ $(i = 1, 2, \cdots, 6)$ 是 S 的 1-类重心线. 若两点 $P_{i_6}, H_5^{i_6} (i_6 \in I_6)$ 重合, 则对任意的 $i_1, i_2, \cdots, i_5 \in I_6 \setminus \{i_6\}$, 均有两重心线 $P_{i_1} H_5^{i_1}, P_{i_2} H_5^{i_2}$ 距离相等方向相反的充分必要条件是其余三条重心线的距离 $\mathrm{d}_{P_{i_3}H_5^{i_3}}, \mathrm{d}_{P_{i_4}H_5^{i_4}}, \mathrm{d}_{P_{i_5}H_5^{i_5}}$ 中, 其中一条较长的距离等于另外两条较短的距离的和.

证明 根据定理 4.1.16 和题设, 对任意的 $i_1, i_2, \cdots, i_5 \in I_6 \setminus \{i_6\}$, 由 $\mathrm{D}_{P_{i_6}H_5^{i_6}} = 0 (i_6 \in I_6)$ 以及式 (4.1.24) 和 (4.1.25) 的几何意义, 即得.

4.2 六点集 2-类重心线有向度量的定值定理与应用

本节主要应用有向度量和有向度量定值法, 研究六点集 2-类重心线有向度量的有关问题. 首先, 阐明本节有关的预备知识与记号; 其次, 给出六点集 2-类重心线有向面积的定值定理及其推论, 从而得出六角形 (六边形) 中相应的结论; 再次, 利用上述定值定理, 得出六点集、六角形 (六边形) 中任意点与重心线两端点共线,以及两重心线三角形面积相等方向相反的充分必要条件和 2-类 (2-级) 自重心线三角形有向面积的关系定理等结论; 然后, 在一定条件下, 给出点到六点集 2-类重心线有向距离的定值定理, 从而得出该条件下六点集、六角形 (六边形) 中任意点在重心线所在直线之上、在两重心线外角平分线之上的充分必要条件等结论; 最后, 给出共线六点集 2-类重心线的有向距离定理, 从而得出共线六点中一点与其余五点的重心重合, 以及共线六点两重心线距离相等方向相反的充分必要条件等结论.

4.2.1 预备知识与记号

为明确起见, 先阐明六点集 2-类重心线的排列次序, 即 $S=\{P_1,P_2,\cdots,P_6\}$ 所有完备集对 (S_2^j,T_4^j) $(j=1,2,\cdots,15)$ 的大小排列顺序. (S_2^j,T_4^j) $(j=1,2,\cdots,15)$ 与自然数 $1,2,\cdots,15$ 的对应关系依次为: $(P_1,P_2;P_3,P_4,P_5,P_6)$; $(P_1,P_3;P_2,P_4,P_5,P_6)$; $(P_1,P_4;P_2,P_3,P_5,P_6)$; $(P_1,P_5;P_2,P_3,P_4,P_6)$, $(P_1,P_6;P_2,P_3,P_4,P_5)$; $(P_2,P_3;P_1,P_4,P_5,P_6)$; $(P_2,P_4;P_1,P_3,P_5,P_6)$; $(P_2,P_5;P_1,P_3,P_4,P_6)$; $(P_2,P_6;P_1,P_3,P_4,P_5)$; $(P_3,P_4;P_1,P_2,P_5,P_6)$; $(P_3,P_5;P_1,P_2,P_4,P_6)$; $(P_3,P_6;P_1,P_2,P_4,P_5)$; $(P_4,P_5;P_1,P_2,P_3,P_6)$; $(P_4,P_6;P_1,P_2,P_3,P_5)$; $(P_5,P_6;P_1,P_2,P_3,P_4)$.

因此, 在本节中, 恒假设 $i_1,i_2,\cdots,i_6 \in I_6=\{1,2,\cdots,6\}$ 且互不相等; $j=1,2,\cdots,15$ 是关于 i_1,i_2 的函数且其值与 i_1,i_2 的排列次序无关, 即 $j=j(i_1,i_2)=j(i_2,i_1)$. 同时, 又假设 $j_1^q,j_2^q,j_3^q \in J_3^q(q=1,2,\cdots,15)$ 且互不相等, 其中 $J_3^1=\{1,10,15\}$; $J_3^2=\{1,11,14\}$; $J_3^3=\{1,12,13\}$; $J_3^4=\{2,7,15\}$; $J_3^5=\{2,8,14\}$; $J_3^6=\{2,9,13\}$; $J_3^7=\{3,6,15\}$; $J_3^8=\{3,8,12\}$; $J_3^9=\{3,9,11\}$; $J_3^{10}=\{4,6,14\}$; $J_3^{11}=\{4,7,12\}$; $J_3^{12}=\{4,9,10\}$; $J_3^{13}=\{5,6,13\}$; $J_3^{14}=\{5,7,11\}$; $J_3^{15}=\{5,8,10\}$.

4.2.2 六点集 2-类重心线有向面积的定值定理

定理 4.2.1 设 $S=\{P_1,P_2,\cdots,P_6\}$ 是六点的集合, $(S_2^j,T_4^j)=(P_{i_1},P_{i_2};P_{i_3},P_{i_4},P_{i_5},P_{i_6})(i_1,i_2,\cdots,i_6=1,2,\cdots,6;j=1,2,\cdots,15)$ 是 S 的完备集对, $G_{i_1i_2}(i_1,i_2=1,2,\cdots,6;i_1<i_2)$; $H_4^j(j=1,2,\cdots,15)$ 是各集对中两个集合的重心, $G_{12}H_4^1$, $G_{13}H_4^2$, $G_{14}H_4^3$, $G_{15}H_4^4$, $G_{16}H_4^5$, $G_{23}H_4^6$, $G_{24}H_4^7$, $G_{25}H_4^8$, $G_{26}H_4^9$, $G_{34}H_4^{10}$, $G_{35}H_4^{11}$, $G_{36}H_4^{12}$, $G_{45}H_4^{13}$, $G_{46}H_4^{14}$, $G_{56}H_4^{15}$ 是 S 的 2-类重心线, P 是平面上任意一点, 则对任意的 $q=1,2,\cdots,15$, 均有

$$\mathrm{D}_{PG_2^{j_1^q}H_4^{j_1^q}} + \mathrm{D}_{PG_2^{j_2^q}H_4^{j_2^q}} + \mathrm{D}_{PG_2^{j_3^q}H_4^{j_3^q}} = 0. \tag{4.2.1}$$

证明 设 S 各点和任意点的坐标分别为 $P_i(x_i,y_i)$ $(i=1,2,\cdots,6)$; $P(x,y)$. 于是 (S_2^j,T_4^j) 中两集合重心的坐标分别为

4.2 六点集 2-类重心线有向度量的定值定理与应用

$$G_{i_1 i_2}\left(\frac{x_{i_1}+x_{i_2}}{2}, \frac{y_{i_1}+y_{i_2}}{2}\right) \quad (i_1, i_2 = 1, 2, \cdots, 6; i_1 < i_2),$$

$$H_4^j\left(\frac{1}{4}\sum_{\nu=3}^{6} x_{i_\nu}, \frac{1}{4}\sum_{\nu=3}^{6} y_{i_\nu}\right) \quad (i_3, i_4, i_5, i_6 = 1, 2, \cdots, 6),$$

其中 $j = j(i_1, i_2) = 1, 2, \cdots, 15$. 故由三角形有向面积公式, 得

$$16\mathrm{D}_{PG_{12}H_4^1}$$

$$= \begin{vmatrix} x & y & 1 \\ x_1+x_2 & y_1+y_2 & 2 \\ x_3+x_4+x_5+x_6 & y_3+y_4+y_5+y_6 & 4 \end{vmatrix}$$

$$= 2x(2y_1+2y_2-y_3-y_4-y_5-y_6) - 2y(2x_1+2x_2-x_3-x_4-x_5-x_6)$$
$$+ (x_1y_3-x_3y_1) + (x_1y_4-x_4y_1) + (x_1y_5-x_5y_1) + (x_1y_6-x_6y_1)$$
$$+ (x_2y_3-x_3y_2) + (x_2y_4-x_4y_2) + (x_2y_5-x_5y_2) + (x_2y_6-x_6y_2). \quad (4.2.2)$$

类似地, 可以求得

$$16\mathrm{D}_{PG_{34}H_4^{10}}$$

$$= 2x(2y_3+2y_4-y_1-y_2-y_5-y_6) - 2y(2x_3+2x_4-x_1-x_2-x_5-x_6)$$
$$+ (x_3y_1-x_1y_3) + (x_3y_2-x_2y_3) + (x_3y_5-x_5y_3) + (x_3y_6-x_6y_3)$$
$$+ (x_4y_1-x_1y_4) + (x_4y_2-x_2y_4) + (x_4y_5-x_5y_4) + (x_4y_6-x_6y_4), \quad (4.2.3)$$

$$16\mathrm{D}_{PG_{56}H_4^{15}}$$

$$= 2x(2y_5+2y_6-y_1-y_2-y_3-y_4) - 2y(2x_5+2x_6-x_1-x_2-x_3-x_4)$$
$$+ (x_5y_1-x_1y_5) + (x_5y_2-x_2y_5) + (x_5y_3-x_3y_5) + (x_5y_4-x_4y_5)$$
$$+ (x_6y_1-x_1y_6) + (x_6y_2-x_2y_6) + (x_6y_3-x_3y_6) + (x_6y_4-x_4y_6), \quad (4.2.4)$$

式 (4.2.2)+(4.2.3)+(4.2.4), 得

$$16(\mathrm{D}_{PG_{12}H_4^1} + \mathrm{D}_{PG_{34}H_4^{10}} + \mathrm{D}_{PG_{56}H_4^{15}}) = 0.$$

因此, 当 $q = 1$ 时, 式 (4.2.1) 成立.

类似地, 可以证明, $q = 2, 3, \cdots, 15$ 时, 式 (4.2.1) 成立.

推论 4.2.1 设 $S=\{P_1,P_2,\cdots,P_6\}$ 是六点的集合，$(S_2^j,T_4^j)=(P_{i_1},P_{i_2};P_{i_3},P_{i_4},P_{i_5},P_{i_6})(i_1,i_2,\cdots,i_6=1,2,\cdots,6;j=1,2,\cdots,15)$ 是 S 的完备集对，$G_{i_1i_2}(i_1,i_2=1,2,\cdots,6;i_1<i_2);H_4^j(j=1,2,\cdots,15)$ 是各集对中两个集合的重心，$G_{12}H_4^1,G_{13}H_4^2,G_{14}H_4^3,G_{15}H_4^4,G_{16}H_4^5,G_{23}H_4^6,G_{24}H_4^7,G_{25}H_4^8,G_{26}H_4^9,G_{34}H_4^{10},G_{35}H_4^{11},G_{36}H_4^{12},G_{45}H_4^{13},G_{46}H_4^{14},G_{56}H_4^{15}$ 是 S 的 2-类重心线，P 是平面上任意一点，则对任意的 $q=1,2,\cdots,15$，均有以下三个重心线三角形的面积 $\mathrm{a}_{PG_2^{j_1^q}H_4^{j_1^q}}$，$\mathrm{a}_{PG_2^{j_2^q}H_4^{j_2^q}}$，$\mathrm{a}_{PG_2^{j_3^q}H_4^{j_3^q}}$ 中，其中一个较大的面积等于另外两个较小的面积的和.

证明 根据定理 4.2.1，对任意的 $q=1,2,\cdots,15$，由式 (4.2.1) 的几何意义，即得.

推论 4.2.2 设 $P_1P_2\cdots P_6$ 是六角形 (六边形)，$G_{12},G_{23},G_{34},G_{45},G_{56},G_{16};G_{13},G_{14},G_{15},G_{24},G_{25},G_{26},G_{35},G_{36},G_{46}$ 分别是各边 $P_1P_2,P_2P_3,P_3P_4,P_4P_5,P_5P_6,P_6P_1$ 和各对角线 $P_1P_3,P_1P_4,P_1P_5,P_2P_4,P_2P_5,P_2P_6,P_3P_5,P_3P_6,P_4P_6$ 的中点，$H_4^j(j=1,2,\cdots,15)$ 依次是四角形 (四边形) $P_3P_4P_5P_6,P_4P_5P_6P_1,P_5P_6P_1P_2,P_6P_1P_2P_3,P_1P_2P_3P_4,P_2P_3P_4P_5,P_4P_5P_6P_2,P_5P_6P_2P_3,P_6P_2P_3P_4,P_5P_6P_1P_3,P_6P_1P_3P_4,P_1P_3P_4P_5,P_6P_1P_2P_4,P_1P_2P_4P_5,P_1P_2P_3P_5$ 的重心，$G_{12}H_4^1,G_{13}H_4^2,G_{14}H_4^3,G_{15}H_4^4,G_{16}H_4^5,G_{23}H_4^6,G_{24}H_4^7,G_{25}H_4^8,G_{26}H_4^9,G_{34}H_4^{10},G_{35}H_4^{11},G_{36}H_4^{12},G_{45}H_4^{13},G_{46}H_4^{14},G_{56}H_4^{15}$ 是 $P_1P_2\cdots P_6$ 的 2-级重心线，P 是 $P_1P_2\cdots P_6$ 所在平面上任意一点，则定理 4.2.1 和推论 4.2.1 的结论均成立.

证明 设 $S=\{P_1,P_2,\cdots,P_6\}$ 为六角形 (六边形) $P_1P_2\cdots P_6$ 顶点的集合，对不共线六点的集合 S 应用定理 4.2.1 和推论 4.2.1，即得.

4.2.3 六点集 2-类重心线有向面积定值定理的应用

定理 4.2.2 设 $S=\{P_1,P_2,\cdots,P_6\}$ 是六点的集合，$(S_2^j,T_4^j)=(P_{i_1},P_{i_2};P_{i_3},P_{i_4},P_{i_5},P_{i_6})(i_1,i_2,\cdots,i_6=1,2,\cdots,6;j=1,2,\cdots,15)$ 是 S 的完备集对，$G_{i_1i_2}(i_1,i_2=1,2,\cdots,6;i_1<i_2);H_4^j(j=1,2,\cdots,15)$ 是各集对中两个集合的重心，$G_{12}H_4^1,G_{13}H_4^2,G_{14}H_4^3,G_{15}H_4^4,G_{16}H_4^5,G_{23}H_4^6,G_{24}H_4^7,G_{25}H_4^8,G_{26}H_4^9,G_{34}H_4^{10},G_{35}H_4^{11},G_{36}H_4^{12},G_{45}H_4^{13},G_{46}H_4^{14},G_{56}H_4^{15}$ 是 S 的 2-类重心线，P 是平面上任意一点，则对任意的 $q=1,2,\cdots,15$，恒有 $\mathrm{D}_{PG_2^{j_3^q}H_4^{j_3^q}}=0\,(j_3^q\in J_3^q)$ 的充分必要条件是

$$\mathrm{D}_{PG_2^{j_1^q}H_4^{j_1^q}}+\mathrm{D}_{PG_2^{j_2^q}H_4^{j_2^q}}=0\quad(\mathrm{a}_{PG_2^{j_1^q}H_4^{j_1^q}}=\mathrm{a}_{PG_2^{j_2^q}H_4^{j_2^q}}). \tag{4.2.5}$$

证明 根据定理 4.2.1，由式 (4.2.1) 即得：对任意的 $q=1,2,\cdots,15$，恒有 $\mathrm{D}_{PG_2^{j_3^q}H_4^{j_3^q}}=0\,(j_3^q\in J_3^q)$ 的充分必要条件是式 (4.2.5) 成立.

推论 4.2.3 设 $S = \{P_1, P_2, \cdots, P_6\}$ 是六点的集合, $(S_2^j, T_4^j) = (P_{i_1}, P_{i_2}; P_{i_3}, P_{i_4}, P_{i_5}, P_{i_6})(i_1, i_2, \cdots, i_6 = 1, 2, \cdots, 6; j = 1, 2, \cdots, 15)$ 是 S 的完备集对, $G_{i_1 i_2}(i_1, i_2 = 1, 2, \cdots, 6; i_1 < i_2); H_4^j(j = 1, 2, \cdots, 15)$ 是各集对中两个集合的重心, $G_{12}H_4^1, G_{13}H_4^2, G_{14}H_4^3, G_{15}H_4^4, G_{16}H_4^5, G_{23}H_4^6, G_{24}H_4^7, G_{25}H_4^8, G_{26}H_4^9, G_{34}H_4^{10}, G_{35}H_4^{11}, G_{36}H_4^{12}, G_{45}H_4^{13}, G_{46}H_4^{14}, G_{56}H_4^{15}$ 是 S 的 2-类重心线, P 是平面上任意一点, 则对任意的 $q = 1, 2, \cdots, 15$, 恒有三点 $P, G_2^{j_3^q}, H_4^{j_3^q}(j_3^q \in J_3^q)$ 共线的充分必要条件是两个重心线三角形 $PG_2^{j_1^q}H_4^{j_1^q}, PG_2^{j_2^q}H_4^{j_2^q}$ 面积相等方向相反.

证明 根据定理 4.2.2, 对任意的 $q = 1, 2, \cdots, 15$, 由 $\mathrm{D}_{PG_2^{j_3^q}H_4^{j_3^q}} = 0(j_3^q \in J_3^q)$ 和式 (4.2.5) 的几何意义, 即得.

推论 4.2.4 设 $P_1P_2 \cdots P_6$ 是六角形 (六边形), $G_{12}, G_{23}, G_{34}, G_{45}, G_{56}, G_{16}; G_{13}, G_{14}, G_{15}, G_{24}, G_{25}, G_{26}, G_{35}, G_{36}, G_{46}$ 分别是各边 $P_1P_2, P_2P_3, P_3P_4, P_4P_5, P_5P_6, P_6P_1$ 和各对角线 $P_1P_3, P_1P_4, P_1P_5, P_2P_4, P_2P_5, P_2P_6, P_3P_5, P_3P_6, P_4P_6$ 的中点, $H_4^j(j = 1, 2, \cdots, 15)$ 依次是四角形 (四边形) $P_3P_4P_5P_6, P_4P_5P_6P_1, P_5P_6P_1P_2, P_6P_1P_2P_3, P_1P_2P_3P_4, P_2P_3P_4P_5, P_4P_5P_6P_2, P_5P_6P_2P_3, P_6P_2P_3P_4, P_5P_6P_1P_3, P_6P_1P_3P_4, P_1P_3P_4P_5, P_6P_1P_2P_4, P_1P_2P_4P_5, P_1P_2P_3P_5$ 的重心, $G_{12}H_4^1, G_{13}H_4^2, G_{14}H_4^3, G_{15}H_4^4, G_{16}H_4^5, G_{23}H_4^6, G_{24}H_4^7, G_{25}H_4^8, G_{26}H_4^9, G_{34}H_4^{10}, G_{35}H_4^{11}, G_{36}H_4^{12}, G_{45}H_4^{13}, G_{46}H_4^{14}, G_{56}H_4^{15}$ 是 $P_1P_2 \cdots P_6$ 的 2-级重心线, P 是 $P_1P_2 \cdots P_6$ 所在平面上任意一点, 则定理 4.2.2 和推论 4.2.3 的结论均成立.

证明 设 $S = \{P_1, P_2, \cdots, P_6\}$ 为六角形 (六边形) $P_1P_2 \cdots P_6$ 顶点的集合, 对不共线六点的集合 S 分别应用定理 4.2.2 和推论 4.2.3, 即得.

4.2.4 点到六点集 2-类重心线有向距离的定值定理与应用

定理 4.2.3 设 $S = \{P_1, P_2, \cdots, P_6\}$ 是六点的集合, $(S_2^j, T_4^j) = (P_{i_1}, P_{i_2}; P_{i_3}, P_{i_4}, P_{i_5}, P_{i_6})(i_1, i_2, \cdots, i_6 = 1, 2, \cdots, 6; j = 1, 2, \cdots, 15)$ 是 S 的完备集对, $G_{i_1 i_2}(i_1, i_2 = 1, 2, \cdots, 6; i_1 < i_2); H_4^j(j = 1, 2, \cdots, 15)$ 是各集对中两个集合的重心, $G_{12}H_4^1, G_{13}H_4^2, G_{14}H_4^3, G_{15}H_4^4, G_{16}H_4^5, G_{23}H_4^6, G_{24}H_4^7, G_{25}H_4^8, G_{26}H_4^9, G_{34}H_4^{10}, G_{35}H_4^{11}, G_{36}H_4^{12}, G_{45}H_4^{13}, G_{46}H_4^{14}, G_{56}H_4^{15}$ 是 S 的 2-类重心线, P 是平面上任意一点. 若 $\mathrm{d}_{G_2^{j_1^q}H_4^{j_1^q}} = \mathrm{d}_{G_2^{j_2^q}H_4^{j_2^q}} = \mathrm{d}_{G_2^{j_3^q}H_4^{j_3^q}} \neq 0$, 则对任意的 $q = 1, 2, \cdots, 15$, 恒有

$$\mathrm{D}_{P\text{-}G_2^{j_1^q}H_4^{j_1^q}} + \mathrm{D}_{P\text{-}G_2^{j_2^q}H_4^{j_2^q}} + \mathrm{D}_{P\text{-}G_2^{j_3^q}H_4^{j_3^q}} = 0. \tag{4.2.6}$$

证明 根据定理 4.2.1, 由式 (4.2.1) 和三角形有向面积与有向距离之间的关系并化简, 可得

$$\mathrm{d}_{G_2^{j_1^q}H_4^{j_1^q}}\mathrm{D}_{P\text{-}G_2^{j_1^q}H_4^{j_1^q}} + \mathrm{d}_{G_2^{j_2^q}H_4^{j_2^q}}\mathrm{D}_{P\text{-}G_2^{j_2^q}H_4^{j_2^q}} + \mathrm{d}_{G_2^{j_3^q}H_4^{j_3^q}}\mathrm{D}_{P\text{-}G_2^{j_3^q}H_4^{j_3^q}} = 0, \tag{4.2.7}$$

其中 $q = 1, 2, \cdots, 15$. 因为 $\mathrm{d}_{G_2^{j_1^q} H_4^{j_1^q}} = \mathrm{d}_{G_2^{j_2^q} H_4^{j_2^q}} = \mathrm{d}_{G_2^{j_3^q} H_4^{j_3^q}} \neq 0$, 故对任意的 $q = 1, 2, \cdots, 15$, 由式 (4.2.7), 即得式 (4.2.6).

推论 4.2.5 设 $S = \{P_1, P_2, \cdots, P_6\}$ 是六点的集合, $(S_2^j, T_4^j) = (P_{i_1}, P_{i_2}; P_{i_3}, P_{i_4}, P_{i_5}, P_{i_6})(i_1, i_2, \cdots, i_6 = 1, 2, \cdots, 6; j = 1, 2, \cdots, 15)$ 是 S 的完备集对, $G_{i_1 i_2}(i_1, i_2 = 1, 2, \cdots, 6; i_1 < i_2); H_4^j (j = 1, 2, \cdots, 15)$ 是各集对中两个集合的重心, $G_{12}H_4^1, G_{13}H_4^2, G_{14}H_4^3, G_{15}H_4^4, G_{16}H_4^5, G_{23}H_4^6, G_{24}H_4^7, G_{25}H_4^8, G_{26}H_4^9, G_{34}H_4^{10}, G_{35}H_4^{11}, G_{36}H_4^{12}, G_{45}H_4^{13}, G_{46}H_4^{14}, G_{56}H_4^{15}$ 是 S 的 2-类重心线, P 是平面上任意一点. 若 $\mathrm{d}_{G_2^{j_1^q} H_4^{j_1^q}} = \mathrm{d}_{G_2^{j_2^q} H_4^{j_2^q}} = \mathrm{d}_{G_2^{j_3^q} H_4^{j_3^q}} \neq 0$, 则对任意的 $q = 1, 2, \cdots, 15$, 恒有如下三条点 P 到重心线的距离 $\mathrm{d}_{P\text{-}G_2^{j_1^q} H_4^{j_1^q}}, \mathrm{d}_{P\text{-}G_2^{j_2^q} H_4^{j_2^q}}, \mathrm{d}_{P\text{-}G_2^{j_3^q} H_4^{j_3^q}}$ 中, 其中一条较长的距离等于另外两条较短的距离的和.

证明 根据定理 4.2.3 和题设, 对任意的 $q = 1, 2, \cdots, 15$, 由式 (4.2.6) 的几何意义, 即得.

定理 4.2.4 设 $S = \{P_1, P_2, \cdots, P_6\}$ 是六点的集合, $(S_2^j, T_4^j) = (P_{i_1}, P_{i_2}; P_{i_3}, P_{i_4}, P_{i_5}, P_{i_6})(i_1, i_2, \cdots, i_6 = 1, 2, \cdots, 6; j = 1, 2, \cdots, 15)$ 是 S 的完备集对, $G_{i_1 i_2}(i_1, i_2 = 1, 2, \cdots, 6; i_1 < i_2); H_4^j (j = 1, 2, \cdots, 15)$ 是各集对中两个集合的重心, $G_{12}H_4^1, G_{13}H_4^2, G_{14}H_4^3, G_{15}H_4^4, G_{16}H_4^5, G_{23}H_4^6, G_{24}H_4^7, G_{25}H_4^8, G_{26}H_4^9, G_{34}H_4^{10}, G_{35}H_4^{11}, G_{36}H_4^{12}, G_{45}H_4^{13}, G_{46}H_4^{14}, G_{56}H_4^{15}$ 是 S 的 2-类重心线, P 是平面上任意一点. 若 $\mathrm{d}_{G_2^{j_1^q} H_4^{j_1^q}} = \mathrm{d}_{G_2^{j_2^q} H_4^{j_2^q}} \neq 0; \mathrm{d}_{G_2^{j_3^q} H_4^{j_3^q}} \neq 0$, 则对任意的 $q = 1, 2, \cdots, 15$, 恒有 $\mathrm{D}_{P\text{-}G_2^{j_3^q} H_4^{j_3^q}} = 0 \ (j_3^q \in J_3^q)$ 的充分必要条件是

$$\mathrm{D}_{P\text{-}G_2^{j_1^q} H_4^{j_1^q}} + \mathrm{D}_{P\text{-}G_2^{j_2^q} H_4^{j_2^q}} = 0 \quad (\mathrm{d}_{P\text{-}G_2^{j_1^q} H_4^{j_1^q}} = \mathrm{d}_{P\text{-}G_2^{j_2^q} H_4^{j_2^q}}). \tag{4.2.8}$$

证明 根据定理 4.2.3 的证明和题设, 由式 (4.2.7) 即得: 对任意的 $q = 1, 2, \cdots, 15$, 恒有 $\mathrm{D}_{P\text{-}G_2^{j_3^q} H_4^{j_3^q}} = 0 (j_3^q \in J_3^q)$ 的充分必要条件是式 (4.2.8) 成立.

推论 4.2.6 设 $S = \{P_1, P_2, \cdots, P_6\}$ 是六点的集合, $(S_2^j, T_4^j) = (P_{i_1}, P_{i_2}; P_{i_3}, P_{i_4}, P_{i_5}, P_{i_6})(i_1, i_2, \cdots, i_6 = 1, 2, \cdots, 6; j = 1, 2, \cdots, 15)$ 是 S 的完备集对, $G_{i_1 i_2}(i_1, i_2 = 1, 2, \cdots, 6; i_1 < i_2); H_4^j (j = 1, 2, \cdots, 15)$ 是各集对中两个集合的重心, $G_{12}H_4^1, G_{13}H_4^2, G_{14}H_4^3, G_{15}H_4^4, G_{16}H_4^5, G_{23}H_4^6, G_{24}H_4^7, G_{25}H_4^8, G_{26}H_4^9, G_{34}H_4^{10}, G_{35}H_4^{11}, G_{36}H_4^{12}, G_{45}H_4^{13}, G_{46}H_4^{14}, G_{56}H_4^{15}$ 是 S 的 2-类重心线, P 是平面上任意一点. 若 $\mathrm{d}_{G_2^{j_1^q} H_4^{j_1^q}} = \mathrm{d}_{G_2^{j_2^q} H_4^{j_2^q}} \neq 0; \mathrm{d}_{G_2^{j_3^q} H_4^{j_3^q}} \neq 0$, 则对任意的 $q = 1, 2, \cdots, 15$, 恒有点 P 在重心线 $G_2^{j_3^q} H_4^{j_3^q} (j_3^q \in J_3^q)$ 所在直线上的充分必要条件是点 P 在两重心线 $G_2^{j_1^q} H_4^{j_1^q}, G_2^{j_2^q} H_4^{j_2^q}$ 外角平分线上.

证明 根据定理 4.2.4 和题设, 对任意的 $q = 1, 2, \cdots, 15$, 由 $\mathrm{D}_{P\text{-}G_2^{j_3^q} H_4^{j_3^q}} =$

$0(j_3^q \in J_3^q)$ 和式 (4.2.8) 的几何意义, 即得.

推论 4.2.7 设 $P_1P_2\cdots P_6$ 是六角形 (六边形), G_{12}, G_{23}, G_{34}, G_{45}, G_{56}, G_{16}; G_{13}, G_{14}, G_{15}, G_{24}, G_{25}, G_{26}, G_{35}, G_{36}, G_{46} 分别是各边 P_1P_2, P_2P_3, P_3P_4, P_4P_5, P_5P_6, P_6P_1 和各对角线 P_1P_3, P_1P_4, P_1P_5, P_2P_4, P_2P_5, P_2P_6, P_3P_5, P_3P_6, P_4P_6 的中点, $H_4^j(j=1,2,\cdots,15)$ 依次是四角形 (四边形) $P_3P_4P_5P_6$, $P_4P_5P_6P_1$, $P_5P_6P_1P_2$, $P_6P_1P_2P_3$, $P_1P_2P_3P_4$, $P_2P_3P_4P_5$, $P_4P_5P_6P_2$, $P_5P_6P_2P_3$, $P_6P_2P_3P_4$, $P_5P_6P_1P_3$, $P_6P_1P_3P_4$, $P_1P_3P_4P_5$, $P_6P_1P_2P_4$, $P_1P_2P_4P_5$, $P_1P_2P_3P_5$ 的重心, $G_{12}H_4^1$, $G_{13}H_4^2$, $G_{14}H_4^3$, $G_{15}H_4^4$, $G_{16}H_4^5$, $G_{23}H_4^6$, $G_{24}H_4^7$, $G_{25}H_4^8$, $G_{26}H_4^9$, $G_{34}H_4^{10}$, $G_{35}H_4^{11}$, $G_{36}H_4^{12}$, $G_{45}H_4^{13}$, $G_{46}H_4^{14}$, $G_{56}H_4^{15}$ 是 $P_1P_2\cdots P_6$ 的 2-级重心线, P 是 $P_1P_2\cdots P_6$ 所在平面上任意一点, 则定理 4.2.3 和推论 4.2.5、定理 4.2.4 和推论 4.2.6 的结论均成立.

证明 设 $S=\{P_1,P_2,\cdots,P_6\}$ 为六角形 (六边形) $P_1P_2\cdots P_6$ 顶点的集合, 对不共线六点的集合 S 分别应用定理 4.2.3 和推论 4.2.5、定理 4.2.4 和推论 4.2.6, 即得.

4.2.5 共线六点集 2-类重心线有向距离定理与应用

定理 4.2.5 设 $S=\{P_1,P_2,\cdots,P_6\}$ 是共线六点的集合, $(S_2^j, T_4^j)=(P_{i_1}, P_{i_2}; P_{i_3}, P_{i_4}, P_{i_5}, P_{i_6})(i_1,i_2,\cdots,i_6=1,2,\cdots,6; j=1,2,\cdots,15)$ 是 S 的完备集对, $G_{i_1i_2}(i_1,i_2=1,2,\cdots,6; i_1<i_2); H_4^j(j=1,2,\cdots,15)$ 是各集对中两个集合的重心, $G_{12}H_4^1$, $G_{13}H_4^2$, $G_{14}H_4^3$, $G_{15}H_4^4$, $G_{16}H_4^5$, $G_{23}H_4^6$, $G_{24}H_4^7$, $G_{25}H_4^8$, $G_{26}H_4^9$, $G_{34}H_4^{10}$, $G_{35}H_4^{11}$, $G_{36}H_4^{12}$, $G_{45}H_4^{13}$, $G_{46}H_4^{14}$, $G_{56}H_4^{15}$ 是 S 的 2-类重心线, 则对任意的 $q=1,2,\cdots,15$, 恒有

$$\mathrm{D}_{G_2^{j_1^q} H_4^{j_1^q}} + \mathrm{D}_{G_2^{j_2^q} H_4^{j_2^q}} + \mathrm{D}_{G_2^{j_3^q} H_4^{j_3^q}} = 0. \tag{4.2.9}$$

证明 不妨设 P 是六点所在直线外任意一点. 因为 $P_1,P_2,\cdots,P_6$ 六点共线, 所以三重心线 $G_2^{j_1^q}H_4^{j_1^q}$, $G_2^{j_2^q}H_4^{j_2^q}$, $G_2^{j_3^q}H_4^{j_3^q}(q=1,2,\cdots,15)$ 共线. 于是

$$2\mathrm{D}_{PG_2^{j_i^q} H_4^{j_i^q}} = \mathrm{d}_{P\text{-}G_2^{j_i^q} H_4^{j_i^q}} \mathrm{D}_{G_2^{j_i^q} H_4^{j_i^q}} \quad (i=1,2,3; q=1,2,\cdots,15).$$

故根据定理 4.2.1, 由式 (4.2.1) 可得

$$\mathrm{d}_{P\text{-}G_2^{j_1^q} H_4^{j_1^q}} \mathrm{D}_{G_2^{j_1^q} H_4^{j_1^q}} + \mathrm{d}_{P\text{-}G_2^{j_2^q} H_4^{j_2^q}} \mathrm{D}_{G_2^{j_2^q} H_4^{j_2^q}} + \mathrm{d}_{P\text{-}G_2^{j_3^q} H_4^{j_3^q}} \mathrm{D}_{G_2^{j_3^q} H_4^{j_3^q}} = 0,$$

其中 $q=1,2,\cdots,15$. 注意到 $\mathrm{d}_{P\text{-}G_2^{j_1^q} H_4^{j_1^q}} = \mathrm{d}_{P\text{-}G_2^{j_2^q} H_4^{j_2^q}} = \mathrm{d}_{P\text{-}G_2^{j_3^q} H_4^{j_3^q}} \neq 0$, 故由上式即得式 (4.2.9).

推论 4.2.8 设 $S=\{P_1,P_2,\cdots,P_6\}$ 是共线六点的集合，$(S_2^j,T_4^j)=(P_{i_1},P_{i_2};P_{i_3},P_{i_4},P_{i_5},P_{i_6})(i_1,i_2,\cdots,i_6=1,2,\cdots,6;j=1,2,\cdots,15)$ 是 S 的完备集对，$G_{i_1i_2}(i_1,i_2=1,2,\cdots,6;i_1<i_2);H_4^j(j=1,2,\cdots,15)$ 是各集对中两个集合的重心，$G_{12}H_4^1,G_{13}H_4^2,G_{14}H_4^3,G_{15}H_4^4,G_{16}H_4^5,G_{23}H_4^6,G_{24}H_4^7,G_{25}H_4^8,G_{26}H_4^9,G_{34}H_4^{10},G_{35}H_4^{11},G_{36}H_4^{12},G_{45}H_4^{13},G_{46}H_4^{14},G_{56}H_4^{15}$ 是 S 的 2-类重心线，则对任意的 $q=1,2,\cdots,15$，恒有如下三条重心线的距离 $\mathrm{d}_{G_2^{j_1^q}H_4^{j_1^q}},\mathrm{d}_{G_2^{j_2^q}H_4^{j_2^q}},\mathrm{d}_{G_2^{j_3^q}H_4^{j_3^q}}$ 中，其中一条较长的距离等于另外两条较短的距离的和.

证明 根据定理 4.2.5，对任意 $q=1,2,\cdots,15$，由式 (4.2.9) 的几何意义，即得.

定理 4.2.6 设 $S=\{P_1,P_2,\cdots,P_6\}$ 是共线六点的集合，$(S_2^j,T_4^j)=(P_{i_1},P_{i_2};P_{i_3},P_{i_4},P_{i_5},P_{i_6})(i_1,i_2,\cdots,i_6=1,2,\cdots,6;j=1,2,\cdots,15)$ 是 S 的完备集对，$G_{i_1i_2}(i_1,i_2=1,2,\cdots,6;i_1<i_2);H_4^j(j=1,2,\cdots,15)$ 是各集对中两个集合的重心，$G_{12}H_4^1,G_{13}H_4^2,G_{14}H_4^3,G_{15}H_4^4,G_{16}H_4^5,G_{23}H_4^6,G_{24}H_4^7,G_{25}H_4^8,G_{26}H_4^9,G_{34}H_4^{10},G_{35}H_4^{11},G_{36}H_4^{12},G_{45}H_4^{13},G_{46}H_4^{14},G_{56}H_4^{15}$ 是 S 的 2-类重心线，则对任意的 $q=1,2,\cdots,15$，恒有 $\mathrm{D}_{G_2^{j_3^q}H_4^{j_3^q}}=0(j_3^q\in J_3^q)$ 的充分必要条件是

$$\mathrm{D}_{G_2^{j_1^q}H_4^{j_1^q}}+\mathrm{D}_{G_2^{j_2^q}H_4^{j_2^q}}=0\quad(\mathrm{d}_{G_2^{j_1^q}H_4^{j_1^q}}=\mathrm{d}_{G_2^{j_2^q}H_4^{j_2^q}}). \tag{4.2.10}$$

证明 根据定理 4.2.5，由式 (4.2.9) 即得：对任意的 $q=1,2,\cdots,15$，恒有 $\mathrm{D}_{G_2^{j_3^q}H_4^{j_3^q}}=0(j_3^q\in J_3^q)$ 的充分必要条件是式 (4.2.10) 成立.

推论 4.2.9 设 $S=\{P_1,P_2,\cdots,P_6\}$ 是共线六点的集合，$(S_2^j,T_4^j)=(P_{i_1},P_{i_2};P_{i_3},P_{i_4},P_{i_5},P_{i_6})(i_1,i_2,\cdots,i_6=1,2,\cdots,6;j=1,2,\cdots,15)$ 是 S 的完备集对，$G_{i_1i_2}(i_1,i_2=1,2,\cdots,6;i_1<i_2);H_4^j(j=1,2,\cdots,15)$ 是各集对中两个集合的重心，$G_{12}H_4^1,G_{13}H_4^2,G_{14}H_4^3,G_{15}H_4^4,G_{16}H_4^5,G_{23}H_4^6,G_{24}H_4^7,G_{25}H_4^8,G_{26}H_4^9,G_{34}H_4^{10},G_{35}H_4^{11},G_{36}H_4^{12},G_{45}H_4^{13},G_{46}H_4^{14},G_{56}H_4^{15}$ 是 S 的 2-类重心线，则对任意的 $q=1,2,\cdots,15$，恒有两重心点 $G_2^{j_3^q},H_4^{j_3^q}(j_3\in J_3^q)$ 重合的充分必要条件是其余两条重心线 $G_2^{j_1^q}H_4^{j_1^q},G_2^{j_2^q}H_4^{j_2^q}$ 距离相等方向相反.

证明 根据定理 4.2.6，对任意的 $q=1,2,\cdots,15$，由 $\mathrm{D}_{G_2^{j_3^q}H_4^{j_3^q}}=0(j_3\in J_3^q)$ 和式 (4.2.10) 的几何意义，即得.

4.3 六点集 3-类重心线有向度量的定值定理与应用

本节主要应用有向度量和有向度量定值法，研究六点集 3-类重心线有向度量的有关问题. 首先，阐明本节有关的预备知识与记号；其次，给出六点集 3-类重心

4.3 六点集 3-类重心线有向度量的定值定理与应用

线有向面积的定值定理及其推论, 从而得出六角形 (六边形) 中相应的结论; 再次, 利用上述定值定理, 得出六点集、六角形 (六边形) 中任意点与重心线两端点共线, 以及两重心线三角形面积相等方向相反的充分必要条件和 3-类 (3-级) 自重心线三角形有向面积的关系定理等结论; 然后, 在一定条件下, 给出点到六点集-3 类重心线有向距离的定值定理, 从而得出该条件下六点集、六角形 (六边形) 中任意点在重心线所在直线之上、在两重心线外角平分线之上的充分必要条件等结论; 最后, 给出共线六点集 3-类重心线的有向距离定理, 从而得出点为六点集重心线端点, 以及共线六点两重心线方向相反距离相等的充分必要条件等结论.

4.3.1 预备知识与记号

为明确起见, 先阐明六点集 3-类重心线的排列次序, 即 $S=\{P_1, P_2, \cdots, P_6\}$ 所有完备集对 $(S_3^k, T_3^k)(k=1,2,\cdots,20)$ 的大小排列顺序. $(S_3^k, T_3^k)(k=1,2,\cdots,20)$ 与自然数 $1,2,\cdots,20$ 的对应关系依次为: $(P_1, P_2, P_3; P_4, P_5, P_6)$; $(P_1, P_2, P_4; P_3, P_5, P_6)$; $(P_1, P_2, P_5; P_3, P_4, P_6)$; $(P_1, P_2, P_6; P_3, P_4, P_5)$; $(P_1, P_3, P_4; P_2, P_5, P_6)$; $(P_1, P_3, P_5; P_2, P_4, P_6)$; $(P_1, P_3, P_6; P_2, P_4, P_5)$; $(P_1, P_4, P_5; P_2, P_3, P_6)$; $(P_1, P_4, P_6; P_2, P_3, P_5)$; $(P_1, P_5, P_6; P_2, P_3, P_4)$; $(P_2, P_3, P_4; P_1, P_5, P_6)$; $(P_2, P_3, P_5; P_1, P_4, P_6)$; $(P_2, P_3, P_6; P_1, P_4, P_5)$; $(P_2, P_4, P_5; P_1, P_3, P_6)$; $(P_2, P_4, P_6; P_1, P_3, P_5)$; $(P_2, P_5, P_6; P_1, P_3, P_4)$; $(P_3, P_4, P_5; P_1, P_2, P_6)$; $(P_3, P_4, P_6; P_1, P_2, P_5)$; $(P_3, P_5, P_6; P_1, P_2, P_4)$; $(P_4, P_5, P_6; P_1, P_2, P_3)$.

因此, 在本节中, 恒假设 $i_1, i_2, \cdots, i_6 \in \{1, 2, \cdots, 6\}$ 且互不相等; $k = k(i_1, i_2, i_3) = 1, 2, \cdots, 20$ 是 i_1, i_2, i_3 的函数, 且其值与变量 i_1, i_2, i_3 的排列次序无关. 注意, 上述前十个完备集对与后十个完备集对中的两个集合正好反置, 因此两者的重心线反方重合. 同时, 又假设 $k_1^r, k_2^r, k_3^r, k_4^r \in K_4^r (r = 1, 2, \cdots, 30)$ 且均互不相等, 其中 $K_4^1 = \{1, 8, 15, 19\}$; $K_4^2 = \{1, 8, 16, 18\}$; $K_4^3 = \{1, 9, 14, 19\}$; $K_4^4 = \{1, 9, 16, 17\}$; $K_4^5 = \{1, 10, 14, 18\}$; $K_4^6 = \{1, 10, 15, 17\}$; $K_4^7 = \{2, 6, 13, 20\}$; $K_4^8 = \{2, 6, 16, 18\}$; $K_4^9 = \{2, 7, 12, 20\}$; $K_4^{10} = \{2, 7, 16, 17\}$; $K_4^{11} = \{2, 10, 12, 18\}$; $K_4^{12} = \{2, 10, 13, 17\}$; $K_4^{13} = \{3, 5, 13, 20\}$; $K_4^{14} = \{3, 5, 15, 19\}$; $K_4^{15} = \{3, 7, 11, 20\}$; $K_4^{16} = \{3, 7, 15, 17\}$; $K_4^{17} = \{3, 9, 11, 19\}$; $K_4^{18} = \{3, 9, 13, 17\}$; $K_4^{19} = \{4, 5, 12, 20\}$; $K_4^{20} = \{4, 5, 14, 19\}$; $K_4^{21} = \{4, 6, 11, 20\}$; $K_4^{22} = \{4, 6, 14, 18\}$; $K_4^{23} = \{4, 8, 11, 19\}$; $K_4^{24} = \{4, 8, 12, 18\}$; $K_4^{25} = \{5, 10, 12, 15\}$; $K_4^{26} = \{5, 10, 13, 14\}$; $K_4^{27} = \{6, 9, 11, 16\}$; $K_4^{28} = \{6, 9, 13, 14\}$; $K_4^{29} = \{7, 8, 12, 15\}$; $K_4^{30} = \{7, 8, 11, 16\}$.

定义 4.3.1 设 $S = \{P_1, P_2, \cdots, P_6\}$ 是六点的集合, $i_1, i_2, \cdots, i_6 \in \{1, 2, \cdots, 6\}$ 且互不相等; $k = 1, 2, \cdots, 20$ 是关于 i_1, i_2, i_3 的函数且其值与 i_1, i_2, i_3 的排列次序无关, 即 $k = k(i_1', i_2', i_3') = k(i_1, i_2, i_3)$, 其中 $i_1' i_2' i_3'$ 是 i_1, i_2, i_3 的任一排列. 若

$k_1, k_2, k_3, k_4 \in \{1, 2, \cdots, 20\}$ 且互不相等, $S_3^{k_1} = \{P_{i_1^{k_1}}, P_{i_2^{k_1}}, P_{i_3^{k_1}}\}$, $S_3^{k_2} = \{P_{i_1^{k_2}}, P_{i_2^{k_2}}, P_{i_3^{k_2}}\}$, $S_3^{k_3} = \{P_{i_1^{k_3}}, P_{i_2^{k_3}}, P_{i_3^{k_3}}\}$, $S_3^{k_4} = \{P_{i_1^{k_4}}, P_{i_2^{k_4}}, P_{i_3^{k_4}}\}$ 都是六点的集合 S 的三点子集, 且满足如下两个条件:

(1) $S_3^{k_\alpha} \cap S_3^{k_\beta} (1 \leqslant \alpha < \beta \leqslant 4)$ 为单点集;

(2) $S_3^{k_1} + S_3^{k_2} + S_3^{k_3} + S_3^{k_4} = 2S$,

则称 $S_3^{k_1}, S_3^{k_2}, S_3^{k_3}, S_3^{k_4}$ 为 S 的一个三点子集两倍点集组.

特别地, 若 $S = \{P_1, P_2, \cdots, P_6\}$ 是六角形 (六边形) $P_1P_2\cdots P_6$ 顶点的集合, 则称 $S_3^{k_1}, S_3^{k_2}, S_3^{k_3}, S_3^{k_4}$ 为六角形 (六边形) $P_1P_2\cdots P_6$ 的一个三点子集两倍点集组.

根据排列组合知识, 可知 $S = \{P_1, P_2, \cdots, P_6\}$ 共有 $C_6^3 \cdot C_3^1 C_3^2 \cdot C_2^1 C_2^2 \cdot C_1^1 C_2^2 / 4! = 30$ 个三点子集两倍点集组. 因此, 前述按字典排列的三点子集两倍点集组 $k_1^r, k_2^r, k_3^r, k_4^r \in K_4^r (r = 1, 2, \cdots, 30)$ 即为六点集所有的三点子集两倍点集组.

显然, 由定义 4.3.1(1) 易知, $S = \{P_1, P_2, \cdots, P_6\}$ 中任意两个三点子集两倍点集组所对应的两条重心线都是不同的, 也不是反向重合的.

4.3.2 六点集 3-类重心线有向面积的定值定理

定理 4.3.1 设 $S = \{P_1, P_2, \cdots, P_6\}$ 是六点的集合, $(S_3^k, T_3^k) = (P_{i_1}, P_{i_2}, P_{i_3}; P_{i_4}, P_{i_5}, P_{i_6})(i_1, i_2, \cdots, i_6 = 1, 2, \cdots, 6; k = 1, 2, \cdots, 20)$ 是 S 的完备集对, $G_3^k, H_3^k (k = 1, 2, \cdots, 20)$ 分别是 (S_3^k, T_3^k) 中两个集合的重心, $G_3^k H_3^k (k = 1, 2, \cdots, 20)$ 是 S 的 3-类重心线, $S_3^{k_1^r}, S_3^{k_2^r}, S_3^{k_3^r}, S_3^{k_4^r} (r = 1, 2, \cdots, 30)$ 是 S 的三点子集两倍点集组, P 是平面上任意一点, 则对任意的 $r = 1, 2, \cdots, 30$, 恒有

$$\mathrm{D}_{PG_3^{k_1^r}H_3^{k_1^r}} + \mathrm{D}_{PG_3^{k_2^r}H_3^{k_2^r}} + \mathrm{D}_{PG_3^{k_3^r}H_3^{k_3^r}} + \mathrm{D}_{PG_3^{k_4^r}H_3^{k_4^r}} = 0. \quad (4.3.1)$$

证明 设 S 各点和任意点的坐标分别为 $P_i(x_i, y_i) (i = 1, 2, \cdots, 6); P(x, y)$. 于是 (S_3^k, T_3^k) 中两个集合重心的坐标分别为

$$G_3^k \left(\frac{x_{i_1} + x_{i_2} + x_{i_3}}{3}, \frac{y_{i_1} + y_{i_2} + y_{i_3}}{3} \right) \quad (i_1, i_2, i_3 = 1, 2, \cdots, 6),$$

$$H_3^k \left(\frac{x_{i_4} + x_{i_5} + x_{i_6}}{3}, \frac{y_{i_4} + y_{i_5} + y_{i_6}}{3} \right) \quad (i_4, i_5, i_6 = 1, 2, \cdots, 6),$$

其中 $k = 1, 2, \cdots, 20$. 故由三角形有向面积公式, 得

$$18\mathrm{D}_{PG_3^1H_3^1}$$

4.3　六点集 3-类重心线有向度量的定值定理与应用

$$= \begin{vmatrix} x & y & 1 \\ x_1+x_2+x_3 & y_1+y_2+y_3 & 3 \\ x_4+x_5+x_6 & y_4+y_5+y_6 & 3 \end{vmatrix}$$

$$= 3x(y_1+y_2+y_3-y_4-y_5-y_6) - 3y(x_1+x_2+x_3-x_4-x_5-x_6)$$

$$+ (x_1y_4 - x_4y_1) + (x_1y_5 - x_5y_1) + (x_1y_6 - x_6y_1)$$

$$+ (x_2y_4 - x_4y_2) + (x_2y_5 - x_5y_2) + (x_2y_6 - x_6y_2)$$

$$+ (x_3y_4 - x_4y_3) + (x_3y_5 - x_5y_3) + (x_3y_6 - x_6y_3), \tag{4.3.2}$$

类似地, 可以求得

$$18\mathrm{D}_{PG_3^8 H_3^8}$$

$$= 3x(y_1+y_4+y_5-y_2-y_3-y_6) - 3y(x_1+x_4+x_5-x_2-x_3-x_6)$$

$$+ (x_1y_2 - x_2y_1) + (x_1y_3 - x_3y_1) + (x_1y_6 - x_6y_1)$$

$$+ (x_4y_2 - x_2y_4) + (x_4y_3 - x_3y_4) + (x_4y_6 - x_6y_4)$$

$$+ (x_5y_2 - x_2y_5) + (x_5y_3 - x_3y_5) + (x_5y_6 - x_6y_5), \tag{4.3.3}$$

$$18\mathrm{D}_{PG_3^{15} H_3^{15}}$$

$$= 3x(y_2+y_4+y_6-y_1-y_3-y_5) - 3y(x_2+x_4+x_6-x_1-x_3-x_5)$$

$$+ (x_2y_1 - x_1y_2) + (x_2y_3 - x_3y_2) + (x_2y_5 - x_5y_2)$$

$$+ (x_4y_1 - x_1y_4) + (x_4y_3 - x_3y_4) + (x_4y_5 - x_5y_4)$$

$$+ (x_6y_1 - x_1y_6) + (x_6y_3 - x_3y_6) + (x_6y_5 - x_5y_6), \tag{4.3.4}$$

$$18\mathrm{D}_{PG_3^{19} H_3^{19}}$$

$$= 3x(y_3+y_5+y_6-y_1-y_2-y_4) - 3y(x_3+x_5+x_6-x_1-x_2-x_4)$$

$$+ (x_3y_1 - x_1y_3) + (x_3y_2 - x_2y_3) + (x_3y_4 - x_4y_3)$$

$$+ (x_5y_1 - x_1y_5) + (x_5y_2 - x_2y_5) + (x_5y_4 - x_4y_5)$$

$$+ (x_6y_1 - x_1y_6) + (x_6y_2 - x_2y_6) + (x_6y_4 - x_4y_6), \tag{4.3.5}$$

式 (4.3.2)+(4.3.3)+(4.3.4)+(4.3.5), 得

$$18(\mathrm{D}_{PG_3^1 H_3^1} + \mathrm{D}_{PG_3^8 H_3^8} + \mathrm{D}_{PG_3^{15} H_3^{15}} + \mathrm{D}_{PG_3^{19} H_3^{19}}) = 0.$$

因此, 当 $r=1$ 时, 式 (4.3.1) 成立.

类似地, 可以证明, 当 $r=2,3,\cdots,30$ 时, 式 (4.3.1) 成立.

推论 4.3.1 设 $S=\{P_1,P_2,\cdots,P_6\}$ 是六点的集合, $(S_3^k,T_3^k)=(P_{i_1},P_{i_2},P_{i_3};P_{i_4},P_{i_5},P_{i_6})(i_1,i_2,\cdots,i_6=1,2,\cdots,6;k=1,2,\cdots,20)$ 是 S 的完备集对, $G_3^k,H_3^k(k=1,2,\cdots,20)$ 分别是 (S_3^k,T_3^k) 中两个集合的重心, $G_3^kH_3^k(k=1,2,\cdots,20)$ 是 S 的 3-类重心线, $S_3^{k_1^r},S_3^{k_2^r},S_3^{k_3^r},S_3^{k_4^r}(r=1,2,\cdots,30)$ 是 S 的三点子集两倍点集组, P 是平面上任意一点, 则对任意的 $r=1,2,\cdots,30$, 均有如下四个重心线三角形的面积 $a_{PG_3^{k_1^r}H_3^{k_1^r}}, a_{PG_3^{k_2^r}H_3^{k_2^r}}, a_{PG_3^{k_3^r}H_3^{k_3^r}}, a_{PG_3^{k_4^r}H_3^{k_4^r}}$ 中, 其中一个较大的面积等于另外三个较小的面积的和, 或其中两个面积的和等于另外两个面积的和.

证明 根据定理 4.3.1, 对任意的 $r=1,2,\cdots,30$, 由式 (4.3.1) 的几何意义, 即得.

推论 4.3.2 设 $P_1P_2\cdots P_6$ 是六角形 (六边形), $G_3^k,H_3^k(k=1,2,\cdots,30)$ 分别是两三角形 $P_{i_1}P_{i_2}P_{i_3},P_{i_4}P_{i_5}P_{i_6}(i_1,i_2,\cdots,i_6=1,2,\cdots,6)$ 的重心, $G_3^kH_3^k(k=1,2,\cdots,20)$ 是 $P_1P_2\cdots P_6$ 的 3-级重心线, $S_3^{k_1^r},S_3^{k_2^r},S_3^{k_3^r},S_3^{k_4^r}(r=1,2,\cdots,30)$ 是 $P_1P_2\cdots P_6$ 的三点子集两倍点集组, P 是 $P_1P_2\cdots P_6$ 所在平面上任意一点, 则定理 4.3.1 和推论 4.3.1 的结论均成立.

证明 取 $S=\{P_1,P_2,\cdots,P_6\}$ 是六角形 (六边形) $P_1P_2\cdots P_6$ 顶点的集合, 对不共线六点的集合 S 分别应用定理 4.3.1 和推论 4.3.1, 即得.

4.3.3 六点集 3-类重心线有向面积定值定理的应用

定理 4.3.2 设 $S=\{P_1,P_2,\cdots,P_6\}$ 是六点的集合, $(S_3^k,T_3^k)=(P_{i_1},P_{i_2},P_{i_3};P_{i_4},P_{i_5},P_{i_6})(i_1,i_2,\cdots,i_6=1,2,\cdots,6;k=1,2,\cdots,20)$ 是 S 的完备集对, $G_3^k,H_3^k(k=1,2,\cdots,20)$ 分别是 (S_3^k,T_3^k) 中两个集合的重心, $G_3^kH_3^k(k=1,2,\cdots,20)$ 是 S 的 3-类重心线, $S_3^{k_1^r},S_3^{k_2^r},S_3^{k_3^r},S_3^{k_4^r}(r=1,2,\cdots,30)$ 是 S 的三点子集两倍点集组, P 是平面上任意一点, 则对任意的 $r=1,2,\cdots,30$, 恒有 $\mathrm{D}_{PG_3^{k_4^r}H_3^{k_4^r}}=0(k_4^r\in K_4^r)$ 的充分必要条件是

$$\mathrm{D}_{PG_3^{k_1^r}H_3^{k_1^r}}+\mathrm{D}_{PG_3^{k_2^r}H_3^{k_2^r}}+\mathrm{D}_{PG_3^{k_3^r}H_3^{k_3^r}}=0. \qquad (4.3.6)$$

证明 根据定理 4.3.1, 由式 (4.3.1) 即得: 对任意的 $r=1,2,\cdots,30$, 恒有 $\mathrm{D}_{PG_3^{k_4^r}H_3^{k_4^r}}=0(k_4^r\in K_4^r)$ 的充分必要条件是式 (4.3.6) 成立.

推论 4.3.3 设 $S=\{P_1,P_2,\cdots,P_6\}$ 是六点的集合, $(S_3^k,T_3^k)=(P_{i_1},P_{i_2},P_{i_3};P_{i_4},P_{i_5},P_{i_6})(i_1,i_2,\cdots,i_6=1,2,\cdots,6;k=1,2,\cdots,20)$ 是 S 的完备集对, $G_3^k,H_3^k(k=1,2,\cdots,20)$ 分别是 (S_3^k,T_3^k) 中两个集合的重心, $G_3^kH_3^k(k=

4.3 六点集 3-类重心线有向度量的定值定理与应用

$1, 2, \cdots, 20)$ 是 S 的 3-类重心线, $S_3^{k_1^r}, S_3^{k_2^r}, S_3^{k_3^r}, S_3^{k_4^r}(r = 1, 2, \cdots, 30)$ 是 S 的三点子集两倍点集组, P 是平面上任意一点, 则对任意的 $r = 1, 2, \cdots, 30$, 恒有三点 $P, G_3^{k_4^r}, H_3^{k_4^r}$ 共线的充分必要条件是如下三个重心线三角形的面积 $\mathrm{a}_{PG_3^{k_1^r}H_3^{k_1^r}}$, $\mathrm{a}_{PG_3^{k_2^r}H_3^{k_2^r}}, \mathrm{a}_{PG_3^{k_3^r}H_3^{k_3^r}}$ 中, 其中一个较大的面积等于另外两个较小的面积的和.

证明 根据定理 4.3.2, 对任意的 $r = 1, 2, \cdots, 30$, 由 $\mathrm{D}_{PG_3^{k_4^r}H_3^{k_4^r}} = 0(k_4^r \in K_4^r)$ 和式 (4.3.6) 的几何意义, 即得.

定理 4.3.3 设 $S = \{P_1, P_2, \cdots, P_6\}$ 是六点的集合, $(S_3^k, T_3^k) = (P_{i_1}, P_{i_2}, P_{i_3}; P_{i_4}, P_{i_5}, P_{i_6})(i_1, i_2, \cdots, i_6 = 1, 2, \cdots, 6; k = 1, 2, \cdots, 20)$ 是 S 的完备集对, $G_3^k, H_3^k(k = 1, 2, \cdots, 20)$ 分别是 (S_3^k, T_3^k) 中两个集合的重心, $G_3^k H_3^k(k = 1, 2, \cdots, 20)$ 是 S 的 3-类重心线, $S_3^{k_1^r}, S_3^{k_2^r}, S_3^{k_3^r}, S_3^{k_4^r}(r = 1, 2, \cdots, 30)$ 是 S 的三点子集两倍点集组, P 是平面上任意一点, 则对任意的 $r = 1, 2, \cdots, 30$, 如下两式均等价:

$$\mathrm{D}_{PG_3^{k_1^r}H_4^{k_1^r}} + \mathrm{D}_{PG_3^{k_2^r}H_4^{k_2^r}} = 0 \quad (k_1^r < k_2^r), \tag{4.3.7}$$

$$\mathrm{D}_{PG_3^{k_3^r}H_3^{k_3^r}} + \mathrm{D}_{PG_3^{k_4^r}H_3^{k_4^r}} = 0 \quad (k_1^r < k_3^r < k_4^r). \tag{4.3.8}$$

证明 根据定理 4.3.1, 由式 (4.3.1) 即得: 对任意的 $r = 1, 2, \cdots, 30$, 式 (4.3.7) 成立的充分必要条件是式 (4.3.8) 成立.

推论 4.3.4 设 $S = \{P_1, P_2, \cdots, P_6\}$ 是六点的集合, $(S_3^k, T_3^k) = (P_{i_1}, P_{i_2}, P_{i_3}; P_{i_4}, P_{i_5}, P_{i_6})(i_1, i_2, \cdots, i_6 = 1, 2, \cdots, 6; k = 1, 2, \cdots, 20)$ 是 S 的完备集对, $G_3^k, H_3^k(k = 1, 2, \cdots, 20)$ 分别是 (S_3^k, T_3^k) 中两个集合的重心, $G_3^k H_3^k(k = 1, 2, \cdots, 20)$ 是 S 的 3-类重心线, $S_3^{k_1^r}, S_3^{k_2^r}, S_3^{k_3^r}, S_3^{k_4^r}(r = 1, 2, \cdots, 30)$ 是 S 的三点子集两倍点集组, P 是平面上任意一点, 则对任意的 $r = 1, 2, \cdots, 30$, 均有两重心线三角形 $PG_3^{k_1^r}H_3^{k_1^r}, PG_3^{k_2^r}H_3^{k_2^r}(k_1^r < k_2^r)$ 面积相等方向相反的充分必要条件是另两重心线三角形 $PG_3^{k_3^r}H_3^{k_3^r}, PG_3^{k_4^r}H_3^{k_4^r}(k_1^r < k_3^r < k_4^r)$ 面积相等方向相反.

证明 根据定理 4.3.3, 对任意的 $r = 1, 2, \cdots, 30$, 由式 (4.3.7) 和 (4.3.8) 的几何意义, 即得.

推论 4.3.5 设 $P_1P_2\cdots P_6$ 是六角形 (六边形), $G_3^k, H_3^k(k = 1, 2, \cdots, 30)$ 分别是两三角形 $P_{i_1}P_{i_2}P_{i_3}, P_{i_4}P_{i_5}P_{i_6}(i_1, i_2, \cdots, i_6 = 1, 2, \cdots, 6)$ 的重心, $G_3^k H_3^k(k = 1, 2, \cdots, 20)$ 是 $P_1P_2\cdots P_6$ 的 3-级重心线, $S_3^{k_1^r}, S_3^{k_2^r}, S_3^{k_3^r}, S_3^{k_4^r}(r = 1, 2, \cdots, 30)$ 是 $P_1P_2\cdots P_6$ 的三点子集两倍点集组, P 是 $P_1P_2\cdots P_6$ 所在平面上任意一点, 则定理 4.3.2 和推论 4.3.3、定理 4.3.3 和推论 4.3.4 的结论均成立.

证明 取 $S = \{P_1, P_2, \cdots, P_6\}$ 是六角形 (六边形) $P_1P_2\cdots P_6$ 顶点的集合, 对不共线六点的集合 S 分别应用定理 4.3.2 和推论 4.3.3、定理 4.3.3 和推论 4.3.4, 即得.

4.3.4 点到六点集 3-类重心线有向距离的定值定理与应用

定理 4.3.4 设 $S=\{P_1,P_2,\cdots,P_6\}$ 是六点的集合，$(S_3^k,T_3^k)=(P_{i_1},P_{i_2},P_{i_3};P_{i_4},P_{i_5},P_{i_6})(i_1,i_2,\cdots,i_6=1,2,\cdots,6;k=1,2,\cdots,20)$ 是 S 的完备集对，G_3^k，$H_3^k(k=1,2,\cdots,20)$ 分别是 (S_3^k,T_3^k) 中两个集合的重心，$G_3^kH_3^k(k=1,2,\cdots,20)$ 是 S 的 3-类重心线，$S_3^{k_1^r},S_3^{k_2^r},S_3^{k_3^r},S_3^{k_4^r}(r=1,2,\cdots,30)$ 是 S 的三点子集两倍点集组，P 是平面上任意一点．若 $\mathrm{d}_{G_3^{k_1^r}H_3^{k_1^r}}=\mathrm{d}_{G_3^{k_2^r}H_3^{k_2^r}}=\mathrm{d}_{G_3^{k_3^r}H_3^{k_3^r}}=\mathrm{d}_{G_3^{k_4^r}H_3^{k_4^r}}\neq 0$，则对任意的 $r=1,2,\cdots,30$，均有

$$\mathrm{D}_{P\text{-}G_3^{k_1^r}H_3^{k_1^r}}+\mathrm{D}_{P\text{-}G_3^{k_2^r}H_3^{k_2^r}}+\mathrm{D}_{P\text{-}G_3^{k_3^r}H_3^{k_3^r}}+\mathrm{D}_{P\text{-}G_3^{k_4^r}H_3^{k_4^r}}=0. \qquad (4.3.9)$$

证明 根据定理 4.3.1，由式 (4.3.1) 和三角形有向面积与有向距离之间的关系并化简，可得

$$\sum_{i=1}^{4}\mathrm{d}_{G_3^{k_i^r}H_3^{k_i^r}}\mathrm{D}_{P\text{-}G_3^{k_i^r}H_3^{k_i^r}}=0\quad(r=1,2,\cdots,30). \qquad (4.3.10)$$

因为 $\mathrm{d}_{G_3^{k_1^r}H_3^{k_1^r}}=\mathrm{d}_{G_3^{k_2^r}H_3^{k_2^r}}=\mathrm{d}_{G_3^{k_3^r}H_3^{k_3^r}}=\mathrm{d}_{G_3^{k_4^r}H_3^{k_4^r}}\neq 0$，故对任意的 $r=1,2,\cdots,30$，由上式即得式 (4.3.9)．

推论 4.3.6 设 $S=\{P_1,P_2,\cdots,P_6\}$ 是六点的集合，$(S_3^k,T_3^k)=(P_{i_1},P_{i_2},P_{i_3};P_{i_4},P_{i_5},P_{i_6})(i_1,i_2,\cdots,i_6=1,2,\cdots,6;k=1,2,\cdots,20)$ 是 S 的完备集对，G_3^k，$H_3^k(k=1,2,\cdots,20)$ 分别是 (S_3^k,T_3^k) 中两个集合的重心，$G_3^kH_3^k(k=1,2,\cdots,20)$ 是 S 的 3-类重心线，$S_3^{k_1^r},S_3^{k_2^r},S_3^{k_3^r},S_3^{k_4^r}(r=1,2,\cdots,30)$ 是 S 的三点子集两倍点集组，P 是平面上任意一点．若 $\mathrm{d}_{G_3^{k_1^r}H_3^{k_1^r}}=\mathrm{d}_{G_3^{k_2^r}H_3^{k_2^r}}=\mathrm{d}_{G_3^{k_3^r}H_3^{k_3^r}}=\mathrm{d}_{G_3^{k_4^r}H_3^{k_4^r}}\neq 0$，则对任意的 $r=1,2,\cdots,30$，均有如下四条点 P 到重心线的距离 $\mathrm{d}_{P\text{-}G_3^{k_1^r}H_3^{k_1^r}},\mathrm{d}_{P\text{-}G_3^{k_2^r}H_3^{k_2^r}},\mathrm{d}_{P\text{-}G_3^{k_3^r}H_3^{k_3^r}},\mathrm{d}_{P\text{-}G_3^{k_4^r}H_3^{k_4^r}}$ 中，其中一条较长的距离等于另外三条较短的距离的和，或其中两条距离的和等于另外两条距离的和．

证明 根据定理 4.3.4 和题设，对任意的 $r=1,2,\cdots,30$，由式 (4.3.39) 的几何意义，即得．

定理 4.3.5 设 $S=\{P_1,P_2,\cdots,P_6\}$ 是六点的集合，$(S_3^k,T_3^k)=(P_{i_1},P_{i_2},P_{i_3};P_{i_4},P_{i_5},P_{i_6})(i_1,i_2,\cdots,i_6=1,2,\cdots,6;k=1,2,\cdots,20)$ 是 S 的完备集对，G_3^k，$H_3^k(k=1,2,\cdots,20)$ 分别是 (S_3^k,T_3^k) 中两个集合的重心，$G_3^kH_3^k(k=1,2,\cdots,20)$ 是 S 的 3-类重心线，$S_3^{k_1^r},S_3^{k_2^r},S_3^{k_3^r},S_3^{k_4^r}(r=1,2,\cdots,30)$ 是 S 的三点子集两倍点集组，P 是平面上任意一点．若 $\mathrm{d}_{G_3^{k_1^r}H_3^{k_1^r}}=\mathrm{d}_{G_3^{k_2^r}H_3^{k_2^r}}=\mathrm{d}_{G_3^{k_3^r}H_3^{k_3^r}}\neq 0$，$\mathrm{d}_{G_3^{k_4^r}H_3^{k_4^r}}\neq 0$，则对任意的 $r=1,2,\cdots,30$，恒有 $\mathrm{D}_{P\text{-}G_3^{k_4^r}H_3^{k_4^r}}=0(k_4^r\in K_4^r)$ 的充

分必要条件是
$$\mathrm{D}_{P\text{-}G_3^{k_1^r}H_3^{k_1^r}} + \mathrm{D}_{P\text{-}G_3^{k_2^r}H_3^{k_2^r}} + \mathrm{D}_{P\text{-}G_3^{k_3^r}H_3^{k_3^r}} = 0. \tag{4.3.11}$$

证明 根据定理 4.3.4 的证明和题设, 由式 (4.3.10) 即得: 对任意的 $r = 1, 2, \cdots, 30$, 恒有 $\mathrm{D}_{P\text{-}G_3^{k_4^r}H_3^{k_4^r}} = 0 (k_4^r \in K_4^r)$ 的充分必要条件是式 (4.3.11) 成立.

推论 4.3.7 设 $S = \{P_1, P_2, \cdots, P_6\}$ 是六点的集合, $(S_3^k, T_3^k) = (P_{i_1}, P_{i_2}, P_{i_3}; P_{i_4}, P_{i_5}, P_{i_6})(i_1, i_2, \cdots, i_6 = 1, 2, \cdots, 6; k = 1, 2, \cdots, 20)$ 是 S 的完备集对, $G_3^k, H_3^k (k = 1, 2, \cdots, 20)$ 分别是 (S_3^k, T_3^k) 中两个集合的重心, $G_3^k H_3^k (k = 1, 2, \cdots, 20)$ 是 S 的 3-类重心线, $S_3^{k_1^r}, S_3^{k_2^r}, S_3^{k_3^r}, S_3^{k_4^r}(r = 1, 2, \cdots, 30)$ 是 S 的三点子集两倍点集组, P 是平面上任意一点. 若 $\mathrm{d}_{G_3^{k_1^r}H_3^{k_1^r}} = \mathrm{d}_{G_3^{k_2^r}H_3^{k_2^r}} = \mathrm{d}_{G_3^{k_3^r}H_3^{k_3^r}} \neq 0, \mathrm{d}_{G_3^{k_4^r}H_3^{k_4^r}} \neq 0$, 则对任意的 $r = 1, 2, \cdots, 30$, 恒有点 P 在重心线 $G_3^{k_4^r}H_3^{k_4^r}(k_4^r \in K_4^r)$ 所在直线之上的充分必要条件是如下三条点 P 到重心线的距离 $\mathrm{d}_{P\text{-}G_3^{k_1^r}H_3^{k_1^r}}, \mathrm{d}_{P\text{-}G_3^{k_2^r}H_3^{k_2^r}}, \mathrm{d}_{P\text{-}G_3^{k_3^r}H_3^{k_3^r}}$ 中, 其中一条较长的距离等于另外两条较短的距离的和.

证明 根据定理 4.3.5 和题设, 对任意的 $r = 1, 2, \cdots, 30$, 由 $\mathrm{D}_{P\text{-}G_3^{k_4^r}H_3^{k_4^r}} = 0 (k_4^r \in K_4^r)$ 和式 (4.3.11) 的几何意义, 即得.

定理 4.3.6 设 $S = \{P_1, P_2, \cdots, P_6\}$ 是六点的集合, $(S_3^k, T_3^k) = (P_{i_1}, P_{i_2}, P_{i_3}; P_{i_4}, P_{i_5}, P_{i_6})(i_1, i_2, \cdots, i_6 = 1, 2, \cdots, 6; k = 1, 2, \cdots, 20)$ 是 S 的完备集对, $G_3^k, H_3^k (k = 1, 2, \cdots, 20)$ 分别是 (S_3^k, T_3^k) 中两个集合的重心, $G_3^k H_3^k (k = 1, 2, \cdots, 20)$ 是 S 的 3-类重心线, $S_3^{k_1^r}, S_3^{k_2^r}, S_3^{k_3^r}, S_3^{k_4^r}(r = 1, 2, \cdots, 30)$ 是 S 的三点子集两倍点集组, P 是平面上任意一点. 若 $\mathrm{d}_{G_3^{k_1^r}H_3^{k_1^r}} = \mathrm{d}_{G_3^{k_2^r}H_3^{k_2^r}} \neq 0; \mathrm{d}_{G_3^{k_3^r}H_3^{k_3^r}} = \mathrm{d}_{G_3^{k_4^r}H_3^{k_4^r}} \neq 0$, 则对任意的 $r = 1, 2, \cdots, 30$, 如下两式均等价:

$$\mathrm{D}_{P\text{-}G_3^{k_1^r}H_3^{k_1^r}} + \mathrm{D}_{P\text{-}G_3^{k_2^r}H_3^{k_2^r}} = 0 \quad (k_1^r < k_2^r), \tag{4.3.12}$$

$$\mathrm{D}_{P\text{-}G_3^{k_3^r}H_3^{k_3^r}} + \mathrm{D}_{P\text{-}G_3^{k_4^r}H_3^{k_4^r}} = 0 \quad (k_1^r < k_3^r < k_4^r). \tag{4.3.13}$$

证明 根据定理 4.3.6 的证明和题设, 由式 (4.3.10), 可得: 对任意的 $r = 1, 2, \cdots, 30$, 式 (4.3.12) 成立的充分必要条件是式 (4.3.13) 成立.

推论 4.3.8 设 $S = \{P_1, P_2, \cdots, P_6\}$ 是六点的集合, $(S_3^k, T_3^k) = (P_{i_1}, P_{i_2}, P_{i_3}; P_{i_4}, P_{i_5}, P_{i_6})(i_1, i_2, \cdots, i_6 = 1, 2, \cdots, 6; k = 1, 2, \cdots, 20)$ 是 S 的完备集对, $G_3^k, H_3^k (k = 1, 2, \cdots, 20)$ 分别是 (S_3^k, T_3^k) 中两个集合的重心, $G_3^k H_3^k (k = 1, 2, \cdots, 20)$ 是 S 的 3-类重心线, $S_3^{k_1^r}, S_3^{k_2^r}, S_3^{k_3^r}, S_3^{k_4^r}(r = 1, 2, \cdots, 30)$ 是 S 的三点子集两倍点集组, P 是平面上任意一点. 若 $\mathrm{d}_{G_3^{k_1^r}H_3^{k_1^r}} = \mathrm{d}_{G_3^{k_2^r}H_3^{k_2^r}} \neq 0$;

$d_{G_3^{k_3^r}H_3^{k_3^r}} = d_{G_3^{k_4^r}H_3^{k_4^r}} \neq 0$, 则对任意的 $r = 1, 2, \cdots, 30$, 均有点 P 在两重心线 $G_3^{k_1^r}H_3^{k_1^r}, G_3^{k_2^r}H_3^{k_2^r}(k_1^r < k_2^r)$ 外角平分线上的充分必要条件是点 P 在另两重心线 $G_3^{k_3^r}H_3^{k_3^r}, G_3^{k_4^r}H_3^{k_4^r}(k_1^r < k_3^r < k_4^r)$ 外角平分线上.

证明 根据定理 4.3.6 和题设, 对任意的 $r = 1, 2, \cdots, 30$, 由式 (4.3.12) 和 (4.3.13) 的几何意义, 即得.

推论 4.3.9 设 $P_1P_2\cdots P_6$ 是六角形 (六边形), $G_3^k, H_3^k(k = 1, 2, \cdots, 30)$ 分别是两三角形 $P_{i_1}P_{i_2}P_{i_3}, P_{i_4}P_{i_5}P_{i_6}(i_1, i_2, \cdots, i_6 = 1, 2, \cdots, 6)$ 的重心, $G_3^k H_3^k(k = 1, 2, \cdots, 20)$ 是 $P_1P_2\cdots P_6$ 的 3-级重心线, $S_3^{k_1^r}, S_3^{k_2^r}, S_3^{k_3^r}, S_3^{k_4^r}(r = 1, 2, \cdots, 30)$ 是 $P_1P_2\cdots P_6$ 的三点子集两倍点集组, P 是 $P_1P_2\cdots P_6$ 所在平面上任意一点. 若相应的体条件满足, 则定理 4.3.4~ 定理 4.3.6 和推论 4.3.6~ 推论 4.3.8 的结论均成立.

证明 取 $S = \{P_1, P_2, \cdots, P_6\}$ 是六角形 (六边形) $P_1P_2\cdots P_6$ 顶点的集合, 对不共线六点的集合 S 分别应用定理 4.3.4~ 定理 4.3.6 和推论 4.3.6~ 推论 4.3.8, 即得.

4.3.5 共线六点集 3-类重心线有向距离定理与应用

定理 4.3.7 设 $S = \{P_1, P_2, \cdots, P_6\}$ 是共线六点的集合, $(S_3^k, T_3^k) = (P_{i_1}, P_{i_2}, P_{i_3}; P_{i_4}, P_{i_5}, P_{i_6})(i_1, i_2, \cdots, i_6 = 1, 2, \cdots, 6; k = 1, 2, \cdots, 20)$ 是 S 的完备集对, $G_3^k, H_3^k(k = 1, 2, \cdots, 20)$ 分别是 (S_3^k, T_3^k) 中两个集合的重心, $G_3^k H_3^k(k = 1, 2, \cdots, 20)$ 是 S 的 3-类重心线, $S_3^{k_1^r}, S_3^{k_2^r}, S_3^{k_3^r}, S_3^{k_4^r}(r = 1, 2, \cdots, 30)$ 是 S 的三点子集两倍点集组, 则对任意的 $r = 1, 2, \cdots, 30$, 均有

$$D_{G_3^{k_1^r}H_3^{k_1^r}} + D_{G_3^{k_2^r}H_3^{k_2^r}} + D_{G_3^{k_3^r}H_3^{k_3^r}} + D_{G_3^{k_4^r}H_3^{k_4^r}} = 0. \quad (4.3.14)$$

证明 不妨设 P 是六点所在直线外任意一点. 根据定理 4.3.1, 由式 (4.3.1) 和三角形有向面积与有向距离之间的关系, 可得

$$\sum_{i=1}^{4} d_{P-G_3^{k_i^r}H_3^{k_i^r}} D_{G_3^{k_i^r}H_3^{k_i^r}} = 0 \quad (r = 1, 2, \cdots, 30). \quad (4.3.15)$$

因为 $P_1, P_2, \cdots, P_6$ 六点共线, 所以如下各组四条重心线 $G_3^{k_1^r}H_3^{k_1^r}, G_3^{k_2^r}H_3^{k_2^r}, G_3^{k_3^r}H_3^{k_3^r}, G_3^{k_4^r}H_3^{k_4^r}(r = 1, 2, \cdots, 30)$ 均共线. 因此

$$d_{P-G_3^{k_1^r}H_3^{k_1^r}} = d_{P-G_3^{k_2^r}H_3^{k_2^r}} = d_{P-G_3^{k_3^r}H_3^{k_3^r}} = d_{P-G_3^{k_4^r}H_3^{k_4^r}} \neq 0 \quad (r = 1, 2, \cdots, 30),$$

故对任意的 $r = 1, 2, \cdots, 30$, 由式 (4.3.15), 即得式 (4.3.14).

4.3 六点集 3-类重心线有向度量的定值定理与应用

推论 4.3.10 设 $S=\{P_1,P_2,\cdots,P_6\}$ 是共线六点的集合,$(S_3^k, T_3^k)=(P_{i_1}, P_{i_2}, P_{i_3}; P_{i_4}, P_{i_5}, P_{i_6})$ $(i_1, i_2, \cdots, i_6 = 1, 2, \cdots, 6; k = 1, 2, \cdots, 20)$ 是 S 的完备集对,G_3^k, H_3^k $(k=1,2,\cdots,20)$ 分别是 (S_3^k, T_3^k) 中两个集合的重心,$G_3^k H_3^k (k = 1, 2, \cdots, 20)$ 是 S 的 3-类重心线,$S_3^{k_1^r}, S_3^{k_2^r}, S_3^{k_3^r}, S_3^{k_4^r}$ $(r=1,2,\cdots,30)$ 是 S 的三点子集两倍点集组,则对任意的 $r=1,2,\cdots,30$, 均有以下四条重心线的距离 $\mathrm{d}_{G_3^{k_1^r} H_3^{k_1^r}}, \mathrm{d}_{G_3^{k_2^r} H_3^{k_2^r}}, \mathrm{d}_{G_3^{k_3^r} H_3^{k_3^r}}, \mathrm{d}_{G_3^{k_4^r} H_3^{k_4^r}}$ 中,其中一条较长的距离等于另外三条较短的距离的和,或其中两条距离的和等于另外两条距离的和.

证明 根据定理 4.3.7,对任意的 $r=1,2,\cdots,30$, 由式 (4.3.14) 的几何意义,即得.

定理 4.3.8 设 $S=\{P_1,P_2,\cdots,P_6\}$ 是共线六点的集合,$(S_3^k, T_3^k)=(P_{i_1}, P_{i_2}, P_{i_3}; P_{i_4}, P_{i_5}, P_{i_6})$ $(i_1, i_2, \cdots, i_6 = 1, 2, \cdots, 6; k = 1, 2, \cdots, 20)$ 是 S 的完备集对,G_3^k, H_3^k $(k=1,2,\cdots,20)$ 分别是 (S_3^k, T_3^k) 中两个集合的重心,$G_3^k H_3^k$ $(k = 1, 2, \cdots, 20)$ 是 S 的 3-类重心线,$S_3^{k_1^r}, S_3^{k_2^r}, S_3^{k_3^r}, S_3^{k_4^r}$ $(r=1,2,\cdots,30)$ 是 S 的三点子集两倍点集组,则对任意的 $r=1,2,\cdots,30$, 恒有 $\mathrm{D}_{G_3^{k_4^r} H_3^{k_4^r}} = 0 (k_4^r \in K_4^r)$ 的充分必要条件是

$$\mathrm{D}_{G_3^{k_1^r} H_3^{k_1^r}} + \mathrm{D}_{G_3^{k_2^r} H_3^{k_2^r}} + \mathrm{D}_{G_3^{k_3^r} H_3^{k_3^r}} = 0. \tag{4.3.16}$$

证明 根据定理 4.3.7,由式 (4.3.14) 即得:对任意的 $r=1,2,\cdots,30$, 恒有 $\mathrm{D}_{G_3^{k_4^r} H_3^{k_4^r}} = 0 (k_4^r \in K_4^r)$ 的充分必要条件是式 (4.3.16) 成立.

推论 4.3.11 设 $S=\{P_1,P_2,\cdots,P_6\}$ 是共线六点的集合,$(S_3^k, T_3^k)=(P_{i_1}, P_{i_2}, P_{i_3}; P_{i_4}, P_{i_5}, P_{i_6})$ $(i_1, i_2, \cdots, i_6 = 1, 2, \cdots, 6; k = 1, 2, \cdots, 20)$ 是 S 的完备集对,G_3^k, H_3^k $(k=1,2,\cdots,20)$ 分别是 (S_3^k, T_3^k) 中两个集合的重心,$G_3^k H_3^k$ $(k = 1, 2, \cdots, 20)$ 是 S 的 3-类重心线,$S_3^{k_1^r}, S_3^{k_2^r}, S_3^{k_3^r}, S_3^{k_4^r}$ $(r=1,2,\cdots,30)$ 是 S 的三点子集两倍点集组,则对任意的 $r=1,2,\cdots,30$, 均有两重心点 $G_3^{k_4^r}, H_3^{k_4^r} (k_4^r \in K_4^r)$ 重合的充分必要条件是其余三条重心线的距离 $\mathrm{d}_{G_3^{k_1^r} H_3^{k_1^r}}, \mathrm{d}_{G_3^{k_2^r} H_3^{k_2^r}}, \mathrm{d}_{G_3^{k_3^r} H_3^{k_3^r}}$ 中,其中一条较长的距离等于另外两条较短的距离的和.

证明 根据定理 4.3.8,对任意的 $r=1,2,\cdots,30$, 由 $\mathrm{D}_{G_3^{k_4^r} H_3^{k_4^r}} = 0 (k_4^r \in K_4^r)$ 和式 (4.3.16) 的几何意义,即得.

定理 4.3.9 设 $S=\{P_1,P_2,\cdots,P_6\}$ 是共线六点的集合,$(S_3^k, T_3^k)=(P_{i_1}, P_{i_2}, P_{i_3}; P_{i_4}, P_{i_5}, P_{i_6})$ $(i_1, i_2, \cdots, i_6 = 1, 2, \cdots, 6; k = 1, 2, \cdots, 20)$ 是 S 的完备集对,$G_3^k, H_3^k (k=1,2,\cdots,20)$ 分别是 (S_3^k, T_3^k) 中两个集合的重心,$G_3^k H_3^k (k = 1, 2, \cdots, 20)$ 是 S 的 3-类重心线,$S_3^{k_1^r}, S_3^{k_2^r}, S_3^{k_3^r}, S_3^{k_4^r}$ $(r=1,2,\cdots,30)$ 是 S 的三

点子集两倍点集组,则对任意的 $r=1,2,\cdots,30$,如下两式均等价:

$$D_{G_3^{k_1^r}H_3^{k_1^r}} + D_{G_3^{k_2^r}H_3^{k_2^r}} = 0 \quad (k_1^r < k_2^r), \tag{4.3.17}$$

$$D_{G_3^{k_3^r}H_3^{k_3^r}} + D_{G_3^{k_4^r}H_3^{k_4^r}} = 0 \quad (k_1^r < k_3^r < k_4^r). \tag{4.3.18}$$

证明 根据定理 4.3.7, 由式 (4.3.14) 即得: 对任意的 $r=1,2,\cdots,30$, 式 (4.3.17) 的充分必要条件是式 (4.3.18) 成立.

推论 4.3.12 设 $S=\{P_1,P_2,\cdots,P_6\}$ 是共线六点的集合, $(S_3^k, T_3^k) = (P_{i_1}, P_{i_2}, P_{i_3}; P_{i_4}, P_{i_5}, P_{i_6})$ $(i_1, i_2, \cdots, i_6 = 1, 2, \cdots, 6; k = 1, 2, \cdots, 20)$ 是 S 的完备集对, G_3^k, H_3^k $(k=1,2,\cdots,20)$ 分别是 (S_3^k, T_3^k) 中两个集合的重心, $G_3^k H_3^k$ $(k=1,2,\cdots,20)$ 是 S 的 3-类重心线, $S_3^{k_1^r}, S_3^{k_2^r}, S_3^{k_3^r}, S_3^{k_4^r}$ $(r=1,2,\cdots,30)$ 是 S 的三点子集两倍点集组, 则对任意的 $r=1,2,\cdots,30$, 均有两条重心线 $G_3^{k_1^r}H_3^{k_1^r}$, $G_3^{k_2^r}H_3^{k_2^r}$ $(k_1^r < k_2^r)$ 距离相等方向相反的充分必要条件是其余两条重心线 $G_3^{k_3^r}H_3^{k_3^r}$, $G_3^{k_4^r}H_3^{k_4^r}$ $(k_1^r < k_3^r < k_4^r)$ 距离相等方向相反.

证明 根据定理 4.3.9, 对任意的 $r=1,2,\cdots,30$, 由式 (4.3.17) 和式 (4.3.18) 的几何意义, 即得.

第 5 章 六点集两类重心线有向度量的定值定理与应用

5.1 六点集 1-类 2-类重心线有向度量的定值定理与应用

本节主要应用有向度量和有向度量定值法, 研究六点集 1-类 2-类重心线有向度量的有关问题. 首先, 给出六点集 1-类 2-类重心线三角形有向面积的定值定理及其推论, 从而得出六角形 (六边形) 中相应的结论; 其次, 利用上述定值定理, 得出六点集、六角形 (六边形) 中一个较大的重心线三角形乘数面积等于另两个较小的重心线三角形乘数面积之和, 以及任意点与重心线两端点共线的充分必要条件等结论; 再次, 在一定条件下, 给出点到六点集 1-类 2-类重心线有向距离的定值定理, 从而得出该条件下六点集、六角形 (六边形) 中任意点在重心线所在直线之上、一条较长的点到重心线乘数距离等于另两条较短的点到重心线乘数距离之和, 以及点到两重心线侧向相同 (相反) 乘数距离相等和点在两重心线外角平分线之上的充分必要条件等结论; 最后, 给出共线六点集 1-类 2-类重心线的有向距离定理, 从而得出一条较长的重心线乘数距离等于另两条较短的重心线乘数距离之和, 以及点为共线六点集重心线端点的充分必要条件等结论.

在本节中, 恒假设 $i_1, i_2, \cdots, i_6 \in I_6 = \{1, 2, \cdots, 6\}$ 且互不相等; $j = j(i_1, i_2) = j(i_2, i_1) = 1, 2, \cdots, 15$.

5.1.1 六点集 1-类 2-类重心线有向面积的定值定理

定理 5.1.1 设 $S = \{P_1, P_2, \cdots, P_6\}$ 是六点的集合, H_5^i 是 $T_5^i = \{P_{i+1}, P_{i+2}, \cdots, P_{i+5}\}(i = 1, 2, \cdots, 6)$ 的重心, $(S_2^j, T_4^j) = (P_{i_1}, P_{i_2}; P_{i_3}, P_{i_4}, P_{i_5}, P_{i_6})(i_1, i_2, \cdots, i_6 = 1, 2, \cdots, 6; i_1 < i_2)$ 是 S 的完备集对, $G_{i_1 i_2}$ 是 $S_2^j = \{P_{i_1}, P_{i_2}\}(j = 1, 2, \cdots, 15; i_1 < i_2)$ 的重心, H_4^j 是 $T_4^j = \{P_{i_3}, P_{i_4}, P_{i_5}, P_{i_6}\}(j = 1, 2, \cdots, 15)$ 的重心, $P_i H_5^i (i = 1, 2, \cdots, 6)$ 是 S 的 1-类重心线, $G_{i_1 i_2} H_4^j (j = 1, 2, \cdots, 15)$ 是 S 的 2-类重心线, P 是平面上任意一点, 则对任意的 $j = j(i_1, i_2) = 1, 2, \cdots, 15$, 恒有

$$5\mathrm{D}_{PP_{i_1}H_5^{i_1}} + 5\mathrm{D}_{PP_{i_2}H_5^{i_2}} - 8\mathrm{D}_{PG_{i_1 i_2}H_4^j} = 0, \tag{5.1.1}$$

$$5\mathrm{D}_{PP_{i_3}H_5^{i_3}} + 5\mathrm{D}_{PP_{i_4}H_5^{i_4}} + \cdots + 5\mathrm{D}_{PP_{i_6}H_5^{i_6}} + 8\mathrm{D}_{PG_{i_1}G_{i_2}H_4^j} = 0. \tag{5.1.2}$$

证明 设 S 各点和任意点的坐标分别为 $P_i(x_i, y_i)(i=1,2,\cdots,6)$; $P(x,y)$. 于是 T_5^i 和 (S_2^j, T_4^j) 中两集合重心的坐标分别为

$$H_5^i\left(\frac{1}{5}\sum_{\mu=1}^{5}x_{\mu+i}, \frac{1}{5}\sum_{\mu=1}^{5}y_{\mu+i}\right) \quad (i=1,2,\cdots,6);$$

$$G_{i_1 i_2}\left(\frac{x_{i_1}+x_{i_2}}{2}, \frac{y_{i_1}+y_{i_2}}{2}\right) \quad (i_1, i_2=1,2,\cdots,6; i_1<i_2),$$

$$H_4^j\left(\frac{1}{4}\sum_{\nu=3}^{6}x_{i_\nu}, \frac{1}{4}\sum_{\nu=3}^{6}y_{i_\nu}\right) \quad (i_3, i_4, i_5, i_6 = 1,2,\cdots,6),$$

其中 $j=j(i_1,i_2)=1,2,\cdots,15$. 故由定理 4.1.1 和定理 4.2.1 的证明, 可得

$$10\mathrm{D}_{PP_1H_5^1}$$
$$= x(5y_1-y_2-y_3-y_4-y_5-y_6)-y(5x_1-x_2-x_3-x_4-x_5-x_6)$$
$$+(x_1y_2-x_2y_1)+(x_1y_3-x_3y_1)+(x_1y_4-x_4y_1)$$
$$+(x_1y_5-x_5y_1)+(x_1y_6-x_6y_1), \tag{5.1.3}$$

$$10\mathrm{D}_{PP_2H_5^2}$$
$$= x(5y_2-y_3-y_4-y_5-y_6-y_1)-y(5x_2-x_3-x_4-x_5-x_6-x_1)$$
$$+(x_2y_3-x_3y_2)+(x_2y_4-x_4y_2)+(x_2y_5-x_5y_2)$$
$$+(x_2y_6-x_6y_2)+(x_2y_1-x_1y_2), \tag{5.1.4}$$

$$16\mathrm{D}_{PG_{12}H_4^1}$$
$$= 2x(2y_1+2y_2-y_3-y_4-y_5-y_6)$$
$$-2y(2x_1+2x_2-x_3-x_4-x_5-x_6-x_7)$$
$$+(x_1y_3-x_3y_1)+(x_1y_4-x_4y_1)+(x_1y_5-x_5y_1)$$
$$+(x_1y_6-x_6y_1)+(x_2y_3-x_3y_2)+(x_2y_4-x_4y_2)$$
$$+(x_2y_5-x_5y_2)+(x_2y_6-x_6y_2), \tag{5.1.5}$$

式 (5.1.3)+(5.1.4)−(5.1.5), 得

$$10\mathrm{D}_{PP_1H_5^1}+10\mathrm{D}_{PP_2H_5^2}-16\mathrm{D}_{PG_{12}H_4^1}=0.$$

因此, 当 $j=j(i_1,i_2)=1$ 时, 式 (5.1.1) 成立.

类似地, 可以证明, 当 $j=j(i_1,i_2)=2,3,\cdots,15$ 时, 式 (5.1.1) 成立.

同理可以证明, 式 (5.1.2) 成立.

推论 5.1.1 设 $S=\{P_1,P_2,\cdots,P_6\}$ 是六点的集合, H_5^i 是 $T_5^i=\{P_{i+1},P_{i+2},\cdots,P_{i+5}\}(i=1,2,\cdots,6)$ 的重心, $(S_2^j,T_4^j)=(P_{i_1},P_{i_2};P_{i_3},P_{i_4},P_{i_5},P_{i_6})(i_1,i_2,\cdots,i_6=1,2,\cdots,6;i_1<i_2)$ 是 S 的完备集对, $G_{i_1i_2}$ 是 $S_2^j=\{P_{i_1},P_{i_2}\}(j=1,2,\cdots,15;i_1<i_2)$ 的重心, H_4^j 是 $T_4^j=\{P_{i_3},P_{i_4},P_{i_5},P_{i_6}\}(j=1,2,\cdots,15)$ 的重心, $P_iH_5^i(i=1,2,\cdots,6)$ 是 S 的 1-类重心线, $G_{i_1i_2}H_4^j(j=1,2,\cdots,15)$ 是 S 的 2-类重心线, P 是平面上任意一点, 则对任意的 $j=j(i_1,i_2)=1,2,\cdots,15$, 恒有以下三个重心线三角形的乘数面积 $5\mathrm{a}_{PP_{i_1}H_5^{i_1}},5\mathrm{a}_{PP_{i_2}H_5^{i_2}},8\mathrm{a}_{PG_{i_1i_2}H_4^j}$ 中, 其中一个较大的乘数面积等于另两个较小的乘数面积的和; 而以下五个重心线三角形的乘数面积 $5\mathrm{a}_{PP_{i_3}H_5^{i_3}},5\mathrm{a}_{PP_{i_4}H_5^{i_4}},\cdots,5\mathrm{a}_{PP_{i_6}H_5^{i_6}},8\mathrm{a}_{PG_{i_1i_2}H_4^j}$ 中, 其中一个较大的乘数面积等于另四个较小的乘数面积的和, 或其中两个乘数面积的和等于另三个乘数面积的和.

证明 根据定理 5.1.1, 对任意的 $j=j(i_1,i_2)=1,2,\cdots,15$, 由式 (5.1.1) 和 (5.1.2) 的几何意义, 即得.

推论 5.1.2 设 $P_1P_2\cdots P_6$ 是六角形 (六边形), $G_{i_1i_2}(i_1,i_2=1,2,\cdots,6;i_1<i_2)$ 是各边 (对角线) $P_{i_1}P_{i_2}$ 的中点, $H_4^j(j=1,2,\cdots,15)$ 依次是相应四角形 (四边形) $P_{i_3}P_{i_4}P_{i_5}P_{i_6}(i_3,i_4,i_5,i_6=1,2,\cdots,6)$ 的重心, $P_iH_5^i(i=1,2,\cdots,6)$ 是 $P_1P_2\cdots P_6$ 的 1-级重心线, $G_{i_1i_2}H_4^j(j=1,2,\cdots,15)$ 是 $P_1P_2\cdots P_6$ 的 2-级重心线, P 是 $P_1P_2\cdots P_6$ 所在平面上任意一点, 则定理 5.1.1 和推论 5.1.1 的结论均成立.

证明 设 $S=\{P_1,P_2,\cdots,P_6\}$ 是六角形 (六边形) $P_1P_2\cdots P_6$ 顶点的集合, 对不共线六点的集合 S 分别应用定理 5.1.1 和推论 5.1.1, 即得.

推论 5.1.3 设 $S=\{P_1,P_2,\cdots,P_6\}$ 是六点的集合, H_5^i 是 $T_5^i=\{P_{i+1},P_{i+2},\cdots,P_{i+5}\}(i=1,2,\cdots,6)$ 的重心, $P_iH_5^i(i=1,2,\cdots,6)$ 是 S 的 1-类重心线, P 是平面上任意一点, 则式 (4.1.1) 成立.

证明 因为 $G_{i_1i_2}$ 即六点的集合 $S=\{P_1,P_2,\cdots,P_6\}$ 的完备集对 (S_2^j,T_4^j) 中 $S_2^j=\{P_{i_1},P_{i_2}\}$ 的重心 $G_2^j(j=1,2,\cdots,15)$, 故根据定理 5.1.1, 在式 (5.1.1) 中对 $j(i_1,i_2)=1,10,15$ 求和, 再将式 (4.2.1) 代入后化简, 或式 (5.1.1)+(5.1.2) 并简化即得式 (4.1.1).

推论 5.1.4 设 $S=\{P_1,P_2,\cdots,P_6\}$ 是六点的集合, $(S_2^j,T_4^j)=(P_{i_1},P_{i_2};P_{i_3},P_{i_4},P_{i_5},P_{i_6})(i_1,i_2,\cdots,i_6=1,2,\cdots,6)(i_1<i_2)$ 是 S 的完备集对, $G_2^j(j=1,2,\cdots,15)$ 是 $S_2^j=\{P_{i_1},P_{i_2}\}$ 的重心, $H_4^j(j=1,2\cdots,15)$ 是 $T_4^j=\{P_{i_3},P_{i_4},P_{i_5},P_{i_6}\}$ 的

重心, $G_2^j H_4^j (j = 1, 2, \cdots, 15)$ 是 S 的 2-类重心线, P 是平面上任意一点, 则对任意的 $q = 1, 2, \cdots, 15$, 式 (4.2.1) 均成立.

证明 因为 $G_{i_1 i_2}$ 即六点的集合 $S = \{P_1, P_2, \cdots, P_6\}$ 的完备集对 (S_2^j, T_4^j) 中 $S_2^j = \{P_{i_1}, P_{i_2}\}$ 的重心 $G_2^j (j = 1, 2, \cdots, 15)$, 故根据定理 5.1.1, 在式 (5.1.1) 中对 $j(i_1, i_2) = 1, 10, 15$ 求和, 再将式 (4.1.1) 代入后化简, 即得

$$\mathrm{D}_{PG_{12} H_4^1} + \mathrm{D}_{PG_{34} H_4^{10}} + \mathrm{D}_{PG_{56} H_4^{15}} = 0,$$

因此, 当 $q = 1$ 时, 式 (4.2.1) 成立.

类似地, 可以证明, 当 $q = 2, 3, \cdots, 15$ 时, 式 (4.2.1) 成立.

5.1.2 六点集 1-类 2-类重心线有向面积定值定理的应用

定理 5.1.2 设 $S = \{P_1, P_2, \cdots, P_6\}$ 是六点的集合, H_5^i 是 $T_5^i = \{P_{i+1}, P_{i+2}, \cdots, P_{i+5}\}(i = 1, 2, \cdots, 6)$ 的重心, $(S_2^j, T_4^j) = (P_{i_1}, P_{i_2}; P_{i_3}, P_{i_4}, P_{i_5}, P_{i_6})(i_1, i_2, \cdots, i_6 = 1, 2, \cdots, 6; i_1 < i_2)$ 是 S 的完备集对, $G_{i_1 i_2}$ 是 $S_2^j = \{P_{i_1}, P_{i_2}\}(j = 1, 2, \cdots, 15; i_1 < i_2)$ 的重心, H_4^j 是 $T_4^j = \{P_{i_3}, P_{i_4}, P_{i_5}, P_{i_6}\}(j = 1, 2, \cdots, 15)$ 的重心, $P_i H_5^i (i = 1, 2, \cdots, 6)$ 是 S 的 1-类重心线, $G_{i_1 i_2} H_4^j (j = 1, 2, \cdots, 15)$ 是 S 的 2-类重心线, P 是平面上任意一点, 则对任意的 $j = j(i_1, i_2) = 1, 2, \cdots, 15$, 恒有 $\mathrm{D}_{PG_{i_1 i_2} H_4^j} = 0$ 的充分必要条件是如下两式之一成立:

$$\mathrm{D}_{PP_{i_1} H_5^{i_1}} + \mathrm{D}_{PP_{i_2} H_5^{i_2}} = 0 \quad (\mathrm{a}_{PP_{i_1} H_5^{i_1}} = \mathrm{a}_{PP_{i_2} H_5^{i_2}}), \tag{5.1.6}$$

$$\mathrm{D}_{PP_{i_3} H_5^{i_3}} + \mathrm{D}_{PP_{i_4} H_5^{i_4}} + \mathrm{D}_{PP_{i_5} H_5^{i_5}} + \mathrm{D}_{PP_{i_6} H_5^{i_6}} = 0. \tag{5.1.7}$$

证明 根据定理 5.1.1, 对任意的 $j = j(i_1, i_2) = 1, 2, \cdots, 15$, 由式 (5.1.1) 和 (5.1.2), 可得: $\mathrm{D}_{PG_{i_1 i_2} H_4^j} = 0 \Leftrightarrow$ 式 (5.1.6) 成立 $\Leftrightarrow$ 式 (5.1.7) 成立.

注 5.1.1 在定理 5.1.2 的结论中, 似乎要求 $i_1, i_2 = 1, 2, \cdots, 6; i_1 < i_2$ 是合理的. 但考虑到此条件已隐含在 $j = j(i_1, i_2) = 1, 2, \cdots, 15$ 中, 故为简便起见, 未明确提出. 以后但凡遇到类似情形, 均作这种理解, 而不一一说明; 其次, 对特定的 $j = j(i_1, i_2) = 1, 2, \cdots, 15$, 式 (5.1.6) 和 (5.1.7) 都是唯一确定的. 因此, $\mathrm{D}_{PG_{i_1 i_2} H_4^j} = 0$ 的充分必要条件只有这两个.

推论 5.1.5 设 $S = \{P_1, P_2, \cdots, P_6\}$ 是六点的集合, H_5^i 是 $T_5^i = \{P_{i+1}, P_{i+2}, \cdots, P_{i+5}\}(i = 1, 2, \cdots, 6)$ 的重心, $(S_2^j, T_4^j) = (P_{i_1}, P_{i_2}; P_{i_3}, P_{i_4}, P_{i_5}, P_{i_6})(i_1, i_2, \cdots, i_6 = 1, 2, \cdots, 6; i_1 < i_2)$ 是 S 的完备集对, $G_{i_1 i_2}$ 是 $S_2^j = \{P_{i_1}, P_{i_2}\}(j = 1, 2, \cdots, 15; i_1 < i_2)$ 的重心, H_4^j 是 $T_4^j = \{P_{i_3}, P_{i_4}, P_{i_5}, P_{i_6}\}(j = 1, 2, \cdots, 15)$ 的重心, $P_i H_5^i (i = 1, 2, \cdots, 6)$ 是 S 的 1-类重心线, $G_{i_1 i_2} H_4^j (j = 1, 2, \cdots, 15)$ 是 S 的 2-类重心线, P 是平面上任意一点, 则对任意的 $j = j(i_1, i_2) = 1, 2, \cdots, 15$, 恒有三点

$P, G_{i_1 i_2}, H_4^j$ 共线的充分必要条件是两重心线三角形 $PP_{i_1}H_5^{i_1}, PP_{i_2}H_5^{i_2}$ 面积相等方向相反; 或以下四个重心线三角形的面积 $\mathrm{a}_{PP_{i_3}H_5^{i_3}}, \mathrm{a}_{PP_{i_4}H_5^{i_4}}, \mathrm{a}_{PP_{i_5}H_5^{i_5}}, \mathrm{a}_{PP_{i_6}H_5^{i_6}}$ 中, 其中一个较大的面积等于另外三个较小的面积的和, 或其中两个面积的和等于另外两个面积的和.

证明 根据定理 5.1.2, 对任意的 $j = j(i_1, i_2) = 1, 2, \cdots, 15$, 由 $\mathrm{D}_{PG_{i_1 i_2}H_4^j} = 0$ 以及式 (5.1.6) 和 (5.1.7) 的几何意义, 即得.

定理 5.1.3 设 $S = \{P_1, P_2, \cdots, P_6\}$ 是六点的集合, H_5^i 是 $T_5^i = \{P_{i+1}, P_{i+2}, \cdots, P_{i+5}\}(i = 1, 2, \cdots, 6)$ 的重心, $(S_2^j, T_4^j) = (P_{i_1}, P_{i_2}; P_{i_3}, P_{i_4}, P_{i_5}, P_{i_6})(i_1, i_2, \cdots, i_6 = 1, 2, \cdots, 6; i_1 < i_2)$ 是 S 的完备集对, $G_{i_1 i_2}$ 是 $S_2^j = \{P_{i_1}, P_{i_2}\}(j = 1, 2, \cdots, 15; i_1 < i_2)$ 的重心, H_4^j 是 $T_4^j = \{P_{i_3}, P_{i_4}, P_{i_5}, P_{i_6}\}(j = 1, 2, \cdots, 15)$ 的重心, $P_i H_5^i(i = 1, 2, \cdots, 6)$ 是 S 的 1-类重心线, $G_{i_1 i_2}H_4^j(j = 1, 2, \cdots, 15)$ 是 S 的 2-类重心线, P 是平面上任意一点, 则对任意的 $j = j(i_1, i_2) = 1, 2, \cdots, 15$, 恒有

(1) $\mathrm{D}_{PP_{i_1}H_5^{i_1}} = 0(i_1 \in I_6)$ 的充分必要条件是

$$5\mathrm{D}_{PP_{i_2}H_5^{i_2}} - 8\mathrm{D}_{PG_{i_1 i_2}H_4^j} = 0 \quad (5\mathrm{a}_{PP_{i_2}H_5^{i_2}} = 8\mathrm{a}_{PG_{i_1 i_2}H_4^j}); \tag{5.1.8}$$

(2) $\mathrm{D}_{PP_{i_3}H_5^{i_3}} = 0(i_3 \in I_6 \backslash \{i_1, i_2\})$ 的充分必要条件是

$$5\mathrm{D}_{PP_{i_4}H_5^{i_4}} + 5\mathrm{D}_{PP_{i_5}H_5^{i_5}} + 5\mathrm{D}_{PP_{i_6}H_5^{i_6}} + 8\mathrm{D}_{PG_{i_1 i_2}H_4^j} = 0. \tag{5.1.9}$$

证明 根据定理 5.1.1, 分别由式 (5.1.1) 和 (5.1.2), 可得: 对任意的 $j = j(i_1, i_2) = 1, 2, \cdots, 15$, 恒有 $\mathrm{D}_{PP_{i_1}H_5^{i_1}} = 0(i_1 \in I_6) \Leftrightarrow$ 式 (5.1.8) 成立, $\mathrm{D}_{PP_{i_3}H_5^{i_3}} = 0(i_3 \in I_6 \backslash \{i_1, i_2\}) \Leftrightarrow$ 式 (5.1.9) 成立.

注 5.1.2 在定理 5.1.3 中, 对给定的 $i_1 \in I_6$, 让 $j = j(i_1, i_2) = 1, 2, \cdots, 15$ 随 $i_2(i_2 \neq i_1)$ 的变化而变化, 则由排列组合知识和定理 2.2.3, 易知定理 5.1.3(1) 中共有五种具体的表达形式, 定理 5.1.3(2) 中共有十种具体的表达形式. 因此, $\mathrm{D}_{PP_{i_1}H_5^{i_1}} = 0$ $(i_1 \in I_6)$ 的充分必要条件是式 (5.1.8) 中五种情形之一成立, $\mathrm{D}_{PP_{i_3}H_5^{i_3}} = 0$ $(i_3 \in I_6 \backslash \{i_1, i_2\})$ 的充分必要条件是式 (5.1.9) 中十种情形之一成立. 为方便起见, 今后但凡遇到类似的情形, 均作这种理解, 而不另作说明.

推论 5.1.6 设 $S = \{P_1, P_2, \cdots, P_6\}$ 是六点的集合, H_5^i 是 $T_5^i = \{P_{i+1}, P_{i+2}, \cdots, P_{i+5}\}(i = 1, 2, \cdots, 6)$ 的重心, $(S_2^j, T_4^j) = (P_{i_1}, P_{i_2}; P_{i_3}, P_{i_4}, P_{i_5}, P_{i_6})(i_1, i_2, \cdots, i_6 = 1, 2, \cdots, 6; i_1 < i_2)$ 是 S 的完备集对, $G_{i_1 i_2}$ 是 $S_2^j = \{P_{i_1}, P_{i_2}\}(j = 1, 2, \cdots, 15; i_1 < i_2)$ 的重心, H_4^j 是 $T_4^j = \{P_{i_3}, P_{i_4}, P_{i_5}, P_{i_6}\}(j = 1, 2, \cdots, 15)$ 的重心, $P_i H_5^i(i = 1, 2, \cdots, 6)$ 是 S 的 1-类重心线, $G_{i_1 i_2}H_4^j(j = 1, 2, \cdots, 15)$ 是 S 的 2-类重心线, P 是平面上任意一点, 则对任意的 $j = j(i_1, i_2) = 1, 2, \cdots, 15$, 恒有三点

$P, P_{i_1}, H_5^{i_1}(i_1 \in I_6\backslash\{i_2\})$ 共线的充分必要条件是两重心线三角形 $PP_{i_2}H_5^{i_2}, PG_{i_1i_2}H_4^j$ 方向相同且 $5a_{PP_{i_2}H_5^{i_2}} = 8a_{PG_{i_1i_2}H_4^j}$；而三点 $P, P_{i_3}, H_5^{i_3}(i_3 \in I_6\backslash\{i_1, i_2\})$ 共线的充分必要条件是以下四个重心线三角形的乘数面积 $5a_{PP_{i_4}H_5^{i_4}}, 5a_{PP_{i_5}H_5^{i_5}}, 5a_{PP_{i_6}H_5^{i_6}}, 8a_{PG_{i_1i_2}H_4^j}$ 中，其中一个较大的乘数面积等于另外三个较小的乘数面积的和，或其中两个乘数面积的和等于另外两个乘数面积的和.

证明 根据定理 5.1.3，对任意的 $j=j(i_1,i_2)=1,2,\cdots,15$，分别由 $D_{PP_{i_1}H_5^{i_1}}=0(i_1\in I_6\backslash\{i_2\})$ 和式 (5.1.8)、$D_{PP_{i_3}H_5^{i_3}}=0(i_3\in I_6\backslash\{i_1,i_2\})$ 和式 (5.1.9) 的几何意义，即得.

定理 5.1.4 设 $S=\{P_1,P_2,\cdots,P_6\}$ 是六点的集合，H_5^i 是 $T_5^i=\{P_{i+1}, P_{i+2},\cdots,P_{i+5}\}(i=1,2,\cdots,6)$ 的重心，$(S_2^j,T_4^j)=(P_{i_1},P_{i_2};P_{i_3},P_{i_4},P_{i_5},P_{i_6})(i_1,i_2,\cdots,i_6=1,2,\cdots,6;i_1<i_2)$ 是 S 的完备集对，$G_{i_1i_2}$ 是 $S_2^j=\{P_{i_1},P_{i_2}\}(j=1,2,\cdots,15;i_1<i_2)$ 的重心，H_4^j 是 $T_4^j=\{P_{i_3},P_{i_4},P_{i_5},P_{i_6}\}(j=1,2,\cdots,15)$ 的重心，$P_iH_5^i(i=1,2,\cdots,6)$ 是 S 的 1-类重心线，$G_{i_1i_2}H_4^j(j=1,2,\cdots,15)$ 是 S 的 2-类重心线，P 是平面上任意一点，则对任意的 $j=j(i_1,i_2)=1,2,\cdots,15$，如下两式均等价：

$$D_{PP_{i_3}H_5^{i_3}} + D_{PP_{i_4}H_5^{i_4}} = 0 \quad (a_{PP_{i_3}H_5^{i_3}} = a_{PP_{i_4}H_5^{i_4}}), \tag{5.1.10}$$

$$5D_{PP_{i_5}H_5^{i_5}} + 5D_{PP_{i_6}H_5^{i_6}} + 8D_{PG_{i_1i_2}H_4^j} = 0. \tag{5.1.11}$$

证明 根据定理 5.1.1，由式 (5.1.2)，可得：对任意的 $j=j(i_1,i_2)=1,2,\cdots,15$，式 (5.1.10) 成立 $\Leftrightarrow$ 式 (5.1.11) 成立.

注 5.1.3 在定理 5.1.4 中，对给定的 $i_1,i_2\in I_6$，由排列组合知识，易知式 (5.1.10) 和 (5.1.11) 共有十对具体的表达式. 因此，式 (5.1.10) 和 (5.1.11) 代表十对不同的式子. 为方便起见，今后但凡遇到类似的情形，均作这种理解.

推论 5.1.7 设 $S=\{P_1,P_2,\cdots,P_6\}$ 是六点的集合，H_5^i 是 $T_5^i=\{P_{i+1},P_{i+2},\cdots,P_{i+5}\}(i=1,2,\cdots,6)$ 的重心，$(S_2^j,T_4^j)=(P_{i_1},P_{i_2};P_{i_3},P_{i_4},P_{i_5},P_{i_6})(i_1,i_2,\cdots,i_6=1,2,\cdots,6;i_1<i_2)$ 是 S 的完备集对，$G_{i_1i_2}$ 是 $S_2^j=\{P_{i_1},P_{i_2}\}(j=1,2,\cdots,15;i_1<i_2)$ 的重心，H_4^j 是 $T_4^j=\{P_{i_3},P_{i_4},P_{i_5},P_{i_6}\}(j=1,2,\cdots,15)$ 的重心，$P_iH_5^i(i=1,2,\cdots,6)$ 是 S 的 1-类重心线，$G_{i_1i_2}H_4^j(j=1,2,\cdots,15)$ 是 S 的 2-类重心线，P 是平面上任意一点，则对任意的 $j=j(i_1,i_2)=1,2,\cdots,15$，恒有两重心线三角形 $PP_{i_3}H_5^{i_3}, PP_{i_4}H_5^{i_4}$ 面积相等方向相反的充分必要条件是以下三个重心线三角形的乘数面积 $5a_{PP_{i_5}H_5^{i_5}}, 5a_{PP_{i_6}H_5^{i_6}}, 8a_{PG_{i_1i_2}H_4^j}$ 中，其中一个较大的乘数面积等于另外两个较小的乘数面积的和.

证明 根据定理 5.1.4, 对任意的 $j = j(i_1, i_2) = 1, 2, \cdots, 15$, 由式 (5.1.10) 和 (5.1.11) 的几何意义, 即得.

定理 5.1.5 设 $S = \{P_1, P_2, \cdots, P_6\}$ 是六点的集合, H_5^i 是 $T_5^i = \{P_{i+1}, P_{i+2}, \cdots, P_{i+5}\}(i = 1, 2, \cdots, 6)$ 的重心, $(S_2^j, T_4^j) = (P_{i_1}, P_{i_2}; P_{i_3}, P_{i_4}, P_{i_5}, P_{i_6})(i_1, i_2, \cdots, i_6 = 1, 2, \cdots, 6; i_1 < i_2)$ 是 S 的完备集对, $G_{i_1 i_2}$ 是 $S_2^j = \{P_{i_1}, P_{i_2}\}(j = 1, 2, \cdots, 15; i_1 < i_2)$ 的重心, H_4^j 是 $T_4^j = \{P_{i_3}, P_{i_4}, P_{i_5}, P_{i_6}\}(j = 1, 2, \cdots, 15)$ 的重心, $P_i H_5^i (i = 1, 2, \cdots, 6)$ 是 S 的 1-类重心线, $G_{i_1 i_2} H_4^j (j = 1, 2, \cdots, 15)$ 是 S 的 2-类重心线, P 是平面上任意一点, 则对任意的 $j = j(i_1, i_2) = 1, 2, \cdots, 15$, 如下两式均等价:

$$5\mathrm{D}_{PP_{i_6}H_5^{i_6}} + 8\mathrm{D}_{PG_{i_1 i_2}H_4^j} = 0 \quad (5\mathrm{a}_{PP_{i_6}H_5^{i_6}} = 8\mathrm{a}_{PG_{i_1 i_2}H_4^j}), \tag{5.1.12}$$

$$\mathrm{D}_{PP_{i_3}H_5^{i_3}} + \mathrm{D}_{PP_{i_4}H_5^{i_4}} + \mathrm{D}_{PP_{i_5}H_5^{i_5}} = 0. \tag{5.1.13}$$

证明 根据定理 5.1.1, 由式 (5.1.2), 可得: 对任意的 $j = j(i_1, i_2) = 1, 2, \cdots, 15$, 式 (5.1.12) 成立 ⇔ 式 (5.1.13) 成立.

推论 5.1.8 设 $S = \{P_1, P_2, \cdots, P_6\}$ 是六点的集合, H_5^i 是 $T_5^i = \{P_{i+1}, P_{i+2}, \cdots, P_{i+5}\}(i = 1, 2, \cdots, 6)$ 的重心, $(S_2^j, T_4^j) = (P_{i_1}, P_{i_2}; P_{i_3}, P_{i_4}, P_{i_5}, P_{i_6})(i_1, i_2, \cdots, i_6 = 1, 2, \cdots, 6; i_1 < i_2)$ 是 S 的完备集对, $G_{i_1 i_2}$ 是 $S_2^j = \{P_{i_1}, P_{i_2}\}(j = 1, 2, \cdots, 15; i_1 < i_2)$ 的重心, H_4^j 是 $T_4^j = \{P_{i_3}, P_{i_4}, P_{i_5}, P_{i_6}\}(j = 1, 2, \cdots, 15)$ 的重心, $P_i H_5^i (i = 1, 2, \cdots, 6)$ 是 S 的 1-类重心线, $G_{i_1 i_2} H_4^j (j = 1, 2, \cdots, 15)$ 是 S 的 2-类重心线, P 是平面上任意一点, 则对任意的 $j = j(i_1, i_2) = 1, 2, \cdots, 15$, 均有两重心线三角形 $PP_{i_6}H_5^{i_6}, PG_{i_1 i_2}H_4^j$ 方向相反且 $5\mathrm{a}_{PP_{i_6}H_5^{i_6}} = 8\mathrm{a}_{PG_{i_1 i_2}H_4^j}$ 的充分必要条件是以下三个重心线三角形的面积 $\mathrm{a}_{PP_{i_3}H_5^{i_3}}, \mathrm{a}_{PP_{i_4}H_5^{i_4}}, \mathrm{a}_{PP_{i_5}H_5^{i_5}}$ 中, 其中一个较大的面积等于另外两个较小的面积的和.

证明 根据定理 5.1.5, 对任意的 $j = j(i_1, i_2) = 1, 2, \cdots, 15$, 由式 (5.1.12) 和 (5.1.13) 的几何意义, 即得.

推论 5.1.9 设 $P_1 P_2 \cdots P_6$ 是六角形 (六边形), $G_{i_1 i_2}(i_1, i_2 = 1, 2, \cdots, 6; i_1 < i_2)$ 是各边 (对角线)$P_{i_1} P_{i_2}$ 的中点, $H_4^j (j = 1, 2, \cdots, 15)$ 依次是相应四角形 (四边形)$P_{i_3} P_{i_4} P_{i_5} P_{i_6} (i_3, i_4, i_5, i_6 = 1, 2, \cdots, 6)$ 的重心, $P_i H_5^i (i = 1, 2, \cdots, 6)$ 是 $P_1 P_2 \cdots P_6$ 的 1-级重心线, $G_{i_1 i_2} H_4^j (j = 1, 2, \cdots, 15)$ 是 $P_1 P_2 \cdots P_6$ 的 2-级重心线, P 是 $P_1 P_2 \cdots P_6$ 所在平面上任意一点, 则定理 5.1.2 ~ 定理 5.1.5 和推论 5.1.5 ~ 推论 5.1.8 的结论均成立.

证明 设 $S = \{P_1, P_2, \cdots, P_6\}$ 是六角形 (六边形)$P_1 P_2 \cdots P_6$ 顶点的集合, 对不共线六点的集合 S 分别应用定理 5.1.2 ~ 定理 5.1.5 和推论 5.1.5 ~ 推论 5.1.8, 即得.

5.1.3 点到六点集 1-类 2-类重心线有向距离的定值定理与应用

定理 5.1.6 设 $S = \{P_1, P_2, \cdots, P_6\}$ 是六点的集合，H_5^i 是 $T_5^i = \{P_{i+1}, P_{i+2}, \cdots, P_{i+5}\}(i = 1, 2, \cdots, 6)$ 的重心，$(S_2^j, T_4^j) = (P_{i_1}, P_{i_2}; P_{i_3}, P_{i_4}, P_{i_5}, P_{i_6})(i_1, i_2, \cdots, i_6 = 1, 2, \cdots, 6; i_1 < i_2)$ 是 S 的完备集对，$G_{i_1 i_2}$ 是 $S_2^j = \{P_{i_1}, P_{i_2}\}(j = 1, 2, \cdots, 15; i_1 < i_2)$ 的重心，H_4^j 是 $T_4^j = \{P_{i_3}, P_{i_4}, P_{i_5}, P_{i_6}\}(j = 1, 2, \cdots, 15)$ 的重心，$P_i H_5^i (i = 1, 2, \cdots, 6)$ 是 S 的 1-类重心线，$G_{i_1 i_2} H_4^j (j = 1, 2, \cdots, 15)$ 是 S 的 2-类重心线，P 是平面上任意一点.

(1) 若 $\mathrm{d}_{P_{i_1} H_5^{i_1}} = \mathrm{d}_{P_{i_2} H_5^{i_2}} = \mathrm{d}_{G_{i_1 i_2} H_4^j} \neq 0$，则对任意的 $j = j(i_1, i_2) = 1, 2, \cdots, 15$，恒有

$$5\mathrm{D}_{P\text{-}P_{i_1} H_5^{i_1}} + 5\mathrm{D}_{P\text{-}P_{i_2} H_5^{i_2}} - 8\mathrm{D}_{P\text{-}G_{i_1 i_2} H_4^j} = 0; \tag{5.1.14}$$

(2) 若 $\mathrm{d}_{P_{i_3} H_5^{i_3}} = \mathrm{d}_{P_{i_4} H_5^{i_4}} = \cdots = \mathrm{d}_{P_{i_6} H_5^{i_6}} = \mathrm{d}_{G_{i_1 i_2} H_4^j} \neq 0$，则对任意的 $j = j(i_1, i_2) = 1, 2, \cdots, 15$，恒有

$$5\mathrm{D}_{P\text{-}P_{i_3} H_5^{i_3}} + 5\mathrm{D}_{P\text{-}P_{i_4} H_5^{i_4}} + \cdots + 5\mathrm{D}_{P\text{-}P_{i_6} H_5^{i_6}} + 8\mathrm{D}_{P\text{-}G_{i_1 i_2} H_4^j} = 0. \tag{5.1.15}$$

证明 根据定理 5.1.1，分别由式 (5.1.1) 和 (5.1.2) 以及三角形有向面积与有向距离之间的关系并化简，可得

$$5\mathrm{d}_{P_{i_1} H_5^{i_1}} \mathrm{D}_{P\text{-}P_{i_1} H_5^{i_1}} + 5\mathrm{d}_{P_{i_2} H_5^{i_2}} \mathrm{D}_{P\text{-}P_{i_2} H_5^{i_2}} - 8\mathrm{d}_{G_{i_1 i_2} H_4^j} \mathrm{D}_{P\text{-}G_{i_1 i_2} H_4^j} = 0, \tag{5.1.16}$$

其中 $j = j(i_1, i_2) = 1, 2, \cdots, 15$;

$$5\sum_{\alpha=3}^{6} \mathrm{d}_{P_{i_\alpha} H_5^{i_\alpha}} \mathrm{D}_{P\text{-}P_{i_\alpha} H_5^{i_\alpha}} + 8\mathrm{d}_{G_{i_1 i_2} H_4^j} \mathrm{D}_{P\text{-}G_{i_1 i_2} H_4^j} = 0, \tag{5.1.17}$$

其中 $j = j(i_1, i_2) = 1, 2, \cdots, 15$.

因为 $\mathrm{d}_{P_{i_1} H_5^{i_1}} = \mathrm{d}_{PP_{i_2} H_5^{i_2}} = \mathrm{d}_{PG_{i_1 i_2} H_4^j} \neq 0$, $\mathrm{d}_{P_{i_3} H_5^{i_3}} = \mathrm{d}_{P_{i_4} H_5^{i_4}} = \cdots = \mathrm{d}_{P_{i_6} H_5^{i_6}} = \mathrm{d}_{G_{i_1 i_2} H_4^j} \neq 0$, 故分别由式 (5.1.16) 和 (5.1.17), 即得式 (5.1.14) 和 (5.1.15).

推论 5.1.10 设 $S = \{P_1, P_2, \cdots, P_6\}$ 是六点的集合，H_5^i 是 $T_5^i = \{P_{i+1}, P_{i+2}, \cdots, P_{i+5}\}(i = 1, 2, \cdots, 6)$ 的重心，$(S_2^j, T_4^j) = (P_{i_1}, P_{i_2}; P_{i_3}, P_{i_4}, P_{i_5}, P_{i_6})(i_1, i_2, \cdots, i_6 = 1, 2, \cdots, 6; i_1 < i_2)$ 是 S 的完备集对，$G_{i_1 i_2}$ 是 $S_2^j = \{P_{i_1}, P_{i_2}\}(j = 1, 2, \cdots, 15; i_1 < i_2)$ 的重心，H_4^j 是 $T_4^j = \{P_{i_3}, P_{i_4}, P_{i_5}, P_{i_6}\}(j = 1, 2, \cdots, 15)$ 的重心，$P_i H_5^i (i = 1, 2, \cdots, 6)$ 是 S 的 1-类重心线，$G_{i_1 i_2} H_4^j (j = 1, 2, \cdots, 15)$ 是 S 的 2-类重心线，P 是平面上任意一点.

(1) 若 $\mathrm{d}_{P_{i_1}H_5^{i_1}} = \mathrm{d}_{PP_{i_2}H_5^{i_2}} = \mathrm{d}_{PG_{i_1i_2}H_4^j} \neq 0$, 则对任意的 $j = j(i_1, i_2) = 1, 2, \cdots, 15$, 恒有如下三条点 P 到重心线的乘数距离 $5\mathrm{d}_{P\text{-}P_{i_1}H_5^{i_1}}, 5\mathrm{d}_{P\text{-}P_{i_2}H_5^{i_2}}$, $8\mathrm{d}_{P\text{-}G_{i_1i_2}H_4^j}$ 中, 其中一条较长的乘数距离等于另外两条较短的乘数距离的和;

(2) 若 $\mathrm{d}_{P_{i_3}H_5^{i_3}} = \mathrm{d}_{P_{i_4}H_5^{i_4}} = \cdots = \mathrm{d}_{P_{i_6}H_5^{i_6}} = \mathrm{d}_{G_{i_1i_2}H_4^j} \neq 0$, 则对任意的 $j = j(i_1, i_2) = 1, 2, \cdots, 15$, 恒有如下五条点 P 到重心线的乘数距离 $5\mathrm{d}_{P\text{-}P_{i_3}H_5^{i_3}}$, $5\mathrm{d}_{P\text{-}P_{i_4}H_5^{i_4}}, \cdots, 5\mathrm{d}_{P\text{-}P_{i_6}H_5^{i_6}}, 8\mathrm{d}_{P\text{-}G_{i_1i_2}H_4^j}$ 中, 其中一条较长的乘数距离等于另外四条较短的乘数距离的和, 或其中两条乘数距离的和等于另外三条较短的乘数距离的和.

证明 根据定理 5.1.6, 对任意的 $j = j(i_1, i_2) = 1, 2, \cdots, 15$, 分别由式 (5.1.14) 和 (5.1.15) 的几何意义, 即得.

定理 5.1.7 设 $S = \{P_1, P_2, \cdots, P_6\}$ 是六点的集合, H_5^i 是 $T_5^i = \{P_{i+1}, P_{i+2}, \cdots, P_{i+5}\}(i = 1, 2, \cdots, 6)$ 的重心, $(S_2^j, T_4^j) = (P_{i_1}, P_{i_2}; P_{i_3}, P_{i_4}, P_{i_5}, P_{i_6})(i_1, i_2, \cdots, i_6 = 1, 2, \cdots, 6; i_1 < i_2)$ 是 S 的完备集对, $G_{i_1i_2}$ 是 $S_2^j = \{P_{i_1}, P_{i_2}\}(j = 1, 2, \cdots, 15; i_1 < i_2)$ 的重心, H_4^j 是 $T_4^j = \{P_{i_3}, P_{i_4}, P_{i_5}, P_{i_6}\}(j = 1, 2, \cdots, 15)$ 的重心, $P_iH_5^i(i = 1, 2, \cdots, 6)$ 是 S 的 1-类重心线, $G_{i_1i_2}H_4^j(j = 1, 2, \cdots, 15)$ 是 S 的 2-类重心线, P 是平面上任意一点.

(1) 若 $\mathrm{d}_{P_{i_1}H_5^{i_1}} = \mathrm{d}_{P_{i_2}H_5^{i_2}} \neq 0, \mathrm{d}_{G_{i_1i_2}H_4^j} \neq 0$, 则对任意的 $j = j(i_1, i_2) = 1, 2, \cdots, 15$, 恒有 $\mathrm{D}_{P\text{-}G_{i_1i_2}H_4^j} = 0$ 的充分必要条件是

$$\mathrm{D}_{P\text{-}P_{i_1}H_5^{i_1}} + \mathrm{D}_{P\text{-}P_{i_2}H_5^{i_2}} = 0 \quad (\mathrm{d}_{P\text{-}P_{i_1}H_5^{i_1}} = \mathrm{d}_{P\text{-}P_{i_2}H_5^{i_2}}); \tag{5.1.18}$$

(2) 若 $\mathrm{d}_{P_{i_3}H_5^{i_3}} = \mathrm{d}_{P_{i_4}H_5^{i_4}} = \mathrm{d}_{P_{i_5}H_5^{i_5}} = \mathrm{d}_{P_{i_6}H_5^{i_6}} \neq 0, \mathrm{d}_{G_{i_1i_2}H_4^j} \neq 0$, 则对任意的 $j = j(i_1, i_2) = 1, 2, \cdots, 15$, 恒有 $\mathrm{D}_{P\text{-}G_{i_1i_2}H_4^j} = 0$ 的充分必要条件是

$$\mathrm{D}_{P\text{-}P_{i_3}H_5^{i_3}} + \mathrm{D}_{P\text{-}P_{i_4}H_5^{i_4}} + \mathrm{D}_{P\text{-}P_{i_5}H_5^{i_5}} + \mathrm{D}_{P\text{-}P_{i_6}H_5^{i_6}} = 0. \tag{5.1.19}$$

证明 根据定理 5.1.6 的证明和题设, 分别由式 (5.1.16) 和 (5.1.17), 可得: 对任意的 $j = j(i_1, i_2) = 1, 2, \cdots, 15$, 恒有 $\mathrm{D}_{P\text{-}G_{i_1i_2}H_4^j} = 0 \Leftrightarrow$ 式 (5.1.18) 成立, $\mathrm{D}_{P\text{-}G_{i_1i_2}H_4^j} = 0 \Leftrightarrow$ 式 (5.1.19) 成立.

推论 5.1.11 设 $S = \{P_1, P_2, \cdots, P_6\}$ 是六点的集合, H_5^i 是 $T_5^i = \{P_{i+1}, P_{i+2}, \cdots, P_{i+5}\}(i = 1, 2, \cdots, 6)$ 的重心, $(S_2^j, T_4^j) = (P_{i_1}, P_{i_2}; P_{i_3}, P_{i_4}, P_{i_5}, P_{i_6})(i_1, i_2, \cdots, i_6 = 1, 2, \cdots, 6; i_1 < i_2)$ 是 S 的完备集对, $G_{i_1i_2}$ 是 $S_2^j = \{P_{i_1}, P_{i_2}\}(j = 1, 2, \cdots, 15; i_1 < i_2)$ 的重心, H_4^j 是 $T_4^j = \{P_{i_3}, P_{i_4}, P_{i_5}, P_{i_6}\}(j = 1, 2, \cdots, 15)$ 的重心, $P_iH_5^i(i = 1, 2, \cdots, 6)$ 是 S 的 1-类重心线, $G_{i_1i_2}H_4^j(j = 1, 2, \cdots, 15)$ 是 S 的 2-类重心线, P 是平面上任意一点.

(1) 若 $d_{P_{i_1}H_5^{i_1}} = d_{P_{i_2}H_5^{i_2}} \neq 0, d_{G_{i_1i_2}H_4^j} \neq 0$, 则对任意的 $j = j(i_1,i_2) = 1,2,\cdots,15$, 恒有点 P 在重心线 $G_{i_1i_2}H_4^j$ 所在直线上的充分必要条件是点 P 在两重心线 $P_{i_1}H_5^{i_1}, P_{i_2}H_5^{i_2}$ 外角平分线上.

(2) 若 $d_{P_{i_3}H_5^{i_3}} = d_{P_{i_4}H_5^{i_4}} = d_{P_{i_5}H_5^{i_5}} = d_{P_{i_6}H_5^{i_6}} \neq 0, d_{G_{i_1i_2}H_4^j} \neq 0$, 则对任意的 $j = j(i_1,i_2) = 1,2,\cdots,15$, 恒有点 P 在重心线 $G_{i_1i_2}H_4^j$ 所在直线上的充分必要条件是如下四条点 P 到重心线的距离 $d_{P-P_{i_3}H_5^{i_3}}, d_{P-P_{i_4}H_5^{i_4}}, d_{P-P_{i_5}H_5^{i_5}}, d_{P-P_{i_6}H_5^{i_6}}$ 中, 其中一条较长的距离等于另外三条较短的距离的和, 或其中两条距离的和等于另外两条距离的和.

证明 根据定理 5.1.7 和题设, 对任意的 $j = j(i_1,i_2) = 1,2,\cdots,15$, 分别由 $D_{P-G_{i_1i_2}H_4^j} = 0$ 和式 (5.1.18)、$D_{P-G_{i_1i_2}H_4^j} = 0$ 和式 (5.1.19) 的几何意义, 即得.

定理 5.1.8 设 $S = \{P_1, P_2, \cdots, P_6\}$ 是六点的集合, H_5^i 是 $T_5^i = \{P_{i+1}, P_{i+2}, \cdots, P_{i+5}\}(i=1,2,\cdots,6)$ 的重心, $(S_2^j, T_4^j) = (P_{i_1}, P_{i_2}; P_{i_3}, P_{i_4}, P_{i_5}, P_{i_6})(i_1, i_2, \cdots, i_6 = 1,2,\cdots,6; i_1 < i_2)$ 是 S 的完备集对, $G_{i_1i_2}$ 是 $S_2^j = \{P_{i_1}, P_{i_2}\}(j = 1,2,\cdots,15; i_1 < i_2)$ 的重心, H_4^j 是 $T_4^j = \{P_{i_3}, P_{i_4}, P_{i_5}, P_{i_6}\}(j = 1,2,\cdots,15)$ 的重心, $P_iH_5^i(i = 1,2,\cdots,6)$ 是 S 的 1-类重心线, $G_{i_1i_2}H_4^j(j = 1,2,\cdots,15)$ 是 S 的 2-类重心线, P 是平面上任意一点.

(1) 若 $d_{P_{i_1}H_5^{i_2}} \neq 0, d_{P_{i_2}H_5^{i_2}} = d_{G_{i_1i_2}H_4^j} \neq 0$, 则对任意的 $j = j(i_1,i_2) = 1,2,\cdots,15$, 恒有 $D_{P-P_{i_1}H_5^{i_1}} = 0(i_1 \in I_6)$ 的充分必要条件是

$$5D_{P-P_{i_2}H_5^{i_2}} - 8D_{P-G_{i_1i_2}H_4^j} = 0 \quad (5d_{P-P_{i_2}H_5^{i_2}} = 8d_{P-G_{i_1i_2}H_4^j}). \tag{5.1.20}$$

(2) 若 $d_{P_{i_3}H_5^{i_3}} \neq 0, d_{P_{i_4}H_5^{i_4}} = d_{P_{i_5}H_5^{i_5}} = d_{P_{i_6}H_5^{i_6}} = d_{G_{i_1i_2}H_4^j} \neq 0$, 则对任意的 $j = j(i_1,i_2) = 1,2,\cdots,15$, 恒有 $D_{P-P_{i_3}H_5^{i_3}} = 0(i_3 \in I_6\setminus\{i_1,i_2\})$ 的充分必要条件是

$$5D_{P-P_{i_4}H_5^{i_4}} + 5D_{P-P_{i_5}H_5^{i_5}} + 5D_{P-P_{i_6}H_5^{i_6}} + 8D_{P-G_{i_1i_2}H_4^j} = 0. \tag{5.1.21}$$

证明 根据定理 5.1.6 的证明和题设, 分别由式 (5.1.16) 和 (5.1.17), 可得: 对任意的 $j = j(i_1,i_2) = 1,2,\cdots,15$, 恒有 $D_{P-P_{i_1}H_5^{i_1}} = 0(i_1 \in I_6) \Leftrightarrow$ 式 (5.1.20) 成立, $D_{P-P_{i_3}H_5^{i_3}} = 0(i_3 \in I_6\setminus\{i_1,i_2\}) \Leftrightarrow$ 式 (5.1.21) 成立.

推论 5.1.12 设 $S = \{P_1, P_2, \cdots, P_6\}$ 是六点的集合, H_5^i 是 $T_5^i = \{P_{i+1}, P_{i+2}, \cdots, P_{i+5}\}(i=1,2,\cdots,6)$ 的重心, $(S_2^j, T_4^j) = (P_{i_1}, P_{i_2}; P_{i_3}, P_{i_4}, P_{i_5}, P_{i_6})(i_1, i_2, \cdots, i_6 = 1,2,\cdots,6; i_1 < i_2)$ 是 S 的完备集对, $G_{i_1i_2}$ 是 $S_2^j = \{P_{i_1}, P_{i_2}\}(j = 1,2,\cdots,15; i_1 < i_2)$ 的重心, H_4^j 是 $T_4^j = \{P_{i_3}, P_{i_4}, P_{i_5}, P_{i_6}\}(j = 1,2,\cdots,15)$ 的

重心, $P_iH_5^i(i=1,2,\cdots,6)$ 是 S 的 1-类重心线, $G_{i_1i_2}H_4^j(j=1,2,\cdots,15)$ 是 S 的 2-类重心线, P 是平面上任意一点.

(1) 若 $\mathrm{d}_{P_{i_1}H_5^{i_2}} \neq 0, \mathrm{d}_{P_{i_2}H_5^{i_2}} = \mathrm{d}_{G_{i_1i_2}H_4^j} \neq 0$, 则对任意的 $j=j(i_1,i_2)=1,2,\cdots,15$, 恒有点 P 在重心线 $P_{i_1}H_5^{i_1}(i_1\in I_6)$ 所在直线上的充分必要条件是点 P 在两重心线 $P_{i_2}H_5^{i_2}, G_{i_1i_2}H_4^j$ 内角之内且 $5\mathrm{d}_{P\text{-}P_{i_2}H_5^{i_2}}=8\mathrm{d}_{P\text{-}G_{i_1i_2}H_4^j}$.

(2) 若 $\mathrm{d}_{P_{i_3}H_5^{i_3}} \neq 0, \mathrm{d}_{P_{i_4}H_5^{i_4}} = \mathrm{d}_{P_{i_5}H_5^{i_5}} = \mathrm{d}_{P_{i_6}H_5^{i_6}} = \mathrm{d}_{G_{i_1i_2}H_4^j} \neq 0$, 则对任意的 $j=j(i_1,i_2)=1,2,\cdots,15$, 恒有点 P 在重心线 $P_{i_3}H_5^{i_3}(i_3\in I_6\backslash\{i_1,i_2\})$ 所在直线上的充分必要条件是如下四条点 P 到重心线的乘数距离 $5\mathrm{d}_{P\text{-}P_{i_4}H_5^{i_4}}, 5\mathrm{d}_{P\text{-}P_{i_5}H_5^{i_5}}$, $5\mathrm{d}_{P\text{-}P_{i_6}H_5^{i_6}}, 8\mathrm{d}_{P\text{-}G_{i_1i_2}H_4^j}$ 中, 其中一条较长的乘数距离等于另外三条较短的乘数距离的和, 或其中两条乘数距离的和等于另外两条乘数距离的和.

证明 根据定理 5.1.8 和题设, 对任意的 $j=j(i_1,i_2)=1,2,\cdots,15$, 分别由 $\mathrm{D}_{P\text{-}P_{i_1}H_5^{i_1}}=0(i_1\in I_6)$ 和式 (5.1.20)、$\mathrm{D}_{P\text{-}P_{i_3}H_5^{i_3}}=0(i_3\in I_6\backslash\{i_1,i_2\})$ 和式 (5.1.21) 的几何意义, 即得.

定理 5.1.9 设 $S=\{P_1,P_2,\cdots,P_6\}$ 是六点的集合, H_5^i 是 $T_5^i=\{P_{i+1}, P_{i+2},\cdots,P_{i+5}\}(i=1,2,\cdots,6)$ 的重心, $(S_2^j,T_4^j)=(P_{i_1},P_{i_2};P_{i_3},P_{i_4},P_{i_5},P_{i_6})(i_1, i_2,\cdots,i_6=1,2,\cdots,6;i_1<i_2)$ 是 S 的完备集对, $G_{i_1i_2}$ 是 $S_2^j=\{P_{i_1},P_{i_2}\}(j=1,2,\cdots,15;i_1<i_2)$ 的重心, H_4^j 是 $T_4^j=\{P_{i_3},P_{i_4},P_{i_5},P_{i_6}\}(j=1,2,\cdots,15)$ 的重心, $P_iH_5^i(i=1,2,\cdots,6)$ 是 S 的 1-类重心线, $G_{i_1i_2}H_4^j(j=1,2,\cdots,15)$ 是 S 的 2-类重心线, P 是平面上任意一点. 若 $\mathrm{d}_{P_{i_3}H_5^{i_3}}=\mathrm{d}_{P_{i_4}H_5^{i_4}}\neq 0, \mathrm{d}_{P_{i_5}H_5^{i_5}}=\mathrm{d}_{P_{i_6}H_5^{i_6}}=\mathrm{d}_{G_{i_1i_2}H_4^j}\neq 0$, 则对任意的 $j=j(i_1,i_2)=1,2,\cdots,15$, 如下两式均等价:

$$\mathrm{D}_{P\text{-}P_{i_3}H_5^{i_3}}+\mathrm{D}_{P\text{-}P_{i_4}H_5^{i_4}}=0 \quad (\mathrm{d}_{P\text{-}P_{i_3}H_5^{i_3}}=\mathrm{d}_{P\text{-}P_{i_4}H_5^{i_4}}), \tag{5.1.22}$$

$$5\mathrm{D}_{P\text{-}P_{i_5}H_5^{i_5}}+5\mathrm{D}_{P\text{-}P_{i_6}H_5^{i_6}}+8\mathrm{D}_{P\text{-}G_{i_1i_2}H_4^j}=0. \tag{5.1.23}$$

证明 根据定理 5.1.6 的证明和题设, 由式 (5.1.17), 可得: 对任意的 $j=j(i_1,i_2)=1,2,\cdots,15$, 式 (5.1.22) 成立 ⇔ 式 (5.1.23) 成立.

推论 5.1.13 设 $S=\{P_1,P_2,\cdots,P_6\}$ 是六点的集合, H_5^i 是 $T_5^i=\{P_{i+1}, P_{i+2},\cdots,P_{i+5}\}(i=1,2,\cdots,6)$ 的重心, $(S_2^j,T_4^j)=(P_{i_1},P_{i_2};P_{i_3},P_{i_4},P_{i_5},P_{i_6})(i_1, i_2,\cdots,i_6=1,2,\cdots,6;i_1<i_2)$ 是 S 的完备集对, $G_{i_1i_2}$ 是 $S_2^j=\{P_{i_1},P_{i_2}\}(j=1,2,\cdots,15;i_1<i_2)$ 的重心, H_4^j 是 $T_4^j=\{P_{i_3},P_{i_4},P_{i_5},P_{i_6}\}(j=1,2,\cdots,15)$ 的重心, $P_iH_5^i(i=1,2,\cdots,6)$ 是 S 的 1-类重心线, $G_{i_1i_2}H_4^j(j=1,2,\cdots,15)$ 是 S 的 2-类重心线, P 是平面上任意一点. 若 $\mathrm{d}_{P_{i_3}H_5^{i_3}}=\mathrm{d}_{P_{i_4}H_5^{i_4}}\neq 0, \mathrm{d}_{P_{i_5}H_5^{i_5}}=\mathrm{d}_{P_{i_6}H_5^{i_6}}=\mathrm{d}_{G_{i_1i_2}H_4^j}\neq 0$, 则对任意的 $j=j(i_1,i_2)=1,2,\cdots,15$, 恒有点 P 在两重

心线 $P_{i_3}H_5^{i_3}, P_{i_4}H_5^{i_4}$ 外角平分线上的充分必要条件是以下三条点 P 到重心线的乘数距离 $5\mathrm{d}_{P\text{-}P_{i_5}H_5^{i_5}}, 5\mathrm{d}_{P\text{-}P_{i_6}H_5^{i_6}}, 8\mathrm{d}_{P\text{-}G_{i_1i_2}H_4^j}$ 中, 其中一条较长的乘数距离等于另外两条较短的乘数距离的和.

证明 根据定理 5.1.9, 对任意的 $j = j(i_1, i_2) = 1, 2, \cdots, 15$, 由式 (5.1.22) 和 (5.1.23) 的几何意义, 即得.

定理 5.1.10 设 $S = \{P_1, P_2, \cdots, P_6\}$ 是六点的集合, H_5^i 是 $T_5^i = \{P_{i+1}, P_{i+2}, \cdots, P_{i+5}\}(i = 1, 2, \cdots, 6)$ 的重心, $(S_2^j, T_4^j) = (P_{i_1}, P_{i_2}; P_{i_3}, P_{i_4}, P_{i_5}, P_{i_6})(i_1, i_2, \cdots, i_6 = 1, 2, \cdots, 6; i_1 < i_2)$ 是 S 的完备集对, $G_{i_1i_2}$ 是 $S_2^j = \{P_{i_1}, P_{i_2}\}(j = 1, 2, \cdots, 15; i_1 < i_2)$ 的重心, H_4^j 是 $T_4^j = \{P_{i_3}, P_{i_4}, P_{i_5}, P_{i_6}\}(j = 1, 2, \cdots, 15)$ 的重心, $P_iH_5^i(i = 1, 2, \cdots, 6)$ 是 S 的 1-类重心线, $G_{i_1i_2}H_4^j(j = 1, 2, \cdots, 15)$ 是 S 的 2-类重心线, P 是平面上任意一点. 若 $\mathrm{d}_{P_{i_3}H_5^{i_3}} = \mathrm{d}_{P_{i_4}H_5^{i_4}} = \mathrm{d}_{P_{i_5}H_5^{i_5}} \neq 0$, $\mathrm{d}_{P_{i_6}H_5^{i_6}} = \mathrm{d}_{G_{i_1i_2}H_4^j} \neq 0$, 则对任意的 $j = j(i_1, i_2) = 1, 2, \cdots, 15$, 如下两式均等价:

$$5\mathrm{D}_{P\text{-}P_{i_6}H_5^{i_6}} + 8\mathrm{D}_{P\text{-}G_{i_1i_2}H_4^j} = 0 \quad (5\mathrm{d}_{P\text{-}P_{i_6}H_5^{i_6}} = 8\mathrm{d}_{P\text{-}G_{i_1i_2}H_4^j}), \tag{5.1.24}$$

$$\mathrm{D}_{P\text{-}P_{i_3}H_5^{i_3}} + \mathrm{D}_{P\text{-}P_{i_4}H_5^{i_4}} + \mathrm{D}_{P\text{-}P_{i_5}H_5^{i_5}} = 0. \tag{5.1.25}$$

证明 根据定理 5.1.6 的证明和题设, 由式 (5.1.17), 可得: 对任意的 $j = j(i_1, i_2) = 1, 2, \cdots, 15$, 式 (5.1.24) 成立 $\Leftrightarrow$ 式 (5.1.25) 成立.

推论 5.1.14 设 $S = \{P_1, P_2, \cdots, P_6\}$ 是六点的集合, H_5^i 是 $T_5^i = \{P_{i+1}, P_{i+2}, \cdots, P_{i+5}\}(i = 1, 2, \cdots, 6)$ 的重心, $(S_2^j, T_4^j) = (P_{i_1}, P_{i_2}; P_{i_3}, P_{i_4}, P_{i_5}, P_{i_6})(i_1, i_2, \cdots, i_6 = 1, 2, \cdots, 6; i_1 < i_2)$ 是 S 的完备集对, $G_{i_1i_2}$ 是 $S_2^j = \{P_{i_1}, P_{i_2}\}(j = 1, 2, \cdots, 15; i_1 < i_2)$ 的重心, H_4^j 是 $T_4^j = \{P_{i_3}, P_{i_4}, P_{i_5}, P_{i_6}\}(j = 1, 2, \cdots, 15)$ 的重心, $P_iH_5^i(i = 1, 2, \cdots, 6)$ 是 S 的 1-类重心线, $G_{i_1i_2}H_4^j(j = 1, 2, \cdots, 15)$ 是 S 的 2-类重心线, P 是平面上任意一点. 若 $\mathrm{d}_{P_{i_3}H_5^{i_3}} = \mathrm{d}_{P_{i_4}H_5^{i_4}} = \mathrm{d}_{P_{i_5}H_5^{i_5}} \neq 0$, $\mathrm{d}_{P_{i_6}H_5^{i_6}} = \mathrm{d}_{G_{i_1i_2}H_4^j} \neq 0$, 则对任意的 $j = j(i_1, i_2) = 1, 2, \cdots, 15$, 恒有点 P 在两重心线 $P_{i_6}H_5^{i_6}, G_{i_1i_2}H_4^j$ 外角内且 $5\mathrm{d}_{P\text{-}P_{i_6}H_5^{i_6}} = 8\mathrm{d}_{P\text{-}G_{i_1i_2}H_4^j}$ 的充分必要条件是以下三条点 P 到重心线的距离 $\mathrm{d}_{P\text{-}P_{i_3}H_5^{i_3}}, \mathrm{d}_{P\text{-}P_{i_4}H_5^{i_4}}, \mathrm{d}_{P\text{-}P_{i_5}H_5^{i_5}}$ 中, 其中一条较长的距离等于另外两条较短的距离的和.

证明 根据定理 5.1.10, 对任意的 $j = j(i_1, i_2) = 1, 2, \cdots, 15$, 由式 (5.1.24) 和 (5.1.25) 的几何意义, 即得.

推论 5.1.15 设 $P_1P_2\cdots P_6$ 是六角形 (六边形), $G_{i_1i_2}(i_1, i_2 = 1, 2, \cdots, 6; i_1 < i_2)$ 是各边 (对角线) 的中点, $H_4^j(j = 1, 2, \cdots, 15)$ 依次是相应四角形 (四边形) $P_{i_3}P_{i_4}P_{i_5}P_{i_6}(i_3, i_4, i_5, i_6 = 1, 2, \cdots, 6)$ 的重心, $P_iH_5^i(i = 1, 2, \cdots, 6)$ 是 $P_1P_2\cdots P_6$ 的 1-级重心线, $G_{i_1i_2}H_4^j(j = 1, 2, \cdots, 15)$ 是 $P_1P_2\cdots P_6$ 的 2-级重心线, P 是

$P_1P_2\cdots P_6$ 所在平面上任意一点. 若相应的条件满足, 则定理 5.1.6 ∼ 定理 5.1.10 和推论 5.1.10 ∼ 推论 5.1.14 的结论均成立.

证明 设 $S=\{P_1,P_2,\cdots,P_6\}$ 是六角形 (六边形)$P_1P_2\cdots P_6$ 顶点的集合, 对不共线六点的集合 S 分别定理 5.1.6 ∼ 定理 5.1.10 和推论 5.1.10 ∼ 推论 5.1.14, 即得.

5.1.4 共线六点集 1-类 2-类重心线有向距离定理与应用

定理 5.1.11 设 $S=\{P_1,P_2,\cdots,P_6\}$ 是共线六点的集合, H_5^i 是 $T_5^i=\{P_{i+1},P_{i+2},\cdots,P_{i+5}\}(i=1,2,\cdots,6)$ 的重心, $(S_2^j,T_4^j)=(P_{i_1},P_{i_2};P_{i_3},P_{i_4},P_{i_5},P_{i_6})(i_1,i_2,\cdots,i_6=1,2,\cdots,6;i_1<i_2)$ 是 S 的完备集对, $G_{i_1i_2}$ 是 $S_2^j=\{P_{i_1},P_{i_2}\}$ $(j=1,2,\cdots,15;i_1<i_2)$ 的重心, H_4^j 是 $T_4^j=\{P_{i_3},P_{i_4},P_{i_5},P_{i_6}\}(j=1,2,\cdots,15)$ 的重心, $P_iH_5^i(i=1,2,\cdots,6)$ 是 S 的 1-类重心线, $G_{i_1i_2}H_4^j(j=1,2,\cdots,15)$ 是 S 的 2-类重心线, 则对任意的 $j=j(i_1,i_2)=1,2,\cdots,15$, 恒有

$$5\mathrm{D}_{P_{i_1}H_5^{i_1}}+5\mathrm{D}_{P_{i_2}H_5^{i_2}}-8\mathrm{D}_{G_{i_1i_2}H_4^j}=0, \tag{5.1.26}$$

$$5\mathrm{D}_{P_{i_3}H_5^{i_3}}+5\mathrm{D}_{P_{i_4}H_5^{i_4}}+\cdots+5\mathrm{D}_{P_{i_6}H_5^{i_6}}+8\mathrm{D}_{G_{i_1i_2}H_4^j}=0. \tag{5.1.27}$$

证明 不妨设 P 是六点所在直线外任意一点, 则由式 (5.1.1) 和三角形有向面积与有向距离之间的关系, 可得

$$5\mathrm{d}_{P\text{-}P_{i_1}H_5^{i_1}}\mathrm{D}_{P_{i_1}H_5^{i_1}}+5\mathrm{d}_{P\text{-}P_{i_2}H_5^{i_2}}\mathrm{D}_{P_{i_2}H_5^{i_2}}-8\mathrm{d}_{P\text{-}G_{i_1i_2}H_4^j}\mathrm{D}_{G_{i_1i_2}H_4^j}=0, \tag{5.1.28}$$

其中 $j=j(i_1i_2)=1,2,\cdots,15$. 因为 $P_1,P_2,\cdots,P_6$ 六点共线, 所以三重心线 $P_{i_1}H_5^{i_1},P_{i_2}H_5^{i_2},G_{i_1i_2}H_4^j$ 共线. 因此 $\mathrm{d}_{P\text{-}P_{i_1}H_5^{i_1}}=\mathrm{d}_{P\text{-}P_{i_2}H_5^{i_2}}=\mathrm{d}_{P\text{-}G_{i_1i_2}H_4^j}\neq 0$, 故由式 (5.1.28), 即得式 (5.1.26).

类似地, 可以证明, 式 (5.1.27) 成立.

推论 5.1.16 设 $S=\{P_1,P_2,\cdots,P_6\}$ 是共线六点的集合, H_5^i 是 $T_5^i=\{P_{i+1},P_{i+2},\cdots,P_{i+5}\}(i=1,2,\cdots,6)$ 的重心, $(S_2^j,T_4^j)=(P_{i_1},P_{i_2};P_{i_3},P_{i_4},P_{i_5},P_{i_6})(i_1,i_2,\cdots,i_6=1,2,\cdots,6;i_1<i_2)$ 是 S 的完备集对, $G_{i_1i_2}$ 是 $S_2^j=\{P_{i_1},P_{i_2}\}$ $(j=1,2,\cdots,15;i_1<i_2)$ 的重心, H_4^j 是 $T_4^j=\{P_{i_3},P_{i_4},P_{i_5},P_{i_6}\}(j=1,2,\cdots,15)$ 的重心, $P_iH_5^i(i=1,2,\cdots,6)$ 是 S 的 1-类重心线, $G_{i_1i_2}H_4^j(j=1,2,\cdots,15)$ 是 S 的 2-类重心线, 则对任意的 $j=j(i_1,i_2)=1,2,\cdots,15$, 均有如下三条重心线的乘数距离 $5\mathrm{d}_{P_{i_1}H_5^{i_1}},5\mathrm{d}_{P_{i_2}H_5^{i_2}},8\mathrm{d}_{G_{i_1i_2}H_4^j}$ 中, 其中一条较长的乘数距离等于另两条较短的乘数距离的和; 而如下五条重心线的乘数距离 $5\mathrm{d}_{P_{i_3}H_5^{i_3}},5\mathrm{d}_{P_{i_4}H_5^{i_4}},\cdots,5\mathrm{d}_{P_{i_6}H_5^{i_6}},8\mathrm{d}_{G_{i_1i_2}H_4^j}$ 中, 其中一条较长的乘数距离等于另外四条较短的乘数距离的和, 或其中两条乘数距离的和等于另外三条乘数距离的和.

证明 根据定理 5.1.11, 对任意的 $j = j(i_1, i_2) = 1, 2, \cdots, 15$, 分别由式 (5.1.26) 和 (5.1.27) 的几何意义, 即得.

定理 5.1.12 设 $S = \{P_1, P_2, \cdots, P_6\}$ 是共线六点的集合, H_5^i 是 $T_5^i = \{P_{i+1}, P_{i+2}, \cdots, P_{i+5}\}(i = 1, 2, \cdots, 6)$ 的重心, $(S_2^j, T_4^j) = (P_{i_1}, P_{i_2}; P_{i_3}, P_{i_4}, P_{i_5}, P_{i_6})(i_1, i_2, \cdots, i_6 = 1, 2, \cdots, 6; i_1 < i_2)$ 是 S 的完备集对, $G_{i_1 i_2}$ 是 $S_2^j = \{P_{i_1}, P_{i_2}\}$ $(j = 1, 2, \cdots, 15; i_1 < i_2)$ 的重心, H_4^j 是 $T_4^j = \{P_{i_3}, P_{i_4}, P_{i_5}, P_{i_6}\}(j = 1, 2, \cdots, 15)$ 的重心, $P_i H_5^i (i = 1, 2, \cdots, 6)$ 是 S 的 1-类重心线, $G_{i_1 i_2} H_4^j (j = 1, 2, \cdots, 15)$ 是 S 的 2-类重心线, 则对任意的 $j = j(i_1, i_2) = 1, 2, \cdots, 15$, 恒有 $\mathrm{D}_{G_{i_1 i_2} H_4^j} = 0$ 的充分必要条件是如下两式之一成立:

$$\mathrm{D}_{P_{i_1} H_5^{i_1}} + \mathrm{D}_{P_{i_2} H_5^{i_2}} = 0 \quad (\mathrm{d}_{P_{i_1} H_5^{i_1}} = \mathrm{d}_{P_{i_2} H_5^{i_2}}), \tag{5.1.29}$$

$$\mathrm{D}_{P_{i_3} H_5^{i_3}} + \mathrm{D}_{P_{i_4} H_5^{i_4}} + \mathrm{D}_{P_{i_5} H_5^{i_5}} + \mathrm{D}_{P_{i_6} H_5^{i_6}} = 0. \tag{5.1.30}$$

证明 根据定理 5.1.11, 由式 (5.1.26) 和 (5.1.27), 可得: 对任意的 $j = j(i_1, i_2) = 1, 2, \cdots, 15$, 恒有 $\mathrm{D}_{G_{i_1 i_2} H_4^j} = 0 \Leftrightarrow$ 式 (5.1.29) 成立 $\Leftrightarrow$ 式 (5.1.30) 成立.

推论 5.1.17 设 $S = \{P_1, P_2, \cdots, P_6\}$ 是共线六点的集合, H_5^i 是 $T_5^i = \{P_{i+1}, P_{i+2}, \cdots, P_{i+5}\}(i = 1, 2, \cdots, 6)$ 的重心, $(S_2^j, T_4^j) = (P_{i_1}, P_{i_2}; P_{i_3}, P_{i_4}, P_{i_5}, P_{i_6})(i_1, i_2, \cdots, i_6 = 1, 2, \cdots, 6; i_1 < i_2)$ 是 S 的完备集对, $G_{i_1 i_2}$ 是 $S_2^j = \{P_{i_1}, P_{i_2}\}$ $(j = 1, 2, \cdots, 15; i_1 < i_2)$ 的重心, H_4^j 是 $T_4^j = \{P_{i_3}, P_{i_4}, P_{i_5}, P_{i_6}\}(j = 1, 2, \cdots, 15)$ 的重心, $P_i H_5^i (i = 1, 2, \cdots, 6)$ 是 S 的 1-类重心线, $G_{i_1 i_2} H_4^j (j = 1, 2, \cdots, 15)$ 是 S 的 2-类重心线, 则对任意的 $j = j(i_1, i_2) = 1, 2, \cdots, 15$, 恒有两重心点 $G_{i_1 i_2}, H_4^j$ 重合的充分必要条件是两重心线 $P_{i_1} H_5^{i_1}, P_{i_2} H_5^{i_2}$ 距离相等方向相反; 或如下四条重心线的距离 $\mathrm{d}_{P_{i_3} H_5^{i_3}}, \mathrm{d}_{P_{i_4} H_5^{i_4}}, \mathrm{d}_{P_{i_5} H_5^{i_5}}, \mathrm{d}_{P_{i_6} H_5^{i_6}}$ 中, 其中一条较长的距离等于另外三条较短的距离的和, 或其中两条距离的和等于另外两条距离的和.

证明 根据定理 5.1.12, 对任意的 $j = j(i_1, i_2) = 1, 2, \cdots, 15$, 由 $\mathrm{D}_{G_{i_1 i_2} H_4^j} = 0$ 以及式 (5.1.29) 和 (5.1.30) 的几何意义, 即得.

定理 5.1.13 设 $S = \{P_1, P_2, \cdots, P_6\}$ 是共线六点的集合, H_5^i 是 $T_5^i = \{P_{i+1}, P_{i+2}, \cdots, P_{i+5}\}(i = 1, 2, \cdots, 6)$ 的重心, $(S_2^j, T_4^j) = (P_{i_1}, P_{i_2}; P_{i_3}, P_{i_4}, P_{i_5}, P_{i_6})(i_1, i_2, \cdots, i_6 = 1, 2, \cdots, 6; i_1 < i_2)$ 是 S 的完备集对, $G_{i_1 i_2}$ 是 $S_2^j = \{P_{i_1}, P_{i_2}\}$ $(j = 1, 2, \cdots, 15; i_1 < i_2)$ 的重心, H_4^j 是 $T_4^j = \{P_{i_3}, P_{i_4}, P_{i_5}, P_{i_6}\}(j = 1, 2, \cdots, 15)$ 的重心, $P_i H_5^i (i = 1, 2, \cdots, 6)$ 是 S 的 1-类重心线, $G_{i_1 i_2} H_4^j (j = 1, 2, \cdots, 15)$ 是 S 的 2-类重心线, 则对任意的 $j = j(i_1, i_2) = 1, 2, \cdots, 15$, 恒有

(1) $\mathrm{D}_{P_{i_1} H_5^{i_1}} = 0 (i_1 \in I_6)$ 的充分必要条件是

$$5\mathrm{D}_{P_{i_2} H_5^{i_2}} - 8\mathrm{D}_{G_{i_1 i_2} H_4^j} = 0 \quad (5\mathrm{d}_{P_{i_2} H_5^{i_2}} = 8\mathrm{d}_{G_{i_1 i_2} H_4^j}); \tag{5.1.31}$$

(2) $\mathrm{D}_{P_{i_3}H_5^{i_3}} = 0 (i_3 \in I_6\backslash\{i_1,i_2\})$ 的充分必要条件是

$$5\mathrm{D}_{P_{i_4}H_5^{i_4}} + 5\mathrm{D}_{P_{i_5}H_5^{i_5}} + 5\mathrm{D}_{P_{i_6}H_5^{i_6}} + 8\mathrm{D}_{G_{i_1i_2}H_4^j} = 0. \tag{5.1.32}$$

证明 根据定理 5.1.11, 分别由式 (5.1.26) 和 (5.1.27), 可得: 对任意的 $j = j(i_1i_2) = 1,2,\cdots,15$, 恒有 $\mathrm{D}_{P_{i_1}H_5^{i_1}} = 0(i_1 \in I_6) \Leftrightarrow$ 式 (5.1.31) 成立, $\mathrm{D}_{P_{i_3}H_5^{i_3}} = 0(i_3 \in I_6\backslash\{i_1,i_2\}) \Leftrightarrow$ 式 (5.1.32) 成立.

推论 5.1.18 设 $S = \{P_1,P_2,\cdots,P_6\}$ 是共线六点的集合, H_5^i 是 $T_5^i = \{P_{i+1},P_{i+2},\cdots,P_{i+5}\}(i=1,2,\cdots,6)$ 的重心, $(S_2^j,T_4^j) = (P_{i_1},P_{i_2};P_{i_3},P_{i_4},P_{i_5},P_{i_6})(i_1,i_2,\cdots,i_6=1,2,\cdots,6;i_1<i_2)$ 是 S 的完备集对, $G_{i_1i_2}$ 是 $S_2^j = \{P_{i_1},P_{i_2}\}$ $(j=1,2,\cdots,15;i_1<i_2)$ 的重心, H_4^j 是 $T_4^j = \{P_{i_3},P_{i_4},P_{i_5},P_{i_6}\}(j=1,2,\cdots,15)$ 的重心, $P_iH_5^i(i=1,2,\cdots,6)$ 是 S 的 1-类重心线, $G_{i_1i_2}H_4^j(j=1,2,\cdots,15)$ 是 S 的 2-类重心线, 则对任意的 $j = j(i_1,i_2) = 1,2,\cdots,15$, 恒有两点 $P_{i_1}, H_5^{i_1}(i_1 \in I_6)$ 重合的充分必要条件是两重心线 $P_{i_2}H_5^{i_2}, G_{i_1i_2}H_4^j$ 方向相同且 $5\mathrm{d}_{P_{i_2}H_5^{i_2}} = 8\mathrm{d}_{G_{i_1i_2}H_4^j}$; 而两点 $P_{i_3}, H_5^{i_3}(i_3 \in I_6\backslash\{i_1,i_2\})$ 重合的充分必要条件是如下四条重心线的乘数距离 $5\mathrm{d}_{P_{i_4}H_5^{i_4}}, 5\mathrm{d}_{P_{i_5}H_5^{i_5}}, 5\mathrm{d}_{P_{i_6}H_5^{i_6}}, 8\mathrm{d}_{G_{i_1i_2}H_4^j}$ 中, 其中一条较长的乘数距离等于另外三条较短的乘数距离的和, 或其中两条乘数距离的和等于另外两条乘数距离的和.

证明 根据定理 5.1.13, 对任意的 $j=j(i_1,i_2)=1,2,\cdots,15$, 分别由 $\mathrm{D}_{P_{i_1}H_5^{i_1}} = 0(i_1 \in I_6)$ 和式 (5.1.31)、$\mathrm{D}_{P_{i_3}H_5^{i_3}} = 0(i_3 \in I_6\backslash\{i_1,i_2\})$ 和式 (5.1.32) 的几何意义, 即得.

定理 5.1.14 设 $S = \{P_1,P_2,\cdots,P_6\}$ 是共线六点的集合, H_5^i 是 $T_5^i = \{P_{i+1},P_{i+2},\cdots,P_{i+5}\}(i=1,2,\cdots,6)$ 的重心, $(S_2^j,T_4^j) = (P_{i_1},P_{i_2};P_{i_3},P_{i_4},P_{i_5},P_{i_6})(i_1,i_2,\cdots,i_6=1,2,\cdots,6;i_1<i_2)$ 是 S 的完备集对, $G_{i_1i_2}$ 是 $S_2^j = \{P_{i_1},P_{i_2}\}$ $(j=1,2,\cdots,15;i_1<i_2)$ 的重心, H_4^j 是 $T_4^j = \{P_{i_3},P_{i_4},P_{i_5},P_{i_6}\}(j=1,2,\cdots,15)$ 的重心, $P_iH_5^i(i=1,2,\cdots,6)$ 是 S 的 1-类重心线, $G_{i_1i_2}H_4^j(j=1,2,\cdots,15)$ 是 S 的 2-类重心线, 则对任意的 $j = j(i_1,i_2) = 1,2,\cdots,15$, 如下两式均等价:

$$\mathrm{D}_{P_{i_3}H_5^{i_3}} + \mathrm{D}_{P_{i_4}H_5^{i_4}} = 0 \quad (\mathrm{d}_{P_{i_3}H_5^{i_3}} = \mathrm{d}_{P_{i_4}H_5^{i_4}}), \tag{5.1.33}$$

$$5\mathrm{D}_{P_{i_5}H_5^{i_5}} + 5\mathrm{D}_{P_{i_6}H_5^{i_6}} + 8\mathrm{D}_{G_{i_1i_2}H_4^j} = 0. \tag{5.1.34}$$

证明 根据定理 5.1.11, 由式 (5.1.27), 可得: 对任意的 $j=j(i_1,i_2)=1,2,\cdots,15$, 式 (5.1.33) 成立 $\Leftrightarrow$ 式 (5.1.34) 成立.

推论 5.1.19 设 $S = \{P_1,P_2,\cdots,P_6\}$ 是共线六点的集合, H_5^i 是 $T_5^i = \{P_{i+1},P_{i+2},\cdots,P_{i+5}\}(i=1,2,\cdots,6)$ 的重心, $(S_2^j,T_4^j) = (P_{i_1},P_{i_2};P_{i_3},P_{i_4},P_{i_5},$

$P_{i_6})(i_1,i_2,\cdots,i_6=1,2,\cdots,6;i_1<i_2)$ 是 S 的完备集对, $G_{i_1i_2}$ 是 $S_2^j=\{P_{i_1},P_{i_2}\}$ ($j=1,2,\cdots,15;i_1<i_2$) 的重心, H_4^j 是 $T_4^j=\{P_{i_3},P_{i_4},P_{i_5},P_{i_6}\}(j=1,2,\cdots,15)$ 的重心, $P_iH_5^i(i=1,2,\cdots,6)$ 是 S 的 1-类重心线, $G_{i_1i_2}H_4^j(j=1,2,\cdots,15)$ 是 S 的 2-类重心线, 则对任意的 $j=j(i_1,i_2)=1,2,\cdots,15$, 均有两重心线 $P_{i_3}H_5^{i_3}, P_{i_4}H_5^{i_4}$ 距离相等方向相反的充分必要条件是以下三条重心线的乘数距离 $5\mathrm{d}_{P_{i_5}H_5^{i_5}}, 5\mathrm{d}_{P_{i_6}H_5^{i_6}}, 8\mathrm{d}_{G_{i_1i_2}H_4^j}$ 中, 其中一条较长的乘数距离等于另外两条较短的乘数距离的和.

证明 根据定理 5.1.14, 对任意的 $j=j(i_1,i_2)=1,2,\cdots,15$, 由式 (5.1.33) 和 (5.1.34) 的几何意义, 即得.

定理 5.1.15 设 $S=\{P_1,P_2,\cdots,P_6\}$ 是共线六点的集合, H_5^i 是 $T_5^i=\{P_{i+1},P_{i+2},\cdots,P_{i+5}\}(i=1,2,\cdots,6)$ 的重心, $(S_2^j,T_4^j)=(P_{i_1},P_{i_2};P_{i_3},P_{i_4},P_{i_5},P_{i_6})(i_1,i_2,\cdots,i_6=1,2,\cdots,6;i_1<i_2)$ 是 S 的完备集对, $G_{i_1i_2}$ 是 $S_2^j=\{P_{i_1},P_{i_2}\}$ ($j=1,2,\cdots,15;i_1<i_2$) 的重心, H_4^j 是 $T_4^j=\{P_{i_3},P_{i_4},P_{i_5},P_{i_6}\}(j=1,2,\cdots,15)$ 的重心, $P_iH_5^i(i=1,2,\cdots,6)$ 是 S 的 1-类重心线, $G_{i_1i_2}H_4^j(j=1,2,\cdots,15)$ 是 S 的 2-类重心线, 则对任意的 $j=j(i_1,i_2)=1,2,\cdots,15$, 如下两式均等价:

$$5\mathrm{D}_{P_{i_6}H_5^{i_6}}+8\mathrm{D}_{G_{i_1i_2}H_4^j}=0 \quad (5\mathrm{d}_{P_{i_6}H_5^{i_6}}=8\mathrm{d}_{G_{i_1i_2}H_4^j}), \tag{5.1.35}$$

$$\mathrm{D}_{P_{i_3}H_5^{i_3}}+\mathrm{D}_{P_{i_4}H_5^{i_4}}+\mathrm{D}_{P_{i_5}H_5^{i_5}}=0. \tag{5.1.36}$$

证明 根据定理 5.1.11, 由式 (5.1.27), 可得:对任意的 $j=j(i_1,i_2)=1,2,\cdots,15$, 式 (5.1.35) 成立 $\Leftrightarrow$ 式 (5.1.36) 成立.

推论 5.1.20 设 $S=\{P_1,P_2,\cdots,P_6\}$ 是共线六点的集合, H_5^i 是 $T_5^i=\{P_{i+1},P_{i+2},\cdots,P_{i+5}\}(i=1,2,\cdots,6)$ 的重心, $(S_2^j,T_4^j)=(P_{i_1},P_{i_2};P_{i_3},P_{i_4},P_{i_5},P_{i_6})(i_1,i_2,\cdots,i_6=1,2,\cdots,6;i_1<i_2)$ 是 S 的完备集对, $G_{i_1i_2}$ 是 $S_2^j=\{P_{i_1},P_{i_2}\}$ ($j=1,2,\cdots,15;i_1<i_2$) 的重心, H_4^j 是 $T_4^j=\{P_{i_3},P_{i_4},P_{i_5},P_{i_6}\}(j=1,2,\cdots,15)$ 的重心, $P_iH_5^i(i=1,2,\cdots,6)$ 是 S 的 1-类重心线, $G_{i_1i_2}H_4^j(j=1,2,\cdots,15)$ 是 S 的 2-类重心线, 则对任意的 $j=j(i_1,i_2)=1,2,\cdots,15$, 均有两重心线 $P_{i_6}H_5^{i_6}, G_{i_1i_2}H_4^j$ 方向相反且 $5\mathrm{d}_{P_{i_6}H_5^{i_6}}=8\mathrm{d}_{G_{i_1i_2}H_4^j}$ 的充分必要条件是以下三条重心线的距离 $\mathrm{d}_{P_{i_3}H_5^{i_3}}, \mathrm{d}_{P_{i_4}H_5^{i_4}}, \mathrm{d}_{P_{i_5}H_5^{i_5}}$ 中, 其中一条较长的距离等于另外两条较短的距离的和.

证明 根据定理 5.1.15, 对任意的 $j=j(i_1,i_2)=1,2,\cdots,15$, 由式 (5.1.35) 和 (5.1.36) 的几何意义, 即得.

5.2 六点集 1-类 3-类重心线有向度量的定值定理与应用

本节主要应用有向度量和有向度量定值法, 研究六点集 1-类 3-类重心线有向度量的有关问题. 首先, 给出六点集 1-类 3-类重心线三角形有向面积的定值定理及其推论, 从而得出六角形 (六边形) 中相应的结论; 其次, 利用上述定值定理, 得出六点集、六角形 (六边形) 中一个较大的重心线三角形乘数面积等于另外两个较小的重心线三角形乘数面积之和, 以及任意点与重心线两端点共线的充分必要条件等结论; 再次, 在一定条件下, 给出点到六点集 1-类 3-类重心线有向距离的定值定理, 从而得出六点集、六角形 (六边形) 中该条件下任意点在重心线所在直线之上、一条较长的点到重心线乘数距离等于另两条较短的点到重心线乘数距离之和, 以及任意点在两重心线外角平分线上的充分必要条件等结论; 最后, 给出共线六点集 1-类 3-类重心线的有向距离定理, 从而得出一条较长的重心线乘数距离等于另两条较短的重心线乘数距离之和, 以及点为共线六点集重心线端点的充分必要条件等结论.

在本节中, 恒假设 $i_1, i_2, \cdots, i_6 \in I_6 = \{1, 2, \cdots, 6\}$ 且互不相等; $k = k(i_1, i_2, i_3) = 1, 2, \cdots, 20$ 是 i_1, i_2, i_3 的函数且其值与 i_1, i_2, i_3 的排列次序无关.

5.2.1 六点集 1-类 3-类重心线三角形有向面积的定值定理

定理 5.2.1 设 $S = \{P_1, P_2, \cdots, P_6\}$ 是六点的集合, H_5^i 是 $T_5^i = \{P_{i+1}, P_{i+2}, \cdots, P_{i+5}\}(i = 1, 2, \cdots, 6)$ 的重心, $(S_3^k, T_3^k) = (P_{i_1}, P_{i_2}, P_{i_3}; P_{i_4}, P_{i_5}, P_{i_6})(k = 1, 2, \cdots, 20; i_1, i_2, \cdots, i_6 = 1, 2, \cdots, 6)$ 是 S 的完备集对, G_3^k, H_3^k 分别是 (S_3^k, T_3^k) $(k = 1, 2, \cdots, 20)$ 中两个集合的重心, $P_i H_5^i (i = 1, 2, \cdots, 6)$ 是 S 的 1-类重心线, $G_3^k H_3^k (k = 1, 2, \cdots, 20)$ 是 S 的 3-类重心线, P 是平面上任意一点, 则对任意的 $k = k(i_1, i_2, i_3) = 1, 2, \cdots, 10$, 恒有

$$5\mathrm{D}_{PP_{i_1}H_5^{i_1}} + 5\mathrm{D}_{PP_{i_2}H_5^{i_2}} + 5\mathrm{D}_{PP_{i_3}H_5^{i_3}} - 9\mathrm{D}_{PG_3^k H_3^k} = 0, \quad (5.2.1)$$

$$5\mathrm{D}_{PP_{i_4}H_5^{i_4}} + 5\mathrm{D}_{PP_{i_5}H_5^{i_5}} + 5\mathrm{D}_{PP_{i_6}H_5^{i_6}} + 9\mathrm{D}_{PG_3^k H_3^k} = 0. \quad (5.2.2)$$

证明 设 S 各点和任意点的坐标分别为 $P_i(x_i, y_i)(i = 1, 2, \cdots, 6); P(x, y)$. 于是 T_5^i 和 (S_3^k, T_3^k) 中两集合重心的坐标分别为

$$H_5^i\left(\frac{1}{5}\sum_{\mu=1}^{5} x_{\mu+i}, \frac{1}{5}\sum_{\mu=1}^{5} y_{\mu+i}\right) \quad (i = 1, 2, \cdots, 6);$$

$$G_3^k\left(\frac{x_{i_1}^k + x_{i_2}^k + x_{i_3}^k}{3}, \frac{y_{i_1}^k + y_{i_2}^k + y_{i_3}^k}{3}\right) \quad (i_1, i_2, i_3 = 2, \cdots, 6),$$

$$H_3^k\left(\frac{x_{i_4}^k+x_{i_5}^k+x_{i_6}^k}{3},\frac{y_{i_4}^k+y_{i_5}^k+y_{i_6}^k}{3}\right)\quad(i_4,i_5,i_6,=1,2,\cdots,6),$$

其中 $k=k(i_1,i_2,i_3)=1,2,\cdots,10$. 故由三角形有向面积, 可得

$$10\mathrm{D}_{PP_1H_5^1}$$
$$=\begin{vmatrix} x & y & 1 \\ x_1 & y_1 & 1 \\ x_2+x_3+x_4+x_5+x_6 & y_2+y_3+y_4+y_5+y_6 & 5 \end{vmatrix}$$
$$=x(5y_1-y_2-y_3-y_4-y_5-y_6)-y(5x_1-x_2-x_3-x_4-x_5-x_6)$$
$$+(x_1y_2-x_2y_1)+(x_1y_3-x_3y_1)+(x_1y_4-x_4y_1)$$
$$+(x_1y_5-x_5y_1)+(x_1y_6-x_6y_1),\qquad(5.2.3)$$

类似地,

$$10\mathrm{D}_{PP_2H_5^2}$$
$$=x(5y_2-y_3-y_4-y_5-y_6-y_1)-y(5x_2-x_3-x_4-x_5-x_6-x_1)$$
$$+(x_2y_3-x_3y_2)+(x_2y_4-x_4y_2)+(x_2y_5-x_5y_2)$$
$$+(x_2y_6-x_6y_2)+(x_2y_1-x_1y_2),\qquad(5.2.4)$$

$$10\mathrm{D}_{PP_3H_5^3}$$
$$=x(5y_3-y_4-y_5-y_6-y_1-y_2)-y(5x_3-x_4-x_5-x_6-x_1-x_2)$$
$$+(x_3y_4-x_4y_3)+(x_3y_5-x_5y_3)+(x_3y_6-x_6y_3)$$
$$+(x_3y_1-x_1y_3)+(x_3y_2-x_2y_3),\qquad(5.2.5)$$

$$18\mathrm{D}_{PG_3^1H_3^1}$$
$$=3x(y_1+y_2+y_3-y_4-y_5-y_6)-3y(x_1+x_2+x_3-x_4-x_5-x_6)$$
$$+(x_1y_4-x_4y_1)+(x_1y_5-x_5y_1)+(x_1y_6-x_6y_1)$$
$$+(x_2y_4-x_4y_2)+(x_2y_5-x_5y_2)+(x_2y_6-x_6y_2)$$
$$+(x_3y_4-x_4y_3)+(x_3y_5-x_5y_3)+(x_3y_6-x_6y_3),\qquad(5.2.6)$$

式 (5.2.3)+(5.2.4)+(5.2.5)−(5.2.6), 并化简可得

$$5\mathrm{D}_{PP_1H_5^1}+5\mathrm{D}_{PP_2H_5^2}+5\mathrm{D}_{PP_3H_5^3}-9\mathrm{D}_{PG_3^1H_3^1}=0;$$

5.2 六点集 1-类 3-类重心线有向度量的定值定理与应用

同理可以证明

$$5\mathrm{D}_{PP_4H_5^4} + 5\mathrm{D}_{PP_5H_5^5} + 5\mathrm{D}_{PP_6H_5^6} + 9\mathrm{D}_{PG_3^1H_4^1} = 0.$$

故由以上两式可知, 当 $k=k(i_1,i_2,i_3)=1$ 时, 式 (5.2.1) 和 (5.2.2) 均成立.

类似地, 可以证明, 当 $k=k(i_1,i_2,i_3)=2,3,\cdots,10$ 时, 式 (5.2.1) 和 (5.2.2) 均成立.

推论 5.2.1 设 $S=\{P_1,P_2,\cdots,P_6\}$ 是六点的集合, H_5^i 是 $T_5^i=\{P_{i+1},P_{i+2},\cdots,P_{i+5}\}(i=1,2,\cdots,6)$ 的重心, $(S_3^k,T_3^k)=(P_{i_1},P_{i_2},P_{i_3};P_{i_4},P_{i_5},P_{i_6})$ $(k=1,2,\cdots,20;i_1,i_2,\cdots,i_6=1,2,\cdots,6)$ 是 S 的完备集对, G_3^k,H_3^k 分别是 $(S_3^k,T_3^k)(k=1,2,\cdots,20)$ 中两个集合的重心, $P_iH_5^i(i=1,2,\cdots,6)$ 是 S 的 1-类重心线, $G_3^kH_3^k(k=1,2,\cdots,20)$ 是 S 的 3-类重心线, P 是平面上任意一点, 则对任意的 $k=k(i_1,i_2,i_3)=1,2,\cdots,10$, 恒有以下两组各四个重心线三角形的乘数面积 $5\mathrm{a}_{PP_{i_1}H_5^{i_1}}, 5\mathrm{a}_{PP_{i_2}H_5^{i_2}}, 5\mathrm{a}_{PP_{i_3}H_5^{i_3}}, 9\mathrm{a}_{PG_3^kH_3^k}; 5\mathrm{a}_{PP_{i_4}H_5^{i_4}}, 5\mathrm{a}_{PP_{i_5}H_5^{i_5}}, 5\mathrm{a}_{PP_{i_6}H_5^{i_6}}, 9\mathrm{a}_{PG_3^kH_3^k}$ 中, 每组其中一个较大的乘数面积等于另外三个较小的乘数面积的和; 或其中两个乘数面积的和等于另外两个乘数面积的和.

证明 根据定理 5.2.1, 对任意的 $k=k(i_1,i_2,i_3)=1,2,\cdots,10$, 由式 (5.2.1) 和 (5.2.2) 的几何意义, 即得.

推论 5.2.2 设 $P_1P_2\cdots P_6$ 是六角形 (六边形), $H_5^i(i=1,2,\cdots,6)$ 是五角形 (五边形) $P_{i+1}P_{i+2}\cdots P_{i+5}(i=1,2,\cdots,6)$ 的重心, $G_3^k,H_3^k(k=1,2,\cdots,20)$ 分别是两三角形 $P_{i_1}P_{i_2}P_{i_3}(i_1,i_2,i_3=1,2,\cdots,6)$ 和 $P_{i_4}P_{i_5}P_{i_6}(i_4,i_5,i_6,=1,2,\cdots,6)$ 的重心, $P_iH_5^i(i=1,2,\cdots,6)$ 是 $P_1P_2\cdots P_6$ 的 1-级重心线, $G_3^kH_3^k(k=1,2,\cdots,20)$ 是 $P_1P_2\cdots P_6$ 的 3-级重心线, P 是 $P_1P_2\cdots P_6$ 所在平面上任意一点, 则定理 5.2.1 和推论 5.2.1 的结论均成立.

证明 设 $S=\{P_1,P_2,\cdots,P_6\}$ 是六角形 (六边形) $P_1P_2\cdots P_6$ 顶点的集合, 对不共线六点的集合 S 分别应用定理 5.2.1 和推论 5.2.1, 即得.

推论 5.2.3 设 $S=\{P_1,P_2,\cdots,P_6\}$ 是六点的集合, H_5^i 是 $T_5^i=\{P_{i+1},P_{i+2},\cdots,P_{i+5}\}(i=1,2,\cdots,6)$ 的重心, $P_iH_5^i(i=1,2,\cdots,6)$ 是 S 的 1-类重心线, P 是平面上任意一点, 则式 (4.1.1) 成立.

证明 根据定理 5.2.1, 式 (5.2.1)+(5.2.2) 并化简, 即得式 (4.1.1).

5.2.2 六点集 1-类 3-类重心线三角形有向面积定值定理的应用

定理 5.2.2 设 $S=\{P_1,P_2,\cdots,P_6\}$ 是六点的集合, H_5^i 是 $T_5^i=\{P_{i+1},P_{i+2},\cdots,P_{i+5}\}(i=1,2,\cdots,6)$ 的重心, $(S_3^k,T_3^k)=(P_{i_1},P_{i_2},P_{i_3};P_{i_4},P_{i_5},P_{i_6})(k=1,2,\cdots,20;i_1,i_2,\cdots,i_6=1,2,\cdots,6)$ 是 S 的完备集对, G_3^k,H_3^k 分别是 (S_3^k,T_3^k) $(k=1,2,\cdots,20)$ 中两个集合的重心, $P_iH_5^i(i=1,2,\cdots,6)$ 是 S 的 1-类重心线,

$G_3^k H_3^k (k=1,2,\cdots,20)$ 是 S 的 3-类重心线, P 是平面上任意一点, 则对任意的 $k=k(i_1,i_2,i_3)=1,2,\cdots,10; \min\{i_1,i_2,i_3\} < \min\{i_4,i_5,i_6\}$, 恒有 $\mathrm{D}_{PG_3^k H_3^k}=0$ 的充分必要条件是如下两式之一成立:

$$\mathrm{D}_{PP_{i_1}H_5^{i_1}} + \mathrm{D}_{PP_{i_2}H_5^{i_2}} + \mathrm{D}_{PP_{i_3}H_5^{i_3}} = 0, \tag{5.2.7}$$

$$\mathrm{D}_{PP_{i_4}H_5^{i_4}} + \mathrm{D}_{PP_{i_5}H_5^{i_5}} + \mathrm{D}_{PP_{i_6}H_5^{i_6}} = 0. \tag{5.2.8}$$

证明 根据定理 5.2.1, 分别由式 (5.2.1) 和 (5.2.2), 可得: 对任意的 $k=k(i_1,i_2,i_3)=1,2,\cdots,10; \min\{i_1,i_2,i_3\} < \min\{i_4,i_5,i_6\}$, 恒有 $\mathrm{D}_{PG_3^k H_3^k}=0 \Leftrightarrow$ 式 (5.2.7) 成立 $\Leftrightarrow$ 式 (5.2.8) 成立.

推论 5.2.4 设 $S=\{P_1,P_2,\cdots,P_6\}$ 是六点的集合, H_5^i 是 $T_5^i=\{P_{i+1},P_{i+2},\cdots,P_{i+5}\}(i=1,2,\cdots,6)$ 的重心, $(S_3^k, T_3^k)=(P_{i_1},P_{i_2},P_{i_3}; P_{i_4},P_{i_5},P_{i_6})(k=1,2,\cdots,20; i_1,i_2,\cdots,i_6=1,2,\cdots,6)$ 是 S 的完备集对, G_3^k, H_3^k 分别是 (S_3^k, T_3^k) $(k=1,2,\cdots,20)$ 中两个集合的重心, $P_i H_5^i (i=1,2,\cdots,6)$ 是 S 的 1-类重心线, $G_3^k H_3^k (k=1,2,\cdots,20)$ 是 S 的 3-类重心线, P 是平面上任意一点, 则对任意的 $k=k(i_1,i_2,i_3)=1,2,\cdots,10; \min\{i_1,i_2,i_3\} < \min\{i_4,i_5,i_6\}$, 恒有三点 P, G_3^k, H_3^k 共线的充分必要条件是以下三个重心线三角形的面积 $\mathrm{a}_{PP_{i_1}H_5^{i_1}}, \mathrm{a}_{PP_{i_2}H_5^{i_2}}, \mathrm{a}_{PP_{i_3}H_5^{i_3}}$ 或 $\mathrm{a}_{PP_{i_4}H_5^{i_4}}, \mathrm{a}_{PP_{i_5}H_5^{i_5}}, \mathrm{a}_{PP_{i_6}H_5^{i_6}}$ 中, 其中一个较大的面积等于另外两个较小的面积的和.

证明 根据定理 5.2.2, 对任意的 $k=k(i_1,i_2,i_3)=1,2,\cdots,10; \min\{i_1,i_2,i_3\} < \min\{i_4,i_5,i_6\}$, 由 $\mathrm{D}_{PG_3^k H_3^k}=0$ 和式 (5.2.7) 或 $\mathrm{D}_{PG_3^k H_3^k}=0$ 和 (5.2.8) 的几何意义, 即得.

定理 5.2.3 设 $S=\{P_1,P_2,\cdots,P_6\}$ 是六点的集合, H_5^i 是 $T_5^i=\{P_{i+1},P_{i+2},\cdots,P_{i+5}\}(i=1,2,\cdots,6)$ 的重心, $(S_3^k, T_3^k)=(P_{i_1},P_{i_2},P_{i_3}; P_{i_4},P_{i_5},P_{i_6})(k=1,2,\cdots,20; i_1,i_2,\cdots,i_6=1,2,\cdots,6)$ 是 S 的完备集对, G_3^k, H_3^k 分别是 (S_3^k, T_3^k) $(k=1,2,\cdots,20)$ 中两个集合的重心, $P_i H_5^i (i=1,2,\cdots,6)$ 是 S 的 1-类重心线, $G_3^k H_3^k (k=1,2,\cdots,20)$ 是 S 的 3-类重心线, P 是平面上任意一点, 则对任意的 $k=k(i_1,i_2,i_3)=1,2,\cdots,10$, 恒有 $\mathrm{D}_{PP_{i_3}H_5^{i_3}}=0 (i_3 \in I_6)$ 和 $\mathrm{D}_{PP_{i_6}H_5^{i_6}}=0 (i_6 \in I_6 \setminus \{i_1,i_2,i_3\})$ 的充分必要条件分别是如下的式 (5.2.9) 和 (5.2.10) 成立:

$$5\mathrm{D}_{PP_{i_1}H_5^{i_1}} + 5\mathrm{D}_{PP_{i_2}H_5^{i_2}} - 9\mathrm{D}_{PG_3^k H_3^k} = 0, \tag{5.2.9}$$

$$5\mathrm{D}_{PP_{i_4}H_5^{i_4}} + 5\mathrm{D}_{PP_{i_5}H_5^{i_5}} + 9\mathrm{D}_{PG_3^k H_3^k} = 0. \tag{5.2.10}$$

证明 根据定理 5.2.1, 分别由式 (5.2.1) 和 (5.2.2), 可得: 对任意的 $k=$

$k(i_1, i_2, i_3) = 1, 2, \cdots, 10$, 恒有 $\mathrm{D}_{PP_{i_3}H_5^{i_3}} = 0 (i_3 \in I_6) \Leftrightarrow$ 式 (5.2.9) 成立, $\mathrm{D}_{PP_{i_6}H_5^{i_6}} = 0 (i_6 \in I_6\setminus\{i_1, i_2, i_3\}) \Leftrightarrow$ 式 (5.2.10) 成立.

推论 5.2.5 设 $S = \{P_1, P_2, \cdots, P_6\}$ 是六点的集合, H_5^i 是 $T_5^i = \{P_{i+1}, P_{i+2}, \cdots, P_{i+5}\}(i = 1, 2, \cdots, 6)$ 的重心, $(S_3^k, T_3^k) = (P_{i_1}, P_{i_2}, P_{i_3}; P_{i_4}, P_{i_5}, P_{i_6})(k = 1, 2, \cdots, 20; i_1, i_2, \cdots, i_6 = 1, 2, \cdots, 6)$ 是 S 的完备集对, G_3^k, H_3^k 分别是 (S_3^k, T_3^k) $(k = 1, 2, \cdots, 20)$ 中两个集合的重心, $P_iH_5^i (i = 1, 2, \cdots, 6)$ 是 S 的 1-类重心线, $G_3^kH_3^k (k = 1, 2, \cdots, 20)$ 是 S 的 3-类重心线, P 是平面上任意一点, 则对任意的 $k = k(i_1, i_2, i_3) = 1, 2, \cdots, 10$, 恒有

(1) 三点 $P, P_{i_3}, H_5^{i_3} (i_3 \in I_6)$ 共线的充分必要条件是如下三个重心线三角形的乘数面积 $5\mathrm{a}_{PP_{i_1}H_5^{i_1}}, 5\mathrm{a}_{PP_{i_2}H_5^{i_2}}, 9\mathrm{a}_{PG_3^kH_4^k}$ 中, 其中一个较大的乘数面积等于另外两个较小的乘数面积的和.

(2) 三点 $P, P_{i_6}, H_5^{i_6} (i_6 \in I_6\setminus\{i_1, i_2, i_3\})$ 共线的充分必要条件是如下三个重心线三角形的乘数面积 $5\mathrm{a}_{PP_{i_4}H_5^{i_4}}, 5\mathrm{a}_{PP_{i_5}H_5^{i_5}}, 9\mathrm{a}_{PG_3^kH_4^k}$ 中, 其中一个较大的乘数面积等于另外两个较小的乘数面积的和.

证明 根据定理 5.2.3, 对任意的 $k = k(i_1, i_2, i_3) = 1, 2, \cdots, 10$, 分别由 $\mathrm{D}_{PP_{i_3}H_5^{i_3}} = 0 (i_3 \in I_6)$ 和式 (5.2.9)、$\mathrm{D}_{PP_{i_6}H_5^{i_6}} = 0 (i_6 \in I_6\setminus\{i_1, i_2, i_3\})$ 和式 (5.2.10) 的几何意义, 即得.

定理 5.2.4 设 $S = \{P_1, P_2, \cdots, P_6\}$ 是六点的集合, H_5^i 是 $T_5^i = \{P_{i+1}, P_{i+2}, \cdots, P_{i+5}\}(i = 1, 2, \cdots, 6)$ 的重心, $(S_3^k, T_3^k) = (P_{i_1}, P_{i_2}, P_{i_3}; P_{i_4}, P_{i_5}, P_{i_6})(k = 1, 2, \cdots, 20; i_1, i_2, \cdots, i_6 = 1, 2, \cdots, 6)$ 是 S 的完备集对, G_3^k, H_3^k 分别是 (S_3^k, T_3^k) $(k = 1, 2, \cdots, 20)$ 中两个集合的重心, $P_iH_5^i (i = 1, 2, \cdots, 6)$ 是 S 的 1-类重心线, $G_3^kH_3^k (k = 1, 2, \cdots, 20)$ 是 S 的 3-类重心线, P 是平面上任意一点, 则对任意的 $k = k(i_1, i_2, i_3) = 1, 2, \cdots, 10$, 如下两对式子中的两个式子均等价:

$$\mathrm{D}_{PP_{i_1}H_5^{i_1}} + \mathrm{D}_{PP_{i_2}H_5^{i_2}} = 0 \quad (\mathrm{a}_{PP_{i_1}H_5^{i_1}} = \mathrm{a}_{PP_{i_2}H_5^{i_2}}), \tag{5.2.11}$$

$$5\mathrm{D}_{PP_{i_3}H_5^{i_3}} - 9\mathrm{D}_{PG_3^kH_3^k} = 0 \quad (5\mathrm{a}_{PP_{i_3}H_5^{i_3}} = 9\mathrm{a}_{PG_3^kH_3^k}); \tag{5.2.12}$$

$$\mathrm{D}_{PP_{i_4}H_5^{i_4}} + \mathrm{D}_{PP_{i_5}H_5^{i_5}} = 0 \quad (\mathrm{a}_{PP_{i_4}H_5^{i_4}} = \mathrm{a}_{PP_{i_5}H_5^{i_5}}), \tag{5.2.13}$$

$$5\mathrm{D}_{PP_{i_6}H_5^{i_6}} + 9\mathrm{D}_{PG_3^kH_3^k} = 0 \quad (5\mathrm{a}_{PP_{i_6}H_5^{i_6}} = 9\mathrm{a}_{PG_3^kH_3^k}). \tag{5.2.14}$$

证明 根据定理 5.2.1, 分别由式 (5.2.1) 和 (5.2.2), 可得: 对任意的 $k = k(i_1, i_2, i_3) = 1, 2, \cdots, 10$, 式 (5.2.11) 成立的充分必要条件是式 (5.2.12) 成立, 式 (5.2.13) 成立的充分必要条件是式 (5.2.14) 成立.

推论 5.2.6 设 $S = \{P_1, P_2, \cdots, P_6\}$ 是六点的集合, H_5^i 是 $T_5^i = \{P_{i+1}, P_{i+2}, \cdots, P_{i+5}\}(i = 1, 2, \cdots, 6)$ 的重心, $(S_3^k, T_3^k) = (P_{i_1}, P_{i_2}, P_{i_3}; P_{i_4}, P_{i_5}, P_{i_6})(k = $

$1,2,\cdots,20; i_1,i_2,\cdots,i_6=1,2,\cdots,6)$ 是 S 的完备集对, G_3^k, H_3^k 分别是 (S_3^k, T_3^k) $(k=1,2,\cdots,20)$ 中两个集合的重心, $P_iH_5^i(i=1,2,\cdots,6)$ 是 S 的 1-类重心线, $G_3^kH_3^k(k=1,2,\cdots,20)$ 是 S 的 3-类重心线, P 是平面上任意一点, 则对任意的 $k=k(i_1,i_2,i_3)=1,2,\cdots,10$, 恒有

(1) 两重心线三角形 $PP_{i_1}H_5^{i_1}, PP_{i_2}H_5^{i_2}$ 面积相等方向相反的充分必要条件是另两个重心线三角形 $PP_{i_3}H_5^{i_3}, PG_3^kH_3^k$ 方向相同且 $5\mathrm{a}_{PP_{i_3}H_5^{i_3}}=9\mathrm{a}_{PG_3^kH_3^k}$;

(2) 两重心线三角形 $PP_{i_4}H_5^{i_4}, PP_{i_5}H_5^{i_5}$ 面积相等方向相反的充分必要条件是另两个重心线三角形 $PP_{i_6}H_5^{i_6}, PG_3^kH_3^k$ 方向相反且 $5\mathrm{a}_{PP_{i_6}H_5^{i_6}}=9\mathrm{a}_{PG_3^kH_3^k}$.

证明 根据定理 5.2.4, 对任意的 $k=k(i_1,i_2,i_3)=1,2,\cdots,10$, 分别由式 (5.2.11) 和 (5.2.12)、式 (5.2.13) 和 (5.2.14) 的几何意义, 即得.

推论 5.2.7 设 $P_1P_2\cdots P_6$ 是六角形 (六边形), $H_5^i(i=1,2,\cdots,6)$ 是五角形 (五边形) $P_{i+1}P_{i+2}\cdots P_{i+5}(i=1,2,\cdots,6)$ 的重心, $G_3^k, H_3^k(k=1,2,\cdots,20)$ 分别是两三角形 $P_{i_1}P_{i_2}P_{i_3}(i_1,i_2,i_3=1,2,\cdots,6)$ 和 $P_{i_4}P_{i_5}P_{i_6}(i_4,i_5,i_6=1,2,\cdots,6)$ 的重心, $P_iH_5^i(i=1,2,\cdots,6)$ 是 $P_1P_2\cdots P_6$ 的 1-级重心线, $G_3^kH_3^k(k=1,2,\cdots,20)$ 是 $P_1P_2\cdots P_6$ 的 3-级重心线, P 是 $P_1P_2\cdots P_6$ 所在平面上任意一点, 则定理 5.2.2 ~ 定理 5.2.4 和推论 5.2.4 ~ 推论 5.2.6 的结论均成立.

证明 设 $S=\{P_1,P_2,\cdots,P_6\}$ 是六角形 (六边形) $P_1P_2\cdots P_6$ 顶点的集合, 对不共线六点的集合 S 分别应用定理 5.2.2 ~ 定理 5.2.4 和推论 5.2.4 ~ 推论 5.2.6, 即得.

5.2.3 点到六点集 1-类 3-类重心线有向距离的定值定理与应用

定理 5.2.5 设 $S=\{P_1,P_2,\cdots,P_6\}$ 是六点的集合, H_5^i 是 $T_5^i=\{P_{i+1}, P_{i+2},\cdots,P_{i+5}\}(i=1,2,\cdots,6)$ 的重心, $(S_3^k,T_3^k)=(P_{i_1},P_{i_2},P_{i_3};P_{i_4},P_{i_5},P_{i_6})(k=1,2,\cdots,20; i_1,i_2,\cdots,i_6=1,2,\cdots,6)$ 是 S 的完备集对, G_3^k, H_3^k 分别是 (S_3^k, T_3^k) $(k=1,2,\cdots,20)$ 中两个集合的重心, $P_iH_5^i(i=1,2,\cdots,6)$ 是 S 的 1-类重心线, $G_3^kH_3^k(k=1,2,\cdots,20)$ 是 S 的 3-类重心线, P 是平面上任意一点.

(1) 若 $\mathrm{d}_{P_{i_1}H_5^{i_1}}=\mathrm{d}_{P_{i_2}H_5^{i_2}}=\mathrm{d}_{P_{i_3}H_5^{i_3}}=\mathrm{d}_{G_3^kH_3^k}\neq 0$, 则对任意的 $k=k(i_1,i_2,i_3)=1,2,\cdots,10$, 恒有

$$5\mathrm{D}_{P\text{-}P_{i_1}H_5^{i_1}}+5\mathrm{D}_{P\text{-}P_{i_2}H_5^{i_2}}+5\mathrm{D}_{P\text{-}P_{i_3}H_5^{i_3}}-9\mathrm{D}_{P\text{-}G_3^kH_3^k}=0; \qquad (5.2.15)$$

(2) 若 $\mathrm{d}_{P_{i_4}H_5^{i_4}}=\mathrm{d}_{P_{i_5}H_5^{i_5}}=\mathrm{d}_{P_{i_6}H_5^{i_6}}=\mathrm{d}_{G_3^kH_3^k}\neq 0$, 则对任意的 $k=k(i_1,i_2,i_3)=1,2,\cdots,10$, 恒有

$$5\mathrm{D}_{P\text{-}P_{i_4}H_5^{i_4}}+5\mathrm{D}_{P\text{-}P_{i_5}H_5^{i_5}}+5\mathrm{D}_{P\text{-}P_{i_6}H_5^{i_6}}+9\mathrm{D}_{P\text{-}G_3^kH_3^k}=0. \qquad (5.2.16)$$

5.2 六点集 1-类 3-类重心线有向度量的定值定理与应用

证明 (1) 根据定理 5.2.1, 由式 (5.2.1) 和三角形有向面积与有向距离之间的关系并化简, 可得

$$5\sum_{\beta=1}^{3}\mathrm{d}_{P_{i_\beta}H_5^{i_\beta}}\mathrm{D}_{P\text{-}P_{i_\beta}H_5^{i_\beta}} - 9\mathrm{d}_{G_3^kH_3^k}\mathrm{D}_{P\text{-}G_3^kH_3^k} = 0, \quad (5.2.17)$$

其中 $k = 1, 2, \cdots, 10$. 因为 $\mathrm{d}_{P_{i_1}H_5^{i_1}} = \mathrm{d}_{P_{i_2}H_5^{i_2}} = \mathrm{d}_{P_{i_3}H_5^{i_3}} = \mathrm{d}_{G_3^kH_3^k} \neq 0 (k = 1, 2, \cdots, 10)$, 故由上式, 即得式 (5.2.15).

类似地, 可以证明 (2) 中结论成立.

推论 5.2.8 设 $S = \{P_1, P_2, \cdots, P_6\}$ 是六点的集合, H_5^i 是 $T_5^i = \{P_{i+1}, P_{i+2}, \cdots, P_{i+5}\}(i = 1, 2, \cdots, 6)$ 的重心, $(S_3^k, T_3^k) = (P_{i_1}, P_{i_2}, P_{i_3}; P_{i_4}, P_{i_5}, P_{i_6})(k = 1, 2, \cdots, 20; i_1, i_2, \cdots, i_6 = 1, 2, \cdots, 6)$ 是 S 的完备集对, G_3^k, H_3^k 分别是 (S_3^k, T_3^k) $(k = 1, 2, \cdots, 20)$ 中两个集合的重心, $P_iH_5^i(i = 1, 2, \cdots, 6)$ 是 S 的 1-类重心线, $G_3^kH_3^k(k = 1, 2, \cdots, 20)$ 是 S 的 3-类重心线, P 是平面上任意一点.

(1) 若 $\mathrm{d}_{P_{i_1}H_5^{i_1}} = \mathrm{d}_{P_{i_2}H_5^{i_2}} = \mathrm{d}_{P_{i_3}H_5^{i_3}} = \mathrm{d}_{G_3^kH_3^k} \neq 0$, 则对任意的 $k = k(i_1, i_2, i_3) = 1, 2, \cdots, 10$, 恒有如下四条点 P 到重心线的乘数距离 $5\mathrm{d}_{P\text{-}P_{i_1}H_5^{i_1}}, 5\mathrm{d}_{P\text{-}P_{i_2}H_5^{i_2}}, 5\mathrm{d}_{P\text{-}P_{i_3}H_5^{i_3}}, 9\mathrm{d}_{P\text{-}G_3^kH_3^k}$ 中, 其中一条较长的乘数距离等于另三条较短的乘数距离的和, 或其中两条乘数距离的和等于另两条乘数距离的和.

(2) 若 $\mathrm{d}_{P_{i_4}H_5^{i_4}} = \mathrm{d}_{P_{i_5}H_5^{i_5}} = \mathrm{d}_{P_{i_6}H_5^{i_6}} = \mathrm{d}_{G_3^kH_3^k} \neq 0$, 则对任意的 $k = k(i_1, i_2, i_3) = 1, 2, \cdots, 10$, 恒有如下四条点 P 到重心线的乘数距离 $5\mathrm{d}_{P\text{-}P_{i_4}H_5^{i_4}}, 5\mathrm{d}_{P\text{-}P_{i_5}H_5^{i_5}}, 5\mathrm{d}_{P\text{-}P_{i_6}H_5^{i_6}}, 9\mathrm{d}_{P\text{-}G_3^kH_3^k}$ 中, 其中一条较长的乘数距离等于另三条较短的乘数距离的和, 或其中两条乘数距离的和等于另两条乘数距离的和.

证明 根据定理 5.2.5 和题设, 对任意的 $k = k(i_1, i_2, i_3) = 1, 2, \cdots, 10$, 分别由式 (5.2.15) 和 (5.2.16) 的几何意义, 即得.

定理 5.2.6 设 $S = \{P_1, P_2, \cdots, P_6\}$ 是六点的集合, H_5^i 是 $T_5^i = \{P_{i+1}, P_{i+2}, \cdots, P_{i+5}\}(i = 1, 2, \cdots, 6)$ 的重心, $(S_3^k, T_3^k) = (P_{i_1}, P_{i_2}, P_{i_3}; P_{i_4}, P_{i_5}, P_{i_6})(k = 1, 2, \cdots, 20; i_1, i_2, \cdots, i_6 = 1, 2, \cdots, 6)$ 是 S 的完备集对, G_3^k, H_3^k 分别是 (S_3^k, T_3^k) $(k = 1, 2, \cdots, 20)$ 中两个集合的重心, $P_iH_5^i(i = 1, 2, \cdots, 6)$ 是 S 的 1-类重心线, $G_3^kH_3^k(k = 1, 2, \cdots, 20)$ 是 S 的 3-类重心线, P 是平面上任意一点.

(1) 若 $\mathrm{d}_{P_{i_1}H_5^{i_1}} = \mathrm{d}_{P_{i_2}H_5^{i_2}} = \mathrm{d}_{P_{i_3}H_5^{i_3}} \neq 0, \mathrm{d}_{G_3^kH_3^k} \neq 0$, 则对任意的 $k = k(i_1, i_2, i_3) = 1, 2, \cdots, 10$, 恒有 $\mathrm{D}_{P\text{-}G_3^kH_3^k} = 0$ 的充分必要条件是

$$\mathrm{D}_{P\text{-}P_{i_1}H_5^{i_1}} + \mathrm{D}_{P\text{-}P_{i_2}H_5^{i_2}} + \mathrm{D}_{P\text{-}P_{i_3}H_5^{i_3}} = 0. \quad (5.2.18)$$

(2) 若 $\mathrm{d}_{P_{i_4}H_5^{i_4}} = \mathrm{d}_{P_{i_5}H_5^{i_5}} = \mathrm{d}_{P_{i_6}H_5^{i_6}} \neq 0, \mathrm{d}_{G_3^kH_3^k} \neq 0$, 则对任意的 $k = $

$k(i_1,i_2,i_3) = 1, 2, \cdots, 10$, 恒有 $\mathrm{D}_{P\text{-}G_3^k H_3^k} = 0$ 的充分必要条件是

$$\mathrm{D}_{P\text{-}P_{i_4} H_5^{i_4}} + \mathrm{D}_{P\text{-}P_{i_5} H_5^{i_5}} + \mathrm{D}_{P\text{-}P_{i_6} H_5^{i_6}} = 0. \quad (5.2.19)$$

证明 (1) 根据定理 5.2.5 的证明和题设, 由式 (5.2.17) 可得: 对任意的 $k = k(i_1,i_2,i_3) = 1, 2, \cdots, 10$, 恒有 $\mathrm{D}_{P\text{-}G_3^k H_3^k} = 0$ 的充分必要条件是式 (5.2.18) 成立.

类似地, 可以证明 (2) 中结论成立.

推论 5.2.9 设 $S = \{P_1, P_2, \cdots, P_6\}$ 是六点的集合, H_5^i 是 $T_5^i = \{P_{i+1}, P_{i+2}, \cdots, P_{i+5}\}(i = 1, 2, \cdots, 6)$ 的重心, $(S_3^k, T_3^k) = (P_{i_1}, P_{i_2}, P_{i_3}; P_{i_4}, P_{i_5}, P_{i_6})(k = 1, 2, \cdots, 20; i_1, i_2, \cdots, i_6 = 1, 2, \cdots, 6)$ 是 S 的完备集对, G_3^k, H_3^k 分别是 (S_3^k, T_3^k) $(k = 1, 2, \cdots, 20)$ 中两个集合的重心, $P_i H_5^i(i = 1, 2, \cdots, 6)$ 是 S 的 1-类重心线, $G_3^k H_3^k (k = 1, 2, \cdots, 20)$ 是 S 的 3-类重心线, P 是平面上任意一点.

(1) 若 $\mathrm{d}_{P_{i_1} H_5^{i_1}} = \mathrm{d}_{P_{i_2} H_5^{i_2}} = \mathrm{d}_{P_{i_3} H_5^{i_3}} \neq 0, \mathrm{d}_{G_3^k H_3^k} \neq 0$, 则对任意的 $k = k(i_1,i_2,i_3) = 1, 2, \cdots, 10$, 恒有点 P 在重心线 $G_3^k H_3^k$ 所在直线之上的充分必要条件是如下三条点 P 到重心线的距离 $\mathrm{d}_{P\text{-}P_{i_1} H_5^{i_1}}, \mathrm{d}_{P\text{-}P_{i_2} H_5^{i_2}}, \mathrm{d}_{P\text{-}P_{i_3} H_5^{i_3}}$ 中, 其中一条较长的距离等于另两条较短的距离的和.

(2) 若 $\mathrm{d}_{P_{i_4} H_5^{i_4}} = \mathrm{d}_{P_{i_5} H_5^{i_5}} = \mathrm{d}_{P_{i_6} H_5^{i_6}} \neq 0, \mathrm{d}_{G_3^k H_3^k} \neq 0$, 则对任意的 $k = k(i_1,i_2,i_3) = 1, 2, \cdots, 10$, 恒有点 P 在重心线 $G_3^k H_3^k$ 所在直线之上的充分必要条件是如下三条点 P 到重心线的距离 $\mathrm{d}_{P\text{-}P_{i_4} H_5^{i_4}}, \mathrm{d}_{P\text{-}P_{i_5} H_5^{i_5}}, \mathrm{d}_{P\text{-}P_{i_6} H_5^{i_6}}$ 中, 其中一条较长的距离等于另两条较短的距离的和.

证明 根据定理 5.2.6 和题设, 对任意的 $k = k(i_1,i_2,i_3) = 1, 2, \cdots, 10$, 分别由 $\mathrm{D}_{P\text{-}G_3^k H_3^k} = 0$ 和式 (5.2.18)、$\mathrm{D}_{PG_3^k H_3^k} = 0$ 和式 (5.2.19) 的几何意义, 即得.

定理 5.2.7 设 $S = \{P_1, P_2, \cdots, P_6\}$ 是六点的集合, H_5^i 是 $T_5^i = \{P_{i+1}, P_{i+2}, \cdots, P_{i+5}\}(i = 1, 2, \cdots, 6)$ 的重心, $(S_3^k, T_3^k) = (P_{i_1}, P_{i_2}, P_{i_3}; P_{i_4}, P_{i_5}, P_{i_6})(k = 1, 2, \cdots, 20; i_1, i_2, \cdots, i_6 = 1, 2, \cdots, 6)$ 是 S 的完备集对, G_3^k, H_3^k 分别是 (S_3^k, T_3^k) $(k = 1, 2, \cdots, 20)$ 中两个集合的重心, $P_i H_5^i(i = 1, 2, \cdots, 6)$ 是 S 的 1-类重心线, $G_3^k H_3^k (k = 1, 2, \cdots, 20)$ 是 S 的 3-类重心线, P 是平面上任意一点.

(1) 若 $\mathrm{d}_{P_{i_3} H_5^{i_3}} \neq 0, \mathrm{d}_{P_{i_1} H_5^{i_1}} = \mathrm{d}_{P_{i_2} H_5^{i_2}} = \mathrm{d}_{G_3^k H_3^k} \neq 0$, 则对任意的 $k = k(i_1,i_2,i_3) = 1, 2, \cdots, 10$, 恒有 $\mathrm{D}_{P\text{-}P_{i_3} H_6^{i_3}} = 0 (i_3 \in I_6)$ 的充分必要条件是

$$5\mathrm{D}_{P\text{-}P_{i_1} H_5^{i_1}} + 5\mathrm{D}_{P\text{-}P_{i_2} H_5^{i_2}} - 9\mathrm{D}_{P\text{-}G_3^k H_3^k} = 0. \quad (5.2.20)$$

(2) 若 $\mathrm{d}_{P_{i_6} H_5^{i_6}} \neq 0, \mathrm{d}_{P_{i_4} H_5^{i_4}} = \mathrm{d}_{P_{i_5} H_5^{i_5}} = \mathrm{d}_{G_3^k H_3^k} \neq 0$, 则对任意的 $k = k(i_1,i_2,i_3) = 1, 2, \cdots, 10$, 恒有 $\mathrm{D}_{P\text{-}P_{i_6} H_6^{i_6}} = 0 (i_6 \in I_6 \backslash \{i_1, i_2, i_3\})$ 的充分必要

5.2 六点集 1-类 3-类重心线有向度量的定值定理与应用

条件是
$$5\mathrm{D}_{P\text{-}P_{i_4}H_5^{i_4}} + 5\mathrm{D}_{P\text{-}P_{i_5}H_5^{i_5}} + 9\mathrm{D}_{P\text{-}G_3^k H_3^k} = 0. \tag{5.2.21}$$

证明 (1) 根据定理 5.2.5 的证明和题设, 由式 (5.2.17), 即得: 对任意的 $k = k(i_1, i_2, i_3) = 1, 2, \cdots, 10$, 恒有 $\mathrm{D}_{P\text{-}P_{i_3}H_5^{i_3}} = 0 (i_3 \in I_6)$ 的充分必要条件是式 (5.2.20) 成立.

类似地, 可以证明 (2) 中结论成立.

推论 5.2.10 设 $S = \{P_1, P_2, \cdots, P_6\}$ 是六点的集合, H_5^i 是 $T_5^i = \{P_{i+1}, P_{i+2}, \cdots, P_{i+5}\}(i = 1, 2, \cdots, 6)$ 的重心, $(S_3^k, T_3^k) = (P_{i_1}, P_{i_2}, P_{i_3}; P_{i_4}, P_{i_5}, P_{i_6})(k = 1, 2, \cdots, 20; i_1, i_2, \cdots, i_6 = 1, 2, \cdots, 6)$ 是 S 的完备集对, G_3^k, H_3^k 分别是 (S_3^k, T_3^k) $(k = 1, 2, \cdots, 20)$ 中两个集合的重心, $P_i H_5^i (i = 1, 2, \cdots, 6)$ 是 S 的 1-类重心线, $G_3^k H_3^k (k = 1, 2, \cdots, 20)$ 是 S 的 3-类重心线, P 是平面上任意一点.

(1) 若 $\mathrm{d}_{P_{i_3}H_5^{i_3}} \neq 0, \mathrm{d}_{P_{i_1}H_5^{i_1}} = \mathrm{d}_{P_{i_2}H_5^{i_2}} = \mathrm{d}_{G_3^k H_3^k} \neq 0$, 则对任意的 $k = k(i_1, i_2, i_3) = 1, 2, \cdots, 10$, 恒有点 P 在重心线 $P_{i_3}H_5^{i_3}(i_3 \in I_6)$ 所在直线之上的充分必要条件是如下三条点 P 到重心线的乘数距离 $5\mathrm{d}_{P\text{-}P_{i_1}H_5^{i_1}}, 5\mathrm{d}_{P\text{-}P_{i_2}H_5^{i_2}}, 9\mathrm{d}_{P\text{-}G_3^k H_3^k}$ 中, 其中一条较长的乘数距离等于另两条较短的乘数距离的和.

(2) 若 $\mathrm{d}_{P_{i_6}H_5^{i_6}} \neq 0, \mathrm{d}_{P_{i_4}H_5^{i_4}} = \mathrm{d}_{P_{i_5}H_5^{i_5}} = \mathrm{d}_{G_3^k H_3^k} \neq 0$, 则对任意的 $k = k(i_1, i_2, i_3) = 1, 2, \cdots, 10$, 恒有点 P 在重心线 $P_{i_6}H_5^{i_6}(i_6 \in I_6 \backslash \{i_1, i_2, i_3\})$ 所在直线之上的充分必要条件是如下三条点 P 到重心线的乘数距离 $5\mathrm{d}_{P\text{-}P_{i_4}H_5^{i_4}}, 5\mathrm{d}_{P\text{-}P_{i_5}H_5^{i_5}}, 9\mathrm{d}_{P\text{-}G_3^k H_3^k}$ 中, 其中一条较长的乘数距离等于另两条较短的乘数距离的和.

证明 根据定理 5.2.7 和题设, 对任意的 $k = k(i_1, i_2, i_3) = 1, 2, \cdots, 10$, 分别由 $\mathrm{D}_{P\text{-}P_{i_3}H_5^{i_3}} = 0 (i_3 \in I_6)$ 和式 (5.2.20)、$\mathrm{D}_{P\text{-}P_{i_6}H_5^{i_6}} = 0 (i_6 \in I_6 \backslash \{i_1, i_2, i_3\})$ 和式 (5.2.21) 的几何意义, 即得.

定理 5.2.8 设 $S = \{P_1, P_2, \cdots, P_6\}$ 是六点的集合, H_5^i 是 $T_5^i = \{P_{i+1}, P_{i+2}, \cdots, P_{i+5}\}(i = 1, 2, \cdots, 6)$ 的重心, $(S_3^k, T_3^k) = (P_{i_1}, P_{i_2}, P_{i_3}; P_{i_4}, P_{i_5}, P_{i_6})(k = 1, 2, \cdots, 20; i_1, i_2, \cdots, i_6 = 1, 2, \cdots, 6)$ 是 S 的完备集对, G_3^k, H_3^k 分别是 (S_3^k, T_3^k) $(k = 1, 2, \cdots, 20)$ 中两个集合的重心, $P_i H_5^i (i = 1, 2, \cdots, 6)$ 是 S 的 1-类重心线, $G_3^k H_3^k (k = 1, 2, \cdots, 20)$ 是 S 的 3-类重心线, P 是平面上任意一点.

(1) 若 $\mathrm{d}_{P_{i_1}H_5^{i_1}} = \mathrm{d}_{P_{i_2}H_5^{i_2}} \neq 0; \mathrm{d}_{P_{i_3}H_5^{i_3}} = \mathrm{d}_{G_3^k H_3^k} \neq 0$, 则对任意的 $k = k(i_1, i_2, i_3) = 1, 2, \cdots, 10$, 如下两式均等价:

$$\mathrm{D}_{P\text{-}P_{i_1}H_5^{i_1}} + \mathrm{D}_{P\text{-}P_{i_2}H_5^{i_2}} = 0 \quad (\mathrm{d}_{P\text{-}P_{i_1}H_5^{i_1}} = \mathrm{d}_{P\text{-}P_{i_2}H_5^{i_2}}), \tag{5.2.22}$$

$$5\mathrm{D}_{P\text{-}P_{i_3}H_5^{i_3}} - 9\mathrm{D}_{P\text{-}G_3^k H_3^k} = 0 \quad (5\mathrm{d}_{P\text{-}P_{i_3}H_5^{i_3}} = 9\mathrm{d}_{P\text{-}G_3^k H_3^k}). \tag{5.2.23}$$

(2) 若 $\mathrm{d}_{P_{i_4}H_5^{i_4}} = \mathrm{d}_{P_{i_5}H_5^{i_5}} \neq 0; \mathrm{d}_{P_{i_6}H_5^{i_6}} = \mathrm{d}_{G_3^k H_3^k} \neq 0$, 则对任意的 $k = k(i_1,i_2,i_3) = 1,2,\cdots,10$, 如下两式均等价:

$$\mathrm{D}_{P\text{-}P_{i_4}H_5^{i_4}} + \mathrm{D}_{P\text{-}P_{i_5}H_5^{i_5}} = 0 \quad (\mathrm{d}_{P\text{-}P_{i_4}H_5^{i_4}} = \mathrm{d}_{P\text{-}P_{i_5}H_5^{i_5}}), \tag{5.2.24}$$

$$5\mathrm{D}_{P\text{-}P_{i_6}H_5^{i_6}} + 9\mathrm{D}_{P\text{-}G_3^k H_3^k} = 0 \quad (5\mathrm{d}_{P\text{-}P_{i_6}H_5^{i_6}} = 9\mathrm{d}_{P\text{-}G_3^k H_3^k}). \tag{5.2.25}$$

证明 (1) 根据定理 5.2.5 的证明和题设, 由式 (5.2.17), 即得: 对任意的 $k = k(i_1,i_2,i_3) = 1,2,\cdots,10$, 式 (5.2.22) 成立的充分必要条件是式 (5.2.23) 成立.

类似地, 可以证明 (2) 中结论成立.

推论 5.2.11 设 $S = \{P_1,P_2,\cdots,P_6\}$ 是六点的集合, H_5^i 是 $T_5^i = \{P_{i+1}, P_{i+2},\cdots,P_{i+5}\}(i=1,2,\cdots,6)$ 的重心, $(S_3^k,T_3^k) = (P_{i_1},P_{i_2},P_{i_3};P_{i_4},P_{i_5},P_{i_6})(k=1,2,\cdots,20;i_1,i_2,\cdots,i_6=1,2,\cdots,6)$ 是 S 的完备集对, G_3^k,H_3^k 分别是 (S_3^k,T_3^k) $(k=1,2,\cdots,20)$ 中两个集合的重心, $P_i H_5^i(i=1,2,\cdots,6)$ 是 S 的 1-类重心线, $G_3^k H_3^k(k=1,2,\cdots,20)$ 是 S 的 3-类重心线, P 是平面上任意一点.

(1) 若 $\mathrm{d}_{P_{i_1}H_5^{i_1}} = \mathrm{d}_{P_{i_2}H_5^{i_2}} \neq 0; \mathrm{d}_{P_{i_3}H_5^{i_3}} = \mathrm{d}_{G_3^k H_3^k} \neq 0$, 则对任意的 $k = k(i_1,i_2,i_3) = 1,2,\cdots,10$, 恒有点 P 在两重心线 $P_{i_1}H_5^{i_1}, P_{i_2}H_5^{i_2}$ 外角平分线上的充分必要条件是点 P 在另两重心线 $P_{i_3}H_5^{i_3}, G_3^k H_3^k$ 内角之内且 $5\mathrm{d}_{P\text{-}P_{i_3}H_5^{i_3}} = 9\mathrm{d}_{P\text{-}G_3^k H_3^k}$;

(2) 若 $\mathrm{d}_{P_{i_4}H_5^{i_4}} = \mathrm{d}_{P_{i_5}H_5^{i_5}} \neq 0; \mathrm{d}_{P_{i_6}H_5^{i_6}} = \mathrm{d}_{G_3^k H_3^k} \neq 0$, 则对任意的 $k = k(i_1,i_2,i_3) = 1,2,\cdots,10$, 恒有点 P 在两重心线 $P_{i_4}H_5^{i_4}, P_{i_5}H_5^{i_5}$ 外角平分线上的充分必要条件是点 P 在另两重心线 $P_{i_6}H_5^{i_6}, G_3^k H_3^k$ 外角之内且 $5\mathrm{d}_{P\text{-}P_{i_6}H_5^{i_6}} = 9\mathrm{d}_{P\text{-}G_3^k H_3^k}$.

证明 根据定理 5.2.8 和题设, 对任意的 $k = k(i_1,i_2,i_3) = 1,2,\cdots,10$, 分别由式 (5.2.22) 和 (5.2.23)、式 (5.2.24) 和 (5.2.25) 的几何意义, 即得.

推论 5.2.12 设 $P_1 P_2 \cdots P_6$ 是六角形 (六边形), $H_5^i(i=1,2,\cdots,6)$ 是五角形 (五边形) $P_{i+1}P_{i+2}\cdots P_{i+5}(i=1,2,\cdots,6)$ 的重心, $G_3^k,H_3^k(k=1,2,\cdots,20)$ 分别是两三角形 $P_{i_1}P_{i_2}P_{i_3}(i_1,i_2,i_3=1,2,\cdots,6)$ 和 $P_{i_4}P_{i_5}P_{i_6}(i_4,i_5,i_6,=1,2,\cdots,6)$ 的重心, $P_i H_5^i(i=1,2,\cdots,6)$ 是 $P_1 P_2 \cdots P_6$ 的 1-级重心线, $G_3^k H_3^k(k=1,2,\cdots,20)$ 是 $P_1 P_2 \cdots P_6$ 的 3-级重心线, P 是 $P_1 P_2 \cdots P_6$ 所在平面上任意一点. 若相应的条件满足, 则定理 5.2.5 ~ 定理 5.2.8 和推论 5.2.8 ~ 推论 5.2.11 的结论均成立.

证明 设 $S = \{P_1,P_2,\cdots,P_6\}$ 是六角形 (六边形) $P_1 P_2 \cdots P_6$ 顶点的集合, 对不共线六点的集合 S 分别应用定理 5.2.5 ~ 定理 5.2.8 和推论 5.2.8 ~ 推论 5.2.11, 即得.

5.2.4 共线六点集 1-类 3-类重心线有向距离定理与应用

定理 5.2.9 设 $S=\{P_1,P_2,\cdots,P_6\}$ 是共线六点的集合, H_5^i 是 $T_5^i=\{P_{i+1}, P_{i+2},\cdots,P_{i+5}\}(i=1,2,\cdots,6)$ 的重心, $(S_3^k,T_3^k)=(P_{i_1},P_{i_2},P_{i_3};P_{i_4},P_{i_5},P_{i_6})(k=1,2,\cdots,20;i_1,i_2,\cdots,i_6=1,2,\cdots,6)$ 是 S 的完备集对, G_3^k,H_3^k 分别是 (S_3^k,T_3^k) $(k=1,2,\cdots,20)$ 中两个集合的重心, $P_iH_5^i(i=1,2,\cdots,6)$ 是 S 的 1-类重心线, $G_3^kH_3^k(k=1,2,\cdots,20)$ 是 S 的 3-类重心线, 则对任意的 $k=k(i_1,i_2,i_3)=1,2,\cdots,10$, 恒有

$$5\mathrm{D}_{P_{i_1}H_5^{i_1}}+5\mathrm{D}_{P_{i_2}H_5^{i_2}}+5\mathrm{D}_{P_{i_3}H_5^{i_3}}-9\mathrm{D}_{G_3^kH_3^k}=0, \tag{5.2.26}$$

$$5\mathrm{D}_{P_{i_4}H_5^{i_4}}+5\mathrm{D}_{P_{i_5}H_5^{i_5}}+5\mathrm{D}_{P_{i_6}H_5^{i_6}}+9\mathrm{D}_{G_3^kH_3^k}=0. \tag{5.2.27}$$

证明 不妨设 P 是六点所在直线外任意一点. 因为六点 $P_1,P_2,\cdots,P_6$ 共线, 所以四重心线 $P_{i_1}H_5^{i_1}, P_{i_2}H_5^{i_2}, P_{i_3}H_5^{i_3}, G_3^kH_3^k$ 共线, 从而

$$2\mathrm{D}_{PP_{i_\beta}H_5^{i_\beta}}=\mathrm{d}_{P\text{-}P_{i_\beta}H_5^{i_\beta}}\mathrm{D}_{P_{i_\beta}H_5^{i_\beta}} \quad (\beta=1,2,3);$$

$$2\mathrm{D}_{PG_3^kH_3^k}=\mathrm{d}_{P\text{-}G_3^kH_3^k}\mathrm{D}_{G_3^kH_3^k} \quad (k=k(i_1,i_2,i_3)).$$

故根据定理 5.2.1, 由式 (5.2.1), 可得

$$5\sum_{\beta=1}^3 \mathrm{d}_{P\text{-}P_{i_\beta}H_5^{i_\beta}}\mathrm{D}_{P_{i_\beta}H_5^{i_\beta}}-9\mathrm{d}_{P\text{-}G_3^kH_3^k}\mathrm{D}_{G_3^kH_3^k}=0 \quad (k=k(i_1,i_2,i_3)). \tag{5.2.28}$$

注意到 $\mathrm{d}_{P\text{-}P_{i_1}H_5^{i_1}}=\mathrm{d}_{P\text{-}P_{i_2}H_5^{i_2}}=\mathrm{d}_{P\text{-}P_{i_3}H_5^{i_3}}=\mathrm{d}_{P\text{-}G_3^kH_3^k}\neq 0 (k=k(i_1,i_2,i_3))$, 故由式 (5.2.28), 即得式 (5.2.26).

类似地, 可以证明式 (5.2.27) 成立.

推论 5.2.13 设 $S=\{P_1,P_2,\cdots,P_6\}$ 是共线六点的集合, H_5^i 是 $T_5^i=\{P_{i+1},P_{i+2},\cdots,P_{i+5}\}(i=1,2,\cdots,6)$ 的重心, $(S_3^k,T_3^k)=(P_{i_1},P_{i_2},P_{i_3};P_{i_4},P_{i_5},P_{i_6})(k=1,2,\cdots,20;i_1,i_2,\cdots,i_6=1,2,\cdots,6)$ 是 S 的完备集对, G_3^k,H_3^k 分别是 $(S_3^k,T_3^k)(k=1,2,\cdots,20)$ 中两个集合的重心, $P_iH_5^i(i=1,2,\cdots,6)$ 是 S 的 1-类重心线, $G_3^kH_3^k(k=1,2,\cdots,20)$ 是 S 的 3-类重心线, 则对任意的 $k=k(i_1,i_2,i_3)=1,2,\cdots,10$, 恒有以下两组各四条重心线的乘数距离 $5\mathrm{d}_{P_{i_1}H_5^{i_1}}, 5\mathrm{d}_{P_{i_2}H_5^{i_2}}, 5\mathrm{d}_{P_{i_3}H_5^{i_3}}, 9\mathrm{d}_{G_3^kH_3^k}; 5\mathrm{d}_{P_{i_4}H_5^{i_4}}, 5\mathrm{d}_{P_{i_5}H_5^{i_5}}, 5\mathrm{d}_{P_{i_6}H_5^{i_6}}, 9\mathrm{d}_{G_3^kH_3^k}$ 中, 每组其中一条较长的乘数距离等于另三条较短的乘数距离的和, 或其中两条乘数距离的和等于另外两条乘数距离的和.

证明 根据定理 5.2.9, 对任意的 $k = k(i_1, i_2, i_3) = 1, 2, \cdots, 10$, 分别由式 (5.2.26) 和 (5.2.27) 的几何意义, 即得.

定理 5.2.10 设 $S = \{P_1, P_2, \cdots, P_6\}$ 是共线六点的集合, H_5^i 是 $T_5^i = \{P_{i+1}, P_{i+2}, \cdots, P_{i+5}\}(i = 1, 2, \cdots, 6)$ 的重心, $(S_3^k, T_3^k) = (P_{i_1}, P_{i_2}, P_{i_3}; P_{i_4}, P_{i_5}, P_{i_6})(k = 1, 2, \cdots, 20; i_1, i_2, \cdots, i_6 = 1, 2, \cdots, 6)$ 是 S 的完备集对, G_3^k, H_3^k 分别是 $(S_3^k, T_3^k)(k = 1, 2, \cdots, 20)$ 中两个集合的重心, $P_i H_5^i (i = 1, 2, \cdots, 6)$ 是 S 的 1-类重心线, $G_3^k H_3^k (k = 1, 2, \cdots, 20)$ 是 S 的 3-类重心线, 则对任意的 $k = k(i_1, i_2, i_3) = 1, 2, \cdots, 10; \min\{i_1, i_2, i_3\} < \min\{i_4, i_5, i_6\}$, 恒有 $\mathrm{D}_{G_3^k H_3^k} = 0$ 的充分必要条件是如下两式之一成立:

$$\mathrm{D}_{P_{i_1} H_5^{i_1}} + \mathrm{D}_{P_{i_2} H_5^{i_2}} + \mathrm{D}_{P_{i_3} H_5^{i_3}} = 0, \tag{5.2.29}$$

$$\mathrm{D}_{P_{i_4} H_5^{i_4}} + \mathrm{D}_{P_{i_5} H_5^{i_5}} + \mathrm{D}_{P_{i_6} H_5^{i_6}} = 0. \tag{5.2.30}$$

证明 根据定理 5.2.9, 分别由式 (5.2.26) 和 (5.2.27), 即得: 对任意的 $k = k(i_1, i_2, i_3) = 1, 2, \cdots, 10; \min\{i_1, i_2, i_3\} < \min\{i_4, i_5, i_6\}$, 恒有 $\mathrm{D}_{G_3^k H_3^k} = 0 \Leftrightarrow$ 式 (5.2.29) 成立 $\Leftrightarrow$ 式 (5.2.30) 成立.

推论 5.2.14 设 $S = \{P_1, P_2, \cdots, P_6\}$ 是共线六点的集合, H_5^i 是 $T_5^i = \{P_{i+1}, P_{i+2}, \cdots, P_{i+5}\}(i = 1, 2, \cdots, 6)$ 的重心, $(S_3^k, T_3^k) = (P_{i_1}, P_{i_2}, P_{i_3}; P_{i_4}, P_{i_5}, P_{i_6})(k = 1, 2, \cdots, 20; i_1, i_2, \cdots, i_6 = 1, 2, \cdots, 6)$ 是 S 的完备集对, G_3^k, H_3^k 分别是 $(S_3^k, T_3^k)(k = 1, 2, \cdots, 20)$ 中两个集合的重心, $P_i H_5^i (i = 1, 2, \cdots, 6)$ 是 S 的 1-类重心线, $G_3^k H_3^k (k = 1, 2, \cdots, 20)$ 是 S 的 3-类重心线, 则对任意的 $k = k(i_1, i_2, i_3) = 1, 2, \cdots, 10; \min\{i_1, i_2, i_3\} < \min\{i_4, i_5, i_6\}$, 恒有两重心点 $G_3^k, H_3^k(k = k(i_1, i_2, i_3))$ 重合的充分必要条件是以下三条重心线的距离 $\mathrm{d}_{P_{i_1} H_5^{i_1}}$, $\mathrm{d}_{P_{i_2} H_5^{i_2}}, \mathrm{d}_{P_{i_3} H_5^{i_3}}$ 或 $\mathrm{d}_{P_{i_4} H_5^{i_4}}, \mathrm{d}_{P_{i_5} H_5^{i_5}}, \mathrm{d}_{P_{i_6} H_5^{i_6}}$ 中, 其中一条较长的距离等于另外两条较短的距离的和.

证明 根据定理 5.2.10, 对任意的 $k = k(i_1, i_2, i_3) = 1, 2, \cdots, 10; \min\{i_1, i_2, i_3\} < \min\{i_4, i_5, i_6\}$, 由 $\mathrm{D}_{G_3^k H_3^k} = 0$ 和式 (5.2.29) 或 (5.2.30) 的几何意义, 即得.

定理 5.2.11 设 $S = \{P_1, P_2, \cdots, P_6\}$ 是共线六点的集合, H_5^i 是 $T_5^i = \{P_{i+1}, P_{i+2}, \cdots, P_{i+5}\}(i = 1, 2, \cdots, 6)$ 的重心, $(S_3^k, T_3^k) = (P_{i_1}, P_{i_2}, P_{i_3}; P_{i_4}, P_{i_5}, P_{i_6})(k = 1, 2, \cdots, 20; i_1, i_2, \cdots, i_6 = 1, 2, \cdots, 6)$ 是 S 的完备集对, G_3^k, H_3^k 分别是 $(S_3^k, T_3^k)(k = 1, 2, \cdots, 20)$ 中两个集合的重心, $P_i H_5^i (i = 1, 2, \cdots, 6)$ 是 S 的 1-类重心线, $G_3^k H_3^k (k = 1, 2, \cdots, 20)$ 是 S 的 3-类重心线, 则对任意的 $k = k(i_1, i_2, i_3) = 1, 2, \cdots, 10$, 恒有 $\mathrm{D}_{P_{i_3} H_5^{i_3}} = 0(i_3 \in I_6)$ 和 $\mathrm{D}_{P_{i_6} H_5^{i_6}} = 0(i_6 \in I_6 \backslash \{i_1, i_2, i_3\})$ 的充分必要条件分别是如下的式 (5.2.31) 和 (5.2.32) 成立:

$$5\mathrm{D}_{P_{i_1} H_5^{i_1}} + 5\mathrm{D}_{P_{i_2} H_5^{i_2}} - 9\mathrm{D}_{G_3^k H_3^k} = 0, \tag{5.2.31}$$

$$5\mathrm{D}_{P_{i_4}H_5^{i_4}} + 5\mathrm{D}_{P_{i_5}H_5^{i_5}} + 9\mathrm{D}_{G_3^k H_3^k} = 0. \tag{5.2.32}$$

证明 根据定理 5.2.9, 分别由式 (5.2.26) 和 (5.2.27), 即得: 对任意的 $k = k(i_1, i_2, i_3) = 1, 2, \cdots, 10$, 恒有 $\mathrm{D}_{P_{i_3}H_5^{i_3}} = 0 (i_3 \in I_6)$ 成立的充分必要条件是式 (5.2.31) 成立, $\mathrm{D}_{P_{i_6}H_5^{i_6}} = 0 (i_6 \in I_6 \setminus \{i_1, i_2, i_3\})$ 的充分必要条件是式 (5.2.32) 成立.

推论 5.2.15 设 $S = \{P_1, P_2, \cdots, P_6\}$ 是共线六点的集合, H_5^i 是 $T_5^i = \{P_{i+1}, P_{i+2}, \cdots, P_{i+5}\}(i = 1, 2, \cdots, 6)$ 的重心, $(S_3^k, T_3^k) = (P_{i_1}, P_{i_2}, P_{i_3}; P_{i_4}, P_{i_5}, P_{i_6})(k = 1, 2, \cdots, 20; i_1, i_2, \cdots, i_6 = 1, 2, \cdots, 6)$ 是 S 的完备集对, G_3^k, H_3^k 分别是 $(S_3^k, T_3^k)(k = 1, 2, \cdots, 20)$ 中两个集合的重心, $P_i H_5^i (i = 1, 2, \cdots, 6)$ 是 S 的 1-类重心线, $G_3^k H_3^k (k = 1, 2, \cdots, 20)$ 是 S 的 3-类重心线, 则对任意的 $k = k(i_1, i_2, i_3) = 1, 2, \cdots, 10$, 恒有两点 $P_{i_3}, H_5^{i_3}(i_3 \in I_6)$ 和 $P_{i_6}, H_5^{i_6}(i_6 \in I_6 \setminus \{i_1, i_2, i_3\})$ 重合的充分必要条件分别是以下三条重心线的乘数距离 $5\mathrm{d}_{P_{i_1}H_5^{i_1}}$, $5\mathrm{d}_{P_{i_2}H_5^{i_2}}, 9\mathrm{d}_{G_3^k H_3^k}$ 和 $5\mathrm{d}_{P_{i_4}H_5^{i_4}}, 5\mathrm{d}_{P_{i_5}H_5^{i_5}}, 9\mathrm{d}_{G_3^k H_3^k}$ 中, 其中一条较长的乘数距离等于另外两条较短的乘数距离的和.

证明 根据定理 5.2.11, 对任意的 $k = k(i_1, i_2, i_3) = 1, 2, \cdots, 10$, 分别由 $\mathrm{D}_{P_{i_3}H_5^{i_3}} = 0(i_3 \in I_6)$ 和式 (5.2.31)、$\mathrm{D}_{P_{i_6}H_5^{i_6}} = 0(i_6 \in I_6 \setminus \{i_1, i_2, i_3\}$ 和式 (5.2.32) 的几何意义, 即得.

定理 5.2.12 设 $S = \{P_1, P_2, \cdots, P_6\}$ 是共线六点的集合, H_5^i 是 $T_5^i = \{P_{i+1}, P_{i+2}, \cdots, P_{i+5}\}(i = 1, 2, \cdots, 6)$ 的重心, $(S_3^k, T_3^k) = (P_{i_1}, P_{i_2}, P_{i_3}; P_{i_4}, P_{i_5}, P_{i_6})(k = 1, 2, \cdots, 20; i_1, i_2, \cdots, i_6 = 1, 2, \cdots, 6)$ 是 S 的完备集对, G_3^k, H_3^k 分别是 $(S_3^k, T_3^k)(k = 1, 2, \cdots, 20)$ 中两个集合的重心, $P_i H_5^i (i = 1, 2, \cdots, 6)$ 是 S 的 1-类重心线, $G_3^k H_3^k (k = 1, 2, \cdots, 20)$ 是 S 的 3-类重心线, 则对任意的 $k = k(i_1, i_2, i_3) = 1, 2, \cdots, 10$, 如下两对式子中的两个式子均等价:

$$\mathrm{D}_{P_{i_1}H_5^{i_1}} + \mathrm{D}_{P_{i_2}H_5^{i_2}} = 0 \quad (\mathrm{d}_{P_{i_1}H_5^{i_1}} = \mathrm{d}_{P_{i_2}H_5^{i_2}}), \tag{5.2.33}$$

$$5\mathrm{D}_{P_{i_3}H_5^{i_3}} - 9\mathrm{D}_{G_3^k H_3^k} = 0 \quad (5\mathrm{D}_{P_{i_3}H_5^{i_3}} = 9\mathrm{d}_{G_3^k H_3^k}); \tag{5.2.34}$$

$$\mathrm{D}_{P_{i_4}H_5^{i_4}} + \mathrm{D}_{P_{i_5}H_5^{i_5}} = 0 \quad (\mathrm{d}_{P_{i_4}H_5^{i_4}} = \mathrm{D}_{P_{i_5}H_5^{i_5}}), \tag{5.2.35}$$

$$5\mathrm{D}_{P_{i_6}H_5^{i_6}} + 9\mathrm{D}_{G_3^k H_3^k} = 0 \quad (5\mathrm{d}_{P_{i_6}H_5^{i_6}} = 9\mathrm{d}_{G_3^k H_3^k}). \tag{5.2.36}$$

证明 根据定理 5.2.9, 分别由式 (5.2.26) 和 (5.2.27), 即得: 对任意的 $k = k(i_1, i_2, i_3) = 1, 2, \cdots, 10$, 式 (5.2.33) 成立 $\Leftrightarrow$ 式 (5.2.34) 成立, 式 (5.2.35) 成立 $\Leftrightarrow$ 式 (5.2.36) 成立.

推论 5.2.16 设 $S = \{P_1, P_2, \cdots, P_6\}$ 是共线六点的集合, H_5^i 是 $T_5^i = \{P_{i+1}, P_{i+2}, \cdots, P_{i+5}\}(i = 1, 2, \cdots, 6)$ 的重心, $(S_3^k, T_3^k) = (P_{i_1}, P_{i_2}, P_{i_3}; P_{i_4}, P_{i_5},$

$P_{i_6})(k = 1, 2, \cdots, 20; i_1, i_2, \cdots, i_6 = 1, 2, \cdots, 6)$ 是 S 的完备集对, G_3^k, H_3^k 分别是 $(S_3^k, T_3^k)(k = 1, 2, \cdots, 20)$ 中两个集合的重心, $P_iH_5^i(i = 1, 2, \cdots, 6)$ 是 S 的 1-类重心线, $G_3^kH_3^k(k = 1, 2, \cdots, 20)$ 是 S 的 3-类重心线, 则对任意的 $k = k(i_1, i_2, i_3) = 1, 2, \cdots, 10$, 恒有两重心线 $P_{i_1}H_5^{i_1}, P_{i_2}H_5^{i_2}$ 距离相等方向相反的充分必要条件是另两重心线 $P_{i_3}H_5^{i_3}, G_3^kH_3^k$ 方向相同且 $5\mathrm{d}_{P_{i_3}H_5^{i_3}} = 9\mathrm{d}_{G_3^kH_3^k}$; 而两重心线 $P_{i_4}H_5^{i_4}, P_{i_5}H_5^{i_5}$ 距离相等方向相反的充分必要条件是另两重心线 $P_{i_6}H_5^{i_4}, G_3^kH_3^k$ 方向相反且 $5\mathrm{d}_{P_{i_6}H_5^{i_6}} = 9\mathrm{d}_{G_3^kH_3^k}$.

证明 根据定理 5.2.12, 对任意的 $k = k(i_1, i_2, i_3) = 1, 2, \cdots, 10$, 分别由式 (5.2.33) 和 (5.2.34)、式 (5.2.35) 和 (5.2.36) 的几何意义, 即得.

5.3 六点集 2-类 3-类重心线有向度量的定值定理与应用

本节主要应用有向度量和有向度量定值法, 研究六点集 2-类 3-类重心线有向度量的有关问题. 首先, 给出六点集 2-类 3-类重心线三角形有向面积的定值定理及其推论, 从而得出六角形 (六边形) 中相应的结论; 其次, 利用上述定值定理, 得出六点集、六角形 (六边形) 中一个较大的重心线三角形乘数面积等于另两个较小的重心线三角形乘数面积之和, 以及任意点与重心线两端点共线的充分必要条件等结论; 再次, 在一定条件下, 给出点到六点集 2-类 3-类重心线有向距离的定值定理, 从而得出六点集、六角形 (六边形) 中该条件下任意点在重心线所在直线之上、一条较长的点到重心线乘数距离等于另两条较短的点到重心线乘数距离之和, 以及任意点在两重心线外角平分线上的充分必要条件等结论; 最后, 给出共线六点集 2-类 3-类重心线的有向距离定理, 从而得出一条较长的重心线乘数距离等于另两条较短的重心线乘数距离之和, 以及点为共线六点重心线端点的充分必要条件等结论.

在本节中, 恒假设 $i_1, i_2, \cdots, i_6 \in \{1, 2, \cdots, 6\}$ 且互不相等; $\sigma_1, \sigma_2, \sigma_3 \in \mathrm{C}_3^2(i_1, i_2, i_3) = \{i_1i_2, i_1i_3, i_2i_3\}$; $\sigma_4, \sigma_5, \sigma_6 \in \mathrm{C}_3^2(i_4, i_5, i_6) = \{i_4i_5, i_4i_6, i_5i_6\}$, 且互不相等; 并特别定义 $j(i_1i_2) = j(i_1, i_2)$; 等等. 这样 $j(\sigma_i)(i = 1, 2, \cdots, 6)$ 就有明确的意义. 又 $k = k(i_1, i_2, i_3) = 1, 2, \cdots, 20$ 是 i_1, i_2, i_3 的函数且其值与 i_1, i_2, i_3 的排列次序无关.

5.3.1 六点集 2-类 3-类重心线三角形有向面积的定值定理

定理 5.3.1 设 $S = \{P_1, P_2, \cdots, P_6\}$ 是六点的集合, $G_{i_1i_2}$ 是 $P_{i_1}P_{i_2}(i_1, i_2 = 1, 2, \cdots, 6; i_1 < i_2)$ 的中点, H_4^j 是 $T_4^j = \{P_{i_3}, P_{i_4}, P_{i_5}, P_{i_6}\}(i_3, i_4, i_5, i_6 = 1, 2, \cdots, 6; j = 1, 2, \cdots, 15)$ 的重心, $(S_3^k, T_3^k) = (P_{i_1}, P_{i_2}, P_{i_3}; P_{i_4}, P_{i_5}, P_{i_6})(i_1, i_2, \cdots, i_6 = 1, 2, \cdots, 6; k = 1, 2, \cdots, 20)$ 是 S 的完备集对, G_3^k, H_3^k 分别是 $(S_3^k, T_3^k)(k = 1,$

$2,\cdots,20$) 中两个集合的重心,$G_{i_1i_2}H_4^j(i_1,i_2=1,2,\cdots,6;j=1,2,\cdots,15)$ 是 S 的 2-类重心线,$G_3^kH_3^k(k=1,2,\cdots,20)$ 是 S 的 3-类重心线,P 是平面上任意一点,则对任意的 $k=k(i_1,i_2,i_3)=1,2,\cdots,10$, 恒有

$$4\sum_{i=1}^{3}\mathrm{D}_{PG_{\sigma_i}H_4^{j(\sigma_i)}}-9\mathrm{D}_{PG_3^kH_3^k}=0, \tag{5.3.1}$$

$$4\sum_{i=4}^{6}\mathrm{D}_{PG_{\sigma_i}H_4^{j(\sigma_i)}}+9\mathrm{D}_{PG_3^kH_3^k}=0. \tag{5.3.2}$$

证明 设 S 各点和任意点的坐标分别为 $P_i(x_i,y_i)(i=1,2,\cdots,6);P(x,y)$. 于是 (S_2^j,T_4^j) 和 (S_3^k,T_3^k) 中两集合重心的坐标分别为

$$G_{i_1i_2}\left(\frac{x_{i_1}+x_{i_2}}{2},\frac{y_{i_1}+y_{i_2}}{2}\right) \quad (i_1,i_2=1,2,\cdots,6;i_1<i_2),$$

$$H_4^j\left(\frac{1}{4}\sum_{\nu=3}^{6}x_{i_\nu},\frac{1}{4}\sum_{\nu=3}^{6}y_{i_\nu}\right) \quad (i_3,i_4,i_5,i_6=1,2,\cdots,6),$$

其中 $j=j(i_1,i_2)=1,2,\cdots,15$;

$$G_3^k\left(\frac{x_{i_1}+x_{i_2}+x_{i_3}}{3},\frac{y_{i_1}+y_{i_2}+y_{i_3}}{3}\right) \quad (i_1,i_2,i_3=1,2,\cdots,6),$$

$$H_3^k\left(\frac{x_{i_4}+x_{i_5}+x_{i_6}}{3},\frac{y_{i_4}+y_{i_5}+y_{i_6}}{3}\right) \quad (i_4,i_5,i_6=1,2,\cdots,6),$$

其中 $k=k(i_1,i_2,i_3)=1,2,\cdots,20$. 故仿定理 4.2.1 的证明,可得

$$16\mathrm{D}_{PG_{12}H_4^1}$$
$$=2x(2y_1+2y_2-y_3-y_4-y_5-y_6)-2y(2x_1+2x_2-x_3-x_4-x_5-x_6)$$
$$+(x_1y_3-x_3y_1)+(x_1y_4-x_4y_1)+(x_1y_5-x_5y_1)+(x_1y_6-x_6y_1)$$
$$+(x_2y_3-x_3y_2)+(x_2y_4-x_4y_2)+(x_2y_5-x_5y_2)+(x_2y_6-x_6y_2), \tag{5.3.3}$$

$$16\mathrm{D}_{PG_{13}H_4^2}$$
$$=2x(2y_1+2y_3-y_4-y_5-y_6-y_2)-2y(2x_1+2x_3-x_4-x_5-x_6-x_2)$$
$$+(x_1y_4-x_4y_1)+(x_1y_5-x_5y_1)+(x_1y_6-x_6y_1)+(x_1y_2-x_2y_1)$$

$$+ (x_3y_4 - x_4y_3) + (x_3y_5 - x_5y_3) + (x_3y_6 - x_6y_3) + (x_3y_2 - x_2y_3), \quad (5.3.4)$$

$$16\mathrm{D}_{PG_{23}H_4^6}$$
$$= 2x(2y_2 + 2y_3 - y_4 - y_5 - y_6 - y_1) - 2y(2x_2 + 2x_3 - x_4 - x_5 - x_6 - x_1)$$
$$+ (x_2y_4 - x_4y_2) + (x_2y_5 - x_5y_2) + (x_2y_6 - x_6y_2) + (x_2y_1 - x_1y_2)$$
$$+ (x_3y_4 - x_4y_3) + (x_3y_5 - x_5y_3) + (x_3y_6 - x_6y_3) + (x_3y_1 - x_1y_3); \quad (5.3.5)$$

又由定理 5.2.1 证明, 有

$$18\mathrm{D}_{PG_3^1 H_3^1}$$
$$= 3x(y_1 + y_2 + y_3 - y_4 - y_5 - y_6) - 3y(x_1 + x_2 + x_3 - x_4 - x_5 - x_6)$$
$$+ (x_1y_4 - x_4y_1) + (x_1y_5 - x_5y_1) + (x_1y_6 - x_6y_1)$$
$$+ (x_2y_4 - x_4y_2) + (x_2y_5 - x_5y_2) + (x_2y_6 - x_6y_2)$$
$$+ (x_3y_4 - x_4y_3) + (x_3y_5 - x_5y_3) + (x_3y_6 - x_6y_3), \quad (5.3.6)$$

式 (5.3.3)+(5.3.4)+(5.3.5)−2×(5.3.6), 并化简可得

$$4\mathrm{D}_{PG_{12}H_4^1} + 4\mathrm{D}_{PG_{13}H_4^2} + 4\mathrm{D}_{PG_{23}H_4^6} - 9\mathrm{D}_{PG_3^1 H_3^1} = 0;$$

同理可以证明

$$4\mathrm{D}_{PG_{45}H_4^{13}} + 4\mathrm{D}_{PG_{46}H_4^{14}} + 4\mathrm{D}_{PG_{56}H_4^{15}} + 9\mathrm{D}_{PG_3^1 H_3^1} = 0.$$

故由以上两式可知, 当 $k = k(i_1, i_2, i_3) = 1$ 时, 式 (5.3.1) 和 (5.3.2) 均成立.

类似地, 可以证明, $k = k(i_1, i_2, i_3) = 2, 3, \cdots, 10$ 时, 式 (5.3.1) 和 (5.3.2) 均成立.

推论 5.3.1 设 $S = \{P_1, P_2, \cdots, P_6\}$ 是六点的集合, $G_{i_1 i_2}$ 是 $P_{i_1} P_{i_2} (i_1, i_2 = 1, 2, \cdots, 6; i_1 < i_2)$ 的中点, H_4^j 是 $T_4^j = \{P_{i_3}, P_{i_4}, P_{i_5}, P_{i_6}\}(i_3, i_4, i_5, i_6 = 1, 2, \cdots, 6; j = 1, 2, \cdots, 15)$ 的重心, $(S_3^k, T_3^k) = (P_{i_1}, P_{i_2}, P_{i_3}; P_{i_4}, P_{i_5}, P_{i_6})(i_1, i_2, \cdots, i_6 = 1, 2, \cdots, 6; k = 1, 2, \cdots, 20)$ 是 S 的完备集对, G_3^k, H_3^k 分别是 $(S_3^k, T_3^k)(k = 1, 2, \cdots, 20)$ 中两个集合的重心, $G_{i_1 i_2} H_4^j (i_1, i_2 = 1, 2, \cdots, 6; j = 1, 2, \cdots, 15)$ 是 S 的 2-类重心线, $G_3^k H_3^k (k = 1, 2, \cdots, 20)$ 是 S 的 3-类重心线, P 是平面上任意一点, 则对任意的 $k = k(i_1, i_2, i_3) = 1, 2, \cdots, 10$, 恒有以下两组各四个重心线三角形的乘数面积 $4\mathrm{a}_{PG_{\sigma_1} H_4^{j(\sigma_1)}}, 4\mathrm{a}_{PG_{\sigma_2} H_4^{j(\sigma_2)}}, 4\mathrm{a}_{PG_{\sigma_3} H_4^{j(\sigma_3)}}, 9\mathrm{a}_{PG_3^k H_3^k}$; $4\mathrm{a}_{PG_{\sigma_4} H_4^{j(\sigma_4)}}, 4\mathrm{a}_{PG_{\sigma_5} H_4^{j(\sigma_5)}}, 4\mathrm{d}_{PG_{\sigma_6} H_4^{j(\sigma_6)}}, 9\mathrm{a}_{PG_3^k H_3^k}$ 中, 每组其中一个较大的乘数面积等于另外三个较小的乘数面积的和; 或其中两个乘数面积的和等于另外两个乘数面积的和.

证明 根据定理 5.3.1, 对任意的 $k = k(i_1, i_2, i_3) = 1, 2, \cdots, 10$, 由式 (5.3.1) 和 (5.3.2) 的几何意义, 即得.

推论 5.3.2 设 $P_1 P_2 \cdots P_6$ 是六角形 (六边形), $G_{i_1 i_2}(i_1, i_2 = 1, 2, \cdots, 6; i_1 < i_2)$ 是各边 (对角线) $P_{i_1} P_{i_2}$ 的中点, $H_4^j (j = 1, 2, \cdots, 15)$ 依次是相应四角形 (四边形) $P_{i_3} P_{i_4} P_{i_5} P_{i_6} (i_3, i_4, i_5, i_6 = 1, 2, \cdots, 6)$ 的重心, $G_3^k H_3^k (k = 1, 2, \cdots, 20)$ 分别是两三角形 $P_{i_1} P_{i_2} P_{i_3}, P_{i_4} P_{i_5} P_{i_6} (i_1, i_2, \cdots, i_6 = 1, 2, \cdots, 6)$ 的重心, $G_{i_1 i_2} H_4^j (j = 1, 2, \cdots, 15)$ 是 $P_1 P_2 \cdots P_6$ 的 2-级重心线, $G_3^k H_3^k (k = 1, 2, \cdots, 20)$ 是 $P_1 P_2 \cdots P_6$ 的 3-级重心线, P 是 $P_1 P_2 \cdots P_6$ 所在平面上任意一点, 则定理 5.3.1 和推论 5.3.1 的结论成立.

证明 设 $S = \{P_1, P_2, \cdots, P_6\}$ 是六角形 (六边形) $P_1 P_2 \cdots P_6$ 顶点的集合, 对不共线六点的集合 S 分别应用定理 5.3.1 和推论 5.3.1, 即得.

5.3.2 六点集 2-类 3-类重心线三角形有向面积定值定理的应用

定理 5.3.2 设 $S = \{P_1, P_2, \cdots, P_6\}$ 是六点的集合, $G_{i_1 i_2}$ 是 $P_{i_1} P_{i_2} (i_1, i_2 = 1, 2, \cdots, 6; i_1 < i_2)$ 的中点, H_4^j 是 $T_4^j = \{P_{i_3}, P_{i_4}, P_{i_5}, P_{i_6}\} (i_3, i_4, i_5, i_6 = 1, 2, \cdots, 6; j = 1, 2, \cdots, 15)$ 的重心, $(S_3^k, T_3^k) = (P_{i_1}, P_{i_2}, P_{i_3}; P_{i_4}, P_{i_5}, P_{i_6})(i_1, i_2, \cdots, i_6 = 1, 2, \cdots, 6; k = 1, 2, \cdots, 20)$ 是 S 的完备集对, G_3^k, H_3^k 分别是 $(S_3^k, T_3^k)(k = 1, 2, \cdots, 20)$ 中两个集合的重心, $G_{i_1 i_2} H_4^j (i_1, i_2 = 1, 2, \cdots, 6; j = 1, 2, \cdots, 15)$ 是 S 的 2-类重心线, $G_3^k H_3^k (k = 1, 2, \cdots, 20)$ 是 S 的 3-类重心线, P 是平面上任意一点, 则对任意的 $k = k(i_1, i_2, i_3) = 1, 2, \cdots, 10$, 恒有 $\mathrm{D}_{PG_3^k H_3^k} = 0$ 的充分必要条件是如下两式之一成立:

$$\mathrm{D}_{PG_{\sigma_1} H_4^{j(\sigma_1)}} + \mathrm{D}_{PG_{\sigma_2} H_4^{j(\sigma_2)}} + \mathrm{D}_{PG_{\sigma_3} H_4^{j(\sigma_3)}} = 0, \tag{5.3.7}$$

$$\mathrm{D}_{PG_{\sigma_4} H_4^{j(\sigma_4)}} + \mathrm{D}_{PG_{\sigma_5} H_4^{j(\sigma_5)}} + \mathrm{D}_{PG_{\sigma_6} H_4^{j(\sigma_6)}} = 0. \tag{5.3.8}$$

证明 根据定理 5.3.1, 分别由式 (5.3.1) 和 (5.3.2) 即得: 对任意的 $k = k(i_1, i_2, i_3) = 1, 2, \cdots, 10$, 恒有 $\mathrm{D}_{PG_3^k H_3^k} = 0 \Leftrightarrow$ 式 (5.3.7) $\Leftrightarrow$ 式 (5.3.8) 成立.

推论 5.3.3 设 $S = \{P_1, P_2, \cdots, P_6\}$ 是六点的集合, $G_{i_1 i_2}$ 是 $P_{i_1} P_{i_2} (i_1, i_2 = 1, 2, \cdots, 6; i_1 < i_2)$ 的中点, H_4^j 是 $T_4^j = \{P_{i_3}, P_{i_4}, P_{i_5}, P_{i_6}\} (i_3, i_4, i_5, i_6 = 1, 2, \cdots, 6; j = 1, 2, \cdots, 15)$ 的重心, $(S_3^k, T_3^k) = (P_{i_1}, P_{i_2}, P_{i_3}; P_{i_4}, P_{i_5}, P_{i_6})(i_1, i_2, \cdots, i_6 = 1, 2, \cdots, 6; k = 1, 2, \cdots, 20)$ 是 S 的完备集对, G_3^k, H_3^k 分别是 $(S_3^k, T_3^k)(k = 1, 2, \cdots, 20)$ 中两个集合的重心, $G_{i_1 i_2} H_4^j (i_1, i_2 = 1, 2, \cdots, 6; j = 1, 2, \cdots, 15)$ 是 S 的 2-类重心线, $G_3^k H_3^k (k = 1, 2, \cdots, 20)$ 是 S 的 3-类重心线, P 是平面上任意一点, 则对任意的 $k = k(i_1, i_2, i_3) = 1, 2, \cdots, 10$, 恒有三点 P, G_3^k, H_3^k 共线的充分必要条件是如下三个重心线三角形的面积 $\mathrm{a}_{PG_{\sigma_1} H_4^{j(\sigma_1)}}, \mathrm{a}_{PG_{\sigma_2} H_4^{j(\sigma_2)}}, \mathrm{a}_{PG_{\sigma_3} H_4^{j(\sigma_3)}}$

或 $a_{PG_{\sigma_4}H_4^{j(\sigma_4)}}, a_{PG_{\sigma_5}H_4^{j(\sigma_5)}}, a_{PG_{\sigma_6}H_4^{j(\sigma_6)}}$ 中, 其中一个较大的面积等于另外两个较小的面积的和.

证明 根据定理 5.3.2, 对任意的 $k = k(i_1, i_2, i_3) = 1, 2, \cdots, 10$, 由 $D_{PG_3^k H_3^k} = 0$ 和式 (5.3.7) 或 (5.3.8) 的几何意义, 即得.

定理 5.3.3 设 $S = \{P_1, P_2, \cdots, P_6\}$ 是六点的集合, $G_{i_1 i_2}$ 是 $P_{i_1}P_{i_2}(i_1, i_2 = 1, 2, \cdots, 6; i_1 < i_2)$ 的中点, H_4^j 是 $T_4^j = \{P_{i_3}, P_{i_4}, P_{i_5}, P_{i_6}\}(i_3, i_4, i_5, i_6 = 1, 2, \cdots, 6; j = 1, 2, \cdots, 15)$ 的重心, $(S_3^k, T_3^k) = (P_{i_1}, P_{i_2}, P_{i_3}; P_{i_4}, P_{i_5}, P_{i_6})(i_1, i_2, \cdots, i_6 = 1, 2, \cdots, 6; k = 1, 2, \cdots, 20)$ 是 S 的完备集对, G_3^k, H_3^k 分别是 $(S_3^k, T_3^k)(k = 1, 2, \cdots, 20)$ 中两个集合的重心, $G_{i_1 i_2} H_4^j (i_1, i_2 = 1, 2, \cdots, 6; j = 1, 2, \cdots, 15)$ 是 S 的 2-类重心线, $G_3^k H_3^k (k = 1, 2, \cdots, 20)$ 是 S 的 3-类重心线, P 是平面上任意一点, 则对任意的 $k = k(i_1, i_2, i_3) = 1, 2, \cdots, 10$, 恒有

(1) $D_{PG_{\sigma_3}H_4^{j(\sigma_3)}} = 0(\sigma_3 \in C_3^2(i_1, i_2, i_3))$ 的充分必要条件是

$$4D_{PG_{\sigma_1}H_4^{j(\sigma_1)}} + 4D_{PG_{\sigma_2}H_4^{j(\sigma_2)}} - 9D_{PG_3^k H_3^k} = 0; \qquad (5.3.9)$$

(2) $D_{PG_{\sigma_6}H_4^{j(\sigma_6)}} = 0(\sigma_6 \in C_3^2(i_4, i_5, i_6))$ 的充分必要条件是

$$4D_{PG_{\sigma_4}H_4^{j(\sigma_4)}} + 4D_{PG_{\sigma_5}H_4^{j(\sigma_5)}} + 9D_{PG_3^k H_3^k} = 0. \qquad (5.3.10)$$

证明 根据定理 5.3.1, 由式 (5.3.1) 和 (5.3.2), 可得: 对任意的 $k = k(i_1, i_2, i_3) = 1, 2, \cdots, 10$, 恒有 $D_{PG_{\sigma_3}H_5^{j(\sigma_3)}} = 0(\sigma_3 \in C_3^2(i_1, i_2, i_3)) \Leftrightarrow$ 式 (5.3.9) 成立, $D_{PG_{\sigma_6}H_5^{j(\sigma_6)}} = 0(\sigma_6 \in C_3^2(i_4, i_5, i_6)) \Leftrightarrow$ 式 (5.3.10) 成立.

推论 5.3.4 设 $S = \{P_1, P_2, \cdots, P_6\}$ 是六点的集合, $G_{i_1 i_2}$ 是 $P_{i_1}P_{i_2}(i_1, i_2 = 1, 2, \cdots, 6; i_1 < i_2)$ 的中点, H_4^j 是 $T_4^j = \{P_{i_3}, P_{i_4}, P_{i_5}, P_{i_6}\}(i_3, i_4, i_5, i_6 = 1, 2, \cdots, 6; j = 1, 2, \cdots, 15)$ 的重心, $(S_3^k, T_3^k) = (P_{i_1}, P_{i_2}, P_{i_3}; P_{i_4}, P_{i_5}, P_{i_6})(i_1, i_2, \cdots, i_6 = 1, 2, \cdots, 6; k = 1, 2, \cdots, 20)$ 是 S 的完备集对, G_3^k, H_3^k 分别是 $(S_3^k, T_3^k)(k = 1, 2, \cdots, 20)$ 中两个集合的重心, $G_{i_1 i_2} H_4^j (i_1, i_2 = 1, 2, \cdots, 6; j = 1, 2, \cdots, 15)$ 是 S 的 2-类重心线, $G_3^k H_3^k (k = 1, 2, \cdots, 20)$ 是 S 的 3-类重心线, P 是平面上任意一点, 则对任意的 $k = k(i_1, i_2, i_3) = 1, 2, \cdots, 10$, 恒有三点 $P, G_{\sigma_3}, H_4^{j(\sigma_3)}(\sigma_3 \in C_3^2(i_1, i_2, i_3))$ 和 $P, G_{\sigma_6}, H_4^{j(\sigma_6)}(\sigma_6 \in C_3^2(i_4, i_5, i_6))$ 共线的充分必要条件分别是如下三个重心线三角形的乘数面积 $4a_{PG_{\sigma_1}H_4^{j(\sigma_1)}}, 4a_{PG_{\sigma_2}H_4^{j(\sigma_2)}}, 9a_{PG_3^k H_3^k}$ 和 $4a_{PG_{\sigma_4}H_4^{j(\sigma_4)}}, 4a_{PG_{\sigma_5}H_4^{j(\sigma_5)}}, 9a_{PG_3^k H_3^k}$ 中, 其中一个较大的乘数面积等于另外两个较小的乘数面积的和.

证明 根据定理 5.3.3, 对任意的 $k = k(i_1, i_2, i_3) = 1, 2, \cdots, 10$, 分别由 $D_{PG_{\sigma_3}H_4^{j(\sigma_3)}} = 0(\sigma_3 \in C_3^2(i_1, i_2, i_3))$ 和式 (5.3.9)、$D_{PG_{\sigma_6}H_4^{j(\sigma_6)}} = 0(\sigma_6 \in C_3^2(i_4, i_5, i_6))$

5.3 六点集 2-类 3-类重心线有向度量的定值定理与应用

和式 (5.3.10) 的几何意义, 即得.

定理 5.3.4 设 $S = \{P_1, P_2, \cdots, P_6\}$ 是六点的集合, $G_{i_1 i_2}$ 是 $P_{i_1} P_{i_2} (i_1, i_2 = 1, 2, \cdots, 6; i_1 < i_2)$ 的中点, H_4^j 是 $T_4^j = \{P_{i_3}, P_{i_4}, P_{i_5}, P_{i_6}\}(i_3, i_4, i_5, i_6 = 1, 2, \cdots, 6; j = 1, 2, \cdots, 15)$ 的重心, $(S_3^k, T_3^k) = (P_{i_1}, P_{i_2}, P_{i_3}; P_{i_4}, P_{i_5}, P_{i_6})(i_1, i_2, \cdots, i_6 = 1, 2, \cdots, 6; k = 1, 2, \cdots, 20)$ 是 S 的完备集对, G_3^k, H_3^k 分别是 $(S_3^k, T_3^k)(k = 1, 2, \cdots, 20)$ 中两个集合的重心, $G_{i_1 i_2} H_4^j (i_1, i_2 = 1, 2, \cdots, 6; j = 1, 2, \cdots, 15)$ 是 S 的 2-类重心线, $G_3^k H_3^k(k = 1, 2, \cdots, 20)$ 是 S 的 3-类重心线, P 是平面上任意一点, 则对任意的 $k = k(i_1, i_2, i_3) = 1, 2, \cdots, 10$, 如下两对式子中的两个式子均等价:

$$\mathrm{D}_{PG_{\sigma_1} H_4^{j(\sigma_1)}} + \mathrm{D}_{PG_{\sigma_2} H_4^{j(\sigma_2)}} = 0 \quad (\mathrm{a}_{PG_{\sigma_1} H_4^{j(\sigma_1)}} = \mathrm{a}_{PG_{\sigma_2} H_4^{j(\sigma_2)}}), \tag{5.3.11}$$

$$4\mathrm{D}_{PG_{\sigma_3} H_4^{j(\sigma_3)}} - 9\mathrm{D}_{PG_3^k H_3^k} = 0 \quad (4\mathrm{a}_{PG_{\sigma_3} H_4^{j(\sigma_3)}} = 9\mathrm{a}_{PG_3^k H_3^k}); \tag{5.3.12}$$

$$\mathrm{D}_{PG_{\sigma_4} H_4^{j(\sigma_4)}} + \mathrm{D}_{PG_{\sigma_5} H_4^{j(\sigma_5)}} = 0 \quad (\mathrm{a}_{PG_{\sigma_4} H_4^{j(\sigma_4)}} = \mathrm{a}_{PG_{\sigma_5} H_4^{j(\sigma_5)}}), \tag{5.3.13}$$

$$4\mathrm{D}_{PG_{\sigma_6} H_4^{j(\sigma_6)}} + 9\mathrm{D}_{PG_3^k H_3^k} = 0 \quad (4\mathrm{a}_{PG_{\sigma_6} H_4^{j(\sigma_6)}} = 9\mathrm{a}_{PG_3^k H_3^k}). \tag{5.3.14}$$

证明 根据定理 5.3.1, 由式 (5.3.1) 和 (5.3.2), 即得: 对任意的 $k = k(i_1, i_2, i_3) = 1, 2, \cdots, 10$, 均有式 (5.3.11) 成立的充分必要条件是式 (5.3.12) 成立, 式 (5.3.13) 成立的充分必要条件是式 (5.3.14) 成立.

推论 5.3.5 设 $S = \{P_1, P_2, \cdots, P_6\}$ 是六点的集合, $G_{i_1 i_2}$ 是 $P_{i_1} P_{i_2}(i_1, i_2 = 1, 2, \cdots, 6; i_1 < i_2)$ 的中点, H_4^j 是 $T_4^j = \{P_{i_3}, P_{i_4}, P_{i_5}, P_{i_6}\}(i_3, i_4, i_5, i_6 = 1, 2, \cdots, 6; j = 1, 2, \cdots, 15)$ 的重心, $(S_3^k, T_3^k) = (P_{i_1}, P_{i_2}, P_{i_3}; P_{i_4}, P_{i_5}, P_{i_6})(i_1, i_2, \cdots, i_6 = 1, 2, \cdots, 6; k = 1, 2, \cdots, 20)$ 是 S 的完备集对, G_3^k, H_3^k 分别是 $(S_3^k, T_3^k)(k = 1, 2, \cdots, 20)$ 中两个集合的重心, $G_{i_1 i_2} H_4^j(i_1, i_2 = 1, 2, \cdots, 6; j = 1, 2, \cdots, 15)$ 是 S 的 2-类重心线, $G_3^k H_3^k(k = 1, 2, \cdots, 20)$ 是 S 的 3-类重心线, P 是平面上任意一点, 则对任意的 $k = k(i_1, i_2, i_3) = 1, 2, \cdots, 10$, 均有两重心线三角形 $PG_{\sigma_1} H_4^{j(\sigma_1)}$, $PG_{\sigma_2} H_4^{j(\sigma_2)}$ 面积相等方向相反的充分必要条件是另两重心线三角形 $PG_{\sigma_3} H_4^{j(\sigma_3)}$, $PG_3^k H_3^k$ 方向相同且 $4\mathrm{a}_{PG_{\sigma_3} H_4^{j(\sigma_3)}} = 9\mathrm{a}_{PG_3^k H_3^k}$; 而两重心线三角形 $PG_{\sigma_4} H_4^{j(\sigma_4)}$, $PG_{\sigma_5} H_4^{j(\sigma_5)}$ 面积相等方向相反的充分必要条件是另两重心线三角形 $PG_{\sigma_6} H_4^{j(\sigma_6)}$, $PG_3^k H_3^k$ 方向相反且 $4\mathrm{a}_{PG_{\sigma_6} H_4^{j(\sigma_6)}} = 9\mathrm{a}_{PG_3^k H_3^k}$.

证明 根据定理 5.3.4, 对任意的 $k = k(i_1, i_2, i_3) = 1, 2, \cdots, 10$, 分别由式 (5.3.11) 和 (5.3.12)、式 (5.3.13) 和 (5.3.14) 的几何意义, 即得.

推论 5.3.6 设 $P_1 P_2 \cdots P_6$ 是六角形 (六边形), $G_{i_1 i_2}(i_1, i_2 = 1, 2, \cdots, 6; i_1 < i_2)$ 是各边 (对角线) $P_{i_1} P_{i_2}$ 的中点, $H_4^j(j = 1, 2, \cdots, 15)$ 依次是相应四角形 (四边

形) $P_{i_3}P_{i_4}P_{i_5}P_{i_6}(i_3,i_4,i_5,i_6=1,2,\cdots,6)$ 的重心, $G_3^k,H_3^k(k=1,2,\cdots,20)$ 分别是两三角形 $P_{i_1}P_{i_2}P_{i_3},P_{i_4}P_{i_5}P_{i_6}(i_1,i_2,\cdots,i_6=1,2,\cdots,6)$ 的重心, $G_{i_1i_2}H_4^j(j=1,2,\cdots,15)$ 是 $P_1P_2\cdots P_6$ 的 2-级重心线, $G_3^kH_3^k(k=1,2,\cdots,20)$ 是 $P_1P_2\cdots P_6$ 的 3-级重心线, P 是 $P_1P_2\cdots P_6$ 所在平面上任意一点, 则定理 5.3.2 ~ 定理 5.3.4 和推论 5.3.3 ~ 推论 5.3.5 的结论均成立.

证明 设 $S=\{P_1,P_2,\cdots,P_6\}$ 是六角形 (六边形) $P_1P_2\cdots P_6$ 顶点的集合, 对不共线六的点集合 S 分别应用定理 5.3.2 ~ 定理 5.3.4 和推论 5.3.3 ~ 推论 5.3.6, 即得.

5.3.3 点到六点集 2-类 3-类重心线有向距离的定值定理与应用

定理 5.3.5 设 $S=\{P_1,P_2,\cdots,P_6\}$ 是六点的集合, $G_{i_1i_2}$ 是 $P_{i_1}P_{i_2}(i_1,i_2=1,2,\cdots,6;i_1<i_2)$ 的中点, H_4^j 是 $T_4^j=\{P_{i_3},P_{i_4},P_{i_5},P_{i_6}\}(i_3,i_4,i_5,i_6=1,2,\cdots,6;j=1,2,\cdots,15)$ 的重心, $(S_3^k,T_3^k)=(P_{i_1},P_{i_2},P_{i_3};P_{i_4},P_{i_5},P_{i_6})(i_1,i_2,\cdots,i_6=1,2,\cdots,6;k=1,2,\cdots,20)$ 是 S 的完备集对, G_3^k,H_3^k 分别是 $(S_3^k,T_3^k)(k=1,2,\cdots,20)$ 中两个集合的重心, $G_{i_1i_2}H_4^j(i_1,i_2=1,2,\cdots,6;j=1,2,\cdots,15)$ 是 S 的 2-类重心线, $G_3^kH_3^k(k=1,2,\cdots,20)$ 是 S 的 3-类重心线, P 是平面上任意一点.

(1) 若 $\mathrm{d}_{G_{\sigma_1}H_4^{j(\sigma_1)}}=\mathrm{d}_{G_{\sigma_2}H_4^{j(\sigma_2)}}=\mathrm{d}_{G_{\sigma_3}H_4^{j(\sigma_3)}}=\mathrm{d}_{G_3^kH_3^k}\neq 0$, 则对任意的 $k=k(i_1,i_2,i_3)=1,2,\cdots,10$, 恒有

$$4\sum_{i=1}^3\mathrm{D}_{P\text{-}G_{\sigma_i}H_4^{j(\sigma_i)}}-9\mathrm{D}_{P\text{-}G_3^kH_3^k}=0; \quad (5.3.15)$$

(2) 若 $\mathrm{d}_{G_{\sigma_4}H_4^{j(\sigma_4)}}=\mathrm{d}_{G_{\sigma_5}H_4^{j(\sigma_5)}}=\mathrm{d}_{G_{\sigma_6}H_4^{j(\sigma_6)}}=\mathrm{d}_{G_3^kH_3^k}\neq 0$, 则对任意的 $k=k(i_1,i_2,i_3)=1,2,\cdots,10$, 恒有

$$4\sum_{i=4}^6\mathrm{D}_{P\text{-}G_{\sigma_i}H_4^{j(\sigma_i)}}+9\mathrm{D}_{P\text{-}G_3^kH_3^k}=0. \quad (5.3.16)$$

证明 (1) 根据定理 5.3.1, 由式 (5.3.1) 和三角形有向面积与有向距离之间的关系并化简, 可得

$$4\sum_{i=1}^3\mathrm{d}_{G_{\sigma_i}H_4^{j(\sigma_i)}}\mathrm{D}_{P\text{-}G_{\sigma_i}H_4^{j(\sigma_i)}}-9\mathrm{d}_{G_3^kH_3^k}\mathrm{D}_{P\text{-}G_3^kH_3^k}=0, \quad (5.3.17)$$

其中 $k=k(i_1,i_2,i_3)=1,2,\cdots,10$. 因为 $\mathrm{d}_{G_{\sigma_1}H_4^{j(\sigma_1)}}=\mathrm{d}_{G_{\sigma_2}H_4^{j(\sigma_2)}}=\mathrm{d}_{G_{\sigma_3}H_4^{j(\sigma_3)}}=\mathrm{d}_{G_3^kH_3^k}\neq 0$, 故由上式即得: 对任意的 $k=k(i_1,i_2,i_3)=1,2,\cdots,10$, 均有式 (5.3.15) 成立.

类似地, 可以证明 (2) 中结论成立.

推论 5.3.7 设 $S=\{P_1,P_2,\cdots,P_6\}$ 是六点的集合, $G_{i_1i_2}$ 是 $P_{i_1}P_{i_2}(i_1,i_2=1,2,\cdots,6;i_1<i_2)$ 的中点, H_4^j 是 $T_4^j=\{P_{i_3},P_{i_4},P_{i_5},P_{i_6}\}(i_3,i_4,i_5,i_6=1,2,\cdots,6;j=1,2,\cdots,15)$ 的重心, $(S_3^k,T_3^k)=(P_{i_1},P_{i_2},P_{i_3};P_{i_4},P_{i_5},P_{i_6})(i_1,i_2,\cdots,i_6=1,2,\cdots,6;k=1,2,\cdots,20)$ 是 S 的完备集对, G_3^k,H_3^k 分别是 $(S_3^k,T_3^k)(k=1,2,\cdots,20)$ 中两个集合的重心, $G_{i_1i_2}H_4^j(i_1,i_2=1,2,\cdots,6;j=1,2,\cdots,15)$ 是 S 的 2-类重心线, $G_3^kH_3^k(k=1,2,\cdots,20)$ 是 S 的 3-类重心线, P 是平面上任意一点.

(1) 若 $\mathrm{d}_{G_{\sigma_1}H_4^{j(\sigma_1)}}=\mathrm{d}_{G_{\sigma_2}H_4^{j(\sigma_2)}}=\mathrm{d}_{G_{\sigma_3}H_4^{j(\sigma_3)}}=\mathrm{d}_{G_3^kH_3^k}\neq 0$, 则对任意的 $k=k(i_1,i_2,i_3)=1,2,\cdots,10$, 恒有如下四条点 P 到重心线的乘数距离 $4\mathrm{d}_{P\text{-}G_{\sigma_1}H_4^{j(\sigma_1)}}$, $4\mathrm{d}_{P\text{-}G_{\sigma_2}H_4^{j(\sigma_2)}},4\mathrm{d}_{P\text{-}G_{\sigma_3}H_4^{j(\sigma_3)}},9\mathrm{d}_{P\text{-}G_3^kH_3^k}$ 中, 其中一条较长的乘数距离等于另外三条较短的乘数距离的和, 或其中两条乘数距离的和等于另外两条乘数距离的和.

(2) 若 $\mathrm{d}_{G_{\sigma_4}H_4^{j(\sigma_4)}}=\mathrm{d}_{G_{\sigma_5}H_4^{j(\sigma_5)}}=\mathrm{d}_{G_{\sigma_6}H_4^{j(\sigma_6)}}=\mathrm{d}_{G_3^kH_3^k}\neq 0$, 则对任意的 $k=k(i_1,i_2,i_3)=1,2,\cdots,10$, 恒有如下四条点 P 到重心线的乘数距离 $4\mathrm{d}_{P\text{-}G_{\sigma_4}H_4^{j(\sigma_4)}}$, $4\mathrm{d}_{P\text{-}G_{\sigma_5}H_4^{j(\sigma_5)}},4\mathrm{d}_{P\text{-}G_{\sigma_6}H_4^{j(\sigma_6)}},9\mathrm{d}_{P\text{-}G_3^kH_3^k}$ 中, 其中一条较长的乘数距离等于另外三条较短的乘数距离的和, 或其中两条乘数距离的和等于另外两条乘数距离的和.

证明 根据定理 5.3.5, 对任意的 $k=k(i_1,i_2,i_3)=1,2,\cdots,10$, 分别由 (5.3.15) 和 (5.3.16) 的几何意义, 即得.

定理 5.3.6 设 $S=\{P_1,P_2,\cdots,P_6\}$ 是六点的集合, $G_{i_1i_2}$ 是 $P_{i_1}P_{i_2}(i_1,i_2=1,2,\cdots,6;i_1<i_2)$ 的中点, H_4^j 是 $T_4^j=\{P_{i_3},P_{i_4},P_{i_5},P_{i_6}\}(i_3,i_4,i_5,i_6=1,2,\cdots,6;j=1,2,\cdots,15)$ 的重心, $(S_3^k,T_3^k)=(P_{i_1},P_{i_2},P_{i_3};P_{i_4},P_{i_5},P_{i_6})(i_1,i_2,\cdots,i_6=1,2,\cdots,6;k=1,2,\cdots,20)$ 是 S 的完备集对, G_3^k,H_3^k 分别是 $(S_3^k,T_3^k)(k=1,2,\cdots,20)$ 中两个集合的重心, $G_{i_1i_2}H_4^j(i_1,i_2=1,2,\cdots,6;j=1,2,\cdots,15)$ 是 S 的 2-类重心线, $G_3^kH_3^k(k=1,2,\cdots,20)$ 是 S 的 3-类重心线, P 是平面上任意一点.

(1) 若 $\mathrm{d}_{G_{\sigma_1}H_4^{j(\sigma_1)}}=\mathrm{d}_{G_{\sigma_2}H_4^{j(\sigma_2)}}=\mathrm{d}_{G_{\sigma_3}H_4^{j(\sigma_3)}}\neq 0,\mathrm{d}_{G_3^kH_3^k}\neq 0$, 则对任意的 $k=k(i_1,i_2,i_3)=1,2,\cdots,10$, 恒有 $\mathrm{D}_{P\text{-}G_3^kH_3^k}=0$ 的充分必要条件是

$$\mathrm{D}_{P\text{-}G_{\sigma_1}H_4^{j(\sigma_1)}}+\mathrm{D}_{P\text{-}G_{\sigma_2}H_4^{j(\sigma_2)}}+\mathrm{D}_{P\text{-}G_{\sigma_3}H_4^{j(\sigma_3)}}=0; \quad (5.3.18)$$

(2) 若 $\mathrm{d}_{G_{\sigma_4}H_4^{j(\sigma_4)}}=\mathrm{d}_{G_{\sigma_5}H_4^{j(\sigma_5)}}=\mathrm{d}_{G_{\sigma_6}H_4^{j(\sigma_6)}}\neq 0,\mathrm{d}_{G_3^kH_3^k}\neq 0$, 则对任意的 $k=k(i_1,i_2,i_3)=1,2,\cdots,10$, 恒有 $\mathrm{D}_{P\text{-}G_3^kH_3^k}=0$ 的充分必要条件是

$$\mathrm{D}_{P\text{-}G_{\sigma_4}H_4^{j(\sigma_4)}}+\mathrm{D}_{P\text{-}G_{\sigma_5}H_4^{j(\sigma_5)}}+\mathrm{D}_{P\text{-}G_{\sigma_6}H_4^{j(\sigma_6)}}=0. \quad (5.3.19)$$

证明 (1) 根据定理 5.3.5(1) 的证明和题设，由式 (5.3.17)，可得：对任意的 $k = k(i_1, i_2, i_3) = 1, 2, \cdots, 10$，恒有 $\mathrm{D}_{P-G_3^k H_3^k} = 0$ 的充分必要条件是式 (5.3.18).

类似地，可以证明 (2) 中结论成立.

推论 5.3.8 设 $S = \{P_1, P_2, \cdots, P_6\}$ 是六点的集合，$G_{i_1 i_2}$ 是 $P_{i_1} P_{i_2}(i_1, i_2 = 1, 2, \cdots, 6; i_1 < i_2)$ 的中点，H_4^j 是 $T_4^j = \{P_{i_3}, P_{i_4}, P_{i_5}, P_{i_6}\}(i_3, i_4, i_5, i_6 = 1, 2, \cdots, 6; j = 1, 2, \cdots, 15)$ 的重心，$(S_3^k, T_3^k) = (P_{i_1}, P_{i_2}, P_{i_3}; P_{i_4}, P_{i_5}, P_{i_6})(i_1, i_2, \cdots, i_6 = 1, 2, \cdots, 6; k = 1, 2, \cdots, 20)$ 是 S 的完备集对，G_3^k, H_3^k 分别是 $(S_3^k, T_3^k)(k = 1, 2, \cdots, 20)$ 中两个集合的重心，$G_{i_1 i_2} H_4^j(i_1, i_2 = 1, 2, \cdots, 6; j = 1, 2, \cdots, 15)$ 是 S 的 2-类重心线，$G_3^k H_3^k (k = 1, 2, \cdots, 20)$ 是 S 的 3-类重心线，P 是平面上任意一点.

(1) 若 $\mathrm{d}_{G_{\sigma_1} H_4^{j(\sigma_1)}} = \mathrm{d}_{G_{\sigma_2} H_4^{j(\sigma_2)}} = \mathrm{d}_{G_{\sigma_3} H_4^{j(\sigma_3)}} \neq 0, \mathrm{d}_{G_3^k H_3^k} \neq 0$，则对任意的 $k = k(i_1, i_2, i_3) = 1, 2, \cdots, 10$，恒有点 P 在重心线 $G_3^k H_3^k$ 上的充分必要条件是如下三条点 P 到重心线的距离 $\mathrm{d}_{P-G_{\sigma_1} H_4^{j(\sigma_1)}}, \mathrm{d}_{P-G_{\sigma_2} H_4^{j(\sigma_2)}}, \mathrm{d}_{P-G_{\sigma_3} H_4^{j(\sigma_3)}}$ 中，其中一条较长的距离等于另外两条较短的距离的和.

(2) 若 $\mathrm{d}_{G_{\sigma_4} H_4^{j(\sigma_4)}} = \mathrm{d}_{G_{\sigma_5} H_4^{j(\sigma_5)}} = \mathrm{d}_{G_{\sigma_6} H_4^{j(\sigma_6)}} \neq 0, \mathrm{d}_{G_3^k H_3^k} \neq 0$，则对任意的 $k = k(i_1, i_2, i_3) = 1, 2, \cdots, 10$，恒有点 P 在重心线 $G_3^k H_3^k$ 上的充分必要条件是如下三条点 P 到重心线的距离 $\mathrm{d}_{P-G_{\sigma_1} H_4^{j(\sigma_1)}}, \mathrm{d}_{P-G_{\sigma_2} H_4^{j(\sigma_2)}}, \mathrm{d}_{P-G_{\sigma_3} H_4^{j(\sigma_3)}}$ 中，其中一条较长的距离等于另外两条较短的距离的和.

证明 根据定理 5.3.6 和题设，则对任意的 $k = k(i_1, i_2, i_3) = 1, 2, \cdots, 10$，分别由 $\mathrm{D}_{P-G_3^k H_3^k} = 0$ 和式 (5.3.18)、$\mathrm{D}_{P-G_3^k H_3^k} = 0$ 和式 (5.3.19) 的几何意义，即得.

定理 5.3.7 设 $S = \{P_1, P_2, \cdots, P_6\}$ 是六点的集合，$G_{i_1 i_2}$ 是 $P_{i_1} P_{i_2}(i_1, i_2 = 1, 2, \cdots, 6; i_1 < i_2)$ 的中点，H_4^j 是 $T_4^j = \{P_{i_3}, P_{i_4}, P_{i_5}, P_{i_6}\}(i_3, i_4, i_5, i_6 = 1, 2, \cdots, 6; j = 1, 2, \cdots, 15)$ 的重心，$(S_3^k, T_3^k) = (P_{i_1}, P_{i_2}, P_{i_3}; P_{i_4}, P_{i_5}, P_{i_6})(i_1, i_2, \cdots, i_6 = 1, 2, \cdots, 6; k = 1, 2, \cdots, 20)$ 是 S 的完备集对，G_3^k, H_3^k 分别是 $(S_3^k, T_3^k)(k = 1, 2, \cdots, 20)$ 中两个集合的重心，$G_{i_1 i_2} H_4^j(i_1, i_2 = 1, 2, \cdots, 6; j = 1, 2, \cdots, 15)$ 是 S 的 2-类重心线，$G_3^k H_3^k (k = 1, 2, \cdots, 20)$ 是 S 的 3-类重心线，P 是平面上任意一点.

(1) 若 $\mathrm{d}_{G_{\sigma_1} H_4^{j(\sigma_1)}} = \mathrm{d}_{G_{\sigma_2} H_4^{j(\sigma_2)}} = \mathrm{d}_{G_3^k H_3^k} \neq 0, \mathrm{d}_{G_{\sigma_3} H_4^{j(\sigma_3)}} \neq 0$，则对任意的 $k = k(i_1, i_2, i_3) = 1, 2, \cdots, 10$，恒有 $\mathrm{D}_{P-G_{\sigma_3} H_4^{j(\sigma_3)}} = 0(\sigma_3 \in \mathrm{C}_3^2(i_1, i_2, i_3))$ 的充分必要条件是

$$4\mathrm{D}_{P-G_{\sigma_1} H_4^{j(\sigma_1)}} + 4\mathrm{D}_{P-G_{\sigma_2} H_4^{j(\sigma_2)}} - 9\mathrm{D}_{P-G_3^k H_3^k} = 0; \qquad (5.3.20)$$

(2) 若 $\mathrm{d}_{G_{\sigma_4} H_4^{j(\sigma_4)}} = \mathrm{d}_{G_{\sigma_5} H_4^{j(\sigma_5)}} = \mathrm{d}_{G_3^k H_3^k} \neq 0, \mathrm{d}_{G_{\sigma_6} H_4^{j(\sigma_6)}} \neq 0$，则对任意的

$k = k(i_1, i_2, i_3) = 1, 2, \cdots, 10$, 恒有 $\mathrm{D}_{P\text{-}G_{\sigma_6} H_4^{j(\sigma_6)}} = 0 (\sigma_6 \in \mathrm{C}_3^2(i_4, i_5, i_6))$ 的充分必要条件是

$$4\mathrm{D}_{P\text{-}G_{\sigma_4} H_4^{j(\sigma_4)}} + 4\mathrm{D}_{P\text{-}G_{\sigma_5} H_4^{j(\sigma_5)}} + 9\mathrm{D}_{P\text{-}G_3^k H_3^k} = 0. \qquad (5.3.21)$$

证明 (1) 根据定理 5.3.5(1) 的证明和题设, 由式 (5.3.17), 可得: $k = k(i_1, i_2, i_3) = 1, 2, \cdots, 10$, 恒有 $\mathrm{D}_{P\text{-}G_{\sigma_3} H_4^{j(\sigma_3)}} = 0 (\sigma_3 \in \mathrm{C}_3^2(i_1, i_2, i_3))$ 的充分必要条件是式 (5.3.20) 成立.

类似地, 可以证明 (2) 中结论成立.

推论 5.3.9 设 $S = \{P_1, P_2, \cdots, P_6\}$ 是六点的集合, $G_{i_1 i_2}$ 是 $P_{i_1} P_{i_2} (i_1, i_2 = 1, 2, \cdots, 6; i_1 < i_2)$ 的中点, H_4^j 是 $T_4^j = \{P_{i_3}, P_{i_4}, P_{i_5}, P_{i_6}\}(i_3, i_4, i_5, i_6 = 1, 2, \cdots, 6; j = 1, 2, \cdots, 15)$ 的重心, $(S_3^k, T_3^k) = (P_{i_1}, P_{i_2}, P_{i_3}; P_{i_4}, P_{i_5}, P_{i_6})(i_1, i_2, \cdots, i_6 = 1, 2, \cdots, 6; k = 1, 2, \cdots, 20)$ 是 S 的完备集对, G_3^k, H_3^k 分别是 $(S_3^k, T_3^k)(k = 1, 2, \cdots, 20)$ 中两个集合的重心, $G_{i_1 i_2} H_4^j (i_1, i_2 = 1, 2, \cdots, 6; j = 1, 2, \cdots, 15)$ 是 S 的 2-类重心线, $G_3^k H_3^k (k = 1, 2, \cdots, 20)$ 是 S 的 3-类重心线, P 是平面上任意一点.

(1) 若 $\mathrm{d}_{G_{\sigma_1} H_4^{j(\sigma_1)}} = \mathrm{d}_{G_{\sigma_2} H_4^{j(\sigma_2)}} = \mathrm{d}_{G_3^k H_3^k} \neq 0, \mathrm{d}_{G_{\sigma_3} H_4^{j(\sigma_3)}} \neq 0$, 则对任意的 $k = k(i_1, i_2, i_3) = 1, 2, \cdots, 10$, 恒有点 P 在重心线 $G_{\sigma_3} H_4^{j(\sigma_3)} (\sigma_3 \in \mathrm{C}_3^2(i_1, i_2, i_3))$ 所在直线上的充分必要条件是如下三条点 P 到重心线的乘数距离 $4\mathrm{d}_{P\text{-}G_{\sigma_1} H_4^{j(\sigma_1)}}$, $4\mathrm{d}_{P\text{-}G_{\sigma_2} H_4^{j(\sigma_2)}}, 9\mathrm{d}_{P\text{-}G_3^k H_3^k}$ 中, 其中一条较长的乘数距离等于另外两条较短的乘数距离的和.

(2) 若 $\mathrm{d}_{G_{\sigma_4} H_4^{j(\sigma_4)}} = \mathrm{d}_{G_{\sigma_5} H_4^{j(\sigma_5)}} = \mathrm{d}_{P G_3^k H_3^k} \neq 0, \mathrm{d}_{G_{\sigma_6} H_4^{j(\sigma_6)}} \neq 0$, 则对任意的 $k = k(i_1, i_2, i_3) = 1, 2, \cdots, 10$, 恒有点 P 在重心线 $G_{\sigma_6} H_4^{j(\sigma_6)} (\sigma_6 \in \mathrm{C}_3^2(i_4, i_5, i_6))$ 所在直线上的充分必要条件是如下三条点 P 到重心线的乘数距离 $4\mathrm{d}_{P\text{-}G_{\sigma_4} H_4^{j(\sigma_4)}}$, $4\mathrm{d}_{P\text{-}G_{\sigma_5} H_4^{j(\sigma_5)}}, 9\mathrm{d}_{P\text{-}G_3^k H_3^k}$ 中, 其中一条较长的乘数距离等于另外两条较短的乘数距离的和.

证明 根据定理 5.3.7 和题设, 对任意的 $k = k(i_1, i_2, i_3) = 1, 2, \cdots, 10$, 分别由 $\mathrm{D}_{P\text{-}G_{\sigma_3} H_4^{j(\sigma_3)}} = 0 (\sigma_3 \in \mathrm{C}_3^2(i_1, i_2, i_3))$ 和式 (5.3.20)、$\mathrm{D}_{P\text{-}G_{\sigma_6} H_4^{j(\sigma_6)}} = 0 (\sigma_6 \in \mathrm{C}_3^2(i_4, i_5, i_6))$ 和式 (5.3.21) 的几何意义, 即得.

定理 5.3.8 设 $S = \{P_1, P_2, \cdots, P_6\}$ 是六点的集合, $G_{i_1 i_2}$ 是 $P_{i_1} P_{i_2} (i_1, i_2 = 1, 2, \cdots, 6; i_1 < i_2)$ 的中点, H_4^j 是 $T_4^j = \{P_{i_3}, P_{i_4}, P_{i_5}, P_{i_6}\}(i_3, i_4, i_5, i_6 = 1, 2, \cdots, 6; j = 1, 2, \cdots, 15)$ 的重心, $(S_3^k, T_3^k) = (P_{i_1}, P_{i_2}, P_{i_3}; P_{i_4}, P_{i_5}, P_{i_6})(i_1, i_2, \cdots, i_6 = 1, 2, \cdots, 6; k = 1, 2, \cdots, 20)$ 是 S 的完备集对, G_3^k, H_3^k 分别是 $(S_3^k, T_3^k)(k = 1, 2, \cdots, 20)$ 中两个集合的重心, $G_{i_1 i_2} H_4^j (i_1, i_2 = 1, 2, \cdots, 6; j = 1, 2, \cdots, 15)$ 是 S

的 2-类重心线, $G_3^k H_3^k (k = 1, 2, \cdots, 20)$ 是 S 的 3-类重心线, P 是平面上任意一点.

(1) 若 $\mathrm{d}_{G_{\sigma_1} H_4^{j(\sigma_1)}} = \mathrm{d}_{G_{\sigma_2} H_4^{j(\sigma_2)}} \neq 0, \mathrm{d}_{G_{\sigma_3} H_4^{j(\sigma_3)}} = \mathrm{d}_{G_3^k H_3^k} \neq 0$, 则对任意的 $k = k(i_1, i_2, i_3) = 1, 2, \cdots, 10$, 以下两式均等价:

$$\mathrm{D}_{P\text{-}G_{\sigma_1} H_4^{j(\sigma_1)}} + \mathrm{D}_{P\text{-}G_{\sigma_2} H_4^{j(\sigma_2)}} = 0, \tag{5.3.22}$$

$$4\mathrm{D}_{P\text{-}G_{\sigma_3} H_4^{j(\sigma_3)}} - 9\mathrm{D}_{P\text{-}G_3^k H_3^k} = 0; \tag{5.3.23}$$

(2) 若 $\mathrm{d}_{G_{\sigma_4} H_4^{j(\sigma_4)}} = \mathrm{d}_{G_{\sigma_5} H_4^{j(\sigma_5)}} \neq 0, \mathrm{d}_{G_{\sigma_6} H_4^{j(\sigma_6)}} = \mathrm{d}_{G_3^k H_3^k} \neq 0$, 则对任意的 $k = k(i_1, i_2, i_3) = 1, 2, \cdots, 10$, 以下两式均等价:

$$\mathrm{D}_{P\text{-}G_{\sigma_4} H_4^{j(\sigma_4)}} + \mathrm{D}_{P\text{-}G_{\sigma_5} H_4^{j(\sigma_5)}} = 0, \tag{5.3.24}$$

$$4\mathrm{D}_{P\text{-}G_{\sigma_6} H_4^{j(\sigma_6)}} + 9\mathrm{D}_{P\text{-}G_3^k H_3^k} = 0. \tag{5.3.25}$$

证明 (1) 根据定理 5.3.5(1) 的证明和题设, 由式 (5.3.17), 即得: $k = k(i_1, i_2, i_3) = 1, 2, \cdots, 10$, 均有式 (5.3.22) 成立的充分必要条件是式 (5.3.23) 成立.

类似地, 可以证明 (2) 中结论成立.

推论 5.3.10 设 $S = \{P_1, P_2, \cdots, P_6\}$ 是六点的集合, $G_{i_1 i_2}$ 是 $P_{i_1} P_{i_2} (i_1, i_2 = 1, 2, \cdots, 6; i_1 < i_2)$ 的中点, H_4^j 是 $T_4^j = \{P_{i_3}, P_{i_4}, P_{i_5}, P_{i_6}\}(i_3, i_4, i_5, i_6 = 1, 2, \cdots, 6; j = 1, 2, \cdots, 15)$ 的重心, $(S_3^k, T_3^k) = (P_{i_1}, P_{i_2}, P_{i_3}; P_{i_4}, P_{i_5}, P_{i_6})(i_1, i_2, \cdots, i_6 = 1, 2, \cdots, 6; k = 1, 2, \cdots, 20)$ 是 S 的完备集对, G_3^k, H_3^k 分别是 $(S_3^k, T_3^k)(k = 1, 2, \cdots, 20)$ 中两个集合的重心, $G_{i_1 i_2} H_4^j (i_1, i_2 = 1, 2, \cdots, 6; j = 1, 2, \cdots, 15)$ 是 S 的 2-类重心线, $G_3^k H_3^k (k = 1, 2, \cdots, 20)$ 是 S 的 3-类重心线, P 是平面上任意一点.

(1) 若 $\mathrm{d}_{G_{\sigma_1} H_4^{j(\sigma_1)}} = \mathrm{d}_{G_{\sigma_2} H_4^{j(\sigma_2)}} \neq 0, \mathrm{d}_{G_{\sigma_3} H_4^{j(\sigma_3)}} = \mathrm{d}_{G_3^k H_3^k} \neq 0$, 则对任意的 $k = k(i_1, i_2, i_3) = 1, 2, \cdots, 10$, 均有点 P 在两重心线 $G_{\sigma_1} H_4^{j(\sigma_1)}, G_{\sigma_2} H_4^{j(\sigma_2)}$ 外角平分线上的充分必要条件是点 P 在另两重心线 $G_{\sigma_3} H_4^{j(\sigma_3)}, G_3^k H_3^k$ 内角之内且 $4\mathrm{d}_{P\text{-}G_{\sigma_3} H_4^{j(\sigma_3)}} = 9\mathrm{d}_{P\text{-}G_3^k H_3^k}$.

(2) 若 $\mathrm{d}_{G_{\sigma_4} H_4^{j(\sigma_4)}} = \mathrm{d}_{G_{\sigma_5} H_4^{j(\sigma_5)}} \neq 0, \mathrm{d}_{G_{\sigma_6} H_4^{j(\sigma_6)}} = \mathrm{d}_{G_3^k H_3^k} \neq 0$, 则对任意的 $k = k(i_1, i_2, i_3) = 1, 2, \cdots, 10$, 均有点 P 在两重心线 $G_{\sigma_4} H_4^{j(\sigma_4)}, G_{\sigma_5} H_4^{j(\sigma_5)}$ 外角平分线上的充分必要条件是点 P 在另两重心线 $G_{\sigma_6} H_4^{j(\sigma_6)}, G_3^k H_3^k$ 外角之内且 $4\mathrm{d}_{P\text{-}G_{\sigma_6} H_4^{j(\sigma_6)}} = 9\mathrm{d}_{P\text{-}G_3^k H_3^k}$.

证明 根据定理 5.3.8, 对任意的 $k = k(i_1, i_2, i_3) = 1, 2, \cdots, 10$, 分别由式 (5.3.22) 和 (5.3.23)、式 (5.3.24) 和 (5.3.25) 的几何意义, 即得.

推论 5.3.11 设 $P_1P_2\cdots P_6$ 是六边形 (六边形), $G_{i_1i_2}(i_1,i_2=1,2,\cdots,6;i_1<i_2)$ 是各边 (对角线) $P_{i_1}P_{i_2}$ 的中点, $H_4^j(j=1,2,\cdots,15)$ 依次是相应四角形 (四边形) $P_{i_3}P_{i_4}P_{i_5}P_{i_6}(i_3,i_4,i_5,i_6=1,2,\cdots,6)$ 的重心, $G_3^k,H_3^k(k=1,2,\cdots,20)$ 分别是两三角形 $P_{i_1}P_{i_2}P_{i_3},P_{i_4}P_{i_5}P_{i_6}(i_1,i_2,\cdots,i_6=1,2,\cdots,6)$ 的重心, $G_{i_1i_2}H_4^j(j=1,2,\cdots,15)$ 是 $P_1P_2\cdots P_6$ 的 2-级重心线, $G_3^kH_3^k(k=1,2,\cdots,20)$ 是 $P_1P_2\cdots P_6$ 的 3-级重心线, P 是 $P_1P_2\cdots P_6$ 所在平面上任意一点. 若相应的条件满足, 则定理 5.3.5 ~ 定理 5.3.8 和推论 5.3.7 ~ 推论 5.3.10 的结论均成立.

证明 设 $S=\{P_1,P_2,\cdots,P_6\}$ 是六边形 (六边形) $P_1P_2\cdots P_6$ 顶点的集合, 对不共线六点的集合 S 分别应用定理 5.3.5 ~ 定理 5.3.8 和推论 5.3.7 ~ 推论 5.3.10, 即得.

5.3.4 共线六点集 2-类 3-类重心线有向距离定理与应用

定理 5.3.9 设 $S=\{P_1,P_2,\cdots,P_6\}$ 是共线六点的集合, $G_{i_1i_2}$ 是 $P_{i_1}P_{i_2}(i_1,i_2=1,2,\cdots,6;i_1<i_2)$ 的中点, H_4^j 是 $T_4^j=\{P_{i_3},P_{i_4},P_{i_5},P_{i_6}\}(i_3,i_4,i_5,i_6=1,2,\cdots,6;j=1,2,\cdots,15)$ 的重心, $(S_3^k,T_3^k)=(P_{i_1},P_{i_2},P_{i_3};P_{i_4},P_{i_5},P_{i_6})(i_1,i_2,\cdots,i_6=1,2,\cdots,6;k=1,2,\cdots,20)$ 是 S 的完备集对, G_3^k,H_3^k 分别是 (S_3^k,T_3^k) $(k=1,2,\cdots,20)$ 中两个集合的重心, $G_{i_1i_2}H_4^j(i_1,i_2=1,2,\cdots,6;j=1,2,\cdots,15)$ 是 S 的 2-类重心线, $G_3^kH_3^k(k=1,2,\cdots,20)$ 是 S 的 3-类重心线, 则对任意的 $k=k(i_1,i_2,i_3)=1,2,\cdots,10$, 恒有

$$4\mathrm{D}_{G_{\sigma_1}H_4^{j(\sigma_1)}}+4\mathrm{D}_{G_{\sigma_2}H_4^{j(\sigma_2)}}+4\mathrm{D}_{G_{\sigma_3}H_4^{j(\sigma_3)}}-9\mathrm{D}_{G_3^kH_3^k}=0, \quad (5.3.26)$$

$$4\mathrm{D}_{G_{\sigma_4}H_4^{j(\sigma_4)}}+4\mathrm{D}_{G_{\sigma_5}H_4^{j(\sigma_5)}}+4\mathrm{D}_{G_{\sigma_6}H_4^{j(\sigma_6)}}+9\mathrm{D}_{G_3^kH_3^k}=0. \quad (5.3.27)$$

证明 不妨设 P 是六点所在线外任意一点. 因为 $P_1,P_2,\cdots,P_6$ 六点共线, 所以四重心线 $G_{\sigma_i}H_4^{j(\sigma_i)}(i=1,2,3);G_3^kH_3^k(k=k(i_1,i_2,i_3))$ 共线. 从而

$$2\mathrm{D}_{PG_{\sigma_i}H_4^{j(\sigma_i)}}=\mathrm{d}_{P\text{-}G_{\sigma_i}H_4^{j(\sigma_i)}}\mathrm{D}_{G_{\sigma_i}H_4^{j(\sigma_i)}} \quad (i=1,2,3);$$

$$2\mathrm{D}_{PG_3^kH_3^k}=\mathrm{d}_{P\text{-}G_3^kH_3^k}\mathrm{D}_{G_3^kH_3^k} \quad (k=k(i_1,i_2,i_3)).$$

故根据定理 5.3.1, 由式 (5.3.1), 可得

$$4\sum_{i=1}^{3}\mathrm{d}_{P\text{-}G_{\sigma_i}H_4^{j(\sigma_i)}}\mathrm{D}_{G_{\sigma_i}H_4^{j(\sigma_i)}}-9\mathrm{d}_{P\text{-}G_3^kH_3^k}\mathrm{D}_{G_3^kH_3^k}=0,$$

其中 $k=k(i_1,i_2,i_3)$. 注意到 $\mathrm{d}_{P\text{-}G_{\sigma_1}H_4^{j(\sigma_1)}}=\mathrm{d}_{P\text{-}G_{\sigma_2}H_4^{j(\sigma_2)}}=\mathrm{d}_{P\text{-}G_{\sigma_3}H_4^{j(\sigma_3)}}=\mathrm{d}_{P\text{-}G_3^kH_3^k}\neq 0$, 故由上式即得式 (5.3.26).

类似地,可以证明式 (5.3.27) 成立.

推论 5.3.12 设 $S = \{P_1, P_2, \cdots, P_6\}$ 是共线六点的集合, $G_{i_1i_2}$ 是 $P_{i_1}P_{i_2}(i_1, i_2 = 1, 2, \cdots, 6; i_1 < i_2)$ 的中点, H_4^j 是 $T_4^j = \{P_{i_3}, P_{i_4}, P_{i_5}, P_{i_6}\}(i_3, i_4, i_5, i_6 = 1, 2, \cdots, 6; j = 1, 2, \cdots, 15)$ 的重心, $(S_3^k, T_3^k) = (P_{i_1}, P_{i_2}, P_{i_3}; P_{i_4}, P_{i_5}, P_{i_6})(i_1, i_2, \cdots, i_6 = 1, 2, \cdots, 6; k = 1, 2, \cdots, 20)$ 是 S 的完备集对, G_3^k, H_3^k 分别是 (S_3^k, T_3^k) $(k = 1, 2, \cdots, 20)$ 中两个集合的重心, $G_{i_1i_2}H_4^j(i_1, i_2 = 1, 2, \cdots, 6; j = 1, 2, \cdots, 15)$ 是 S 的 2-类重心线, $G_3^k H_3^k(k = 1, 2, \cdots, 20)$ 是 S 的 3-类重心线, 则对任意的 $k = k(i_1, i_2, i_3) = 1, 2, \cdots, 10$, 恒有以下两组各四条重心线的乘数距离 $4\mathrm{d}_{G_{\sigma_1}H_4^{j(\sigma_1)}}$, $4\mathrm{d}_{G_{\sigma_2}H_4^{j(\sigma_2)}}, 4\mathrm{d}_{G_{\sigma_3}H_4^{j(\sigma_3)}}, 9\mathrm{d}_{G_3^k H_3^k}$; $4\mathrm{d}_{G_{\sigma_4}H_4^{j(\sigma_4)}}, 4\mathrm{d}_{G_{\sigma_5}H_4^{j(\sigma_5)}}, 4\mathrm{d}_{G_{\sigma_6}H_4^{j(\sigma_6)}}, 9\mathrm{d}_{G_3^k H_3^k}$ 中, 每组其中一条较长的乘数距离等于另三条较短的乘数距离的和, 或其中两条乘数距离的和等于另外两条乘数距离的和.

证明 根据定理 5.3.9, 对任意的 $k = k(i_1, i_2, i_3) = 1, 2, \cdots, 10$, 分别由式 (5.3.26) 和 (5.3.27) 的几何意义, 即得.

定理 5.3.10 设 $S = \{P_1, P_2, \cdots, P_6\}$ 是共线六点的集合, $G_{i_1i_2}$ 是 $P_{i_1}P_{i_2}(i_1, i_2 = 1, 2, \cdots, 6; i_1 < i_2)$ 的中点, H_4^j 是 $T_4^j = \{P_{i_3}, P_{i_4}, P_{i_5}, P_{i_6}\}(i_3, i_4, i_5, i_6 = 1, 2, \cdots, 6; j = 1, 2, \cdots, 15)$ 的重心, $(S_3^k, T_3^k) = (P_{i_1}, P_{i_2}, P_{i_3}; P_{i_4}, P_{i_5}, P_{i_6})(i_1, i_2, \cdots, i_6 = 1, 2, \cdots, 6; k = 1, 2, \cdots, 20)$ 是 S 的完备集对, G_3^k, H_3^k 分别是 (S_3^k, T_3^k) $(k = 1, 2, \cdots, 20)$ 中两个集合的重心, $G_{i_1i_2}H_4^j(i_1, i_2 = 1, 2, \cdots, 6; j = 1, 2, \cdots, 15)$ 是 S 的 2-类重心线, $G_3^k H_3^k(k = 1, 2, \cdots, 20)$ 是 S 的 3-类重心线, 则对任意的 $k = k(i_1, i_2, i_3) = 1, 2, \cdots, 10$, 恒有 $\mathrm{D}_{G_3^k H_3^k} = 0$ 的充分必要条件是如下两式之一成立:

$$\mathrm{D}_{G_{\sigma_1}H_4^{j(\sigma_1)}} + \mathrm{D}_{G_{\sigma_2}H_4^{j(\sigma_2)}} + \mathrm{D}_{G_{\sigma_3}H_4^{j(\sigma_3)}} = 0, \quad (5.3.28)$$

$$\mathrm{D}_{G_{\sigma_4}H_4^{j(\sigma_4)}} + \mathrm{D}_{G_{\sigma_5}H_4^{j(\sigma_5)}} + \mathrm{D}_{G_{\sigma_6}H_4^{j(\sigma_6)}} = 0. \quad (5.3.29)$$

证明 根据定理 5.3.9, 分别由式 (5.3.26) 和 (5.3.27), 即得: 对任意的 $k = k(i_1, i_2, i_3) = 1, 2, \cdots, 10$, 恒有 $\mathrm{D}_{G_3^k H_3^k} = 0 \Leftrightarrow$ 式 (5.3.28)$\Leftrightarrow$(5.3.29) 成立.

推论 5.3.13 设 $S = \{P_1, P_2, \cdots, P_6\}$ 是共线六点的集合, $G_{i_1i_2}$ 是 $P_{i_1}P_{i_2}(i_1, i_2 = 1, 2, \cdots, 6; i_1 < i_2)$ 的中点, H_4^j 是 $T_4^j = \{P_{i_3}, P_{i_4}, P_{i_5}, P_{i_6}\}(i_3, i_4, i_5, i_6 = 1, 2, \cdots, 6; j = 1, 2, \cdots, 15)$ 的重心, $(S_3^k, T_3^k) = (P_{i_1}, P_{i_2}, P_{i_3}; P_{i_4}, P_{i_5}, P_{i_6})(i_1, i_2, \cdots, i_6 = 1, 2, \cdots, 6; k = 1, 2, \cdots, 20)$ 是 S 的完备集对, G_3^k, H_3^k 分别是 (S_3^k, T_3^k) $(k = 1, 2, \cdots, 20)$ 中两个集合的重心, $G_{i_1i_2}H_4^j(i_1, i_2 = 1, 2, \cdots, 6; j = 1, 2, \cdots, 15)$ 是 S 的 2-类重心线, $G_3^k H_3^k(k = 1, 2, \cdots, 20)$ 是 S 的 3-类重心线, 则对任意的 $k = k(i_1, i_2, i_3) = 1, 2, \cdots, 10$, 恒有两重心点 G_3^k, H_3^k 重合的充分必要条件是如下三条重心线的距离 $\mathrm{d}_{G_{\sigma_1}H_4^{j(\sigma_1)}}, \mathrm{d}_{G_{\sigma_2}H_4^{j(\sigma_2)}}, \mathrm{d}_{G_{\sigma_3}H_4^{j(\sigma_3)}}$ 或 $\mathrm{d}_{G_{\sigma_4}H_4^{j(\sigma_4)}}, \mathrm{d}_{G_{\sigma_5}H_4^{j(\sigma_5)}},$

$\mathrm{d}_{G_{\sigma_6}H_4^{j(\sigma_6)}}$ 中, 其中一条较长的距离等于另外两条较短的距离的和.

证明 根据定理 5.3.10, 对任意的 $k = k(i_1, i_2, i_3) = 1, 2, \cdots, 10$, 由 $\mathrm{D}_{G_3^k H_3^k} = 0$ 和式 (5.3.28) 或 (5.3.29) 的几何意义, 即得.

定理 5.3.11 设 $S = \{P_1, P_2, \cdots, P_6\}$ 是共线六点的集合, $G_{i_1 i_2}$ 是 $P_{i_1}P_{i_2}(i_1, i_2 = 1, 2, \cdots, 6; i_1 < i_2)$ 的中点, H_4^j 是 $T_4^j = \{P_{i_3}, P_{i_4}, P_{i_5}, P_{i_6}\}(i_3, i_4, i_5, i_6 = 1, 2, \cdots, 6; j = 1, 2, \cdots, 15)$ 的重心, $(S_3^k, T_3^k) = (P_{i_1}, P_{i_2}, P_{i_3}; P_{i_4}, P_{i_5}, P_{i_6})(i_1, i_2, \cdots, i_6 = 1, 2, \cdots, 6; k = 1, 2, \cdots, 20)$ 是 S 的完备集对, G_3^k, H_3^k 分别是 (S_3^k, T_3^k) $(k = 1, 2, \cdots, 20)$ 中两个集合的重心, $G_{i_1 i_2} H_4^j(i_1, i_2 = 1, 2, \cdots, 6; j = 1, 2, \cdots, 15)$ 是 S 的 2-类重心线, $G_3^k H_3^k (k = 1, 2, \cdots, 20)$ 是 S 的 3-类重心线, 则对任意的 $k = k(i_1, i_2, i_3) = 1, 2, \cdots, 10$, 恒有

(1) $\mathrm{D}_{G_{\sigma_3} H_4^{j(\sigma_3)}} = 0 (\sigma_3 \in \mathrm{C}_3^2(i_1, i_2, i_3))$ 的充分必要条件是

$$4\mathrm{D}_{G_{\sigma_1} H_4^{j(\sigma_1)}} + 4\mathrm{D}_{G_{\sigma_2} H_4^{j(\sigma_2)}} - 9\mathrm{D}_{G_3^k H_3^k} = 0; \tag{5.3.30}$$

(2) $\mathrm{D}_{G_{\sigma_6} H_4^{j(\sigma_6)}} = 0 (\sigma_6 \in \mathrm{C}_3^2(i_4, i_5, i_6))$ 的充分必要条件是

$$4\mathrm{D}_{G_{\sigma_4} H_4^{j(\sigma_4)}} + 4\mathrm{D}_{G_{\sigma_5} H_4^{j(\sigma_5)}} + 9\mathrm{D}_{G_3^k H_3^k} = 0. \tag{5.3.31}$$

证明 根据定理 5.3.9, 分别由式 (5.3.26) 和 (5.3.27), 即得: 对任意的 $k = k(i_1, i_2, i_3) = 1, 2, \cdots, 10$, 恒有 $\mathrm{D}_{G_{\sigma_3} H_4^{j(\sigma_3)}} = 0 (\sigma_3 \in \mathrm{C}_3^2(i_1, i_2, i_3)) \Leftrightarrow$ 式 (5.3.30) 成立, $\mathrm{D}_{G_{\sigma_6} H_4^{j(\sigma_6)}} = 0 (\sigma_6 \in \mathrm{C}_3^2(i_4, i_5, i_6)) \Leftrightarrow$ 式 (5.3.31) 成立.

推论 5.3.14 设 $S = \{P_1, P_2, \cdots, P_6\}$ 是共线六点的集合, $G_{i_1 i_2}$ 是 $P_{i_1} P_{i_2}(i_1, i_2 = 1, 2, \cdots, 6; i_1 < i_2)$ 的中点, H_4^j 是 $T_4^j = \{P_{i_3}, P_{i_4}, P_{i_5}, P_{i_6}\}(i_3, i_4, i_5, i_6 = 1, 2, \cdots, 6; j = 1, 2, \cdots, 15)$ 的重心, $(S_3^k, T_3^k) = (P_{i_1}, P_{i_2}, P_{i_3}; P_{i_4}, P_{i_5}, P_{i_6})(i_1, i_2, \cdots, i_6 = 1, 2, \cdots, 6; k = 1, 2, \cdots, 20)$ 是 S 的完备集对, G_3^k, H_3^k 分别是 (S_3^k, T_3^k) $(k = 1, 2, \cdots, 20)$ 中两个集合的重心, $G_{i_1 i_2} H_4^j (i_1, i_2 = 1, 2, \cdots, 6; j = 1, 2, \cdots, 15)$ 是 S 的 2-类重心线, $G_3^k H_3^k (k = 1, 2, \cdots, 20)$ 是 S 的 3-类重心线, 则对任意的 $k = k(i_1, i_2, i_3) = 1, 2, \cdots, 10$, 恒有两重心点 $G_{\sigma_3}, H_4^{j(\sigma_3)}(\sigma_3 \in \mathrm{C}_3^2(i_1, i_2, i_3))(G_{\sigma_6}, H_4^{j(\sigma_6)}(\sigma_6 \in \mathrm{C}_3^2(i_4, i_5, i_6)))$ 重合的充分必要条件是以下三条重心线的乘数距离 $4\mathrm{d}_{G_{\sigma_1} H_4^{j(\sigma_1)}}, 4\mathrm{d}_{G_{\sigma_2} H_4^{j(\sigma_2)}}, 9\mathrm{d}_{G_3^k H_3^k} (4\mathrm{d}_{G_{\sigma_4} H_4^{j(\sigma_4)}}, 4\mathrm{d}_{G_{\sigma_5} H_4^{j(\sigma_5)}}, 9\mathrm{d}_{G_3^k H_3^k})$ 中, 其中一条较长的乘数距离等于另外两条较短的乘数距离的和.

证明 根据定理 5.3.11, 对任意的 $k = k(i_1, i_2, i_3) = 1, 2, \cdots, 10$, 分别由 $\mathrm{D}_{G_{\sigma_3} H_4^{j(\sigma_3)}} = 0(\sigma_3 \in \mathrm{C}_3^2(i_1, i_2, i_3))$ 和式 (5.3.30)、由 $\mathrm{D}_{G_{\sigma_6} H_4^{j(\sigma_6)}} = 0(\sigma_6 \in \mathrm{C}_3^2(i_4, i_5, i_6))$ 和式 (5.3.31) 的几何意义, 即得.

定理 5.3.12 设 $S = \{P_1, P_2, \cdots, P_6\}$ 是共线六点的集合, $G_{i_1 i_2}$ 是 $P_{i_1} P_{i_2}(i_1, i_2 = 1, 2, \cdots, 6; i_1 < i_2)$ 的中点, H_4^j 是 $T_4^j = \{P_{i_3}, P_{i_4}, P_{i_5}, P_{i_6}\}(i_3, i_4, i_5, i_6 = $

$1,2,\cdots,6; j=1,2,\cdots,15)$ 的重心, $(S_3^k,T_3^k)=(P_{i_1},P_{i_2},P_{i_3};P_{i_4},P_{i_5},P_{i_6})(i_1,i_2,\cdots,i_6=1,2,\cdots,6; k=1,2,\cdots,20)$ 是 S 的完备集对, G_3^k, H_3^k 分别是 (S_3^k,T_3^k) $(k=1,2,\cdots,20)$ 中两个集合的重心, $G_{i_1i_2}H_4^j(i_1,i_2=1,2,\cdots,6; j=1,2,\cdots,15)$ 是 S 的 2-类重心线, $G_3^k H_3^k (k=1,2,\cdots,20)$ 是 S 的 3-类重心线, 则对任意的 $k=k(i_1,i_2,i_3)=1,2,\cdots,10$, 以下两对式子中的两个式子均等价:

$$\mathrm{D}_{G_{\sigma_1}H_4^{j(\sigma_1)}} + \mathrm{D}_{G_{\sigma_2}H_4^{j(\sigma_2)}} = 0 \quad (\mathrm{d}_{G_{\sigma_1}H_4^{j(\sigma_1)}} = \mathrm{d}_{G_{\sigma_2}H_4^{j(\sigma_2)}}), \tag{5.3.32}$$

$$4\mathrm{D}_{G_{\sigma_3}H_4^{j(\sigma_3)}} - 9\mathrm{D}_{G_3^k H_3^k} = 0 \quad (4\mathrm{d}_{G_{\sigma_3}H_4^{j(\sigma_3)}} = 9\mathrm{d}_{G_3^k H_3^k}); \tag{5.3.33}$$

$$\mathrm{D}_{G_{\sigma_4}H_4^{j(\sigma_4)}} + \mathrm{D}_{G_{\sigma_5}H_4^{j(\sigma_5)}} = 0 \quad (\mathrm{d}_{G_{\sigma_4}H_4^{j(\sigma_4)}} = \mathrm{d}_{G_{\sigma_5}H_4^{j(\sigma_5)}}), \tag{5.3.34}$$

$$4\mathrm{D}_{G_{\sigma_6}H_4^{j(\sigma_6)}} + 9\mathrm{D}_{G_3^k H_3^k} = 0 \quad (4\mathrm{d}_{G_{\sigma_6}H_4^{j(\sigma_6)}} = 9\mathrm{d}_{G_3^k H_3^k}). \tag{5.3.35}$$

证明 根据定理 5.3.9, 分别由式 (5.3.26) 和 (5.3.27) 即得: 对任意的 $k=k(i_1,i_2,i_3)=1,2,\cdots,10$, 均有式 (5.3.32) 成立的充分必要条件是式 (5.3.33) 成立, 式 (5.3.34) 成立的充分必要条件是式 (5.3.35) 成立.

推论 5.3.15 设 $S=\{P_1,P_2,\cdots,P_6\}$ 是共线六点的集合, $G_{i_1i_2}$ 是 $P_{i_1}P_{i_2}(i_1,i_2=1,2,\cdots,6; i_1<i_2)$ 的中点, H_4^j 是 $T_4^j=\{P_{i_3},P_{i_4},P_{i_5},P_{i_6}\}(i_3,i_4,i_5,i_6=1,2,\cdots,6; j=1,2,\cdots,15)$ 的重心, $(S_3^k,T_3^k)=(P_{i_1},P_{i_2},P_{i_3};P_{i_4},P_{i_5},P_{i_6})(i_1,i_2,\cdots,i_6=1,2,\cdots,6; k=1,2,\cdots,20)$ 是 S 的完备集对, G_3^k, H_3^k 分别是 (S_3^k,T_3^k) $(k=1,2,\cdots,20)$ 中两个集合的重心, $G_{i_1i_2}H_4^j(i_1,i_2=1,2,\cdots,6; j=1,2,\cdots,15)$ 是 S 的 2-类重心线, $G_3^k H_3^k (k=1,2,\cdots,20)$ 是 S 的 3-类重心线, 则对任意的 $k=k(i_1,i_2,i_3)=1,2,\cdots,10$, 均有两重心线 $G_{\sigma_1}H_4^{j(\sigma_1)}, G_{\sigma_2}H_4^{j(\sigma_2)}$ 距离相等方向相反的充分必要条件是另两重心线 $G_{\sigma_3}H_4^{j(\sigma_3)}, G_3^k H_3^k$ 方向相同且 $4\mathrm{a}_{G_{\sigma_3}H_4^{j(\sigma_3)}}=9\mathrm{a}_{G_3^k H_3^k}$; 而两重心线 $G_{\sigma_4}H_4^{j(\sigma_4)}, G_{\sigma_5}H_4^{j(\sigma_5)}$ 距离相等方向相反的充分必要条件是另两重心线 $G_{\sigma_6}H_4^{j(\sigma_6)}, G_3^k H_3^k$ 方向相反且 $4\mathrm{a}_{G_{\sigma_6}H_4^{j(\sigma_6)}}=9\mathrm{a}_{G_3^k H_3^k}$.

证明 根据定理 5.3.12, 对任意的 $k=k(i_1,i_2,i_3)=1,2,\cdots,10$, 分别由式 (5.3.32) 和 (5.3.33)、式 (5.3.34) 和 (5.3.35) 的几何意义, 即得.

5.4 六点集重心线的共点定理和定比分点定理与应用

本节主要应用有向度量和有向度量定值法, 研究六点集重心线共点和定比分点的有关问题. 首先, 利用六点集重心线三角形有向面积的定值定理, 得出不共线六点集重心线的共点定理, 从而推出六角形 (六边形) 重心线的共点定理; 其次, 给出六点集重心线的定比分点定理, 从而推出六角形 (六边形) 重心线的定比分点定理; 最后, 给出六点集各类重心线有向度量定值定理的物理意义.

5.4.1 六点集各类重心线的共点定理及其应用

定理 5.4.1 设 $S = \{P_1, P_2, \cdots, P_6\}$ 是不共线六点的集合, H_5^i 是 $T_5^i = \{P_{i+1}, P_{i+2}, \cdots, P_{i+5}\}(i = 1, 2, \cdots, 6)$ 的重心, $(S_2^j, T_4^j) = (P_{i_1}, P_{i_2}; P_{i_3}, P_{i_4}, \cdots, P_{i_6})(i_1, i_2, \cdots, i_6 = 1, 2, \cdots, 6; i_1 < i_2)$ 和 $(S_3^k, T_3^k) = (P_{i_1}, P_{i_2}, P_{i_3}; P_{i_4}, P_{i_5}, P_{i_6})$ $(k = 1, 2, \cdots, 20; i_1, i_2, \cdots, i_6 = 1, 2, \cdots, 6)$ 是 S 的完备集对, $G_{i_1 i_2}, H_4^j$ 分别是 $(S_2^j, T_4^j)(i_1, i_2, \cdots, i_7 = 1, 2, \cdots, 6; i_1 < i_2)$ 中两个集合的重心, G_3^k, H_3^k 分别是 $(S_3^k, T_3^k)(i_1, i_2, \cdots, i_3 = 1, 2, \cdots, 6; k = 1, 2, \cdots, 20)$ 中两个集合的重心, $P_i H_5^i (i = 1, 2, \cdots, 6)$ 是 S 的 1-类重心线, $G_{i_1 i_2} H_4^j (j = 1, 2, \cdots, 15)$ 是 S 的 2-类重心线, $G_3^k H_3^k (k = 1, 2, \cdots, 20)$ 是 S 的 3-类重心线, 则 $P_i H_5^i (i = 1, 2, \cdots, 6)$, $G_{i_1 i_2} H_4^j (j = 1, 2, \cdots, 15)$ 和 $G_3^k H_3^k (k = 1, 2, \cdots, 10)$ 相交于一点 G, 且该交点为 S 的重心, 即 $G = (P_1 + P_2 + \cdots + P_6)/6$.

证明 因为 $S = \{P_1, P_2, \cdots, P_5\}$ 是不共线六点的集合, 所以 S 的 1-类重心线 $P_i H_5^i (i = 1, 2, \cdots, 6)$ 所在直线中至少有两条仅相交于一点. 不妨设 $P_1 H_5^1$, $P_2 H_5^2$ 仅相交于一点 G, 则

$$\mathrm{D}_{GP_1 H_5^1} = \mathrm{D}_{GP_2 H_5^2} = 0,$$

代入式 (5.1.1), 得 $\mathrm{D}_{GG_{12} H_4^1} = 0$. 再将 $\mathrm{D}_{GP_1 H_5^1} = \mathrm{D}_{GP_2 H_5^2} = \mathrm{D}_{GG_{12} H_4^1} = 0$, 分别代入式 (5.1.1), 得

$$5\mathrm{D}_{GP_3 H_5^3} - 8\mathrm{D}_{GG_{13} H_4^2} = 0, \tag{5.4.1}$$

$$5\mathrm{D}_{GP_4 H_5^4} - 8\mathrm{D}_{GG_{14} H_4^3} = 0, \tag{5.4.2}$$

$$5\mathrm{D}_{GP_5 H_5^5} - 8\mathrm{D}_{GG_{15} H_4^4} = 0, \tag{5.4.3}$$

$$5\mathrm{D}_{GP_6 H_5^6} - 8\mathrm{D}_{GG_{16} H_4^5} = 0, \tag{5.4.4}$$

$$5\mathrm{D}_{GP_3 H_5^3} - 8\mathrm{D}_{GG_{23} H_4^6} = 0, \tag{5.4.5}$$

$$5\mathrm{D}_{GP_4 H_5^4} - 8\mathrm{D}_{GG_{24} H_4^7} = 0, \tag{5.4.6}$$

$$5\mathrm{D}_{GP_5 H_5^5} - 8\mathrm{D}_{GG_{25} H_4^8} = 0, \tag{5.4.7}$$

$$5\mathrm{D}_{GP_6 H_5^6} - 8\mathrm{D}_{GG_{26} H_4^9} = 0, \tag{5.4.8}$$

$$5\mathrm{D}_{GP_3 H_5^3} + 5\mathrm{D}_{GP_4 H_5^4} - 8\mathrm{D}_{GG_{34} H_4^{10}} = 0, \tag{5.4.9}$$

$$5\mathrm{D}_{GP_3 H_5^3} + 5\mathrm{D}_{GP_5 H_5^5} - 8\mathrm{D}_{GG_{35} H_4^{11}} = 0, \tag{5.4.10}$$

$$5\mathrm{D}_{GP_3 H_5^3} + 5\mathrm{D}_{GP_6 H_5^6} - 8\mathrm{D}_{GG_{36} H_4^{12}} = 0, \tag{5.4.11}$$

$$5\mathrm{D}_{GP_4 H_5^4} + 5\mathrm{D}_{GP_5 H_5^5} - 8\mathrm{D}_{GG_{45} H_4^{13}} = 0, \tag{5.4.12}$$

$$5\mathrm{D}_{GP_4H_5^4} + 5\mathrm{D}_{GP_6H_5^6} - 8\mathrm{D}_{GG_{46}H_4^{14}} = 0, \tag{5.4.13}$$

$$5\mathrm{D}_{GP_5H_5^5} + 5\mathrm{D}_{GP_6H_5^6} - 8\mathrm{D}_{GG_{56}H_4^{15}} = 0. \tag{5.4.14}$$

显然, 式 (5.4.1)~(5.4.14) 都是关于点 G 坐标的二元一次方程, 且相互独立的方程的个数不小于 2. 因此, 这些直线的方程构成一个二元一次方程组, 其系数矩阵 A 的秩 $R(A) \geqslant 2$. 故由线性方程组解的理论易知: 该方程组只有零解. 而

$$\mathrm{D}_{GP_iH_5^i} = 0 \ (i = 3, 4, 5, 6); \quad \mathrm{D}_{GG_{i_1i_2}H_4^j} = 0 \ (j = 2, 3, \cdots, 15)$$

就是该方程组的零解. 所以 G 在重心线 $P_iH_5^i(i = 3, 4, 5, 6); G_{i_1i_2}H_4^j(j = 2, 3, \cdots, 15)$ 所在直线之上. 因此, $P_iH_5^i(i = 1, 2, \cdots, 6); G_{i_1i_2}H_4^j(j = 1, 2, \cdots, 15)$ 所在直线相交于 G 点.

类似地, 利用式 (5.2.1) 中的前 10 个情形的方程, 可以证明 $P_iH_5^i(i = 1, 2, \cdots, 6); G_3^kH_3^k(k = 1, 2, \cdots, 10)$ 所在直线相交于 G 点.

因此, $P_iH_5^i(i=1,2,\cdots,6); G_{i_1i_2}H_4^j(j = 1, 2, \cdots, 15); G_3^kH_3^k(k=1,2,\cdots,10)$ 所在直线相交于一点 G.

现求 G 的坐标. 设 S 各点的坐标分别为 $P_i(x_i, y_i)(i = 1, 2, \cdots, 6)$, 于是 T_5^i 重心的坐标分别为

$$H_5^i \left(\frac{1}{5} \sum_{\mu=1}^{5} x_{\mu+i}, \frac{1}{5} \sum_{\mu=1}^{5} y_{\mu+i} \right) \quad (i = 1, 2, \cdots, 6).$$

因为 G 是六条 1-类重心线 $P_iH_5^i(i = 1, 2, \cdots, 6)$ 的交点, 故由 G 关于 $P_iH_5^i(i = 1, 2, \cdots, 6)$ 的对称性, 在各直线 $P_iH_5^i$ 的方程

$$\frac{x - x_i}{x_{H_5^i} - x_i} = \frac{y - y_i}{y_{H_5^i} - y_i} = t_i \quad (i = 1, 2, \cdots, 6)$$

中令 $t_1 = t_2 = \cdots = t_6 = t$ 并化简, 可得

$$x_G = x_i + t\left(x_{H_5^i} - x_i\right) \quad (i = 1, 2, \cdots, 6).$$

于是

$$6x_G = \sum_{i=1}^{6} x_i + t \sum_{i=1}^{6} \left(x_{H_5^i} - x_i\right) = \sum_{i=1}^{6} x_i + t \sum_{i=1}^{6} \left(\frac{x_{i+1} + x_{i+2} + \cdots + x_{i+5}}{5} - x_i\right)$$

$$= \sum_{i=1}^{6} x_i + \frac{t}{5} \sum_{i=1}^{6} \left(x_{i+1} + x_{i+2} + \cdots + x_{i+5} - 5x_i\right) = \sum_{i=1}^{6} x_i,$$

所以
$$x_G = \frac{x_1 + x_2 + \cdots + x_6}{6}.$$

类似地, 可以求得
$$y_G = \frac{y_1 + y_2 + \cdots + y_6}{6}.$$

所以 $G = (P_1 + P_2 + \cdots + P_6)/6$, 即 G 是 S 的重心.

又显然, G 是各重心线的内点, 故 $P_i H_5^i (i = 1, 2, \cdots, 6), G_{i_1 i_2} H_4^j (j = 1, 2, \cdots, 15)$ 和 $G_3^k H_3^k (k = 1, 2, \cdots, 10)$ 相交于一点.

注 5.4.1 当 $S = \{P_1, P_2, \cdots, P_6\}$ 为共线六点的集合时, S 的 1-类重心线、2-类重心线和 3-类重心线同在一条直线上, 各类重心线的公共点不唯一, 通常有无穷多个点, 即包含 S 重心的一个区间, 但可以验证 G 亦是各重心线的内点, 从而 G 亦是各重心线的重心. 因此, 从这个意义上来说, 共线六点集的奇异重心线和非奇异重心线一起才能确定它的重心.

推论 5.4.1 设 $P_1 P_2 \cdots P_6$ 是六角形 (六边形), $H_5^i (i = 1, 2, \cdots, 6)$ 是五角形 (五边形) $P_{i+1} P_{i+2} \cdots P_{i+5} (i = 1, 2, \cdots, 6)$ 的重心, $G_{i_1 i_2}, H_4^j$ 分别是各边 (对角线) $P_{i_1} P_{i_2} (i_1, i_2 = 1, 2, \cdots, 6; i_1 < i_2)$ 的中点和四角形 (四边形) $P_{i_3} P_{i_4} P_{i_5} P_{i_6}$ $(j = 1, 2, \cdots, 15; i_3, i_4, i_5, i_6 = 1, 2, \cdots, 6)$ 的重心, G_3^k, H_3^k 分别是两三角形 $P_{i_1} P_{i_2} P_{i_3}$ 和 $P_{i_4} P_{i_5} P_{i_6} (k = 1, 2, \cdots, 10; i_1, i_2, \cdots, i_6 = 1, 2, \cdots, 6)$ 的重心, $P_i H_5^i (i = 1, 2, \cdots, 6)$ 是 $P_1 P_2 \cdots P_6$ 的 1-级重心线, $G_{i_1 i_2} H_4^j (j = 1, 2, \cdots, 15)$ 是 $P_1 P_2 \cdots P_6$ 的 2-级重心线, $G_3^k H_3^k (k = 1, 2, \cdots, 20)$ 是 $P_1 P_2 \cdots P_6$ 的 3-级重心线, 则 $P_i H_5^i (i = 1, 2, \cdots, 6); G_{i_1 i_2} H_4^j (j = 1, 2, \cdots, 15)$ 和 $G_3^k H_3^k (k = 1, 2, \cdots, 10)$ 相交于一点 G, 且该交点为 $P_1 P_2 \cdots P_6$ 的重心, 即 $G = (P_1 + P_2 + \cdots + P_6)/6$.

证明 设 $S = \{P_1, P_2, \cdots, P_6\}$ 是六角形 (六边形) $P_1 P_2 \cdots P_6$ 顶点的集合, 对不共线六点的集合 S 应用定理 5.4.1, 即得.

5.4.2 六点集各类重心线的定比分点定理及其应用

定理 5.4.2 (六点集 1-类重心线的定比分点定理) 设 $S = \{P_1, P_2, \cdots, P_6\}$ 是六点的集合, $H_5^i (i = 1, 2, \cdots, 6)$ 是 $T_5^i = \{P_{i+1}, P_{i+2}, \cdots, P_{i+5}\} (i = 1, 2, \cdots, 6)$ 的重心, $P_i H_5^i (i = 1, 2, \cdots, 6)$ 是 S 的非退化 1-类重心线, 则 S 的重心 G 是 $P_i H_5^i (i = 1, 2, \cdots, 6)$ 的 5-分点, 即

$$\mathrm{D}_{P_i G} / \mathrm{D}_{G H_5^i} = 5 \quad \text{或} \quad G = (P_i + 5 H_5^i)/6 \quad (i = 1, 2, \cdots, 6).$$

证明 不妨设 S 的六条 1-类 $P_i H_5^i (i = 1, 2, \cdots, 6)$ 与 x 轴均不垂直, 且其各

点的坐标如定理 5.4.1 所设, 则由定理 5.4.1 及注 5.4.1, 可得

$$\frac{\mathrm{D}_{P_iG}}{\mathrm{D}_{GH_5^i}} = \frac{\mathrm{Prj}_x \mathrm{D}_{P_iG}}{\mathrm{Prj}_x \mathrm{D}_{GH_5^i}} = \frac{x_G - x_i}{x_{H_5^i} - x_G}$$

$$= \frac{(x_i + x_{i+1} + \cdots + x_{i+5})/6 - x_i}{(x_{i+1} + x_{i+2} + \cdots + x_{i+5})/5 - (x_i + x_{i+1} + \cdots + x_{i+6})/6}$$

$$= \frac{5(x_{i+1} + x_{i+2} + \cdots + x_{i+5} - 5x_i)}{x_{i+1} + x_{i+2} + \cdots + x_{i+5} - 6x_i} = 5 \quad (i = 1, 2, \cdots, 6),$$

所以 $G = (P_i + 5H_5^i)/6 (i = 1, 2, \cdots, 6)$, 即重心 G 是重心线 $P_iH_5^i (i = 1, 2, \cdots, 6)$ 的 5-分点.

推论 5.4.2 设 $P_1P_2\cdots P_6$ 是六角形 (六边形), $H_5^i(i = 1, 2, \cdots, 6)$ 是五角形 (五边形) $P_{i+1}P_{i+2}\cdots P_{i+5}(i = 1, 2, \cdots, 6)$ 的重心, $P_iH_5^i(i = 1, 2, \cdots, 6)$ 是 $P_1P_2\cdots P_6$ 的非退化 1-级重心线, 则 $P_1P_2\cdots P_6$ 的重心 G 是 $P_iH_5^i(i = 1, 2, \cdots, 6)$ 的 5-分点, 即

$$\mathrm{D}_{P_iG}/\mathrm{D}_{GH_5^i} = 5 \quad 或 \quad G = (P_i + 5H_5^i)/6 \quad (i = 1, 2, \cdots, 6).$$

证明 设 $S = \{P_1, P_2, \cdots, P_6\}$ 是六角形 (六边形) $P_1P_2\cdots P_6$ 顶点的集合, 对不共线六点的集合 S 应用定理 5.4.2, 即得.

定理 5.4.3 (六点集 2-类重心线的定比分点定理) 设 $S = \{P_1, P_2, \cdots, P_6\}$ 是六点的集合, $(S_2^j, T_4^j) = (P_{i_1}, P_{i_2}; P_{i_3}, P_{i_4}, \cdots, P_{i_6})(i_1, i_2, \cdots, i_6 = 1, 2, \cdots, 6; i_1 < i_2)$ 是 S 的完备集对, $G_{i_1i_2}, H_4^j$ 分别是 $(S_2^j, T_4^j)(i_1, i_2, \cdots, i_6 = 1, 2, \cdots, 6; i_1 < i_2)$ 中两个集合的重心, $G_{i_1i_2}H_4^j(j = 1, 2, \cdots, 15)$ 是 S 的非退化 2-类重心线, 则 S 的重心 G 是 $G_{i_1i_2}H_4^j(j = 1, 2, \cdots, 15)$ 的 2-分点, 即

$$\mathrm{D}_{G_{12}G}/\mathrm{D}_{GH_4^1} = \mathrm{D}_{G_{13}G}/\mathrm{D}_{GH_4^2} = \cdots = \mathrm{D}_{G_{56}G}/\mathrm{D}_{GH_4^{15}} = 2$$

或

$$G = (2G_{12} + 4H_4^1)/6 = (2G_{13} + 4H_4^2)/6 = \cdots = (2G_{56} + 4H_4^{15})/6.$$

证明 根据定理 5.4.1 及注 5.4.1, 仿定理 5.4.2 证明即得.

推论 5.4.3 设 $P_1P_2\cdots P_6$ 是六角形 (六边形), $G_{i_1i_2}, H_4^j$ 分别是边 (对角线) $P_{i_1}P_{i_2}(j = j(i_1i_2) = 1, 2, \cdots, 15; i_1 < i_2)$ 的中点和四角形 (四边形) $P_{i_3}P_{i_4}P_{i_5}P_{i_6}(j = 1, 2, \cdots, 15; i_3, i_4, i_5, i_6 = 1, 2, \cdots, 6)$ 的重心, $G_{i_1i_2}H_4^j(j = 1, 2, \cdots, 15)$ 是 $P_1P_2\cdots P_6$ 的非退化 2-级重心线, 则 $P_1P_2\cdots P_6$ 的重心 G 是 $G_{i_1i_2}H_4^j(j = 1, 2, \cdots, 15)$ 的 2-分点, 即

$$\mathrm{D}_{G_{12}G}/\mathrm{D}_{GH_4^1} = \mathrm{D}_{G_{13}G}/\mathrm{D}_{GH_4^2} = \cdots = \mathrm{D}_{G_{56}G}/\mathrm{D}_{GH_4^{15}} = 2$$

或

$$G = (2G_{12} + 4H_4^1)/6 = (2G_{13} + 4H_4^2)/6 = \cdots = (2G_{56} + 4H_4^{15})/6.$$

证明 设 $S = \{P_1, P_2, \cdots, P_6\}$ 是六角形 (六边形) $P_1P_2\cdots P_6$ 顶点的集合, 对不共线六点的集合 S 应用定理 5.4.3, 即得.

定理 5.4.4 (六点集 3-类重心线的定比分点定理) 设 $S = \{P_1, P_2, \cdots, P_6\}$ 是不共线六点的集合, $(S_3^k, T_3^k) = (P_{i_1}, P_{i_2}, P_{i_3}; P_{i_4}, P_{i_5}, P_{i_6})(k = 1, 2, \cdots, 20; i_1, i_2, \cdots, i_6 = 1, 2, \cdots, 6)$ 是 S 的完备集对, G_3^k, H_3^k 分别是 $(S_3^k, T_3^k)(i_1, i_2, \cdots, i_3 = 1, 2, \cdots, 6; k = 1, 2, \cdots, 20)$ 中两个集合的重心, $G_3^k H_3^k (k = 1, 2, \cdots, 20)$ 是 S 的非退化 3-类重心线, 则 S 的重心 G 是 $G_3^k H_3^k (k = 1, 2, \cdots, 10)$ 的中点, 即

$$\mathrm{D}_{G_3^1 G}/\mathrm{D}_{GH_3^1} = \mathrm{D}_{G_3^2 G}/\mathrm{D}_{GH_3^2} = \cdots = \mathrm{D}_{G_3^{10} G}/\mathrm{D}_{GH_3^{10}} = 1$$

或

$$G = (G_3^1 + H_3^1)/2 = (G_3^2 + H_3^2)/2 = \cdots = (G_3^{10} + H_3^{10})/2.$$

证明 根据定理 5.4.1 及注 5.4.1, 仿定理 5.4.2 证明即得.

推论 5.4.4 设 $P_1P_2\cdots P_6$ 是六边形 (六角形), G_3^k, H_3^k 分别是两三角形 $P_{i_1}P_{i_2}P_{i_3}$ 和 $P_{i_4}P_{i_5}P_{i_6}(k = 1, 2, \cdots, 10; i_1, i_2, \cdots, i_6 = 1, 2, \cdots, 6)$ 的重心, $G_3^k H_3^k (k = 1, 2, \cdots, 20)$ 是 $P_1P_2\cdots P_6$ 的非退化 3-级重心线, 则 $P_1P_2\cdots P_6$ 的重心 G 是 $G_3^k H_3^k (k = 1, 2, \cdots, 10)$ 的中点, 即

$$\mathrm{D}_{G_3^1 G}/\mathrm{D}_{GH_3^1} = \mathrm{D}_{G_3^2 G}/\mathrm{D}_{GH_3^2} = \cdots = \mathrm{D}_{G_3^{10} G}/\mathrm{D}_{GH_3^{10}} = 1$$

或

$$G = (G_3^1 + H_3^1)/2 = (G_3^2 + H_3^2)/2 = \cdots = (G_3^{10} + H_3^{10})/2.$$

证明 设 $S = \{P_1, P_2, \cdots, P_6\}$ 是六角形 (六边形) $P_1P_2\cdots P_6$ 顶点的集合, 对不共线六点的集合 S 应用定理 5.4.4, 即得.

5.4.3 六点集各类重心线有向度量定值定理的物理意义

综上所述, 六点集三类非奇异重心线都是通过其奇异重心线, 即重心的线段. 前述第 4 章和第 5 章各节给出的有关这三类重心线有向度量的定值定理, 都是描述六点集重心稳定性的系统和子系统.

六点集所有的 1-类重心线三角形有向面积构成一个重心稳定性系统, 该系统 1-类重心线三角形有向面积的定值定理的物理意义是: 在任何时刻, 平面上任一动点在运动的过程中, 按顺时针方向和按逆时针方向两种方式扫过单位质点六点集 1-类重心线的面积的代数和为零. 即在该六点集 1-类重心线系统的六条重心线

中,其中动点按顺时针方向扫过的单位质点六点集 1-类重心线的面积的和恒等于动点按逆时针方向扫过的单位质点六点集 1-类重心线的面积的和.

六点集所有的 2-类重心线三角形有向面积构成一个大的重心稳定性系统,而该系统又包括十五个重心稳定性子系统. 每个子系统 2-类重心线三角形有向面积的定值定理的物理意义都是: 在任何时刻,平面上任一动点在运动的过程中,按顺时针方向和按逆时针方向两种方式扫过单位质点六点集每个子系统的三条 2-类重心线的面积的代数和为零. 即在六点集 2-类重心线每个子系统的三条重心线中,其中动点按顺时针方向扫过的单位质点六点集 2-类重心线的面积的和恒等于动点按逆时针方向扫过的单位质点六点集 2-类重心线的面积的和.

六点集所有的 3-类重心线三角形有向面积亦构成一个大的重心稳定性系统,而该系统又包括三十个重心稳定性子系统. 每个子系统 3-类重心线三角形有向面积的定值定理的物理意义都是: 在任何时刻,平面上任一动点在运动的过程中,按顺时针方向和按逆时针方向两种方式扫过单位质点六点集每个子系统的四条 3-类重心线的面积的代数和为零. 即在六点集 3-类重心线每个子系统的四条重心线中,其中动点按顺时针方向扫过的单位质点六点集 3-类重心线的面积的和恒等于动点按逆时针方向扫过的单位质点六点集 3-类重心线的面积的和.

六点集所有的 1-类 2-类重心线三角形有向面积构成一个总的重心稳定性系统,而该系统又包含十五对共三十个重心稳定性子系统. 每对中两个子系统重心线三角形有向面积的定值定理的物理意义都是: 在任何时刻,平面上任一动点在运动的过程中,按顺时针方向和按逆时针方向两种方式扫过单位质点六点集每对子系统中一个子系统的三条 1-类重心线和 2-类重心线以及另一个子系统相应的五条 1-类重心线和 2-类重心线的乘数面积的代数和均为零. 即在六点集 1-类 2-类重心线每对子系统中一个子系统的三条 1-类重心线和 2-类重心线以及另一个子系统相应的五条 1-类重心线和 2-类重心线中,其中动点按顺时针方向扫过的单位质点六点集 1-类重心线和 2-类重心线的乘数面积的和恒等于动点按逆时针方向扫过的单位质点六点集 1-类重心线和 2-类重心线的面积的和,且扫过 1-类重心线乘数面积与 2-类重心线乘数面积的比均为 5∶8.

六点集所有的 1-类 3-类重心线三角形有向面积也构成一个总的重心稳定性系统,而该系统又包含十对共二十个重心稳定性子系统. 每对中两个子系统重心线三角形有向面积的定值定理的物理意义都是: 在任何时刻,平面上任一动点在运动的过程中,按顺时针方向和按逆时针方向两种方式扫过单位质点六点集每对子系统中两个子系统各四条 1-类重心线和 3-类重心线的乘数面积的代数和均为零. 即在六点集 1-类 3-类重心线每对子系统中两个子系统各四条 1-类重心线和 3-类重心线中,其中动点按顺时针方向扫过的单位质点六点集 1-类重心线和 3-类重心线的乘数面积的和恒等于动点按逆时针方向扫过的单位质点六点集 1-类重心

5.4 六点集重心线的共点定理和定比分点定理与应用

线和 3-类重心线的面积的和, 且扫过 1-类重心线乘数面积与 3-类重心线乘数面积的比为 5 : 9.

六点集所有的 2-类 3-类重心线三角形有向面积亦构成一个总的重心稳定性系统, 而该系统也包含十对共二十个重心稳定性子系统. 每对中两个子系统重心线三角形有向面积的定值定理的物理意义都是: 在任何时刻, 平面上任一动点在运动的过程中, 按顺时针方向和按逆时针方向两种方式扫过单位质点六点集每对子系统中两个子系统各四个 2-类重心线和 3-类重心线的乘数面积的代数和均为零. 即在六点集 2-类 3-类重心线每对子系统中两个子系统各四条 2-类重心线和 3-类重心线中, 其中动点按顺时针方向扫过的单位质点六点集 2-类重心线和 3-类重心线的乘数面积的和恒等于动点按逆时针方向扫过的单位质点六点集 2-类重心线和 3-类重心线的面积的和, 且扫过 2-类重心线乘数面积与 3-类重心线乘数面积的比为 4 : 9.

类似地, 可以给出六点集各类重心线有向距离定值定理的物理意义, 且这些重心线有向距离定值定理通常都是六点集的条件重心稳定性系统和子系统.

第 6 章 六点集各点到重心线的有向距离与应用

6.1 六点集各点到 1-类重心线的有向距离公式与应用

本节主要应用有向距离法, 研究六点集各点到 1-类重心线有向距离的有关问题. 首先, 给出六点集各点到 1-类重心线有向距离公式, 从而推出六角形 (六边形) 各个顶点到其 1-级重心线相应的公式; 其次, 根据这些重心线有向距离公式, 得出六点集各点到 1-类重心线、六角形 (六边形) 各顶点到 1-级重心线有向距离的关系定理, 以及点在自重心线所在直线之上的充分必要条件等结论; 最后, 根据上述重心线有向距离公式, 得出六点集 1-类重心线、六角形 (六边形)1-级重心线自重心线三角形有向面积公式和六点集 1-类重心线、六角形 (六边形)1-级重心线三角形有向面积的关系定理, 以及点与重心线两端点共线和两自重心线三角形面积相等方向相反的充分必要条件等结论.

在本节中, 恒假设 $i_1, i_2, \cdots, i_6 \in I_6 = \{1, 2, \cdots, 6\}$ 且互不相等.

6.1.1 六点集各点到 1-类重心线有向距离公式

定理 6.1.1 设 $S = \{P_1, P_2, \cdots, P_6\}$ 是六点的集合, H_5^i 是 $T_5^i = \{P_{i+1}, P_{i+2}, \cdots, P_{i+5}\}(i = 1, 2, \cdots, 6)$ 的重心, $P_i H_5^i (i = 1, 2, \cdots, 6)$ 是 S 的 1-类重心线, 则对任意的 $\alpha = 2, 3, \cdots, 6; i_1 = 1, 2, \cdots, 6$, 恒有

$$5\mathrm{d}_{P_{i_1} H_5^{i_1}} \mathrm{D}_{P_{i_\alpha} \text{-} P_{i_1} H_5^{i_1}} = 2 \sum_{\beta=2; \beta \neq \alpha}^{6} \mathrm{D}_{P_{i_\alpha} P_{i_1} P_{i_\beta}}. \tag{6.1.1}$$

证明 设 $S = \{P_1, P_2, \cdots, P_5\}$ 各点的坐标为 $P_i(x_i, y_i)(i = 1, 2, \cdots, 6)$, 于是 T_5^i 重心的坐标为

$$H_5^i \left(\frac{1}{5} \sum_{\mu=1}^{5} x_{\mu+i}, \frac{1}{5} \sum_{\mu=1}^{5} y_{\mu+i} \right) \quad (i = 1, 2, \cdots, 6);$$

重心线 $P_{i_1} H_5^{i_1}$ 所在的有向直线的方程为

$$(y_{i_1} - y_{H_5^{i_1}})x + (x_{H_5^{i_1}} - x_{i_1})y + (x_{i_1} y_{H_5^{i_1}} - x_{H_5^{i_1}} y_{i_1}) = 0 \quad (i_1 = 1, 2, \cdots, 6).$$

故由点到直线的有向距离公式, 可得

$$5\mathrm{d}_{P_{i_1}H_5^{i_1}}\mathrm{D}_{P_{i_2}\text{-}P_{i_1}H_5^{i_1}}$$
$$= 5(y_{i_1} - y_{H_5^{i_1}})x_{i_2} + 5(x_{H_5^{i_1}} - x_{i_1})y_{i_2} + 5(x_{i_1}y_{H_5^{i_1}} - x_{H_5^{i_1}}y_{i_1})$$
$$= (5y_{i_1} - y_{i_2} - y_{i_3} - \cdots - y_{i_6})x_{i_2} + (x_{i_2} + x_{i_3} + \cdots + x_{i_6} - 5x_{i_1})y_{i_2}$$
$$\quad + x_{i_1}(y_{i_2} + y_{i_3} + \cdots + y_{i_6}) - (x_{i_2} + x_{i_3} + \cdots + x_{i_6})y_{i_1}$$
$$= [(x_{i_2}y_{i_1} - x_{i_1}y_{i_2}) + (x_{i_1}y_{i_3} - x_{i_3}y_{i_1}) + (x_{i_3}y_{i_2} - x_{i_2}y_{i_3})]$$
$$\quad + [(x_{i_2}y_{i_1} - x_{i_1}y_{i_2}) + (x_{i_1}y_{i_4} - x_{i_4}y_{i_1}) + (x_{i_4}y_{i_2} - x_{i_2}y_{i_4})]$$
$$\quad + [(x_{i_2}y_{i_1} - x_{i_1}y_{i_2}) + (x_{i_1}y_{i_5} - x_{i_5}y_{i_1}) + (x_{i_5}y_{i_2} - x_{i_2}y_{i_5})]$$
$$\quad + [(x_{i_2}y_{i_1} - x_{i_1}y_{i_2}) + (x_{i_1}y_{i_6} - x_{i_6}y_{i_1}) + (x_{i_6}y_{i_2} - x_{i_2}y_{i_6})]$$
$$= 2(\mathrm{D}_{P_{i_2}P_{i_1}P_{i_3}} + \mathrm{D}_{P_{i_2}P_{i_1}P_{i_4}} + \mathrm{D}_{P_{i_2}P_{i_1}P_{i_5}} + \mathrm{D}_{P_{i_2}P_{i_1}P_{i_6}}) \quad (i_1 = 1, 2, \cdots, 6),$$

因此, 当 $\alpha = 2$ 时, 式 (6.1.1) 成立.

类似地, 可以证明, 当 $\alpha = 3, 4, 5, 6$ 时, 式 (6.1.1) 成立.

推论 6.1.1 设 $P_1P_2\cdots P_6$ 是六角形 (六边形), H_5^i 是五角形 $P_{i+1}P_{i+2}\cdots P_{i+5}(i=1,2,\cdots,6)$ 的重心, $P_iH_5^i(i=1,2,\cdots,6)$ 是 $P_1P_2\cdots P_6$ 的 1-级重心线, 则定理 6.1.1 的结论亦成立.

证明 设 $S = \{P_1, P_2, \cdots, P_6\}$ 是六角形 (六边形) $P_1P_2\cdots P_6$ 顶点的集合, 对不共线六点的集合 S 应用定理 6.1.1, 即得.

6.1.2 六点集各点到 1-类重心线有向距离公式的应用

定理 6.1.2 设 $S = \{P_1, P_2, \cdots, P_6\}$ 是六点的集合, H_5^i 是 $T_5^i = \{P_{i+1}, P_{i+2}, \cdots, P_{i+5}\}(i=1,2,\cdots,6)$ 的重心, $P_iH_5^i(i=1,2,\cdots,6)$ 是 S 的 1-类重心线, 则对任意的 $i_1 = 1, 2, \cdots, 6$, 恒有

$$\mathrm{D}_{P_{i_2}\text{-}P_{i_1}H_5^{i_1}} + \mathrm{D}_{P_{i_3}\text{-}P_{i_1}H_5^{i_1}} + \cdots + \mathrm{D}_{P_{i_6}\text{-}P_{i_1}H_5^{i_1}} = 0. \tag{6.1.2}$$

证明 根据定理 6.1.1, 在式 (6.1.1) 中, 对 $\alpha = 2, 3, \cdots, 6$ 求和, 得

$$5\mathrm{d}_{P_{i_1}H_5^{i_1}}\left(\mathrm{D}_{P_{i_2}\text{-}P_{i_1}H_5^{i_1}} + \mathrm{D}_{P_{i_3}\text{-}P_{i_1}H_5^{i_1}} + \cdots + \mathrm{D}_{P_{i_6}\text{-}P_{i_1}H_5^{i_1}}\right) = 0 \quad (i_1 = 1, 2, \cdots, 6).$$

故对任意的 $i_1 = 1, 2, \cdots, 6$, 若 $\mathrm{d}_{P_{i_1}H_5^{i_1}} \neq 0$, 式 (6.1.2) 成立; 而若 $\mathrm{d}_{P_{i_1}H_5^{i_1}} = 0$, 则由点到重心线有向距离的定义知, 式 (6.1.2) 成立.

推论 6.1.2 设 $S=\{P_1,P_2,\cdots,P_6\}$ 是六点的集合,H_5^i 是 $T_5^i=\{P_{i+1},P_{i+2},\cdots,P_{i+5}\}(i=1,2,\cdots,6)$ 的重心,$P_iH_5^i(i=1,2,\cdots,6)$ 是 S 的 1-类重心线,则对任意的 $i_1=1,2,\cdots,6$,均有如下五条点到重心线的距离 $\mathrm{d}_{P_{i_2}\text{-}P_{i_1}H_5^{i_1}}$, $\mathrm{d}_{P_{i_3}\text{-}P_{i_1}H_5^{i_1}},\cdots,\mathrm{d}_{P_{i_6}\text{-}P_{i_1}H_5^{i_1}}$ 中,其中一条较长的距离等于其余四条较短的距离的和,或其中两条距离的和等于其余三条距离的和.

证明 根据定理 6.1.2, 对任意的 $i_1=1,2,\cdots,6$, 由式 (6.1.2) 的几何意义,即得.

定理 6.1.3 设 $S=\{P_1,P_2,\cdots,P_6\}$ 是六点的集合,H_5^i 是 $T_5^i=\{P_{i+1},P_{i+2},\cdots,P_{i+5}\}(i=1,2,\cdots,6)$ 的重心,$P_iH_5^i(i=1,2,\cdots,6)$ 是 S 的 1-类重心线,则对任意的 $i_1=1,2,\cdots,6$,恒有 $\mathrm{D}_{P_{i_6}\text{-}P_{i_1}H_5^{i_1}}=0(i_6\in I_6\backslash\{i_1\})$ 的充分必要条件是

$$\mathrm{D}_{P_{i_2}\text{-}P_{i_1}H_5^{i_1}}+\mathrm{D}_{P_{i_3}\text{-}P_{i_1}H_5^{i_1}}+\cdots+\mathrm{D}_{P_{i_5}\text{-}P_{i_1}H_5^{i_1}}=0. \tag{6.1.3}$$

证明 根据定理 6.1.2,由式 (6.1.2),即得:对任意的 $i_1=1,2,\cdots,6$,恒有 $\mathrm{D}_{P_{i_6}\text{-}P_{i_1}H_5^{i_1}}=0(i_6\in I_6\backslash\{i_1\})$ 的充分必要条件是式 (6.1.3) 成立.

推论 6.1.3 设 $S=\{P_1,P_2,\cdots,P_6\}$ 是六点的集合,H_5^i 是 $T_5^i=\{P_{i+1},P_{i+2},\cdots,P_{i+5}\}(i=1,2,\cdots,6)$ 的重心,$P_iH_5^i(i=1,2,\cdots,6)$ 是 S 的 1-类重心线,则对任意的 $i_1=1,2,\cdots,6$,恒有点 $P_{i_6}(i_6\in I_6\backslash\{i_1\})$ 在重心线 $P_{i_1}H_5^{i_1}$ 所在直线上的充分必要条件是如下四条点到重心线 $P_{i_1}H_5^{i_1}$ 的距离 $\mathrm{d}_{P_{i_2}\text{-}P_{i_1}H_5^{i_1}}$,$\mathrm{d}_{P_{i_3}\text{-}P_{i_1}H_5^{i_1}}$,$\cdots,\mathrm{d}_{P_{i_5}\text{-}P_{i_1}H_5^{i_1}}$ 中,其中一条较长的距离等于另外三条较短的距离的和,或其中两条距离的和等于另外两条的距离的和.

证明 根据定理 6.1.3,对任意的 $i_1=1,2,\cdots,6$,由 $\mathrm{D}_{P_{i_6}\text{-}P_{i_1}H_5^{i_1}}=0(i_6\in I_6\backslash\{i_1\})$ 和式 (6.1.3) 的几何意义,即得.

定理 6.1.4 设 $S=\{P_1,P_2,\cdots,P_6\}$ 是六点的集合,H_5^i 是 $T_5^i=\{P_{i+1},P_{i+2},\cdots,P_{i+5}\}(i=1,2,\cdots,6)$ 的重心,$P_iH_5^i(i=1,2,\cdots,6)$ 是 S 的 1-类重心线,则对任意的 $i_1=1,2,\cdots,6$,以下两式均等价:

$$\mathrm{D}_{P_{i_2}\text{-}P_{i_1}H_5^{i_1}}+\mathrm{D}_{P_{i_3}\text{-}P_{i_1}H_5^{i_1}}=0\quad(\mathrm{d}_{P_{i_2}\text{-}P_{i_1}H_5^{i_1}}=\mathrm{d}_{P_{i_3}\text{-}P_{i_1}H_5^{i_1}}), \tag{6.1.4}$$

$$\mathrm{D}_{P_{i_4}\text{-}P_{i_1}H_5^{i_1}}+\mathrm{D}_{P_{i_5}\text{-}P_{i_1}H_5^{i_1}}+\mathrm{D}_{P_{i_6}\text{-}P_{i_1}H_5^{i_1}}=0. \tag{6.1.5}$$

证明 根据定理 6.1.2,由式 (6.1.2) 即得:对任意的 $i_1=1,2,\cdots,6$,式 (6.1.4) 成立的充分必要条件是式 (6.1.5) 成立.

推论 6.1.4 设 $S=\{P_1,P_2,\cdots,P_6\}$ 是六点的集合,H_5^i 是 $T_5^i=\{P_{i+1},P_{i+2},\cdots,P_{i+5}\}(i=1,2,\cdots,6)$ 的重心,$P_iH_5^i(i=1,2,\cdots,6)$ 是 S 的 1-类重心

6.1 六点集各点到 1-类重心线的有向距离公式与应用

线, 则对任意的 $i_1 = 1, 2, \cdots, 6$, 均有两点 P_{i_2}, P_{i_3} 到重心线 $P_{i_1}H_5^{i_1}$ 的距离相等侧向相反的充分必要条件是其余三点到 $P_{i_1}H_5^{i_1}$ 的距离 $\mathrm{d}_{P_{i_4}\text{-}P_{i_1}H_5^{i_1}}, \mathrm{d}_{P_{i_5}\text{-}P_{i_1}H_5^{i_1}}$, $\mathrm{d}_{P_{i_6}\text{-}P_{i_1}H_5^{i_1}}$ 中, 其中一条较长的距离等于另两条较短的距离的和.

证明 根据定理 6.1.4, 对任意的 $i_1 = 1, 2, \cdots, 6$, 由式 (6.1.4) 和 (6.1.5) 的几何意义, 即得.

推论 6.1.5 设 $P_1P_2\cdots P_6$ 是六角形 (六边形), H_5^i 是五角形 $P_{i+1}P_{i+2}\cdots P_{i+5}(i = 1, 2, \cdots, 6)$ 的重心, $P_iH_5^i(i = 1, 2, \cdots, 6)$ 是 $P_1P_2\cdots P_6$ 的 1-级重心线, 则定理 6.1.2 ~ 定理 6.1.4 和推论 6.1.2 ~ 推论 6.1.4 的结论均成立.

证明 设 $S = \{P_1, P_2, \cdots, P_6\}$ 是六角形 (六边形) $P_1P_2\cdots P_6$ 顶点的集合, 对不共线六点的集合 S 分别应用定理 6.1.2 ~ 定理 6.1.4 和推论 6.1.2 ~ 推论 6.1.4, 即得.

定理 6.1.5 设 $S = \{P_1, P_2, \cdots, P_6\}$ 是六点的集合, H_5^i 是 $T_5^i = \{P_{i+1}, P_{i+2}, \cdots, P_{i+5}\}(i = 1, 2, \cdots, 6)$ 的重心, $P_iH_5^i(i = 1, 2, \cdots, 6)$ 是 S 的 1-类重心线. 若 $\mathrm{D}_{P_{i_6}\text{-}P_{i_1}H_5^{i_1}} = 0(i_6 \in I_6\backslash\{i_1\})$, 则对任意的 $i_1 = 1, 2, \cdots, 6$, 以下两式均等价:

$$\mathrm{D}_{P_{i_2}\text{-}P_{i_1}H_5^{i_1}} + \mathrm{D}_{P_{i_3}\text{-}P_{i_1}H_5^{i_1}} = 0 \quad (i_2 < i_3), \tag{6.1.6}$$

$$\mathrm{D}_{P_{i_4}\text{-}P_{i_1}H_5^{i_1}} + \mathrm{D}_{P_{i_5}\text{-}P_{i_1}H_5^{i_1}} = 0 \quad (i_2 < i_4 < i_5). \tag{6.1.7}$$

证明 根据定理 6.1.2 和题设, 由式 (6.1.2) 即得: 对任意的 $i_1 = 1, 2, \cdots, 6$, 式 (6.1.6) 成立 $\Leftrightarrow$ 式 (6.1.7) 成立.

推论 6.1.6 设 $S = \{P_1, P_2, \cdots, P_6\}$ 是六点的集合, H_5^i 是 $T_5^i = \{P_{i+1}, P_{i+2}, \cdots, P_{i+5}\}(i = 1, 2, \cdots, 6)$ 的重心, $P_iH_5^i(i = 1, 2, \cdots, 6)$ 是 S 的 1-类重心线. 若点 $P_{i_6}(i_6 \in I_6\backslash\{i_1\})$ 在重心线 $P_{i_1}H_5^{i_1}$ 的所在直线上, 则对任意的 $i_1 = 1, 2, \cdots, 6$, 均有两点 $P_{i_2}, P_{i_3}(i_2 < i_3)$ 到重心线 $P_{i_1}H_5^{i_1}$ 的距离相等侧向相反的充分必要条件是另两点 $P_{i_4}, P_{i_5}(i_2 < i_4 < i_5)$ 到重心线 $P_{i_1}H_5^{i_1}$ 的距离相等侧向相反.

证明 根据定理 6.1.5 题设, 由 $\mathrm{D}_{P_{i_6}\text{-}P_{i_1}H_5^{i_1}} = 0(i_6 \in I_6\backslash\{i_1\})$ 以及式 (6.1.6) 和 (6.1.7) 的几何意义, 即得.

推论 6.1.7 设 $P_1P_2\cdots P_6$ 是六角形 (六边形), H_5^i 是五角形 $P_{i+1}P_{i+2}\cdots P_{i+5}$ $(i = 1, 2, \cdots, 6)$ 的重心, $P_iH_5^i(i = 1, 2, \cdots, 6)$ 是 $P_1P_2\cdots P_6$ 的 1-级重心线. 若相应的条件满足, 则定理 6.1.5 和推论 6.1.6 的结论均成立.

证明 设 $S = \{P_1, P_2, \cdots, P_6\}$ 是六角形 (六边形) $P_1P_2\cdots P_6$ 顶点的集合, 对不共线六点的集合 S 分别应用定理 6.1.5 和推论 6.1.6, 即得.

6.1.3　六点集 1-类自重心线三角形有向面积公式及其应用

定理 6.1.6　设 $S = \{P_1, P_2, \cdots, P_6\}$ 是六点的集合, H_5^i 是 $T_5^i = \{P_{i+1}, P_{i+2}, \cdots, P_{i+5}\}(i = 1, 2, \cdots, 6)$ 的重心, $P_iH_5^i(i = 1, 2, \cdots, 6)$ 是 S 的 1-类重心线, 则对任意的 $\alpha = 2, 3, \cdots, 6; i_1 = 1, 2, \cdots, 6$, 恒有

$$5\mathrm{D}_{P_{i_\alpha} P_{i_1} H_5^{i_1}} = \sum_{\beta=2; \beta \neq \alpha}^{6} \mathrm{D}_{P_{i_\alpha} P_{i_1} P_{i_\beta}}. \tag{6.1.8}$$

证明　根据定理 6.1.1, 对任意的 $\alpha = 2, 3, \cdots, 6; i_1 = 1, 2, \cdots, 6$, 由式 (6.1.1) 和三角形有向面积与有向距离之间的关系, 即得式 (6.1.8).

推论 6.1.8　设 $S = \{P_1, P_2, \cdots, P_6\}$ 是六点的集合, H_5^i 是 $T_5^i = \{P_{i+1}, P_{i+2}, \cdots, P_{i+5}\}(i = 1, 2, \cdots, 6)$ 的重心, $P_iH_5^i(i = 1, 2, \cdots, 6)$ 是 S 的 1-类重心线, 则对任意的 $\alpha = 2, 3, \cdots, 6; i_1 = 1, 2, \cdots, 6$, 恒有如下五个重心线三角形的乘数面积 $5\mathrm{a}_{P_{i_\alpha} P_{i_1} H_6^{i_1}}; \mathrm{a}_{P_{i_\alpha} P_{i_1} P_{i_\beta}} (\beta = 2, 3, \cdots, 6; \beta \neq \alpha)$ 中, 其中一个较大的乘数面积等于另外四个较小的乘数面积的和, 或其中两个乘数面积的和等于另外三个乘数面积的和.

证明　根据定理 6.1.6, 对任意的 $\alpha = 2, 3, \cdots, 6; i_1 = 1, 2, \cdots, 6$, 由式 (6.1.8) 的几何意义, 即得.

定理 6.1.7　设 $S = \{P_1, P_2, \cdots, P_6\}$ 是六点的集合, H_5^i 是 $T_5^i = \{P_{i+1}, P_{i+2}, \cdots, P_{i+5}\}(i = 1, 2, \cdots, 6)$ 的重心, $P_iH_5^i(i = 1, 2, \cdots, 6)$ 是 S 的 1-类重心线, 则对任意的 $\alpha = 2, 3, \cdots, 6; i_1 = 1, 2, \cdots, 6$, 恒有 $\mathrm{D}_{P_{i_\alpha} P_{i_1} H_5^{i_1}} = 0$ 的充分必要条件是

$$\sum_{\beta=2; \beta \neq \alpha}^{6} \mathrm{D}_{P_{i_\alpha} P_{i_1} P_{i_\beta}} = 0. \tag{6.1.9}$$

证明　根据定理 6.1.6, 由式 (6.1.8) 即得: 对任意的 $\alpha = 2, 3, \cdots, 6; i_1 = 1, 2, \cdots, 6$, 恒有 $\mathrm{D}_{P_{i_\alpha} P_{i_1} H_5^{i_1}} = 0$ 的充分必要条件是式 (6.1.9) 成立.

推论 6.1.9　设 $S = \{P_1, P_2, \cdots, P_6\}$ 是六点的集合, H_5^i 是 $T_5^i = \{P_{i+1}, P_{i+2}, \cdots, P_{i+5}\}(i = 1, 2, \cdots, 6)$ 的重心, $P_iH_5^i(i = 1, 2, \cdots, 6)$ 是 S 的 1-类重心线, 则对任意的 $\alpha = 2, 3, \cdots, 6; i_1 = 1, 2, \cdots, 6$, 恒有三点 $P_{i_\alpha}, P_{i_1}, H_5^{i_1}$ 共线的充分必要条件是如下四个三角形的面积 $\mathrm{a}_{P_{i_\alpha} P_{i_1} P_{i_\beta}} (\beta = 2, 3, \cdots, 6; \beta \neq \alpha)$ 中, 其中一个较大的面积等于另外三个较小的面积的和, 或其中两个面积的和等于另外两个的面积的和.

证明　根据定理 6.1.7, 对任意的 $\alpha = 2, 3, \cdots, 6; i_1 = 1, 2, \cdots, 6$, 由 $\mathrm{D}_{P_{i_\alpha} P_{i_1} H_5^{i_1}} = 0$ 和式 (6.1.9) 的几何意义, 即得.

定理 6.1.8 设 $S=\{P_1,P_2,\cdots,P_6\}$ 是六点的集合，H_5^i 是 $T_5^i=\{P_{i+1},P_{i+2},\cdots,P_{i+5}\}(i=1,2,\cdots,6)$ 的重心，$P_iH_5^i(i=1,2,\cdots,6)$ 是 S 的 1-类重心线，则对任意的 $\alpha=2,3,\cdots,5; i_1=1,2,\cdots,6$，恒有 $\mathrm{D}_{P_{i_\alpha}P_{i_1}P_{i_6}}=0(i_6\in I_6\backslash\{i_1\})$ 的充分必要条件是

$$5\mathrm{D}_{P_{i_\alpha}P_{i_1}H_5^{i_1}}=\sum_{\beta=2;\beta\neq\alpha}^{5}\mathrm{D}_{P_{i_\alpha}P_{i_1}P_{i_\beta}}. \tag{6.1.10}$$

证明 根据定理 6.1.6，由式 (6.1.8) 即得：对任意的 $\alpha=2,3,\cdots,5; i_1=1,2,\cdots,6$，恒有 $\mathrm{D}_{P_{i_\alpha}P_{i_1}P_{i_6}}=0(i_6\in I_6\backslash\{i_1\})$ 的充分必要条件式 (6.1.10) 成立.

推论 6.1.10 设 $S=\{P_1,P_2,\cdots,P_6\}$ 是六点的集合，H_5^i 是 $T_5^i=\{P_{i+1},P_{i+2},\cdots,P_{i+5}\}(i=1,2,\cdots,6)$ 的重心，$P_iH_5^i(i=1,2,\cdots,6)$ 是 S 的 1-类重心线，则对任意的 $\alpha=2,3,\cdots,5; i_1=1,2,\cdots,6$，恒有三点 $P_{i_\alpha},P_{i_1},P_{i_6}(i_6\in I_6\backslash\{i_1\})$ 共线的充分必要条件是如下四个三角形的乘数面积 $5\mathrm{a}_{P_{i_\alpha}P_{i_1}H_5^{i_1}}; \mathrm{a}_{P_{i_\alpha}P_{i_1}P_{i_\beta}}(\beta=2,3,4,5;\beta\neq\alpha)$ 中，其中一个较大的乘数面积等于另外三个较小的乘数面积的和，或其中两个乘数面积的和等于另外两个乘数面积的和.

证明 根据定理 6.1.8，对任意的 $\alpha=2,3,\cdots,5; i_1=1,2,\cdots,6$，由 $\mathrm{D}_{P_{i_\alpha}P_{i_1}P_{i_6}}=0(i_6\in I_6\backslash\{i_1\})$ 和式 (6.1.10) 的几何意义，即得.

定理 6.1.9 设 $S=\{P_1,P_2,\cdots,P_6\}$ 是六点的集合，H_5^i 是 $T_5^i=\{P_{i+1},P_{i+2},\cdots,P_{i+5}\}(i=1,2,\cdots,6)$ 的重心，$P_iH_5^i(i=1,2,\cdots,6)$ 是 S 的 1-类重心线，则对任意的 $\alpha=3,4,5,6; i_1=1,2,\cdots,6$，如下两式均等价：

$$5\mathrm{D}_{P_{i_\alpha}P_{i_1}H_5^{i_1}}=\mathrm{D}_{P_{i_\alpha}P_{i_1}P_{i_2}}\quad(5\mathrm{a}_{P_{i_\alpha}P_{i_1}H_5^{i_1}}=\mathrm{a}_{P_{i_\alpha}P_{i_1}P_{i_2}}), \tag{6.1.11}$$

$$\sum_{\beta=3;\beta\neq\alpha}^{6}\mathrm{D}_{P_{i_\alpha}P_{i_1}P_{i_\beta}}=0. \tag{6.1.12}$$

证明 根据定理 6.1.6，由式 (6.1.8) 即得：对任意的 $\alpha=3,4,5,6; i_1=1,2,\cdots,6$，式 (6.1.11) 成立的充分必要条件式 (6.1.12) 成立.

推论 6.1.11 设 $S=\{P_1,P_2,\cdots,P_6\}$ 是六点的集合，H_5^i 是 $T_5^i=\{P_{i+1},P_{i+2},\cdots,P_{i+5}\}(i=1,2,\cdots,6)$ 的重心，$P_iH_5^i(i=1,2,\cdots,6)$ 是 S 的 1-类重心线，则对任意的 $\alpha=3,4,5,6; i_1=1,2,\cdots,6$，均有两三角形 $P_{i_\alpha}P_{i_1}H_5^{i_1}, P_{i_\alpha}P_{i_1}P_{i_3}$ 方向相同且 $5\mathrm{a}_{P_{i_\alpha}P_{i_1}H_5^{i_1}}=\mathrm{a}_{P_{i_\alpha}P_{i_1}P_{i_3}}$ 的充分必要条件是如下三个三角形的面积 $\mathrm{a}_{P_{i_\alpha}P_{i_1}P_{i_\beta}}(\beta=3,4,5,6;\beta\neq\alpha)$ 中，其中一个较大的面积等于另外两个较小的面积的和.

证明 根据定理 6.1.9，对任意的 $\alpha=3,4,5,6; i_1=1,2,\cdots,6$，由式 (6.1.11) 和 (6.1.12) 的几何意义，即得.

定理 6.1.10 设 $S = \{P_1, P_2, \cdots, P_6\}$ 是六点的集合, H_5^i 是 $T_5^i = \{P_{i+1}, P_{i+2}, \cdots, P_{i+5}\}(i = 1, 2, \cdots, 6)$ 的重心, $P_i H_5^i (i = 1, 2, \cdots, 6)$ 是 S 的 1-类重心线, 则对任意的 $\alpha = 2, 3, 4; i_1 = 1, 2, \cdots, 6$, 如下两式均等价:

$$\mathrm{D}_{P_{i_\alpha} P_{i_1} P_{i_5}} + \mathrm{D}_{P_{i_\alpha} P_{i_1} P_{i_6}} = 0 \quad (\mathrm{a}_{P_{i_\alpha} P_{i_1} P_{i_5}} = \mathrm{a}_{P_{i_\alpha} P_{i_1} P_{i_6}}), \tag{6.1.13}$$

$$5\mathrm{D}_{P_{i_\alpha} P_{i_1} H_5^{i_1}} = \sum_{\beta=2;\beta\neq\alpha}^{4} \mathrm{D}_{P_{i_\alpha} P_{i_1} P_{i_\beta}}. \tag{6.1.14}$$

证明 根据定理 6.1.6, 由式 (6.1.8) 即得: 对任意的 $\alpha = 2, 3, 4; i_1 = 1, 2, \cdots, 6$, 式 (6.1.13) 成立的充分必要条件式 (6.1.14) 成立.

推论 6.1.12 设 $S = \{P_1, P_2, \cdots, P_6\}$ 是六点的集合, H_5^i 是 $T_5^i = \{P_{i+1}, P_{i+2}, \cdots, P_{i+5}\}(i = 1, 2, \cdots, 6)$ 的重心, $P_i H_5^i (i = 1, 2, \cdots, 6)$ 是 S 的 1-类重心线, 则对任意的 $\alpha = 2, 3, 4; i_1 = 1, 2, \cdots, 6$, 均有两三角形 $P_{i_\alpha} P_{i_1} P_{i_5}, P_{i_\alpha} P_{i_1} P_{i_6}$ 面积相等方向相反的充分必要条件是如下三个三角形的乘数面积 $5\mathrm{a}_{P_{i_\alpha} P_{i_1} H_5^{i_1}}; \mathrm{a}_{P_{i_\alpha} P_{i_1} P_{i_\beta}}$ ($\beta = 2, 3, 4; \beta \neq \alpha$) 中, 其中一个较大的乘数面积等于另外两个较小的乘数面积的和.

证明 根据定理 6.1.10, 对任意的 $\alpha = 2, 3, 4; i_1 = 1, 2, \cdots, 6$, 由式 (6.1.13) 和 (6.1.14) 的几何意义, 即得.

定理 6.1.11 设 $S = \{P_1, P_2, \cdots, P_6\}$ 是六点的集合, H_5^i 是 $T_5^i = \{P_{i+1}, P_{i+2}, \cdots, P_{i+5}\}(i = 1, 2, \cdots, 6)$ 的重心, $P_i H_5^i (i = 1, 2, \cdots, 6)$ 是 S 的 1-类重心线, 则对任意的 $i_1 = 1, 2, \cdots, 6$, 恒有

$$\mathrm{D}_{P_{i_2} P_{i_1} H_5^{i_1}} + \mathrm{D}_{P_{i_3} P_{i_1} H_5^{i_1}} + \cdots + \mathrm{D}_{P_{i_6} P_{i_1} H_5^{i_1}} = 0. \tag{6.1.15}$$

证明 根据定理 6.1.2, 由式 (6.1.2) 以及三角形有向面积和有向距离之间的关系并化简, 即得式 (6.1.15).

推论 6.1.13 设 $S = \{P_1, P_2, \cdots, P_6\}$ 是六点的集合, H_5^i 是 $T_5^i = \{P_{i+1}, P_{i+2}, \cdots, P_{i+5}\}(i = 1, 2, \cdots, 6)$ 的重心, $P_i H_5^i (i = 1, 2, \cdots, 6)$ 是 S 的 1-类重心线, 则对任意的 $i_1 = 1, 2, \cdots, 6$, 均有以下五个自重心线三角形的面积 $\mathrm{a}_{P_{i_2} P_{i_1} H_5^{i_1}}, \mathrm{a}_{P_{i_3} P_{i_1} H_5^{i_1}}, \cdots, \mathrm{a}_{P_{i_6} P_{i_1} H_5^{i_1}}$ 中, 其中一个较大的面积等于其余四个较小的面积之和, 或其中两个面积的和等于其余三个面积的和.

证明 根据定理 6.1.11, 任意的 $i_1 = 1, 2, \cdots, 6$, 由式 (6.1.15) 的几何意义, 即得.

定理 6.1.12 设 $S = \{P_1, P_2, \cdots, P_6\}$ 是六点的集合, H_5^i 是 $T_5^i = \{P_{i+1}, P_{i+2}, \cdots, P_{i+5}\}(i = 1, 2, \cdots, 6)$ 的重心, $P_i H_5^i (i = 1, 2, \cdots, 6)$ 是 S 的 1-类重心

线，则对任意的 $i_1 = 1, 2, \cdots, 6$，恒有 $\mathrm{D}_{P_{i_6}P_{i_1}H_5^{i_1}} = 0 (i_6 \in I_6 \backslash \{i_1\})$ 的充分必要条件是

$$\mathrm{D}_{P_{i_2}P_{i_1}H_5^{i_1}} + \mathrm{D}_{P_{i_3}P_{i_1}H_5^{i_1}} + \mathrm{D}_{P_{i_4}P_{i_1}H_5^{i_1}} + \mathrm{D}_{P_{i_5}P_{i_1}H_5^{i_1}} = 0. \tag{6.1.16}$$

证明 根据定理 6.1.11，由式 (6.1.15)，即得：对任意的 $i_1 = 1, 2, \cdots, 6$，恒有 $\mathrm{D}_{P_{i_6}P_{i_1}H_5^{i_1}} = 0 (i_6 \in I_6 \backslash \{i_1\})$ 的充分必要条件是式 (6.1.16) 成立.

推论 6.1.14 设 $S = \{P_1, P_2, \cdots, P_6\}$ 是六点的集合，H_5^i 是 $T_5^i = \{P_{i+1}, P_{i+2}, \cdots, P_{i+5}\}(i = 1, 2, \cdots, 6)$ 的重心，$P_iH_5^i(i = 1, 2, \cdots, 6)$ 是 S 的 1-类重心线，则对任意的 $i_1 = 1, 2, \cdots, 6$，恒有三点 $P_{i_6}, P_{i_1}, H_5^{i_1}(i_6 \in I_6 \backslash \{i_1\})$ 共线的充分必要条件以下四个自重心线三角形的面积 $\mathrm{a}_{P_{i_2}P_{i_1}H_5^{i_1}}, \mathrm{a}_{P_{i_3}P_{i_1}H_5^{i_1}}, \mathrm{a}_{P_{i_4}P_{i_1}H_5^{i_1}}, \mathrm{a}_{P_{i_5}P_{i_1}H_5^{i_1}}$ 中，其中一个较大的面积等于其余三个较小的面积的和；或其中两个面积的和等于其余两个面积之和.

证明 根据定理 6.1.12，对任意的 $i_1 = 1, 2, \cdots, 6$，由 $\mathrm{D}_{P_{i_6}P_{i_1}H_5^{i_1}} = 0 (i_6 \in I_6 \backslash \{i_1\})$ 和式 (6.1.16) 的几何意义，即得.

定理 6.1.13 设 $S = \{P_1, P_2, \cdots, P_6\}$ 是六点的集合，H_5^i 是 $T_5^i = \{P_{i+1}, P_{i+2}, \cdots, P_{i+5}\}(i = 1, 2, \cdots, 6)$ 的重心，$P_iH_5^i(i = 1, 2, \cdots, 6)$ 是 S 的 1-类重心线，则对任意的 $i_1 = 1, 2, \cdots, 6$，以下两式均等价：

$$\mathrm{D}_{P_{i_2}P_{i_1}H_5^{i_1}} + \mathrm{D}_{P_{i_3}P_{i_1}H_5^{i_1}} = 0 \quad (\mathrm{a}_{P_{i_2}P_{i_1}H_5^{i_1}} = \mathrm{a}_{P_{i_3}P_{i_1}H_5^{i_1}}), \tag{6.1.17}$$

$$\mathrm{D}_{P_{i_4}P_{i_1}H_5^{i_1}} + \mathrm{D}_{P_{i_5}P_{i_1}H_5^{i_1}} + \mathrm{D}_{P_{i_6}P_{i_1}H_5^{i_1}} = 0. \tag{6.1.18}$$

证明 根据定理 6.1.11，由式 (6.1.15)，即得：对任意的 $i_1 = 1, 2, \cdots, 6$，式 (6.1.17) 成立的充分必要条件是式 (6.1.18) 成立.

推论 6.1.15 设 $S = \{P_1, P_2, \cdots, P_6\}$ 是六点的集合，H_5^i 是 $T_5^i = \{P_{i+1}, P_{i+2}, \cdots, P_{i+5}\}(i = 1, 2, \cdots, 6)$ 的重心，$P_iH_5^i(i = 1, 2, \cdots, 6)$ 是 S 的 1-类重心线，则对任意的 $i_1 = 1, 2, \cdots, 6$，均有两重心线三角形 $P_{i_2}P_{i_1}H_5^{i_1}, P_{i_3}P_{i_1}H_5^{i_1}$ 面积相等方向相反的充分必要条件是以下三个自重心线三角形的面积 $\mathrm{a}_{P_{i_4}P_{i_1}H_6^{i_1}}, \mathrm{a}_{P_{i_5}P_{i_1}H_5^{i_1}}, \mathrm{a}_{P_{i_6}P_{i_1}H_5^{i_1}}$ 中，其中一个较大的面积等于其余两个较小的面积之和.

证明 根据定理 6.1.12，对任意的 $i_1 = 1, 2, \cdots, 6$，由式 (6.1.17) 和 (6.1.18) 的几何意义，即得.

推论 6.1.16 设 $P_1P_2\cdots P_6$ 是六角形 (六边形)，H_5^i 是五角形 $P_{i+1}P_{i+2}\cdots P_{i+5}(i = 1, 2, \cdots, 6)$ 的重心，$P_iH_5^i(i = 1, 2, \cdots, 6)$ 是 $P_1P_2\cdots P_6$ 的 1-级重心线，则定理 6.1.6 ~ 定理 6.1.13 和推论 6.1.8 ~ 推论 6.1.15 的结论均成立.

证明 设 $S = \{P_1, P_2, \cdots, P_6\}$ 是六角形 (六边形) $P_1P_2 \cdots P_6$ 顶点的集合, 对不共线六点的集合 S 分别应用定理 6.1.6 ~ 定理 6.1.13 和推论 6.1.8 ~ 推论 6.1.15, 即得.

6.2 六点集各点到 2-类重心线的有向距离公式与应用

本节主要应用有向距离法, 研究六点集各点到 2-类重心线有向距离的有关问题. 首先, 给出六点集各点到 2-类重心线有向距离公式, 从而推出六角形 (六边形) 各个顶点到其 2-级重心线相应的公式; 其次, 根据上述重心线有向距离公式, 得出六点集两点到 2-类重心线、两顶点到六角形 (六边形)2-级重心线有向距离的关系定理, 从而推出两点 (两顶点) 到六点集 2-类重心线、六角形 (六边形) 2-级重心线距离相等方向相反等结论; 最后, 根据上述重心线有向距离公式, 得出六点集 2-类重心线、六角形 (六边形) 2-级自重心线三角形有向面积公式和六点集 2-类重心线、六角形 (六边形) 2-级自重心线三角形有向面积的关系定理, 以及自重心线 (中位线) 三角形面积相等方向相反等结论.

在本节中, 恒假设 $i_1, i_2, \cdots, i_6 \in I_6 = \{1, 2, \cdots, 6\}$ 且互不相等; $j = j(i_1, i_2) = 1, 2, \cdots, 15$ 是关于 i_1, i_2 的函数且其值与 i_1, i_2 的排列次序无关, 即 $j = j(i_1, i_2) = j(i_2, i_1)$.

6.2.1 六点集各点到 2-类重心线有向距离公式

定理 6.2.1 设 $S = \{P_1, P_2, \cdots, P_6\}$ 是六点的集合, $(S_2^j, T_4^j) = (P_{i_1}, P_{i_2}; P_{i_3}, P_{i_4}, \cdots, P_{i_6})(i_1, i_2, \cdots, i_6 = 1, 2, \cdots, 6)$ 是 S 的完备集对, $G_{i_1i_2}$ 是 $P_{i_1}P_{i_2}$ 的中点, $H_4^j(j = 1, 2, \cdots, 15)$ 是 $T_4^j = \{P_{i_3}, P_{i_4}, \cdots, P_{i_6}\}$ 的重心, $G_{i_1i_2}H_4^j(i_1, i_2, \cdots, i_6 = 1, 2, \cdots, 6; i_1 < i_2)$ 是 S 的 2-类重心线, 则对任意的 $j = 1, 2, \cdots, 15; \alpha = 1, 2$, 恒有

$$4\mathrm{d}_{G_{i_1i_2}H_4^j}\mathrm{D}_{P_{i_\alpha}\text{-}G_{i_1i_2}H_5^j} = (-1)^{\alpha-1}\sum_{\beta=3}^{6}\mathrm{D}_{P_{i_1}P_{i_2}P_{i_\beta}}. \tag{6.2.1}$$

证明 设 $S = \{P_1, P_2, \cdots, P_6\}$ 各点的坐标为 $P_i(x_i, y_i)(i = 1, 2, \cdots, 6)$, 于是 $P_{i_1}P_{i_2}$ 中点和 T_4^j 重心的坐标为

$$G_{i_1i_2}\left(\frac{x_{i_1} + x_{i_2}}{2}, \frac{y_{i_1} + y_{i_2}}{2}\right) \quad (i_1, i_2 = 1, 2, \cdots, 6; i_1 < i_2),$$

$$H_4^j\left(\frac{1}{4}\sum_{\nu=3}^{6}x_{i_\nu}, \frac{1}{4}\sum_{\nu=3}^{6}y_{i_\nu}\right) \quad (i_3, i_4, \cdots, i_6 = 1, 2, \cdots, 6),$$

6.2 六点集各点到 2-类重心线的有向距离公式与应用

其中 $j=j(i_1,i_2)=1,2,\cdots,15$; 重心线 $G_{i_1i_2}H_4^j$ 所在的有向直线的方程为

$$(y_{G_{i_1i_2}}-y_{H_4^j})x+(x_{H_4^j}-x_{G_{i_1i_2}})y+(x_{G_{i_1i_2}}y_{H_4^j}-x_{H_4^j}y_{G_{i_1i_2}})=0.$$

故由点到直线的有向距离公式, 可得

$$\begin{aligned}&8\mathrm{d}_{G_{i_1i_2}H_4^j}\mathrm{D}_{P_{i_1}\text{-}G_{i_1i_2}H_4^j}\\ &=8(y_{G_{i_1i_2}}-y_{H_4^j})x_{i_1}+8(x_{H_4^j}-x_{G_{i_1i_2}})y_{i_1}+8(x_{G_{i_1i_2}}y_{H_4^j}-x_{H_4^j}y_{G_{i_1i_2}})\\ &=2(2y_{i_1}+2y_{i_2}-y_{i_3}-y_{i_4}-\cdots-y_{i_6})x_{i_1}\\ &\quad-2(2x_{i_1}+2x_{i_2}-x_{i_3}-x_{i_4}-\cdots-x_{i_6})y_{i_1}\\ &\quad+(x_{i_1}+x_{i_2})(y_{i_3}+y_{i_4}+\cdots+y_{i_6})-(x_{i_3}+x_{i_4}+\cdots+x_{i_6})(y_{i_1}+y_{i_2})\\ &=[(x_{i_1}y_{i_2}-x_{i_2}y_{i_1})+(x_{i_2}y_{i_3}-x_{i_3}y_{i_2})+(x_{i_3}y_{i_1}-x_{i_1}y_{i_3})]\\ &\quad+[(x_{i_1}y_{i_2}-x_{i_2}y_{i_1})+(x_{i_2}y_{i_4}-x_{i_4}y_{i_2})+(x_{i_4}y_{i_1}-x_{i_1}y_{i_4})]\\ &\quad+[(x_{i_1}y_{i_2}-x_{i_2}y_{i_1})+(x_{i_2}y_{i_5}-x_{i_5}y_{i_2})+(x_{i_5}y_{i_1}-x_{i_1}y_{i_5})]\\ &\quad+[(x_{i_1}y_{i_2}-x_{i_2}y_{i_1})+(x_{i_2}y_{i_6}-x_{i_6}y_{i_2})+(x_{i_6}y_{i_1}-x_{i_1}y_{i_6})]\\ &=2\mathrm{D}_{P_{i_1}P_{i_2}P_{i_3}}+2\mathrm{D}_{P_{i_1}P_{i_2}P_{i_4}}+2\mathrm{D}_{P_{i_1}P_{i_2}P_{i_5}}+2\mathrm{D}_{P_{i_1}P_{i_2}P_{i_6}},\end{aligned}$$

因此, 当 $j=1,2,\cdots,15;\alpha=1$ 时, 式 (6.2.1) 成立.

类似地, 可以证明, 当 $j=1,2,\cdots,15;\alpha=2$, 式 (6.2.1) 成立.

定理 6.2.2 设 $S=\{P_1,P_2,\cdots,P_6\}$ 是六点的集合, $(S_2^j,T_4^j)=(P_{i_1},P_{i_2};P_{i_3},P_{i_4},\cdots,P_{i_6})(i_1,i_2,\cdots,i_6=1,2,\cdots,6)$ 是 S 的完备集对, $G_{i_1i_2}$ 是 $P_{i_1}P_{i_2}$ 的中点, $H_4^j(j=1,2,\cdots,15)$ 是 $T_4^j=\{P_{i_3},P_{i_4},\cdots,P_{i_6}\}$ 的重心, $G_{i_1i_2}H_4^j(i_1,i_2,\cdots,i_6=1,2,\cdots,6;i_1<i_2)$ 是 S 的 2-类重心线, 则对任意的 $j=1,2,\cdots,15;\alpha=3,4,5,6$, 恒有

$$4\mathrm{d}_{G_{i_1i_2}H_4^j}\mathrm{D}_{P_{i_\alpha}\text{-}G_{i_1i_2}H_4^j}=\sum_{\beta=3;\beta\neq\alpha}^{6}(\mathrm{D}_{P_{i_\alpha}P_{i_1}P_{i_\beta}}+\mathrm{D}_{P_{i_\alpha}P_{i_2}P_{i_\beta}}). \tag{6.2.2}$$

证明 设 $S=\{P_1,P_2,\cdots,P_6\}$ 各点的坐标为 $P_i(x_i,y_i)(i=1,2,\cdots,6)$, 于是由定理 6.2.1 的证明和点到直线的有向距离公式, 可得

$$\begin{aligned}&8\mathrm{d}_{G_{i_1i_2}H_4^j}\mathrm{D}_{P_{i_3}\text{-}G_{i_1i_2}H_4^j}\\ &=8(y_{G_{i_1i_2}}-y_{H_4^j})x_{i_3}+8(x_{H_4^j}-x_{G_{i_1i_2}})y_{i_3}+8(x_{G_{i_1i_2}}y_{H_4^j}-x_{H_4^j}y_{G_{i_1i_2}})\end{aligned}$$

$$= 2(2y_{i_1} + 2y_{i_2} - y_{i_3} - y_{i_4} - \cdots - y_{i_6})x_{i_3}$$
$$- 2(2x_{i_1} + 2x_{i_2} - x_{i_3} - x_{i_4} - \cdots - x_{i_6})y_{i_3}$$
$$+ (x_{i_1} + x_{i_2})(y_{i_3} + y_{i_4} + \cdots + y_{i_6}) - (x_{i_3} + x_{i_4} + \cdots + x_{i_6})(y_{i_1} + y_{i_2})$$
$$= [(x_{i_3}y_{i_1} - x_{i_1}y_{i_3}) + (x_{i_1}y_{i_4} - x_{i_4}y_{i_1}) + (x_{i_4}y_{i_3} - x_{i_3}y_{i_4})]$$
$$+ [(x_{i_3}y_{i_1} - x_{i_1}y_{i_3}) + (x_{i_1}y_{i_5} - x_{i_5}y_{i_1}) + (x_{i_5}y_{i_3} - x_{i_3}y_{i_5})]$$
$$+ [(x_{i_3}y_{i_1} - x_{i_1}y_{i_3}) + (x_{i_1}y_{i_6} - x_{i_6}y_{i_1}) + (x_{i_6}y_{i_3} - x_{i_3}y_{i_6})]$$
$$+ [(x_{i_3}y_{i_2} - x_{i_2}y_{i_3}) + (x_{i_2}y_{i_4} - x_{i_4}y_{i_2}) + (x_{i_4}y_{i_3} - x_{i_3}y_{i_4})]$$
$$+ [(x_{i_3}y_{i_2} - x_{i_2}y_{i_3}) + (x_{i_2}y_{i_5} - x_{i_5}y_{i_2}) + (x_{i_5}y_{i_3} - x_{i_3}y_{i_5})]$$
$$+ [(x_{i_3}y_{i_2} - x_{i_2}y_{i_3}) + (x_{i_2}y_{i_6} - x_{i_6}y_{i_2}) + (x_{i_6}y_{i_3} - x_{i_3}y_{i_6})]$$
$$= 2\mathrm{D}_{P_{i_3}P_{i_1}P_{i_4}} + 2\mathrm{D}_{P_{i_3}P_{i_1}P_{i_5}} + 2\mathrm{D}_{P_{i_3}P_{i_1}P_{i_6}}$$
$$+ 2\mathrm{D}_{P_{i_3}P_{i_2}P_{i_4}} + 2\mathrm{D}_{P_{i_3}P_{i_2}P_{i_5}} + 2\mathrm{D}_{P_{i_3}P_{i_2}P_{i_6}},$$

因此, 当 $j = 1, 2, \cdots, 15; \alpha = 3$ 时, 式 (6.2.2) 成立.

类似地, 可以证明, 当 $j = 1, 2, \cdots, 15; \beta = 4, 5, 6$ 时, 式 (6.2.2) 成立.

推论 6.2.1 设 $P_1P_2\cdots P_6$ 是六角形 (六边形), $G_{i_1i_2}(i_1, i_2 = 1, 2, \cdots, 6; i_1 < i_2)$ 是各边 (对角线) $P_{i_1}P_{i_2}$ 的中点, $H_4^j(j = 1, 2, \cdots, 15)$ 是四角形 (四边形) $P_{i_3}P_{i_4}P_{i_5}P_{i_6}$ 的重心, $G_{i_1i_2}H_4^j(j = 1, 2, \cdots, 15)$ 是 $P_1P_2\cdots P_6$ 的 2-级重心线, 则定理 6.2.1 和定理 6.2.2 的结论均成立.

证明 设 $S = \{P_1, P_2, \cdots, P_6\}$ 是六角形 (六边形) $P_1P_2\cdots P_6$ 顶点的集合, 对不共线六点的集合 S 应用定理 6.2.1 和定理 6.2.2, 即得.

6.2.2 六点集各点到 2-类重心线有向距离公式的应用

定理 6.2.3 设 $S = \{P_1, P_2, \cdots, P_6\}$ 是六点的集合, $(S_2^j, T_4^j) = (P_{i_1}, P_{i_2}; P_{i_3}, P_{i_4}, \cdots, P_{i_6})(i_1, i_2, \cdots, i_6 = 1, 2, \cdots, 6)$ 是 S 的完备集对, $G_{i_1i_2}$ 是 $P_{i_1}P_{i_2}$ 的中点, $H_4^j(j = 1, 2, \cdots, 15)$ 是 $T_4^j = \{P_{i_3}, P_{i_4}, \cdots, P_{i_6}\}$ 的重心, $G_{i_1i_2}H_4^j(i_1, i_2, \cdots, i_6 = 1, 2, \cdots, 6; i_1 < i_2)$ 是 S 的 2-类重心线, 则对任意的 $j = 1, 2, \cdots, 15$, 恒有

$$\mathrm{D}_{P_{i_1}\text{-}G_{i_1i_2}H_4^j} + \mathrm{D}_{P_{i_2}\text{-}G_{i_1i_2}H_4^j} = 0 \quad (\mathrm{d}_{P_{i_1}\text{-}G_{i_1i_2}H_4^j} = \mathrm{d}_{P_{i_2}\text{-}G_{i_1i_2}H_4^j}), \tag{6.2.3}$$

$$\mathrm{D}_{P_{i_3}\text{-}G_{i_1i_2}H_4^j} + \mathrm{D}_{P_{i_4}\text{-}G_{i_1i_2}H_4^j} + \cdots + \mathrm{D}_{P_{i_6}\text{-}G_{i_1i_2}H_4^j} = 0. \tag{6.2.4}$$

证明 根据定理 6.2.1 和定理 6.2.2, 式 (6.2.1) 和 (6.2.2) 分别对 $\alpha = 1, 2; \alpha =$

6.2 六点集各点到 2-类重心线的有向距离公式与应用

3, 4, 5, 6 求和, 得

$$4\mathrm{d}_{G_{i_1i_2}H_4^j}(\mathrm{D}_{P_{i_1}\text{-}G_{i_1i_2}H_4^j} + \mathrm{D}_{P_{i_2}\text{-}G_{i_1i_2}H_4^j}) = 0,$$

$$4\mathrm{d}_{G_{i_1i_2}H_4^j}(\mathrm{D}_{P_{i_3}\text{-}G_{i_1i_2}H_4^j} + \mathrm{D}_{P_{i_4}\text{-}G_{i_1i_2}H_4^j} + \cdots + \mathrm{D}_{P_{i_6}\text{-}G_{i_1i_2}H_4^j}) = 0,$$

其中 $j = 1, 2, \cdots, 15$. 故对任意的 $j = 1, 2, \cdots, 15$, 若 $\mathrm{d}_{G_{i_1i_2}H_4^j} \neq 0$, 式 (6.2.3) 和 (6.2.4) 均成立; 而若 $\mathrm{d}_{G_{i_1i_2}H_4^j} = 0$, 则由点到重心线有向距离定义知, 式 (6.2.3) 和式 (6.2.4) 亦均成立.

推论 6.2.2 设 $S = \{P_1, P_2, \cdots, P_6\}$ 是六点的集合, $(S_2^j, T_4^j) = (P_{i_1}, P_{i_2}; P_{i_3}, P_{i_4}, \cdots, P_{i_6})(i_1, i_2, \cdots, i_6 = 1, 2, \cdots, 6)$ 是 S 的完备集对, $G_{i_1i_2}$ 是 $P_{i_1}P_{i_2}$ 的中点, $H_4^j(j = 1, 2, \cdots, 15)$ 是 $T_4^j = \{P_{i_3}, P_{i_4}, \cdots, P_{i_6}\}$ 的重心, $G_{i_1i_2}H_4^j(i_1, i_2, \cdots, i_6 = 1, 2, \cdots, 6; i_1 < i_2)$ 是 S 的 2-类重心线, 则对任意的 $j = 1, 2, \cdots, 15$, 恒有两点 P_{i_1}, P_{i_2} 到重心线 $G_{i_1i_2}H_4^j$ 的距离相等侧向相反; 而其余四条点到重心线 $G_{i_1i_2}H_4^j$ 的距离 $\mathrm{d}_{P_{i_3}\text{-}G_{i_1i_2}H_4^j}, \mathrm{d}_{P_{i_4}\text{-}G_{i_1i_2}H_4^j}, \cdots, \mathrm{d}_{P_{i_6}\text{-}G_{i_1i_2}H_4^j}$ 中, 其中一条较长的距离等于另三条较短的距离的和, 或其中两条距离的和等于另两条距离的和.

证明 根据定理 6.2.3, 对任意的 $j = 1, 2, \cdots, 15$, 由式 (6.2.3) 和 (6.2.4) 的几何意义, 即得.

定理 6.2.4 设 $S = \{P_1, P_2, \cdots, P_6\}$ 是六点的集合, $(S_2^j, T_4^j) = (P_{i_1}, P_{i_2}; P_{i_3}, P_{i_4}, \cdots, P_{i_6})(i_1, i_2, \cdots, i_6 = 1, 2, \cdots, 6)$ 是 S 的完备集对, $G_{i_1i_2}$ 是 $P_{i_1}P_{i_2}$ 的中点, $H_4^j(j = 1, 2, \cdots, 15)$ 是 $T_4^j = \{P_{i_3}, P_{i_4}, \cdots, P_{i_6}\}$ 的重心, $G_{i_1i_2}H_4^j(i_1, i_2, \cdots, i_6 = 1, 2, \cdots, 6; i_1 < i_2)$ 是 S 的 2-类重心线, 则对任意的 $j = 1, 2, \cdots, 15$, 恒有 $\mathrm{D}_{P_{i_6}\text{-}G_{i_1i_2}H_4^j} = 0(i_6 \in I_6 \backslash \{i_1, i_2\})$ 的充分必要条件是

$$\mathrm{D}_{P_{i_3}\text{-}G_{i_1i_2}H_4^j} + \mathrm{D}_{P_{i_4}\text{-}G_{i_1i_2}H_4^j} + \mathrm{D}_{P_{i_5}\text{-}G_{i_1i_2}H_4^j} = 0. \tag{6.2.5}$$

证明 根据定理 6.2.3, 由式 (6.2.4), 可得: 对任意的 $j = 1, 2, \cdots, 15$, 恒有 $\mathrm{D}_{P_{i_6}\text{-}G_{i_1i_2}H_4^j} = 0(i_6 \in I_6 \backslash \{i_1, i_2\})$ 的充分必要条件是 (6.2.5) 成立.

推论 6.2.3 设 $S = \{P_1, P_2, \cdots, P_6\}$ 是六点的集合, $(S_2^j, T_4^j) = (P_{i_1}, P_{i_2}; P_{i_3}, P_{i_4}, \cdots, P_{i_6})(i_1, i_2, \cdots, i_6 = 1, 2, \cdots, 6)$ 是 S 的完备集对, $G_{i_1i_2}$ 是 $P_{i_1}P_{i_2}$ 的中点, $H_4^j(j = 1, 2, \cdots, 15)$ 是 $T_4^j = \{P_{i_3}, P_{i_4}, \cdots, P_{i_6}\}$ 的重心, $G_{i_1i_2}H_4^j(i_1, i_2, \cdots, i_6 = 1, 2, \cdots, 6; i_1 < i_2)$ 是 S 的 2-类重心线, 则对任意的 $j = 1, 2, \cdots, 15$, 恒有点 $P_{i_6}(i_6 \in I_6 \backslash \{i_1, i_2\})$ 在重心线 $G_{i_1i_2}H_4^j$ 所在直线之上的充分必要条件是其余三条点到重心线 $G_{i_1i_2}H_4^j$ 的距离 $\mathrm{d}_{P_{i_3}\text{-}G_{i_1i_2}H_4^j}, \mathrm{d}_{P_{i_4}\text{-}G_{i_1i_2}H_4^j}, \mathrm{d}_{P_{i_5}\text{-}G_{i_1i_2}H_4^j}$ 中, 其中一条较长的距离等于另两条较短的距离的和.

证明 根据定理 6.2.4, 对任意的 $j = 1, 2, \cdots, 15$, 分别由 $\mathrm{D}_{P_{i_6}\text{-}G_{i_1i_2}H_4^j} = 0(i_6 \in I_6 \backslash \{i_1, i_2\})$ 和式 (6.2.5) 的几何意义, 即得.

定理 6.2.5 设 $S=\{P_1,P_2,\cdots,P_6\}$ 是六点的集合，$(S_2^j,T_4^j)=(P_{i_1},P_{i_2};P_{i_3},P_{i_4},\cdots,P_{i_6})(i_1,i_2,\cdots,i_6=1,2,\cdots,6)$ 是 S 的完备集对，$G_{i_1i_2}$ 是 $P_{i_1}P_{i_2}$ 的中点，$H_4^j(j=1,2,\cdots,15)$ 是 $T_4^j=\{P_{i_3},P_{i_4},\cdots,P_{i_6}\}$ 的重心，$G_{i_1i_2}H_4^j(i_1,i_2,\cdots,i_6=1,2,\cdots,6;i_1<i_2)$ 是 S 的 2-类重心线，则对任意的 $j=1,2,\cdots,15$，如下两式均等价：

$$\mathrm{D}_{P_{i_3}\text{-}G_{i_1i_2}H_4^j}+\mathrm{D}_{P_{i_4}\text{-}G_{i_1i_2}H_4^j}=0\quad (i_3<i_4), \tag{6.2.6}$$

$$\mathrm{D}_{P_{i_5}\text{-}G_{i_1i_2}H_4^j}+\mathrm{D}_{P_{i_6}\text{-}G_{i_1i_2}H_4^j}=0\quad (i_3<i_5<i_6). \tag{6.2.7}$$

证明 根据定理 6.2.3，由式 (6.2.4)，可得：对任意的 $j=1,2,\cdots,15$，式 (6.2.6) 成立的充分必要条件是 (6.2.7) 成立.

推论 6.2.4 设 $S=\{P_1,P_2,\cdots,P_6\}$ 是六点的集合，$(S_2^j,T_4^j)=(P_{i_1},P_{i_2};P_{i_3},P_{i_4},\cdots,P_{i_6})(i_1,i_2,\cdots,i_6=1,2,\cdots,6)$ 是 S 的完备集对，$G_{i_1i_2}$ 是 $P_{i_1}P_{i_2}$ 的中点，$H_4^j(j=1,2,\cdots,15)$ 是 $T_4^j=\{P_{i_3},P_{i_4},\cdots,P_{i_6}\}$ 的重心，$G_{i_1i_2}H_4^j(i_1,i_2,\cdots,i_6=1,2,\cdots,6;i_1<i_2)$ 是 S 的 2-类重心线，则对任意的 $j=1,2,\cdots,15$，均有两点 $P_{i_3},P_{i_4}(i_3<i_4)$ 到重心线 $G_{i_1i_2}H_4^j$ 的距离相等侧向相反的充分必要条件是另两点 $P_{i_5},P_{i_6}(i_3<i_5<i_6)$ 到重心线 $G_{i_1i_2}H_4^j$ 的距离相等侧向相反.

证明 根据定理 6.2.5，对任意的 $j=1,2,\cdots,15$，分别由式 (6.2.6) 和 (6.2.7) 的几何意义，即得.

推论 6.2.5 设 $P_1P_2\cdots P_6$ 是六角形 (六边形)，$G_{i_1i_2}(i_1,i_2=1,2,\cdots,6;i_1<i_2)$ 是各边 (对角线) $P_{i_1}P_{i_2}$ 的中点，$H_4^j(j=1,2,\cdots,15)$ 是四角形 (四边形) $P_{i_3}P_{i_4}P_{i_5}P_{i_6}$ 的重心，$G_{i_1i_2}H_4^j(j=1,2,\cdots,15)$ 是 $P_1P_2\cdots P_6$ 的 2-级重心线，则定理 6.2.3 ∼ 定理 6.2.5 和推论 6.2.2 ∼ 推论 6.2.4 中结论均成立.

证明 设 $S=\{P_1,P_2,\cdots,P_6\}$ 是六角形 (六边形) $P_1P_2\cdots P_6$ 顶点的集合，对不共线六点的集合 S 分别应用定理 6.2.3 ∼ 定理 6.2.5 和推论 6.2.2 ∼ 推论 6.2.4，即得.

6.2.3 六点集 2-类自重心线三角形有向面积公式与应用

根据三角形有向面积与有向距离之间的关系，可以得出定理 6.2.1 和定理 6.2.2 中相应的重心线三角形有向面积公式，兹列如下：

定理 6.2.6 设 $S=\{P_1,P_2,\cdots,P_6\}$ 是六点的集合，$(S_2^j,T_4^j)=(P_{i_1},P_{i_2};P_{i_3},P_{i_4},\cdots,P_{i_6})(i_1,i_2,\cdots,i_6=1,2,\cdots,6)$ 是 S 的完备集对，$G_{i_1i_2}$ 是 $P_{i_1}P_{i_2}$ 的中点，$H_4^j(j=1,2,\cdots,15)$ 是 $T_4^j=\{P_{i_3},P_{i_4},\cdots,P_{i_6}\}$ 的重心，$G_{i_1i_2}H_4^j(i_1,i_2,\cdots,i_6=1,2,\cdots,6;i_1<i_2)$ 是 S 的 2-类重心线，则对任意的 $j=1,2,\cdots,15;\alpha=1,2$，恒有

$$8\mathrm{D}_{P_{i_\alpha}G_{i_1i_2}H_4^j}=(-1)^{\alpha-1}\sum_{\beta=3}^{6}\mathrm{D}_{P_{i_1}P_{i_2}P_{i_\beta}}. \tag{6.2.8}$$

6.2 六点集各点到 2-类重心线的有向距离公式与应用

定理 6.2.7 设 $S = \{P_1, P_2, \cdots, P_6\}$ 是六点的集合, $(S_2^j, T_4^j) = (P_{i_1}, P_{i_2}; P_{i_3}, P_{i_4}, \cdots, P_{i_6})(i_1, i_2, \cdots, i_6 = 1, 2, \cdots, 6)$ 是 S 的完备集对, $G_{i_1 i_2}$ 是 $P_{i_1} P_{i_2}$ 的中点, $H_4^j(j = 1, 2, \cdots, 15)$ 是 $T_4^j = \{P_{i_3}, P_{i_4}, \cdots, P_{i_6}\}$ 的重心, $G_{i_1 i_2} H_4^j(i_1, i_2, \cdots, i_6 = 1, 2, \cdots, 6; i_1 < i_2)$ 是 S 的 2-类重心线, 则对任意的 $j = 1, 2, \cdots, 15; \alpha = 3, 4, 5, 6$, 恒有

$$8\mathrm{D}_{P_{i_\alpha} G_{i_1 i_2} H_4^j} = \sum_{\beta=3; \beta \neq \alpha}^{6} (\mathrm{D}_{P_{i_\beta} P_{i_1} P_{\beta}} + \mathrm{D}_{P_{i_\beta} P_{i_2} P_{i_\beta}}). \tag{6.2.9}$$

推论 6.2.6 设 $P_1 P_2 \cdots P_6$ 是六角形 (六边形), $G_{i_1 i_2}(i_1, i_2 = 1, 2, \cdots, 6; i_1 < i_2)$ 是边或对角线 $P_{i_1} P_{i_2}$ 的中点, $H_4^j(j = 1, 2, \cdots, 15)$ 是四角形 (四边形) $P_{i_3} P_{i_4} P_{i_5} P_{i_6}$ 的重心, $G_{i_1 i_2} H_4^j(j = 1, 2, \cdots, 15)$ 是 $P_1 P_2 \cdots P_6$ 的 2-级重心线, 则定理 6.2.6 和定理 6.2.7 的结论均成立.

证明 设 $S = \{P_1, P_2, \cdots, P_6\}$ 是六角形 (六边形) $P_1 P_2 \cdots P_6$ 顶点的集合, 对不共线六点的集合 S 分别应用定理 6.2.6 和定理 6.2.7, 即得.

定理 6.2.8 设 $S = \{P_1, P_2, \cdots, P_6\}$ 是六点的集合, $(S_2^j, T_4^j) = (P_{i_1}, P_{i_2}; P_{i_3}, P_{i_4}, \cdots, P_{i_6})(i_1, i_2, \cdots, i_6 = 1, 2, \cdots, 6)$ 是 S 的完备集对, $G_{i_1 i_2}$ 是 $P_{i_1} P_{i_2}$ 的中点, $H_4^j(j = 1, 2, \cdots, 15)$ 是 $T_4^j = \{P_{i_3}, P_{i_4}, \cdots, P_{i_6}\}$ 的重心, $G_{i_1 i_2} H_4^j(i_1, i_2, \cdots, i_6 = 1, 2, \cdots, 6; i_1 < i_2)$ 是 S 的 2-类重心线, 则对任意的 $j = 1, 2, \cdots, 15$, 恒有 $\mathrm{D}_{P_{i_1} G_{i_1 i_2} H_4^j} = 0(\mathrm{D}_{P_{i_2} G_{i_1 i_2} H_4^j} = 0)$ 的充分必要条件是

$$\mathrm{D}_{P_{i_1} P_{i_2} P_{i_3}} + \mathrm{D}_{P_{i_1} P_{i_2} P_{i_4}} + \cdots + \mathrm{D}_{P_{i_1} P_{i_2} P_{i_6}} = 0. \tag{6.2.10}$$

证明 根据定理 6.2.6, 由式 (6.2.8), 即得: 对任意的 $j = 1, 2, \cdots, 15$, 恒有 $\mathrm{D}_{P_{i_1} G_{i_1 i_2} H_4^j} = 0(\mathrm{D}_{P_{i_2} G_{i_1 i_2} H_4^j} = 0) \Leftrightarrow$ 式 (6.2.10) 成立.

推论 6.2.7 设 $S = \{P_1, P_2, \cdots, P_6\}$ 是六点的集合, $(S_2^j, T_4^j) = (P_{i_1}, P_{i_2}; P_{i_3}, P_{i_4}, \cdots, P_{i_6})(i_1, i_2, \cdots, i_6 = 1, 2, \cdots, 6)$ 是 S 的完备集对, $G_{i_1 i_2}$ 是 $P_{i_1} P_{i_2}$ 的中点, $H_4^j(j = 1, 2, \cdots, 15)$ 是 $T_4^j = \{P_{i_3}, P_{i_4}, \cdots, P_{i_6}\}$ 的重心, $G_{i_1 i_2} H_4^j(i_1, i_2, \cdots, i_6 = 1, 2, \cdots, 6; i_1 < i_2)$ 是 S 的 2-类重心线, 则对任意的 $j = 1, 2, \cdots, 15$, 恒有四点 $P_{i_1}, P_{i_2}, G_{i_1 i_2}, H_4^j$ 共线的充分必要条件是如下四个三角形的面积 $\mathrm{a}_{P_{i_1} P_{i_2} P_{i_3}}$, $\mathrm{a}_{P_{i_1} P_{i_2} P_{i_4}}, \cdots, \mathrm{a}_{P_{i_1} P_{i_2} P_{i_6}}$ 中, 其中一个较大的面积等于其余三个较小的面积的和, 或其中两个面积的和等于其余两个面积的和.

证明 根据定理 6.2.8, 对任意的 $j = 1, 2, \cdots, 15$, 由 $\mathrm{D}_{P_{i_1} G_{i_1 i_2} H_4^j} = 0$ ($\mathrm{D}_{P_{i_2} G_{i_1 i_2} H_4^j} = 0$) 和式 (6.2.10) 的几何意义, 可知: 三点 $P_{i_1}, G_{i_1 i_2}, H_4^j(P_{i_2}, G_{i_1 i_2}, H_4^j)$ 共线的充分必要条件均是如下四个三角形的面积 $\mathrm{a}_{P_{i_1} P_{i_2} P_{i_3}}, \mathrm{a}_{P_{i_1} P_{i_2} P_{i_4}}, \cdots$, $\mathrm{a}_{P_{i_1} P_{i_2} P_{i_6}}$ 中, 其中一个较大的面积等于其余三个较小的面积的和, 或其中两个面

积的和等于其余两个面积的和. 从而, 四点 $P_{i_1}, P_{i_2}, G_{i_1i_2}, H_4^j$ 共线的充分必要条件是如下四个三角形的面积 $a_{P_{i_1}P_{i_2}P_{i_3}}, a_{P_{i_1}P_{i_2}P_{i_4}}, \cdots, a_{P_{i_1}P_{i_2}P_{i_6}}$ 中, 其中一个较大的面积等于其余三个较小的面积的和, 或其中两个面积的和等于其余两个面积的和.

定理 6.2.9 设 $S = \{P_1, P_2, \cdots, P_6\}$ 是六点的集合, $(S_2^j, T_4^j) = (P_{i_1}, P_{i_2}; P_{i_3}, P_{i_4}, \cdots, P_{i_6})(i_1, i_2, \cdots, i_6 = 1, 2, \cdots, 6)$ 是 S 的完备集对, $G_{i_1i_2}$ 是 $P_{i_1}P_{i_2}$ 的中点, $H_4^j(j = 1, 2, \cdots, 15)$ 是 $T_4^j = \{P_{i_3}, P_{i_4}, \cdots, P_{i_6}\}$ 的重心, $G_{i_1i_2}H_4^j(i_1, i_2, \cdots, i_6 = 1, 2, \cdots, 6; i_1 < i_2)$ 是 S 的 2-类重心线, 则对任意的 $j = 1, 2, \cdots, 15; \alpha = 1, 2$, 恒有 $D_{P_{i_1}P_{i_2}P_{i_6}} = 0(i_6 \in I_6 \backslash \{i_1, i_2\})$ 的充分必要条件是

$$8D_{P_{i_\alpha}G_{i_1i_2}H_4^j} = D_{P_{i_1}P_{i_2}P_{i_3}} + D_{P_{i_1}P_{i_2}P_{i_4}} + D_{P_{i_1}P_{i_2}P_{i_5}}. \tag{6.2.11}$$

证明 根据定理 6.2.6, 由式 (6.2.8), 即得: 对任意的 $j = 1, 2, \cdots, 15; \alpha = 1, 2$, 恒有 $D_{P_{i_1}P_{i_2}P_{i_6}} = 0(i_6 \in I_6 \backslash \{i_1, i_2\})$ 的充分必要条件是式 (6.2.11) 成立.

推论 6.2.8 设 $S = \{P_1, P_2, \cdots, P_6\}$ 是六点的集合, $(S_2^j, T_4^j) = (P_{i_1}, P_{i_2}; P_{i_3}, P_{i_4}, \cdots, P_{i_6})(i_1, i_2, \cdots, i_6 = 1, 2, \cdots, 6)$ 是 S 的完备集对, $G_{i_1i_2}$ 是 $P_{i_1}P_{i_2}$ 的中点, $H_4^j(j = 1, 2, \cdots, 15)$ 是 $T_4^j = \{P_{i_3}, P_{i_4}, \cdots, P_{i_6}\}$ 的重心, $G_{i_1i_2}H_4^j(i_1, i_2, \cdots, i_6 = 1, 2, \cdots, 6; i_1 < i_2)$ 是 S 的 2-类重心线, 则对任意的 $j = 1, 2, \cdots, 15$, 恒有三点 $P_{i_1}, P_{i_2}, P_{i_6}(i_6 \in I_6 \backslash \{i_1, i_2\})$ 共线的充分必要条件是如下四个三角形的乘数面积 $8a_{P_{i_1}G_{i_1i_2}H_4^j}, a_{P_{i_1}P_{i_2}P_{i_3}}, a_{P_{i_1}P_{i_2}P_{i_4}}, a_{P_{i_1}P_{i_2}P_{i_5}}$ 或 $8a_{P_{i_2}G_{i_1i_2}H_4^j}, a_{P_{i_1}P_{i_2}P_{i_3}}, a_{P_{i_1}P_{i_2}P_{i_4}}, a_{P_{i_1}P_{i_2}P_{i_5}}$ 中, 其中一个较大的面积等于其余三个较小的面积的和, 或其中两个乘数面积的和等于其余两个乘数面积的和.

证明 根据定理 6.2.9, 对任意的 $j = 1, 2, \cdots, 15; \alpha = 1, 2$, 由 $D_{P_{i_1}P_{i_2}P_{i_6}} = 0(i_6 \in I_6 \backslash \{i_1, i_2\})$ 和式 (6.2.11) 的几何意义, 即得.

定理 6.2.10 设 $S = \{P_1, P_2, \cdots, P_6\}$ 是六点的集合, $(S_2^j, T_4^j) = (P_{i_1}, P_{i_2}; P_{i_3}, P_{i_4}, \cdots, P_{i_6})(i_1, i_2, \cdots, i_6 = 1, 2, \cdots, 6)$ 是 S 的完备集对, $G_{i_1i_2}$ 是 $P_{i_1}P_{i_2}$ 的中点, $H_4^j(j = 1, 2, \cdots, 15)$ 是 $T_4^j = \{P_{i_3}, P_{i_4}, \cdots, P_{i_6}\}$ 的重心, $G_{i_1i_2}H_4^j(i_1, i_2, \cdots, i_6 = 1, 2, \cdots, 6; i_1 < i_2)$ 是 S 的 2-类重心线, 则对任意的 $j = 1, 2, \cdots, 15; \alpha = 1, 2$, 如下两式均等价:

$$8D_{P_{i_\alpha}G_{i_1i_2}H_4^j} = (-1)^{\alpha-1}D_{P_{i_1}P_{i_2}P_{i_3}} \quad (8a_{P_{i_\alpha}G_{i_1i_2}H_4^j} = a_{P_{i_1}P_{i_2}P_{i_3}}), \tag{6.2.12}$$

$$D_{P_{i_1}P_{i_2}P_{i_4}} + D_{P_{i_1}P_{i_2}P_{i_5}} + D_{P_{i_1}P_{i_2}P_{i_6}} = 0. \tag{6.2.13}$$

证明 根据定理 6.2.6, 由式 (6.2.8), 即得: 对任意的 $j = 1, 2, \cdots, 15; \alpha = 1, 2$, 式 (6.2.12) 成立的充分必要条件是式 (6.2.13) 成立.

推论 6.2.9 设 $S = \{P_1, P_2, \cdots, P_6\}$ 是六点的集合, $(S_2^j, T_4^j) = (P_{i_1}, P_{i_2}; P_{i_3}, P_{i_4}, \cdots, P_{i_6})(i_1, i_2, \cdots, i_6 = 1, 2, \cdots, 6)$ 是 S 的完备集对, $G_{i_1i_2}$ 是 $P_{i_1}P_{i_2}$ 的中点,

$H_4^j(j=1,2,\cdots,15)$ 是 $T_4^j = \{P_{i_3}, P_{i_4}, \cdots, P_{i_6}\}$ 的重心, $G_{i_1i_2}H_4^j(i_1,i_2,\cdots,i_6 = 1,2,\cdots,6; i_1 < i_2)$ 是 S 的 2-类重心线,则对任意的 $j=1,2,\cdots,15$,均有两三角形 $P_{i_1}G_{i_1i_2}H_4^j, P_{i_1}P_{i_2}P_{i_3}$ 方向相同且 $8\mathrm{a}_{P_{i_1}G_{i_1i_2}H_4^j} = \mathrm{a}_{P_{i_1}P_{i_2}P_{i_3}}(P_{i_2}G_{i_1i_2}H_4^j, P_{i_1}P_{i_2}P_{i_3}$ 方向相反且 $8\mathrm{a}_{P_{i_2}G_{i_1i_2}H_4^j} = \mathrm{a}_{P_{i_1i_2i_3}})$ 的充分必要条件是如下三个三角形的面积 $\mathrm{a}_{P_{i_1}P_{i_2}P_{i_4}}, \mathrm{a}_{P_{i_1}P_{i_2}P_{i_5}}, \mathrm{a}_{P_{i_1}P_{i_2}P_{i_6}}$ 中,其中一个较大的面积等于另外两个较小的面积的和.

证明 根据定理 6.2.10,对任意的 $j=1,2,\cdots,15; \alpha = 1,2$,由式 (6.2.12) 和 (6.2.13) 的几何意义,即得.

定理 6.2.11 设 $S = \{P_1, P_2, \cdots, P_6\}$ 是六点的集合, $(S_2^j, T_4^j) = (P_{i_1}, P_{i_2}; P_{i_3}, P_{i_4}, \cdots, P_{i_6})(i_1, i_2, \cdots, i_6 = 1, 2, \cdots, 6)$ 是 S 的完备集对, $G_{i_1i_2}$ 是 $P_{i_1}P_{i_2}$ 的中点, $H_4^j(j=1,2,\cdots,15)$ 是 $T_4^j = \{P_{i_3}, P_{i_4}, \cdots, P_{i_6}\}$ 的重心, $G_{i_1i_2}H_4^j(i_1,i_2,\cdots,i_6 = 1,2,\cdots,6; i_1 < i_2)$ 是 S 的 2-类重心线,则对任意的 $j=1,2,\cdots,15; \alpha = 1,2$,如下两式均等价:

$$\mathrm{D}_{P_{i_1}P_{i_2}P_{i_3}} + \mathrm{D}_{P_{i_1}P_{i_2}P_{i_4}} = 0 \quad (\mathrm{a}_{P_{i_1}P_{i_2}P_{i_3}} = \mathrm{a}_{P_{i_1}P_{i_2}P_{i_4}}), \tag{6.2.14}$$

$$8\mathrm{D}_{P_{i_\alpha}G_{i_1i_2}H_4^j} = \mathrm{D}_{P_{i_1}P_{i_2}P_{i_5}} + \mathrm{D}_{P_{i_1}P_{i_2}P_{i_6}}. \tag{6.2.15}$$

证明 根据定理 6.2.6,由式 (6.2.8),即得:对任意的 $j=1,2,\cdots,15; \alpha = 1,2$,式 (6.2.14) 成立 $\Leftrightarrow$ 式 (6.2.15) 成立.

推论 6.2.10 设 $S = \{P_1, P_2, \cdots, P_6\}$ 是六点的集合, $(S_2^j, T_4^j) = (P_{i_1}, P_{i_2}; P_{i_3}, P_{i_4}, \cdots, P_{i_6})(i_1, i_2, \cdots, i_6 = 1, 2, \cdots, 6)$ 是 S 的完备集对, $G_{i_1i_2}$ 是 $P_{i_1}P_{i_2}$ 的中点, $H_4^j(j=1,2,\cdots,15)$ 是 $T_4^j = \{P_{i_3}, P_{i_4}, \cdots, P_{i_6}\}$ 的重心, $G_{i_1i_2}H_4^j(i_1,i_2,\cdots,i_6 = 1,2,\cdots,6; i_1 < i_2)$ 是 S 的 2-类重心线,则对任意的 $j=1,2,\cdots,15$,均有两个三角形 $P_{i_1}P_{i_2}P_{i_3}, P_{i_1}P_{i_2}P_{i_4}$ 面积相等方向相反的充分必要条件是如下三个三角形的乘数面积 $8\mathrm{a}_{P_{i_1}G_{i_1i_2}H_4^j}, \mathrm{a}_{P_{i_1}P_{i_2}P_{i_5}}, \mathrm{a}_{P_{i_1}P_{i_2}P_{i_6}}$ 或 $8\mathrm{a}_{P_{i_2}G_{i_1i_2}H_4^j}, \mathrm{a}_{P_{i_1}P_{i_2}P_{i_5}}, \mathrm{a}_{P_{i_1}P_{i_2}P_{i_6}}$ 中,其中一个较大的乘数面积等于其余两个较小的乘数面积的和.

证明 根据定理 6.2.11,对任意的 $j=1,2,\cdots,15; \alpha = 1,2$,由式 (6.2.14) 和 (6.2.15) 的几何意义,即得.

定理 6.2.12 设 $S = \{P_1, P_2, \cdots, P_6\}$ 是六点的集合, $(S_2^j, T_4^j) = (P_{i_1}, P_{i_2}; P_{i_3}, P_{i_4}, \cdots, P_{i_6})(i_1, i_2, \cdots, i_6 = 1, 2, \cdots, 6)$ 是 S 的完备集对, $G_{i_1i_2}$ 是 $P_{i_1}P_{i_2}$ 的中点, $H_4^j(j=1,2,\cdots,15)$ 是 $T_4^j = \{P_{i_3}, P_{i_4}, \cdots, P_{i_6}\}$ 的重心, $G_{i_1i_2}H_4^j(i_1,i_2,\cdots,i_6 = 1,2,\cdots,6; i_1 < i_2)$ 是 S 的 2-类重心线,则对任意的 $j=1,2,\cdots,15; \alpha = 3,4,5,6$,均有 $\mathrm{D}_{P_{i_\alpha}G_{i_1i_2}H_4^j} = 0$ 的充分必要条件是

$$\sum_{\beta=3; \beta \neq \alpha}^{6} (\mathrm{D}_{P_{i_\alpha}P_{i_1}P_{i_\beta}} + \mathrm{D}_{P_{i_\alpha}P_{i_2}P_{i_\beta}}) = 0. \tag{6.2.16}$$

证明 根据定理 6.2.7, 由式 (6.2.9), 即得: 对任意的 $j = 1, 2, \cdots, 15; \alpha = 3, 4, 5, 6$, 均有 $\mathrm{D}_{P_{i_\alpha} G_{i_1 i_2} H_4^j} = 0$ 的充分必要条件是式 (6.2.16) 成立.

推论 6.2.11 设 $S = \{P_1, P_2, \cdots, P_6\}$ 是六点的集合, $(S_2^j, T_4^j) = (P_{i_1}, P_{i_2}; P_{i_3}, P_{i_4}, \cdots, P_{i_6})(i_1, i_2, \cdots, i_6 = 1, 2, \cdots, 6)$ 是 S 的完备集对, $G_{i_1 i_2}$ 是 $P_{i_1} P_{i_2}$ 的中点, $H_4^j (j = 1, 2, \cdots, 15)$ 是 $T_4^j = \{P_{i_3}, P_{i_4}, \cdots, P_{i_6}\}$ 的重心, $G_{i_1 i_2} H_4^j (i_1, i_2, \cdots, i_6 = 1, 2, \cdots, 6; i_1 < i_2)$ 是 S 的 2-类重心线, 则对任意的 $j = 1, 2, \cdots, 15; \alpha = 3, 4, 5, 6$, 均有三点 $P_{i_\alpha}, G_{i_1 i_2}, H_4^j$ 共线的充分必要条件是如下六个三角形的面积 $\mathrm{a}_{P_{i_\alpha} P_{i_1} P_{i_\beta}}, \mathrm{a}_{P_{i_\alpha} P_{i_2} P_{i_\beta}} (\beta = 3, 4, 5, 6; \beta \neq \alpha)$ 中, 其中一个较大的面积等于另外五个较小的面积的和, 或其中 $t(2 \leqslant t \leqslant 3)$ 个三角形的面积的和等于另外 $6 - t$ 个三角形的面积的和.

证明 根据定理 6.2.12, 对任意的 $j = 1, 2, \cdots, 15; \alpha = 3, 4, 5, 6$, 由 $\mathrm{D}_{P_{i_\alpha} G_{i_1 i_2} H_4^j} = 0$ 和式 (6.2.16) 的几何意义, 即得.

注 6.2.1 根据定理 6.2.7, 由式 (6.2.9), 亦可得出定理 6.2.9 ~ 定理 6.2.11 和推论 6.2.8 ~ 推论 6.2.10 类似的结果, 不一一赘述.

定理 6.2.13 设 $S = \{P_1, P_2, \cdots, P_6\}$ 是六点的集合, $(S_2^j, T_4^j) = (P_{i_1}, P_{i_2}; P_{i_3}, P_{i_4}, \cdots, P_{i_6})(i_1, i_2, \cdots, i_6 = 1, 2, \cdots, 6)$ 是 S 的完备集对, $G_{i_1 i_2}$ 是 $P_{i_1} P_{i_2}$ 的中点, $H_4^j (j = 1, 2, \cdots, 15)$ 是 $T_4^j = \{P_{i_3}, P_{i_4}, \cdots, P_{i_6}\}$ 的重心, $G_{i_1 i_2} H_4^j (i_1, i_2, \cdots, i_6 = 1, 2, \cdots, 6; i_1 < i_2)$ 是 S 的 2-类重心线, 则对任意的 $j = 1, 2, \cdots, 15$, 均有

$$\mathrm{D}_{P_{i_1} G_{i_1 i_2} H_4^j} + \mathrm{D}_{P_{i_2} G_{i_1 i_2} H_4^j} = 0 \quad (\mathrm{a}_{P_{i_1} G_{i_1 i_2} H_4^j} = \mathrm{a}_{P_{i_2} G_{i_1 i_2} H_4^j}), \tag{6.2.17}$$

$$\mathrm{D}_{P_{i_3} G_{i_1 i_2} H_4^j} + \mathrm{D}_{P_{i_4} G_{i_1 i_2} H_4^j} + \cdots + \mathrm{D}_{P_{i_6} G_{i_1 i_2} H_4^j} = 0. \tag{6.2.18}$$

证明 根据定理 6.2.6 和定理 6.2.7, 式 (6.2.8) 和 (6.2.9) 分别对 $\alpha = 1, 2$ 和 $\alpha = 3, 4, 5, 6$ 求和, 得

$$8(\mathrm{D}_{P_{i_1} G_{i_1 i_2} H_4^j} + \mathrm{D}_{P_{i_2} G_{i_1 i_2} H_4^j}) = 0,$$

$$8(\mathrm{D}_{P_{i_3} G_{i_1 i_2} H_4^j} + \mathrm{D}_{P_{i_4} G_{i_1 i_2} H_5^j} + \cdots + \mathrm{D}_{P_{i_6} G_{i_1 i_2} H_4^j}) = 0.$$

其中 $j = 1, 2, \cdots, 15$. 因此, 式 (6.2.17) 和 (6.2.18) 成立.

推论 6.2.12 设 $S = \{P_1, P_2, \cdots, P_6\}$ 是六点的集合, $(S_2^j, T_4^j) = (P_{i_1}, P_{i_2}; P_{i_3}, P_{i_4}, \cdots, P_{i_6})(i_1, i_2, \cdots, i_6 = 1, 2, \cdots, 6)$ 是 S 的完备集对, $G_{i_1 i_2}$ 是 $P_{i_1} P_{i_2}$ 的中点, $H_4^j (j = 1, 2, \cdots, 15)$ 是 $T_4^j = \{P_{i_3}, P_{i_4}, \cdots, P_{i_6}\}$ 的重心, $G_{i_1 i_2} H_4^j (i_1, i_2, \cdots, i_6 = 1, 2, \cdots, 6; i_1 < i_2)$ 是 S 的 2-类重心线, 则对任意的 $j = 1, 2, \cdots, 15$, 均有两重心线三角形 $P_{i_1} G_{i_1 i_2} H_4^j, P_{i_2} G_{i_1 i_2} H_4^j$ 面积相等方向相反; 而其余四个重心线三角形的面积 $\mathrm{a}_{P_{i_3} G_{i_1 i_2} H_4^j}, \mathrm{a}_{P_{i_4} G_{i_1 i_2} H_4^j}, \cdots, \mathrm{a}_{P_{i_6} G_{i_1 i_2} H_4^j}$ 中, 其中一个较大的面积等于另三个较小的面积的和, 或其中两个面积的和等于另两个面积的和.

6.2 六点集各点到 2-类重心线的有向距离公式与应用

证明 根据定理 6.2.13, 对任意的 $j=1,2,\cdots,15$, 由式 (6.2.17) 和 (6.2.18) 的几何意义, 即得.

定理 6.2.14 设 $S=\{P_1,P_2,\cdots,P_6\}$ 是六点的集合, $(S_2^j,T_4^j)=(P_{i_1},P_{i_2};P_{i_3},P_{i_4},\cdots,P_{i_6})(i_1,i_2,\cdots,i_6=1,2,\cdots,6)$ 是 S 的完备集对, $G_{i_1i_2}$ 是 $P_{i_1}P_{i_2}$ 的中点, $H_4^j(j=1,2,\cdots,15)$ 是 $T_4^j=\{P_{i_3},P_{i_4},\cdots,P_{i_6}\}$ 的重心, $G_{i_1i_2}H_4^j(i_1,i_2,\cdots,i_6=1,2,\cdots,6;i_1<i_2)$ 是 S 的 2-类重心线, 则对任意的 $j=1,2,\cdots,15$, 恒有 $\mathrm{D}_{P_{i_6}G_{i_1i_2}H_4^j}=0(i_6\in I_6\setminus\{i_1,i_2\})$ 的充分必要条件是

$$\mathrm{D}_{P_{i_3}G_{i_1i_2}H_4^j}+\mathrm{D}_{P_{i_4}G_{i_1i_2}H_4^j}+\mathrm{D}_{P_{i_5}G_{i_1i_2}H_4^j}=0. \quad (6.2.19)$$

证明 根据定理 6.2.13, 由式 (6.2.18), 即得: 对任意的 $j=1,2,\cdots,15$, 恒有 $\mathrm{D}_{P_{i_6}G_{i_1i_2}H_4^j}=0(i_6\in I_6\setminus\{i_1,i_2\})$ 的充分必要条件是 (6.2.19) 成立.

推论 6.2.13 设 $S=\{P_1,P_2,\cdots,P_6\}$ 是六点的集合, $(S_2^j,T_4^j)=(P_{i_1},P_{i_2};P_{i_3},P_{i_4},\cdots,P_{i_6})(i_1,i_2,\cdots,i_6=1,2,\cdots,6)$ 是 S 的完备集对, $G_{i_1i_2}$ 是 $P_{i_1}P_{i_2}$ 的中点, $H_4^j(j=1,2,\cdots,15)$ 是 $T_4^j=\{P_{i_3},P_{i_4},\cdots,P_{i_6}\}$ 的重心, $G_{i_1i_2}H_4^j(i_1,i_2,\cdots,i_6=1,2,\cdots,6;i_1<i_2)$ 是 S 的 2-类重心线, 则对任意的 $j=1,2,\cdots,15$, 恒有三点 $P_{i_6},G_{i_1i_2},H_4^j(i_6\in I_6\setminus\{i_1,i_2\})$ 共线的充分必要条件是如下三个重心线三角形的面积 $\mathrm{a}_{P_{i_3}G_{i_1i_2}H_4^j},\mathrm{a}_{P_{i_4}G_{i_1i_2}H_4^j},\mathrm{a}_{P_{i_5}G_{i_1i_2}H_4^j}$ 中, 其中一个较大的面积等于另外两个较小的面积的和.

证明 根据定理 6.2.14, 对任意的 $j=1,2,\cdots,15$, 由 $\mathrm{D}_{P_{i_6}G_{i_1i_2}H_4^j}=0(i_6\in I_6\setminus\{i_1,i_2\})$ 和式 (6.2.19) 的几何意义, 即得.

定理 6.2.15 设 $S=\{P_1,P_2,\cdots,P_6\}$ 是六点的集合, $(S_2^j,T_4^j)=(P_{i_1},P_{i_2};P_{i_3},P_{i_4},\cdots,P_{i_6})(i_1,i_2,\cdots,i_6=1,2,\cdots,6)$ 是 S 的完备集对, $G_{i_1i_2}$ 是 $P_{i_1}P_{i_2}$ 的中点, $H_4^j(j=1,2,\cdots,15)$ 是 $T_4^j=\{P_{i_3},P_{i_4},\cdots,P_{i_6}\}$ 的重心, $G_{i_1i_2}H_4^j(i_1,i_2,\cdots,i_6=1,2,\cdots,6;i_1<i_2)$ 是 S 的 2-类重心线, 则对任意的 $j=1,2,\cdots,15$, 如下两式均等价:

$$\mathrm{D}_{P_{i_3}G_{i_1i_2}H_4^j}+\mathrm{D}_{P_{i_4}G_{i_1i_2}H_4^j}=0 \quad (i_3<i_4), \quad (6.2.20)$$

$$\mathrm{D}_{P_{i_5}G_{i_1i_2}H_4^j}+\mathrm{D}_{P_{i_6}G_{i_1i_2}H_4^j}=0 \quad (i_3<i_5<i_6). \quad (6.2.21)$$

证明 根据定理 6.2.13, 由式 (6.2.18), 即得: 对任意的 $j=1,2,\cdots,15$, 式 (6.2.20) 成立的充分必要条件是 (6.2.21) 成立.

推论 6.2.14 设 $S=\{P_1,P_2,\cdots,P_6\}$ 是六点的集合, $(S_2^j,T_4^j)=(P_{i_1},P_{i_2};P_{i_3},P_{i_4},\cdots,P_{i_6})(i_1,i_2,\cdots,i_6=1,2,\cdots,6)$ 是 S 的完备集对, $G_{i_1i_2}$ 是 $P_{i_1}P_{i_2}$ 的中点, $H_4^j(j=1,2,\cdots,15)$ 是 $T_4^j=\{P_{i_3},P_{i_4},\cdots,P_{i_6}\}$ 的重心, $G_{i_1i_2}H_4^j(i_1,i_2,\cdots,i_6=1,2,\cdots,6;i_1<i_2)$ 是 S 的 2-类重心线, 则对任意的 $j=1,2,\cdots,15$, 均有两

重心线三角形 $P_{i_3}G_{i_1i_2}H_4^j, P_{i_4}G_{i_1i_2}H_4^j(i_3 < i_4)$ 面积相等方向相反的充分必要条件是另两重心线三角形 $P_{i_5}G_{i_1i_2}H_4^j, P_{i_6}G_{i_1i_2}H_4^j(i_3 < i_5 < i_6)$ 面积相等方向相反.

证明 根据定理 6.2.15, 对任意的 $j = 1, 2, \cdots, 15$, 分别由式 (6.2.20) 和式 (6.2.21) 的几何意义, 即得.

推论 6.2.15 设 $P_1P_2\cdots P_6$ 是六角形 (六边形), $G_{i_1i_2}(i_1, i_2 = 1, 2, \cdots, 6; i_1 < i_2)$ 是各边 (对角线) $P_{i_1}P_{i_2}$ 的中点, $H_4^j(j = 1, 2, \cdots, 15)$ 是四角形 (四边形) $P_{i_3}P_{i_4}P_{i_5}P_{i_6}$ 的重心, $G_{i_1i_2}H_4^j(j = 1, 2, \cdots, 15)$ 是 $P_1P_2\cdots P_6$ 的 2-级重心线, 则定理 6.2.8 ~ 定理 6.2.15 和推论 6.2.7 ~ 推论 6.2.14 中的结论均成立.

证明 设 $S = \{P_1, P_2, \cdots, P_6\}$ 是六角形 (六边形) $P_1P_2\cdots P_6$ 顶点的集合, 对不共线六点的集合 S 分别应用定理 6.2.8 ~ 定理 6.2.15 和推论 6.2.7 ~ 推论 6.2.14, 即得.

6.3 六点集各点到 3-类重心线的有向距离公式与应用

本节主要应用有向距离法, 研究六点集各点到 3-类重心线有向距离的有关问题. 首先, 给出六点集各点到 3-类重心线有向距离公式, 从而推出六角形 (六边形) 各个顶点到其中位线相应的公式; 其次, 根据上述重心线有向距离公式, 得出六点集两点到 3-类重心线、六角形 (六边形) 两顶点到中位线有向距离的关系定理, 从而推出两点 (两顶点) 到六点集 3-类重心线、六角形 (六边形) 中位线距离相等方向相反等结论; 最后, 根据上述重心线有向距离公式, 得出六点集 3-类重心线、六角形 (六边形)3-级重心线自重心线三角形有向面积公式和六点集 3-类重心线、六角形 (六边形) 中位线三角形有向面积的关系定理, 以及自重心线 (中位线) 三角形面积相等方向相反等结论.

在本节中, 恒假设 $i_1, i_2, \cdots, i_6 \in I_6 = \{1, 2, \cdots, 6\}$ 且互不相等; $k = k(i_1, i_2, i_3) = 1, 2, \cdots, 20$ 是关于 i_1, i_2, i_3 的函数且其值与 i_1, i_2, i_3 的排列次序无关.

6.3.1 六点集各点到 3-类重心线有向距离公式

定理 6.3.1 设 $S = \{P_1, P_2, \cdots, P_6\}$ 是六点的集合, $(S_3^k, T_3^k) = (P_{i_1}, P_{i_2}, P_{i_3}; P_{i_4}, P_{i_5}, P_{i_6})(i_1, i_2, \cdots, i_6 = 1, 2, \cdots, 6; k = 1, 2, \cdots, 20)$ 是 S 的完备集对, G_3^k, H_3^k $(k = 1, 2, \cdots, 20)$ 分别是 (S_3^k, T_3^k) 中两个集合的重心, $G_3^kH_3^k(k = 1, 2, \cdots, 20)$ 是 S 的 3-类重心线, 则对任意的 $k = 1, 2, \cdots, 10; \alpha = 1, 2, 3$, 恒有

$$9\mathrm{d}_{G_3^kH_3^k}\mathrm{D}_{P_{i_\alpha}\text{-}G_3^kH_3^k} = 2\sum_{\beta=4}^{6}\sum_{\gamma=1;\gamma\neq\alpha}^{3}\mathrm{D}_{P_{i_\alpha}P_{i_\gamma}P_{i_\beta}}. \tag{6.3.1}$$

证明 设 $S = \{P_1, P_2, \cdots, P_6\}$ 各点的坐标为 $P_i(x_i, y_i)(i = 1, 2, \cdots, 6)$, 于是 (S_3^k, T_3^k) 中两集合的重心的坐标分别为

6.3 六点集各点到 3-类重心线的有向距离公式与应用

$$G_3^k\left(\frac{x_{i_1}+x_{i_2}+x_{i_3}}{3}, \frac{y_{i_1}+y_{i_2}+y_{i_3}}{3}\right) \quad (i_1, i_2, i_3 = 1, 2, \cdots, 6),$$

$$H_3^k\left(\frac{x_{i_4}+x_{i_5}+x_{i_6}}{3}, \frac{y_{i_4}+y_{i_5}+y_{i_6}}{3}\right) \quad (i_4, i_5, i_6 = 1, 2, \cdots, 6),$$

其中 $k = k(i_1, i_2, i_3) = 1, 2, \cdots, 10$; 重心线 $G_3^k H_3^k$ 所在的有向直线的方程为

$$(y_{G_3^k} - y_{H_3^k})x + (x_{H_3^k} - x_{G_3^k})y + (x_{G_3^k}y_{H_3^k} - x_{H_3^k}y_{G_3^k}) = 0.$$

故由点到直线的有向距离公式, 可得

$$\mathrm{d}_{G_3^k H_3^k} \mathrm{D}_{P_{i_1}\text{-}G_3^k H_3^k}$$

$$= 9(y_{G_3^k} - y_{H_3^k})x_{i_1} + 9(x_{H_3^k} - x_{G_3^k})y_{i_1} + 9(x_{G_3^k}y_{H_3^k} - x_{H_3^k}y_{G_3^k})$$

$$= 3(y_{i_1}+y_{i_2}+y_{i_3}-y_{i_4}-y_{i_5}-y_{i_6})x_{i_1} + 3(x_{i_4}+x_{i_5}+x_{i_6}-x_{i_1}-x_{i_2}-x_{i_3})y_{i_1}$$

$$+ (x_{i_1}+x_{i_2}+x_{i_3})(y_{i_4}+y_{i_5}+y_{i_6}) - (x_{i_4}+x_{i_5}+x_{i_6})(y_{i_1}+y_{i_2}+y_{i_3})$$

$$= [(x_{i_1}y_{i_2} - x_{i_2}y_{i_1}) + (x_{i_2}y_{i_4} - x_{i_4}y_{i_2}) + (x_{i_4}y_{i_1} - x_{i_1}y_{i_4})]$$

$$+ [(x_{i_1}y_{i_2} - x_{i_2}y_{i_1}) + (x_{i_2}y_{i_5} - x_{i_5}y_{i_2}) + (x_{i_5}y_{i_1} - x_{i_1}y_{i_5})]$$

$$+ [(x_{i_1}y_{i_2} - x_{i_2}y_{i_1}) + (x_{i_2}y_{i_6} - x_{i_6}y_{i_2}) + (x_{i_6}y_{i_1} - x_{i_1}y_{i_6})]$$

$$+ [(x_{i_1}y_{i_3} - x_{i_3}y_{i_1}) + (x_{i_3}y_{i_4} - x_{i_4}y_{i_3}) + (x_{i_4}y_{i_1} - x_{i_1}y_{i_4})]$$

$$+ [(x_{i_1}y_{i_3} - x_{i_3}y_{i_1}) + (x_{i_3}y_{i_5} - x_{i_5}y_{i_3}) + (x_{i_5}y_{i_1} - x_{i_1}y_{i_5})]$$

$$+ [(x_{i_1}y_{i_3} - x_{i_3}y_{i_1}) + (x_{i_3}y_{i_6} - x_{i_6}y_{i_3}) + (x_{i_6}y_{i_1} - x_{i_1}y_{i_6})]$$

$$= 2\mathrm{D}_{P_{i_1}P_{i_2}P_{i_4}} + 2\mathrm{D}_{P_{i_1}P_{i_2}P_{i_5}} + 2\mathrm{D}_{P_{i_1}P_{i_2}P_{i_6}}$$

$$+ 2\mathrm{D}_{P_{i_1}P_{i_3}P_{i_4}} + 2\mathrm{D}_{P_{i_1}P_{i_3}P_{i_5}} + 2\mathrm{D}_{P_{i_1}P_{i_3}P_{i_6}},$$

因此, 当 $k = 1, 2, \cdots, 10; \alpha = 1$ 时, 式 (6.3.1) 成立.

类似地, 可以证明, 当 $k = 1, 2, \cdots, 10; \alpha = 2, 3$ 时, 式 (6.3.1) 成立.

定理 6.3.2 设 $S = \{P_1, P_2, \cdots, P_6\}$ 是六点的集合, $(S_3^k, T_3^k) = (P_{i_1}, P_{i_2}, P_{i_3}; P_{i_4}, P_{i_5}, P_{i_6})(i_1, i_2, \cdots, i_6 = 1, 2, \cdots, 6; k = 1, 2, \cdots, 20)$ 是 S 的完备集对, G_3^k, H_3^k ($k = 1, 2, \cdots, 20$) 分别是 (S_3^k, T_3^k) 中两个集合的重心, $G_3^k H_3^k (k = 1, 2, \cdots, 20)$ 是 S 的 3-类重心线, 则对任意的 $k = 1, 2, \cdots, 10; \alpha = 4, 5, 6$, 恒有

$$9\mathrm{d}_{G_3^k H_3^k} \mathrm{D}_{P_{i_\alpha}\text{-}G_3^k H_3^k} = 2 \sum_{\beta=4; \beta\neq\alpha}^{6} \sum_{\gamma=1}^{3} \mathrm{D}_{P_{i_\alpha}P_{i_\gamma}P_{i_\beta}}. \tag{6.3.2}$$

证明 设 $S=\{P_1,P_2,\cdots,P_6\}$ 各点的坐标为 $P_i(x_i,y_i)(i=1,2,\cdots,6)$, 于是由定理 6.3.1 的证明和点到直线的有向距离公式, 可得

$$\mathrm{d}_{G_3^k H_3^k} \mathrm{D}_{P_{i_4}\text{-}G_3^k H_3^k}$$
$$= 9(y_{G_3^k}-y_{H_3^k})x_{i_4} + 9(x_{H_3^k}-x_{G_3^k})y_{i_4} + 9(x_{G_3^k}y_{H_3^k}-x_{H_3^k}y_{G_3^k})$$
$$= 3(y_{i_1}+y_{i_2}+y_{i_3}-y_{i_4}-y_{i_5}-y_{i_7})x_{i_4} + 3(x_{i_4}+x_{i_5}+x_{i_6}-x_{i_1}-x_{i_2}-x_{i_3})y_{i_4}$$
$$+ (x_{i_1}+x_{i_2}+x_{i_3})(y_{i_4}+y_{i_5}+y_{i_6}) - (x_{i_4}+x_{i_5}+x_{i_6})(y_{i_1}+y_{i_2}+y_{i_3})$$
$$= [(x_{i_4}y_{i_1}-x_{i_1}y_{i_4}) + (x_{i_1}y_{i_5}-x_{i_5}y_{i_1}) + (x_{i_5}y_{i_4}-x_{i_4}y_{i_5})]$$
$$+ [(x_{i_4}y_{i_1}-x_{i_1}y_{i_4}) + (x_{i_1}y_{i_6}-x_{i_6}y_{i_1}) + (x_{i_6}y_{i_4}-x_{i_4}y_{i_6})]$$
$$+ [(x_{i_4}y_{i_2}-x_{i_2}y_{i_4}) + (x_{i_2}y_{i_5}-x_{i_5}y_{i_2}) + (x_{i_5}y_{i_4}-x_{i_4}y_{i_5})]$$
$$+ [(x_{i_4}y_{i_2}-x_{i_2}y_{i_4}) + (x_{i_2}y_{i_6}-x_{i_6}y_{i_2}) + (x_{i_6}y_{i_4}-x_{i_4}y_{i_6})]$$
$$+ [(x_{i_4}y_{i_3}-x_{i_3}y_{i_4}) + (x_{i_3}y_{i_5}-x_{i_5}y_{i_3}) + (x_{i_5}y_{i_4}-x_{i_4}y_{i_5})]$$
$$+ [(x_{i_4}y_{i_3}-x_{i_3}y_{i_4}) + (x_{i_3}y_{i_6}-x_{i_6}y_{i_3}) + (x_{i_6}y_{i_4}-x_{i_4}y_{i_6})]$$
$$= 2\mathrm{D}_{P_{i_4}P_{i_1}P_{i_5}} + 2\mathrm{D}_{P_{i_4}P_{i_1}P_{i_6}} + 2\mathrm{D}_{P_{i_4}P_{i_2}P_{i_5}}$$
$$+ 2\mathrm{D}_{P_{i_4}P_{i_2}P_{i_6}} + 2\mathrm{D}_{P_{i_4}P_{i_3}P_{i_5}} + 2\mathrm{D}_{P_{i_4}P_{i_3}P_{i_6}},$$

因此, 当 $k=1,2,\cdots,10; \alpha=4$ 时, 式 (6.3.2) 成立.

类似地, 可以证明, 当 $k=1,2,\cdots,10; \alpha=5,6$ 时, 式 (6.3.2) 成立.

推论 6.3.1 设 $P_1P_2\cdots P_6$ 是六角形 (六边形), $G_3^k,H_3^k(k=1,2,\cdots,20)$ 分别是两三角形 $P_{i_1}P_{i_2}P_{i_3}(i_1,i_2,i_3=1,2,\cdots,6)$ 和 $P_{i_4}P_{i_5}P_{i_6}(i_4,i_5,i_6=1,2,\cdots,6)$ 的重心, $G_3^k H_3^k(k=1,2,\cdots,20)$ 是 $P_1P_2\cdots P_6$ 的 3-级重心线, 则定理 6.3.1 和定理 6.3.2 的结论均成立.

证明 设 $S=\{P_1,P_2,\cdots,P_6\}$ 是六角形 (六边形) $P_1P_2\cdots P_6$ 顶点的集合, 对不共线六点的集合 S 应用定理 6.3.1 和定理 6.3.2, 即得.

6.3.2 六点集各点到 3-类重心线有向距离公式的应用

定理 6.3.3 设 $S=\{P_1,P_2,\cdots,P_6\}$ 是六点的集合, $(S_3^k,T_3^k)=(P_{i_1},P_{i_2},P_{i_3};P_{i_4},P_{i_5},P_{i_6})(i_1,i_2,\cdots,i_6=1,2,\cdots,6; k=1,2,\cdots,20)$ 是 S 的完备集对, G_3^k,H_3^k $(k=1,2,\cdots,20)$ 分别是 (S_3^k,T_3^k) 中两个集合的重心, $G_3^k H_3^k(k=1,2,\cdots,20)$ 是 S 的 3-类重心线, 则对任意的 $k=1,2,\cdots,10; \min\{i_1,i_2,i_3\}<\min\{i_4,i_5,i_6\}$, 恒有

$$\mathrm{D}_{P_{i_1}\text{-}G_3^k H_3^k} + \mathrm{D}_{P_{i_2}\text{-}G_3^k H_3^k} + \mathrm{D}_{P_{i_3}\text{-}G_3^k H_3^k} = 0, \tag{6.3.3}$$

6.3 六点集各点到 3-类重心线的有向距离公式与应用

$$\mathrm{D}_{P_{i_4}\text{-}G_3^k H_3^k} + \mathrm{D}_{P_{i_5}\text{-}G_3^k H_3^k} + \mathrm{D}_{P_{i_6}\text{-}G_3^k H_3^k} = 0. \tag{6.3.4}$$

证明 根据定理 6.3.1 和定理 6.3.2, 式 (6.3.1) 和 (6.3.2) 分别对 $\alpha = 1, 2, 3$; $\alpha = 4, 5, 6$ 求和, 得

$$9\mathrm{d}_{G_3^k H_3^k}(\mathrm{D}_{P_{i_1}\text{-}G_3^k H_3^k} + \mathrm{D}_{P_{i_2}\text{-}G_3^k H_3^k} + \mathrm{D}_{P_{i_3}\text{-}G_3^k H_3^k}) = 0,$$

$$9\mathrm{d}_{G_3^k H_3^k}(\mathrm{D}_{P_{i_4}\text{-}G_3^k H_3^k} + \mathrm{D}_{P_{i_5}\text{-}G_3^k H_3^k} + \mathrm{D}_{P_{i_6}\text{-}G_3^k H_3^k}) = 0.$$

其中 $k = 1, 2, \cdots, 10$; $\min\{i_1, i_2, i_3\} < \min\{i_4, i_5, i_6\}$. 故对任意的 $k = 1, 2, \cdots, 10$; $\min\{i_1, i_2, i_3\} < \min\{i_4, i_5, i_6\}$, 若 $\mathrm{d}_{G_3^k H_3^k} \neq 0$, 式 (6.3.3) 和 (6.3.4) 均成立; 而若 $\mathrm{d}_{G_3^k H_3^k} = 0$, 则由点到重心线有向距离的定义知, 式 (6.3.3) 和 (6.3.4) 亦均成立.

推论 6.3.2 设 $S = \{P_1, P_2, \cdots, P_6\}$ 是六点的集合, $(S_3^k, T_3^k) = (P_{i_1}, P_{i_2}, P_{i_3}; P_{i_4}, P_{i_5}, P_{i_6})(i_1, i_2, \cdots, i_6 = 1, 2, \cdots, 6; k = 1, 2, \cdots, 20)$ 是 S 的完备集对, G_3^k, H_3^k $(k = 1, 2, \cdots, 20)$ 分别是 (S_3^k, T_3^k) 中两个集合的重心, $G_3^k H_3^k (k = 1, 2, \cdots, 20)$ 是 S 的 3-类重心线, 则对任意的 $k = 1, 2, \cdots, 10$; $\min\{i_1, i_2, i_3\} < \min\{i_4, i_5, i_6\}$, 恒有如下三条点到重心线 $G_3^k H_3^k$ 的距离 $\mathrm{d}_{P_{i_1}\text{-}G_3^k H_3^k}, \mathrm{d}_{P_{i_2}\text{-}G_3^k H_3^k}, \mathrm{d}_{P_{i_3}\text{-}G_3^k H_3^k}(\mathrm{d}_{P_{i_4}\text{-}G_3^k H_3^k}, \mathrm{d}_{P_{i_5}\text{-}G_3^k H_3^k}, \mathrm{d}_{P_{i_6}\text{-}G_3^k H_3^k})$ 中, 其中一条较长的距离等于另两条较短的距离的和.

证明 根据定理 6.3.3, 对任意的 $k = 1, 2, \cdots, 10$; $\min\{i_1, i_2, i_3\} < \min\{i_4, i_5, i_6\}$, 由式 (6.3.3) 和 (6.3.4) 的几何意义, 即得.

定理 6.3.4 设 $S = \{P_1, P_2, \cdots, P_6\}$ 是六点的集合, $(S_3^k, T_3^k) = (P_{i_1}, P_{i_2}, P_{i_3}; P_{i_4}, P_{i_5}, P_{i_6})(i_1, i_2, \cdots, i_6 = 1, 2, \cdots, 6; k = 1, 2, \cdots, 20)$ 是 S 的完备集对, G_3^k, H_3^k $(k = 1, 2, \cdots, 20)$ 分别是 (S_3^k, T_3^k) 中两个集合的重心, $G_3^k H_3^k (k = 1, 2, \cdots, 20)$ 是 S 的 3-类重心线, 则对任意的 $k = 1, 2, \cdots, 10$; $\min\{i_1, i_2, i_3\} < \min\{i_4, i_5, i_6\}$, 恒有

(1) $\mathrm{D}_{P_{i_3}\text{-}G_3^k H_3^k} = 0 (i_3 \in I_6)$ 的充分必要条件是

$$\mathrm{D}_{P_{i_1}\text{-}G_3^k H_3^k} + \mathrm{D}_{P_{i_2}\text{-}G_3^k H_3^k} = 0 \quad (\mathrm{d}_{P_{i_1}\text{-}G_3^k H_3^k} = \mathrm{d}_{P_{i_2}\text{-}G_3^k H_3^k}); \tag{6.3.5}$$

(2) $\mathrm{D}_{P_{i_6}\text{-}G_3^k H_3^k} = 0 (i_6 \in I_6 \backslash \{i_1, i_2, i_3\})$ 的充分必要条件是

$$\mathrm{D}_{P_{i_4}\text{-}G_3^k H_3^k} + \mathrm{D}_{P_{i_5}\text{-}G_3^k H_3^k} = 0 \quad (\mathrm{d}_{P_{i_4}\text{-}G_3^k H_3^k} = \mathrm{d}_{P_{i_5}\text{-}G_3^k H_3^k}). \tag{6.3.6}$$

证明 根据定理 6.3.3, 分别由式 (6.3.3) 和 (6.3.4), 可得: 对任意的 $k = 1, 2, \cdots, 10$; $\min\{i_1, i_2, i_3\} < \min\{i_4, i_5, i_6\}$, 恒有 $\mathrm{D}_{P_{i_3}\text{-}G_3^k H_3^k} = 0 (i_3 \in I_6)$ 的充分必要条件是 (6.3.5) 成立, $\mathrm{D}_{P_{i_6}\text{-}G_3^k H_3^k} = 0 (i_6 \in I_6 \backslash \{i_1, i_2, i_3\})$ 的充分必要条件是 (6.3.6) 成立.

推论 6.3.3 设 $S = \{P_1, P_2, \cdots, P_6\}$ 是六点的集合, $(S_3^k, T_3^k) = (P_{i_1}, P_{i_2}, P_{i_3}; P_{i_4}, P_{i_5}, P_{i_6})(i_1, i_2, \cdots, i_6 = 1, 2, \cdots, 6; k = 1, 2, \cdots, 20)$ 是 S 的完备集对, G_3^k, H_3^k

$(k=1,2,\cdots,20)$ 分别是 (S_3^k,T_3^k) 中两个集合的重心, $G_3^k H_3^k(k=1,2,\cdots,20)$ 是 S 的 3-类重心线, 则对任意的 $k=1,2,\cdots,10; \min\{i_1,i_2,i_3\} < \min\{i_4,i_5,i_6\}$, 恒有点 $P_{i_3}(i_3 \in I_6)$ 在重心线 $G_3^k H_3^k$ 所在直线上的充分必要条件是另两点 P_{i_1}, P_{i_2} 到重心线 $G_3^k H_3^k$ 的距离相等侧向相反; 而点 $P_{i_6}(i_6 \in I_6 \setminus \{i_1,i_2,i_3\})$ 在重心线 $G_3^k H_3^k$ 所在直线上的充分必要条件是另两点 P_{i_4}, P_{i_5} 到重心线 $G_3^k H_3^k$ 的距离相等侧向相反.

证明 根据定理 6.3.4, 对任意的 $k=1,2,\cdots,10; \min\{i_1,i_2,i_3\} < \min\{i_4,i_5,i_6\}$, 分别由 $\mathrm{D}_{P_{i_3}\text{-}G_3^k H_3^k}=0(i_3 \in I_6)$ 和式 (6.3.5)、$\mathrm{D}_{P_{i_6}\text{-}G_3^k H_3^k}=0(i_6 \in I_6 \setminus \{i_1,i_2,i_3\})$ 和式 (6.3.6) 的几何意义, 即得.

推论 6.3.4 设 $P_1 P_2 \cdots P_6$ 是六角形 (六边形), $G_3^k, H_3^k(k=1,2,\cdots,20)$ 分别是两三角形 $P_{i_1} P_{i_2} P_{i_3}(i_1,i_2,i_3=1,2,\cdots,6)$ 和 $P_{i_4} P_{i_5} P_{i_6}(i_4,i_5,i_6=1,2,\cdots,6)$ 的重心, $G_3^k H_3^k(k=1,2,\cdots,20)$ 是 $P_1 P_2 \cdots P_6$ 的 3-级重心线, 则定理 6.3.3 和推论 6.3.2、定理 6.3.4 和推论 6.3.3 的结论均成立.

证明 设 $S=\{P_1,P_2,\cdots,P_6\}$ 是六角形 (六边形) $P_1 P_2 \cdots P_6$ 顶点的集合, 对不共线六点的集合 S 分别应用定理 6.3.3 和推论 6.3.2、定理 6.3.4 和推论 6.3.3, 即得.

6.3.3 六点集 3-类自重心线三角形有向面积公式与应用

根据三角形有向面积与有向距离之间的关系, 可以得出定理 6.3.1 和定理 6.3.2 中相应的重心线三角形有向面积公式, 兹列如下:

定理 6.3.5 设 $S=\{P_1,P_2,\cdots,P_6\}$ 是六点的集合, $(S_3^k,T_3^k)=(P_{i_1},P_{i_2},P_{i_3};P_{i_4},P_{i_5},P_{i_6})(i_1,i_2,\cdots,i_6=1,2,\cdots,6; k=1,2,\cdots,20)$ 是 S 的完备集对, G_3^k, H_3^k $(k=1,2,\cdots,20)$ 分别是 (S_3^k,T_3^k) 中两个集合的重心, $G_3^k H_3^k(k=1,2,\cdots,20)$ 是 S 的 3-类重心线, 则对任意的 $k=1,2,\cdots,10; \alpha=1,2,3$, 恒有

$$9\mathrm{D}_{P_{i_\alpha} G_3^k H_3^k} = \sum_{\beta=4}^{6} \sum_{\gamma=1;\gamma\neq\alpha}^{3} \mathrm{D}_{P_{i_\alpha} P_{i_\gamma} P_{i_\beta}}. \tag{6.3.7}$$

定理 6.3.6 设 $S=\{P_1,P_2,\cdots,P_6\}$ 是六点的集合, $(S_3^k,T_3^k)=(P_{i_1},P_{i_2},P_{i_3};P_{i_4},P_{i_5},P_{i_6})(i_1,i_2,\cdots,i_6=1,2,\cdots,6; k=1,2,\cdots,20)$ 是 S 的完备集对, G_3^k, H_3^k $(k=1,2,\cdots,20)$ 分别是 (S_3^k,T_3^k) 中两个集合的重心, $G_3^k H_3^k(k=1,2,\cdots,20)$ 是 S 的 3-类重心线, 则对任意的 $k=1,2,\cdots,10; \alpha=4,5,6$, 恒有

$$9\mathrm{D}_{P_{i_\alpha} G_3^k H_3^k} = \sum_{\beta=4;\beta\neq\alpha}^{6} \sum_{\gamma=1}^{3} \mathrm{D}_{P_{i_\alpha} P_{i_\gamma} P_{i_\beta}}. \tag{6.3.8}$$

6.3 六点集各点到 3-类重心线的有向距离公式与应用

推论 6.3.5 设 $P_1P_2\cdots P_6$ 是六角形 (六边形), $G_3^k, H_3^k(k=1,2,\cdots,20)$ 分别是两三角形 $P_{i_1}P_{i_2}P_{i_3}(i_1,i_2,i_3=1,2,\cdots,6)$ 和 $P_{i_4}P_{i_5}P_{i_6}(i_4,i_5,i_6=1,2,\cdots,6)$ 的重心, $G_3^k H_3^k(k=1,2,\cdots,20)$ 是 $P_1P_2\cdots P_6$ 的 3-级重心线, 则定理 6.3.5 和定理 6.3.6 中的结论均成立.

证明 设 $S=\{P_1,P_2,\cdots,P_6\}$ 是六角形 (六边形) $P_1P_2\cdots P_6$ 顶点的集合, 对不共线六点的集合 S 应用定理 6.3.5 和定理 6.3.6, 即得.

定理 6.3.7 设 $S=\{P_1,P_2,\cdots,P_6\}$ 是六点的集合, $(S_3^k,T_3^k)=(P_{i_1},P_{i_2},P_{i_3};P_{i_4},P_{i_5},P_{i_6})(i_1,i_2,\cdots,i_6=1,2,\cdots,6;k=1,2,\cdots,20)$ 是 S 的完备集对, G_3^k, H_3^k $(k=1,2,\cdots,20)$ 分别是 (S_3^k,T_3^k) 中两个集合的重心, $G_3^k H_3^k(k=1,2,\cdots,20)$ 是 S 的 3-类重心线, 则对任意的 $k=1,2,\cdots,10;\alpha=1,2,3$, 恒有 $\mathrm{D}_{P_{i_\alpha}G_3^k H_3^k}=0$ 的充分必要条件是

$$\sum_{\beta=4}^{6}\sum_{\gamma=1;\gamma\neq\alpha}^{3}\mathrm{D}_{P_{i_\alpha}P_{i_\gamma}P_{i_\beta}}=0. \tag{6.3.9}$$

证明 根据定理 6.3.5, 由式 (6.3.7), 即得: 对任意的 $k=1,2,\cdots,10;\alpha=1,2,3$, 恒有 $\mathrm{D}_{P_{i_\alpha}G_3^k H_4^k}=0$ 的充分必要条件是式 (6.3.9) 成立.

推论 6.3.6 设 $S=\{P_1,P_2,\cdots,P_6\}$ 是六点的集合, $(S_3^k,T_3^k)=(P_{i_1},P_{i_2},P_{i_3};P_{i_4},P_{i_5},P_{i_6})(i_1,i_2,\cdots,i_6=1,2,\cdots,6;k=1,2,\cdots,20)$ 是 S 的完备集对, G_3^k, H_3^k $(k=1,2,\cdots,20)$ 分别是 (S_3^k,T_3^k) 中两个集合的重心, $G_3^k H_3^k(k=1,2,\cdots,20)$ 是 S 的 3-类重心线, 则对任意的 $k=1,2,\cdots,10;\alpha=1,2,3$, 恒有三点 P_{i_α},G_3^k,H_3^k 共线的充分必要条件是如下六个三角形的面积 $\mathrm{a}_{P_{i_\alpha}P_{i_\gamma}P_{i_\beta}}(\gamma=1,2,3;\gamma\neq\alpha;\beta=4,5,6)$ 中, 其中一个较大的面积等于另外五个较小的面积的和, 或其中 $t(2\leqslant t\leqslant 3)$ 个面积的和等于另外 $6-t$ 个面积的和.

证明 根据定理 6.3.7, 对任意的 $k=1,2,\cdots,10;\alpha=1,2,3$, 由 $\mathrm{D}_{P_{i_\alpha}G_3^k H_3^k}=0$ 和式 (6.3.9) 的几何意义, 即得.

定理 6.3.8 设 $S=\{P_1,P_2,\cdots,P_6\}$ 是六点的集合, $(S_3^k,T_3^k)=(P_{i_1},P_{i_2},P_{i_3};P_{i_4},P_{i_5},P_{i_6})(i_1,i_2,\cdots,i_6=1,2,\cdots,6;k=1,2,\cdots,20)$ 是 S 的完备集对, G_3^k, H_3^k $(k=1,2,\cdots,20)$ 分别是 (S_3^k,T_3^k) 中两个集合的重心, $G_3^k H_3^k(k=1,2,\cdots,20)$ 是 S 的 3-类重心线, 则对任意的 $k=1,2,\cdots,10;i_1=1,2,\cdots,6$, 恒有 $\mathrm{D}_{P_{i_1}P_{i_3}P_{i_6}}=0(i_6\in I_6\setminus\{i_1,i_2,i_3\})$ 的充分必要条件是

$$9\mathrm{D}_{P_{i_1}G_3^k H_3^k}=\sum_{\beta=4}^{6}\mathrm{D}_{P_{i_1}P_{i_2}P_{i_\beta}}+\sum_{\beta=4}^{5}\mathrm{D}_{P_{i_1}P_{i_3}P_{i_\beta}}. \tag{6.3.10}$$

证明 根据定理 6.3.5, 由式 (6.3.7) 中 $\alpha=1$ 的情形, 即得: 对任意的 $k=1,2,\cdots,10;i_1=1,2,\cdots,6$, 恒有 $\mathrm{D}_{P_{i_1}P_{i_3}P_{i_6}}=0(i_6\in I_6\setminus\{i_1,i_2,i_3\})$ 的充分必要

条件是式 (6.3.10) 成立.

推论 6.3.7 设 $S = \{P_1, P_2, \cdots, P_6\}$ 是六点的集合, $(S_3^k, T_3^k) = (P_{i_1}, P_{i_2}, P_{i_3}; P_{i_4}, P_{i_5}, P_{i_6})(i_1, i_2, \cdots, i_6 = 1, 2, \cdots, 6; k = 1, 2, \cdots, 20)$ 是 S 的完备集对, G_3^k, H_3^k $(k = 1, 2, \cdots, 20)$ 分别是 (S_3^k, T_3^k) 中两个集合的重心, $G_3^k H_3^k (k = 1, 2, \cdots, 20)$ 是 S 的 3-类重心线, 则对任意的 $k = 1, 2, \cdots, 10; i_1 = 1, 2, \cdots, 6$, 恒有三点 $P_{i_1}, P_{i_3}, P_{i_6} (i_6 \in I_6 \backslash \{i_1, i_2, i_3\})$ 共线的充分必要条件是如下六个三角形的乘数面积 $9\mathrm{a}_{P_{i_1} G_3^k H_3^k}; \mathrm{a}_{P_{i_1} P_{i_2} P_{i_\beta}} (\beta = 4, 5, 6); \mathrm{a}_{P_{i_1} P_{i_3} P_{i_\beta}} (\beta = 4, 5)$ 中, 其中一个较大的乘数面积等于其余五个较小的乘数面积的和, 或其中 $t(2 \leqslant t \leqslant 3)$ 个乘数面积的和等于其余 $6 - t$ 个乘数面积的和.

证明 根据定理 6.3.8, 对任意的 $k = 1, 2, \cdots, 10; i_1 = 1, 2, \cdots, 6$, 由式 (6.3.10) 的几何意义, 即得.

定理 6.3.9 设 $S = \{P_1, P_2, \cdots, P_6\}$ 是六点的集合, $(S_3^k, T_3^k) = (P_{i_1}, P_{i_2}, P_{i_3}; P_{i_4}, P_{i_5}, P_{i_6})(i_1, i_2, \cdots, i_6 = 1, 2, \cdots, 6; k = 1, 2, \cdots, 20)$ 是 S 的完备集对, G_3^k, H_3^k $(k = 1, 2, \cdots, 20)$ 分别是 (S_3^k, T_3^k) 中两个集合的重心, $G_3^k H_3^k (k = 1, 2, \cdots, 20)$ 是 S 的 3-类重心线, 则对任意的 $k = 1, 2, \cdots, 10; i_1 = 1, 2, \cdots, 6$, 如下两式均等价:

$$9\mathrm{D}_{P_{i_1} G_3^k H_3^k} = \mathrm{D}_{P_{i_1} P_{i_2} P_{i_4}} \quad (9\mathrm{a}_{P_{i_1} G_3^k H_3^k} = \mathrm{a}_{P_{i_1} P_{i_2} P_{i_4}}), \tag{6.3.11}$$

$$\sum_{\beta=5}^{6} \mathrm{D}_{P_{i_1} P_{i_2} P_{i_\beta}} + \sum_{\beta=4}^{6} \mathrm{D}_{P_{i_1} P_{i_3} P_{i_\beta}} = 0. \tag{6.3.12}$$

证明 根据定理 6.3.5, 由式 (6.3.7) 中 $\alpha = 1$ 的情形, 即得: 对任意的 $k = 1, 2, \cdots, 10; i_1 = 1, 2, \cdots, 6$, 式 (6.3.11) 成立的充分必要条件是式 (6.3.12) 成立.

推论 6.3.8 设 $S = \{P_1, P_2, \cdots, P_6\}$ 是六点的集合, $(S_3^k, T_3^k) = (P_{i_1}, P_{i_2}, P_{i_3}; P_{i_4}, P_{i_5}, P_{i_6})(i_1, i_2, \cdots, i_6 = 1, 2, \cdots, 6; k = 1, 2, \cdots, 20)$ 是 S 的完备集对, G_3^k, H_3^k $(k = 1, 2, \cdots, 20)$ 分别是 (S_3^k, T_3^k) 中两个集合的重心, $G_3^k H_3^k (k = 1, 2, \cdots, 20)$ 是 S 的 3-类重心线, 则对任意的 $k = 1, 2, \cdots, 10; i_1 = 1, 2, \cdots, 6$, 均有两三角形 $P_{i_1} G_3^k H_3^k, P_{i_1} P_{i_2} P_{i_4}$ 方向相同且 $9\mathrm{a}_{P_{i_1} G_3^k H_3^k} = \mathrm{a}_{P_{i_1} P_{i_2} P_{i_4}}$ 的充分必要条件是如下五个三角形的面积 $\mathrm{a}_{P_{i_1} P_{i_2} P_{i_\beta}} (\beta = 5, 6); \mathrm{a}_{P_{i_1} P_{i_3} P_{i_\beta}} (\beta = 4, 5, 6)$ 中, 其中一个较大的面积等于其余四个较小的面积的和, 或其中两个面积的和等于其余三个面积的和.

证明 根据定理 6.3.9, 对任意的 $k = 1, 2, \cdots, 10; i_1 = 1, 2, \cdots, 6$, 由式 (6.3.11) 和 (6.3.12) 的几何意义, 即得.

定理 6.3.10 设 $S = \{P_1, P_2, \cdots, P_6\}$ 是六点的集合, $(S_3^k, T_3^k) = (P_{i_1}, P_{i_2}, P_{i_3}; P_{i_4}, P_{i_5}, P_{i_6})(i_1, i_2, \cdots, i_6 = 1, 2, \cdots, 6; k = 1, 2, \cdots, 20)$ 是 S 的完备集对, $G_3^k, H_3^k (k = 1, 2, \cdots, 20)$ 分别是 (S_3^k, T_3^k) 中两个集合的重心, $G_3^k H_3^k (k = 1, 2, \cdots, 20)$ 是 S 的 3-类重心线, 则对任意的 $k = 1, 2, \cdots, 10; i_1 = 1, 2, \cdots, 6$, 如下两式

均等价:

$$D_{P_{i_1}P_{i_2}P_{i_5}} + D_{P_{i_1}P_{i_2}P_{i_6}} = 0 \quad (a_{P_{i_1}P_{i_2}P_{i_5}} = a_{P_{i_1}P_{i_2}P_{i_6}}), \tag{6.3.13}$$

$$9D_{P_{i_1}G_3^k H_3^k} = D_{P_{i_1}P_{i_2}P_{i_4}} + \sum_{\beta=4}^{6} D_{P_{i_1}P_{i_3}P_{i_\beta}}. \tag{6.3.14}$$

证明 根据定理 6.3.5, 由式 (6.3.7) 中 $\alpha = 1$ 的情形, 即得: 对任意的 $k = 1, 2, \cdots, 10; i_1 = 1, 2, \cdots, 6$, 式 (6.3.13) 成立的充分必要条件式 (6.3.14) 成立.

推论 6.3.9 设 $S = \{P_1, P_2, \cdots, P_6\}$ 是六点的集合, $(S_3^k, T_3^k) = (P_{i_1}, P_{i_2}, P_{i_3}; P_{i_4}, P_{i_5}, P_{i_6})(i_1, i_2, \cdots, i_6 = 1, 2, \cdots, 6; k = 1, 2, \cdots, 20)$ 是 S 的完备集对, G_3^k, H_3^k ($k = 1, 2, \cdots, 20$) 分别是 (S_3^k, T_3^k) 中两个集合的重心, $G_3^k H_3^k (k = 1, 2, \cdots, 20)$ 是 S 的 3-类重心线, 则对任意的 $k = 1, 2, \cdots, 10; i_1 = 1, 2, \cdots, 6$, 均有两三角形 $P_{i_1}P_{i_2}P_{i_5}, P_{i_1}P_{i_2}P_{i_6}$ 面积相等方向相反的充分必要条件是如下五个三角形的乘数面积 $9a_{P_{i_1}G_3^k H_3^k}, a_{P_{i_1}P_{i_2}P_{i_4}}; a_{P_{i_1}P_{i_3}P_{i_\beta}}$ ($\beta = 4, 5, 6$) 中, 其中一个较大的乘数面积等于其余四个较小的乘数面积的和, 或其中两个乘数面积的和等于其余三个乘数面积的和.

证明 根据定理 6.3.10, 对任意的 $k = 1, 2, \cdots, 10; i_1 = 1, 2, \cdots, 6$, 由式 (6.3.13) 和 (6.3.14) 的几何意义, 即得.

定理 6.3.11 设 $S = \{P_1, P_2, \cdots, P_6\}$ 是六点的集合, $(S_3^k, T_3^k) = (P_{i_1}, P_{i_2}, P_{i_3}; P_{i_4}, P_{i_5}, P_{i_6})(i_1, i_2, \cdots, i_6 = 1, 2, \cdots, 6; k = 1, 2, \cdots, 20)$ 是 S 的完备集对, $G_3^k, H_3^k (k = 1, 2, \cdots, 20)$ 分别是 (S_3^k, T_3^k) 中两个集合的重心, $G_3^k H_3^k (k = 1, 2, \cdots, 20)$ 是 S 的 3-类重心线, 则对任意的 $k = 1, 2, \cdots, 10; i_1 = 1, 2, \cdots, 6$, 如下两式均等价:

$$9D_{P_{i_1}G_3^k H_3^k} = D_{P_{i_1}P_{i_2}P_{i_4}} + D_{P_{i_1}P_{i_2}P_{i_5}}, \tag{6.3.15}$$

$$D_{P_{i_1}P_{i_2}P_{i_6}} + \sum_{\beta=4}^{6} D_{P_{i_1}P_{i_3}P_{i_\beta}} = 0. \tag{6.3.16}$$

证明 根据定理 6.3.5, 由式 (6.3.7) 中 $\alpha = 1$ 的情形, 即得: 对任意的 $k = 1, 2, \cdots, 10; i_1 = 1, 2, \cdots, 6$, 式 (6.3.15) 成立的充分必要条件是式 (6.3.16) 成立.

推论 6.3.10 设 $S = \{P_1, P_2, \cdots, P_6\}$ 是六点的集合, $(S_3^k, T_3^k) = (P_{i_1}, P_{i_2}, P_{i_3}; P_{i_4}, P_{i_5}, P_{i_6})(i_1, i_2, \cdots, i_6 = 1, 2, \cdots, 6; k = 1, 2, \cdots, 20)$ 是 S 的完备集对, $G_3^k, H_3^k (k = 1, 2, \cdots, 20)$ 分别是 (S_3^k, T_3^k) 中两个集合的重心, $G_3^k H_3^k (k = 1, 2, \cdots, 20)$ 是 S 的 3-类重心线, 则对任意的 $k = 1, 2, \cdots, 10; i_1 = 1, 2, \cdots, 6$, 均有如下三个三角形的乘数面积 $9a_{P_{i_1}G_3^k H_3^k}, a_{P_{i_1}P_{i_2}P_{i_4}}, a_{P_{i_1}P_{i_2}P_{i_5}}$ 中, 其中一个较大的乘

数面积等于另两个较小的乘数面积的和的充分必要条件是其余四个三角形的面积 $a_{P_{i_1}P_{i_2}P_{i_6}}; a_{P_{i_1}P_{i_3}P_{i_\beta}}(\beta=4,5,6)$ 中, 其中一个较大的面积等于另外三个较小的面积的和, 或其中两个面积的和等于另外两个面积的和.

证明 根据定理 6.3.11, 对任意的 $k=1,2,\cdots,10; i_1=1,2,\cdots,6$, 由式 (6.3.15) 和 (6.3.16) 的几何意义, 即得.

定理 6.3.12 设 $S=\{P_1,P_2,\cdots,P_6\}$ 是六点的集合, $(S_3^k,T_3^k)=(P_{i_1},P_{i_2},P_{i_3};P_{i_4},P_{i_5},P_{i_6})(i_1,i_2,\cdots,i_6=1,2,\cdots,6;k=1,2,\cdots,20)$ 是 S 的完备集对, $G_3^k, H_3^k (k=1,2,\cdots,20)$ 分别是 (S_3^k,T_3^k) 中两个集合的重心, $G_3^k H_3^k(k=1,2,\cdots,20)$ 是 S 的 3-类重心线, 则对任意的 $k=1,2,\cdots,10; i_1=1,2,\cdots,6$, 如下两式均等价:

$$9\mathrm{D}_{P_{i_1}G_3^k H_3^k} = \sum_{\beta=4}^{6} \mathrm{D}_{P_{i_1}P_{i_2}P_{i_\beta}}, \tag{6.3.17}$$

$$\mathrm{D}_{P_{i_1}P_{i_3}P_{i_4}} + \mathrm{D}_{P_{i_1}P_{i_3}P_{i_5}} + \mathrm{D}_{P_{i_1}P_{i_3}P_{i_6}} = 0. \tag{6.3.18}$$

证明 根据定理 6.3.5, 由式 (6.3.7) 中 $\alpha=1$ 的情形即得: 对任意的 $k=1,2,\cdots,10; i_1=1,2,\cdots,6$, 式 (6.3.17) 成立的充分必要条件是式 (6.3.18) 成立.

推论 6.3.11 设 $S=\{P_1,P_2,\cdots,P_6\}$ 是六点的集合, $(S_3^k,T_3^k)=(P_{i_1},P_{i_2},P_{i_3};P_{i_4},P_{i_5},P_{i_6})(i_1,i_2,\cdots,i_6=1,2,\cdots,6;k=1,2,\cdots,20)$ 是 S 的完备集对, $G_3^k, H_3^k (k=1,2,\cdots,20)$ 分别是 (S_3^k,T_3^k) 中两个集合的重心, $G_3^k H_3^k(k=1,2,\cdots,20)$ 是 S 的 3-类重心线, 则对任意的 $k=1,2,\cdots,10; i_1=1,2,\cdots,6$, 均有如下四个三角形的乘数面积 $9a_{P_{i_1}G_3^k H_3^k}, a_{P_{i_1}P_{i_2}P_{i_4}}, a_{P_{i_1}P_{i_2}P_{i_5}}, a_{P_{i_1}P_{i_2}P_{i_6}}$ 中, 其中一个较大的乘数面积等于另三个较小的乘数面积之和, 或其中两个乘数面积的和等于另两个乘数面积的和的充分必要条件是其余三个三角形的面积 $a_{P_{i_1}P_{i_3}P_{i_4}}, a_{P_{i_1}P_{i_3}P_{i_5}}, a_{P_{i_1}P_{i_3}P_{i_6}}$ 中, 其中一个较大的面积等于另两个较小的面积的和.

证明 根据定理 6.3.12, 对任意的 $k=1,2,\cdots,10; i_1=1,2,\cdots,6$, 分别由式 (6.3.17) 和 (6.3.18) 的几何意义, 即得.

注 6.3.1 根据定理 6.3.5, 由式 (6.3.7), 对 $\alpha=2,3$ 亦可得出定理 6.3.8 ~ 定理 6.3.12 和推论 6.3.7 ~ 推论 6.3.11 类似的结果, 从略.

定理 6.3.13 设 $S=\{P_1,P_2,\cdots,P_6\}$ 是六点的集合, $(S_3^k,T_3^k)=(P_{i_1},P_{i_2},P_{i_3};P_{i_4},P_{i_5},P_{i_6})(i_1,i_2,\cdots,i_6=1,2,\cdots,6;k=1,2,\cdots,20)$ 是 S 的完备集对, $G_3^k, H_3^k (k=1,2,\cdots,20)$ 分别是 (S_3^k,T_3^k) 中两个集合的重心, $G_3^k H_3^k(k=1,2,\cdots,20)$ 是 S 的 3-类重心线, 则对任意的 $k=1,2,\cdots,10; \alpha=4,5,6$, 恒有 $\mathrm{D}_{P_{i_\alpha}G_3^k H_3^k}=0$ 的充分必要条件是

$$\sum_{\beta=4;\beta\neq\alpha}^{6}\sum_{\gamma=1}^{3}\mathrm{D}_{P_{i_\alpha}P_{i_\gamma}P_{i_\beta}}=0. \tag{6.3.19}$$

6.3 六点集各点到 3-类重心线的有向距离公式与应用

证明 根据定理 6.3.6, 由式 (6.3.8) 即得: 对任意的 $k = 1, 2, \cdots, 10; \alpha = 4, 5, 6$, 恒有 $\mathrm{D}_{P_{i_\alpha} G_3^k H_3^k} = 0$ 的充分必要条件是式 (6.3.19) 成立.

推论 6.3.12 设 $S = \{P_1, P_2, \cdots, P_6\}$ 是六点的集合, $(S_3^k, T_3^k) = (P_{i_1}, P_{i_2}, P_{i_3}; P_{i_4}, P_{i_5}, P_{i_6})(i_1, i_2, \cdots, i_6 = 1, 2, \cdots, 6; k = 1, 2, \cdots, 20)$ 是 S 的完备集对, $G_3^k, H_3^k (k = 1, 2, \cdots, 20)$ 分别是 (S_3^k, T_3^k) 中两个集合的重心, $G_3^k H_3^k (k = 1, 2, \cdots, 20)$ 是 S 的 3-类重心线, 则对任意的 $k = 1, 2, \cdots, 10; \alpha = 4, 5, 6$, 恒有三点 $P_{i_\alpha}, G_3^k, H_3^k$ 共线的充分必要条件是如下六个三角形的面积 $\mathrm{a}_{P_{i_\alpha} P_{i_\gamma} P_{i_\beta}}(\beta = 4, 5, 6; \beta \neq \alpha; \gamma = 1, 2, 3)$ 中, 其中一个较大的面积等于其余五个较小的面积的和, 或其中 $t(2 \leqslant t \leqslant 3)$ 个的面积的和等于其余 $6 - t$ 个面积的和.

证明 根据定理 6.3.13, 对任意的 $k = 1, 2, \cdots, 10; \alpha = 4, 5, 6$, 由 $\mathrm{D}_{P_{i_\alpha} G_3^k H_3^k} = 0$ 和式 (6.3.19) 的几何意义, 即得.

定理 6.3.14 设 $S = \{P_1, P_2, \cdots, P_6\}$ 是六点的集合, $(S_3^k, T_3^k) = (P_{i_1}, P_{i_2}, P_{i_3}; P_{i_4}, P_{i_5}, P_{i_6})(i_1, i_2, \cdots, i_6 = 1, 2, \cdots, 6; k = 1, 2, \cdots, 20)$ 是 S 的完备集对, $G_3^k, H_3^k (k = 1, 2, \cdots, 20)$ 分别是 (S_3^k, T_3^k) 中两个集合的重心, $G_3^k H_3^k (k = 1, 2, \cdots, 20)$ 是 S 的 3-类重心线, 则对任意的 $k = 1, 2, \cdots, 10; i_4 \in I_6 \backslash \{i_1, i_2, i_3\}$, 恒有 $\mathrm{D}_{P_{i_4} P_{i_3} P_{i_6}} = 0$ 的充分必要条件是

$$9\mathrm{D}_{P_{i_4} G_3^k H_3^k} = \mathrm{D}_{P_{i_4} P_{i_3} P_{i_5}} + \sum_{\beta=5}^{6} (\mathrm{D}_{P_{i_4} P_{i_1} P_{i_\beta}} + \mathrm{D}_{P_{i_4} P_{i_2} P_{i_\beta}}). \tag{6.3.20}$$

证明 根据定理 6.3.6, 由式 (6.3.8) 中 $\alpha = 4$ 的情形即得: 对任意的 $k = 1, 2, \cdots, 10; i_4 \in I_6 \backslash \{i_1, i_2, i_3\}$, 恒有 $\mathrm{D}_{P_{i_4} P_{i_3} P_{i_6}} = 0$ 的充分必要条件是式 (6.3.20) 成立.

推论 6.3.13 设 $S = \{P_1, P_2, \cdots, P_6\}$ 是六点的集合, $(S_3^k, T_3^k) = (P_{i_1}, P_{i_2}, P_{i_3}; P_{i_4}, P_{i_5}, P_{i_6})(i_1, i_2, \cdots, i_6 = 1, 2, \cdots, 6; k = 1, 2, \cdots, 20)$ 是 S 的完备集对, $G_3^k, H_3^k (k = 1, 2, \cdots, 20)$ 分别是 (S_3^k, T_3^k) 中两个集合的重心, $G_3^k H_3^k (k = 1, 2, \cdots, 20)$ 是 S 的 3-类重心线, 则对任意的 $k = 1, 2, \cdots, 10; i_4 \in I_6 \backslash \{i_1, i_2, i_3\}$, 恒有三点 $P_{i_4}, P_{i_3}, P_{i_6}$ 共线的充分必要条件是如下六个三角形的乘数面积 $9\mathrm{a}_{P_{i_4} G_3^k H_4^k}; \mathrm{a}_{P_{i_4} P_{i_2} P_{i_\beta}}, \mathrm{a}_{P_{i_4} P_{i_1} P_{i_\beta}}(\beta = 5, 6); \mathrm{a}_{P_{i_4} P_{i_3} P_{i_5}}$ 中, 其中一个较大的乘数面积等于其余五个较小的乘数面积的和, 或其中 $t(2 \leqslant t \leqslant 3)$ 个乘数面积的和等于其余 $6 - t$ 个乘数面积的和.

证明 根据定理 6.3.14, 对任意的 $k = 1, 2, \cdots, 10; i_4 \in I_6 \backslash \{i_1, i_2, i_3\}$, 由 $\mathrm{D}_{P_{i_4} P_{i_3} P_{i_6}} = 0$ 和式 (6.3.20) 的几何意义, 即得.

定理 6.3.15 设 $S = \{P_1, P_2, \cdots, P_6\}$ 是六点的集合, $(S_3^k, T_3^k) = (P_{i_1}, P_{i_2}, P_{i_3}; P_{i_4}, P_{i_5}, P_{i_6})(i_1, i_2, \cdots, i_6 = 1, 2, \cdots, 6; k = 1, 2, \cdots, 20)$ 是 S 的完备集对,

$G_3^k, H_3^k (k = 1, 2, \cdots, 20)$ 分别是 (S_3^k, T_3^k) 中两个集合的重心, $G_3^k H_3^k (k = 1, 2, \cdots, 20)$ 是 S 的 3-类重心线, 则对任意的 $k = 1, 2, \cdots, 10; i_4 \in I_6 \backslash \{i_1, i_2, i_3\}$, 如下两式均等价:

$$9 \mathrm{D}_{P_{i_4} G_3^k H_3^k} = \mathrm{D}_{P_{i_4} P_{i_1} P_{i_5}} \quad (9 \mathrm{a}_{P_{i_4} G_3^k H_3^k} = \mathrm{a}_{P_{i_4} P_{i_1} P_{i_5}}), \tag{6.3.21}$$

$$\mathrm{D}_{P_{i_4} P_{i_1} P_{i_6}} + \sum_{\beta=5}^{6} (\mathrm{D}_{P_{i_4} P_{i_2} P_{i_\beta}} + \mathrm{D}_{P_{i_4} P_{i_3} P_{i_\beta}}) = 0. \tag{6.3.22}$$

证明 根据定理 6.3.6, 由式 (6.3.8) 中 $\alpha = 4$ 的情形即得: 对任意的 $k = 1, 2, \cdots, 10; i_4 \in I_6 \backslash \{i_1, i_2, i_3\}$, 式 (6.3.21) 成立的充分必要条件是式 (6.3.22) 成立.

推论 6.3.14 设 $S = \{P_1, P_2, \cdots, P_6\}$ 是六点的集合, $(S_3^k, T_3^k) = (P_{i_1}, P_{i_2}, P_{i_3}; P_{i_4}, P_{i_5}, P_{i_6})(i_1, i_2, \cdots, i_6 = 1, 2, \cdots, 6; k = 1, 2, \cdots, 20)$ 是 S 的完备集对, $G_3^k, H_3^k (k = 1, 2, \cdots, 20)$ 分别是 (S_3^k, T_3^k) 中两个集合的重心, $G_3^k H_3^k (k = 1, 2, \cdots, 20)$ 是 S 的 3-类重心线, 则对任意的 $k = 1, 2, \cdots, 10; i_4 \in I_6 \backslash \{i_1, i_2, i_3\}$, 均有两三角形 $P_{i_4} G_3^k H_3^k, P_{i_4} P_{i_1} P_{i_5}$ 方向相同且 $9\mathrm{a}_{P_{i_4} G_3^k H_3^k} = \mathrm{a}_{P_{i_4} P_{i_1} P_{i_5}}$ 的充分必要条件是如下五个三角形的面积 $\mathrm{a}_{P_{i_4} P_{i_1} P_{i_6}}; \mathrm{a}_{P_{i_4} P_{i_2} P_{i_\beta}}, \mathrm{a}_{P_{i_4} P_{i_3} P_{i_\beta}} (\beta = 5, 6)$ 中, 其中一个较大的面积等于其余四个较小的面积的和, 或其中两个面积的和等于其余三个面积的和.

证明 根据定理 6.3.15, 对任意的 $k = 1, 2, \cdots, 10; i_4 \in I_6 \backslash \{i_1, i_2, i_3\}$, 由式 (6.3.21) 和 (6.3.22) 的几何意义, 即得.

定理 6.3.16 设 $S = \{P_1, P_2, \cdots, P_6\}$ 是六点的集合, $(S_3^k, T_3^k) = (P_{i_1}, P_{i_2}, P_{i_3}; P_{i_4}, P_{i_5}, P_{i_6})(i_1, i_2, \cdots, i_6 = 1, 2, \cdots, 6; k = 1, 2, \cdots, 20)$ 是 S 的完备集对, $G_3^k, H_3^k (k = 1, 2, \cdots, 20)$ 分别是 (S_3^k, T_3^k) 中两个集合的重心, $G_3^k H_3^k (k = 1, 2, \cdots, 20)$ 是 S 的 3-类重心线, 则对任意的 $k = 1, 2, \cdots, 10; i_4 \in I_6 \backslash \{i_1, i_2, i_3\}$, 如下两式均等价:

$$9 \mathrm{D}_{P_{i_4} G_3^k H_3^k} = \sum_{\beta=5}^{6} (\mathrm{D}_{P_{i_4} P_{i_1} P_{i_\beta}} + \mathrm{D}_{P_{i_4} P_{i_2} P_{i_\beta}}), \tag{6.3.23}$$

$$\mathrm{D}_{P_{i_4} P_{i_3} P_{i_5}} + \mathrm{D}_{P_{i_4} P_{i_3} P_{i_6}} = 0 \quad (\mathrm{a}_{P_{i_4} P_{i_3} P_{i_5}} = \mathrm{a}_{P_{i_4} P_{i_3} P_{i_6}}). \tag{6.3.24}$$

证明 根据定理 6.3.6, 由式 (6.3.8) 中 $\alpha = 4$ 的情形即得: 对任意的 $k = 1, 2, \cdots, 10; i_4 \in I_6 \backslash \{i_1, i_2, i_3\}$, 式 (6.3.23) 成立的充分必要条件是式 (6.3.24) 成立.

推论 6.3.15 设 $S = \{P_1, P_2, \cdots, P_6\}$ 是六点的集合, $(S_3^k, T_3^k) = (P_{i_1}, P_{i_2}, P_{i_3}; P_{i_4}, P_{i_5}, P_{i_6})(i_1, i_2, \cdots, i_6 = 1, 2, \cdots, 6; k = 1, 2, \cdots, 20)$ 是 S 的完备集对,

6.3 六点集各点到 3-类重心线的有向距离公式与应用

$G_3^k, H_3^k(k=1,2,\cdots,20)$ 分别是 (S_3^k, T_3^k) 中两个集合的重心, $G_3^k H_3^k(k=1,2,\cdots,20)$ 是 S 的 3-类重心线, 则对任意的 $k=1,2,\cdots,10; i_4 \in I_6\backslash\{i_1,i_2,i_3\}$, 均有两三角形 $P_{i_4}P_{i_3}P_{i_5}, P_{i_4}P_{i_3}P_{i_6}$ 面积相等方向相反的充分必要条件是如下五个三角形的乘数面积 $9\mathrm{a}_{P_{i_4}G_3^k H_3^k}; \mathrm{a}_{P_{i_4}P_{i_2}P_{i_\beta}}, \mathrm{a}_{P_{i_4}P_{i_1}P_{i_\beta}}(\beta=5,6)$ 中, 其中一个较大的乘数面积等于其余四个较小的乘数面积的和, 或其中两个乘数面积的和等于其余三个乘数面积的和.

证明 根据定理 6.3.16, 对任意的 $k=1,2,\cdots,10; i_4 \in I_6\backslash\{i_1,i_2,i_3\}$, 由式 (6.3.23) 和 (6.3.24) 的几何意义, 即得.

定理 6.3.17 设 $S=\{P_1, P_2, \cdots, P_6\}$ 是六点的集合, $(S_3^k, T_3^k) = (P_{i_1}, P_{i_2}, P_{i_3}; P_{i_4}, P_{i_5}, P_{i_6})(i_1, i_2, \cdots, i_6 = 1, 2, \cdots, 6; k = 1, 2, \cdots, 20)$ 是 S 的完备集对, $G_3^k, H_3^k(k=1,2,\cdots,20)$ 分别是 (S_3^k, T_3^k) 中两个集合的重心, $G_3^k H_3^k(k=1,2,\cdots,20)$ 是 S 的 3-类重心线, 则对任意的 $k=1,2,\cdots,10; i_4 \in I_6\backslash\{i_1,i_2,i_3\}$, 如下两式均等价:

$$9\mathrm{D}_{P_{i_4}G_3^k H_3^k} = \mathrm{D}_{P_{i_4}P_{i_1}P_{i_5}} + \mathrm{D}_{P_{i_4}P_{i_1}P_{i_6}}, \tag{6.3.25}$$

$$\sum_{\beta=5}^{6}(\mathrm{D}_{P_{i_4}P_{i_2}P_{i_\beta}} + \mathrm{D}_{P_{i_4}P_{i_3}P_{i_\beta}}) = 0. \tag{6.3.26}$$

证明 根据定理 6.3.6, 由式 (6.3.8) 中 $\alpha = 4$ 的情形即得: 对任意的 $k=1,2,\cdots,10; i_4 \in I_6\backslash\{i_1,i_2,i_3\}$, 式 (6.3.25) 成立的充分必要条件是式 (6.3.26) 成立.

推论 6.3.16 设 $S=\{P_1, P_2, \cdots, P_6\}$ 是六点的集合, $(S_3^k, T_3^k) = (P_{i_1}, P_{i_2}, P_{i_3}; P_{i_4}, P_{i_5}, P_{i_6})(i_1, i_2, \cdots, i_6 = 1, 2, \cdots, 6; k = 1, 2, \cdots, 20)$ 是 S 的完备集对, $G_3^k, H_3^k(k=1,2,\cdots,20)$ 分别是 (S_3^k, T_3^k) 中两个集合的重心, $G_3^k H_3^k(k=1,2,\cdots,20)$ 是 S 的 3-类重心线, 则对任意的 $k=1,2,\cdots,10; i_4 \in I_6\backslash\{i_1,i_2,i_3\}$, 均有如下三个三角形的乘数面积 $9\mathrm{a}_{P_{i_4}G_3^k H_3^k}, \mathrm{a}_{P_{i_4}P_{i_1}P_{i_5}}, \mathrm{a}_{P_{i_4}P_{i_1}P_{i_6}}$ 中, 其中一个较大的乘数面积等于另外两个较小的乘数面积的和的充分必要条件是其余四个三角形的面积 $\mathrm{a}_{P_{i_4}P_{i_2}P_{i_\beta}}, \mathrm{a}_{P_{i_4}P_{i_3}P_{i_\beta}}(\beta=5,6)$ 中, 其中一个较大的面积等于另外三个较小的面积的和, 或其中两个面积的和等于另外两个面积的和.

证明 根据定理 6.3.17, 对任意的 $k=1,2,\cdots,10; i_4 \in I_6\backslash\{i_1,i_2,i_3\}$, 由式 (6.3.25) 和 (6.3.26) 的几何意义, 即得.

定理 6.3.18 设 $S=\{P_1, P_2, \cdots, P_6\}$ 是六点的集合, $(S_3^k, T_3^k) = (P_{i_1}, P_{i_2}, P_{i_3}; P_{i_4}, P_{i_5}, P_{i_6})(i_1, i_2, \cdots, i_6 = 1, 2, \cdots, 6; k = 1, 2, \cdots, 20)$ 是 S 的完备集对, $G_3^k, H_3^k(k=1,2,\cdots,20)$ 分别是 (S_3^k, T_3^k) 中两个集合的重心, $G_3^k H_3^k(k=1,2,\cdots,20)$ 是 S 的 3-类重心线, 则对任意的 $k=1,2,\cdots,10; i_4 \in I_6\backslash\{i_1,i_2,i_3\}$, 如下两

式均等价:

$$9\mathrm{D}_{P_{i_4}G_3^kH_3^k} = \mathrm{D}_{P_{i_4}P_{i_2}P_{i_5}} + \sum_{\beta=5}^{6}\mathrm{D}_{P_{i_4}P_{i_1}P_{i_\beta}}, \qquad (6.3.27)$$

$$\mathrm{D}_{P_{i_4}P_{i_2}P_{i_6}} + \mathrm{D}_{P_{i_4}P_{i_3}P_{i_5}} + \mathrm{D}_{P_{i_4}P_{i_3}P_{i_6}} = 0. \qquad (6.3.28)$$

证明 根据定理 6.3.6, 由式 (6.3.8) 中 $\alpha = 4$ 的情形即得: 对任意的 $k = 1, 2, \cdots, 10; i_4 \in I_6\backslash\{i_1,i_2,i_3\}$, 式 (6.3.27) 成立的充分必要条件是式 (6.3.28) 成立.

推论 6.3.17 设 $S = \{P_1, P_2, \cdots, P_6\}$ 是六点的集合, $(S_3^k, T_3^k) = (P_{i_1}, P_{i_2}, P_{i_3}; P_{i_4}, P_{i_5}, P_{i_6})(i_1, i_2, \cdots, i_6 = 1, 2, \cdots, 6; k = 1, 2, \cdots, 20)$ 是 S 的完备集对, $G_3^k, H_3^k(k=1, 2, \cdots, 20)$ 分别是 (S_3^k, T_3^k) 中两个集合的重心, $G_3^kH_3^k(k=1, 2, \cdots, 20)$ 是 S 的 3-类重心线, 则对任意的 $k = 1, 2, \cdots, 10; i_4 \in I_6\backslash\{i_1, i_2, i_3\}$, 均有如下四个三角形的乘数面积 $9\mathrm{a}_{P_{i_4}G_3^kH_3^k}, \mathrm{a}_{P_{i_4}P_{i_2}P_{i_5}}; \mathrm{D}_{P_{i_4}P_{i_1}P_{i_\beta}}(\beta = 5, 6)$ 中, 其中一个较大的乘数面积等于另外三个较小的乘数面积的和, 或其中两个乘数面积的和等于另外两个乘数面积的和的充分必要条件是其余三个三角形的面积 $\mathrm{a}_{P_{i_4}P_{i_2}P_{i_6}}, \mathrm{a}_{P_{i_4}P_{i_3}P_{i_5}}, \mathrm{a}_{P_{i_4}P_{i_3}P_{i_6}}$ 中, 其中一个较大的面积等于另外两个较小的面积的和.

证明 根据定理 6.3.18, 对任意的 $k = 1, 2, \cdots, 10; i_4 \in I_6\backslash\{i_1, i_2, i_3\}$, 由式 (6.3.26) 和 (6.3.27) 的几何意义, 即得.

注 6.3.2 根据定理 6.3.6, 由式 (6.3.8), 对 $\alpha = 5, 6$ 亦可得出定理 6.3.14 $\sim$ 定理 6.3.18 和推论 6.3.13 $\sim$ 推论 6.3.17 类似的结果, 从略.

定理 6.3.19 设 $S = \{P_1, P_2, \cdots, P_6\}$ 是六点的集合, $(S_3^k, T_3^k) = (P_{i_1}, P_{i_2}, P_{i_3}; P_{i_4}, P_{i_5}, P_{i_6})(i_1, i_2, \cdots, i_6 = 1, 2, \cdots, 6; k = 1, 2, \cdots, 20)$ 是 S 的完备集对, $G_3^k, H_3^k(k=1, 2, \cdots, 20)$ 分别是 (S_3^k, T_3^k) 中两个集合的重心, $G_3^kH_3^k(k=1, 2, \cdots, 20)$ 是 S 的 3-类重心线, 则对任意的 $k = 1, 2, \cdots, 10; \min\{i_1, i_2, i_3\} < \min\{i_4, i_5, i_6\}$, 恒有

$$\mathrm{D}_{P_{i_1}G_3^kH_3^k} + \mathrm{D}_{P_{i_2}G_3^kH_3^k} + \mathrm{D}_{P_{i_3}G_3^kH_3^k} = 0, \qquad (6.3.29)$$

$$\mathrm{D}_{P_{i_4}G_3^kH_3^k} + \mathrm{D}_{P_{i_5}G_3^kH_3^k} + \mathrm{D}_{P_{i_6}G_3^kH_3^k} = 0. \qquad (6.3.30)$$

证明 根据定理 6.3.5 和定理 6.3.6, 式 (6.3.7) 和 (6.3.8) 分别对 $\alpha = 1, 2, 3; \alpha = 4, 5, 6$ 求和, 得

$$9(\mathrm{D}_{P_{i_1}G_3^kH_3^k} + \mathrm{D}_{P_{i_2}G_3^kH_3^k} + \mathrm{D}_{P_{i_3}G_3^kH_3^k}) = 0,$$

$$9(\mathrm{D}_{P_{i_4}G_3^kH_3^k} + \mathrm{D}_{P_{i_5}G_3^kH_3^k} + \mathrm{D}_{P_{i_6}G_3^kH_3^k}) = 0.$$

因此, 式 (6.3.29) 和 (6.3.30) 成立.

推论 6.3.18 设 $S=\{P_1,P_2,\cdots,P_6\}$ 是六点的集合,$(S_3^k,T_3^k)=(P_{i_1},P_{i_2},P_{i_3};P_{i_4},P_{i_5},P_{i_6})(i_1,i_2,\cdots,i_6=1,2,\cdots,6;k=1,2,\cdots,20)$ 是 S 的完备集对,$G_3^k,H_3^k(k=1,2,\cdots,20)$ 分别是 (S_3^k,T_3^k) 中两个集合的重心,$G_3^kH_3^k(k=1,2,\cdots,20)$ 是 S 的 3-类重心线,则对任意的 $k=1,2,\cdots,10;\min\{i_1,i_2,i_3\}<\min\{i_4,i_5,i_6\}$, 恒有如下两组各三个重心线三角形的面积 $\mathrm{a}_{P_{i_1}G_3^kH_3^k},\mathrm{a}_{P_{i_2}G_3^kH_3^k},\mathrm{a}_{P_{i_3}G_3^kH_3^k}$; $\mathrm{a}_{P_{i_4}G_3^kH_3^k},\mathrm{a}_{P_{i_5}G_3^kH_3^k},\mathrm{a}_{P_{i_6}G_3^kH_3^k}$,每组其中一个较大的面积等于另两个较小的面积的和.

证明 根据定理 6.3.19, 对任意的 $k=1,2,\cdots,10;\min\{i_1,i_2,i_3\}<\min\{i_4,i_5,i_6\}$, 由式 (6.3.29) 和 (6.3.30) 的几何意义, 即得.

定理 6.3.20 设 $S=\{P_1,P_2,\cdots,P_6\}$ 是六点的集合,$(S_3^k,T_3^k)=(P_{i_1},P_{i_2},P_{i_3};P_{i_4},P_{i_5},P_{i_6})(i_1,i_2,\cdots,i_6=1,2,\cdots,6;k=1,2,\cdots,20)$ 是 S 的完备集对,$G_3^k,H_3^k(k=1,2,\cdots,20)$ 分别是 (S_3^k,T_3^k) 中两个集合的重心,$G_3^kH_3^k(k=1,2,\cdots,20)$ 是 S 的 3-类重心线,则对任意的 $k=1,2,\cdots,10;\min\{i_1,i_2,i_3\}<\min\{i_4,i_5,i_6\}$, 恒有

(1) $\mathrm{D}_{P_{i_3}G_3^kH_3^k}=0(i_3\in I_6)$ 的充分必要条件是

$$\mathrm{D}_{P_{i_1}G_3^kH_3^k}+\mathrm{D}_{P_{i_2}G_3^kH_3^k}=0 \quad (\mathrm{a}_{P_{i_1}G_3^kH_3^k}=\mathrm{a}_{P_{i_2}G_3^kH_3^k}); \tag{6.3.31}$$

(2) $\mathrm{D}_{P_{i_6}G_3^kH_3^k}=0(i_6\in I_6\backslash\{i_1,i_2,i_3\})$ 的充分必要条件是

$$\mathrm{D}_{P_{i_4}G_3^kH_3^k}+\mathrm{D}_{P_{i_5}G_3^kH_3^k}=0 \quad (\mathrm{a}_{P_{i_4}G_3^kH_3^k}=\mathrm{a}_{P_{i_5}G_3^kH_3^k}). \tag{6.3.32}$$

证明 根据定理 6.3.19, 分别由式 (6.3.29) 和 (6.3.30), 即得: 对任意的 $k=1,2,\cdots,10;\min\{i_1,i_2,i_3\}<\min\{i_4,i_5,i_6\}$, 恒有 $\mathrm{D}_{P_{i_3}G_3^kH_3^k}=0(i_3\in I_6)$ 的充分必要条件是 (6.3.31) 成立, $\mathrm{D}_{P_{i_6}G_3^kH_3^k}=0(i_6\in I_6\backslash\{i_1,i_2,i_3\})$ 的充分必要条件是 (6.3.32) 成立.

推论 6.3.19 设 $S=\{P_1,P_2,\cdots,P_6\}$ 是六点的集合,$(S_3^k,T_3^k)=(P_{i_1},P_{i_2},P_{i_3};P_{i_4},P_{i_5},P_{i_6})(i_1,i_2,\cdots,i_6=1,2,\cdots,6;k=1,2,\cdots,20)$ 是 S 的完备集对,$G_3^k,H_3^k(k=1,2,\cdots,20)$ 分别是 (S_3^k,T_3^k) 中两个集合的重心,$G_3^kH_3^k(k=1,2,\cdots,20)$ 是 S 的 3-类重心线,则对任意的 $k=1,2,\cdots,10;\min\{i_1,i_2,i_3\}<\min\{i_4,i_5,i_6\}$, 恒有三点 $P_{i_3},G_3^k,H_3^k(i_3\in I_6)$ 共线的充分必要条件是两重心线三角形 $P_{i_1}G_3^kH_3^k,P_{i_2}G_3^kH_3^k$ 方向相反面积相等; 而三点 $P_{i_6},G_3^k,H_3^k(i_6\in I_6\backslash\{i_1,i_2,i_3\})$ 共线的充分必要条件是两重心线三角形 $P_{i_4}G_3^kH_3^k,P_{i_5}G_3^kH_3^k$ 面积相等方向相反.

证明 根据定理 6.3.20, 对任意的 $k=1,2,\cdots,10;\min\{i_1,i_2,i_3\}<\min\{i_4,i_5,i_6\}$, 分别由 $\mathrm{D}_{P_{i_3}G_3^kH_3^k}=0(i_3\in I_6)$ 和式 (6.3.31)、$\mathrm{D}_{P_{i_6}G_3^kH_3^k}=0(i_6\in I_6\backslash\{i_1,i_2,i_3\})$ 和式 (6.3.32) 的几何意义, 即得.

推论 6.3.20 设 $P_1P_2\cdots P_6$ 是六角形 (六边形),$G_3^k, H_3^k(k=1,2,\cdots,20)$ 分别是两三角形 $P_{i_1}P_{i_2}P_{i_3}(i_1,i_2,i_3=1,2,\cdots,6)$ 和 $P_{i_4}P_{i_5}P_{i_6}(i_4,i_5,i_6=1,2,\cdots,6)$ 的重心,$G_3^k H_3^k(k=1,2,\cdots,20)$ 是 $P_1P_2\cdots P_6$ 的 3-级重心线,则定理 6.3.5 ~ 定理 6.3.20 和推论 6.3.5 ~ 推论 6.3.19 中的结论均成立.

证明 设 $S=\{P_1,P_2,\cdots,P_6\}$ 是六角形 (六边形) $P_1P_2\cdots P_6$ 顶点的集合,对不共线六点的集合 S 应用定理 6.3.5 ~ 定理 6.3.20 和推论 6.3.5 ~ 推论 6.3.19,即得.

第 7 章 2n 点集同类重心线有向度量的定值定理与应用

7.1 2n 点集 1-类重心线有向度量的定值定理与应用

本节主要应用有向度量和有向度量定值法, 研究 2n 点集 1-类重心线有向度量的有关问题. 首先, 给出 2n 点集 1-类重心线有向面积的定值定理及其推论, 从而得出 2n 角形 (2n 边形) 中相应的结论; 其次, 利用上述定值定理得出 2n 点集、2n 角形 (2n 边形) 中任意点与重心线两端点共线, 以及两重心线三角形面积相等方向相反的充分必要条件和 1-类 (1-级) 自重心线三角形有向面积的关系定理等结论; 再次, 在一定条件下, 给出点到 2n 点集 1-类重心线有向距离的定值定理, 从而得出 2n 点集、2n 角形 (2n 边形) 中该条件下任意点在重心线所在直线之上、在两重心线外角平分线之上的充分必要条件等结论; 最后, 给出共线 2n 点集 1-类重心线的有向距离定理, 从而得出点为共线 2n 点重心线端点, 以及共线 2n 点两重心线距离相等方向相反的充分必要条件等结论.

在本节中, 恒假设 $i_1, i_2, \cdots, i_{2n} \in I_{2n} = \{1, 2, \cdots, 2n\}$ 且互不相等.

7.1.1 2n 点集 1-类重心线三角形有向面积的定值定理

定理 7.1.1 设 $S = \{P_1, P_2, \cdots, P_{2n}\}(n \geqslant 2)$ 是 2n 点的集合, H_{2n-1}^i 是 $T_{2n-1}^i = \{P_{i+1}, P_{i+2}, \cdots, P_{2n+i-1}\}(i = 1, 2, \cdots, 2n)$ 的重心, $P_i H_{2n-1}^i (i = 1, 2, \cdots, 2n)$ 是 S 的 1-类重心线, P 是平面上任意一点, 则

$$\mathrm{D}_{PP_{i_1} H_{2n-1}^{i_1}} + \mathrm{D}_{PP_{i_2} H_{2n-1}^{i_2}} + \cdots + \mathrm{D}_{PP_{i_{2n}} H_{2n-1}^{i_{2n}}} = 0. \tag{7.1.1}$$

证明 设 S 各点和任意点的坐标分别为 $P_i(x_i, y_i)(i = 1, 2, \cdots, 2n); P(x, y)$. 于是 T_{2n-1}^i 重心的坐标为

$$H_{2n-1}^i \left(\frac{1}{2n-1} \sum_{\mu=1}^{2n-1} x_{\mu+i}, \frac{1}{2n-1} \sum_{\mu=1}^{2n-1} y_{\mu+i} \right) \quad (i = 1, 2, \cdots, 2n).$$

故由三角形有向面积公式, 得

$$2(2n-1) \sum_{i=1}^{2n} \mathrm{D}_{PP_i H_{2n-1}^i}$$

$$= \sum_{i=1}^{2n} \begin{vmatrix} x & y & 1 \\ x_i & y_i & 1 \\ x_{i+1}+x_{i+2}+\cdots+x_{2n+i-1} & y_{i+1}+y_{i+2}+\cdots+y_{2n+i-1} & 2n-1 \end{vmatrix}$$

$$= x\sum_{i=1}^{2n}((2n-1)y_i - y_{i+1} - y_{i+2} - \cdots - y_{2n+i-1})$$

$$- y\sum_{i=1}^{2n}((2n-1)x_i - x_{i+1} - x_{i+2} - \cdots - x_{2n+i-1})$$

$$+ \sum_{i=1}^{2n}[(x_iy_{i+1}-x_{i+1}y_i)+(x_iy_{i+2}-x_{i+2}y_i)+\cdots+(x_iy_{2n+i-1}-x_{2n+i-1}y_i)]$$

$$= x\sum_{i=1}^{2n}((2n-1)y_i - y_i - y_i - \cdots - y_i) - y\sum_{i=1}^{2n}((2n-1)x_i - x_i - x_i - \cdots - x_i)$$

$$+ \sum_{i=1}^{2n}[(x_iy_{i+1}-x_{i+1}y_i)+(x_iy_{i+2}-x_{i+2}y_i)+\cdots$$

$$+ (x_{i+2}y_i - x_iy_{i+2})+(x_{i+1}y_i - x_iy_{i+1})]$$

$$= 0,$$

因为 $2(2n-1) \neq 0$, 所以 $\sum_{i=1}^{2n} \mathrm{D}_{PP_iH_{2n-1}^i} = 0$, 从而式 (7.1.1) 成立.

注 7.1.1 特别地, 当 $n = 2, 3$ 时, 由定理 7.1.1, 分别即得定理 2.1.1 和定理 4.1.1. 因此, 2.1 节和 4.1 节的结论, 都可以看成是本节相应结论的推论. 故在本节以下论述中, 我们主要讨论 $n \geqslant 4$ 的情形, 而对 $n = 2, 3$ 的情形不单独论及.

推论 7.1.1 设 $S = \{P_1, P_2, \cdots, P_{2n}\}(n \geqslant 2)$ 是 $2n$ 点的集合, H_{2n-1}^i 是 $T_{2n-1}^i = \{P_{i+1}, P_{i+2}, \cdots, P_{2n+i-1}\}(i = 1, 2, \cdots, 2n)$ 的重心, $P_iH_{2n-1}^i(i = 1, 2, \cdots, 2n)$ 是 S 的 1-类重心线, P 是平面上任意一点, 则如下 $2n$ 个重心线三角形的面积 $a_{PP_1H_{2n-1}^{i_1}}, a_{PP_{i_2}H_{2n-1}^{i_2}}, \cdots, a_{PP_{i_{2n}}H_{2n-1}^{i_{2n}}}$ 中, 其中一个较大的面积等于另外 $2n-1$ 个较小的面积的和, 或其中 $t(2 \leqslant t \leqslant n)$ 个面积的和等于另外 $2n-t$ 个面积的和.

证明 根据定理 7.1.1, 由式 (7.1.1) 的几何意义, 即得.

推论 7.1.2 设 $P_1P_2\cdots P_{2n}(n \geqslant 2)$ 是 $2n$ 角形 ($2n$ 边形), $H_{2n-1}^i(i = 1, 2, \cdots, 2n)$ 是 $2n-1$ 角形 ($2n-1$ 边形) $P_{i+1}P_{i+2}\cdots P_{2n+i-1}(i = 1, 2, \cdots, 2n)$ 的重心, $P_iH_{2n-1}^i(i = 1, 2, \cdots, 2n)$ 是 $P_1P_2\cdots P_{2n}$ 的 1-级重心线, P 是平面上任

意一点, 则定理 7.1.1 和推论 7.1.1 的结论均成立.

证明 设 $S = \{P_1, P_2, \cdots, P_{2n}\}$ 是 $2n$ 角形 ($2n$ 边形) $P_1P_2\cdots P_{2n}(n \geq 2)$ 顶点的集合, 对不共线 $2n$ 点的集合 S, 应用定理 7.1.1 和推论 7.1.1, 即得.

7.1.2 $2n$ 点集 1-类重心线三角形有向面积定值定理的应用

定理 7.1.2 设 $S = \{P_1, P_2, \cdots, P_{2n}\}(n \geq 2)$ 是 $2n$ 点的集合, H_{2n-1}^i 是 $T_{2n-1}^i = \{P_{i+1}, P_{i+2}, \cdots, P_{2n+i-1}\}(i = 1, 2, \cdots, 2n)$ 的重心, $P_iH_{2n-1}^i(i = 1, 2, \cdots, 2n)$ 是 S 的 1-类重心线, P 是平面上任意一点, 则对任意的 $i_1, i_2, \cdots, i_{2n} \in I_{2n}$, 恒有 $\mathrm{D}_{PP_{i_{2n}}H_{2n-1}^{i_{2n}}} = 0$ 的充分必要条件是

$$\mathrm{D}_{PP_{i_1}H_{2n-1}^{i_1}} + \mathrm{D}_{PP_{i_2}H_{2n-1}^{i_2}} + \cdots + \mathrm{D}_{PP_{i_{2n-1}}H_{2n-1}^{i_{2n-1}}} = 0. \tag{7.1.2}$$

证明 根据定理 7.1.1, 由式 (7.1.1) 即得: 对任意的 $i_1, i_2, \cdots, i_{2n} \in I_{2n}$, 恒有 $\mathrm{D}_{PP_{i_{2n}}H_{2n-1}^{i_{2n}}} = 0$ 的充分必要条件是式 (7.1.2) 成立.

推论 7.1.3 设 $S = \{P_1, P_2, \cdots, P_{2n}\}(n \geq 3)$ 是 $2n$ 点的集合, H_{2n-1}^i 是 $T_{2n-1}^i = \{P_{i+1}, P_{i+2}, \cdots, P_{2n+i-1}\}(i = 1, 2, \cdots, 2n)$ 的重心, $P_iH_{2n-1}^i(i = 1, 2, \cdots, 2n)$ 是 S 的 1-类重心线, P 是平面上任意一点, 则对任意的 $i_1, i_2, \cdots, i_{2n} \in I_{2n}$, 恒有三点 $P, P_{i_{2n}}, H_{2n-1}^{i_{2n}}$ 共线的充分必要条件是其余 $2n-1$ 个重心线三角形的面积 $\mathrm{a}_{PP_{i_1}H_{2n-1}^{i_1}}, \mathrm{a}_{PP_{i_2}H_{2n-1}^{i_2}}, \cdots, \mathrm{a}_{PP_{i_{2n-1}}H_{2n-1}^{i_{2n-1}}}$ 中, 其中一个较大的面积等于另外 $2n-2$ 个较小的面积的和, 或其中 $t(2 \leq t \leq n-1)$ 个面积的和等于另外 $2n-t-1$ 面积的和.

证明 根据定理 7.1.2, 对任意的 $i_1, i_2, \cdots, i_{2n} \in I_{2n}$, 由 $\mathrm{D}_{PP_{i_{2n}}H_{2n-1}^{i_{2n}}} = 0$ 和式 (7.1.2) 中 $n \geq 3$ 的情形的几何意义, 即得.

定理 7.1.3 设 $S = \{P_1, P_2, \cdots, P_{2n}\}(n \geq 2)$ 是 $2n$ 点的集合, H_{2n-1}^i 是 $T_{2n-1}^i = \{P_{i+1}, P_{i+2}, \cdots, P_{2n+i-1}\}(i = 1, 2, \cdots, 2n)$ 的重心, $P_iH_{2n-1}^i(i = 1, 2, \cdots, 2n)$ 是 S 的 1-类重心线, P 是平面上任意一点, 则对任意的 $i_1, i_2, \cdots, i_{2n} \in I_{2n}$, 以下两式均等价:

$$\mathrm{D}_{PP_{i_1}H_{2n-1}^{i_1}} + \mathrm{D}_{PP_{i_2}H_{2n-1}^{i_2}} = 0 \quad (\mathrm{a}_{PP_{i_1}H_{2n-1}^{i_1}} = \mathrm{a}_{PP_{i_2}H_{2n-1}^{i_2}}), \tag{7.1.3}$$

$$\mathrm{D}_{PP_{i_3}H_{2n-1}^{i_3}} + \mathrm{D}_{PP_{i_4}H_{2n-1}^{i_4}} + \cdots + \mathrm{D}_{PP_{i_{2n}}H_{2n-1}^{i_{2n}}} = 0. \tag{7.1.4}$$

证明 根据定理 7.1.1, 由式 (7.1.1) 即得: 对任意的 $i_1, i_2, \cdots, i_{2n} \in I_{2n}$, 式 (7.1.3) 成立的充分必要条件是式 (7.1.4) 成立.

推论 7.1.4 设 $S = \{P_1, P_2, \cdots, P_{2n}\}(n \geq 3)$ 是 $2n$ 点的集合, H_{2n-1}^i 是 $T_{2n-1}^i = \{P_{i+1}, P_{i+2}, \cdots, P_{2n+i-1}\}(i = 1, 2, \cdots, 2n)$ 的重心, $P_iH_{2n-1}^i(i = $

$1, 2, \cdots, 2n)$ 是 S 的 1-类重心线, P 是平面上任意一点, 则对任意的 $i_1, i_2, \cdots, i_{2n}$ $\in I_{2n}$, 均有两重心线三角形 $PP_{i_1}H_{2n-1}^{i_1}, PP_{i_2}H_{2n-1}^{i_2}$ 面积相等方向相反的充分必要条件是其余 $2n - 2$ 个重心线三角形的面积 $\mathrm{a}_{PP_{i_3}H_{2n-1}^{i_3}}, \mathrm{a}_{PP_{i_4}H_{2n-1}^{i_4}}, \cdots,$ $\mathrm{a}_{PP_{i_{2n}}H_{2n-1}^{i_{2n}}}$ 中, 其中一个较大的面积等于另外 $2n - 3$ 个较小的面积的和, 或其中 $t(2 \leqslant t \leqslant n-1)$ 个面积的和等于另外 $2n - t - 2$ 个面积的和.

证明 根据定理 7.1.3, 对任意的 $i_1, i_2, \cdots, i_{2n} \in I_{2n}$, 由式 (7.1.3) 和 (7.1.4) 中 $n \geqslant 3$ 的情形的几何意义, 即得.

定理 7.1.4 设 $S = \{P_1, P_2, \cdots, P_{2n}\}(n \geqslant 3)$ 是 $2n$ 点的集合, H_{2n-1}^i 是 $T_{2n-1}^i = \{P_{i+1}, P_{i+2}, \cdots, P_{2n+i-1}\}(i = 1, 2, \cdots, 2n)$ 的重心, $P_iH_{2n-1}^i(i = 1, 2, \cdots, 2n)$ 是 S 的 1-类重心线, P 是平面上任意一点, 则对任意的 $i_1, i_2, \cdots, i_{2n}$ $\in I_{2n}; 3 \leqslant s \leqslant n$, 以下两式均等价:

$$\mathrm{D}_{PP_{i_1}H_{2n-1}^{i_1}} + \mathrm{D}_{PP_{i_2}H_{2n-1}^{i_2}} + \cdots + \mathrm{D}_{PP_{i_s}H_{2n-1}^{i_s}} = 0, \tag{7.1.5}$$

$$\mathrm{D}_{PP_{i_{s+1}}H_{2n-1}^{i_{s+1}}} + \mathrm{D}_{PP_{i_{s+2}}H_{2n-1}^{i_{s+2}}} + \cdots + \mathrm{D}_{PP_{i_{2n}}H_{2n-1}^{i_{2n}}} = 0. \tag{7.1.6}$$

证明 根据定理 7.1.1, 由式 (7.1.1) 中 $n \geqslant 3$ 的情形, 即得: 对任意的 $i_1, i_2, \cdots,$ $i_{2n} \in I_{2n}; 3 \leqslant s \leqslant n$, 式 (7.1.5) 成立的充分必要条件是式 (7.1.6) 成立.

推论 7.1.5 设 $S = \{P_1, P_2, \cdots, P_{2n}\}(n \geqslant 4)$ 是 $2n$ 点的集合, H_{2n-1}^i 是 $T_{2n-1}^i = \{P_{i+1}, P_{i+2}, \cdots, P_{2n+i-1}\}(i = 1, 2, \cdots, 2n)$ 的重心, $P_iH_{2n-1}^i(i = 1, 2, \cdots, 2n)$ 是 S 的 1-类重心线, P 是平面上任意一点, 则对任意的 $i_1, i_2, \cdots, i_{2n}$ $\in I_{2n}$, 均有如下三个重心线三角形的面积 $\mathrm{a}_{PP_{i_1}H_{2n-1}^{i_1}}, \mathrm{a}_{PP_{i_2}H_{2n-1}^{i_2}}, \mathrm{a}_{PP_{i_3}H_{2n-1}^{i_3}}$ 中, 其中一个较大的面积等于另外两个较小的面积的和的充分必要条件是其余 $2n - 3$ 个重心线三角形的面积 $\mathrm{a}_{PP_{i_4}H_{2n-1}^{i_4}}, \mathrm{a}_{PP_{i_5}H_{2n-1}^{i_5}}, \cdots, \mathrm{a}_{PP_{i_{2n}}H_{2n-1}^{i_{2n}}}$ 中, 其中一个较大的面积等于另外 $2n - 4$ 个较小的面积的和, 或其中 $t(2 \leqslant t \leqslant n-2)$ 个面积的和等于另外 $2n - t - 3$ 个面积的和.

证明 根据定理 7.1.4, 对任意的 $i_1, i_2, \cdots, i_{2n} \in I_{2n}$, 由式 (7.1.5) 和 (7.1.6) 中 $n \geqslant 4, s = 3$ 的情形的几何意义, 即得.

推论 7.1.6 设 $S = \{P_1, P_2, \cdots, P_{2n}\}(n \geqslant 5)$ 是 $2n$ 点的集合, H_{2n-1}^i 是 $T_{2n-1}^i = \{P_{i+1}, P_{i+2}, \cdots, P_{2n+i-1}\}(i = 1, 2, \cdots, 2n)$ 的重心, $P_iH_{2n-1}^i(i = 1, 2, \cdots, 2n)$ 是 S 的 1-类重心线, P 是平面上任意一点, 则对任意的 $i_1, i_2, \cdots, i_{2n}$ $\in I_{2n}$, 均有如下 $s(4 \leqslant s \leqslant n)$ 个重心线三角形的面积 $\mathrm{a}_{PP_{i_1}H_{2n-1}^{i_1}}, \mathrm{a}_{PP_{i_2}H_{2n-1}^{i_2}}, \cdots,$ $\mathrm{a}_{PP_{i_s}H_{2n-1}^{i_s}}$ 中, 其中一个较大的面积等于另外 $s - 1$ 个较小的面积的和, 或其中 $t_1(2 \leqslant t_1 \leqslant [s/2])$ 个面积的和等于另外 $s - t_1$ 个面积的和的充分必要条件是其余

$2n-s$ 个重心线三角形的面积 $\mathrm{a}_{PP_{i_{s+1}}H_{2n-1}^{i_{s+1}}}, \mathrm{a}_{PP_{i_{s+2}}H_{2n-1}^{i_{s+2}}}, \cdots, \mathrm{a}_{PP_{i_{2n}}H_{2n-1}^{i_{2n}}}$ 中, 其中一个较大的面积等于另外 $2n-s-1$ 个较小的面积的和, 或其中 $t_2(2 \leqslant t_2 \leqslant [(2n-s)/2])$ 个面积的和等于另外 $2n-s-t_2$ 个面积的和.

证明 根据定理 7.1.4, 对任意的 $i_1, i_2, \cdots, i_{2n} \in I_{2n}$, 由式 (7.1.5) 和 (7.1.6) 中 $n \geqslant 5, s \geqslant 4$ 的情形的几何意义, 即得.

推论 7.1.7 设 $P_1P_2\cdots P_{2n}(n \geqslant 2 \vee n \geqslant 3 \vee n \geqslant 4 \vee n \geqslant 5)$ 是 $2n$ 角形 ($2n$ 边形), $H_{2n-1}^i(i=1,2,\cdots,2n)$ 是 $2n-1$ 角形 ($2n-1$ 边形) $P_{i+1}P_{i+2}\cdots P_{i+2n-1}(i=1,2,\cdots,2n)$ 的重心, $P_iH_{2n-1}^i(i=1,2,\cdots,2n)$ 是 $P_1P_2\cdots P_{2n}$ 的 1-级重心线, P 是 $P_1P_2\cdots P_{2n}$ 所在平面上任意一点, 则定理 7.1.2 ~ 定理 7.1.4 和推论 7.1.3 ~ 推论 7.1.6 的结论均成立.

证明 设 $S=\{P_1,P_2,\cdots,P_{2n}\}$ 是 $2n$ 角形 ($2n$ 边形) $P_1P_2\cdots P_{2n}(n \geqslant 2 \vee n \geqslant 3 \vee n \geqslant 4 \vee n \geqslant 5)$ 顶点的集合, 对不共线 $2n$ 点的集合 S 分别应用定理 7.1.2 ~ 定理 7.1.4 和推论 7.1.3 ~ 推论 7.1.6, 即得.

定理 7.1.5 设 $S=\{P_1,P_2,\cdots,P_{2n}\}(n \geqslant 3)$ 是 $2n$ 点的集合, H_{2n-1}^i 是 $T_{2n-1}^i=\{P_{i+1},P_{i+2},\cdots,P_{2n+i-1}\}(i=1,2,\cdots,2n)$ 的重心, $P_iH_{2n-1}^i(i=1,2,\cdots,2n)$ 是 S 的 1-类重心线, P 是平面上任意一点. 若 $\mathrm{D}_{PP_{i_{2n}}H_{2n-1}^{i_{2n}}}=0(i_{2n} \in I_{2n})$, 则对任意的 $i_1,i_2,\cdots,i_{2n-1} \in I_{2n} \setminus \{i_{2n}\}$, 以下两式均等价:

$$\mathrm{D}_{PP_{i_1}H_{2n-1}^{i_1}}+\mathrm{D}_{PP_{i_2}H_{2n-1}^{i_2}}=0 \quad (\mathrm{a}_{PP_{i_1}H_{2n-1}^{i_1}}=\mathrm{a}_{PP_{i_2}H_{2n-1}^{i_2}}), \tag{7.1.7}$$

$$\mathrm{D}_{PP_{i_3}H_{2n-1}^{i_3}}+\mathrm{D}_{PP_{i_4}H_{2n-1}^{i_4}}+\cdots+\mathrm{D}_{PP_{i_{2n-1}}H_{2n-1}^{i_{2n-1}}}=0. \tag{7.1.8}$$

证明 根据定理 7.1.1 和题设, 由式 (7.1.1) 中 $n \geqslant 3$ 的情形, 即得: 对任意的 $i_1,i_2,\cdots,i_{2n-1} \in I_{2n}\setminus\{i_{2n}\}$, 式 (7.1.7) 成立的充分必要条件是式 (7.1.8) 成立.

推论 7.1.8 设 $S=\{P_1,P_2,\cdots,P_{2n}\}(n \geqslant 4)$ 是 $2n$ 点的集合, H_{2n-1}^i 是 $T_{2n-1}^i=\{P_{i+1},P_{i+2},\cdots,P_{2n+i-1}\}(i=1,2,\cdots,2n)$ 的重心, $P_iH_{2n-1}^i(i=1,2,\cdots,2n)$ 是 S 的 1-类重心线, P 是平面上任意一点. 若三点 $P,P_{i_{2n}},H_{2n-1}^{i_{2n}}(i_{2n} \in I_{2n})$ 共线, 则对任意的 $i_1,i_2,\cdots,i_{2n-1} \in I_{2n}\setminus\{i_{2n}\}$, 均有两重心线三角形 $PP_{i_1}H_{2n-1}^{i_1}, PP_{i_2}H_{2n-1}^{i_2}$ 面积相等方向相反的充分必要条件是其余 $2n-3$ 个重心线三角形的面积 $\mathrm{a}_{PP_{i_3}H_{2n-1}^{i_3}},\mathrm{a}_{PP_{i_4}H_{2n-1}^{i_4}},\cdots,\mathrm{a}_{PP_{i_{2n-1}}H_{2n-1}^{i_{2n-1}}}$ 中, 其中一个较大的面积等于另外 $2n-4$ 个较小的面积的和, 或其中 $t(2 \leqslant t \leqslant n-2)$ 个面积的和等于另外 $2n-t-3$ 个面积的和.

证明 根据定理 7.1.5 和题设, 对任意 $i_1,i_2,\cdots,i_{2n-1} \in I_{2n}\setminus\{i_{2n}\}$, 由 $\mathrm{D}_{PP_{i_{2n}}H_{2n-1}^{i_{2n}}}=0(i_{2n} \in I_{2n})$ 以及式 (7.1.7) 和 (7.1.8) 中 $n \geqslant 4$ 的情形的几何意义, 即得.

定理 7.1.6 设 $S=\{P_1,P_2,\cdots,P_{2n}\}(n\geqslant 4)$ 是 $2n$ 点的集合，H_{2n-1}^i 是 $T_{2n-1}^i=\{P_{i+1},P_{i+2},\cdots,P_{2n+i-1}\}(i=1,2,\cdots,2n)$ 的重心，$P_iH_{2n-1}^i(i=1,2,\cdots,2n)$ 是 S 的 1-类重心线，P 是平面上任意一点. 若 $\mathrm{D}_{PP_{i_{2n}}H_{2n-1}^{i_{2n}}}=0(i_{2n}\in I_{2n})$，则对任意的 $i_1,i_2,\cdots,i_{2n-1}\in I_{2n}\backslash\{i_{2n}\};3\leqslant s\leqslant n-1$，以下两式均等价：

$$\mathrm{D}_{PP_{i_1}H_{2n-1}^{i_1}}+\mathrm{D}_{PP_{i_2}H_{2n-1}^{i_2}}+\cdots+\mathrm{D}_{PP_{i_s}H_{2n-1}^{i_s}}=0, \tag{7.1.9}$$

$$\mathrm{D}_{PP_{i_{s+1}}H_{2n-1}^{i_{s+1}}}+\mathrm{D}_{PP_{i_{s+2}}H_{2n-1}^{i_{s+2}}}+\cdots+\mathrm{D}_{PP_{i_{2n-1}}H_{2n-1}^{i_{2n-1}}}=0. \tag{7.1.10}$$

证明 根据定理 7.1.1 和题设，由式 (7.1.1) 中 $n\geqslant 4$ 的情形，即得：对任意的 $i_1,i_2,\cdots,i_{2n-1}\in I_{2n}\backslash\{i_{2n}\};3\leqslant s\leqslant n-1$，式 (7.1.9) 成立的充分必要条件是式 (7.1.10) 成立.

推论 7.1.9 设 $S=\{P_1,P_2,\cdots,P_{2n}\}(n\geqslant 4)$ 是 $2n$ 点的集合，H_{2n-1}^i 是 $T_{2n-1}^i=\{P_{i+1},P_{i+2},\cdots,P_{2n+i-1}\}(i=1,2,\cdots,2n)$ 的重心，$P_iH_{2n-1}^i(i=1,2,\cdots,2n)$ 是 S 的 1-类重心线，P 是平面上任意一点. 若三点 $P,P_{i_{2n}},H_{2n-1}^{i_{2n}}(i_{2n}\in I_{2n})$ 共线，则对任意的 $i_1,i_2,\cdots,i_{2n-1}\in I_{2n}\backslash\{i_{2n}\}$，均有如下三个重心线三角形的面积 $\mathrm{a}_{PP_{i_1}H_{2n-1}^{i_1}},\mathrm{a}_{PP_{i_2}H_{2n-1}^{i_2}},\mathrm{a}_{PP_{i_3}H_{2n-1}^{i_3}}$ 中，其中一个较大的面积等于另外两个较小的面积的和的充分必要条件是其余 $2n-4$ 个重心线三角形的面积 $\mathrm{a}_{PP_{i_4}H_{2n-1}^{i_4}},\mathrm{a}_{PP_{i_5}H_{2n-1}^{i_5}},\cdots,\mathrm{a}_{PP_{i_{2n-1}}H_{2n-1}^{i_{2n-1}}}$ 中，其中一个较大的面积等于另外 $2n-5$ 个较小的面积的和，或其中 $t(2\leqslant t\leqslant n-2)$ 个面积的和等于另外 $2n-t-4$ 个面积的和.

证明 根据定理 7.1.6 和题设，对任意的 $i_1,i_2,\cdots,i_{2n-1}\in I_{2n}\backslash\{i_{2n}\}$，由 $\mathrm{D}_{PP_{i_{2n}}H_{2n-1}^{i_{2n}}}=0(i_{2n}\in I_{2n})$ 以及式 (7.1.9) 和 (7.1.10) 中 $n\geqslant 4,s=3$ 的情形的几何意义，即得.

推论 7.1.10 设 $S=\{P_1,P_2,\cdots,P_{2n}\}(n\geqslant 5)$ 是 $2n$ 点的集合，H_{2n-1}^i 是 $T_{2n-1}^i=\{P_{i+1},P_{i+2},\cdots,P_{2n+i-1}\}(i=1,2,\cdots,2n)$ 的重心，$P_iH_{2n-1}^i(i=1,2,\cdots,2n)$ 是 S 的 1-类重心线，P 是平面上任意一点. 若三点 $P,P_{i_{2n}},H_{2n-1}^{i_{2n}}(i_{2n}\in I_{2n})$ 共线，则对任意的 $i_1,i_2,\cdots,i_{2n-1}\in I_{2n}\backslash\{i_{2n}\}$，均有如下 $s(4\leqslant s\leqslant n-1)$ 个重心线三角形的面积 $\mathrm{a}_{PP_{i_1}H_{2n-1}^{i_1}},\mathrm{a}_{PP_{i_2}H_{2n-1}^{i_2}},\cdots,\mathrm{a}_{PP_{i_s}H_{2n-1}^{i_s}}$ 中，其中一个较大的面积等于另外 $s-1$ 个较小的面积的和，或其中 $t_1(2\leqslant t_1\leqslant [s/2])$ 个面积的和等于另外 $s-t_1$ 个面积的和的充分必要条件是其余 $2n-s-1$ 个重心线三角形的面积 $\mathrm{a}_{PP_{i_{s+1}}H_{2n-1}^{i_{s+1}}},\mathrm{a}_{PP_{i_{s+2}}H_{2n-1}^{i_{s+2}}},\cdots,\mathrm{a}_{PP_{i_{2n-1}}H_{2n-1}^{i_{2n-1}}}$ 中，其中一个较大的面积等于另外 $2n-s-2$ 个较小的面积的和，或其中 $t_2(2\leqslant t_2\leqslant [(2n-s-1)/2])$ 个面积的和等于另外 $2n-s-t_2-1$ 个面积的和.

证明 根据定理 7.1.6 和题设, 对于任意的 $i_1, i_2, \cdots, i_{2n-1} \in I_{2n}\setminus\{i_{2n}\}$, 由 $\mathrm{D}_{PP_{i_{2n}}H_{2n-1}^{i_{2n}}} = 0 (i_{2n} \in I_{2n})$ 以及式 (7.1.9) 和 (7.1.10) 中 $n \geqslant 5, s \geqslant 4$ 的情形的几何意义, 即得.

推论 7.1.11 设 $P_1P_2\cdots P_{2n}(n \geqslant 3 \vee n \geqslant 4 \vee n \geqslant 5)$ 是 $2n$ 角形 ($2n$ 边形), $H_{2n-1}^i (i=1,2,\cdots,2n)$ 是 $2n-1$ 角形 ($2n-1$ 边形) $P_{i+1}P_{i+2}\cdots P_{i+2n-1}(i=1,2,\cdots,2n)$ 的重心, $P_iH_{2n-1}^i(i=1,2,\cdots,2n)$ 是 $P_1P_2\cdots P_{2n}$ 的 1-级重心线, P 是 $P_1P_2\cdots P_{2n}$ 所在平面上任意一点. 若相应的条件满足, 则定理 7.1.5、定理 7.1.6 和推论 7.1.8 $\sim$ 推论 7.1.10 的结论均成立.

证明 设 $S = \{P_1, P_2, \cdots, P_{2n}\}$ 是 $2n$ 角形 ($2n$ 边形) $P_1P_2\cdots P_{2n}(n \geqslant 3 \vee n \geqslant 4 \vee n \geqslant 5)$ 顶点的集合, 对不共线 $2n$ 点的集合 S 分别定理 7.1.5、定理 7.1.6 和推论 7.1.8 $\sim$ 推论 7.1.10, 即得.

定理 7.1.7 设 $S = \{P_1, P_2, \cdots, P_{2n}\}(n \geqslant 2)$ 是 $2n$ 点的集合, H_{2n-1}^i 是 $T_{2n-1}^i = \{P_{i+1}, P_{i+2}, \cdots, P_{2n+i-1}\}(i = 1, 2, \cdots, 2n)$ 的重心, $P_iH_{2n-1}^i(i=1,2,\cdots,2n)$ 是 S 的 1-类重心线, 则对任意的 $i_1 \in I_{2n}$, 恒有

$$\mathrm{D}_{P_{i_1}P_{i_2}H_{2n-1}^{i_2}} + \mathrm{D}_{P_{i_1}P_{i_3}H_{2n-1}^{i_3}} + \cdots + \mathrm{D}_{P_{i_1}P_{i_{2n}}H_{2n-1}^{i_{2n}}} = 0. \tag{7.1.11}$$

证明 根据定理 7.1.1, 对任意的 $i_1 \in I_{2n}$, 将 $P = P_{i_1}$ 代入式 (7.1.1), 即得式 (7.1.11).

推论 7.1.12 设 $S = \{P_1, P_2, \cdots, P_{2n}\}(n \geqslant 3)$ 是 $2n$ 点的集合, H_{2n-1}^i 是 $T_{2n-1}^i = \{P_{i+1}, P_{i+2}, \cdots, P_{2n+i-1}\}(i = 1, 2, \cdots, 2n)$ 的重心, $P_iH_{2n-1}^i(i=1,2,\cdots,2n)$ 是 S 的 1-类重心线, 则对任意的 $i_1 \in I_{2n}$, 恒有如下 $2n-1$ 个重心线三角形的面积 $\mathrm{a}_{P_{i_1}P_{i_2}H_{2n-1}^{i_2}}, \mathrm{a}_{P_{i_1}P_{i_3}H_{2n-1}^{i_3}}, \cdots, \mathrm{a}_{P_{i_1}P_{i_{2n}}H_{2n-1}^{i_{2n}}}$ 中, 其中一个较大的面积等于另外 $2n-2$ 个较小的面积的和, 或其中 $t(2 \leqslant t \leqslant n-1)$ 个面积的和等于另外 $2n-t-1$ 个面积的和.

证明 根据定理 7.1.7, 对任意的 $i_1 \in I_{2n}$, 由式 (7.1.11) 中 $n \geqslant 3$ 的情形的几何意义, 即得.

推论 7.1.13 设 $P_1P_2\cdots P_{2n}(n \geqslant 2 \vee n \geqslant 3)$ 是 $2n$ 角形 ($2n$ 边形), $H_{2n-1}^i(i=1,2,\cdots,2n)$ 是 $2n-1$ 角形 ($2n-1$ 边形) $P_{i+1}P_{i+2}\cdots P_{i+2n-1}(i=1,2,\cdots,2n)$ 的重心, $P_iH_{2n-1}^i(i=1,2,\cdots,2n)$ 是 $P_1P_2\cdots P_{2n}$ 的 1-级重心线, P 是 $P_1P_2\cdots P_{2n}$ 所在平面上任意一点, 则定理 7.1.7 和推论 7.1.12 的结论均成立.

证明 设 $S = \{P_1, P_2, \cdots, P_{2n}\}$ 是 $2n$ 角形 ($2n$ 边形) $P_1P_2\cdots P_{2n}(n \geqslant 2 \vee n \geqslant 3)$ 顶点的集合, 对不共线 $2n$ 点的集合 S 分别定理 7.1.7 和推论 7.1.12, 即得.

注 7.1.2 根据定理 7.1.7, 由式 (7.1.11), 亦可以得出定理 7.1.2 ∼ 定理 7.1.6 和推论 7.1.3 ∼ 推论 7.1.11 类似的结果, 不一一赘述.

7.1.3 点到 $2n$ 点集 1-类重心线有向距离的定值定理与应用

定理 7.1.8 设 $S = \{P_1, P_2, \cdots, P_{2n}\}(n \geqslant 2)$ 是 $2n$ 点的集合, H_{2n-1}^i 是 $T_{2n-1}^i = \{P_{i+1}, P_{i+2}, \cdots, P_{2n+i-1}\}(i = 1, 2, \cdots, 2n)$ 的重心, $P_i H_{2n-1}^i (i = 1, 2, \cdots, 2n)$ 是 S 的 1-类重心线, P 是平面上任意一点. 若 $\mathrm{d}_{P_{i_1} H_{2n-1}^{i_1}} = \mathrm{d}_{P_{i_2} H_{2n-1}^{i_2}} = \cdots = \mathrm{d}_{P_{i_{2n}} H_{2n-1}^{i_{2n}}}$, 则

$$\mathrm{D}_{P\text{-}P_{i_1} H_{2n-1}^{i_1}} + \mathrm{D}_{P\text{-}P_{i_2} H_{2n-1}^{i_2}} + \cdots + \mathrm{D}_{P\text{-}P_{i_{2n}} H_{2n-1}^{i_{2n}}} = 0. \tag{7.1.12}$$

证明 根据定理 7.1.1, 由式 (7.1.1) 和三角形有向面积与有向距离之间的关系并化简, 可得

$$\sum_{\alpha=1}^{2n} \mathrm{d}_{P_{i_\alpha} H_{2n-1}^{i_\alpha}} \mathrm{D}_{P\text{-}P_{i_\alpha} H_{2n-1}^{i_\alpha}} = 0. \tag{7.1.13}$$

依题设, $\mathrm{d}_{P_{i_1} H_{2n-1}^{i_1}} = \mathrm{d}_{P_{i_2} H_{2n-1}^{i_2}} = \cdots = \mathrm{d}_{P_{i_{2n}} H_{2n-1}^{i_{2n}}} \neq 0$, 故由上式, 即得式 (7.1.12).

推论 7.1.14 设 $S = \{P_1, P_2, \cdots, P_{2n}\}(n \geqslant 3)$ 是 $2n$ 点的集合, H_{2n-1}^i 是 $T_{2n-1}^i = \{P_{i+1}, P_{i+2}, \cdots, P_{2n+i-1}\}(i = 1, 2, \cdots, 2n)$ 的重心, $P_i H_{2n-1}^i (i = 1, 2, \cdots, 2n)$ 是 S 的 1-类重心线, P 是平面上任意一点. 若 $\mathrm{d}_{P_{i_1} H_{2n-1}^{i_1}} = \mathrm{d}_{P_{i_2} H_{2n-1}^{i_2}} = \cdots = \mathrm{d}_{P_{i_{2n}} H_{2n-1}^{i_{2n}}}$, 则如下 $2n$ 条点 P 到重心线的距离 $\mathrm{d}_{P\text{-}P_{i_1} H_{2n-1}^{i_1}}, \mathrm{d}_{P\text{-}P_{i_2} H_{2n-1}^{i_2}}, \cdots, \mathrm{d}_{P\text{-}P_{i_{2n}} H_{2n-1}^{i_{2n}}}$ 中, 其中一条较长的距离等于另外 $2n-1$ 条较短距离的和, 或其中 $t(2 \leqslant t \leqslant n)$ 条距离的和等于另外 $2n-t$ 条距离的和.

证明 根据定理 7.1.8 和题设, 由式 (7.1.12) 中 $n \geqslant 3$ 的情形的几何意义, 即得.

定理 7.1.9 设 $S = \{P_1, P_2, \cdots, P_{2n}\}(n \geqslant 2)$ 是 $2n$ 点的集合, H_{2n-1}^i 是 $T_{2n-1}^i = \{P_{i+1}, P_{i+2}, \cdots, P_{2n+i-1}\}(i = 1, 2, \cdots, 2n)$ 的重心, $P_i H_{2n-1}^i (i = 1, 2, \cdots, 2n)$ 是 S 的 1-类重心线, P 是平面上任意一点. 若 $\mathrm{d}_{P_{i_1} H_{2n-1}^{i_1}} = \mathrm{d}_{P_{i_2} H_{2n-1}^{i_2}} = \cdots = \mathrm{d}_{P_{i_{2n-1}} H_{2n-1}^{i_{2n-1}}} \neq 0, \mathrm{d}_{P_{i_{2n}} H_{2n-1}^{i_{2n}}} \neq 0$, 则对任意的 $i_1, i_2, \cdots, i_{2n} \in I_{2n}$, 恒有 $\mathrm{D}_{P\text{-}P_{i_{2n}} H_{2n-1}^{i_{2n}}} = 0$ 的充分必要条件是

$$\mathrm{D}_{P\text{-}P_{i_1} H_{2n-1}^{i_1}} + \mathrm{D}_{P\text{-}P_{i_2} H_{2n-1}^{i_2}} + \cdots + \mathrm{D}_{P\text{-}P_{i_{2n-1}} H_{2n-1}^{i_{2n-1}}} = 0. \tag{7.1.14}$$

证明 根据定理 7.1.8 的证明和题设, 由式 (7.1.13), 即得: 对任意的 $i_1, i_2, \cdots, i_{2n} \in I_{2n}$, 恒有 $\mathrm{D}_{P\text{-}P_{i_{2n}} H_{2n-1}^{i_{2n}}} = 0$ 的充分必要条件是式 (7.1.14) 成立.

7.1 2n 点集 1-类重心线有向度量的定值定理与应用

推论 7.1.15 设 $S = \{P_1, P_2, \cdots, P_{2n}\}(n \geq 3)$ 是 $2n$ 点的集合，H_{2n-1}^i 是 $T_{2n-1}^i = \{P_{i+1}, P_{i+2}, \cdots, P_{2n+i-1}\}(i = 1, 2, \cdots, 2n)$ 的重心，$P_i H_{2n-1}^i (i = 1, 2, \cdots, 2n)$ 是 S 的 1-类重心线，P 是平面上任意一点. 若 $\mathrm{d}_{P_{i_1} H_{2n-1}^{i_1}} = \mathrm{d}_{P_{i_2} H_{2n-1}^{i_2}} = \cdots = \mathrm{d}_{P_{i_{2n-1}} H_{2n-1}^{i_{2n-1}}} \neq 0, \mathrm{d}_{P_{i_{2n}} H_{2n-1}^{i_{2n}}} \neq 0$，则对任意的 $i_1, i_2, \cdots, i_{2n} \in I_{2n}$，恒有点 P 在重心线 $P_{i_{2n}} H_{2n-1}^{i_{2n}}$ 所在直线上的充分必要条件是如下 $2n-1$ 条点 P 到重心线的距离 $\mathrm{d}_{P\text{-}P_{i_1} H_{2n-1}^{i_1}}, \mathrm{d}_{P\text{-}P_{i_2} H_{2n-1}^{i_2}}, \cdots, \mathrm{d}_{P\text{-}P_{i_{2n-1}} H_{2n-1}^{i_{2n-1}}}$ 中，其中一条较长的距离等于另外 $2n-2$ 条较短的距离的和，或其中 $t(2 \leq t \leq n-1)$ 条距离的和等于另外 $2n-t-1$ 条距离的和.

证明 根据定理 7.1.9 和题设，对任意的 $i_1, i_2, \cdots, i_{2n} \in I_{2n}$，由 $\mathrm{D}_{P\text{-}P_{i_{2n}} H_{2n-1}^{i_{2n}}} = 0$ 和式 (7.1.14) 中 $n \geq 3$ 的情形的几何意义，即得.

定理 7.1.10 设 $S = \{P_1, P_2, \cdots, P_{2n}\}(n \geq 2)$ 是 $2n$ 点的集合，H_{2n-1}^i 是 $T_{2n-1}^i = \{P_{i+1}, P_{i+2}, \cdots, P_{2n+i-1}\}(i = 1, 2, \cdots, 2n)$ 的重心，$P_i H_{2n-1}^i (i = 1, 2, \cdots, 2n)$ 是 S 的 1-类重心线，P 是平面上任意一点. 若 $\mathrm{d}_{P_{i_1} H_{2n-1}^{i_1}} = \mathrm{d}_{P_{i_2} H_{2n-1}^{i_2}} \neq 0, \mathrm{d}_{P_{i_3} H_{2n-1}^{i_3}} = \mathrm{d}_{P_{i_4} H_{2n-1}^{i_4}} = \cdots = \mathrm{d}_{P_{i_{2n}} H_{2n-1}^{i_{2n}}} \neq 0$，则对任意的 $i_1, i_2, \cdots, i_{2n} \in I_{2n}$，如下两式均等价：

$$\mathrm{D}_{P\text{-}P_{i_1} H_{2n-1}^{i_1}} + \mathrm{D}_{P\text{-}P_{i_2} H_{2n-1}^{i_2}} = 0 \quad (\mathrm{d}_{P\text{-}P_{i_1} H_{2n-1}^{i_1}} = \mathrm{d}_{P\text{-}P_{i_2} H_{2n-1}^{i_2}}), \tag{7.1.15}$$

$$\mathrm{D}_{P\text{-}P_{i_3} H_{2n-1}^{i_3}} + \mathrm{D}_{P\text{-}P_{i_4} H_{2n-1}^{i_4}} + \cdots + \mathrm{D}_{P\text{-}P_{i_{2n}} H_{2n-1}^{i_{2n}}} = 0. \tag{7.1.16}$$

证明 根据定理 7.1.8 的证明和题设，由式 (7.1.13)，即得：对任意的 $i_1, i_2, \cdots, i_{2n} \in I_{2n}$，式 (7.1.15) 成立的充分必要条件是式 (7.1.16) 成立.

推论 7.1.16 设 $S = \{P_1, P_2, \cdots, P_{2n}\}(n \geq 3)$ 是 $2n$ 点的集合，H_{2n-1}^i 是 $T_{2n-1}^i = \{P_{i+1}, P_{i+2}, \cdots, P_{2n+i-1}\}(i = 1, 2, \cdots, 2n)$ 的重心，$P_i H_{2n-1}^i (i = 1, 2, \cdots, 2n)$ 是 S 的 1-类重心线，P 是平面上任意一点. 若 $\mathrm{d}_{P_{i_1} H_{2n-1}^{i_1}} = \mathrm{d}_{P_{i_2} H_{2n-1}^{i_2}} \neq 0, \mathrm{d}_{P_{i_3} H_{2n-1}^{i_3}} = \mathrm{d}_{P_{i_4} H_{2n-1}^{i_4}} = \cdots = \mathrm{d}_{P_{i_{2n}} H_{2n-1}^{i_{2n}}} \neq 0$，则对任意的 $i_1, i_2, \cdots, i_{2n} \in I_{2n}$，均有点 P 在两重心线 $P_{i_1} H_{2n-1}^{i_1}, P_{i_2} H_{2n-1}^{i_2}$ 外角平分线上的充分必要条件是如下 $2n-2$ 条点 P 到重心线的距离 $\mathrm{d}_{P\text{-}P_{i_3} H_{2n-1}^{i_3}}, \mathrm{d}_{P\text{-}P_{i_4} H_{2n-1}^{i_4}}, \cdots, \mathrm{d}_{P\text{-}P_{i_{2n}} H_{2n-1}^{i_{2n}}}$ 中，其中一条较长的距离等于另外 $2n-3$ 条较短距离的和，或其中 $t(2 \leq t \leq n-1)$ 条距离的和等于另外 $2n-t-2$ 条距离的和.

证明 根据定理 7.1.10 和题设，对任意的 $i_1, i_2, \cdots, i_{2n} \in I_{2n}$，由式 (7.1.15) 和式 (7.1.16) 中 $n \geq 3$ 的情形的几何意义，即得.

定理 7.1.11 设 $S = \{P_1, P_2, \cdots, P_{2n}\}(n \geq 3)$ 是 $2n$ 点的集合，H_{2n-1}^i 是 $T_{2n-1}^i = \{P_{i+1}, P_{i+2}, \cdots, P_{2n+i-1}\}(i = 1, 2, \cdots, 2n)$ 的重心，$P_i H_{2n-1}^i (i = $

$1,2,\cdots,2n$) 是 S 的 1-类重心线, P 是平面上任意一点. 若 $\mathrm{d}_{P_{i_1}H_{2n-1}^{i_1}}=\mathrm{d}_{P_{i_2}H_{2n-1}^{i_2}}=\cdots=\mathrm{d}_{P_{i_s}H_{2n-1}^{i_s}}\neq 0, \mathrm{d}_{P_{i_{s+1}}H_{2n-1}^{i_{s+1}}}=\mathrm{d}_{P_{i_{s+2}}H_{2n-1}^{i_{s+2}}}=\cdots=\mathrm{d}_{P_{i_{2n}}H_{2n-1}^{i_{2n}}}\neq 0$, 则对任意的 $i_1,i_2,\cdots,i_{2n}\in I_{2n}; 3\leqslant s\leqslant n$, 如下两式均等价:

$$\mathrm{D}_{P\text{-}P_{i_1}H_{2n-1}^{i_1}}+\mathrm{D}_{P\text{-}P_{i_2}H_{2n-1}^{i_2}}+\cdots+\mathrm{D}_{P\text{-}P_{i_s}H_{2n-1}^{i_s}}=0, \tag{7.1.17}$$

$$\mathrm{D}_{P\text{-}P_{i_{s+1}}H_{2n-1}^{i_{s+1}}}+\mathrm{D}_{P\text{-}P_{i_{s+2}}H_{2n-1}^{i_{s+2}}}+\cdots+\mathrm{D}_{P\text{-}P_{i_{2n}}H_{2n-1}^{i_{2n}}}=0. \tag{7.1.18}$$

证明 根据定理 7.1.8 的证明和题设, 由式 (7.1.13) 中 $n\geqslant 3$ 的情形, 即得: 对任意的 $i_1,i_2,\cdots,i_{2n}\in I_{2n}; 3\leqslant s\leqslant n$, 式 (7.1.17) 成立的充分必要条件是式 (7.1.18) 成立.

推论 7.1.17 设 $S=\{P_1,P_2,\cdots,P_{2n}\}(n\geqslant 4)$ 是 $2n$ 点的集合, H_{2n-1}^i 是 $T_{2n-1}^i=\{P_{i+1},P_{i+2},\cdots,P_{2n+i-1}\}(i=1,2,\cdots,2n)$ 的重心, $P_iH_{2n-1}^i(i=1,2,\cdots,2n)$ 是 S 的 1-类重心线, P 是平面上任意一点. 若 $\mathrm{d}_{P_{i_1}H_{2n-1}^{i_1}}=\mathrm{d}_{P_{i_2}H_{2n-1}^{i_2}}=\mathrm{d}_{P_{i_3}H_{2n-1}^{i_3}}\neq 0, \mathrm{d}_{P_{i_4}H_{2n-1}^{i_4}}=\mathrm{d}_{P_{i_5}H_{2n-1}^{i_5}}=\cdots=\mathrm{d}_{P_{i_{2n}}H_{2n-1}^{i_{2n}}}\neq 0$, 则对任意的 $i_1,i_2,\cdots,i_{2n}\in I_{2n}$, 均有如下三条点 P 到重心线的距离 $\mathrm{d}_{P\text{-}P_{i_1}H_{2n-1}^{i_1}},\mathrm{d}_{P\text{-}P_{i_2}H_{2n-1}^{i_2}}$, $\mathrm{d}_{P\text{-}P_{i_3}H_{2n-1}^{i_3}}$ 中, 其中一条较长的距离等于另外两条较短的距离的和的充分必要条件是其余 $2n-3$ 条点 P 到重心线的距离 $\mathrm{d}_{P\text{-}P_{i_4}H_{2n-1}^{i_4}},\mathrm{d}_{P\text{-}P_{i_5}H_{2n-1}^{i_5}},\cdots,\mathrm{d}_{P\text{-}P_{i_{2n}}H_{2n-1}^{i_{2n}}}$ 中, 其中一条较长的距离等于另外 $2n-4$ 条较短的距离的和, 或其中 $t(2\leqslant t\leqslant n-2)$ 条距离的和等于另外 $2n-t-3$ 条距离的和.

证明 根据定理 7.1.11 和题设, 对任意的 $i_1,i_2,\cdots,i_{2n}\in I_{2n}$, 由式 (7.1.17) 和 (7.1.18) 中 $n\geqslant 4, s=3$ 的情形的几何意义, 即得.

推论 7.1.18 设 $S=\{P_1,P_2,\cdots,P_{2n}\}(n\geqslant 5)$ 是 $2n$ 点的集合, H_{2n-1}^i 是 $T_{2n-1}^i=\{P_{i+1},P_{i+2},\cdots,P_{2n+i-1}\}(i=1,2,\cdots,2n)$ 的重心, $P_iH_{2n-1}^i(i=1,2,\cdots,2n)$ 是 S 的 1-类重心线, P 是平面上任意一点. 若 $\mathrm{d}_{P_{i_1}H_{2n-1}^{i_1}}=\mathrm{d}_{P_{i_2}H_{2n-1}^{i_2}}=\cdots=\mathrm{d}_{P_{i_s}H_{2n-1}^{i_s}}\neq 0, \mathrm{d}_{P_{i_{s+1}}H_{2n-1}^{i_{s+1}}}=\mathrm{d}_{P_{i_{s+2}}H_{2n-1}^{i_{s+2}}}=\cdots=\mathrm{d}_{P_{i_{2n}}H_{2n-1}^{i_{2n}}}\neq 0$, 则对任意的 $i_1,i_2,\cdots,i_{2n}\in I_{2n}$, 均有如下 $s(4\leqslant s\leqslant n)$ 条点 P 到重心线的距离 $\mathrm{d}_{P\text{-}P_{i_1}H_{2n-1}^{i_1}},\mathrm{d}_{P\text{-}P_{i_2}H_{2n-1}^{i_2}},\cdots,\mathrm{d}_{P\text{-}P_{i_s}H_{2n-1}^{i_s}}$ 中, 其中一条较长的距离等于另外 $s-1$ 条较短的距离的和, 或其中 $t_1(2\leqslant t_1\leqslant [s/2])$ 条距离的和等于另外 $s-t_1$ 条距离的和的充分必要条件是其余 $2n-s$ 条点 P 到重心线的距离 $\mathrm{d}_{P\text{-}P_{i_{s+1}}H_{2n-1}^{i_{s+1}}}$, $\mathrm{d}_{P\text{-}P_{i_{s+2}}H_{2n-1}^{i_{s+2}}},\cdots,\mathrm{d}_{P\text{-}P_{i_{2n}}H_{2n-1}^{i_{2n}}}$ 中, 其中一条较长的距离等于另外 $2n-s-1$ 条较短距离的和, 或其中 $t_2(2\leqslant t_2\leqslant [(2n-s)/2])$ 条距离的和等于另外 $2n-s-t_2$ 条距离的和.

证明 根据定理 7.1.11 和题设, 对任意的 $i_1, i_2, \cdots, i_{2n} \in I_{2n}$, 由式 (7.1.17) 和式 (7.1.18) 中 $n \geqslant 5, s \geqslant 4$ 的情形的几何意义, 即得.

推论 7.1.19 设 $P_1P_2\cdots P_{2n}(n \geqslant 3 \vee n \geqslant 4 \vee n \geqslant 5)$ 是 $2n$ 角形 ($2n$ 边形), $H_{2n-1}^i(i=1,2,\cdots,2n)$ 是 $2n-1$ 角形 ($2n-1$ 边形) $P_{i+1}P_{i+2}\cdots P_{i+2n-1}(i=1,2,\cdots,2n)$ 的重心, $P_iH_{2n-1}^i(i=1,2,\cdots,2n)$ 是 $P_1P_2\cdots P_{2n}$ 的 1-级重心线, P 是 $P_1P_2\cdots P_{2n}$ 所在平面上任意一点. 若相应的条件满足, 则定理 7.1.8 ~ 定理 7.1.11 和推论 7.1.14 ~ 推论 7.1.18 的结论均成立.

证明 设 $S = \{P_1, P_2, \cdots, P_{2n}\}$ 是 $2n$ 角形 ($2n$ 边形) $P_1P_2\cdots P_{2n}(n \geqslant 3 \vee n \geqslant 4 \vee n \geqslant 5)$ 顶点的集合, 对不共线 $2n$ 点的集合 S 分别定理 7.1.8 ~ 定理 7.1.11 和推论 7.1.14 ~ 推论 7.1.18, 即得.

定理 7.1.12 设 $S = \{P_1, P_2, \cdots, P_{2n}\}(n \geqslant 2)$ 是 $2n$ 点的集合, H_{2n-1}^i 是 $T_{2n-1}^i = \{P_{i+1}, P_{i+2}, \cdots, P_{2n+i-1}\}(i=1,2,\cdots,2n)$ 的重心, $P_iH_{2n-1}^i(i=1,2,\cdots,2n)$ 是 S 的 1-类重心线, P 是平面上任意一点. 若 $\mathrm{d}_{P_{i_2}H_{2n-1}^{i_2}} = \mathrm{d}_{P_{i_3}H_{2n-1}^{i_3}} = \cdots = \mathrm{d}_{P_{i_{2n}}H_{2n-1}^{i_{2n}}} \neq 0$, 则对任意的 $i_1 \in I_{2n}$, 恒有

$$\mathrm{D}_{P_{i_1}\text{-}P_{i_2}H_{2n-1}^{i_2}} + \mathrm{D}_{P_{i_1}\text{-}P_{i_3}H_{2n-1}^{i_3}} + \cdots + \mathrm{D}_{P_{i_1}\text{-}P_{i_{2n}}H_{2n-1}^{i_{2n}}} = 0. \tag{7.1.19}$$

证明 根据定理 7.1.8 的证明和题设, 对任意的 $i_1 \in I_{2n}$, 将 $P = P_{i_1}$ 代入式 (7.1.13) 并化简, 即得式 (7.1.19).

推论 7.1.20 设 $S = \{P_1, P_2, \cdots, P_{2n}\}(n \geqslant 3)$ 是 $2n$ 点的集合, H_{2n-1}^i 是 $T_{2n-1}^i = \{P_{i+1}, P_{i+2}, \cdots, P_{2n+i-1}\}(i=1,2,\cdots,2n)$ 的重心, $P_iH_{2n-1}^i(i=1,2,\cdots,2n)$ 是 S 的 1-类重心线, P 是平面上任意一点. 若 $\mathrm{d}_{P_{i_2}H_{2n-1}^{i_2}} = \mathrm{d}_{P_{i_3}H_{2n-1}^{i_3}} = \cdots = \mathrm{d}_{P_{i_{2n}}H_{2n-1}^{i_{2n}}} \neq 0$, 则对任意的 $i_1 \in I_{2n}$, 恒有如下 $2n-1$ 条点 P_{i_1} 到重心线的距离 $\mathrm{d}_{P_{i_1}\text{-}P_{i_2}H_{2n-1}^{i_2}}, \mathrm{d}_{P_{i_1}\text{-}P_{i_3}H_{2n-1}^{i_3}}, \cdots, \mathrm{d}_{P_{i_1}\text{-}P_{i_{2n}}H_{2n-1}^{i_{2n}}}$ 中, 其中一条较长的距离等于另外 $2n-2$ 条较短距离的和, 或其中 $t(2 \leqslant t \leqslant n-1)$ 条距离的和等于另外 $2n-t-1$ 条距离的和.

证明 根据定理 7.1.12 和题设, 对任意的 $i_1 \in I_{2n}$, 由式 (7.1.19) 中 $n \geqslant 3$ 的情形的几何意义, 即得.

推论 7.1.21 设 $P_1P_2\cdots P_{2n}(n \geqslant 2 \vee n \geqslant 3)$ 是 $2n$ 角形 ($2n$ 边形), $H_{2n-1}^i(i=1,2,\cdots,2n)$ 是 $2n-1$ 角形 ($2n-1$ 边形) $P_{i+1}P_{i+2}\cdots P_{i+2n-1}(i=1,2,\cdots,2n)$ 的重心, $P_iH_{2n}^i(i=1,2,\cdots,2n)$ 是 $P_1P_2\cdots P_{2n}$ 的 1-级重心线, P 是 $P_1P_2\cdots P_{2n}$ 所在平面上任意一点, 则定理 7.1.12 和推论 7.1.20 的结论均成立.

证明 设 $S = \{P_1, P_2, \cdots, P_{2n}\}$ 是 $2n$ 角形 ($2n$ 边形) $P_1P_2\cdots P_{2n}(n \geqslant 2 \vee n \geqslant 3)$ 顶点的集合, 对不共线 $2n$ 点的集合 S 分别定理 7.1.12 和推论 7.1.20, 即得.

注 7.1.3 根据定理 7.1.12, 由式 (7.1.19), 亦可以得出定理 7.1.9 ~ 定理 7.1.11 和推论 7.1.15 ~ 推论 7.1.19 类似的结果, 从略.

7.1.4 共线 $2n$ 点集 1-类重心线有向距离定理与应用

定理 7.1.13 设 $S = \{P_1, P_2, \cdots, P_{2n}\}(n \geqslant 2)$ 是共线 $2n$ 点的集合, H_{2n-1}^i 是 $T_{2n-1}^i = \{P_{i+1}, P_{i+2}, \cdots, P_{i+2n-1}\}(i = 1, 2, \cdots, 2n)$ 的重心, $P_i H_{2n-1}^i (i = 1, 2, \cdots, 2n)$ 是 S 的 1-类重心线, 则

$$D_{P_{i_1} H_{2n-1}^{i_1}} + D_{P_{i_2} H_{2n-1}^{i_2}} + \cdots + D_{P_{i_{2n}} H_{2n-1}^{i_{2n}}} = 0. \tag{7.1.20}$$

证明 不妨设 P 是 $2n$ 个点所在直线外任意一点. 根据定理 7.1.1, 由式 (7.1.1) 和三角形有向面积与有向距离之间的关系, 可得

$$\sum_{\alpha=1}^{2n} \mathrm{d}_{P\text{-}P_{i_\alpha} H_{2n-1}^{i_\alpha}} D_{P_{i_\alpha} H_{2n-1}^{i_\alpha}} = 0.$$

因为 $2n$ 点 $P_1, P_2, \cdots, P_{2n}$ 共线, 所以 $2n$ 点集重心线 $P_i H_{2n-1}^i (i = 1, 2, \cdots, 2n)$ 共线. 因此

$$\mathrm{d}_{P\text{-}P_{i_1} H_{2n-1}^{i_1}} = \mathrm{d}_{P\text{-}P_{i_2} H_{2n-1}^{i_2}} = \cdots = \mathrm{d}_{P\text{-}P_{i_{2n}} H_{2n-1}^{i_{2n}}} \neq 0,$$

故由上式, 即得式 (7.1.20).

推论 7.1.22 设 $S = \{P_1, P_2, \cdots, P_{2n}\}(n \geqslant 2)$ 是共线 $2n$ 点的集合, H_{2n-1}^i 是 $T_{2n-1}^i = \{P_{i+1}, P_{i+2}, \cdots, P_{i+2n-1}\}(i = 1, 2, \cdots, 2n)$ 的重心, $P_i H_{2n-1}^i (i = 1, 2, \cdots, 2n)$ 是 S 的 1-类重心线, 则如下 $2n$ 条重心线的距离 $\mathrm{d}_{P_{i_1} H_{2n-1}^{i_1}}, \mathrm{d}_{P_{i_2} H_{2n-1}^{i_2}}, \cdots, \mathrm{d}_{P_{i_{2n}} H_{2n-1}^{i_{2n}}}$ 中, 其中一条较长的距离等于另外 $2n-1$ 条较短的距离的和, 或其中 $t(2 \leqslant t \leqslant n)$ 条距离的和等于另外 $2n-t$ 条距离的和.

证明 根据定理 7.1.13, 由式 (7.1.20) 的几何意义, 即得.

定理 7.1.14 设 $S = \{P_1, P_2, \cdots, P_{2n}\}(n \geqslant 2)$ 是共线 $2n$ 点的集合, H_{2n-1}^i 是 $T_{2n-1}^i = \{P_{i+1}, P_{i+2}, \cdots, P_{i+2n-1}\}(i = 1, 2, \cdots, 2n)$ 的重心, $P_i H_{2n-1}^i (i = 1, 2, \cdots, 2n)$ 是 S 的 1-类重心线, 则对任意的 $i_1, i_2, \cdots, i_{2n} \in I_{2n}$, 恒有 $D_{P_{i_{2n}} H_{2n-1}^{i_{2n}}} = 0$ 的充分必要条件是

$$D_{P_{i_1} H_{2n-1}^{i_1}} + D_{P_{i_2} H_{2n-1}^{i_2}} + \cdots + D_{P_{i_{2n-1}} H_{2n-1}^{i_{2n-1}}} = 0. \tag{7.1.21}$$

证明 根据定理 7.1.13, 由式 (7.1.20), 即得: 对任意的 $i_1, i_2, \cdots, i_{2n} \in I_{2n}$, 恒有 $D_{P_{i_{2n}} H_{2n-1}^{i_{2n}}} = 0$ 的充分必要条件是式 (7.1.21) 成立.

推论 7.1.23 设 $S = \{P_1, P_2, \cdots, P_{2n}\}(n \geqslant 3)$ 是共线 $2n$ 点的集合，H_{2n-1}^i 是 $T_{2n-1}^i = \{P_{i+1}, P_{i+2}, \cdots, P_{i+2n-1}\}(i = 1, 2, \cdots, 2n)$ 的重心，$P_i H_{2n-1}^i (i = 1, 2, \cdots, 2n)$ 是 S 的 1-类重心线，则对任意的 $i_1, i_2, \cdots, i_{2n} \in I_{2n}$，恒有两点 $P_{i_{2n}}, H_{2n-1}^{i_{2n}}$ 重合的充分必要条件是其余 $2n-1$ 条重心线的距离 $d_{P_{i_1} H_{2n-1}^{i_1}}$, $d_{P_{i_2} H_{2n-1}^{i_2}}, \cdots, d_{P_{i_{2n-1}} H_{2n-1}^{i_{2n-1}}}$ 中，其中一条较长的距离等于另外 $2n-2$ 条较短的距离的和，或其中 $t(2 \leqslant t \leqslant n-1)$ 条距离的和等于另外 $2n-t-1$ 条距离的和.

证明 根据定理 7.1.14, 对任意的 $i_1, i_2, \cdots, i_{2n} \in I_{2n}$，由 $D_{P_{i_{2n}} H_{2n-1}^{i_{2n}}} = 0$ 和式 (7.1.21) 中 $n \geqslant 3$ 的情形的几何意义，即得.

定理 7.1.15 设 $S = \{P_1, P_2, \cdots, P_{2n}\}(n \geqslant 2)$ 是共线 $2n$ 点的集合，H_{2n-1}^i 是 $T_{2n-1}^i = \{P_{i+1}, P_{i+2}, \cdots, P_{i+2n-1}\}(i = 1, 2, \cdots, 2n)$ 的重心，$P_i H_{2n-1}^i (i = 1, 2, \cdots, 2n)$ 是 S 的 1-类重心线，则对任意的 $i_1, i_2, \cdots, i_{2n} \in I_{2n}$，以下两式均等价：

$$D_{P_{i_1} H_{2n-1}^{i_1}} + D_{P_{i_2} H_{2n-1}^{i_2}} = 0 \quad (d_{P_{i_1} H_{2n-1}^{i_1}} = d_{P_{i_2} H_{2n-1}^{i_2}}), \tag{7.1.22}$$

$$D_{P_{i_3} H_{2n-1}^{i_3}} + D_{P_{i_4} H_{2n-1}^{i_4}} + \cdots + D_{P_{i_{2n}} H_{2n-1}^{i_{2n}}} = 0. \tag{7.1.23}$$

证明 根据定理 7.1.13, 由式 (7.1.20) 即得：对任意的 $i_1, i_2, \cdots, i_{2n} \in I_{2n}$，式 (7.1.22) 成立的充分必要条件是 (7.1.23) 成立.

推论 7.1.24 设 $S = \{P_1, P_2, \cdots, P_{2n}\}(n \geqslant 3)$ 是共线 $2n$ 点的集合，H_{2n-1}^i 是 $T_{2n-1}^i = \{P_{i+1}, P_{i+2}, \cdots, P_{i+2n-1}\}(i = 1, 2, \cdots, 2n)$ 的重心，$P_i H_{2n-1}^i (i = 1, 2, \cdots, 2n)$ 是 S 的 1-类重心线，则对任意的 $i_1, i_2, \cdots, i_{2n} \in I_{2n}$，均有两重心线 $P_{i_1} H_{2n-1}^{i_1}, P_{i_2} H_{2n-1}^{i_2}$ 距离相等方向相反的充分必要条件是其余 $2n-2$ 条重心线的距离 $d_{P_{i_3} H_{2n-1}^{i_3}}, d_{P_{i_4} H_{2n-1}^{i_4}}, \cdots, d_{P_{i_{2n}} H_{2n-1}^{i_{2n}}}$ 中，其中一条较长的距离等于另外 $2n-3$ 条较短的距离的和，或其中 $t(2 \leqslant t \leqslant n-1)$ 条的距离之和等于另外 $2n-t-2$ 条距离的和.

证明 根据定理 7.1.15 和题设, 对任意的 $i_1, i_2, \cdots, i_{2n} \in I_{2n}$，由式 (7.1.22) 和 (7.1.23) 中 $n \geqslant 3$ 的情形的几何意义，即得.

定理 7.1.16 设 $S = \{P_1, P_2, \cdots, P_{2n}\}(n \geqslant 3)$ 是共线 $2n$ 点的集合，H_{2n-1}^i 是 $T_{2n-1}^i = \{P_{i+1}, P_{i+2}, \cdots, P_{i+2n-1}\}(i = 1, 2, \cdots, 2n)$ 的重心，$P_i H_{2n-1}^i (i = 1, 2, \cdots, 2n)$ 是 S 的 1-类重心线，则对任意的 $i_1, i_2, \cdots, i_{2n} \in I_{2n}; 3 \leqslant s \leqslant n$，以下两式均等价：

$$D_{P_{i_1} H_{2n-1}^{i_1}} + D_{P_{i_2} H_{2n-1}^{i_2}} + \cdots + D_{P_{i_s} H_{2n-1}^{i_s}} = 0, \tag{7.1.24}$$

$$D_{P_{i_{s+1}} H_{2n-1}^{i_{s+1}}} + D_{P_{i_{s+2}} H_{2n-1}^{i_{s+2}}} + \cdots + D_{P_{i_{2n}} H_{2n-1}^{i_{2n}}} = 0. \tag{7.1.25}$$

证明 根据定理 7.1.13, 由式 (7.1.20) 中 $n \geqslant 3$ 的情形, 即得: 对任意的 $i_1, i_2, \cdots, i_{2n} \in I_{2n}; 3 \leqslant s \leqslant n$, 式 (7.1.24) 成立的充分必要条件是 (7.1.25) 成立.

推论 7.1.25 设 $S = \{P_1, P_2, \cdots, P_{2n}\}(n \geqslant 4)$ 是共线 $2n$ 点的集合, H_{2n-1}^i 是 $T_{2n-1}^i = \{P_{i+1}, P_{i+2}, \cdots, P_{i+2n-1}\}(i = 1, 2, \cdots, 2n)$ 的重心, $P_i H_{2n-1}^i (i = 1, 2, \cdots, 2n)$ 是 S 的 1-类重心线, 则对任意的 $i_1, i_2, \cdots, i_{2n} \in I_{2n}$, 均有如下三条重心线的距离 $\mathrm{d}_{P_{i_1} H_{2n-1}^{i_1}}, \mathrm{d}_{P_{i_2} H_{2n-1}^{i_2}}, \mathrm{d}_{P_{i_3} H_{2n-1}^{i_3}}$ 中, 其中一条较长的距离等于另外两条较短的距离的和的充分必要条件是其余 $2n - 3$ 条重心线的距离 $\mathrm{d}_{P_{i_4} H_{2n-1}^{i_4}}, \mathrm{d}_{P_{i_5} H_{2n-1}^{i_5}}, \cdots, \mathrm{d}_{P_{i_{2n}} H_{2n-1}^{i_{2n}}}$ 中, 其中一条较长的距离等于另外 $2n - 4$ 条较短的距离的和, 或其中 $t(2 \leqslant t \leqslant n-2)$ 条的距离之和等于另外 $2n - t - 3$ 条距离的和.

证明 根据定理 7.1.16, 对任意的 $i_1, i_2, \cdots, i_{2n} \in I_{2n}$, 由式 (7.1.24) 和 (7.1.25) 中 $n \geqslant 4, s = 3$ 的情形的几何意义, 即得.

推论 7.1.26 设 $S = \{P_1, P_2, \cdots, P_{2n}\}(n \geqslant 5)$ 是共线 $2n$ 点的集合, H_{2n-1}^i 是 $T_{2n-1}^i = \{P_{i+1}, P_{i+2}, \cdots, P_{i+2n-1}\}(i = 1, 2, \cdots, 2n)$ 的重心, $P_i H_{2n-1}^i (i = 1, 2, \cdots, 2n)$ 是 S 的 1-类重心线, 则对任意的 $i_1, i_2, \cdots, i_{2n} \in I_{2n}$, 均有如下 $s(4 \leqslant s \leqslant n)$ 条重心线的距离 $\mathrm{d}_{P_{i_1} H_{2n-1}^{i_1}}, \mathrm{d}_{P_{i_2} H_{2n-1}^{i_2}}, \cdots, \mathrm{d}_{P_{i_s} H_{2n-1}^{i_s}}$ 中, 其中一条较长的距离等于另外 $s - 1$ 条较短的距离的和, 或其中 $t_1(2 \leqslant t_1 \leqslant [s/2])$ 条距离的和等于另外 $s - t_1$ 条距离的和的充分必要条件是其余 $2n - s$ 条重心线的距离 $\mathrm{d}_{P_{i_{s+1}} H_{2n-1}^{i_{s+1}}}, \mathrm{d}_{P_{i_{s+2}} H_{2n-1}^{i_{s+2}}}, \cdots, \mathrm{d}_{P_{i_{2n}} H_{2n-1}^{i_{2n}}}$ 中, 其中一条较长的距离等于另外 $2n - s - 1$ 条较短的距离的和, 或其中 $t_2(2 \leqslant t_2 \leqslant [(2n-s)/2])$ 条距离的和等于另外 $2n - s - t_2$ 条距离的和.

证明 根据定理 7.1.16, 对任意的 $i_1, i_2, \cdots, i_{2n} \in I_{2n}$, 由式 (7.1.24) 和 (7.1.25) 中 $n \geqslant 5, s \geqslant 4$ 的情形的几何意义, 即得.

定理 7.1.17 设 $S = \{P_1, P_2, \cdots, P_{2n}\}(n \geqslant 3)$ 是共线 $2n$ 点的集合, H_{2n-1}^i 是 $T_{2n-1}^i = \{P_{i+1}, P_{i+2}, \cdots, P_{i+2n-1}\}(i = 1, 2, \cdots, 2n)$ 的重心, $P_i H_{2n-1}^i (i = 1, 2, \cdots, 2n)$ 是 S 的 1-类重心线. 若 $\mathrm{D}_{P_{i_{2n}} H_{2n-1}^{i_{2n}}} = 0 (i_{2n} \in I_{2n})$, 则对任意的 $i_1, i_2, \cdots, i_{2n-1} \in I_{2n} \backslash \{i_{2n}\}$, 以下两式均等价:

$$\mathrm{D}_{P_{i_1} H_{2n-1}^{i_1}} + \mathrm{D}_{P_{i_2} H_{2n-1}^{i_2}} = 0 \quad (\mathrm{d}_{P_{i_1} H_{2n-1}^{i_1}} = \mathrm{d}_{P_{i_2} H_{2n-1}^{i_2}}), \tag{7.1.26}$$

$$\mathrm{D}_{P_{i_3} H_{2n-1}^{i_3}} + \mathrm{D}_{P_{i_4} H_{2n-1}^{i_4}} + \cdots + \mathrm{D}_{P_{i_{2n-1}} H_{2n-1}^{i_{2n-1}}} = 0. \tag{7.1.27}$$

证明 根据定理 7.1.13 和题设, 由式 (7.1.20) 中 $n \geqslant 3$ 的情形, 即得: 对任意的 $i_1, i_2, \cdots, i_{2n-1} \in I_{2n} \backslash \{i_{2n}\}$, 式 (7.1.26) 成立的充分必要条件是 (7.1.27) 成立.

推论 7.1.27 设 $S = \{P_1, P_2, \cdots, P_{2n}\}(n \geqslant 4)$ 是共线 $2n$ 点的集合, H_{2n-1}^i 是 $T_{2n-1}^i = \{P_{i+1}, P_{i+2}, \cdots, P_{i+2n-1}\}(i = 1, 2, \cdots, 2n)$ 的重心, $P_i H_{2n-1}^i (i = $

$1, 2, \cdots, 2n$) 是 S 的 1-类重心线. 若 $P_{i_{2n}}, H_{2n-1}^{i_{2n}}(i_{2n} \in I_{2n})$ 重合，则对任意的 $i_1, i_2, \cdots, i_{2n-1} \in I_{2n} \backslash \{i_{2n}\}$, 均有两重心线 $P_{i_1} H_{2n-1}^{i_1}, P_{i_2} H_{2n-1}^{i_2}$ 距离相等方向相反的充分必要条件是其余 $2n-3$ 条重心线的距离 $\mathrm{d}_{P_{i_3} H_{2n-1}^{i_3}}, \mathrm{d}_{P_{i_4} H_{2n-1}^{i_4}}, \cdots,$ $\mathrm{d}_{P_{i_{2n-1}} H_{2n-1}^{i_{2n-1}}}$ 中，其中一条较长的距离等于另外 $2n-4$ 条较短的距离的和，或其中 $t(2 \leqslant t \leqslant n-2)$ 条距离的和等于另外 $2n-t-3$ 条距离的和.

证明 根据定理 7.1.17 和题设，对任意的 $i_1, i_2, \cdots, i_{2n-1} \in I_{2n} \backslash \{i_{2n}\}$, 由 $\mathrm{D}_{P_{i_{2n}} H_{2n-1}^{i_{2n}}} = 0 (i_{2n} \in I_{2n})$ 以及式 (7.1.26) 和 (7.1.27) 中 $n \geqslant 4$ 的情形的几何意义，即得.

定理 7.1.18 设 $S = \{P_1, P_2, \cdots, P_{2n}\}(n \geqslant 4)$ 是共线 $2n$ 点的集合，H_{2n-1}^i 是 $T_{2n-1}^i = \{P_{i+1}, P_{i+2}, \cdots, P_{i+2n-1}\}(i = 1, 2, \cdots, 2n)$ 的重心，$P_i H_{2n-1}^i (i = 1, 2, \cdots, 2n)$ 是 S 的 1-类重心线. 若 $\mathrm{D}_{P_{i_{2n}} H_{2n-1}^{i_{2n}}} = 0 (i_{2n} \in I_{2n})$, 则对任意的 $i_1, i_2, \cdots, i_{2n-1} \in I_{2n} \backslash \{i_{2n}\}; 3 \leqslant s \leqslant n-1$, 以下两式均等价：

$$\mathrm{D}_{P_{i_1} H_{2n-1}^{i_1}} + \mathrm{D}_{P_{i_2} H_{2n-1}^{i_2}} + \cdots + \mathrm{D}_{P_{i_s} H_{2n-1}^{i_s}} = 0, \tag{7.1.28}$$

$$\mathrm{D}_{P_{i_{s+1}} H_{2n-1}^{i_{s+1}}} + \mathrm{D}_{P_{i_{s+2}} H_{2n-1}^{i_{s+2}}} + \cdots + \mathrm{D}_{P_{i_{2n-1}} H_{2n-1}^{i_{2n-1}}} = 0. \tag{7.1.29}$$

证明 根据定理 7.1.13 和题设，由式 (7.1.20) 中 $n \geqslant 4$ 的情形，即得：对任意的 $i_1, i_2, \cdots, i_{2n-1} \in I_{2n} \backslash \{i_{2n}\}; 3 \leqslant s \leqslant n-1$, 式 (7.1.28) 成立的充分必要条件是式 (7.1.29) 成立.

推论 7.1.28 设 $S = \{P_1, P_2, \cdots, P_{2n}\}(n \geqslant 4)$ 是共线 $2n$ 点的集合，H_{2n-1}^i 是 $T_{2n-1}^i = \{P_{i+1}, P_{i+2}, \cdots, P_{i+2n-1}\}(i = 1, 2, \cdots, 2n)$ 的重心，$P_i H_{2n-1}^i (i = 1, 2, \cdots, 2n)$ 是 S 的 1-类重心线. 若 $P_{i_{2n}}, H_{2n-1}^{i_{2n}}(i_{2n} \in I_{2n})$ 重合，则对任意的 $i_1, i_2, \cdots, i_{2n-1} \in I_{2n} \backslash \{i_{2n}\}$, 均有如下三条重心线的距离 $\mathrm{d}_{P_{i_1} H_{2n-1}^{i_1}}, \mathrm{d}_{P_{i_2} H_{2n-1}^{i_2}},$ $\mathrm{d}_{P_{i_3} H_{2n-1}^{i_3}}$ 中，其中一条较长的距离等于另外两条较短的距离的和的充分必要条件是其余 $2n-4$ 条重心线的距离 $\mathrm{d}_{P_{i_4} H_{2n-1}^{i_4}}, \mathrm{d}_{P_{i_5} H_{2n-1}^{i_5}}, \cdots, \mathrm{d}_{P_{i_{2n-1}} H_{2n-1}^{i_{2n-1}}}$ 中，其中一条较长的距离等于另外 $2n-5$ 条较短的距离的和，或其中 $t(2 \leqslant t \leqslant n-2)$ 条距离的和等于另外 $2n-t-4$ 条距离的和.

证明 根据定理 7.1.18 和题设，对任意的 $i_1, i_2, \cdots, i_{2n-1} \in I_{2n} \backslash \{i_{2n}\}$, 由 $\mathrm{D}_{P_{i_{2n}} H_{2n-1}^{i_{2n}}} = 0 (i_{2n} \in I_{2n})$ 以及式 (7.1.28) 和 (7.1.29) 中 $s = 3$ 的情形的几何意义，即得.

推论 7.1.29 设 $S = \{P_1, P_2, \cdots, P_{2n}\}(n \geqslant 5)$ 是共线 $2n$ 点的集合，H_{2n-1}^i 是 $T_{2n-1}^i = \{P_{i+1}, P_{i+2}, \cdots, P_{i+2n-1}\}(i = 1, 2, \cdots, 2n)$ 的重心，$P_i H_{2n-1}^i (i = 1, 2, \cdots, 2n)$ 是 S 的 1-类重心线. 若 $P_{i_{2n}}, H_{2n-1}^{i_{2n}}(i_{2n} \in I_{2n})$ 重合，则对任意

的 $i_1, i_2, \cdots, i_{2n-1} \in I_{2n} \setminus \{i_{2n}\}$, 均有如下 $s(4 \leqslant s \leqslant n-1)$ 条重心线的距离 $\mathrm{d}_{P_{i_1} H_{2n-1}^{i_1}}, \mathrm{d}_{P_{i_2} H_{2n-1}^{i_2}}, \cdots, \mathrm{d}_{P_{i_s} H_{2n-1}^{i_s}}$ 中, 其中一条较长的距离等于另外 $s-1$ 条较短的距离的和, 或其中 $t_1(2 \leqslant t_1 \leqslant [s/2])$ 条距离的和等于另外 $s-t_1$ 条距离的和的充分必要条件是其余 $2n-s-1$ 条重心线的距离 $\mathrm{d}_{P_{i_{s+1}} H_{2n-1}^{i_{s+1}}}, \mathrm{d}_{P_{i_{s+2}} H_{2n-1}^{i_{s+2}}}, \cdots,$ $\mathrm{d}_{P_{i_{2n-1}} H_{2n-1}^{i_{2n-1}}}$ 中, 其中一条较长的距离等于另外 $2n-s-2$ 条较短的距离的和, 或其中 $t_2(2 \leqslant t_2 \leqslant [(2n-s-1)/2])$ 条距离的和等于另外 $2n-s-t_2-1$ 条距离的和.

证明 根据定理 7.1.18 和题设, 由 $\mathrm{D}_{P_{i_{2n}} H_{2n-1}^{i_{2n}}} = 0(i_{2n} \in I_{2n})$ 以及式 (7.1.28) 和 (7.1.29) 中 $n \geqslant 5, s \geqslant 4$ 的情形的几何意义, 即得.

7.2 $2n$ 点集 2-类重心线三角形有向面积的定值定理与应用

本节主要应用有向度量和有向度量定值法, 研究 $2n$ 点集 2-类重心线三角形有向面积的有关问题. 首先, 给出 $2n$ 点集的单倍集组的概念与性质; 其次, 给出 $2n$ 点集 2-类重心线有向面积的定值定理及其推论, 从而得出 $2n$ 角形 ($2n$ 边形) 中相应的结论; 最后, 给出 $2n$ 点集 2-类重心线有向面积定值定理的应用, 从而得出 $2n$ 点集、$2n$ 角形 ($2n$ 边形) 中任意点与重心线两端点共线、两重心线三角形面积相等方向相反的充分必要条件和 2-类 (2-级) 自重心线三角形有向面积的关系定理等结论.

7.2.1 $2n$ 点集的单倍集组的概念与性质

定义 7.2.1 设 $S = \{P_1, P_2, \cdots, P_{2n}\}(n \geqslant 2)$ 是 $2n$ 点的集合, $i_1, i_2, \cdots, i_{2n} \in \{1, 2, \cdots, 2n\}$ 且互不相等; $j = 1, 2, \cdots, n(2n-1)$ 是关于 i_1, i_2 的函数且其值与 i_1, i_2 的排列次序无关, 即 $j = j(i_1, i_2) = j(i_2, i_1)$. 若 $j_1, j_2, \cdots, j_n \in \{1, 2, \cdots, n(2n-1)\}$ 且互不相等, $S_2^{j_1} = \{P_{i_1^{j_1}}, P_{i_2^{j_1}}\}, S_2^{j_2} = \{P_{i_1^{j_2}}, P_{i_2^{j_2}}\}, \cdots, S_2^{j_n} = \{P_{i_1^{j_n}}, P_{i_2^{j_n}}\}$ 都是 $2n$ 点的集合 $S = \{P_1, P_2, \cdots, P_{2n}\}$ 的两点子集, 且满足如下两个条件:

(1) $S_2^{j_\alpha} \cap S_2^{j_\beta} (1 \leqslant i_\alpha < i_\beta \leqslant n)$ 均为空集;

(2) $S_2^{j_1} + S_2^{j_2} + \cdots + S_2^{j_n} = S$,

则称 $S_2^{j_1}, S_2^{j_2}, \cdots, S_2^{j_n}$ 为 S 的一个两点子集单倍组, 简称两点子集单倍组.

特别地, 若 $S = \{P_1, P_2, \cdots, P_{2n}\}$ 是 $2n$ 角形 ($2n$ 边形) $P_1 P_2 \cdots P_{2n}(n \geqslant 2)$ 顶点的集合, 则称 $S_2^{j_1}, S_2^{j_2}, \cdots, S_2^{j_n}$ 为 $2n$ 角形 ($2n$ 边形) $P_1 P_2 \cdots P_{2n}$ 的一个两点子集单倍组.

根据排列组合知识, 可知 $S = \{P_1, P_2, \cdots, P_{2n}\}(n \geqslant 2)$ 的两点子集单倍点集

7.2 $2n$ 点集 2-类重心线三角形有向面积的定值定理与应用

组共有 $C_{2n}^2 \cdot C_{2n-2}^2 \cdots C_2^2/n! = \dfrac{(2n)!}{2^n \cdot n!} = (2n-1)!!$ 个, 且若其所有的两点子集单倍组和每个两点子集单倍组中的 n 个集合都按字典排列, 则这 $(2n-1)!!$ 个两点子集单倍组可以依次记为: $S_2^{j_1^q}, S_2^{j_2^q}, \cdots, S_2^{j_n^q}(q=1,2,\cdots,(2n-1)!!)$, 并称 $S_2^{j_1^q}, S_2^{j_2^q}, \cdots, S_2^{j_n^q}(q=1,2,\cdots,(2n-1)!!)$ 为 S 的第 q-个两点子集单倍组.

例如, 六点集 $S = \{P_1, P_2, \cdots, P_6\}$ 的 15 个两点子集单倍点集组依次为:
$S_2^1 = \{P_1, P_2\}, S_2^{10} = \{P_3, P_4\}, S_2^{15} = \{P_5, P_6\}; S_2^1 = \{P_1, P_2\}, S_2^{11} = \{P_3, P_5\}, S_2^{14} = \{P_4, P_6\}; S_2^1 = \{P_1, P_2\}, S_2^{12} = \{P_3, P_6\}, S_2^{13} = \{P_4, P_5\}; S_2^2 = \{P_1, P_3\}, S_2^7 = \{P_2, P_4\}, S_2^{15} = \{P_5, P_6\}; S_2^2 = \{P_1, P_3\}, S_2^8 = \{P_2, P_5\}, S_2^{14} = \{P_4, P_6\}; S_2^2 = \{P_1, P_3\}, S_2^9 = \{P_2, P_6\}, S_2^{13} = \{P_4, P_5\}; S_2^3 = \{P_1, P_4\}, S_2^6 = \{P_2, P_3\}, S_2^{15} = \{P_5, P_6\}; S_2^3 = \{P_1, P_4\}, S_2^8 = \{P_2, P_5\}, S_2^{12} = \{P_3, P_6\}; S_2^3 = \{P_1, P_4\}, S_2^9 = \{P_2, P_6\}, S_2^{11} = \{P_3, P_5\}; S_2^4 = \{P_1, P_5\}, S_2^6 = \{P_2, P_3\}, S_2^{14} = \{P_4, P_6\}; S_2^4 = \{P_1, P_5\}, S_2^7 = \{P_2, P_4\}, S_2^{12} = \{P_3, P_6\}; S_2^4 = \{P_1, P_5\}, S_2^9 = \{P_2, P_6\}, S_2^{10} = \{P_3, P_4\}; S_2^5 = \{P_1, P_6\}, S_2^6 = \{P_2, P_3\}, S_2^{13} = \{P_4, P_5\}; S_2^5 = \{P_1, P_6\}, S_2^7 = \{P_2, P_4\}, S_2^{11} = \{P_3, P_5\}; S_2^5 = \{P_1, P_6\}, S_2^8 = \{P_2, P_5\}, S_2^{10} = \{P_3, P_4\}.$

再比如, 八点集 $S = \{P_1, P_2, \cdots, P_8\}$ 的 105 个两点子集单倍点集组依次为:
$S_2^1 = \{P_1, P_2\}, S_2^{14} = \{P_3, P_4\}, S_2^{23} = \{P_5, P_6\}, S_2^{28} = \{P_7, P_8\}; S_2^1 = \{P_1, P_2\}, S_2^{14} = \{P_3, P_4\}, S_2^{24} = \{P_5, P_7\}, S_2^{27} = \{P_6, P_8\}; S_2^1 = \{P_1, P_2\}, S_2^{14} = \{P_3, P_4\}, S_2^{25} = \{P_5, P_8\}, S_2^{26} = \{P_6, P_7\}; S_2^1 = \{P_1, P_2\}, S_2^{15} = \{P_3, P_5\}, S_2^{20} = \{P_4, P_6\}, S_2^{28} = \{P_7, P_8\}; S_2^1 = \{P_1, P_2\}, S_2^{15} = \{P_3, P_5\}, S_2^{21} = \{P_4, P_7\}, S_2^{27} = \{P_6, P_8\}; S_2^1 = \{P_1, P_2\}, S_2^{15} = \{P_3, P_5\}, S_2^{22} = \{P_4, P_8\}, S_2^{26} = \{P_6, P_7\}; S_2^1 = \{P_1, P_2\}, S_2^{16} = \{P_3, P_6\}, S_2^{19} = \{P_4, P_5\}, S_2^{28} = \{P_7, P_8\}; S_2^1 = \{P_1, P_2\}, S_2^{16} = \{P_3, P_6\}, S_2^{21} = \{P_4, P_7\}, S_2^{25} = \{P_5, P_8\}; S_2^1 = \{P_1, P_2\}, S_2^{16} = \{P_3, P_6\}, S_2^{22} = \{P_4, P_8\}, S_2^{24} = \{P_5, P_7\}; S_2^1 = \{P_1, P_2\}, S_2^{17} = \{P_3, P_7\}, S_2^{19} = \{P_4, P_5\}, S_2^{27} = \{P_6, P_8\}; S_2^1 = \{P_1, P_2\}, S_2^{17} = \{P_3, P_7\}, S_2^{20} = \{P_4, P_6\}, S_2^{25} = \{P_5, P_8\}; S_2^1 = \{P_1, P_2\}, S_2^{17} = \{P_3, P_7\}, S_2^{22} = \{P_4, P_8\}, S_2^{23} = \{P_5, P_6\}; S_2^1 = \{P_1, P_2\}, S_2^{18} = \{P_3, P_8\}, S_2^{19} = \{P_4, P_5\}, S_2^{26} = \{P_6, P_7\}; S_2^1 = \{P_1, P_2\}, S_2^{18} = \{P_3, P_8\}, S_2^{20} = \{P_4, P_6\}, S_2^{24} = \{P_5, P_7\}; S_2^1 = \{P_1, P_2\}, S_2^{18} = \{P_3, P_8\}, S_2^{21} = \{P_4, P_7\}, S_2^{23} = \{P_5, P_6\}; S_2^2 = \{P_1, P_3\}, S_2^9 = \{P_2, P_4\}, S_2^{23} = \{P_5, P_6\}, S_2^{28} = \{P_7, P_8\}; S_2^2 = \{P_1, P_3\}, S_2^9 = \{P_2, P_4\}, S_2^{24} = \{P_5, P_7\}, S_2^{27} = \{P_6, P_8\}; S_2^2 = \{P_1, P_3\}, S_2^9 = \{P_2, P_4\}, S_2^{25} = \{P_5, P_8\}, S_2^{26} = \{P_6, P_7\}; \cdots; S_2^7 = \{P_1, P_8\}, S_2^8 = \{P_2, P_3\}, S_2^{19} = \{P_4, P_5\}, S_2^{26} = \{P_6, P_7\}; S_2^7 = \{P_1, P_8\}, S_2^8 = \{P_2, P_3\}, S_2^{20} = \{P_4, P_6\}, S_2^{24} = \{P_5, P_7\}; S_2^7 = \{P_1, P_8\}, S_2^8 = \{P_2, P_3\}, S_2^{21} = \{P_4, P_7\}, S_2^{23} = \{P_5, P_6\}, \cdots; S_2^7 = \{P_1, P_8\}, S_2^{12} = \{P_2, P_7\}, S_2^{14} = \{P_3, P_4\}, S_2^{23} = \{P_5, P_6\}; S_2^7 = \{P_1, P_8\}, S_2^{12} = \{P_2, P_7\}, S_2^{15} = \{P_3, P_5\}, S_2^{20} = \{P_4, P_6\}; S_2^7 = \{P_1, P_8\}, S_2^{12} = \{P_2, P_7\}, S_2^{16} = \{P_3, P_6\}, S_2^{19} = $

$\{P_4, P_5\}$.

而当 $n=2$ 时, $2n$ 点集 $S=\{P_1,P_2,\cdots,P_{2n}\}$ 的两点子集单倍组就是 $2n$ 点集 $S=\{P_1,P_2,\cdots,P_{2n}\}$ 的 n 点子集单倍组.

因此, 本节仅论及 $n \geqslant 3$ 的情形. 同时, 恒假设 $i_1,i_2,\cdots,i_{2n} \in I_{2n} = \{1,2,\cdots,2n\}$ 且互不相等; $j=1,2,\cdots,n(2n-1)$ 是关于 i_1,i_2 的函数且其值与 i_1,i_2 的排列次序无关; $l_1^q, l_2^q, \cdots, l_n^q \in J_n^q = \{j_1^q, j_2^q, \cdots, j_n^q\}(q=1,2,\cdots,(2n-1)!!)$, 且均互不相等. 注意, 这里 $l_1^q, l_2^q, \cdots, l_n^q$ 是无序的, 而 $j_1^q, j_2^q, \cdots, j_n^q$ 是有序的.

7.2.2　$2n$ 点集 2-类重心线三角形有向面积的定值定理

定理 7.2.1　设 $S=\{P_1,P_2,\cdots,P_{2n}\}(n\geqslant 3)$ 是 $2n$ 点的集合, $(S_2^j, T_{2n-2}^j) = (P_{i_1}, P_{i_2}; P_{i_3}, P_{i_4}, \cdots, P_{i_{2n}})(i_1,i_2,\cdots,i_{2n}=1,2,\cdots,2n; i_1<i_2)$ 是 S 的完备集对, $G_2^j, H_{2n-2}^j(j=1,2,\cdots,n(2n-1))$ 依次是 (S_2^j, T_{2n-2}^j) 中两个集合的重心, $G_2^j H_{2n-2}^j(j=1,2,\cdots,n(2n-1))$ 是 S 的 2-类重心线, $S_2^{j_1^q}, S_2^{j_2^q}, \cdots, S_2^{j_n^q}(q=1,2,\cdots,(2n-1)!!)$ 为 S 的第 q 个两点子集单倍组, P 是平面上任意一点, 则对任意的 $q=1,2,\cdots,(2n-1)!!$, 恒有

$$\mathrm{D}_{PG_2^{l_1^q}H_{2n-2}^{l_1^q}} + \mathrm{D}_{PG_2^{l_2^q}H_{2n-2}^{l_2^q}} + \cdots + \mathrm{D}_{PG_2^{l_n^q}H_{2n-2}^{l_n^q}} = 0. \tag{7.2.1}$$

证明　设 S 各点和任意点的坐标分别为 $P_i(x_i,y_i)(i=1,2,\cdots,2n); P(x,y)$. 于是 (S_2^j, T_{2n-2}^j) 中两个集合重心的坐标分别为

$$G_2^j\left(\frac{x_{i_1}+x_{i_2}}{2}, \frac{y_{i_1}+y_{i_2}}{2}\right) \quad (i_1,i_2=1,2,\cdots,2n; i_1<i_2),$$

$$H_{2n-2}^j\left(\frac{1}{2n-2}\sum_{\nu=2}^{2n}x_{i_\nu}, \frac{1}{2n-2}\sum_{\nu=2}^{2n}y_{i_\nu}\right) \quad (i_3,i_4,\cdots,i_{2n}=1,2,\cdots,2n),$$

其中 $j=j(i_1,i_2)=1,2,\cdots,n(2n-1)$. 故由三角形有向面积公式, 得

$$4(2n-2)\sum_{j=j_1^1,j_2^1,j_3^1,\cdots,j_n^1}\mathrm{D}_{PG_2^j H_{2n-2}^j}$$

$$=\sum_{i=1}^{n}\begin{vmatrix} x & y & 1 \\ x_{2i-1}+x_{2i} & y_{2i-1}+y_{2i} & 2 \\ x_{2i+1}+x_{2i+2}+\cdots+x_{2i+2n-2} & y_{2i+1}+y_{2i+2}+\cdots+y_{2i+2n-2} & 2n-2 \end{vmatrix}$$

$$= 2x \sum_{i=1}^{n} [(n-1)y_{2i-1} + (n-1)y_{2i} - (y_{2i+1} + y_{2i+2} + \cdots + y_{2i+2n-2})]$$

$$- 2y \sum_{i=1}^{n} [(n-1)x_{2i-1} + (n-1)x_{2i} - (x_{2i+1} + x_{2i+2} + \cdots + x_{2i+2n-2})]$$

$$+ \sum_{i=1}^{n} [(x_{2i-1}y_{2i+1} - x_{2i+1}y_{2i-1}) + (x_{2i-1}y_{2i+2} - x_{2i+2}y_{2i-1})$$

$$+ \cdots + (x_{2i-1}y_{2i+2n-2} - x_{2i+2n-2}y_{2i-1}) + (x_{2i}y_{2i+1} - x_{2i+1}y_{2i})$$

$$+ (x_{2i}y_{2i+2} - x_{2i+2}y_{2i}) + \cdots + (x_{2i}y_{2i+2n-2} - x_{2i+2n-2}y_{2i})]$$

$$= 2(n-1)x \sum_{i=1}^{2n} y_i - 2x \sum_{i=1}^{n} (y_{2i+1} + y_{2i+2} + \cdots + y_{2i+2n-2})$$

$$- 2(n-1)y \sum_{i=1}^{2n} x_i + 2y \sum_{i=1}^{n} (x_{2i+1} + x_{2i+2} + \cdots + x_{2i+2n-2})$$

$$+ \sum_{i=1}^{n} [(x_{2i-1}y_{2i+1} - x_{2i+1}y_{2i-1}) + (x_{2i-1}y_{2i+2} - x_{2i+2}y_{2i-1})$$

$$+ \cdots + (x_{2i-1}y_{2i+2n-2} - x_{2i+2n-2}y_{2i-1}) + (x_{2i}y_{2i+1} - x_{2i+1}y_{2i})$$

$$+ (x_{2i}y_{2i+2} - x_{2i+2}y_{2i}) + \cdots + (x_{2i}y_{2i+2n-2} - x_{2i+2n-2}y_{2i})]$$

$$= 0,$$

因此, 当 $q = 1$ 时, 式 (7.2.1) 成立.

类似地, 可以证明, 当 $q = 2, 3, \cdots, (2n-1)!!$ 时, 式 (7.2.1) 均成立.

注 7.2.1 特别地, 当 $n = 3$ 时, 由定理 7.2.1, 即得定理 4.2.1. 因此, 4.2 节的相关结论, 都可以看成是本节相应结论的推论. 故在以下定理的推论中, 我们主要讨论 $n \geqslant 4$ 的情形, 而对 $n = 3$ 的情形不单独讨论.

推论 7.2.1 设 $S = \{P_1, P_2, \cdots, P_{2n}\}(n \geqslant 4)$ 是 $2n$ 点的集合, $(S_2^j, T_{2n-2}^j) = (P_{i_1}, P_{i_2}; P_{i_3}, P_{i_4}, \cdots, P_{i_{2n}})(i_1, i_2, \cdots, i_{2n} = 1, 2, \cdots, 2n; i_1 < i_2)$ 是 S 的完备集对, $G_2^j, H_{2n-2}^j (j = 1, 2, \cdots, n(2n-1))$ 依次是 (S_2^j, T_{2n-2}^j) 中两个集合的重心, $G_2^j H_{2n-2}^j (j = 1, 2, \cdots, n(2n-1))$ 是 S 的 2-类重心线, $S_2^{j_q}, S_2^{j_q_2}, \cdots, S_2^{j_q_n} (q = 1, 2, \cdots, (2n-1)!!)$ 为 S 的第 q 个两点子集单倍组, P 是平面上任意一点, 则对任意的 $q = 1, 2, \cdots, (2n-1)!!$, 恒有如下 n 个重心线三角形的面积 $\mathrm{a}_{PG_2^{l_1^q} H_1^{l_1^q}}$, $\mathrm{a}_{PG_2^{l_2^q} H_{2n-2}^{l_2^q}}, \cdots, \mathrm{a}_{PG_2^{l_n^q} H_{2n-2}^{l_n^q}}$ 中, 其中一个较大的面积的和等于另外 $n-1$ 个较小

的面积的和, 或其中 $t(2 \leqslant t \leqslant [n/2])$ 个面积的和等于另外 $n-t$ 个面积的和.

证明 根据定理 7.2.1, 对任意的 $q=1,2,\cdots,(2n-1)!!$, 由式 (7.2.1) 中 $n \geqslant 4$ 的情形的几何意义即得.

推论 7.2.2 设 $P_1P_2\cdots P_{2n}(n \geqslant 3 \vee n \geqslant 4)$ 是 $2n$ 角形 ($2n$ 边形), $G_2^j(j=1,2,\cdots,n(2n-1))$ 依次是各边 $P_1P_2, P_2P_3, \cdots, P_{2n-1}P_{2n}, P_{2n}P_1$ 和对角线 $P_1P_3, P_1P_4, \cdots, P_1P_{2n-1}; P_2P_4, P_2P_5, \cdots, P_2P_{2n}; P_3P_5, P_3P_6, \cdots, P_3P_{2n}; \cdots; P_{2n-2}P_{2n}$ 的中点, $H_{2n-2}^j(j=1,2,\cdots,n(2n-1))$ 依次是相应的 $2n-2$ 角形 ($2n-2$ 边形) $P_{i_3}P_{i_4}\cdots P_{i_{2n}}$ 的重心, $G_2^j H_{2n-2}^j(j=1,2,\cdots,n(2n-1))$ 是 $P_1P_2\cdots P_{2n}$ 的 2-级重心线, $S_2^{j_1^q}, S_2^{j_2^q}, \cdots, S_2^{j_n^q}(q=1,2,\cdots,(2n-1)!!)$ 为 $P_1P_2\cdots P_{2n}$ 的第 q-个两点子集单倍组, P 是 $P_1P_2\cdots P_{2n}$ 所在平面上任意一点, 则定理 7.2.1 和推论 7.2.1 的结论均成立.

证明 设 $S = \{P_1, P_2, \cdots, P_{2n}\}$ 是 $2n$ 角形 ($2n$ 边形) $P_1P_2\cdots P_{2n}(n \geqslant 3 \vee n \geqslant 4)$ 顶点的集合, 对不共线 $2n$ 点的集合 S 应用定理 7.2.1 和推论 7.2.1, 即得.

7.2.3 $2n$ 点集 2-类重心线三角形有向面积定值定理的应用

定理 7.2.2 设 $S = \{P_1, P_2, \cdots, P_{2n}\}(n \geqslant 3)$ 是 $2n$ 点的集合, $(S_2^j, T_{2n-2}^j) = (P_{i_1}, P_{i_2}; P_{i_3}, P_{i_4}, \cdots, P_{i_{2n}})(i_1, i_2, \cdots, i_{2n} = 1, 2, \cdots, 2n; i_1 < i_2)$ 是 S 的完备集对, $G_2^j, H_{2n-2}^j(j=1,2,\cdots,n(2n-1))$ 依次是 (S_2^j, T_{2n-2}^j) 中两个集合的重心, $G_2^j H_{2n-2}^j(j=1,2,\cdots,n(2n-1))$ 是 S 的 2-类重心线, $S_2^{j_1^q}, S_2^{j_2^q}, \cdots, S_2^{j_n^q}(q=1,2,\cdots,(2n-1)!!)$ 为 S 的第 q-个两点子集单倍组, P 是平面上任意一点, 则对任意的 $q = 1, 2, \cdots, (2n-1)!!$, 恒有 $\mathrm{D}_{PG_2^{l_n^q} H_{2n-2}^{l_n^q}} = 0 (l_n^q \in J_n^q)$ 的充分必要条件是

$$\mathrm{D}_{PG_2^{l_1^q} H_{2n-2}^{l_1^q}} + \mathrm{D}_{PG_2^{l_2^q} H_{2n-2}^{l_2^q}} + \cdots + \mathrm{D}_{PG_2^{l_{n-1}^q} H_{2n-2}^{l_{n-1}^q}} = 0. \tag{7.2.2}$$

证明 根据定理 7.2.1, 由式 (7.2.1), 即得: 对任意的 $q = 1, 2, \cdots, (2n-1)!!$, 恒有 $\mathrm{D}_{PG_2^{l_n^q} H_{2n-2}^{l_n^q}} = 0 (l_n^q \in J_n^q)$ 的充分必要条件是式 (7.2.2) 成立.

推论 7.2.3 设 $S = \{P_1, P_2, \cdots, P_8\}$ 是八点的集合, $(S_2^j, T_6^j) = (P_{i_1}, P_{i_2}; P_{i_3}, P_{i_4}, \cdots, P_8)(i_1, i_2, \cdots, i_8 = 1, 2, \cdots, 8; i_1 < i_2)$ 是 S 的完备集对, $G_2^j, H_6^j(j=1,2,\cdots,28)$ 依次是 (S_2^j, T_6^j) 中两个集合的重心, $G_2^j H_6^j(j=1,2,\cdots,28)$ 是 S 的 2-类重心线, $S_2^{j_1^q}, S_2^{j_2^q}, S_2^{j_3^q}, S_2^{j_4^q}(q=1,2,\cdots,105)$ 为 S 的第 q-个两点子集单倍组, P 是平面上任意一点, 则对任意的 $q=1,2,\cdots,105$, 恒有三点 $P, G_2^{l_4^q}, H_6^{l_4^q}(l_4^q \in J_4^q)$ 共线的充分必要条件是如下三个重心三角形的面积 $\mathrm{a}_{PG_2^{l_1^q} H_6^{l_1^q}}, \mathrm{a}_{PG_2^{l_2^q} H_6^{l_2^q}}, \mathrm{a}_{PG_2^{l_3^q} H_6^{l_3^q}}$ 中, 其中一个较大的面积等于另外两个较小的面积的和.

7.2　2n 点集 2-类重心线三角形有向面积的定值定理与应用

证明　根据定理 7.2.2, 对任意的 $q = 1, 2, \cdots, 105$, 由 $\mathrm{D}_{PG_2^{l_n^q} H_{2n-2}^{l_n^q}} = 0 (l_n^q \in J_n^q)$ 和式 (7.2.2) 中 $n = 4$ 的情形的几何意义, 即得.

推论 7.2.4　设 $S = \{P_1, P_2, \cdots, P_{2n}\}(n \geqslant 5)$ 是 $2n$ 点的集合, $(S_2^j, T_{2n-2}^j) = (P_{i_1}, P_{i_2}; P_{i_3}, P_{i_4}, \cdots, P_{i_{2n}})(i_1, i_2, \cdots, i_{2n} = 1, 2, \cdots, 2n; i_1 < i_2)$ 是 S 的完备集对, $G_2^j, H_{2n-2}^j (j = 1, 2, \cdots, n(2n-1))$ 依次是 (S_2^j, T_{2n-2}^j) 中两个集合的重心, $G_2^j H_{2n-2}^j (j = 1, 2, \cdots, n(2n-1))$ 是 S 的 2-类重心线, $S_2^{j_1^q}, S_2^{j_2^q}, \cdots, S_2^{j_n^q} (q = 1, 2, \cdots, (2n-1)!!)$ 为 S 的第 q-个两点子集单倍组, P 是平面上任意一点, 则对任意的 $q = 1, 2, \cdots, (2n-1)!!$, 恒有三点 $P, G_2^{l_n^q}, H_{2n-2}^{l_n^q}(l_n^q \in J_n^q)$ 共线的充分必要条件是如下 $n-1$ 个重心线三角形的面积 $\mathrm{a}_{PG_2^{l_1^q} H_{2n-2}^{l_1^q}}, \mathrm{a}_{PG_2^{l_2^q} H_{2n-2}^{l_2^q}}, \cdots, \mathrm{a}_{PG_2^{l_{n-1}^q} H_{2n-2}^{l_{n-1}^q}}$ 中, 其中一个较大的面积等于另外 $n-2$ 个较小的面积的和, 或其中 $t(2 \leqslant t \leqslant [(n-1)/2])$ 个面积的和等于另外 $n-t-1$ 个面积的和.

证明　根据定理 7.2.2, 对任意的 $q = 1, 2, \cdots, (2n-1)!!$, 由 $\mathrm{D}_{PG_2^{l_n^q} H_{2n-2}^{l_n^q}} = 0 (l_n^q \in J_n^q)$ 和式 (7.2.2) 中 $n \geqslant 5$ 的情形的几何意义, 即得.

定理 7.2.3　设 $S = \{P_1, P_2, \cdots, P_{2n}\}(n \geqslant 4)$ 是 $2n$ 点的集合, $(S_2^j, T_{2n-2}^j) = (P_{i_1}, P_{i_2}; P_{i_3}, P_{i_4}, \cdots, P_{i_{2n}})(i_1, i_2, \cdots, i_{2n} = 1, 2, \cdots, 2n; i_1 < i_2)$ 是 S 的完备集对, $G_2^j, H_{2n-2}^j (j = 1, 2, \cdots, n(2n-1))$ 依次是 (S_2^j, T_{2n-2}^j) 中两个集合的重心, $G_2^j H_{2n-2}^j (j = 1, 2, \cdots, n(2n-1))$ 是 S 的 2-类重心线, $S_2^{j_1^q}, S_2^{j_2^q}, \cdots, S_2^{j_n^q} (q = 1, 2, \cdots, (2n-1)!!)$ 为 S 的第 q-个两点子集单倍组, P 是平面上任意一点, 则对任意的 $q = 1, 2, \cdots, (2n-1)!!$, 如下两式均等价:

$$\mathrm{D}_{PG_2^{l_1^q} H_{2n-2}^{l_1^q}} + \mathrm{D}_{PG_2^{l_2^q} H_{2n-2}^{l_2^q}} = 0 \quad (\mathrm{a}_{PG_2^{l_1^q} H_{2n-2}^{l_1^q}} = \mathrm{a}_{PG_2^{l_2^q} H_{2n-2}^{l_2^q}}), \tag{7.2.3}$$

$$\mathrm{D}_{PG_2^{l_3^q} H_{2n-2}^{l_3^q}} + \mathrm{D}_{PG_2^{l_4^q} H_{2n-2}^{l_4^q}} + \cdots + \mathrm{D}_{PG_2^{l_n^q} H_{2n-2}^{l_n^q}} = 0. \tag{7.2.4}$$

证明　根据定理 7.2.1, 由式 (7.2.1) 中 $n \geqslant 4$ 的情形, 即得: 对任意的 $q = 1, 2, \cdots, (2n-1)!!$, 式 (7.2.3) 成立的充分必要条件是式 (7.2.4) 成立.

推论 7.2.5　设 $S = \{P_1, P_2, \cdots, P_8\}$ 是八点的集合, $(S_2^j, T_6^j) = (P_{i_1}, P_{i_2}; P_{i_3}, P_{i_4}, \cdots, P_{i_8})(i_1, i_2, \cdots, i_8 = 1, 2, \cdots, 8; i_1 < i_2)$ 是 S 的完备集对, $G_2^j, H_6^j (j = 1, 2, \cdots, 28)$ 依次是 (S_2^j, T_6^j) 中两个集合的重心, $G_2^j H_6^j (j = 1, 2, \cdots, 28)$ 是 S 的 2-类重心线, $S_2^{j_1^q}, S_2^{j_2^q}, S_2^{j_3^q}, S_2^{j_4^q} (q = 1, 2, \cdots, 105)$ 为 S 的第 q-个两点子集单倍组, P 是平面上任意一点, 则对任意的 $q = 1, 2, \cdots, 105$, 均有两重心线三角形 $PG_2^{l_1^q} H_6^{l_1^q}, PG_2^{l_2^q} H_6^{l_2^q}(l_1^q < l_2^q)$ 面积相等方向相反的充分必要条件是另外两个重心线三角形 $PG_2^{l_3^q} H_6^{l_3^q}, PG_2^{l_4^q} H_6^{l_4^q}(l_1^q < l_3^q < l_4^q)$ 面积相等方向相反.

证明 根据定理 7.2.3, 对任意的 $q = 1, 2, \cdots, 105$, 由式 (7.2.3) 和 (7.2.4) 中 $n = 4$ 的情形的几何意义, 即得.

推论 7.2.6 设 $S = \{P_1, P_2, \cdots, P_{10}\}$ 是十点的集合, $(S_2^j, T_8^j) = (P_{i_1}, P_{i_2}; P_{i_3}, P_{i_4}, \cdots, P_{i_{10}})(i_1, i_2, \cdots, i_{10} = 1, 2, \cdots, 10; i_1 < i_2)$ 是 S 的完备集对, $G_2^j, H_8^j (j = 1, 2, \cdots, 45)$ 依次是 (S_2^j, T_8^j) 中两个集合的重心, $G_2^j H_8^j (j = 1, 2, \cdots, 45)$ 是 S 的 2-类重心线, $S_2^{j_1}, S_2^{j_2}, \cdots, S_2^{j_5}(q = 1, 2, \cdots, 945)$ 为 S 的第 q-个两点子集单倍组, P 是平面上任意一点, 则对任意的 $q = 1, 2, \cdots, 945$, 均有两重心线三角形 $PG_2^{l_1^q} H_8^{l_1^q}, PG_2^{l_2^q} H_8^{l_2^q}$ 面积相等方向相反的充分必要条件是以下三个重心线三角形的面积 $\mathrm{a}_{PG_2^{l_3^q} H_8^{l_3^q}}, \mathrm{a}_{PG_2^{l_4^q} H_8^{l_4^q}}, \mathrm{a}_{PG_2^{l_5^q} H_8^{l_5^q}}$ 中, 其中一个较大的面积等于另外两个较小的面积的和.

证明 根据定理 7.2.3, 对任意的 $q = 1, 2, \cdots, 945$, 由式 (7.2.3) 和 (7.2.4) 中 $n = 5$ 的情形的几何意义, 即得.

推论 7.2.7 设 $S = \{P_1, P_2, \cdots, P_{2n}\}(n \geqslant 6)$ 是 $2n$ 点的集合, $(S_2^j, T_{2n-2}^j) = (P_{i_1}, P_{i_2}; P_{i_3}, P_{i_4}, \cdots, P_{i_{2n}})(i_1, i_2, \cdots, i_{2n} = 1, 2, \cdots, 2n; i_1 < i_2)$ 是 S 的完备集对, $G_2^j, H_{2n-2}^j(j = 1, 2, \cdots, n(2n-1))$ 依次是 (S_2^j, T_{2n-2}^j) 中两个集合的重心, $G_2^j H_{2n-2}^j(j = 1, 2, \cdots, n(2n-1))$ 是 S 的 2-类重心线, $S_2^{j_1}, S_2^{j_2}, \cdots, S_2^{j_n}(q = 1, 2, \cdots, (2n-1)!!)$ 为 S 的第 q-个两点子集单倍组, P 是平面上任意一点, 则对任意的 $q = 1, 2, \cdots, (2n-1)!!$, 均有两重心线三角形 $PG_2^{l_1^q} H_{2n-2}^{l_1^q}, PG_2^{l_2^q} H_{2n-2}^{l_2^q}$ 面积相等方向相反的充分必要条件是以下 $n-2$ 个重心线三角形的面积 $\mathrm{a}_{PG_2^{l_3^q} H_{2n-2}^{l_3^q}}, \mathrm{a}_{PG_2^{l_4^q} H_{2n-2}^{l_4^q}}, \cdots, \mathrm{a}_{PG_2^{l_n^q} H_{2n-2}^{l_n^q}}$ 中, 其中一个较大的面积等于另外 $n-3$ 个较小的面积的和, 或其中 $t(2 \leqslant t \leqslant [n/2] - 1)$ 个面积的和等于另外 $n-t-2$ 个面积的和.

证明 根据定理 7.2.3, 对任意的 $q = 1, 2, \cdots, (2n-1)!!$, 由式 (7.2.3) 和 (7.2.4) 中 $n \geqslant 6$ 的情形的几何意义, 即得.

定理 7.2.4 设 $S = \{P_1, P_2, \cdots, P_{2n}\}(n \geqslant 6)$ 是 $2n$ 点的集合, $(S_2^j, T_{2n-2}^j) = (P_{i_1}, P_{i_2}; P_{i_3}, P_{i_4}, \cdots, P_{i_{2n}})(i_1, i_2, \cdots, i_{2n} = 1, 2, \cdots, 2n; i_1 < i_2)$ 是 S 的完备集对, $G_2^j, H_{2n-2}^j(j = 1, 2, \cdots, n(2n-1))$ 依次是 (S_2^j, T_{2n-2}^j) 中两个集合的重心, $G_2^j H_{2n-2}^j(j = 1, 2, \cdots, n(2n-1))$ 是 S 的 2-类重心线, $S_2^{j_1}, S_2^{j_2}, \cdots, S_2^{j_n}(q = 1, 2, \cdots, (2n-1)!!)$ 为 S 的第 q-个两点子集单倍组, P 是平面上任意一点, 则对任意的 $q = 1, 2, \cdots, (2n-1)!!; 3 \leqslant s \leqslant [n/2]$, 如下两式均等价:

$$\mathrm{D}_{PG_2^{l_1^q} H_{2n-2}^{l_1^q}} + \mathrm{D}_{PG_2^{l_2^q} H_{2n-2}^{l_2^q}} + \cdots + \mathrm{D}_{PG_2^{l_s^q} H_{2n-2}^{l_s^q}} = 0, \tag{7.2.5}$$

$$\mathrm{D}_{PG_2^{l_{s+1}^q} H_{2n-2}^{l_{s+1}^q}} + \mathrm{D}_{PG_2^{l_{s+2}^q} H_{2n-2}^{l_{s+2}^q}} + \cdots + \mathrm{D}_{PG_2^{l_n^q} H_{2n-2}^{l_n^q}} = 0. \tag{7.2.6}$$

证明 根据定理 7.2.1, 由式 (7.2.1) 中 $n \geqslant 6$ 的情形, 可得: 对任意的 $q = 1, 2, \cdots, (2n-1)!!; 3 \leqslant s \leqslant [n/2]$, 式 (7.2.5) 成立的充分必要条件是式 (7.2.6) 成立.

推论 7.2.8 设 $S = \{P_1, P_2, \cdots, P_{12}\}$ 是十二点的集合, $(S_2^j, T_{10}^j) = (P_{i_1}, P_{i_2}; P_{i_3}, P_{i_4}, \cdots, P_{i_{12}})(i_1, i_2, \cdots, i_{12} = 1, 2, \cdots, 12; i_1 < i_2)$ 是 S 的完备集对, G_2^j, H_{10}^j $(j = 1, 2, \cdots, 66)$ 依次是 (S_2^j, T_{10}^j) 中两个集合的重心, $G_2^j H_{10}^j (j = 1, 2, \cdots, 66)$ 是 S 的 2-类重心线, $S_2^{j_1^q}, S_2^{j_2^q}, \cdots, S_2^{j_6^q}(q = 1, 2, \cdots, 10395)$ 为 S 的第 q-个两点子集单倍组, P 是平面上任意一点, 则对任意的 $q = 1, 2, \cdots, 10395$, 均有如下三个重心线三角形的面积 $\mathrm{a}_{PG_2^{l_1^q} H_{10}^{l_1^q}}, \mathrm{a}_{PG_2^{l_2^q} H_{10}^{l_2^q}}, \mathrm{a}_{PG_2^{l_3^q} H_{10}^{l_3^q}}$ 中, 其中一个较大的面积等于另外两个较小的面积的和的充分必要条件是其余三个重心线三角形的面积 $\mathrm{a}_{PG_2^{l_4^q} H_{10}^{l_4^q}}, \mathrm{a}_{PG_2^{l_5^q} H_{10}^{l_5^q}}, \mathrm{a}_{PG_2^{l_6^q} H_{10}^{l_6^q}}$ 中, 其中一个较大的面积等于另外两个较小的面积的和.

证明 根据定理 7.2.4, 对任意的 $q = 1, 2, \cdots, 10395$, 由式 (7.2.5) 和 (7.2.6) 中 $n = 6, s = 3$ 的情形的几何意义, 即得.

推论 7.2.9 设 $S = \{P_1, P_2, \cdots, P_{2n}\}(n \geqslant 7)$ 是 $2n$ 点的集合, $(S_2^j, T_{2n-2}^j) = (P_{i_1}, P_{i_2}; P_{i_3}, P_{i_4}, \cdots, P_{i_{2n}})(i_1, i_2, \cdots, i_{2n} = 1, 2, \cdots, 2n; i_1 < i_2)$ 是 S 的完备集对, $G_2^j, H_{2n-2}^j (j = 1, 2, \cdots, n(2n-1))$ 依次是 (S_2^j, T_{2n-2}^j) 中两个集合的重心, $G_2^j H_{2n-2}^j (j = 1, 2, \cdots, n(2n-1))$ 是 S 的 2-类重心线, $S_2^{j_1^q}, S_2^{j_2^q}, \cdots, S_2^{j_n^q}(q = 1, 2, \cdots, (2n-1)!!)$ 为 S 的第 q-个两点子集单倍组, P 是平面上任意一点, 则对任意的 $q = 1, 2, \cdots, (2n-1)!!$, 均有如下三个重心线三角形的面积 $\mathrm{a}_{PG_2^{l_1^q} H_{2n-2}^{l_1^q}}, \mathrm{a}_{PG_2^{l_2^q} H_{2n-2}^{l_2^q}}, \mathrm{a}_{PG_2^{l_3^q} H_{2n-2}^{l_3^q}}$ 中, 其中一个较大的面积等于另外两个较小的面积的和的充分必要条件是其余 $n-3$ 个重心线三角形的面积 $\mathrm{a}_{PG_2^{l_4^q} H_{2n-2}^{l_4^q}}, \mathrm{a}_{PG_2^{l_5^q} H_{2n-2}^{l_5^q}}, \cdots, \mathrm{a}_{PG_2^{l_n^q} H_{2n-2}^{l_n^q}}$ 中, 其中一个较大的面积等于另外 $n-4$ 个较小的面积的和, 或其中 $t_2(2 \leqslant t_2 \leqslant [(n-3)/2])$ 个面积的和等于另外 $n - t_2 - 3$ 个面积的和.

证明 根据定理 7.2.4, 对任意的 $q = 1, 2, \cdots, (2n-1)!!$, 由式 (7.2.5) 和 (7.2.6) 中 $n \geqslant 7, s = 3$ 的情形的几何意义, 即得.

推论 7.2.10 设 $S = \{P_1, P_2, \cdots, P_{2n}\}(n \geqslant 8)$ 是 $2n$ 点的集合, $(S_2^j, T_{2n-2}^j) = (P_{i_1}, P_{i_2}; P_{i_3}, P_{i_4}, \cdots, P_{i_{2n}})(i_1, i_2, \cdots, i_{2n} = 1, 2, \cdots, 2n; i_1 < i_2)$ 是 S 的完备集对, $G_2^j, H_{2n-2}^j (j = 1, 2, \cdots, n(2n-1))$ 依次是 (S_2^j, T_{2n-2}^j) 中两个集合的重心, $G_2^j H_{2n-2}^j (j = 1, 2, \cdots, n(2n-1))$ 是 S 的 2-类重心线, $S_2^{j_1^q}, S_2^{j_2^q}, \cdots, S_2^{j_n^q}(q = 1, 2, \cdots, (2n-1)!!)$ 为 S 的第 q-个两点子集单倍组, P 是平面上任意一点, 则对任意的 $q = 1, 2, \cdots, (2n-1)!!$, 均有如下 $s(4 \leqslant s \leqslant [n/2])$ 个重心线三角形的面积

$a_{PG_2^{l_1^q}H_{2n-2}^{l_1^q}}, a_{PG_2^{l_2^q}H_{2n-2}^{l_2^q}}, \cdots, a_{PG_2^{l_s^q}H_{2n-2}^{l_s^q}}$ 中,其中一个较大的面积等于另外 $s-1$ 个较小的面积的和,或其中 $t_1(2 \leqslant t_1 \leqslant [s/2])$ 个面积的和等于另外 $s-t_1$ 个面积的和的充分必要条件是其余 $n-s$ 个重心线三角形的面积 $a_{PG_2^{l_{s+1}^q}H_{2n-2}^{l_{s+1}^q}}, a_{PG_2^{l_{s+2}^q}H_{2n-2}^{l_{s+2}^q}},$

$\cdots, a_{PG_2^{l_n^q}H_{2n-2}^{l_n^q}}$ 中,其中一个较大的面积等于另外 $n-s-1$ 个较小的面积的和,或其中 $t_2(2 \leqslant t_2 \leqslant [(n-s)/2])$ 个面积的和等于另外 $n-s-t_2$ 个面积的和.

证明 根据定理 7.2.4,对任意的 $q = 1, 2, \cdots, (2n-1)!!$,由式 (7.2.5) 和 (7.2.6) 中 $n \geqslant 8, s \geqslant 4$ 的情形的几何意义,即得.

推论 7.2.11 设 $P_1P_2\cdots P_{2n}(n \geqslant 3 \vee n \geqslant 4 \vee n \geqslant 5 \vee n \geqslant 6 \vee n \geqslant 7 \vee n \geqslant 8)$ 是 $2n$ 角形 ($2n$ 边形), $G_2^j(j = 1, 2, \cdots, n(2n-1))$ 依次是各边 $P_1P_2, P_2P_3, \cdots, P_{2n-1}P_{2n}, P_{2n}P_1$ 和对角线 $P_1P_3, P_1P_4, \cdots, P_1P_{2n-1}; P_2P_4, P_2P_5, \cdots, P_2P_{2n}; P_3P_5, P_3P_6, \cdots, P_3P_{2n}; \cdots; P_{2n-2}P_{2n}$ 的中点,$H_{2n-2}^j(j = 1, 2, \cdots, n(2n-1))$ 是相应的 $2n-2$ 角形 ($2n-2$ 边形) $P_{i_3}P_{i_4}\cdots P_{i_{2n}}$ 的重心, $G_2^jH_{2n-2}^j(j = 1, 2, \cdots, n(2n-1))$ 是 $P_1P_2\cdots P_{2n}$ 的 2-级重心线, $S_2^{j_1^q}, S_2^{j_2^q}, \cdots, S_2^{j_n^q}(q = 1, 2, \cdots, (2n-1)!!)$ 为 $P_1P_2\cdots P_{2n}$ 的第 q-个两点子集单倍组, P 是 $P_1P_2\cdots P_{2n}$ 所在平面上任意一点,则定理 7.2.2 ~ 定理 7.2.4 和推论 7.2.3 ~ 推论 7.2.10 的结论均成立.

证明 设 $S = \{P_1, P_2, \cdots, P_{2n}\}$ 是 $2n$ 角形 ($2n$ 边形) $P_1P_2\cdots P_{2n}(n \geqslant 3 \vee n \geqslant 4 \vee n \geqslant 5 \vee n \geqslant 6 \vee n \geqslant 7 \vee n \geqslant 8)$ 顶点的集合,对不共线 $2n$ 点的集合 S 分别应用定理 7.2.2 ~ 定理 7.2.4 和推论 7.2.3 ~ 推论 7.2.10,即得.

定理 7.2.5 设 $S = \{P_1, P_2, \cdots, P_{2n}\}(n \geqslant 5)$ 是 $2n$ 点的集合, $(S_2^j, T_{2n-2}^j) = (P_{i_1}, P_{i_2}; P_{i_3}, P_{i_4}, \cdots, P_{i_{2n}})(i_1, i_2, \cdots, i_{2n} = 1, 2, \cdots, 2n; i_1 < i_2)$ 是 S 的完备集对, $G_2^j, H_{2n-2}^j(j = 1, 2, \cdots, n(2n-1))$ 依次是 (S_2^j, T_{2n-2}^j) 中两个集合的重心, $G_2^jH_{2n-2}^j(j = 1, 2, \cdots, n(2n-1))$ 是 S 的 2-类重心线, $S_2^{j_1^q}, S_2^{j_2^q}, \cdots, S_2^{j_n^q}(q = 1, 2, \cdots, (2n-1)!!)$ 为 S 的第 q-个两点子集单倍组, P 是平面上任意一点. 若 $D_{PG_2^{l_n^q}H_{2n-2}^{l_n^q}} = 0(l_n^q \in J_n^q)$,则对任意的 $q = 1, 2, \cdots, (2n-1)!!$,如下两式均等价:

$$D_{PG_2^{l_1^q}H_{2n-2}^{l_1^q}} + D_{PG_2^{l_2^q}H_{2n-2}^{l_2^q}} = 0 \quad (a_{PG_2^{l_1^q}H_{2n-2}^{l_1^q}} = a_{PG_2^{l_2^q}H_{2n-2}^{l_2^q}}), \tag{7.2.7}$$

$$D_{PG_2^{l_3^q}H_{2n-2}^{l_3^q}} + D_{PG_2^{l_4^q}H_{2n-2}^{l_4^q}} + \cdots + D_{PG_2^{l_{n-1}^q}H_{2n-2}^{l_{n-1}^q}} = 0. \tag{7.2.8}$$

证明 根据定理 7.2.1 和题设,由式 (7.2.1) 中 $n \geqslant 5$ 的情形,即得:对任意的 $q = 1, 2, \cdots, (2n-1)!!$,式 (7.2.7) 成立的充分必要条件是式 (7.2.8) 成立.

推论 7.2.12 设 $S = \{P_1, P_2, \cdots, P_{10}\}$ 是十点的集合, $(S_2^j, T_8^j) = (P_{i_1}, P_{i_2}; P_{i_3}, P_{i_4}, \cdots, P_{i_{10}})(i_1, i_2, \cdots, i_{10} = 1, 2, \cdots, 10; i_1 < i_2)$ 是 S 的完备集对, G_2^j, H_8^j

7.2 2n 点集 2-类重心线三角形有向面积的定值定理与应用

$(j = 1, 2, \cdots, 45)$ 依次是 (S_2^j, T_8^j) 中两个集合的重心, $G_2^j H_8^j (j = 1, 2, \cdots, 45)$ 是 S 的 2-类重心线, $S_2^{j_1^q}, S_2^{j_2^q}, \cdots, S_2^{j_5^q} (q = 1, 2, \cdots, 945)$ 为 S 的第 q-个两点子集单倍组, P 是平面上任意一点. 若 $P, G_2^{l_5^q}, H_8^{l_5^q}(l_5^q \in J_5^q)$ 三点共线, 则对任意的 $q = 1, 2, \cdots, 945$, 均有两重心线三角形 $PG_2^{l_1^q} H_8^{l_1^q}, PG_2^{l_2^q} H_8^{l_2^q}(l_1^q < l_2^q)$ 面积相等方向相反的充分必要条件是另两重心线三角形 $PG_2^{l_3^q} H_8^{l_3^q}, PG_2^{l_4^q} H_8^{l_4^q}(l_1^q < l_3^q < l_4^q)$ 面积相等方向相反.

证明 根据定理 7.2.5 和题设, 对任意的 $q = 1, 2, \cdots, 945$, 由 $\mathrm{D}_{PG_2^{l_n^q} H_{2n-2}^{l_n^q}} = 0 (l_n^q \in J_n^q)$ 以及式 (7.2.7) 和 (7.2.8) 中 $n = 5$ 的情形的几何意义, 即得.

推论 7.2.13 设 $S = \{P_1, P_2, \cdots, P_{12}\}$ 是十二点的集合, $(S_2^j, T_{10}^j) = (P_{i_1}, P_{i_2}; P_{i_3}, P_{i_4}, \cdots, P_{i_{12}})(i_1, i_2, \cdots, i_{12} = 1, 2, \cdots, 12; i_1 < i_2)$ 是 S 的完备集对, $G_2^j, H_{10}^j (j = 1, 2, \cdots, 66)$ 依次是 (S_2^j, T_{10}^j) 中两个集合的重心, $G_2^j H_{10}^j (j = 1, 2, \cdots, 66)$ 是 S 的 2-类重心线, $S_2^{j_1^q}, S_2^{j_2^q}, \cdots, S_2^{j_6^q} (q = 1, 2, \cdots, 10395)$ 为 S 的第 q-个两点子集单倍组, P 是平面上任意一点. 若三点 $P, G_2^{l_6^q}, H_{10}^{l_6^q}(l_6^q \in J_6^q)$ 共线, 则对任意的 $q = 1, 2, \cdots, 10395$, 均有两重心线三角形 $PG_2^{l_1^q} H_{10}^{l_1^q}, PG_2^{l_2^q} H_{10}^{l_2^q}$ 面积相等方向相反的充分必要条件是如下三个重心三角形的面积 $\mathrm{a}_{PG_2^{l_3^q} H_{10}^{l_3^q}}, \mathrm{a}_{PG_2^{l_4^q} H_{10}^{l_4^q}}, \mathrm{a}_{PG_2^{l_5^q} H_{10}^{l_5^q}}$ 中, 其中一个较大的面积等于另两个较小的面积的和.

证明 根据定理 7.2.5 和题设, 对任意的 $q = 1, 2, \cdots, 10395$, 由 $\mathrm{D}_{PG_2^{l_n^q} H_{2n-2}^{l_n^q}} = 0 (l_n^q \in J_n^q)$ 以及式 (7.2.7) 和 (7.2.8) 中 $n = 6$ 的情形的几何意义, 即得.

推论 7.2.14 设 $S = \{P_1, P_2, \cdots, P_{2n}\}(n \geqslant 7)$ 是 $2n$ 点的集合, $(S_2^j, T_{2n-2}^j) = (P_{i_1}, P_{i_2}; P_{i_3}, P_{i_4}, \cdots, P_{i_{2n}})(i_1, i_2, \cdots, i_{2n} = 1, 2, \cdots, 2n; i_1 < i_2)$ 是 S 的完备集对, $G_2^j, H_{2n-2}^j (j = 1, 2, \cdots, n(2n-1))$ 依次是 (S_2^j, T_{2n-2}^j) 中两个集合的重心, $G_2^j H_{2n-2}^j (j = 1, 2, \cdots, n(2n-1))$ 是 S 的 2-类重心线, $S_2^{j_1^q}, S_2^{j_2^q}, \cdots, S_2^{j_n^q} (q = 1, 2, \cdots, (2n-1)!!)$ 为 S 的第 q-个两点子集单倍组, P 是平面上任意一点. 若三点 $P, G_2^{l_n^q}, H_{2n-2}^{l_n^q}(l_n^q \in J_n^q)$ 共线, 则对任意的 $q = 1, 2, \cdots, (2n-1)!!$, 均有两重心线三角形 $PG_2^{l_1^q} H_{2n-2}^{l_1^q}, PG_2^{l_2^q} H_{2n-2}^{l_2^q}$ 面积相等方向相反的充分必要条件是如下 $n-3$ 个重心三角形 $\mathrm{a}_{PG_2^{l_3^q} H_{2n-2}^{l_3^q}}, \mathrm{a}_{PG_2^{l_4^q} H_{2n-2}^{l_4^q}}, \cdots, \mathrm{a}_{PG_2^{l_{n-1}^q} H_{2n-2}^{l_{n-1}^q}}$ 中, 其中一个较大的面积等于另外 $n-4$ 个较小的面积的和, 或其中 $t(2 \leqslant t \leqslant [(n-3)/2])$ 个面积的和等于其余 $n-t-3$ 个面积的和.

证明 根据定理 7.2.5 和题设, 对任意的 $q = 1, 2, \cdots, (2n-1)!!$, 由 $\mathrm{D}_{PG_2^{l_n^q} H_{2n-2}^{l_n^q}} = 0 (l_n^q \in J_n^q)$ 以及式 (7.2.7) 和 (7.2.8) 中 $n \geqslant 7$ 的情形的几何意义, 即得.

定理 7.2.6 设 $S = \{P_1, P_2, \cdots, P_{2n}\}(n \geqslant 7)$ 是 $2n$ 点的集合, $(S_2^j, T_{2n-2}^j) = (P_{i_1}, P_{i_2}; P_{i_3}, P_{i_4}, \cdots, P_{i_{2n}})(i_1, i_2, \cdots, i_{2n} = 1, 2, \cdots, 2n; i_1 < i_2)$ 是 S 的完备集

对，$G_2^j, H_{2n-2}^j (j=1,2,\cdots,n(2n-1))$ 依次是 (S_2^j, T_{2n-2}^j) 中两个集合的重心，$G_2^j H_{2n-2}^j (j=1,2,\cdots,n(2n-1))$ 是 S 的 2-类重心线，$S_2^{j_1^q}, S_2^{j_2^q}, \cdots, S_2^{j_n^q}(q=1,2,\cdots,(2n-1)!!)$ 为 S 的第 q 个两点子集单倍组，P 是平面上任意一点. 若 $D_{PG_2^{l_n^q} H_{2n-2}^{l_n^q}} = 0(l_n^q \in J_n^q)$，则对任意的 $q=1,2,\cdots,(2n-1)!!; 3 \leqslant s \leqslant [(n-1)/2]$，如下两式均等价：

$$D_{PG_2^{l_1^q} H_{2n-2}^{l_1^q}} + D_{PG_2^{l_2^q} H_{2n-2}^{l_2^q}} + \cdots + D_{PG_2^{l_s^q} H_{2n-2}^{l_s^q}} = 0, \qquad (7.2.9)$$

$$D_{PG_2^{l_{s+1}^q} H_{2n-2}^{l_{s+1}^q}} + D_{PG_2^{l_{s+2}^q} H_{2n-2}^{l_{s+2}^q}} + \cdots + D_{PG_2^{l_{n-1}^q} H_{2n-2}^{l_{n-1}^q}} = 0. \qquad (7.2.10)$$

证明 根据定理 7.2.1 和题设，由式 (7.2.1) 中 $n \geqslant 7$ 的情形，即得：对任意的 $q=1,2,\cdots,(2n-1)!!; 3 \leqslant s \leqslant [(n-1)/2]$，式 (7.2.9) 成立的充分必要条件是式 (7.2.10) 成立.

推论 7.2.15 设 $S=\{P_1, P_2, \cdots, P_{14}\}$ 是十四点的集合，$(S_2^j, T_{12}^j) = (P_{i_1}, P_{i_2}; P_{i_3}, P_{i_4}, \cdots, P_{i_{14}})(i_1, i_2, \cdots, i_{14} = 1,2,\cdots,14; i_1 < i_2)$ 是 S 的完备集对，$G_2^j, H_{12}^j(j=1,2,\cdots,91)$ 依次是 (S_2^j, T_{12}^j) 中两个集合的重心，$G_2^j H_{12}^j(j=1,2,\cdots,91)$ 是 S 的 2-类重心线，$S_2^{j_1^q}, S_2^{j_2^q}, \cdots, S_2^{j_7^q}(q=1,2,\cdots,135135)$ 为 S 的第 q 个两点子集单倍组，P 是平面上任意一点. 若三点 $P, G_2^{l_7^q}, H_{12}^{l_7^q}(l_7^q \in J_7^q)$ 共线，则对任意的 $q=1,2,\cdots,135135$，均有如下三个重心三角形的面积 $a_{PG_2^{l_1^q} H_{12}^{l_1^q}}, a_{PG_2^{l_2^q} H_{12}^{l_2^q}}, a_{PG_2^{l_3^q} H_{12}^{l_3^q}}$ 中，其中一个较大的面积等于另两个较小的面积的和的充分必要条件是其余三个重心三角形的面积 $a_{PG_2^{l_4^q} H_{12}^{l_4^q}}, a_{PG_2^{l_5^q} H_{12}^{l_5^q}}, a_{PG_2^{l_6^q} H_{12}^{l_6^q}}$ 中，其中一个较大的面积等于另两个较小的面积的和.

证明 根据定理 7.2.6 和题设，对任意的 $q=1,2,\cdots,135135$，由 $D_{PG_2^{l_n^q} H_{2n-2}^{l_n^q}} = 0(l_n^q \in J_n^q)$ 以及式 (7.2.9) 和 (7.2.10) 中 $n=7, s=3$ 的情形的几何意义，即得.

推论 7.2.16 设 $S=\{P_1, P_2, \cdots, P_{2n}\}(n \geqslant 8)$ 是 $2n$ 点的集合，$(S_2^j, T_{2n-2}^j) = (P_{i_1}, P_{i_2}; P_{i_3}, P_{i_4}, \cdots, P_{i_{2n}})(i_1, i_2, \cdots, i_{2n} = 1,2,\cdots,2n; i_1 < i_2)$ 是 S 的完备集对，$G_2^j, H_{2n-2}^j(j=1,2,\cdots,n(2n-1))$ 依次是 (S_2^j, T_{2n-2}^j) 中两个集合的重心，$G_2^j H_{2n-2}^j(j=1,2,\cdots,n(2n-1))$ 是 S 的 2-类重心线，$S_2^{j_1^q}, S_2^{j_2^q}, \cdots, S_2^{j_n^q}(q=1,2,\cdots,(2n-1)!!)$ 为 S 的第 q 个两点子集单倍组，P 是平面上任意一点. 若三点 $P, G_2^{l_n^q}, H_{2n-2}^{l_n^q}(l_n^q \in J_n^q)$ 共线，则对任意的 $q=1,2,\cdots,(2n-1)!!$，均有如下三个重心线三角形的面积 $a_{PG_2^{l_1^q} H_{2n-2}^{l_1^q}}, a_{PG_2^{l_2^q} H_{2n-2}^{l_2^q}}, a_{PG_2^{l_3^q} H_{2n-2}^{l_3^q}}$ 中，其中一个较大的面积等于另外两个较小的面积的和的充分必要条件是其余 $n-4$ 个重心线三角形的

7.2 $2n$ 点集 2-类重心线三角形有向面积的定值定理与应用

面积 $a_{PG_2^{l_4^q}H_{2n-2}^{l_4^q}}, a_{PG_2^{l_5^q}H_{2n-2}^{l_5^q}}, \cdots, a_{PG_2^{l_{n-1}^q}H_{2n-2}^{l_{n-1}^q}}$ 中, 其中一个较大的面积等于另外 $n-5$ 个较小的面积的和, 或其中 $t_2(2 \leqslant t_2 \leqslant [(n-4)/2])$ 个面积的和等于另外 $n-t_2-4$ 个面积的和.

证明 根据定理 7.2.6 和题设, 对任意的 $q=1,2,\cdots,(2n-1)!!$, 由 $D_{PG_2^{l_n^q}H_{2n-2}^{l_n^q}} = 0 (l_n^q \in J_n^q)$ 以及式 (7.2.9) 和 (7.2.10) 中 $n \geqslant 8, s=3$ 的情形的几何意义, 即得.

推论 7.2.17 设 $S = \{P_1, P_2, \cdots, P_{2n}\}(n \geqslant 9)$ 是 $2n$ 点的集合, $(S_2^j, T_{2n-2}^j) = (P_{i_1}, P_{i_2}; P_{i_3}, P_{i_4}, \cdots, P_{i_{2n}})(i_1, i_2, \cdots, i_{2n} = 1, 2, \cdots, 2n; i_1 < i_2)$ 是 S 的完备集对, $G_2^j, H_{2n-2}^j(j=1,2,\cdots,n(2n-1))$ 依次是 (S_2^j, T_{2n-2}^j) 中两个集合的重心, $G_2^j H_{2n-2}^j(j=1,2,\cdots,n(2n-1))$ 是 S 的 2-类重心线, $S_2^{j_1^q}, S_2^{j_2^q}, \cdots, S_2^{j_n^q}(q=1,2,\cdots,(2n-1)!!)$ 为 S 的第 q-个两点子集单倍组, P 是平面上任意一点. 若三点 $P, G_2^{l_n^q}, H_{2n-2}^{l_n^q}(l_n^q \in J_n^q)$ 共线, 则对任意的 $q=1,2,\cdots,(2n-1)!!$, 均有如下 $s(4 \leqslant s \leqslant [(n-1)/2])$ 个重心线三角形的面积 $a_{PG_2^{l_1^q}H_{2n-2}^{l_1^q}}, a_{PG_2^{l_2^q}H_{2n-2}^{l_2^q}}, \cdots, a_{PG_2^{l_s^q}H_{2n-2}^{l_s^q}}$ 中, 其中一个较大的面积等于另外 $s-1$ 个较小的面积的和, 或其中 $t_1(2 \leqslant t_1 \leqslant [s/2])$ 个面积的和等于另外 $s-t_1$ 个面积的和的充分必要条件是其余 $n-s-1$ 个重心线三角形的面积 $a_{PG_2^{l_{s+1}^q}H_{2n-2}^{l_{s+1}^q}}, a_{PG_2^{l_{s+2}^q}H_{2n-2}^{l_{s+2}^q}}, \cdots, a_{PG_2^{l_{n-1}^q}H_{2n-2}^{l_{n-1}^q}}$ 中, 其中一个较大的面积等于另外 $n-s-2$ 较小的面积的和, 或其中 $t_2(2 \leqslant t_2 \leqslant [(n-s-1)/2])$ 个面积的和等于另外 $n-s-t_2-1$ 个面积的和.

证明 根据定理 7.2.6 和题设, 对任意的 $q=1,2,\cdots,(2n-1)!!; 4 \leqslant s \leqslant [(n-1)/2]$, 由 $D_{PG_2^{l_n^q}H_{2n-2}^{l_n^q}} = 0(l_n^q \in J_n^q)$ 以及式 (7.2.9) 和 (7.2.10) 中 $n \geqslant 9$ 的情形的几何意义, 即得.

推论 7.2.18 设 $P_1P_2\cdots P_{2n}(n \geqslant 5 \vee n \geqslant 6 \vee n \geqslant 7 \vee n \geqslant 8 \vee n \geqslant 9)$ 是 $2n$ 角形 ($2n$ 边形), $G_2^j(j=1,2,\cdots,n(2n-1))$ 依次是各边 $P_1P_2, P_2P_3, \cdots, P_{2n-1}P_{2n}, P_{2n}P_1$ 和对角线 $P_1P_3, P_1P_4, \cdots, P_1P_{2n-1}; P_2P_4, P_2P_5, \cdots, P_2P_{2n}; P_3P_5, P_3P_6, \cdots, P_3P_{2n}; \cdots; P_{2n-2}P_{2n}$ 的中点, $H_{2n-2}^j(j=1,2,\cdots,n(2n-1))$ 是相应的 $2n-2$ 角形 ($2n-2$ 边形) $P_{i_3}P_{i_4}\cdots P_{i_{2n}}$ 的重心, $G_2^j H_{2n-2}^j(j=1,2,\cdots,n(2n-1))$ 是 $P_1P_2\cdots P_{2n}$ 的 2-级重心线, $S_2^{j_1^q}, S_2^{j_2^q}, \cdots, S_2^{j_n^q}(q=1,2,\cdots,(2n-1)!!)$ 为 $P_1P_2\cdots P_{2n}$ 的第 q-个两点子集单倍组, P 是 $P_1P_2\cdots P_{2n}$ 所在平面上任意一点. 若相应的条件满足, 则定理 7.2.5 和定理 7.2.6、推论 7.2.12 ~ 推论 7.2.17 的结论均成立.

证明 设 $S = \{P_1, P_2, \cdots, P_{2n}\}$ 是 $2n$ 角形 ($2n$ 边形) $P_1P_2\cdots P_{2n}(n \geqslant 5 \vee n \geqslant 6 \vee n \geqslant 7 \vee n \geqslant 8 \vee n \geqslant 9)$ 顶点的集合, 对不共线 $2n$ 点的集合 S 分别应用理 7.2.5 和定理 7.2.6、推论 7.2.12 ~ 推论 7.2.17, 即得.

7.3 $2n$ 点集 2-类重心线有向距离 (的定值) 定理与应用

本节主要应用有向度量和有向度量定值法, 研究 $2n$ 点集 2-类重心线有向距离的有关问题. 首先, 在一定条件下, 给出点到 $2n$ 点集 2-类重心线有向距离的定值定理, 从而得出该条件下 $2n$ 点集、$2n$ 角形 ($2n$ 边形) 中任意点在重心线所在直线之上、在两重心线外角平分线上的充分必要条件等结论; 其次, 给出共线 $2n$ 点集 2-类重心线的有向距离定理, 从而得出共线 $2n$ 点集中一点与其余 $2n$ 重心重合, 以及共线 $2n$ 点两重心线距离相等方向相反的充分必要条件等结论.

在本节中, 恒假设 $i_1, i_2, \cdots, i_{2n} \in \{1, 2, \cdots, 2n\}$ 且互不相等; $j = j(i_1, i_2) = 1, 2, \cdots, n(2n-1)$ 是关于 i_1, i_2 的函数且其值与 i_1, i_2 的排列次序无关; $l_1^q, l_2^q, \cdots, l_n^q \in J_n^q = \{j_1^q, j_2^q, \cdots, j_n^q\}(q = 1, 2, \cdots, (2n-1)!!)$, 且均互不相等.

7.3.1 点到 $2n$ 点集 2-类重心线有向距离的定值定理与应用

定理 7.3.1 设 $S = \{P_1, P_2, \cdots, P_{2n}\}(n \geqslant 3)$ 是 $2n$ 点的集合, $(S_2^j, T_{2n-2}^j) = (P_{i_1}, P_{i_2}; P_{i_3}, P_{i_4}, \cdots, P_{i_{2n}})(i_1, i_2, \cdots, i_{2n} = 1, 2, \cdots, 2n; i_1 < i_2)$ 是 S 的完备集对, $G_2^j, H_{2n-2}^j (j = 1, 2, \cdots, n(2n-1))$ 依次是 (S_2^j, T_{2n-2}^j) 中两个集合的重心, $G_2^j H_{2n-2}^j (j = 1, 2, \cdots, n(2n-1))$ 是 S 的 2-类重心线, $S_2^{j_1^q}, S_2^{j_2^q}, \cdots, S_2^{j_n^q}(q = 1, 2, \cdots, (2n-1)!!)$ 为 S 的第 q-个两点子集单倍组, P 是平面上任意一点. 若 $\mathrm{d}_{G_2^{l_1^q} H_{2n-2}^{l_1^q}} = \mathrm{d}_{G_2^{l_2^q} H_{2n-2}^{l_2^q}} = \cdots = \mathrm{d}_{G_2^{l_n^q} H_{2n-2}^{l_n^q}} \neq 0$, 则对任意的 $q = 1, 2, \cdots, (2n-1)!!$, 恒有

$$\mathrm{D}_{P\text{-}G_2^{l_1^q} H_{2n-2}^{l_1^q}} + \mathrm{D}_{P\text{-}G_2^{l_2^q} H_{2n-2}^{l_2^q}} + \cdots + \mathrm{D}_{P\text{-}G_2^{l_n^q} H_{2n-2}^{l_n^q}} = 0. \tag{7.3.1}$$

证明 根据定理 7.2.1, 由式 (7.2.1) 和三角形有向面积与有向距离之间的关系并化简, 可得

$$\sum_{j=l_1^q, l_2^q, \cdots, l_n^q} \mathrm{d}_{G_2^j H_{2n-2}^j} \mathrm{D}_{P\text{-}G_2^j H_{2n-2}^j} = 0 \quad (q = 1, 2, \cdots, (2n-1)!!). \tag{7.3.2}$$

因为 $\mathrm{d}_{G_2^{l_1^q} H_{2n-2}^{l_1^q}} = \mathrm{d}_{G_2^{l_2^q} H_{2n-2}^{l_2^q}} = \cdots = \mathrm{d}_{G_2^{l_n^q} H_{2n-2}^{l_n^q}} \neq 0$, 故对任意的 $q = 1, 2, \cdots, (2n-1)!!$, 由上式即得式 (7.3.1).

注 7.3.1 特别地, 当 $n = 3$ 时, 由定理 7.3.1, 即得定理 4.2.3. 因此, 4.2 节的相关结论, 都可以看成是本节相应结论的推论. 故在以下的论述中, 我们主要讨论 $n \geqslant 4$ 的情形, 而对 $n = 3$ 的情形不单独讨论.

推论 7.3.1 设 $S = \{P_1, P_2, \cdots, P_{2n}\}(n \geqslant 4)$ 是 $2n$ 点的集合, $(S_2^j, T_{2n-2}^j) = (P_{i_1}, P_{i_2}; P_{i_3}, P_{i_4}, \cdots, P_{i_{2n}})(i_1, i_2, \cdots, i_{2n} = 1, 2, \cdots, 2n; i_1 < i_2)$ 是 S 的完备集

7.3 2n 点集 2-类重心线有向距离 (的定值) 定理与应用

对, $G_2^j, H_{2n-2}^j (j=1,2,\cdots,n(2n-1))$ 依次是 (S_2^j, T_{2n-2}^j) 中两个集合的重心, $G_2^j H_{2n-2}^j (j=1,2,\cdots,n(2n-1))$ 是 S 的 2-类重心线, $S_2^{j_1^q}, S_2^{j_2^q}, \cdots, S_2^{j_n^q} (q=1,2,\cdots,(2n-1)!!)$ 为 S 的第 q-个两点子集单倍组, P 是平面上任意一点. 若 $d_{G_2^{l_1^q} H_{2n-2}^{l_1^q}} = d_{G_2^{l_2^q} H_{2n-2}^{l_2^q}} = \cdots = d_{G_2^{l_n^q} H_{2n-2}^{l_n^q}} \neq 0$, 则对任意的 $q=1,2,\cdots,(2n-1)!!$, 恒有如下 n 条点 P 到重心线的距离 $d_{P\text{-}G_2^{l_1^q} H_{2n-2}^{l_1^q}}, d_{P\text{-}G_2^{l_2^q} H_{2n-2}^{l_2^q}}, \cdots, d_{P\text{-}G_2^{l_n^q} H_{2n-2}^{l_n^q}}$ 中, 其中一条较长的距离等于另外 $n-1$ 条较短的距离的和, 或其中 $t(2 \leqslant t \leqslant [n/2])$ 条距离的和等于另外 $n-t$ 条距离的和.

证明 根据定理 7.3.1 和题设, 对任意的 $q=1,2,\cdots,(2n-1)!!$, 由式 (7.3.1) 中 $n \geqslant 4$ 的情形的几何意义, 即得.

定理 7.3.2 设 $S = \{P_1, P_2, \cdots, P_{2n}\}(n \geqslant 3)$ 是 $2n$ 点的集合, $(S_2^j, T_{2n-2}^j) = (P_{i_1}, P_{i_2}; P_{i_3}, P_{i_4}, \cdots, P_{i_{2n}})(i_1, i_2, \cdots, i_{2n} = 1,2,\cdots,2n; i_1 < i_2)$ 是 S 的完备集对, $G_2^j, H_{2n-2}^j (j=1,2,\cdots,n(2n-1))$ 依次是 (S_2^j, T_{2n-2}^j) 中两个集合的重心, $G_2^j H_{2n-2}^j (j=1,2,\cdots,n(2n-1))$ 是 S 的 2-类重心线, $S_2^{j_1^q}, S_2^{j_2^q}, \cdots, S_2^{j_n^q} (q=1,2,\cdots,(2n-1)!!)$ 为 S 的第 q-个两点子集单倍组, P 是平面上任意一点. 若 $d_{G_2^{l_1^q} H_{2n-2}^{l_1^q}} \neq 0, d_{G_2^{l_1^q} H_{2n-2}^{l_1^q}} = d_{G_2^{l_2^q} H_{2n-2}^{l_2^q}} = \cdots = d_{G_2^{l_{n-1}^q} H_{2n-2}^{l_{n-1}^q}} \neq 0$, 则对任意的 $q=1,2,\cdots,(2n-1)!!$, 恒有 $D_{P\text{-}G_2^{l_n^q} H_{2n-2}^{l_n^q}} = 0 (l_n^q \in J_n^q)$ 的充分必要条件是

$$D_{P\text{-}G_2^{l_1^q} H_{2n-2}^{l_1^q}} + D_{P\text{-}G_2^{l_2^q} H_{2n-2}^{l_2^q}} + \cdots + D_{P\text{-}G_2^{l_{n-1}^q} H_{2n-2}^{l_{n-1}^q}} = 0. \tag{7.3.3}$$

证明 根据定理 7.3.1 的证明和题设, 由式 (7.3.2), 可得: 对任意的 $q=1,2,\cdots,(2n-1)!!$, 恒有 $D_{P\text{-}G_2^{l_n^q} H_{2n-2}^{l_n^q}} = 0(l_n^q \in J_n^q)$ 的充分必要条件是式 (7.3.3) 成立.

推论 7.3.2 设 $S = \{P_1, P_2, \cdots, P_8\}$ 是八点的集合, $(S_2^j, T_6^j) = (P_{i_1}, P_{i_2}; P_{i_3}, P_{i_4}, \cdots, P_8)(i_1, i_2, \cdots, i_8 = 1,2,\cdots,8; i_1 < i_2)$ 是 S 的完备集对, $G_2^j, H_6^j (j=1,2,\cdots,28)$ 依次是 (S_2^j, T_6^j) 中两个集合的重心, $G_2^j H_6^j (j=1,2,\cdots,28)$ 是 S 的 2-类重心线, $S_2^{j_1^q}, S_2^{j_2^q}, S_2^{j_3^q}, S_2^{j_4^q} (q=1,2,\cdots,105)$ 为 S 的第 q-个两点子集单倍组, P 是平面上任意一点. 若 $d_{G_2^{l_4^q} H_6^{l_4^q}} \neq 0, d_{G_2^{l_1^q} H_6^{l_1^q}} = d_{G_2^{l_2^q} H_6^{l_2^q}} = d_{G_2^{l_3^q} H_6^{l_3^q}} \neq 0$, 则对任意的 $q=1,2,\cdots,105$, 恒有点 P 在重心线 $G_2^{l_4^q} H_6^{l_4^q}(l_4^q \in J_4^q)$ 所在直线上的充分必要条件是如下三条点 P 到重心线的距离 $d_{P\text{-}G_2^{l_1^q} H_6^{l_1^q}}, d_{P\text{-}G_2^{l_2^q} H_6^{l_2^q}}, d_{P\text{-}G_2^{l_3^q} H_6^{l_3^q}}$ 中, 其中一条较长的距离等于另外两条较短的距离的和.

证明 根据定理 7.3.2 和题设, 对任意的 $q=1,2,\cdots,105$, 由 $D_{P\text{-}G_2^{l_n^q} H_{2n-2}^{l_n^q}} = 0(l_n^q \in J_n^q)$ 和式 (7.3.3) 中 $n=4$ 的情形的几何意义, 即得.

推论 7.3.3 设 $S=\{P_1,P_2,\cdots,P_{2n}\}(n\geqslant 5)$ 是 $2n$ 点的集合，$(S_2^j,T_{2n-2}^j)=(P_{i_1},P_{i_2};P_{i_3},P_{i_4},\cdots,P_{i_{2n}})(i_1,i_2,\cdots,i_{2n}=1,2,\cdots,2n;i_1<i_2)$ 是 S 的完备集对，$G_2^j,H_{2n-2}^j(j=1,2,\cdots,n(2n-1))$ 依次是 (S_2^j,T_{2n-2}^j) 中两个集合的重心，$G_2^jH_{2n-2}^j(j=1,2,\cdots,n(2n-1))$ 是 S 的 2-类重心线，$S_2^{j_1^q},S_2^{j_2^q},\cdots,S_2^{j_n^q}(q=1,2,\cdots,(2n-1)!!)$ 为 S 的第 q-个两点子集单倍组，P 是平面上任意一点. 若 $\mathrm{d}_{G_2^{l_n^q}H_{2n-2}^{l_n^q}}\neq 0$, $\mathrm{d}_{G_2^{l_1^q}H_{2n-2}^{l_1^q}}=\mathrm{d}_{G_2^{l_2^q}H_{2n-2}^{l_2^q}}=\cdots=\mathrm{d}_{G_2^{l_{n-1}^q}H_{2n-2}^{l_{n-1}^q}}\neq 0$, 则对任意的 $q=1,2,\cdots,(2n-1)!!$, 恒有点 P 在重心线 $G_2^{l_n^q}H_{2n-2}^{l_n^q}(l_n^q\in J_n^q)$ 所在直线上的充分必要条件是如下 $n-1$ 条点 P 到重心线的距离 $\mathrm{d}_{P\text{-}G_2^{l_1^q}H_{2n-2}^{l_1^q}},\mathrm{d}_{P\text{-}G_2^{l_2^q}H_{2n-2}^{l_2^q}},\cdots,\mathrm{d}_{P\text{-}G_2^{l_{n-1}^q}H_{2n-2}^{l_{n-1}^q}}$ 中，其中一条较长的距离等于另外 $n-2$ 条较短的距离的和，或其中 $t(2\leqslant t\leqslant [(n-1)/2])$ 条的距离的和等于另外 $n-t-1$ 条距离的和.

证明 根据定理 7.3.2 和题设，对任意的 $q=1,2,\cdots,(2n-1)!!$, 由 $\mathrm{D}_{P\text{-}G_2^{l_n^q}H_{2n-2}^{l_n^q}}=0(l_n^q\in J_n^q)$ 和式 (7.3.3) 中 $n\geqslant 5$ 的情形的几何意义，即得.

定理 7.3.3 设 $S=\{P_1,P_2,\cdots,P_{2n}\}(n\geqslant 4)$ 是 $2n$ 点的集合，$(S_2^j,T_{2n-2}^j)=(P_{i_1},P_{i_2};P_{i_3},P_{i_4},\cdots,P_{i_{2n}})(i_1,i_2,\cdots,i_{2n}=1,2,\cdots,2n;i_1<i_2)$ 是 S 的完备集对，$G_2^j,H_{2n-2}^j(j=1,2,\cdots,n(2n-1))$ 依次是 (S_2^j,T_{2n-2}^j) 中两个集合的重心，$G_2^jH_{2n-2}^j(j=1,2,\cdots,n(2n-1))$ 是 S 的 2-类重心线，$S_2^{j_1^q},S_2^{j_2^q},\cdots,S_2^{j_n^q}(q=1,2,\cdots,(2n-1)!!)$ 为 S 的第 q-个两点子集单倍组，P 是平面上任意一点. 若 $\mathrm{d}_{G_2^{l_1^q}H_{2n-2}^{l_1^q}}=\mathrm{d}_{G_2^{l_2^q}H_{2n-2}^{l_2^q}}\neq 0, \mathrm{d}_{G_2^{l_3^q}H_{2n-2}^{l_3^q}}=\mathrm{d}_{G_2^{l_4^q}H_{2n-2}^{l_4^q}}=\cdots=\mathrm{d}_{G_2^{l_n^q}H_{2n-2}^{l_n^q}}\neq 0$, 则对任意的 $q=1,2,\cdots,(2n-1)!!$, 如下两式均等价：

$$\mathrm{D}_{P\text{-}G_2^{l_1^q}H_{2n-2}^{l_1^q}}+\mathrm{D}_{P\text{-}G_2^{l_2^q}H_{2n-2}^{l_2^q}}=0 \quad (\mathrm{d}_{P\text{-}G_2^{l_1^q}H_{2n-2}^{l_1^q}}=\mathrm{d}_{P\text{-}G_2^{l_2^q}H_{2n-2}^{l_2^q}}), \tag{7.3.4}$$

$$\mathrm{D}_{P\text{-}G_2^{l_3^q}H_{2n-2}^{l_3^q}}+\mathrm{D}_{P\text{-}G_2^{l_4^q}H_{2n-2}^{l_4^q}}+\cdots+\mathrm{D}_{P\text{-}G_2^{l_n^q}H_{2n-2}^{l_n^q}}=0. \tag{7.3.5}$$

证明 根据定理 7.3.1 的证明和题设，由式 (7.3.2) 中 $n\geqslant 4$ 的情形，即得：对任意的 $q=1,2,\cdots,(2n-1)!!$, 式 (7.3.4) 成立的充分必要条件是式 (7.3.5) 成立.

推论 7.3.4 设 $S=\{P_1,P_2,\cdots,P_8\}$ 是八点的集合，$(S_2^j,T_6^j)=(P_{i_1},P_{i_2};P_{i_3},P_{i_4},\cdots,P_{i_8})(i_1,i_2,\cdots,i_8=1,2,\cdots,8;i_1<i_2)$ 是 S 的完备集对，$G_2^j,H_6^j(j=1,2,\cdots,28)$ 依次是 (S_2^j,T_6^j) 中两个集合的重心，$G_2^jH_6^j(j=1,2,\cdots,28)$ 是 S 的 2-类重心线，$S_2^{j_1^q},S_2^{j_2^q},S_2^{j_3^q},S_2^{j_4^q}(q=1,2,\cdots,105)$ 为 S 的第 q-个两点子集单倍组，P 是平面上任意一点. 若 $\mathrm{d}_{G_2^{l_1^q}H_7^{l_1^q}}=\mathrm{d}_{G_2^{l_2^q}H_7^{l_2^q}}\neq 0, \mathrm{d}_{G_2^{l_3^q}H_7^{l_3^q}}=\mathrm{d}_{G_2^{l_4^q}H_7^{l_4^q}}\neq 0$, 则对任意的 $q=1,2,\cdots,105$, 均有点 P 在两重心线 $G_2^{l_1^q}H_6^{l_1^q},G_2^{l_2^q}H_6^{l_2^q}(l_1^q<l_2^q)$ 外角平分线

7.3 2n 点集 2-类重心线有向距离 (的定值) 定理与应用

上的充分必要条件是点 P 在另两重心线 $G_2^{l_3^q} H_6^{l_3^q}, G_2^{l_4^q} H_6^{l_4^q} (l_1^q < l_3^q < l_4^q)$ 外角平分线上.

证明 根据定理 7.3.3 和题设, 对任意的 $q = 1, 2, \cdots, 105$, 由式 (7.3.4) 和 (7.3.5) 中 $n = 4$ 的情形的几何意义, 即得.

推论 7.3.5 设 $S = \{P_1, P_2, \cdots, P_{10}\}$ 是十点的集合, $(S_2^j, T_8^j) = (P_{i_1}, P_{i_2}; P_{i_3}, P_{i_4}, \cdots, P_{i_{10}})(i_1, i_2, \cdots, i_{10} = 1, 2, \cdots, 10; i_1 < i_2)$ 是 S 的完备集对, $G_2^j, H_8^j (j = 1, 2, \cdots, 45)$ 依次是 (S_2^j, T_8^j) 中两个集合的重心, $G_2^j H_8^j (j = 1, 2, \cdots, 45)$ 是 S 的 2-类重心线, $S_2^{j_1^q}, S_2^{j_2^q}, \cdots, S_2^{j_5^q} (q = 1, 2, \cdots, 945)$ 为 S 的第 q-个两点子集单倍组, P 是平面上任意一点. 若 $\mathrm{d}_{G_2^{l_1^q} H_8^{l_1^q}} = \mathrm{d}_{G_2^{l_2^q} H_8^{l_2^q}} \neq 0, \mathrm{d}_{G_2^{l_3^q} H_8^{l_3^q}} = \mathrm{d}_{G_2^{l_4^q} H_8^{l_4^q}} = \mathrm{d}_{G_2^{l_5^q} H_8^{l_5^q}} \neq 0$, 则对任意的 $q = 1, 2, \cdots, 945$, 均有点 P 在两重心线 $G_2^{l_1^q} H_8^{l_1^q}, G_2^{l_2^q} H_8^{l_2^q}$ 外角平分线上的充分必要条件是如下三条点 P 到重心线的距离 $\mathrm{d}_{P\text{-}G_2^{l_3^q} H_8^{l_3^q}}, \mathrm{d}_{P\text{-}G_2^{l_4^q} H_8^{l_4^q}}, \mathrm{d}_{P\text{-}G_2^{l_5^q} H_8^{l_5^q}}$ 中, 其中一条较长的距离等于另外两条较短的距离的和.

证明 根据定理 7.3.3 和题设, 对任意的 $q = 1, 2, \cdots, 945$, 由式 (7.3.4) 和 (7.3.5) 中 $n = 5$ 的情形的几何意义, 即得.

推论 7.3.6 设 $S = \{P_1, P_2, \cdots, P_{2n}\}(n \geqslant 6)$ 是 $2n$ 点的集合, $(S_2^j, T_{2n-2}^j) = (P_{i_1}, P_{i_2}; P_{i_3}, P_{i_4}, \cdots, P_{i_{2n}})(i_1, i_2, \cdots, i_{2n} = 1, 2, \cdots, 2n; i_1 < i_2)$ 是 S 的完备集对, $G_2^j, H_{2n-2}^j (j = 1, 2, \cdots, n(2n-1))$ 依次是 (S_2^j, T_{2n-2}^j) 中两个集合的重心, $G_2^j H_{2n-2}^j (j = 1, 2, \cdots, n(2n-1))$ 是 S 的 2-类重心线, $S_2^{j_1^q}, S_2^{j_2^q}, \cdots, S_2^{j_n^q} (q = 1, 2, \cdots, (2n-1)!!)$ 为 S 的第 q-个两点子集单倍组, P 是平面上任意一点, 则对任意的 $q = 1, 2, \cdots, (2n-1)!!$, 均有点 P 在两重心线 $G_2^{l_1^q} H_{2n-2}^{l_1^q}, G_2^{l_2^q} H_{2n-2}^{l_2^q}$ 外角平分线上的充分必要条件是如下 $n-2$ 条点 P 到重心线的距离 $\mathrm{d}_{P\text{-}G_2^{l_3^q} H_{2n-2}^{l_3^q}}, \mathrm{d}_{P\text{-}G_2^{l_4^q} H_{2n-2}^{l_4^q}}, \cdots, \mathrm{d}_{P\text{-}G_2^{l_n^q} H_{2n-2}^{l_n^q}}$ 中, 其中一条较长的距离等于其余 $n-3$ 条距离的和, 或其中 $t(2 \leqslant t \leqslant [(n-2)/2])$ 条距离的和等于其余 $n-t-2$ 条距离的和.

证明 根据定理 7.3.3 和题设, 对任意的 $q = 1, 2, \cdots, (2n-1)!!$, 由式 (7.3.4) 和 (7.3.5) 中 $n \geqslant 6$ 的情形的几何意义, 即得.

定理 7.3.4 设 $S = \{P_1, P_2, \cdots, P_{2n}\}(n \geqslant 6)$ 是 $2n$ 点的集合, $(S_2^j, T_{2n-2}^j) = (P_{i_1}, P_{i_2}; P_{i_3}, P_{i_4}, \cdots, P_{i_{2n}})(i_1, i_2, \cdots, i_{2n} = 1, 2, \cdots, 2n; i_1 < i_2)$ 是 S 的完备集对, $G_2^j, H_{2n-2}^j (j = 1, 2, \cdots, n(2n-1))$ 依次是 (S_2^j, T_{2n-2}^j) 中两个集合的重心, $G_2^j H_{2n-2}^j (j = 1, 2, \cdots, n(2n-1))$ 是 S 的 2-类重心线, $S_2^{j_1^q}, S_2^{j_2^q}, \cdots, S_2^{j_n^q} (q = 1, 2, \cdots, (2n-1)!!)$ 为 S 的第 q-个两点子集单倍组, P 是平面上任意一点. 若 $\mathrm{d}_{G_2^{l_1^q} H_{2n-2}^{l_1^q}} = \mathrm{d}_{G_2^{l_2^q} H_{2n-2}^{l_2^q}} = \cdots = \mathrm{d}_{G_2^{l_s^q} H_{2n-2}^{l_s^q}} \neq 0, \mathrm{d}_{G_2^{l_{s+1}^q} H_{2n-2}^{l_{s+1}^q}} = \mathrm{d}_{G_2^{l_{s+2}^q} H_{2n-2}^{l_{s+2}^q}} = \cdots =$

$\mathrm{d}_{G_2^{l_n^q} H_{2n-2}^{l_n^q}} \neq 0$,则对任意的 $q = 1, 2, \cdots, (2n-1)!!$;$3 \leqslant s \leqslant [n/2]$,如下两式均等价:

$$\mathrm{D}_{P\text{-}G_2^{l_1^q} H_{2n-1}^{l_1^q}} + \mathrm{D}_{P\text{-}G_2^{l_2^q} H_{2n-1}^{l_2^q}} + \cdots + \mathrm{D}_{P\text{-}G_2^{l_s^q} H_{2n-1}^{l_s^q}} = 0, \tag{7.3.6}$$

$$\mathrm{D}_{P\text{-}G_2^{l_{s+1}^q} H_{2n-2}^{l_{s+1}^q}} + \mathrm{D}_{P\text{-}G_2^{l_{s+2}^q} H_{2n-2}^{l_{s+2}^q}} + \cdots + \mathrm{D}_{P\text{-}G_2^{l_n^q} H_{2n-2}^{l_n^q}} = 0. \tag{7.3.7}$$

证明 根据定理 7.3.1 的证明和题设,由式 (7.3.2) 中 $n \geqslant 6$ 的情形,即得:对任意的 $q = 1, 2, \cdots, (2n-1)!!$;$3 \leqslant s \leqslant [n/2]$,式 (7.3.6) 成立的充分必要条件是式 (7.3.7) 成立.

推论 7.3.7 设 $S = \{P_1, P_2, \cdots, P_{12}\}$ 是十二点的集合,$(S_2^j, T_{10}^j) = (P_{i_1}, P_{i_2}; P_{i_3}, P_{i_4}, \cdots, P_{i_{12}})(i_1, i_2, \cdots, i_{12} = 1, 2, \cdots, 12; i_1 < i_2)$ 是 S 的完备集对,G_2^j, H_{10}^j $(j = 1, 2, \cdots, 66)$ 依次是 (S_2^j, T_{10}^j) 中两个集合的重心,$G_2^j H_{10}^j (j = 1, 2, \cdots, 66)$ 是 S 的 2-类重心线,$S_2^{j_1}, S_2^{j_2}, \cdots, S_2^{j_6}(q = 1, 2, \cdots, 10395)$ 为 S 的第 q-个两点子集单倍组,P 是平面上任意一点. 若 $\mathrm{d}_{G_2^{l_1^q} H_{10}^{l_1^q}} = \mathrm{d}_{G_2^{l_2^q} H_{10}^{l_2^q}} = \mathrm{d}_{G_2^{l_3^q} H_{10}^{l_3^q}} \neq 0, \mathrm{d}_{G_2^{l_4^q} H_{10}^{l_4^q}} = \mathrm{d}_{G_2^{l_5^q} H_{10}^{l_5^q}} = \mathrm{d}_{G_2^{l_6^q} H_{10}^{l_6^q}} \neq 0$,则对任意的 $q = 1, 2, \cdots, 10395$,均有如下三条点 P 到重心线的距离 $\mathrm{d}_{P\text{-}G_2^{l_1^q} H_{10}^{l_1^q}}, \mathrm{d}_{P\text{-}G_2^{l_2^q} H_{10}^{l_2^q}}, \mathrm{d}_{P\text{-}G_2^{l_3^q} H_{10}^{l_3^q}}$ 中,其中一条较长的距离等于另外两条较短的距离的和的充分必要条件是其余三条点 P 到重心线的距离 $\mathrm{d}_{P\text{-}G_2^{l_4^q} H_{10}^{l_4^q}}, \mathrm{d}_{P\text{-}G_2^{l_5^q} H_{10}^{l_5^q}}, \mathrm{d}_{P\text{-}G_2^{l_6^q} H_{10}^{l_6^q}}$ 中,其中一条较长的距离等于另外两条较短的距离的和.

证明 根据定理 7.3.4 和题设,对任意的 $q = 1, 2, \cdots, 10395$,由式 (7.3.6) 和 (7.3.7) 中 $n = 6, s = 3$ 的情形的几何意义,即得.

推论 7.3.8 设 $S = \{P_1, P_2, \cdots, P_{2n}\}(n \geqslant 7)$ 是 $2n$ 点的集合,$(S_2^j, T_{2n-2}^j) = (P_{i_1}, P_{i_2}; P_{i_3}, P_{i_4}, \cdots, P_{i_{2n}})(i_1, i_2, \cdots, i_{2n} = 1, 2, \cdots, 2n; i_1 < i_2)$ 是 S 的完备集对,$G_2^j, H_{2n-2}^j(j = 1, 2, \cdots, n(2n-1))$ 依次是 (S_2^j, T_{2n-2}^j) 中两个集合的重心,$G_2^j H_{2n-2}^j(j = 1, 2, \cdots, n(2n-1))$ 是 S 的 2-类重心线,$S_2^{j_1}, S_2^{j_2}, \cdots, S_2^{j_n}(q = 1, 2, \cdots, (2n-1)!!)$ 为 S 的第 q-个两点子集单倍组,P 是平面上任意一点. 若 $\mathrm{d}_{G_2^{l_1^q} H_{1}^{l_1^q}} = \mathrm{d}_{G_2^{l_2^q} H_{2n-2}^{l_2^q}} = \mathrm{d}_{G_2^{l_3^q} H_{2n-2}^{l_3^q}} \neq 0, \mathrm{d}_{G_2^{l_4^q} H_{2n-2}^{l_4^q}} = \mathrm{d}_{G_2^{l_5^q} H_{2n-2}^{l_5^q}} = \cdots = \mathrm{d}_{G_2^{l_n^q} H_{2n-2}^{l_n^q}} \neq 0$,则对任意的 $q = 1, 2, \cdots, (2n-1)!!$,均有如下三条点 P 重心线的距离 $\mathrm{d}_{P\text{-}G_2^{l_1^q} H_{12}^{l_1^q}}, \mathrm{d}_{P\text{-}G_2^{l_2^q} H_{12}^{l_2^q}}, \mathrm{d}_{P\text{-}G_2^{l_3^q} H_{12}^{l_3^q}}$ 中,其中一条较长的距离等于另外两条较短的距离的和的充分必要条件是其余 $n-3$ 条点 P 到重心线的距离 $\mathrm{d}_{P\text{-}G_2^{l_4^q} H_{2n-2}^{l_4^q}}, \mathrm{d}_{P\text{-}G_2^{l_5^q} H_{2n-2}^{l_5^q}}$,$\cdots, \mathrm{d}_{P\text{-}G_2^{l_n^q} H_{2n-2}^{l_n^q}}$ 中,其中一条较长的距离等于另外 $n-4$ 条较短的距离的和,或其中 $t(2 \leqslant t \leqslant [(n-3)/2])$ 条距离的和等于另外 $n-t-3$ 条距离的和.

证明 根据定理 7.3.4 和题设, 对任意的 $q = 1, 2, \cdots, (2n-1)!!$, 由式 (7.3.6) 和 (7.3.7) 中 $n \geqslant 7, s = 3$ 的情形的几何意义, 即得.

推论 7.3.9 设 $S = \{P_1, P_2, \cdots, P_{2n}\}(n \geqslant 8)$ 是 $2n$ 点的集合, $(S_2^j, T_{2n-2}^j) = (P_{i_1}, P_{i_2}; P_{i_3}, P_{i_4}, \cdots, P_{i_{2n}})(i_1, i_2, \cdots, i_{2n} = 1, 2, \cdots, 2n; i_1 < i_2)$ 是 S 的完备集对, $G_2^j, H_{2n-2}^j (j = 1, 2, \cdots, n(2n-1))$ 依次是 (S_2^j, T_{2n-2}^j) 中两个集合的重心, $G_2^j H_{2n-2}^j (j = 1, 2, \cdots, n(2n-1))$ 是 S 的 2-类重心线, $S_2^{j_1^q}, S_2^{j_2^q}, \cdots, S_2^{j_n^q}(q = 1, 2, \cdots, (2n-1)!!)$ 为 S 的第 q 个两点子集单倍组, P 是平面上任意一点. 若 $\mathrm{d}_{G_2^{l_1^q} H_{2n-2}^{l_1^q}} = \mathrm{d}_{G_2^{l_2^q} H_{2n-2}^{l_2^q}} = \cdots = \mathrm{d}_{G_2^{l_s^q} H_{2n-2}^{l_s^q}} \neq 0, \mathrm{d}_{G_2^{l_{s+1}^q} H_{2n-2}^{l_{s+1}^q}} = \mathrm{d}_{G_2^{l_{s+2}^q} H_{2n-2}^{l_{s+2}^q}} = \cdots = \mathrm{d}_{G_2^{l_n^q} H_{2n-2}^{l_n^q}} \neq 0$, 则对任意的 $q = 1, 2, \cdots, (2n-1)!!$, 均有如下 $s(4 \leqslant s \leqslant [n/2])$ 条点 P 到重心线的距离 $\mathrm{a}_{P-G_2^{l_1^q} H_{2n-2}^{l_1^q}}, \mathrm{a}_{P-G_2^{l_2^q} H_{2n-2}^{l_2^q}}, \cdots, \mathrm{a}_{P-G_2^{l_s^q} H_{2n-2}^{l_s^q}}$ 中, 其中一条较长的距离等于另外 $s-1$ 条较短的距离的和, 或其中 $t_1(2 \leqslant t_1 \leqslant [s/2])$ 条距离的和等于另外 $s-t_1$ 条距离的和的充分必要条件是其余 $n-s$ 条点 P 到重心线的距离 $\mathrm{d}_{P-G_2^{l_{s+1}^q} H_{2n-2}^{l_{s+1}^q}}, \mathrm{d}_{P-G_2^{l_{s+2}^q} H_{2n-2}^{l_{s+2}^q}}, \cdots, \mathrm{d}_{P-G_2^{l_n^q} H_{2n-2}^{l_n^q}}$ 中, 其中一条较长的距离等于另外 $n-s-1$ 条较短的距离的和, 或其中 $t_2(2 \leqslant t_2 \leqslant [(n-s)/2])$ 条距离的和等于另外 $n-s-t_2$ 条距离的和.

证明 根据定理 7.3.4 和题设, 对任意的 $q = 1, 2, \cdots, (2n-1)!!$, 由式 (7.3.6) 和 (7.3.7) 中 $n \geqslant 8, 4 \leqslant s \leqslant [n/2]$ 的情形的几何意义, 即得.

推论 7.3.10 设 $P_1 P_2 \cdots P_{2n}(n \geqslant 3 \vee n \geqslant 4 \vee n \geqslant 5 \vee n \geqslant 6 \vee n \geqslant 7 \vee n \geqslant 8)$ 是 $2n$ 角形 ($2n$ 边形), $G_2^j(j = 1, 2, \cdots, n(2n-1))$ 依次是各边 $P_1 P_2, P_2 P_3, \cdots, P_{2n-1} P_{2n}, P_{2n} P_1$ 和对角线 $P_1 P_3, P_1 P_4, \cdots, P_1 P_{2n-1}; P_2 P_4, P_2 P_5, \cdots, P_2 P_{2n}; P_3 P_5, P_3 P_6, \cdots, P_3 P_{2n}; \cdots; P_{2n-2} P_{2n}$ 的中点, $H_{2n-2}^j(j = 1, 2, \cdots, n(2n-1))$ 是相应的 $2n-2$ 角形 ($2n-2$ 边形) $P_{i_3} P_{i_4} \cdots P_{i_{2n}}$ 的重心, $G_2^j H_{2n-2}^j (j = 1, 2, \cdots, n(2n-1))$ 是 $P_1 P_2 \cdots P_{2n}$ 的 2-级重心线, $S_2^{j_1^q}, S_2^{j_2^q}, \cdots, S_2^{j_n^q}(q = 1, 2, \cdots, (2n-1)!!)$ 为 $P_1 P_2 \cdots P_{2n}$ 的第 q 个两点子集单倍组, P 是 $P_1 P_2 \cdots P_{2n}$ 所在平面上任意一点. 若相应的条件满足, 则定理 7.3.1 ~ 定理 7.3.4 和推论 7.3.1 ~ 推论 7.3.9 的结论均成立.

证明 设 $S = \{P_1, P_2, \cdots, P_{2n}\}$ 是 $2n$ 角形 ($2n$ 边形) $P_1 P_2 \cdots P_{2n}(n \geqslant 3 \vee n \geqslant 4 \vee n \geqslant 5 \vee n \geqslant 6 \vee n \geqslant 7 \vee n \geqslant 8)$ 顶点的集合, 对不共线 $2n$ 点的集合 S 分别应用定理 7.3.1 ~ 定理 7.3.4 和推论 7.3.1 ~ 推论 7.3.9, 即得.

注 7.3.2 根据定理 7.3.1, 由式 (7.3.1), 也可以得出定理 7.2.5、定理 7.2.6 和推论 7.2.12 ~ 推论 7.2.18 类似的结论, 不一一赘述.

7.3.2 共线 $2n$ 点集 2-类重心线有向距离定理与应用

定理 7.3.5 设 $S = \{P_1, P_2, \cdots, P_{2n}\}(n \geqslant 3)$ 是共线 $2n$ 点的集合,$(S_2^j, T_{2n-1}^j) = (P_{i_1}, P_{i_2}; P_{i_3}, P_{i_4}, \cdots, P_{i_{2n}})(i_1, i_2, \cdots, i_{2n} = 1, 2, \cdots, 2n; i_1 < i_2)$ 是 S 的完备集对,$G_2^j, H_{2n-2}^j (j = 1, 2, \cdots, n(2n-1))$ 分别是 (S_2^j, T_{2n-1}^j) 中两个集合的重心,$G_2^j H_{2n-2}^j (j = 1, 2, \cdots, n(2n-1))$ 是 S 的 2-类重心线,$S_2^{j_1^q}, S_2^{j_2^q}, \cdots, S_2^{j_n^q}(q = 1, 2, \cdots, (2n-1)!!)$ 为 S 的第 q-个两点子集单倍组,则对任意的 $q = 1, 2, \cdots, (2n-1)!!$,恒有

$$\mathrm{D}_{G_2^{l_1^q} H_{2n-2}^{l_1^q}} + \mathrm{D}_{G_2^{l_2^q} H_{2n-2}^{l_2^q}} + \cdots + \mathrm{D}_{G_2^{l_n^q} H_{2n-2}^{l_n^q}} = 0. \tag{7.3.8}$$

证明 不妨设 P 是 $2n$ 个点所在直线外任意一点. 根据定理 7.2.1, 由式 (7.2.1) 和三角形有向面积与有向距离之间的关系, 可得

$$\sum_{j = l_1^q, l_2^q, \cdots, l_n^q} \mathrm{d}_{P\text{-}G_2^j H_{2n-2}^j} \mathrm{D}_{G_2^j H_{2n-2}^j} = 0 \quad (q = 1, 2, \cdots, (2n-1)!!). \tag{7.3.9}$$

因为 $2n$ 个点 $P_1, P_2, \cdots, P_{2n}$ 共线,所以重心线 $G_2^j H_{2n-2}^j (j = l_1^q, l_2^q, \cdots, l_n^q; q = 1, 2, \cdots, (2n-1)!!)$ 共线. 因此

$$\mathrm{d}_{P\text{-}G_2^{l_1^q} H_{2n-2}^{l_1^q}} = \mathrm{d}_{P\text{-}G_2^{l_2^q} H_{2n-2}^{l_2^q}} = \cdots = \mathrm{d}_{P\text{-}G_2^{l_n^q} H_{2n-2}^{l_n^q}} \neq 0 \quad (q = 1, 2, \cdots, (2n-1)!!),$$

故由式 (7.3.9),即得式 (7.3.8).

注 7.3.3 特别地,当 $n = 3$ 时,由定理 7.3.1,即得定理 4.2.5. 因此,4.2 节中相关结论,都可以看成是本节相应结论的推论. 故在以下论述中,我们主要讨论 $n \geqslant 4$ 的情形,而对 $n = 3$ 的情形不单独论及.

推论 7.3.11 设 $S = \{P_1, P_2, \cdots, P_{2n}\}(n \geqslant 4)$ 是共线 $2n$ 点的集合,$(S_2^j, T_{2n-1}^j) = (P_{i_1}, P_{i_2}; P_{i_3}, P_{i_4}, \cdots, P_{i_{2n}})(i_1, i_2, \cdots, i_{2n} = 1, 2, \cdots, 2n; i_1 < i_2)$ 是 S 的完备集对,$G_2^j, H_{2n-2}^j (j = 1, 2, \cdots, n(2n-1))$ 分别是 (S_2^j, T_{2n-1}^j) 中两个集合的重心,$G_2^j H_{2n-2}^j (j = 1, 2, \cdots, n(2n-1))$ 是 S 的 2-类重心线,$S_2^{j_1^q}, S_2^{j_2^q}, \cdots, S_2^{j_n^q}(q = 1, 2, \cdots, (2n-1)!!)$ 为 S 的第 q-个两点子集单倍组,则对任意的 $q = 1, 2, \cdots, (2n-1)!!$,恒有如下 n 条重心线的距离 $\mathrm{d}_{G_2^{l_1^q} H_{2n-2}^{l_1^q}}, \mathrm{d}_{G_2^{l_2^q} H_{2n-2}^{l_2^q}}, \cdots, \mathrm{d}_{G_2^{l_n^q} H_{2n-2}^{l_n^q}}$ 中,其中一条较长的距离等于另外 $n-1$ 条较短的距离的和,或其中 $t(2 \leqslant t \leqslant [n/2])$ 条距离的和等于另外 $n-t$ 条距离的和.

证明 根据定理 7.3.5,对任意的 $q = 1, 2, \cdots, (2n-1)!!$,由式 (7.3.8) 中 $n \geqslant 4$ 的情形的几何意义,即得.

定理 7.3.6 设 $S = \{P_1, P_2, \cdots, P_{2n}\}(n \geqslant 3)$ 是共线 $2n$ 点的集合,$(S_2^j, T_{2n-1}^j) = (P_{i_1}, P_{i_2}; P_{i_3}, P_{i_4}, \cdots, P_{i_{2n}})(i_1, i_2, \cdots, i_{2n} = 1, 2, \cdots, 2n; i_1 < i_2)$ 是 S

的完备集对, $G_2^j, H_{2n-2}^j(j=1,2,\cdots,n(2n-1))$ 分别是 (S_2^j, T_{2n-1}^j) 中两个集合的重心, $G_2^j H_{2n-2}^j(j=1,2,\cdots,n(2n-1))$ 是 S 的 2-类重心线, $S_2^{j_1^q}, S_2^{j_2^q}, \cdots, S_2^{j_n^q}(q=1,2,\cdots,(2n-1)!!)$ 为 S 的第 q-个两点子集单倍组, 则对任意的 $q=1,2,\cdots,(2n-1)!!$, 恒有 $D_{G_2^{l_n^q} H_{2n-2}^{l_n^q}} = 0(l_n^q \in J_n^q)$ 的充分必要条件是

$$D_{G_2^{l_1^q} H_{2n-2}^{l_1^q}} + D_{G_2^{l_2^q} H_{2n-2}^{l_2^q}} + \cdots + D_{G_2^{l_{n-1}^q} H_{2n-2}^{l_{n-1}^q}} = 0. \quad (7.3.10)$$

证明 根据定理 7.3.5, 由式 (7.3.8) 即得: 对任意的 $q=1,2,\cdots,(2n-1)!!$, 恒有 $D_{G_2^{l_n^q} H_{2n-2}^{l_n^q}} = 0(l_n^q \in J_n^q)$ 的充分必要条件是式 (7.3.10) 成立.

推论 7.3.12 设 $S=\{P_1,P_2,\cdots,P_8\}$ 是共线八点的集合, $(S_2^j, T_6^j) = (P_{i_1}, P_{i_2}; P_{i_3}, P_{i_4}, \cdots, P_{i_8})(i_1,i_2,\cdots,i_8=1,2,\cdots,8; i_1<i_2)$ 是 S 的完备集对, $G_2^j, H_6^j(j=1,2,\cdots,28)$ 依次是 (S_2^j, T_6^j) 中两个集合的重心, $G_2^j H_6^j(j=1,2,\cdots,28)$ 是 S 的 2-类重心线, $S_2^{j_1^q}, S_2^{j_2^q}, S_2^{j_3^q}, S_2^{j_4^q}(q=1,2,\cdots,105)$ 为 S 的第 q-个两点子集单倍组, 则对任意的 $q=1,2,\cdots,105$, 恒有两重心点 $G_2^{l_4^q}, H_6^{l_4^q}(l_4^q \in J_4^q)$ 重合的充分必要条件是如下三条重心线的距离 $d_{G_2^{l_1^q} H_6^{l_1^q}}, d_{G_2^{l_2^q} H_6^{l_2^q}}, d_{G_2^{l_3^q} H_6^{l_3^q}}$ 中, 其中一条较长的距离等于另外两条较短的距离的和.

证明 根据定理 7.3.6, 对任意的 $q=1,2,\cdots,105$, 由 $D_{G_2^{l_n^q} H_{2n-2}^{l_n^q}} = 0(l_n^q \in J_n^q)$ 和式 (7.3.10) 中 $n=4$ 的情形的几何意义, 即得.

推论 7.3.13 设 $S=\{P_1,P_2,\cdots,P_{2n}\}(n \geqslant 5)$ 是共线 $2n$ 点的集合, $(S_2^j, T_{2n-1}^j) = (P_{i_1}, P_{i_2}; P_{i_3}, P_{i_4}, \cdots, P_{i_{2n}})(i_1,i_2,\cdots,i_{2n}=1,2,\cdots,2n; i_1<i_2)$ 是 S 的完备集对, $G_2^j, H_{2n-2}^j(j=1,2,\cdots,n(2n-1))$ 分别是 (S_2^j, T_{2n-1}^j) 中两个集合的重心, $G_2^j H_{2n-2}^j(j=1,2,\cdots,n(2n-1))$ 是 S 的 2-类重心线, $S_2^{j_1^q}, S_2^{j_2^q}, \cdots, S_2^{j_n^q}(q=1,2,\cdots,(2n-1)!!)$ 为 S 的第 q-个两点子集单倍组, 则对任意的 $q=1,2,\cdots,(2n-1)!!$, 恒有两重心点 $G_2^{l_n^q}, H_{2n-2}^{l_n^q}(l_n^q \in J_n^q)$ 重合的充分必要条件是如下 $n-1$ 条重心线的距离 $d_{G_2^{l_1^q} H_{2n-2}^{l_1^q}}, d_{G_2^{l_2^q} H_{2n-2}^{l_2^q}}, \cdots, d_{G_2^{l_{n-1}^q} H_{2n-2}^{l_{n-1}^q}}$ 中, 其中一条较长的距离等于另外 $n-2$ 条较短的距离的和, 或其中 $t(2 \leqslant t \leqslant [[(n-1)/2]/2])$ 条距离的和等于另外 $n-t-1$ 条距离的和.

证明 根据定理 7.3.8, 对任意的 $q=1,2,\cdots,(2n-1)!!$, 由 $D_{G_2^{l_n^q} H_{2n-2}^{l_n^q}} = 0(l_n^q \in J_n^q)$ 和式 (7.3.10) 中 $n \geqslant 5$ 的情形的几何意义, 即得.

定理 7.3.7 设 $S=\{P_1,P_2,\cdots,P_{2n}\}(n \geqslant 4)$ 是共线 $2n$ 点的集合, $(S_2^j, T_{2n-1}^j) = (P_{i_1}, P_{i_2}; P_{i_3}, P_{i_4}, \cdots, P_{i_{2n}})(i_1,i_2,\cdots,i_{2n}=1,2,\cdots,2n; i_1<i_2)$ 是 S 的完备集对, $G_2^j, H_{2n-2}^j(j=1,2,\cdots,n(2n-1))$ 分别是 (S_2^j, T_{2n-1}^j) 中两个集合的重心, $G_2^j H_{2n-2}^j(j=1,2,\cdots,n(2n-1))$ 是 S 的 2-类重心线, $S_2^{j_1^q}, S_2^{j_2^q}, \cdots, S_2^{j_n^q}(q=$

$1, 2, \cdots, (2n-1)!!$ 为 S 的第 q-个两点子集单倍组, 则对任意的 $q = 1, 2, \cdots, (2n-1)!!$, 如下两式均等价:

$$\mathrm{D}_{G_2^{l_1^q} H_{2n-2}^{l_1^q}} + \mathrm{D}_{G_2^{l_2^q} H_{2n-2}^{l_2^q}} = 0 \quad (\mathrm{d}_{G_2^{l_1^q} H_{2n-2}^{l_1^q}} = \mathrm{d}_{G_2^{l_2^q} H_{2n-2}^{l_2^q}}), \tag{7.3.11}$$

$$\mathrm{D}_{G_2^{l_3^q} H_{2n-2}^{l_3^q}} + \mathrm{D}_{G_2^{l_4^q} H_{2n-2}^{l_4^q}} + \cdots + \mathrm{D}_{G_2^{l_n^q} H_{2n-2}^{l_n^q}} = 0. \tag{7.3.12}$$

证明 根据定理 7.3.5, 由式 (7.3.8) 中 $n \geqslant 4$ 的情形, 即得: 对任意的 $q = 1, 2, \cdots, (2n-1)!!$, 式 (7.3.11) 的充分必要条件是式 (7.3.12) 成立.

推论 7.3.14 设 $S = \{P_1, P_2, \cdots, P_8\}$ 是共线八点的集合, $(S_2^j, T_6^j) = (P_{i_1}, P_{i_2}; P_{i_3}, P_{i_4}, \cdots, P_{i_8})(i_1, i_2, \cdots, i_8 = 1, 2, \cdots, 8; i_1 < i_2)$ 是 S 的完备集对, G_2^j, H_6^j $(j = 1, 2, \cdots, 28)$ 分别是 (S_2^j, T_6^j) 中两个集合的重心, $G_2^j H_6^j (j = 1, 2, \cdots, 28)$ 是 S 的 2-类重心线, $S_2^{j_1}, S_2^{j_2}, \cdots, S_2^{j_4}(q = 1, 2, \cdots, 105)$ 为 S 的第 q-个两点子集单倍组, 则对任意的 $q = 1, 2, \cdots, 105$, 均有两重心线 $G_2^{l_1^q} H_6^{l_1^q}, G_2^{l_2^q} H_6^{l_2^q}(l_1^q < l_2^q)$ 距离相等方向相反的充分必要条件是另两条重心线 $G_2^{l_3^q} H_6^{l_3^q}, G_2^{l_4^q} H_6^{l_4^q}(l_1^q < l_3^q < l_4^q)$ 距离相等方向相反.

证明 根据定理 7.3.7, 对任意的 $q = 1, 2, \cdots, 105$, 由式 (7.3.11) 和式 (7.3.12) 中 $n = 4$ 的情形的几何意义, 即得.

推论 7.3.15 设 $S = \{P_1, P_2, \cdots, P_{10}\}$ 是共线十点的集合, $(S_2^j, T_8^j) = (P_{i_1}, P_{i_2}; P_{i_3}, P_{i_4}, \cdots, P_{i_{10}})(i_1, i_2, \cdots, i_{10} = 1, 2, \cdots, 10; i_1 < i_2)$ 是 S 的完备集对, $G_2^j, H_8^j(j = 1, 2, \cdots, 45)$ 分别是 (S_2^j, T_8^j) 中两个集合的重心, $G_2^j H_8^j(j = 1, 2, \cdots, 45)$ 是 S 的 2-类重心线, $S_2^{j_1}, S_2^{j_2}, \cdots, S_2^{j_5}(q = 1, 2, \cdots, 945)$ 为 S 的第 q 个两点子集单倍点集组, 则对任意的 $q = 1, 2, \cdots, 945$, 均有两重心线 $G_2^{l_1^q} H_8^{l_1^q}, G_2^{l_2^q} H_8^{l_2^q}$ 距离相等方向相反的充分必要条件是其余三条重心线的距离 $\mathrm{d}_{G_2^{l_3^q} H_8^{l_3^q}}, \mathrm{d}_{G_2^{l_4^q} H_8^{l_4^q}}, \mathrm{d}_{G_2^{l_5^q} H_8^{l_5^q}}$ 中, 其中一条较长的距离等于另外两条较短的距离的和.

证明 根据定理 7.3.7, 对任意的 $q = 1, 2, \cdots, 945$, 由式 (7.3.11) 和式 (7.3.12) 中 $n = 5$ 的情形的几何意义, 即得.

推论 7.3.16 设 $S = \{P_1, P_2, \cdots, P_{2n}\}(n \geqslant 6)$ 是共线 $2n$ 点的集合, $(S_2^j, T_{2n-1}^j) = (P_{i_1}, P_{i_2}; P_{i_3}, P_{i_4}, \cdots, P_{i_{2n}})(i_1, i_2, \cdots, i_{2n} = 1, 2, \cdots, 2n; i_1 < i_2)$ 是 S 的完备集对, $G_2^j, H_{2n-2}^j(j = 1, 2, \cdots, n(2n-1))$ 分别是 (S_2^j, T_{2n-1}^j) 中两个集合的重心, $G_2^j H_{2n-2}^j(j = 1, 2, \cdots, n(2n-1))$ 是 S 的 2-类重心线, $S_2^{j_1}, S_2^{j_2}, \cdots, S_2^{j_n}(q = 1, 2, \cdots, (2n-1)!!)$ 为 S 的第 q-个两点子集单倍组, 则对任意的 $q = 1, 2, \cdots, (2n-1)!!$, 均有两重心线 $G_2^{l_1^q} H_{2n-2}^{l_1^q}, G_2^{l_2^q} H_{2n-2}^{l_2^q}$ 距离相等方向相反的充分必要条件是其余 $n-2$ 条重心线的距离 $\mathrm{d}_{G_2^{l_3^q} H_{2n-2}^{l_3^q}}, \mathrm{d}_{G_2^{l_4^q} H_{2n-2}^{l_4^q}}, \cdots, \mathrm{d}_{G_2^{l_n^q} H_{2n-2}^{l_n^q}}$ 中, 其中一条较长的

距离等于另外 $n-3$ 条较短的距离的和, 或其中 $t(2 \leqslant t \leqslant [(n-2)/2])$ 条距离的和等于另外 $n-t-2$ 条距离的和.

证明 根据定理 7.3.7, 对任意的 $q = 1, 2, \cdots, (2n-1)!!$, 由式 (7.3.11) 和式 (7.3.12) 中 $n \geqslant 6$ 的情形的几何意义, 即得.

定理 7.3.8 设 $S = \{P_1, P_2, \cdots, P_{2n}\}(n \geqslant 6)$ 是共线 $2n$ 点的集合, $(S_2^j, T_{2n-1}^j) = (P_{i_1}, P_{i_2}; P_{i_3}, P_{i_4}, \cdots, P_{i_{2n}})(i_1, i_2, \cdots, i_{2n} = 1, 2, \cdots, 2n; i_1 < i_2)$ 是 S 的完备集对, $G_2^j, H_{2n-2}^j (j = 1, 2, \cdots, n(2n-1))$ 分别是 (S_2^j, T_{2n-1}^j) 中两个集合的重心, $G_2^j H_{2n-2}^j (j = 1, 2, \cdots, n(2n-1))$ 是 S 的 2-类重心线, $S_2^{j_1^q}, S_2^{j_2^q}, \cdots, S_2^{j_n^q} (q = 1, 2, \cdots, (2n-1)!!)$ 为 S 的第 q-个两点子集单倍组, 则对任意的 $q = 1, 2, \cdots, (2n-1)!!$; $3 \leqslant s \leqslant [n/2]$, 如下两式均等价:

$$\mathrm{D}_{G_2^{l_1^q} H_{2n-2}^{l_1^q}} + \mathrm{D}_{G_2^{l_2^q} H_{2n-2}^{l_2^q}} + \cdots + \mathrm{D}_{G_2^{l_s^q} H_{2n-2}^{l_s^q}} = 0, \qquad (7.3.13)$$

$$\mathrm{D}_{G_2^{l_{s+1}^q} H_{2n-2}^{l_{s+1}^q}} + \mathrm{D}_{G_2^{l_{s+2}^q} H_{2n-2}^{l_{s+2}^q}} + \cdots + \mathrm{D}_{G_2^{l_n^q} H_{2n-2}^{l_n^q}} = 0. \qquad (7.3.14)$$

证明 根据定理 7.3.5, 由式 (7.3.8) 中 $n \geqslant 6$ 的情形, 即得: 对任意的 $q = 1, 2, \cdots, (2n-1)!!$; $3 \leqslant s \leqslant [n/2]$, 式 (7.3.13) 成立的充分必要条件是式 (7.3.14) 成立.

推论 7.3.17 设 $S = \{P_1, P_2, \cdots, P_{12}\}$ 是共线十二点的集合, $(S_2^j, T_{10}^j) = (P_{i_1}, P_{i_2}; P_{i_3}, P_{i_4}, \cdots, P_{i_{12}})(i_1, i_2, \cdots, i_{12} = 1, 2, \cdots, 12; i_1 < i_2)$ 是 S 的完备集对, $G_2^j, H_{10}^j (j = 1, 2, \cdots, 66)$ 依次是 (S_2^j, T_{10}^j) 中两个集合的重心, $G_2^j H_{10}^j (j = 1, 2, \cdots, 66)$ 是 S 的 2-类重心线, $S_2^{j_1^q}, S_2^{j_2^q}, \cdots, S_2^{j_6^q} (q = 1, 2, \cdots, 10395)$ 为 S 的第 q-个两点子集单倍组, 则对任意的 $q = 1, 2, \cdots, 10395$, 均有如下三条重心线的距离 $\mathrm{d}_{G_2^{l_1^q} H_{10}^{l_1^q}}, \mathrm{d}_{G_2^{l_2^q} H_{10}^{l_2^q}}, \mathrm{d}_{G_2^{l_3^q} H_{10}^{l_3^q}}$ 中, 其中一条较长的距离等于另外两条较短的距离的和的充分必要条件是其余三条重心线的距离 $\mathrm{d}_{G_2^{l_4^q} H_{10}^{l_4^q}}, \mathrm{d}_{G_2^{l_5^q} H_{10}^{l_5^q}}, \mathrm{d}_{G_2^{l_6^q} H_{10}^{l_6^q}}$ 中, 其中一条较长的距离等于另外两条较短的距离的和.

证明 根据定理 7.3.8, 对任意的 $q = 1, 2, \cdots, 10395$, 由式 (7.3.13) 和 (7.3.14) 中 $n = 6, s = 3$ 的情形的几何意义, 即得.

推论 7.3.18 设 $S = \{P_1, P_2, \cdots, P_{2n}\}(n \geqslant 7)$ 是共线 $2n$ 点的集合, $(S_2^j, T_{2n-1}^j) = (P_{i_1}, P_{i_2}; P_{i_3}, P_{i_4}, \cdots, P_{i_{2n}})(i_1, i_2, \cdots, i_{2n} = 1, 2, \cdots, 2n; i_1 < i_2)$ 是 S 的完备集对, $G_2^j, H_{2n-2}^j (j = 1, 2, \cdots, n(2n-1))$ 分别是 (S_2^j, T_{2n-1}^j) 中两个集合的重心, $G_2^j H_{2n-2}^j (j = 1, 2, \cdots, n(2n-1))$ 是 S 的 2-类重心线, $S_2^{j_1^q}, S_2^{j_2^q}, \cdots, S_2^{j_n^q} (q = 1, 2, \cdots, (2n-1)!!)$ 为 S 的第 q-个两点子集单倍组, 则对任意的 $q = 1, 2, \cdots, (2n-1)!!$, 均有如下三条重心线的距离 $\mathrm{d}_{G_2^{l_1^q} H_{2n-2}^{l_1^q}}, \mathrm{d}_{G_2^{l_2^q} H_{2n-2}^{l_2^q}}, \mathrm{d}_{G_2^{l_3^q} H_{2n-2}^{l_3^q}}$ 中, 其中一条较

长的距离等于另外两条较短的距离的和的充分必要条件是其余 $n-3$ 条重心线的距离 $\mathrm{d}_{G_2^{l_4^q}H_{2n-2}^{l_4^q}},\mathrm{d}_{G_2^{l_5^q}H_{2n-2}^{l_5^q}},\cdots,\mathrm{d}_{G_2^{l_n^q}H_{2n-2}^{l_n^q}}$ 中,其中一条较长的距离等于另外 $n-4$ 条较短的距离的和,或其中 $t(2\leqslant t\leqslant[(n-3)/2])$ 条距离的和等于另外 $n-t-3$ 条距离的和.

证明 根据定理 7.3.8,对任意的 $q=1,2,\cdots,(2n-1)!!$,由式 (7.3.13) 和 (7.3.14) 中 $n\geqslant 7,s=3$ 的情形的几何意义,即得.

推论 7.3.19 设 $S=\{P_1,P_2,\cdots,P_{2n}\}(n\geqslant 8)$ 是共线 $2n$ 点的集合,$(S_2^j,T_{2n-1}^j)=(P_{i_1},P_{i_2};P_{i_3},P_{i_4},\cdots,P_{i_{2n}})(i_1,i_2,\cdots,i_{2n}=1,2,\cdots,2n;i_1<i_2)$ 是 S 的完备集对,$G_2^j,H_{2n-2}^j(j=1,2,\cdots,n(2n-1))$ 分别是 (S_2^j,T_{2n-1}^j) 中两个集合的重心,$G_2^jH_{2n-2}^j(j=1,2,\cdots,n(2n-1))$ 是 S 的 2-类重心线,$S_2^{j_1^q},S_2^{j_2^q},\cdots,S_2^{j_n^q}(q=1,2,\cdots,(2n-1)!!)$ 为 S 的第 q-个两点子集单倍组,则对任意的 $q=1,2,\cdots,(2n-1)!!$,均有如下 $s(4\leqslant s\leqslant[n/2])$ 条重心线的距离 $\mathrm{d}_{G_2^{l_1^q}H_{2n-1}^{l_1^q}},\mathrm{d}_{G_2^{l_2^q}H_{2n-1}^{l_2^q}},\cdots,\mathrm{d}_{G_2^{l_s^q}H_{2n-1}^{l_s^q}}$ 中,其中一条较长的距离等于另外 $s-1$ 条较短的距离的和,或其中 $t_1(2\leqslant t_1\leqslant[s/2])$ 条距离的和等于另外 $s-t_1$ 条距离的和的充分必要条件是其余 $n-s$ 条重心线的距离 $\mathrm{d}_{G_2^{l_{s+1}^q}H_{2n-2}^{l_{s+1}^q}},\mathrm{d}_{G_2^{l_{s+2}^q}H_{2n-2}^{l_{s+2}^q}},\cdots,\mathrm{d}_{G_2^{l_n^q}H_{2n-2}^{l_n^q}}$ 中,其中一条较长的距离等于另外 $n-s-1$ 条较短的距离的和,或其中 $t_2(2\leqslant t_2\leqslant[(n-s)/2])$ 条距离的和等于另外 $n-s-t_2$ 条距离的和.

证明 根据定理 7.3.8,对任意的 $q=1,2,\cdots,(2n-1)!!;4\leqslant s\leqslant[n/2]$,由式 (7.3.13) 和 (7.3.14) 中 $n\geqslant 8$ 的情形的几何意义,即得.

定理 7.3.9 设 $S=\{P_1,P_2,\cdots,P_{2n}\}(n\geqslant 5)$ 是共线 $2n$ 点的集合,$(S_2^j,T_{2n-1}^j)=(P_{i_1},P_{i_2};P_{i_3},P_{i_4},\cdots,P_{i_{2n}})(i_1,i_2,\cdots,i_{2n}=1,2,\cdots,2n;i_1<i_2)$ 是 S 的完备集对,$G_2^j,H_{2n-2}^j(j=1,2,\cdots,n(2n-1))$ 分别是 (S_2^j,T_{2n-1}^j) 中两个集合的重心,$G_2^jH_{2n-2}^j(j=1,2,\cdots,n(2n-1))$ 是 S 的 2-类重心线,$S_2^{j_1^q},S_2^{j_2^q},\cdots,S_2^{j_n^q}(q=1,2,\cdots,(2n-1)!!)$ 为 S 的第 q-个两点子集单倍组. 若 $\mathrm{D}_{G_2^{l_n^q}H_{2n-2}^{l_n^q}}=0(l_n^q\in J_n^q)$,则对任意的 $q=1,2,\cdots,(2n-1)!!$,如下两式均等价:

$$\mathrm{D}_{G_2^{l_1^q}H_{2n-2}^{l_1^q}}+\mathrm{D}_{G_2^{l_2^q}H_{2n-2}^{l_2^q}}=0\quad(\mathrm{d}_{G_2^{l_1^q}H_{2n-2}^{l_1^q}}=\mathrm{d}_{G_2^{l_2^q}H_{2n-2}^{l_2^q}}),\tag{7.3.15}$$

$$\mathrm{D}_{G_2^{l_3^q}H_{2n-2}^{l_3^q}}+\mathrm{D}_{G_2^{l_4^q}H_{2n-2}^{l_4^q}}+\cdots+\mathrm{D}_{G_2^{l_{n-1}^q}H_{2n-2}^{l_{n-1}^q}}=0.\tag{7.3.16}$$

证明 根据定理 7.3.5 和题设,对任意的 $q=1,2,\cdots,(2n-1)!!$,由式 (7.3.8) 中 $n\geqslant 5$ 的情形,即得:式 (7.3.15) 的充分必要条件是式 (7.3.16) 成立.

推论 7.3.20 设 $S=\{P_1,P_2,\cdots,P_{10}\}$ 是共线十点的集合,$(S_2^j,T_8^j)=(P_{i_1},P_{i_2};P_{i_3},P_{i_4},\cdots,P_{i_{10}})(i_1,i_2,\cdots,i_{10}=1,2,\cdots,10;i_1<i_2)$ 是 S 的完备集对,

7.3 2n 点集 2-类重心线有向距离 (的定值) 定理与应用

$G_2^j, H_8^j (j = 1, 2, \cdots, 45)$ 依次是 (S_2^j, T_8^j) 的重心, $G_2^j H_8^j (j = 1, 2, \cdots, 45)$ 是 S 的 2-类重心线, $S_2^{j_1^q}, S_2^{j_2^q}, \cdots, S_2^{j_5^q} (q = 1, 2, \cdots, 945)$ 为 S 的第 q-个两点子集单倍组. 若两重心 $G_2^{l_5^q}, H_8^{l_5^q}(l_5^q \in J_5^q)$ 重合, 则对任意的 $q = 1, 2, \cdots, 945$, 均有两重心线 $G_2^{l_1^q} H_8^{l_1^q}, G_2^{l_2^q} H_8^{l_2^q}(l_1^q < l_2^q)$ 距离相等方向相反的充分必要条件是其余两条重心线 $G_2^{l_3^q} H_8^{l_3^q}, G_2^{l_4^q} H_8^{l_4^q}(l_1^q < l_3^q < l_4^q)$ 距离相等方向相反.

证明 根据定理 7.3.9 和题设, 对任意的 $q = 1, 2, \cdots, 945$, 由 $\mathrm{D}_{G_2^{l_n^q} H_{2n-2}^{l_n^q}} = 0 (l_n^q \in J_n^q)$ 以及式 (7.3.15) 和 (7.3.16) 中 $n = 5$ 的情形的几何意义, 即得.

推论 7.3.21 设 $S = \{P_1, P_2, \cdots, P_{12}\}$ 是共线十二点的集合, $(S_2^j, T_{10}^j) = (P_{i_1}, P_{i_2}; P_{i_3}, P_{i_4}, \cdots, P_{i_{12}}) (i_1, i_2, \cdots, i_{12} = 1, 2, \cdots, 12; i_1 < i_2)$ 是 S 的完备集对, $G_2^j, H_{10}^j (j = 1, 2, \cdots, 66)$ 依次是 (S_2^j, T_{10}^j) 中两个集合的重心, $G_2^j H_{10}^j (j = 1, 2, \cdots, 66)$ 是 S 的 2-类重心线, $S_2^{j_1^q}, S_2^{j_2^q}, \cdots, S_2^{j_6^q} (q = 1, 2, \cdots, 10395)$ 为 S 的第 q-个两点子集单倍组. 若两重心点 $G_2^{l_6^q}, H_{10}^{l_6^q}(l_6^q \in J_6^q)$ 重合, 则对任意的 $q = 1, 2, \cdots, 10395$, 均有两重心线 $G_2^{l_1^q} H_{10}^{l_1^q}, G_2^{l_2^q} H_{10}^{l_2^q}$ 距离相等方向相反的充分必要条件是其余三条重心线的距离 $\mathrm{d}_{G_2^{l_3^q} H_{10}^{l_3^q}}, \mathrm{d}_{G_2^{l_4^q} H_{10}^{l_4^q}}, \mathrm{d}_{G_2^{l_5^q} H_{10}^{l_5^q}}$ 中, 其中一条较长的距离等于另外两条较短的距离的和.

证明 根据定理 7.3.9 和题设, 对任意的 $q = 1, 2, \cdots, 10395$, 由 $\mathrm{D}_{G_2^{l_n^q} H_{2n-2}^{l_n^q}} = 0 (l_n^q \in J_n^q)$ 以及式 (7.3.15) 和 (7.3.16) 中 $n = 6$ 的情形的几何意义, 即得.

推论 7.3.22 设 $S = \{P_1, P_2, \cdots, P_{2n}\}(n \geqslant 7)$ 是共线 $2n$ 点的集合, $(S_2^j, T_{2n-1}^j) = (P_{i_1}, P_{i_2}; P_{i_3}, P_{i_4}, \cdots, P_{i_{2n}})(i_1, i_2, \cdots, i_{2n} = 1, 2, \cdots, 2n; i_1 < i_2)$ 是 S 的完备集对, $G_2^j, H_{2n-2}^j (j = 1, 2, \cdots, n(2n-1))$ 分别是 (S_2^j, T_{2n-1}^j) 中两个集合的重心, $G_2^j H_{2n-2}^j (j = 1, 2, \cdots, n(2n-1))$ 是 S 的 2-类重心线, $S_2^{j_1^q}, S_2^{j_2^q}, \cdots, S_2^{j_n^q} (q = 1, 2, \cdots, (2n-1)!!)$ 为 S 的第 q-个两点子集单倍组. 若两重心点 $G_2^{l_n^q}, H_{2n-2}^{l_n^q}(l_n^q \in J_n^q)$ 重合, 则对任意的 $q = 1, 2, \cdots, (2n-1)!!$, 均有两重心线 $G_2^{l_1^q} H_{2n-2}^{l_1^q}, G_2^{l_2^q} H_{2n-2}^{l_2^q}$ 距离相等方向相反的充分必要条件是其余 $n-3$ 条重心线的距离 $\mathrm{d}_{G_2^{l_3^q} H_{2n-2}^{l_3^q}}, \mathrm{d}_{G_2^{l_4^q} H_{2n-2}^{l_4^q}}, \cdots, \mathrm{d}_{G_2^{l_{n-1}^q} H_{2n-2}^{l_{n-1}^q}}$ 中, 其中一条较长的距离等于另外 $n-4$ 条较短的距离的和, 或其中 $t(2 \leqslant t \leqslant [(n-3)/2])$ 条距离的和等于另外 $n-t-3$ 条距离的和.

证明 根据定理 7.3.9 和题设, 对任意的 $q = 1, 2, \cdots, (2n-1)!!$, 由 $\mathrm{D}_{G_2^{l_n^q} H_{2n-2}^{l_n^q}} = 0 (l_n^q \in J_n^q)$ 以及式 (7.3.15) 和 (7.3.16) 中 $n \geqslant 7$ 的情形的几何意义, 即得.

定理 7.3.10 设 $S = \{P_1, P_2, \cdots, P_{2n}\}(n \geqslant 7)$ 是共线 $2n$ 点的集合, $(S_2^j, T_{2n-1}^j) = (P_{i_1}, P_{i_2}; P_{i_3}, P_{i_4}, \cdots, P_{i_{2n}})(i_1, i_2, \cdots, i_{2n} = 1, 2, \cdots, 2n; i_1 < i_2)$ 是 S 的完备集对, $G_2^j, H_{2n-2}^j (j = 1, 2, \cdots, n(2n-1))$ 分别是 (S_2^j, T_{2n-1}^j) 中两个集合的重心, $G_2^j H_{2n-2}^j (j = 1, 2, \cdots, n(2n-1))$ 是 S 的 2-类重心线, $S_2^{j_1^q}, S_2^{j_2^q}, \cdots, S_2^{j_n^q} (q = $

$1, 2, \cdots, (2n-1)!!)$ 为 S 的第 q-个两点子集单倍组. 若 $D_{G_2^{l_n^q} H_{2n-2}^{l_n^q}} = 0 (l_n^q \in J_n^q)$, 则对任意的 $q = 1, 2, \cdots, (2n-1)!!; 3 \leqslant s \leqslant [(n-1)/2]$, 如下两式均等价:

$$D_{G_2^{l_1^q} H_{2n-2}^{l_1^q}} + D_{G_2^{l_2^q} H_{2n-2}^{l_2^q}} + \cdots + D_{G_2^{l_s^q} H_{2n-2}^{l_s^q}} = 0, \tag{7.3.17}$$

$$D_{G_2^{l_{s+1}^q} H_{2n-2}^{l_{s+1}^q}} + D_{G_2^{l_{s+2}^q} H_{2n-2}^{l_{s+2}^q}} + \cdots + D_{G_2^{l_{n-1}^q} H_{2n-2}^{l_{n-1}^q}} = 0. \tag{7.3.18}$$

证明 根据定理 7.3.5 和题设, 由式 (7.3.8) 中 $n \geqslant 7$ 的情形, 即得: 对任意的 $q = 1, 2, \cdots, (2n-1)!!; 3 \leqslant s \leqslant [(n-1)/2]$, 式 (7.3.17) 成立的充分必要条件是式 (7.3.18) 成立.

推论 7.3.23 设 $S = \{P_1, P_2, \cdots, P_{14}\}$ 是共线十四点的集合, $(S_2^j, T_{12}^j) = (P_{i_1}, P_{i_2}; P_{i_3}, P_{i_4}, \cdots, P_{i_{14}})(i_1, i_2, \cdots, i_{14} = 1, 2, \cdots, 14; i_1 < i_2)$ 是 S 的完备集对, $G_2^j, H_{12}^j (j = 1, 2, \cdots, 91)$ 依次是 (S_2^j, T_{12}^j) 中两个集合的重心, $G_2^j H_{12}^j (j = 1, 2, \cdots, 91)$ 是 S 的 2-类重心线, $S_2^{j_1}, S_2^{j_2}, \cdots, S_2^{j_7} (q = 1, 2, \cdots, 135135)$ 为 S 的第 q-个两点子集单倍组. 若两重心点 $G_2^{l_7^q}, H_{12}^{l_7^q} (l_7^q \in J_7^q)$ 重合, 则对任意的 $q = 1, 2, \cdots, 135135; \min\{l_1^q, l_2^q, l_3^q\} < \min\{l_4^q, l_5^q, l_6^q\}$, 均有如下三条重心线的距离 $d_{G_2^{l_1^q} H_{12}^{l_1^q}}, d_{G_2^{l_2^q} H_{12}^{l_2^q}}, d_{G_2^{l_3^q} H_{12}^{l_3^q}}$ 中, 其中一条较长的距离等于另外两条较短的距离的和的充分必要条件是其余三条重心线的距离 $d_{G_2^{l_4^q} H_{12}^{l_4^q}}, d_{G_2^{l_5^q} H_{12}^{l_5^q}}, d_{G_2^{l_6^q} H_{12}^{l_6^q}}$ 中, 其中一条较长的距离等于另外两条较短的距离的和.

证明 根据定理 7.3.10 和题设, 对任意的 $q = 1, 2, \cdots, 135135; \min\{l_1^q, l_2^q, l_3^q\} < \min\{l_4^q, l_5^q, l_6^q\}$, 由 $D_{G_2^{l_n^q} H_{2n-2}^{l_n^q}} = 0 (l_n^q \in J_n^q)$ 以及式 (7.3.17) 和 (7.3.18) 中 $n = 7$ 的情形的几何意义, 即得.

推论 7.3.24 设 $S = \{P_1, P_2, \cdots, P_{2n}\}(n \geqslant 8)$ 是共线 $2n$ 点的集合, $(S_2^j, T_{2n-1}^j) = (P_{i_1}, P_{i_2}; P_{i_3}, P_{i_4}, \cdots, P_{i_{2n}})(i_1, i_2, \cdots, i_{2n} = 1, 2, \cdots, 2n; i_1 < i_2)$ 是 S 的完备集对, $G_2^j, H_{2n-2}^j (j = 1, 2, \cdots, n(2n-1))$ 分别是 (S_2^j, T_{2n-1}^j) 中两个集合的重心, $G_2^j H_{2n-2}^j (j = 1, 2, \cdots, n(2n-1))$ 是 S 的 2-类重心线, $S_2^{j_1}, S_2^{j_2}, \cdots, S_2^{j_n} (q = 1, 2, \cdots, (2n-1)!!)$ 为 S 的第 q 个两点子集单倍组. 若两重心点 $G_2^{l_n^q}, H_{2n-2}^{l_n^q} (l_n^q \in J_n^q)$ 重合, 则对任意的 $q = 1, 2, \cdots, (2n-1)!!$, 均有如下三条重心线的距离 $d_{P\text{-}G_2^{l_1^q} H_{2n-2}^{l_1^q}}, d_{P\text{-}G_2^{l_2^q} H_{2n-2}^{l_2^q}}, d_{P\text{-}G_2^{l_3^q} H_{2n-2}^{l_3^q}}$ 中, 其中一条较长的距离等于另外两条较短的距离的和的充分必要条件是其余 $n - 4$ 条重心线的距离 $d_{G_2^{l_4^q} H_{2n-2}^{l_4^q}}, d_{P\text{-}G_2^{l_5^q} H_{2n-2}^{l_5^q}}, \cdots, d_{P\text{-}G_2^{l_{n-1}^q} H_{2n-2}^{l_{n-1}^q}}$ 中, 其中一条较长的距离等于另外 $n - 5$ 条较短的距离的和, 或其中 $t(2 \leqslant t \leqslant [(n-4)/2])$ 条距离的和等于另外 $n - t - 4$ 条距离的和.

证明 根据定理 7.3.10, 对任意的 $q = 1, 2, \cdots, (2n-1)!!$, 由 $D_{G_2^{l_n^q} H_{2n-2}^{l_n^q}} = 0 (l_n^q \in J_n^q)$ 以及式 (7.3.17) 和 (7.3.18) 中 $n \geqslant 8, s = 3$ 的情形的几何意义, 即得.

推论 7.3.25 设 $S = \{P_1, P_2, \cdots, P_{2n}\} (n \geqslant 9)$ 是共线 $2n$ 点的集合, $(S_2^j, T_{2n-1}^j) = (P_{i_1}, P_{i_2}; P_{i_3}, P_{i_4}, \cdots, P_{i_{2n}})(i_1, i_2, \cdots, i_{2n} = 1, 2, \cdots, 2n; i_1 < i_2)$ 是 S 的完备集对, $G_2^j, H_{2n-2}^j (j = 1, 2, \cdots, n(2n-1))$ 分别是 (S_2^j, T_{2n-1}^j) 中两个集合的重心, $G_2^j H_{2n-2}^j (j = 1, 2, \cdots, n(2n-1))$ 是 S 的 2-类重心线, $S_2^{j_1^q}, S_2^{j_2^q}, \cdots, S_2^{j_n^q} (q = 1, 2, \cdots, (2n-1)!!)$ 为 S 的第 q-个两点子集单倍组. 若两重心点 $G_2^{l_n^q}, H_{2n-2}^{l_n^q} (l_n^q \in J_n^q)$ 重合, 则对任意的 $q = 1, 2, \cdots, (2n-1)!!$, 均有如下 $s(4 \leqslant s \leqslant [(n-1)/2])$ 条重心线的距离 $d_{G_2^{l_1^q} H_{2n-2}^{l_1^q}}, d_{G_2^{l_2^q} H_{2n-2}^{l_2^q}}, \cdots, d_{G_2^{l_s^q} H_{2n-2}^{l_s^q}}$ 中, 其中一条较长的距离等于另外 $s - 1$ 条较短的距离的和, 或其中 $t_1 (2 \leqslant t_1 \leqslant [s/2])$ 条距离的和等于另外 $s - t_1$ 条距离的和的充分必要条件是其余 $n - s - 1$ 条重心线的距离 $d_{G_2^{l_{s+1}^q} H_{2n-2}^{l_{s+1}^q}}, d_{G_2^{l_{s+2}^q} H_{2n-2}^{l_{s+2}^q}}, \cdots, d_{G_2^{l_{n-1}^q} H_{2n-2}^{l_{n-1}^q}}$ 中, 其中一条较长的距离等于另外 $n - s - 2$ 条较短的距离的和, 或其中 $t_2 (2 \leqslant t_2 \leqslant [(n-s-1)/2])$ 条距离的和等于另外 $n - s - t_2 - 1$ 条距离的和.

证明 根据定理 7.3.10, 对任意的 $q = 1, 2, \cdots, (2n-1)!!$, 由 $D_{G_2^{l_n^q} H_{2n-2}^{l_n^q}} = 0 (l_n^q \in J_n^q)$ 以及式 (7.3.17) 和 (7.3.18) 中 $n \geqslant 9; 4 \leqslant s \leqslant [(n-1)/2]$ 的情形的几何意义, 即得.

第 8 章　$2n$ 点集两类重心线有向度量的定值定理与应用

8.1　$2n$ 点集 1-类 2-类重心线有向度量的定值定理与应用

本节主要应用有向度量和有向度量定值法, 研究 $2n$ 点集 1-类 2-类重心线有向度量的有关问题. 首先, 给出 $2n$ 点集 1-类 2-类重心线三角形有向面积的定值定理及其推论, 从而得出 $2n$ 角形 ($2n$ 边形) 中相应的结论; 其次, 利用上述定值定理, 得出 $2n$ 点集、$2n$ 角形 ($2n$ 边形) 中一个较大的重心线三角形乘数面积等于另几个较小的重心线三角形乘数面积之和, 以及任意点与重心线两端点共线的充分必要条件等结论; 再次, 在一定条件下, 给出点到 $2n$ 点集 1-类 2-类重心线有向距离的定值定理, 从而得出该条件下 $2n$ 点集、$2n$ 角形 ($2n$ 边形) 中任意点在重心线所在直线之上、一条较长的点到重心线乘数距离等于另几条较短的点到重心线乘数距离之和, 以及点到两重心线乘数距离相等侧向相同 (相反) 和点在两重心线外角平分线上的充分必要条件等结论; 最后, 给出共线 $2n$ 点集 1-类 2-类重心线的有向距离定理, 从而得出一条较长的重心线乘数距离等于另几条较短的重心线乘数距离之和, 以及点为共线 $2n$ 点重心线端点的充分必要条件等结论.

因此, 在本节中, 恒假设 $i_1, i_2, \cdots, i_{2n} \in I_{2n} = \{1, 2, \cdots, 2n\}$ 且互不相等; $j = j(i_1, i_2) = 1, 2, \cdots, n(2n-1)$ 是关于 i_1, i_2 的函数且其值与 i_1, i_2 的排列次序无关.

8.1.1　$2n$ 点集 1-类 2-类重心线三角形有向面积定值定理

定理 8.1.1　设 $S = \{P_1, P_2, \cdots, P_{2n}\}(n \geqslant 2)$ 是 $2n$ 点的集合, H^i_{2n-1} 是 $T^i_{2n-1} = \{P_{i+1}, P_{i+2}, \cdots, P_{i+2n-1}\}(i = 1, 2, \cdots, 2n)$ 的重心, $(S^j_2, T^j_{2n-2}) = (P_{i_1}, P_{i_2}; P_{i_3}, P_{i_4}, \cdots, P_{i_{2n}})(i_1, i_2, \cdots, i_{2n} = 1, 2, \cdots, 2n; i_1 < i_2)$ 是 S 的完备集对, $G_{i_1 i_2}, H^j_{2n-2}$ 分别是 (S^j_2, T^j_{2n-2}) 中两个集合的重心, $P_i H^i_{2n-1}(i = 1, 2, \cdots, 2n)$ 是 S 的 1-类重心线, $G_{i_1 i_2} H^j_{2n-2}(j = 1, 2, \cdots, n(2n-1))$ 是 S 的 2-类重心线, P 是平面上任意一点, 则对任意的 $j = j(i_1, i_2) = 1, 2, \cdots, n(2n-1)$, 恒有

$$(2n-1)(\mathrm{D}_{P P_{i_1} H^{i_1}_{2n-1}} + \mathrm{D}_{P P_{i_2} H^{i_2}_{2n-1}}) - 4(n-1)\mathrm{D}_{P G_{i_1 i_2} H^j_{2n-2}} = 0, \qquad (8.1.1)$$

$$(2n-1)\sum_{\beta=3}^{2n} D_{PP_{i_\beta}H_{2n-1}^{i_\beta}} + 4(n-1)D_{PG_{i_1i_2}H_{2n-2}^j} = 0. \tag{8.1.2}$$

证明 设 S 各点和任意点的坐标分别为 $P_i(x_i,y_i)(i=1,2,\cdots,2n)$; $P(x,y)$. 于是 T_{2n-1}^i 和 (S_2^j,T_{2n-2}^j) 中两集合重心的坐标分别为

$$H_{2n-1}^i\left(\frac{1}{2n-1}\sum_{\mu=1}^{2n-1}x_{\mu+i},\frac{1}{2n-1}\sum_{\mu=1}^{2n-1}y_{\mu+i}\right) \quad (i=1,2,\cdots,2n);$$

$$G_{i_1i_2}\left(\frac{x_{i_1}+x_{i_2}}{2},\frac{y_{i_1}+y_{i_2}}{2}\right) \quad (i_1,i_2=1,2,\cdots,2n;i_1<i_2),$$

$$H_{2n-2}^j\left(\frac{1}{2n-2}\sum_{\nu=1}^{2n}x_{i_\nu},\frac{1}{2n-2}\sum_{\nu=1}^{2n}y_{i_\nu}\right) \quad (i_3,i_4,\cdots,i_{2n}=1,2,\cdots,2n),$$

其中 $j=j(i_1,i_2)=1,2,\cdots,n(2n-1)$. 故由定理 7.1.1 和定理 7.2.1 的证明, 可得

$$2(2n-1)D_{PP_1H_{2n-1}^1}$$
$$= x\left[(2n-1)y_1-y_2-y_3-\cdots-y_{2n}\right] - y\left[(2n-1)x_1-x_2-x_3-\cdots-x_{2n}\right]$$
$$+ \left[(x_1y_2-x_2y_1)+(x_1y_3-x_3y_1)+\cdots+(x_1y_{2n}-x_{2n}y_1)\right], \tag{8.1.3}$$

$$2(2n-1)D_{PP_2H_{2n-1}^2}$$
$$= x\left[(2n-1)y_2-y_3-y_4-\cdots-y_{2n}-y_1\right]$$
$$- y\left[(2n-1)x_2-x_3-x_4-\cdots-x_{2n}-x_1\right] + \left[(x_2y_3-x_3y_2)\right.$$
$$+ (x_2y_4-x_4y_2)+\cdots+(x_2y_{2n}-x_{2n}y_2)+(x_2y_1-x_1y_2)\right], \tag{8.1.4}$$

$$8(n-1)D_{PG_2^jH_{2n-2}^j}$$
$$= 2x\left[(n-1)y_1+(n-1)y_2-y_3-y_4-\cdots-y_{2n}\right]$$
$$- 2y\left[(n-1)x_1+(n-1)x_2-x_3-x_4-\cdots-x_{2n}\right]$$
$$+ \left[(x_1y_3-x_3y_1)+(x_1y_4-x_4y_1)+\cdots+(x_1y_{2n}-x_{2n}y_1)\right.$$
$$+ (x_2y_3-x_3y_2)+(x_2y_4-x_4y_2)+\cdots+(x_2y_{2n}-x_{2n}y_2)\right], \tag{8.1.5}$$

式 (8.1.3) + (8.1.4) − (8.1.5), 得

$$2(2n-1)D_{PP_1H_{2n-1}^1} + 2(2n-1)D_{PP_2H_{2n-1}^2} - 8(n-1)D_{PG_{12}H_{2n-2}^1} = 0,$$

因此,当 $j=j(i_1,i_2)=1$ 时,式 (8.1.1) 成立.

类似地,可以证明, $j=j(i_1,i_2)=2,\cdots,n(2n-1)$ 时,式 (8.1.1) 成立.

同理可以证明,式 (8.1.2) 成立.

注 8.1.1 特别地,当 $n=2$ 时,由定理 8.1.1,即得定理 2.2.1;而当 $n=3$ 时,由定理 8.1.1,即得定理 5.2.1. 因此, 2.2 节和 5.2 节的结论,都可以看成是本节相应结论的推论. 故在本节以下论述中,我们主要研究 $n \geqslant 4$ 的情形,而对 $n=2,3$ 的情形不单独论及.

推论 8.1.1 设 $S=\{P_1,P_2,\cdots,P_{2n}\}(n \geqslant 3)$ 是 $2n$ 点的集合, H_{2n-1}^i 是 $T_{2n-1}^i=\{P_{i+1},P_{i+2},\cdots,P_{i+2n-1}\}(i=1,2,\cdots,2n)$ 的重心, $(S_2^j,T_{2n-2}^j)=(P_{i_1},P_{i_2};P_{i_3},P_{i_4},\cdots,P_{i_{2n}})(i_1,i_2,\cdots,i_{2n}=1,2,\cdots,2n;i_1<i_2)$ 是 S 的完备集对, $G_{i_1i_2},H_{2n-2}^j$ 分别是 (S_2^j,T_{2n-2}^j) 中两个集合的重心, $P_iH_{2n-1}^i(i=1,2,\cdots,2n)$ 是 S 的 1-类重心线, $G_{i_1i_2}H_{2n-2}^j(j=1,2,\cdots,n(2n-1))$ 是 S 的 2-类重心线, P 是平面上任意一点, 则对任意的 $j=j(i_1,i_2)=1,2,\cdots,n(2n-1)$, 恒有以下三个重心线三角形的乘数面积 $(2n-1)\mathrm{a}_{PP_{i_1}H_{2n-1}^{i_1}},(2n-1)\mathrm{a}_{PP_{i_2}H_{2n-1}^{i_2}},4(n-1)\mathrm{a}_{PG_{i_1i_2}H_{2n-2}^j}$ 中,其中一个较大的乘数面积等于另两个较小的乘数面积的和;而以下 $2n-1$ 个重心线三角形的乘数面积 $(2n-1)\mathrm{a}_{PP_{i_\beta}H_{2n-1}^{i_\beta}}(\beta=3,4,\cdots,2n);4(n-1)\mathrm{a}_{PG_{i_1i_2}H_{2n-2}^j}$ 中,其中一个较大的乘数面积等于另 $2n-2$ 个较小的乘数面积的和,或其中 $t(2 \leqslant t \leqslant n-1)$ 个乘数面积的和等于另 $2n-t-1$ 个乘数面积的和.

证明 根据定理 8.1.1,对任意的 $j=j(i_1,i_2)=1,2,\cdots,n(2n-1)$,由式 (8.1.1) 和 (8.1.2) 中 $n \geqslant 3$ 的情形的几何意义,即得.

推论 8.1.2 设 $P_1P_2\cdots P_{2n}(n \geqslant 2 \vee n \geqslant 3)$ 是 $2n$ 角形 ($2n$ 边形), $G_2^j(j=1,2,\cdots,n(2n-1))$ 依次是各边 $P_1P_2,P_2P_3,\cdots,P_{2n-1}P_{2n},P_{2n}P_1$ 和对角线 $P_1P_3,P_1P_4,\cdots,P_1P_{2n-1};P_2P_4,P_2P_5,\cdots,P_2P_{2n-1};P_3P_5,P_3P_6,\cdots,P_3P_{2n};\cdots;P_{2n-2}P_{2n}$ 的中点, $H_{2n-2}^j(j=1,2,\cdots,n(2n-1))$ 依次是相应的 $2n-2$ 角形 ($2n-2$ 边形)$P_{i_3}P_{i_4}\cdots P_{i_{2n}}$ 的重心, $P_iH_{2n-1}^i(i=1,2,\cdots,2n)$ 是 $P_1P_2\cdots P_{2n}$ 的 1-级重心线, $G_{i_1i_2}H_{2n-2}^j(j=1,2,\cdots,n(2n-1))$ 是 $P_1P_2\cdots P_{2n}$ 的 2-级重心线, P 是 $P_1P_2\cdots P_{2n}$ 所在平面上任意一点, 则定理 8.1.1 和推论 8.1.1 的结论均成立.

证明 设 $S=\{P_1,P_2,\cdots,P_{2n}\}$ 是 $2n$ 角形 ($2n$ 边形)$P_1P_2\cdots P_{2n}(n \geqslant 2)$ 顶点的集合,对不共线 $2n$ 点的集合 S 分别应用定理 8.1.1 和推论 8.1.1,即得.

推论 8.1.3 设 $S=\{P_1,P_2,\cdots,P_{2n}\}(n \geqslant 2)$ 是 $2n$ 点的集合, H_{2n-1}^i 是 $T_{2n-1}^i=\{P_{i+1},P_{i+2},\cdots,P_{i+2n-1}\}(i=1,2,\cdots,2n)$ 的重心, $(S_2^j,T_{2n-2}^j)=(P_{i_1},P_{i_2};P_{i_3},P_{i_4},\cdots,P_{i_{2n}})(i_1,i_2,\cdots,i_{2n}=1,2,\cdots,2n;i_1<i_2)$ 是 S 的完备集对, $G_{i_1i_2},H_{2n-2}^j$ 分别是 (S_2^j,T_{2n-2}^j) 中两个集合的重心, $G_{i_1i_2}H_{2n-2}^j(j=1,2,\cdots,n(2n-1))$ 是 S 的 2-类重心线, P 是平面上任意一点, 则对任意的 $q=1,2,\cdots,$

$(2n-1)!!$, 式 (7.2.1) 成立.

证明 根据定理 8.1.1, 在式 (8.1.1) 中, 对 $j = j(i_1, i_2) = l_1^1, l_2^1, \cdots, l_n^1$ 求和, 并将式 (7.1.1) 代入后化简, 或式 (8.1.1)+(8.1.2) 并化简, 即得

$$D_{PG_2^{l_1^1} H_{2n-2}^{l_1^1}} + D_{PG_2^{l_2^1} H_{2n-2}^{l_2^1}} + \cdots + D_{PG_2^{l_n^1} H_{2n-2}^{l_n^1}} = 0.$$

因此, $q = 1$ 时, 式 (7.2.1) 成立.

类似地, 可以证明, $q = 2, 3, \cdots, (2n-1)!!$ 时, 式 (7.2.1) 成立.

推论 8.1.4 设 $S = \{P_1, P_2, \cdots, P_{2n}\}(n \geq 2)$ 是 $2n$ 个点的集合, H_{2n-1}^i 是 $T_{2n-1}^i = \{P_{i+1}, P_{i+2}, \cdots, P_{i+2n-1}\}(i = 1, 2, \cdots, 2n)$ 的重心, $P_i H_{2n-1}^i (i = 1, 2, \cdots, 2n)$ 是 S 的 1-类重心线, P 是平面上任意一点, 则式 (7.1.1) 成立.

证明 根据定理 8.1.1, 在式 (8.1.1) 中, 对 $j = j(i_1, i_2) = l_1^1, l_2^1, \cdots, l_n^1$ 求和, 并将式 (7.2.1) 代入后化简, 即得式 (7.1.1).

8.1.2 $2n$ 点集 1-类 2-类重心线三角形有向面积定值定理的应用

定理 8.1.2 设 $S = \{P_1, P_2, \cdots, P_{2n}\}(n \geq 2)$ 是 $2n$ 点的集合, H_{2n-1}^i 是 $T_{2n-1}^i = \{P_{i+1}, P_{i+2}, \cdots, P_{i+2n-1}\}(i = 1, 2, \cdots, 2n)$ 的重心, $(S_2^j, T_{2n-2}^j) = (P_{i_1}, P_{i_2}; P_{i_3}, P_{i_4}, \cdots, P_{i_{2n}})(i_1, i_2, \cdots, i_{2n} = 1, 2, \cdots, 2n; i_1 < i_2)$ 是 S 的完备集对, $G_{i_1 i_2}, H_{2n-2}^j$ 分别是 (S_2^j, T_{2n-2}^j) 中两个集合的重心, $P_i H_{2n-1}^i (i = 1, 2, \cdots, 2n)$ 是 S 的 1-类重心线, $G_{i_1 i_2} H_{2n-2}^j (j = 1, 2, \cdots, n(2n-1))$ 是 S 的 2-类重心线, P 是平面上任意一点, 则对任意的 $j = j(i_1, i_2) = 1, 2, \cdots, n(2n-1)$, 恒有 $D_{PG_{i_1 i_2} H_{2n-2}^j} = 0$ 的充分必要条件是如下两式之一成立:

$$D_{PP_{i_1} H_{2n-1}^{i_1}} + D_{PP_{i_2} H_{2n-1}^{i_2}} = 0 \quad (a_{PP_{i_1} H_{2n-1}^{i_1}} = a_{PP_{i_2} H_{2n-1}^{i_2}}), \tag{8.1.6}$$

$$D_{PP_{i_3} H_{2n-1}^{i_3}} + D_{PP_{i_4} H_{2n-1}^{i_4}} + \cdots + D_{PP_{i_{2n}} H_{2n-1}^{i_{2n}}} = 0. \tag{8.1.7}$$

证明 根据定理 8.1.1, 由式 (8.1.1) 和 (8.1.2), 可得: 对任意的 $j = j(i_1, i_2) = 1, 2, \cdots, n(2n-1)$, 恒有 $D_{PG_{i_1 i_2} H_{2n-2}^j} = 0 \Leftrightarrow$ 式 (8.1.6) 成立 $\Leftrightarrow$ 式 (8.1.7) 成立.

推论 8.1.5 设 $S = \{P_1, P_2, \cdots, P_{2n}\}(n \geq 3)$ 是 $2n$ 点的集合, H_{2n-1}^i 是 $T_{2n-1}^i = \{P_{i+1}, P_{i+2}, \cdots, P_{i+2n-1}\}(i = 1, 2, \cdots, 2n)$ 的重心, $(S_2^j, T_{2n-2}^j) = (P_{i_1}, P_{i_2}; P_{i_3}, P_{i_4}, \cdots, P_{i_{2n}})(i_1, i_2, \cdots, i_{2n} = 1, 2, \cdots, 2n; i_1 < i_2)$ 是 S 的完备集对, $G_{i_1 i_2}, H_{2n-2}^j$ 分别是 (S_2^j, T_{2n-2}^j) 中两个集合的重心, $P_i H_{2n-1}^i (i = 1, 2, \cdots, 2n)$ 是 S 的 1-类重心线, $G_{i_1 i_2} H_{2n-2}^j (j = 1, 2, \cdots, n(2n-1))$ 是 S 的 2-类重心线, P 是平面上任意一点, 则对任意的 $j = j(i_1, i_2) = 1, 2, \cdots, n(2n-1)$, 恒有三点 $P, G_{i_1 i_2}, H_{2n-2}^j$ 共线的充分必要条件是两重心线三角形 $PP_{i_1} H_{2n-1}^{i_1}, PP_{i_2} H_{2n-1}^{i_2}$ 面积相等方向相反; 或以下 $2n-2$ 个重心线三角形的面积 $a_{PP_{i_3} H_{2n-1}^{i_3}}, a_{PP_{i_4} H_{2n-1}^{i_4}}$,

$\cdots, a_{PP_{i_{2n}}H_{2n-1}^{i_{2n}}}$ 中，其中一个较大的面积等于另 $2n-3$ 个较小的面积的和，或其中 $t(2 \leqslant t \leqslant n-1)$ 个面积的和等于另 $2n-t-2$ 个面积的和.

证明 根据定理 8.1.2，对任意的 $j = j(i_1, i_2) = 1, 2, \cdots, n(2n-1)$，由 $D_{PG_{i_1i_2}H_{2n-2}^j} = 0$ 和式 (8.1.6)、$D_{PG_{i_1i_2}H_{2n-2}^j} = 0$ 和式 (8.1.7) 中 $n \geqslant 3$ 的情形的几何意义，即得.

定理 8.1.3 设 $S = \{P_1, P_2, \cdots, P_{2n}\}(n \geqslant 2)$ 是 $2n$ 点的集合，H_{2n-1}^i 是 $T_{2n-1}^i = \{P_{i+1}, P_{i+2}, \cdots, P_{i+2n-1}\}(i = 1, 2, \cdots, 2n)$ 的重心，$(S_2^j, T_{2n-2}^j) = (P_{i_1}, P_{i_2}; P_{i_3}, P_{i_4}, \cdots, P_{i_{2n}})(i_1, i_2, \cdots, i_{2n} = 1, 2, \cdots, 2n; i_1 < i_2)$ 是 S 的完备集对，$G_{i_1i_2}, H_{2n-2}^j$ 分别是 (S_2^j, T_{2n-2}^j) 中两个集合的重心，$P_iH_{2n-1}^i(i = 1, 2, \cdots, 2n)$ 是 S 的 1-类重心线，$G_{i_1i_2}H_{2n-2}^j(j = 1, 2, \cdots, n(2n-1))$ 是 S 的 2-类重心线，P 是平面上任意一点，则对任意的 $j = j(i_1, i_2) = 1, 2, \cdots, n(2n-1)$，恒有

(1) $D_{PP_{i_1}H_{2n-1}^{i_1}} = 0(i_1 \in I_{2n})$ 的充分必要条件是

$$(2n-1)D_{PP_{i_2}H_{2n-1}^{i_2}} - 4(n-1)D_{PG_{i_1i_2}H_{2n-2}^j} = 0; \qquad (8.1.8)$$

(2) $D_{PP_{i_3}H_{2n-1}^{i_3}} = 0(i_3 \in I_{2n}\setminus\{i_1, i_2\})$ 的充分必要条件是

$$(2n-1)\sum_{\beta=4}^{2n} D_{PP_{i_\beta}H_{2n-1}^{i_\beta}} + 4(n-1)D_{PG_{i_1i_2}H_{2n-2}^j} = 0. \qquad (8.1.9)$$

证明 根据定理 8.1.1，由式 (8.1.1) 和 (8.1.9) 可得：对任意的 $j = j(i_1, i_2) = 1, 2, \cdots, n(2n-1)$，恒有 $D_{PP_{i_1}H_{2n-1}^{i_1}} = 0(i_1 \in I_{2n}) \Leftrightarrow$ 式 (8.1.8) 成立，$D_{PP_{i_3}H_{2n-1}^{i_3}} = 0(i_3 \in I_{2n}\setminus\{i_1, i_2\}) \Leftrightarrow$ 式 (8.1.9) 成立.

推论 8.1.6 设 $S = \{P_1, P_2, \cdots, P_{2n}\}(n \geqslant 3)$ 是 $2n$ 点的集合，H_{2n-1}^i 是 $T_{2n-1}^i = \{P_{i+1}, P_{i+2}, \cdots, P_{i+2n-1}\}(i = 1, 2, \cdots, 2n)$ 的重心，$(S_2^j, T_{2n-2}^j) = (P_{i_1}, P_{i_2}; P_{i_3}, P_{i_4}, \cdots, P_{i_{2n}})(i_1, i_2, \cdots, i_{2n} = 1, 2, \cdots, 2n; i_1 < i_2)$ 是 S 的完备集对，$G_{i_1i_2}, H_{2n-2}^j$ 分别是 (S_2^j, T_{2n-2}^j) 中两个集合的重心，$P_iH_{2n-1}^i(i = 1, 2, \cdots, 2n)$ 是 S 的 1-类重心线，$G_{i_1i_2}H_{2n-2}^j(j = 1, 2, \cdots, n(2n-1))$ 是 S 的 2-类重心线，P 是平面上任意一点，则对任意的 $j = j(i_1, i_2) = 1, 2, \cdots, n(2n-1)$，恒有三点 $P, P_{i_1}, H_{2n-1}^{i_1}(i_1 \in I_{2n})$ 共线的充分必要条件是两重心线三角形 $PP_{i_2}H_{2n-1}^{i_2}$，$PG_{i_1i_2}H_{2n-2}^j$ 方向相同且 $(2n-1)a_{PP_{i_2}H_{2n-1}^{i_2}} = 4(n-1)a_{PG_{i_1i_2}H_{2n-2}^j}$；而三点 $P, P_{i_3}, H_{2n-1}^{i_3}(i_3 \in I_{2n}\setminus\{i_1, i_2\})$ 共线的充分必要条件是如下 $2n-2$ 个重心线三角形的乘数面积 $(2n-1)a_{PP_{i_\beta}H_{2n-1}^{i_\beta}}(\beta = 4, 5, \cdots, 2n); 4(n-1)a_{PG_{i_1i_2}H_{2n-2}^j}$ 中，其中一个较大的乘数面积等于另 $2n-3$ 个较小的乘数面积的和，或其中 $t(2 \leqslant t \leqslant n-1)$ 个乘数面积的和等于另 $2n-t-2$ 个乘数面积的和.

证明 根据定理 8.1.3, 对任意的 $j = j(i_1, i_2) = 1, 2, \cdots, n(2n-1)$, 由 $\mathrm{D}_{PP_{i_1}H_{2n-1}^{i_1}} = 0 (i_1 \in I_{2n})$ 和式 (8.1.8)、$\mathrm{D}_{PP_{i_3}H_{2n-1}^{i_3}} = 0 (i_3 \in I_{2n}\backslash\{i_1, i_2\})$ 和式 (8.1.9) 中 $n \geqslant 3$ 的情形的几何意义, 即得.

定理 8.1.4 设 $S = \{P_1, P_2, \cdots, P_{2n}\}(n \geqslant 3)$ 是 $2n$ 点的集合, H_{2n-1}^i 是 $T_{2n-1}^i = \{P_{i+1}, P_{i+2}, \cdots, P_{i+2n-1}\}(i = 1, 2, \cdots, 2n)$ 的重心, $(S_2^j, T_{2n-2}^j) = (P_{i_1}, P_{i_2}; P_{i_3}, P_{i_4}, \cdots, P_{i_{2n}})(i_1, i_2, \cdots, i_{2n} = 1, 2, \cdots, 2n; i_1 < i_2)$ 是 S 的完备集对, $G_{i_1i_2}, H_{2n-2}^j$ 分别是 (S_2^j, T_{2n-2}^j) 中两个集合的重心, $P_iH_{2n-1}^i (i = 1, 2, \cdots, 2n)$ 是 S 的 1-类重心线, $G_{i_1i_2}H_{2n-2}^j(j = 1, 2, \cdots, n(2n-1))$ 是 S 的 2-类重心线, P 是平面上任意一点, 则对任意的 $j = j(i_1, i_2) = 1, 2, \cdots, n(2n-1)$, 以下两式均等价:

$$(2n-1)\mathrm{D}_{PP_{i_{2n}}H_{2n-1}^{i_{2n}}} + 4(n-1)\mathrm{D}_{PG_{i_1i_2}H_{2n-2}^j} = 0, \quad (8.1.10)$$

$$\mathrm{D}_{PP_{i_3}H_{2n-1}^{i_3}} + \mathrm{D}_{PP_{i_4}H_{2n-1}^{i_4}} + \cdots + \mathrm{D}_{PP_{i_{2n-1}}H_{2n-1}^{i_{2n-1}}} = 0. \quad (8.1.11)$$

证明 根据定理 8.1.1, 由式 (8.1.2) 中 $n \geqslant 3$ 的情形, 可得: 对任意的 $j = j(i_1, i_2) = 1, 2, \cdots, n(2n-1)$, 式 (8.1.10) 成立的充分必要条件是式 (8.1.11) 成立.

推论 8.1.7 设 $S = \{P_1, P_2, \cdots, P_{2n}\}(n \geqslant 4)$ 是 $2n$ 点的集合, H_{2n-1}^i 是 $T_{2n-1}^i = \{P_{i+1}, P_{i+2}, \cdots, P_{i+2n-1}\}(i = 1, 2, \cdots, 2n)$ 的重心, $(S_2^j, T_{2n-2}^j) = (P_{i_1}, P_{i_2}; P_{i_3}, P_{i_4}, \cdots, P_{i_{2n}})(i_1, i_2, \cdots, i_{2n} = 1, 2, \cdots, 2n; i_1 < i_2)$ 是 S 的完备集对, $G_{i_1i_2}, H_{2n-2}^j$ 分别是 (S_2^j, T_{2n-2}^j) 中两个集合的重心, $P_iH_{2n-1}^i(i = 1, 2, \cdots, 2n)$ 是 S 的 1-类重心线, $G_{i_1i_2}H_{2n-2}^j(j = 1, 2, \cdots, n(2n-1))$ 是 S 的 2-类重心线, P 是平面上任意一点, 则对任意的 $j = j(i_1, i_2) = 1, 2, \cdots, n(2n-1)$, 恒有两重心线三角形 $PP_{i_{2n}}H_{2n-1}^{i_{2n}}, PG_{i_1i_2}H_{2n-2}^j$ 方向相反且 $(2n-1)\mathrm{a}_{PP_{i_{2n}}H_{2n-1}^{i_{2n}}} = 4(n-1)\mathrm{a}_{PG_{i_1i_2}H_{2n-2}^j}$ 的充分必要条件是如下 $2n-3$ 个重心线三角形的面积 $\mathrm{a}_{PP_{i_3}H_{2n-1}^{i_3}}, \mathrm{a}_{PP_{i_4}H_{2n-1}^{i_4}}, \cdots, \mathrm{a}_{PP_{i_{2n-1}}H_{2n-1}^{i_{2n-1}}}$ 中, 其中一个较大的面积等于另 $2n-4$ 个较小的面积的和, 或其中 $t(2 \leqslant t \leqslant n-2)$ 个面积的和等于另 $2n-t-3$ 个面积的和.

证明 根据定理 8.1.4, 对任意的 $j = j(i_1, i_2) = 1, 2, \cdots, n(2n-1)$, 由式 (8.1.10) 和 (8.1.11) 中 $n \geqslant 4$ 的情形的几何意义, 即得.

定理 8.1.5 设 $S = \{P_1, P_2, \cdots, P_{2n}\}(n \geqslant 3)$ 是 $2n$ 点的集合, H_{2n-1}^i 是 $T_{2n-1}^i = \{P_{i+1}, P_{i+2}, \cdots, P_{i+2n-1}\}(i = 1, 2, \cdots, 2n)$ 的重心, $(S_2^j, T_{2n-2}^j) = (P_{i_1}, P_{i_2}; P_{i_3}, P_{i_4}, \cdots, P_{i_{2n}})(i_1, i_2, \cdots, i_{2n} = 1, 2, \cdots, 2n; i_1 < i_2)$ 是 S 的完备集对, $G_{i_1i_2}, H_{2n-2}^j$ 分别是 (S_2^j, T_{2n-2}^j) 中两个集合的重心, $P_iH_{2n-1}^i(i = 1, 2, \cdots, 2n)$ 是 S 的 1-类重心线, $G_{i_1i_2}H_{2n-2}^j(j = 1, 2, \cdots, n(2n-1))$ 是 S 的 2-类重心线, P 是平面上任意一点, 则对任意的 $j = j(i_1, i_2) = 1, 2, \cdots, n(2n-1)$, 以下两式均

等价:

$$\mathrm{D}_{PP_{i_3}H_{2n-1}^{i_3}} + \mathrm{D}_{PP_{i_4}H_{2n-1}^{i_4}} = 0 \quad (\mathrm{a}_{PP_{i_3}H_{2n-1}^{i_3}} = \mathrm{a}_{PP_{i_4}H_{2n-1}^{i_4}}), \tag{8.1.12}$$

$$(2n-1)\sum_{\beta=5}^{2n}\mathrm{D}_{PP_{i_\beta}H_{2n-1}^{i_\beta}} + 4(n-1)\mathrm{D}_{PG_{i_1i_2}H_{2n-2}^{j}} = 0. \tag{8.1.13}$$

证明 根据定理 8.1.1, 由式 (8.1.2) 中 $n \geqslant 3$ 的情形, 可得: 对任意的 $j = j(i_1,i_2) = 1,2,\cdots,n(2n-1)$, 式 (8.1.12) 成立的充分必要条件是式 (8.1.13) 成立.

推论 8.1.8 设 $S = \{P_1, P_2, \cdots, P_{2n}\}(n \geqslant 4)$ 是 $2n$ 点的集合, H_{2n-1}^i 是 $T_{2n-1}^i = \{P_{i+1}, P_{i+2}, \cdots, P_{i+2n-1}\}(i=1,2,\cdots,2n)$ 的重心, $(S_2^j, T_{2n-2}^j) = (P_{i_1}, P_{i_2}; P_{i_3}, P_{i_4}, \cdots, P_{i_{2n}})(i_1,i_2,\cdots,i_{2n}=1,2,\cdots,2n; i_1 < i_2)$ 是 S 的完备集对, $G_{i_1i_2}, H_{2n-2}^j$ 分别是 (S_2^j, T_{2n-2}^j) 中两个集合的重心, $P_iH_{2n-1}^i(i=1,2,\cdots,2n)$ 是 S 的 1-类重心线, $G_{i_1i_2}H_{2n-2}^j(j=1,2,\cdots,n(2n-1))$ 是 S 的 2-类重心线, P 是平面上任意一点, 则对任意的 $j = j(i_1,i_2) = 1,2,\cdots,n(2n-1)$, 恒有两重心线三角形 $PP_{i_3}H_{2n-1}^{i_3}, PP_{i_4}H_{2n-1}^{i_4}$ 面积相等方向相反的充分必要条件是如下 $2n-3$ 个重心线三角形的乘数面积 $(2n-1)\mathrm{a}_{PP_{i_\beta}H_{2n-1}^{i_\beta}}(\beta=5,6,\cdots,2n); 4(n-1)\mathrm{a}_{PG_{i_1i_2}H_{2n-2}^j}$ 中, 其中一个较大的乘数面积等于另 $2n-4$ 个较小的乘数面积的和, 或其中 $t(2 \leqslant t \leqslant n-2)$ 个乘数面积的和等于另 $2n-t-3$ 个乘数面积的和.

证明 根据定理 8.1.5, 对任意的 $j = j(i_1,i_2) = 1,2,\cdots,n(2n-1)$, 由式 (8.1.12) 和 (8.1.13) 中 $n \geqslant 4$ 的情形的几何意义, 即得.

定理 8.1.6 设 $S = \{P_1, P_2, \cdots, P_{2n}\}(n \geqslant 4)$ 是 $2n$ 点的集合, H_{2n-1}^i 是 $T_{2n-1}^i = \{P_{i+1}, P_{i+2}, \cdots, P_{i+2n-1}\}(i=1,2,\cdots,2n)$ 的重心, $(S_2^j, T_{2n-2}^j) = (P_{i_1}, P_{i_2}; P_{i_3}, P_{i_4}, \cdots, P_{i_{2n}})(i_1,i_2,\cdots,i_{2n}=1,2,\cdots,2n; i_1 < i_2)$ 是 S 的完备集对, $G_{i_1i_2}, H_{2n-2}^j$ 分别是 (S_2^j, T_{2n-2}^j) 中两个集合的重心, $P_iH_{2n-1}^i(i=1,2,\cdots,2n)$ 是 S 的 1-类重心线, $G_{i_1i_2}H_{2n-2}^j(j=1,2,\cdots,n(2n-1))$ 是 S 的 2-类重心线, P 是平面上任意一点, 则对任意的 $j = j(i_1,i_2) = 1,2,\cdots,n(2n-1); 5 \leqslant s \leqslant n+1$, 以下两式均等价:

$$\mathrm{D}_{PP_{i_3}H_{2n-1}^{i_3}} + \mathrm{D}_{PP_{i_4}H_{2n-1}^{i_4}} + \cdots + \mathrm{D}_{PP_{i_s}H_{2n-1}^{i_s}} = 0, \tag{8.1.14}$$

$$(2n-1)\sum_{\beta=s+1}^{2n}\mathrm{D}_{PP_{i_\beta}H_{2n-1}^{i_\beta}} + 4(n-1)\mathrm{D}_{PG_{i_1i_2}H_{2n-2}^{j}} = 0. \tag{8.1.15}$$

证明 根据定理 8.1.1, 由式 (8.1.2) 中 $n \geqslant 4$ 的情形, 可得: 对任意的 $j = j(i_1,i_2) = 1,2,\cdots,n(2n-1); 5 \leqslant s \leqslant n+1$, 式 (8.1.14) 成立的充分必要条件是式 (8.1.15) 成立.

推论 8.1.9 设 $S = \{P_1, P_2, \cdots, P_{2n}\}(n \geqslant 4)$ 是 $2n$ 点的集合, H_{2n-1}^i 是 $T_{2n-1}^i = \{P_{i+1}, P_{i+2}, \cdots, P_{i+2n-1}\}(i = 1, 2, \cdots, 2n)$ 的重心, $(S_2^j, T_{2n-2}^j) = (P_{i_1}, P_{i_2}; P_{i_3}, P_{i_4}, \cdots, P_{i_{2n}})(i_1, i_2, \cdots, i_{2n} = 1, 2, \cdots, 2n; i_1 < i_2)$ 是 S 的完备集对, $G_{i_1 i_2}, H_{2n-2}^j$ 分别是 (S_2^j, T_{2n-2}^j) 中两个集合的重心, $P_i H_{2n-1}^i (i = 1, 2, \cdots, 2n)$ 是 S 的 1-类重心线, $G_{i_1 i_2} H_{2n-2}^j (j = 1, 2, \cdots, n(2n-1))$ 是 S 的 2-类重心线, P 是平面上任意一点, 则对任意的 $j = j(i_1, i_2) = 1, 2, \cdots, n(2n-1)$, 恒有如下三个重心线三角形的面积 $\mathrm{a}_{PP_{i_3}H_{2n-1}^{i_3}}, \mathrm{a}_{PP_{i_4}H_{2n-1}^{i_4}}, \mathrm{a}_{PP_{i_5}H_{2n-1}^{i_5}}$ 中, 其中一个较大的面积等于另两个较小的面积的和的充分必要条件是其余 $2n-4$ 个重心线三角形的乘数面积 $(2n-1)\mathrm{a}_{PP_{i_\beta}H_{2n-1}^{i_\beta}} (\beta = 6, 7, \cdots, 2n); 4(n-1)\mathrm{a}_{PG_{i_1 i_2}H_{2n-2}^j}$ 中, 其中一个较大的乘数面积等于另 $2n-5$ 个较小的乘数面积的和, 或其中 $t(2 \leqslant t \leqslant n-2)$ 个乘数面积的和等于另 $2n-t-4$ 个乘数面积的和.

证明 根据定理 8.1.6, 对任意的 $j = j(i_1, i_2) = 1, 2, \cdots, n(2n-1)$, 由式 (8.1.14) 和 (8.1.15) 中 $n \geqslant 4, s = 5$ 的情形的几何意义, 即得.

推论 8.1.10 设 $S = \{P_1, P_2, \cdots, P_{2n}\}(n \geqslant 5)$ 是 $2n$ 点的集合, H_{2n-1}^i 是 $T_{2n-1}^i = \{P_{i+1}, P_{i+2}, \cdots, P_{i+2n-1}\}(i = 1, 2, \cdots, 2n)$ 的重心, $(S_2^j, T_{2n-2}^j) = (P_{i_1}, P_{i_2}; P_{i_3}, P_{i_4}, \cdots, P_{i_{2n}})(i_1, i_2, \cdots, i_{2n} = 1, 2, \cdots, 2n; i_1 < i_2)$ 是 S 的完备集对, $G_{i_1 i_2}, H_{2n-2}^j$ 分别是 (S_2^j, T_{2n-2}^j) 中两个集合的重心, $P_i H_{2n-1}^i (i = 1, 2, \cdots, 2n)$ 是 S 的 1-类重心线, $G_{i_1 i_2} H_{2n-2}^j (j = 1, 2, \cdots, n(2n-1))$ 是 S 的 2-类重心线, P 是平面上任意一点, 则对任意的 $j = j(i_1, i_2) = 1, 2, \cdots, n(2n-1); 6 \leqslant s \leqslant n+1$, 恒有如下 $s-2$ 个重心线三角形的面积 $\mathrm{a}_{PP_{i_3}H_{2n-1}^{i_3}}, \mathrm{a}_{PP_{i_4}H_{2n-1}^{i_4}}, \cdots, \mathrm{a}_{PP_{i_s}H_{2n-1}^{i_s}}$ 中, 其中一个较大的面积等于另 $s-3$ 个较小的面积的和, 或其中 $t_1(2 \leqslant t_1 \leqslant [(s-2)/2])$ 个面积的和等于另 $s-t_1-2$ 个面积的和的充分必要条件是其余 $2n-s+1$ 个重心线三角形的乘数面积 $(2n-1)\mathrm{a}_{PP_{i_\beta}H_{2n-1}^{i_\beta}} (\beta = s+1, s+2, \cdots, 2n); 4(n-1)\mathrm{a}_{PG_{i_1 i_2}H_{2n-2}^j}$ 中, 其中一个较大的乘数面积等于另 $2n-s$ 个较小的乘数面积的和, 或其中 $t_2(2 \leqslant t_2 \leqslant [(2n-s+1)/2])$ 个乘数面积的和等于另 $2n-s-t_2+1$ 个乘数面积的和.

证明 根据定理 8.1.6, 对任意的 $j = j(i_1, i_2) = 1, 2, \cdots, n(2n-1); 6 \leqslant s \leqslant n+1$, 由式 (8.1.14) 和 (8.1.15) 中 $n \geqslant 5$ 的情形的几何意义, 即得.

推论 8.1.11 设 $P_1 P_2 \cdots P_{2n}(n \geqslant 2 \vee n \geqslant 3 \vee n \geqslant 4 \vee n \geqslant 5)$ 是 $2n$ 角形 ($2n$ 边形), $G_2^j (j = 1, 2, \cdots, n(2n-1))$ 依次是各边 $P_1 P_2, P_2 P_3, \cdots, P_{2n-1} P_{2n}, P_{2n} P_1$ 和对角线 $P_1 P_3, P_1 P_4, \cdots, P_1 P_{2n-1}; P_2 P_4, P_2 P_5, \cdots, P_2 P_{2n-1}; P_3 P_5, P_3 P_6, \cdots, P_3 P_{2n}; \cdots; P_{2n-2} P_{2n}$ 的中点, $H_{2n-2}^j (j = 1, 2, \cdots, n(2n-1))$ 依次是相应的 $2n-2$ 角形 ($2n-2$ 边形)$P_{i_3} P_{i_4} \cdots P_{i_{2n}}$ 的重心, $P_i H_{2n-1}^i (i = 1, 2, \cdots, 2n)$ 是 $P_1 P_2 \cdots P_{2n}$

的 1-级重心线，$G_{i_1i_2}H_{2n-2}^j(j=1,2,\cdots,n(2n-1))$ 是 $P_1P_2\cdots P_{2n}$ 的 2-级重心线，P 是 $P_1P_2\cdots P_{2n}$ 所在平面上任意一点，则定理 8.1.2～定理 8.1.6 和推论 8.1.5～推论 8.1.10 的结论均成立.

证明 设 $S=\{P_1,P_2,\cdots,P_{2n}\}$ 是 $2n$ 角形 ($2n$ 边形)$P_1P_2\cdots P_{2n}(n\geqslant 2 \vee n\geqslant 3 \vee n\geqslant 4 \vee n\geqslant 5)$ 顶点的集合，对不共线 $2n$ 点的集合 S 分别应用定理 8.1.2～定理 8.1.6 和推论 8.1.5～推论 8.1.10，即得.

8.1.3 点到 $2n$ 点集 1-类 2-类重心线有向距离的定值定理与应用

定理 8.1.7 设 $S=\{P_1,P_2,\cdots,P_{2n}\}(n\geqslant 2)$ 是 $2n$ 点的集合，H_{2n-1}^i 是 $T_{2n-1}^i=\{P_{i+1},P_{i+2},\cdots,P_{i+2n-1}\}(i=1,2,\cdots,2n)$ 的重心，$(S_2^j,T_{2n-2}^j)=(P_{i_1},P_{i_2};P_{i_3},P_{i_4},\cdots,P_{i_{2n}})(i_1,i_2,\cdots,i_{2n}=1,2,\cdots,2n;i_1<i_2)$ 是 S 的完备集对，$G_{i_1i_2},H_{2n-2}^j$ 分别是 (S_2^j,T_{2n-2}^j) 中两个集合的重心，$P_iH_{2n-1}^i(i=1,2,\cdots,2n)$ 是 S 的 1-类重心线，$G_{i_1i_2}H_{2n-2}^j(j=1,2,\cdots,n(2n-1))$ 是 S 的 2-类重心线，P 是平面上任意一点.

(1) 若 $\mathrm{d}_{P_{i_1}H_{2n-1}^{i_1}}=\mathrm{d}_{P_{i_2}H_{2n-1}^{i_2}}=\mathrm{d}_{G_{i_1i_2}H_{2n-2}^j}\neq 0$，则对任意的 $j=j(i_1,i_2)=1,2,\cdots,n(2n-1)$，恒有

$$(2n-1)(\mathrm{D}_{P\text{-}P_{i_1}H_{2n-1}^{i_1}}+\mathrm{D}_{P\text{-}P_{i_2}H_{2n-1}^{i_2}})-4(n-1)\mathrm{D}_{P\text{-}G_{i_1i_2}H_{2n-2}^j}=0; \quad (8.1.16)$$

(2) 若 $\mathrm{d}_{P_{i_3}H_{2n-1}^{i_3}}=\mathrm{d}_{P_{i_4}H_{2n-1}^{i_4}}=\cdots=\mathrm{d}_{P_{i_{2n}}H_{2n-1}^{i_{2n}}}=\mathrm{d}_{G_{i_1i_2}H_{2n-2}^j}\neq 0$，则对任意的 $j=j(i_1,i_2)=1,2,\cdots,n(2n-1)$，恒有

$$(2n-1)\sum_{\beta=3}^{2n}\mathrm{D}_{P\text{-}P_{i_\beta}H_{2n-1}^{i_\beta}}+4(n-1)\mathrm{D}_{P\text{-}G_{i_1i_2}H_{2n-2}^j}=0. \quad (8.1.17)$$

证明 根据定理 8.1.1，分别由式 (8.1.1) 和 (8.1.2) 以及三角形有向面积与有向距离之间的关系并化简，可得

$$(2n-1)\sum_{\beta=1}^{2}\mathrm{d}_{P_{i_\beta}H_{2n-1}^{i_\beta}}\mathrm{D}_{P\text{-}P_{i_\beta}H_{2n-1}^{i_\beta}}-4(n-1)\mathrm{d}_{G_{i_1i_2}H_{2n-2}^j}\mathrm{D}_{P\text{-}G_{i_1i_2}H_{2n-2}^j}=0, \quad (8.1.18)$$

其中 $j=j(i_1,i_2)=1,2,\cdots,n(2n-1)$；

$$(2n-1)\sum_{\beta=3}^{2n}\mathrm{d}_{P_{i_\beta}H_{2n}^{i_\beta}}\mathrm{D}_{P\text{-}P_{i_\beta}H_{2n}^{i_\beta}}+4(n-1)\mathrm{d}_{G_{i_1i_2}H_{2n-1}^j}\mathrm{D}_{P\text{-}G_{i_1i_2}H_{2n-2}^j}=0. \quad (8.1.19)$$

其中 $j=j(i_1,i_2)=1,2,\cdots,n(2n-1)$.

因为 $\mathrm{d}_{P_{i_1}H_{2n-1}^{i_1}}=\mathrm{d}_{P_{i_2}H_{2n-1}^{i_2}}=\mathrm{d}_{G_{i_1i_2}H_{2n-2}^j}\neq 0$，$\mathrm{d}_{P_{i_3}H_{2n-1}^{i_3}}=\cdots=\mathrm{d}_{P_{i_{2n}}H_{2n-1}^{i_{2n}}}=\mathrm{d}_{G_{i_1i_2}H_{2n-2}^j}\neq 0$，故分别由式 (8.1.18) 和 (8.1.19)，即得式 (8.1.16) 和 (8.1.17).

推论 8.1.12 设 $S = \{P_1, P_2, \cdots, P_{2n}\}(n \geqslant 3)$ 是 $2n$ 点的集合, H_{2n-1}^i 是 $T_{2n-1}^i = \{P_{i+1}, P_{i+2}, \cdots, P_{i+2n-1}\}(i = 1, 2, \cdots, 2n)$ 的重心, $(S_2^j, T_{2n-2}^j) = (P_{i_1}, P_{i_2}; P_{i_3}, P_{i_4}, \cdots, P_{i_{2n}})(i_1, i_2, \cdots, i_{2n} = 1, 2, \cdots, 2n; i_1 < i_2)$ 是 S 的完备集对, $G_{i_1 i_2}, H_{2n-2}^j$ 分别是 (S_2^j, T_{2n-2}^j) 中两个集合的重心, $P_i H_{2n-1}^i (i = 1, 2, \cdots, 2n)$ 是 S 的 1-类重心线, $G_{i_1 i_2} H_{2n-2}^j (j = 1, 2, \cdots, n(2n-1))$ 是 S 的 2-类重心线, P 是平面上任意一点.

(1) 若 $\mathrm{d}_{P_{i_1} H_{2n-1}^{i_1}} = \mathrm{d}_{P_{i_2} H_{2n-1}^{i_2}} = \mathrm{d}_{G_{i_1 i_2} H_{2n-2}^j} \neq 0$, 则对任意的 $j = j(i_1, i_2) = 1, 2, \cdots, n(2n-1)$, 恒有如下三条点 P 到重心线的乘数距离 $(2n-1)\mathrm{a}_{P\text{-}P_{i_1} H_{2n-1}^{i_1}}$, $(2n-1)\mathrm{a}_{P\text{-}P_{i_2} H_{2n-1}^{i_2}}, 4(n-1)\mathrm{a}_{P\text{-}G_{i_1 i_2} H_{2n-2}^j}$ 中, 其中一条较长的乘数距离等于另两条较短的乘数距离的和.

(2) 若 $\mathrm{d}_{P_{i_3} H_{2n-1}^{i_3}} = \mathrm{d}_{P_{i_4} H_{2n-1}^{i_4}} = \cdots = \mathrm{d}_{P_{i_{2n}} H_{2n-1}^{i_{2n}}} = \mathrm{d}_{G_{i_1 i_2} H_{2n-2}^j} \neq 0$, 则对任意的 $j = j(i_1, i_2) = 1, 2, \cdots, n(2n-1)$, 恒有如下 $2n-1$ 条点 P 到重心线的乘数距离 $(2n-1)\mathrm{a}_{P\text{-}P_{i_\beta} H_{2n-1}^{i_\beta}} (\beta = 3, 4, \cdots, 2n); 4(n-1)\mathrm{a}_{P\text{-}G_{i_1 i_2} H_{2n-2}^j}$ 中, 其中一条较长的乘数距离等于另 $2n-2$ 条较短的乘数距离的和, 或其中 $t(2 \leqslant t \leqslant n-1)$ 条乘数距离等于另 $2n-t-1$ 条乘数距离的和.

证明 根据定理 8.1.7 和题设, 对任意的 $j = j(i_1, i_2) = 1, 2, \cdots, n(2n-1)$, 分别由式 (8.1.16) 和 (8.1.17) 中 $n \geqslant 3$ 的情形的几何意义, 即得.

定理 8.1.8 设 $S = \{P_1, P_2, \cdots, P_{2n}\}(n \geqslant 2)$ 是 $2n$ 点的集合, H_{2n-1}^i 是 $T_{2n-1}^i = \{P_{i+1}, P_{i+2}, \cdots, P_{i+2n-1}\}(i = 1, 2, \cdots, 2n)$ 的重心, $(S_2^j, T_{2n-2}^j) = (P_{i_1}, P_{i_2}; P_{i_3}, P_{i_4}, \cdots, P_{i_{2n}})(i_1, i_2, \cdots, i_{2n} = 1, 2, \cdots, 2n; i_1 < i_2)$ 是 S 的完备集对, $G_{i_1 i_2}, H_{2n-2}^j$ 分别是 (S_2^j, T_{2n-2}^j) 中两个集合的重心, $P_i H_{2n-1}^i (i = 1, 2, \cdots, 2n)$ 是 S 的 1-类重心线, $G_{i_1 i_2} H_{2n-2}^j (j = 1, 2, \cdots, n(2n-1))$ 是 S 的 2-类重心线, P 是平面上任意一点.

(1) 若 $\mathrm{d}_{G_{i_1 i_2} H_{2n-2}^j} \neq 0, \mathrm{d}_{P_{i_1} H_{2n-1}^{i_1}} = \mathrm{d}_{P_{i_2} H_{2n-1}^{i_2}} \neq 0$, 则对任意的 $j = j(i_1, i_2) = 1, 2, \cdots, n(2n-1)$, 恒有 $\mathrm{D}_{P\text{-}G_{i_1 i_2} H_{2n-2}^j} = 0$ 的充分必要条件是

$$\mathrm{D}_{P\text{-}P_{i_1} H_{2n-1}^{i_1}} + \mathrm{D}_{P\text{-}P_{i_2} H_{2n-1}^{i_2}} = 0 \quad (\mathrm{d}_{P\text{-}P_{i_1} H_{2n-1}^{i_1}} = \mathrm{d}_{P\text{-}P_{i_2} H_{2n-1}^{i_2}}). \tag{8.1.20}$$

(2) 若 $\mathrm{d}_{G_{i_1 i_2} H_{2n-2}^j} \neq 0, \mathrm{d}_{P_{i_3} H_{2n-1}^{i_3}} = \mathrm{d}_{P_{i_4} H_{2n-1}^{i_4}} = \cdots = \mathrm{d}_{P_{i_{2n}} H_{2n-1}^{i_{2n}}} \neq 0$, 则对任意的 $j = j(i_1, i_2) = 1, 2, \cdots, n(2n-1)$, 恒有 $\mathrm{D}_{P\text{-}G_{i_1 i_2} H_{2n-2}^j} = 0$ 的充分必要条件是

$$\mathrm{D}_{P\text{-}P_{i_3} H_{2n-1}^{i_3}} + \mathrm{D}_{P\text{-}P_{i_4} H_{2n-1}^{i_4}} + \cdots + \mathrm{D}_{P\text{-}P_{i_{2n}} H_{2n-1}^{i_{2n}}} = 0. \tag{8.1.21}$$

证明 根据定理 8.1.7 的证明和题设,分别由式 (8.1.18) 和 (8.1.19),可得:对任意的 $j = j(i_1 i_2) = 1, 2, \cdots, n(2n-1)$,恒有 $\mathrm{D}_{P\text{-}G_{i_1 i_2} H_{2n-2}^j} = 0 \Leftrightarrow$ 式 (8.1.20) 成立,$\mathrm{D}_{P\text{-}G_{i_1 i_2} H_{2n-2}^j} = 0 \Leftrightarrow$ 式 (8.1.21) 成立.

推论 8.1.13 设 $S = \{P_1, P_2, \cdots, P_{2n}\}(n \geqslant 3)$ 是 $2n$ 点的集合,H_{2n-1}^i 是 $T_{2n-1}^i = \{P_{i+1}, P_{i+2}, \cdots, P_{i+2n-1}\}(i = 1, 2, \cdots, 2n)$ 的重心,$(S_2^j, T_{2n-2}^j) = (P_{i_1}, P_{i_2}; P_{i_3}, P_{i_4}, \cdots, P_{i_{2n}})(i_1, i_2, \cdots, i_{2n} = 1, 2, \cdots, 2n; i_1 < i_2)$ 是 S 的完备集对,$G_{i_1 i_2}, H_{2n-2}^j$ 分别是 (S_2^j, T_{2n-2}^j) 中两个集合的重心,$P_i H_{2n-1}^i (i = 1, 2, \cdots, 2n)$ 是 S 的 1-类重心线,$G_{i_1 i_2} H_{2n-2}^j (j = 1, 2, \cdots, n(2n-1))$ 是 S 的 2-类重心线,P 是平面上任意一点.

(1) 若 $\mathrm{d}_{G_{i_1 i_2} H_{2n-2}^j} \neq 0, \mathrm{d}_{P_{i_1} H_{2n-1}^{i_1}} = \mathrm{d}_{P_{i_2} H_{2n-1}^{i_2}} \neq 0$,则对任意的 $j = j(i_1, i_2) = 1, 2, \cdots, n(2n-1)$,恒有点 P 在重心线 $G_{i_1 i_2} H_{2n-2}^j$ 所在直线上的充分必要条件是点 P 在另两重心线 $P_{i_1} H_{2n-1}^{i_1}, P_{i_2} H_{2n-1}^{i_2}$ 外角平分线上.

(2) 若 $\mathrm{d}_{G_{i_1 i_2} H_{2n-2}^j} \neq 0, \mathrm{d}_{P_{i_3} H_{2n-1}^{i_3}} = \mathrm{d}_{P_{i_4} H_{2n-1}^{i_4}} = \cdots = \mathrm{d}_{P_{i_{2n}} H_{2n-1}^{i_{2n}}} \neq 0$,则对任意的 $j = j(i_1, i_2) = 1, 2, \cdots, n(2n-1)$,恒有点 P 在重心线 $G_{i_1 i_2} H_{2n-2}^j$ 所在直线上的充分必要条件是如下 $2n-2$ 条点 P 到重心线的距离 $\mathrm{d}_{P\text{-}P_{i_3} H_{2n-1}^{i_3}}, \mathrm{d}_{P\text{-}P_{i_4} H_{2n-1}^{i_4}}, \cdots, \mathrm{d}_{P\text{-}P_{i_{2n}} H_{2n-1}^{i_{2n}}}$ 中,其中一条较长的距离等于另 $2n-3$ 条较短的距离的和,或其中 $t (2 \leqslant t \leqslant n-1)$ 条距离的和等于另 $2n-t-2$ 条距离的和.

证明 根据定理 8.1.8 和题设,对任意的 $j = j(i_1, i_2) = 1, 2, \cdots, n(2n-1)$,分别由 $\mathrm{D}_{P\text{-}G_{i_1 i_2} H_{2n-2}^j} = 0$ 和式 (8.1.20)、$\mathrm{D}_{P\text{-}G_{i_1 i_2} H_{2n-2}^j} = 0$ 和式 (8.1.21) 中 $n \geqslant 3$ 的情形的几何意义,即得.

定理 8.1.9 设 $S = \{P_1, P_2, \cdots, P_{2n}\}(n \geqslant 2)$ 是 $2n$ 点的集合,H_{2n-1}^i 是 $T_{2n-1}^i = \{P_{i+1}, P_{i+2}, \cdots, P_{i+2n-1}\}(i = 1, 2, \cdots, 2n)$ 的重心,$(S_2^j, T_{2n-2}^j) = (P_{i_1}, P_{i_2}; P_{i_3}, P_{i_4}, \cdots, P_{i_{2n}})(i_1, i_2, \cdots, i_{2n} = 1, 2, \cdots, 2n; i_1 < i_2)$ 是 S 的完备集对,$G_{i_1 i_2}, H_{2n-2}^j$ 分别是 (S_2^j, T_{2n-2}^j) 中两个集合的重心,$P_i H_{2n-1}^i (i = 1, 2, \cdots, 2n)$ 是 S 的 1-类重心线,$G_{i_1 i_2} H_{2n-2}^j (j = 1, 2, \cdots, n(2n-1))$ 是 S 的 2-类重心线,P 是平面上任意一点.

(1) 若 $\mathrm{d}_{P_{i_1} H_{2n-1}^{i_1}} \neq 0, \mathrm{d}_{P_{i_2} H_{2n-1}^{i_2}} = \mathrm{d}_{G_{i_1 i_2} H_{2n-2}^j} \neq 0$,则对任意的 $j = j(i_1, i_2) = 1, 2, \cdots, n(2n-1)$,恒有 $\mathrm{D}_{P\text{-}P_{i_1} H_{2n-1}^{i_1}} = 0 (i_1 \in I_{2n})$ 的充分必要条件是

$$(2n-1)\mathrm{D}_{P\text{-}P_{i_2} H_{2n-1}^{i_2}} - 4(n-1)\mathrm{D}_{P\text{-}G_{i_1 i_2} H_{2n-2}^j} = 0. \qquad (8.1.22)$$

(2) 若 $\mathrm{d}_{P_{i_3} H_{2n-1}^{i_3}} \neq 0, \mathrm{d}_{P_{i_4} H_{2n-1}^{i_4}} = \cdots = \mathrm{d}_{P_{i_{2n}} H_{2n-1}^{i_{2n}}} = \mathrm{d}_{G_{i_1 i_2} H_{2n-2}^j} \neq 0$,则对任意的 $j = j(i_1, i_2) = 1, 2, \cdots, n(2n-1)$,恒有 $\mathrm{D}_{P\text{-}P_{i_3} H_{2n}^{i_3}} = 0 (i_3 \in I_{2n} \backslash \{i_1, i_2\})$ 的

充分必要条件是

$$(2n-1)\sum_{\beta=4}^{2n} D_{P\text{-}P_{i_\beta}H_{2n-1}^{i_\beta}} + 4(n-1)D_{P\text{-}G_{i_1i_2}H_{2n-2}^{j}} = 0. \tag{8.1.23}$$

证明 根据定理 8.1.7 的证明和题设, 分别由式 (8.1.18) 和 (8.1.19), 可得: 对任意的 $j = j(i_1, i_2) = 1, 2, \cdots, n(2n-1)$, 恒有 $D_{P\text{-}P_{i_1}H_{2n-1}^{i_1}} = 0 (i_1 \in I_{2n}) \Leftrightarrow$ 式 (8.1.22) 成立, $D_{P\text{-}P_{i_3}H_{2n}^{i_3}} = 0 (i_3 \in I_{2n} \setminus \{i_1, i_2\}) \Leftrightarrow$ 式 (8.1.23) 成立.

推论 8.1.14 设 $S = \{P_1, P_2, \cdots, P_{2n}\} (n \geq 3)$ 是 $2n$ 点的集合, H_{2n-1}^i 是 $T_{2n-1}^i = \{P_{i+1}, P_{i+2}, \cdots, P_{i+2n-1}\} (i = 1, 2, \cdots, 2n)$ 的重心, $(S_2^j, T_{2n-2}^j) = (P_{i_1}, P_{i_2}; P_{i_3}, P_{i_4}, \cdots, P_{i_{2n}})(i_1, i_2, \cdots, i_{2n} = 1, 2, \cdots, 2n; i_1 < i_2)$ 是 S 的完备集对, $G_{i_1i_2}, H_{2n-2}^j$ 分别是 (S_2^j, T_{2n-2}^j) 中两个集合的重心, $P_iH_{2n-1}^i(i = 1, 2, \cdots, 2n)$ 是 S 的 1-类重心线, $G_{i_1i_2}H_{2n-2}^j (j = 1, 2, \cdots, n(2n-1))$ 是 S 的 2-类重心线, P 是平面上任意一点.

(1) 若 $d_{P_{i_1}H_{2n-1}^{i_1}} \neq 0, d_{P_{i_2}H_{2n-1}^{i_2}} = d_{G_{i_1i_2}H_{2n-2}^j} \neq 0$, 则对任意的 $j = j(i_1, i_2) = 1, 2, \cdots, n(2n-1)$, 恒有点 P 在重心线 $P_{i_1}H_{2n-1}^{i_1} (i_1 \in I_{2n})$ 所在直线上的充分必要条件是点 P 在另两重心线 $P_{i_2}H_{2n-1}^{i_2}, G_{i_1i_2}H_{2n-2}^j$ 的内角之内且 $(2n-1)d_{P\text{-}P_{i_2}H_{2n-1}^{i_2}} = 4(n-1)d_{P\text{-}G_{i_1i_2}H_{2n-2}^j}$.

(2) 若 $d_{P_{i_3}H_{2n-1}^{i_3}} \neq 0, d_{P_{i_4}H_{2n-1}^{i_4}} = \cdots = d_{P_{i_{2n}}H_{2n-1}^{i_{2n}}} = d_{G_{i_1i_2}H_{2n-2}^j} \neq 0$, 则对任意的 $j = j(i_1, i_2) = 1, 2, \cdots, n(2n-1)$, 恒有点 P 在重心线 $P_{i_3}H_{2n-1}^{i_3} (i_3 \in I_{2n} \setminus \{i_1, i_2\})$ 所在直线上的充分必要条件是如下 $2n-2$ 条点 P 到重心线的乘数距离 $(2n-1)d_{P\text{-}P_{i_\beta}H_{2n-1}^{i_\beta}} (\beta = 4, 5, \cdots, 2n); 4(n-1)d_{P\text{-}G_{i_1i_2}H_{2n-2}^j}$ 中, 其中一条较长的乘数距离等于另 $2n-3$ 条较短的乘数距离的和, 或其中 $t(2 \leq t \leq n-1)$ 条乘数距离的和等于另 $2n-t-2$ 条乘数距离的和.

证明 根据定理 8.1.9 和题设, 即得: 对任意的 $j = j(i_1, i_2) = 1, 2, \cdots, n(2n-1)$, 分别由 $D_{P\text{-}P_{i_1}H_{2n-1}^{i_1}} = 0 (i_1 \in I_{2n})$ 和式 (8.1.21)、$D_{P\text{-}P_{i_3}H_{2n-1}^{i_3}} = 0 (i_3 \in I_{2n} \setminus \{i_1, i_2\})$ 和式 (8.1.22) 中 $n \geq 3$ 的情形的几何意义, 即得.

定理 8.1.10 设 $S = \{P_1, P_2, \cdots, P_{2n}\}(n \geq 3)$ 是 $2n$ 点的集合, H_{2n-1}^i 是 $T_{2n-1}^i = \{P_{i+1}, P_{i+2}, \cdots, P_{i+2n-1}\}(i = 1, 2, \cdots, 2n)$ 的重心, $(S_2^j, T_{2n-2}^j) = (P_{i_1}, P_{i_2}; P_{i_3}, P_{i_4}, \cdots, P_{i_{2n}})(i_1, i_2, \cdots, i_{2n} = 1, 2, \cdots, 2n; i_1 < i_2)$ 是 S 的完备集对, $G_{i_1i_2}, H_{2n-2}^j$ 分别是 (S_2^j, T_{2n-2}^j) 中两个集合的重心, $P_iH_{2n-1}^i(i = 1, 2, \cdots, 2n)$ 是 S 的 1-类重心线, $G_{i_1i_2}H_{2n-2}^j(j = 1, 2, \cdots, n(2n-1))$ 是 S 的 2-类重心线, P 是平面上任意一点. 若 $d_{P_{i_2n}H_{2n-1}^{i_{2n}}} = d_{G_{i_1i_2}H_{2n-2}^j} \neq 0, d_{P_{i_3}H_{2n-1}^{i_3}} = d_{P_{i_4}H_{2n-1}^{i_4}} =$

$\cdots = d_{P_{i_{2n-1}} H_{2n-1}^{i_{2n-1}}} \neq 0$，则对任意的 $j = j(i_1, i_2) = 1, 2, \cdots, n(2n-1)$，以下两式均等价：

$$(2n-1) D_{P\text{-}P_{i_{2n}} H_{2n-1}^{i_{2n}}} + 4(n-1) D_{P\text{-}G_{i_1 i_2} H_{2n-2}^{j}} = 0, \tag{8.1.24}$$

$$D_{P\text{-}P_{i_3} H_{2n-1}^{i_3}} + D_{P\text{-}P_{i_4} H_{2n-1}^{i_4}} + \cdots + D_{P\text{-}P_{i_{2n-1}} H_{2n-1}^{i_{2n-1}}} = 0. \tag{8.1.25}$$

证明 根据定理 8.1.7 的证明和题设，由式 (8.1.19) 中 $n \geqslant 3$ 的情形，可得：对任意的 $j = j(i_1, i_2) = 1, 2, \cdots, n(2n-1)$，式 (8.1.24) 成立的充分必要条件是式 (8.1.25) 成立.

推论 8.1.15 设 $S = \{P_1, P_2, \cdots, P_{2n}\}(n \geqslant 4)$ 是 $2n$ 点的集合，H_{2n-1}^i 是 $T_{2n-1}^i = \{P_{i+1}, P_{i+2}, \cdots, P_{i+2n-1}\}(i = 1, 2, \cdots, 2n)$ 的重心，$(S_2^j, T_{2n-2}^j) = (P_{i_1}, P_{i_2}; P_{i_3}, P_{i_4}, \cdots, P_{i_{2n}})(i_1, i_2, \cdots, i_{2n} = 1, 2, \cdots, 2n; i_1 < i_2)$ 是 S 的完备集对，$G_{i_1 i_2}, H_{2n-2}^j$ 分别是 (S_2^j, T_{2n-2}^j) 中两个集合的重心，$P_i H_{2n-1}^i (i = 1, 2, \cdots, 2n)$ 是 S 的 1-类重心线，$G_{i_1 i_2} H_{2n-2}^j (j = 1, 2, \cdots, n(2n-1))$ 是 S 的 2-类重心线，P 是平面上任意一点. 若 $d_{P_{i_{2n}} H_{2n-1}^{i_{2n}}} = d_{G_{i_1 i_2} H_{2n-2}^j} \neq 0, d_{P_{i_3} H_{2n-1}^{i_3}} = d_{P_{i_4} H_{2n-1}^{i_4}} = \cdots = d_{P_{i_{2n-1}} H_{2n-1}^{i_{2n-1}}} \neq 0$，则对任意的 $j = j(i_1, i_2) = 1, 2, \cdots, n(2n-1)$，恒有点 P 在两重心线 $P_{i_{2n}} H_{2n-1}^{i_{2n}}, G_{i_1 i_2} H_{2n-2}^j$ 外角之内且 $(2n-1) d_{P\text{-}P_{i_{2n}} H_{2n-1}^{i_{2n}}} = 4(n-1) d_{P\text{-}G_{i_1 i_2} H_{2n-2}^j}$ 的充分必要条件是如下 $2n-3$ 条点 P 到重心线的距离 $d_{P\text{-}P_{i_3} H_{2n-1}^{i_3}}, d_{P\text{-}P_{i_4} H_{2n-1}^{i_4}}, \cdots, d_{P\text{-}P_{i_{2n-1}} H_{2n-1}^{i_{2n-1}}}$ 中，其中一条较长的距离等于另 $2n-4$ 条较短的距离的和，或其中 $t(2 \leqslant t \leqslant n-2)$ 条距离的和等于另 $2n-t-3$ 条距离的和.

证明 根据定理 8.1.10 和题设，对任意的 $j = j(i_1, i_2) = 1, 2, \cdots, n(2n-1)$，由式 (8.1.24) 和 (8.1.25) 中 $n \geqslant 4$ 的情形的几何意义，即得.

定理 8.1.11 设 $S = \{P_1, P_2, \cdots, P_{2n}\}(n \geqslant 3)$ 是 $2n$ 点的集合，H_{2n-1}^i 是 $T_{2n-1}^i = \{P_{i+1}, P_{i+2}, \cdots, P_{i+2n-1}\}(i = 1, 2, \cdots, 2n)$ 的重心，$(S_2^j, T_{2n-2}^j) = (P_{i_1}, P_{i_2}; P_{i_3}, P_{i_4}, \cdots, P_{i_{2n}})(i_1, i_2, \cdots, i_{2n} = 1, 2, \cdots, 2n; i_1 < i_2)$ 是 S 的完备集对，$G_{i_1 i_2}, H_{2n-2}^j$ 分别是 (S_2^j, T_{2n-2}^j) 中两个集合的重心，$P_i H_{2n-1}^i (i = 1, 2, \cdots, 2n)$ 是 S 的 1-类重心线，$G_{i_1 i_2} H_{2n-2}^j (j = 1, 2, \cdots, n(2n-1))$ 是 S 的 2-类重心线，P 是平面上任意一点. 若 $d_{P_{i_3} H_{2n-1}^{i_3}} = d_{P_{i_4} H_{2n-1}^{i_4}} \neq 0, d_{P_{i_5} H_{2n-1}^{i_5}} = \cdots = d_{P_{i_{2n}} H_{2n-1}^{i_{2n}}} = d_{G_{i_1 i_2} H_{2n-2}^j} \neq 0$，则对任意的 $j = j(i_1, i_2) = 1, 2, \cdots, n(2n-1)$，以下两式均等价：

$$D_{P\text{-}P_{i_3} H_{2n-1}^{i_3}} + D_{P\text{-}P_{i_4} H_{2n-1}^{i_4}} = 0 \quad (d_{P\text{-}P_{i_3} H_{2n-1}^{i_3}} = d_{P\text{-}P_{i_4} H_{2n-1}^{i_4}}), \tag{8.1.26}$$

$$(2n-1) \sum_{\beta=5}^{2n} D_{P\text{-}P_{i_\beta} H_{2n-1}^{i_\beta}} + 4(n-1) D_{P\text{-}G_{i_1 i_2} H_{2n-2}^j} = 0. \tag{8.1.27}$$

证明 根据定理 8.1.7 的证明和题设, 由式 (8.1.19) 中 $n \geqslant 3$ 的情形, 可得: 对任意的 $j = j(i_1, i_2) = 1, 2, \cdots, n(2n-1)$, 式 (8.1.26) 成立的充分必要条件是式 (8.1.27) 成立.

推论 8.1.16 设 $S = \{P_1, P_2, \cdots, P_{2n}\}(n \geqslant 4)$ 是 $2n$ 点的集合, H^i_{2n-1} 是 $T^i_{2n-1} = \{P_{i+1}, P_{i+2}, \cdots, P_{i+2n-1}\}(i = 1, 2, \cdots, 2n)$ 的重心, $(S^j_2, T^j_{2n-2}) = (P_{i_1}, P_{i_2}; P_{i_3}, P_{i_4}, \cdots, P_{i_{2n}})(i_1, i_2, \cdots, i_{2n} = 1, 2, \cdots, 2n; i_1 < i_2)$ 是 S 的完备集对, $G_{i_1 i_2}, H^j_{2n-2}$ 分别是 (S^j_2, T^j_{2n-2}) 中两个集合的重心, $P_i H^i_{2n-1} (i = 1, 2, \cdots, 2n)$ 是 S 的 1-类重心线, $G_{i_1 i_2} H^j_{2n-2}(j = 1, 2, \cdots, n(2n-1))$ 是 S 的 2-类重心线, P 是平面上任意一点. 若 $\mathrm{d}_{P_{i_3} H^{i_3}_{2n-1}} = \mathrm{d}_{P_{i_4} H^{i_4}_{2n-1}} \neq 0, \mathrm{d}_{P_{i_5} H^{i_5}_{2n-1}} = \cdots = \mathrm{d}_{P_{i_{2n}} H^{i_{2n}}_{2n-1}} = \mathrm{d}_{G_{i_1 i_2} H^j_{2n-2}} \neq 0$, 则对任意的 $j = j(i_1, i_2) = 1, 2, \cdots, n(2n-1)$, 恒有点 P 在两重心线 $P_{i_3} H^{i_3}_{2n-1}, P_{i_4} H^{i_4}_{2n-1}$ 外角平分线上的充分必要条件是如下 $2n-3$ 条点 P 到重心线的乘数距离 $(2n-1)\mathrm{d}_{P\text{-}P_{i_\beta} H^{i_\beta}_{2n-1}} (\beta = 5, 6, \cdots, 2n); 4(n-1)\mathrm{d}_{P\text{-}G_{i_1 i_2} H^j_{2n-2}}$ 中, 其中一条较长的乘数距离等于另 $2n-4$ 条较短的乘数距离的和, 或其中 $t(2 \leqslant t \leqslant n-2)$ 条乘数距离的和等于另 $2n-t-3$ 条乘数距离的和.

证明 根据定理 8.1.11 和题设, 对任意的 $j = j(i_1, i_2) = 1, 2, \cdots, n(2n-1)$, 由式 (8.1.26) 和 (8.1.27) 中 $n \geqslant 4$ 的情形的几何意义, 即得.

定理 8.1.12 设 $S = \{P_1, P_2, \cdots, P_{2n}\}(n \geqslant 4)$ 是 $2n$ 点的集合, H^i_{2n-1} 是 $T^i_{2n-1} = \{P_{i+1}, P_{i+2}, \cdots, P_{i+2n-1}\}(i = 1, 2, \cdots, 2n)$ 的重心, $(S^j_2, T^j_{2n-2}) = (P_{i_1}, P_{i_2}; P_{i_3}, P_{i_4}, \cdots, P_{i_{2n}})(i_1, i_2, \cdots, i_{2n} = 1, 2, \cdots, 2n; i_1 < i_2)$ 是 S 的完备集对, $G_{i_1 i_2}, H^j_{2n-2}$ 分别是 (S^j_2, T^j_{2n-2}) 中两个集合的重心, $P_i H^i_{2n-1} (i = 1, 2, \cdots, 2n)$ 是 S 的 1-类重心线, $G_{i_1 i_2} H^j_{2n-2}(j = 1, 2, \cdots, n(2n-1))$ 是 S 的 2-类重心线, P 是平面上任意一点. 若 $\mathrm{d}_{P_{i_3} H^{i_3}_{2n-1}} = \mathrm{d}_{P_{i_4} H^{i_4}_{2n-1}} = \cdots = \mathrm{d}_{P_{i_s} H^{i_s}_{2n-1}} \neq 0, \mathrm{d}_{P_{i_{s+1}} H^{i_{s+1}}_{2n-1}} = \cdots = \mathrm{d}_{P_{i_{2n}} H^{i_{2n}}_{2n-1}} = \mathrm{d}_{G_{i_1 i_2} H^j_{2n-2}} \neq 0$, 则对任意的 $j = j(i_1, i_2) = 1, 2, \cdots, n(2n-1); 5 \leqslant s \leqslant n+1$, 以下两式均等价:

$$\mathrm{D}_{P\text{-}P_{i_3} H^{i_3}_{2n-1}} + \mathrm{D}_{P\text{-}P_{i_4} H^{i_4}_{2n-1}} + \cdots + \mathrm{D}_{P\text{-}P_{i_s} H^{i_s}_{2n-1}} = 0, \tag{8.1.28}$$

$$(2n-1) \sum_{\beta=s+1}^{2n} \mathrm{D}_{P\text{-}P_{i_\beta} H^{i_\beta}_{2n-1}} + 4(n-1) \mathrm{D}_{P\text{-}G_{i_1 i_2} H^j_{2n-2}} = 0. \tag{8.1.29}$$

证明 根据定理 8.1.7 的证明和题设, 由式 (8.1.19) 中 $n \geqslant 4$ 的情形, 可得: 对任意的 $j = j(i_1, i_2) = 1, 2, \cdots, n(2n-1); 5 \leqslant s \leqslant n+1$, 均有式 (8.1.28) 成立的充分必要条件是式 (8.1.29) 成立.

推论 8.1.17 设 $S = \{P_1, P_2, \cdots, P_{2n}\}(n \geqslant 4)$ 是 $2n$ 点的集合, H^i_{2n-1} 是 $T^i_{2n-1} = \{P_{i+1}, P_{i+2}, \cdots, P_{i+2n-1}\}(i = 1, 2, \cdots, 2n)$ 的重心, $(S^j_2, T^j_{2n-2}) =$

$(P_{i_1}, P_{i_2}; P_{i_3}, P_{i_4}, \cdots, P_{i_{2n}})(i_1, i_2, \cdots, i_{2n} = 1, 2, \cdots, 2n; i_1 < i_2)$ 是 S 的完备集对, $G_{i_1 i_2}, H_{2n-2}^j$ 分别是 (S_2^j, T_{2n-2}^j) 中两个集合的重心, $P_i H_{2n-1}^i (i = 1, 2, \cdots, 2n)$ 是 S 的 1-类重心线, $G_{i_1 i_2} H_{2n-2}^j (j = 1, 2, \cdots, n(2n-1))$ 是 S 的 2-类重心线, P 是平面上任意一点. 若 $\mathrm{d}_{P_{i_3} H_{2n-1}^{i_3}} = \mathrm{d}_{P_{i_4} H_{2n-1}^{i_4}} = \mathrm{d}_{P_{i_5} H_{2n-1}^{i_5}} \neq 0, \mathrm{d}_{P_{i_6} H_{2n-1}^{i_6}} = \cdots = \mathrm{d}_{P_{i_{2n}} H_{2n-1}^{i_{2n}}} = \mathrm{d}_{G_{i_1 i_2} H_{2n-2}^j} \neq 0$, 则对任意的 $j = j(i_1, i_2) = 1, 2, \cdots, n(2n-1)$, 恒有如下三条点 P 到重心线的距离 $\mathrm{d}_{P\text{-}P_{i_3} H_{2n-1}^{i_3}}, \mathrm{d}_{P\text{-}P_{i_4} H_{2n-1}^{i_4}}, \mathrm{d}_{P\text{-}P_{i_5} H_{2n-1}^{i_5}}$ 中, 其中一条较长的距离等于另两条较短的距离的和的充分必要条件是其余 $2n-4$ 条点 P 到重心线的乘数距离 $(2n-1)\mathrm{d}_{P\text{-}P_{i_\beta} H_{2n-1}^{i_\beta}} (\beta = 6, 7, \cdots, 2n); 4(n-1)\mathrm{d}_{P\text{-}G_{i_1 i_2} H_{2n-2}^j}$ 中, 其中一条较长的乘数距离等于另 $2n-5$ 条较短的乘数距离的和, 或其中 $t(2 \leqslant t \leqslant n-2)$ 条乘数距离的和等于另 $2n-t-4$ 条乘数距离的和.

证明 根据定理 8.1.12, 对任意的 $j = j(i_1, i_2) = 1, 2, \cdots, n(2n-1)$, 由式 (8.1.28) 和 (8.1.29) 中 $n \geqslant 4, s = 5$ 的情形的几何意义, 即得.

推论 8.1.18 设 $S = \{P_1, P_2, \cdots, P_{2n}\}(n \geqslant 5)$ 是 $2n$ 点的集合, H_{2n-1}^i 是 $T_{2n-1}^i = \{P_{i+1}, P_{i+2}, \cdots, P_{i+2n-1}\}(i = 1, 2, \cdots, 2n)$ 的重心, $(S_2^j, T_{2n-2}^j) = (P_{i_1}, P_{i_2}; P_{i_3}, P_{i_4}, \cdots, P_{i_{2n}})(i_1, i_2, \cdots, i_{2n} = 1, 2, \cdots, 2n; i_1 < i_2)$ 是 S 的完备集对, $G_{i_1 i_2}, H_{2n-2}^j$ 分别是 (S_2^j, T_{2n-2}^j) 中两个集合的重心, $P_i H_{2n-1}^i (i = 1, 2, \cdots, 2n)$ 是 S 的 1-类重心线, $G_{i_1 i_2} H_{2n-2}^j (j = 1, 2, \cdots, n(2n-1))$ 是 S 的 2-类重心线, P 是平面上任意一点. 若 $\mathrm{d}_{P_{i_3} H_{2n-1}^{i_3}} = \mathrm{d}_{P_{i_4} H_{2n-1}^{i_4}} = \cdots = \mathrm{d}_{P_{i_s} H_{2n-1}^{i_s}} \neq 0, \mathrm{d}_{P_{i_{s+1}} H_{2n-1}^{i_{s+1}}} = \cdots = \mathrm{d}_{P_{i_{2n}} H_{2n-1}^{i_{2n}}} = \mathrm{d}_{G_{i_1 i_2} H_{2n-2}^j} \neq 0$, 则对任意的 $j = j(i_1, i_2) = 1, 2, \cdots, n(2n-1); 6 \leqslant s \leqslant n+1$, 恒有如下 $s-2$ 条点 P 到重心线的距离 $\mathrm{d}_{P\text{-}P_{i_3} H_{2n-1}^{i_3}}, \mathrm{d}_{P\text{-}P_{i_4} H_{2n-1}^{i_4}}, \cdots, \mathrm{d}_{P\text{-}P_{i_s} H_{2n-1}^{i_s}}$ 中, 其中一条较长的距离等于另 $s-3$ 条较短的距离的和, 或其中 $t_1(2 \leqslant t_1 \leqslant [(s-2)/2])$ 条距离的和等于另 $s-t_1-2$ 条距离的和的充分必要条件是其余 $2n-s+1$ 条点 P 到重心线的乘数距离 $(2n-1)\mathrm{d}_{P\text{-}P_{i_\beta} H_{2n-1}^{i_\beta}} (\beta = s+1, s+2, \cdots, 2n); 4(n-1)\mathrm{d}_{P\text{-}G_{i_1 i_2} H_{2n-2}^j}$ 中, 其中一条较长的乘数距离等于另 $2n-s$ 条较短的乘数距离的和, 或其中 $t_2(2 \leqslant t_2 \leqslant [(2n-s+1)/2])$ 条乘数距离的和等于另 $2n-s-t_2+1$ 条乘数距离的和.

证明 根据定理 8.1.6, 对任意的 $j = j(i_1, i_2) = 1, 2, \cdots, n(2n-1); 6 \leqslant s \leqslant n+1$, 由式 (8.1.28) 和 (8.1.29) 中 $n \geqslant 5$ 的情形的几何意义, 即得.

推论 8.1.19 设 $P_1 P_2 \cdots P_{2n}(n \geqslant 2 \vee n \geqslant 3 \vee n \geqslant 4 \vee n \geqslant 5)$ 是 $2n$ 角形 ($2n$ 边形), $G_2^j(j = 1, 2, \cdots, n(2n-1))$ 依次是各边 $P_1 P_2, P_2 P_3, \cdots, P_{2n-1} P_{2n}, P_{2n} P_1$ 和对角线 $P_1 P_3, P_1 P_4, \cdots, P_1 P_{2n-1}; P_2 P_4, P_2 P_5, \cdots, P_2 P_{2n-1}; P_3 P_5, P_3 P_6, \cdots, P_3 P_{2n}; \cdots; P_{2n-2} P_{2n}$ 的中点, $H_{2n-2}^j(j = 1, 2, \cdots, n(2n-1))$ 依次是相应的 $2n-2$

角形 $(2n-2$ 边形$)P_{i_3}P_{i_4}\cdots P_{i_{2n}}$ 的重心,$P_iH_{2n-1}^i(i=1,2,\cdots,2n)$ 是 $P_1P_2\cdots P_{2n}$ 的 1-级重心线,$G_{i_1i_2}H_{2n-2}^j(j=1,2,\cdots,n(2n-1))$ 是 $P_1P_2\cdots P_{2n}$ 的 2-级重心线,P 是 $P_1P_2\cdots P_{2n}$ 所在平面上任意一点. 若相应的条件满足,则定理 8.1.7~定理 8.1.12 和推论 8.1.12~推论 8.1.18 的结论均成立.

证明 设 $S=\{P_1,P_2,\cdots,P_{2n}\}$ 是 $2n$ 角形 $(2n$ 边形$)P_1P_2\cdots P_{2n}(n\geqslant 2\vee n\geqslant 3\vee n\geqslant 4\vee n\geqslant 5)$ 顶点的集合,对不共线 $2n$ 点的集合 S 分别应用定理 8.1.7~定理 8.1.12 和推论 8.1.12~推论 8.1.18,即得.

8.1.4 共线 $2n$ 点集 1-类 2-类重心线有向距离定理与应用

定理 8.1.13 设 $S=\{P_1,P_2,\cdots,P_{2n}\}(n\geqslant 2)$ 是共线 $2n$ 点的集合,H_{2n-1}^i 是 $T_{2n-1}^i=\{P_{i+1},P_{i+2},\cdots,P_{i+2n-1}\}(i=1,2,\cdots,2n)$ 的重心,$(S_2^j,T_{2n-2}^j)=(P_{i_1},P_{i_2};P_{i_3},P_{i_4},\cdots,P_{i_{2n}})(i_1,i_2,\cdots,i_{2n}=1,2,\cdots,2n)$ 是 S 的完备集对,$G_{i_1i_2}$,H_{2n-2}^j 分别是 (S_2^j,T_{2n-2}^j) 中两个集合的重心,$P_iH_{2n-1}^i(i=1,2,\cdots,2n)$ 是 S 的 1-类重心线,$G_{i_1i_2}H_{2n-2}^j(j=1,2,\cdots,n(2n-1))$ 是 S 的 2-类重心线,则对任意的 $j=j(i_1,i_2)=1,2,\cdots,n(2n-1)$,恒有

$$(2n-1)(\mathrm{D}_{P_{i_1}H_{2n-1}^{i_1}}+\mathrm{D}_{P_{i_2}H_{2n-1}^{i_2}})-4(n-1)\mathrm{D}_{G_{i_1i_2}H_{2n-2}^j}=0, \quad (8.1.30)$$

$$(2n-1)\sum_{\beta=3}^{2n}\mathrm{D}_{P_{i_\beta}H_{2n-1}^{i_\beta}}+4(n-1)\mathrm{D}_{G_{i_1i_2}H_{2n-2}^j}=0. \quad (8.1.31)$$

证明 不妨设 P 是直线外任意一点,则由式 (8.1.1) 和三角形有向面积与有向距离之间的关系,可得

$$(2n-1)\sum_{\beta=1}^{2}\mathrm{d}_{P\text{-}P_{i_\beta}H_{2n-1}^{i_\beta}}\mathrm{D}_{P_{i_\beta}H_{2n-1}^{i_\beta}}=4(n-1)\mathrm{d}_{P\text{-}G_{i_1i_2}H_{2n-2}^j}\mathrm{D}_{G_{i_1i_2}H_{2n-2}^j}, \quad (8.1.32)$$

其中 $j=j(i_1,i_2)=1,2,\cdots,n(2n-1)$. 因为 $P_1,P_2,\cdots,P_{2n}$ 共线,所以三重心线 $P_{i_1}H_{2n-1}^{i_1},P_{i_2}H_{2n-1}^{i_2},G_{i_1i_2}H_{2n-2}^j$ 共线. 因此,$\mathrm{d}_{P\text{-}P_{i_1}H_{2n-1}^{i_1}}=\mathrm{d}_{P\text{-}P_{i_2}H_{2n-1}^{i_2}}=\mathrm{d}_{P\text{-}G_{i_1i_2}H_{2n-2}^j}\neq 0$,故由式 (8.1.32),即得式 (8.1.30).

类似地,可以证明式 (8.1.31) 成立.

推论 8.1.20 设 $S=\{P_1,P_2,\cdots,P_{2n}\}(n\geqslant 3)$ 是共线 $2n$ 点的集合,H_{2n-1}^i 是 $T_{2n-1}^i=\{P_{i+1},P_{i+2},\cdots,P_{i+2n-1}\}(i=1,2,\cdots,2n)$ 的重心,$(S_2^j,T_{2n-2}^j)=(P_{i_1},P_{i_2};P_{i_3},P_{i_4},\cdots,P_{i_{2n}})(i_1,i_2,\cdots,i_{2n}=1,2,\cdots,2n)$ 是 S 的完备集对,$G_{i_1i_2}$,H_{2n-2}^j 分别是 (S_2^j,T_{2n-2}^j) 中两个集合的重心,$P_iH_{2n-1}^i(i=1,2,\cdots,2n)$ 是 S 的 1-类重心线,$G_{i_1i_2}H_{2n-2}^j(j=1,2,\cdots,n(2n-1))$ 是 S 的 2-类重心线,则

对任意的 $j = j(i_1,i_2) = 1,2,\cdots,n(2n-1)$, 恒有以下三条重心线的乘数距离 $(2n-1)\mathrm{d}_{P_{i_1}H_{2n-1}^{i_1}}$, $(2n-1)\mathrm{d}_{P_{i_2}H_{2n-1}^{i_2}}$, $4(n-1)\mathrm{d}_{G_{i_1i_2}H_{2n-2}^{j}}$ 中, 其中一条较长的乘数距离等于另两条较短的乘数距离的和; 而以下 $2n-1$ 条重心线的乘数距离 $(2n-1)\mathrm{d}_{P_{i_\beta}H_{2n-1}^{i_\beta}}$ $(\beta = 3,4,\cdots,2n)$; $4(n-1)\mathrm{d}_{G_{i_1i_2}H_{2n-2}^{j}}$ 中, 其中一条较长的乘数距离等于另 $2n-2$ 条较短的乘数距离的和, 或其中 $t(2 \leqslant t \leqslant n-1)$ 条乘数距离的和等于另 $2n-t-1$ 条乘数距离的和.

证明 根据定理 8.1.13, 对任意的 $j = j(i_1,i_2) = 1,2,\cdots,n(2n-1)$, 由式 (8.1.30) 和 (8.1.31) 中 $n \geqslant 3$ 的情形的几何意义, 即得.

定理 8.1.14 设 $S = \{P_1,P_2,\cdots,P_{2n}\}(n \geqslant 2)$ 是共线 $2n$ 点的集合, H_{2n-1}^{i} 是 $T_{2n-1}^{i} = \{P_{i+1},P_{i+2},\cdots,P_{i+2n-1}\}(i = 1,2,\cdots,2n)$ 的重心, $(S_2^j,T_{2n-2}^j) = (P_{i_1},P_{i_2};P_{i_3},P_{i_4},\cdots,P_{i_{2n}})(i_1,i_2,\cdots,i_{2n} = 1,2,\cdots,2n)$ 是 S 的完备集对, $G_{i_1i_2}$, H_{2n-2}^{j} 分别是 (S_2^j,T_{2n-2}^j) 中两个集合的重心, $P_iH_{2n-1}^{i}(i=1,2,\cdots,2n)$ 是 S 的 1-类重心线, $G_{i_1i_2}H_{2n-2}^{j}(j = 1,2,\cdots,n(2n-1))$ 是 S 的 2-类重心线, 则对任意的 $j = j(i_1,i_2) = 1,2,\cdots,n(2n-1)$, 恒有 $\mathrm{D}_{G_{i_1i_2}H_{2n-2}^{j}} = 0$ 的充分必要条件是如下两式之一成立:

$$\mathrm{D}_{P_{i_1}H_{2n-1}^{i_1}} + \mathrm{D}_{P_{i_2}H_{2n-1}^{i_2}} = 0 \quad (\mathrm{d}_{P_{i_1}H_{2n-1}^{i_1}} = \mathrm{d}_{P_{i_2}H_{2n-1}^{i_2}}), \tag{8.1.33}$$

$$\mathrm{D}_{P_{i_3}H_{2n-1}^{i_3}} + \mathrm{D}_{P_{i_4}H_{2n-1}^{i_4}} + \cdots + \mathrm{D}_{P_{i_{2n}}H_{2n-1}^{i_{2n}}} = 0. \tag{8.1.34}$$

证明 根据定理 8.1.13, 分别由式 (8.1.30) 和 (8.1.31) 可得, 对任意的 $j = j(i_1,i_2) = 1,2,\cdots,n(2n-1)$, 恒有 $\mathrm{D}_{G_{i_1i_2}H_{2n-2}^{j}} = 0 \Leftrightarrow$ 式 (8.1.33) 成立 $\Leftrightarrow$ 式 (8.1.34) 成立.

推论 8.1.21 设 $S = \{P_1,P_2,\cdots,P_{2n}\}(n \geqslant 3)$ 是共线 $2n$ 点的集合, H_{2n-1}^{i} 是 $T_{2n-1}^{i} = \{P_{i+1},P_{i+2},\cdots,P_{i+2n-1}\}(i = 1,2,\cdots,2n)$ 的重心, $(S_2^j,T_{2n-2}^j) = (P_{i_1},P_{i_2};P_{i_3},P_{i_4},\cdots,P_{i_{2n}})(i_1,i_2,\cdots,i_{2n} = 1,2,\cdots,2n)$ 是 S 的完备集对, $G_{i_1i_2}$, H_{2n-2}^{j} 分别是 (S_2^j,T_{2n-2}^j) 中两个集合的重心, $P_iH_{2n-1}^{i}(i=1,2,\cdots,2n)$ 是 S 的 1-类重心线, $G_{i_1i_2}H_{2n-2}^{j}(j = 1,2,\cdots,n(2n-1))$ 是 S 的 2-类重心线, 则对任意的 $j = j(i_1,i_2) = 1,2,\cdots,n(2n-1)$, 恒有两重心点 $G_{i_1i_2}$, H_{2n-2}^{j} 重合的充分必要条件是两重心线 $P_{i_1}H_{2n-1}^{i_1}$, $P_{i_2}H_{2n-1}^{i_2}$ 距离相等方向相反; 或以下 $2n-2$ 条重心线的距离 $\mathrm{d}_{P_{i_3}H_{2n-1}^{i_3}}$, $\mathrm{d}_{P_{i_4}H_{2n-1}^{i_4}}$, $\cdots$, $\mathrm{d}_{P_{i_{2n}}H_{2n-1}^{i_{2n}}}$ 中, 其中一条较长的距离等于另 $2n-3$ 条较短的距离的和, 或其中 $t(2 \leqslant t \leqslant n-1)$ 条距离的和等于另 $2n-t-1$ 条距离的和.

证明 根据定理 8.1.14, 对任意的 $j = j(i_1,i_2) = 1,2,\cdots,n(2n-1)$, 由 $\mathrm{D}_{G_{i_1i_2}H_{2n-2}^{j}} = 0$ 以及式 (8.1.33) 和 (8.1.34) 中 $n \geqslant 3$ 的情形的几何意义, 即得.

8.1　$2n$ 点集 1-类 2-类重心线有向度量的定值定理与应用

定理 8.1.15 设 $S=\{P_1,P_2,\cdots,P_{2n}\}(n\geqslant 2)$ 是共线 $2n$ 点的集合，H_{2n-1}^i 是 $T_{2n-1}^i=\{P_{i+1},P_{i+2},\cdots,P_{i+2n-1}\}(i=1,2,\cdots,2n)$ 的重心，$(S_2^j,T_{2n-2}^j)=(P_{i_1},P_{i_2};P_{i_3},P_{i_4},\cdots,P_{i_{2n}})(i_1,i_2,\cdots,i_{2n}=1,2,\cdots,2n)$ 是 S 的完备集对，$G_{i_1i_2}$，H_{2n-2}^j 分别是 (S_2^j,T_{2n-2}^j) 中两个集合的重心，$P_iH_{2n-1}^i(i=1,2,\cdots,2n)$ 是 S 的 1-类重心线，$G_{i_1i_2}H_{2n-2}^j(j=1,2,\cdots,n(2n-1))$ 是 S 的 2-类重心线，则对任意的 $j=j(i_1,i_2)=1,2,\cdots,n(2n-1)$，恒有

(1) $\mathrm{D}_{P_1H_{2n-1}^{i_1}}=0(i_1\in I_{2n})$ 的充分必要条件是

$$(2n-1)\mathrm{D}_{P_{i_2}H_{2n-1}^{i_2}}-4(n-1)\mathrm{D}_{G_{i_1i_2}H_{2n-2}^j}=0; \tag{8.1.35}$$

(2) $\mathrm{D}_{P_{i_3}H_{2n-1}^{i_3}}=0(i_3\in I_{2n}\setminus\{i_1,i_2\})$ 的充分必要条件是

$$(2n-1)\sum_{\beta=4}^{2n}\mathrm{D}_{P_{i_\beta}H_{2n-1}^{i_\beta}}+4(n-1)\mathrm{D}_{G_{i_1i_2}H_{2n-2}^j}=0. \tag{8.1.36}$$

证明 根据定理 8.1.13，分别由式 (8.1.30) 和 (8.1.31)，可得：对任意的 $j=j(i_1,i_2)=1,2,\cdots,n(2n-1)$，恒有 $\mathrm{D}_{P_{i_1}H_{2n-1}^{i_1}}=0(i_1\in I_{2n})\Leftrightarrow$ 式 (8.1.35) 成立，$\mathrm{D}_{P_{i_3}H_{2n-1}^{i_3}}=0(i_3\in I_{2n}\setminus\{i_1,i_2\})\Leftrightarrow$ 式 (8.1.36) 成立.

推论 8.1.22 设 $S=\{P_1,P_2,\cdots,P_{2n}\}(n\geqslant 3)$ 是共线 $2n$ 点的集合，H_{2n-1}^i 是 $T_{2n-1}^i=\{P_{i+1},P_{i+2},\cdots,P_{i+2n-1}\}(i=1,2,\cdots,2n)$ 的重心，$(S_2^j,T_{2n-2}^j)=(P_{i_1},P_{i_2};P_{i_3},P_{i_4},\cdots,P_{i_{2n}})(i_1,i_2,\cdots,i_{2n}=1,2,\cdots,2n)$ 是 S 的完备集对，$G_{i_1i_2}$，H_{2n-2}^j 分别是 (S_2^j,T_{2n-2}^j) 中两个集合的重心，$P_iH_{2n-1}^i(i=1,2,\cdots,2n)$ 是 S 的 1-类重心线，$G_{i_1i_2}H_{2n-2}^j(j=1,2,\cdots,n(2n-1))$ 是 S 的 2-类重心线，则对任意的 $j=j(i_1,i_2)=1,2,\cdots,n(2n-1)$，恒有两点 $P_{i_1},H_{2n-1}^{i_1}(i_1\in I_{2n})$ 重合的充分必要条件是两重心线 $P_{i_2}H_{2n-1}^{i_2},G_{i_1i_2}H_{2n-2}^j$ 方向相同且 $(2n-1)\mathrm{d}_{P_{i_2}H_{2n-1}^{i_2}}=4(n-1)\mathrm{d}_{G_{i_1i_2}H_{2n-2}^j}$；而两点 $P_{i_3},H_{2n-1}^{i_3}(i_3\in I_{2n}\setminus\{i_1,i_2\})$ 重合的充分必要条件是如下 $2n-2$ 条重心线的乘数距离 $(2n-1)\mathrm{d}_{P_{i_\beta}H_{2n-1}^{i_\beta}}(\beta=4,5,\cdots,2n);4(n-1)\mathrm{d}_{G_{i_1i_2}H_{2n-2}^j}$ 中，其中一条较长的乘数距离等于另 $2n-3$ 条较短的乘数距离的和，或其中 $t(2\leqslant t\leqslant n-1)$ 条乘数距离的和等于另 $2n-t-2$ 条乘数距离的和.

证明 根据定理 8.1.15，对任意的 $j=j(i_1,i_2)=1,2,\cdots,n(2n-1)$，由 $\mathrm{D}_{P_{i_1}H_{2n-1}^{i_1}}=0(i_1\in I_{2n})$ 和式 (8.1.35)、$\mathrm{D}_{P_{i_3}H_{2n-1}^{i_3}}=0(i_3\in I_{2n}\setminus\{i_1,i_2\})$ 和式 (8.1.36) 中 $n\geqslant 3$ 的情形的几何意义，即得.

定理 8.1.16 设 $S=\{P_1,P_2,\cdots,P_{2n}\}(n\geqslant 3)$ 是共线 $2n$ 点的集合，H_{2n-1}^i 是 $T_{2n-1}^i=\{P_{i+1},P_{i+2},\cdots,P_{i+2n-1}\}(i=1,2,\cdots,2n)$ 的重心，$(S_2^j,T_{2n-2}^j)=$

$(P_{i_1}, P_{i_2}; P_{i_3}, P_{i_4}, \cdots, P_{i_{2n}})(i_1, i_2, \cdots, i_{2n} = 1, 2, \cdots, 2n)$ 是 S 的完备集对, $G_{i_1 i_2}$, H_{2n-2}^j 分别是 (S_2^j, T_{2n-2}^j) 中两个集合的重心, $P_i H_{2n-1}^i (i = 1, 2, \cdots, 2n)$ 是 S 的 1-类重心线, $G_{i_1 i_2} H_{2n-2}^j (j = 1, 2, \cdots, n(2n-1))$ 是 S 的 2-类重心线, 则对任意的 $j = j(i_1, i_2) = 1, 2, \cdots, n(2n-1)$, 以下两式均等价:

$$(2n-1)\mathrm{D}_{P_{i_{2n}} H_{2n-1}^{i_{2n}}} + 4(n-1)\mathrm{D}_{G_{i_1 i_2} H_{2n-2}^j} = 0, \qquad (8.1.37)$$

$$\mathrm{D}_{P_{i_3} H_{2n-1}^{i_3}} + \mathrm{D}_{P_{i_4} H_{2n-1}^{i_4}} + \cdots + \mathrm{D}_{P_{i_{2n-1}} H_{2n-1}^{i_{2n-1}}} = 0. \qquad (8.1.38)$$

证明 根据定理 8.1.13, 由式 (8.1.31) 中 $n \geqslant 3$ 的情形, 可得: 对任意的 $j = j(i_1, i_2) = 1, 2, \cdots, n(2n-1)$, 均有式 (8.1.37) 成立的充分必要条件是式 (8.1.38) 成立.

推论 8.1.23 设 $S = \{P_1, P_2, \cdots, P_{2n}\} (n \geqslant 4)$ 是共线 $2n$ 点的集合, H_{2n-1}^i 是 $T_{2n-1}^i = \{P_{i+1}, P_{i+2}, \cdots, P_{i+2n-1}\}(i = 1, 2, \cdots, 2n)$ 的重心, $(S_2^j, T_{2n-2}^j) = (P_{i_1}, P_{i_2}; P_{i_3}, P_{i_4}, \cdots, P_{i_{2n}})(i_1, i_2, \cdots, i_{2n} = 1, 2, \cdots, 2n)$ 是 S 的完备集对, $G_{i_1 i_2}$, H_{2n-2}^j 分别是 (S_2^j, T_{2n-2}^j) 中两个集合的重心, $P_i H_{2n-1}^i (i = 1, 2, \cdots, 2n)$ 是 S 的 1-类重心线, $G_{i_1 i_2} H_{2n-2}^j (j = 1, 2, \cdots, n(2n-1))$ 是 S 的 2-类重心线, 则对任意的 $j = j(i_1, i_2) = 1, 2, \cdots, n(2n-1)$, 恒有两重心线 $P_{i_{2n}} H_{2n-1}^{i_{2n}}, G_{i_1 i_2} H_{2n-2}^j$ 方向相反且 $(2n-1)\mathrm{d}_{P_{i_{2n}} H_{2n-1}^{i_{2n}}} = 4(n-1)\mathrm{d}_{G_{i_1 i_2} H_{2n-2}^j}$ 的充分必要条件是如下 $2n-3$ 条重心线的距离 $\mathrm{d}_{P_{i_3} H_{2n-1}^{i_3}}, \mathrm{d}_{P_{i_4} H_{2n-1}^{i_4}}, \cdots, \mathrm{d}_{P_{i_{2n-1}} H_{2n-1}^{i_{2n-1}}}$ 中, 其中一条较长的距离等于另 $2n-4$ 条较短的面积的和, 或其中 $t (2 \leqslant t \leqslant n-2)$ 条距离的和等于另 $2n-t-2$ 条距离的和.

证明 根据定理 8.1.16, 对任意的 $j = j(i_1, i_2) = 1, 2, \cdots, n(2n-1)$, 由式 (8.1.37) 和 (8.1.38) 中 $n \geqslant 4$ 的情形的几何意义, 即得.

定理 8.1.17 设 $S = \{P_1, P_2, \cdots, P_{2n}\} (n \geqslant 3)$ 是共线 $2n$ 点的集合, H_{2n-1}^i 是 $T_{2n-1}^i = \{P_{i+1}, P_{i+2}, \cdots, P_{i+2n-1}\}(i = 1, 2, \cdots, 2n)$ 的重心, $(S_2^j, T_{2n-2}^j) = (P_{i_1}, P_{i_2}; P_{i_3}, P_{i_4}, \cdots, P_{i_{2n}})(i_1, i_2, \cdots, i_{2n} = 1, 2, \cdots, 2n)$ 是 S 的完备集对, $G_{i_1 i_2}$, H_{2n-2}^j 分别是 (S_2^j, T_{2n-2}^j) 中两个集合的重心, $P_i H_{2n-1}^i (i = 1, 2, \cdots, 2n)$ 是 S 的 1-类重心线, $G_{i_1 i_2} H_{2n-2}^j (j = 1, 2, \cdots, n(2n-1))$ 是 S 的 2-类重心线, 则对任意的 $j = j(i_1, i_2) = 1, 2, \cdots, n(2n-1)$, 以下两式均等价:

$$\mathrm{D}_{P_{i_3} H_{2n-1}^{i_3}} + \mathrm{D}_{P_{i_4} H_{2n-1}^{i_4}} = 0 \quad (\mathrm{d}_{P_{i_3} H_{2n-1}^{i_3}} = \mathrm{d}_{P_{i_4} H_{2n-1}^{i_4}}), \qquad (8.1.39)$$

$$(2n-1)\sum_{\beta=5}^{2n} \mathrm{D}_{P_{i_\beta} H_{2n-1}^{i_\beta}} + 4(n-1)\mathrm{D}_{G_{i_1 i_2} H_{2n-2}^j} = 0. \qquad (8.1.40)$$

8.1 2n 点集 1-类 2-类重心线有向度量的定值定理与应用

证明 根据定理 8.1.13, 由式 (8.1.31) 中 $n \geqslant 3$ 的情形, 可得: 对任意的 $j = j(i_1, i_2) = 1, 2, \cdots, n(2n-1)$, 均有式 (8.1.39) 成立的充分必要条件是式 (8.1.40) 成立.

推论 8.1.24 设 $S = \{P_1, P_2, \cdots, P_{2n}\}(n \geqslant 4)$ 是共线 $2n$ 点的集合, H_{2n-1}^i 是 $T_{2n-1}^i = \{P_{i+1}, P_{i+2}, \cdots, P_{i+2n-1}\}(i = 1, 2, \cdots, 2n)$ 的重心, $(S_2^j, T_{2n-2}^j) = (P_{i_1}, P_{i_2}; P_{i_3}, P_{i_4}, \cdots, P_{i_{2n}})(i_1, i_2, \cdots, i_{2n} = 1, 2, \cdots, 2n)$ 是 S 的完备集对, $G_{i_1 i_2}, H_{2n-2}^j$ 分别是 (S_2^j, T_{2n-2}^j) 中两个集合的重心, $P_i H_{2n-1}^i (i = 1, 2, \cdots, 2n)$ 是 S 的 1-类重心线, $G_{i_1 i_2} H_{2n-2}^j (j = 1, 2, \cdots, n(2n-1))$ 是 S 的 2-类重心线, 则对任意的 $j = j(i_1, i_2) = 1, 2, \cdots, n(2n-1)$, 恒有两重心线 $P_{i_3} H_{2n-1}^{i_3}, P_{i_4} H_{2n-1}^{i_4}$ 距离相等方向相反的充分必要条件是如下 $2n-3$ 条重心线的乘数距离 $(2n-1) \mathrm{d}_{P_{i_\beta} H_{2n-1}^{i_\beta}} (\beta = 5, 6, \cdots, 2n); 4(n-1) \mathrm{d}_{G_{i_1 i_2} H_{2n-2}^j}$ 中, 其中一条较长的乘数距离等于另 $2n-4$ 条较短的乘数距离的和, 或其中 $t(2 \leqslant t \leqslant n-2)$ 条乘数距离的和等于另 $2n-t-3$ 条乘数距离的和.

证明 根据定理 8.1.17, 对任意的 $j = j(i_1, i_2) = 1, 2, \cdots, n(2n-1)$, 由式 (8.1.39) 和 (8.1.40) 中 $n \geqslant 4$ 的情形的几何意义, 即得.

定理 8.1.18 设 $S = \{P_1, P_2, \cdots, P_{2n}\}(n \geqslant 4)$ 是共线 $2n$ 点的集合, H_{2n-1}^i 是 $T_{2n-1}^i = \{P_{i+1}, P_{i+2}, \cdots, P_{i+2n-1}\}(i = 1, 2, \cdots, 2n)$ 的重心, $(S_2^j, T_{2n-2}^j) = (P_{i_1}, P_{i_2}; P_{i_3}, P_{i_4}, \cdots, P_{i_{2n}})(i_1, i_2, \cdots, i_{2n} = 1, 2, \cdots, 2n)$ 是 S 的完备集对, $G_{i_1 i_2}, H_{2n-2}^j$ 分别是 (S_2^j, T_{2n-2}^j) 中两个集合的重心, $P_i H_{2n-1}^i (i = 1, 2, \cdots, 2n)$ 是 S 的 1-类重心线, $G_{i_1 i_2} H_{2n-2}^j (j = 1, 2, \cdots, n(2n-1))$ 是 S 的 2-类重心线, 则对任意的 $j = j(i_1, i_2) = 1, 2, \cdots, n(2n-1); 5 \leqslant s \leqslant n+1$, 以下两式均等价:

$$\mathrm{D}_{P_{i_3} H_{2n-1}^{i_3}} + \mathrm{D}_{P_{i_4} H_{2n-1}^{i_4}} + \cdots + \mathrm{D}_{P_{i_s} H_{2n-1}^{i_s}} = 0, \tag{8.1.41}$$

$$(2n-1) \sum_{\beta=s+1}^{2n} \mathrm{D}_{P_{i_\beta} H_{2n-1}^{i_\beta}} + 4(n-1) \mathrm{D}_{G_{i_1 i_2} H_{2n-2}^j} = 0. \tag{8.1.42}$$

证明 根据定理 8.1.13, 由式 (8.1.31) 中 $n \geqslant 4$ 的情形, 可得: 对任意的 $j = j(i_1, i_2) = 1, 2, \cdots, n(2n-1); 5 \leqslant s \leqslant n+1$, 均有式 (8.1.41) 成立的充分必要条件是式 (8.1.42) 成立.

推论 8.1.25 设 $S = \{P_1, P_2, \cdots, P_{2n}\}(n \geqslant 4)$ 是共线 $2n$ 点的集合, H_{2n-1}^i 是 $T_{2n-1}^i = \{P_{i+1}, P_{i+2}, \cdots, P_{i+2n-1}\}(i = 1, 2, \cdots, 2n)$ 的重心, $(S_2^j, T_{2n-2}^j) = (P_{i_1}, P_{i_2}; P_{i_3}, P_{i_4}, \cdots, P_{i_{2n}})(i_1, i_2, \cdots, i_{2n} = 1, 2, \cdots, 2n)$ 是 S 的完备集对, $G_{i_1 i_2}, H_{2n-2}^j$ 分别是 (S_2^j, T_{2n-2}^j) 中两个集合的重心, $P_i H_{2n-1}^i (i = 1, 2, \cdots, 2n)$ 是 S 的 1-类重心线, $G_{i_1 i_2} H_{2n-2}^j (j = 1, 2, \cdots, n(2n-1))$ 是 S 的 2-类重心线, 则对任意的

$j = j(i_1, i_2) = 1, 2, \cdots, n(2n-1)$, 恒有如下三条重心线的距离 $\mathrm{d}_{P_{i_3} H_{2n-1}^{i_3}}, \mathrm{d}_{P_{i_4} H_{2n-1}^{i_4}},$ $\mathrm{d}_{P_{i_5} H_{2n-1}^{i_5}}$ 中, 其中一条较长的距离等于另两条较短的距离的和的充分必要条件是其余 $2n-4$ 条重心线的乘数距离 $(2n-1)\mathrm{d}_{P_{i_\beta} H_{2n-1}^{i_\beta}}$ ($\beta = 6, 7, \cdots, 2n$); $4(n-1)\mathrm{d}_{G_{i_1 i_2} H_{2n-2}^j}$ 中, 其中一条较长的乘数距离等于另 $2n-5$ 条较短的乘数距离的和, 或其中 $t(2 \leqslant t \leqslant n-2)$ 条乘数距离的和等于另 $2n-t-4$ 条乘数距离的和.

证明 根据定理 8.1.18, 对任意的 $j = j(i_1, i_2) = 1, 2, \cdots, n(2n-1)$, 由式 (8.1.41) 和 (8.1.42) 中 $n \geqslant 4, s = 5$ 的情形的几何意义, 即得.

推论 8.1.26 设 $S = \{P_1, P_2, \cdots, P_{2n}\}(n \geqslant 5)$ 是共线 $2n$ 点的集合, H_{2n-1}^i 是 $T_{2n-1}^i = \{P_{i+1}, P_{i+2}, \cdots, P_{i+2n-1}\}(i = 1, 2, \cdots, 2n)$ 的重心, $(S_2^j, T_{2n-2}^j) = (P_{i_1}, P_{i_2}; P_{i_3}, P_{i_4}, \cdots, P_{i_{2n}})(i_1, i_2, \cdots, i_{2n} = 1, 2, \cdots, 2n)$ 是 S 的完备集对, $G_{i_1 i_2}$, H_{2n-2}^j 分别是 (S_2^j, T_{2n-2}^j) 中两个集合的重心, $P_i H_{2n-1}^i (i = 1, 2, \cdots, 2n)$ 是 S 的 1-类重心线, $G_{i_1 i_2} H_{2n-2}^j (j = 1, 2, \cdots, n(2n-1))$ 是 S 的 2-类重心线, 则对任意的 $j = j(i_1, i_2) = 1, 2, \cdots, n(2n-1); 6 \leqslant s \leqslant n+1$, 恒有如下 $s-2$ 条重心线的距离 $\mathrm{d}_{P_{i_3} H_{2n-1}^{i_3}}, \mathrm{d}_{P_{i_4} H_{2n-1}^{i_4}}, \cdots, \mathrm{d}_{P_{i_s} H_{2n-1}^{i_s}}$ 中, 其中一条较长的距离等于另 $s-3$ 条较短的距离的和, 或其中 $t_1(2 \leqslant t_1 \leqslant [s/2]-1)$ 条距离的和等于另 $s-t_1-2$ 条距离的和的充分必要条件是其余 $2n-s+1$ 条重心线的乘数距离 $(2n-1)\mathrm{d}_{P_{i_\beta} H_{2n-1}^{i_\beta}}$ ($\beta = s+1, s+2, \cdots, 2n$); $4(n-1)\mathrm{d}_{G_{i_1 i_2} H_{2n-2}^j}$ 中, 其中一条较长的乘数距离等于另 $2n-s$ 条较短的乘数距离的和, 或其中 $t_2(2 \leqslant t_2 \leqslant [(2n-s+1)/2])$ 条乘数距离的和等于另 $2n-s-t_2+1$ 条乘数距离的和.

证明 根据定理 8.1.18, 对任意的 $j = j(i_1, i_2) = 1, 2, \cdots, n(2n-1); 6 \leqslant s \leqslant n+1$, 由式 (8.1.41) 和 (8.1.42) 中 $n \geqslant 5$ 的情形的几何意义, 即得.

8.2 $2n$ 点集 1-类 m-类重心线三角形有向面积的定值定理与应用

本节主要应用有向面积和有向面积定值法, 研究 $2n$ 点集 1-类 m-类重心线有向面的有关问题. 首先, 给出 $2n$ 点集 1-类 $m(m < n)$-类重心线三角形有向面积的定值定理及其推论, 从而得出 $2n$ 角形 ($2n$ 边形) 中相应的结论, 并根据上述定值定理得出 $2n$ 点集、$2n$ 角形 ($2n$ 边形) 中一个 (多个) 重心线三角形乘数面积 (之和) 与另几个重心线三角形乘数面积之和相等, 以及两重心线三角形乘数面积 (面积) 相等方向相同 (相反) 的充分必要条件等结论; 其次, 给出 $2n$ 点集 1-类 n-类重心线三角形有向面积的定值定理及其推论, 从而得出 $2n$ 角形 ($2n$ 边形) 中相应的结论, 并根据上述定值定理得出 $2n$ 点集、$2n$ 角形 ($2n$ 边形) 中两重心线三角

形乘数面积 (面积) 相等方向相同 (相反), 以及 n 个重心线三角形乘数面积中, 一个较大的重心线三角形乘数面积等于其余 $n-1$ 个较小的重心线三角形乘数面积之和或其中几个重心线三角形乘数面积的和等于其余几个重心线三角形乘数面积之和的充分必要条件等结论.

在本节中, 恒假设 $i_1, i_2, \cdots, i_{2n} \in I_{2n} = \{1, 2, \cdots, 2n\}$ 且互不相等; $k = k(i_1, i_2, \cdots, i_m) = 1, 2, \cdots, C_{2n}^m$ 是关于 $i_1, i_2, \cdots, i_m$ 的函数且其值与 $i_1, i_2, \cdots, i_m$ 的排列次序无关.

8.2.1 $2n$ 点集 1-类 $m(m < n)$-类重心线三角形有向面积的定值定理与应用

定理 8.2.1 设 $S = \{P_1, P_2, \cdots, P_{2n}\}(n \geq 3)$ 是 $2n$ 点的集合, H_{2n-1}^i 是 $T_{2n-1}^i = \{P_{i+1}, P_{i+2}, \cdots, P_{i+2n-1}\}(i = 1, 2, \cdots, 2n)$ 的重心, $(S_m^k, T_{2n-m}^k) = (P_{i_1}, P_{i_2}, \cdots, P_{i_m}; P_{i_{m+1}}, P_{i_{m+2}}, \cdots, P_{i_{2n}})(k = 1, 2, \cdots, C_{2n}^m; i_1, i_2, \cdots, i_{2n} = 1, 2, \cdots, 2n)$ 是 S 的完备集对, G_m^k, H_{2n-m}^k 分别是 $(S_m^k, T_{2n-m}^k)(k = 1, 2, \cdots, C_{2n}^m; 2 \leq m < n)$ 中两个集合的重心, $P_i H_{2n-1}^i (i = 1, 2, \cdots, 2n)$ 是 S 的 1-类重心线, $G_m^k H_{2n-m}^k (k = 1, 2, \cdots, C_{2n}^m)$ 是 S 的 m-类重心线, P 是平面上任意一点, 则对任意的 $k = k(i_1, i_2, \cdots, i_m) = 1, 2, \cdots, C_{2n}^m$, 恒有

$$(2n-1)\sum_{\alpha=1}^{m} \mathrm{D}_{P_{i_\alpha} H_{2n-1}^{i_\alpha}} - m(2n-m)\mathrm{D}_{PG_m^k H_{2n-m}^k} = 0, \tag{8.2.1}$$

$$(2n-1)\sum_{\beta=m+1}^{2n} \mathrm{D}_{PP_{i_\beta} H_{2n-1}^{i_\beta}} + m(2n-m)\mathrm{D}_{PG_m^k H_{2n-m}^k} = 0. \tag{8.2.2}$$

证明 设 S 各点和任意点的坐标分别为 $P_i(x_i, y_i)(i = 1, 2, \cdots, 2n); P(x, y)$. 于是 T_{2n-1}^i 和 (S_m^k, T_{2n-m}^k) 中两集合重心的坐标分别为

$$H_{2n-1}^i \left(\frac{1}{2n-1} \sum_{\mu=1}^{2n-1} x_{\mu+i}, \frac{1}{2n-1} \sum_{\mu=1}^{2n-1} y_{\mu+i} \right) \quad (i = 1, 2, \cdots, 2n);$$

$$G_m^k \left(\frac{1}{m} \sum_{\nu=1}^{m} x_{i_\nu}^k, \frac{1}{m} \sum_{\nu=1}^{m} y_{i_\nu}^k \right) \quad (i_1, i_2, \cdots, i_m = 1, 2, \cdots, 2n),$$

$$H_{2n-m}^k \left(\frac{1}{2n-m} \sum_{\nu=m+1}^{2n} x_{i_\nu}^k, \frac{1}{2n-m} \sum_{\nu=m+1}^{2n} y_{i_\nu}^k \right) \quad (i_{m+1}, i_{m+2}, \cdots, i_{2n} = 1, 2, \cdots, 2n),$$

其中 $k = k(i_1, i_2, \cdots, i_m) = 1, 2, \cdots, \mathrm{C}_{2n}^m$. 故由三角形有向面积, 可得

$$2(2n-1)\sum_{\beta=1}^{m} \mathrm{D}_{PP_{i_\beta}H_{2n-1}^{i_\beta}} - 2m(2n-m)\mathrm{D}_{PG_m^1 H_{2n-m}^1}$$

$$= \sum_{i=1}^{m} \begin{vmatrix} x & y & 1 \\ x_i & y_i & 1 \\ x_{i+1}+x_{i+2}+\cdots+x_{i+2n-1} & y_{i+1}+y_{i+2}+\cdots+y_{i+2n-1} & 2n-1 \end{vmatrix}$$

$$- \begin{vmatrix} x & y & 1 \\ x_1+x_2+\cdots+x_m & y_1+y_2+\cdots+y_m & m \\ x_{m+1}+x_{m+2}+\cdots+x_{2n} & y_{m+1}+y_{m+2}+\cdots+y_{2n} & 2n-m \end{vmatrix}$$

$$= x\sum_{i=1}^{m}[(2n-1)y_i - (y_{i+1}+y_{i+2}+\cdots+y_{i+2n-1})]$$

$$- y\sum_{i=1}^{m}[(2n-1)x_i - (x_{i+1}+x_{i+2}+\cdots+x_{i+2n-1})]$$

$$+ \sum_{i=1}^{m}[x_i(y_{i+1}+y_{i+2}+\cdots+y_{i+2n-1}) - (x_{i+1}+x_{i+2}+\cdots+x_{i+2n-1})y_i]$$

$$- x[(2n-m)(y_1+y_2+\cdots+y_m) - m(y_{m+1}+y_{m+2}+\cdots+y_{2n})]$$

$$+ y[(2n-m)(x_1+x_2+\cdots+x_m) - m(x_{m+1}+x_{m+2}+\cdots+x_{2n})]$$

$$- (x_1+x_2+\cdots+x_m)(y_{m+1}+y_{m+2}+\cdots+y_{2n})$$

$$+ (x_{m+1}+x_{m+2}+\cdots+x_{2n})(y_1+y_2+\cdots+y_m)$$

$$= 0,$$

因此, 当 $k = k(1, 2, \cdots, m) = 1$ 时, 式 (8.2.1) 成立.

类似地, 可以证明, 当 $k = k(i_1, i_2, \cdots, i_m) = 2, 3, \cdots, \mathrm{C}_{2n}^m$ 时, 式 (8.2.1) 成立.

同理可以证明, 式 (8.2.2) 成立.

注 8.2.1 特别地, 当 $n = 3, m = 2$ 时, 由定理 8.2.1, 即得定理 5.1.1; 而当 $n \geqslant 4, m = 2$ 时, 由定理 8.2.1, 即得定理 8.1.1 中 $n \geqslant 4$ 的情形. 因此, 5.1 节和 8.1 节相关结论都可以由定理 8.2.1 推出, 故在以下的论述中, 我们主要研究 $n > m \geqslant 3$ 的情形, 而对上述一些情形不单独论及.

推论 8.2.1 设 $S = \{P_1, P_2, \cdots, P_{2n}\}(n \geqslant 4)$ 是 $2n$ 点的集合, H_{2n-1}^i

是 $T_{2n-1}^i = \{P_{i+1}, P_{i+2}, \cdots, P_{i+2n-1}\}(i=1,2,\cdots,2n)$ 的重心, $(S_m^k, T_{2n-m}^k) = (P_{i_1}, P_{i_2}, \cdots, P_{i_m}; P_{i_{m+1}}, P_{i_{m+2}}, \cdots, P_{i_{2n}})(k=1,2,\cdots,C_{2n}^m; i_1, i_2, \cdots, i_{2n} = 1, 2, \cdots, 2n)$ 是 S 的完备集对, G_m^k, H_{2n-m}^k 分别是 $(S_m^k, T_{2n-m}^k)(k=1,2,\cdots,C_{2n}^m; 3 \leqslant m < n)$ 中两个集合的重心, $P_i H_{2n-1}^i (i=1,2,\cdots,2n)$ 是 S 的 1-类重心线, $G_m^k H_{2n-m}^k (k=1,2,\cdots,C_{2n}^m)$ 是 S 的 m-类重心线, P 是平面上任意一点, 则对任意的 $k = k(i_1, i_2, \cdots, i_m) = 1, 2, \cdots, C_{2n}^m$, 恒有以下 $m+1$ 个重心线三角形的乘数面积 $(2n-1)\mathrm{a}_{PP_{i_\beta}H_{2n-1}^{i_\beta}}(\beta = 1,2,\cdots,m); m(2n-m)\mathrm{a}_{PG_m^k H_{2n-m}^k}$ 中, 其中一个较大的乘数面积等于另外 m 个较小的乘数面积的和, 或其中 $t_1(2 \leqslant t_1 \leqslant [(m+1)/2])$ 个乘数面积的和等于另外 $m - t_1 + 1$ 个乘数面积的和; 而以下 $2n-m+1$ 个重心线三角形的乘数面积 $(2n-1)\mathrm{a}_{PP_{i_\beta}H_{2n-1}^{i_\beta}}(\beta = m+1, m+2, \cdots, 2n); m(2n-m)\mathrm{a}_{PG_m^k H_{2n-m}^k}$ 中, 其中一个较大的乘数面积等于另外 $2n-m$ 个较小的乘数面积的和, 或其中 $t_2(2 \leqslant t_2 \leqslant [(2n-m+1)/2])$ 个乘数面积的和等于另外 $2n-m-t_2+1$ 个乘数面积的和.

证明 根据定理 8.2.1, 对任意的 $k = k(i_1, i_2, \cdots, i_m) = 1, 2, \cdots, C_{2n}^m$, 由式 (8.2.1) 和 (8.3.2) 中 $3 \leqslant m < n$ 的情形的几何意义, 即得.

定理 8.2.2 设 $S = \{P_1, P_2, \cdots, P_{2n}\}(n \geqslant 3)$ 是 $2n$ 点的集合, H_{2n-1}^i 是 $T_{2n-1}^i = \{P_{i+1}, P_{i+2}, \cdots, P_{i+2n-1}\}(i=1,2,\cdots,2n)$ 的重心, $(S_m^k, T_{2n-m}^k) = (P_{i_1}, P_{i_2}, \cdots, P_{i_m}; P_{i_{m+1}}, P_{i_{m+2}}, \cdots, P_{i_{2n}})(k=1,2,\cdots,C_{2n}^m; i_1, i_2, \cdots, i_{2n} = 1, 2, \cdots, 2n)$ 是 S 的完备集对, G_m^k, H_{2n-m}^k 分别是 $(S_m^k, T_{2n-m}^k)(k=1,2,\cdots,C_{2n}^m; 2 \leqslant m < n)$ 中两个集合的重心, $P_i H_{2n-1}^i (i=1,2,\cdots,2n)$ 是 S 的 1-类重心线, $G_m^k H_{2n-m}^k (k=1,2,\cdots,C_{2n}^m)$ 是 S 的 m-类重心线, P 是平面上任意一点, 则对任意的 $k = k(i_1, i_2, \cdots, i_m) = 1, 2, \cdots, C_{2n}^m$, 恒有 $\mathrm{D}_{PG_m^k H_{2n-m}^k} = 0$ 的充分必要条件是如下两式之一成立:

$$\mathrm{D}_{PP_{i_1}H_{2n-1}^{i_1}} + \mathrm{D}_{PP_{i_2}H_{2n-1}^{i_2}} + \cdots + \mathrm{D}_{PP_{i_m}H_{2n-1}^{i_m}} = 0, \tag{8.2.3}$$

$$\mathrm{D}_{PP_{i_{m+1}}H_{2n-1}^{i_{m+1}}} + \mathrm{D}_{PP_{i_{m+2}}H_{2n-1}^{i_{m+2}}} + \cdots + \mathrm{D}_{PP_{i_{2n}}H_{2n-1}^{i_{2n}}} = 0. \tag{8.2.4}$$

证明 根据定理 8.2.1, 由式 (8.2.1) 和 (8.2.2) 即得: 对任意的 $k = k(i_1, i_2, \cdots, i_m) = 1, 2, \cdots, C_{2n}^m$, 恒有 $\mathrm{D}_{PG_m^k H_{2n-m}^k} = 0 \Leftrightarrow$ 式 (8.2.3) 成立 $\Leftrightarrow$ 式 (8.2.4) 成立.

推论 8.2.2 设 $S = \{P_1, P_2, \cdots, P_{2n}\}(n \geqslant 4)$ 是 $2n$ 点的集合, H_{2n-1}^i 是 $T_{2n-1}^i = \{P_{i+1}, P_{i+2}, \cdots, P_{i+2n-1}\}(i=1,2,\cdots,2n)$ 的重心, $(S_3^k, T_{2n-3}^k) = (P_{i_1}, P_{i_2}, P_{i_3}; P_{i_4}, P_{i_5}, \cdots, P_{i_{2n}})(k=1,2,\cdots,C_{2n}^3; i_1, i_2, \cdots, i_{2n} = 1, 2, \cdots, 2n)$ 是 S 的完备集对, G_3^k, H_{2n-3}^k 分别是 $(S_3^k, T_{2n-3}^k)(k=1,2,\cdots,C_{2n}^3)$ 中两个集合的重心, $P_i H_{2n-1}^i (i=1,2,\cdots,2n)$ 是 S 的 1-类重心线, $G_3^k H_{2n-3}^k (k=1,2,\cdots,C_{2n}^3)$ 是

S 的 3-类重心线, P 是平面上任意一点, 则对任意的 $k=k(i_1,i_2,i_3)=1,2,\cdots,\mathrm{C}_{2n}^3$, 恒有三点 P, G_3^k, H_{2n-3}^k 共线的充分必要条件是如下三个重心线三角形的面积 $\mathrm{a}_{PP_{i_1}H_{2n-1}^{i_1}}, \mathrm{a}_{PP_{i_2}H_{2n-1}^{i_2}}, \mathrm{a}_{PP_{i_3}H_{2n-1}^{i_3}}$ 中, 其中一个较大的面积等于另外两个较小的面积的和; 或如下 $2n-3$ 个重心线三角形的面积 $\mathrm{a}_{PP_{i_4}H_{2n-1}^{i_4}}, \mathrm{a}_{PP_{i_5}H_{2n-1}^{i_5}}, \cdots$, $\mathrm{a}_{PP_{i_{2n}}H_{2n-1}^{i_{2n}}}$ 中, 其中一个较大的面积等于另外 $2n-4$ 个较小的面积的和, 或其中 $t(2\leqslant t\leqslant n-2)$ 个面积的和等于另外 $2n-t-3$ 个重心线三角形面积的和.

证明 根据定理 8.2.2, 对任意的 $k=k(i_1,i_2,i_3)=1,2,\cdots,\mathrm{C}_{2n}^3$, 由 $\mathrm{D}_{PG_m^k H_{2n-m}^k}=0$ 以及式 (8.2.3) 和 (8.2.4) 中 $n\geqslant 4, m=3$ 的情形的几何意义, 即得.

推论 8.2.3 设 $S=\{P_1,P_2,\cdots,P_{2n}\}(n\geqslant 5)$ 是 $2n$ 点的集合, H_{2n-1}^i 是 $T_{2n-1}^i=\{P_{i+1},P_{i+2},\cdots,P_{i+2n-1}\}(i=1,2,\cdots,2n)$ 的重心, $(S_m^k,T_{2n-m}^k)=(P_{i_1},P_{i_2},\cdots,P_{i_m};P_{i_{m+1}},P_{i_{m+2}},\cdots,P_{i_{2n}})(k=1,2,\cdots,\mathrm{C}_{2n}^m;i_1,i_2,\cdots,i_{2n}=1,2,\cdots,2n)$ 是 S 的完备集对, G_m^k, H_{2n-m}^k 分别是 $(S_m^k,T_{2n-m}^k)(k=1,2,\cdots,\mathrm{C}_{2n}^m;4\leqslant m<n)$ 中两个集合的重心, $P_iH_{2n-1}^i(i=1,2,\cdots,2n)$ 是 S 的 1-类重心线, $G_m^k H_{2n-m}^k(k=1,2,\cdots,\mathrm{C}_{2n}^m)$ 是 S 的 m-类重心线, P 是平面上任意一点, 则对任意的 $k=k(i_1,i_2,\cdots,i_m)=1,2,\cdots,\mathrm{C}_{2n}^m$, 恒有三点 P, G_m^k, H_{2n-m}^k 共线的充分必要条件是如下 m 个重心线三角形的面积 $\mathrm{a}_{PP_{i_1}H_{2n-1}^{i_1}}, \mathrm{a}_{PP_{i_2}H_{2n-1}^{i_2}}, \cdots, \mathrm{a}_{PP_{i_m}H_{2n-1}^{i_m}}$ 中, 其中一个较大的面积等于另外 $m-1$ 个较小的面积的和, 或其中 $t_1(2\leqslant t_1\leqslant [m/2])$ 个面积的和等于另外 $m-t_1$ 个面积的和; 或如下 $2n-m$ 个重心线三角形的面积 $\mathrm{a}_{PP_{i_{m+1}}H_{2n-1}^{i_{m+1}}}, \mathrm{a}_{PP_{i_{m+2}}H_{2n-1}^{i_{m+2}}}, \cdots, \mathrm{a}_{PP_{i_{2n}}H_{2n-1}^{i_{2n}}}$ 中, 其中一个较大的面积等于另外 $2n-m-1$ 个较小的面积的和, 或其中 $t_2(2\leqslant t_2\leqslant [(2n-m)/2])$ 个面积的和等于另外 $2n-m-t_2$ 个面积的和.

证明 根据定理 8.2.2, 对任意的 $k=k(i_1,i_2,\cdots,i_m)=1,2,\cdots,\mathrm{C}_{2n}^m$, 由 $\mathrm{D}_{PG_m^k H_{2n-m}^k}=0$ 以及式 (8.2.3) 和 (8.2.4) 中 $n>m\geqslant 4$ 的情形的几何意义, 即得.

注 8.2.2 为简便起见, 下面仅以式 (8.2.1) 为例, 研究 $2n$ 点集 1-类 $m(n>m)$-类重心线三角形有向面积的有关问题. 对式 (8.2.2) 亦可以作类似的探讨, 不一一赘述.

定理 8.2.3 设 $S=\{P_1,P_2,\cdots,P_{2n}\}(n\geqslant 3)$ 是 $2n$ 点的集合, H_{2n-1}^i 是 $T_{2n-1}^i=\{P_{i+1},P_{i+2},\cdots,P_{i+2n-1}\}(i=1,2,\cdots,2n)$ 的重心, $(S_m^k,T_{2n-m}^k)=(P_{i_1},P_{i_2},\cdots,P_{i_m};P_{i_{m+1}},P_{i_{m+2}},\cdots,P_{i_{2n}})(k=1,2,\cdots,\mathrm{C}_{2n}^m;i_1,i_2,\cdots,i_{2n}=1,2,\cdots,2n)$ 是 S 的完备集对, G_m^k, H_{2n-m}^k 分别是 $(S_m^k,T_{2n-m}^k)(k=1,2,\cdots,\mathrm{C}_{2n}^m;2\leqslant m<n)$ 中两个集合的重心, $P_iH_{2n-1}^i(i=1,2,\cdots,2n)$ 是 S 的 1-类重心线, $G_m^k H_{2n-m}^k(k=1,2,\cdots,\mathrm{C}_{2n}^m)$ 是 S 的 m-类重心线, P 是平面上任意一点, 则对任

8.2 2n 点集 1-类 m-类重心线三角形有向面积的定值定理与应用

意的 $k=k(i_1,i_2,\cdots,i_m)=1,2,\cdots,\mathrm{C}_{2n}^m$, 恒有 $\mathrm{D}_{PP_{i_m}H_{2n-1}^{i_m}}=0(i_m\in I_{2n})$ 的充分必要条件是

$$(2n-1)\sum_{\beta=1}^{m-1}\mathrm{D}_{PP_{i_\beta}H_{2n-1}^{i_\beta}}-m(2n-m)\mathrm{D}_{PG_m^kH_{2n-m}^k}=0. \tag{8.2.5}$$

证明 根据定理 8.2.1, 由式 (8.2.1), 可得: 对任意的 $k=k(i_1,i_2,\cdots,i_m)=1,2,\cdots,\mathrm{C}_{2n}^m$, 恒有 $\mathrm{D}_{PP_{i_m}H_{2n-1}^{i_m}}=0(i_m\in I_{2n})\Leftrightarrow$ 式 (8.2.5) 成立.

推论 8.2.4 设 $S=\{P_1,P_2,\cdots,P_{2n}\}(n\geqslant 4)$ 是 $2n$ 点的集合, H_{2n-1}^i 是 $T_{2n-1}^i=\{P_{i+1},P_{i+2},\cdots,P_{i+2n-1}\}(i=1,2,\cdots,2n)$ 的重心, $(S_3^k,T_{2n-3}^k)=(P_{i_1},P_{i_2},P_{i_3};P_{i_4},P_{i_5},\cdots,P_{i_{2n}})(k=1,2,\cdots,\mathrm{C}_{2n}^3;i_1,i_2,\cdots,i_{2n}=1,2,\cdots,2n)$ 是 S 的完备集对, G_3^k,H_{2n-3}^k 分别是 $(S_3^k,T_{2n-3}^k)(k=1,2,\cdots,\mathrm{C}_{2n}^3)$ 中两个集合的重心, $P_iH_{2n-1}^i(i=1,2,\cdots,2n)$ 是 S 的 1-类重心线, $G_3^kH_{2n-3}^k(k=1,2,\cdots,\mathrm{C}_{2n}^3)$ 是 S 的 3-类重心线, P 是平面上任意一点, 则对任意的 $k=k(i_1,i_2,i_3)=1,2,\cdots,\mathrm{C}_{2n}^3$, 恒有三点 $P,P_{i_3},H_{2n-1}^{i_3}(i_3\in I_{2n})$ 共线的充分必要条件是如下三个重心线三角形的乘数面积 $(2n-1)\mathrm{a}_{PP_{i_\beta}H_{2n-1}^{i_\beta}}(\beta=1,2);3(2n-3)\mathrm{a}_{PG_3^kH_{2n-3}^k}$ 中, 其中一个较大的乘数面积等于另外两个较小的乘数面积的和.

证明 根据定理 8.2.3, 对任意的 $k=k(i_1,i_2,i_3)=1,2,\cdots,\mathrm{C}_{2n}^3$, 分别由 $\mathrm{D}_{PP_{i_m}H_{2n-1}^{i_m}}=0(i_m\in I_{2n})$ 和式 (8.2.5) 中 $n\geqslant 4,m=3$ 的情形的几何意义, 即得.

推论 8.2.5 设 $S=\{P_1,P_2,\cdots,P_{2n}\}(n\geqslant 5)$ 是 $2n$ 点的集合, H_{2n-1}^i 是 $T_{2n-1}^i=\{P_{i+1},P_{i+2},\cdots,P_{i+2n-1}\}(i=1,2,\cdots,2n)$ 的重心, $(S_m^k,T_{2n-m}^k)=(P_{i_1},P_{i_2},\cdots,P_{i_m};P_{i_{m+1}},P_{i_{m+2}},\cdots,P_{i_{2n}})(k=1,2,\cdots,\mathrm{C}_{2n}^m;i_1,i_2,\cdots,i_{2n}=1,2,\cdots,2n)$ 是 S 的完备集对, G_m^k,H_{2n-m}^k 分别是 $(S_m^k,T_{2n-m}^k)(k=1,2,\cdots,\mathrm{C}_{2n}^m;4\leqslant m<n)$ 中两个集合的重心, $P_iH_{2n-1}^i(i=1,2,\cdots,2n)$ 是 S 的 1-类重心线, $G_m^kH_{2n-m}^k(k=1,2,\cdots,\mathrm{C}_{2n}^m)$ 是 S 的 m-类重心线, P 是平面上任意一点, 则对任意的 $k=k(i_1,i_2,\cdots,i_m)=1,2,\cdots,\mathrm{C}_{2n}^m$, 恒有三点 $P,P_{i_m},H_{2n-1}^{i_m}(i_m\in I_{2n})$ 共线的充分必要条件是如下 m 个重心线三角形的乘数面积 $(2n-1)\mathrm{a}_{PP_{i_\beta}H_{2n-1}^{i_\beta}}(\beta=1,2,\cdots,m-1);m(2n-m)\mathrm{a}_{PG_m^kH_{2n-m}^k}$ 中, 其中一个较大的乘数面积等于另外 $m-1$ 个较小的乘数面积的和, 或其中 $t(2\leqslant t\leqslant[m/2])$ 个乘数面积的和等于另外 $m-t$ 个乘数面积的和.

证明 根据定理 8.2.3, 对任意的 $k=k(i_1,i_2,\cdots,i_m)=1,2,\cdots,\mathrm{C}_{2n}^m$, 分别由 $\mathrm{D}_{PP_{i_m}H_{2n-1}^{i_m}}=0(i_m\in I_{2n})$ 和式 (8.2.5) 中 $n>m\geqslant 4$ 的情形的几何意义, 即得.

定理 8.2.4 设 $S=\{P_1,P_2,\cdots,P_{2n}\}(n\geqslant 4)$ 是 $2n$ 点的集合, H_{2n-1}^i

是 $T_{2n-1}^{i} = \{P_{i+1}, P_{i+2}, \cdots, P_{i+2n-1}\}(i = 1, 2, \cdots, 2n)$ 的重心, $(S_m^k, T_{2n-m}^k) = (P_{i_1}, P_{i_2}, \cdots, P_{i_m}; P_{i_{m+1}}, P_{i_{m+2}}, \cdots, P_{i_{2n}})(k = 1, 2, \cdots, C_{2n}^m; i_1, i_2, \cdots, i_{2n} = 1, 2, \cdots, 2n)$ 是 S 的完备集对, G_m^k, H_{2n-m}^k 分别是 $(S_m^k, T_{2n-m}^k)(k = 1, 2, \cdots, C_{2n}^m; 3 \leqslant m < n)$ 中两个集合的重心, $P_i H_{2n-1}^i (i = 1, 2, \cdots, 2n)$ 是 S 的 1-类重心线, $G_m^k H_{2n-m}^k (k = 1, 2, \cdots, C_{2n}^m)$ 是 S 的 m-类重心线, P 是平面上任意一点, 则对任意的 $k = k(i_1, i_2, \cdots, i_m) = 1, 2, \cdots, C_{2n}^m$, 如下两式均等价:

$$(2n-1)\mathrm{D}_{PP_{i_m} H_{2n-1}^{i_m}} - m(2n-m)\mathrm{D}_{PG_m^k H_{2n-m}^k} = 0, \tag{8.2.6}$$

$$\mathrm{D}_{PP_{i_1} H_{2n-1}^{i_1}} + \mathrm{D}_{PP_{i_2} H_{2n-1}^{i_2}} + \cdots + \mathrm{D}_{PP_{i_{m-1}} H_{2n-1}^{i_{m-1}}} = 0. \tag{8.2.7}$$

证明 根据定理 8.2.1, 由式 (8.2.1) $n > m \geqslant 3$ 的情形, 即得: 对任意的 $k = k(i_1, i_2, \cdots, i_m) = 1, 2, \cdots, C_{2n}^m$, 式 (8.2.6) 成立 ⇔ 式 (8.2.7) 成立.

推论 8.2.6 设 $S = \{P_1, P_2, \cdots, P_{2n}\}(n \geqslant 4)$ 是 $2n$ 点的集合, H_{2n-1}^i 是 $T_{2n-1}^i = \{P_{i+1}, P_{i+2}, \cdots, P_{i+2n-1}\}(i = 1, 2, \cdots, 2n)$ 的重心, $(S_3^k, T_{2n-3}^k) = (P_{i_1}, P_{i_2}, P_{i_3}; P_{i_4}, P_{i_5}, \cdots, P_{i_{2n}})(k = 1, 2, \cdots, C_{2n}^3; i_1, i_2, \cdots, i_{2n} = 1, 2, \cdots, 2n)$ 是 S 的完备集对, G_3^k, H_{2n-3}^k 分别是 $(S_3^k, T_{2n-3}^k)(k = 1, 2, \cdots, C_{2n}^3)$ 中两个集合的重心, $P_i H_{2n-1}^i (i = 1, 2, \cdots, 2n)$ 是 S 的 1-类重心线, $G_3^k H_{2n-3}^k (k = 1, 2, \cdots, C_{2n}^3)$ 是 S 的 3-类重心线, P 是平面上任意一点, 则对任意的 $k = k(i_1, i_2, i_3) = 1, 2, \cdots, C_{2n}^3$, 均有两重心线三角形 $PP_{i_3} H_{2n-1}^{i_3}, PG_3^k H_{2n-3}^k$ 方向相同且 $(2n-1)\mathrm{a}_{PP_{i_3} H_{2n-1}^{i_3}} = 3(2n-3)\mathrm{a}_{PG_3^k H_{2n-3}^k}$ 的充分必要条件是另两个重心线三角形 $PP_{i_1} H_{2n-1}^{i_1}, PP_{i_2} H_{2n-1}^{i_2}$ 面积相等方向相反.

证明 根据定理 8.2.4, 对任意的 $k = k(i_1, i_2, i_3) = 1, 2, \cdots, C_{2n}^3$, 由式 (8.2.6) 和 (8.2.7) 中 $n \geqslant 4, m = 3$ 的情形的几何意义, 即得.

推论 8.2.7 设 $S = \{P_1, P_2, \cdots, P_{2n}\}(n \geqslant 5)$ 是 $2n$ 点的集合, H_{2n-1}^i 是 $T_{2n-1}^i = \{P_{i+1}, P_{i+2}, \cdots, P_{i+2n-1}\}(i = 1, 2, \cdots, 2n)$ 的重心, $(S_4^k, T_{2n-4}^k) = (P_{i_1}, P_{i_2}, P_{i_3}, P_{i_4}; P_{i_5}, P_{i_6}, \cdots, P_{i_{2n}})(k = 1, 2, \cdots, C_{2n}^4; i_1, i_2, \cdots, i_{2n} = 1, 2, \cdots, 2n)$ 是 S 的完备集对, G_4^k, H_{2n-4}^k 分别是 $(S_4^k, T_{2n-4}^k)(k = 1, 2, \cdots, C_{2n}^4)$ 中两个集合的重心, $P_i H_{2n-1}^i (i = 1, 2, \cdots, 2n)$ 是 S 的 1-类重心线, $G_4^k H_{2n-4}^k (k = 1, 2, \cdots, C_{2n}^4)$ 是 S 的 4-类重心线, P 是平面上任意一点, 则对任意的 $k = k(i_1, i_2, i_3, i_4) = 1, 2, \cdots, C_{2n}^4$, 均有两重心线三角形 $PP_{i_4} H_{2n-1}^{i_4}, PG_4^k H_{2n-4}^k$ 方向相同且 $(2n-1)\mathrm{a}_{PP_{i_4} H_{2n-1}^{i_4}} = 4(2n-4)\mathrm{a}_{PG_4^k H_{2n-4}^k}$ 的充分必要条件是如下三个重心线三角形的面积 $\mathrm{a}_{PP_{i_1} H_{2n-1}^{i_1}}, \mathrm{a}_{PP_{i_2} H_{2n-1}^{i_2}}, \mathrm{a}_{PP_{i_3} H_{2n-1}^{i_3}}$ 中, 其中一个较大的面积等于另外两个较小的面积的和.

证明 根据定理 8.2.4, 对任意的 $k = k(i_1, i_2, i_3, i_4) = 1, 2, \cdots, C_{2n}^4$, 由式

(8.2.6) 和 (8.2.7) 中 $n \geqslant 5, m = 4$ 的情形的几何意义, 即得.

推论 8.2.8 设 $S = \{P_1, P_2, \cdots, P_{2n}\}(n \geqslant 6)$ 是 $2n$ 点的集合, H_{2n-1}^i 是 $T_{2n-1}^i = \{P_{i+1}, P_{i+2}, \cdots, P_{i+2n-1}\}(i = 1, 2, \cdots, 2n)$ 的重心, $(S_m^k, T_{2n-m}^k) = (P_{i_1}, P_{i_2}, \cdots, P_{i_m}; P_{i_{m+1}}, P_{i_{m+2}}, \cdots, P_{i_{2n}})(k = 1, 2, \cdots, C_{2n}^m; i_1, i_2, \cdots, i_{2n} = 1, 2, \cdots, 2n)$ 是 S 的完备集对, G_m^k, H_{2n-m}^k 分别是 $(S_m^k, T_{2n-m}^k)(k = 1, 2, \cdots, C_{2n}^m; 5 \leqslant m < n)$ 中两个集合的重心, $P_i H_{2n-1}^i (i = 1, 2, \cdots, 2n)$ 是 S 的 1-类重心线, $G_m^k H_{2n-m}^k (k = 1, 2, \cdots, C_{2n}^m)$ 是 S 的 m-类重心线, P 是平面上任意一点, 则对任意的 $k = k(i_1, i_2, \cdots, i_m) = 1, 2, \cdots, C_{2n}^m$, 均有两重心线三角形 $PP_{i_m}H_{2n-1}^{i_m}$, $PG_m^k H_{2n-m}^k$ 方向相同且 $(2n-1)\mathrm{a}_{PP_{i_m}H_{2n-1}^{i_m}} = m(2n-m)\mathrm{a}_{PG_m^k H_{2n-m}^k}$ 的充分必要条件是如下 $m-1$ 个重心线三角形的面积 $\mathrm{a}_{PP_{i_1}H_{2n-1}^{i_1}}, \mathrm{a}_{PP_{i_2}H_{2n-1}^{i_2}}, \cdots, \mathrm{a}_{PP_{i_{m-1}}H_{2n-1}^{i_{m-1}}}$ 中, 其中一个较大的面积等于另外 $m-2$ 个较小的面积的和, 或其中 $t(2 \leqslant t \leqslant [(m-1)/2])$ 个面积的和等于另外 $m-t-1$ 个面积的和.

证明 根据定理 8.2.4, 对任意的 $k = k(i_1, i_2, \cdots, i_m) = 1, 2, \cdots, C_{2n}^m$, 由式 (8.2.6) 和 (8.2.7) 中 $5 \leqslant m < n$ 的情形的几何意义, 即得.

定理 8.2.5 设 $S = \{P_1, P_2, \cdots, P_{2n}\}(n \geqslant 4)$ 是 $2n$ 点的集合, H_{2n-1}^i 是 $T_{2n-1}^i = \{P_{i+1}, P_{i+2}, \cdots, P_{i+2n-1}\}(i = 1, 2, \cdots, 2n)$ 的重心, $(S_m^k, T_{2n-m}^k) = (P_{i_1}, P_{i_2}, \cdots, P_{i_m}; P_{i_{m+1}}, P_{i_{m+2}}, \cdots, P_{i_{2n}})(k = 1, 2, \cdots, C_{2n}^m; i_1, i_2, \cdots, i_{2n} = 1, 2, \cdots, 2n)$ 是 S 的完备集对, G_m^k, H_{2n-m}^k 分别是 $(S_m^k, T_{2n-m}^k)(k = 1, 2, \cdots, C_{2n}^m; 3 \leqslant m < n)$ 中两个集合的重心, $P_i H_{2n-1}^i (i = 1, 2, \cdots, 2n)$ 是 S 的 1-类重心线, $G_m^k H_{2n-m}^k (k = 1, 2, \cdots, C_{2n}^m)$ 是 S 的 m-类重心线, P 是平面上任意一点, 则对任意的 $k = k(i_1, i_2, \cdots, i_m) = 1, 2, \cdots, C_{2n}^m$, 如下两式均等价:

$$\mathrm{D}_{PP_{i_1}H_{2n-1}^{i_1}} + \mathrm{D}_{PP_{i_2}H_{2n-1}^{i_2}} = 0 \quad (\mathrm{a}_{PP_{i_1}H_{2n-1}^{i_1}} = \mathrm{a}_{PP_{i_2}H_{2n-1}^{i_2}}), \tag{8.2.8}$$

$$(2n-1)\sum_{\beta=3}^{m}\mathrm{D}_{PP_{i_\beta}H_{2n-1}^{i_\beta}} - m(2n-m)\mathrm{D}_{PG_m^k H_{2n-m}^k} = 0. \tag{8.2.9}$$

证明 根据定理 8.2.1, 由式 (8.2.1) 中 $3 \leqslant m < n$ 的情形, 可得: 对任意的 $k = k(i_1, i_2, \cdots, i_m) = 1, 2, \cdots, C_{2n}^m$, 式 (8.2.8) 成立的充分必要条件是式 (8.2.9) 成立.

推论 8.2.9 设 $S = \{P_1, P_2, \cdots, P_{2n}\}(n \geqslant 5)$ 是 $2n$ 点的集合, H_{2n-1}^i 是 $T_{2n-1}^i = \{P_{i+1}, P_{i+2}, \cdots, P_{i+2n-1}\}(i = 1, 2, \cdots, 2n)$ 的重心, $(S_4^k, T_{2n-4}^k) = (P_{i_1}, P_{i_2}, P_{i_3}, P_{i_4}; P_{i_5}, P_{i_6}, \cdots, P_{i_{2n}})(k = 1, 2, \cdots, C_{2n}^4; i_1, i_2, \cdots, i_{2n} = 1, 2, \cdots, 2n)$ 是 S 的完备集对, G_4^k, H_{2n-4}^k 分别是 $(S_4^k, T_{2n-4}^k)(k = 1, 2, \cdots, C_{2n}^4)$ 中两个集合的重心, $P_i H_{2n-1}^i (i = 1, 2, \cdots, 2n)$ 是 S 的 1-类重心线, $G_4^k H_{2n-4}^k (k =$

$1, 2, \cdots, C_{2n}^4$) 是 S 的 4-类重心线, P 是平面上任意一点, 则对任意的 $k = k(i_1, i_2, i_3, i_4) = 1, 2, \cdots, C_{2n}^4$, 均有两个重心线三角形 $PP_{i_1}H_{2n-1}^{i_1}, PP_{i_2}H_{2n-1}^{i_2}$ 面积相等方向相反的充分必要条件是如下三个重心线三角形的乘数面积 $(2n-1)\mathrm{a}_{PP_{i_\beta}H_{2n-1}^{i_\beta}}$ ($\beta = 3, 4$); $4(2n-4)\mathrm{a}_{PG_4^k H_{2n-4}^k}$ 中, 其中一个较大的乘数面积的和等于另外两个较小的乘数面积的和.

证明 根据定理 8.2.5, 对任意的 $k = k(i_1, i_2, i_3, i_4) = 1, 2, \cdots, C_{2n}^4$, 由式 (8.2.8) 和 (8.2.9) 中 $n \geqslant 5, m = 4$ 的情形的几何意义, 即得.

推论 8.2.10 设 $S = \{P_1, P_2, \cdots, P_{2n}\}(n \geqslant 6)$ 是 $2n$ 点的集合, H_{2n-1}^i 是 $T_{2n-1}^i = \{P_{i+1}, P_{i+2}, \cdots, P_{i+2n-1}\}(i = 1, 2, \cdots, 2n)$ 的重心, $(S_m^k, T_{2n-m}^k) = (P_{i_1}, P_{i_2}, \cdots, P_{i_m}; P_{i_{m+1}}, P_{i_{m+2}}, \cdots, P_{i_{2n}})(k = 1, 2, \cdots, C_{2n}^m; i_1, i_2, \cdots, i_{2n} = 1, 2, \cdots, 2n)$ 是 S 的完备集对, G_m^k, H_{2n-m}^k 分别是 $(S_m^k, T_{2n-m}^k)(k = 1, 2, \cdots, C_{2n}^m; 5 \leqslant m < n)$ 中两个集合的重心, $P_iH_{2n-1}^i(i = 1, 2, \cdots, 2n)$ 是 S 的 1-类重心线, $G_m^k H_{2n-m}^k(k = 1, 2, \cdots, C_{2n}^m)$ 是 S 的 m-类重心线, P 是平面上任意一点, 则对任意的 $k = k(i_1, i_2, \cdots, i_m) = 1, 2, \cdots, C_{2n}^m$, 均有两重心线三角形 $PP_{i_1}H_{2n-1}^{i_1}, PP_{i_2}H_{2n-1}^{i_2}$ 面积相等方向相反的充分必要条件是如下 $m-1$ 个重心线三角的形乘数面积 $(2n-1)\mathrm{a}_{PP_{i_\beta}H_{2n-1}^{i_\beta}}$ ($\beta = 3, 4, \cdots, m$); $m(2n-m)\mathrm{a}_{PG_m^k H_{2n-m}^k}$ 中, 其中一个较大的乘数面积等于另外 $m-2$ 个较小的乘数面积的和, 或其中 $t(2 \leqslant t \leqslant [(m-1)/2])$ 个乘数面积的和等于另外 $m-t-1$ 个乘数面积的和.

证明 根据定理 8.2.5, 对任意的 $k = k(i_1, i_2, \cdots, i_m) = 1, 2, \cdots, C_{2n}^m$, 由式 (8.2.8) 和 (8.2.9) 中 $5 \leqslant m < n$ 的情形的几何意义, 即得.

定理 8.2.6 设 $S = \{P_1, P_2, \cdots, P_{2n}\}(n \geqslant 6)$ 是 $2n$ 点的集合, H_{2n-1}^i 是 $T_{2n-1}^i = \{P_{i+1}, P_{i+2}, \cdots, P_{i+2n-1}\}(i = 1, 2, \cdots, 2n)$ 的重心, $(S_m^k, T_{2n-m}^k) = (P_{i_1}, P_{i_2}, \cdots, P_{i_m}; P_{i_{m+1}}, P_{i_{m+2}}, \cdots, P_{i_{2n}})(k = 1, 2, \cdots, C_{2n}^m; i_1, i_2, \cdots, i_{2n} = 1, 2, \cdots, 2n)$ 是 S 的完备集对, G_m^k, H_{2n-m}^k 分别是 $(S_m^k, T_{2n-m}^k)(k = 1, 2, \cdots, C_{2n}^m; 5 \leqslant m < n)$ 中两个集合的重心, $P_iH_{2n-1}^i(i = 1, 2, \cdots, 2n)$ 是 S 的 1-类重心线, $G_m^k H_{2n-m}^k(k = 1, 2, \cdots, C_{2n}^m)$ 是 S 的 m-类重心线, P 是平面上任意一点, 则对任意的 $k = k(i_1, i_2, \cdots, i_m) = 1, 2, \cdots, C_{2n}^m; 3 \leqslant s \leqslant [(m+1)/2]$, 如下两式均等价:

$$\mathrm{D}_{PP_{i_1}H_{2n-1}^{i_1}} + \mathrm{D}_{PP_{i_2}H_{2n-1}^{i_2}} + \cdots + \mathrm{D}_{PP_{i_s}H_{2n-1}^{i_s}} = 0, \tag{8.2.10}$$

$$(2n-1)\sum_{\beta=s+1}^{m} \mathrm{D}_{PP_{i_\beta}H_{2n-1}^{i_\beta}} - m(2n-m)\mathrm{D}_{PG_m^k H_{2n-m}^k} = 0. \tag{8.2.11}$$

证明 根据定理 8.2.1, 由式 (8.2.1) 中 $5 \leqslant m < n$ 的情形, 即得: 对任意的 $k = k(i_1, i_2, \cdots, i_m) = 1, 2, \cdots, C_{2n}^m; 3 \leqslant s \leqslant [(m+1)/2]$, 式 (8.2.10) 成立 $\Leftrightarrow$ 式

8.2　2n 点集 1-类 m-类重心线三角形有向面积的定值定理与应用

(8.2.11) 成立.

推论 8.2.11　设 $S = \{P_1, P_2, \cdots, P_{12}\}$ 是十二点的集合, H_{11}^i 是 $T_{11}^i = \{P_{i+1}, P_{i+2}, \cdots, P_{i+11}\}(i = 1, 2, \cdots, 12)$ 的重心, $(S_5^k, T_7^k) = (P_{i_1}, P_{i_2}, \cdots, P_{i_5}; P_{i_6}, P_{i_7}, \cdots, P_{i_{12}})(k = 1, 2, \cdots, C_{12}^5; i_1, i_2, \cdots, i_{12} = 1, 2, \cdots, 12)$ 是 S 的完备集对, G_5^k, H_7^k 分别是 $(S_5^k, T_7^k)(k = 1, 2, \cdots, C_{12}^5)$ 中两个集合的重心, $P_i H_{11}^i (i = 1, 2, \cdots, 12)$ 是 S 的 1-类重心线, $G_5^k H_7^k (k = 1, 2, \cdots, C_{12}^5)$ 是 S 的 5-类重心线, P 是平面上任意一点, 则对任意的 $k = k(i_1, i_2, \cdots, i_5) = 1, 2, \cdots, C_{12}^5$, 均有如下三个重心线的面积 $\mathrm{a}_{PP_{i_1}H_{11}^{i_1}}, \mathrm{a}_{PP_{i_2}H_{11}^{i_2}}, \mathrm{a}_{PP_{i_3}H_{11}^{i_3}}$ 中, 其中一个较大的面积等于另外两个较小的面积的和的充分必要条件是其余三个重心线的乘数面积 $11\mathrm{a}_{PP_{i_4}H_{11}^{i_4}}, 11\mathrm{a}_{PP_{i_5}H_{11}^{i_5}}, 35\mathrm{a}_{PG_5^k H_7^k}$ 中, 其中一个较大的乘数面积等于另外两个较小的乘数面积的和.

证明　根据定理 8.2.6, 对任意的 $k = k(i_1, i_2, \cdots, i_5) = 1, 2, \cdots, C_{12}^5$, 由式 (8.2.10) 和 (8.2.11) 中 $n = 6, m = 5, s = 3$ 的几何意义, 即得.

推论 8.2.12　设 $S = \{P_1, P_2, \cdots, P_{2n}\}(n \geqslant 7)$ 是 $2n$ 点的集合, H_{2n-1}^i 是 $T_{2n-1}^i = \{P_{i+1}, P_{i+2}, \cdots, P_{i+2n-1}\}(i = 1, 2, \cdots, 2n)$ 的重心, $(S_m^k, T_{2n-m}^k) = (P_{i_1}, P_{i_2}, \cdots, P_{i_m}; P_{i_{m+1}}, P_{i_{m+2}}, \cdots, P_{i_{2n}})(k = 1, 2, \cdots, C_{2n}^m; i_1, i_2, \cdots, i_{2n} = 1, 2, \cdots, 2n)$ 是 S 的完备集对, G_m^k, H_{2n-m}^k 分别是 $(S_m^k, T_{2n-m}^k)(k = 1, 2, \cdots, C_{2n}^m; 6 \leqslant m < n)$ 中两个集合的重心, $P_i H_{2n-1}^i (i = 1, 2, \cdots, 2n)$ 是 S 的 1-类重心线, $G_m^k H_{2n-m}^k (k = 1, 2, \cdots, C_{2n}^m)$ 是 S 的 m-类重心线, P 是平面上任意一点, 则对任意的 $k = k(i_1, i_2, \cdots, i_m) = 1, 2, \cdots, C_{2n}^m$, 均有如下三个重心线三角形的面积 $\mathrm{a}_{PP_{i_1}H_{2n-1}^{i_1}}, \mathrm{a}_{PP_{i_2}H_{2n-1}^{i_2}}, \mathrm{a}_{PP_{i_3}H_{2n-1}^{i_3}}$ 中, 其中一个较大的面积等于另外两个较小的面积的和的充分必要条件是其余 $m-2$ 个重心线三角形的乘数面积 $(2n-1)\mathrm{a}_{PP_{i_\beta}H_{2n-1}^{i_\beta}} (\beta = 4, 5, \cdots, m); m(2n-m)\mathrm{a}_{PG_m^k H_{2n-m}^k}$ 中, 其中一个较大的乘数面积等于另外 $m-3$ 个较小的乘数面积的和, 或其中 $t(2 \leqslant t \leqslant [(m-2)/2])$ 个乘数面积的和等于另外 $m-t-2$ 个乘数面积的和.

证明　根据定理 8.2.6, 对任意的 $k = k(i_1, i_2, \cdots, i_m) = 1, 2, \cdots, C_{2n}^m$, 由式 (8.2.10) 和 (8.2.11) 中 $n > m \geqslant 6, s = 3$ 的情形的几何意义, 即得.

推论 8.2.13　设 $S = \{P_1, P_2, \cdots, P_{2n}\}(n \geqslant 8)$ 是 $2n$ 点的集合, H_{2n-1}^i 是 $T_{2n-1}^i = \{P_{i+1}, P_{i+2}, \cdots, P_{i+2n-1}\}(i = 1, 2, \cdots, 2n)$ 的重心, $(S_m^k, T_{2n-m}^k) = (P_{i_1}, P_{i_2}, \cdots, P_{i_m}; P_{i_{m+1}}, P_{i_{m+2}}, \cdots, P_{i_{2n}})(k = 1, 2, \cdots, C_{2n}^m; i_1, i_2, \cdots, i_{2n} = 1, 2, \cdots, 2n)$ 是 S 的完备集对, G_m^k, H_{2n-m}^k 分别是 $(S_m^k, T_{2n-m}^k)(k = 1, 2, \cdots, C_{2n}^m; 7 \leqslant m < n)$ 中两个集合的重心, $P_i H_{2n-1}^i (i = 1, 2, \cdots, 2n)$ 是 S 的 1-类重心线, $G_m^k H_{2n-m}^k (k = 1, 2, \cdots, C_{2n}^m)$ 是 S 的 m-类重心线, P 是平面上任意一点, 则对任

意的 $k = k(i_1, i_2, \cdots, i_m) = 1, 2, \cdots, \mathrm{C}_{2n}^m$, 均有如下 $s(4 \leqslant s \leqslant [(m+1)/2])$ 个重心线三角形的面积 $\mathrm{a}_{PP_{i_1}H_{2n-1}^{i_1}}, \mathrm{a}_{PP_{i_2}H_{2n-1}^{i_2}}, \cdots, \mathrm{a}_{PP_{i_s}H_{2n-1}^{i_s}}$ 中, 其中一个较大的面积等于另外 $s-1$ 个较小的面积的和, 或其中 $t_1(2 \leqslant t_1 \leqslant [s/2])$ 个面积的和等于另外 $s - t_1$ 个面积的和的充分必要条件是其余 $m - s + 1$ 个重心线三角形的乘数面积 $(2n-1)\mathrm{a}_{PP_{i_\beta}H_{2n-1}^{i_\beta}}$ $(\beta = s+1, s+2, \cdots, m); m(2n-m)\mathrm{a}_{PG_m^k H_{2n-m}^k}$ 中, 其中一个较大的乘数面积等于另外 $m - s$ 个较小的乘数面积的和, 或其中 $t_2(2 \leqslant t_2 \leqslant [(m-s+1)/2])$ 个乘数面积的和等于另外 $m - s - t_2 + 1$ 个乘数面积的和.

证明 根据定理 8.2.6 和题设, 对任意的 $k = k(i_1, i_2, \cdots, i_m) = 1, 2, \cdots, \mathrm{C}_{2n}^m$, 由式 (8.2.10) 和 (8.2.11) 中 $7 \leqslant m < n, 4 \leqslant s \leqslant [(m+1)/2]$ 的情形的几何意义, 即得.

推论 8.2.14 设 $P_1P_2 \cdots P_{2n}(n \geqslant 4 \vee n \geqslant 5 \vee n \geqslant 6 \vee n \geqslant 7 \vee n \geqslant 8)$ 是 $2n$ 角形 ($2n$ 边形), $H_{2n-1}^i(i = 1, 2, \cdots, 2n)$ 是 $2n - 1$ 角形 ($2n - 1$ 边形)$P_{i+1}P_{i+2}\cdots P_{i+2n-1}(i = 1, 2, \cdots, 2n)$ 的重心, $G_m^k, H_{2n-m}^k(k = 1, 2, \cdots, \mathrm{C}_{2n}^m)$ 分别是 m 角形(m 边形)$P_{i_1}P_{i_2}\cdots P_{i_m}(i_1, i_2, \cdots, i_m = 1, 2, \cdots, 2n; 3 \leqslant m < n \vee 4 \leqslant m < n \vee 5 \leqslant m < n \vee 6 \leqslant m < n \vee 7 \leqslant m < n)$ 和 $2n - m$ 角形 ($2n - m$ 边形) $P_{i_{m+1}}P_{i_{m+2}}\cdots P_{i_{2n}}(i_{m+1}, i_{m+2}, \cdots, i_{2n} = 1, 2, \cdots, 2n)$ 的重心, $P_iH_{2n-1}^i(i = 1, 2, \cdots, 2n)$ 是 $P_1P_2 \cdots P_{2n}$ 的 1-级重心线, $G_m^k H_{2n-m}^k(k = 1, 2, \cdots, \mathrm{C}_{2n}^m)$ 是 $P_1P_2 \cdots P_{2n}$ 的 m-级重心线, P 是 $P_1P_2 \cdots P_{2n}$ 所在平面上任意一点, 则定理 8.2.1 ~ 定理 8.2.6 和推论 8.2.1 ~ 推论 8.2.13 的结论均成立.

证明 设 $S = \{P_1, P_2, \cdots, P_{2n}\}$ 是 $2n$ 角形 ($2n$ 边形)$P_1P_2 \cdots P_{2n}(n \geqslant 3 \vee n \geqslant 4 \vee n \geqslant 5 \vee n \geqslant 6)$ 顶点的集合, 对不共线 $2n$ 点的集合 S 分别应用定理 8.2.1 ~ 定理 8.2.6 和推论 8.2.1 ~ 推论 8.2.13, 即得.

8.2.2 $2n$ 点集 1-类 n-类重心线三角形有向面积的定值定理与应用

定理 8.2.7 设 $S = \{P_1, P_2, \cdots, P_{2n}\}(n \geqslant 2)$ 是 $2n$ 点的集合, H_{2n-1}^i 是 $T_{2n-1}^i = \{P_{i+1}, P_{i+2}, \cdots, P_{i+2n-1}\}(i = 1, 2, \cdots, 2n)$ 的重心, $(S_n^k, T_n^k) = (P_{i_1}, P_{i_2}, \cdots, P_{i_n}; P_{i_{n+1}}, P_{i_{n+2}}, \cdots, P_{i_{2n}})(k = 1, 2, \cdots, \mathrm{C}_{2n}^n; i_1, i_2, \cdots, i_{2n} = 1, 2, \cdots, 2n)$ 是 S 的完备集对, G_n^k, H_n^k 分别是 $(S_n^k, T_n^k)(k = 1, 2, \cdots, \mathrm{C}_{2n}^n)$ 中两个集合的重心, $P_iH_{2n-1}^i(i = 1, 2, \cdots, 2n)$ 是 S 的 1-类重心线, $G_n^k H_n^k(k = 1, 2, \cdots, \mathrm{C}_{2n}^n)$ 是 S 的 n-类重心线, P 是平面上任意一点, 则对任意的 $k = k(i_1, i_2, \cdots, i_n) = 1, 2, \cdots, \mathrm{C}_{2n}^n/2$, 恒有

$$(2n-1)\sum_{\beta=1}^{n}\mathrm{D}_{PP_{i_\beta}H_{2n-1}^{i_\beta}} - n^2 \mathrm{D}_{PG_n^k H_n^k} = 0, \qquad (8.2.12)$$

8.2　2n 点集 1-类 m-类重心线三角形有向面积的定值定理与应用

$$(2n-1)\sum_{\beta=n+1}^{2n} D_{PP_{i_\beta}H_{2n-1}^{i_\beta}} + n^2 D_{PG_n^k H_n^k} = 0. \qquad (8.2.13)$$

证明　对任意的 $k = k(i_1, i_2, \cdots, i_n) = 1, 2, \cdots, C_{2n}^n/2$, 因为 $G_n^k H_n^k$ 与 $G_n^{C_{2n}^n-k+1} H_n^{C_{2n}^n-k+1}$ 是反向重合的重心线, 所以 $D_{PG_n^{C_{2n}^n-k+1} H_n^{C_{2n}^n-k+1}} = -D_{PG_n^k H_n^k}$. 又对任意的 $k = k(i_1, i_2, \cdots, i_n) = 1, 2, \cdots, C_{2n}^n$, 仿定理 8.2.1 证明, 可得

$$(2n-1)\sum_{\beta=1}^{n} D_{PP_{i_\beta}H_{2n-1}^{i_\beta}} - n^2 D_{PG_n^k H_n^k} = 0.$$

故由上式可知, 对任意的 $k = k(i_1, i_2, \cdots, i_n) = 1, 2, \cdots, C_{2n}^n/2$, 式 (8.2.12) 和 (8.2.13) 均成立.

注 8.2.3　特别地, 当 $n = 2$ 时, 由定理 8.2.7, 即得定理 2.2.1; 而当 $n = 3$ 时, 由定理 8.2.7, 即得定理 5.2.1. 因此, 2.2 节和 5.2 节中相应的结论都可以由定理 8.2.7 推出. 故在以下的论述中, 我们主要研究 $n \geqslant 4$ 的情形, 而对 $n = 2, 3$ 的情形不单独论及.

推论 8.2.15　设 $S = \{P_1, P_2, \cdots, P_{2n}\}(n \geqslant 3)$ 是 $2n$ 点的集合, H_{2n-1}^i 是 $T_{2n-1}^i = \{P_{i+1}, P_{i+2}, \cdots, P_{i+2n-1}\}(i = 1, 2, \cdots, 2n)$ 的重心, $(S_n^k, T_n^k) = (P_{i_1}, P_{i_2}, \cdots, P_{i_n}; P_{i_{n+1}}, P_{i_{n+2}}, \cdots, P_{i_{2n}})(k = 1, 2, \cdots, C_{2n}^n; i_1, i_2, \cdots, i_{2n} = 1, 2, \cdots, 2n)$ 是 S 的完备集对, G_n^k, H_n^k 分别是 $(S_n^k, T_n^k)(k = 1, 2, \cdots, C_{2n}^n)$ 中两个集合的重心, $P_i H_{2n-1}^i (i = 1, 2, \cdots, 2n)$ 是 S 的 1-类重心线, $G_n^k H_n^k (k = 1, 2, \cdots, C_{2n}^n)$ 是 S 的 n-类重心线, P 是平面上任意一点, 则对任意的 $k = k(i_1, i_2, \cdots, i_n) = 1, 2, \cdots, C_{2n}^n/2$, 恒有以下 $n+1$ 个重心线三角形的乘数面积 $(2n-1)a_{PP_{i_\beta}H_{2n-1}^{i_\beta}}(\beta = 1, 2, \cdots, n); n^2 a_{PG_n^k H_n^k}((2n-1)a_{PP_{i_\beta}H_{2n-1}^{i_\beta}}(\beta = n+1, n+2, \cdots, 2n), n^2 a_{PG_n^k H_n^k})$ 中, 其中一个较大的乘数面积等于另外 n 个较小的乘数面积的和; 或其中 $t(2 \leqslant t \leqslant [(n+1)/2])$ 个乘数面积的和等于另外 $n-t+1$ 个乘数面积的和.

证明　根据定理 8.2.7, 对任意的 $k = k(i_1, i_2, \cdots, i_n) = 1, 2, \cdots, C_{2n}^n/2$, 由式 (8.2.12) 和 (8.2.13) 中 $n \geqslant 3$ 的情形的几何意义, 即得.

定理 8.2.8　设 $S = \{P_1, P_2, \cdots, P_{2n}\}(n \geqslant 3)$ 是 $2n$ 点的集合, H_{2n-1}^i 是 $T_{2n-1}^i = \{P_{i+1}, P_{i+2}, \cdots, P_{i+2n-1}\}(i = 1, 2, \cdots, 2n)$ 的重心, $(S_n^k, T_n^k) = (P_{i_1}, P_{i_2}, \cdots, P_{i_n}; P_{i_{n+1}}, P_{i_{n+2}}, \cdots, P_{i_{2n}})(k = 1, 2, \cdots, C_{2n}^n; i_1, i_2, \cdots, i_{2n} = 1, 2, \cdots, 2n)$ 是 S 的完备集对, G_n^k, H_n^k 分别是 $(S_n^k, T_n^k)(k = 1, 2, \cdots, C_{2n}^n)$ 中两个集合的重心, $P_i H_{2n-1}^i (i = 1, 2, \cdots, 2n)$ 是 S 的 1-类重心线, $G_n^k H_n^k (k = 1, 2, \cdots, C_{2n}^n)$ 是 S 的 n-类重心线, P 是平面上任意一点, 则对任意的 $k = k(i_1, i_2, \cdots, i_n) = 1, 2, \cdots, C_{2n}^n/2$, 恒有 $D_{PG_n^k H_n^k} = 0$ 的充分必要条件是如下两式之一成立:

$$\mathrm{D}_{PP_{i_1}H_{2n-1}^{i_1}} + \mathrm{D}_{PP_{i_2}H_{2n-1}^{i_2}} + \cdots + \mathrm{D}_{PP_{i_n}H_{2n-1}^{i_n}} = 0, \tag{8.2.14}$$

$$\mathrm{D}_{PP_{i_{n+1}}H_{2n-1}^{i_{n+1}}} + \mathrm{D}_{PP_{i_{n+2}}H_{2n-1}^{i_{n+2}}} + \cdots + \mathrm{D}_{PP_{i_{2n}}H_{2n-1}^{i_{2n}}} = 0. \tag{8.2.15}$$

证明 根据定理 8.2.7, 由式 (8.2.12) 和 (8.2.13) 中 $n \geqslant 3$ 的情形, 即得: 对任意的 $k = k(i_1, i_2, \cdots, i_n) = 1, 2, \cdots, \mathrm{C}_{2n}^n/2$, 恒有 $\mathrm{D}_{PG_n^k H_n^k} = 0 \Leftrightarrow$ 式 (8.2.14) 成立 $\Leftrightarrow$ 式 (8.2.15) 成立.

推论 8.2.16 设 $S = \{P_1, P_2, \cdots, P_{2n}\}(n \geqslant 4)$ 是 $2n$ 点的集合, H_{2n-1}^i 是 $T_{2n-1}^i = \{P_{i+1}, P_{i+2}, \cdots, P_{i+2n-1}\}(i = 1, 2, \cdots, 2n)$ 的重心, $(S_n^k, T_n^k) = (P_{i_1}, P_{i_2}, \cdots, P_{i_n}; P_{i_{n+1}}, P_{i_{n+2}}, \cdots, P_{i_{2n}})(k = 1, 2, \cdots, \mathrm{C}_{2n}^n; i_1, i_2, \cdots, i_{2n} = 1, 2, \cdots, 2n)$ 是 S 的完备集对, G_n^k, H_n^k 分别是 $(S_n^k, T_n^k)(k = 1, 2, \cdots, \mathrm{C}_{2n}^n)$ 中两个集合的重心, $P_i H_{2n-1}^i (i = 1, 2, \cdots, 2n)$ 是 S 的 1-类重心线, $G_n^k H_n^k (k = 1, 2, \cdots, \mathrm{C}_{2n}^n)$ 是 S 的 n-类重心线, P 是平面上任意一点, 则对任意的 $k = k(i_1, i_2, \cdots, i_n) = 1, 2, \cdots, \mathrm{C}_{2n}^n/2$, 恒有三点 P, G_n^k, H_n^k 共线的充分必要条件是如下 n 个重心线三角形的面积 $\mathrm{a}_{PP_{i_1}H_{2n-1}^{i_1}}, \mathrm{a}_{PP_{i_2}H_{2n-1}^{i_2}}, \cdots, \mathrm{a}_{PP_{i_n}H_{2n-1}^{i_n}} (\mathrm{a}_{PP_{i_{n+1}}H_{2n-1}^{i_{n+1}}}, \mathrm{a}_{PP_{i_{n+2}}H_{2n-1}^{i_{n+2}}}, \cdots, \mathrm{a}_{PP_{i_{2n}}H_{2n-1}^{i_{2n}}})$ 中, 其中一个较大的面积等于另外 $n-1$ 个较小的面积的和, 或其中 $t(2 \leqslant t \leqslant [n/2])$ 个面积的和等于另外 $n-t$ 个面积的和.

证明 根据定理 8.2.8, 对任意的 $k = k(i_1, i_2, \cdots, i_n) = 1, 2, \cdots, \mathrm{C}_{2n}^n/2$, 由 $\mathrm{D}_{PG_n^k H_n^k} = 0$ 以及式 (8.2.14) 或 (8.2.15) 中 $n \geqslant 4$ 的情形的几何意义, 即得.

定理 8.2.9 设 $S = \{P_1, P_2, \cdots, P_{2n}\}(n \geqslant 3)$ 是 $2n$ 点的集合, H_{2n-1}^i 是 $T_{2n-1}^i = \{P_{i+1}, P_{i+2}, \cdots, P_{i+2n-1}\}(i = 1, 2, \cdots, 2n)$ 的重心, $(S_n^k, T_n^k) = (P_{i_1}, P_{i_2}, \cdots, P_{i_n}; P_{i_{n+1}}, P_{i_{n+2}}, \cdots, P_{i_{2n}})(k = 1, 2, \cdots, \mathrm{C}_{2n}^n; i_1, i_2, \cdots, i_{2n} = 1, 2, \cdots, 2n)$ 是 S 的完备集对, G_n^k, H_n^k 分别是 $(S_n^k, T_n^k)(k = 1, 2, \cdots, \mathrm{C}_{2n}^n)$ 中两个集合的重心, $P_i H_{2n-1}^i (i = 1, 2, \cdots, 2n)$ 是 S 的 1-类重心线, $G_n^k H_n^k (k = 1, 2, \cdots, \mathrm{C}_{2n}^n)$ 是 S 的 n-类重心线, P 是平面上任意一点, 则对任意的 $k = k(i_1, i_2, \cdots, i_n) = 1, 2, \cdots, \mathrm{C}_{2n}^n/2$, 恒有 $\mathrm{D}_{PP_{i_n}H_{2n-1}^{i_n}} = 0(i_n \in I_{2n})$ 和 $\mathrm{D}_{PP_{i_{2n}}H_{2n-1}^{i_{2n}}} = 0(i_{2n} \in I_{2n}\setminus\{i_1, i_2, \cdots, i_n\})$ 的充分必要条件分别是如下的式 (8.2.16) 和 (8.2.17) 成立:

$$(2n-1) \sum_{\beta=1}^{n-1} \mathrm{D}_{PP_{i_\beta}H_{2n-1}^{i_\beta}} - n^2 \mathrm{D}_{PG_n^k H_n^k} = 0. \tag{8.2.16}$$

$$(2n-1) \sum_{\beta=m+1}^{2n-1} \mathrm{D}_{PP_{i_\beta}H_{2n-1}^{i_\beta}} + n^2 \mathrm{D}_{PG_n^k H_n^k} = 0, \tag{8.2.17}$$

证明 根据定理 8.2.7, 分别由式 (8.2.12) 和 (8.2.13) 中 $n \geqslant 3$ 的情形, 可

得: 对任意的 $k = k(i_1, i_2, \cdots, i_n) = 1, 2, \cdots, C_{2n}^n/2$, 恒有 $D_{PP_{i_n}H_{2n-1}^{i_n}} = 0 (i_n \in I_{2n}) \Leftrightarrow$ 式 (8.2.15) 成立; $D_{PP_{i_{2n}}H_{2n-1}^{i_{2n}}} = 0 (i_{2n} \in I_{2n} \backslash \{i_1, i_2, \cdots, i_n\}) \Leftrightarrow$ 式 (8.2.16) 成立.

推论 8.2.17 设 $S = \{P_1, P_2, \cdots, P_{2n}\}(n \geqslant 4)$ 是 $2n$ 点的集合, H_{2n-1}^i 是 $T_{2n-1}^i = \{P_{i+1}, P_{i+2}, \cdots, P_{i+2n-1}\}(i = 1, 2, \cdots, 2n)$ 的重心, $(S_n^k, T_n^k) = (P_{i_1}, P_{i_2}, \cdots, P_{i_n}; P_{i_{n+1}}, P_{i_{n+2}}, \cdots, P_{i_{2n}})(k = 1, 2, \cdots, C_{2n}^n; i_1, i_2, \cdots, i_{2n} = 1, 2, \cdots, 2n)$ 是 S 的完备集对, G_n^k, H_n^k 分别是 $(S_n^k, T_n^k)(k = 1, 2, \cdots, C_{2n}^n)$ 中两个集合的重心, $P_iH_{2n-1}^i(i = 1, 2, \cdots, 2n)$ 是 S 的 1-类重心线, $G_n^kH_n^k(k = 1, 2, \cdots, C_{2n}^n)$ 是 S 的 n-类重心线, P 是平面上任意一点, 则对任意的 $k = k(i_1, i_2, \cdots, i_n) = 1, 2, \cdots, C_{2n}^n/2$, 恒有三点 $P, P_{i_n}, H_{2n-1}^{i_n}(i_n \in I_{2n})(P, P_{i_{2n}}, H_{2n-1}^{i_{2n}}(i_{2n} \in I_{2n} \backslash \{i_1, i_2, \cdots, i_n\}))$ 共线的充分必要条件是如下 n 个重心线三角形的乘数面积 $(2n-1)\mathrm{a}_{PP_{i_\beta}H_{2n-1}^{i_\beta}} (\beta = 1, 2, \cdots, n-1), n^2 \mathrm{a}_{PG_n^kH_n^k}((2n-1)\mathrm{a}_{PP_{i_\beta}H_{2n-1}^{i_\beta}} (\beta = n+1, n+2, \cdots, 2n-1); n^2 \mathrm{a}_{PG_n^kH_n^k})$ 中, 其中一个较大的乘数面积等于另外 $n-1$ 个较小的乘数面积的和, 或其中 $t(2 \leqslant t \leqslant [n/2])$ 个乘数面积的和等于另外 $n-t$ 个乘数面积的和.

证明 根据定理 8.2.9, 对任意的 $k = k(i_1, i_2, \cdots, i_n) = 1, 2, \cdots, C_{2n}^n/2$, 分别由 $D_{PP_{i_n}H_{2n-1}^{i_n}} = 0 (i_n \in I_{2n})$ 和式 (8.2.16), $D_{PP_{i_{2n}}H_{2n-1}^{i_{2n}}} = 0 (i_{2n} \in I_{2n} \backslash \{i_1, i_2, \cdots, i_n\})$ 和式 (8.2.17) 中 $n \geqslant 4$ 的情形的几何意义, 即得.

定理 8.2.10 设 $S = \{P_1, P_2, \cdots, P_{2n}\}(n \geqslant 3)$ 是 $2n$ 点的集合, H_{2n-1}^i 是 $T_{2n-1}^i = \{P_{i+1}, P_{i+2}, \cdots, P_{i+2n-1}\}(i = 1, 2, \cdots, 2n)$ 的重心, $(S_n^k, T_n^k) = (P_{i_1}, P_{i_2}, \cdots, P_{i_n}; P_{i_{n+1}}, P_{i_{n+2}}, \cdots, P_{i_{2n}})(k = 1, 2, \cdots, C_{2n}^n; i_1, i_2, \cdots, i_{2n} = 1, 2, \cdots, 2n)$ 是 S 的完备集对, G_n^k, H_n^k 分别是 $(S_n^k, T_n^k)(k = 1, 2, \cdots, C_{2n}^n)$ 中两个集合的重心, $P_iH_{2n-1}^i(i = 1, 2, \cdots, 2n)$ 是 S 的 1-类重心线, $G_n^kH_n^k(k = 1, 2, \cdots, C_{2n}^n)$ 是 S 的 n-类重心线, P 是平面上任意一点, 则对任意的 $k = k(i_1, i_2, \cdots, i_n) = 1, 2, \cdots, C_{2n}^n/2$, 如下两对式子中的两个式子均等价:

$$(2n-1)D_{PP_{i_n}H_{2n-1}^{i_n}} - n^2 D_{PG_n^kH_n^k} = 0, \tag{8.2.18}$$

$$D_{PP_{i_1}H_{2n-1}^{i_1}} + D_{PP_{i_2}H_{2n-1}^{i_2}} + \cdots + D_{PP_{i_{n-1}}H_{2n-1}^{i_{n-1}}} = 0; \tag{8.2.19}$$

$$(2n-1)D_{PP_{i_{2n}}H_{2n-1}^{i_{2n}}} + n^2 D_{PG_n^kH_n^k} = 0, \tag{8.2.20}$$

$$D_{PP_{i_{n+1}}H_{2n-1}^{i_{n+1}}} + D_{PP_{i_{n+2}}H_{2n-1}^{i_{n+2}}} + \cdots + D_{PP_{i_{2n-1}}H_{2n-1}^{i_{2n-1}}} = 0. \tag{8.2.21}$$

证明 根据定理 8.2.7, 分别由式 (8.2.12) 和 (8.2.13) 中 $n \geqslant 3$ 的情形, 即得:

对任意的 $k = k(i_1, i_2, \cdots, i_n) = 1, 2, \cdots, C_{2n}^n/2$, 式 (8.2.18) 成立 ⇔ 式 (8.2.19) 成立, 式 (8.2.20) 成立 ⇔ 式 (8.2.21) 成立.

推论 8.2.18 设 $S = \{P_1, P_2, \cdots, P_8\}$ 是八点的集合, H_7^i 是 $T_7^i = \{P_{i+1}, P_{i+2}, \cdots, P_{i+7}\}(i = 1, 2, \cdots, 7)$ 的重心, $(S_4^k, T_4^k) = (P_{i_1}, P_{i_2}, P_{i_3}, P_{i_4}; P_{i_5}, P_{i_6}, P_{i_7}, P_{i_8})(k = 1, 2, \cdots, 70; i_1, i_2, \cdots, i_8 = 1, 2, \cdots, 8)$ 是 S 的完备集对, G_4^k, H_4^k 分别是 $(S_4^k, T_4^k)(k = 1, 2, \cdots, 70)$ 中两个集合的重心, $P_i H_7^i (i = 1, 2, \cdots, 8)$ 是 S 的 1-类重心线, $G_4^k H_4^k (k = 1, 2, \cdots, 70)$ 是 S 的 4-类重心线, P 是平面上任意一点, 则对任意的 $k = k(i_1, i_2, i_3, i_4) = 1, 2, \cdots, 35$, 均有两重心线三角形 $PP_{i_4}H_7^{i_4}, PG_4^k H_4^k (PP_{i_8}H_7^{i_8}, PG_4^k H_4^k)$ 方向相同 (方向相反) 且 $7 \mathrm{a}_{PP_{i_4}H_7^{i_4}} = 16 \mathrm{a}_{PG_4^k H_4^k} (7 \mathrm{a}_{PP_{i_8}H_7^{i_8}} = 16 \mathrm{a}_{PG_4^k H_4^k})$ 的充分必要条件是如下三个重心线三角形的面积 $\mathrm{a}_{PP_{i_1}H_7^{i_1}}, \mathrm{a}_{PP_{i_2}H_7^{i_2}}, \mathrm{a}_{PP_{i_3}H_7^{i_3}} (\mathrm{a}_{PP_{i_5}H_7^{i_5}}, \mathrm{a}_{PP_{i_6}H_7^{i_6}}, \mathrm{a}_{PP_{i_7}H_7^{i_7}})$ 中, 其中一个较大的面积等于另外两个较小的面积的和.

证明 根据定理 8.2.10, 对任意的 $k = k(i_1, i_2, i_3, i_4) = 1, 2, \cdots, 35$, 分别由式 (8.2.18) 和 (8.2.19)、式 (8.2.20) 和 (8.2.21) 中 $n = 4$ 的情形的几何意义, 即得.

推论 8.2.19 设 $S = \{P_1, P_2, \cdots, P_{2n}\}(n \geqslant 5)$ 是 $2n$ 点的集合, H_{2n-1}^i 是 $T_{2n-1}^i = \{P_{i+1}, P_{i+2}, \cdots, P_{i+2n-1}\}(i = 1, 2, \cdots, 2n)$ 的重心, $(S_n^k, T_n^k) = (P_{i_1}, P_{i_2}, \cdots, P_{i_n}; P_{i_{n+1}}, P_{i_{n+2}}, \cdots, P_{i_{2n}})(k = 1, 2, \cdots, C_{2n}^n; i_1, i_2, \cdots, i_{2n} = 1, 2, \cdots, 2n)$ 是 S 的完备集对, G_n^k, H_n^k 分别是 $(S_n^k, T_n^k)(k = 1, 2, \cdots, C_{2n}^n)$ 中两个集合的重心, $P_i H_{2n-1}^i (i = 1, 2, \cdots, 2n)$ 是 S 的 1-类重心线, $G_n^k H_n^k (k = 1, 2, \cdots, C_{2n}^n)$ 是 S 的 n-类重心线, P 是平面上任意一点, 则对任意的 $k = k(i_1, i_2, \cdots, i_n) = 1, 2, \cdots, C_{2n}^n/2$, 均有两重心线三角形 $PP_{i_n}H_{2n-1}^{i_n}, PG_n^k H_n^k (PP_{i_{2n}}H_{2n-1}^{i_{2n}}, PG_n^k H_n^k)$ 方向相同 (方向相反) 且 $(2n-1)\mathrm{a}_{PP_{i_n}H_{2n-1}^{i_n}} = n^2 \mathrm{a}_{PG_n^k H_n^k} ((2n-1)\mathrm{a}_{PP_{i_{2n}}H_{2n-1}^{i_{2n}}} = n^2 \mathrm{a}_{PG_n^k H_n^k})$ 的充分必要条件是如下 $n-1$ 个重心线三角形的面积 $\mathrm{a}_{PP_{i_1}H_{2n-1}^{i_1}}, \mathrm{a}_{PP_{i_2}H_{2n-1}^{i_2}}, \cdots, \mathrm{a}_{PP_{i_{n-1}}H_{2n-1}^{i_{n-1}}} (\mathrm{a}_{PP_{i_{n+1}}H_{2n-1}^{i_{n+1}}}, \mathrm{a}_{PP_{i_{n+2}}H_{2n-1}^{i_{n+2}}}, \cdots, \mathrm{a}_{PP_{i_{2n-1}}H_{2n-1}^{i_{2n-1}}})$ 中, 其中一个较大的面积等于另外 $n-2$ 个较小的面积的和, 或其中 $t(2 \leqslant t \leqslant [(n-1)/2])$ 个面积的和等于另外 $n-t-1$ 个面积的和.

证明 根据定理 8.2.10, 对任意的 $k = k(i_1, i_2, \cdots, i_n) = 1, 2, \cdots, C_{2n}^n/2$, 分别由式 (8.2.18) 和 (8.2.19)、式 (8.2.20) 和 (8.2.21) 中 $n \geqslant 5$ 的情形的几何意义, 即得.

定理 8.2.11 设 $S = \{P_1, P_2, \cdots, P_{2n}\}(n \geqslant 3)$ 是 $2n$ 点的集合, H_{2n-1}^i 是 $T_{2n-1}^i = \{P_{i+1}, P_{i+2}, \cdots, P_{i+2n-1}\}(i = 1, 2, \cdots, 2n)$ 的重心, $(S_n^k, T_n^k) = (P_{i_1}, P_{i_2}, \cdots, P_{i_n}; P_{i_{n+1}}, P_{i_{n+2}}, \cdots, P_{i_{2n}})(k = 1, 2, \cdots, C_{2n}^n; i_1, i_2, \cdots, i_{2n} = 1, 2, \cdots, 2n)$ 是 S 的完备集对, G_n^k, H_n^k 分别是 $(S_n^k, T_n^k)(k = 1, 2, \cdots, C_{2n}^n)$ 中两个集合

的重心, $P_iH_{2n-1}^i(i=1,2,\cdots,2n)$ 是 S 的 1-类重心线, $G_n^kH_n^k(k=1,2,\cdots,\mathrm{C}_{2n}^n)$ 是 S 的 n-类重心线, P 是平面上任意一点, 则对任意的 $k=k(i_1,i_2,\cdots,i_n)=1,2,\cdots,\mathrm{C}_{2n}^n/2$, 如下两对式子中的两个式子均等价:

$$\mathrm{D}_{PP_{i_1}H_{2n-1}^{i_1}} + \mathrm{D}_{PP_{i_2}H_{2n-1}^{i_2}} = 0 \quad (\mathrm{a}_{PP_{i+1}H_{2n-1}^{i_1}} = \mathrm{a}_{PP_{i_2}H_{2n-1}^{i_2}}), \tag{8.2.22}$$

$$(2n-1)\sum_{\beta=3}^n \mathrm{D}_{PP_{i_\beta}H_{2n-1}^{i_\beta}} - n^2\mathrm{D}_{PG_n^kH_n^k} = 0; \tag{8.2.23}$$

$$\mathrm{D}_{PP_{i_{n+1}}H_{2n-1}^{i_{n+1}}} + \mathrm{D}_{PP_{i_{n+2}}H_{2n-1}^{i_{n+2}}} = 0 \quad (\mathrm{a}_{PP_{i+1}H_{2n-1}^{i_{n+1}}} = \mathrm{a}_{PP_{i_{n+2}}H_{2n-1}^{i_{n+2}}}), \tag{8.2.24}$$

$$(2n-1)\sum_{\beta=n+3}^{2n} \mathrm{D}_{PP_{i_\beta}H_{2n-1}^{i_\beta}} + n^2\mathrm{D}_{PG_n^kH_n^k} = 0. \tag{8.2.25}$$

证明 根据定理 8.2.7, 分别由式 (8.2.12) 和 (8.2.13) 中 $n \geqslant 3$ 的情形, 可得: 对任意的 $k=k(i_1,i_2,\cdots,i_n)=1,2,\cdots,\mathrm{C}_{2n}^n/2$, 式 (8.2.22) 成立的充分必要条件是式 (8.2.23) 成立, 式 (8.2.24) 成立的充分必要条件是式 (8.2.25) 成立.

推论 8.2.20 设 $S=\{P_1,P_2,\cdots,P_8\}$ 是八点的集合, H_7^i 是 $T_7^i=\{P_{i+1},P_{i+2},\cdots,P_{i+7}\}(i=1,2,\cdots,8)$ 的重心, $(S_4^k,T_4^k)=(P_{i_1},P_{i_2},P_{i_3},P_{i_4};P_{i_5},P_{i_6},P_{i_7},P_{i_8})(k=1,2,\cdots,70;i_1,i_2,\cdots,i_8=1,2,\cdots,8)$ 是 S 的完备集对, G_4^k,H_4^k 分别是 $(S_4^k,T_4^k)(k=1,2,\cdots,70)$ 中两个集合的重心, $P_iH_7^i(i=1,2,\cdots,8)$ 是 S 的 1-类重心线, $G_4^kH_4^k(k=1,2,\cdots,70)$ 是 S 的 4-类重心线, P 是平面上任意一点, 则对任意的 $k=k(i_1,i_2,i_3,i_4)=1,2,\cdots,35$, 均有两重心线三角形 $PP_{i_1}H_7^{i_1},PP_{i_2}H_7^{i_2}(PP_{i_5}H_7^{i_5},PP_{i_6}H_7^{i_6})$ 面积相等方向相反的充分必要条件是如下三个重心线三角形的乘数面积 $7\mathrm{a}_{PP_{i_3}H_7^{i_3}},7\mathrm{a}_{PP_{i_4}H_7^{i_4}},16\mathrm{a}_{PG_4^kH_4^k}(7\mathrm{a}_{PP_{i_7}H_7^{i_7}},7\mathrm{a}_{PP_{i_8}H_7^{i_8}},16\mathrm{a}_{PG_4^kH_4^k})$ 中, 其中一个较大的乘数面积等于另外两个较小的乘数面积的和.

证明 根据定理 8.2.11, 对任意的 $k=k(i_1,i_2,i_3,i_4)=1,2,\cdots,35$, 分别由式 (8.2.22) 和 (8.2.23)、式 (8.2.24) 和 (8.2.25) 中 $n=4$ 的情形的几何意义, 即得.

推论 8.2.21 设 $S=\{P_1,P_2,\cdots,P_{2n}\}(n\geqslant 5)$ 是 $2n$ 点的集合, H_{2n-1}^i 是 $T_{2n-1}^i=\{P_{i+1},P_{i+2},\cdots,P_{i+2n-1}\}(i=1,2,\cdots,2n)$ 的重心, $(S_n^k,T_n^k)=(P_{i_1},P_{i_2},\cdots,P_{i_n};P_{i_{n+1}},P_{i_{n+2}},\cdots,P_{i_{2n}})(k=1,2,\cdots,\mathrm{C}_{2n}^n;i_1,i_2,\cdots,i_{2n}=1,2,\cdots,2n)$ 是 S 的完备集对, G_n^k,H_n^k 分别是 $(S_n^k,T_n^k)(k=1,2,\cdots,\mathrm{C}_{2n}^n)$ 中两个集合的重心, $P_iH_{2n-1}^i(i=1,2,\cdots,2n)$ 是 S 的 1-类重心线, $G_n^kH_n^k(k=1,2,\cdots,\mathrm{C}_{2n}^n)$ 是 S 的 n-类重心线, P 是平面上任意一点, 则对任意的 $k=k(i_1,i_2,\cdots,i_n)=$

$1, 2, \cdots, C_{2n}^n/2$, 均有两重心线三角形 $PP_{i_1}H_{2n-1}^{i_1}, PP_{i_2}H_{2n-1}^{i_2}(PP_{i_{n+1}}H_{2n-1}^{i_{n+1}}, PP_{i_{n+2}}H_{2n-1}^{i_{n+2}})$ 面积相等方向相反的充分必要条件是如下 $n-1$ 个重心线三角形的乘数面积 $(2n-1)\mathrm{a}_{PP_{i_\beta}H_{2n-1}^{i_\beta}}$ $(\beta=3,4,\cdots,n); n^2\mathrm{a}_{PG_n^kH_n^k}((2n-1)\mathrm{a}_{PP_{i_\beta}H_{2n-1}^{i_\beta}}$ $(\beta = n+3, n+4, \cdots, 2n); n^2\mathrm{a}_{PG_n^kH_n^k})$ 中, 其中一个较大的乘数面积等于另外 $n-2$ 个较小的乘数面积的和, 或其中 $t(2 \leqslant t \leqslant [(n-1)/2])$ 个乘数面积的和等于另外 $n-t-1$ 个乘数面积的和.

证明 根据定理 8.2.11, 对任意的 $k = k(i_1, i_2, \cdots, i_n) = 1, 2, \cdots, C_{2n}^n/2$, 分别由式 (8.2.22) 和 (8.2.23)、式 (8.2.24) 和 (8.2.25) 中 $n \geqslant 5$ 的情形的几何意义, 即得.

定理 8.2.12 设 $S = \{P_1, P_2, \cdots, P_{2n}\}(n \geqslant 5)$ 是 $2n$ 点的集合, H_{2n-1}^i 是 $T_{2n-1}^i = \{P_{i+1}, P_{i+2}, \cdots, P_{i+2n-1}\}(i = 1, 2, \cdots, 2n)$ 的重心, $(S_n^k, T_n^k) = (P_{i_1}, P_{i_2}, \cdots, P_{i_n}; P_{i_{n+1}}, P_{i_{n+2}}, \cdots, P_{i_{2n}})(k = 1, 2, \cdots, C_{2n}^n; i_1, i_2, \cdots, i_{2n} = 1, 2, \cdots, 2n)$ 是 S 的完备集对, G_n^k, H_n^k 分别是 $(S_n^k, T_n^k)(k = 1, 2, \cdots, C_{2n}^n)$ 中两个集合的重心, $P_iH_{2n-1}^i(i = 1, 2, \cdots, 2n)$ 是 S 的 1-类重心线, $G_n^kH_n^k(k = 1, 2, \cdots, C_{2n}^n)$ 是 S 的 n-类重心线, P 是平面上任意一点, 则对任意的 $k = k(i_1, i_2, \cdots, i_n) = 1, 2, \cdots, C_{2n}^n/2; 3 \leqslant s \leqslant [(n+1)/2]$, 如下两对式子中的两个式子均等价:

$$\mathrm{D}_{PP_{i_1}H_{2n-1}^{i_1}} + \mathrm{D}_{PP_{i_2}H_{2n-1}^{i_2}} + \cdots + \mathrm{D}_{PP_{i_s}H_{2n-1}^{i_s}} = 0, \tag{8.2.26}$$

$$(2n-1)\sum_{\beta=s+1}^{n}\mathrm{D}_{PP_{i_\beta}H_{2n-1}^{i_\beta}} - n^2\mathrm{D}_{PG_n^kH_n^k} = 0; \tag{8.2.27}$$

$$\mathrm{D}_{PP_{i_{n+1}}H_{2n-1}^{i_{n+1}}} + \mathrm{D}_{PP_{i_{n+2}}H_{2n-1}^{i_{n+2}}} + \cdots + \mathrm{D}_{PP_{i_{n+s}}H_{2n-1}^{i_{n+s}}} = 0, \tag{8.2.28}$$

$$(2n-1)\sum_{\beta=n+s+1}^{2n}\mathrm{D}_{PP_{i_\beta}H_{2n-1}^{i_\beta}} + n^2\mathrm{D}_{PG_n^kH_n^k} = 0. \tag{8.2.29}$$

证明 根据定理 8.2.7, 分别由式 (8.2.12) 和 (8.2.13) 中 $n \geqslant 5$ 的情形, 即得: 对任意的 $k = k(i_1, i_2, \cdots, i_n) = 1, 2, \cdots, C_{2n}^n/2; 3 \leqslant s \leqslant [(n+1)/2]$, 式 (8.2.26) 成立 $\Leftrightarrow$ 式 (8.2.27) 成立; 式 (8.2.28) 成立 $\Leftrightarrow$ 式 (8.2.29) 成立.

推论 8.2.22 设 $S = \{P_1, P_2, \cdots, P_{10}\}$ 是十点的集合, H_9^i 是 $T_9^i = \{P_{i+1}, P_{i+2}, \cdots, P_{i+9}\}(i = 1, 2, \cdots, 10)$ 的重心, $(S_5^k, T_5^k) = (P_{i_1}, P_{i_2}, \cdots, P_{i_5}; P_{i_6}, P_{i_7}, \cdots, P_{i_{10}})(k = 1, 2, \cdots, 252; i_1, i_2, \cdots, i_{10} = 1, 2, \cdots, 10)$ 是 S 的完备集对, G_5^k, H_5^k 分别是 $(S_5^k, T_5^k)(k = 1, 2, \cdots, 252)$ 中两个集合的重心, $P_iH_9^i(i = 1, 2, \cdots, 10)$ 是 S 的 1-类重心线, $G_5^kH_5^k(k = 1, 2, \cdots, 252)$ 是 S 的 5-类重心线, P 是平

面上任意一点，则对任意的 $k = k(i_1, i_2, \cdots, i_5) = 1, 2, \cdots, 126$，均有如下三个重心线三角形的面积 $\mathrm{a}_{PP_{i_1}H_9^{i_1}}, \mathrm{a}_{PP_{i_2}H_9^{i_2}}, \mathrm{a}_{PP_{i_3}H_9^{i_3}}(\mathrm{a}_{PP_{i_6}H_9^{i_6}}, \mathrm{a}_{PP_{i_7}H_9^{i_7}}, \mathrm{a}_{PP_{i_8}H_9^{i_8}})$ 中，其中一个较大的面积等于另外两个较小的面积的和的充分必要条件是如下三个重心线三角形的乘数面积 $9\mathrm{a}_{PP_{i_4}H_9^{i_4}}, 9\mathrm{a}_{PP_{i_5}H_9^{i_5}}, 25\mathrm{a}_{PG_5^k H_5^k}(9\mathrm{a}_{PP_{i_9}H_9^{i_9}}, 9\mathrm{a}_{PP_{i_{10}}H_9^{i_{10}}}, 25\mathrm{a}_{PG_5^k H_5^k})$ 中，其中一个较大的乘数面积等于另外两个较小的乘数面积的和.

证明 根据定理 8.2.12, 对任意的 $k = k(i_1, i_2, \cdots, i_5) = 1, 2, \cdots, 126$, 由式 (8.2.26) 和 (8.2.27)、式 (8.2.28) 和 (8.2.29) 中 $n = 5, s = 3$ 的情形的几何意义, 即得.

推论 8.2.23 设 $S = \{P_1, P_2, \cdots, P_{2n}\}(n \geqslant 6)$ 是 $2n$ 点的集合, H_{2n-1}^i 是 $T_{2n-1}^i = \{P_{i+1}, P_{i+2}, \cdots, P_{i+2n-1}\}(i = 1, 2, \cdots, 2n)$ 的重心, $(S_n^k, T_n^k) = (P_{i_1}, P_{i_2}, \cdots, P_{i_n}; P_{i_{n+1}}, P_{i_{n+2}}, \cdots, P_{i_{2n}})(k = 1, 2, \cdots, \mathrm{C}_{2n}^n; i_1, i_2, \cdots, i_{2n} = 1, 2, \cdots, 2n)$ 是 S 的完备集对, G_n^k, H_n^k 分别是 $(S_n^k, T_n^k)(k = 1, 2, \cdots, \mathrm{C}_{2n}^n)$ 中两个集合的重心, $P_i H_{2n-1}^i (i = 1, 2, \cdots, 2n)$ 是 S 的 1-类重心线, $G_n^k H_n^k (k = 1, 2, \cdots, \mathrm{C}_{2n}^n)$ 是 S 的 n-类重心线, P 是平面上任意一点, 则对任意的 $k = k(i_1, i_2, \cdots, i_n) = 1, 2, \cdots, \mathrm{C}_{2n}^n$, 均有如下三个重心线三角形的面积 $\mathrm{a}_{PP_{i_1}H_{2n-1}^{i_1}}, \mathrm{a}_{PP_{i_2}H_{2n-1}^{i_2}}, \mathrm{a}_{PP_{i_3}H_{2n-1}^{i_3}}(\mathrm{a}_{PP_{i_{n+1}}H_{2n-1}^{i_{n+1}}}, \mathrm{a}_{PP_{i_{n+2}}H_{2n-1}^{i_{n+2}}}, \mathrm{a}_{PP_{i_{n+3}}H_{2n-1}^{i_{n+3}}})$ 中，其中一个较大的面积等于另外两个较小的面积的和的充分必要条件是其余 $n-2$ 个重心线三角形的乘数面积 $(2n-1)\mathrm{a}_{PP_{i_\beta}H_{2n-1}^{i_\beta}}(i = 4, 5, \cdots, n); n^2 \mathrm{a}_{PG_n^k H_n^k}((2n-1)\mathrm{a}_{PP_{i_\beta}H_{2n-1}^{i_\beta}}(\beta = n+4, n+5, \cdots, 2n); n^2 \mathrm{a}_{PG_n^k H_n^k})$ 中，其中一个较大的乘数面积等于另外 $n-3$ 个较小的乘数面积的和, 或其中 $t(2 \leqslant t \leqslant [(n-2)/2])$ 个乘数面积的和等于另外 $n-t-2$ 个乘数面积的和.

证明 根据定理 8.2.12, 对任意的 $k = k(i_1, i_2, \cdots, i_n) = 1, 2, \cdots, \mathrm{C}_{2n}^n$, 由式 (8.2.26) 和 (8.2.27)、式 (8.2.28) 和 (8.2.29) 中 $n \geqslant 6, s = 3$ 的情形的几何意义, 即得.

推论 8.2.24 设 $S = \{P_1, P_2, \cdots, P_{2n}\}(n \geqslant 7)$ 是 $2n$ 点的集合, H_{2n-1}^i 是 $T_{2n-1}^i = \{P_{i+1}, P_{i+2}, \cdots, P_{i+2n-1}\}(i = 1, 2, \cdots, 2n)$ 的重心, $(S_n^k, T_n^k) = (P_{i_1}, P_{i_2}, \cdots, P_{i_n}; P_{i_{n+1}}, P_{i_{n+2}}, \cdots, P_{i_{2n}})(k = 1, 2, \cdots, \mathrm{C}_{2n}^n; i_1, i_2, \cdots, i_{2n} = 1, 2, \cdots, 2n)$ 是 S 的完备集对, G_n^k, H_n^k 分别是 $(S_n^k, T_n^k)(k = 1, 2, \cdots, \mathrm{C}_{2n}^n)$ 中两个集合的重心, $P_i H_{2n-1}^i (i = 1, 2, \cdots, 2n)$ 是 S 的 1-类重心线, $G_n^k H_n^k (k = 1, 2, \cdots, \mathrm{C}_{2n}^n)$ 是 S 的 n-类重心线, P 是平面上任意一点, 则对任意的 $k = k(i_1, i_2, \cdots, i_n) = 1, 2, \cdots, \mathrm{C}_{2n}^n$, 均有如下 $s(4 \leqslant s \leqslant [(n+1)/2])$ 个重心线三角形的面积 $\mathrm{a}_{PP_{i_1}H_{2n-1}^{i_1}}, \mathrm{a}_{PP_{i_2}H_{2n-1}^{i_2}}, \cdots, \mathrm{a}_{PP_{i_s}H_{2n-1}^{i_s}}(\mathrm{a}_{PP_{i_{n+1}}H_{2n-1}^{i_{n+1}}}, \mathrm{a}_{PP_{i_{n+2}}H_{2n-1}^{i_{n+2}}}, \cdots, \mathrm{a}_{PP_{i_{n+s}}H_{2n-1}^{i_{n+s}}})$ 中，其中

一个较大的面积等于另外 $s-1$ 个较小的面积的和, 或其中 $t_1(2\leqslant t_1\leqslant [s/2])$ 个面积的和等于另外 $s-t_1$ 个面积的和的充分必要条件是其余 $n-s+1$ 个重心线三角形的乘数面积 $(2n-1)\mathrm{a}_{PP_{i_\beta}H_{2n-1}^{i_\beta}}(\beta=s+1,s+2,\cdots,n); n^2\mathrm{a}_{PG_n^kH_n^k}((2n-1)\mathrm{a}_{PP_{i_\beta}H_{2n-1}^{i_\beta}}(\beta=n+s+1,n+s+2,\cdots,2n); n^2\mathrm{a}_{PG_n^kH_n^k})$ 中, 其中一个较大的乘数面积等于另外 $n-s$ 个较小的乘数面积的和, 或其中 $t_2(2\leqslant t_2\leqslant [(n-s+1)/2])$ 个乘数面积的和等于另外 $n-s-t_2+1$ 个乘数面积的和.

证明 根据定理 8.2.12, 对任意的 $k=k(i_1,i_2,\cdots,i_n)=1,2,\cdots,\mathrm{C}_{2n}^n$, 由式 (8.2.26) 和 (8.2.27)、式 (8.2.28) 和 (8.2.29) 中 $n\geqslant 7, 4\leqslant s\leqslant [(n+1)/2]$ 的情形的几何意义, 即得.

推论 8.2.25 设 $P_1P_2\cdots P_{2n}(n\geqslant 3\vee n\geqslant 4\vee n\geqslant 5\vee n\geqslant 6\vee n\geqslant 7)$ 是 $2n$ 角形 ($2n$ 边形), $H_{2n-1}^i(i=1,2,\cdots,2n)$ 是 $2n-1$ 角形 ($2n-1$ 边形)$P_{i+1}P_{i+2}\cdots P_{i+2n-1}(i=1,2,\cdots,2n)$ 的重心, $G_n^k,H_n^k(k=1,2,\cdots,\mathrm{C}_{2n}^n)$ 分别是两 n 角形 (n 边形)$P_{i_1}P_{i_2}\cdots P_{i_n}(i_1,i_2,\cdots,i_n=1,2,\cdots,2n)$ 和 $P_{i_{n+1}}P_{i_{n+2}}\cdots P_{i_{2n}}(i_{n+1},i_{n+2},\cdots,i_{2n}=1,2,\cdots,2n)$ 的重心, $P_iH_{2n-1}^i(i=1,2,\cdots,2n)$ 是 $P_1P_2\cdots P_{2n}$ 的 1-级重心线, $G_n^kH_n^k(k=1,2,\cdots,\mathrm{C}_{2n}^n)$ 是 $P_1P_2\cdots P_{2n}$ 的 n-级重心线, P 是 $P_1P_2\cdots P_{2n}$ 所在平面上任意一点, 则定理 8.2.7 ~ 定理 8.2.12 和推论 8.2.15 ~ 推论 8.2.24 的结论均成立.

证明 设 $S=\{P_1,P_2,\cdots,P_{2n}\}$ 是 $2n$ 角形 ($2n$ 边形)$P_1P_2\cdots P_{2n}(n\geqslant 3\vee n\geqslant 4\vee n\geqslant 5\vee n\geqslant 6\vee n\geqslant 7)$ 顶点的集合, 对不共线 $2n$ 点的集合 S 分别应用定理 8.2.7 ~ 定理 8.2.12 和推论 8.2.15 ~ 推论 8.2.24, 即得.

8.3 点到 $2n$ 点集 1-类 m-类重心线有向距离的定值定理与应用

本节主要应用有向度量和有向度量定值法, 研究点到 $2n$ 点集 1-类 m-类重心线有向距离的有关问题. 首先, 在一定条件下, 给出点到 $2n$ 点集 1-类 $m(m<n)$-类重心线有向距离的定值定理及其推论, 从而得出 $2n$ 角形 ($2n$ 边形) 中相应的结论, 并根据上述定值定理得出 $2n$ 点集、$2n$ 角形 ($2n$ 边形) 中一条 (多条) 重心线乘数距离 (之和) 与另几条重心线乘数距离之和相等, 以及任意点在两重心线外角平分线之上的充分必要条件等结论; 其次, 在一定条件下, 给出点到 $2n$ 点集 1-类 n-类重心线有向距离的定值定理及其推论, 从而得出 $2n$ 角形 ($2n$ 边形) 中相应的结论, 并根据上述定值定理得出 $2n$ 点集、$2n$ 角形 ($2n$ 边形) 中的 n 条重心线乘数距离中, 一条较长的重心线乘数距离等于其余 $n-1$ 条较短的重心线乘数距离之和或多条重心线乘数距离的和等于其余几条重心线乘数距离之和, 以及任意点

8.3 点到 2n 点集 1-类 m-类重心线有向距离的定值定理与应用 · 259 ·

在两重心线外角平分线之上的充分必要条件等结论.

在本节中, 恒假设 $i_1, i_2, \cdots, i_{2n} \in \{1, 2, \cdots, 2n\}$ 且互不相等; $k = k(i_1, i_2, \cdots, i_m) = 1, 2, \cdots, \mathrm{C}_{2n}^m$ 是关于 $i_1, i_2, \cdots, i_m$ 的函数且其值与 $i_1, i_2, \cdots, i_m$ 的排列次序无关.

8.3.1 点到 2n 点集 1-类 m(m < n)-类重心线有向距离的定值定理与应用

定理 8.3.1 设 $S = \{P_1, P_2, \cdots, P_{2n}\}(n \geqslant 3)$ 是 $2n$ 点的集合, H_{2n-1}^i 是 $T_{2n-1}^i = \{P_{i+1}, P_{i+2}, \cdots, P_{i+2n-1}\}(i = 1, 2, \cdots, 2n)$ 的重心, $(S_m^k, T_{2n-m}^k) = (P_{i_1}, P_{i_2}, \cdots, P_{i_m}; P_{i_{m+1}}, P_{i_{m+2}}, \cdots, P_{i_{2n}})(k = 1, 2, \cdots, \mathrm{C}_{2n}^m; i_1, i_2, \cdots, i_{2n} = 1, 2, \cdots, 2n)$ 是 S 的完备集对, G_m^k, H_{2n-m}^k 分别是 $(S_m^k, T_{2n-m}^k)(k = 1, 2, \cdots, \mathrm{C}_{2n}^m; 2 \leqslant m < n)$ 中两个集合的重心, $P_i H_{2n-1}^i (i = 1, 2, \cdots, 2n)$ 是 S 的 1-类重心线, $G_m^k H_{2n-m}^k (k = 1, 2, \cdots, \mathrm{C}_{2n}^m)$ 是 S 的 m-类重心线, P 是平面上任意一点.

(1) 若 $\mathrm{d}_{P_{i_1} H_{2n-1}^{i_1}} = \mathrm{d}_{P_{i_2} H_{2n-1}^{i_2}} = \cdots = \mathrm{d}_{P_{i_m} H_{2n-1}^{i_m}} = \mathrm{d}_{G_m^k H_{2n-m}^k} \neq 0$, 则对任意的 $k = k(i_1, i_2, \cdots, i_m) = 1, 2, \cdots, \mathrm{C}_{2n}^m$, 恒有

$$(2n-1) \sum_{\beta=1}^{m} \mathrm{D}_{P\text{-}P_{i_\beta} H_{2n-1}^{i_\beta}} - m(2n-m) \mathrm{D}_{P\text{-}G_m^k H_{2n-m}^k} = 0. \tag{8.3.1}$$

(2) 若 $\mathrm{d}_{P_{i_{m+1}} H_{2n-1}^{i_{m+1}}} = \mathrm{d}_{P_{i_{m+2}} H_{2n-1}^{i_{m+2}}} = \cdots = \mathrm{d}_{P_{i_{2n}} H_{2n-1}^{i_{2n}}} = \mathrm{d}_{G_m^k H_{2n-m}^k} \neq 0$, 则对任意的 $k = k(i_1, i_2, \cdots, i_m) = 1, 2, \cdots, \mathrm{C}_{2n}^m$, 恒有

$$(2n-1) \sum_{\beta=m+1}^{2n} \mathrm{D}_{P\text{-}P_{i_\beta} H_{2n-1}^{i_\beta}} + m(2n-m) \mathrm{D}_{P\text{-}G_m^k H_{2n-m}^k} = 0. \tag{8.3.2}$$

证明 根据定理 8.2.1, 由式 (8.2.1) 和三角形有向面积与有向距离之间的关系并化简, 可得

$$(2n-1) \sum_{\beta=1}^{m} \mathrm{d}_{P_{i_\beta} H_{2n-1}^{i_\beta}} \mathrm{D}_{P\text{-}P_{i_\beta} H_{2n-1}^{i_\beta}} - m(2n-m) \mathrm{d}_{G_m^k H_{2n-m}^k} \mathrm{D}_{P\text{-}G_m^k H_{2n-m}^k} = 0, \tag{8.3.3}$$

其中 $k = k(i_1, i_2, \cdots, i_m) = 1, 2, \cdots, \mathrm{C}_{2n}^m$. 因为 $\mathrm{d}_{P_{i_1} H_{2n-1}^{i_1}} = \mathrm{d}_{P_{i_2} H_{2n-1}^{i_2}} = \cdots = \mathrm{d}_{P_{i_m} H_{2n-1}^{i_m}} = \mathrm{d}_{G_m^k H_{2n-m}^k} \neq 0$, 故对任意的 $k = k(i_1, i_2, \cdots, i_m) = 1, 2, \cdots, \mathrm{C}_{2n}^m$, 由上式, 即得式 (8.3.1).

类似地, 可以证明 (2) 中结论成立.

注 8.3.1 特别地, 当 $n = 3, m = 2$ 时, 由定理 8.3.1, 即得定理 5.1.6; 而当 $n \geqslant 3, m = 2$ 时, 由定理 8.3.1, 即得定理 8.1.7 中 $n \geqslant 3$ 的情形. 因此, 5.1 节和

8.1 节中相应的结论都可以由定理 8.3.1 推出. 故在以下的论述中, 我们主要研究 $n>m\geqslant 3$ 的情形, 而对上述一些情形不单独论及.

推论 8.3.1 设 $S=\{P_1,P_2,\cdots,P_{2n}\}(n\geqslant 4)$ 是 $2n$ 点的集合, H_{2n-1}^i 是 $T_{2n-1}^i=\{P_{i+1},P_{i+2},\cdots,P_{i+2n-1}\}(i=1,2,\cdots,2n)$ 的重心, $(S_m^k,T_{2n-m}^k)=(P_{i_1},P_{i_2},\cdots,P_{i_m};P_{i_{m+1}},P_{i_{m+2}},\cdots,P_{i_{2n}})(k=1,2,\cdots,C_{2n}^m;i_1,i_2,\cdots,i_{2n}=1,2,\cdots,2n)$ 是 S 的完备集对, G_m^k,H_{2n-m}^k 分别是 $(S_m^k,T_{2n-m}^k)(k=1,2,\cdots,C_{2n}^m;3\leqslant m<n)$ 中两个集合的重心, $P_iH_{2n-1}^i(i=1,2,\cdots,2n)$ 是 S 的 1-类重心线, $G_m^kH_{2n-m}^k(k=1,2,\cdots,C_{2n}^m)$ 是 S 的 m-类重心线, P 是平面上任意一点.

(1) 若 $\mathrm{d}_{P_{i_1}H_{2n-1}^{i_1}}=\mathrm{d}_{P_{i_2}H_{2n-1}^{i_2}}=\cdots=\mathrm{d}_{P_{i_m}H_{2n-1}^{i_m}}=\mathrm{d}_{G_m^kH_{2n-m}^k}\neq 0$, 则对任意的 $k=k(i_1,i_2,\cdots,i_m)=1,2,\cdots,C_{2n}^m$, 恒有如下 $m+1$ 条点 P 到重心线的乘数距离 $(2n-1)\mathrm{d}_{P\text{-}P_{i_\beta}H_{2n-1}^{i_\beta}}(\beta=1,2,\cdots,m);m(2n-m)\mathrm{d}_{P\text{-}G_m^kH_{2n-m}^k}$ 中, 其中一条较长的乘数距离等于另外 m 条较短的乘数距离的和, 或其中 $t_1(2\leqslant t_1\leqslant[(m+1)/2])$ 条乘数距离的和等于另外 $m-t_1+1$ 条乘数距离的和.

(2) 若 $\mathrm{d}_{P_{i_{m+1}}H_{2n-1}^{i_{m+1}}}=\mathrm{d}_{P_{i_{m+2}}H_{2n-1}^{i_{m+2}}}=\cdots=\mathrm{d}_{P_{i_{2n}}H_{2n-1}^{i_{2n}}}=\mathrm{d}_{G_m^kH_{2n-m}^k}\neq 0$, 则对任意的 $k=k(i_1,i_2,\cdots,i_m)=1,2,\cdots,C_{2n}^m$, 恒有如下 $2n-m+1$ 条点 P 到重心线的乘数距离 $(2n-1)\mathrm{d}_{P\text{-}P_{i_\beta}H_{2n-1}^{i_\beta}}(\beta=m+1,m+2,\cdots,2n);m(2n-m)\mathrm{d}_{P\text{-}G_m^kH_{2n-m}^k}$ 中, 其中一条较长的乘数距离等于另外 $2n-m$ 条较短的乘数距离的和, 或其中 $t_2(2\leqslant t_2\leqslant[(2n-m+1)/2])$ 条乘数距离的和等于另外 $2n-m-t_2+1$ 条乘数距离的和.

证明 根据定理 8.3.1 和题设, 对任意的 $k=k(i_1,i_2,\cdots,i_m)=1,2,\cdots,C_{2n}^m$, 由式 (8.3.1) 和 (8.3.2) 中 $3\leqslant m<n$ 的情形的几何意义, 即得.

注 8.3.2 为简便起见, 以下仅以式 (8.3.1) 为例, 研究点到 $2n$ 点集 1-类 $m(n>m)$-类重心线有向距离的有关问题. 对式 (8.3.2) 亦可以作类似的探讨, 不一一赘述.

定理 8.3.2 设 $S=\{P_1,P_2,\cdots,P_{2n}\}(n\geqslant 3)$ 是 $2n$ 点的集合, H_{2n-1}^i 是 $T_{2n-1}^i=\{P_{i+1},P_{i+2},\cdots,P_{i+2n-1}\}(i=1,2,\cdots,2n)$ 的重心, $(S_m^k,T_{2n-m}^k)=(P_{i_1},P_{i_2},\cdots,P_{i_m};P_{i_{m+1}},P_{i_{m+2}},\cdots,P_{i_{2n}})(k=1,2,\cdots,C_{2n}^m;i_1,i_2,\cdots,i_{2n}=1,2,\cdots,2n)$ 是 S 的完备集对, G_m^k,H_{2n-m}^k 分别是 $(S_m^k,T_{2n-m}^k)(k=1,2,\cdots,C_{2n}^m;2\leqslant m<n)$ 中两个集合的重心, $P_iH_{2n-1}^i(i=1,2,\cdots,2n)$ 是 S 的 1-类重心线, $G_m^kH_{2n-m}^k(k=1,2,\cdots,C_{2n}^m)$ 是 S 的 m-类重心线, P 是平面上任意一点. 若 $\mathrm{d}_{P_{i_1}H_{2n-1}^{i_1}}=\mathrm{d}_{P_{i_2}H_{2n-1}^{i_2}}=\cdots=\mathrm{d}_{P_{i_m}H_{2n-1}^{i_m}}\neq 0,\mathrm{d}_{G_m^kH_{2n-m}^k}\neq 0$, 则对任意的 $k=k(i_1,i_2,\cdots,i_m)=1,2,\cdots,C_{2n}^m$, 恒有 $\mathrm{D}_{P\text{-}G_m^kH_{2n-m}^k}=0$ 的充分必要条件是

$$\mathrm{D}_{P\text{-}P_{i_1}H_{2n-1}^{i_1}}+\mathrm{D}_{P\text{-}P_{i_2}H_{2n-1}^{i_2}}+\cdots+\mathrm{D}_{P\text{-}P_{i_m}H_{2n-1}^{i_{2m}}}=0. \tag{8.3.4}$$

证明 根据定理 8.3.1 的证明和题设, 由式 (8.3.3), 即得: 对任意的 $k = k(i_1, i_2, \cdots, i_m) = 1, 2, \cdots, C_{2n}^m$, 恒有 $D_{P-G_m^k H_{2n-m}^k} = 0$ 的充分必要条件是式 (8.3.4) 成立.

推论 8.3.2 设 $S = \{P_1, P_2, \cdots, P_{2n}\}(n \geqslant 4)$ 是 $2n$ 点的集合, H_{2n-1}^i 是 $T_{2n-1}^i = \{P_{i+1}, P_{i+2}, \cdots, P_{i+2n-1}\}(i = 1, 2, \cdots, 2n)$ 的重心, $(S_3^k, T_{2n-3}^k) = (P_{i_1}, P_{i_2}, P_{i_3}; P_{i_4}, P_{i_5}, \cdots, P_{i_{2n}})(k = 1, 2, \cdots, C_{2n}^3; i_1, i_2, \cdots, i_{2n} = 1, 2, \cdots, 2n)$ 是 S 的完备集对, G_3^k, H_{2n-3}^k 分别是 $(S_3^k, T_{2n-3}^k)(k = 1, 2, \cdots, C_{2n}^3)$ 中两个集合的重心, $P_i H_{2n-1}^i (i = 1, 2, \cdots, 2n)$ 是 S 的 1-类重心线, $G_3^k H_{2n-3}^k (k = 1, 2, \cdots, C_{2n}^3)$ 是 S 的 3-类重心线, P 是平面上任意一点. 若 $d_{P_{i_1} H_{2n-1}^{i_1}} = d_{P_{i_2} H_{2n-1}^{i_2}} = \cdots = d_{P_{i_m} H_{2n-1}^{i_m}} \neq 0; d_{G_m^k H_{2n-m}^k} \neq 0$, 则对任意的 $k = k(i_1, i_2, i_3) = 1, 2, \cdots, C_{2n}^3$, 恒有点 P 在重心线 $G_3^k H_{2n-3}^k$ 所在直线上的充分必要条件是如下三条点 P 到重心线的距离 $d_{P-P_{i_1} H_{2n-1}^{i_1}}, d_{P-P_{i_2} H_{2n-1}^{i_2}}, d_{P-P_{i_3} H_{2n-1}^{i_3}}$ 中, 其中一条较长的距离等于另两条较短的距离的和.

证明 根据定理 8.3.2 和题设, 对任意的 $k = k(i_1, i_2, i_3) = 1, 2, \cdots, C_{2n}^3$, 由 $D_{P-G_m^k H_{2n-m}^k} = 0$ 和式 (8.3.4) 中 $n \geqslant 4, m = 3$ 的情形的几何意义, 即得.

推论 8.3.3 设 $S = \{P_1, P_2, \cdots, P_{2n}\}(n \geqslant 5)$ 是 $2n$ 点的集合, H_{2n-1}^i 是 $T_{2n-1}^i = \{P_{i+1}, P_{i+2}, \cdots, P_{i+2n-1}\}(i = 1, 2, \cdots, 2n)$ 的重心, $(S_m^k, T_{2n-m}^k) = (P_{i_1}, P_{i_2}, \cdots, P_{i_m}; P_{i_{m+1}}, P_{i_{m+2}}, \cdots, P_{i_{2n}})(k = 1, 2, \cdots, C_{2n}^m; i_1, i_2, \cdots, i_{2n} = 1, 2, \cdots, 2n)$ 是 S 的完备集对, G_m^k, H_{2n-m}^k 分别是 $(S_m^k, T_{2n-m}^k)(k = 1, 2, \cdots, C_{2n}^m; 4 \leqslant m < n)$ 中两个集合的重心, $P_i H_{2n-1}^i (i = 1, 2, \cdots, 2n)$ 是 S 的 1-类重心线, $G_m^k H_{2n-m}^k (k = 1, 2, \cdots, C_{2n}^m)$ 是 S 的 m-类重心线, P 是平面上任意一点. 若 $d_{P_{i_1} H_{2n-1}^{i_1}} = d_{P_{i_2} H_{2n-1}^{i_2}} = \cdots = d_{P_{i_m} H_{2n-1}^{i_m}} \neq 0; d_{G_m^k H_{2n-m}^k} \neq 0$, 则对任意的 $k = k(i_1, i_2, \cdots, i_m) = 1, 2, \cdots, C_{2n}^m$, 恒有点 P 在重心线 $G_m^k H_{2n-m}^k$ 所在直线上的充分必要条件是如下 m 条点 P 到重心线的距离 $d_{P-P_{i_1} H_{2n-1}^{i_1}}, d_{P-P_{i_2} H_{2n-1}^{i_2}}, \cdots, d_{P-P_{i_m} H_{2n-1}^{i_m}}$ 中, 其中一条较长的距离等于另 $m-1$ 条较短的距离的和, 或其中 $t(2 \leqslant t \leqslant [m/2])$ 条距离的和等于另 $m-t$ 条距离的和.

证明 根据定理 8.3.2 和题设, 对任意的 $k = k(i_1, i_2, \cdots, i_m) = 1, 2, \cdots, C_{2n}^m$, 由 $D_{P-G_m^k H_{2n-m}^k} = 0$ 和式 (8.3.4) 中 $4 \leqslant m < n$ 的情形的几何意义, 即得.

定理 8.3.3 设 $S = \{P_1, P_2, \cdots, P_{2n}\}(n \geqslant 3)$ 是 $2n$ 点的集合, H_{2n-1}^i 是 $T_{2n-1}^i = \{P_{i+1}, P_{i+2}, \cdots, P_{i+2n-1}\}(i = 1, 2, \cdots, 2n)$ 的重心, $(S_m^k, T_{2n-m}^k) = (P_{i_1}, P_{i_2}, \cdots, P_{i_m}; P_{i_{m+1}}, P_{i_{m+2}}, \cdots, P_{i_{2n}})(k = 1, 2, \cdots, C_{2n}^m; i_1, i_2, \cdots, i_{2n} = 1, 2, \cdots, 2n)$ 是 S 的完备集对, G_m^k, H_{2n-m}^k 分别是 $(S_m^k, T_{2n-m}^k)(k = 1, 2, \cdots, C_{2n}^m; 2 \leqslant m < n)$ 中两个集合的重心, $P_i H_{2n-1}^i (i = 1, 2, \cdots, 2n)$ 是 S 的 1-类重心

线, $G_m^k H_{2n-m}^k(k=1,2,\cdots,C_{2n}^m)$ 是 S 的 m-类重心线, P 是平面上任意一点. 若 $\mathrm{d}_{P_{i_1}H_{2n-1}^{i_1}} \neq 0; \mathrm{d}_{P_{i_2}H_{2n-1}^{i_2}} = \mathrm{d}_{P_{i_3}H_{2n-1}^{i_3}} = \cdots = \mathrm{d}_{P_{i_m}H_{2n-1}^{i_m}} = \mathrm{d}_{G_m^k H_{2n-m}^k} \neq 0$, 则对任意的 $k = k(i_1,i_2,\cdots,i_m) = 1,2,\cdots,C_{2n}^m$, 恒有 $\mathrm{D}_{P\text{-}P_{i_1}H_{2n-1}^{i_1}} = 0(i_1 \in I_{2n})$ 的充分必要条件是

$$(2n-1)\sum_{\beta=2}^m \mathrm{D}_{P\text{-}P_{i_\beta}H_{2n-1}^{i_\beta}} - m(2n-m)\mathrm{D}_{P\text{-}G_m^k H_{2n-m}^k} = 0. \qquad (8.3.5)$$

证明 根据定理 8.3.1 的证明和题设, 由式 (8.3.3) 即得: 对任意的 $k = k(i_1,i_2,\cdots,i_m) = 1,2,\cdots,C_{2n}^m$, 恒有 $\mathrm{D}_{P\text{-}P_{i_1}H_{2n-1}^{i_1}} = 0(i_1 \in I_{2n})$ 的充分必要条件是式 (8.3.5) 成立.

推论 8.3.4 设 $S = \{P_1,P_2,\cdots,P_{2n}\}(n \geqslant 4)$ 是 $2n$ 点的集合, H_{2n-1}^i 是 $T_{2n-1}^i = \{P_{i+1},P_{i+2},\cdots,P_{i+2n-1}\}(i=1,2,\cdots,2n)$ 的重心, $(S_3^k,T_{2n-3}^k) = (P_{i_1},P_{i_2},P_{i_3};P_{i_4},P_{i_5},\cdots,P_{i_{2n}})(k=1,2,\cdots,C_{2n}^3; i_1,i_2,\cdots,i_{2n}=1,2,\cdots,2n)$ 是 S 的完备集对, G_3^k, H_{2n-3}^k 分别是 $(S_3^k,T_{2n-3}^k)(k=1,2,\cdots,C_{2n}^3)$ 中两个集合的重心, $P_i H_{2n-1}^i(i=1,2,\cdots,2n)$ 是 S 的 1-类重心线, $G_3^k H_{2n-3}^k(k=1,2,\cdots,C_{2n}^3)$ 是 S 的 3-类重心线, P 是平面上任意一点. 若 $\mathrm{d}_{P_{i_1}H_{2n-1}^{i_1}} \neq 0, \mathrm{d}_{P_{i_2}H_{2n-1}^{i_2}} = \mathrm{d}_{P_{i_3}H_{2n-1}^{i_3}} = \mathrm{d}_{G_3^k H_{2n-3}^k} \neq 0$, 则对任意的 $k = k(i_1,i_2,i_3) = 1,2,\cdots,C_{2n}^3$, 恒有点 P 在重心线 $P_{i_1}H_{2n-1}^{i_1}(i_1 \in I_{2n})$ 所在直线上的充分必要条件是如下三条点 P 到重心线的乘数距离 $(2n-1)\mathrm{d}_{P\text{-}P_{i_2}H_{2n-1}^{i_2}}, (2n-1)\mathrm{d}_{P\text{-}P_{i_3}H_{2n-1}^{i_3}}, 3(2n-3)\mathrm{d}_{P\text{-}G_3^k H_{2n-3}^k}$ 中, 其中一条较长的乘数距离等于另两条较短的乘数距离的和.

证明 根据定理 8.3.3 和题设, 对任意的 $k = k(i_1,i_2,i_3) = 1,2,\cdots,C_{2n}^3$, 由 $\mathrm{D}_{P\text{-}P_{i_1}H_{2n-1}^{i_1}} = 0(i_1 \in I_{2n})$ 和式 (8.3.5) 中 $n \geqslant 4, m=3$ 的情形的几何意义, 即得.

推论 8.3.5 设 $S = \{P_1,P_2,\cdots,P_{2n}\}(n \geqslant 5)$ 是 $2n$ 点的集合, H_{2n-1}^i 是 $T_{2n-1}^i = \{P_{i+1},P_{i+2},\cdots,P_{i+2n-1}\}(i=1,2,\cdots,2n)$ 的重心, $(S_m^k,T_{2n-m}^k) = (P_{i_1},P_{i_2},\cdots,P_{i_m};P_{i_{m+1}},P_{i_{m+2}},\cdots,P_{i_{2n}})(k=1,2,\cdots,C_{2n}^m; i_1,i_2,\cdots,i_{2n}=1,2,\cdots,2n)$ 是 S 的完备集对, G_m^k, H_{2n-m}^k 分别是 $(S_m^k,T_{2n-m}^k)(k=1,2,\cdots,C_{2n}^m; 4 \leqslant m < n)$ 中两个集合的重心, $P_i H_{2n-1}^i(i=1,2,\cdots,2n)$ 是 S 的 1-类重心线, $G_m^k H_{2n-m}^k(k=1,2,\cdots,C_{2n}^m)$ 是 S 的 m-类重心线, P 是平面上任意一点. 若 $\mathrm{d}_{P_{i_1}H_{2n-1}^{i_1}} \neq 0; \mathrm{d}_{P_{i_2}H_{2n-1}^{i_2}} = \mathrm{d}_{P_{i_3}H_{2n-1}^{i_3}} = \cdots = \mathrm{d}_{P_{i_m}H_{2n-1}^{i_m}} = \mathrm{d}_{G_m^k H_{2n-m}^k} \neq 0$, 则对任意的 $k = k(i_1,i_2,\cdots,i_m) = 1,2,\cdots,C_{2n}^m$, 恒有点 P 在重心线 $P_{i_1}H_{2n-1}^{i_1}(i_1 \in I_{2n})$ 所在直线上的充分必要条件是如下 m 条点 P 到重心线的乘数距离 $(2n-1)\mathrm{d}_{P\text{-}P_{i_\beta}H_{2n-1}^{i_\beta}}(\beta=2,3,\cdots,m); m(2n-m)\mathrm{d}_{P\text{-}G_m^k H_{2n-m}^k}$ 中, 其中一条较长的乘数距离等于另 $m-1$ 条较短的乘数距离的和, 或其中 $t(2 \leqslant t \leqslant [m/2])$ 条乘数距离

的和等于另外 $m-t$ 条乘数距离的和.

证明 根据定理 8.3.3 和题设, 对任意的 $k = k(i_1, i_2, \cdots, i_m) = 1, 2, \cdots, C_{2n}^m$, 由 $D_{P\text{-}P_{i_1}H_{2n-1}^{i_1}} = 0 (i_1 \in I_{2n})$ 和式 (8.3.5) 中 $4 \leqslant m < n$ 的情形的几何意义, 即得.

定理 8.3.4 设 $S = \{P_1, P_2, \cdots, P_{2n}\}(n \geqslant 4)$ 是 $2n$ 点的集合, H_{2n-1}^i 是 $T_{2n-1}^i = \{P_{i+1}, P_{i+2}, \cdots, P_{i+2n-1}\}(i = 1, 2, \cdots, 2n)$ 的重心, $(S_m^k, T_{2n-m}^k) = (P_{i_1}, P_{i_2}, \cdots, P_{i_m}; P_{i_{m+1}}, P_{i_{m+2}}, \cdots, P_{i_{2n}})(k = 1, 2, \cdots, C_{2n}^m; i_1, i_2, \cdots, i_{2n} = 1, 2, \cdots, 2n)$ 是 S 的完备集对, G_m^k, H_{2n-m}^k 分别是 $(S_m^k, T_{2n-m}^k)(k = 1, 2, \cdots, C_{2n}^m; 3 \leqslant m < n)$ 中两个集合的重心, $P_i H_{2n-1}^i (i = 1, 2, \cdots, 2n)$ 是 S 的 1-类重心线, $G_m^k H_{2n-m}^k (k = 1, 2, \cdots, C_{2n}^m)$ 是 S 的 m-类重心线, P 是平面上任意一点. 若 $d_{P_{i_1}H_{2n-1}^{i_1}} = d_{P_{i_2}H_{2n-1}^{i_2}} = \cdots = d_{P_{i_{m-1}}H_{2n-1}^{i_{m-1}}} \neq 0; d_{P_{i_m}H_{2n-1}^{i_m}} = d_{G_m^k H_{2n-m}^k} \neq 0$, 则对任意的 $k = k(i_1, i_2, \cdots, i_m) = 1, 2, \cdots, C_{2n}^m$, 如下两式均等价:

$$(2n-1)D_{P\text{-}P_{i_m}H_{2n-1}^{i_m}} - m(2n-m)D_{P\text{-}G_m^k H_{2n-m}^k} = 0, \tag{8.3.6}$$

$$D_{P\text{-}P_{i_1}H_{2n-1}^{i_1}} + D_{P\text{-}P_{i_2}H_{2n-1}^{i_2}} + \cdots + D_{P\text{-}P_{i_{m-1}}H_{2n-1}^{i_{m-1}}} = 0. \tag{8.3.7}$$

证明 根据定理 8.3.1 的证明和题设, 由式 (8.3.3) 中 $3 \leqslant m < n$ 的情形, 可得: 对任意的 $k = k(i_1, i_2, \cdots, i_m) = 1, 2, \cdots, C_{2n}^m$, 式 (8.3.6) 成立的充分必要条件是式 (8.3.7) 成立.

推论 8.3.6 设 $S = \{P_1, P_2, \cdots, P_{2n}\}(n \geqslant 4)$ 是 $2n$ 点的集合, H_{2n-1}^i 是 $T_{2n-1}^i = \{P_{i+1}, P_{i+2}, \cdots, P_{i+2n-1}\}(i = 1, 2, \cdots, 2n)$ 的重心, $(S_3^k, T_{2n-3}^k) = (P_{i_1}, P_{i_2}, P_{i_3}; P_{i_4}, P_{i_5}, \cdots, P_{i_{2n}})(k = 1, 2, \cdots, C_{2n}^3; i_1, i_2, \cdots, i_{2n} = 1, 2, \cdots, 2n)$ 是 S 的完备集对, G_3^k, H_{2n-3}^k 分别是 $(S_3^k, T_{2n-3}^k)(k = 1, 2, \cdots, C_{2n}^3)$ 中两个集合的重心, $P_i H_{2n-1}^i (i = 1, 2, \cdots, 2n)$ 是 S 的 1-类重心线, $G_3^k H_{2n-3}^k (k = 1, 2, \cdots, C_{2n}^3)$ 是 S 的 3-类重心线, P 是平面上任意一点. 若 $d_{P_{i_1}H_{2n-1}^{i_1}} = d_{P_{i_2}H_{2n-1}^{i_2}} \neq 0; d_{P_{i_3}H_{2n-1}^{i_3}} = d_{G_3^k H_{2n-3}^k} \neq 0$, 则对任意的 $k = k(i_1, i_2, i_3) = 1, 2, \cdots, C_{2n}^3$, 均有点 P 在两重心线 $P_{i_3}H_{2n-1}^{i_3}, G_3^k H_{2n-3}^k$ 内角之内且 $(2n-1)d_{P\text{-}P_{i_3}H_{2n-1}^{i_3}} = 3(2n-3)d_{P\text{-}G_3^k H_{2n-3}^k}$ 的充分必要条件是点 P 在另两重心线 $P_{i_1}H_{2n-1}^{i_1}, P_{i_2}H_{2n-1}^{i_2}$ 外角平分线上.

证明 根据定理 8.3.4 和题设, 对任意的 $k = k(i_1, i_2, i_3) = 1, 2, \cdots, C_{2n}^3$, 由式 (8.3.6) 和 (8.3.7) 中 $n \geqslant 4, m = 3$ 的情形的几何意义, 即得.

推论 8.3.7 设 $S = \{P_1, P_2, \cdots, P_{2n}\}(n \geqslant 5)$ 是 $2n$ 点的集合, H_{2n-1}^i 是 $T_{2n-1}^i = \{P_{i+1}, P_{i+2}, \cdots, P_{i+2n-1}\}(i = 1, 2, \cdots, 2n)$ 的重心, $(S_4^k, T_{2n-4}^k) = (P_{i_1}, P_{i_2}, P_{i_3}, P_{i_4}; P_{i_5}, P_{i_6}, \cdots, P_{i_{2n}})(k = 1, 2, \cdots, C_{2n}^4; i_1, i_2, \cdots, i_{2n} = 1, 2, \cdots, 2n)$ 是 S 的完备集对, G_4^k, H_{2n-4}^k 分别是 $(S_4^k, T_{2n-4}^k)(k = 1, 2, \cdots, C_{2n}^4)$ 中两

个集合的重心,$P_iH_{2n-1}^i(i=1,2,\cdots,2n)$ 是 S 的 1-类重心线,$G_4^kH_{2n-4}^k(k=1,2,\cdots,C_{2n}^4)$ 是 S 的 4-类重心线,P 是平面上任意一点. 若 $d_{P_{i_1}H_{2n}^{i_1}} = d_{P_{i_2}H_{2n-1}^{i_2}} = d_{P_{i_3}H_{2n-1}^{i_3}} \neq 0; d_{P_{i_4}H_{2n-1}^{i_4}} = d_{G_4^kH_{2n-4}^k} \neq 0$,则对任意的 $k=k(i_1,i_2,i_3,i_4)=1,2,\cdots,C_{2n}^4$,均有点 P 在两重心线 $P_{i_4}H_{2n-1}^{i_4}, G_4^kH_{2n-4}^k$ 内角之内且 $(2n-1)d_{P\text{-}P_{i_4}H_{2n-1}^{i_4}} = 8(n-2)d_{P\text{-}G_4^kH_{2n-4}^k}$ 的充分必要条件是如下三条点 P 到重心线的距离 $d_{P\text{-}P_{i_1}H_{2n-1}^{i_1}}, d_{P\text{-}P_{i_2}H_{2n-1}^{i_2}}, d_{P\text{-}P_{i_3}H_{2n-1}^{i_3}}$ 中,其中一条较长的距离等于另两条较短的距离的和.

证明 根据定理 8.3.4 和题设,对任意的 $k=k(i_1,i_2,i_3,i_4)=1,2,\cdots,C_{2n}^4$,由式 (8.3.6) 和 (8.3.7) 中 $n \geqslant 5, m=4$ 的情形的几何意义,即得.

推论 8.3.8 设 $S=\{P_1,P_2,\cdots,P_{2n}\}(n \geqslant 6)$ 是 $2n$ 点的集合,H_{2n-1}^i 是 $T_{2n-1}^i = \{P_{i+1}, P_{i+2}, \cdots, P_{i+2n-1}\}(i=1,2,\cdots,2n)$ 的重心,$(S_m^k, T_{2n-m}^k) = (P_{i_1}, P_{i_2}, \cdots, P_{i_m}; P_{i_{m+1}}, P_{i_{m+2}}, \cdots, P_{i_{2n}})(k=1,2,\cdots,C_{2n}^m; i_1, i_2, \cdots, i_{2n} = 1, 2, \cdots, 2n)$ 是 S 的完备集对,G_m^k, H_{2n-m}^k 分别是 $(S_m^k, T_{2n-m}^k)(k=1,2,\cdots,C_{2n}^m; 5 \leqslant m < n)$ 中两个集合的重心,$P_iH_{2n-1}^i(i=1,2,\cdots,2n)$ 是 S 的 1-类重心线,$G_m^kH_{2n-m}^k(k=1,2,\cdots,C_{2n}^m)$ 是 S 的 m-类重心线,P 是平面上任意一点. 若 $d_{P_{i_1}H_{2n}^{i_1}} = d_{P_{i_2}H_{2n-1}^{i_2}} = \cdots = d_{P_{i_{m-1}}H_{2n-1}^{i_{m-1}}} \neq 0; d_{P_{i_m}H_{2n-1}^{i_m}} = d_{G_m^kH_{2n-m}^k} \neq 0$,则对任意的 $k=k(i_1,i_2,\cdots,i_m)=1,2,\cdots,C_{2n}^m$,均有点 P 在两重心线 $P_{i_m}H_{2n-1}^{i_m}, G_m^kH_{2n-m}^k$ 内角之内且 $(2n-1)d_{P\text{-}P_{i_m}H_{2n-1}^{i_m}} = m(2n-m)d_{P\text{-}G_m^kH_{2n-m}^k}$ 的充分必要条件是如下 $m-1$ 条点 P 到重心线三角形的距离 $d_{P\text{-}P_{i_1}H_{2n-1}^{i_1}}, d_{P\text{-}P_{i_2}H_{2n-1}^{i_2}}, \cdots, d_{P\text{-}P_{i_{m-1}}H_{2n-1}^{i_{m-1}}}$ 中,其中一条较长的距离等于另外 $m-2$ 条较短的距离的和,或其中 $t(2 \leqslant t \leqslant [(m-1)/2])$ 条距离的和等于另外 $m-t-1$ 条距离的和.

证明 根据定理 8.3.4 和题设,对任意的 $k=k(i_1,i_2,\cdots,i_m)=1,2,\cdots,C_{2n}^m$,由式 (8.3.6) 和 (8.3.7) 中 $5 \leqslant m < n$ 的情形的几何意义,即得.

定理 8.3.5 设 $S=\{P_1,P_2,\cdots,P_{2n}\}(n \geqslant 4)$ 是 $2n$ 点的集合,H_{2n-1}^i 是 $T_{2n-1}^i = \{P_{i+1}, P_{i+2}, \cdots, P_{i+2n-1}\}(i=1,2,\cdots,2n)$ 的重心,$(S_m^k, T_{2n-m}^k) = (P_{i_1}, P_{i_2}, \cdots, P_{i_m}; P_{i_{m+1}}, P_{i_{m+2}}, \cdots, P_{i_{2n}})(k=1,2,\cdots,C_{2n}^m; i_1, i_2, \cdots, i_{2n} = 1, 2, \cdots, 2n)$ 是 S 的完备集对,G_m^k, H_{2n-m}^k 分别是 $(S_m^k, T_{2n-m}^k)(k=1,2,\cdots,C_{2n}^m; 3 \leqslant m < n)$ 中两个集合的重心,$P_iH_{2n-1}^i(i=1,2,\cdots,2n)$ 是 S 的 1-类重心线,$G_m^kH_{2n-m}^k(k=1,2,\cdots,C_{2n}^m)$ 是 S 的 m-类重心线,P 是平面上任意一点. 若 $d_{P_{i_1}H_{2n-1}^{i_1}} = d_{P_{i_2}H_{2n-1}^{i_2}} \neq 0; d_{P_{i_3}H_{2n-1}^{i_3}} = \cdots = d_{P_{i_m}H_{2n-1}^{i_m}} = d_{G_m^kH_{2n-m}^k} \neq 0$,则对任意的 $k=k(i_1,i_2,\cdots,i_m)=1,2,\cdots,C_{2n}^m$,如下两式均等价:

$$D_{P\text{-}P_{i_1}H_{2n-1}^{i_1}} + D_{P\text{-}P_{i_2}H_{2n-1}^{i_2}} = 0 \quad (d_{P\text{-}P_{i_1}H_{2n-1}^{i_1}} = d_{P\text{-}P_{i_2}H_{2n-1}^{i_2}}), \tag{8.3.8}$$

$$(2n-1)\sum_{\beta=3}^{m} D_{P\text{-}P_{i_\beta}H_{2n-1}^{i_\beta}} - m(2n-m)D_{P\text{-}G_m^k H_{2n-m}^k} = 0. \tag{8.3.9}$$

证明 根据定理 8.3.1 的证明和题设, 由式 (8.3.3) 中 $3 \leqslant m < n$ 的情形, 可得: 对任意的 $k = k(i_1, i_2, \cdots, i_m) = 1, 2, \cdots, C_{2n}^m$, 式 (8.3.8) 成立的充分必要条件是式 (8.3.9) 成立.

推论 8.3.9 设 $S = \{P_1, P_2, \cdots, P_{2n}\}(n \geqslant 5)$ 是 $2n$ 点的集合, H_{2n-1}^i 是 $T_{2n-1}^i = \{P_{i+1}, P_{i+2}, \cdots, P_{i+2n-1}\}(i = 1, 2, \cdots, 2n)$ 的重心, $(S_4^k, T_{2n-4}^k) = (P_{i_1}, P_{i_2}, P_{i_3}, P_{i_4}; P_{i_5}, P_{i_6}, \cdots, P_{i_{2n}})(k = 1, 2, \cdots, C_{2n}^4; i_1, i_2, \cdots, i_{2n} = 1, 2, \cdots, 2n)$ 是 S 的完备集对, G_4^k, H_{2n-4}^k 分别是 $(S_4^k, T_{2n-4}^k)(k = 1, 2, \cdots, C_{2n}^4)$ 中两个集合的重心, $P_i H_{2n-1}^i (i = 1, 2, \cdots, 2n)$ 是 S 的 1-类重心线, $G_4^k H_{2n-4}^k (k = 1, 2, \cdots, C_{2n}^4)$ 是 S 的 4-类重心线, P 是平面上任意一点. 若 $d_{P_{i_1} H_{2n-1}^{i_1}} = d_{P_{i_2} H_{2n-1}^{i_2}} \neq 0; d_{P_{i_3} H_{2n-1}^{i_3}} = d_{P_{i_4} H_{2n-1}^{i_4}} = d_{G_4^k H_{2n-4}^k} \neq 0$, 则对任意的 $k = k(i_1, i_2, i_3, i_4) = 1, 2, \cdots, C_{2n}^4$, 均有点 P 在两重心线 $P_{i_1} H_{2n-1}^{i_1}, P_{i_2} H_{2n-1}^{i_2}$ 外角平分线上的充分必要条件是如下三条点 P 到重心线的乘数距离 $(2n-1)d_{P\text{-}P_{i_3} H_{2n-1}^{i_3}}, (2n-1)d_{P\text{-}P_{i_4} H_{2n-1}^{i_4}}, 8(n-2)d_{P\text{-}G_4^k H_{2n-4}^k}$ 中, 其中一条较长的乘数距离等于另两条较短的乘数距离的和.

证明 根据定理 8.3.5 和题设, 对任意的 $k = k(i_1, i_2, i_3, i_4) = 1, 2, \cdots, C_{2n}^4$, 由式 (8.3.8) 和 (8.3.9) 中 $n \geqslant 5, m = 4$ 的情形的几何意义, 即得.

推论 8.3.10 设 $S = \{P_1, P_2, \cdots, P_{2n}\}(n \geqslant 6)$ 是 $2n$ 点的集合, H_{2n-1}^i 是 $T_{2n-1}^i = \{P_{i+1}, P_{i+2}, \cdots, P_{i+2n-1}\}(i = 1, 2, \cdots, 2n)$ 的重心, $(S_m^k, T_{2n-m}^k) = (P_{i_1}, P_{i_2}, \cdots, P_{i_m}; P_{i_{m+1}}, P_{i_{m+2}}, \cdots, P_{i_{2n}})(k = 1, 2, \cdots, C_{2n}^m; i_1, i_2, \cdots, i_{2n} = 1, 2, \cdots, 2n)$ 是 S 的完备集对, G_m^k, H_{2n-m}^k 分别是 $(S_m^k, T_{2n-m}^k)(k = 1, 2, \cdots, C_{2n}^m; 5 \leqslant m < n)$ 中两个集合的重心, $P_i H_{2n-1}^i (i = 1, 2, \cdots, 2n)$ 是 S 的 1-类重心线, $G_m^k H_{2n-m}^k (k = 1, 2, \cdots, C_{2n}^m)$ 是 S 的 m-类重心线, P 是平面上任意一点. 若 $d_{P_{i_1} H_{2n-1}^{i_1}} = d_{P_{i_2} H_{2n-1}^{i_2}} \neq 0, d_{P_{i_3} H_{2n-1}^{i_3}} = \cdots = d_{P_{i_m} H_{2n-1}^{i_m}} = d_{G_m^k H_{2n-m}^k} \neq 0$, 则对任意的 $k = k(i_1, i_2, \cdots, i_m) = 1, 2, \cdots, C_{2n}^m$, 均有点 P 在两重心线三角形 $P_{i_1} H_{2n-1}^{i_1}, P_{i_2} H_{2n-1}^{i_2}$ 外角平分线上的充分必要条件是如下 $m-1$ 条点 P 到重心线的乘数距离 $(2n-1)d_{P\text{-}P_{i_\beta} H_{2n-1}^{i_\beta}}(\beta = 3, 4, \cdots, m); m(2n-m)d_{P\text{-}G_m^k H_{2n-m}^k}$ 中, 其中一条较长的乘数距离等于另外 $m-2$ 条较短的乘数距离的和, 或其中 $t(2 \leqslant t \leqslant [(m-1)/2])$ 条乘数距离的和等于另外 $m-t-1$ 条乘数距离的和.

证明 根据定理 8.3.5 和题设, 对任意的 $k = k(i_1, i_2, \cdots, i_m) = 1, 2, \cdots, C_{2n}^m$, 由式 (8.3.8) 和 (5.3.9) 中 $5 \leqslant m < n$ 的情形的几何意义, 即得.

定理 8.3.6 设 $S = \{P_1, P_2, \cdots, P_{2n}\}(n \geqslant 6)$ 是 $2n$ 点的集合，H_{2n-1}^i 是 $T_{2n-1}^i = \{P_{i+1}, P_{i+2}, \cdots, P_{i+2n-1}\}(i = 1, 2, \cdots, 2n)$ 的重心，$(S_m^k, T_{2n-m}^k) = (P_{i_1}, P_{i_2}, \cdots, P_{i_m}; P_{i_{m+1}}, P_{i_{m+2}}, \cdots, P_{i_{2n}})(k = 1, 2, \cdots, C_{2n}^m; i_1, i_2, \cdots, i_{2n} = 1, 2, \cdots, 2n)$ 是 S 的完备集对，G_m^k, H_{2n-m}^k 分别是 $(S_m^k, T_{2n-m}^k)(k = 1, 2, \cdots, C_{2n}^m; 5 \leqslant m < n)$ 中两个集合的重心，$P_i H_{2n-1}^i (i = 1, 2, \cdots, 2n)$ 是 S 的 1-类重心线，$G_m^k H_{2n-m}^k (k = 1, 2, \cdots, C_{2n}^m)$ 是 S 的 m-类重心线，P 是平面上任意一点. 若 $\mathrm{d}_{P_{i_1} H_{2n-1}^{i_1}} = \mathrm{d}_{P_{i_2} H_{2n-1}^{i_2}} = \cdots = \mathrm{d}_{P_{i_s} H_{2n-1}^{i_s}} \neq 0; \mathrm{d}_{P_{i_{s+1}} H_{2n-1}^{i_{s+1}}} = \cdots = \mathrm{d}_{P_{i_m} H_{2n-1}^{i_m}} = \mathrm{d}_{G_m^k H_{2n-m}^k} \neq 0$，则对任意的 $k = k(i_1, i_2, \cdots, i_m) = 1, 2, \cdots, C_{2n}^m; 3 \leqslant s \leqslant [(m+1)/2]$，如下两式均等价：

$$\mathrm{D}_{P-P_{i_1} H_{2n-1}^{i_1}} + \mathrm{D}_{P-P_{i_2} H_{2n-1}^{i_2}} + \cdots + \mathrm{D}_{P-P_{i_s} H_{2n-1}^{i_s}} = 0, \tag{8.3.10}$$

$$(2n-1) \sum_{\beta=s+1}^{m} \mathrm{D}_{P-P_{i_\beta} H_{2n-1}^{i_\beta}} - m(2n-m) \mathrm{D}_{P-G_m^k H_{2n-m}^k} = 0. \tag{8.3.11}$$

证明 根据定理 8.3.1 的证明和题设，由式 (8.3.3) 中 $5 \leqslant m < n$ 的情形，可得：对任意的 $k = k(i_1, i_2, \cdots, i_m) = 1, 2, \cdots, C_{2n}^m; 3 \leqslant s \leqslant [(m+1)/2]$，式 (8.3.10) 成立的充分必要条件是式 (8.3.11) 成立.

推论 8.3.11 设 $S = \{P_1, P_2, \cdots, P_{12}\}$ 是十二点的集合，H_{11}^i 是 $T_{11}^i = \{P_{i+1}, P_{i+2}, \cdots, P_{i+11}\}(i = 1, 2, \cdots, 12)$ 的重心，$(S_5^k, T_7^k) = (P_{i_1}, P_{i_2}, \cdots, P_{i_5}; P_{i_6}, P_{i_7}, \cdots, P_{i_{12}})(k = 1, 2, \cdots, C_{12}^5; i_1, i_2, \cdots, i_{12} = 1, 2, \cdots, 12)$ 是 S 的完备集对，G_5^k, H_7^k 分别是 $(S_5^k, T_7^k)(k = 1, 2, \cdots, C_{12}^5)$ 中两个集合的重心，$P_i H_{11}^i (i = 1, 2, \cdots, 12)$ 是 S 的 1-类重心线，$G_5^k H_7^k (k = 1, 2, \cdots, C_{12}^5)$ 是 S 的 5-类重心线，P 是平面上任意一点. 若 $\mathrm{d}_{P_{i_1} H_{11}^{i_1}} = \mathrm{d}_{P_{i_2} H_{11}^{i_2}} = \mathrm{d}_{P_{i_3} H_{11}^{i_3}} \neq 0; \mathrm{d}_{P_{i_4} H_{11}^{i_4}} = \mathrm{d}_{P_{i_5} H_{11}^{i_5}} = \mathrm{d}_{G_5^k H_7^k} \neq 0$，则对任意的 $k = k(i_1, i_2, \cdots, i_5) = 1, 2, \cdots, C_{12}^5$，均有如下三条点 P 到重心线的距离 $\mathrm{d}_{P-P_{i_1} H_{11}^{i_1}}, \mathrm{d}_{P-P_{i_2} H_{11}^{i_2}}, \mathrm{d}_{P-P_{i_3} H_{11}^{i_3}}$ 中，其中一条较长的距离等于另外两条较短的距离的和的充分必要条件是其余三条点 P 到重心线的乘数距离 $11\mathrm{d}_{P-P_{i_4} H_{11}^{i_4}}, 11\mathrm{d}_{P-P_{i_5} H_{11}^{i_5}}, 35\mathrm{d}_{P-G_5^k H_7^k}$ 中，其中一条较长的乘数距离等于另外两条较短的乘数距离的和.

证明 根据定理 8.2.6，对任意的 $k = k(i_1, i_2, i_3) = 1, 2, \cdots, C_{12}^5$，由式 (8.2.10) 和 (8.2.11) 中 $n = 6, m = 5, s = 3$ 的几何意义，即得.

推论 8.3.12 设 $S = \{P_1, P_2, \cdots, P_{2n}\}(n \geqslant 7)$ 是 $2n$ 点的集合，H_{2n-1}^i 是 $T_{2n-1}^i = \{P_{i+1}, P_{i+2}, \cdots, P_{i+2n-1}\}(i = 1, 2, \cdots, 2n)$ 的重心，$(S_m^k, T_{2n-m}^k) = (P_{i_1}, P_{i_2}, \cdots, P_{i_m}; P_{i_{m+1}}, P_{i_{m+2}}, \cdots, P_{i_{2n}})(k = 1, 2, \cdots, C_{2n}^m; i_1, i_2, \cdots, i_{2n} = 1, 2, \cdots, 2n)$ 是 S 的完备集对，G_m^k, H_{2n-m}^k 分别是 $(S_m^k, T_{2n-m}^k)(k = 1, 2, \cdots, C_{2n}^m;$

$6 \leqslant m < n$) 中两个集合的重心, $P_i H_{2n-1}^i (i = 1, 2, \cdots, 2n)$ 是 S 的 1-类重心线, $G_m^k H_{2n-m}^k (k = 1, 2, \cdots, C_{2n}^m)$ 是 S 的 m-类重心线, P 是平面上任意一点. 若 $\mathrm{d}_{P_{i_1} H_{2n-1}^{i_1}} = \mathrm{d}_{P_{i_2} H_{2n-1}^{i_2}} = \mathrm{d}_{P_{i_3} H_{2n-1}^{i_3}} \neq 0$; $\mathrm{d}_{P_{i_4} H_{2n-1}^{i_4}} = \cdots = \mathrm{d}_{P_{i_m} H_{2n-1}^{i_m}} = \mathrm{d}_{G_m^k H_{2n-m}^k} \neq 0$, 则对任意的 $k = k(i_1, i_2, \cdots, i_m) = 1, 2, \cdots, C_{2n}^m$, 均有如下三条点 P 到重心线的距离 $\mathrm{d}_{P\text{-}P_{i_1} H_{2n-1}^{i_1}}, \mathrm{d}_{P\text{-}P_{i_2} H_{2n-1}^{i_2}}, \mathrm{d}_{P\text{-}P_{i_3} H_{2n-1}^{i_3}}$ 中, 其中一条较长的距离等于另外两条较短的距离的和的充分必要条件是其余 $m-2$ 条点 P 到重心线的乘数距离 $(2n-1)\mathrm{d}_{P\text{-}P_{i_\beta} H_{2n-1}^{i_\beta}} (\beta = 4, 5, \cdots, m); m(2n-m)\mathrm{d}_{P\text{-}G_m^k H_{2n-m}^k}$ 中, 其中一条较长的乘数距离等于另外 $m-3$ 条较短的乘数距离的和, 或其中 $t(2 \leqslant t \leqslant [(m-2)/2])$ 条乘数距离的和等于另外 $m-t-2$ 条乘数距离的和.

证明 根据定理 8.3.6 和题设, 对任意的 $k = k(i_1, i_2, \cdots, i_m) = 1, 2, \cdots, C_{2n}^m$, 由式 (8.3.10) 和 (8.3.11) 中 $n > m \geqslant 6, s = 3$ 的情形的几何意义, 即得.

推论 8.3.13 设 $S = \{P_1, P_2, \cdots, P_{2n}\}(n \geqslant 8)$ 是 $2n$ 点的集合, H_{2n-1}^i 是 $T_{2n-1}^i = \{P_{i+1}, P_{i+2}, \cdots, P_{i+2n-1}\}(i = 1, 2, \cdots, 2n)$ 的重心, $(S_m^k, T_{2n-m}^k) = (P_{i_1}, P_{i_2}, \cdots, P_{i_m}; P_{i_{m+1}}, P_{i_{m+2}}, \cdots, P_{i_{2n}})(k = 1, 2, \cdots, C_{2n}^m; i_1, i_2, \cdots, i_{2n} = 1, 2, \cdots, 2n)$ 是 S 的完备集对, G_m^k, H_{2n-m}^k 分别是 $(S_m^k, T_{2n-m}^k)(k = 1, 2, \cdots, C_{2n}^m; 7 \leqslant m < n$) 中两个集合的重心, $P_i H_{2n-1}^i (i = 1, 2, \cdots, 2n)$ 是 S 的 1-类重心线, $G_m^k H_{2n-m}^k (k = 1, 2, \cdots, C_{2n}^m)$ 是 S 的 m-类重心线, P 是平面上任意一点. 若 $\mathrm{d}_{P_{i_1} H_{2n-1}^{i_1}} = \mathrm{d}_{P_{i_2} H_{2n-1}^{i_2}} = \cdots = \mathrm{d}_{P_{i_s} H_{2n-1}^{i_s}} \neq 0; \mathrm{d}_{P_{i_{s+1}} H_{2n-1}^{i_{s+1}}} = \cdots = \mathrm{d}_{P_{i_m} H_{2n-1}^{i_m}} = \mathrm{d}_{G_m^k H_{2n-m}^k} \neq 0$, 则对任意的 $k = k(i_1, i_2, \cdots, i_m) = 1, 2, \cdots, C_{2n}^m$, 均有如下 $s(4 \leqslant s \leqslant [(m+1)/2])$ 条点 P 到重心线的距离 $\mathrm{d}_{P\text{-}P_{i_1} H_{2n-1}^{i_1}}, \mathrm{d}_{P\text{-}P_{i_2} H_{2n-1}^{i_2}}, \cdots, \mathrm{d}_{P\text{-}P_{i_s} H_{2n-1}^{i_s}}$ 中, 其中一条较大的距离等于另外 $s-1$ 条较短的距离的和, 或其中 $t_1 (2 \leqslant t_1 \leqslant [s/2])$ 条距离的和等于另外 $s-t_1$ 条距离的和的充分必要条件是其余 $m-s+1$ 条点 P 到重心线的乘数距离 $(2n-1)\mathrm{d}_{P\text{-}P_{i_\beta} H_{2n-1}^{i_\beta}} (\beta = s+1, s+2, \cdots, m); m(2n-m)\mathrm{d}_{P\text{-}G_m^k H_{2n-m}^k}$ 中, 其中一个较长的乘数距离等于另外 $m-s$ 条较短的乘数距离的和, 或其中 $t_2 (2 \leqslant t_2 \leqslant [(m-s+1)/2])$ 条乘数距离的和等于另外 $m-s-t_2+1$ 条乘数距离的和.

证明 根据定理 8.3.6 和题设, 对任意的 $k = k(i_1, i_2, \cdots, i_m) = 1, 2, \cdots, C_{2n}^m$, 由式 (8.3.10) 和 (8.3.11) 中 $7 \leqslant m < n, 4 \leqslant s \leqslant [(m+1)/2]$ 的情形的几何意义, 即得.

推论 8.3.14 设 $P_1 P_2 \cdots P_{2n}(n \geqslant 4 \vee n \geqslant 5 \vee n \geqslant 6 \vee n \geqslant 7 \vee n \geqslant 8)$ 是 $2n$ 角形 ($2n$ 边形), $H_{2n-1}^i (i = 1, 2, \cdots, 2n)$ 是 $2n-1$ 角形 ($2n-1$ 边形)$P_{i+1} P_{i+2} \cdots P_{i+2n-1} (i = 1, 2, \cdots, 2n)$ 的重心, $G_m^k, H_{2n-m}^k (k = 1, 2, \cdots, C_{2n}^m)$ 分别是 m 角形 (m 边形) $P_{i_1} P_{i_2} \cdots P_{i_m} (i_1, i_2, \cdots, i_m = 1, 2, \cdots, 2n; 3 \leqslant m <$

$n \vee 4 \leqslant m < n \vee 5 \leqslant m < n \vee 6 \leqslant m < n \vee 7 \leqslant m < n$) 和 $2n-m$ 角形 ($2n-m$ 边形) $P_{i_{m+1}}P_{i_{m+2}}\cdots P_{i_{2n}}(i_{m+1},i_{m+2},\cdots,i_{2n}=1,2,\cdots,2n)$ 的重心, $P_iH_{2n-1}^i(i=1,2,\cdots,2n)$ 是 $P_1P_2\cdots P_{2n}$ 的 1-级重心线, $G_m^kH_{2n-m}^k(k=1,2,\cdots,C_{2n}^m)$ 是 $P_1P_2\cdots P_{2n}$ 的 m-级重心线, P 是 $P_1P_2\cdots P_{2n}$ 所在平面上任意一点. 若相应的条件满足, 则定理 8.3.1 ~ 定理 8.3.6 和推论 8.3.1 ~ 推论 8.3.13 的结论均成立.

证明 设 $S=\{P_1,P_2,\cdots,P_{2n}\}$ 是 $2n$ 角形 ($2n$ 边形)$P_1P_2\cdots P_{2n}(n \geqslant 3 \vee n \geqslant 4 \vee n \geqslant 5 \vee n \geqslant 6 \vee n \geqslant 7 \vee n \geqslant 8)$ 顶点的集合, 对不共线 $2n$ 点的集合 S 分别应用定理 8.3.1 ~ 定理 8.3.6 和推论 8.3.1 ~ 推论 8.3.13, 即得.

8.3.2 点到 $2n$ 点集 1-类 n-类重心线有向距离的定值定理与应用

定理 8.3.7 设 $S=\{P_1,P_2,\cdots,P_{2n}\}(n \geqslant 2)$ 是 $2n$ 点的集合, H_{2n-1}^i 是 $T_{2n-1}^i=\{P_{i+1},P_{i+2},\cdots,P_{i+2n-1}\}(i=1,2,\cdots,2n)$ 的重心, $(S_n^k,T_n^k)=(P_{i_1},P_{i_2},\cdots,P_{i_n};P_{i_{n+1}},P_{i_{n+2}},\cdots,P_{i_{2n}})(k=1,2,\cdots,C_{2n}^n;i_1,i_2,\cdots,i_{2n}=1,2,\cdots,2n)$ 是 S 的完备集对, G_n^k,H_n^k 分别是 $(S_n^k,T_n^k)(k=1,2,\cdots,C_{2n}^n)$ 中两个集合的重心, $P_iH_{2n-1}^i(i=1,2,\cdots,2n)$ 是 S 的 1-类重心线, $G_n^kH_n^k(k=1,2,\cdots,C_{2n}^n)$ 是 S 的 n-类重心线, P 是平面上任意一点.

(1) 若 $\mathrm{d}_{P_{i_1}H_{2n-1}^{i_1}} = \mathrm{d}_{P_{i_2}H_{2n-1}^{i_2}} = \cdots = \mathrm{d}_{P_{i_n}H_{2n-1}^{i_n}} = \mathrm{d}_{G_n^kH_n^k} \neq 0$, 则对任意的 $k=k(i_1,i_2,\cdots,i_n)=1,2,\cdots,C_{2n}^n/2$, 恒有

$$(2n-1)\sum_{\beta=1}^{n}\mathrm{D}_{P-P_{i_\beta}H_{2n-1}^{i_\beta}} - n^2\mathrm{D}_{P-G_n^kH_n^k} = 0; \quad (8.3.12)$$

(2) 若 $\mathrm{d}_{P_{i_{n+1}}H_{2n-1}^{i_{n+1}}} = \mathrm{d}_{P_{i_{n+2}}H_{2n-1}^{i_{n+2}}} = \cdots = \mathrm{d}_{P_{i_{2n}}H_{2n-1}^{i_{2n}}} = \mathrm{d}_{G_n^kH_n^k} \neq 0$, 则对任意的 $k=k(i_1,i_2,\cdots,i_n)=1,2,\cdots,C_{2n}^n/2$, 恒有

$$(2n-1)\sum_{\beta=n+1}^{2n}\mathrm{D}_{P-P_{i_\beta}H_{2n-1}^{i_\beta}} + n^2\mathrm{D}_{P-G_n^kH_n^k} = 0. \quad (8.3.13)$$

证明 (1) 根据定理 8.2.7 和题设, 由式 (8.2.12) 和三角形有向面积与有向距离之间的关系并化简, 可得

$$(2n-1)\sum_{\beta=1}^{n}\mathrm{d}_{P_{i_\beta}H_{2n-1}^{i_\beta}}\mathrm{D}_{P-P_{i_\beta}H_{2n-1}^{i_\beta}} - n^2\mathrm{d}_{G_n^kH_n^k}\mathrm{D}_{P-G_n^kH_n^k} = 0, \quad (8.3.14)$$

其中 $k=k(i_1,i_2,\cdots,i_n)=1,2,\cdots,C_{2n}^n/2$. 因为 $\mathrm{d}_{P_{i_1}H_{2n-1}^{i_1}} = \mathrm{d}_{P_{i_2}H_{2n-1}^{i_2}} = \cdots = \mathrm{d}_{P_{i_m}H_{2n-1}^{i_m}} = \mathrm{d}_{G_m^kH_{2n-m}^k} \neq 0$, 故对任意的 $k=k(i_1,i_2,\cdots,i_n)=1,2,\cdots,C_{2n}^n/2$, 由上式, 即得式 (8.3.12).

类似地, 可以证明 (2) 中结论成立.

注 8.3.3 特别地, 当 $n=2$ 时, 由定理 8.3.7, 即得定理 2.2.4; 而当 $n=3$ 时, 由定理 8.3.7, 即得定理 5.2.5. 因此, 2.2 节和 5.2 节相关结论都可以由定理 8.3.7 推出. 故在以下的论述中, 我们主要研究 $n \geqslant 4$ 的情形, 而对 $n=2,3$ 的情形不单独论及.

推论 8.3.15 设 $S=\{P_1,P_2,\cdots,P_{2n}\}(n \geqslant 3)$ 是 $2n$ 点的集合, H_{2n-1}^i 是 $T_{2n-1}^i=\{P_{i+1},P_{i+2},\cdots,P_{i+2n-1}\}(i=1,2,\cdots,2n)$ 的重心, $(S_n^k,T_n^k)=(P_{i_1},P_{i_2},\cdots,P_{i_n};P_{i_{n+1}},P_{i_{n+2}},\cdots,P_{i_{2n}})(k=1,2,\cdots,\mathrm{C}_{2n}^n;i_1,i_2,\cdots,i_{2n}=1,2,\cdots,2n)$ 是 S 的完备集对, G_n^k,H_n^k 分别是 $(S_n^k,T_n^k)(k=1,2,\cdots,\mathrm{C}_{2n}^n)$ 中两个集合的重心, $P_iH_{2n-1}^i(i=1,2,\cdots,2n)$ 是 S 的 1-类重心线, $G_n^kH_n^k(k=1,2,\cdots,\mathrm{C}_{2n}^n)$ 是 S 的 n-类重心线, P 是平面上任意一点.

(1) 若 $\mathrm{d}_{P_{i_1}H_{2n-1}^{i_1}}=\mathrm{d}_{P_{i_2}H_{2n-1}^{i_2}}=\cdots=\mathrm{d}_{P_{i_n}H_{2n-1}^{i_n}}=\mathrm{d}_{G_n^kH_n^k} \neq 0$, 则对任意的 $k=k(i_1,i_2,\cdots,i_n)=1,2,\cdots,\mathrm{C}_{2n}^n/2$, 恒有以下 $n+1$ 条点 P 到重心线的乘数距离 $(2n-1)\mathrm{d}_{P-P_{i_\beta}H_{2n-1}^{i_\beta}}(\beta=1,2,\cdots,n);n^2\mathrm{d}_{P-G_n^kH_n^k}$ 中, 其中一条较长的乘数距离等于另外 n 条较短的乘数距离的和; 或其中 $t_1(2 \leqslant t_1 \leqslant [(n+1)/2])$ 条乘数距离的和等于另外 $n-t_1+1$ 条乘数距离的和;

(2) 若 $\mathrm{d}_{P_{i_{n+1}}H_{2n-1}^{i_{n+1}}}=\mathrm{d}_{P_{i_{n+2}}H_{2n-1}^{i_{n+2}}}=\cdots=\mathrm{d}_{P_{i_{2n}}H_{2n-1}^{i_{2n}}}=\mathrm{d}_{G_n^kH_n^k} \neq 0$, 则对任意的 $k=k(i_1,i_2,\cdots,i_n)=1,2,\cdots,\mathrm{C}_{2n}^n/2$, 恒有以下 $n+1$ 条点 P 到重心线的乘数距离 $(2n-1)\mathrm{d}_{P-P_{i_\beta}H_{2n-1}^{i_\beta}}(\beta=n+1,n+2,\cdots,2n);n^2\mathrm{d}_{P-G_n^kH_n^k}$ 中, 其中一条较长的乘数距离等于另外 n 条较短的乘数距离的和; 或其中 $t_2(2 \leqslant t_2 \leqslant [(n+1)/2])$ 条乘数距离的和等于另外 $n-t_2+1$ 条乘数距离的和.

证明 根据定理 8.3.7 和题设, 对任意的 $k=1,2,\cdots,\mathrm{C}_{2n}^n$, 分别由式 (8.3.12) 和 (8.3.13) 中 $n \geqslant 3$ 的情形的几何意义, 即得.

定理 8.3.8 设 $S=\{P_1,P_2,\cdots,P_{2n}\}(n \geqslant 3)$ 是 $2n$ 点的集合, H_{2n-1}^i 是 $T_{2n-1}^i=\{P_{i+1},P_{i+2},\cdots,P_{i+2n-1}\}(i=1,2,\cdots,2n)$ 的重心, $(S_n^k,T_n^k)=(P_{i_1},P_{i_2},\cdots,P_{i_n};P_{i_{n+1}},P_{i_{n+2}},\cdots,P_{i_{2n}})(k=1,2,\cdots,\mathrm{C}_{2n}^n;i_1,i_2,\cdots,i_{2n}=1,2,\cdots,2n)$ 是 S 的完备集对, G_n^k,H_n^k 分别是 $(S_n^k,T_n^k)(k=1,2,\cdots,\mathrm{C}_{2n}^n)$ 中两个集合的重心, $P_iH_{2n-1}^i(i=1,2,\cdots,2n)$ 是 S 的 1-类重心线, $G_n^kH_n^k(k=1,2,\cdots,\mathrm{C}_{2n}^n)$ 是 S 的 n-类重心线, P 是平面上任意一点.

(1) 若 $\mathrm{d}_{P_{i_1}H_{2n-1}^{i_1}}=\mathrm{d}_{P_{i_2}H_{2n-1}^{i_2}}=\cdots=\mathrm{d}_{P_{i_n}H_{2n-1}^{i_n}} \neq 0, \mathrm{d}_{G_n^kH_n^k} \neq 0$, 则对任意的 $k=k(i_1,i_2,\cdots,i_n)=1,2,\cdots,\mathrm{C}_{2n}^n/2$, 恒有 $\mathrm{D}_{P-G_n^kH_n^k}=0$ 的充分必要条件是

$$\mathrm{D}_{P-P_{i_1}H_{2n-1}^{i_1}}+\mathrm{D}_{P-P_{i_2}H_{2n-1}^{i_2}}+\cdots+\mathrm{D}_{P-P_{i_n}H_{2n-1}^{i_n}}=0; \tag{8.3.15}$$

(2) 若 $\mathrm{d}_{P_{i_{n+1}}H_{2n-1}^{i_{n+1}}} = \mathrm{d}_{P_{i_{n+2}}H_{2n-1}^{i_{n+2}}} = \cdots = \mathrm{d}_{P_{i_{2n}}H_{2n-1}^{i_{2n}}} \neq 0, \mathrm{d}_{G_n^k H_n^k} \neq 0$, 则对任意的 $k = k(i_1, i_2, \cdots, i_n) = 1, 2, \cdots, \mathrm{C}_{2n}^n/2$, 恒有 $\mathrm{D}_{P\text{-}G_n^k H_n^k} = 0$ 的充分必要条件是

$$\mathrm{D}_{P\text{-}P_{i_{n+1}}H_{2n-1}^{i_{n+1}}} + \mathrm{D}_{P\text{-}P_{i_{n+2}}H_{2n-1}^{i_{n+2}}} + \cdots + \mathrm{D}_{P\text{-}P_{i_{2n}}H_{2n-1}^{i_{2n}}} = 0. \tag{8.3.16}$$

证明 (1) 根据定理 8.3.7(1) 的证明和题设, 由式 (8.3.14) 中 $n \geqslant 3$ 的情形, 即得: 对任意的 $k = k(i_1, i_2, \cdots, i_n) = 1, 2, \cdots, \mathrm{C}_{2n}^n/2$, 恒有 $\mathrm{D}_{P\text{-}G_n^k H_n^k} = 0 \Leftrightarrow$ 式 (8.3.15) 成立.

类似地, 可以证明 (2) 中结论成立.

推论 8.3.16 设 $S = \{P_1, P_2, \cdots, P_{2n}\}(n \geqslant 4)$ 是 $2n$ 点的集合, H_{2n-1}^i 是 $T_{2n-1}^i = \{P_{i+1}, P_{i+2}, \cdots, P_{i+2n-1}\}(i = 1, 2, \cdots, 2n)$ 的重心, $(S_n^k, T_n^k) = (P_{i_1}, P_{i_2}, \cdots, P_{i_n}; P_{i_{n+1}}, P_{i_{n+2}}, \cdots, P_{i_{2n}})(k = 1, 2, \cdots, \mathrm{C}_{2n}^n; i_1, i_2, \cdots, i_{2n} = 1, 2, \cdots, 2n)$ 是 S 的完备集对, G_n^k, H_n^k 分别是 $(S_n^k, T_n^k)(k = 1, 2, \cdots, \mathrm{C}_{2n}^n)$ 中两个集合的重心, $P_i H_{2n-1}^i (i = 1, 2, \cdots, 2n)$ 是 S 的 1-类重心线, $G_n^k H_n^k (k = 1, 2, \cdots, \mathrm{C}_{2n}^n)$ 是 S 的 n-类重心线, P 是平面上任意一点.

(1) 若 $\mathrm{d}_{P_{i_1}H_{2n-1}^{i_1}} = \mathrm{d}_{P_{i_2}H_{2n-1}^{i_2}} = \cdots = \mathrm{d}_{P_{i_n}H_{2n-1}^{i_n}} \neq 0, \mathrm{d}_{G_n^k H_n^k} \neq 0$, 则对任意的 $k = k(i_1, i_2, \cdots, i_n) = 1, 2, \cdots, \mathrm{C}_{2n}^n/2$, 恒有点 P 在重心线 $G_n^k H_n^k$ 所在直线上的充分必要条件是如下 n 条点 P 到重心线的距离 $\mathrm{d}_{P\text{-}P_{i_1}H_{2n-1}^{i_1}}, \mathrm{d}_{P\text{-}P_{i_2}H_{2n-1}^{i_2}}, \cdots, \mathrm{d}_{P\text{-}P_{i_n}H_{2n-1}^{i_n}}$ 中, 其中一条较长的距离等于另外 $n-1$ 条较短的距离的和, 或其中 $t_1(2 \leqslant t_1 \leqslant [n/2])$ 条距离的和等于另外 $n - t_1$ 条距离的和.

(2) 若 $\mathrm{d}_{P_{i_{n+1}}H_{2n-1}^{i_{n+1}}} = \mathrm{d}_{P_{i_{n+2}}H_{2n-1}^{i_{n+2}}} = \cdots = \mathrm{d}_{P_{i_{2n}}H_{2n-1}^{i_{2n}}} \neq 0, \mathrm{d}_{G_n^k H_n^k} \neq 0$, 则对任意的 $k = k(i_1, i_2, \cdots, i_n) = 1, 2, \cdots, \mathrm{C}_{2n}^n/2$, 恒有点 P 在重心线 $G_n^k H_n^k$ 所在直线上的充分必要条件是如下 n 条点 P 到重心线的距离 $\mathrm{d}_{P\text{-}P_{i_{n+1}}H_{2n-1}^{i_{n+1}}}, \mathrm{d}_{P\text{-}P_{i_{n+2}}H_{2n-1}^{i_{n+2}}}, \cdots, \mathrm{d}_{P\text{-}P_{i_{2n}}H_{2n-1}^{i_{2n}}}$ 中, 其中一条较长的距离等于另外 $n-1$ 条较短的距离的和, 或其中 $t_2(2 \leqslant t_2 \leqslant [n/2])$ 条距离的和等于另外 $n - t_2$ 条距离的和.

证明 根据定理 8.3.8 和题设, 对任意的 $k = k(i_1, i_2, \cdots, i_n) = 1, 2, \cdots, \mathrm{C}_{2n}^n/2$, 分别由 $\mathrm{D}_{P\text{-}G_n^k H_n^k} = 0$ 以及式 (8.3.15) 和 (8.3.16) 中 $n \geqslant 4$ 的情形的几何意义, 即得.

定理 8.3.9 设 $S = \{P_1, P_2, \cdots, P_{2n}\}(n \geqslant 3)$ 是 $2n$ 点的集合, H_{2n-1}^i 是 $T_{2n-1}^i = \{P_{i+1}, P_{i+2}, \cdots, P_{i+2n-1}\}(i = 1, 2, \cdots, 2n)$ 的重心, $(S_n^k, T_n^k) = (P_{i_1}, P_{i_2}, \cdots, P_{i_n}; P_{i_{n+1}}, P_{i_{n+2}}, \cdots, P_{i_{2n}})(k = 1, 2, \cdots, \mathrm{C}_{2n}^n; i_1, i_2, \cdots, i_{2n} = 1, 2, \cdots, 2n)$ 是 S 的完备集对, G_n^k, H_n^k 分别是 $(S_n^k, T_n^k)(k = 1, 2, \cdots, \mathrm{C}_{2n}^n)$ 中两个集合的重心, $P_i H_{2n-1}^i (i = 1, 2, \cdots, 2n)$ 是 S 的 1-类重心线, $G_n^k H_n^k (k = 1, 2, \cdots, \mathrm{C}_{2n}^n)$ 是 S 的 n-类重心线, P 是平面上任意一点.

(1) 若 $\mathrm{d}_{P_{i_1}H_{2n-1}^{i_1}} \neq 0; \mathrm{d}_{P_{i_2}H_{2n-1}^{i_2}} = \mathrm{d}_{P_{i_3}H_{2n-1}^{i_3}} = \cdots = \mathrm{d}_{P_{i_{2n}}H_{2n-1}^{i_{2n}}} = \mathrm{d}_{G_n^k H_n^k} \neq 0$, 则对任意的 $k = k(i_1, i_2, \cdots, i_n) = 1, 2, \cdots, \mathrm{C}_{2n}^n/2$, 恒有 $\mathrm{D}_{P-P_{i_1}H_{2n-1}^{i_1}} = 0 (i_1 \in I_{2n})$ 的充分必要条件是

$$(2n-1)\sum_{i=2}^n \mathrm{D}_{P-P_{i_\beta}H_{2n-1}^{i_\beta}} - n^2 \mathrm{D}_{P-G_n^k H_n^k} = 0; \tag{8.3.17}$$

(2) 若 $\mathrm{d}_{P_{i_{n+1}}H_{2n-1}^{i_{n+1}}} \neq 0; \mathrm{d}_{P_{i_{n+2}}H_{2n-1}^{i_{n+2}}} = \mathrm{d}_{P_{i_{n+3}}H_{2n-1}^{i_{n+3}}} = \cdots = \mathrm{d}_{P_{i_{2n}}H_{2n-1}^{i_{2n}}} = \mathrm{d}_{G_n^k H_n^k} \neq 0$, 则对任意的 $k = k(i_1, i_2, \cdots, i_n) = 1, 2, \cdots, \mathrm{C}_{2n}^n/2$, 恒有 $\mathrm{D}_{P-P_{i_{n+1}}H_{2n-1}^{i_{n+1}}} = 0(i_{n+1} \in I_{2n}\setminus\{i_1, i_2, \cdots, i_n\})$ 的充分必要条件是

$$(2n-1)\sum_{\beta=n+2}^{2n} \mathrm{D}_{P-P_{i_\beta}H_{2n-1}^{i_\beta}} + n^2 \mathrm{D}_{P-G_n^k H_n^k} = 0. \tag{8.3.18}$$

证明 (1) 根据定理 8.3.7(1) 的证明和题设, 由式 (8.3.14) 中 $n \geqslant 3$ 的情形, 即得: 对任意的 $k = k(i_1, i_2, \cdots, i_n) = 1, 2, \cdots, \mathrm{C}_{2n}^n/2$, 恒有 $\mathrm{D}_{P-P_{i_1}H_{2n-1}^{i_1}} = 0$ $(i_1 \in I_{2n}) \Leftrightarrow$ 式 (8.3.17) 成立.

类似地, 可以证明 (2) 中结论成立.

推论 8.3.17 设 $S = \{P_1, P_2, \cdots, P_{2n}\}(n \geqslant 4)$ 是 $2n$ 点的集合, H_{2n-1}^i 是 $T_{2n-1}^i = \{P_{i+1}, P_{i+2}, \cdots, P_{i+2n-1}\}(i = 1, 2, \cdots, 2n)$ 的重心, $(S_n^k, T_n^k) = (P_{i_1}, P_{i_2}, \cdots, P_{i_n}; P_{i_{n+1}}, P_{i_{n+2}}, \cdots, P_{i_{2n}})(k = 1, 2, \cdots, \mathrm{C}_{2n}^n; i_1, i_2, \cdots, i_{2n} = 1, 2, \cdots, 2n)$ 是 S 的完备集对, G_n^k, H_n^k 分别是 $(S_n^k, T_n^k)(k = 1, 2, \cdots, \mathrm{C}_{2n}^n)$ 中两个集合的重心, $P_i H_{2n-1}^i(i = 1, 2, \cdots, 2n)$ 是 S 的 1-类重心线, $G_n^k H_n^k(k = 1, 2, \cdots, \mathrm{C}_{2n}^n)$ 是 S 的 n-类重心线, P 是平面上任意一点.

(1) 若 $\mathrm{d}_{P_{i_1}H_{2n-1}^{i_1}} \neq 0; \mathrm{d}_{P_{i_2}H_{2n-1}^{i_2}} = \mathrm{d}_{P_{i_3}H_{2n-1}^{i_3}} = \cdots = \mathrm{d}_{P_{i_{2n}}H_{2n-1}^{i_{2n}}} = \mathrm{d}_{G_n^k H_n^k} \neq 0$, 则对任意的 $k = k(i_1, i_2, \cdots, i_n) = 1, 2, \cdots, \mathrm{C}_{2n}^n/2$, 恒有点 P 在重心线 $P_{i_1}H_{2n-1}^{i_1}$ ($i_1 \in I_{2n}$) 所在直线上的充分必要条件是如下 n 条点 P 到重心线的乘数距离 $(2n-1)\mathrm{d}_{P-P_{i_\beta}H_{2n-1}^{i_\beta}}$ $(i = 2, 3, \cdots, n); n^2 \mathrm{d}_{P-G_n^k H_n^k}$ 中, 其中一条较长的乘数距离等于另外 $n-1$ 条较短的乘数距离的和, 或其中 $t_1(2 \leqslant t_1 \leqslant [n/2])$ 条乘数距离的和等于另外 $n-t_1$ 条乘数距离的和.

(2) 若 $\mathrm{d}_{P_{i_{n+1}}H_{2n-1}^{i_{n+1}}} \neq 0; \mathrm{d}_{P_{i_{n+2}}H_{2n-1}^{i_{n+2}}} = \mathrm{d}_{P_{i_{n+3}}H_{2n-1}^{i_{n+3}}} = \cdots = \mathrm{d}_{P_{i_{2n}}H_{2n-1}^{i_{2n}}} = \mathrm{d}_{G_n^k H_n^k} \neq 0$, 则对任意的 $k = k(i_1, i_2, \cdots, i_n) = 1, 2, \cdots, \mathrm{C}_{2n}^n/2$, 恒有点 P 在重心线 $P_{i_{n+1}}H_{2n-1}^{i_{n+1}}(i_{n+1} \in I_{2n}\setminus\{i_1, i_2, \cdots, i_n\}$ 所在直线上的充分必要条件是如下 n 条点 P 到重心线的乘数距离 $(2n-1)\mathrm{d}_{P-P_{i_\beta}H_{2n-1}^{i_\beta}}$ ($\beta = n+2, n+3, \cdots, 2n$); $n^2 \mathrm{d}_{P-G_n^k H_n^k}$

中，其中一条较长的乘数距离等于另外 $n-1$ 条较短的乘数距离的和，或其中 $t_2(2 \leqslant t_2 \leqslant [n/2])$ 条乘数距离的和等于另外 $n-t_2$ 条乘数距离的和.

证明 根据定理 8.3.9 和题设，对任意的 $k = k(i_1, i_2, \cdots, i_n) = 1, 2, \cdots,$ $C_{2n}^n/2$，分别由 $D_{P\text{-}P_{i_1}H_{2n-1}^{i_1}} = 0(i_1 \in I_{2n})$ 和式 (8.3.17)、$D_{P\text{-}P_{i_{n+1}}H_{2n-1}^{i_{n+1}}} = 0(i_{n+1} \in I_{2n}\setminus\{i_1, i_2, \cdots, i_n\})$ 和式 (8.3.18) 中 $n \geqslant 4$ 的情形的几何意义，即得.

定理 8.3.10 设 $S = \{P_1, P_2, \cdots, P_{2n}\}(n \geqslant 3)$ 是 $2n$ 点的集合，H_{2n-1}^i 是 $T_{2n-1}^i = \{P_{i+1}, P_{i+2}, \cdots, P_{i+2n-1}\}(i = 1, 2, \cdots, 2n)$ 的重心，$(S_n^k, T_n^k) = (P_{i_1}, P_{i_2}, \cdots, P_{i_n}; P_{i_{n+1}}, P_{i_{n+2}}, \cdots, P_{i_{2n}})(k = 1, 2, \cdots, C_{2n}^n; i_1, i_2, \cdots, i_{2n} = 1, 2, \cdots, 2n)$ 是 S 的完备集对，G_n^k, H_n^k 分别是 $(S_n^k, T_n^k)(k = 1, 2, \cdots, C_{2n}^n)$ 中两个集合的重心，$P_i H_{2n-1}^i (i = 1, 2, \cdots, 2n)$ 是 S 的 1-类重心线，$G_n^k H_n^k (k = 1, 2, \cdots, C_{2n}^n)$ 是 S 的 n-类重心线，P 是平面上任意一点.

(1) 若 $d_{P_{i_1}H_{2n-1}^{i_1}} = d_{P_{i_2}H_{2n-1}^{i_2}} = \cdots = d_{P_{i_{n-1}}H_{2n-1}^{i_{n-1}}} \neq 0; d_{P_{i_n}H_{2n-1}^{i_n}} = d_{G_n^k H_n^k} \neq 0$，则对任意的 $k = k(i_1, i_2, \cdots, i_n) = 1, 2, \cdots, C_{2n}^n/2$，如下两式等价：

$$(2n-1)D_{P\text{-}P_{i_n}H_{2n-1}^{i_n}} - n^2 D_{P\text{-}G_n^k H_n^k} = 0, \tag{8.3.19}$$

$$D_{P\text{-}P_{i_1}H_{2n-1}^{i_1}} + D_{P\text{-}P_{i_2}H_{2n-1}^{i_2}} + \cdots + D_{P\text{-}P_{i_{n-1}}H_{2n-1}^{i_{n-1}}} = 0; \tag{8.3.20}$$

(2) 若 $d_{P_{i_{n+1}}H_{2n-1}^{i_{n+1}}} = d_{P_{i_{n+2}}H_{2n-1}^{i_{n+2}}} = \cdots = d_{P_{i_{2n-1}}H_{2n-1}^{i_{2n-1}}} \neq 0; d_{P_{i_{2n}}H_{2n-1}^{i_{2n}}} = d_{G_n^k H_n^k} \neq 0$，则对任意的 $k = k(i_1, i_2, \cdots, i_n) = 1, 2, \cdots, C_{2n}^n/2$，如下两式均等价：

$$(2n-1)D_{P\text{-}P_{i_{2n}}H_{2n-1}^{i_{2n}}} + n^2 D_{P\text{-}G_n^k H_n^k} = 0, \tag{8.3.21}$$

$$D_{P\text{-}P_{i_{n+1}}H_{2n-1}^{i_{n+1}}} + D_{P\text{-}P_{i_{n+2}}H_{2n-1}^{i_{n+2}}} + \cdots + D_{P\text{-}P_{i_{2n-1}}H_{2n-1}^{i_{2n-1}}} = 0. \tag{8.3.22}$$

证明 (1) 根据定理 8.3.7(1) 的证明和题设，由式 (8.3.14) 中 $n \geqslant 3$ 的情形，即得：对任意的 $k = k(i_1, i_2, \cdots, i_n) = 1, 2, \cdots, C_{2n}^n/2$，式 (8.3.19) 成立 $\Leftrightarrow$ 式 (8.3.20) 成立.

类似地，可以证明 (2) 中结论成立.

推论 8.3.18 设 $S = \{P_1, P_2, \cdots, P_8\}$ 是八点的集合，H_7^i 是 $T_7^i = \{P_{i+1}, P_{i+2}, \cdots, P_{i+7}\}(i = 1, 2, \cdots, 7)$ 的重心，$(S_4^k, T_4^k) = (P_{i_1}, P_{i_2}, P_{i_3}, P_{i_4}; P_{i_5}, P_{i_6}, P_{i_7}, P_{i_8})(k = 1, 2, \cdots, 70; i_1, i_2, \cdots, i_8 = 1, 2, \cdots, 8)$ 是 S 的完备集对，G_4^k, H_4^k 分别是 $(S_4^k, T_4^k)(k = 1, 2, \cdots, 70)$ 中两个集合的重心，$P_i H_7^i (i = 1, 2, \cdots, 8)$ 是 S 的 1-类重心线，$G_4^k H_4^k (k = 1, 2, \cdots, 70)$ 是 S 的 4-类重心线，P 是平面上任意一点.

(1) 若 $d_{P_{i_1}H_7^{i_1}} = d_{P_{i_2}H_7^{i_2}} = d_{P_{i_3}H_7^{i_3}} \neq 0; d_{P_{i_4}H_7^{i_4}} = d_{G_4^k H_4^k} \neq 0$，则对任意的 $k = k(i_1, i_2, i_3, i_4) = 1, 2, \cdots, 35$，均有点 P 在两重心线 $P_{i_4}H_7^{i_4}, G_4^k H_4^k$ 内角之

8.3 点到 $2n$ 点集 1-类 m-类重心线有向距离的定值定理与应用

内且 $7\mathrm{d}_{P-P_{i_4}H_7^{i_4}} = 16\mathrm{d}_{P-G_4^kH_4^k}$ 的充分必要条件是如下三条点 P 到重心线的距离 $\mathrm{d}_{P-P_{i_1}H_7^{i_1}}, \mathrm{d}_{P-P_{i_2}H_7^{i_2}}, \mathrm{d}_{P-P_{i_3}H_7^{i_3}}$ 中,其中一条较长的距离等于另外两条较短的重距离的和.

(2) 若 $\mathrm{d}_{P_{i_5}H_7^{i_5}} = \mathrm{d}_{P_{i_6}H_7^{i_6}} = \mathrm{d}_{P_{i_7}H_7^{i_7}} \neq 0; \mathrm{d}_{P_{i_8}H_7^{i_8}} = \mathrm{d}_{G_4^kH_4^k} \neq 0$,则对任意的 $k = k(i_1,i_2,i_3,i_4) = 1,2,\cdots,35$,均有点 P 在两重心线 $P_{i_8}H_7^{i_8}, G_4^kH_4^k$ 外角之内且 $7\mathrm{d}_{P-P_{i_8}H_7^{i_8}} = 16\mathrm{d}_{P-G_4^kH_4^k}$ 的充分必要条件是如下三条点 P 到重心线的距离 $\mathrm{d}_{P-P_{i_5}H_7^{i_5}}, \mathrm{d}_{P-P_{i_6}H_7^{i_6}}, \mathrm{d}_{P-P_{i_7}H_7^{i_7}}$ 中,其中一条较长的距离等于另外两条较短的重距离的和.

证明 根据定理 8.3.10 和题设,对任意的 $k = k(i_1,i_2,i_3,i_4) = 1,2,\cdots,35$,分别由式 (8.3.19) 和 (8.3.20)、式 (8.3.21) 和 (8.3.22) 中 $n=4$ 的情形的几何意义,即得.

推论 8.3.19 设 $S = \{P_1,P_2,\cdots,P_{2n}\}(n \geqslant 5)$ 是 $2n$ 点的集合,H_{2n-1}^i 是 $T_{2n-1}^i = \{P_{i+1},P_{i+2},\cdots,P_{i+2n-1}\}(i=1,2,\cdots,2n)$ 的重心,$(S_n^k,T_n^k) = (P_{i_1},P_{i_2},\cdots,P_{i_n};P_{i_{n+1}},P_{i_{n+2}},\cdots,P_{i_{2n}})(k=1,2,\cdots,\mathrm{C}_{2n}^n;i_1,i_2,\cdots,i_{2n}=1,2,\cdots,2n)$ 是 S 的完备集对,G_n^k,H_n^k 分别是 $(S_n^k,T_n^k)(k=1,2,\cdots,\mathrm{C}_{2n}^n)$ 中两个集合的重心,$P_iH_{2n-1}^i(i=1,2,\cdots,2n)$ 是 S 的 1-类重心线,$G_n^kH_n^k(k=1,2,\cdots,\mathrm{C}_{2n}^n)$ 是 S 的 n-类重心线,P 是平面上任意一点.

(1) 若 $\mathrm{d}_{P_{i_1}H_{2n}^{i_1}} = \mathrm{d}_{P_{i_2}H_{2n-1}^{i_2}} = \cdots = \mathrm{d}_{P_{i_{n-1}}H_{2n-1}^{i_{n-1}}} \neq 0; \mathrm{d}_{P_{i_n}H_{2n-1}^{i_n}} = \mathrm{d}_{G_n^kH_n^k} \neq 0$,则对任意的 $k = k(i_1,i_2,\cdots,i_n) = 1,2,\cdots,\mathrm{C}_{2n}^n/2$,均有点 P 在两重心线 $P_{i_n}H_{2n-1}^{i_n}, G_n^kH_n^k$ 内角之内且 $(2n-1)\mathrm{d}_{P-P_{i_n}H_{2n-1}^{i_n}} = n^2\mathrm{d}_{P-G_n^kH_n^k}$ 的充分必要条件是如下 $n-1$ 条点 P 到重心线的距离 $\mathrm{d}_{P-P_{i_1}H_{2n-1}^{i_1}}, \mathrm{d}_{P-P_{i_2}H_{2n-1}^{i_2}}, \cdots, \mathrm{d}_{P-P_{i_{n-1}}H_{2n-1}^{i_{n-1}}}$ 中,其中一条较长的距离等于另外 $n-2$ 条较短的距离的和,或其中 $t_1(2 \leqslant t_1 \leqslant [(n-1)/2])$ 条距离的和等于另外 $n-t_1-1$ 条距离的和.

(2) 若 $\mathrm{d}_{P_{i_{n+1}}H_{2n}^{i_{n+1}}} = \mathrm{d}_{P_{i_{n+2}}H_{2n-1}^{i_{n+2}}} = \cdots = \mathrm{d}_{P_{i_{2n-1}}H_{2n-1}^{i_{2n-1}}} \neq 0; \mathrm{d}_{P_{i_{2n}}H_{2n-1}^{i_{2n}}} = \mathrm{d}_{G_n^kH_n^k} \neq 0$,则对任意的 $k = k(i_1,i_2,\cdots,i_n) = 1,2,\cdots,\mathrm{C}_{2n}^n/2$,均有点 P 在两重心线 $P_{i_{2n}}H_{2n-1}^{i_{2n}}, G_n^kH_n^k$ 外角之内且 $(2n-1)\mathrm{d}_{P-P_{i_{2n}}H_{2n-1}^{i_{2n}}} = n^2\mathrm{d}_{P-G_n^kH_n^k}$ 的充分必要条件是如下 $n-1$ 条点 P 到重心线的距离 $\mathrm{d}_{P-P_{i_{n+1}}H_{2n-1}^{i_{n+1}}}, \mathrm{d}_{P-P_{i_{n+2}}H_{2n-1}^{i_{n+2}}}, \cdots, \mathrm{d}_{P-P_{i_{2n-1}}H_{2n-1}^{i_{2n-1}}}$ 中,其中一条较长的距离等于另外 $n-2$ 条较短的距离的和,或其中 $t_2(2 \leqslant t_2 \leqslant [(n-1)/2])$ 条距离的和等于另外 $n-t_2-1$ 条距离的和.

证明 根据定理 8.3.10 和题设,对任意的 $k = k(i_1,i_2,\cdots,i_n) = 1,2,\cdots,\mathrm{C}_{2n}^n/2$,分别由式 (8.3.19) 和 (8.3.20)、式 (8.3.21) 和 (8.3.22) 中 $n \geqslant 5$ 的情形的

几何意义, 即得.

定理 8.3.11 设 $S = \{P_1, P_2, \cdots, P_{2n}\}(n \geqslant 3)$ 是 $2n$ 点的集合, H_{2n-1}^i 是 $T_{2n-1}^i = \{P_{i+1}, P_{i+2}, \cdots, P_{i+2n-1}\}(i = 1, 2, \cdots, 2n)$ 的重心, $(S_n^k, T_n^k) = (P_{i_1}, P_{i_2}, \cdots, P_{i_n}; P_{i_{n+1}}, P_{i_{n+2}}, \cdots, P_{i_{2n}})(k = 1, 2, \cdots, C_{2n}^n; i_1, i_2, \cdots, i_{2n} = 1, 2, \cdots, 2n)$ 是 S 的完备集对, G_n^k, H_n^k 分别是 $(S_n^k, T_n^k)(k = 1, 2, \cdots, C_{2n}^n)$ 中两个集合的重心, $P_i H_{2n-1}^i(i = 1, 2, \cdots, 2n)$ 是 S 的 1-类重心线, $G_n^k H_n^k(k = 1, 2, \cdots, C_{2n}^n)$ 是 S 的 n-类重心线, P 是平面上任意一点.

(1) 若 $d_{P_{i_1} H_{2n-1}^{i_1}} = d_{P_{i_2} H_{2n-1}^{i_2}} \neq 0, d_{P_{i_3} H_{2n-1}^{i_3}} = d_{P_{i_4} H_{2n-1}^{i_4}} = \cdots = d_{P_{i_n} H_{2n-1}^{i_n}} = d_{G_n^k H_n^k} \neq 0$, 则对任意的 $k = k(i_1, i_2, \cdots, i_n) = 1, 2, \cdots, C_{2n}^n/2$, 如下两式均等价:

$$D_{P\text{-}P_{i_1} H_{2n-1}^{i_1}} + D_{P\text{-}P_{i_2} H_{2n-1}^{i_2}} = 0 \quad (d_{P\text{-}P_{i_1} H_{2n-1}^{i_1}} = d_{P\text{-}P_{i_2} H_{2n-1}^{i_2}}), \tag{8.3.23}$$

$$(2n-1) \sum_{\beta=3}^{n} D_{P\text{-}P_{i_\beta} H_{2n-1}^{i_\beta}} - n^2 D_{P\text{-}G_n^k H_n^k} = 0; \tag{8.3.24}$$

(2) 若 $d_{P_{i_{n+1}} H_{2n-1}^{i_{n+1}}} = d_{P_{i_{n+2}} H_{2n-1}^{i_{n+2}}} \neq 0, d_{P_{i_{n+3}} H_{2n-1}^{i_{n+3}}} = d_{P_{i_{n+4}} H_{2n-1}^{i_{n+4}}} = \cdots = d_{P_{i_{2n}} H_{2n-1}^{i_{2n}}} = d_{G_n^k H_n^k} \neq 0$, 则对任意的 $k = k(i_1, i_2, \cdots, i_n) = 1, 2, \cdots, C_{2n}^n/2$, 如下两式均等价:

$$D_{P\text{-}P_{i_{n+1}} H_{2n-1}^{i_{n+1}}} + D_{P\text{-}P_{i_{n+2}} H_{2n-1}^{i_{n+2}}} = 0 \quad (d_{P\text{-}P_{i_{n+1}} H_{2n-1}^{i_{n+1}}} = d_{P\text{-}P_{i_{n+2}} H_{2n-1}^{i_{n+2}}}), \tag{8.3.25}$$

$$(2n-1) \sum_{\beta=n+3}^{2n} D_{P\text{-}P_{i_\beta} H_{2n-1}^{i_\beta}} + n^2 D_{P\text{-}G_n^k H_n^k} = 0. \tag{8.3.26}$$

证明 (1) 根据定理 8.3.7(1) 的证明和题设, 由式 (8.3.14) 中 $n \geqslant 3$ 的情形, 即得: 对任意的 $k = k(i_1, i_2, \cdots, i_n) = 1, 2, \cdots, C_{2n}^n/2$, 式 (8.3.23) 成立的充分必要条件是式 (8.3.24) 成立.

类似地, 可以证明 (2) 中结论成立.

推论 8.13.20 设 $S = \{P_1, P_2, \cdots, P_8\}$ 是八点的集合, H_7^i 是 $T_7^i = \{P_{i+1}, P_{i+2}, \cdots, P_{i+7}\}(i = 1, 2, \cdots, 8)$ 的重心, $(S_4^k, T_4^k) = (P_{i_1}, P_{i_2}, P_{i_3}, P_{i_4}; P_{i_5}, P_{i_6}, P_{i_7}, P_{i_8})(k = 1, 2, \cdots, 70; i_1, i_2, \cdots, i_8 = 1, 2, \cdots, 8)$ 是 S 的完备集对, G_4^k, H_4^k 分别是 $(S_4^k, T_4^k)(k = 1, 2, \cdots, 70)$ 中两个集合的重心, $P_i H_7^i(i = 1, 2, \cdots, 8)$ 是 S 的 1-类重心线, $G_4^k H_4^k(k = 1, 2, \cdots, 70)$ 是 S 的 4-类重心线, P 是平面上任意一点.

(1) 若 $d_{P_{i_1} H_7^{i_1}} = d_{P_{i_2} H_7^{i_2}} \neq 0; d_{P_{i_3} H_7^{i_3}} = d_{P_{i_4} H_7^{i_4}} = d_{G_4^k H_4^k} \neq 0$, 则对任意的 $k = k(i_1, i_2, i_3, i_4) = 1, 2, \cdots, 35$, 均有点 P 在两重心线 $P_{i_1} H_7^{i_1}, P_{i_2} H_7^{i_2}$ 外角

8.3 点到 2n 点集 1-类 m-类重心线有向距离的定值定理与应用

平分线上的充分必要条件分别是如下三条点 P 到重心线的乘数距离 $7\mathrm{d}_{P\text{-}P_{i_3}H_7^{i_3}}$, $7\mathrm{d}_{P\text{-}P_{i_4}H_7^{i_4}}, 16\mathrm{d}_{P\text{-}G_4^kH_4^k}$ 中, 其中一条较长的乘数距离等于另外两条较短的乘数距离的和.

(2) 若 $\mathrm{d}_{P_{i_5}H_7^{i_5}} = \mathrm{d}_{P_6H_7^{i_6}} \neq 0; \mathrm{d}_{P_{i_7}H_7^{i_7}} = \mathrm{d}_{P_{i_8}H_7^{i_8}} = \mathrm{d}_{G_4^kH_4^k} \neq 0$, 则对任意的 $k = k(i_1,i_2,i_3,i_4) = 1,2,\cdots,35$, 均有点 P 在两重心线 $P_{i_5}H_7^{i_5}, P_{i_6}H_7^{i_6}$ 外角平分线上的充分必要条件分别是如下三条点 P 到重心线的乘数距离 $7\mathrm{d}_{P\text{-}P_{i_7}H_7^{i_7}}$, $7\mathrm{d}_{P\text{-}P_{i_8}H_7^{i_8}}, 16\mathrm{d}_{P\text{-}G_4^kH_4^k}$ 中, 其中一条较长的乘数距离等于另外两条较短的乘数距离的和.

证明 根据定理 8.3.11 和题设, 对任意的 $k = k(i_1,i_2,i_3,i_4) = 1,2,\cdots,35$, 分别由式 (8.3.23) 和 (8.3.24)、式 (8.3.25) 和 (8.3.26) 中 $n=4$ 的情形的几何意义, 即得.

推论 8.3.21 设 $S = \{P_1,P_2,\cdots,P_{2n}\}(n \geqslant 5)$ 是 $2n$ 点的集合, H_{2n-1}^i 是 $T_{2n-1}^i = \{P_{i+1},P_{i+2},\cdots,P_{i+2n-1}\}(i=1,2,\cdots,2n)$ 的重心, $(S_n^k,T_n^k) = (P_{i_1}, P_{i_2},\cdots,P_{i_n};P_{i_{n+1}},P_{i_{n+2}},\cdots,P_{i_{2n}})(k=1,2,\cdots,\mathrm{C}_{2n}^n;i_1,i_2,\cdots,i_{2n}=1,2,\cdots,2n)$ 是 S 的完备集对, G_n^k,H_n^k 分别是 $(S_n^k,T_n^k)(k=1,2,\cdots,\mathrm{C}_{2n}^n)$ 中两个集合的重心, $P_iH_{2n-1}^i(i=1,2,\cdots,2n)$ 是 S 的 1-类重心线, $G_n^kH_n^k(k=1,2,\cdots,\mathrm{C}_{2n}^n)$ 是 S 的 n-类重心线, P 是平面上任意一点.

(1) 若 $\mathrm{d}_{P_{i_1}H_{2n-1}^{i_1}} = \mathrm{d}_{P_{i_2}H_{2n-1}^{i_2}} \neq 0, \mathrm{d}_{P_{i_3}H_{2n-1}^{i_3}} = \mathrm{d}_{P_{i_4}H_{2n-1}^{i_4}} = \cdots = \mathrm{d}_{P_{i_n}H_{2n-1}^{i_n}} = \mathrm{d}_{G_n^kH_n^k} \neq 0$, 则对任意的 $k=k(i_1,i_2,\cdots,i_n)=1,2,\cdots,\mathrm{C}_{2n}^n/2$, 均有点 P 在两重心线 $P_{i_1}H_{2n-1}^{i_1}, P_{i_2}H_{2n-1}^{i_2}$ 外角平分线上的充分必要条件是如下 $n-1$ 条重心线的乘数距离 $(2n-1)\mathrm{d}_{P\text{-}P_{i_\beta}H_{2n-1}^{i_\beta}}(\beta=3,4,\cdots,n); n^2\mathrm{d}_{P\text{-}G_n^kH_n^k}$ 中, 其中一条较长的乘数距离等于另外 $n-2$ 条较短的乘数距离的和, 或其中 $t_1(2 \leqslant t_1 \leqslant [(n-1)/2])$ 条乘数距离的和等于另外 $n-t_1-1$ 条乘数距离的和.

(2) 若 $\mathrm{d}_{P_{i_{n+1}}H_{2n-1}^{i_{n+1}}} = \mathrm{d}_{P_{i_{n+2}}H_{2n-1}^{i_{n+2}}} \neq 0, \mathrm{d}_{P_{i_{n+3}}H_{2n-1}^{i_{n+3}}} = \mathrm{d}_{P_{i_{n+4}}H_{2n-1}^{i_{n+4}}} = \cdots = \mathrm{d}_{P_{i_{2n}}H_{2n-1}^{i_{2n}}} = \mathrm{d}_{G_n^kH_n^k} \neq 0$, 则对任意的 $k=k(i_1,i_2,\cdots,i_n)=1,2,\cdots,\mathrm{C}_{2n}^n/2$, 均有点 P 在两重心线 $P_{i_{n+1}}H_{2n-1}^{i_{n+1}}, P_{i_{n+2}}H_{2n-1}^{i_{n+2}}$ 外角平分线上的充分必要条件是如下 $n-1$ 条点 P 到重心线的乘数距离 $(2n-1)\mathrm{d}_{P\text{-}P_{i_\beta}H_{2n-1}^{i_\beta}}(\beta=n+3,n+4,\cdots,2n); n^2\mathrm{d}_{P\text{-}G_n^kH_n^k}$ 中, 其中一条较长的乘数距离等于另外 $n-2$ 条较短的乘数距离的和, 或其中 $t_2(2 \leqslant t_2 \leqslant [(n-1)/2])$ 条乘数距离的和等于另外 $n-t_2-1$ 条乘数距离的和.

证明 根据定理 8.3.11 和题设, 对任意的 $k=k(i_1,i_2,\cdots,i_n)=1,2,\cdots,\mathrm{C}_{2n}^n/2$, 分别由式 (8.3.23) 和 (8.3.24), 式 (8.3.25) 和 (8.3.26) 中 $n \geqslant 5$ 的情形,

即得.

定理 8.3.12 设 $S = \{P_1, P_2, \cdots, P_{2n}\}(n \geqslant 5)$ 是 $2n$ 点的集合, H_{2n-1}^i 是 $T_{2n-1}^i = \{P_{i+1}, P_{i+2}, \cdots, P_{i+2n-1}\}(i = 1, 2, \cdots, 2n)$ 的重心, $(S_n^k, T_n^k) = (P_{i_1}, P_{i_2}, \cdots, P_{i_n}; P_{i_{n+1}}, P_{i_{n+2}}, \cdots, P_{i_{2n}})(k = 1, 2, \cdots, C_{2n}^n; i_1, i_2, \cdots, i_{2n} = 1, 2, \cdots, 2n)$ 是 S 的完备集对, G_n^k, H_n^k 分别是 $(S_n^k, T_n^k)(k = 1, 2, \cdots, C_{2n}^n)$ 中两个集合的重心, $P_i H_{2n-1}^i (i = 1, 2, \cdots, 2n)$ 是 S 的 1-类重心线, $G_n^k H_n^k (k = 1, 2, \cdots, C_{2n}^n)$ 是 S 的 n-类重心线, P 是平面上任意一点.

(1) 若 $d_{P_{i_1} H_{2n-1}^{i_1}} = d_{P_{i_2} H_{2n-1}^{i_2}} = \cdots = d_{P_{i_s} H_{2n-1}^{i_s}} \neq 0$; $d_{P_{i_{s+1}} H_{2n-1}^{i_{s+1}}} = d_{P_{i_{s+2}} H_{2n-1}^{i_{s+2}}} = \cdots = d_{P_{i_n} H_{2n-1}^{i_n}} = d_{G_n^k H_n^k} \neq 0$, 则对任意的 $k = k(i_1, i_2, \cdots, i_n) = 1, 2, \cdots, C_{2n}^n/2; 3 \leqslant s \leqslant [(n+1)/2]$, 如下两式均等价:

$$D_{P-P_{i_1} H_{2n-1}^{i_1}} + D_{P-P_{i_2} H_{2n-1}^{i_2}} + \cdots + D_{P-P_{i_s} H_{2n-1}^{i_s}} = 0, \tag{8.3.27}$$

$$(2n-1)\sum_{\beta=s+1}^{n} D_{P-P_{i_\beta} H_{2n-1}^{i_\beta}} - n^2 D_{P-G_n^k H_n^k} = 0; \tag{8.3.28}$$

(2) 若 $d_{P_{i_{n+1}} H_{2n-1}^{i_{n+1}}} = d_{P_{i_{n+2}} H_{2n-1}^{i_{n+2}}} = \cdots = d_{P_{i_{n+s}} H_{2n-1}^{i_{n+s}}} \neq 0$; $d_{P_{i_{n+s+1}} H_{2n-1}^{i_{n+s+1}}} = d_{P_{i_{n+s+2}} H_{2n-1}^{i_{n+s+2}}} = \cdots = d_{P_{i_{2n}} H_{2n-1}^{i_{2n}}} = d_{G_n^k H_n^k} \neq 0$, 则对任意的 $k = k(i_1, i_2, \cdots, i_n) = 1, 2, \cdots, C_{2n}^n/2; 3 \leqslant s \leqslant [(n+1)/2]$, 如下两式均等价:

$$D_{P-P_{i_{n+1}} H_{2n-1}^{i_{n+1}}} + D_{P-P_{i_{n+2}} H_{2n-1}^{i_{n+2}}} + \cdots + D_{P-P_{i_{n+s}} H_{2n-1}^{i_{n+s}}} = 0, \tag{8.3.29}$$

$$(2n-1)\sum_{\beta=n+s+1}^{2n} D_{P-P_{i_\beta} H_{2n-1}^{i_\beta}} + n^2 D_{P-G_n^k H_n^k} = 0. \tag{8.3.30}$$

证明 (1) 根据定理 8.3.7(1) 的证明和题设, 由式 (8.3.14) 中 $n \geqslant 5$ 的情形, 即得: 对任意的 $k = k(i_1, i_2, \cdots, i_n) = 1, 2, \cdots, C_{2n}^n/2; 3 \leqslant s \leqslant [(n+1)/2]$, 式 (8.3.27) 成立 $\Leftrightarrow$ 式 (8.3.28) 成立.

类似地, 可以证明 (2) 中结论成立.

推论 8.3.22 设 $S = \{P_1, P_2, \cdots, P_{10}\}$ 是十点的集合, H_9^i 是 $T_9^i = \{P_{i+1}, P_{i+2}, \cdots, P_{i+9}\}(i = 1, 2, \cdots, 10)$ 的重心, $(S_5^k, T_5^k) = (P_{i_1}, P_{i_2}, \cdots, P_{i_5}; P_{i_6}, P_{i_7}, \cdots, P_{i_{10}})(k = 1, 2, \cdots, 252; i_1, i_2, \cdots, i_{10} = 1, 2, \cdots, 10)$ 是 S 的完备集对, G_5^k, H_5^k 分别是 $(S_5^k, T_5^k)(k = 1, 2, \cdots, 252)$ 中两个集合的重心, $P_i H_9^i (i = 1, 2, \cdots, 10)$ 是 S 的 1-类重心线, $G_5^k H_5^k (k = 1, 2, \cdots, 252)$ 是 S 的 5-类重心线, P 是平面上任意一点.

(1) 若 $\mathrm{d}_{P_{i_1}H_9^{i_1}} = \mathrm{d}_{P_{i_2}H_9^{i_2}} = \mathrm{d}_{P_{i_3}H_9^{i_3}} \neq 0; \mathrm{d}_{P_{i_4}H_9^{i_4}} = \mathrm{d}_{P_{i_5}H_9^{i_5}} = \mathrm{d}_{G_5^kH_5^k} \neq 0$, 则对任意的 $k = k(i_1, i_2, \cdots, i_5) = 1, 2, \cdots, 126$, 均有如下三条点 P 到重心线的距离 $\mathrm{d}_{P\text{-}P_{i_1}H_9^{i_1}}, \mathrm{d}_{P\text{-}P_{i_2}H_9^{i_2}}, \mathrm{d}_{P\text{-}P_{i_3}H_9^{i_3}}$ 中, 其中一条较长的距离等于另外两条较短的距离的和的充分必要条件是其余三条点 P 到重心线的乘数距离 $9\mathrm{d}_{P\text{-}P_{i_4}H_9^{i_4}}$, $9\mathrm{d}_{P\text{-}P_{i_5}H_9^{i_5}}, 25\mathrm{d}_{P\text{-}G_5^kH_5^k}$ 中, 其中一个较长的乘数距离等于另外两条较短的距离的和.

(2) 若 $\mathrm{d}_{P_{i_6}H_9^{i_6}} = \mathrm{d}_{P_{i_7}H_9^{i_7}} = \mathrm{d}_{P_{i_8}H_9^{i_8}} \neq 0; \mathrm{d}_{P_{i_9}H_9^{i_9}} = \mathrm{d}_{P_{i_{10}}H_9^{i_{10}}} = \mathrm{d}_{G_5^kH_5^k} \neq 0$, 则对任意的 $k = k(i_1, i_2, \cdots, i_5) = 1, 2, \cdots, 126$, 均有如下三条点 P 到重心线的距离 $\mathrm{d}_{P\text{-}P_{i_6}H_9^{i_6}}, \mathrm{d}_{P\text{-}P_{i_7}H_9^{i_7}}, \mathrm{d}_{P\text{-}P_{i_8}H_9^{i_8}}$ 中, 其中一条较长的距离等于另外两条较短的距离的和的充分必要条件是其余三条点 P 到重心线的乘数距离 $9\mathrm{d}_{P\text{-}P_{i_9}H_9^{i_9}}$, $9\mathrm{d}_{P\text{-}P_{i_{10}}H_9^{i_{10}}}, 25\mathrm{d}_{P\text{-}G_5^kH_5^k}$ 中, 其中一个较长的乘数距离等于另外两条较短的距离的和.

证明 根据定理 8.2.12, 对任意的 $k = k(i_1, i_2, \cdots, i_5)$, 分别由式 (8.2.27) 和 (8.2.28)、式 (8.2.29) 和 (8.2.30) 中 $n = 5, s = 3$ 的情形的几何意义, 即得.

推论 8.3.23 设 $S = \{P_1, P_2, \cdots, P_{2n}\}(n \geqslant 6)$ 是 $2n$ 点的集合, H_{2n-1}^i 是 $T_{2n-1}^i = \{P_{i+1}, P_{i+2}, \cdots, P_{i+2n-1}\}(i = 1, 2, \cdots, 2n)$ 的重心, $(S_n^k, T_n^k) = (P_{i_1}, P_{i_2}, \cdots, P_{i_n}; P_{i_{n+1}}, P_{i_{n+2}}, \cdots, P_{i_{2n}})(k = 1, 2, \cdots, \mathrm{C}_{2n}^n; i_1, i_2, \cdots, i_{2n} = 1, 2, \cdots, 2n)$ 是 S 的完备集对, G_n^k, H_n^k 分别是 $(S_n^k, T_n^k)(k = 1, 2, \cdots, \mathrm{C}_{2n}^n)$ 中两个集合的重心, $P_iH_{2n-1}^i(i = 1, 2, \cdots, 2n)$ 是 S 的 1-类重心线, $G_n^kH_n^k(k = 1, 2, \cdots, \mathrm{C}_{2n}^n)$ 是 S 的 n-类重心线, P 是平面上任意一点.

(1) 若 $\mathrm{d}_{P_{i_1}H_{2n-1}^{i_1}} = \mathrm{d}_{P_{i_2}H_{2n-1}^{i_2}} = \mathrm{d}_{P_{i_3}H_{2n-1}^{i_3}} \neq 0; \mathrm{d}_{P_{i_4}H_{2n-1}^{i_4}} = \mathrm{d}_{P_{i_5}H_{2n-1}^{i_5}} = \cdots = \mathrm{d}_{P_{i_n}H_{2n-1}^{i_n}} = \mathrm{d}_{G_4^kH_{2n-4}^k} \neq 0$, 则对任意的 $k = k(i_1, i_2, \cdots, i_n) = 1, 2, \cdots, \mathrm{C}_{2n}^n/2$, 均有如下三条点 P 到重心线的距离 $\mathrm{d}_{P\text{-}P_{i_1}H_{2n-1}^{i_1}}, \mathrm{d}_{P\text{-}P_{i_2}H_{2n-1}^{i_2}}, \mathrm{d}_{P\text{-}P_{i_3}H_{2n-1}^{i_3}}$ 中, 其中一条较长的距离等于另外两条较短的距离的和的充分必要条件是其余 $n-2$ 条点 P 到重心线的乘数距离 $(2n-1)\mathrm{d}_{P\text{-}P_{i_\beta}H_{2n-1}^{i_\beta}}$ $(\beta = 4, 5, \cdots, n); n^2\mathrm{d}_{P\text{-}G_n^kH_n^k}$ 中, 其中一条较长的乘数距离等于另外 $n-3$ 条较短的乘数距离的和, 或其中 $t_1(2 \leqslant t_1 \leqslant [(n-2)/2])$ 条重心线乘数距离的和等于另外 $n - t_1 - 2$ 条乘数距离的和.

(2) 若 $\mathrm{d}_{P_{i_{n+1}}H_{2n-1}^{i_{n+1}}} = \mathrm{d}_{P_{i_{n+2}}H_{2n-1}^{i_{n+2}}} = \mathrm{d}_{P_{i_{n+3}}H_{2n-1}^{i_{n+3}}} \neq 0; \mathrm{d}_{P_{i_{n+4}}H_{2n-1}^{i_{n+4}}} = \mathrm{d}_{P_{i_{n+5}}H_{2n-1}^{i_{n+5}}} = \cdots = \mathrm{d}_{P_{i_{2n}}H_{2n-1}^{i_{2n}}} = \mathrm{d}_{G_n^kH_n^k} \neq 0$, 则对任意的 $k = k(i_1, i_2, \cdots, i_n) = 1, 2, \cdots, \mathrm{C}_{2n}^n/2$, 均有如下三条点 P 到重心线的距离 $\mathrm{d}_{P\text{-}P_{i_{n+1}}H_{2n-1}^{i_{n+1}}}, \mathrm{d}_{P\text{-}P_{i_{n+2}}H_{2n-1}^{i_{n+2}}}$, $\mathrm{d}_{P\text{-}P_{i_{n+3}}H_{2n-1}^{i_{n+3}}}$ 中, 其中一条较长的距离等于另外两条较短的距离的和的充分必要

条件是其余 $n-2$ 条点 P 到重心线的乘数距离 $(2n-1)\mathrm{d}_{P\text{-}P_{i_\beta}H_{2n-1}^{i_\beta}}$ $(\beta = n+4, n+5, \cdots, 2n); n^2\mathrm{d}_{P\text{-}G_n^kH_n^k}$ 中, 其中一条较长的乘数距离等于另外 $n-3$ 条较短的乘数距离的和, 或其中 $t_2(2 \leqslant t_2 \leqslant [(n-2)/2])$ 条重心线乘数距离的和等于另外 $n-t_2-2$ 条乘数距离的和.

证明 根据定理 8.3.12 和题设, 对任意的 $k = k(i_1, i_2, \cdots, i_n); s = 3$, 分别由式 (8.3.27) 和 (8.3.28)、式 (8.3.29) 和 (8.3.30) 中 $n \geqslant 6$ 的几何意义, 即得.

推论 8.3.24 设 $S = \{P_1, P_2, \cdots, P_{2n}\}(n \geqslant 7)$ 是 $2n$ 点的集合, H_{2n-1}^i 是 $T_{2n-1}^i = \{P_{i+1}, P_{i+2}, \cdots, P_{i+2n-1}\}(i = 1, 2, \cdots, 2n)$ 的重心, $(S_n^k, T_n^k) = (P_{i_1}, P_{i_2}, \cdots, P_{i_n}; P_{i_{n+1}}, P_{i_{n+2}}, \cdots, P_{i_{2n}})(k = 1, 2, \cdots, \mathrm{C}_{2n}^n; i_1, i_2, \cdots, i_{2n} = 1, 2, \cdots, 2n)$ 是 S 的完备集对, G_n^k, H_n^k 分别是 $(S_n^k, T_n^k)(k = 1, 2, \cdots, \mathrm{C}_{2n}^n)$ 中两个集合的重心, $P_iH_{2n-1}^i(i = 1, 2, \cdots, 2n)$ 是 S 的 1-类重心线, $G_n^kH_n^k(k = 1, 2, \cdots, \mathrm{C}_{2n}^n)$ 是 S 的 n-类重心线, P 是平面上任意一点.

(1) 若 $\mathrm{d}_{P_{i_1}H_{2n-1}^{i_1}} = \mathrm{d}_{P_{i_2}H_{2n-1}^{i_2}} = \cdots = \mathrm{d}_{P_{i_s}H_{2n-1}^{i_s}} \neq 0; \mathrm{d}_{P_{i_{s+1}}H_{2n-1}^{i_{s+1}}} = \mathrm{d}_{P_{i_{s+2}}H_{2n-1}^{i_{s+2}}} = \cdots = \mathrm{d}_{P_{i_n}H_{2n-1}^{i_n}} = \mathrm{d}_{G_n^kH_n^k} \neq 0$, 则对任意的 $k = k(i_1, i_2, \cdots, i_n) = 1, 2, \cdots, \mathrm{C}_{2n}^n/2$, 均有如下 $s(4 \leqslant s \leqslant [(n+1)/2])$ 条点 P 到重心线的距离 $\mathrm{d}_{P\text{-}P_{i_1}H_{2n-1}^{i_1}}, \mathrm{d}_{P\text{-}P_{i_2}H_{2n-1}^{i_2}}, \cdots, \mathrm{d}_{P\text{-}P_{i_s}H_{2n-1}^{i_s}}$ 中, 其中一条较长的距离等于另外 $s-1$ 个较短的距离的和, 或其中 $t_1(2 \leqslant t_1 \leqslant [s/2])$ 条距离的和等于另外 $s-t_1$ 条距离的和的充分必要条件是其余 $n-s+1$ 点 P 到重心线的乘数距离 $(2n-1)\mathrm{d}_{P\text{-}P_{i_\beta}H_{2n-1}^{i_\beta}}(\beta = s+1, s+2, \cdots, n); n^2\mathrm{d}_{P\text{-}G_n^kH_n^k}$ 中, 其中一条较长的乘数距离等于另外 $n-s$ 条较短的乘数距离的和, 或其中 $t_2(2 \leqslant t_2 \leqslant [(n-s+1)/2])$ 条乘数距离的和等于另外 $n-s-t_2+1$ 条乘数距离的和.

(2) 若 $\mathrm{d}_{P_{i_{n+1}}H_{2n-1}^{i_{n+1}}} = \mathrm{d}_{P_{i_{n+2}}H_{2n-1}^{i_{n+2}}} = \cdots = \mathrm{d}_{P_{i_{n+s}}H_{2n-1}^{i_{n+s}}} \neq 0; \mathrm{d}_{P_{i_{n+s+1}}H_{2n-1}^{i_{n+s+1}}} = \mathrm{d}_{P_{i_{n+s+2}}H_{2n-1}^{i_{n+s+2}}} = \cdots = \mathrm{d}_{P_{i_{2n}}H_{2n-1}^{i_{2n}}} = \mathrm{d}_{G_n^kH_n^k} \neq 0$, 则对任意的 $k = k(i_1, i_2, \cdots, i_n) = 1, 2, \cdots, \mathrm{C}_{2n}^n/2$, 均有如下 $s(4 \leqslant s \leqslant [(n+1)/2])$ 条点 P 到重心线的距离 $\mathrm{d}_{P\text{-}P_{i_{n+1}}H_{2n-1}^{i_{n+1}}}, \mathrm{d}_{P\text{-}P_{i_{n+2}}H_{2n-1}^{i_{n+2}}}, \cdots, \mathrm{d}_{P\text{-}P_{i_{n+s}}H_{2n-1}^{i_{n+s}}}$ 中, 其中一条较长的距离等于另外 $s-1$ 条较短的距离的和, 或其中 $t_3(2 \leqslant t_3 \leqslant [s/2])$ 条距离的和等于另外 $s-t_3$ 条距离的和的充分必要条件是其余 $n-s+1$ 条点 P 到重心线的乘数距离 $(2n-1)\mathrm{d}_{P\text{-}P_{i_\beta}H_{2n-1}^{i_\beta}}(\beta = n+s+1, n+s+2, \cdots, 2n); n^2\mathrm{d}_{P\text{-}G_n^kH_n^k}$ 中, 其中一条较长的乘数距离等于另外 $n-s$ 条较短的乘数距离的和, 或其中 $t_4(2 \leqslant t_4 \leqslant [(n-s+1)/2])$ 条乘数距离的和等于另外 $n-s-t_4+1$ 条乘数距离的和.

证明 根据定理 8.3.12, 对任意的 $k = k(i_1, i_2, \cdots, i_n) = 1, 2, \cdots, \mathrm{C}_{2n}^n/2$, 分别由式 (8.3.27) 和 (8.3.28)、式 (8.3.29) 和 (8.3.30) 中 $n \geqslant 7, 4 \leqslant s \leqslant [(n+1)/2]$

的几何意义, 即得.

推论 8.3.25 设 $P_1P_2\cdots P_{2n}(n \geqslant 3 \vee n \geqslant 4 \vee n \geqslant 5 \vee n \geqslant 6 \vee n \geqslant 7)$ 是 $2n$ 角形 ($2n$ 边形), $H_{2n-1}^i(i = 1,2,\cdots,2n)$ 是 $2n-1$ 角形 ($2n-1$ 边形)$P_{i+1}P_{i+2}\cdots P_{i+2n-1}(i=1,2,\cdots,2n)$ 的重心, $G_n^k H_n^k(k=1,2,\cdots,\mathrm{C}_{2n}^n)$ 分别是两 n 角形 (n 边形)$P_{i_1}P_{i_2}\cdots P_{i_n}(i_1,i_2,\cdots,i_n=1,2,\cdots,2n)$ 和 $P_{i_{n+1}}P_{i_{n+2}}\cdots P_{i_{2n}}(i_{n+1},i_{n+2},\cdots,i_{2n}=1,2,\cdots,2n)$ 的重心, $P_iH_{2n-1}^i(i=1,2,\cdots,2n)$ 是 $P_1P_2\cdots P_{2n}$ 的 1-级重心线, $G_n^k H_n^k(k=1,2,\cdots,\mathrm{C}_{2n}^n)$ 是 $P_1P_2\cdots P_{2n}$ 的 n-级重心线, P 是 $P_1P_2\cdots P_{2n}$ 所在平面上任意一点. 若相应的条件满足, 则定理 8.3.7 ~ 定理 8.3.12 和推论 8.3.15 ~ 推论 8.3.24 的结论均成立.

证明 设 $S = \{P_1, P_2, \cdots, P_{2n}\}$ 是 $2n$ 角形 ($2n$ 边形)$P_1P_2\cdots P_{2n}(n \geqslant 3 \vee n \geqslant 4 \vee n \geqslant 5 \vee n \geqslant 6 \vee n \geqslant 7)$ 顶点的集合, 对不共线 $2n$ 点的集合 S 分别应用定理 8.3.7 ~ 定理 8.3.12 和推论 8.3.15 ~ 推论 8.3.24, 即得.

8.4 共线 $2n$ 点集 1-类 m-类重心线有向距离的定值定理与应用

本节主要应用有向度量和有向度量定值法, 研究共线 $2n$ 点集 1-类 m-类重心线有向距离的有关问题. 首先, 给出共线 $2n$ 点集 1-类 $m(m<n)$-类重心线有向距离的定值定理及其推论, 从而得出共线 $2n$ 点集中一条 (几条) 重心线乘数距离 (之和) 与另几条重心线乘数距离之和相等、重心线两端点重合和两重心线距离相等方向相反的充分必要条件等结论; 其次, 给出共线 $2n$ 点集 1-类 n-类重心线有向距离的定值定理及其推论, 从而得出 $2n$ 点集中的 n 条重心线乘数距离中, 一条 (几条) 重心线乘数距离 (之和) 等于其余 $n-1$ 条 (几条) 重心线乘数距离之和、重心线两端点重合和两重心线距离相等方向相反的充分必要条件等结论.

在本节中, 恒假设 $i_1, i_2, \cdots, i_{2n} \in I_{2n} = \{1, 2, \cdots, 2n\}$ 且互不相等; $k = k(i_1, i_2, \cdots, i_m) = 1, 2, \cdots, \mathrm{C}_{2n}^m$ 是关于 $i_1, i_2, \cdots, i_m$ 的函数且其值与 $i_1, i_2, \cdots, i_m$ 的排列次序无关.

8.4.1 共线 $2n$ 点集 1-类 $m(m<n)$-类重心线有向距离的定值定理与应用

定理 8.4.1 设 $S = \{P_1, P_2, \cdots, P_{2n}\}(n \geqslant 3)$ 是共线 $2n$ 点的集合, H_{2n-1}^i 是 $T_{2n-1}^i = \{P_{i+1}, P_{i+2}, \cdots, P_{i+2n-1}\}(i=1,2,\cdots,2n)$ 的重心, $(S_m^k, T_{2n-m}^k) = (P_{i_1}, P_{i_2}, \cdots, P_{i_m}; P_{i_{m+1}}, P_{i_{m+2}}, \cdots, P_{i_{2n}})(k=1,2,\cdots,\mathrm{C}_{2n}^m; i_1, i_2, \cdots, i_{2n} = 1, 2, \cdots, 2n)$ 是 S 的完备集对, $G_m^k H_{2n-m}^k$ 分别是 $(S_m^k, T_{2n-m}^k)(k=1,2,\cdots,\mathrm{C}_{2n}^m; 2 \leqslant m < n)$ 中两个集合的重心, $P_iH_{2n-1}^i(i=1,2,\cdots,2n)$ 是 S 的 1-类重心线, $G_m^k H_{2n-m}^k(k=1,2,\cdots,\mathrm{C}_{2n}^m)$ 是 S 的 m-类重心线, 则对任意的 $k = k(i_1, i_2, \cdots,$

$i_m) = 1, 2, \cdots, C_{2n}^m$, 恒有

$$(2n-1)\sum_{\beta=1}^{m} D_{P_{i_\beta}H_{2n-1}^{i_\beta}} - m(2n-m)D_{G_m^k H_{2n-m}^k} = 0, \quad (8.4.1)$$

$$(2n-1)\sum_{\beta=m+1}^{2n} D_{P_{i_\beta}H_{2n-1}^{i_\beta}} + m(2n-m)D_{G_m^k H_{2n-m}^k} = 0. \quad (8.4.2)$$

证明 不妨设 P 是 $2n$ 点所在直线外任意一点. 因为 $2n$ 点 $P_1, P_2, \cdots, P_{2n}$ 共线, 所以 $m+1$ 条重心线 $P_{i_1}H_{2n-1}^{i_1}, P_{i_2}H_{2n-1}^{i_2}, \cdots, P_{i_m}H_{2n-1}^{i_m}, G_m^k H_{2n-m}^k$ 共线, 从而

$$2D_{PP_{i_\beta}H_{2n-1}^{i_\beta}} = d_{P\text{-}P_{i_\beta}H_{2n-1}^{i_\beta}} D_{P_{i_\beta}H_{2n-1}^{i_\beta}} \quad (\beta = 1, 2, \cdots, m);$$

$$2D_{PG_m^k H_{2n-m}^k} = d_{P\text{-}G_m^k H_{2n-m}^k} D_{G_m^k H_{2n-m}^k} \quad (k = k(i_1, i_2, \cdots, i_m)).$$

故根据定理 8.2.1, 由式 (8.2.1), 可得

$$(2n-1)\sum_{\beta=1}^{m} d_{P\text{-}P_{i_\beta}H_{2n-1}^{i_\beta}} D_{P_{i_\beta}H_{2n-1}^{i_\beta}} - m(2n-m) d_{P\text{-}G_m^k H_{2n-m}^k} D_{G_m^k H_{2n-m}^k} = 0, \tag{8.4.3}$$

其中 $k = k(i_1, i_2, \cdots, i_m) = 1, 2, \cdots, C_{2n}^m$. 注意到 $d_{P\text{-}P_{i_1}H_{2n-1}^{i_1}} = d_{P\text{-}P_{i_2}H_{2n-1}^{i_2}} = \cdots = d_{P\text{-}P_{i_{2m}}H_{2n-1}^{i_{2m}}} = d_{P\text{-}G_m^k H_{2n-m}^k} \neq 0$, 故由式 (8.4.3), 即得式 (8.4.1).

类似地, 可以证明式 (8.4.2) 成立.

注 8.4.1 特别地, 当 $n = 3, m = 2$ 时, 由定理 8.4.1, 即得定理 5.1.11; 而当 $n \geqslant 4, m = 2$ 时, 由定理 8.4.1, 即得定理 8.1.13 中 $n \geqslant 4$ 的情形. 因此, 5.1 节和 8.1 节相应的结论都可以由定理 8.4.1 推出, 故在以下的论述中, 我们主要研究 $n > m \geqslant 3$ 的情形, 而对上述一些情形不单独论及.

推论 8.4.1 设 $S = \{P_1, P_2, \cdots, P_{2n}\}(n \geqslant 4)$ 是共线 $2n$ 点的集合, H_{2n-1}^i 是 $T_{2n-1}^i = \{P_{i+1}, P_{i+2}, \cdots, P_{i+2n-1}\}(i = 1, 2, \cdots, 2n)$ 的重心, $(S_m^k, T_{2n-m}^k) = (P_{i_1}, P_{i_2}, \cdots, P_{i_m}; P_{i_{m+1}}, P_{i_{m+2}}, \cdots, P_{i_{2n}})(k = 1, 2, \cdots, C_{2n}^m; i_1, i_2, \cdots, i_{2n} = 1, 2, \cdots, 2n)$ 是 S 的完备集对, G_m^k, H_{2n-m}^k 分别是 $(S_m^k, T_{2n-m}^k)(k = 1, 2, \cdots, C_{2n}^m; 3 \leqslant m < n)$ 中两个集合的重心, $P_i H_{2n-1}^i (i = 1, 2, \cdots, 2n)$ 是 S 的 1-类重心线, $G_m^k H_{2n-m}^k (k = 1, 2, \cdots, C_{2n}^m)$ 是 S 的 m-类重心线, 则对任意的 $k = k(i_1, i_2, \cdots, i_m) = 1, 2, \cdots, C_{2n}^m$, 恒有以下 $m+1$ 条重心线的乘数距离 $(2n-1)d_{P_{i_\beta}H_{2n-1}^{i_\beta}}$ ($\beta = 1, 2, \cdots, m$); $m(2n-m)d_{G_m^k H_{2n-m}^k}$ 中, 其中一条较长的乘数距离等于另 m 条较短的乘数距离的和, 或其中 $t_1(2 \leqslant t_1 \leqslant [(m+1)/2])$ 条乘数距离的和等于另外

$m-t_1+1$ 条乘数距离的和; 而以下 $2n-m+1$ 条重心线的乘数距离 $(2n-1)\mathrm{d}_{P_{i_\beta}H_{2n-1}^{i_\beta}}$ $(\beta=m+1,m+2,\cdots,2n); m(2n-m)\mathrm{d}_{G_m^k H_{2n-m}^k}$ 中, 其中一条较长的乘数距离等于另 $2n-m$ 条较短的乘数距离的和, 或其中 $t_2(2\leqslant t_2\leqslant n-[(2n-m+1)/2])$ 条乘数距离的和等于另 $2n-m-t_2+1$ 条乘数距离的和.

证明 根据定理 8.4.1, 对任意的 $k=k(i_1,i_2,\cdots,i_m)=1,2,\cdots,\mathrm{C}_{2n}^m$, 由式 (8.4.1) 和 (8.4.2) 中 $3\leqslant m<n$ 的情形的几何意义, 即得.

定理 8.4.2 设 $S=\{P_1,P_2,\cdots,P_{2n}\}(n\geqslant 3)$ 是共线 $2n$ 点的集合, H_{2n-1}^i 是 $T_{2n-1}^i=\{P_{i+1},P_{i+2},\cdots,P_{i+2n-1}\}(i=1,2,\cdots,2n)$ 的重心, $(S_m^k,T_{2n-m}^k)=(P_{i_1},P_{i_2},\cdots,P_{i_m};P_{i_{m+1}},P_{i_{m+2}},\cdots,P_{i_{2n}})(k=1,2,\cdots,\mathrm{C}_{2n}^m; i_1,i_2,\cdots,i_{2n}=1,2,\cdots,2n)$ 是 S 的完备集对, G_m^k,H_{2n-m}^k 分别是 $(S_m^k,T_{2n-m}^k)(k=1,2,\cdots,\mathrm{C}_{2n}^m; 2\leqslant m<n)$ 中两个集合的重心, $P_iH_{2n-1}^i(i=1,2,\cdots,2n)$ 是 S 的 1-类重心线, $G_m^kH_{2n-m}^k(k=1,2,\cdots,\mathrm{C}_{2n}^m)$ 是 S 的 m-类重心线, 则对任意的 $k=k(i_1,i_2,\cdots,i_m)=1,2,\cdots,\mathrm{C}_{2n}^m$, 恒有 $\mathrm{D}_{G_m^k H_{2n-m}^k}=0$ 的充分必要条件是如下两式之一成立:

$$\mathrm{D}_{P_{i_1}H_{2n-1}^{i_1}}+\mathrm{D}_{P_{i_2}H_{2n-1}^{i_2}}+\cdots+\mathrm{D}_{P_{i_m}H_{2n-1}^{i_m}}=0, \tag{8.4.4}$$

$$\mathrm{D}_{P_{i_{m+1}}H_{2n-1}^{i_{m+1}}}+\mathrm{D}_{P_{i_{m+2}}H_{2n-1}^{i_{m+2}}}+\cdots+\mathrm{D}_{P_{i_{2n}}H_{2n-1}^{i_{2n}}}=0. \tag{8.4.5}$$

证明 根据定理 8.4.1, 由式 (8.4.1) 和 (8.4.2), 即得: 对任意的 $k=k(i_1,i_2,\cdots,i_m)=1,2,\cdots,\mathrm{C}_{2n}^m$, 恒有 $\mathrm{D}_{G_m^k H_{2n-m}^k}=0\Leftrightarrow$ 式 (8.4.4) 成立 $\Leftrightarrow$ 式 (8.4.5) 成立.

推论 8.4.2 设 $S=\{P_1,P_2,\cdots,P_{2n}\}(n\geqslant 4)$ 是共线 $2n$ 点的集合, H_{2n-1}^i 是 $T_{2n-1}^i=\{P_{i+1},P_{i+2},\cdots,P_{i+2n-1}\}(i=1,2,\cdots,2n)$ 的重心, $(S_3^k,T_{2n-3}^k)=(P_{i_1},P_{i_2},P_{i_3};P_{i_4},P_{i_5},\cdots,P_{i_{2n}})(k=1,2,\cdots,\mathrm{C}_{2n}^3; i_1,i_2,\cdots,i_{2n}=1,2,\cdots,2n)$ 是 S 的完备集对, G_3^k,H_{2n-3}^k 分别是 $(S_3^k,T_{2n-3}^k)(k=1,2,\cdots,\mathrm{C}_{2n}^3)$ 中两个集合的重心, $P_iH_{2n-1}^i(i=1,2,\cdots,2n)$ 是 S 的 1-类重心线, $G_3^kH_{2n-3}^k(k=1,2,\cdots,\mathrm{C}_{2n}^3)$ 是 S 的 3-类重心线, 则对任意的 $k=k(i_1,i_2,i_3)=1,2,\cdots,\mathrm{C}_{2n}^3$, 恒有两重心点 G_3^k,H_{2n-3}^k 重合的充分必要条件是以下三条重心线的距离 $\mathrm{d}_{P_{i_1}H_{2n-1}^{i_1}}$, $\mathrm{d}_{P_{i_2}H_{2n-1}^{i_2}}$, $\mathrm{d}_{P_{i_3}H_{2n-1}^{i_3}}$ 中, 其中一条较长的距离等于另外两条较短的距离的和; 或以下 $2n-3$ 条距离 $\mathrm{d}_{P_{i_4}H_{2n-1}^{i_4}},\mathrm{d}_{P_{i_5}H_{2n-1}^{i_5}},\cdots,\mathrm{d}_{P_{i_{2n}}H_{2n-1}^{i_{2n}}}$ 中, 其中一条较长的距离等于另外 $2n-4$ 条较短的距离的和, 或其中 $t(2\leqslant t\leqslant n-2)$ 条距离的和等于另外 $2n-t-3$ 条距离的和.

证明 根据定理 8.4.2, 对任意的 $k=k(i_1,i_2,i_3)=1,2,\cdots,\mathrm{C}_{2n}^3$, 由 $\mathrm{D}_{G_m^k H_{2n-m}^k}=0$ 以及式 (8.4.4) 和 (8.4.5) 中 $n\geqslant 4,m=3$ 的情形的几何意义, 即得.

推论 8.4.3 设 $S = \{P_1, P_2, \cdots, P_{2n}\}(n \geqslant 5)$ 是共线 $2n$ 点的集合, H_{2n-1}^i 是 $T_{2n-1}^i = \{P_{i+1}, P_{i+2}, \cdots, P_{i+2n-1}\}(i = 1, 2, \cdots, 2n)$ 的重心, $(S_m^k, T_{2n-m}^k) = (P_{i_1}, P_{i_2}, \cdots, P_{i_m}; P_{i_{m+1}}, P_{i_{m+2}}, \cdots, P_{i_{2n}})(k = 1, 2, \cdots, C_{2n}^m; i_1, i_2, \cdots, i_{2n} = 1, 2, \cdots, 2n)$ 是 S 的完备集对, G_m^k, H_{2n-m}^k 分别是 $(S_m^k, T_{2n-m}^k)(k = 1, 2, \cdots, C_{2n}^m; 4 \leqslant m < n)$ 中两个集合的重心, $P_i H_{2n-1}^i(i = 1, 2, \cdots, 2n)$ 是 S 的 1-类重心线, $G_m^k H_{2n-m}^k(k = 1, 2, \cdots, C_{2n}^m)$ 是 S 的 m-类重心线, 则对任意的 $k = k(i_1, i_2, \cdots, i_m) = 1, 2, \cdots, C_{2n}^m$, 恒有两重心点 G_m^k, H_{2n-m}^k 重合的充分必要条件是以下 m 条重心线的距离 $d_{P_{i_1} H_{2n-1}^{i_1}}, d_{P_{i_2} H_{2n-1}^{i_2}}, \cdots, d_{P_{i_m} H_{2n-1}^{i_m}}$ 中, 其中一条较长的距离等于另外 $m-1$ 条较短的距离的和, 或其中 $t_1(2 \leqslant t_1 \leqslant [m/2])$ 条距离的和等于另外 $m-t_1$ 条距离的和; 或以下 $2n-m$ 条重心线的距离 $d_{P_{i_{m+1}} H_{2n-1}^{i_{m+1}}}, d_{P_{i_{m+2}} H_{2n-1}^{i_{m+2}}}, \cdots, d_{P_{i_{2n}} H_{2n-1}^{i_{2n}}}$ 中, 其中一条较长的距离等于另外 $2n-m-1$ 条较短的距离的和, 或其中 $t_2(2 \leqslant t_2 \leqslant [(2n-m)/2])$ 条距离的和等于另外 $2n-m-t_2$ 条距离的和.

证明 根据定理 8.4.2, 对任意的 $k = k(i_1, i_2, \cdots, i_m) = 1, 2, \cdots, C_{2n}^m$, 由 $D_{G_m^k H_{2n-m}^k} = 0$ 以及式 (8.4.4) 和 (8.4.5) 中 $4 \leqslant m < n$ 的情形的几何意义, 即得.

注 8.4.2 为方便起见, 以下仅以式 (8.4.1) 为例, 研究共线 $2n$ 点集 1-类 $m(m < n)$-类重心线有向距离的有关问题. 对式 (8.4.2) 亦可进行类似的探讨, 不一一赘述.

定理 8.4.3 设 $S = \{P_1, P_2, \cdots, P_{2n}\}(n \geqslant 3)$ 是共线 $2n$ 点的集合, H_{2n-1}^i 是 $T_{2n-1}^i = \{P_{i+1}, P_{i+2}, \cdots, P_{i+2n-1}\}(i = 1, 2, \cdots, 2n)$ 的重心, $(S_m^k, T_{2n-m}^k) = (P_{i_1}, P_{i_2}, \cdots, P_{i_m}; P_{i_{m+1}}, P_{i_{m+2}}, \cdots, P_{i_{2n}})(k = 1, 2, \cdots, C_{2n}^m; i_1, i_2, \cdots, i_{2n} = 1, 2, \cdots, 2n)$ 是 S 的完备集对, G_m^k, H_{2n-m}^k 分别是 $(S_m^k, T_{2n-m}^k)(k = 1, 2, \cdots, C_{2n}^m; 2 \leqslant m < n)$ 中两个集合的重心, $P_i H_{2n-1}^i(i = 1, 2, \cdots, 2n)$ 是 S 的 1-类重心线, $G_m^k H_{2n-m}^k(k = 1, 2, \cdots, C_{2n}^m)$ 是 S 的 m-类重心线, 则对任意的 $k = k(i_1, i_2, \cdots, i_m) = 1, 2, \cdots, C_{2n}^m$, 恒有 $D_{P_{i_m} H_{2n-1}^{i_m}} = 0(i_m \in I_{2n})$ 的充分必要条件是

$$(2n-1) \sum_{\beta=1}^{m-1} D_{P_{i_\beta} H_{2n-1}^{i_\beta}} - m(2n-m) D_{G_m^k H_{2n-m}^k} = 0. \qquad (8.4.6)$$

证明 根据定理 8.4.1, 由式 (8.4.1) 即得: 对任意的 $k = k(i_1, i_2, \cdots, i_m) = 1, 2, \cdots, C_{2n}^m$, 恒有 $D_{P_{i_m} H_{2n-1}^{i_m}} = 0(i_m \in I_{2n}) \Leftrightarrow$ 式 (8.4.6) 成立.

推论 8.4.4 设 $S = \{P_1, P_2, \cdots, P_{2n}\}(n \geqslant 4)$ 是共线 $2n$ 点的集合, H_{2n-1}^i 是 $T_{2n-1}^i = \{P_{i+1}, P_{i+2}, \cdots, P_{i+2n-1}\}(i = 1, 2, \cdots, 2n)$ 的重心, $(S_3^k, T_{2n-3}^k) = (P_{i_1}, P_{i_2}, P_{i_3}; P_{i_4}, P_{i_5}, \cdots, P_{i_{2n}})(k = 1, 2, \cdots, C_{2n}^3; i_1, i_2, \cdots, i_{2n} = 1, 2, \cdots, 2n)$ 是 S 的完备集对, G_3^k, H_{2n-3}^k 分别是 $(S_3^k, T_{2n-3}^k)(k = 1, 2, \cdots, C_{2n}^3)$ 中两

个集合的重心，$P_iH_{2n-1}^i(i=1,2,\cdots,2n)$ 是 S 的 1-类重心线，$G_3^kH_{2n-3}^k(k=1,2,\cdots,C_{2n}^3)$ 是 S 的 3-类重心线，P 是平面上任意一点，则对任意的 $k=k(i_1,i_2,i_3)=1,2,\cdots,C_{2n}^3$，恒有两点 $P_{i_3},H_{2n-1}^{i_3}(i_3\in I_{2n})$ 重合的充分必要条件是如下三条重心线的乘数距离 $(2n-1)\mathrm{d}_{P_{i_\beta}H_{2n-1}^{i_\beta}}(\beta=1,2);3(2n-3)\mathrm{d}_{G_3^kH_{2n-3}^k}$ 中，其中一个较长的乘数距离等于另外两个较短的乘数距离的和.

证明 根据定理 8.4.3，对任意的 $k=k(i_1,i_2,i_3)=1,2,\cdots,C_{2n}^3$，分别由 $\mathrm{D}_{P_{i_m}H_{2n-1}^{i_m}}=0(i_m\in I_{2n})$ 和式 (8.4.6) 中 $n\geqslant 4,m=3$ 的情形的几何意义，即得.

推论 8.4.5 设 $S=\{P_1,P_2,\cdots,P_{2n}\}(n\geqslant 5)$ 是共线 $2n$ 点的集合，H_{2n-1}^i 是 $T_{2n-1}^i=\{P_{i+1},P_{i+2},\cdots,P_{i+2n-1}\}(i=1,2,\cdots,2n)$ 的重心，$(S_m^k,T_{2n-m}^k)=(P_{i_1},P_{i_2},\cdots,P_{i_m};P_{i_{m+1}},P_{i_{m+2}},\cdots,P_{i_{2n}})(k=1,2,\cdots,C_{2n}^m;i_1,i_2,\cdots,i_{2n}=1,2,\cdots,2n)$ 是 S 的完备集对，G_m^k,H_{2n-m}^k 分别是 $(S_m^k,T_{2n-m}^k)(k=1,2,\cdots,C_{2n}^m;5\leqslant m<n)$ 中两个集合的重心，$P_iH_{2n-1}^i(i=1,2,\cdots,2n)$ 是 S 的 1-类重心线，$G_m^kH_{2n-m}^k(k=1,2,\cdots,C_{2n}^m)$ 是 S 的 m-类重心线，则对任意的 $k=k(i_1,i_2,\cdots,i_m)=1,2,\cdots,C_{2n}^m$，恒有两点 $P_{i_m},H_{2n-1}^{i_m}(i_m\in I_{2n})$ 重合的充分必要条件是如下 m 条重心线乘数的距离 $(2n-1)\mathrm{d}_{P_{i_\beta}H_{2n-1}^{i_\beta}}(\beta=1,2,\cdots,m-1);m(2n-m)\mathrm{d}_{G_m^kH_{2n-m}^k}$ 中，其中一条较长的乘数距离等于另外 $m-1$ 条较短的乘数距离的和，或其中 $t(2\leqslant t\leqslant [m/2])$ 条乘数距离的和等于另外 $m-t$ 条乘数距离的和.

证明 根据定理 8.4.3，对任意的 $k=k(i_1,i_2,\cdots,i_m)=1,2,\cdots,C_{2n}^m$，由 $\mathrm{D}_{P_{i_m}H_{2n-1}^{i_m}}=0(i_m\in I_{2n})$ 以及式 (8.4.6) 中 $4\leqslant m<n$ 的情形的几何意义，即得.

定理 8.4.4 设 $S=\{P_1,P_2,\cdots,P_{2n}\}(n\geqslant 4)$ 是共线 $2n$ 点的集合，H_{2n-1}^i 是 $T_{2n-1}^i=\{P_{i+1},P_{i+2},\cdots,P_{i+2n-1}\}(i=1,2,\cdots,2n)$ 的重心，$(S_m^k,T_{2n-m}^k)=(P_{i_1},P_{i_2},\cdots,P_{i_m};P_{i_{m+1}},P_{i_{m+2}},\cdots,P_{i_{2n}})(k=1,2,\cdots,C_{2n}^m;i_1,i_2,\cdots,i_{2n}=1,3,\cdots,2n)$ 是 S 的完备集对，G_m^k,H_{2n-m}^k 分别是 $(S_m^k,T_{2n-m}^k)(k=1,2,\cdots,C_{2n}^m;3\leqslant m<n)$ 中两个集合的重心，$P_iH_{2n-1}^i(i=1,2,\cdots,2n)$ 是 S 的 1-类重心线，$G_m^kH_{2n-m}^k(k=1,2,\cdots,C_{2n}^m)$ 是 S 的 m-类重心线，则对任意的 $k=k(i_1,i_2,\cdots,i_m)=1,2,\cdots,C_{2n}^m$，如下两式均等价：

$$(2n-1)\mathrm{D}_{P_{i_m}H_{2n-1}^{i_m}}-m(2n-m)\mathrm{D}_{G_m^kH_{2n-m}^k}=0, \qquad (8.4.7)$$

$$\mathrm{D}_{P_{i_1}H_{2n-1}^{i_1}}+\mathrm{D}_{P_{i_2}H_{2n-1}^{i_2}}+\cdots+\mathrm{D}_{P_{i_{m-1}}H_{2n-1}^{i_{m-1}}}=0. \qquad (8.4.8)$$

证明 根据定理 8.4.1，由式 (8.4.1) 中 $3\leqslant m<n$ 的情形，即得：对任意的 $k=k(i_1,i_2,\cdots,i_m)=1,2,\cdots,C_{2n}^m$，式 (8.4.7) 成立 $\Leftrightarrow$ 式 (8.4.8) 成立.

推论 8.4.6 设 $S = \{P_1, P_2, \cdots, P_{2n}\}(n \geq 4)$ 是共线 $2n$ 点的集合，H_{2n-1}^i 是 $T_{2n-1}^i = \{P_{i+1}, P_{i+2}, \cdots, P_{i+2n-1}\}(i = 1, 2, \cdots, 2n)$ 的重心，$(S_3^k, T_{2n-3}^k) = (P_{i_1}, P_{i_2}, P_{i_3}; P_{i_4}, P_{i_5}, \cdots, P_{i_{2n}})(k = 1, 2, \cdots, C_{2n}^3; i_1, i_2, \cdots, i_{2n} = 1, 2, \cdots, 2n)$ 是 S 的完备集对，G_3^k, H_{2n-3}^k 分别是 $(S_3^k, T_{2n-3}^k)(k = 1, 2, \cdots, C_{2n}^3)$ 中两个集合的重心，$P_i H_{2n-1}^i (i = 1, 2, \cdots, 2n)$ 是 S 的 1-类重心线，$G_3^k H_{2n-3}^k (k = 1, 2, \cdots, C_{2n}^3)$ 是 S 的 3-类重心线，P 是平面上任意一点，则对任意的 $k = k(i_1, i_2, i_3) = 1, 2, \cdots, C_{2n}^3$，均有两重心线 $P_{i_3} H_{2n-1}^{i_3}, G_3^k H_{2n-3}^k$ 方向相同且 $(2n-1)\mathrm{d}_{P_{i_3} H_{2n-1}^{i_3}} = 3(2n-3)\mathrm{d}_{G_3^k H_{2n-3}^k}$ 的充分必要条件是另两条重心线 $P_{i_1} H_{2n-1}^{i_1}, P_{i_2} H_{2n-1}^{i_2}$ 距离相等方向相反。

证明 根据定理 8.4.4，对任意的 $k = k(i_1, i_2, i_3) = 1, 2, \cdots, C_{2n}^3$，由式 (8.4.7) 和 (8.4.8) 中 $n \geq 4, m = 3$ 的情形的几何意义，即得。

推论 8.4.7 设 $S = \{P_1, P_2, \cdots, P_{2n}\}(n \geq 5)$ 是共线 $2n$ 点的集合，H_{2n-1}^i 是 $T_{2n-1}^i = \{P_{i+1}, P_{i+2}, \cdots, P_{i+2n-1}\}(i = 1, 2, \cdots, 2n)$ 的重心，$(S_4^k, T_{2n-4}^k) = (P_{i_1}, P_{i_2}, P_{i_3}, P_{i_4}; P_{i_5}, P_{i_6}, \cdots, P_{i_{2n}})(k = 1, 2, \cdots, C_{2n}^4; i_1, i_2, \cdots, i_{2n} = 1, 2, \cdots, 2n)$ 是 S 的完备集对，G_4^k, H_{2n-4}^k 分别是 $(S_4^k, T_{2n-4}^k)(k = 1, 2, \cdots, C_{2n}^4)$ 中两个集合的重心，$P_i H_{2n-1}^i (i = 1, 2, \cdots, 2n)$ 是 S 的 1-类重心线，$G_4^k H_{2n-4}^k (k = 1, 2, \cdots, C_{2n}^4)$ 是 S 的 4-类重心线，P 是平面上任意一点，则对任意的 $k = k(i_1, i_2, i_3, i_4) = 1, 2, \cdots, C_{2n}^4$，均有两重心线 $P_{i_4} H_{2n-1}^{i_4}, G_4^k H_{2n-4}^k$ 方向相同且 $(2n-1)\mathrm{d}_{P_{i_4} H_{2n-1}^{i_4}} = 8(n-2)\mathrm{d}_{G_4^k H_{2n-4}^k}$ 的充分必要条件是如下三条重心线的距离 $\mathrm{d}_{P_{i_1} H_{2n-1}^{i_1}}, \mathrm{d}_{P_{i_2} H_{2n-1}^{i_2}}, \mathrm{d}_{P_{i_3} H_{2n-1}^{i_3}}$ 中，其中一个较长的距离等于另外两个较短的距离的和。

证明 根据定理 8.4.4，对任意的 $k = k(i_1, i_2, i_3, i_4) = 1, 2, \cdots, C_{2n}^4$，由式 (8.4.7) 和 (8.4.8) 中 $n \geq 5, m = 4$ 的情形的几何意义，即得。

推论 8.4.8 设 $S = \{P_1, P_2, \cdots, P_{2n}\}(n \geq 6)$ 是共线 $2n$ 点的集合，H_{2n-1}^i 是 $T_{2n-1}^i = \{P_{i+1}, P_{i+2}, \cdots, P_{i+2n-1}\}(i = 1, 2, \cdots, 2n)$ 的重心，$(S_m^k, T_{2n-m}^k) = (P_{i_1}, P_{i_2}, \cdots, P_{i_m}; P_{i_{m+1}}, P_{i_{m+2}}, \cdots, P_{i_{2n}})(k = 1, 2, \cdots, C_{2n}^m; i_1, i_2, \cdots, i_{2n} = 1, 2, \cdots, 2n)$ 是 S 的完备集对，G_m^k, H_{2n-m}^k 分别是 $(S_m^k, T_{2n-m}^k)(k = 1, 2, \cdots, C_{2n}^m; 5 \leq m < n)$ 中两个集合的重心，$P_i H_{2n-1}^i (i = 1, 2, \cdots, 2n)$ 是 S 的 1-类重心线，$G_m^k H_{2n-m}^k (k = 1, 2, \cdots, C_{2n}^m)$ 是 S 的 m-类重心线，则对任意的 $k = k(i_1, i_2, \cdots, i_m) = 1, 2, \cdots, C_{2n}^m$，均有两重心线 $P_{i_m} H_{2n-1}^{i_m}, G_m^k H_{2n-m}^k$ 方向相同且 $(2n-1)\mathrm{d}_{P_{i_m} H_{2n-1}^{i_m}} = m(2n-m)\mathrm{a}_{G_m^k H_{2n-m}^k}$ 的充分必要条件是如下 $m-1$ 条重心线的距离 $\mathrm{d}_{P_{i_1} H_{2n-1}^{i_1}}, \mathrm{d}_{P_{i_2} H_{2n-1}^{i_2}}, \cdots, \mathrm{d}_{P_{i_{m-1}} H_{2n-1}^{i_{m-1}}}$ 中，其中一条较长的距离等于另外 $m-2$ 条较短的距离的和，或其中 $t(2 \leq t \leq [(m-1)/2])$ 条距离的和等于另外 $m-t-1$ 条距离的和。

证明 根据定理 8.4.4, 对任意的 $k = k(i_1, i_2, \cdots, i_m) = 1, 2, \cdots, C_{2n}^m$, 由式 (8.4.7) 和 (8.4.8) 中 $5 \leqslant m < n$ 的情形的几何意义, 即得.

定理 8.4.5 设 $S = \{P_1, P_2, \cdots, P_{2n}\}(n \geqslant 4)$ 是共线 $2n$ 点的集合, H_{2n-1}^i 是 $T_{2n-1}^i = \{P_{i+1}, P_{i+2}, \cdots, P_{i+2n-1}\}(i = 1, 2, \cdots, 2n)$ 的重心, $(S_m^k, T_{2n-m}^k) = (P_{i_1}, P_{i_2}, \cdots, P_{i_m}; P_{i_{m+1}}, P_{i_{m+2}}, \cdots, P_{i_{2n}})(k = 1, 2, \cdots, C_{2n}^m; i_1, i_2, \cdots, i_{2n} = 1, 2, \cdots, 2n)$ 是 S 的完备集对, G_m^k, H_{2n-m}^k 分别是 $(S_m^k, T_{2n-m}^k)(k = 1, 2, \cdots, C_{2n}^m; 3 \leqslant m < n)$ 中两个集合的重心, $P_i H_{2n-1}^i (i = 1, 2, \cdots, 2n)$ 是 S 的 1-类重心线, $G_m^k H_{2n-m}^k (k = 1, 2, \cdots, C_{2n}^m)$ 是 S 的 m-类重心线, 则对任意的 $k = k(i_1, i_2, \cdots, i_m) = 1, 2, \cdots, C_{2n}^m$, 如下两式均等价:

$$D_{P_{i_1} H_{2n-1}^{i_1}} + D_{P_{i_2} H_{2n-1}^{i_2}} = 0 \quad (d_{P_{i_1} H_{2n-1}^{i_1}} = d_{P_{i_2} H_{2n-1}^{i_2}}), \tag{8.4.9}$$

$$(2n-1)\sum_{\beta=3}^{m} D_{P_{i_\beta} H_{2n-1}^{i_\beta}} - m(2n-m) D_{G_m^k H_{2n-m}^k} = 0. \tag{8.4.10}$$

证明 根据定理 8.4.1, 由式 (8.4.1) 中 $3 \leqslant m < n$ 的情形, 即得: 对任意的 $k = k(i_1, i_2, \cdots, i_m) = 1, 2, \cdots, C_{2n}^m$, 式 (8.4.9) 成立 $\Leftrightarrow$ 式 (8.4.10) 成立.

推论 8.4.9 设 $S = \{P_1, P_2, \cdots, P_{2n}\}(n \geqslant 5)$ 是共线 $2n$ 点的集合, H_{2n-1}^i 是 $T_{2n-1}^i = \{P_{i+1}, P_{i+2}, \cdots, P_{i+2n-1}\}(i = 1, 2, \cdots, 2n)$ 的重心, $(S_4^k, T_{2n-4}^k) = (P_{i_1}, P_{i_2}, P_{i_3}, P_{i_4}; P_{i_5}, P_{i_6}, \cdots, P_{i_{2n}})(k = 1, 2, \cdots, C_{2n}^4; i_1, i_2, \cdots, i_{2n} = 1, 2, \cdots, 2n)$ 是 S 的完备集对, G_4^k, H_{2n-4}^k 分别是 $(S_4^k, T_{2n-4}^k)(k = 1, 2, \cdots, C_{2n}^4)$ 中两个集合的重心, $P_i H_{2n-1}^i (i = 1, 2, \cdots, 2n)$ 是 S 的 1-类重心线, $G_4^k H_{2n-4}^k (k = 1, 2, \cdots, C_{2n}^4)$ 是 S 的 4-类重心线, P 是平面上任意一点, 则对任意的 $k = k(i_1, i_2, i_3, i_4) = 1, 2, \cdots, C_{2n}^4$, 均有如下两条重心线 $P_{i_1} H_{2n-1}^{i_1}, P_{i_2} H_{2n-1}^{i_2}$ 距离相等方向相反的充分必要条件是如下三条重心线的乘数距离 $(2n-1) d_{P_{i_\beta} H_{2n-1}^{i_\beta}} (\beta = 3, 4)$; $4(2n-4) d_{G_4^k H_{2n-4}^k}$ 中, 其中一条较长的乘数距离的和等于另外两条较短的乘数距离的和.

证明 根据定理 8.4.5, 对任意的 $k = k(i_1, i_2, i_3, i_4) = 1, 2, \cdots, C_{2n}^4$, 由式 (8.4.9) 和 (8.4.10) 中 $n \geqslant 5, m = 4$ 的情形的几何意义, 即得.

推论 8.4.10 设 $S = \{P_1, P_2, \cdots, P_{2n}\}(n \geqslant 6)$ 是共线 $2n$ 点的集合, H_{2n-1}^i 是 $T_{2n-1}^i = \{P_{i+1}, P_{i+2}, \cdots, P_{i+2n-1}\}(i = 1, 2, \cdots, 2n)$ 的重心, $(S_m^k, T_{2n-m}^k) = (P_{i_1}, P_{i_2}, \cdots, P_{i_m}; P_{i_{m+1}}, P_{i_{m+2}}, \cdots, P_{i_{2n}})(k = 1, 2, \cdots, C_{2n}^m; i_1, i_2, \cdots, i_{2n} = 1, 2, \cdots, 2n)$ 是 S 的完备集对, G_m^k, H_{2n-m}^k 分别是 $(S_m^k, T_{2n-m}^k)(k = 1, 2, \cdots, C_{2n}^m; 5 \leqslant m < n)$ 中两个集合的重心, $P_i H_{2n-1}^i (i = 1, 2, \cdots, 2n)$ 是 S 的 1-类重心线, $G_m^k H_{2n-m}^k (k = 1, 2, \cdots, C_{2n}^m)$ 是 S 的 m-类重心线, 则对任意的 $k = k(i_1, i_2, \cdots,$

$i_m) = 1, 2, \cdots, C_{2n}^m$,均有两条重心线 $P_{i_1}H_{2n-1}^{i_1}, P_{i_2}H_{2n-1}^{i_2}$ 距离相等方向相反的充分必要条件是如下 $m-1$ 条重心线的乘数距离 $(2n-1)\mathrm{d}_{P_{i_\beta}H_{2n-1}^{i_\beta}}$ ($\beta = 3, 4, \cdots, m$); $m(2n-m)\mathrm{d}_{G_m^k H_{2n-m}^k}$ 中,其中一条较长的乘数距离等于另外 $m-2$ 条较短的乘数距离的和,或其中 $t(2 \leqslant t \leqslant [(m-1)/2])$ 条乘数距离的和等于另外 $m-t-1$ 个乘数距离的和.

证明 根据定理 8.4.5, 对任意的 $k = k(i_1, i_2, \cdots, i_m) = 1, 2, \cdots, C_{2n}^m$, 由式 (8.4.9) 和 (8.4.10) 中 $5 \leqslant m < n$ 的情形的几何意义, 即得.

定理 8.4.6 设 $S = \{P_1, P_2, \cdots, P_{2n}\}(n \geqslant 6)$ 是共线 $2n$ 点的集合, H_{2n-1}^i 是 $T_{2n-1}^i = \{P_{i+1}, P_{i+2}, \cdots, P_{i+2n-1}\}(i = 1, 2, \cdots, 2n)$ 的重心, $(S_m^k, T_{2n-m}^k) = (P_{i_1}, P_{i_2}, \cdots, P_{i_m}; P_{i_{m+1}}, P_{i_{m+2}}, \cdots, P_{i_{2n}})(k = 1, 2, \cdots, C_{2n}^m; i_1, i_2, \cdots, i_{2n} = 1, 2, \cdots, 2n)$ 是 S 的完备集对, G_m^k, H_{2n-m}^k 分别是 $(S_m^k, T_{2n-m}^k)(k = 1, 2, \cdots, C_{2n}^m; 5 \leqslant m < n)$ 中两个集合的重心, $P_iH_{2n-1}^i(i = 1, 2, \cdots, 2n)$ 是 S 的 1-类重心线, $G_m^k H_{2n-m}^k(k = 1, 2, \cdots, C_{2n}^m)$ 是 S 的 m-类重心线, 则对任意的 $k = k(i_1, i_2, \cdots, i_m) = 1, 2, \cdots, C_{2n}^m; 3 \leqslant s \leqslant [(m+1)/2]$, 如下两式均等价:

$$\mathrm{D}_{P_{i_1}H_{2n-1}^{i_1}} + \mathrm{D}_{P_{i_2}H_{2n-1}^{i_2}} + \cdots + \mathrm{D}_{P_{i_s}H_{2n-1}^{i_s}} = 0, \tag{8.4.11}$$

$$(2n-1)\sum_{\beta=s+1}^{m} \mathrm{D}_{P_{i_\beta}H_{2n-1}^{i_\beta}} - m(2n-m)\mathrm{D}_{G_m^k H_{2n-m}^k} = 0. \tag{8.4.12}$$

证明 根据定理 8.4.1, 由式 (8.4.1) 中 $5 \leqslant m < n$ 的情形, 即得: 对任意的 $k = k(i_1, i_2, \cdots, i_m) = 1, 2, \cdots, C_{2n}^m; 3 \leqslant s \leqslant [(m+1)/2]$, 式 (8.4.11) 成立 $\Leftrightarrow$ 式 (8.4.12) 成立.

推论 8.4.11 设 $S = \{P_1, P_2, \cdots, P_{12}\}$ 是共线十二点的集合, H_{11}^i 是 $T_{11}^i = \{P_{i+1}, P_{i+2}, \cdots, P_{i+11}\}(i = 1, 2, \cdots, 12)$ 的重心, $(S_5^k, T_7^k) = (P_{i_1}, P_{i_2}, \cdots, P_{i_5}; P_{i_6}, P_{i_7}, \cdots, P_{i_{12}})(k = 1, 2, \cdots, C_{12}^5; i_1, i_2, \cdots, i_{12} = 1, 2, \cdots, 12)$ 是 S 的完备集对, G_5^k, H_7^k 分别是 $(S_5^k, T_7^k)(k = 1, 2, \cdots, C_{12}^5)$ 中两个集合的重心, $P_iH_{11}^i(i = 1, 2, \cdots, 12)$ 是 S 的 1-类重心线, $G_5^k H_7^k(k = 1, 2, \cdots, C_{12}^5)$ 是 S 的 5-类重心线, P 是平面上任意一点, 则对任意的 $k = k(i_1, i_2, \cdots, i_5) = 1, 2, \cdots, C_{12}^5$, 均有如下三条重心线的距离 $\mathrm{d}_{P_{i_1}H_{11}^{i_1}}, \mathrm{d}_{P_{i_2}H_{11}^{i_2}}, \mathrm{d}_{P_{i_3}H_{11}^{i_3}}$ 中, 其中一条较长的距离等于另外两条较短的距离的和的充分必要条件是其余三条重心线的乘数距离 $11\mathrm{a}_{PP_{i_4}H_{11}^{i_4}}, 11\mathrm{a}_{PP_{i_5}H_{11}^{i_5}}, 35\mathrm{a}_{PG_5^k H_7^k}$ 中, 其中一条较长的乘数距离等于另外两条较短的乘数距离的和.

证明 根据定理 8.2.6, 对任意的 $k = k(i_1, i_2, \cdots, i_5) = 1, 2, \cdots, C_{12}^5$, 由式 (8.2.11) 和 (8.2.12) 中 $n = 6, m = 5, s = 3$ 的几何意义, 即得.

推论 8.4.12 设 $S = \{P_1, P_2, \cdots, P_{2n}\}(n \geqslant 7)$ 是共线 $2n$ 点的集合, H_{2n-1}^i

是 $T_{2n-1}^i = \{P_{i+1}, P_{i+2}, \cdots, P_{i+2n-1}\}(i=1,2,\cdots,2n)$ 的重心, $(S_m^k, T_{2n-m}^k) = (P_{i_1}, P_{i_2}, \cdots, P_{i_m}; P_{i_{m+1}}, P_{i_{m+2}}, \cdots, P_{i_{2n}})(k = 1, 2, \cdots, C_{2n}^m, i_1, i_2, \cdots, i_{2n} = 1, 2, \cdots, 2n)$ 是 S 的完备集对, G_m^k, H_{2n-m}^k 分别是 $(S_m^k, T_{2n-m}^k)(k = 1, 2, \cdots, C_{2n}^m; 6 \leqslant m < n)$ 中两个集合的重心, $P_i H_{2n-1}^i (i = 1, 2, \cdots, 2n)$ 是 S 的 1-类重心线, $G_m^k H_{2n-m}^k (k = 1, 2, \cdots, C_{2n}^m)$ 是 S 的 m-类重心线, P 是平面上任意一点, 则对任意的 $k = k(i_1, i_2, \cdots, i_m) = 1, 2, \cdots, C_{2n}^m$, 均有如下三条重心线的距离 $\mathrm{d}_{P_{i_1} H_{2n-1}^{i_1}}, \mathrm{d}_{P_{i_2} H_{2n-1}^{i_2}}, \mathrm{d}_{P_{i_3} H_{2n-1}^{i_3}}$ 中, 其中一条较长的距离等于另外两条较短的距离的和的充分必要条件是其余 $m-2$ 条重心线的乘数距离 $(2n-1)\mathrm{d}_{P_{i_\beta} H_{2n-1}^{i_\beta}} (\beta = 4, 5, \cdots, m); 8(n-2)\mathrm{d}_{G_4^k H_{2n-4}^k}$ 中, 其中一条较长的乘数距离等于另外 $m-3$ 条较短的乘数距离的和, 或其中 $t(2 \leqslant t \leqslant [(m-2)/2])$ 条乘数距离的和等于另外 $m-t-2$ 条乘数距离.

证明 根据定理 8.4.6, 对任意的 $k = k(i_1, i_2, \cdots, i_m) = 1, 2, \cdots, C_{2n}^m$, 由式 (8.2.11) 和 (8.3.12) 中 $n > m \geqslant 6, s = 3$ 的情形的几何意义, 即得.

推论 8.4.13 设 $S = \{P_1, P_2, \cdots, P_{2n}\}(n \geqslant 8)$ 是共线 $2n$ 点的集合, H_{2n-1}^i 是 $T_{2n-1}^i = \{P_{i+1}, P_{i+2}, \cdots, P_{i+2n-1}\}(i = 1, 2, \cdots, 2n)$ 的重心, $(S_m^k, T_{2n-m}^k) = (P_{i_1}, P_{i_2}, \cdots, P_{i_m}; P_{i_{m+1}}, P_{i_{m+2}}, \cdots, P_{i_{2n}})(k = 1, 2, \cdots, C_{2n}^m; i_1, i_2, \cdots, i_{2n} = 1, 2, \cdots, 2n)$ 是 S 的完备集对, G_m^k, H_{2n-m}^k 分别是 $(S_m^k, T_{2n-m}^k)(k = 1, 2, \cdots, C_{2n}^m; 7 \leqslant m < n)$ 中两个集合的重心, $P_i H_{2n-1}^i (i = 1, 2, \cdots, 2n)$ 是 S 的 1-类重心线, $G_m^k H_{2n-m}^k (k = 1, 2, \cdots, C_{2n}^m)$ 是 S 的 m-类重心线, 则对任意的 $k = k(i_1, i_2, \cdots, i_m) = 1, 2, \cdots, C_{2n}^m$, 如下 $s(4 \leqslant s \leqslant [(m+1)/2])$ 条重心线的距离 $\mathrm{d}_{P_{i_1} H_{2n-1}^{i_1}}, \mathrm{d}_{P_{i_2} H_{2n-1}^{i_2}}, \cdots, \mathrm{d}_{P_{i_s} H_{2n-1}^{i_s}}$ 中, 其中一条较长的距离等于另外 $s-1$ 条较短的距离的和, 或其中 $t_1(2 \leqslant t_1 \leqslant [s/2])$ 条距离的和等于另外 $s-t_1$ 条距离的和的充分必要条件是其余 $m-s+1$ 条重心线的乘数距离 $(2n-1)\mathrm{d}_{P_{i_\beta} H_{2n-1}^{i_\beta}} (\beta = s+1, s+2, \cdots, m); m(2n-m)\mathrm{d}_{G_m^k H_{2n-m}^k}$ 中, 其中一条较长的乘数距离等于另外 $m-s$ 条较短的乘数距离的和, 或其中 $t_2(2 \leqslant t_2 \leqslant [(m-s+1)/2])$ 条乘数距离的和等于另外 $m-s-t_2+1$ 条乘数距离的和.

证明 根据定理 8.4.6 和题设, 对任意的 $k = k(i_1, i_2, \cdots, i_m) = 1, 2, \cdots, C_{2n}^m$, 由式 (8.4.9) 和 (8.4.10) 中 $7 \leqslant m < n, 4 \leqslant s \leqslant [(m+1)/2]$ 的情形的几何意义, 即得.

8.4.2 共线 $2n$ 点集 1-类 n-类重心线有向距离的定值定理与应用

定理 8.4.7 设 $S = \{P_1, P_2, \cdots, P_{2n}\}(n \geqslant 2)$ 是共线 $2n$ 点的集合, H_{2n-1}^i 是 $T_{2n-1}^i = \{P_{i+1}, P_{i+2}, \cdots, P_{i+2n-1}\}(i = 1, 2, \cdots, 2n)$ 的重心, $(S_n^k, T_n^k) = (P_{i_1}, P_{i_2}, \cdots, P_{i_n}; P_{i_{n+1}}, P_{i_{n+2}}, \cdots, P_{i_{2n}})(k = 1, 2, \cdots, C_{2n}^n; i_1, i_2, \cdots, i_{2n} = 1, 2, \cdots,$

$2n$) 是 S 的完备集对, G_n^k, H_n^k 分别是 $(S_n^k, T_n^k)(k = 1, 2, \cdots, C_{2n}^n)$ 中两个集合的重心, $P_i H_{2n-1}^i (i = 1, 2, \cdots, 2n)$ 是 S 的 1-类重心线, $G_n^k H_n^k (k = 1, 2, \cdots, C_{2n}^n)$ 是 S 的 n-类重心线, 则对任意的 $k = k(i_1, i_2, \cdots, i_n) = 1, 2, \cdots, C_{2n}^n/2$, 恒有

$$(2n-1) \sum_{\beta=1}^{n} D_{P_{i_\beta} H_{2n-1}^{i_\beta}} - n^2 D_{G_n^k H_n^k} = 0, \tag{8.4.13}$$

$$(2n-1) \sum_{\beta=n+1}^{2n} D_{P_{i_\beta} H_{2n-1}^{i_\beta}} + n^2 D_{G_n^k H_n^k} = 0. \tag{8.4.14}$$

证明 根据定理 8.2.7, 由式 (8.2.12) 和 (8.2.13), 对任意的 $k = k(i_1, i_2, \cdots, i_n) = 1, 2, \cdots, C_{2n}^n/2$, 仿定理 8.4.1 证明, 即得式 (8.4.13) 和 (8.4.14).

注 8.4.3 特别地, 当 $n = 2$ 时, 由定理 8.4.7, 即得定理 2.2.7; 而当 $n = 3$ 时, 由定理 8.4.7, 即得定理 5.2.9. 因此, 2.2 节和 5.2 节相应的结论都可以由定理 8.4.7 推出, 故在以下的论述中, 我们主要研究 $n \geqslant 4$ 的情形, 而对 $n = 2, 3$ 的情形不单独论及.

推论 8.4.14 设 $S = \{P_1, P_2, \cdots, P_{2n}\}(n \geqslant 3)$ 是共线 $2n$ 点的集合, H_{2n-1}^i 是 $T_{2n-1}^i = \{P_{i+1}, P_{i+2}, \cdots, P_{i+2n-1}\}(i = 1, 2, \cdots, 2n)$ 的重心, $(S_n^k, T_n^k) = (P_{i_1}, P_{i_2}, \cdots, P_{i_n}; P_{i_{n+1}}, P_{i_{n+2}}, \cdots, P_{i_{2n}})(k = 1, 2, \cdots, C_{2n}^n; i_1, i_2, \cdots, i_{2n} = 1, 2, \cdots, 2n)$ 是 S 的完备集对, G_n^k, H_n^k 分别是 $(S_n^k, T_n^k)(k = 1, 2, \cdots, C_{2n}^n)$ 中两个集合的重心, $P_i H_{2n-1}^i (i = 1, 2, \cdots, 2n)$ 是 S 的 1-类重心线, $G_n^k H_n^k (k = 1, 2, \cdots, C_{2n}^n)$ 是 S 的 n-类重心线, 则对任意的 $k = k(i_1, i_2, \cdots, i_n) = 1, 2, \cdots, C_{2n}^n/2$, 恒有以下 $n+1$ 条重心线的乘数距离 $(2n-1)d_{P_{i_\beta} H_{2n-1}^{i_\beta}} (\beta = 1, 2, \cdots, n); n^2 d_{G_n^k H_n^k} ((2n-1)d_{P_{i_\beta} H_{2n-1}^{i_\beta}} (\beta = n+1, n+2, \cdots, 2n); n^2 d_{G_n^k H_n^k})$ 中, 其中一条较长的乘数距离等于另外 n 条较短的乘数距离的和; 或其中 $t(2 \leqslant t \leqslant [(n+1)/2])$ 条乘数距离的和等于另外 $n-t+1$ 条乘数距离的和.

证明 根据定理 8.4.7, 对任意的 $k = k(i_1, i_2, \cdots, i_n) = 1, 2, \cdots, C_{2n}^n/2$, 分别由式 (8.4.13) 和 (8.4.14) 中 $n \geqslant 3$ 的情形的几何意义, 即得.

定理 8.4.8 设 $S = \{P_1, P_2, \cdots, P_{2n}\}(n \geqslant 3)$ 是共线 $2n$ 点的集合, H_{2n-1}^i 是 $T_{2n-1}^i = \{P_{i+1}, P_{i+2}, \cdots, P_{i+2n-1}\}(i = 1, 2, \cdots, 2n)$ 的重心, $(S_n^k, T_n^k) = (P_{i_1}, P_{i_2}, \cdots, P_{i_n}; P_{i_{n+1}}, P_{i_{n+2}}, \cdots, P_{i_{2n}})(k = 1, 2, \cdots, C_{2n}^n; i_1, i_2, \cdots, i_{2n} = 1, 2, \cdots, 2n)$ 是 S 的完备集对, G_n^k, H_n^k 分别是 $(S_n^k, T_n^k)(k = 1, 2, \cdots, C_{2n}^n)$ 中两个集合的重心, $P_i H_{2n-1}^i (i = 1, 2, \cdots, 2n)$ 是 S 的 1-类重心线, $G_n^k H_n^k (k = 1, 2, \cdots, C_{2n}^n)$ 是 S 的 n-类重心线, 则对任意的 $k = k(i_1, i_2, \cdots, i_n) = 1, 2, \cdots, C_{2n}^n/2$, 恒有

$D_{G_n^k H_n^k} = 0$ 的充分必要条件是如下两式之一成立:

$$D_{P_{i_1} H_{2n-1}^{i_1}} + D_{P_{i_2} H_{2n-1}^{i_2}} + \cdots + D_{P_{i_n} H_{2n-1}^{i_n}} = 0, \qquad (8.4.15)$$

$$D_{P_{i_{n+1}} H_{2n-1}^{i_{n+1}}} + D_{P_{i_{n+2}} H_{2n-1}^{i_{n+2}}} + \cdots + D_{P_{i_{2n}} H_{2n-1}^{i_{2n}}} = 0. \qquad (8.4.16)$$

证明 根据定理 8.4.7, 分别由式 (8.4.13) 和 (8.4.14) 中 $n \geqslant 3$ 的情形, 即得: 对任意的 $k = k(i_1, i_2, \cdots, i_n) = 1, 2, \cdots, C_{2n}^n/2$, 恒有 $D_{G_n^k H_n^k} = 0 \Leftrightarrow$ 式 (8.4.15) 成立 $\Leftrightarrow$ 式 (8.4.16) 成立.

推论 8.4.15 设 $S = \{P_1, P_2, \cdots, P_{2n}\}(n \geqslant 4)$ 是共线 $2n$ 点的集合, H_{2n-1}^i 是 $T_{2n-1}^i = \{P_{i+1}, P_{i+2}, \cdots, P_{i+2n-1}\}(i = 1, 2, \cdots, 2n)$ 的重心, $(S_n^k, T_n^k) = (P_{i_1}, P_{i_2}, \cdots, P_{i_n}; P_{i_{n+1}}, P_{i_{n+2}}, \cdots, P_{i_{2n}})(k = 1, 2, \cdots, C_{2n}^n; i_1, i_2, \cdots, i_{2n} = 1, 2, \cdots, 2n)$ 是 S 的完备集对, G_n^k, H_n^k 分别是 $(S_n^k, T_n^k)(k = 1, 2, \cdots, C_{2n}^n)$ 中两个集合的重心, $P_i H_{2n-1}^i (i = 1, 2, \cdots, 2n)$ 是 S 的 1-类重心线, $G_n^k H_n^k (k = 1, 2, \cdots, C_{2n}^n)$ 是 S 的 n-类重心线, 则对任意的 $k = k(i_1, i_2, \cdots, i_n) = 1, 2, \cdots, C_{2n}^n/2$, 恒有两重心点 G_n^k, H_n^k 重合的充分必要条件是如下 n 条重心线的距离 $d_{P_{i_1} H_{2n-1}^{i_1}}, d_{P_{i_2} H_{2n-1}^{i_2}}, \cdots$, $d_{P_{i_n} H_{2n-1}^{i_n}} (d_{P_{i_{n+1}} H_{2n-1}^{i_{n+1}}}, d_{P_{i_{n+2}} H_{2n-1}^{i_{n+2}}}, \cdots, d_{P_{i_{2n}} H_{2n-1}^{i_{2n}}})$ 中, 其中一条较长的距离等于另外 $n-1$ 条较小的距离的和, 或其中 $t(2 \leqslant t \leqslant [n/2])$ 条距离的和等于另外 $n-t$ 条距离的和.

证明 根据定理 8.4.8, 对任意的 $k = k(i_1, i_2, \cdots, i_n) = 1, 2, \cdots, C_{2n}^n/2$, 由 $D_{G_n^k H_n^k} = 0$ 以及式 (8.4.15) 或 (8.4.16) 中 $n \geqslant 4$ 的情形的几何意义, 即得.

定理 8.4.9 设 $S = \{P_1, P_2, \cdots, P_{2n}\}(n \geqslant 3)$ 是共线 $2n$ 点的集合, H_{2n-1}^i 是 $T_{2n-1}^i = \{P_{i+1}, P_{i+2}, \cdots, P_{i+2n-1}\}(i = 1, 2, \cdots, 2n)$ 的重心, $(S_n^k, T_n^k) = (P_{i_1}, P_{i_2}, \cdots, P_{i_n}; P_{i_{n+1}}, P_{i_{n+2}}, \cdots, P_{i_{2n}})(k = 1, 2, \cdots, C_{2n}^n; i_1, i_2, \cdots, i_{2n} = 1, 2, \cdots, 2n)$ 是 S 的完备集对, G_n^k, H_n^k 分别是 $(S_n^k, T_n^k)(k = 1, 2, \cdots, C_{2n}^n)$ 中两个集合的重心, $P_i H_{2n-1}^i (i = 1, 2, \cdots, 2n)$ 是 S 的 1-类重心线, $G_n^k H_n^k (k = 1, 2, \cdots, C_{2n}^n)$ 是 S 的 n-类重心线, 则对任意的 $k = k(i_1, i_2, \cdots, i_n) = 1, 2, \cdots, C_{2n}^n/2$, 恒有 $D_{P_{i_n} H_{2n-1}^{i_n}} = 0 (i_n \in I_{2n})$ 和 $D_{P_{i_{2n}} H_{2n-1}^{i_{2n}}} = 0 (i_{2n} \in I_{2n} \setminus \{i_1, i_2, \cdots, i_n\})$ 的充分必要条件分别是如下的式 (8.4.17) 和 (8.4.18) 成立:

$$(2n-1) \sum_{\beta=1}^{n-1} D_{P_{i_\beta} H_{2n-1}^{i_\beta}} - n^2 D_{G_n^k H_n^k} = 0, \qquad (8.4.17)$$

$$(2n-1) \sum_{\beta=n+1}^{2n-1} D_{P_{i_\beta} H_{2n-1}^{i_\beta}} + n^2 D_{G_n^k H_n^k} = 0. \qquad (8.4.18)$$

证明 根据定理 8.4.7, 分别由式 (8.4.13) 和 (8.4.14) 中 $n \geqslant 3$ 的情形, 可得: 对任意的 $k = k(i_1, i_2, \cdots, i_n) = 1, 2, \cdots, C_{2n}^n/2$, 恒有 $D_{P_{i_n} H_{2n-1}^{i_n}} = 0 (i_n \in I_{2n}) \Leftrightarrow$ 式 (8.4.17) 成立; $D_{P_{i_{2n}} H_{2n-1}^{i_{2n}}} = 0 (i_{2n} \in I_{2n} \backslash \{i_1, i_2, \cdots, i_n\}) \Leftrightarrow$ 式 (8.4.18) 成立.

推论 8.4.16 设 $S = \{P_1, P_2, \cdots, P_{2n}\}(n \geqslant 4)$ 是共线 $2n$ 点的集合, H_{2n-1}^i 是 $T_{2n-1}^i = \{P_{i+1}, P_{i+2}, \cdots, P_{i+2n-1}\}(i = 1, 2, \cdots, 2n)$ 的重心, $(S_n^k, T_n^k) = (P_{i_1}, P_{i_2}, \cdots, P_{i_n}; P_{i_{n+1}}, P_{i_{n+2}}, \cdots, P_{i_{2n}})(k = 1, 2, \cdots, C_{2n}^n; i_1, i_2, \cdots, i_{2n} = 1, 2, \cdots, 2n)$ 是 S 的完备集对, G_n^k, H_n^k 分别是 $(S_n^k, T_n^k)(k = 1, 2, \cdots, C_{2n}^n)$ 中两个集合的重心, $P_i H_{2n-1}^i (i = 1, 2, \cdots, 2n)$ 是 S 的 1-类重心线, $G_n^k H_n^k (k = 1, 2, \cdots, C_{2n}^n)$ 是 S 的 n-类重心线, 则对任意的 $k = k(i_1, i_2, \cdots, i_n) = 1, 2, \cdots, C_{2n}^n/2$, 均有两重心点 $P_{i_n}, H_{2n-1}^{i_n}(i_n \in I_{2n})(P_{i_{2n}}, H_{2n-1}^{i_{2n}}(i_{2n} \in I_{2n} \backslash \{i_1, i_2, \cdots, i_n\}))$ 重合的充分必要条件是如下 n 条重心线的乘数距离 $(2n-1)d_{P_{i_\beta} H_{2n-1}^{i_\beta}} (\beta = 1, 2, \cdots, n-1); n^2 d_{G_n^k H_n^k} ((2n-1)d_{P_{i_\beta} H_{2n-1}^{i_\beta}} (\beta = n+1, n+2, \cdots, 2n-1); n^2 d_{G_n^k H_n^k})$ 中, 其中一条较长的乘数距离等于另外 $n-1$ 条较短的乘数距离的和, 或其中 $t(2 \leqslant t \leqslant [n/2])$ 条乘数距离的和等于另外 $n-t$ 条乘数距离的和.

证明 根据定理 8.4.9, 对任意的 $k = k(i_1, i_2, \cdots, i_n) = 1, 2, \cdots, C_{2n}^n/2$, 分别由 $D_{P_{i_n} H_{2n-1}^{i_n}} = 0 (i_n \in I_{2n})$ 和式 (8.4.17), $D_{P_{i_{2n}} H_{2n-1}^{i_{2n}}} = 0 (i_{2n} \in I_{2n} \backslash \{i_1, i_2, \cdots, i_n\})$ 和式 (8.4.18) 中 $n \geqslant 4$ 的情形的几何意义, 即得.

定理 8.4.10 设 $S = \{P_1, P_2, \cdots, P_{2n}\}(n \geqslant 4)$ 是共线 $2n$ 点的集合, H_{2n-1}^i 是 $T_{2n-1}^i = \{P_{i+1}, P_{i+2}, \cdots, P_{i+2n-1}\}(i = 1, 2, \cdots, 2n)$ 的重心, $(S_n^k, T_n^k) = (P_{i_1}, P_{i_2}, \cdots, P_{i_n}; P_{i_{n+1}}, P_{i_{n+2}}, \cdots, P_{i_{2n}})(k = 1, 2, \cdots, C_{2n}^n; i_1, i_2, \cdots, i_{2n} = 1, 2, \cdots, 2n)$ 是 S 的完备集对, G_n^k, H_n^k 分别是 $(S_n^k, T_n^k)(k = 1, 2, \cdots, C_{2n}^n)$ 中两个集合的重心, $P_i H_{2n-1}^i (i = 1, 2, \cdots, 2n)$ 是 S 的 1-类重心线, $G_n^k H_n^k (k = 1, 2, \cdots, C_{2n}^n)$ 是 S 的 n-类重心线, 则对任意的 $k = k(i_1, i_2, \cdots, i_n) = 1, 2, \cdots, C_{2n}^n/2$, 如下两对式子中的两个式子均等价:

$$(2n-1) D_{P_{i_n} H_{2n-1}^{i_n}} - n^2 D_{G_n^k H_n^k} = 0, \tag{8.4.19}$$

$$D_{P_{i_1} H_{2n-1}^{i_1}} + D_{P_{i_2} H_{2n-1}^{i_2}} + \cdots + D_{P_{i_{n-1}} H_{2n-1}^{i_{n-1}}} = 0; \tag{8.4.20}$$

$$(2n-1) D_{P_{i_{2n}} H_{2n-1}^{i_{2n}}} + n^2 D_{G_n^k H_n^k} = 0, \tag{8.4.21}$$

$$D_{P_{i_{n+1}} H_{2n-1}^{i_{n+1}}} + D_{P_{i_{n+2}} H_{2n-1}^{i_{n+2}}} + \cdots + D_{P_{i_{2n-1}} H_{2n-1}^{i_{2n-1}}} = 0. \tag{8.4.22}$$

证明 根据定理 8.4.7, 分别由式 (8.4.13) 和 (8.4.14) 中 $n \geqslant 4$ 的情形, 即得: 对任意的 $k = k(i_1, i_2, \cdots, i_n) = 1, 2, \cdots, C_{2n}^n/2$, 式 (8.4.19) 成立 $\Leftrightarrow$ 式 (8.4.20)

成立, 式 (8.4.21) 成立 ⇔ 式 (8.4.22) 成立.

推论 8.4.17 设 $S = \{P_1, P_2, \cdots, P_8\}$ 是共线八点的集合, H_7^i 是 $T_7^i = \{P_{i+1}, P_{i+2}, \cdots, P_{i+7}\}(i = 1, 2, \cdots, 7)$ 的重心, $(S_4^k, T_4^k) = (P_{i_1}, P_{i_2}, P_{i_3}, P_{i_4}; P_{i_5}, P_{i_6}, P_{i_7}, P_{i_8})(k = 1, 2, \cdots, 70; i_1, i_2, \cdots, i_8 = 1, 2, \cdots, 8)$ 是 S 的完备集对, G_4^k, H_4^k 分别是 $(S_4^k, T_4^k)(k = 1, 2, \cdots, 70)$ 中两个集合的重心, $P_i H_7^i(i = 1, 2, \cdots, 8)$ 是 S 的 1-类重心线, $G_4^k H_4^k(k = 1, 2, \cdots, 70)$ 是 S 的 4-类重心线, 则对任意的 $k = k(i_1, i_2, i_3, i_4) = 1, 2, \cdots, 35$, 均有两重心线 $P_{i_4} H_7^{i_4}, G_4^k H_4^k (P_{i_8} H_7^{i_8}, G_4^k H_4^k)$ 方向相反 (方向相同) 且 $7\mathrm{d}_{P_{i_4} H_7^{i_4}} = 16\mathrm{d}_{G_4^k H_4^k}(7\mathrm{d}_{P_{i_8} H_7^{i_8}} = 16\mathrm{d}_{G_4^k H_4^k})$ 的充分必要条件是如下三条重心线的距离 $\mathrm{d}_{P_{i_1} H_7^{i_1}}, \mathrm{d}_{P_{i_2} H_7^{i_2}}, \mathrm{d}_{P_{i_3} H_7^{i_3}} (\mathrm{d}_{P_{i_5} H_7^{i_5}}, \mathrm{d}_{P_{i_6} H_7^{i_6}}, \mathrm{d}_{P_{i_7} H_7^{i_7}})$ 中, 其中一条较长的距离等于另外两条较短的重距离的和.

证明 根据定理 8.4.10, 对任意的 $k = k(i_1, i_2, i_3, i_4) = 1, 2, \cdots, 35$, 分别由式 (8.4.19) 和 (8.4.20)、式 (8.4.21) 和 (8.4.22) 中 $n = 4$ 的情形的几何意义, 即得.

推论 8.4.18 设 $S = \{P_1, P_2, \cdots, P_{2n}\}(n \geqslant 5)$ 是共线 $2n$ 点的集合, H_{2n-1}^i 是 $T_{2n-1}^i = \{P_{i+1}, P_{i+2}, \cdots, P_{i+2n-1}\}(i = 1, 2, \cdots, 2n)$ 的重心, $(S_n^k, T_n^k) = (P_{i_1}, P_{i_2}, \cdots, P_{i_n}; P_{i_{n+1}}, P_{i_{n+2}}, \cdots, P_{i_{2n}})(k = 1, 2, \cdots, \mathrm{C}_{2n}^n; i_1, i_2, \cdots, i_{2n} = 1, 2, \cdots, 2n)$ 是 S 的完备集对, G_n^k, H_n^k 分别是 $(S_n^k, T_n^k)(k = 1, 2, \cdots, \mathrm{C}_{2n}^n)$ 中两个集合的重心, $P_i H_{2n-1}^i(i = 1, 2, \cdots, 2n)$ 是 S 的 1-类重心线, $G_n^k H_n^k(k = 1, 2, \cdots, \mathrm{C}_{2n}^n)$ 是 S 的 n-类重心线, 则对任意的 $k = k(i_1, i_2, \cdots, i_n) = 1, 2, \cdots, \mathrm{C}_{2n}^n/2$, 均有两重心线 $P_{i_n} H_{2n-1}^{i_n}, G_n^k H_n^k (P_{i_{2n}} H_{2n-1}^{i_{2n}}, G_n^k H_n^k)$ 方向相同 (方向相反) 且 $(2n-1)\mathrm{d}_{P_{i_n} H_{2n-1}^{i_n}} = n^2 \mathrm{d}_{G_n^k H_n^k}((2n-1)\mathrm{d}_{P_{i_{2n}} H_{2n-1}^{i_{2n}}} = n^2 \mathrm{d}_{G_n^k H_n^k})$ 的充分必要条件是如下 $n-1$ 条重心线的距离 $\mathrm{d}_{P_{i_{n+1}} H_{2n-1}^{i_1}}, \mathrm{d}_{P_{i_{n+2}} H_{2n-1}^{i_2}}, \cdots, \mathrm{d}_{P_{i_{n-1}} H_{2n-1}^{i_{n-1}}} (\mathrm{d}_{P_{i_{n+1}} H_{2n-1}^{i_{n+1}}}, \mathrm{d}_{P_{i_{n+2}} H_{2n-1}^{i_{n+2}}}, \cdots, \mathrm{d}_{P_{i_{2n-1}} H_{2n-1}^{i_{2n-1}}})$ 中, 其中一条较长的距离等于另外 $n-2$ 条较短的距离的和, 或其中 $t(2 \leqslant t \leqslant [(n-1)/2])$ 条距离的和等于另外 $n-t-1$ 条距离的和.

证明 根据定理 8.4.10, 对任意的 $k = k(i_1, i_2, \cdots, i_n) = 1, 2, \cdots, \mathrm{C}_{2n}^n/2$, 分别由式 (8.4.19) 和 (8.4.20)、式 (8.4.21) 和 (8.4.22) 中 $n \geqslant 5$ 的情形的几何意义, 即得.

定理 8.4.11 设 $S = \{P_1, P_2, \cdots, P_{2n}\}(n \geqslant 4)$ 是共线 $2n$ 点的集合, H_{2n-1}^i 是 $T_{2n-1}^i = \{P_{i+1}, P_{i+2}, \cdots, P_{i+2n-1}\}(i = 1, 2, \cdots, 2n)$ 的重心, $(S_n^k, T_n^k) = (P_{i_1}, P_{i_2}, \cdots, P_{i_n}; P_{i_{n+1}}, P_{i_{n+2}}, \cdots, P_{i_{2n}})(k = 1, 2, \cdots, \mathrm{C}_{2n}^n; i_1, i_2, \cdots, i_{2n} = 1, 2, \cdots, 2n)$ 是 S 的完备集对, G_n^k, H_n^k 分别是 $(S_n^k, T_n^k)(k = 1, 2, \cdots, \mathrm{C}_{2n}^n)$ 中两个集合的重心, $P_i H_{2n-1}^i(i = 1, 2, \cdots, 2n)$ 是 S 的 1-类重心线, $G_n^k H_n^k(k = 1, 2, \cdots, \mathrm{C}_{2n}^n)$ 是 S 的 n-类重心线, 则对任意的 $k = k(i_1, i_2, \cdots, i_n) = 1, 2, \cdots, \mathrm{C}_{2n}^n/2$, 如下两对式子中的两个式子均等价:

$$\mathrm{D}_{P_{i_1}H_{2n-1}^{i_1}} + \mathrm{D}_{P_{i_2}H_{2n-1}^{i_2}} = 0 \quad (\mathrm{d}_{P_{i_1}H_{2n-1}^{i_1}} = \mathrm{d}_{P_{i_2}H_{2n-1}^{i_2}}), \tag{8.4.23}$$

$$(2n-1)\sum_{\beta=3}^{n}\mathrm{D}_{P_{i_\beta}H_{2n-1}^{i_\beta}} - n^2\mathrm{D}_{G_n^k H_n^k} = 0; \tag{8.4.24}$$

$$\mathrm{D}_{P_{i_{n+1}}H_{2n-1}^{i_{n+1}}} + \mathrm{D}_{P_{i_{n+2}}H_{2n-1}^{i_{n+2}}} = 0 \quad (\mathrm{d}_{P_{i_{n+1}}H_{2n-1}^{i_{n+1}}} = \mathrm{d}_{P_{i_{n+2}}H_{2n-1}^{i_{n+2}}}), \tag{8.4.25}$$

$$(2n-1)\sum_{\beta=n+3}^{2n}\mathrm{D}_{P_{i_\beta}H_{2n-1}^{i_\beta}} + n^2\mathrm{D}_{G_n^k H_n^k} = 0. \tag{8.4.26}$$

证明 根据定理 8.4.7, 分别由式 (8.4.13) 和 (8.4.14) 中 $n \geqslant 4$ 的情形, 可得: 对任意的 $k = k(i_1, i_2, \cdots, i_n) = 1, 2, \cdots, \mathrm{C}_{2n}^n/2$, 式 (8.4.23) 成立的充分必要条件是式 (8.4.24) 成立, 式 (8.4.25) 成立的充分必要条件是式 (8.4.26) 成立.

推论 8.4.19 设 $S = \{P_1, P_2, \cdots, P_8\}$ 是共线八点的集合, H_7^i 是 $T_7^i = \{P_{i+1}, P_{i+2}, \cdots, P_{i+7}\}(i = 1, 2, \cdots, 8)$ 的重心, $(S_4^k, T_4^k) = (P_{i_1}, P_{i_2}, P_{i_3}, P_{i_4}; P_{i_5}, P_{i_6}, P_{i_7}, P_{i_8})(k = 1, 2, \cdots, 70; i_1, i_2, \cdots, i_8 = 1, 2, \cdots, 8)$ 是 S 的完备集对, G_4^k, H_4^k 分别是 $(S_4^k, T_4^k)(k = 1, 2, \cdots, 70)$ 中两个集合的重心, $P_i H_7^i (i = 1, 2, \cdots, 8)$ 是 S 的 1-类重心线, $G_4^k H_4^k (k = 1, 2, \cdots, 70)$ 是 S 的 4-类重心线, 则对任意的 $k = k(i_1, i_2, i_3, i_4) = 1, 2, \cdots, 35$, 均有两重心线 $P_{i_1}H_7^{i_1}, P_{i_2}H_7^{i_2}(P_{i_5}H_7^{i_5}, P_{i_6}H_7^{i_6})$ 距离相等方向相反的充分必要条件是如下三条重心线的乘数距离 $7\mathrm{d}_{P_{i_3}H_7^{i_3}}, 7\mathrm{d}_{P_{i_4}H_7^{i_4}}$, $16\mathrm{d}_{G_4^k H_4^k}(7\mathrm{d}_{P_{i_7}H_7^{i_7}}, 7\mathrm{d}_{P_{i_8}H_7^{i_8}}, 16\mathrm{d}_{G_4^k H_4^k})$ 中, 其中一条较长的乘数距离等于另外两条较短的乘数距离的和.

证明 根据定理 8.4.11, 对任意的 $k = k(i_1, i_2, i_3, i_4) = 1, 2, \cdots, 35$, 分别由式 (8.4.23) 和 (8.3.24)、式 (8.4.25) 和 (8.4.26) 中 $n = 4$ 的情形的几何意义, 即得.

推论 8.4.20 设 $S = \{P_1, P_2, \cdots, P_{2n}\}(n \geqslant 5)$ 是共线 $2n$ 点的集合, H_{2n-1}^i 是 $T_{2n-1}^i = \{P_{i+1}, P_{i+2}, \cdots, P_{i+2n-1}\}(i = 1, 2, \cdots, 2n)$ 的重心, $(S_n^k, T_n^k) = (P_{i_1}, P_{i_2}, \cdots, P_{i_n}; P_{i_{n+1}}, P_{i_{n+2}}, \cdots, P_{i_{2n}})(k = 1, 2, \cdots, \mathrm{C}_{2n}^n; i_1, i_2, \cdots, i_{2n} = 1, 2, \cdots, 2n)$ 是 S 的完备集对, G_n^k, H_n^k 分别是 $(S_n^k, T_n^k)(k = 1, 2, \cdots, \mathrm{C}_{2n}^n)$ 中两个集合的重心, $P_i H_{2n-1}^i (i = 1, 2, \cdots, 2n)$ 是 S 的 1-类重心线, $G_n^k H_n^k (k = 1, 2, \cdots, \mathrm{C}_{2n}^n)$ 是 S 的 n-类重心线, 则对任意的 $k = k(i_1, i_2, \cdots, i_n) = 1, 2, \cdots, \mathrm{C}_{2n}^n$, 均有两重心线 $P_{i_1}H_{2n-1}^{i_1}, P_{i_2}H_{2n-1}^{i_2}(P_{i_{n+1}}H_{2n-1}^{i_{n+1}}, P_{i_{n+2}}H_{2n-1}^{i_{n+2}})$ 距离相等方向相反的充分必要条件是如下 $n-1$ 条重心线的乘数距离 $(2n-1)\mathrm{d}_{P_{i_\beta}H_{2n-1}^{i_\beta}}(\beta = 3, 4, \cdots, n); n^2\mathrm{d}_{G_n^k H_n^k}$ $((2n-1)\mathrm{d}_{P_{i_\beta}H_{2n-1}^{i_\beta}}(\beta = n+3, n+4, \cdots, 2n); n^2\mathrm{d}_{G_n^k H_n^k})$ 中, 其中一条较长的乘数距离等于另外 $n-2$ 条较短的乘数距离的和, 或其中 $t(2 \leqslant t \leqslant [(n-1)/2])$ 条乘

数距离等于另外 $n-t-1$ 条乘数距离的和.

证明 根据定理 8.4.11, 对任意的 $k = k(i_1, i_2, \cdots, i_n) = 1, 2, \cdots, C_{2n}^n/2$, 分别由式 (8.4.23) 和 (8.4.24), 式 (8.4.25) 和 (8.4.26) 中 $n \geqslant 5$ 的情形, 即得.

定理 8.4.12 设 $S = \{P_1, P_2, \cdots, P_{2n}\}(n \geqslant 5)$ 是共线 $2n$ 点的集合, H_{2n-1}^i 是 $T_{2n-1}^i = \{P_{i+1}, P_{i+2}, \cdots, P_{i+2n-1}\}(i = 1, 2, \cdots, 2n)$ 的重心, $(S_n^k, T_n^k) = (P_{i_1}, P_{i_2}, \cdots, P_{i_n}; P_{i_{n+1}}, P_{i_{n+2}}, \cdots, P_{i_{2n}})(k = 1, 2, \cdots, C_{2n}^n; i_1, i_2, \cdots, i_{2n} = 1, 2, \cdots, 2n)$ 是 S 的完备集对, G_n^k, H_n^k 分别是 $(S_n^k, T_n^k)(k = 1, 2, \cdots, C_{2n}^n)$ 中两个集合的重心, $P_i H_{2n-1}^i (i = 1, 2, \cdots, 2n)$ 是 S 的 1-类重心线, $G_n^k H_n^k (k = 1, 2, \cdots, C_{2n}^n)$ 是 S 的 n-类重心线, 则对任意的 $k = k(i_1, i_2, \cdots, i_n) = 1, 2, \cdots, C_{2n}^n/2; 3 \leqslant s \leqslant [(n+1)/2]$, 如下两对式子中的两个式子均等价:

$$D_{P_{i_1} H_{2n-1}^{i_1}} + D_{P_{i_2} H_{2n-1}^{i_2}} + \cdots + D_{P_{i_s} H_{2n-1}^{i_s}} = 0, \quad (8.4.27)$$

$$(2n-1) \sum_{\beta=s+1}^{n} D_{P_{i_\beta} H_{2n-1}^{i_\beta}} - n^2 D_{P-G_n^k H_n^k} = 0; \quad (8.4.28)$$

$$D_{P_{i_{n+1}} H_{2n-1}^{i_{n+1}}} + D_{P_{i_{n+2}} H_{2n-1}^{i_{n+2}}} + \cdots + D_{P_{i_{n+s}} H_{2n-1}^{i_{n+s}}} = 0, \quad (8.4.29)$$

$$(2n-1) \sum_{\beta=n+s+1}^{2n} D_{P_{i_\beta} H_{2n-1}^{i_\beta}} + n^2 D_{G_n^k H_n^k} = 0. \quad (8.4.30)$$

证明 根据定理 8.4.7, 分别由式 (8.4.13) 和 (8.4.14) 中 $n \geqslant 5$ 的情形, 即得: 对任意的 $k = k(i_1, i_2, \cdots, i_n) = 1, 2, \cdots, C_{2n}^n/2; 3 \leqslant s \leqslant [(n+1)/2]$, 式 (8.4.27) 成立 $\Leftrightarrow$ 式 (8.4.28) 成立; 式 (8.4.29) 成立 $\Leftrightarrow$ 式 (8.4.30) 成立.

推论 8.4.21 设 $S = \{P_1, P_2, \cdots, P_{10}\}$ 是共线十点的集合, H_9^i 是 $T_9^i = \{P_{i+1}, P_{i+2}, \cdots, P_{i+9}\}(i = 1, 2, \cdots, 10)$ 的重心, $(S_5^k, T_5^k) = (P_{i_1}, P_{i_2}, \cdots, P_{i_5}; P_{i_6}, P_{i_7}, \cdots, P_{i_{10}})(k = 1, 2, \cdots, 252; i_1, i_2, \cdots, i_{10} = 1, 2, \cdots, 10)$ 是 S 的完备集对, G_5^k, H_5^k 分别是 $(S_5^k, T_5^k)(k = 1, 2, \cdots, 252)$ 中两个集合的重心, $P_i H_9^i (i = 1, 2, \cdots, 10)$ 是 S 的 1-类重心线, $G_5^k H_5^k (k = 1, 2, \cdots, 252)$ 是 S 的 5-类重心线, 则对任意的 $k = k(i_1, i_2, \cdots, i_5) = 1, 2, \cdots, 126$, 均有如下三条重心线的距离 $d_{P_{i_1} H_9^{i_1}}, d_{P_{i_2} H_9^{i_2}}, d_{P_{i_3} H_9^{i_3}} (d_{P_{i_6} H_9^{i_6}}, d_{P_{i_7} H_9^{i_7}}, d_{P_{i_8} H_9^{i_8}})$ 中, 其中一条较长的距离等于另外两条较短的距离的和的充分必要条件是其余三条重心线的乘数距离 $9d_{P_{i_4} H_9^{i_4}}$, $9d_{P_{i_5} H_9^{i_5}}, 25d_{G_5^k H_5^k}(9d_{P_{i_9} H_9^{i_9}}, 9d_{P_{i_{10}} H_9^{i_{10}}}, 25d_{G_5^k H_5^k})$ 中, 其中一个较长的乘数距离等于另外两条较短的乘数距离的和.

证明 根据定理 8.4.12, 对任意的 $k = k(i_1, i_2, \cdots, i_5) = 1, 2, \cdots, 126$, 分别由式 (8.4.27) 和 (8.4.28)、式 (8.4.29) 和 (8.4.30) 中 $n = 5, s = 3$ 的几何意义,

即得.

推论 8.4.22 设 $S = \{P_1, P_2, \cdots, P_{2n}\}(n \geqslant 6)$ 是共线 $2n$ 点的集合, H_{2n-1}^i 是 $T_{2n-1}^i = \{P_{i+1}, P_{i+2}, \cdots, P_{i+2n-1}\}(i = 1, 2, \cdots, 2n)$ 的重心, $(S_n^k, T_n^k) = (P_{i_1}, P_{i_2}, \cdots, P_{i_n}; P_{i_{n+1}}, P_{i_{n+2}}, \cdots, P_{i_{2n}})(k = 1, 2, \cdots, C_{2n}^n; i_1, i_2, \cdots, i_{2n} = 1, 2, \cdots, 2n)$ 是 S 的完备集对, G_n^k, H_n^k 分别是 $(S_n^k, T_n^k)(k = 1, 2, \cdots, C_{2n}^n)$ 中两个集合的重心, $P_i H_{2n-1}^i (i = 1, 2, \cdots, 2n)$ 是 S 的 1-类重心线, $G_n^k H_n^k (k = 1, 2, \cdots, C_{2n}^n)$ 是 S 的 n-类重心线, 则对任意的 $k = k(i_1, i_2, \cdots, i_n) = 1, 2, \cdots, C_{2n}^n/2$, 均有如下三条重心线的距离 $\mathrm{d}_{P_{i_1} H_{2n-1}^{i_1}}, \mathrm{d}_{P_{i_2} H_{2n-1}^{i_2}}, \mathrm{d}_{P_{i_3} H_{2n-1}^{i_3}} (\mathrm{d}_{P_{i_{n+1}} H_{2n-1}^{i_{n+1}}}, \mathrm{d}_{P_{i_{n+2}} H_{2n-1}^{i_{n+2}}}, \mathrm{d}_{P_{i_{n+3}} H_{2n-1}^{i_{n+3}}})$ 中, 其中一条较长的距离等于另外两条较短的距离的和的充分必要条件是其余 $n-2$ 条重心线的乘数距离 $(2n-1)\mathrm{d}_{P_{i_\beta} H_{2n-1}^{i_\beta}} (\beta = 4, 5, \cdots, n); n^2 \mathrm{d}_{G_n^k H_n^k} ((2n-1)\mathrm{d}_{P_{i_\beta} H_{2n-1}^{i_\beta}} (\beta = n+4, n+5, \cdots, 2n); n^2 \mathrm{d}_{G_n^k H_n^k})$ 中, 其中一条较长的乘数距离等于另外 $n-3$ 条较短的乘数距离的和, 或其中 $t(2 \leqslant t \leqslant [(n-2)/2])$ 条重心线乘数距离的和等于另外 $n-t-2$ 条乘数距离的和.

证明 根据定理 8.4.12, 对任意的 $k = k(i_1, i_2, \cdots, i_n) = 1, 2, \cdots, C_{2n}^n/2$, 分别由式 (8.4.27) 和 (8.4.28)、式 (8.4.29) 和 (8.4.30) 中 $n \geqslant 6, s = 3$ 的几何意义, 即得.

推论 8.4.23 设 $S = \{P_1, P_2, \cdots, P_{2n}\}(n \geqslant 7)$ 是共线 $2n$ 点的集合, H_{2n-1}^i 是 $T_{2n-1}^i = \{P_{i+1}, P_{i+2}, \cdots, P_{i+2n-1}\}(i = 1, 2, \cdots, 2n)$ 的重心, $(S_n^k, T_n^k) = (P_{i_1}, P_{i_2}, \cdots, P_{i_n}; P_{i_{n+1}}, P_{i_{n+2}}, \cdots, P_{i_{2n}})(k = 1, 2, \cdots, C_{2n}^n; i_1, i_2, \cdots, i_{2n} = 1, 2, \cdots, 2n)$ 是 S 的完备集对, G_n^k, H_n^k 分别是 $(S_n^k, T_n^k)(k = 1, 2, \cdots, C_{2n}^n)$ 中两个集合的重心, $P_i H_{2n-1}^i (i = 1, 2, \cdots, 2n)$ 是 S 的 1-类重心线, $G_n^k H_n^k (k = 1, 2, \cdots, C_{2n}^n)$ 是 S 的 n-类重心线, 则对任意的 $k = k(i_1, i_2, \cdots, i_n) = 1, 2, \cdots, C_{2n}^n/2$, 均有如下 $s(4 \leqslant s \leqslant [(n+1)/2])$ 条重心线的距离 $\mathrm{d}_{P_{i_1} H_{2n-1}^{i_1}}, \mathrm{d}_{P_{i_2} H_{2n-1}^{i_2}}, \cdots, \mathrm{d}_{P_{i_s} H_{2n-1}^{i_s}} (\mathrm{d}_{P_{i_{n+1}} H_{2n-1}^{i_{n+1}}}, \mathrm{d}_{P_{i_{n+2}} H_{2n-1}^{i_{n+2}}}, \cdots, \mathrm{d}_{P_{i_{n+s}} H_{2n-1}^{i_{n+s}}})$ 中, 其中一条较长的距离等于另外 $s-1$ 条较短的距离的和, 或其中 $t_1(2 \leqslant t_1 \leqslant [s/2])$ 条距离的和等于另外 $s-t_1$ 条距离的和的充分必要条件是其余 $n-s+1$ 条的乘数距离 $(2n-1)\mathrm{d}_{P_{i_\beta} H_{2n-1}^{i_\beta}} (\beta = s+1, s+2, \cdots, n); n^2 \mathrm{d}_{G_n^k H_n^k} ((2n-1)\mathrm{d}_{P_{i_\beta} H_{2n-1}^{i_\beta}} (\beta = n+s+1, n+s+2, \cdots, 2n); n^2 \mathrm{d}_{G_n^k H_n^k})$ 中, 其中一条较长的乘数距离等于另外 $n-s$ 条较短的乘数距离的和, 或其中 $t_2(2 \leqslant t_2 \leqslant [(n-s+1)/2])$ 条乘数距离的和等于另外 $n-s-t_2+1$ 条乘数距离的和.

证明 根据定理 8.4.12, 对任意的 $k = k(i_1, i_2, \cdots, i_n) = 1, 2, \cdots, C_{2n}^n/2$, 分别由式 (8.4.27) 和 (8.4.28)、式 (8.4.29) 和 (8.4.30) 中 $n \geqslant 7, 4 \leqslant s \leqslant [(n+1)/2]$ 的几何意义, 即得.

8.5 $2n$ 点集重心线的共点定理和定比分点定理与应用

本节主要应用有向度量和有向度量定值法,研究 $2n$ 点集重心线的共点和定比分点问题. 首先, 利用 $2n$ 点集重心线三角形有向面积的定值定理, 得出不共线 $2n$ 点重心线的共点定理, 从而推出 $2n$ 角形 ($2n$ 边形) 重心线的共点定理; 其次, 给出 $2n$ 点集重心线的定比分点定理, 从而推出 $2n$ 角形 ($2n$ 边形) 重心线的定比分点定理; 最后, 给出 $2n$ 点集各类重心线有向度量定值定理的物理意义.

为行文方便, 同时也由于在 2.3 节和 5.4 节中分别得出了 $n=2$ 和 $n=3$ 时相应的结论, 本节主要研究 $n \geqslant 4$ 的情形, 而对 $n=2,3$ 的情形不单独论及.

8.5.1 $2n$ 点集各类重心线的共点定理及其应用

定理 8.5.1 设 $S=\{P_1,P_2,\cdots,P_{2n}\}(n \geqslant 4)$ 是不共线 $2n$ 点的集合, H_{2n-1}^i 是 $T_{2n-1}^i=\{P_{i+1},P_{i+2},\cdots,P_{i+2n-1}\}(i=1,2,\cdots,2n)$ 的重心, $(S_2^j,T_{2n-2}^j)=(P_{i_1},P_{i_2};P_{i_3},P_{i_4},\cdots,P_{i_{2n-2}})(i_1,i_2,\cdots,i_{2n}=1,2,\cdots,2n;i_1<i_2)$ 和 $(S_m^k,T_{2n-m}^k)=(P_{i_1},P_{i_2},\cdots,P_{i_m};P_{i_{m+1}},P_{i_{m+2}},\cdots,P_{i_{2n}})(k=1,2,\cdots,\mathrm{C}_{2n}^m;i_1,i_2,\cdots,i_{2n}=1,2,\cdots,2n;3 \leqslant m \leqslant n)$ 是 S 的完备集对, $G_{i_1 i_2}, H_{2n-2}^j$ 分别是 (S_2^j,T_{2n-2}^j) 中两个集合的重心, G_m^k,H_{2n-m}^k 分别是 (S_m^k,T_{2n-m}^k) 中两个集合的重心, $P_i H_{2n-1}^i$ $(i=1,2,\cdots,2n)$ 是 S 的 1-类重心线, $G_{i_1 i_2}H_{2n-2}^j(j=1,2,\cdots,\mathrm{C}_{2n}^2)$ 是 S 的 2-类重心线, $G_m^k H_{2n-m}^k(k=1,2,\cdots,\mathrm{C}_{2n}^m;3 \leqslant m \leqslant n)$ 是 S 的 m-类重心线, 则 $P_i H_{2n-1}^i(i=1,2,\cdots,2n)$, $G_{i_1 i_2}H_{2n-2}^j(j=1,2,\cdots,\mathrm{C}_{2n}^2)$, $G_m^k H_{2n-m}^k(k=1,2,\cdots,\mathrm{C}_{2n}^m;3 \leqslant m \leqslant n-1)$ 和 $G_n^k H_n^k(k=1,2,\cdots,\mathrm{C}_{2n}^n/2)$ 相交于一点 G, 且该交点为 S 的重心, 即 $G=(P_1+P_2+\cdots+P_{2n})/(2n)$.

证明 因为 $S=\{P_1,P_2,\cdots,P_{2n}\}$ 是不共线 $2n$ 点的集合, 所以 S 的 1-类重心线 $P_i H_{2n-1}^i(i=1,2,\cdots,2n)$ 所在直线中至少有两条仅相交于一点. 不妨设 $P_1 H_{2n-1}^1, P_2 H_{2n-1}^2$ 仅相交于一点 G, 则

$$\mathrm{D}_{GP_1 H_{2n-1}^1}=\mathrm{D}_{GP_2 H_{2n-1}^2}=0,$$

代入式 (8.1.1), 得 $\mathrm{D}_{GG_{12}H_{2n-2}^1}=0$. 再将 $\mathrm{D}_{GP_1 H_{2n-1}^1}=\mathrm{D}_{GP_2 H_{2n-1}^2}=\mathrm{D}_{GG_{12}H_{2n-2}^1}=0$, 分别代入式 (8.1.1), 得

$$(2n-1)(\mathrm{D}_{GP_{i_1}H_{2n-1}^{i_1}}+\mathrm{D}_{GP_{i_2}H_{2n-1}^{i_2}})-4(n-1)\mathrm{D}_{GG_{i_1 i_2}H_{2n-2}^j}=0, \qquad (8.5.1)$$

其中 $i_1,i_2=1,2,\cdots,2n;i_1<i_2;\mathrm{D}_{GP_1 H_{2n-1}^1}=\mathrm{D}_{GP_2 H_{2n-1}^2}=\mathrm{D}_{GG_{12}H_{2n-2}^1}=0;j=j(i_1,i_2)=2,3,\cdots,\mathrm{C}_{2n}^2$.

显然, 对每个 $j=j(i_1,i_2)=2,3,\cdots,\mathrm{C}_{2n}^2$, 式 (8.5.1) 都是关于点 G 坐标的二元一次方程, 且相互独立的方程的个数不小于 2. 因此, 这些直线的方程构成一个

二元一次方程组, 其系数矩阵 A 的秩 $R(A) \geqslant 2$. 故由线性方程组解的理论易知: 该方程组只有零解. 而

$$D_{GP_iH_{2n-1}^i} = 0 \quad (i=3,4,\cdots,2n); \quad D_{GG_{i_1i_2}H_{2n-2}^j} = 0 \quad (j=2,3,\cdots,C_{2n}^2)$$

就是该方程组的零解. 所以 G 在重心线 $P_iH_{2n-1}^i(i=3,4,\cdots,2n); G_{i_1i_2}H_{2n-2}^j(j=2,3,\cdots,C_{2n}^2)$ 所在直线之上. 因此, $P_iH_{2n-1}^i(i=1,2,\cdots,2n); G_{i_1i_2}H_{2n-2}^j(j=1,2,\cdots,C_{2n}^2)$ 所在直线相交于 G 点.

类似地, 分别利用式 (8.3.1) 和 (8.3.12), 可以证明 $P_iH_{2n-1}^i(i=1,2,\cdots,2n); G_m^kH_{2n-m}^k(k=1,2,\cdots,C_{2n}^m; 3 \leqslant m \leqslant n-1)$ 和 $C_n^kH_n^k(k=1,2,\cdots,C_{2n}^n/2)$ 所在直线相交于 G 点.

因此, $P_iH_{2n-1}^i(i=1,2,\cdots,2n); P_{i_1i_2}H_{2n-2}^j(j=1,2,\cdots,C_{2n}^2); G_m^kH_{2n-m}^k(k=1,2,\cdots,C_{2n}^m; 3 \leqslant m \leqslant n-1)$ 和 $C_n^kH_n^k(k=1,2,\cdots,C_{2n}^n/2)$ 所在直线相交于一点 G.

现求 G 的坐标. 设 S 各点的坐标分别为 $P_i(x_i,y_i)(i=1,2,\cdots,2n)$, 于是 T_{2n-1}^i 重心的坐标分别为

$$H_{2n-1}^i\left(\frac{1}{2n-1}\sum_{\mu=1}^{2n-1}x_{\mu+i}, \frac{1}{2n-1}\sum_{\mu=1}^{2n-1}y_{\mu+i}\right) \quad (i=1,2,\cdots,2n).$$

因为 G 是 $2n$ 条 1-类重心线 $P_iH_{2n-1}^i(i=1,2,\cdots,2n)$ 的交点, 故由 G 关于 $P_iH_{2n-1}^i(i=1,2,\cdots,2n)$ 的对称性, 在各直线 $P_iH_{2n-1}^i$ 的方程

$$\frac{x-x_i}{x_{H_{2n-1}^i}-x_i} = \frac{y-y_i}{y_{H_{2n-1}^i}-y_i} = t_i \quad (i=1,2,\cdots,2n)$$

中令 $t_1 = t_2 = \cdots = t_{2n} = t$, 并化简, 可得

$$x_G = x_i + t\left(x_{H_{2n-1}^i} - x_i\right) \quad (i=1,2,\cdots,2n).$$

于是

$$2nx_G = \sum_{i=1}^{2n}x_i + t\sum_{i=1}^{2n}\left(x_{H_{2n-1}^i} - x_i\right)$$
$$= \sum_{i=1}^{2n}x_i + t\sum_{i=1}^{2n}\left(\frac{x_{i+1}+x_{i+2}+\cdots+x_{i+2n-1}}{2n-1} - x_i\right)$$

8.5 2n 点集重心线的共点定理和定比分点定理与应用

$$= \sum_{i=1}^{2n} x_i + \frac{t}{2n-1} \sum_{i=1}^{2n} (x_{i+1} + x_{i+2} + \cdots + x_{i+2n-1} - (2n-1)x_i)$$

$$= \sum_{i=1}^{2n} x_i,$$

所以

$$x_G = \frac{x_1 + x_2 + x_3 + \cdots + x_{2n}}{2n}.$$

类似地, 可以求得

$$y_G = \frac{y_1 + y_2 + y_3 + \cdots + y_{2n}}{2n}.$$

所以 $G = (P_1 + P_2 + \cdots + P_{2n})/(2n)$, 即 G 是 S 的重心.

又显然, G 是各重心线的内点. 故 $P_i H_{2n-1}^i (i = 1, 2, \cdots, 2n)$, $G_{i_1 i_2} H_{2n-2}^j (j = 1, 2, \cdots, C_{2n}^2)$, $G_m^k H_{2n-m}^k (k = 1, 2, \cdots, C_{2n}^m; 3 \leqslant m \leqslant n-1)$ 和 $G_n^k H_n^k (k = 1, 2, \cdots, C_{2n}^n/2)$ 相交于一点 G, 且该点为 S 的重心.

推论 8.5.1 设 $P_1 P_2 \cdots P_{2n} (n \geqslant 4)$ 是 $2n$ 角形 ($2n$ 边形), $H_{2n-1}^i (i = 1, 2, \cdots, 2n)$ 是 $2n-1$ 角形 ($2n-1$ 边形) $P_{i+1} P_{i+2} \cdots P_{i+2n-1} (i = 1, 2, \cdots, 2n)$ 的重心, $G_{i_1 i_2}^j, H_{2n-2}^j (j = 1, 2, \cdots, C_{2n}^2)$ 分别是各边 (对角线) $P_{i_1} P_{i_2} (i_1, i_2 = 1, 2, \cdots, 2n; i_1 < i_2)$ 的中点和 $2n-2$ 角形 ($2n-2$ 边形) $P_{i_3} P_{i_4} \cdots P_{i_{2n}} (i_3, i_4, \cdots, i_{2n} = 1, 2, \cdots, 2n)$ 的重心, $G_m^k, H_{2n-m}^k (k = 1, 2, \cdots, C_{2n}^m; 3 \leqslant m \leqslant n)$ 分别是 m 角形 (m 边形) $P_{i_1} P_{i_2} \cdots P_{i_m} (i_1, i_2, \cdots, i_m = 1, 2, \cdots, 2n)$ 和 $2n-m$ 角形 ($2n-m$ 边形) $P_{i_{m+1}} P_{i_{m+2}} \cdots P_{i_{2n}} (i_{m+1}, i_{m+2}, \cdots, i_{2n} = 1, 2, \cdots, 2n)$ 的重心, $P_i H_{2n-1}^i (i = 1, 2, \cdots, 2n)$ 是 $P_1 P_2 \cdots P_{2n}$ 的 1-级重心线, $G_{i_1 i_2} H_{2n-2}^j (j = 1, 2, \cdots, C_{2n}^2)$ 是 $P_1 P_2 \cdots P_{2n}$ 的 2-级重心线, $G_m^k H_{2n-m}^k (k = 1, 2, \cdots, C_{2n}^m; 3 \leqslant m \leqslant n)$ 是 $P_1 P_2 \cdots P_{2n}$ 的 m-级重心线, 则 $P_i H_{2n-1}^i (i = 1, 2, \cdots, 2n)$, $G_{i_1 i_2} H_{2n-2}^j (j = 1, 2, \cdots, C_{2n}^2)$, $G_m^k H_{2n-m}^k (k = 1, 2, \cdots, C_{2n}^m; 3 \leqslant m \leqslant n-1)$ 和 $G_n^k H_n^k (k = 1, 2, \cdots, C_{2n}^n/2)$ 相交于一点 G, 且该交点为 $P_1 P_2 \cdots P_{2n}$ 的重心, 即 $G = (P_1 + P_2 + \cdots + P_{2n})/(2n)$.

证明 设 $S = \{P_1, P_2, \cdots, P_{2n}\}$ 是 $2n$ 角形 ($2n$ 边形) $P_1 P_2 \cdots P_{2n} (n \geqslant 4)$ 顶点的集合, 对不共线 $2n$ 点的集合 S 应用定理 8.5.1, 即得.

注 8.5.1 当 $S = \{P_1, P_2, \cdots, P_{2n}\}$ 为共线 $2n$ 个点的集合时, S 的所有的重心线同在一条直线上, 各类重心线的公共点不唯一, 通常有无穷多个点, 即包含 S 重心的一个区间, 但可以验证 G 亦是各条重心线的内点, 从而 G 亦是各条重心线的重心. 因此, 从这个意义上来说, 共线 $2n$ 点集的奇异重心线和非奇异重心线一起才能确定它的重心.

8.5.2　$2n$ 点集各类重心线的定比分点定理及其应用

定理 8.5.2 ($2n$ 点集合 1-类重心线的定比分点定理)　设 $S = \{P_1, P_2, \cdots, P_{2n}\}(n \geqslant 2)$ 是 $2n$ 个点的集合, H_{2n-1}^j 是 $T_{2n-1}^i = \{P_{i+1}, P_{i+2}, \cdots, P_{i+2n-1}\}(i = 1, 2, \cdots, 2n)$ 的重心, $P_i H_{2n-1}^i(i = 1, 2, \cdots, 2n)$ 是 S 的非退化 1-类重心线, 则 S 的重心 G 是 $P_i H_{2n-1}^i(i = 1, 2, \cdots, 2n)$ 的 $(2n-1)$-分点, 即

$$D_{P_iG}/D_{GH_{2n-1}^i} = 2n-1 \quad \text{或} \quad G = [P_i + (2n-1)H_{2n-1}^i]/(2n) \quad (i = 1, 2, \cdots, 2n).$$

证明　只需证明 $n \geqslant 4$ 的情形. 不妨设 S 的 $2n$ 条 1-类 $P_i H_{2n-1}^i(i = 1, 2, \cdots, 2n)$ 与 x 轴均不垂直, 且其各点的坐标如定理 8.5.1 所设, 则由定理 8.5.1 及注 8.5.1, 可得

$$\frac{D_{P_iG}}{D_{GH_{2n-1}^i}} = \frac{\mathrm{Prj}_x D_{P_iG}}{\mathrm{Prj}_x D_{GH_{2n-1}^i}} = \frac{x_G - x_i}{x_{H_{2n-1}^i} - x_G}$$

$$= \frac{(x_i + x_{i+1} + \cdots + x_{i+2n-1})/(2n) - x_i}{(x_{i+1} + x_{i+2} + \cdots + x_{i+2n-1})/(2n-1) - (x_i + x_{i+1} + \cdots + x_{i+2n-1})/(2n)}$$

$$= \frac{(2n-1)[x_{i+1} + x_{i+2} + \cdots + x_{i+2n-1} - (2n-1)x_i]}{x_{i+1} + x_{i+2} + \cdots + x_{i+2n-1} - (2n-1)x_i}$$

$$= 2n - 1 (i = 1, 2, \cdots, 2n),$$

所以 $G = [P_i + (2n-1)H_{2n-1}^i]/(2n)(i = 1, 2, \cdots, 2n)$, 即重心 G 是重心线 $P_i H_{2n-1}^i(i = 1, 2, \cdots, 2n)$ 的 $(2n-1)$-分点.

推论 8.5.2　设 $P_1 P_2 \cdots P_{2n}(n \geqslant 2)$ 是 $2n$ 角形 ($2n$ 边形), $H_{2n-1}^i(i = 1, 2, \cdots, 2n)$ 是 $2n-1$ 角形 ($2n-1$ 边形)$P_{i+1}P_{i+2} \cdots P_{i+2n-1}(i = 1, 2, \cdots, 2n)$ 的重心, $P_i H_{2n-1}^i(i = 1, 2, \cdots, 2n)$ 是 $P_1 P_2 \cdots P_{2n}$ 的非退化 1-级重心线, 则 $P_1 P_2 \cdots P_{2n}$ 的重心 G 是 $P_i H_{2n-1}^i(i = 1, 2, \cdots, 2n)$ 的 $(2n-1)$-分点, 即

$$D_{P_iG}/D_{GH_{2n-1}^i} = 2n-1 \quad \text{或} \quad G = [P_i + (2n-1)H_{2n-1}^i]/(2n) \quad (i = 1, 2, \cdots, 2n).$$

证明　设 $S = \{P_1, P_2, \cdots, P_{2n}\}$ 是 $2n$ 角形 ($2n$ 边形)$P_1 P_2 \cdots P_{2n}(n \geqslant 2)$ 顶点的集合, 对不共线 $2n$ 点的集合 S 应用定理 8.5.2, 即得.

定理 8.5.3 ($2n$ 点集 2-类重心线的定比分点定理)　设 $S = \{P_1, P_2, \cdots, P_{2n}\}(n \geqslant 2)$ 是 $2n$ 点的集合, $(S_2^j, T_{2n-2}^j) = (P_{i_1}, P_{i_2}; P_{i_3}, P_{i_4}, \cdots, P_{i_{2n-2}})(i_1, i_2, \cdots, i_{2n} = 1, 2, \cdots, 2n; i_1 < i_2)$ 是 S 的完备集对, $G_{i_1 i_2}, H_{2n-2}^j$ 分别是 (S_2^j, T_{2n-2}^j) 中的两个集合重心, $G_{i_1 i_2} H_{2n-2}^j(j = 1, 2, \cdots, \mathrm{C}_{2n}^2)$ 是 S 的非退化 2-类重心线, 则 S 的重心 G 是 $G_{i_1 i_2} H_{2n-2}^j(j = 1, 2, \cdots, \mathrm{C}_{2n}^2)$ 的 $(n-1)$-分点, 即

$$D_{G_{i_1 i_2}G}/D_{GH_{2n-2}^j} = n-1 \quad (j = j(i_1, i_2) = 1, 2, \cdots, \mathrm{C}_{2n}^2),$$

8.5 2n 点集重心线的共点定理和定比分点定理与应用

或

$$G = [G_{i_1 i_2} + (n-1)H_{2n-2}^j]/n \quad (j = j(i_1, i_2) = 1, 2, \cdots, C_{2n}^2).$$

证明 仿定理 8.5.2 证明即得.

推论 8.5.3 设 $P_1 P_2 \cdots P_{2n}(n \geqslant 2)$ 是 $2n$ 角形 ($2n$ 边形), $G_{i_1 i_2}^j, H_{2n-2}^j(j = j(i_1, i_2) = 1, 2, \cdots, C_{2n}^2)$ 分别是各边 (对角线)$P_{i_1} P_{i_2}$ 的中点和相应的 $2n-2$ 角形 ($2n-2$ 边形)$P_{i_3} P_{i_4} \cdots P_{i_{2n}}$ 的重心, $G_{i_1 i_2} H_{2n-2}^j(j = 1, 2, \cdots, C_{2n}^2)$ 是 $P_1 P_2 \cdots P_{2n}$ 的非退化 2-级重心线, 则 $P_1 P_2 \cdots P_{2n}$ 的重心 G 是 $G_{i_1 i_2} H_{2n-2}^j(j = 1, 2, \cdots, C_{2n}^2)$ 的 $(n-1)$-分点, 即

$$D_{G_{i_1 i_2} G}/D_{G H_{2n-2}^j} = n-1 \quad (j = 1, 2, \cdots, C_{2n}^2),$$

或

$$G = [G_{i_1 i_2} + (n-1)H_{2n-2}^j]/n \quad (j = 1, 2, \cdots, C_{2n}^2).$$

证明 设 $S = \{P_1, P_2, \cdots, P_{2n}\}$ 是 $2n$ 角形 ($2n$ 边形)$P_1 P_2 \cdots P_{2n}(n \geqslant 2)$ 顶点的集合, 对不共线 $2n$ 点的集合 S 应用定理 8.5.3, 即得.

定理 8.5.4 ($2n$ 点集 m-类重心线的定比分点定理) 设 $S = \{P_1, P_2, \cdots, P_{2n}\}(n \geqslant 4)$ 是 $2n$ 个点的集合, $(S_m^k, T_{2n-m}^k) = (P_{i_1}, P_{i_2}, \cdots, P_{i_m}; P_{i_{m+1}}, P_{i_{m+2}}, \cdots, P_{i_{2n}})(k = 1, 2, \cdots, C_{2n}^m; i_1, i_2, \cdots, i_{2n} = 1, 2, \cdots, 2n; 3 \leqslant m < n)$ 是 S 的完备集对, G_m^k, H_{2n-m}^k 分别是 (S_m^k, T_{2n-m}^k) 中两个集合的重心, $G_m^k H_{2n-m}^k(k = 1, 2, \cdots, C_{2n}^m; 3 \leqslant m < n)$ 是 S 的非退化 m-类重心线, 则 S 的重心 G 是 $G_m^k H_{2n-m}^k(k = 1, 2, \cdots, C_{2n}^m; 3 \leqslant m < n)$ 的 $(2n-m)/m$-分点, 即

$$D_{G_m^k G}/D_{G H_{2n-m}^k} = (2n-m)/m \quad (k = 1, 2, \cdots, C_{2n}^m; 3 \leqslant m < n),$$

或

$$G = [mG_m^k + (2n-m)H_{2n-m}^k]/(2n) \quad (k = 1, 2, \cdots, C_{2n}^m; 3 \leqslant m < n).$$

证明 仿定理 8.5.2 证明即得.

推论 8.5.4 设 $P_1 P_2 \cdots P_{2n}(n \geqslant 4)$ 是 $2n$ 角形 ($2n$ 边形), $G_m^k, H_{2n-m}^k(3 \leqslant m < n)$ 分别是 m 角形 (m 边形)$P_{i_1} P_{i_2} \cdots P_{i_m}$ 和 $2n-m$ 角形 ($2n-m$ 边形)$P_{i_{m+1}} P_{i_{m+2}} \cdots P_{i_{2n}}(k = 1, 2, \cdots, C_{2n}^m; i_1, i_2, \cdots, i_{2n} = 1, 2, \cdots, 2n)$ 的重心, $G_m^k H_{2n-m}^k(k = 1, 2, \cdots, C_{2n}^m; 3 \leqslant m < n)$ 是 $P_1 P_2 \cdots P_{2n}$ 的非退化 m-级重心线, 则 $P_1 P_2 \cdots P_{2n}$ 的重心线重心 G 是 $G_m^k H_{2n-m}^k(k = 1, 2, \cdots, C_{2n}^m; 3 \leqslant m < n)$ 的 $(2n-m)/m$-分点, 即

$$D_{G_m^k G}/D_{G H_{2n-m}^k} = (2n-m)/m \quad (k = 1, 2, \cdots, C_{2n}^m; 3 \leqslant m < n),$$

或

$$G = [mG_m^k + (2n-m)H_{2n-m}^k]/(2n) \quad (k=1,2,\cdots,\mathrm{C}_{2n}^m; 3 \leqslant m < n).$$

证明 设 $S = \{P_1, P_2, \cdots, P_{2n}\}$ 是 $2n$ 角形 ($2n$ 边形) $P_1P_2\cdots P_{2n}(n \geqslant 4)$ 顶点的集合, 对不共线 $2n$ 点的集合 S 应用定理 8.5.4, 即得.

定理 8.5.5 ($2n$ 点集 n-类重心线的定比分点定理) 设 $S = \{P_1, P_2, \cdots, P_{2n}\}(n \geqslant 2)$ 是 $2n$ 个点的集合, $(S_n^k, T_n^k) = (P_{i_1}, P_{i_2}, \cdots, P_{i_n}; P_{i_{n+1}}, P_{i_{n+2}}, \cdots, P_{i_{2n}})(k=1,2,\cdots,\mathrm{C}_{2n}^n; i_1, i_2, \cdots, i_{2n} = 1, 2, \cdots, 2n)$ 是 S 的完备集对, G_n^k, H_n^k 分别是 (S_n^k, T_n^k) 中两个集合的重心, $G_n^k H_n^k(k=1,2,\cdots,\mathrm{C}_{2n}^n)$ 是 S 的非退化 n-类重心线, 则 S 的重心 G 是 $G_n^k H_n^k(k=1,2,\cdots,\mathrm{C}_{2n}^n/2)$ 的中点, 即

$$\mathrm{D}_{G_n^k G}/\mathrm{D}_{GH_n^k} = 1 \quad (k=1,2,\cdots,\mathrm{C}_{2n}^n/2),$$

或

$$G = (G_n^k + H_n^k)/2 \quad (k=1,2,\cdots,\mathrm{C}_{2n}^n/2).$$

证明 仿定理 8.5.2 证明即得.

推论 8.5.5 设 $P_1P_2\cdots P_{2n}(n \geqslant 2)$ 是 $2n$ 角形 ($2n$ 边形), G_n^k, H_n^k 分别是两 n 角形 (n 边形) $P_{i_1}P_{i_2}\cdots P_{i_n}$ 和 $P_{i_{n+1}}P_{i_{n+2}}\cdots P_{i_{2n}}(k=1,2,\cdots,\mathrm{C}_{2n}^n; i_1, i_2, \cdots, i_{2n} = 1, 2, \cdots, 2n)$ 的重心, $G_n^k H_n^k(k=1,2,\cdots,\mathrm{C}_{2n}^n)$ 是 $P_1P_2\cdots P_{2n}$ 的非退化 n-级重心线, 则 $P_1P_2\cdots P_{2n}$ 的重心线重心 G 是 $G_n^k H_n^k(k=1,2,\cdots,\mathrm{C}_{2n}^n/2)$ 中点, 即

$$\mathrm{D}_{G_n^k G}/\mathrm{D}_{GH_n^k} = 1 \quad (k=1,2,\cdots,\mathrm{C}_{2n}^n/2),$$

或

$$G = (G_n^k + H_n^k)/2 \quad (k=1,2,\cdots,\mathrm{C}_{2n}^n/2).$$

证明 设 $S = \{P_1, P_2, \cdots, P_{2n}\}$ 是 $2n$ 角形 ($2n$ 边形) $P_1P_2\cdots P_{2n}(n \geqslant 2)$ 顶点的集合, 对不共线 $2n$ 点的集合 S 应用定理 8.5.5, 即得.

8.5.3 $2n$ 点集各类重心线有向度量定值定理的物理意义

综上所述, $2n$ 点集 1-类～n-类非奇异重心线都是通过其奇异重心线, 即重心的线段. 前述第 7 章和第 8 章各节给出的有关这 n 类重心线有向度量的定值定理, 都是描述 $2n$ 点集重心稳定性的系统和子系统.

$2n$ 点集所有的 1-类重心线三角形有向面积构成一个重心稳定性系统, 该系统 1-类重心线三角形有向面积的定值定理的物理意义是: 在任何时刻, 平面上任一动点在运动的过程中, 按顺时针方向和按逆时针方向两种方式扫过单位质点 $2n$ 点集 1-类重心线的面积的代数和为零. 即在该 $2n$ 点集 1-类重心线系统的 $2n$ 条重

8.5 $2n$ 点集重心线的共点定理和定比分点定理与应用 · 301 ·

心线中, 其中动点按顺时针方向扫过的单位质点 $2n$ 点集 1-类重心线的面积的和恒等于动点按逆时针方向扫过的单位质点 $2n$ 点集 1-类重心线的面积的和.

$2n$ 点集所有的 2-类重心线三角形有向面积构成一个大的重心稳定性系统, 而该系统又包括 $(2n-1)!!$ 个重心稳定性子系统. 每个子系统 2-类重心线三角形有向面积的定值定理的物理意义都是: 在任何时刻, 平面上任一动点在运动的过程中, 按顺时针方向和按逆时针方向两种方式扫过单位质点 $2n$ 点集子系统的 n 条 2-类重心线的面积的代数和为零. 即在 $2n$ 点集 2-类重心线每个子系统的 n 条重心线中, 其中动点按顺时针方向扫过的单位质点 $2n$ 点集 2-类重心线面积的和恒等于动点按逆时针方向扫过的单位质点 $2n$ 点集 2-类重心线的面积的和.

$2n$ 点集所有的 1-类 2-类重心线三角形有向面积构成一个总的重心稳定性系统, 而该系统又包含 $n(2n-1)$ 对共 $2n(2n-1)$ 个重心稳定性子系统. 每对中两个子系统重心线三角形有向面积的定值定理的物理意义都是: 在任何时刻, 平面上任一动点在运动的过程中, 按顺时针方向和按逆时针方向两种方式扫过单位质点 $2n$ 点集每对子系统中一个子系统的三条 1-类重心线和 2-类重心线以及另一个子系统相应的 $2n-1$ 条 1-类重心线和 2-类重心线的乘数面积的代数和均为零. 即在 $2n$ 点集 1-类 2-类重心线每对子系统中一个子系统的三条 1-类重心线和 2-类重心线以及另一个子系统相应的 $2n-1$ 条 1-类重心线和 2-类重心线中, 其中动点按顺时针方向扫过的单位质点 $2n$ 点集 1-类重心线和 2-类重心线的乘数面积的和恒等于动点按逆时针方向扫过的单位质点 $2n$ 点集 1-类重心线和 2-类重心线的面积的和, 且扫过 1-类重心线乘数面积与 2-类重心线乘数面积的比均为 $(2n-1):4(n-1)$.

$2n$ 点集所有的 1-类 $m(m<n)$-类重心线三角形有向面积也构成一个总的重心稳定性系统, 而该系统又包含 C_{2n}^m 对共 $2C_{2n}^m$ 个重心稳定性子系统. 每对中两个子系统重心线三角形有向面积的定值定理的物理意义都是: 在任何时刻, 平面上任一动点在运动的过程中, 按顺时针方向和按逆时针方向两种方式扫过单位质点 $2n$ 点集每对子系统中一个子系统的 $m+1$ 条 1-类重心线和 $m(m<n)$-重心线以及另一个子系统相应的 $2n-m+1$ 条 1-类重心线和 $m(m<n)$-类重心线的乘数面积的代数和均为零. 即在 $2n$ 点集 1-类 $m(m<n)$-类重心线每对子系统中一个子系统的 $m+1$ 条 1-类重心线和 $m(m<n)-$ 类重心线以及另一个子系统相应的 $2n-m+1$ 条 1-类重心线和 $m(m<n)$-类重心线中, 其中动点按顺时针方向扫过的单位质点 $2n$ 点集 1-类重心线和 $m(m<n)$-类重心线的乘数面积的和恒等于动点按逆时针方向扫过的单位质点 $2n$ 点集 1-类重心线和 $m(m<n)$-重心线的面积的和, 且扫过 1-类重心线乘数面积与 $m(m<n)$-重心线乘数面积的比均为 $(2n-1):m(2n-m)$.

$2n$ 点集所有的 1-类 n-类重心线三角形有向面积亦构成一个总的重心稳定性

系统, 而该系统又包含 $C_{2n}^n/2$ 对共 C_{2n}^n 个重心稳定性子系统. 每对中两个子系统重心线三角形有向面积的定值定理的物理意义都是: 在任何时刻, 平面上任一动点在运动的过程中, 按顺时针方向和按逆时针方向两种方式扫过单位质点 $2n$ 点集每对子系统中两个子系统各 $n+1$ 条 1-类重心线和 n-类重心线的乘数面积的代数和均为零. 即在 $2n$ 点集 1-类 n-类重心线每对子系统中两个子系统各 $n+1$ 条 1-类重心线和 n-类重心线中, 其中动点按顺时针方向扫过的单位质点 $2n$ 点集每个 1-类重心线和 n-类重心线的乘数面积的和恒等于动点按逆时针方向扫过的单位质点 $2n$ 点集 1-类重心线和 n-类重心线的面积的和, 且扫过 1-类重心线乘数面积与 n-类重心线乘数面积的比为 $(2n-1):n^2$.

类似地, 可以给出 $2n$ 点集各类重心线有向距离定值定理的物理意义, 且这些重心线有向距离定值定理通常都是 $2n$ 点集的条件重心稳定性系统和子系统.

第 9 章 $2n$ 点集各点到重心线 (重心包络线) 的有向距离与应用

9.1 $2n$ 点集各点到 1-类重心线的有向距离公式与应用

本节主要应用有向距离法, 研究 $2n$ 点集各点到 1-类重心线有向距离的有关问题. 首先, 给出 $2n$ 点集各点到 1-类重心线有向距离公式, 从而推出 $2n$ 角形 ($2n$ 边形) 各个顶点到其 1-级重心线相应的公式; 其次, 根据这些重心线有向距离公式, 得出 $2n$ 点集各点到 1-类重心线、$2n$ 角形 ($2n$ 边形) 各顶点到 1-级重心线有向距离的关系定理, 以及点在重心线所在直线之上的充分必要条件等结论; 最后, 根据上述重心线有向距离公式, 得出 $2n$ 点集 1-类重心线、$2n$ 角形 ($2n$ 边形)1-级重心线自重心线三角形有向面积公式和 $2n$ 点集 1-类重心线、$2n$ 角形 ($2n$ 边形)1-级重心线三角形有向面积的关系定理, 以及点在重心线所在直线之上和两自重心线三角形面积相等方向相反的充分必要条件等结论.

在本节中, 恒假设 $i_1, i_2, \cdots, i_{2n} \in I_{2n} = \{1, 2, \cdots, 2n\}$ 且互不相等.

9.1.1 $2n$ 点集各点到 1-类重心线有向距离公式

定理 9.1.1 设 $S = \{P_1, P_2, \cdots, P_{2n}\}(n \geqslant 2)$ 是 $2n$ 点的集合, H_{2n-1}^i 是 $T_{2n-1}^i = \{P_{i+1}, P_{i+2}, \cdots, P_{i+2n-1}\}(i = 1, 2, \cdots, 2n)$ 的重心, $P_i H_{2n-1}^i (i = 1, 2, \cdots, 2n)$ 是 S 的 1-类重心线, 则对任意的 $\alpha = 2, \cdots, 2n; i_1 = 1, 2, \cdots, 2n$, 恒有

$$(2n-1)\mathrm{d}_{P_{i_1} H_{2n-1}^{i_1}} \mathrm{D}_{P_{i_\alpha}\text{-}P_{i_1} H_{2n-1}^{i_1}} = 2 \sum_{\beta=2, \beta \neq \alpha}^{2n} \mathrm{D}_{P_{i_\alpha} P_{i_1} P_{i_\beta}}. \tag{9.1.1}$$

证明 设 $S = \{P_1, P_2, \cdots, P_{2n}\}$ 各点的坐标为 $P_i(x_i, y_i)(i = 1, 2, \cdots, 2n)$, 于是 T_{2n-1}^i 重心的坐标为

$$H_{2n-1}^i \left(\frac{1}{2n-1} \sum_{\mu=1}^{2n-1} x_{\mu+i}, \frac{1}{2n-1} \sum_{\mu=1}^{2n-1} y_{\mu+i} \right) \quad (i = 1, 2, \cdots, 2n),$$

重心线 $P_{i_1} H_{2n-1}^{i_1}$ 所在的有向直线的方程为

$$(y_{i_1} - y_{H_{2n-1}^{i_1}})x + (x_{H_{2n-1}^{i_1}} - x_{i_1})y + (x_{i_1} y_{H_{2n-1}^{i_1}} - x_{H_{2n-1}^{i_1}} y_{i_1}) = 0,$$

其中 $i_1 = 1, 2, \cdots, 2n$. 故由点到直线的有向距离公式,可得

$$(2n-1)\mathrm{d}_{P_{i_1}H_{2n-1}^{i_1}}\mathrm{D}_{P_{i_2}-P_{i_1}H_{2n-1}^{i_1}}$$

$$= (2n-1)[(y_{i_1} - y_{H_{2n-1}^{i_1}})x_{i_2} + (x_{H_{2n-1}^{i_1}} - x_{i_1})y_{i_2} + (x_{i_1}y_{H_{2n-1}^{i_1}} - x_{H_{2n-1}^{i_1}}y_{i_1})]$$

$$= [(2n-1)y_{i_1} - y_{i_2} - y_{i_3} - \cdots - y_{i_{2n}}]x_{i_2}$$

$$+ [x_{i_2} + x_{i_3} + \cdots + x_{i_{2n+1}} - (2n-1)x_{i_1}]y_{i_2}$$

$$+ x_{i_1}(y_{i_2} + y_{i_3} + \cdots + y_{i_{2n}}) - (x_{i_2} + x_{i_3} + \cdots + x_{i_{2n}})y_{i_1}$$

$$= [(x_{i_2}y_{i_1} - x_{i_1}y_{i_2}) + (x_{i_1}y_{i_3} - x_{i_3}y_{i_1}) + (x_{i_3}y_{i_2} - x_{i_2}y_{i_3})]$$

$$+ [(x_{i_2}y_{i_1} - x_{i_1}y_{i_2}) + (x_{i_1}y_{i_4} - x_{i_4}y_{i_1}) + (x_{i_4}y_{i_2} - x_{i_2}y_{i_4})]$$

$$+ \cdots$$

$$+ [(x_{i_2}y_{i_1} - x_{i_1}y_{i_2}) + (x_{i_1}y_{i_{2n}} - x_{i_{2n}}y_{i_1}) + (x_{i_{2n}}y_{i_2} - x_{i_2}y_{i_{2n}})]$$

$$= 2\mathrm{D}_{P_{i_2}P_{i_1}P_{i_3}} + 2\mathrm{D}_{P_{i_2}P_{i_1}P_{i_4}} + \cdots + 2\mathrm{D}_{P_{i_2}P_{i_1}P_{i_{2n}}},$$

其中 $i_1 = 1, 2, \cdots, 2n$. 因此,当 $\alpha = 2$ 时,式 (9.1.1) 成立.

类似地,可以证明 $\alpha = 3, 4, \cdots, 2n$ 时,式 (9.1.1) 成立.

推论 9.1.1 设 $P_1P_2\cdots P_{2n}(n \geq 2)$ 是 $2n$ 角形 ($2n$ 边形), H_{2n-1}^i 是 $2n-1$ 角形 ($2n-1$ 边形) $P_{i+1}P_{i+2}\cdots P_{i+2n-1}(i = 1, 2, \cdots, 2n)$ 的重心, $P_iH_{2n-1}^i(i = 1, 2, \cdots, 2n)$ 是 $P_1P_2\cdots P_{2n}$ 的 1-级重心线,则定理 9.1.1 的结论成立.

证明 设 $S = \{P_1, P_2, \cdots, P_{2n}\}$ 是 $2n$ 角形 ($2n$ 边形) $P_1P_2\cdots P_{2n}(n \geq 2)$ 顶点的集合,对不共线 $2n$ 点的集合 S 应用定理 9.1.1,即得.

注 9.1.1 特别地,当 $n = 2, 3$ 时,由定理 9.1.1 和推论 9.1.1,分别即得定理 3.1.1 和推论 3.1.1 以及定理 6.1.1 和推论 6.1.1. 因此, 3.1 节和 6.1 节的结论,都可以看成是本节相应结论的推论. 故在本节以下论述中,我们主要研究 $n \geq 4$ 的情形,而对 $n = 2, 3$ 的情形不单独论及.

9.1.2 $2n$ 点集各点到 1-类重心线有向距离公式的应用

定理 9.1.2 设 $S = \{P_1, P_2, \cdots, P_{2n}\}(n \geq 2)$ 是 $2n$ 点的集合, H_{2n-1}^i 是 $T_{2n-1}^i = \{P_{i+1}, P_{i+2}, \cdots, P_{i+2n-1}\}(i = 1, 2, \cdots, 2n)$ 的重心, $P_iH_{2n-1}^i(i = 1, 2, \cdots, 2n)$ 是 S 的 1-类重心线,则对任意 $i_1 = 1, 2, \cdots, 2n$,恒有

$$\mathrm{D}_{P_{i_2}\text{-}P_{i_1}H_{2n-1}^{i_1}} + \mathrm{D}_{P_{i_3}\text{-}P_{i_1}H_{2n-1}^{i_1}} + \cdots + \mathrm{D}_{P_{i_{2n}}\text{-}P_{i_1}H_{2n-1}^{i_1}} = 0. \tag{9.1.2}$$

证明 根据定理 9.1.1, 式 (9.1.1) 等号两边对 $\alpha = 2, 3, \cdots, 2n$ 求和, 得

$$(2n-1)\mathrm{d}_{P_{i_1}H_{2n-1}^{i_1}}\left(\mathrm{D}_{P_{i_2}\text{-}P_{i_1}H_{2n-1}^{i_1}} + \mathrm{D}_{P_{i_3}\text{-}P_{i_1}H_{2n-1}^{i_1}} + \cdots + \mathrm{D}_{P_{i_{2n}}\text{-}P_{i_1}H_{2n-1}^{i_1}}\right) = 0,$$

其中 $i_1 = 1, 2, \cdots, 2n$. 故对任意 $i_1 = 1, 2, \cdots, 2n$, 若 $\mathrm{d}_{P_{i_1}H_{2n-1}^{i_1}} \neq 0$, 式 (9.1.2) 成立; 若 $\mathrm{d}_{P_{i_1}H_{2n-1}^{i_1}} = 0$, 则由点到重心线有向距离的定义知, 式 (9.1.2) 亦成立.

推论 9.1.2 设 $S = \{P_1, P_2, \cdots, P_{2n}\}(n \geqslant 3)$ 是 $2n$ 点的集合, H_{2n-1}^i 是 $T_{2n-1}^i = \{P_{i+1}, P_{i+2}, \cdots, P_{i+2n-1}\}(i = 1, 2, \cdots, 2n)$ 的重心, $P_iH_{2n-1}^i(i = 1, 2, \cdots, 2n)$ 是 S 的 1-类重心线, 则对任意的 $i_1 = 1, 2, \cdots, 2n$, 恒有如下 $2n-1$ 条点到重心线 $P_{i_1}H_{2n-1}^{i_1}$ 的距离 $\mathrm{d}_{P_{i_2}\text{-}P_{i_1}H_{2n-1}^{i_1}}, \mathrm{d}_{P_{i_3}\text{-}P_{i_1}H_{2n-1}^{i_1}}, \cdots, \mathrm{d}_{P_{i_{2n}}\text{-}P_{i_1}H_{2n-1}^{i_1}}$ 中, 其中一条较长的距离等于其余 $2n-2$ 条较短的距离的和, 或其中 $t(2 \leqslant t \leqslant n-1)$ 条距离的和等于其余 $2n-t-1$ 条距离的和.

证明 根据定理 9.1.2, 对任意的 $i_1 = 1, 2, \cdots, 2n$, 由式 (9.1.2) 中 $n \geqslant 3$ 的情形的几何意义, 即得.

定理 9.1.3 设 $S = \{P_1, P_2, \cdots, P_{2n}\}(n \geqslant 2)$ 是 $2n$ 点的集合, H_{2n-1}^i 是 $T_{2n-1}^i = \{P_{i+1}, P_{i+2}, \cdots, P_{i+2n-1}\}(i = 1, 2, \cdots, 2n)$ 的重心, $P_iH_{2n-1}^i(i = 1, 2, \cdots, 2n)$ 是 S 的 1-类重心线, 则对任意的 $i_1 = 1, 2, \cdots, 2n$, 恒有 $\mathrm{D}_{P_{i_2}\text{-}P_{i_1}H_{2n-1}^{i_1}} = 0(i_2 \in I_{2n}\backslash\{i_1\})$ 的充分必要条件是

$$\mathrm{D}_{P_{i_3}\text{-}P_{i_1}H_{2n-1}^{i_1}} + \mathrm{D}_{P_{i_4}\text{-}P_{i_1}H_{2n-1}^{i_1}} + \cdots + \mathrm{D}_{P_{i_{2n}}\text{-}P_{i_1}H_{2n-1}^{i_1}} = 0. \tag{9.1.3}$$

证明 根据定理 9.1.2, 由式 (9.1.2), 即得: 对任意的 $i_1 = 1, 2, \cdots, 2n$, 恒有 $\mathrm{D}_{P_{i_2}\text{-}P_{i_1}H_{2n-1}^{i_1}} = 0(i_2 \in I_{2n}\backslash\{i_1\})$ 的充分必要条件式 (9.1.3) 成立.

推论 9.1.3 设 $S = \{P_1, P_2, \cdots, P_{2n}\}(n \geqslant 3)$ 是 $2n$ 点的集合, H_{2n-1}^i 是 $T_{2n-1}^i = \{P_{i+1}, P_{i+2}, \cdots, P_{i+2n-1}\}(i = 1, 2, \cdots, 2n)$ 的重心, $P_iH_{2n-1}^i(i = 1, 2, \cdots, 2n)$ 是 S 的 1-类重心线, 则对任意的 $i_1 = 1, 2, \cdots, 2n$, 恒有点 $P_{i_2}(i_2 \in I_{2n}\backslash\{i_1\})$ 在重心线 $P_{i_1}H_{2n-1}^{i_1}$ 所在直线上的充分必要条件是如下 $2n-2$ 条点到重心线的距离 $\mathrm{d}_{P_{i_3}\text{-}P_{i_1}H_{2n-1}^{i_1}}, \mathrm{d}_{P_{i_4}\text{-}P_{i_1}H_{2n-1}^{i_1}}, \cdots, \mathrm{d}_{P_{i_{2n}}\text{-}P_{i_1}H_{2n-1}^{i_1}}$ 中, 其中一条较长的距离等于其余 $2n-3$ 条较短的距离的和, 或其中 $t(2 \leqslant t \leqslant n-1)$ 条的和等于其余 $2n-t-2$ 条的距离的和.

证明 根据定理 9.1.3, 对任意的 $i_1 = 1, 2, \cdots, 2n$, 由 $\mathrm{D}_{P_{i_2}\text{-}P_{i_1}H_{2n-1}^{i_1}} = 0(i_2 \in I_{2n}\backslash\{i_1\})$ 和式 (9.1.3) 中 $n \geqslant 3$ 的情形的几何意义, 即得.

定理 9.1.4 设 $S = \{P_1, P_2, \cdots, P_{2n}\}(n \geqslant 3)$ 是 $2n$ 点的集合, H_{2n-1}^i 是 $T_{2n-1}^i = \{P_{i+1}, P_{i+2}, \cdots, P_{i+2n-1}\}(i = 1, 2, \cdots, 2n)$ 的重心, $P_iH_{2n-1}^i(i =$

$1, 2, \cdots, 2n$) 是 S 的 1-类重心线, 则对任意的 $i_1 = 1, 2, \cdots, 2n$, 以下两式均等价:

$$D_{P_{i_2}\text{-}P_{i_1}H^{i_1}_{2n-1}} + D_{P_{i_3}\text{-}P_{i_1}H^{i_1}_{2n-1}} = 0 \quad (d_{P_{i_2}\text{-}P_{i_1}H^{i_1}_{2n-1}} = d_{P_{i_3}\text{-}P_{i_1}H^{i_1}_{2n}}), \tag{9.1.4}$$

$$D_{P_{i_4}\text{-}P_{i_1}H^{i_1}_{2n-1}} + D_{P_{i_5}\text{-}P_{i_1}H^{i_1}_{2n-1}} + \cdots + D_{P_{i_{2n}}\text{-}P_{i_1}H^{i_1}_{2n-1}} = 0. \tag{9.1.5}$$

证明 根据定理 9.1.2, 由式 (9.1.2) 中 $n \geqslant 3$ 的情形, 即得: 对任意的 $i_1 = 1, 2, \cdots, 2n$, 式 (9.1.4) 成立的充分必要条件是式 (9.1.5) 成立.

推论 9.1.4 设 $S = \{P_1, P_2, \cdots, P_{2n}\}(n \geqslant 4)$ 是 $2n$ 点的集合, H^i_{2n-1} 是 $T^i_{2n-1} = \{P_{i+1}, P_{i+2}, \cdots, P_{i+2n-1}\}(i = 1, 2, \cdots, 2n)$ 的重心, $P_iH^i_{2n-1}(i = 1, 2, \cdots, 2n)$ 是 S 的 1-类重心线, 则对任意的 $i_1 = 1, 2, \cdots, 2n$, 均有两点 P_{i_2}, P_{i_3} 到重心线 $P_{i_1}H^{i_1}_{2n-1}$ 的距离相等侧向相反的充分必要条件是其余 $2n-3$ 条点到重心线 $P_{i_1}H^{i_1}_{2n-1}$ 的距离 $d_{P_{i_4}\text{-}P_{i_1}H^{i_1}_{2n-1}}, d_{P_{i_5}\text{-}P_{i_1}H^{i_1}_{2n-1}}, \cdots, d_{P_{i_{2n}}\text{-}P_{i_1}H^{i_1}_{2n-1}}$ 中, 其中一条较长的距离等于另 $2n-4$ 条较短的距离的和, 或其中 $t(2 \leqslant t \leqslant n-2)$ 条的距离的和等于另 $2n-t-3$ 的距离的和.

证明 根据定理 9.1.4, 对任意的 $i_1 = 1, 2, \cdots, 2n$, 由式 (9.1.4) 和 (9.1.5) 中 $n \geqslant 4$ 的情形的几何意义, 即得.

定理 9.1.5 设 $S = \{P_1, P_2, \cdots, P_{2n}\}(n \geqslant 4)$ 是 $2n$ 点的集合, H^i_{2n-1} 是 $T^i_{2n-1} = \{P_{i+1}, P_{i+2}, \cdots, P_{i+2n-1}\}(i = 1, 2, \cdots, 2n)$ 的重心, $P_iH^i_{2n-1}(i = 1, 2, \cdots, 2n)$ 是 S 的 1-类重心线, 则对任意的 $i_1 = 1, 2, \cdots, 2n; 4 \leqslant s \leqslant n$, 以下两式均等价:

$$D_{P_{i_2}\text{-}P_{i_1}H^{i_1}_{2n-1}} + D_{P_{i_3}\text{-}P_{i_1}H^{i_1}_{2n-1}} + \cdots + D_{P_{i_s}\text{-}P_{i_1}H^{i_1}_{2n-1}} = 0, \tag{9.1.6}$$

$$D_{P_{i_{s+1}}\text{-}P_{i_1}H^{i_1}_{2n-1}} + D_{P_{i_{s+2}}\text{-}P_{i_1}H^{i_1}_{2n-1}} + D_{P_{i_{2n}}\text{-}P_{i_1}H^{i_1}_{2n-1}} = 0. \tag{9.1.7}$$

证明 根据定理 9.1.2, 由式 (9.1.2) 中 $n \geqslant 4$ 的情形, 即得: 对任意的 $i_1 = 1, 2, \cdots, 2n; 4 \leqslant s \leqslant n$, 式 (9.1.6) 成立的充分必要条件是式 (9.1.7) 成立.

推论 9.1.5 设 $S = \{P_1, P_2, \cdots, P_{2n}\}(n \geqslant 4)$ 是 $2n$ 点的集合, H^i_{2n-1} 是 $T^i_{2n-1} = \{P_{i+1}, P_{i+2}, \cdots, P_{i+2n-1}\}(i = 1, 2, \cdots, 2n)$ 的重心, $P_iH^i_{2n-1}(i = 1, 2, \cdots, 2n)$ 是 S 的 1-类重心线, 则对任意的 $i_1 = 1, 2, \cdots, 2n$, 均有如下三条点到重心线 $P_{i_1}H^{i_1}_{2n-1}$ 的距离 $d_{P_{i_2}\text{-}P_{i_1}H^{i_1}_{2n-1}}, d_{P_{i_3}\text{-}P_{i_1}H^{i_1}_{2n-1}}, d_{P_{i_4}\text{-}P_{i_1}H^{i_1}_{2n-1}}$ 中, 其中一条较长的距离等于另两条较短的距离的和的充分必要条件是其余 $2n-4$ 条点到重心线 $P_{i_1}H^{i_1}_{2n-1}$ 的距离 $d_{P_{i_5}\text{-}P_{i_1}H^{i_1}_{2n-1}}, d_{P_{i_6}\text{-}P_{i_1}H^{i_1}_{2n-1}}, \cdots, d_{P_{i_{2n}}\text{-}P_{i_1}H^{i_1}_{2n-1}}$ 中, 其中一条较长的距离等于另 $2n-5$ 条较短的距离的和, 或其中 $t(2 \leqslant t \leqslant n-2)$ 条的距离的和等于另 $2n-t-4$ 条的距离的和.

证明 根据定理 9.1.5, 即得: 对任意的 $i_1 = 1, 2, \cdots, 2n$, 由式 (9.1.6) 和 (9.1.7) 中 $s = 4$ 的情形的几何意义, 即得.

推论 9.1.6 设 $S = \{P_1, P_2, \cdots, P_{2n}\}(n \geqslant 5)$ 是 $2n$ 点的集合, H_{2n-1}^i 是 $T_{2n-1}^i = \{P_{i+1}, P_{i+2}, \cdots, P_{i+2n-1}\}(i = 1, 2, \cdots, 2n)$ 的重心, $P_i H_{2n-1}^i(i = 1, 2, \cdots, 2n)$ 是 S 的 1-类重心线, 则对任意的 $i_1 = 1, 2, \cdots, 2n$, 均有如下 s–$1(5 \leqslant s \leqslant n)$ 条点到重心线 $P_{i_1} H_{2n-1}^{i_1}$ 的距离 $\mathrm{d}_{P_{i_2}\text{-}P_{i_1} H_{2n-1}^{i_1}}, \mathrm{d}_{P_{i_3}\text{-}P_{i_1} H_{2n-1}^{i_1}}, \cdots, \mathrm{d}_{P_{i_s}\text{-}P_{i_1} H_{2n-1}^{i_1}}$ 中, 其中一条较长的距离等于另 $s - 2$ 条较短的距离的和, 或其中 $t_1(2 \leqslant t_1 \leqslant [(s-1)/2])$ 条距离的和等于另 $s - t_1 - 1$ 条距离的和的充分必要条件是其余 $2n - s$ 条点到重心线 $P_{i_1} H_{2n-1}^{i_1}$ 的距离 $\mathrm{d}_{P_{i_{s+1}}\text{-}P_{i_1} H_{2n-1}^{i_1}}, \mathrm{d}_{P_{i_{s+2}}\text{-}P_{i_1} H_{2n-1}^{i_1}}, \cdots, \mathrm{d}_{P_{i_{2n}}\text{-}P_{i_1} H_{2n-1}^{i_1}}$ 中, 其中一条较长的距离等于另 $2n - s - 1$ 条较短的距离的和, 或其中 $t_2(2 \leqslant t_2 \leqslant [(2n-s)/2])$ 条距离的和等于另 $2n - s - t_2$ 条距离的和.

证明 根据定理 9.1.5, 即得: 对任意的 $i_1 = 1, 2, \cdots, 2n$, 由式 (9.1.6) 和 (9.1.7) 中 $5 \leqslant s \leqslant n$ 的情形的几何意义, 即得.

推论 9.1.7 设 $P_1 P_2 \cdots P_{2n+1}(n \geqslant 2 \vee n \geqslant 3 \vee n \geqslant 4 \vee n \geqslant 5)$ 是 $2n$ 角形 ($2n$ 边形), H_{2n-1}^i 是 $2n-1$ 角形 ($2n-1$ 边形)$P_{i+1} P_{i+2} \cdots P_{i+2n-1}(i = 1, 2, \cdots, 2n)$ 的重心, $P_i H_{2n-1}^i(i = 1, 2, \cdots, 2n)$ 是 $P_1 P_2 \cdots P_{2n}$ 的 1-级重心线, 则定理 9.1.2 ∼ 定理 9.1.5 和推论 9.1.2 ∼ 推论 9.1.6 的结论均成立.

证明 设 $S = \{P_1, P_2, \cdots, P_{2n}\}$ 是 $2n$ 角形 ($2n$ 边形)$P_1 P_2 \cdots P_{2n}(n \geqslant 2 \vee n \geqslant 3 \vee n \geqslant 4 \vee n \geqslant 5)$ 顶点的集合, 对不共线 $2n$ 点的集合 S 分别应用定理 9.1.2 ∼ 定理 9.1.5 和推论 9.1.2 ∼ 推论 9.1.6, 即得.

9.1.3 $2n$ 点集 1-类自重心线三角形有向面积公式及其应用

定理 9.1.6 设 $S = \{P_1, P_2, \cdots, P_{2n}\}(n \geqslant 2)$ 是 $2n$ 点的集合, H_{2n-1}^i 是 $T_{2n-1}^i = \{P_{i+1}, P_{i+2}, \cdots, P_{i+2n-1}\}(i = 1, 2, \cdots, 2n)$ 的重心, $P_i H_{2n-1}^i(i = 1, 2, \cdots, 2n)$ 是 S 的 1-类重心线, 则对任意的 $\alpha = 2, \cdots, 2n; i_1 = 1, 2, \cdots, 2n$, 恒有

$$(2n-1)\mathrm{D}_{P_{i_\alpha} P_{i_1} H_{2n-1}^{i_1}} = \sum_{\beta=2, \beta \neq \alpha}^{2n} \mathrm{D}_{P_{i_\alpha} P_{i_1} P_{i_\beta}}. \tag{9.1.8}$$

证明 根据定理 9.1.1, 对任意的 $\alpha = 2, \cdots, 2n; i_1 = 1, 2, \cdots, 2n$, 由式 (9.1.1) 和三角形有向面积与有向距离之间的关系, 即得式 (9.1.8).

推论 9.1.8 设 $S = \{P_1, P_2, \cdots, P_{2n}\}(n \geqslant 3)$ 是 $2n$ 点的集合, H_{2n-1}^i 是 $T_{2n-1}^i = \{P_{i+1}, P_{i+2}, \cdots, P_{i+2n-1}\}(i = 1, 2, \cdots, 2n)$ 的重心, $P_i H_{2n-1}^i(i = 1, 2, \cdots, 2n)$ 是 S 的 1-类重心线, 则对任意的 $\alpha = 2, \cdots, 2n; i_1 = 1, 2, \cdots, 2n$, 恒有如下 $2n-1$ 个三角形的乘数面积 $(2n-1)\mathrm{a}_{P_{i_\alpha} P_{i_1} H_{2n-1}^{i_1}}, \mathrm{a}_{P_{i_\alpha} P_{i_1} P_{i_\beta}} (\beta = 2,$

$3, \cdots, 2n; \beta \neq \alpha$) 中, 其中一个较大的乘数面积等于另外 $2n-2$ 个较小的乘数面积的和, 或其中 $t(2 \leqslant t \leqslant n-1)$ 个乘数面积的和等于另外 $2n-t-1$ 个乘数面积的和.

证明 根据定理 9.1.6, 对任意的 $\alpha = 2, \cdots, 2n; i_1 = 1, 2, \cdots, 2n$, 由式 (9.1.8) 中 $n \geqslant 3$ 的情形的几何意义, 即得.

定理 9.1.7 设 $S = \{P_1, P_2, \cdots, P_{2n}\}(n \geqslant 2)$ 是 $2n$ 点的集合, H_{2n-1}^i 是 $T_{2n-1}^i = \{P_{i+1}, P_{i+2}, \cdots, P_{i+2n-1}\}(i = 1, 2, \cdots, 2n)$ 的重心, $P_i H_{2n-1}^i (i = 1, 2, \cdots, 2n)$ 是 S 的 1-类重心线, 则对任意的 $\alpha = 2, \cdots, 2n; i_1 = 1, 2, \cdots, 2n$, 恒有 $\mathrm{D}_{P_{i_\alpha} P_{i_1} H_{2n-1}^{i_1}} = 0$ 的充分必要条件是

$$\sum_{\beta=2, \beta\neq\alpha}^{2n} \mathrm{D}_{P_{i_\alpha} P_{i_1} P_{i_\beta}} = 0. \qquad (9.1.9)$$

证明 根据定理 9.1.6, 由式 (9.1.8) 即得: 对任意的 $\alpha = 2, \cdots, 2n; i_1 = 1, 2, \cdots, 2n$, 恒有 $\mathrm{D}_{P_{i_\alpha} P_{i_1} H_{2n-1}^{i_1}} = 0$ 的充分必要条件是式 (9.1.9) 成立.

推论 9.1.9 设 $S = \{P_1, P_2, \cdots, P_{2n}\}(n \geqslant 3)$ 是 $2n$ 点的集合, H_{2n-1}^i 是 $T_{2n-1}^i = \{P_{i+1}, P_{i+2}, \cdots, P_{i+2n-1}\}(i = 1, 2, \cdots, 2n)$ 的重心, $P_i H_{2n-1}^i (i = 1, 2, \cdots, 2n)$ 是 S 的 1-类重心线, 则对任意的 $\alpha = 2, \cdots, 2n; i_1 = 1, 2, \cdots, 2n$, 恒有三点 $P_{i_\alpha}, P_{i_1}, H_{2n-1}^{i_1}$ 共线的充分必要条件是如下 $2n-2$ 个三角形的面积 $\mathrm{a}_{P_{i_\alpha} P_{i_1} P_{i_\beta}}(\beta = 2, 3, \cdots, 2n; \beta \neq \alpha)$ 中, 其中一个较大的面积等于另外 $2n-3$ 个较小的面积的和, 或其中 $t(2 \leqslant t \leqslant n-1)$ 个面积的和等于另外 $2n-t-2$ 个面积的和.

证明 根据定理 9.1.7, 对任意的 $\alpha = 2, \cdots, 2n; i_1 = 1, 2, \cdots, 2n$, 由 $\mathrm{D}_{P_{i_\alpha} P_{i_1} H_{2n-1}^{i_1}} = 0$ 和式 (9.1.9) 中 $n \geqslant 3$ 的情形的几何意义, 即得.

定理 9.1.8 设 $S = \{P_1, P_2, \cdots, P_{2n}\}(n \geqslant 2)$ 是 $2n$ 点的集合, H_{2n-1}^i 是 $T_{2n-1}^i = \{P_{i+1}, P_{i+2}, \cdots, P_{i+2n-1}\}(i = 1, 2, \cdots, 2n)$ 的重心, $P_i H_{2n-1}^i (i = 1, 2, \cdots, 2n)$ 是 S 的 1-类重心线, 则对任意的 $\alpha = 2, \cdots, 2n-1; i_1 = 1, 2, \cdots, 2n$, 恒有 $\mathrm{D}_{P_{i_\alpha} P_{i_1} P_{i_{2n}}} = 0 (i_{2n} \in I_{2n} \backslash \{i_1, i_\alpha\})$ 的充分必要条件是

$$(2n-1)\mathrm{D}_{P_{i_\alpha} P_{i_1} H_{2n-1}^{i_1}} = \sum_{\beta=2; \beta\neq\alpha}^{2n-1} \mathrm{D}_{P_{i_\alpha} P_{i_1} P_{i_\beta}}. \qquad (9.1.10)$$

证明 根据定理 9.1.6, 由式 (9.1.8) 即得: 对任意的 $\alpha = 2, \cdots, 2n-1; i_1 = 1, 2, \cdots, 2n$, 恒有 $\mathrm{D}_{P_{i_\alpha} P_{i_1} P_{i_{2n}}} = 0 (i_{2n} \in I_{2n} \backslash \{i_1, i_\alpha\})$ 的充分必要条件式 (9.1.10) 成立.

推论 9.1.10 设 $S=\{P_1,P_2,\cdots,P_{2n}\}(n\geqslant 3)$ 是 $2n$ 点的集合，H_{2n-1}^i 是 $T_{2n-1}^i=\{P_{i+1},P_{i+2},\cdots,P_{i+2n-1}\}(i=1,2,\cdots,2n)$ 的重心，$P_iH_{2n-1}^i(i=1,2,\cdots,2n)$ 是 S 的 1-类重心线，则对任意的 $\alpha=2,\cdots,2n-1;i_1=1,2,\cdots,2n$，恒有三点 $P_{i_\alpha},P_{i_1},P_{i_{2n}}(i_{2n}\in I_{2n}\backslash\{i_1,i_\alpha\})$ 共线的充分必要条件是如下 $2n-2$ 个三角形的乘数面积 $(2n-1)\mathrm{a}_{P_{i_\alpha}P_{i_1}H_{2n-1}^{i_1}};\mathrm{a}_{P_{i_\alpha}P_{i_1}P_{i_\beta}}(\beta=2,3,\cdots,2n-1;\beta\neq\alpha)$ 中，其中一个较大的乘数面积等于另外 $2n-3$ 个较小的乘数面积的和，或其中 $t(2\leqslant t\leqslant n-1)$ 个乘数面积的和等于另外 $2n-t-2$ 个乘数面积的和.

证明 根据定理 9.1.8，对任意的 $\alpha=2,\cdots,2n-1;i_1=1,2,\cdots,2n$，由 $\mathrm{D}_{P_{i_\alpha}P_{i_1}P_{i_{2n}}}=0(i_{2n}\in I_{2n}\backslash\{i_1,i_\alpha\})$ 和式 (9.1.10) 中 $n\geqslant 3$ 的情形的几何意义，即得.

定理 9.1.9 设 $S=\{P_1,P_2,\cdots,P_{2n}\}(n\geqslant 3)$ 是 $2n$ 点的集合，H_{2n-1}^i 是 $T_{2n-1}^i=\{P_{i+1},P_{i+2},\cdots,P_{i+2n-1}\}(i=1,2,\cdots,2n)$ 的重心，$P_iH_{2n-1}^i(i=1,2,\cdots,2n)$ 是 S 的 1-类重心线，则对任意的 $\alpha=3,4\cdots,2n;i_1=1,2,\cdots,2n$，如下两式均等价：

$$(2n-1)\mathrm{D}_{P_{i_\alpha}P_{i_1}H_{2n-1}^{i_1}}=\mathrm{D}_{P_{i_\alpha}P_{i_1}P_{i_2}}\quad((2n-1)\mathrm{a}_{P_{i_\alpha}P_{i_1}H_{2n-1}^{i_1}}=\mathrm{a}_{P_{i_\alpha}P_{i_1}P_{i_2}}),\quad(9.1.11)$$

$$\sum_{\beta=3;\beta\neq\alpha}^{2n}\mathrm{D}_{P_{i_\alpha}P_{i_1}P_{i_\beta}}=0. \tag{9.1.12}$$

证明 根据定理 9.1.6，由式 (9.1.8) 中 $n\geqslant 3$ 的情形，即得：对任意的 $\alpha=3,4,\cdots,2n;i_1=1,2,\cdots,2n$，式 (9.1.11) 成立的充分必要条件式 (9.1.12) 成立.

推论 9.1.11 设 $S=\{P_1,P_2,\cdots,P_{2n}\}(n\geqslant 4)$ 是 $2n$ 点的集合，H_{2n-1}^i 是 $T_{2n-1}^i=\{P_{i+1},P_{i+2},\cdots,P_{i+2n-1}\}(i=1,2,\cdots,2n)$ 的重心，$P_iH_{2n-1}^i(i=1,2,\cdots,2n)$ 是 S 的 1-类重心线，则对任意的 $\alpha=3,4\cdots,2n;i_1=1,2,\cdots,2n$，恒有两三角形 $P_{i_\alpha}P_{i_1}H_{2n-1}^{i_1},P_{i_\alpha}P_{i_1}P_{i_2}$ 方向相同且 $(2n-1)\mathrm{a}_{P_{i_\alpha}P_{i_1}H_{2n-1}^{i_1}}=\mathrm{a}_{P_{i_\alpha}P_{i_1}P_{i_2}}$ 的充分必要条件是如下 $2n-3$ 个三角形的面积 $\mathrm{a}_{P_{i_\alpha}P_{i_1}P_{i_\beta}}(\beta=i_3,i_4,\cdots,i_{2n};\beta\neq\alpha)$ 中，其中一个较大的面积等于另外 $2n-4$ 个较小的面积的和，或其中 $t(2\leqslant t\leqslant n-2)$ 个面积的和等于另外 $2n-t-3$ 个面积的和.

证明 根据定理 9.1.9，由式 (9.1.11) 和 (9.1.12) 中 $n\geqslant 4$ 的情形的几何意义，即得.

定理 9.1.10 设 $S=\{P_1,P_2,\cdots,P_{2n}\}(n\geqslant 3)$ 是 $2n$ 点的集合，H_{2n-1}^i 是 $T_{2n-1}^i=\{P_{i+1},P_{i+2},\cdots,P_{i+2n-1}\}(i=1,2,\cdots,2n)$ 的重心，$P_iH_{2n-1}^i(i=1,2,\cdots,2n)$ 是 S 的 1-类重心线，则对任意的 $\alpha=2,3,\cdots,2n-2;i_1=1,2,\cdots,$

$2n$, 如下两式均等价:

$$\mathrm{D}_{P_{i_\alpha}P_{i_1}P_{i_{2n-1}}} + \mathrm{D}_{P_{i_\alpha}P_{i_1}P_{i_{2n}}} = 0 \quad (\mathrm{a}_{P_{i_\alpha}P_{i_1}P_{i_{2n-1}}} = \mathrm{a}_{P_{i_\alpha}P_{i_1}P_{i_{2n}}}), \tag{9.1.13}$$

$$(2n-1)\mathrm{D}_{P_{i_\alpha}P_{i_1}H_{2n-1}^{i_1}} = \sum_{\beta=2;\beta\neq\alpha}^{2n-2} \mathrm{D}_{P_{i_\alpha}P_{i_1}P_{i_\beta}}. \tag{9.1.14}$$

证明 根据定理 9.1.6, 对任意的 $\alpha = 2, 3, \cdots, 2n; i_1 = 1, 2, \cdots, 2n$, 由式 (9.1.8) 中 $n \geqslant 3$ 的情形, 即得: 式 (9.1.13) 成立的充分必要条件式 (9.1.14) 成立.

推论 9.1.12 设 $S = \{P_1, P_2, \cdots, P_{2n}\}(n \geqslant 4)$ 是 $2n$ 点的集合, H_{2n-1}^i 是 $T_{2n-1}^i = \{P_{i+1}, P_{i+2}, \cdots, P_{i+2n-1}\}(i = 1, 2, \cdots, 2n)$ 的重心, $P_i H_{2n-1}^i (i = 1, 2, \cdots, 2n)$ 是 S 的 1-类重心线, 则对任意的 $\alpha = 2, 3, \cdots, 2n-2; i_1 = 1, 2, \cdots, 2n$, 均有两三角形 $P_{i_\alpha}P_{i_1}P_{i_{2n-1}}, P_{i_\alpha}P_{i_1}P_{i_{2n}}$ 面积相等方向相反的充分必要条件是如下 $2n-3$ 个三角形的乘数面积 $(2n-1)\mathrm{a}_{P_{i_\alpha}P_{i_1}H_{2n-1}^{i_1}}; \mathrm{D}_{P_{i_\alpha}P_{i_1}P_{i_\beta}}(\beta = 2, 3, \cdots, 2n-2; \beta \neq \alpha)$ 中, 其中一个较大的乘数面积等于另外 $2n-4$ 个较小的乘数面积的和, 或其中 $t(2 \leqslant t \leqslant n-2)$ 个乘数面积的和等于另外 $2n-t-3$ 个乘数面积的和.

证明 根据定理 9.1.10, 对任意的 $\alpha = 2, 3, \cdots, 2n-2; i_1 = 1, 2, \cdots, 2n$, 由式 (9.1.13) 和 (9.1.14) 中 $n \geqslant 4$ 的情形的几何意义, 即得.

定理 9.1.11 设 $S = \{P_1, P_2, \cdots, P_{2n}\}(n \geqslant 4)$ 是 $2n$ 点的集合, H_{2n-1}^i 是 $T_{2n-1}^i = \{P_{i+1}, P_{i+2}, \cdots, P_{i+2n-1}\}(i = 1, 2, \cdots, 2n)$ 的重心, $P_i H_{2n-1}^i (i = 1, 2, \cdots, 2n)$ 是 S 的 1-类重心线, 则对任意的 $\alpha = s+1, s+2, \cdots, 2n; i_1 = 1, 2, \cdots, 2n$ 和 $3 \leqslant s \leqslant n-1$, 如下两式均等价:

$$(2n-1)\mathrm{D}_{P_{i_\alpha}P_{i_1}H_{2n-1}^{i_1}} = \sum_{\beta=2}^{s} \mathrm{D}_{P_{i_\alpha}P_{i_1}P_{i_\beta}}, \tag{9.1.15}$$

$$\sum_{\beta=s+1;\beta\neq\alpha}^{2n} \mathrm{D}_{P_{i_\alpha}P_{i_1}P_{i_\beta}} = 0. \tag{9.1.16}$$

证明 根据定理 9.1.6, 由式 (9.1.8) 中 $n \geqslant 4$ 的情形, 即得: 对任意的 $\alpha = s+1, s+2, \cdots, 2n; i_1 = 1, 2, \cdots, 2n$ 和 $3 \leqslant s \leqslant n-1$, 式 (9.1.15) 成立的充分必要条件式 (9.1.16) 成立.

推论 9.1.13 设 $S = \{P_1, P_2, \cdots, P_{2n}\}(n \geqslant 4)$ 是 $2n$ 点的集合, H_{2n-1}^i 是 $T_{2n-1}^i = \{P_{i+1}, P_{i+2}, \cdots, P_{i+2n-1}\}(i = 1, 2, \cdots, 2n)$ 的重心, $P_i H_{2n-1}^i (i = 1, 2, \cdots, 2n)$ 是 S 的 1-类重心线, 则对任意的 $\alpha = 4, 5, \cdots, 2n; i_1 = 1, 2, \cdots, 2n$, 均有如下三个三角形的乘数面积 $(2n-1)\mathrm{a}_{P_{i_\alpha}P_{i_1}H_{2n-1}^{i_1}}; \mathrm{D}_{P_{i_\alpha}P_{i_1}P_{i_\beta}}(\beta = 2, 3)$ 中, 其

中一个较大的乘数面积等于另外两个较小的乘数面积的和的充分必要条件是其余 $2n-4$ 个三角形的面积 $\mathrm{a}_{P_{i_\alpha} P_{i_1} P_{i_\beta}}(\beta=4,5,\cdots,2n;\beta\neq\alpha)$ 中, 其中一个较大的面积等于另外 $2n-5$ 个较小的面积的和, 或其中 $t(2\leqslant t\leqslant n-2)$ 个面积的和等于另外 $2n-t-4$ 个面积的和.

证明 根据定理 9.1.11, 对任意的 $\alpha=4,5,\cdots,2n;i_1=1,2,\cdots,2n$, 由式 (9.1.15) 和 (9.1.16) 中 $s=3$ 的情形的几何意义, 即得.

推论 9.1.14 设 $S=\{P_1,P_2,\cdots,P_{2n}\}(n\geqslant 5)$ 是 $2n$ 点的集合, H_{2n-1}^i 是 $T_{2n-1}^i=\{P_{i+1},P_{i+2},\cdots,P_{i+2n-1}\}(i=1,2,\cdots,2n)$ 的重心, $P_iH_{2n-1}^i(i=1,2,\cdots,2n)$ 是 S 的 1-类重心线, 则对任意的 $\alpha=s+1,s+2,\cdots,2n;i_1=1,2,\cdots,2n$, 均有如下 $s(4\leqslant s\leqslant n-1)$ 个三角形的乘数面积 $(2n-1)\mathrm{a}_{P_{i_\alpha} P_{i_1} H_{2n-1}^{i_1}}$; $\mathrm{D}_{P_{i_\alpha} P_{i_1} P_{i_\beta}}(\beta=2,3,\cdots,s)$ 中, 其中一个较大的乘数面积等于另外 $s-1$ 个较小的乘数面积的和, 或其中 $t_1(2\leqslant t_1\leqslant [s/2])$ 个乘数面积的和等于另外 $s-t_1$ 个乘数面积的和的充分必要条件是其余 $2n-s-1$ 个三角形的面积 $\mathrm{a}_{P_{i_\alpha} P_{i_1} P_{i_\beta}}(\beta=s+1,s+2,\cdots,2n;\beta\neq\alpha)$ 中, 其中一个较大的面积等于另外 $2n-s-2$ 个较小的面积的和, 或其中 $t_2(2\leqslant t_2\leqslant [(2n-s-1)/2])$ 个面积的和等于另外 $2n-s-t_2-1$ 个面积的和.

证明 根据定理 9.1.11, 对任意的 $\alpha=s+1,s+2,\cdots,2n;i_1=1,2,\cdots,2n$, 由式 (9.1.15) 和 (9.1.16) 中 $n\geqslant 5,s\geqslant 4$ 的情形的几何意义, 即得.

定理 9.1.12 设 $S=\{P_1,P_2,\cdots,P_{2n}\}(n\geqslant 2)$ 是 $2n$ 点的集合, H_{2n-1}^i 是 $T_{2n-1}^i=\{P_{i+1},P_{i+2},\cdots,P_{i+2n-1}\}(i=1,2,\cdots,2n)$ 的重心, $P_iH_{2n-1}^i(i=1,2,\cdots,2n)$ 是 S 的 1-类重心线, 则对任意的 $i_1=1,2,\cdots,2n$, 恒有

$$\mathrm{D}_{P_{i_2} P_{i_1} H_{2n-1}^{i_1}} + \mathrm{D}_{P_{i_3} P_{i_1} H_{2n-1}^{i_1}} + \cdots + \mathrm{D}_{P_{i_{2n}} P_{i_1} H_{2n-1}^{i_1}} = 0. \tag{9.1.17}$$

证明 根据定理 9.1.2, 对任意的 $i_1=1,2,\cdots,2n$, 由式 (9.1.2) 以及三角形有向面积和有向距离之间的关系, 即得式 (9.1.17).

推论 9.1.15 设 $S=\{P_1,P_2,\cdots,P_{2n}\}(n\geqslant 3)$ 是 $2n$ 点的集合, H_{2n-1}^i 是 $T_{2n-1}^i=\{P_{i+1},P_{i+2},\cdots,P_{i+2n-1}\}(i=1,2,\cdots,2n)$ 的重心, $P_iH_{2n-1}^i(i=1,2,\cdots,2n)$ 是 S 的 1-类重心线, 则对任意的 $i_1=1,2,\cdots,2n$, 恒有以下 $2n-1$ 个自重心线三角形的面积 $\mathrm{a}_{P_{i_2} P_{i_1} H_{2n-1}^{i_1}}, \mathrm{a}_{P_{i_3} P_{i_1} H_{2n-1}^{i_1}}, \cdots, \mathrm{a}_{P_{i_{2n}} P_{i_1} H_{2n-1}^{i_1}}$ 中, 其中一个较大的面积等于其余 $2n-2$ 个较小的面积之和, 或其中 $t(2\leqslant t\leqslant n-1)$ 个面积的和等于其余 $2n-t-1$ 个面积的和.

证明 根据定理 9.1.12, 对任意的 $i_1=1,2,\cdots,2n$, 由式 (9.1.17) 中 $n\geqslant 3$ 的情形的几何意义, 即得.

定理 9.1.13 设 $S=\{P_1,P_2,\cdots,P_{2n}\}(n\geqslant 2)$ 是 $2n$ 点的集合, H_{2n-1}^i

是 $T_{2n-1}^i = \{P_{i+1}, P_{i+2}, \cdots, P_{i+2n-1}\}(i = 1, 2, \cdots, 2n)$ 的重心, $P_iH_{2n-1}^i$ $(i = 1, 2, \cdots, 2n)$ 是 S 的 1-类重心线, 则对任意的 $i_1 = 1, 2, \cdots, 2n$, 恒有 $\mathrm{D}_{P_{i_{2n}}P_{i_1}H_{2n-1}^{i_1}} = 0 (i_{2n} \in I_{2n}\setminus\{i_1\})$ 的充分必要条件是

$$\mathrm{D}_{P_{i_2}P_{i_1}H_{2n-1}^{i_1}} + \mathrm{D}_{P_{i_3}P_{i_1}H_{2n-1}^{i_1}} + \cdots + \mathrm{D}_{P_{i_{2n-1}}P_{i_1}H_{2n-1}^{i_1}} = 0. \tag{9.1.18}$$

证明 根据定理 9.1.12, 由式 (9.1.17), 即得: 对任意的 $i_1 = 1, 2, \cdots, 2n$, 恒有 $\mathrm{D}_{P_{i_{2n}}P_{i_1}H_{2n-1}^{i_1}} = 0 (i_{2n} \in I_{2n}\setminus\{i_1\})$ 的充分必要条件式 (9.1.18) 成立.

推论 9.1.16 设 $S = \{P_1, P_2, \cdots, P_{2n}\}(n \geqslant 3)$ 是 $2n$ 点的集合, H_{2n-1}^i 是 $T_{2n-1}^i = \{P_{i+1}, P_{i+2}, \cdots, P_{i+2n-1}\}(i = 1, 2, \cdots, 2n)$ 的重心, $P_iH_{2n-1}^i(i = 1, 2, \cdots, 2n)$ 是 S 的 1-类重心线, 则对任意的 $i_1 = 1, 2, \cdots, 2n$, 恒有三点 $P_{i_{2n}}, P_{i_1}, H_{2n-1}^{i_1}(i_{2n} \in I_{2n}\setminus\{i_1\})$ 共线的充分必要条件是以下 $2n-2$ 个自重心线三角形的面积 $\mathrm{a}_{P_{i_2}P_{i_1}H_{2n-1}^{i_1}}, \mathrm{a}_{P_{i_3}P_{i_1}H_{2n-1}^{i_1}}, \cdots, \mathrm{a}_{P_{i_{2n-1}}P_{i_1}H_{2n-1}^{i_1}}$ 中, 其中一个较大的面积等于其余 $2n-3$ 个较小的面积之和, 或其中 $t(2 \leqslant t \leqslant n-1)$ 个面积的和等于其余 $2n-t-2$ 个面积之和.

证明 根据定理 9.1.13, 对任意的 $i_1 = 1, 2, \cdots, 2n$, 由 $\mathrm{D}_{P_{i_{2n}}P_{i_1}H_{2n-1}^{i_1}} = 0(i_{2n} \in I_{2n}\setminus\{i_1\})$ 和式 (9.1.18) 中 $n \geqslant 3$ 的情形的几何意义, 即得.

定理 9.1.14 设 $S = \{P_1, P_2, \cdots, P_{2n}\}(n \geqslant 3)$ 是 $2n$ 点的集合, H_{2n-1}^i 是 $T_{2n-1}^i = \{P_{i+1}, P_{i+2}, \cdots, P_{i+2n-1}\}(i = 1, 2, \cdots, 2n)$ 的重心, $P_iH_{2n-1}^i(i = 1, 2, \cdots, 2n)$ 是 S 的 1-类重心线, 则对任意的 $i_1 = 1, 2, \cdots, 2n$, 以下两式均等价:

$$\mathrm{D}_{P_{i_2}P_{i_1}H_{2n-1}^{i_1}} + \mathrm{D}_{P_{i_3}P_{i_1}H_{2n-1}^{i_1}} = 0 \quad (\mathrm{a}_{P_{i_2}P_{i_1}H_{2n-1}^{i_1}} = \mathrm{a}_{P_{i_3}P_{i_1}H_{2n-1}^{i_1}}), \tag{9.1.19}$$

$$\mathrm{D}_{P_{i_4}P_{i_1}H_{2n-1}^{i_1}} + \mathrm{D}_{P_{i_5}P_{i_1}H_{2n-1}^{i_1}} + \cdots + \mathrm{D}_{P_{i_{2n}}P_{i_1}H_{2n-1}^{i_1}} = 0. \tag{9.1.20}$$

证明 根据定理 9.1.12, 由式 (9.1.17) 中 $n \geqslant 3$ 的情形, 即得: 式 (9.1.19) 成立的充分必要条件是式 (9.1.20) 成立.

推论 9.1.17 设 $S = \{P_1, P_2, \cdots, P_{2n}\}(n \geqslant 4)$ 是 $2n$ 点的集合, H_{2n-1}^i 是 $T_{2n-1}^i = \{P_{i+1}, P_{i+2}, \cdots, P_{i+2n-1}\}(i = 1, 2, \cdots, 2n)$ 的重心, $P_iH_{2n-1}^i(i = 1, 2, \cdots, 2n)$ 是 S 的 1-类重心线, 则对任意的 $i_1 = 1, 2, \cdots, 2n$, 均有两自重心线三角形 $P_{i_2}P_{i_1}H_{2n-1}^{i_1}, P_{i_3}P_{i_1}H_{2n-1}^{i_1}$ 面积相等方向相反的充分必要条件是如下 $2n-3$ 个自重心线三角形的面积 $\mathrm{a}_{P_{i_4}P_{i_1}H_{2n-1}^{i_1}}, \mathrm{a}_{P_{i_5}P_{i_1}H_{2n-1}^{i_1}}, \cdots, \mathrm{a}_{P_{i_{2n}}P_{i_1}H_{2n-1}^{i_1}}$ 中, 其中一个较大的面积等于其余 $2n-4$ 个较小的面积的和; 或其中 $t(2 \leqslant t \leqslant n-2)$ 个面积的和等于其余 $2n-t-3$ 个面积的和.

证明 根据定理 9.1.14, 对任意的 $i_1 = 1, 2, \cdots, 2n$, 由式 (9.1.19) 和 (9.1.20) 中 $n \geqslant 4$ 的情形的几何意义, 即得.

定理 9.1.15 设 $S = \{P_1, P_2, \cdots, P_{2n}\}(n \geqslant 4)$ 是 $2n$ 点的集合, H_{2n-1}^i 是 $T_{2n-1}^i = \{P_{i+1}, P_{i+2}, \cdots, P_{i+2n-1}\}(i = 1, 2, \cdots, 2n)$ 的重心, $P_i H_{2n-1}^i (i = 1, 2, \cdots, 2n)$ 是 S 的 1-类重心线, 则对任意的 $i_1 = 1, 2, \cdots, 2n; 4 \leqslant s \leqslant n$, 以下两式均等价:

$$\mathrm{D}_{P_{i_2} P_{i_1} H_{2n-1}^{i_1}} + \mathrm{D}_{P_{i_3} P_{i_1} H_{2n-1}^{i_1}} + \cdots + \mathrm{D}_{P_{i_s} P_{i_1} H_{2n-1}^{i_1}} = 0, \tag{9.1.21}$$

$$\mathrm{D}_{P_{i_{s+1}} P_{i_1} H_6^{i_1}} + \mathrm{D}_{P_{i_{s+2}} P_{i_1} H_6^{i_1}} + \cdots + \mathrm{D}_{P_{i_{2n}} P_{i_1} H_{2n-1}^{i_1}} = 0. \tag{9.1.22}$$

证明 根据定理 9.1.12, 由式 (9.1.17) 中 $n \geqslant 4$ 的情形, 即得: 对任意的 $i_1 = 1, 2, \cdots, 2n; 4 \leqslant s \leqslant n$, 式 (9.1.21) 成立的充分必要条件是式 (9.1.22) 成立.

推论 9.1.18 设 $S = \{P_1, P_2, \cdots, P_{2n}\}(n \geqslant 4)$ 是 $2n$ 点的集合, H_{2n-1}^i 是 $T_{2n-1}^i = \{P_{i+1}, P_{i+2}, \cdots, P_{i+2n-1}\}(i = 1, 2, \cdots, 2n)$ 的重心, $P_i H_{2n-1}^i (i = 1, 2, \cdots, 2n)$ 是 S 的 1-类重心线, 则对任意的 $i_1 = 1, 2, \cdots, 2n$, 均有如下三个自重心线三角形的面积 $\mathrm{a}_{P_{i_2} P_{i_1} H_{2n-1}^{i_1}}, \mathrm{a}_{P_{i_3} P_{i_1} H_{2n-1}^{i_1}}, \mathrm{a}_{P_{i_4} P_{i_1} H_{2n-1}^{i_1}}$ 中, 其中一个较大的面积等于另两个较小的面积之和的充分必要条件是其余 $2n - 4$ 个自重心线三角形的面积 $\mathrm{a}_{P_{i_5} P_{i_1} H_{2n-1}^{i_1}}, \mathrm{a}_{P_{i_6} P_{i_1} H_{2n-1}^{i_1}}, \cdots, \mathrm{a}_{P_{i_{2n}} P_{i_1} H_{2n-1}^{i_1}}$ 中, 其中一个较大的面积等于另外 $2n - 5$ 个较小的面积之和; 或其中 $t(2 \leqslant t \leqslant n - 2)$ 个面积的和等于另外 $2n - t - 4$ 个面积之和.

证明 根据定理 9.1.15, 对任意的 $i_1 = 1, 2, \cdots, 2n$, 由式 (9.1.21) 和 (9.1.22) 中 $s = 4$ 的情形几何意义, 即得.

推论 9.1.19 设 $S = \{P_1, P_2, \cdots, P_{2n}\}(n \geqslant 5)$ 是 $2n$ 点的集合, H_{2n-1}^i 是 $T_{2n-1}^i = \{P_{i+1}, P_{i+2}, \cdots, P_{i+2n-1}\}(i = 1, 2, \cdots, 2n)$ 的重心, $P_i H_{2n-1}^i (i = 1, 2, \cdots, 2n)$ 是 S 的 1-类重心线, 则对任意的 $i_1 = 1, 2, \cdots, 2n$, 均有如下 $s-1 (5 \leqslant s \leqslant n)$ 个自重心线三角形的面积 $\mathrm{a}_{P_{i_2} P_{i_1} H_{2n-1}^{i_1}}, \mathrm{a}_{P_{i_3} P_{i_1} H_{2n-1}^{i_1}}, \cdots, \mathrm{a}_{P_{i_s} P_{i_1} H_{2n-1}^{i_1}}$ 中, 其中一个较大的面积等于另外 $s - 2$ 个较小的面积之和, 或其中 $t_1 (2 \leqslant t_1 \leqslant [(s-1)/2])$ 个面积的和等于另外 $s - t_1 - 1$ 个面积之和的充分必要条件是其余 $2n - s$ 个自重心线三角形的面积 $\mathrm{a}_{P_{i_{s+1}} P_{i_1} H_{2n-1}^{i_1}}, \mathrm{a}_{P_{i_{s+2}} P_{i_1} H_{2n-1}^{i_1}}, \cdots, \mathrm{a}_{P_{i_{2n}} P_{i_1} H_{2n-1}^{i_1}}$ 中, 其中一个较大的面积等于另外 $2n - s - 1$ 个较小的面积之和, 或其中 $t_2 (2 \leqslant t_2 \leqslant [(2n-s)/2])$ 个面积的和等于另外 $2n - s - t_2$ 个面积之和.

证明 根据定理 9.1.15, 对任意的 $i_1 = 1, 2, \cdots, 2n$, 由式 (9.1.21) 和 (9.1.22) 中 $n \geqslant s \geqslant 5$ 的情形几何意义, 即得.

推论 9.1.20 设 $P_1 P_2 \cdots P_{2n} (n \geqslant 2 \vee n \geqslant 3 \vee n \geqslant 4 \vee n \geqslant 5)$ 是 $2n$ 角形 ($2n$ 边形), H_{2n-1}^i 是 $2n - 1$ 角形 ($2n - 1$ 边形)$P_{i+1} P_{i+2} \cdots P_{i+2n-1} (i = 1, 2, \cdots, 2n)$ 的重心, $P_i H_{2n-1}^i (i = 1, 2, \cdots, 2n)$ 是 $P_1 P_2 \cdots P_{2n}$ 的 1-级重心线, 则定理 9.1.6 ∼

定理 9.1.15 和推论 9.1.8 ~ 推论 9.1.19 的结论均成立.

证明 设 $S = \{P_1, P_2, \cdots, P_{2n}\}$ 是 $2n$ 角形 ($2n$ 边形)$P_1P_2\cdots P_{2n}(n \geqslant 2 \vee n \geqslant 3 \vee n \geqslant 4 \vee n \geqslant 5)$ 顶点的集合, 对不共线 $2n$ 点的集合 S 分别应用定理 9.1.6 ~ 定理 9.1.15 和推论 9.1.8 ~ 推论 9.1.19, 即得.

9.2 $2n$ 点集各点到 2-类重心线的有向距离公式与应用

本节主要应用有向距离法, 研究 $2n$ 点集各点到 2-类重心线有向距离的有关问题. 首先, 给出 $2n$ 点集各点到 2-类重心线有向距离公式, 从而推出 $2n$ 角形 ($2n$ 边形) 各个顶点到其 2-级重心线相应的公式; 其次, 根据上述重心线有向距离公式, 得出 $2n$ 点集两点到 2-类重心线、$2n$ 角形 ($2n$ 边形) 两顶点到 2-级重心线有向距离的关系定理, 从而推出两点 (两顶点) 到 $2n$ 点集 2-类重心线、$2n$ 角形 ($2n$ 边形)2-级重心线距离相等方向相反等结论; 最后, 根据重心线有向距离公式, 得出 $2n$ 点集 2-类重心线、$2n$ 角形 ($2n$ 边形)2-级重心线自重心线三角形有向面积公式和 $2n$ 点集 2-类重心线、$2n$ 角形 ($2n$ 边形)2-级重心线三角形有向面积的关系定理, 以及自重心线三角形面积相等方向相反等结论.

在本节中, 恒假设 $i_1, i_2, \cdots, i_{2n} \in I_{2n} = \{1, 2, \cdots, 2n\}$ 且互不相等; $j = 1, 2, \cdots, \mathrm{C}_{2n}^2$ 是关于 i_1, i_2 的函数且其值与 i_1, i_2 的排列次序无关, 即 $j = j(i_1, i_2) = j(i_2, i_1)$.

9.2.1 $2n$ 点集各点到 2-类重心线有向距离公式

定理 9.2.1 设 $S = \{P_1, P_2, \cdots, P_{2n}\}(n \geqslant 2)$ 是 $2n$ 点的集合, $(S_2^j, T_{2n-2}^j) = (P_{i_1}, P_{i_2}; P_{i_3}, P_{i_4}, \cdots, P_{i_{2n}})(i_1, i_2, \cdots, i_{2n} = 1, 2, \cdots, 2n; i_1 < i_2)$ 是 S 的完备集对, $G_{i_1i_2}, H_{2n-2}^j(j = 1, 2, \cdots, n(2n-1))$ 分别是 (S_2^j, T_{2n-2}^j) 中两个集合的重心, $G_{i_1i_2}H_{2n-2}^j(j = 1, 2, \cdots, n(2n-1))$ 是 S 的 2-类重心线, 则对任意的 $j = 1, 2, \cdots, n(2n-1); \alpha = 1, 2$, 恒有

$$2(n-1)\mathrm{d}_{G_{i_1i_2}H_{2n-2}^j}\mathrm{D}_{P_{i_\alpha}\text{-}G_{i_1i_2}H_{2n-2}^j} = (-1)^{\alpha-1}\sum_{\beta=3}^{2n}\mathrm{D}_{P_{i_1}P_{i_2}P_{i_\beta}}. \tag{9.2.1}$$

证明 设 $S = \{P_1, P_2, \cdots, P_{2n}\}$ 各点的坐标为 $P_i(x_i, y_i)(i = 1, 2, \cdots, 2n)$, 于是 (S_2^j, T_{2n-2}^j) 中两集合重心的坐标为

$$G_{i_1i_2}\left(\frac{x_{i_1}+x_{i_2}}{2}, \frac{y_{i_1}+y_{i_2}}{2}\right) \quad (i_1, i_2 = 1, 2, \cdots, 2n; i_1 < i_2),$$

$$H_{2n-2}^{j}\left(\frac{1}{2n-2}\sum_{\nu=3}^{2n}x_{i_\nu}, \frac{1}{2n-2}\sum_{\nu=3}^{2n}y_{i_\nu}\right) \quad (i_3, i_4, \cdots, i_{2n} = 1, 2, \cdots, 2n),$$

其中 $j = j(i_1, i_2) = 1, 2, \cdots, n(2n-1)$. 重心线 $G_{i_1i_2}H_{2n-2}^{j}$ 所在的有向直线的方程为

$$(y_{G_{i_1i_2}} - y_{H_{2n-2}^j})x + (x_{H_{2n-2}^j} - x_{G_{i_1i_2}})y + (x_{G_{i_1i_2}}y_{H_{2n-2}^j} - x_{H_{2n-2}^j}y_{G_{i_1i_2}}) = 0.$$

故由点到直线的有向距离公式, 可得

$$\begin{aligned}
&4(n-1)\mathrm{d}_{G_{i_1i_2}H_{2n-2}^j}\mathrm{D}_{P_{i_1}\text{-}G_{i_1i_2}H_{2n-2}^j}\\
&= 4(n-1)[(y_{G_{i_1i_2}} - y_{H_{2n-2}^j})x_{i_1} + (x_{H_{2n-2}^j} - x_{G_{i_1i_2}})y_{i_1}\\
&\quad + (x_{G_{i_1i_2}}y_{H_{2n-2}^j} - x_{H_{2n-2}^j}y_{G_{i_1i_2}})]\\
&= 2[(n-1)y_{i_1} + (n-1)y_{i_2} - (y_{i_3} + y_{i_4} + \cdots + y_{i_{2n}})]x_{i_1}\\
&\quad + 2[(x_{i_3} + x_{i_4} + \cdots + x_{i_{2n}}) - (n-1)x_{i_1} - (n-1)x_{i_2}]y_{i_1}\\
&\quad + (x_{i_1} + x_{i_2})(y_{i_3} + y_{i_4} + \cdots + y_{i_{2n}}) - (x_{i_3} + x_{i_4} + \cdots + x_{i_{2n}})(y_{i_1} + y_{i_2})\\
&= [(x_{i_1}y_{i_2} - x_{i_2}y_{i_1}) + (x_{i_2}y_{i_3} - x_{i_3}y_{i_2}) + (x_{i_3}y_{i_1} - x_{i_1}y_{i_3})]\\
&\quad + [(x_{i_1}y_{i_2} - x_{i_2}y_{i_1}) + (x_{i_2}y_{i_4} - x_{i_4}y_{i_2}) + (x_{i_4}y_{i_1} - x_{i_1}y_{i_4})]\\
&\quad + \cdots\\
&\quad + [(x_{i_1}y_{i_2} - x_{i_2}y_{i_1}) + (x_{i_2}y_{i_{2n}} - x_{i_{2n}}y_{i_2}) + (x_{i_{2n}}y_{i_1} - x_{i_1}y_{i_{2n}})]\\
&= 2\mathrm{D}_{P_{i_1}P_{i_2}P_{i_3}} + 2\mathrm{D}_{P_{i_1}P_{i_2}P_{i_4}} + \cdots + 2\mathrm{D}_{P_{i_1}P_{i_2}P_{i_{2n}}},
\end{aligned}$$

其中 $j = 1, 2, \cdots, n(2n-1)$. 因此, 当 $j = 1, 2, \cdots, n(2n-1); \alpha = 1$ 时, 式 (9.2.1) 成立.

类似地, 可以证明, 当 $j = 1, 2, \cdots, n(2n-1); \alpha = 2$ 时, 式 (9.2.1) 成立.

定理 9.2.2 设 $S = \{P_1, P_2, \cdots, P_{2n}\}(n \geqslant 2)$ 是 $2n$ 点的集合, $(S_2^j, T_{2n-2}^j) = (P_{i_1}, P_{i_2}; P_{i_3}, P_{i_4}, \cdots, P_{i_{2n}})(i_1, i_2, \cdots, i_{2n} = 1, 2, \cdots, 2n; i_1 < i_2)$ 是 S 的完备集对, $G_{i_1i_2}, H_{2n-2}^j(j = 1, 2, \cdots, n(2n-1))$ 分别是 (S_2^j, T_{2n-2}^j) 中两个集合的重心, $G_{i_1i_2}H_{2n-2}^j(j = 1, 2, \cdots, n(2n-1))$ 是 S 的 2-类重心线, 则对任意的 $j = 1, 2, \cdots, n(2n-1); \alpha = 3, 4, \cdots, 2n$, 恒有

$$2(n-1)\mathrm{d}_{G_{i_1i_2}H_{2n-2}^j}\mathrm{D}_{P_{i_\alpha}\text{-}G_{i_1i_2}H_{2n-2}^j} = \sum_{\alpha=3;\beta\neq\alpha}^{2n}(\mathrm{D}_{P_{i_\alpha}P_{i_1}P_{i_\beta}} + \mathrm{D}_{P_{i_\alpha}P_{i_2}P_{i_\beta}}). \quad (9.2.2)$$

证明 设 $S=\{P_1,P_2,\cdots,P_{2n}\}$ 各点的坐标为 $P_i(x_i,y_i)(i=1,2,\cdots,2n)$，于是由定理 9.2.1 证明和点到直线的有向距离公式，可得

$$4(n-1)\mathrm{d}_{G_{i_1i_2}H^j_{2n-2}}\mathrm{D}_{P_{i_3}\text{-}G_{i_1i_2}H^j_{2n-2}}$$

$$=4(n-1)[(y_{G_{i_1i_2}}-y_{H^j_{2n-2}})x_{i_3}+(x_{H^j_{2n-2}}-x_{G_{i_1i_2}})y_{i_3}$$

$$+(x_{G_{i_1i_2}}y_{H^j_{2n-2}}-x_{H^j_{2n-2}}y_{G_{i_1i_2}})]$$

$$=2[(n-1)y_{i_1}+(n-1)y_{i_2}-(y_{i_3}+y_{i_4}+\cdots+y_{i_{2n}})]x_{i_3}$$

$$+2[(x_{i_3}+x_{i_4}+\cdots+x_{i_{2n}})-(n-1)x_{i_1}-(n-1)x_{i_2}]y_{i_3}$$

$$+(x_{i_1}+x_{i_2})(y_{i_3}+y_{i_4}+\cdots+y_{i_{2n}})-(x_{i_3}+x_{i_4}+\cdots+x_{i_{2n}})(y_{i_1}+y_{i_2})$$

$$=[(x_{i_3}y_{i_1}-x_{i_1}y_{i_3})+(x_{i_1}y_{i_4}-x_{i_4}y_{i_1})+(x_{i_4}y_{i_3}-x_{i_3}y_{i_4})]$$

$$+[(x_{i_3}y_{i_1}-x_{i_1}y_{i_3})+(x_{i_1}y_{i_5}-x_{i_5}y_{i_1})+(x_{i_5}y_{i_3}-x_{i_3}y_{i_5})]$$

$$+\cdots$$

$$+[(x_{i_3}y_{i_1}-x_{i_1}y_{i_3})+(x_{i_1}y_{i_{2n}}-x_{i_{2n}}y_{i_1})+(x_{i_{2n}}y_{i_3}-x_{i_3}y_{i_{2n}})]$$

$$+[(x_{i_3}y_{i_2}-x_{i_2}y_{i_3})+(x_{i_2}y_{i_4}-x_{i_4}y_{i_2})+(x_{i_4}y_{i_3}-x_{i_3}y_{i_4})]$$

$$+[(x_{i_3}y_{i_2}-x_{i_2}y_{i_3})+(x_{i_2}y_{i_5}-x_{i_5}y_{i_2})+(x_{i_5}y_{i_3}-x_{i_3}y_{i_5})]$$

$$+\cdots$$

$$+[(x_{i_3}y_{i_2}-x_{i_2}y_{i_3})+(x_{i_2}y_{i_{2n}}-x_{i_{2n}}y_{i_2})+(x_{i_{2n}}y_{i_3}-x_{i_3}y_{i_{2n}})]$$

$$=2\mathrm{D}_{P_{i_3}P_{i_1}P_{i_4}}+2\mathrm{D}_{P_{i_3}P_{i_1}P_{i_5}}+\cdots+2\mathrm{D}_{P_{i_3}P_{i_1}P_{i_{2n}}}$$

$$+2\mathrm{D}_{P_{i_3}P_{i_2}P_{i_4}}+2\mathrm{D}_{P_{i_3}P_{i_2}P_{i_5}}+\cdots+2\mathrm{D}_{P_{i_3}P_{i_2}P_{i_{2n}}},$$

其中 $j=1,2,\cdots,n(2n-1)$. 因此，当 $j=1,2,\cdots,n(2n-1);\alpha=3$ 时, 式 (9.2.2) 成立.

类似地，可以证明，当 $j=1,2,\cdots,n(2n-1);\alpha=4,5,\cdots,2n$ 时, 式 (9.2.2) 成立.

推论 9.2.1 设 $P_1P_2\cdots P_{2n}(n\geqslant 2)$ 是 $2n$ 角形 ($2n$ 边形), $G_{i_1i_2}(i_1,i_2=1,2,\cdots,2n;i_1<i_2)$ 是各边 (对角线)$P_{i_1}P_{i_2}$ 的中点, $H^j_{2n-2}(j=1,2,\cdots,n(2n-1))$ 是 $2n-2$ 角形 ($2n-2$ 边形)$P_{i_3}P_{i_4}\cdots P_{i_{2n}}$ 的重心, $G_{i_1i_2}H^j_{2n-2}(j=1,2,\cdots,n(2n-1))$ 是 $P_1P_2\cdots P_{2n}$ 的 2-级重心线, 则定理 9.2.1 和定理 9.2.2 的结论均成立.

证明 设 $S = \{P_1, P_2, \cdots, P_{2n}\}$ 是 $2n$ 角形 ($2n$ 边形)$P_1P_2\cdots P_{2n}(n \geqslant 2)$ 顶点的集合, 对不共线 $2n$ 点的集合 S 应用定理 9.2.1 和定理 9.2.2, 即得.

注 9.2.1 特别地, 当 $n = 2,3$ 时, 根据定理 9.2.1 和推论 9.2.1, 可以分别得出定理 3.2.1 和推论 3.2.1、定理 6.2.1 和推论 6.2.1. 因此, 3.2 节和 6.2 节中的结论都可以看成是本节相应结论的推论. 故在本节以下论述中, 我们主要研究 $n \geqslant 4$ 的情形, 而对当 $n = 2,3$ 的情形不单独论及.

9.2.2 $2n$ 点集各点到 2-类重心线有向距离公式的应用

定理 9.2.3 设 $S = \{P_1, P_2, \cdots, P_{2n}\}(n \geqslant 2)$ 是 $2n$ 点的集合, $(S_2^j, T_{2n-2}^j) = (P_{i_1}, P_{i_2}; P_{i_3}, P_{i_4}, \cdots, P_{i_{2n}})(i_1, i_2, \cdots, i_{2n} = 1, 2, \cdots, 2n; i_1 < i_2)$ 是 S 的完备集对, $G_{i_1i_2}H_{2n-2}^j(j = 1, 2, \cdots, n(2n-1))$ 分别是 (S_2^j, T_{2n-2}^j) 中两个集合的重心, $G_{i_1i_2}H_{2n-2}^j(j = 1, 2, \cdots, n(2n-1))$ 是 S 的 2-类重心线, 则对任意的 $j = 1, 2, \cdots, n(2n-1)$, 恒有

$$\mathrm{D}_{P_{i_1}\text{-}G_{i_1i_2}H_{2n-2}^j} + \mathrm{D}_{P_{i_2}\text{-}G_{i_1i_2}H_{2n-2}^j} = 0 \quad (\mathrm{d}_{P_{i_1}\text{-}G_{i_1i_2}H_{2n-2}^j} = \mathrm{d}_{P_{i_2}\text{-}G_{i_1i_2}H_{2n-2}^j}), \tag{9.2.3}$$

$$\mathrm{D}_{P_{i_3}\text{-}G_{i_1i_2}H_{2n-2}^j} + \mathrm{D}_{P_{i_4}\text{-}G_{i_1i_2}H_{2n-2}^j} + \cdots + \mathrm{D}_{P_{i_{2n}}\text{-}G_{i_1i_2}H_{2n-2}^j} = 0. \tag{9.2.4}$$

证明 根据定理 9.2.1 和定理 9.2.2, 式 (9.2.1), (9.2.2) 分别对 $\alpha = 1, 2$ 和 $\alpha = 3, 4, \cdots, 2n$ 求和, 得

$$2(n-1)\mathrm{d}_{G_{i_1i_2}H_{2n-2}^j}(\mathrm{D}_{P_{i_1}\text{-}G_{i_1i_2}H_{2n-2}^j} + \mathrm{D}_{P_{i_2}\text{-}G_{i_1i_2}H_{2n-2}^j}) = 0,$$

$$2(n-1)\mathrm{d}_{G_{i_1i_2}H_{2n-2}^j}(\mathrm{D}_{P_{i_3}\text{-}G_{i_1i_2}H_{2n-2}^j} + \mathrm{D}_{P_{i_4}\text{-}G_{i_1i_2}H_{2n-2}^j} + \cdots + \mathrm{D}_{P_{i_{2n}}\text{-}G_{i_1i_2}H_{2n-2}^j}) = 0.$$

其中 $j = 1, 2, \cdots, n(2n-1)$. 故对任意的 $j = 1, 2, \cdots, n(2n-1)$, 若 $\mathrm{d}_{G_{i_1i_2}H_{2n-2}^j} \neq 0$, 式 (9.2.3) 和 (9.2.4) 均成立; 而若 $\mathrm{d}_{G_{i_1i_2}H_{2n-2}^j} = 0$, 则由点到重心线有向距离的定义知, 式 (9.2.3) 和 (9.2.4) 亦均成立.

推论 9.2.2 设 $S = \{P_1, P_2, \cdots, P_{2n}\}(n \geqslant 3)$ 是 $2n$ 点的集合, $(S_2^j, T_{2n-2}^j) = (P_{i_1}, P_{i_2}; P_{i_3}, P_{i_4}, \cdots, P_{i_{2n}})(i_1, i_2, \cdots, i_{2n} = 1, 2, \cdots, 2n; i_1 < i_2)$ 是 S 的完备集对, $G_{i_1i_2}, H_{2n-2}^j(j = 1, 2, \cdots, n(2n-1))$ 分别是 (S_2^j, T_{2n-2}^j) 中两个集合的重心, $G_{i_1i_2}H_{2n-2}^j(j = 1, 2, \cdots, n(2n-1))$ 是 S 的 2-类重心线, 则对任意的 $j = 1, 2, \cdots, n(2n-1)$, 恒有两点 P_{i_1}, P_{i_2} 到重心线 $G_{i_1i_2}H_{2n-2}^j$ 的距离相等侧向相反; 而其余 $2n-2$ 条点到重心线 $G_{i_1i_2}H_{2n-2}^j$ 的距离 $\mathrm{d}_{P_{i_3}\text{-}G_{i_1i_2}H_{2n-2}^j}, \mathrm{d}_{P_{i_4}\text{-}G_{i_1i_2}H_{2n-2}^j}, \cdots$, $\mathrm{d}_{P_{i_{2n}}\text{-}G_{i_1i_2}H_{2n-2}^j}$ 中, 其中一条较长的距离等于另 $2n-3$ 条较短的距离的和, 或其中 $t(2 \leqslant t \leqslant n-1)$ 条距离的和等于另 $2n-t-2$ 个距离的和.

证明 根据定理 9.2.3, 对任意的 $j = 1, 2, \cdots, n(2n-1)$, 由式 (9.2.3) 和 (9.2.4) 中 $n \geqslant 3$ 的情形的几何意义, 即得.

定理 9.2.4 设 $S = \{P_1, P_2, \cdots, P_{2n}\}(n \geqslant 3)$ 是 $2n$ 点的集合, $(S_2^j, T_{2n-2}^j) = (P_{i_1}, P_{i_2}; P_{i_3}, P_{i_4}, \cdots, P_{i_{2n}})(i_1, i_2, \cdots, i_{2n} = 1, 2, \cdots, 2n; i_1 < i_2)$ 是 S 的完备集对, $G_{i_1 i_2}, H_{2n-2}^j(j = 1, 2, \cdots, n(2n-1))$ 分别是 (S_2^j, T_{2n-2}^j) 中两个集合的重心, $G_{i_1 i_2} H_{2n-2}^j(j = 1, 2, \cdots, n(2n-1))$ 是 S 的 2-类重心线, 则对任意的 $j = 1, 2, \cdots, n(2n-1)$, 恒有 $\mathrm{D}_{P_{i_{2n}}\text{-}G_{i_1 i_2} H_{2n-2}^j} = 0 (i_{2n} \in I_{2n} \backslash \{i_1, i_2\})$ 的充分必要条件是

$$\mathrm{D}_{P_{i_3}\text{-}G_{i_1 i_2} H_{2n-2}^j} + \mathrm{D}_{P_{i_4}\text{-}G_{i_1 i_2} H_{2n-2}^j} + \cdots + \mathrm{D}_{P_{i_{2n-1}}\text{-}G_{i_1 i_2} H_{2n-2}^j} = 0. \quad (9.2.5)$$

证明 根据定理 9.2.3, 由式 (9.2.4) 中 $n \geqslant 3$ 的情形, 可得: 对任意的 $j = 1, 2, \cdots, n(2n-1)$, 恒有 $\mathrm{D}_{P_{i_{2n}}\text{-}G_{i_1 i_2} H_{2n-2}^j} = 0(i_{2n} \in I_{2n} \backslash \{i_1, i_2\})$ 的充分必要条件是 (9.2.5) 成立.

推论 9.2.3 设 $S = \{P_1, P_2, \cdots, P_{2n}\}(n \geqslant 4)$ 是 $2n$ 点的集合, $(S_2^j, T_{2n-2}^j) = (P_{i_1}, P_{i_2}; P_{i_3}, P_{i_4}, \cdots, P_{i_{2n}})(i_1, i_2, \cdots, i_{2n} = 1, 2, \cdots, 2n; i_1 < i_2)$ 是 S 的完备集对, $G_{i_1 i_2}, H_{2n-2}^j(j = 1, 2, \cdots, n(2n-1))$ 分别是 (S_2^j, T_{2n-2}^j) 中两个集合的重心, $G_{i_1 i_2} H_{2n-2}^j(j = 1, 2, \cdots, n(2n-1))$ 是 S 的 2-类重心线, 则对任意的 $j = 1, 2, \cdots, n(2n-1)$, 点 $P_{i_{2n}}(i_{2n} \in I_{2n} \backslash \{i_1, i_2\})$ 在重心线 $G_{i_1 i_2} H_{2n-2}^j$ 所在直线之上的充分必要条件是其余 $2n-3$ 条点到 $G_{i_1 i_2} H_{2n-2}^j$ 的距离 $\mathrm{d}_{P_{i_3}\text{-}G_{i_1 i_2} H_{2n-2}^j}$, $\mathrm{d}_{P_{i_4}\text{-}G_{i_1 i_2} H_{2n-2}^j}, \cdots, \mathrm{d}_{P_{i_{2n-1}}\text{-}G_{i_1 i_2} H_{2n-2}^j}$ 中, 其中一条较长的距离等于另 $2n-4$ 条较短的距离的和, 或其中 $t(2 \leqslant t \leqslant n-2)$ 条距离的和等于另 $2n-t-3$ 条距离的和.

证明 根据定理 9.2.4, 对任意的 $j = 1, 2, \cdots, n(2n-1)$, 分别由 $\mathrm{D}_{P_{i_{2n}}\text{-}G_{i_1 i_2} H_{2n-2}^j} = 0(i_{2n} \in I_{2n} \backslash \{i_1, i_2\})$ 和式 (9.2.5) 中 $n \geqslant 4$ 的情形的几何意义, 即得.

定理 9.2.5 设 $S = \{P_1, P_2, \cdots, P_{2n}\}(n \geqslant 3)$ 是 $2n$ 点的集合, $(S_2^j, T_{2n-2}^j) = (P_{i_1}, P_{i_2}; P_{i_3}, P_{i_4}, \cdots, P_{i_{2n}})(i_1, i_2, \cdots, i_{2n} = 1, 2, \cdots, 2n; i_1 < i_2)$ 是 S 的完备集对, $G_{i_1 i_2}, H_{2n-2}^j(j = 1, 2, \cdots, n(2n-1))$ 分别是 (S_2^j, T_{2n-2}^j) 中两个集合的重心, $G_{i_1 i_2} H_{2n-2}^j(j = 1, 2, \cdots, n(2n-1))$ 是 S 的 2-类重心线, 则对任意的 $j = 1, 2, \cdots, n(2n-1)$, 如下两式均等价:

$$\mathrm{D}_{P_{i_3}\text{-}G_{i_1 i_2} H_{2n-2}^j} + \mathrm{D}_{P_{i_4}\text{-}G_{i_1 i_2} H_{2n-2}^j} = 0 \quad (\mathrm{d}_{P_{i_3}\text{-}G_{i_1 i_2} H_{2n-2}^j} = \mathrm{d}_{P_{i_4}\text{-}G_{i_1 i_2} H_{2n-2}^j}),$$
$$(9.2.6)$$

$$\mathrm{D}_{P_{i_5}\text{-}G_{i_1 i_2} H_{2n-2}^j} + \mathrm{D}_{P_{i_6}\text{-}G_{i_1 i_2} H_{2n-2}^j} + \cdots + \mathrm{D}_{P_{i_{2n}}\text{-}G_{i_1 i_2} H_{2n-2}^j} = 0. \quad (9.2.7)$$

9.2　2n 点集各点到 2-类重心线的有向距离公式与应用

证明　根据定理 9.2.3, 由式 (9.2.4) 中 $n \geqslant 3$ 的情形, 可得: 对任意的 $j = 1, 2, \cdots, n(2n-1)$, 式 (9.2.6) 成立的充分必要条件是 (9.2.7) 成立.

推论 9.2.4　设 $S = \{P_1, P_2, \cdots, P_{2n}\}(n \geqslant 4)$ 是 $2n$ 点的集合, $(S_2^j, T_{2n-2}^j) = (P_{i_1}, P_{i_2}; P_{i_3}, P_{i_4}, \cdots, P_{i_{2n}})(i_1, i_2, \cdots, i_{2n} = 1, 2, \cdots, 2n; i_1 < i_2)$ 是 S 的完备集对, $G_{i_1 i_2}, H_{2n-2}^j(j = 1, 2, \cdots, n(2n-1))$ 分别是 (S_2^j, T_{2n-2}^j) 中两个集合的重心, $G_{i_1 i_2} H_{2n-2}^j(j = 1, 2, \cdots, n(2n-1))$ 是 S 的 2-类重心线, 则对任意的 $j = 1, 2, \cdots, n(2n-1)$, 均有两点 P_{i_3}, P_{i_4} 到重心线 $G_{i_1 i_2} H_{2n-2}^j$ 的距离相等侧向相反的充分必要条件是其余 $2n-4$ 条点到 $G_{i_1 i_2} H_{2n-2}^j$ 的距离 $\mathrm{d}_{P_{i_5}\text{-}G_{i_1 i_2} H_{2n-2}^j}$, $\mathrm{d}_{P_{i_6}\text{-}G_{i_1 i_2} H_{2n-2}^j}, \cdots, \mathrm{d}_{P_{i_{2n}}\text{-}G_{i_1 i_2} H_{2n-2}^j}$ 中, 其中一条较长的距离等于另 $2n-5$ 条较短的距离的和, 或其中 $t(2 \leqslant t \leqslant n-2)$ 条距离的和等于另 $2n-t-4$ 条距离的和.

证明　根据定理 9.2.5, 对任意的 $j = 1, 2, \cdots, n(2n-1)$, 分别由式 (9.2.6) 和 (9.2.7) 中 $n \geqslant 4$ 的情形的几何意义, 即得.

推论 9.2.5　设 $P_1 P_2 \cdots P_{2n}(n \geqslant 2 \vee n \geqslant 3 \vee n \geqslant 4)$ 是 $2n$ 角形 ($2n$ 边形), $G_{i_1 i_2}(i_1, i_2 = 1, 2, \cdots, 2n; i_1 < i_2)$ 是各边 (对角线)$P_{i_1} P_{i_2}$ 的中点, H_{2n-2}^j $(j = 1, 2, \cdots, n(2n-1))$ 是 $2n-2$ 角形 ($2n-2$ 边形)$P_{i_3} P_{i_4} \cdots P_{i_{2n}}$ 的重心, $G_{i_1 i_2} H_{2n-2}^j(j = 1, 2, \cdots, n(2n-1))$ 是 $P_1 P_2 \cdots P_{2n}$ 的 2-级重心线, 则定理 9.2.3 ~ 定理 9.2.5 和推论 9.2.2 ~ 推论 9.2.4 中结论均成立.

证明　设 $S = \{P_1, P_2, \cdots, P_{2n}\}$ 是 $2n$ 角形 ($2n$ 边形)$P_1 P_2 \cdots P_{2n}(n \geqslant 2 \vee n \geqslant 3 \vee n \geqslant 4)$ 顶点的集合, 对不共线 $2n$ 点的集合 S 分别应用定理 9.2.3 ~ 定理 9.2.5 和推论 9.2.2 ~ 推论 9.2.4, 即得.

9.2.3　2n 点集 2-类自重心线三角形有向面积公式与应用

根据三角形有向面积与有向距离之间的关系, 可以得出定理 9.2.1 和定理 9.2.2 中相应的重心线三角形有向面积公式, 兹列如下:

定理 9.2.6　设 $S = \{P_1, P_2, \cdots, P_{2n}\}(n \geqslant 2)$ 是 $2n$ 点的集合, $(S_2^j, T_{2n-2}^j) = (P_{i_1}, P_{i_2}; P_{i_3}, P_{i_4}, \cdots, P_{i_{2n}})(i_1, i_2, \cdots, i_{2n} = 1, 2, \cdots, 2n; i_1 < i_2)$ 是 S 的完备集对, $G_{i_1 i_2}, H_{2n-2}^j(j = 1, 2, \cdots, n(2n-1))$ 分别是 (S_2^j, T_{2n-2}^j) 中两个集合的重心, $G_{i_1 i_2} H_{2n-2}^j(j = 1, 2, \cdots, n(2n-1))$ 是 S 的 2-类重心线, 则对任意的 $j = 1, 2, \cdots, n(2n-1); \alpha = 1, 2$, 恒有

$$4(n-1)\mathrm{D}_{P_{i_\alpha} G_{i_1 i_2} H_{2n-2}^j} = (-1)^{\alpha-1} \sum_{\beta=3}^{2n} \mathrm{D}_{P_{i_1} P_{i_2} P_{i_\beta}}. \tag{9.2.8}$$

定理 9.2.7　设 $S = \{P_1, P_2, \cdots, P_{2n}\}(n \geqslant 2)$ 是 $2n$ 点的集合, $(S_2^j, T_{2n-2}^j) = (P_{i_1}, P_{i_2}; P_{i_3}, P_{i_4}, \cdots, P_{i_{2n}})(i_1, i_2, \cdots, i_{2n} = 1, 2, \cdots, 2n; i_1 < i_2)$ 是 S 的完备

集对, $G_{i_1i_2}, H_{2n-2}^j(j=1,2,\cdots,n(2n-1))$ 分别是 (S_2^j, T_{2n-2}^j) 中两个集合的重心, $G_{i_1i_2}H_{2n-2}^j(j=1,2,\cdots,n(2n-1))$ 是 S 的 2-类重心线, 则对任意的 $j=1,2,\cdots,n(2n-1); \alpha=3,4,\cdots,2n,$ 恒有

$$4(n-1)\mathrm{D}_{P_{i_\alpha}G_{i_1i_2}H_{2n-2}^j} = \sum_{\beta=3;\beta\neq\alpha}^{2n}(\mathrm{D}_{P_{i_\alpha}P_{i_1}P_{i_\beta}} + \mathrm{D}_{P_{i_\alpha}P_{i_2}P_{i_\beta}}). \tag{9.2.9}$$

推论 9.2.6 设 $P_1P_2\cdots P_{2n}(n\geq 2)$ 是 $2n$ 角形 ($2n$ 边形), $G_{i_1i_2}(i_1,i_2=1,2,\cdots,2n;i_1<i_2)$ 是各边 (对角线)$P_{i_1}P_{i_2}$ 的中点, $H_{2n-2}^j(j=1,2,\cdots,n(2n-1))$ 是 $2n-2$ 角形 ($2n-2$ 边形)$P_{i_3}P_{i_4}\cdots P_{i_{2n}}$ 的重心, $G_{i_1i_2}H_{2n-2}^j(j=1,2,\cdots,n(2n-1))$ 是 $P_1P_2\cdots P_{2n}$ 的 2-级重心线, 则定理 9.2.6 和定理 9.2.7 的结论均成立.

证明 设 $S=\{P_1,P_2,\cdots,P_{2n}\}$ 是 $2n$ 角形 ($2n$ 边形)$P_1P_2\cdots P_{2n+1}(n\geq 2)$ 顶点的集合, 对不共线 $2n$ 点的集合 S 分别应用定理 9.2.6 和定理 9.2.7, 即得.

定理 9.2.8 设 $S=\{P_1,P_2,\cdots,P_{2n}\}(n\geq 2)$ 是 $2n$ 点的集合, $(S_2^j, T_{2n-2}^j)=(P_{i_1},P_{i_2};P_{i_3},P_{i_4},\cdots,P_{i_{2n}})(i_1,i_2,\cdots,i_{2n}=1,2,\cdots,2n;i_1<i_2)$ 是 S 的完备集对, $G_{i_1i_2}, H_{2n-2}^j(j=1,2,\cdots,n(2n-1))$ 分别是 (S_2^j, T_{2n-2}^j) 中两个集合的重心, $G_{i_1i_2}H_{2n-2}^j(j=1,2,\cdots,n(2n-1))$ 是 S 的 2-类重心线, 则对任意的 $j=1,2,\cdots,n(2n-1)$, 恒有 $\mathrm{D}_{P_{i_1}G_{i_1i_2}H_{2n-2}^j}=0(\mathrm{D}_{P_{i_2}G_{i_1i_2}H_{2n-2}^j}=0)$ 的充分必要条件是

$$\mathrm{D}_{P_{i_1}P_{i_2}P_{i_3}} + \mathrm{D}_{P_{i_1}P_{i_2}P_{i_4}} + \cdots + \mathrm{D}_{P_{i_1}P_{i_2}P_{i_{2n}}} = 0. \tag{9.2.10}$$

证明 根据定理 9.2.6, 由式 (9.2.8), 即得: 对任意的 $j=1,2,\cdots,n(2n-1)$, 恒有 $\mathrm{D}_{P_{i_1}G_{i_1i_2}H_{2n-1}^j}=0(\mathrm{D}_{P_{i_2}G_{i_1i_2}H_{2n-1}^j}=0)$ 的充分必要条件是式 (9.2.10) 成立.

推论 9.2.7 设 $S=\{P_1,P_2,\cdots,P_{2n}\}(n\geq 2)$ 是 $2n$ 点的集合, $(S_2^j, T_{2n-2}^j)=(P_{i_1},P_{i_2};P_{i_3},P_{i_4},\cdots,P_{i_{2n}})(i_1,i_2,\cdots,i_{2n}=1,2,\cdots,2n;i_1<i_2)$ 是 S 的完备集对, $G_{i_1i_2}, H_{2n-2}^j(j=1,2,\cdots,n(2n-1))$ 分别是 (S_2^j, T_{2n-2}^j) 中两个集合的重心, $G_{i_1i_2}H_{2n-2}^j(j=1,2,\cdots,n(2n-1))$ 是 S 的 2-类重心线, 则对任意的 $j=1,2,\cdots,n(2n-1)$, 均有四点 $P_{i_1}, P_{i_2}, G_{i_1i_2}, H_{2n-2}^j$ 共线的充分必要条件是如下 $2n-2$ 个三角形的面积 $\mathrm{a}_{P_{i_1}P_{i_2}P_{i_3}}, \mathrm{a}_{P_{i_1}P_{i_2}P_{i_4}}, \cdots, \mathrm{a}_{P_{i_1}P_{i_2}P_{i_{2n}}}$ 中, 其中一个较大的面积等于其余 $2n-3$ 个较小的面积的和, 或其中 $t(2\leq t\leq n-1)$ 个面积的和等于其余 $2n-t-2$ 个面积的和.

证明 根据定理 9.2.8, 对任意的 $j=1,2,\cdots,n(2n-1)$, 由 $\mathrm{D}_{P_{i_1}G_{i_1i_2}H_{2n-2}^j}=0(\mathrm{D}_{P_{i_2}G_{i_1i_2}H_{2n-2}^j}=0)$ 和式 (9.2.10) 的几何意义, 仿推论 6.2.7 证明, 即得.

定理 9.2.9 设 $S=\{P_1,P_2,\cdots,P_{2n}\}(n\geq 2)$ 是 $2n$ 点的集合, $(S_2^j, T_{2n-2}^j)=$

9.2 2n 点集各点到 2-类重心线的有向距离公式与应用

$(P_{i_1}, P_{i_2}; P_{i_3}, P_{i_4}, \cdots, P_{i_{2n}})(i_1, i_2, \cdots, i_{2n} = 1, 2, \cdots, 2n; i_1 < i_2)$ 是 S 的完备集对，$G_{i_1 i_2}, H_{2n-2}^j (j = 1, 2, \cdots, n(2n-1))$ 分别是 (S_2^j, T_{2n-2}^j) 中两个集合的重心，$G_{i_1 i_2} H_{2n-2}^j (j = 1, 2, \cdots, n(2n-1))$ 是 S 的 2-类重心线，则对任意的 $j = 1, 2, \cdots, n(2n-1); \alpha = 1, 2$，恒有 $D_{P_{i_1} P_{i_2} P_{i_{2n}}} = 0 (i_{2n} \in I_{2n} \setminus \{i_1, i_2\})$ 的充分必要条件是

$$4(n-1) D_{P_{i_\alpha} G_{i_1 i_2} H_{2n-2}^j} = (-1)^{\alpha-1} \sum_{\beta=3}^{2n-1} D_{P_{i_1} P_{i_2} P_{i_\beta}}. \tag{9.2.11}$$

证明 根据定理 9.2.6, 由式 (9.2.8), 即得: 对任意的 $j = 1, 2, \cdots, n(2n-1); \alpha = 1, 2$, 恒有 $D_{P_{i_1} P_{i_2} P_{i_{2n}}} = 0 (i_{2n} \in I_{2n} \setminus \{i_1, i_2\})$ 的充分必要条件是式 (9.2.11) 成立.

推论 9.2.8 设 $S = \{P_1, P_2, \cdots, P_{2n}\} (n \geq 3)$ 是 2n 点的集合, $(S_2^j, T_{2n-2}^j) = (P_{i_1}, P_{i_2}; P_{i_3}, P_{i_4}, \cdots, P_{i_{2n}})(i_1, i_2, \cdots, i_{2n} = 1, 2, \cdots, 2n; i_1 < i_2)$ 是 S 的完备集对，$G_{i_1 i_2}, H_{2n-2}^j (j = 1, 2, \cdots, n(2n-1))$ 分别是 (S_2^j, T_{2n-2}^j) 中两个集合的重心，$G_{i_1 i_2} H_{2n-2}^j (j = 1, 2, \cdots, n(2n-1))$ 是 S 的 2-类重心线，则对任意的 $j = 1, 2, \cdots, n(2n-1)$, 恒有三点 $P_{i_1}, P_{i_2}, P_{i_{2n}} (i_{2n} \in I_{2n} \setminus \{i_1, i_2\})$ 共线的充分必要条件是如下 $2n-2$ 个三角形的乘数面积 $4(n-1) \mathrm{a}_{P_{i_1} G_{i_1 i_2} H_{2n-2}^j}; \mathrm{a}_{P_{i_1} P_{i_2} P_{i_\beta}} (\beta = 3, 4, \cdots, 2n-1)$ 或 $4(n-1) \mathrm{a}_{P_{i_2} G_{i_1 i_2} H_{2n-2}^j}; \mathrm{a}_{P_{i_1} P_{i_2} P_{i_\beta}} (\beta = 3, 4, \cdots, 2n-1)$ 中, 其中一个较大的乘数面积等于其余 $2n-3$ 个较小的乘数面积的和, 或其中 $t (2 \leq t \leq n-1)$ 个乘数面积的和等于其余 $2n-t-2$ 个乘数面积的和.

证明 根据定理 9.2.9, 对任意的 $j = 1, 2, \cdots, n(2n-1); \alpha = 1, 2$, 由 $D_{P_{i_1} P_{i_2} P_{i_{2n}}} = 0 (i_{2n} \in I_{2n} \setminus \{i_1, i_2\})$ 和式 (9.2.11) 中 $n \geq 3$ 的情形的几何意义, 即得.

定理 9.2.10 设 $S = \{P_1, P_2, \cdots, P_{2n}\} (n \geq 3)$ 是 2n 点的集合, $(S_2^j, T_{2n-2}^j) = (P_{i_1}, P_{i_2}; P_{i_3}, P_{i_4}, \cdots, P_{i_{2n}})(i_1, i_2, \cdots, i_{2n} = 1, 2, \cdots, 2n; i_1 < i_2)$ 是 S 的完备集对，$G_{i_1 i_2}, H_{2n-2}^j (j = 1, 2, \cdots, n(2n-1))$ 分别是 (S_2^j, T_{2n-2}^j) 中两个集合的重心，$G_{i_1 i_2} H_{2n-2}^j (j = 1, 2, \cdots, n(2n-1))$ 是 S 的 2-类重心线，则对任意的 $j = 1, 2, \cdots, n(2n-1); \alpha = 1, 2$, 则如下两式均等价:

$$4(n-1) D_{P_{i_\alpha} G_{i_1 i_2} H_{2n-2}^j} = (-1)^{\alpha-1} D_{P_{i_1} P_{i_2} P_{i_3}}, \tag{9.2.12}$$

$$D_{P_{i_1} P_{i_2} P_{i_4}} + D_{P_{i_1} P_{i_2} P_{i_5}} + \cdots + D_{P_{i_1} P_{i_2} P_{i_{2n}}} = 0. \tag{9.2.13}$$

证明 根据定理 9.2.6, 由式 (9.2.8) 中 $n \geq 3$ 的情形, 即得: 对任意的 $j = 1, 2, \cdots, n(2n-1); \alpha = 1, 2$, 式 (9.2.12) 成立的充分必要条件是式 (9.2.13) 成立.

推论 9.2.9 设 $S=\{P_1,P_2,\cdots,P_{2n}\}(n\geqslant 4)$ 是 $2n$ 点的集合, $(S_2^j,T_{2n-2}^j)=(P_{i_1},P_{i_2};P_{i_3},P_{i_4},\cdots,P_{i_{2n}})(i_1,i_2,\cdots,i_{2n}=1,2,\cdots,2n;i_1<i_2)$ 是 S 的完备集对, $G_{i_1i_2},H_{2n-2}^j(j=1,2,\cdots,n(2n-1))$ 分别是 (S_2^j,T_{2n-2}^j) 中两个集合的重心, $G_{i_1i_2}H_{2n-2}^j(j=1,2,\cdots,n(2n-1))$ 是 S 的 2-类重心线, 则对任意的 $j=1,2,\cdots,n(2n-1)$, 均有两三角形 $P_{i_1}G_{i_1i_2}H_{2n-2}^j, P_{i_1}P_{i_2}P_{i_3}$ 方向相同且 $4(n-1)a_{P_{i_1}G_{i_1i_2}H_{2n-2}^j} = a_{P_{i_1}P_{i_2}P_{i_3}}(P_{i_2}G_{i_1i_2}H_{2n-2}^j, P_{i_1}P_{i_2}P_{i_3}$ 方向相反且 $4(n-1)a_{P_{i_2}G_{i_1i_2}H_{2n-2}^j}=a_{P_{i_1}P_{i_2}P_{i_3}})$ 的充分必要条件是如下 $2n-3$ 个三角形的面积 $a_{P_{i_1}P_{i_2}P_{i_4}}, a_{P_{i_1}P_{i_2}P_{i_5}},\cdots,a_{P_{i_1}P_{i_2}P_{i_{2n}}}$ 中, 其中一个较大的面积等于其余 $2n-4$ 个较小的面积的和, 或其中 $t(2\leqslant t\leqslant n-2)$ 个面积的和等于其余 $2n-t-3$ 个面积的和.

证明 根据定理 9.2.10, 对任意的 $j=1,2,\cdots,n(2n-1);\alpha=1,2$, 由式 (9.2.12) 和 (9.2.13) 中 $n\geqslant 4$ 的情形的几何意义, 即得.

定理 9.2.11 设 $S=\{P_1,P_2,\cdots,P_{2n}\}(n\geqslant 3)$ 是 $2n$ 点的集合, $(S_2^j,T_{2n-2}^j)=(P_{i_1},P_{i_2};P_{i_3},P_{i_4},\cdots,P_{i_{2n}})(i_1,i_2,\cdots,i_{2n}=1,2,\cdots,2n;i_1<i_2)$ 是 S 的完备集对, $G_{i_1i_2},H_{2n-2}^j(j=1,2,\cdots,n(2n-1))$ 分别是 (S_2^j,T_{2n-2}^j) 中两个集合的重心, $G_{i_1i_2}H_{2n-2}^j(j=1,2,\cdots,n(2n-1))$ 是 S 的 2-类重心线, 则对任意的 $j=1,2,\cdots,n(2n-1);\alpha=1,2$, 如下两式均等价:

$$\mathrm{D}_{P_{i_1}P_{i_2}P_{i_3}}+\mathrm{D}_{P_{i_1}P_{i_2}P_{i_4}}=0\quad(a_{P_{i_1}P_{i_2}P_{i_3}}=a_{P_{i_1}P_{i_2}P_{i_4}}),\tag{9.2.14}$$

$$4(n-1)\mathrm{D}_{P_{i_\alpha}G_{i_1i_2}H_{2n-2}^j}=(-1)^{\alpha-1}\sum_{\beta=5}^{2n}\mathrm{D}_{P_{i_1}P_{i_2}P_{i_\beta}}.\tag{9.2.15}$$

证明 根据定理 9.2.6, 由式 (9.2.8) 中 $n\geqslant 3$ 的情形, 对任意的 $j=1,2,\cdots,n(2n-1);\alpha=1,2$, 式 (9.2.14) 成立的充分必要条件是式 (9.2.15) 成立.

推论 9.2.10 设 $S=\{P_1,P_2,\cdots,P_{2n}\}(n\geqslant 4)$ 是 $2n$ 点的集合, $(S_2^j,T_{2n-2}^j)=(P_{i_1},P_{i_2};P_{i_3},P_{i_4},\cdots,P_{i_{2n}})(i_1,i_2,\cdots,i_{2n}=1,2,\cdots,2n;i_1<i_2)$ 是 S 的完备集对, $G_{i_1i_2},H_{2n-2}^j(j=1,2,\cdots,n(2n-1))$ 分别是 (S_2^j,T_{2n-2}^j) 中两个集合的重心, $G_{i_1i_2}H_{2n-2}^j(j=1,2,\cdots,n(2n-1))$ 是 S 的 2-类重心线, 则对任意的 $j=1,2,\cdots,n(2n-1)$, 均有两个三角形 $P_{i_1}P_{i_2}P_{i_3},P_{i_1}P_{i_2}P_{i_4}$ 面积相等方向相反的充分必要条件是如下 $2n-3$ 个三角形的乘数面积 $4(n-1)a_{P_{i_1}G_{i_1i_2}H_{2n-2}^j}, a_{P_{i_1}P_{i_2}P_{i_5}}, a_{P_{i_1}P_{i_2}P_{i_6}},\cdots,a_{P_{i_1}P_{i_2}P_{i_{2n}}}$ 或 $4(n-1)a_{P_{i_2}G_{i_1i_2}H_{2n-2}^j}, a_{P_{i_1}P_{i_2}P_{i_5}}, a_{P_{i_1}P_{i_2}P_{i_6}},\cdots,a_{P_{i_1}P_{i_2}P_{i_{2n}}}$ 中, 其中一个较大的乘数面积等于另外 $2n-4$ 个较小的乘数面积的和; 或其中 $t(2\leqslant t\leqslant n-2)$ 个乘数面积的和等于另外 $2n-t-3$ 个乘数面积的和.

证明 根据定理 9.2.11, 对任意的 $j = 1, 2, \cdots, n(2n-1); \alpha = 1, 2$, 由式 (9.2.14) 和 (9.2.15) 中 $n \geqslant 4$ 的情形的几何意义, 即得.

定理 9.2.12 设 $S = \{P_1, P_2, \cdots, P_{2n}\}(n \geqslant 3)$ 是 $2n$ 点的集合, $(S_2^j, T_{2n-2}^j) = (P_{i_1}, P_{i_2}; P_{i_3}, P_{i_4}, \cdots, P_{i_{2n}})(i_1, i_2, \cdots, i_{2n} = 1, 2, \cdots, 2n; i_1 < i_2)$ 是 S 的完备集对, $G_{i_1 i_2}, H_{2n-2}^j(j = 1, 2, \cdots, n(2n-1))$ 分别是 (S_2^j, T_{2n-2}^j) 中两个集合的重心, $G_{i_1 i_2} H_{2n-2}^j(j = 1, 2, \cdots, n(2n-1))$ 是 S 的 2-类重心线, 则对任意的 $j = 1, 2, \cdots, n(2n-1); \alpha = 1, 2; 4 \leqslant s \leqslant n$, 如下两式均等价:

$$4(n-1)\mathrm{D}_{P_{i_\alpha} G_{i_1 i_2} H_{2n-2}^j} = (-1)^{\alpha-1} \sum_{\beta=3}^{s} \mathrm{D}_{P_{i_1} P_{i_2} P_{i_\beta}}, \tag{9.2.16}$$

$$\mathrm{D}_{P_{i_1} P_{i_2} P_{i_{s+1}}} + \mathrm{D}_{P_{i_1} P_{i_2} P_{i_{s+2}}} + \cdots + \mathrm{D}_{P_{i_1} P_{i_2} P_{i_{2n}}} = 0. \tag{9.2.17}$$

证明 根据定理 9.2.6, 由式 (9.2.8) 中 $n \geqslant 3$ 的情形, 即得: 对任意的 $j = 1, 2, \cdots, n(2n-1); \alpha = 1, 2$, 式 (9.2.16) 成立的充分必要条件是式 (9.2.17) 成立.

推论 9.2.11 设 $S = \{P_1, P_2, \cdots, P_{2n}\}(n \geqslant 4)$ 是 $2n$ 点的集合, $(S_2^j, T_{2n-2}^j) = (P_{i_1}, P_{i_2}; P_{i_3}, P_{i_4}, \cdots, P_{i_{2n}})(i_1, i_2, \cdots, i_{2n} = 1, 2, \cdots, 2n; i_1 < i_2)$ 是 S 的完备集对, $G_{i_1 i_2}, H_{2n-2}^j(j = 1, 2, \cdots, n(2n-1))$ 分别是 (S_2^j, T_{2n-2}^j) 中两个集合的重心, $G_{i_1 i_2} H_{2n-2}^j(j = 1, 2, \cdots, n(2n-1))$ 是 S 的 2-类重心线, 则对任意的 $j = 1, 2, \cdots, n(2n-1); \alpha = 1, 2$, 均有如下三个三角形的乘数面积 $4(n-1)\mathrm{a}_{P_{i_\alpha} G_{i_1 i_2} H_{2n-2}^j}$, $\mathrm{a}_{P_{i_1} P_{i_2} P_{i_3}}, \mathrm{a}_{P_{i_1} P_{i_2} P_{i_4}}$ 中, 其中一个较大的乘数面积等于另外两个较小的乘数面积的和的充分必要条件是其余 $2n - 4$ 个三角形的面积 $\mathrm{a}_{P_{i_1} P_{i_2} P_{i_5}}, \mathrm{a}_{P_{i_1} P_{i_2} P_{i_6}}, \cdots,$ $\mathrm{a}_{P_{i_1} P_{i_2} P_{i_{2n}}}$ 中, 其中一个较大的面积等于另外 $2n - 5$ 个较小的面积的和, 或其中 $t(2 \leqslant t \leqslant n - 2)$ 个面积的和等于另外 $2n - t - 4$ 个面积的和.

证明 根据定理 9.2.12, 对任意的 $j = 1, 2, \cdots, n(2n-1); \alpha = 1, 2$, 由式 (9.2.16) 和 (9.2.17) 中 $n \geqslant 4, s = 4$ 的情形的几何意义, 即得.

推论 9.2.12 设 $S = \{P_1, P_2, \cdots, P_{2n}\}(n \geqslant 5)$ 是 $2n$ 点的集合, $(S_2^j, T_{2n-2}^j) = (P_{i_1}, P_{i_2}; P_{i_3}, P_{i_4}, \cdots, P_{i_{2n}})(i_1, i_2, \cdots, i_{2n} = 1, 2, \cdots, 2n; i_1 < i_2)$ 是 S 的完备集对, $G_{i_1 i_2}, H_{2n-2}^j(j = 1, 2, \cdots, n(2n-1))$ 分别是 (S_2^j, T_{2n-2}^j) 中两个集合的重心, $G_{i_1 i_2} H_{2n-2}^j(j = 1, 2, \cdots, n(2n-1))$ 是 S 的 2-类重心线, 则对任意的 $j = 1, 2, \cdots, n(2n-1); \alpha = 1, 2$, 均有如下 $s - 1(5 \leqslant s \leqslant n)$ 个三角形的乘数面积 $4(n-1)\mathrm{a}_{P_{i_\alpha} G_{i_1 i_2} H_{2n-2}^j}, \mathrm{a}_{P_{i_1} P_{i_2} P_{i_3}}, \mathrm{a}_{P_{i_1} P_{i_2} P_{i_4}}, \cdots, \mathrm{a}_{P_{i_1} P_{i_2} P_{i_s}}$ 中, 其中一个较大的乘数面积等于另外 $s-2$ 个较小的乘数面积的和, 或其中 $t_1(2 \leqslant t_1 \leqslant [(s-1)/2])$ 个面积的和等于另外 $s - t_1 - 1$ 个面积的和的充分必要条件是其余 $2n - s$ 个三角形的面积 $\mathrm{a}_{P_{i_1} P_{i_2} P_{i_{s+1}}}, \mathrm{a}_{P_{i_1} P_{i_2} P_{i_{s+2}}}, \cdots, \mathrm{a}_{P_{i_1} P_{i_2} P_{i_{2n}}}$ 中, 其中一个较大的面积等于另外 $2n - s - 1$ 个较小的面积的和, 或其中 $t(2 \leqslant t \leqslant [(2n-s)/2])$ 个三角形的面积

的和等于另外 $2n-s-t$ 个三角形面积的和.

证明 根据定理 9.2.12, 对任意的 $j=1,2,\cdots,n(2n-1);\alpha=1,2$, 由式 (9.2.16) 和 (9.2.17) 中 $n\geqslant s\geqslant 5$ 的情形的几何意义, 即得.

定理 9.2.13 设 $S=\{P_1,P_2,\cdots,P_{2n}\}(n\geqslant 2)$ 是 $2n$ 点的集合, $(S_2^j,T_{2n-2}^j)=(P_{i_1},P_{i_2};P_{i_3},P_{i_4},\cdots,P_{i_{2n}})(i_1,i_2,\cdots,i_{2n}=1,2,\cdots,2n;i_1<i_2)$ 是 S 的完备集对, $G_{i_1i_2},H_{2n-2}^j(j=1,2,\cdots,n(2n-1))$ 分别是 (S_2^j,T_{2n-2}^j) 中两个集合的重心, $G_{i_1i_2}H_{2n-2}^j(j=1,2,\cdots,n(2n-1))$ 是 S 的 2-类重心线, 则对任意的 $j=1,2,\cdots,n(2n-1);\alpha=3,4,\cdots,2n$, 均有 $\mathrm{D}_{P_{i_\alpha}G_{i_1i_2}H_{2n-2}^j}=0$ 的充分必要条件是

$$\sum_{\beta=3;\beta\neq\alpha}^{2n}(\mathrm{D}_{P_{i_\alpha}P_{i_1}P_{i_\beta}}+\mathrm{D}_{P_{i_\alpha}P_{i_2}P_{i_\beta}})=0. \qquad (9.2.18)$$

证明 根据定理 9.2.7, 由式 (9.2.9), 即得: 对任意 $j=1,2,\cdots,n(2n-1);\alpha=3,4,\cdots,2n$, 均有 $\mathrm{D}_{P_{i_\beta}G_{i_1i_2}H_{2n-2}^j}=0$ 的充分必要条件是式 (9.2.18) 成立.

推论 9.2.13 设 $S=\{P_1,P_2,\cdots,P_{2n}\}(n\geqslant 2)$ 是 $2n$ 点的集合, $(S_2^j,T_{2n-2}^j)=(P_{i_1},P_{i_2};P_{i_3},P_{i_4},\cdots,P_{i_{2n}})(i_1,i_2,\cdots,i_{2n}=1,2,\cdots,2n;i_1<i_2)$ 是 S 的完备集对, $G_{i_1i_2},H_{2n-2}^j(j=1,2,\cdots,n(2n-1))$ 分别是 (S_2^j,T_{2n-2}^j) 中两个集合的重心, $G_{i_1i_2}H_{2n-2}^j(j=1,2,\cdots,n(2n-1))$ 是 S 的 2-类重心线, 则对任意的 $j=1,2,\cdots,n(2n-1);\alpha=3,4,\cdots,2n$, 均有三点 $P_{i_\alpha},G_{i_1i_2},H_{2n-2}^j$ 共线的充分必要条件是如下 $4n-6$ 个三角形的面积 $\mathrm{a}_{P_{i_\alpha}P_{i_1}P_{i_\beta}},\mathrm{a}_{P_{i_\alpha}P_{i_2}P_{i_\beta}}(\beta=3,4,\cdots,2n;\beta\neq\alpha)$ 中, 其中一个较大的面积等于另外 $4n-7$ 个较小的面积的和, 或其中 $t(2\leqslant t\leqslant 2n-3)$ 个面积的和等于另外 $4n-t-6$ 面积的和.

证明 根据定理 9.2.13, 对任意的 $j=1,2,\cdots,n(2n-1);\alpha=3,4,\cdots,2n$, 由 $\mathrm{D}_{P_{i_\alpha}G_{i_1i_2}H_{2n-2}^j}=0$ 和式 (9.2.18) 的几何意义, 即得.

注 9.2.2 根据定理 9.2.7, 由式 (9.2.9), 亦可得出定理 9.2.9 ~ 定理 9.2.12 和推论 9.2.8 ~ 推论 9.2.12 类似的结果, 不一一赘述.

定理 9.2.14 设 $S=\{P_1,P_2,\cdots,P_{2n}\}(n\geqslant 2)$ 是 $2n$ 点的集合, $(S_2^j,T_{2n-2}^j)=(P_{i_1},P_{i_2};P_{i_3},P_{i_4},\cdots,P_{i_{2n}})(i_1,i_2,\cdots,i_{2n}=1,2,\cdots,2n;i_1<i_2)$ 是 S 的完备集对, $G_{i_1i_2},H_{2n-2}^j(j=1,2,\cdots,n(2n-1))$ 分别是 (S_2^j,T_{2n-2}^j) 中两个集合的重心, $G_{i_1i_2}H_{2n-2}^j(j=1,2,\cdots,n(2n-1))$ 是 S 的 2-类重心线, 则对任意的 $j=1,2,\cdots,n(2n-1)$, 均有

$$\mathrm{D}_{P_{i_1}G_{i_1i_2}H_{2n-2}^j}+\mathrm{D}_{P_{i_2}G_{i_1i_2}H_{2n-2}^j}=0 \quad (\mathrm{a}_{P_{i_1}G_{i_1i_2}H_{2n-2}^j}=\mathrm{a}_{P_{i_2}G_{i_1i_2}H_{2n-2}^j}), \qquad (9.2.19)$$

$$\mathrm{D}_{P_{i_3}G_{i_1i_2}H_{2n-2}^j}+\mathrm{D}_{P_{i_4}G_{i_1i_2}H_{2n-2}^j}+\cdots+\mathrm{D}_{P_{i_{2n}}G_{i_1i_2}H_{2n-2}^j}=0. \qquad (9.2.20)$$

证明 根据定理 9.2.6 和定理 9.2.7, 式 (9.2.8) 和 (9.2.9) 分别对 $\alpha = 1, 2$ 和 $\alpha = 3, 4, \cdots, 2n$ 求和, 得

$$4(n-1)(\mathrm{D}_{P_{i_1}G_{i_1i_2}H^j_{2n-2}} + \mathrm{D}_{P_{i_2}G_{i_1i_2}H^j_{2n-2}}) = 0,$$

$$4(n-1)(\mathrm{D}_{P_{i_3}G_{i_1i_2}H^j_{2n-2}} + \mathrm{D}_{P_{i_4}G_{i_1i_2}H^j_{2n-2}} + \cdots + \mathrm{D}_{P_{i_{2n}}G_{i_1i_2}H^j_{2n-2}}) = 0.$$

因为 $4(n-1) \neq 0$, 故对任意的 $j = 1, 2, \cdots, n(2n-1)$, 式 (9.2.19) 和 (9.2.20) 成立.

推论 9.2.14 设 $S = \{P_1, P_2, \cdots, P_{2n}\}(n \geqslant 3)$ 是 $2n$ 点的集合, $(S_2^j, T_{2n-2}^j) = (P_{i_1}, P_{i_2}; P_{i_3}, P_{i_4}, \cdots, P_{i_{2n}})(i_1, i_2, \cdots, i_{2n} = 1, 2, \cdots, 2n; i_1 < i_2)$ 是 S 的完备集对, $G_{i_1i_2}, H^j_{2n-2}(j = 1, 2, \cdots, n(2n-1))$ 分别是 (S_2^j, T_{2n-2}^j) 中两个集合的重心, $G_{i_1i_2}H^j_{2n-2}(j = 1, 2, \cdots, n(2n-1))$ 是 S 的 2-类重心线, 则对任意的 $j = 1, 2, \cdots, n(2n-1)$, 均有两重心线三角形 $P_{i_1}G_{i_1i_2}H^j_{2n-2}, P_{i_2}G_{i_1i_2}H^j_{2n-2}$ 面积相等方向相反; 而其余 $2n-2$ 个重心线三角形的面积 $\mathrm{a}_{P_{i_3}G_{i_1i_2}H^j_{2n-2}}, \mathrm{a}_{P_{i_4}G_{i_1i_2}H^j_{2n-2}}, \cdots, \mathrm{a}_{P_{i_{2n}}G_{i_1i_2}H^j_{2n-2}}$ 中, 其中一个较大的面积等于另外 $2n-3$ 个较小的面积的和, 或其中 $t(2 \leqslant t \leqslant n-1)$ 个面积的和等于另外 $2n-t-2$ 个面积的和.

证明 根据定理 9.2.14, 对任意的 $j = 1, 2, \cdots, n(2n-1)$, 由式 (9.2.19) 和 (9.2.20) 中 $n \geqslant 3$ 的情形的几何意义, 即得.

定理 9.2.15 设 $S = \{P_1, P_2, \cdots, P_{2n}\}(n \geqslant 3)$ 是 $2n$ 点的集合, $(S_2^j, T_{2n-2}^j) = (P_{i_1}, P_{i_2}; P_{i_3}, P_{i_4}, \cdots, P_{i_{2n}})(i_1, i_2, \cdots, i_{2n} = 1, 2, \cdots, 2n; i_1 < i_2)$ 是 S 的完备集对, $G_{i_1i_2}, H^j_{2n-2}(j = 1, 2, \cdots, n(2n-1))$ 分别是 (S_2^j, T_{2n-2}^j) 中两个集合的重心, $G_{i_1i_2}H^j_{2n-2}(j = 1, 2, \cdots, n(2n-1))$ 是 S 的 2-类重心线, 则对任意的 $j = 1, 2, \cdots, n(2n-1)$, 恒有 $\mathrm{D}_{P_{i_{2n}}G_{i_1i_2}H^j_{2n-2}} = 0(i_{2n} \in I_{2n} \backslash \{i_1, i_2\})$ 的充分必要条件是

$$\mathrm{D}_{P_{i_3}G_{i_1i_2}H^j_{2n-2}} + \mathrm{D}_{P_{i_4}G_{i_1i_2}H^j_{2n-2}} + \cdots + \mathrm{D}_{P_{i_{2n-1}}G_{i_1i_2}H^j_{2n-2}} = 0. \tag{9.2.21}$$

证明 根据定理 9.2.14, 由式 (9.2.20) 中 $n \geqslant 3$ 的情形, 即得: 对任意的 $j = 1, 2, \cdots, n(2n-1)$, 恒有 $\mathrm{D}_{P_{i_{2n}}G_{i_1i_2}H^j_{2n-2}} = 0(i_{2n} \in I_{2n} \backslash \{i_1, i_2\})$ 的充分必要条件是式 (9.2.21) 成立.

推论 9.2.15 设 $S = \{P_1, P_2, \cdots, P_{2n}\}(n \geqslant 2)$ 是 $2n$ 点的集合, $(S_2^j, T_{2n-2}^j) = (P_{i_1}, P_{i_2}; P_{i_3}, P_{i_4}, \cdots, P_{i_{2n}})(i_1, i_2, \cdots, i_{2n} = 1, 2, \cdots, 2n; i_1 < i_2)$ 是 S 的完备集对, $G_{i_1i_2}, H^j_{2n-2}(j = 1, 2, \cdots, n(2n-1))$ 分别是 (S_2^j, T_{2n-2}^j) 中两个集合的重心, $G_{i_1i_2}H^j_{2n-2}(j = 1, 2, \cdots, n(2n-1))$ 是 S 的 2-类重心线, 则对任意的 $j = 1, 2, \cdots, n(2n-1)$, 恒有三点 $P_{i_{2n}}, G_{i_1i_2}, H^j_{2n-2}(i_{2n} \in I_{2n} \backslash \{i_1, i_2\})$ 共线的充分

必要条件是如下 $2n-3$ 个重心线三角形的面积 $a_{P_{i_3}G_{i_1i_2}H_{2n-2}^j}, a_{P_{i_4}G_{i_1i_2}H_{2n-2}^j}, \cdots,$ $a_{P_{i_{2n-1}}G_{i_1i_2}H_{2n-2}^j}$ 中，其中一个较大的面积等于另外 $2n-4$ 个较小的面积的和，或其中 $t(2 \leqslant t \leqslant n-2)$ 个面积的和等于另外 $2n-t-3$ 个面积的和.

证明 根据定理 9.2.15, 对任意的 $j=1,2,\cdots,n(2n-1)$, 由 $D_{P_{i_{2n}}G_{i_1i_2}H_{2n-2}^j} = 0 (i_{2n} \in I_{2n}\setminus\{i_1,i_2\})$ 和式 (9.2.21) 的几何意义，即得.

定理 9.2.16 设 $S=\{P_1,P_2,\cdots,P_{2n}\}(n \geqslant 3)$ 是 $2n$ 点的集合, $(S_2^j, T_{2n-2}^j) = (P_{i_1}, P_{i_2}; P_{i_3}, P_{i_4}, \cdots, P_{i_{2n}})(i_1, i_2, \cdots, i_{2n} = 1, 2, \cdots, 2n; i_1 < i_2)$ 是 S 的完备集对, $G_{i_1i_2}, H_{2n-2}^j(j=1,2,\cdots,n(2n-1))$ 分别是 (S_2^j, T_{2n-2}^j) 中两个集合的重心, $G_{i_1i_2}H_{2n-2}^j(j=1,2,\cdots,n(2n-1))$ 是 S 的 2-类重心线，则对任意的 $j=1,2,\cdots,n(2n-1)$, 如下两式均等价：

$$D_{P_{i_3}G_{i_1i_2}H_{2n-2}^j} + D_{P_{i_4}G_{i_1i_2}H_{2n-2}^j} = 0 \quad (a_{P_{i_3}G_{i_1i_2}H_{2n-2}^j} = a_{P_{i_4}G_{i_1i_2}H_{2n-2}^j}), \quad (9.2.22)$$

$$D_{P_{i_5}G_{i_1i_2}H_{2n-2}^j} + D_{P_{i_6}G_{i_1i_2}H_{2n-2}^j} + \cdots + D_{P_{i_{2n}}G_{i_1i_2}H_{2n-2}^j} = 0. \quad (9.2.23)$$

证明 根据定理 9.2.14, 由式 (9.2.20) 中 $n \geqslant 3$ 的情形，即得：对任意的 $j=1,2,\cdots,n(2n-1)$, 式 (9.2.22) 成立的充分必要条件是式 (9.2.23) 成立.

推论 9.2.16 设 $S=\{P_1,P_2,\cdots,P_{2n}\}(n \geqslant 4)$ 是 $2n$ 点的集合, $(S_2^j, T_{2n-2}^j) = (P_{i_1}, P_{i_2}; P_{i_3}, P_{i_4}, \cdots, P_{i_{2n}})(i_1, i_2, \cdots, i_{2n} = 1, 2, \cdots, 2n; i_1 < i_2)$ 是 S 的完备集对, $G_{i_1i_2}, H_{2n-2}^j(j=1,2,\cdots,n(2n-1))$ 分别是 (S_2^j, T_{2n-2}^j) 中两个集合的重心, $G_{i_1i_2}H_{2n-2}^j(j=1,2,\cdots,n(2n-1))$ 是 S 的 2-类重心线，则对任意的 $j=1,2,\cdots,n(2n-1)$, 均有两个重心线三角形 $P_{i_3}G_{i_1i_2}H_{2n-2}^j, P_{i_4}G_{i_1i_2}H_{2n-2}^j$ 面积相等方向相反的充分必要条件是以下 $2n-4$ 个重心线三角形的面积 $a_{P_{i_5}G_{i_1i_2}H_{2n-2}^j}$, $a_{P_{i_6}G_{i_1i_2}H_{2n-2}^j}, \cdots, a_{P_{i_{2n}}G_{i_1i_2}H_{2n-2}^j}$ 中，其中一个较大的面积等于另外 $2n-5$ 个较小的面积的和，或其中 $t(2 \leqslant t \leqslant n-2)$ 个面积的和等于另外 $2n-t-4$ 个面积的和.

证明 根据定理 9.2.16, 对任意的 $j=1,2,\cdots,n(2n-1)$, 分别由式 (9.2.22) 和式 (9.2.23) 中 $n \geqslant 4$ 的情形的几何意义，即得.

定理 9.2.17 设 $S=\{P_1,P_2,\cdots,P_{2n}\}(n \geqslant 4)$ 是 $2n$ 点的集合, $(S_2^j, T_{2n-2}^j) = (P_{i_1}, P_{i_2}; P_{i_3}, P_{i_4}, \cdots, P_{i_{2n}})(i_1, i_2, \cdots, i_{2n} = 1, 2, \cdots, 2n; i_1 < i_2)$ 是 S 的完备集对, $G_{i_1i_2}, H_{2n-2}^j(j=1,2,\cdots,n(2n-1))$ 分别是 (S_2^j, T_{2n-2}^j) 中两个集合的重心, $G_{i_1i_2}H_{2n-2}^j(j=1,2,\cdots,n(2n-1))$ 是 S 的 2-类重心线，则对任意的 $j=1,2,\cdots,n(2n-1); 5 \leqslant s \leqslant n+1$, 如下两式均等价：

$$D_{P_{i_3}G_{i_1i_2}H_{2n-2}^j} + D_{P_{i_4}G_{i_1i_2}H_{2n-2}^j} + \cdots + D_{P_{i_s}G_{i_1i_2}H_{2n-2}^j} = 0, \quad (9.2.24)$$

9.2 2n 点集各点到 2-类重心线的有向距离公式与应用

$$\mathrm{D}_{P_{i_{s+1}}G_{i_1i_2}H_{2n-2}^j} + \mathrm{D}_{P_{i_{s+2}}G_{i_1i_2}H_{2n-2}^j} + \cdots + \mathrm{D}_{P_{i_{2n}}G_{i_1i_2}H_{2n-2}^j} = 0. \quad (9.2.25)$$

证明 根据定理 9.2.14, 由式 (9.2.20) 中 $n \geqslant 4$ 的情形, 即得: 对任意的 $j = 1, 2, \cdots, n(2n-1)$; $5 \leqslant s \leqslant n+1$, 式 (9.2.24) 成立的充分必要条件是式 (9.2.25) 成立.

推论 9.2.17 设 $S = \{P_1, P_2, \cdots, P_8\}$ 是八点的集合, $(S_2^j, T_6^j) = (P_{i_1}, P_{i_2}; P_{i_3}, P_{i_4}, \cdots, P_{i_8})(i_1, i_2, \cdots, i_8 = 1, 2, \cdots, 8; i_1 < i_2)$ 是 S 的完备集对, $G_{i_1i_2}$, $H_6^j(j = 1, 2, \cdots, 28)$ 分别是 (S_2^j, T_6^j) 中两个集合的重心, $G_{i_1i_2}H_6^j(j = 1, 2, \cdots, 28)$ 是 S 的 2-类重心线, 则对任意的 $j = 1, 2, \cdots, 28$, 均有以下三个重心线三角形的面积 $\mathrm{a}_{P_{i_3}G_{i_1i_2}H_6^j}, \mathrm{a}_{P_{i_4}G_{i_1i_2}H_6^j}, \mathrm{a}_{P_{i_5}G_{i_1i_2}H_6^j}$ 中, 其中一个较大的面积等于另外两个较小的面积的和的充分必要条件是其余三个重心线三角形的面积 $\mathrm{a}_{P_{i_6}G_{i_1i_2}H_6^j}, \mathrm{a}_{P_{i_7}G_{i_1i_2}H_6^j}, \mathrm{a}_{P_{i_8}G_{i_1i_2}H_6^j}$ 中, 其中一个较大的面积等于另外两个较小的面积的和.

证明 根据定理 9.2.17, 对任意的 $j = 1, 2, \cdots, 28$, 分别由式 (9.2.24) 和式 (9.2.25) 中 $n = 4, s = 5$ 的情形的几何意义, 即得.

推论 9.2.18 设 $S = \{P_1, P_2, \cdots, P_{2n}\}(n \geqslant 5)$ 是 $2n$ 点的集合, $(S_2^j, T_{2n-2}^j) = (P_{i_1}, P_{i_2}; P_{i_3}, P_{i_4}, \cdots, P_{i_{2n}})(i_1, i_2, \cdots, i_{2n} = 1, 2, \cdots, 2n; i_1 < i_2)$ 是 S 的完备集对, $G_{i_1i_2}, H_{2n-2}^j(j = 1, 2, \cdots, n(2n-1))$ 分别是 (S_2^j, T_{2n-2}^j) 中两个集合的重心, $G_{i_1i_2}H_{2n-2}^j(j = 1, 2, \cdots, n(2n-1))$ 是 S 的 2-类重心线, 则对任意的 $j = 1, 2, \cdots, n(2n-1)$, 均有如下三个重心线三角形的面积 $\mathrm{a}_{P_{i_3}G_{i_1i_2}H_{2n-2}^j}, \mathrm{a}_{P_{i_4}G_{i_1i_2}H_{2n-2}^j}, \mathrm{a}_{P_{i_5}G_{i_1i_2}H_{2n-2}^j}$ 中, 其中一个较大的面积等于另外两个较小的面积的和的充分必要条件是其余 $2n-5$ 个重心线三角形的面积 $\mathrm{a}_{P_{i_6}G_{i_1i_2}H_{2n-2}^j}, \mathrm{a}_{P_{i_7}G_{i_1i_2}H_{2n-2}^j}, \cdots, \mathrm{a}_{P_{i_{2n}}G_{i_1i_2}H_{2n-2}^j}$ 中, 其中一个较大的面积等于另外 $2n-6$ 个较小的面积的和, 或其中 $t(2 \leqslant t_2 \leqslant n-3)$ 个面积的和等于另外 $2n-s-t_2$ 个面积的和.

证明 根据定理 9.2.17, 对任意的 $j = 1, 2, \cdots, n(2n-1)$, 分别由式 (9.2.24) 和式 (9.2.25) 中 $n \geqslant 5, s = 5$ 的情形的几何意义, 即得.

推论 9.2.19 设 $S = \{P_1, P_2, \cdots, P_{2n}\}(n \geqslant 5)$ 是 $2n$ 点的集合, $(S_2^j, T_{2n-2}^j) = (P_{i_1}, P_{i_2}; P_{i_3}, P_{i_4}, \cdots, P_{i_{2n}})(i_1, i_2, \cdots, i_{2n} = 1, 2, \cdots, 2n; i_1 < i_2)$ 是 S 的完备集对, $G_{i_1i_2}, H_{2n-2}^j(j = 1, 2, \cdots, n(2n-1))$ 分别是 (S_2^j, T_{2n-2}^j) 中两个集合的重心, $G_{i_1i_2}H_{2n-2}^j(j = 1, 2, \cdots, n(2n-1))$ 是 S 的 2-类重心线, 则对任意的 $j = 1, 2, \cdots, n(2n-1)$, 均有如下 $s - 2(6 \leqslant s \leqslant n+1)$ 个重心线三角形的面积 $\mathrm{a}_{P_{i_3}G_{i_1i_2}H_{2n-2}^j}, \mathrm{a}_{P_{i_4}G_{i_1i_2}H_{2n-2}^j}, \cdots, \mathrm{a}_{P_{i_s}G_{i5i_2}H_{2n-2}^j}$ 中, 其中一个较大的面积等于另外 $s-3$ 个较小的面积的和, 或其中 $t_1(2 \leqslant t_1 \leqslant [(s-2)/2])$ 个面积的和等于另外 $s - t_1 - 2$ 个面积的和的充分必要条件是其余 $2n - s$ 个重心线三角形的面

积 $a_{P_{i_{s+1}}G_{i_1i_2}H_{2n-2}^j}, a_{P_{i_{s+2}}G_{i_1i_2}H_{2n-2}^j}, \cdots, a_{P_{i_{2n}}G_{i_1i_2}H_{2n-2}^j}$ 中, 其中一个较大的面积等于另外 $2n-s-1$ 个较小的面积的和, 或其中 $t(2 \leqslant t_2 \leqslant [(2n-s)/2])$ 个面积的和等于另外 $2n-s-t_2$ 个面积的和.

证明 根据定理 9.2.17, 对任意的 $j = 1, 2, \cdots, n(2n-1)$, 分别由式 (9.2.24) 和式 (9.2.25) 中 $n \geqslant 5, s \geqslant 6$ 的情形的几何意义, 即得.

推论 9.2.20 设 $P_1P_2\cdots P_{2n}(n \geqslant 2 \vee n \geqslant 3 \vee n \geqslant 4 \vee n \geqslant 5)$ 是 $2n$ 角形 ($2n$ 边形), $G_{i_1i_2}(i_1, i_2 = 1, 2, \cdots, 2n; i_1 < i_2)$ 是各边 (对角线)$P_{i_1}P_{i_2}$ 的中点, $H_{2n-2}^j(j = 1, 2, \cdots, n(2n-1))$ 是 $2n-2$ 角形 ($2n-2$ 边形)$P_{i_3}P_{i_4}\cdots P_{i_{2n}}$ 的重心, $G_{i_1i_2}H_{2n-2}^j(j = 1, 2, \cdots, n(2n-1))$ 是 $P_1P_2\cdots P_{2n}$ 的 2-级重心线, 则定理 9.2.8 $\sim$ 定理 9.2.17 和推论 9.2.7 $\sim$ 推论 9.2.19 中的结论均成立.

证明 设 $S = \{P_1, P_2, \cdots, P_{2n}\}$ 是 $2n$ 角形 ($2n$ 边形)$P_1P_2\cdots P_{2n}(n \geqslant 2 \vee n \geqslant 3 \vee n \geqslant 4 \vee n \geqslant 5)$ 顶点的集合, 对不共线 $2n$ 点的集合 S 分别应用定理 9.2.8 $\sim$ 定理 9.2.17 和推论 9.2.7 $\sim$ 推论 9.2.19, 即得.

9.3 $2n$ 点集各点到 m-类重心线的有向距离公式与应用

本节主要应用有向距离法, 研究 $2n$ 点集各点到 m-类重心线有向距离的有关问题. 首先, 给出 $2n$ 点集各点到 m-类重心线有向距离公式, 从而推出 $2n$ 角形 ($2n$ 边形) 各个顶点到其 m-级重心线相应的公式; 其次, 根据上述重心线有向距离公式, 得出 $2n$ 点集两点到 m-类重心线、$2n$ 角形 ($2n$ 边形) 两顶点到 m-级重心线有向距离的关系定理, 从而推出两点 (两顶点) 到 $2n$ 点集 m-类重心线、$2n$ 角形 ($2n$ 边形)m-级重心线距离相等方向相反等结论; 最后, 根据重心线有向距离公式, 得出 $2n$ 点集 m-类重心线、$2n$ 角形 ($2n$ 边形)m-级自重心线三角形有向面积公式和 $2n$ 点集 m-类重心线、$2n$ 角形 ($2n$ 边形)m-级重心线三角形有向面积的关系定理, 以及自重心线 (m-级重心线) 三角形面积相等方向相反等结论.

在本节中, 恒假设 $i_1, i_2, \cdots, i_{2n} \in I_{2n} = \{1, 2, \cdots, 2n\}$ 且互不相等; $k = k(i_1, i_2, \cdots, i_m) = 1, 2, \cdots, C_{2n}^m (3 \leqslant m \leqslant n)$ 是关于 $i_1, i_2, \cdots, i_m$ 的函数且其值与 $i_1, i_2, \cdots, i_m$ 的排列次序无关.

9.3.1 $2n$ 点集各点到 $m(3 \leqslant m \leqslant n)$-类重心线有向距离公式

定理 9.3.1 设 $S = \{P_1, P_2, \cdots, P_{2n}\}(n \geqslant 3)$ 是 $2n$ 点的集合, $(S_m^k, T_{2n-m}^k) = (P_{i_1}, P_{i_2}, \cdots, P_{i_m}; P_{i_{m+1}}, P_{i_{m+2}}, \cdots, P_{i_{2n}})(i_1, i_2, \cdots, i_{2n} = 1, 2, \cdots, 2n; k = 1, 2, \cdots, C_{2n}^m; 3 \leqslant m \leqslant n)$ 是 S 的完备集对, $G_m^k, H_{2n-m}^k(k = 1, 2, \cdots, C_{2n}^m)$ 分别是 (S_m^k, T_{2n-m}^k) 中两个集合的重心, $G_m^k H_{2n-m}^k(k = 1, 2, \cdots, C_{2n}^m)$ 是 S 的 m-类重心线, 则对任意的 $k = 1, 2, \cdots, C_{2n}^m; \alpha = 1, 2, \cdots, m$, 恒有

9.3 $2n$ 点集各点到 m-类重心线的有向距离公式与应用

$$m(2n-m)\mathrm{d}_{G_m^k H_{2n-m}^k}\mathrm{D}_{P_{i_\alpha}\text{-}G_m^k H_{2n-m}^k} = 2\sum_{\beta=m+1}^{2n}\sum_{\gamma=1;\gamma\neq\alpha}^{m}\mathrm{D}_{P_{i_\alpha}P_{i_\gamma}P_{i_\beta}}. \qquad (9.3.1)$$

证明 设 $S = \{P_1, P_2, \cdots, P_{2n}\}$ 各点的坐标为 $P_i(x_i, y_i)(i = 1, 2, \cdots, 2n)$,于是 (S_m^k, T_{2n-m}^k) 中两集合重心的坐标分别为

$$G_m^k\left(\frac{1}{m}\sum_{\nu=1}^{m}x_{i_\nu}, \frac{1}{m}\sum_{\nu=1}^{m}y_{i_\nu}\right) \quad (i_1, i_2, \cdots, i_m = 1, 2, \cdots, 2n),$$

$$H_{2n-m}^k\left(\frac{1}{2n-m}\sum_{\nu=m+1}^{2n}x_\nu, \frac{1}{2n-m}\sum_{\nu=m+1}^{2n}y_\nu\right)(i_{m+1}, i_{m+2}, \cdots, i_{2n} = 1, 2, \cdots, 2n),$$

其中 $k = k(i_1, i_2, \cdots, i_m) = 1, 2, \cdots, \mathrm{C}_{2n}^m$;重心线 $G_m^k H_{2n-m}^k$ 所在的有向直线的方程为

$$(y_{G_m^k} - y_{H_{2n-m}^k})x + (x_{H_{2n-m}^k} - x_{G_m^k})y + (x_{G_m^k}y_{H_{2n-m}^k} - x_{H_{2n-m}^k}y_{G_m^k}) = 0.$$

故由点到直线的有向距离公式,可得

$$m(2n-m)\mathrm{d}_{G_m^k H_{2n-m}^k}\mathrm{D}_{P_{i_1}\text{-}G_m^k H_{2n-m}^k}$$
$$= m(2n-m)[(y_{G_m^k} - y_{H_{2n-m}^k})x_{i_1} + (x_{H_{2n-m}^k} - x_{G_m^k})y_{i_1}$$
$$+ (x_{G_m^k}y_{H_{2n-m}^k} - x_{H_{2n-m}^k}y_{G_m^k})]$$
$$= [(2n-m)(y_{i_1} + y_{i_2} + \cdots + y_{i_m}) - m(y_{i_{m+1}} + y_{i_{m+2}} + \cdots + y_{i_{2n}})]x_{i_1}$$
$$+ [m(x_{i_{m+1}} + x_{i_{m+2}} + \cdots + x_{i_{2n}}) - (2n-m)(x_{i_1} + x_{i_2} + \cdots + x_{i_m})]y_{i_1}$$
$$+ (x_{i_1} + x_{i_2} + \cdots + x_{i_m})(y_{i_{m+1}} + y_{i_{m+2}} + \cdots + y_{i_{2n}})$$
$$- (x_{i_{m+1}} + x_{i_{m+2}} + \cdots + x_{i_{2n}})(y_{i_1} + y_{i_2} + \cdots + y_{i_m})$$
$$= [(x_{i_1}y_{i_2} - x_{i_2}y_{i_1}) + (x_{i_2}y_{i_{m+1}} - x_{i_{m+1}}y_{i_2}) + (x_{i_{m+1}}y_{i_1} - x_{i_1}y_{i_{m+1}})]$$
$$+ [(x_{i_1}y_{i_2} - x_{i_2}y_{i_1}) + (x_{i_2}y_{i_{m+2}} - x_{i_{m+2}}y_{i_2}) + (x_{i_{m+2}}y_{i_1} - x_{i_1}y_{i_{m+2}})]$$
$$+ \cdots$$
$$+ [(x_{i_1}y_{i_2} - x_{i_2}y_{i_1}) + (x_{i_2}y_{i_{2n}} - x_{i_{2n}}y_{i_2}) + (x_{i_{2n}}y_{i_1} - x_{i_1}y_{i_{2n}})]$$
$$+ [(x_{i_1}y_{i_3} - x_{i_3}y_{i_1}) + (x_{i_3}y_{i_{m+1}} - x_{i_{m+1}}y_{i_3}) + (x_{i_{m+1}}y_{i_1} - x_{i_1}y_{i_{m+1}})]$$

$$+ [(x_{i_1}y_{i_3} - x_{i_3}y_{i_1}) + (x_{i_3}y_{i_{m+2}} - x_{i_{m+2}}y_{i_3}) + (x_{i_{m+2}}y_{i_1} - x_{i_1}y_{i_{m+2}})]$$

$$+ \cdots$$

$$+ [(x_{i_1}y_{i_3} - x_{i_3}y_{i_1}) + (x_{i_3}y_{i_{2n}} - x_{i_{2n}}y_{i_3}) + (x_{i_{2n}}y_{i_1} - x_{i_1}y_{i_{2n}})]$$

$$+ \cdots$$

$$+ [(x_{i_1}y_{i_m} - x_{i_m}y_{i_1}) + (x_{i_m}y_{i_{m+1}} - x_{i_{m+1}}y_{i_m}) + (x_{i_{m+1}}y_{i_1} - x_{i_1}y_{i_{m+1}})]$$

$$+ [(x_{i_1}y_{i_m} - x_{i_m}y_{i_1}) + (x_{i_m}y_{i_{m+2}} - x_{i_{m+2}}y_{i_m}) + (x_{i_{m+2}}y_{i_1} - x_{i_1}y_{i_{m+2}})]$$

$$+ \cdots$$

$$+ [(x_{i_1}y_{i_m} - x_{i_m}y_{i_1}) + (x_{i_m}y_{i_{2n}} - x_{i_{2n}}y_{i_m}) + (x_{i_{2n}}y_{i_1} - x_{i_1}y_{i_{2n}})]$$

$$= 2\mathrm{D}_{P_{i_1}P_{i_2}P_{i_{m+1}}} + 2\mathrm{D}_{P_{i_1}P_{i_2}P_{i_{m+2}}} + \cdots + 2\mathrm{D}_{P_{i_1}P_{i_2}P_{i_{2n}}}$$

$$+ 2\mathrm{D}_{P_{i_1}P_{i_3}P_{i_{m+1}}} + 2\mathrm{D}_{P_{i_1}P_{i_3}P_{i_{m+2}}} + \cdots + 2\mathrm{D}_{P_{i_1}P_{i_3}P_{i_{2n}}}$$

$$+ \cdots$$

$$+ 2\mathrm{D}_{P_{i_1}P_{i_m}P_{i_{m+1}}} + 2\mathrm{D}_{P_{i_1}P_{i_m}P_{i_{m+2}}} + \cdots + 2\mathrm{D}_{P_{i_1}P_{i_m}P_{i_{2n}}}$$

$$= 2\sum_{\beta=m+1}^{2n}\sum_{\gamma=2}^{m}\mathrm{D}_{P_{i_1}P_{i_\gamma}P_{i_\beta}},$$

因此, 当 $k = 1, 2, \cdots, \mathrm{C}_{2n}^m; \alpha = 1$ 时, 式 (9.3.1) 成立.

类似地, 可以证明, 当 $k = 1, 2, \cdots, \mathrm{C}_{2n}^m; \alpha = 2, 3, \cdots, m$ 时, (6.3.1) 成立.

定理 9.3.2 设 $S = \{P_1, P_2, \cdots, P_{2n}\}(n \geqslant 3)$ 是 $2n$ 点的集合, $(S_m^k, T_{2n-m}^k) = (P_{i_1}, P_{i_2}, \cdots, P_{i_m}; P_{i_{m+1}}, P_{i_{m+2}}, \cdots, P_{i_{2n}})(i_1, i_2, \cdots, i_{2n} = 1, 2, \cdots, 2n; k = 1, 2, \cdots, \mathrm{C}_{2n}^m; 3 \leqslant m \leqslant n)$ 是 S 的完备集对, $G_m^k, H_{2n-m}^k(k = 1, 2, \cdots, \mathrm{C}_{2n}^m)$ 分别是 (S_m^k, T_{2n-m}^k) 中两个集合的重心, $G_m^k H_{2n-m}^k(k = 1, 2, \cdots, \mathrm{C}_{2n}^m)$ 是 S 的 m-类重心线, 则对任意的 $k = 1, 2, \cdots, \mathrm{C}_{2n}^m; \alpha = m+1, m+2, \cdots, 2n$, 恒有

$$m(2n-m)\mathrm{d}_{G_m^k H_{2n-m}^k}\mathrm{D}_{P_{i_\alpha}\text{-}G_m^k H_{2n-m}^k} = 2\sum_{\beta=m+1;\beta\neq\alpha}^{2n}\sum_{\gamma=1}^{m}\mathrm{D}_{P_{i_\alpha}P_{i_\gamma}P_{i_\beta}}. \quad (9.3.2)$$

证明 设 $S = \{P_1, P_2, \cdots, P_{2n+1}\}$ 各点的坐标为 $P_i(x_i, y_i)(i = 1, 2, \cdots, 2n+1)$, 于是由定理 9.3.1 证明和点到直线的有向距离公式, 可得

$$m(2n-m)\mathrm{d}_{G_m^k H_{2n-m}^k}\mathrm{D}_{P_{i_{m+1}}\text{-}G_m^k H_{2n-m}^k}$$

9.3　2n 点集各点到 m-类重心线的有向距离公式与应用

$$= m(2n-m)[(y_{G_m^k} - y_{H_{2n-m}^k})x_{i_{m+1}} + (x_{H_{2n-m}^k} - x_{G_m^k})y_{i_{m+1}}$$
$$+ (x_{G_m^k}y_{H_{2n-m}^k} - x_{H_{2n-m}^k}y_{G_m^k})]$$
$$= [(2n-m)(y_{i_1} + y_{i_2} + \cdots + y_{i_m}) - m(y_{i_{m+1}} + y_{i_{m+2}} + \cdots + y_{i_{2n}})]x_{i_{m+1}}$$
$$+ [m(x_{i_{m+1}} + x_{i_{m+2}} + \cdots + x_{i_{2n}}) - (2n-m)(x_{i_1} + x_{i_2} + \cdots + x_{i_m})]y_{i_{m+1}}$$
$$+ (x_{i_1} + x_{i_2} + \cdots + x_{i_m})(y_{i_{m+1}} + y_{i_{m+2}} + \cdots + y_{i_{2n}})$$
$$- (x_{i_{m+1}} + x_{i_{m+2}} + \cdots + x_{i_{2n}})(y_{i_1} + y_{i_2} + \cdots + y_{i_m})$$
$$= [(x_{i_{m+1}}y_{i_1} - x_{i_1}y_{i_{m+1}}) + (x_{i_1}y_{i_{m+2}} - x_{i_{m+2}}y_{i_1}) + (x_{i_{m+2}}y_{i_{m+1}} - x_{i_{m+1}}y_{i_{m+2}})]$$
$$+ [(x_{i_{m+1}}y_{i_1} - x_{i_1}y_{i_{m+1}}) + (x_{i_1}y_{i_{m+3}} - x_{i_{m+3}}y_{i_1}) + (x_{i_{m+3}}y_{i_{m+1}} - x_{i_{m+1}}y_{i_{m+3}})]$$
$$+ \cdots$$
$$+ [(x_{i_{m+1}}y_{i_1} - x_{i_1}y_{i_{m+1}}) + (x_{i_1}y_{i_{2n}} - x_{i_{2n}}y_{i_1}) + (x_{i_{2n}}y_{i_{m+1}} - x_{i_{m+1}}y_{i_{2n}})]$$
$$+ [(x_{i_{m+1}}y_{i_2} - x_{i_2}y_{i_{m+1}}) + (x_{i_2}y_{i_{m+2}} - x_{i_{m+2}}y_{i_2}) + (x_{i_{m+2}}y_{i_{m+1}} - x_{i_{m+1}}y_{i_{m+2}})]$$
$$+ [(x_{i_{m+1}}y_{i_2} - x_{i_2}y_{i_{m+1}}) + (x_{i_2}y_{i_{m+3}} - x_{i_{m+3}}y_{i_2}) + (x_{i_{m+3}}y_{i_{m+1}} - x_{i_{m+1}}y_{i_{m+3}})]$$
$$+ \cdots$$
$$+ [(x_{i_{m+1}}y_{i_2} - x_{i_2}y_{i_{m+1}}) + (x_{i_2}y_{i_{2n}} - x_{i_{2n}}y_{i_2}) + (x_{i_{2n}}y_{i_{m+1}} - x_{i_{m+1}}y_{i_{2n}})]$$
$$+ \cdots$$
$$+ [(x_{i_{m+1}}y_{i_m} - x_{i_m}y_{i_{m+1}}) + (x_{i_m}y_{i_{m+2}} - x_{i_{m+2}}y_{i_m}) + (x_{i_{m+2}}y_{i_{m+1}} - x_{i_{m+1}}y_{i_{m+2}})]$$
$$+ [(x_{i_{m+1}}y_{i_m} - x_{i_m}y_{i_{m+1}}) + (x_{i_m}y_{i_{m+3}} - x_{i_{m+3}}y_{i_m}) + (x_{i_{m+3}}y_{i_{m+1}} - x_{i_{m+1}}y_{i_{m+3}})]$$
$$+ \cdots$$
$$+ [(x_{i_{m+1}}y_{i_m} - x_{i_m}y_{i_{m+1}}) + (x_{i_m}y_{i_{2n}} - x_{i_{2n}}y_{i_m}) + (x_{i_{2n}}y_{i_{m+1}} - x_{i_{m+1}}y_{i_{2n}})]$$
$$= 2\mathrm{D}_{P_{i_{m+1}}P_{i_1}P_{i_{m+2}}} + 2\mathrm{D}_{P_{i_{m+1}}P_{i_1}P_{i_{m+3}}} + \cdots + 2\mathrm{D}_{P_{i_{m+1}}P_{i_1}P_{i_{2n}}}$$
$$+ 2\mathrm{D}_{P_{i_{m+1}}P_{i_2}P_{i_{m+2}}} + 2\mathrm{D}_{P_{i_{m+1}}P_{i_2}P_{i_{m+3}}} + \cdots + 2\mathrm{D}_{P_{i_{m+1}}P_{i_2}P_{i_{2n}}}$$
$$+ \cdots$$
$$+ 2\mathrm{D}_{P_{i_{m+1}}P_{i_m}P_{i_{m+2}}} + 2\mathrm{D}_{P_{i_{m+1}}P_{i_m}P_{i_{m+3}}} + \cdots + 2\mathrm{D}_{P_{i_{m+1}}P_{i_m}P_{i_{2n}}}$$

$$= 2 \sum_{\beta=m+2}^{2n} \sum_{\gamma=1}^{m} \mathrm{D}_{P_{i_{m+1}} P_{i_\gamma} P_{i_\beta}},$$

因此, 当 $k = 1, 2, \cdots, \mathrm{C}_{2n}^m; \alpha = m + 1$ 时, 式 (9.3.2) 成立.

类似地, 可以证明, 当 $k = 1, 2, \cdots, \mathrm{C}_{2n}^m; \alpha = m + 2, m + 3, \cdots, 2n$ 时, 式 (9.3.2) 成立.

推论 9.3.1 设 $P_1 P_2 \cdots P_{2n} (n \geqslant 3)$ 是 $2n$ 角形 ($2n$ 边形), $G_m^k, H_{2n-m}^k (k = 1, 2, \cdots, \mathrm{C}_{2n}^m)$ 分别是 m 角形 (m 边形)$P_{i_1} P_{i_2} \cdots P_{i_m} (i_1, i_2, \cdots, i_m = 1, 2, \cdots, 2n)$ 和 $2n - m$ 角形 ($2n - m$ 边形)$P_{i_{m+1}} P_{i_{m+2}} \cdots P_{i_{2n}} (i_{m+1}, i_{m+2}, \cdots, i_{2n} = 1, 2, \cdots, 2n; 3 \leqslant m \leqslant n)$ 的重心, $G_m^k H_{2n-m}^k (k = 1, 2, \cdots, \mathrm{C}_{2n}^m)$ 是 $P_1 P_2 \cdots P_{2n}$ 的 m-级重心线, 则定理 9.3.1 和定理 9.3.2 结论均成立.

证明 设 $S = \{P_1, P_2, \cdots, P_{2n}\}$ 是 $2n$ 角形 ($2n$ 边形)$P_1 P_2 \cdots P_{2n} (n \geqslant 3)$ 顶点的集合, 对不共线 $2n$ 点的集合 S 分别应用定理 9.3.1 和定理 9.3.2, 即得.

注 9.3.1 特别地, 当 $n = 3$ 时, 根据定理 9.3.1 和推论 9.3.1, 可以分别得出定理 6.3.1 和推论 6.3.1. 因此, 6.3 节的结论都可以看成是本节相应结论的推论. 故在本节以下论述中, 我们主要研究 $n \geqslant 4$ 的情形, 而对当 $n = 3$ 的情形不单独论及.

9.3.2 $2n$ 点集各点到 $m(3 \leqslant m \leqslant n)$-类重心线有向距离公式的应用

定理 9.3.3 设 $S = \{P_1, P_2, \cdots, P_{2n}\}(n \geqslant 3)$ 是 $2n$ 点的集合, $(S_m^k, T_{2n-m}^k) = (P_{i_1}, P_{i_2}, \cdots, P_{i_m}; P_{i_{m+1}}, P_{i_{m+2}}, \cdots, P_{i_{2n}})(i_1, i_2, \cdots, i_{2n} = 1, 2, \cdots, 2n; k = 1, 2, \cdots, \mathrm{C}_{2n}^m; 3 \leqslant m \leqslant n)$ 是 S 的完备集对, $G_m^k, H_{2n-m}^k (k = 1, 2, \cdots, \mathrm{C}_{2n}^m)$ 分别是 (S_m^k, T_{2n-m}^k) 中两个集合的重心, $G_m^k H_{2n-m}^k (k = 1, 2, \cdots, \mathrm{C}_{2n}^m)$ 是 S 的 m-类重心线, 则对任意的 $k = 1, 2, \cdots, \mathrm{C}_{2n}^m$, 恒有

$$\mathrm{D}_{P_{i_1}\text{-}G_m^k H_{2n-m}^k} + \mathrm{D}_{P_{i_2}\text{-}G_m^k H_{2n-m}^k} + \cdots + \mathrm{D}_{P_{i_m}\text{-}G_m^k H_{2n-m}^k} = 0, \tag{9.3.3}$$

$$\mathrm{D}_{P_{i_{m+1}}\text{-}G_m^k H_{2n-m}^k} + \mathrm{D}_{P_{i_{m+2}}\text{-}G_m^k H_{2n-m}^k} + \cdots + \mathrm{D}_{P_{i_{2n}}\text{-}G_m^k H_{2n-m}^k} = 0. \tag{9.3.4}$$

证明 根据定理 9.3.1 和定理 9.3.2, 式 (9.3.1) 和 (9.3.2) 分别对 $\alpha = 1, 2, \cdots, m; \alpha = m + 1, m + 2, \cdots, 2n$ 求和, 得

$$m(2n - m) \mathrm{d}_{G_m^k H_{2n-m}^k} \sum_{\alpha=1}^{m} \mathrm{D}_{P_{i_\alpha}\text{-}G_m^k H_{2n-m}^k} = 0,$$

$$m(2n - m) \mathrm{d}_{G_m^k H_{2n-m}^k} \sum_{\alpha=m+1}^{2n} \mathrm{D}_{P_{i_\alpha}\text{-}G_m^k H_{2n-m}^k} = 0.$$

其中 $k = 1, 2, \cdots, \mathrm{C}_{2n}^m$. 故对任意的 $k = 1, 2, \cdots, \mathrm{C}_{2n}^m$, 若 $\mathrm{d}_{G_m^k H_{2n-m}^k} \neq 0$, 式 (9.3.3) 和 (9.3.4) 均成立; 而若 $\mathrm{d}_{G_m^k H_{2n-m}^k} = 0$, 则由点到重心线有向距离的定义知, 式 (9.3.3) 和 (9.3.4) 亦均成立.

推论 9.3.2 设 $S=\{P_1,P_2,\cdots,P_{2n}\}(n\geqslant 4)$ 是 $2n$ 点的集合, $(S_3^k,T_{2n-3}^k)=(P_{i_1},P_{i_2},P_{i_3};P_{i_4},P_{i_5},\cdots,P_{i_{2n}})(i_1,i_2,\cdots,i_{2n}=1,2,\cdots,2n;k=1,2,\cdots,\mathrm{C}_{2n}^3)$ 是 S 的完备集对 $G_3^k,H_{2n-3}^k(k=1,2,\cdots,\mathrm{C}_{2n}^3)$ 分别是 (S_3^k,T_{2n-3}^k) 中两个集合的重心, $G_3^k H_{2n-3}^k(k=1,2,\cdots,\mathrm{C}_{2n}^3)$ 是 S 的 3-类重心线, 则对任意的 $k=1,2,\cdots,\mathrm{C}_{2n}^3$, 恒有如下三条点到重心线 $G_3^k H_{2n-3}^k$ 的距离 $\mathrm{d}_{P_{i_1}\text{-}G_3^k H_{2n-3}^k}$, $\mathrm{d}_{P_{i_2}\text{-}G_3^k H_{2n-3}^k},\mathrm{d}_{P_{i_3}\text{-}G_3^k H_{2n-3}^k}$ 中, 其中一条较长的距离等于另外两条较短的距离的和; 而其余 $2n-3$ 条点到重心线 $G_3^k H_{2n-3}^k$ 的距离 $\mathrm{d}_{P_{i_4}\text{-}G_3^k H_{2n-3}^k},\mathrm{d}_{P_{i_5}\text{-}G_3^k H_{2n-3}^k},\cdots,\mathrm{d}_{P_{i_{2n}}\text{-}G_3^k H_{2n-3}^k}$ 中, 其中一条较长的距离等于另外 $2n-4$ 条较短的距离的和, 或其中 $t(2\leqslant t\leqslant n-2)$ 条距离的和等于另外 $2n-t-3$ 条距离的和.

证明 根据定理 9.3.3, 对任意的 $k=1,2,\cdots,\mathrm{C}_{2n}^3$, 由式 (9.3.3) 和 (9.3.4) 中 $n\geqslant 4,m=3$ 的情形的几何意义, 即得.

推论 9.3.3 设 $S=\{P_1,P_2,\cdots,P_{2n}\}(n\geqslant 4)$ 是 $2n$ 点的集合, $(S_m^k,T_{2n-m}^k)=(P_{i_1},P_{i_2},\cdots,P_{i_m};P_{i_{m+1}},P_{i_{m+2}},\cdots,P_{i_{2n}})(i_1,i_2,\cdots,i_{2n}=1,2,\cdots,2n;k=1,2,\cdots,\mathrm{C}_{2n}^m;4\leqslant m\leqslant n)$ 是 S 的完备集对, $G_m^k,H_{2n-m}^k(k=1,2,\cdots,\mathrm{C}_{2n}^m)$ 分别是 (S_m^k,T_{2n-m}^k) 中两个集合的重心, $G_m^k H_{2n-m}^k(k=1,2,\cdots,\mathrm{C}_{2n}^m)$ 是 S 的 m-类重心线, 则对任意的 $k=1,2,\cdots,\mathrm{C}_{2n}^m$, 恒有如下 m 条点到重心线 $G_m^k H_{2n-m}^k$ 的距离 $\mathrm{d}_{P_{i_1}\text{-}G_m^k H_{2n-m}^k},\mathrm{d}_{P_{i_2}\text{-}G_m^k H_{2n-m}^k},\cdots,\mathrm{d}_{P_{i_m}\text{-}G_m^k H_{2n-m}^k}$ 中, 其中一条较长的距离等于另 $m-1$ 条较短的距离的和, 或其中 $t_1(2\leqslant t_1\leqslant [m/2])$ 条距离的和等于另 $m-t_1$ 条距离的和; 而其余 $2n-m$ 条点到重心线 $G_m^k H_{2n-m+1}^k$ 的距离 $\mathrm{d}_{P_{i_{m+1}}\text{-}G_m^k H_{2n-m}^k},\mathrm{d}_{P_{i_{m+2}}\text{-}G_m^k H_{2n-m}^k},\cdots,\mathrm{d}_{P_{i_{2n}}\text{-}G_m^k H_{2n-m}^k}$ 中, 其中一条较长的距离等于另 $2n-m-1$ 条较短的距离的和, 或其中 $t_2(2\leqslant t_2\leqslant [(2n-m)/2])$ 条距离的和等于另 $2n-m-t_2$ 条距离的和.

证明 根据定理 9.3.3, 对任意的 $k=1,2,\cdots,\mathrm{C}_{2n}^m$, 由式 (9.3.3) 和 (9.3.4) 中 $n\geqslant m\geqslant 4$ 的情形的几何意义, 即得.

定理 9.3.4 设 $S=\{P_1,P_2,\cdots,P_{2n}\}(n\geqslant 3)$ 是 $2n$ 点的集合, $(S_m^k,T_{2n-m}^k)=(P_{i_1},P_{i_2},\cdots,P_{i_m};P_{i_{m+1}},P_{i_{m+2}},\cdots,P_{i_{2n}})(i_1,i_2,\cdots,i_{2n}=1,2,\cdots,2n;k=1,2,\cdots,\mathrm{C}_{2n}^m;3\leqslant m\leqslant n)$ 是 S 的完备集对, $G_m^k,H_{2n-m}^k(k=1,2,\cdots,\mathrm{C}_{2n}^m)$ 分别是 (S_m^k,T_{2n-m}^k) 中两个集合的重心, $G_m^k H_{2n-m}^k(k=1,2,\cdots,\mathrm{C}_{2n}^m)$ 是 S 的 m-类重心线, 则对任意的 $k=1,2,\cdots,\mathrm{C}_{2n}^m$, 恒有 $\mathrm{D}_{P_{i_m}\text{-}G_m^k H_{2n-m}^k}=0(i_m\in I_{2n})$ 和 $\mathrm{D}_{P_{i_{2n}}\text{-}G_m^k H_{2n-m}^k}=0(i_{2n}\in I_{2n}\backslash\{i_1,i_2,\cdots,i_m\})$ 的充分必要条件分别是如下的式 (9.3.5) 和 (9.3.6) 成立:

$$\mathrm{D}_{P_{i_1}\text{-}G_m^k H_{2n-m}^k}+\mathrm{D}_{P_{i_2}\text{-}G_m^k H_{2n-m}^k}+\cdots+\mathrm{D}_{P_{i_{m-1}}\text{-}G_m^k H_{2n-m}^k}=0, \qquad (9.3.5)$$

$$\mathrm{D}_{P_{i_{m+1}}\text{-}G_m^k H_{2n-m}^k}+\mathrm{D}_{P_{i_{m+2}}\text{-}G_m^k H_{2n-m}^k}+\cdots+\mathrm{D}_{P_{i_{2n-1}}\text{-}G_m^k H_{2n-m}^k}=0. \qquad (9.3.6)$$

证明 根据定理 9.3.3, 分别由式 (9.3.3) 和 (9.3.4), 可得: 对任意的 $k = 1, 2, \cdots, C_{2n}^m$, 恒有 $D_{P_{i_m}\text{-}G_m^k H_{2n-m}^k} = 0 (i_m \in I_{2n})$ 的充分必要条件是式 (9.3.5) 成立, $D_{P_{i_{2n}}\text{-}G_m^k H_{2n-m}^k} = 0 (i_{2n} \in I_{2n} \setminus \{i_1, i_2, \cdots, i_m\})$ 的充分必要条件是式 (9.3.6) 成立.

推论 9.3.4 设 $S = \{P_1, P_2, \cdots, P_{2n}\}(n \geqslant 4)$ 是 $2n$ 点的集合, $(S_3^k, T_{2n-3}^k) = (P_{i_1}, P_{i_2}, P_{i_3}; P_{i_4}, P_{i_5}, \cdots, P_{i_{2n}})(i_1, i_2, \cdots, i_{2n} = 1, 2, \cdots, 2n; k = 1, 2, \cdots, C_{2n}^3)$ 是 S 的完备集对, $G_3^k, H_{2n-3}^k (k = 1, 2, \cdots, C_{2n}^3)$ 分别是 (S_3^k, T_{2n-3}^k) 中两个集合的重心, $G_3^k H_{2n-3}^k (k = 1, 2, \cdots, C_{2n}^3)$ 是 S 的 3-类重心线, 则对任意的 $k = 1, 2, \cdots, C_{2n}^3$, 恒有点 $P_{i_3}(i_3 \in I_{2n})$ 在重心线 $G_3^k H_{2n-3}^k$ 所在直线之上的充分必要条件是另两点 P_{i_1}, P_{i_2} 到重心线 $G_3^k H_{2n-3}^k$ 的距离相等侧向相反; 而点 $P_{i_{2n}}(i_{2n} \in I_{2n} \setminus \{i_1, i_2, i_3\})$ 在重心线 $G_3^k H_{2n-3}^k$ 所在直线之上的充分必要条件是如下 $2n-4$ 条点到重心线 $G_3^k H_{2n-3}^k$ 的距离 $d_{P_{i_4}\text{-}G_3^k H_{2n-3}^k}, d_{P_{i_5}\text{-}G_3^k H_{2n-3}^k}, \cdots, d_{P_{i_{2n-1}}\text{-}G_3^k H_{2n-3}^k}$ 中, 其中一条较长的距离等于另外 $2n-5$ 条较短的距离的和, 或其中 $t (2 \leqslant t \leqslant n-2)$ 条距离的和等于另外 $2n-t-4$ 条距离的和.

证明 根据定理 9.3.4, 对任意的 $k = 1, 2, \cdots, C_{2n}^3$, 由式 (9.3.5) 和 (9.3.6) 中 $n \geqslant 4, m = 3$ 的情形的几何意义, 即得.

推论 9.3.5 设 $S = \{P_1, P_2, \cdots, P_8\}$ 是八点的集合, $(S_4^k, T_8^k) = (P_{i_1}, P_{i_2}, P_{i_3}, P_{i_4}; P_{i_5}, P_{i_6}, P_{i_7}, P_{i_8})(i_1, i_2, \cdots, i_8 = 1, 2, \cdots, 8; k = 1, 2, \cdots, 70)$ 是 S 的完备集对, $G_4^k, H_4^k (k = 1, 2, \cdots, 70)$ 分别是 (S_4^k, T_4^k) 中两个集合的重心, $G_4^k H_4^k (k = 1, 2, \cdots, 70)$ 是 S 的 4-类重心线, 则对任意的 $k = 1, 2, \cdots, 35$, 恒有点 $P_{i_4}(i_4 \in I_8)$ 在重心线 $G_4^k H_4^k$ 所在直线之上的充分必要条件是如下三条点到重心线 $G_4^k H_4^k$ 的距离 $d_{P_{i_1}\text{-}G_4^k H_4^k}, d_{P_{i_2}\text{-}G_4^k H_4^k}, d_{P_{i_3}\text{-}G_4^k H_4^k}$ 中, 其中一条较长的距离等于另外两条较短的距离的和; 而点 $P_{i_8}(i_8 \in I_8 \setminus \{i_1, i_2, i_3, i_4\})$ 在重心线 $G_4^k H_4^k$ 所在直线之上的充分必要条件是如下三条点到重心线 $G_4^k H_4^k$ 的距离 $d_{P_{i_5}\text{-}G_4^k H_4^k}, d_{P_{i_6}\text{-}G_4^k H_4^k}, d_{P_{i_7}\text{-}G_4^k H_4^k}$ 中, 其中一条较长的距离等于另外两条较短的距离的和.

证明 根据定理 9.3.4, 对任意的 $k = 1, 2, \cdots, 35$, 由式 (9.3.5) 和 (9.3.6) 中 $n = m = 4$ 的情形的几何意义, 即得.

推论 9.3.6 设 $S = \{P_1, P_2, \cdots, P_{2n}\}(n \geqslant 5)$ 是 $2n$ 点的集合, $(S_4^k, T_{2n-4}^k) = (P_{i_1}, P_{i_2}, P_{i_3}, P_{i_4}; P_{i_5}, P_{i_6}, \cdots, P_{i_{2n}})(i_1, i_2, \cdots, i_{2n} = 1, 2, \cdots, 2n; k = 1, 2, \cdots, C_{2n}^4)$ 是 S 的完备集对, $G_4^k, H_{2n-4}^k (k = 1, 2, \cdots, C_{2n}^4)$ 分别是 (S_4^k, T_{2n-4}^k) 中两个集合的重心, $G_4^k H_{2n-4}^k (k = 1, 2, \cdots, C_{2n}^4)$ 是 S 的 4-类重心线, 则对任意的 $k = 1, 2, \cdots, C_{2n}^4$, 恒有点 $P_{i_4}(i_4 \in I_{2n})$ 在重心线 $G_4^k H_{2n-4}^k$ 所在直线之上的充分必要条件是如下三条点到重心线 $G_4^k H_{2n-4}^k$ 的距离 $d_{P_{i_1}\text{-}G_4^k H_{2n-4}^k}, d_{P_{i_2}\text{-}G_4^k H_{2n-4}^k}, d_{P_{i_3}\text{-}G_4^k H_{2n-4}^k}$ 中, 其中一条较长的距离等于另两条较短的距离的和; 而点 $P_{i_{2n}}(i_{2n} \in$

9.3 2n 点集各点到 m-类重心线的有向距离公式与应用

$I_{2n}\setminus\{i_1,i_2,i_3,i_4\}$) 在重心线 $G_4^k H_{2n-4}^k$ 所在直线之上的充分必要条件是其余 $2n-5$ 条点到重心线 $G_4^k H_{2n-4}^k$ 的距离 $\mathrm{d}_{P_{i_5}\text{-}G_4^k H_{2n-4}^k}, \mathrm{d}_{P_{i_6}\text{-}G_4^k H_{2n-4}^k}, \cdots, \mathrm{d}_{P_{i_{2n-1}}\text{-}G_4^k H_{2n-4}^k}$ 中, 其中一条较长的距离等于另 $2n-6$ 条较短的距离的和, 或其中 $t_2(2 \leqslant t_2 \leqslant n-3)$ 条距离的和等于另外 $2n-t_2-5$ 条距离的和.

证明 根据定理 9.3.3, 对任意的 $k=1,2,\cdots,\mathrm{C}_{2n}^4$, 由式 (9.3.3) 和 (9.3.4) 中 $n \geqslant 5, m=4$ 的情形的几何意义, 即得.

推论 9.3.7 设 $S=\{P_1,P_2,\cdots,P_{2n}\}(n\geqslant 5)$ 是 $2n$ 点的集合, $(S_m^k,T_{2n-m}^k)=(P_{i_1},P_{i_2},\cdots,P_{i_m};\ P_{i_{m+1}},P_{i_{m+2}},\cdots,P_{i_{2n}})(i_1,i_2,\cdots,i_{2n}=1,2,\cdots,2n;k=1,2,\cdots,\mathrm{C}_{2n}^m;5\leqslant m\leqslant n)$ 是 S 的完备集对, $G_m^k,H_{2n-m}^k(k=1,2,\cdots,\mathrm{C}_{2n}^m)$ 分别是 (S_m^k,T_{2n-m}^k) 中两个集合的重心, $G_m^k H_{2n-m}^k(k=1,2,\cdots,\mathrm{C}_{2n}^m)$ 是 S 的 m-类重心线, 则对任意的 $k=1,2,\cdots,\mathrm{C}_{2n}^m$, 恒有点 $P_{i_m}(i_m \in I_{2n})$ 在重心线 $G_m^k H_{2n-m}^k$ 所在直线之上的充分必要条件是如下 $m-1$ 条点到重心线 $G_m^k H_{2n-m}^k$ 的距离 $\mathrm{d}_{P_{i_1}\text{-}G_m^k H_{2n-m}^k}, \mathrm{d}_{P_{i_2}\text{-}G_m^k H_{2n-m}^k}, \cdots, \mathrm{d}_{P_{i_{m-1}}\text{-}G_m^k H_{2n-m}^k}$ 中, 其中一条较长的距离等于另 $m-2$ 条较短的距离的和, 或其中 $t_1(2 \leqslant t_1 \leqslant [(m-1)/2])$ 条距离的和等于另 $m-t_1-1$ 条距离的和; 而点 $P_{i_{2n}}(i_{2n} \in I_{2n}\setminus\{i_1,i_2,\cdots,i_m\})$ 在重心线 $G_m^k H_{2n-m}^k$ 所在直线之上的充分必要条件是其余 $2n-m-1$ 条点到重心线 $G_m^k H_{2n-m}^k$ 的距离 $\mathrm{d}_{P_{i_{m+1}}\text{-}G_m^k H_{2n-m}^k}, \mathrm{d}_{P_{i_{m+2}}\text{-}G_m^k H_{2n-m}^k}, \cdots, \mathrm{d}_{P_{i_{2n-1}}\text{-}G_m^k H_{2n-m}^k}$ 中, 其中一条较长的距离等于另 $2n-m-2$ 条较短的距离的和, 或其中 $t_2(2 \leqslant t_2 \leqslant [(2n-m-1)/2])$ 条距离的和等于另 $2n-m-t_2-1$ 条距离的和.

证明 根据定理 9.3.3, 由式 (9.3.3) 和 (9.3.4) 中 $n \geqslant m \geqslant 5$ 的情形的几何意义, 即得.

定理 9.3.5 设 $S=\{P_1,P_2,\cdots,P_{2n}\}(n\geqslant 4)$ 是 $2n$ 点的集合, $(S_m^k,T_{2n-m}^k)=(P_{i_1},P_{i_2},\cdots,P_{i_m};\ P_{i_{m+1}},P_{i_{m+2}},\cdots,P_{i_{2n}})(i_1,i_2,\cdots,i_{2n}=1,2,\cdots,2n;k=1,2,\cdots,\mathrm{C}_{2n}^m;4\leqslant m\leqslant n)$ 是 S 的完备集对, $G_m^k,H_{2n-m}^k(k=1,2,\cdots,\mathrm{C}_{2n}^m)$ 分别是 (S_m^k,T_{2n-m}^k) 中两个集合的重心, $G_m^k H_{2n-m}^k(k=1,2,\cdots,\mathrm{C}_{2n}^m)$ 是 S 的 m-类重心线, 则对任意的 $k=1,2,\cdots,\mathrm{C}_{2n}^m$, 如下两对式子中的两个式子均等价:

$$\mathrm{D}_{P_{i_1}\text{-}G_m^k H_{2n-m}^k} + \mathrm{D}_{P_{i_2}\text{-}G_m^k H_{2n-m}^k} = 0 \quad (\mathrm{d}_{P_{i_1}\text{-}G_m^k H_{2n-m}^k} = \mathrm{d}_{P_{i_2}\text{-}G_m^k H_{2n-m}^k}), \tag{9.3.7}$$

$$\mathrm{D}_{P_{i_3}\text{-}G_m^k H_{2n-m}^k} + \mathrm{D}_{P_{i_4}\text{-}G_m^k H_{2n-m}^k} + \cdots + \mathrm{D}_{P_{i_m}\text{-}G_m^k H_{2n-m}^k} = 0; \tag{9.3.8}$$

$$\mathrm{D}_{P_{i_{m+1}}\text{-}G_m^k H_{2n-m}^k} + \mathrm{D}_{P_{i_{m+2}}\text{-}G_m^k H_{2n-m}^k} = 0 \quad (\mathrm{d}_{P_{i_{m+1}}\text{-}G_m^k H_{2n-m}^k} = \mathrm{d}_{P_{i_{m+2}}\text{-}G_m^k H_{2n-m}^k}), \tag{9.3.9}$$

$$\mathrm{D}_{P_{i_{m+3}}\text{-}G_m^k H_{2n-m}^k} + \mathrm{D}_{P_{i_{m+4}}\text{-}G_m^k H_{2n-m}^k} + \cdots + \mathrm{D}_{P_{i_{2n}}\text{-}G_m^k H_{2n-m}^k} = 0. \tag{9.3.10}$$

证明 根据定理 9.3.3, 由式 (9.3.3) 和 (9.3.4) 中 $n \geqslant m \geqslant 4$ 的情形, 可得:

对任意的 $k=1,2,\cdots,\mathrm{C}_{2n}^m$，式 (9.3.7) 成立的充分必要条件是 (9.3.8) 成立；式 (9.3.9) 成立的充分必要条件是 (9.3.10) 成立.

推论 9.3.8 设 $S=\{P_1,P_2,\cdots,P_8\}$ 是八点的集合，$(S_4^k,T_4^k)=(P_{i_1},P_{i_2},P_{i_3},P_{i_4};P_{i_5},P_{i_6},P_{i_7},P_{i_8})$，$(i_1,i_2,\cdots,i_8=1,2,\cdots,8;k=1,2,\cdots,70)$ 是 S 的完备集对，$G_4^k,H_4^k(k=1,2,\cdots,70)$ 分别是 (S_4^k,T_4^k) 中两个集合的重心，$G_4^kH_4^k(k=1,2,\cdots,70)$ 是 S 的 4-类重心线，则对任意的 $k=1,2,\cdots,35$，均有两点 P_{i_1},P_{i_2} 到重心线 $G_4^kH_4^k$ 的距离相等侧向相反的充分必要条件是另两点 P_{i_3},P_{i_4} 到重心线 $G_4^kH_4^k$ 的距离相等侧向相反；而两点 P_{i_5},P_{i_6} 到 $G_4^kH_4^k$ 的距离相等侧向相反的充分必要条件是另两点 P_{i_7},P_{i_8} 到 $G_4^kH_4^k$ 的距离相等侧向相反.

证明 根据定理 9.3.5，对任意的 $k=1,2,\cdots,35$，分别由式 (9.3.7) 和 (9.3.8)、式 (9.3.9) 和 (9.3.10) 中 $m=n=4$ 的情形的几何意义，即得.

推论 9.3.9 设 $S=\{P_1,P_2,\cdots,P_{2n}\}(n\geqslant 5)$ 是 $2n$ 点的集合，$(S_4^k,T_{2n-4}^k)=(P_{i_1},P_{i_2},\cdots,P_{i_4};P_{i_5},P_{i_6},\cdots,P_{i_{2n}})(i_1,i_2,\cdots,i_{2n}=1,2,\cdots,2n;k=1,2,\cdots,\mathrm{C}_{2n}^4)$ 是 S 的完备集对，$G_4^k,H_{2n-4}^k(k=1,2,\cdots,\mathrm{C}_{2n}^4)$ 分别是 (S_4^k,T_{2n-4}^k) 中两个集合的重心，$G_4^kH_{2n-4}^k(k=1,2,\cdots,\mathrm{C}_{2n}^4)$ 是 S 的 4-类重心线，则对任意的 $k=1,2,\cdots,\mathrm{C}_{2n}^4$，均有两点 P_{i_1},P_{i_2} 到 $G_4^kH_{2n-4}^k$ 的距离相等侧向相反的充分必要条件是另两点 P_{i_3},P_{i_4} 到 $G_4^kH_{2n-4}^k$ 的距离相等侧向相反；而两点 P_{i_5},P_{i_6} 到 $G_4^kH_{2n-4}^k$ 的距离相等侧向相反的充分必要条件是如下 $2n-6$ 条点到重心线 $G_4^kH_{2n-4}^k$ 的距离 $\mathrm{d}_{P_{i_7}\text{-}G_4^kH_{2n-4}^k},\mathrm{d}_{P_{i_8}\text{-}G_4^kH_{2n-4}^k},\cdots,\mathrm{d}_{P_{i_{2n}}\text{-}G_4^kH_{2n-4}^k}$ 中，其中一条较长的距离等于另外 $2n-7$ 条距离的和，或其中 $t(2\leqslant t\leqslant n-3)$ 条距离的和等于另外 $2n-t-6$ 条距离的和.

证明 根据定理 9.3.5，对任意的 $k=1,2,\cdots,\mathrm{C}_{2n}^4$，分别由式 (9.3.7) 和 (9.3.8)、式 (9.3.9) 和 (9.3.10) 中 $n\geqslant 5,m=4$ 的情形的几何意义，即得.

推论 9.3.10 设 $S=\{P_1,P_2,\cdots,P_{10}\}$ 是十点的集合，$(S_5^k,T_5^k)=(P_{i_1},P_{i_2},\cdots,P_{i_5};P_{i_5},P_{i_6},\cdots,P_{i_{10}})(i_1,i_2,\cdots,i_{10}=1,2,\cdots,10;k=1,2,\cdots,252)$ 是 S 的完备集对，$G_5^k,H_5^k(k=1,2,\cdots,252)$ 分别是 (S_5^k,T_5^k) 中两个集合的重心，$G_5^kH_5^k(k=1,2,\cdots,252)$ 是 S 的 5-类重心线，则对任意的 $k=1,2,\cdots,252$，均有两点 P_{i_1},P_{i_2} 到重心线 $G_5^kH_5^k$ 的距离相等侧向相反的充分必要条件是如下三条点到重心线 $G_5^kH_5^k$ 的距离 $\mathrm{d}_{P_{i_3}\text{-}G_5^kH_5^k},\mathrm{d}_{P_{i_4}\text{-}G_5^kH_5^k},\mathrm{d}_{P_{i_5}\text{-}G_5^kH_5^k}$ 中，其中一条较长的距离等于另外两条较短的距离的和；而两点 P_{i_6},P_{i_7} 到重心线 $G_5^kH_5^k$ 的距离相等侧向相反的充分必要条件是如下三条点到重心线 $G_5^kH_5^k$ 的距离 $\mathrm{d}_{P_{i_8}\text{-}G_5^kH_5^k},\mathrm{d}_{P_{i_9}\text{-}G_5^kH_5^k},\mathrm{d}_{P_{i_{10}}\text{-}G_5^kH_5^k}$ 中，其中一条较长的距离等于另外两条较短的距离的和.

证明 根据定理 9.3.5，对任意的 $k=1,2,\cdots,252$，分别由式 (9.3.7) 和 (9.3.8)、式 (9.3.9) 和 (9.3.10) 中 $m=n=5$ 的情形的几何意义，即得.

推论 9.3.11 设 $S=\{P_1,P_2,\cdots,P_{2n}\}(n\geqslant 6)$ 是 $2n$ 点的集合，$(S_5^k,T_{2n-5}^k)=$

9.3 2n 点集各点到 m-类重心线的有向距离公式与应用

$(P_{i_1}, P_{i_2}, \cdots, P_{i_5}; P_{i_6}, P_{i_7}, \cdots, P_{i_{2n}})(i_1, i_2, \cdots, i_{2n} = 1, 2, \cdots, 2n; k = 1, 2, \cdots, C_{2n}^5)$ 是 S 的完备集对, $G_5^k, H_{2n-5}^k (k = 1, 2, \cdots, C_{2n}^5)$ 分别是 (S_5^k, T_{2n-5}^k) 中两个集合的重心, $G_5^k H_{2n-5}^k (k = 1, 2, \cdots, C_{2n}^5)$ 是 S 的 5-类重心线, 则对任意的 $k = 1, 2, \cdots, C_{2n}^5$, 均有两点 P_{i_1}, P_{i_2} 到重心线 $G_5^k H_{2n-5}^k$ 的距离相等侧向相反的充分必要条件是如下三条点到重心线 $G_5^k H_{2n-5}^k$ 的距离 $\mathrm{d}_{P_{i_3}\text{-}G_5^k H_{2n-5}^k}, \mathrm{d}_{P_{i_4}\text{-}G_5^k H_{2n-5}^k}, \mathrm{d}_{P_{i_5}\text{-}G_5^k H_{2n-5}^k}$ 中, 其中一条较长的距离等于另外两条较短的距离的和; 而两点 P_{i_6}, P_{i_7} 到重心线 $G_5^k H_{2n-5}^k$ 的距离相等侧向相反的充分必要条件是如下 $2n - 7$ 条点到重心线 $G_5^k H_{2n-5}^k$ 的距离 $\mathrm{d}_{P_{i_8}\text{-}G_5^k H_{2n-5}^k}, \mathrm{d}_{P_{i_9}\text{-}G_5^k H_{2n-5}^k}, \cdots, \mathrm{d}_{P_{i_{2n}}\text{-}G_5^k H_{2n-5}^k}$ 中, 其中一条较长的距离等于另外 $2n - 8$ 条距离的和, 或其中 $t(2 \leqslant t \leqslant n - 4)$ 条距离的和等于另外 $2n - t - 7$ 条距离的和.

证明 根据定理 9.3.5, 对任意的 $k = 1, 2, \cdots, C_{2n}^5$, 分别由式 (9.3.7) 和 (9.3.8)、式 (9.3.9) 和 (9.3.10) 中 $n \geqslant 6, m = 5$ 的情形的几何意义, 即得.

推论 9.3.12 设 $S = \{P_1, P_2, \cdots, P_{2n}\}(n \geqslant 6)$ 是 $2n$ 点的集合, $(S_m^k, T_{2n-m}^k) = (P_{i_1}, P_{i_2}, \cdots, P_{i_m}; P_{i_{m+1}}, P_{i_{m+2}}, \cdots, P_{i_{2n}})(i_1, i_2, \cdots, i_{2n} = 1, 2, \cdots, 2n; k = 1, 2, \cdots, C_{2n}^m; 6 \leqslant m \leqslant n)$ 是 S 的完备集对, $G_m^k, H_{2n-m}^k (k = 1, 2, \cdots, C_{2n}^m)$ 分别是 (S_m^k, T_{2n-m}^k) 中两个集合的重心, $G_m^k H_{2n-m}^k (k = 1, 2, \cdots, C_{2n}^m)$ 是 S 的 m-类重心线, 则对任意的 $k = 1, 2, \cdots, C_{2n}^m$, 均有两点 P_{i_1}, P_{i_2} 到重心线 $G_m^k H_{2n-m}^k$ 的距离相等侧向相反的充分必要条件是如下 $m - 2$ 条点到 $G_m^k H_{2n-m}^k$ 的距离 $\mathrm{d}_{P_{i_3}\text{-}G_m^k H_{2n-m}^k}, \mathrm{d}_{P_{i_4}\text{-}G_m^k H_{2n-m}^k}, \cdots, \mathrm{d}_{P_{i_m}\text{-}G_m^k H_{2n-m}^k}$ 中, 其中一条较长的距离等于另外 $m - 3$ 条较短的距离的和, 或 $t_1(2 \leqslant t_1 \leqslant [(m-2)/2])$ 条距离的和等于另外 $m - t_1 - 2$ 条距离的和; 而两点 $P_{i_{m+1}}, P_{i_{m+2}}$ 到重心线 $G_m^k H_{2n-m}^k$ 距离相等侧向相反的充分必要条件是如下 $2n - m - 2$ 条点到重心线 $G_m^k H_{2n-m}^k$ 的距离 $\mathrm{d}_{P_{i_{m+3}}\text{-}G_m^k H_{2n-m}^k}, \mathrm{d}_{P_{i_{m+4}}\text{-}G_m^k H_{2n-m}^k}, \cdots, \mathrm{d}_{P_{i_{2n}}\text{-}G_m^k H_{2n-m}^k}$ 中, 其中一条较长的距离等于另外 $2n - m - 3$ 条距离的和, 或其中 $t_2(2 \leqslant t_2 \leqslant [(2n-m-2)/2])$ 条距离的和等于另外 $2n - m - t_2 - 2$ 条距离的和.

证明 根据定理 9.3.5, 对任意的 $k = 1, 2, \cdots, C_{2n}^m$, 分别由式 (9.3.7) 和 (9.3.8)、式 (9.3.9) 和 (9.3.10) 中 $n \geqslant m \geqslant 6$ 的情形的几何意义, 即得.

定理 9.3.6 设 $S = \{P_1, P_2, \cdots, P_{2n}\}(n \geqslant 6)$ 是 $2n$ 点的集合, $(S_m^k, T_{2n-m}^k) = (P_{i_1}, P_{i_2}, \cdots, P_{i_m}; P_{i_{m+1}}, P_{i_{m+2}}, \cdots, P_{i_{2n}})(i_1, i_2, \cdots, i_{2n} = 1, 2, \cdots, 2n; k = 1, 2, \cdots, C_{2n}^m; 6 \leqslant m \leqslant n)$ 是 S 的完备集对, $G_m^k, H_{2n-m}^k (k = 1, 2, \cdots, C_{2n}^m)$ 分别是 (S_m^k, T_{2n-m}^k) 中两个集合的重心, $G_m^k H_{2n-m}^k (k = 1, 2, \cdots, C_{2n}^m)$ 是 S 的 m-类重心线, 则

(1) 对任意的 $k = 1, 2, \cdots, C_{2n}^m; s_1(3 \leqslant s_1 \leqslant [m/2])$, 如下两式均等价:

$$\mathrm{D}_{P_{i_1}\text{-}G_m^k H_{2n-m}^k} + \mathrm{D}_{P_{i_2}\text{-}G_m^k H_{2n-m}^k} + \cdots + \mathrm{D}_{P_{i_{s_1}}\text{-}G_m^k H_{2n-m}^k} = 0, \qquad (9.3.11)$$

$$\mathrm{D}_{P_{i_{s_1+1}}\text{-}G_m^k H_{2n-m}^k} + \mathrm{D}_{P_{i_{s_1+2}}\text{-}G_m^k H_{2n-m}^k} + \cdots + \mathrm{D}_{P_{i_m}\text{-}G_m^k H_{2n-m}^k} = 0; \quad (9.3.12)$$

(2) 对任意的 $k = 1, 2, \cdots, \mathrm{C}_{2n}^m; s_2(3 \leqslant s_2 \leqslant [(2n-m)/2])$，如下两式均等价:

$$\mathrm{D}_{P_{i_{m+1}}\text{-}G_m^k H_{2n-m}^k} + \mathrm{D}_{P_{i_{m+2}}\text{-}G_m^k H_{2n-m}^k} + \cdots + \mathrm{D}_{P_{i_{m+s_2}}\text{-}G_m^k H_{2n-m}^k} = 0, \quad (9.3.13)$$

$$\mathrm{D}_{P_{i_{m+s_2+1}}\text{-}G_m^k H_{2n-m}^k} + \mathrm{D}_{P_{i_{m+s_2+2}}\text{-}G_m^k H_{2n-m}^k} + \cdots + \mathrm{D}_{P_{i_{2n}}\text{-}G_m^k H_{2n-m}^k} = 0. \quad (9.3.14)$$

证明 (1) 根据定理 9.3.3, 由式 (9.3.3) 中 $n \geqslant m \geqslant 6$ 的情形, 可得: 对任意的 $k = 1, 2, \cdots, \mathrm{C}_{2n}^m; s_1(3 \leqslant s_1 \leqslant [m/2])$, 式 (9.3.11) 成立的充分必要条件是 (9.3.12) 成立.

类似地, 可以证明 (2) 中结论成立.

推论 9.3.13 设 $S = \{P_1, P_2, \cdots, P_{12}\}$ 是十二点的集合, $(S_6^k, T_6^k) = (P_{i_1}, P_{i_2}, \cdots, P_{i_6}; P_{i_7}, P_{i_8}, \cdots, P_{i_{12}})(i_1, i_2, \cdots, i_{12} = 1, 2, \cdots, 12; k = 1, 2, \cdots, \mathrm{C}_{12}^6)$ 是 S 的完备集对, $G_6^k, H_6^k(k = 1, 2, \cdots, \mathrm{C}_{12}^6)$ 分别是 (S_6^k, T_6^k) 中两个集合的重心, $G_6^k H_6^k(k = 1, 2, \cdots, \mathrm{C}_{12}^6)$ 是 S 的 6-类重心线, 则对任意的 $k = 1, 2, \cdots, \mathrm{C}_{12}^6$, 均有如下三条点到重心线 $G_6^k H_6^k$ 的距离 $\mathrm{d}_{P_{i_1}\text{-}G_6^k H_6^k}, \mathrm{d}_{P_{i_2}\text{-}G_6^k H_6^k}, \mathrm{d}_{P_{i_3}\text{-}G_6^k H_6^k}$ 中, 其中一条较长的距离等于另外两条较短的距离的和的充分必要条件是其余三条点到重心线 $G_6^k H_6^k$ 的距离 $\mathrm{d}_{P_{i_4}\text{-}G_6^k H_6^k}, \mathrm{d}_{P_{i_5}\text{-}G_6^k H_6^k}, \mathrm{d}_{P_{i_6}\text{-}G_6^k H_6^k}$ 中, 其中一条较长的距离等于另外两条较短的距离的和; 而如下三条点到重心线 $G_6^k H_6^k$ 的距离 $\mathrm{d}_{P_{i_7}\text{-}G_6^k H_6^k}, \mathrm{d}_{P_{i_8}\text{-}G_6^k H_6^k}, \mathrm{d}_{P_{i_9}\text{-}G_6^k H_6^k}$ 中, 其中一条较长的距离等于另外两条较短的距离的和的充分必要条件是其余三条点到重心线 $G_6^k H_6^k$ 的距离 $\mathrm{d}_{P_{i_{10}}\text{-}G_6^k H_6^k}, \mathrm{d}_{P_{i_{11}}\text{-}G_6^k H_6^k}, \mathrm{d}_{P_{i_{12}}\text{-}G_6^k H_6^k}$ 中, 其中一条较长的距离等于另外两条较短的距离的和.

证明 根据定理 9.3.6, 分别由式 (9.3.11) 和 (9.3.12)、式 (9.3.13) 和 (9.3.14) 中 $m = n = 6$ 的情形的几何意义, 即得.

推论 9.3.14 设 $S = \{P_1, P_2, \cdots, P_{2n}\}(n \geqslant 7)$ 是 $2n$ 点的集合, $(S_6^k, T_{2n-6}^k) = (P_{i_1}, P_{i_2}, \cdots, P_{i_6}; P_{i_7}, P_{i_8}, \cdots, P_{i_{2n}})(i_1, i_2, \cdots, i_{2n} = 1, 2, \cdots, 2n; k = 1, 2, \cdots, \mathrm{C}_{2n}^6)$ 是 S 的完备集对, $G_6^k, H_{2n-6}^k(k = 1, 2, \cdots, \mathrm{C}_{2n}^6)$ 分别是 (S_6^k, T_{2n-6}^k) 中两个集合的重心, $G_6^k H_{2n-6}^k(k = 1, 2, \cdots, \mathrm{C}_{2n}^6)$ 是 S 的 6-类重心线, 则对任意的 $k = 1, 2, \cdots, \mathrm{C}_{2n}^6$, 均有如下三条点到重心线 $G_6^k H_{2n-6}^k$ 的距离 $\mathrm{d}_{P_{i_1}\text{-}G_6^k H_{2n-6}^k}$, $\mathrm{d}_{P_{i_2}\text{-}G_6^k H_{2n-6}^k}, \mathrm{d}_{P_{i_3}\text{-}G_6^k H_{2n-6}^k}$ 中, 其中一条较长的距离等于另外两条较短的距离的和的充分必要条件是其余三条点到重心线 $G_6^k H_{2n-6}^k$ 的距离 $\mathrm{d}_{P_{i_4}\text{-}G_6^k H_{2n-6}^k}, \mathrm{d}_{P_{i_5}\text{-}G_6^k H_{2n-6}^k}$, $\mathrm{d}_{P_{i_6}\text{-}G_6^k H_{2n-6}^k}$ 中, 其中一条较长的距离等于另外两条较短的距离的和; 而如下三条点到重心线 $G_6^k H_{2n-6}^k$ 的距离 $\mathrm{d}_{P_{i_7}\text{-}G_6^k H_{2n-6}^k}, \mathrm{d}_{P_{i_8}\text{-}G_6^k H_{2n-6}^k}, \mathrm{d}_{P_{i_9}\text{-}G_6^k H_{2n-6}^k}$ 中, 其中一条较长的距离等于另外两条较短的距离的和的充分必要条件是其余 $2n - 9$ 条点到重心线 $G_6^k H_{2n-6}^k$ 的距离 $\mathrm{d}_{P_{i_{10}}\text{-}G_6^k H_{2n-6}^k}, \mathrm{d}_{P_{i_{11}}\text{-}G_6^k H_{2n-6}^k}, \cdots, \mathrm{d}_{P_{i_{2n}}\text{-}G_6^k H_{2n-6}^k}$ 中, 其中一条较长

的距离等于另外 $2n-10$ 条较短的距离的和, 或其中 $t(2 \leqslant t \leqslant n-5)$ 条距离的和等于另外 $2n-t-9$ 条距离的和.

证明 根据定理 9.3.6, 对任意的 $k=1,2,\cdots,\mathrm{C}_{2n}^6$, 分别由式 (9.3.11) 和 (9.3.12)、式 (9.3.13) 和 (9.3.14) 中 $n \geqslant 7, m=6, s_1=s_2=3$ 的情形的几何意义, 即得.

推论 9.3.15 设 $S=\{P_1,P_2,\cdots,P_{2n}\}(n \geqslant 7)$ 是 $2n$ 点的集合, $(S_6^k, T_{2n-6}^k)=(P_{i_1},P_{i_2},\cdots,P_{i_6};P_{i_7},P_{i_8},\cdots,P_{i_{2n}})(i_1,i_2,\cdots,i_{2n}=1,2,\cdots,2n;k=1,2,\cdots,\mathrm{C}_{2n}^6)$ 是 S 的完备集对, $G_6^k, H_{2n-6}^k(k=1,2,\cdots,\mathrm{C}_{2n}^6)$ 分别是 (S_6^k, T_{2n-6}^k) 中两个集合的重心, $G_6^k H_{2n-6}^k(k=1,2,\cdots,\mathrm{C}_{2n}^6)$ 是 S 的 6-类重心线, 则对任意的 $k=1,2,\cdots,\mathrm{C}_{2n}^6$, 均有如下三条点到重心线 $G_6^k H_{2n-6}^k$ 的距离 $\mathrm{d}_{P_{i_1}\text{-}G_6^k H_{2n-6}^k}$, $\mathrm{d}_{P_{i_2}\text{-}G_6^k H_{2n-6}^k}$, $\mathrm{d}_{P_{i_3}\text{-}G_6^k H_{2n-6}^k}$ 中, 其中一条较长的距离等于另外两条较短的距离的和的充分必要条件是其余三条点到重心线 $G_6^k H_{2n-6}^k$ 的距离 $\mathrm{d}_{P_{i_4}\text{-}G_6^k H_{2n-6}^k}$, $\mathrm{d}_{P_{i_5}\text{-}G_6^k H_{2n-6}^k}$, $\mathrm{d}_{P_{i_6}\text{-}G_6^k H_{2n-6}^k}$ 中, 其中一条较长的距离等于另外两条较短的距离的和; 而如下 $s_2(4 \leqslant s_2 \leqslant n-3)$ 条点到重心线 $G_6^k H_{2n-6}^k$ 的距离 $\mathrm{d}_{P_{i_7}\text{-}G_6^k H_{2n-6}^k}$, $\mathrm{d}_{P_{i_8}\text{-}G_6^k H_{2n-6}^k}$, $\cdots$, $\mathrm{d}_{P_{i_{s_2+6}}\text{-}G_6^k H_{2n-6}^k}$ 中, 其中一条较长的距离等于另外 s_2-1 条较短的距离的和, 或其中 $t_1(2 \leqslant t_1 \leqslant [s_2/2])$ 条较长的距离等于另外 s_2-t_1 条较短的距离的和的充分必要条件是其余 $2n-s_2-6$ 条点到重心线 $G_6^k H_{2n-6}^k$ 的距离 $\mathrm{d}_{P_{i_{s_2+7}}\text{-}G_6^k H_{2n-6}^k}$, $\mathrm{d}_{P_{i_{s_2+8}}\text{-}G_6^k H_{2n-6}^k}$, $\cdots$, $\mathrm{d}_{P_{i_{2n}}\text{-}G_6^k H_{2n-6}^k}$ 中, 其中一条较长的距离等于另外 $2n-s_2-7$ 条较短的距离的和, 或其中 $t_2(2 \leqslant t_2 \leqslant [(2n-s_2-6)/2])$ 条距离的和等于另外 $2n-s_2-t_2-6$ 条较短的距离的和.

证明 根据定理 9.3.6, 对任意的 $k=1,2,\cdots,\mathrm{C}_{2n}^6$, 分别由式 (9.3.11) 和 (9.3.12)、式 (9.3.13) 和 (9.3.14) 中 $n \geqslant 7, m=6, s_1=3, s_2 \geqslant 4$ 的情形的几何意义, 即得.

推论 9.3.16 设 $S=\{P_1,P_2,\cdots,P_{2n}\}(n \geqslant 7)$ 是 $2n$ 点的集合, $(S_m^k, T_{2n-m}^k)=(P_{i_1},P_{i_2},\cdots,P_{i_m};P_{i_{m+1}},P_{i_{m+2}},\cdots,P_{i_{2n}})(i_1,i_2,\cdots,i_{2n}=1,2,\cdots,2n;k=1,2,\cdots,\mathrm{C}_{2n}^m;7 \leqslant m \leqslant n)$ 是 S 的完备集对, $G_m^k, H_{2n-m}^k(k=1,2,\cdots,\mathrm{C}_{2n}^m)$ 分别是 (S_m^k, T_{2n-m}^k) 中两个集合的重心, $G_m^k H_{2n-m}^k(k=1,2,\cdots,\mathrm{C}_{2n}^m)$ 是 S 的 m-类重心线, 则对任意的 $k=1,2,\cdots,\mathrm{C}_{2n}^m$, 均有如下三条点到重心线 $G_m^k H_{2n-m}^k$ 的距离 $\mathrm{d}_{P_{i_1}\text{-}G_m^k H_{2n-m}^k}$, $\mathrm{d}_{P_{i_2}\text{-}G_m^k H_{2n-m}^k}$, $\mathrm{d}_{P_{i_3}\text{-}G_m^k H_{2n-m}^k}$ 中, 其中一条较长的距离等于另外两条较短的距离的和的充分必要条件是其余 $m-3$ 条点到重心线 $G_m^k H_{2n-m}^k$ 的距离 $\mathrm{d}_{P_{i_4}\text{-}G_m^k H_{2n-m}^k}$, $\mathrm{d}_{P_{i_5}\text{-}G_m^k H_{2n-m}^k}$, $\cdots$, $\mathrm{d}_{P_{i_m}\text{-}G_m^k H_{2n-m}^k}$ 中, 其中一条较长的距离等于另外 $m-4$ 条较短的距离的和, 或其中 $t_1(2 \leqslant t_1 \leqslant [(m-3)/2])$ 条距离的和等于另外 $m-t_1-3$ 条距离的和; 而如下三条点到重心线 $G_m^k H_{2n-m}^k$ 的距离 $\mathrm{d}_{P_{i_{m+1}}\text{-}G_m^k H_{2n-m}^k}$, $\mathrm{d}_{P_{i_{m+2}}\text{-}G_m^k H_{2n-m}^k}$, $\mathrm{d}_{P_{i_{m+3}}\text{-}G_m^k H_{2n-m}^k}$ 中, 其中一条较长的距离等

于另外两条较短的距离的和的充分必要条件是其余 $2n-m-3$ 条点到重心线 $G_m^k H_{2n-m}^k$ 的距离 $\mathrm{d}_{P_{i_{m+4}}\text{-}G_m^k H_{2n-m}^k}, \mathrm{d}_{P_{i_{m+5}}\text{-}G_m^k H_{2n-m}^k}, \cdots, \mathrm{d}_{P_{i_{2n}}\text{-}G_m^k H_{2n-m}^k}$ 中, 其中一条较长的距离等于另外 $2n-m-4$ 条较短的距离的和, 或其中 $t_2(2 \leqslant t_2 \leqslant [(2n-m-3)/2])$ 条距离的和等于另外 $2n-m-t_2-3$ 条距离的和.

证明 根据定理 9.3.6, 分别由式 (9.3.11) 和 (9.3.12)、式 (9.3.13) 和 (9.3.14) 中 $n \geqslant m \geqslant 7, s_1 = s_2 = 3$ 的情形的几何意义, 即得.

推论 9.3.17 设 $S = \{P_1, P_2, \cdots, P_{2n}\}(n \geqslant 8)$ 是 $2n$ 点的集合, $(S_m^k, T_{2n-m}^k) = (P_{i_1}, P_{i_2}, \cdots, P_{i_m}; P_{i_{m+1}}, P_{i_{m+2}}, \cdots, P_{i_{2n}})(i_1, i_2, \cdots, i_{2n} = 1, 2, \cdots, 2n; k = 1, 2, \cdots, \mathrm{C}_{2n}^m; 8 \leqslant m \leqslant n)$ 是 S 的完备集对, $G_m^k, H_{2n-m}^k(k=1, 2, \cdots, \mathrm{C}_{2n}^m)$ 分别是 (S_m^k, T_{2n-m}^k) 中两个集合的重心, $G_m^k H_{2n-m}^k(k=1, 2, \cdots, \mathrm{C}_{2n}^m)$ 是 S 的 m-类重心线, 则对任意的 $k = 1, 2, \cdots, \mathrm{C}_{2n}^m$, 均有如下 $s_1(4 \leqslant s_1 \leqslant [m/2])$ 条点到重心线 $G_m^k H_{2n-m}^k$ 的距离 $\mathrm{d}_{P_{i_1}\text{-}G_m^k H_{2n-m}^k}, \mathrm{d}_{P_{i_2}\text{-}G_m^k H_{2n-m}^k}, \cdots, \mathrm{d}_{P_{i_{s_1}}\text{-}G_m^k H_{2n-m}^k}$ 中, 其中一条较长的距离等于另外 $s_1 - 1$ 条较短的距离的和, 或其中 $t_1(2 \leqslant t_1 \leqslant [s_1/2])$ 条距离的和等于另外 $s_1 - t_1$ 条距离的和的充分必要条件是其余 $m - s_1$ 条点到重心线 $G_m^k H_{2n-m}^k$ 的距离 $\mathrm{d}_{P_{i_{s_1+1}}\text{-}G_m^k H_{2n-m}^k}, \mathrm{d}_{P_{i_{s_1+2}}\text{-}G_m^k H_{2n-m}^k}, \cdots, \mathrm{d}_{P_{i_m}\text{-}G_m^k H_{2n-m}^k}$ 中, 其中一条较长的距离等于另外 $m - s_1 - 1$ 条较短的距离的和, 或其中 $t_2(2 \leqslant t_2 \leqslant [(m-s_1)/2])$ 条距离的和等于另外 $m - s_1 - t_2$ 条距离的和; 而如下 $s_2(4 \leqslant s_2 \leqslant [(2n-m)/2])$ 条点到重心线 $G_m^k H_{2n-m}^k$ 的距离 $\mathrm{d}_{P_{i_{m+1}}\text{-}G_m^k H_{2n-m}^k}, \mathrm{d}_{P_{i_{m+2}}\text{-}G_m^k H_{2n-m}^k}, \cdots, \mathrm{d}_{P_{i_{m+s_2}}\text{-}G_m^k H_{2n-m}^k}$ 中, 其中一条较长的距离等于另外 $s_2 - 1$ 条较短的距离的和, 或其中 $t_3(2 \leqslant t_3 \leqslant [s_2/2])$ 条距离的和等于另外 $s_2 - t_3$ 条距离的和的充分必要条件是其余 $2n - m - s_2$ 条点到重心线 $G_m^k H_{2n-m}^k$ 的距离 $\mathrm{d}_{P_{i_{m+s_2+1}}\text{-}G_m^k H_{2n-m}^k}, \mathrm{d}_{P_{i_{m+s_2+2}}\text{-}G_m^k H_{2n-m}^k}, \cdots, \mathrm{d}_{P_{i_{2n}}\text{-}G_m^k H_{2n-m}^k}$ 中, 其中一条较长的距离等于另外 $2n - m - s_2 - 1$ 条较短的距离的和, 或其中 $t_4(2 \leqslant t_4 \leqslant [(2n-m-s_2)/2])$ 条距离的和等于另外 $2n - m - s_2 - t_4$ 条距离的和.

证明 根据定理 9.3.6, 对任意的 $k = 1, 2, \cdots, \mathrm{C}_{2n}^m$, 分别由式 (9.3.11) 和 (9.3.12)、式 (9.3.13) 和 (9.3.14) 中 $n \geqslant m \geqslant 8, s_1 \geqslant 4, s_2 \geqslant 4$ 的情形的几何意义, 即得.

推论 9.3.18 设 $P_1 P_2 \cdots P_{2n}(n \geqslant 3 \vee n \geqslant 4 \vee n \geqslant 5 \vee n \geqslant 6 \vee n \geqslant 7 \vee n \geqslant 8)$ 是 $2n$ 角形 ($2n$ 边形), $G_m^k, H_{2n-m}^k(k = 1, 2, \cdots, \mathrm{C}_{2n}^m)$ 分别是 m 角形 (m 边形)$P_{i_1} P_{i_2} \cdots P_{i_m}(i_1, i_2, \cdots, i_m = 1, 2, \cdots, 2n)$ 和 $2n - m$ 角形 ($2n - m$ 边形)$P_{i_{m+1}} P_{i_{m+2}} \cdots P_{i_{2n}}(i_{m+1}, i_{m+2}, \cdots, i_{2n} = 1, 2, \cdots, 2n; 3 \leqslant m \leqslant n \vee 4 \leqslant m \leqslant n \vee 5 \leqslant m \leqslant n \vee 6 \leqslant m \leqslant n \vee 7 \leqslant m \leqslant n \vee 8 \leqslant m \leqslant n)$ 的重心, $G_m^k H_{2n-m}^k(k=1, 2, \cdots, \mathrm{C}_{2n}^m)$ 是 $P_1 P_2 \cdots P_{2n}$ 的 m-级重心线, 则定理 9.3.3 $\sim$ 定理 9.3.6 和推论 9.3.2 $\sim$ 推论 9.3.17 的结论均成立.

证明 设 $S=\{P_1,P_2,\cdots,P_{2n}\}$ 是 $2n$ 角形 ($2n$ 边形)$P_1P_2\cdots P_{2n}(n\geqslant 3\vee n\geqslant 4\vee n\geqslant 5\vee n\geqslant 6\vee n\geqslant 7\vee n\geqslant 8)$ 顶点的集合, 对不共线 $2n$ 点的集合 S 分别应用定理 9.3.3 ~ 定理 9.3.6 和推论 9.3.2 ~ 推论 9.3.17, 即得.

9.3.3 $2n$ 点集 $m(3\leqslant m\leqslant n)$-类自重心线三角形有向面积公式与应用

根据三角形有向面积与有向距离之间的关系, 可以得出定理 9.3.1 和定理 9.3.2 中相应的重心线三角形有向面积公式, 兹列如下:

定理 9.3.7 设 $S=\{P_1,P_2,\cdots,P_{2n}\}(n\geqslant 3)$ 是 $2n$ 点的集合, $(S_m^k,T_{2n-m}^k)=(P_{i_1},P_{i_2},\cdots,P_{i_m};P_{i_{m+1}},P_{i_{m+2}},\cdots,P_{i_{2n}})(i_1,i_2,\cdots,i_{2n}=1,2,\cdots,2n;k=1,2,\cdots,C_{2n}^m;3\leqslant m\leqslant n)$ 是 S 的完备集对, $G_m^k,H_{2n-m}^k(k=1,2,\cdots,C_{2n}^m)$ 分别是 (S_m^k,T_{2n-m}^k) 中两个集合的重心, $G_m^k H_{2n-m}^k(k=1,2,\cdots,C_{2n}^m)$ 是 S 的 m-类重心线, 则对任意的 $k=1,2,\cdots,C_{2n}^m;\alpha=1,2,\cdots,m$, 恒有

$$m(2n-m)\mathrm{D}_{P_{i_\alpha}G_m^k H_{2n-m}^k}=\sum_{\beta=m+1}^{2n}\sum_{\gamma=1;\gamma\neq\alpha}^{m}\mathrm{D}_{P_{i_\alpha}P_{i_\gamma}P_{i_\beta}}. \qquad (9.3.15)$$

定理 9.3.8 设 $S=\{P_1,P_2,\cdots,P_{2n}\}(n\geqslant 3)$ 是 $2n$ 点的集合, $(S_m^k,T_{2n-m}^k)=(P_{i_1},P_{i_2},\cdots,P_{i_m};P_{i_{m+1}},P_{i_{m+2}},\cdots,P_{i_{2n}})(i_1,i_2,\cdots,i_{2n}=1,2,\cdots,2n;k=1,2,\cdots,C_{2n}^m;3\leqslant m\leqslant n)$ 是 S 的完备集对, $G_m^k,H_{2n-m}^k(k=1,2,\cdots,C_{2n}^m)$ 分别是 (S_m^k,T_{2n-m}^k) 中两个集合的重心, $G_m^k H_{2n-m}^k(k=1,2,\cdots,C_{2n}^m)$ 是 S 的 m-类重心线, 则对任意的 $k=1,2,\cdots,C_{2n}^m;\alpha=m+1,m+2,\cdots,2n$, 恒有

$$m(2n-m)\mathrm{D}_{P_{i_\alpha}G_m^k H_{2n-m}^k}=\sum_{\beta=m+1;\beta\neq\alpha}^{2n}\sum_{\gamma=1}^{m}\mathrm{D}_{P_{i_\alpha}P_{i_\gamma}P_{i_\beta}}. \qquad (9.3.16)$$

推论 9.3.19 设 $P_1P_2\cdots P_{2n}(n\geqslant 3)$ 是 $2n$ 角形 ($2n$ 边形), $G_m^k,H_{2n-m}^k(k=1,2,\cdots,C_{2n}^m)$ 分别是 m 角形 (m 边形)$P_{i_1}P_{i_2}\cdots P_{i_m}(i_1,i_2,\cdots,i_m=1,2,\cdots,2n)$ 和 $2n-m$ 角形 ($2n-m$ 边形)$P_{i_{m+1}}P_{i_{m+2}}\cdots P_{i_{2n}}(i_{m+1},i_{m+2},\cdots,i_{2n}=1,2,\cdots,2n;3\leqslant m\leqslant n)$ 的重心, $G_m^k H_{2n-m}^k(k=1,2,\cdots,C_{2n}^m)$ 是 $P_1P_2\cdots P_{2n}$ 的 m-类重心线, 则定理 9.3.7 和定理 9.3.8 中的结论均成立.

证明 设 $S=\{P_1,P_2,\cdots,P_{2n}\}$ 是 $2n$ 角形 ($2n$ 边形)$P_1P_2\cdots P_{2n}(n\geqslant 3)$ 顶点的集合, 对不共线 $2n$ 点的集合 S 分别应用定理 9.3.7 和定理 9.3.8, 即得.

定理 9.3.9 设 $S=\{P_1,P_2,\cdots,P_{2n}\}(n\geqslant 3)$ 是 $2n$ 点的集合, $(S_m^k,T_{2n-m}^k)=(P_{i_1},P_{i_2},\cdots,P_{i_m};P_{i_{m+1}},P_{i_{m+2}},\cdots,P_{i_{2n}})(i_1,i_2,\cdots,i_{2n}=1,2,\cdots,2n;k=1,2,\cdots,C_{2n}^m;3\leqslant m\leqslant n)$ 是 S 的完备集对, $G_m^k,H_{2n-m}^k(k=1,2,\cdots,C_{2n}^m)$ 分别是 (S_m^k,T_{2n-m}^k) 中两个集合的重心, $G_m^k H_{2n-m}^k(k=1,2,\cdots,C_{2n}^m)$ 是 S 的 m-类重心

线, 则对任意的 $k=1,2,\cdots,\mathrm{C}_{2n}^m; \alpha=1,2,\cdots,m$, 恒有 $\mathrm{D}_{P_{i_\alpha}G_m^k H_{2n-m}^k}=0$ 的充分必要条件是

$$\sum_{\beta=m+1}^{2n}\sum_{\gamma=1;\gamma\neq\alpha}^{m}\mathrm{D}_{P_{i_\alpha}P_{i_\gamma}P_{i_\beta}}=0. \tag{9.3.17}$$

证明 根据定理 9.3.7, 由式 (9.3.15), 即得: 对任意的 $k=1,2,\cdots,\mathrm{C}_{2n}^m; \alpha=1,2,\cdots,m$, 恒有 $\mathrm{D}_{P_{i_\alpha}G_m^k H_{2n-m}^k}=0$ 的充分必要条件是式 (9.3.17) 成立.

推论 9.3.20 设 $S=\{P_1,P_2,\cdots,P_{2n}\}(n\geqslant 3)$ 是 $2n$ 点的集合, $(S_m^k,T_{2n-m}^k)=(P_{i_1},P_{i_2},\cdots,P_{i_m};P_{i_{m+1}},P_{i_{m+2}},\cdots,P_{i_{2n}})(i_1,i_2,\cdots,i_{2n}=1,2,\cdots,2n;k=1,2,\cdots,\mathrm{C}_{2n}^m;3\leqslant m\leqslant n)$ 是 S 的完备集对, $G_m^k,H_{2n-m}^k(k=1,2,\cdots,\mathrm{C}_{2n}^m)$ 分别是 (S_m^k,T_{2n-m}^k) 中两个集合的重心, $G_m^k H_{2n-m}^k(k=1,2,\cdots,\mathrm{C}_{2n}^m)$ 是 S 的 m-类重心线, 则对任意的 $k=1,2,\cdots,\mathrm{C}_{2n}^m; \alpha=1,2,\cdots,m$, 恒有三点 $P_{i_\alpha},G_m^k,H_{2n-m}^k$ 共线的充分必要条件是如下 $(m-1)(2n-m)$ 个三角形的面积 $\mathrm{a}_{P_{i_\alpha}P_{i_\gamma}P_{i_\beta}}$ $(\beta=m+1,m+2,\cdots,2n;\gamma=1,2,\cdots,m;\gamma\neq\alpha)$ 中, 其中一个较大的面积等于其余 $(m-1)(2n-m)-1$ 个较小的面积的和, 或其中 $t(2\leqslant t\leqslant [(m-1)(2n-m)/2])$ 个面积的和等于其余 $(m-1)(2n-m)-t$ 个面积的和.

证明 根据定理 9.3.9, 对任意的 $k=1,2,\cdots,\mathrm{C}_{2n}^m; \alpha=1,2,\cdots,m$, 由 $\mathrm{D}_{P_{i_\alpha}G_m^k H_{2n-m}^k}=0$ 和式 (9.3.17) 的几何意义, 即得.

注 9.3.2 根据定理 9.3.7, 由式 (9.3.15), 对 $\alpha=1,2,\cdots,m$ 亦可得出定理 6.3.8 ~ 定理 6.3.12 和推论 6.3.7 ~ 推论 6.3.11 类似的结果, 不一一赘述.

定理 9.3.10 设 $S=\{P_1,P_2,\cdots,P_{2n}\}(n\geqslant 3)$ 是 $2n$ 点的集合, $(S_m^k,T_{2n-m}^k)=(P_{i_1},P_{i_2},\cdots,P_{i_m};P_{i_{m+1}},P_{i_{m+2}},\cdots,P_{i_{2n}})(i_1,i_2,\cdots,i_{2n}=1,2,\cdots,2n;k=1,2,\cdots,\mathrm{C}_{2n}^m;3\leqslant m\leqslant n)$ 是 S 的完备集对, $G_m^k,H_{2n-m}^k(k=1,2,\cdots,\mathrm{C}_{2n}^m)$ 分别是 (S_m^k,T_{2n-m}^k) 中两个集合的重心, $G_m^k H_{2n-m}^k(k=1,2,\cdots,\mathrm{C}_{2n}^m)$ 是 S 的 m-类重心线, 则对任意的 $k=1,2,\cdots,\mathrm{C}_{2n}^m; \alpha=m+1,m+2,\cdots,2n$, 恒有 $\mathrm{D}_{P_{i_\alpha}G_m^k H_{2n-m}^k}=0$ 的充分必要条件是

$$\sum_{\beta=m+2;\beta\neq\alpha}^{2n}\sum_{\gamma=1}^{m}\mathrm{D}_{P_{i_\alpha}P_{i_\gamma}P_{i_\beta}}=0. \tag{9.3.18}$$

证明 根据定理 9.3.8, 由式 (9.3.16) 即得: 对任意的 $k=1,2,\cdots,\mathrm{C}_{2n}^m; \alpha=m+1,m+2,\cdots,2n$, 恒有 $\mathrm{D}_{P_{i_\alpha}G_m^k H_{2n-m}^k}=0$ 的充分必要条件是式 (9.3.18) 成立.

推论 9.3.21 设 $S=\{P_1,P_2,\cdots,P_{2n}\}(n\geqslant 3)$ 是 $2n$ 点的集合, $(S_m^k,T_{2n-m}^k)=(P_{i_1},P_{i_2},\cdots,P_{i_m};P_{i_{m+1}},P_{i_{m+2}},\cdots,P_{i_{2n}})(i_1,i_2,\cdots,i_{2n}=1,2,\cdots,2n;k=1,2,\cdots,\mathrm{C}_{2n}^m;3\leqslant m\leqslant n)$ 是 S 的完备集对, $G_m^k,H_{2n-m}^k(k=1,2,\cdots,\mathrm{C}_{2n}^m$

分别是 (S_m^k, T_{2n-m}^k) 中两个集合的重心，$G_m^k H_{2n-m}^k (k=1,2,\cdots,\mathrm{C}_{2n}^m)$ 是 S 的 m-类重心线，则对任意的 $k=1,2,\cdots,\mathrm{C}_{2n}^m; \alpha=m+1,m+2,\cdots,2n$，恒有三点 $P_{i_\alpha}, G_m^k, H_{2n-m}^k$ 共线的充分必要条件是如下 $m(2n-m-1)$ 个三角形的面积 $\mathrm{a}_{P_{i_\alpha}P_{i_\gamma}P_{i_\beta}}(\beta=m+1,m+2,\cdots,2n; \beta\neq\alpha; \gamma=1,2,\cdots,m)$ 中，其中一个较大的面积等于其余 $m(2n-m-1)-1$ 个较小的面积的和，或其中 $t(2\leqslant t\leqslant [m(2n-m-1)/2])$ 个面积的和等于其余 $m(2n-m-1)-t$ 个面积的和.

证明 根据定理 9.3.10，对任意的 $k=1,2,\cdots,\mathrm{C}_{2n}^m; \alpha=m+1,m+2,\cdots,2n$，由 $\mathrm{D}_{P_{i_\alpha}G_m^k H_{2n-m}^k}=0$ 和式 (9.3.18) 的几何意义，即得.

注 9.3.3 根据定理 9.3.8，由式 (9.3.16)，对 $\alpha=m+1,m+2,\cdots,2n$ 亦可得出定理 6.3.14 ~ 定理 6.3.18 和推论 6.3.13 ~ 推论 6.3.17 类似的结果，不一一赘述.

定理 9.3.11 设 $S=\{P_1,P_2,\cdots,P_{2n}\}(n\geqslant 3)$ 是 $2n$ 点的集合，$(S_m^k, T_{2n-m}^k)=(P_{i_1},P_{i_2},\cdots,P_{i_m}; P_{i_{m+1}},P_{i_{m+2}},\cdots,P_{i_{2n}})(i_1,i_2,\cdots,i_{2n}=1,2,\cdots,2n; k=1,2,\cdots,\mathrm{C}_{2n}^m; 3\leqslant m\leqslant n)$ 是 S 的完备集对，$G_m^k, H_{2n-m}^k(k=1,2,\cdots,\mathrm{C}_{2n}^m)$ 分别是 (S_m^k, T_{2n-m}^k) 中两个集合的重心，$G_m^k H_{2n-m}^k (k=1,2,\cdots,\mathrm{C}_{2n}^m)$ 是 S 的 m-类重心线，则对任意的 $k=1,2,\cdots,\mathrm{C}_{2n}^m$，恒有

$$\mathrm{D}_{P_{i_1}G_m^k H_{2n-m}^k}+\mathrm{D}_{P_{i_2}G_m^k H_{2n-m}^k}+\cdots+\mathrm{D}_{P_{i_m}G_m^k H_{2n-m}^k}=0, \quad (9.3.19)$$

$$\mathrm{D}_{P_{i_{m+1}}G_m^k H_{2n-m}^k}+\mathrm{D}_{P_{i_{m+2}}G_m^k H_{2n-m}^k}+\cdots+\mathrm{D}_{P_{i_{2n}}G_m^k H_{2n-m}^k}=0. \quad (9.3.20)$$

证明 根据定理 9.3.7 和定理 9.3.8，式 (9.3.15) 和 (9.3.16) 分别对 $\alpha=1,2,\cdots,m; \alpha=m+1,m+2,\cdots,2n$ 求和，得

$$m(2n-m)\sum_{\alpha=1}^{m}\mathrm{D}_{P_{i_\alpha}G_m^k H_{2n-m}^k}=0, \quad m(2n-m)\sum_{\alpha=m+1}^{2n}\mathrm{D}_{P_{i_\alpha}G_m^k H_{2n-m}^k}=0.$$

因为 $m(2n-m)\neq 0$，所以式 (9.3.19) 和 (9.3.20) 成立.

推论 9.3.22 设 $S=\{P_1,P_2,\cdots,P_{2n}\}(n\geqslant 4)$ 是 $2n$ 点的集合，$(S_3^k, T_{2n-3}^k)=(P_{i_1},P_{i_2},P_{i_3}; P_{i_4},P_{i_5},\cdots,P_{i_{2n}})(i_1,i_2,\cdots,i_{2n}=1,2,\cdots,2n; k=1,2,\cdots,\mathrm{C}_{2n}^3)$ 是 S 的完备集对，$G_3^k, H_{2n-3}^k(k=1,2,\cdots,\mathrm{C}_{2n}^3)$ 分别是 (S_3^k, T_{2n-3}^k) 中两个集合的重心，$G_3^k H_{2n-3}^k(k=1,2,\cdots,\mathrm{C}_{2n}^3)$ 是 S 的 3-类重心线，则对任意的 $k=1,2,\cdots,\mathrm{C}_{2n}^3$，恒有如下三个重心线三角形的面积 $\mathrm{a}_{P_{i_1}G_3^k H_{2n-3}^k}, \mathrm{a}_{P_{i_2}G_3^k H_{2n-3}^k}, \mathrm{a}_{P_{i_3}G_3^k H_{2n-3}^k}$ 中，其中一个较大的面积等于另外两个较小的面积的和；而其余 $2n-3$ 个重心线三角形的面积 $\mathrm{a}_{P_{i_4}G_3^k H_{2n-3}^k}, \mathrm{a}_{P_{i_5}G_3^k H_{2n-3}^k},\cdots,\mathrm{a}_{P_{i_{2n}}G_3^k H_{2n-3}^k}$ 中，其中一个较大的面积等于另 $2n-4$ 个较小的面积的和，或其中 $t(2\leqslant t\leqslant n-2)$ 个面积的和等于另外 $2n-t-3$ 个面积的和.

证明 根据定理 9.3.11, 对任意的 $k=1,2,\cdots,\mathrm{C}_{2n}^3$, 由式 (9.3.19) 和 (9.3.20) 中 $n \geqslant 4, m=3$ 的情形的几何意义, 即得.

推论 9.3.23 设 $S = \{P_1, P_2, \cdots, P_{2n}\}(n \geqslant 4)$ 是 $2n$ 点的集合, $(S_m^k, T_{2n-m}^k) = (P_{i_1}, P_{i_2}, \cdots, P_{i_m}; P_{i_{m+1}}, P_{i_{m+2}}, \cdots, P_{i_{2n}})(i_1, i_2, \cdots, i_{2n} = 1, 2, \cdots, 2n; k = 1, 2, \cdots, \mathrm{C}_{2n}^m; 4 \leqslant m \leqslant n)$ 是 S 的完备集对, $G_m^k, H_{2n-m}^k (k=1,2,\cdots,\mathrm{C}_{2n}^m)$ 分别是 (S_m^k, T_{2n-m}^k) 中两个集合的重心, $G_m^k H_{2n-m}^k (k=1,2,\cdots,\mathrm{C}_{2n}^m)$ 是 S 的 m-类重心线, 则对任意的 $k=1,2,\cdots,\mathrm{C}_{2n}^m$, 恒有如下 m 个重心线三角形 $\mathrm{a}_{P_{i_1}G_m^k H_{2n-m}^k}$, $\mathrm{a}_{P_{i_2}G_m^k H_{2n-m}^k}, \cdots, \mathrm{a}_{P_{i_m}G_m^k H_{2n-m}^k}$ 中, 其中一个较大的面积等于另 $m-1$ 个较小的面积的和, 或其中 $t_1 (2 \leqslant t_1 \leqslant [m/2])$ 个面积的和等于另 $m-t_1$ 个面积的和; 而如下 $2n-m$ 个重心线三角形 $\mathrm{a}_{P_{i_{m+1}}G_m^k H_{2n-m}^k}, \mathrm{a}_{P_{i_{m+2}}G_m^k H_{2n-m}^k}, \cdots, \mathrm{a}_{P_{i_{2n}}G_m^k H_{2n-m}^k}$ 中, 其中一个较大的面积等于另 $2n-m-1$ 个较小的面积的和, 或其中 $t_2 (2 \leqslant t_2 \leqslant [(2n-m)/2])$ 个面积的和等于另 $2n-m-t_2$ 个面积的和.

证明 根据定理 9.3.11, 对任意的 $k=1,2,\cdots,\mathrm{C}_{2n}^m$, 分别由式 (9.3.19) 和 (9.3.20) 中 $n \geqslant m \geqslant 4$ 的情形的几何意义, 即得.

定理 9.3.12 设 $S = \{P_1, P_2, \cdots, P_{2n}\}(n \geqslant 3)$ 是 $2n$ 点的集合, $(S_m^k, T_{2n-m}^k) = (P_{i_1}, P_{i_2}, \cdots, P_{i_m}; P_{i_{m+1}}, P_{i_{m+2}}, \cdots, P_{i_{2n}})(i_1, i_2, \cdots, i_{2n} = 1, 2, \cdots, 2n; k = 1, 2, \cdots, \mathrm{C}_{2n}^m; 3 \leqslant m \leqslant n)$ 是 S 的完备集对, $G_m^k, H_{2n-m}^k (k=1,2,\cdots,\mathrm{C}_{2n}^m)$ 分别是 (S_m^k, T_{2n-m}^k) 中两个集合的重心, $G_m^k H_{2n-m}^k (k=1,2,\cdots,\mathrm{C}_{2n}^m)$ 是 S 的 m-类重心线, 则对任意的 $k=1,2,\cdots,\mathrm{C}_{2n}^m$, 恒有

(1) $\mathrm{D}_{P_{i_m}G_m^k H_{2n-m}^k} = 0 (i_m \in I_{2n})$ 的充分必要条件是

$$\mathrm{D}_{P_{i_1}G_m^k H_{2n-m}^k} + \mathrm{D}_{P_{i_2}G_m^k H_{2n-m}^k} + \cdots + \mathrm{D}_{P_{i_{m-1}}G_m^k H_{2n-m}^k} = 0; \quad (9.3.21)$$

(2) $\mathrm{D}_{P_{i_{2n}}G_m^k H_{2n-m}^k} = 0 (i_{2n} \in I_{2n}\setminus\{i_1, i_2, \cdots, i_m\})$ 的充分必要条件是

$$\mathrm{D}_{P_{i_{m+1}}G_m^k H_{2n-m}^k} + \mathrm{D}_{P_{i_{m+2}}G_m^k H_{2n-m}^k} + \cdots + \mathrm{D}_{P_{i_{2n-1}}G_m^k H_{2n-m}^k} = 0. \quad (9.3.22)$$

证明 根据定理 9.3.11, 分别由式 (9.3.19) 和 (9.2.20), 即得: 对任意的 $k=1,2,\cdots,\mathrm{C}_{2n}^m$, 恒有 $\mathrm{D}_{P_{i_m}G_m^k H_{2n-m}^k} = 0 (i_m \in I_{2n})$ 的充分必要条件是 (9.3.21) 成立, $\mathrm{D}_{P_{i_{2n}}G_m^k H_{2n-m}^k} = 0 (i_{2n} \in I_{2n}\setminus\{i_1, i_2, \cdots, i_m\})$ 的充分必要条件是式 (9.3.22) 成立.

推论 9.3.24 设 $S = \{P_1, P_2, \cdots, P_{2n}\}(n \geqslant 4)$ 是 $2n$ 点的集合, $(S_3^k, T_{2n-3}^k) = (P_{i_1}, P_{i_2}, P_{i_3}; P_{i_4}, P_{i_5}, \cdots, P_{i_{2n}})(i_1, i_2, \cdots, i_{2n} = 1, 2, \cdots, 2n; k = 1, 2, \cdots, \mathrm{C}_{2n}^3)$ 是 S 的完备集对 $G_3^k, H_{2n-3}^k (k=1,2,\cdots,\mathrm{C}_{2n}^3)$ 分别是 (S_3^k, T_{2n-3}^k) 中两个集合的重心, $G_3^k H_{2n-3}^k (k=1,2,\cdots,\mathrm{C}_{2n}^3)$ 是 S 的 3-类重心线, 则对任意的 $k=1,2,\cdots,\mathrm{C}_{2n}^3$, 恒有三点 $P_{i_3}, G_3^k, H_{2n-3}^k (i_3 \in I_{2n})$ 共线的充分必要条件是两重心线三角形 $P_{i_1}G_3^k H_{2n-3}^k, P_{i_2}G_3^k H_{2n-3}^k$ 面积相等方向相反; 而三点 $P_{i_{2n}}, G_3^k, H_{2n-3}^k (i_{2n}$

$\in I_{2n}\backslash\{i_1,i_2,i_3\})$ 共线的充分必要条件是如下 $2n-4$ 个重心线三角形的面积 $a_{P_{i_4}G_3^kH_{2n-3}^k}, a_{P_{i_5}G_3^kH_{2n-3}^k},\cdots,a_{P_{i_{2n-1}}G_3^kH_{2n-3}^k}$ 中,其中一个较大的面积等于另外 $2n-5$ 个较小的面积的和,或其中 $t(2 \leqslant t \leqslant n-2)$ 个面积的和等于另外 $2n-t-4$ 个面积的和.

证明 根据定理 9.3.12,对任意的 $k=1,2,\cdots,C_{2n}^3$,分别由 $D_{P_{i_m}G_m^kH_{2n-m}^k}=0(i_m \in I_{2n})$ 式 (9.3.21)、$D_{P_{i_{2n}}G_m^kH_{2n-m}^k}=0(i_{2n} \in I_{2n}\backslash\{i_1,i_2,\cdots,i_m\})$ 和式 (9.3.22) 中 $m=3, n \geqslant 4$ 的几何意义,即得.

推论 9.3.25 设 $S=\{P_1,P_2,\cdots,P_8\}$ 是八点的集合,$(S_4^k, T_4^k)=(P_{i_1}, P_{i_2},\cdots,P_{i_4}; P_{i_5},P_{i_6},\cdots,P_{i_8})(i_1,i_2,\cdots,i_8=1,2,\cdots,8; k=1,2,\cdots,70)$ 是 S 的完备集对,$G_4^k, H_4^k(k=1,2,\cdots,70)$ 分别是 (S_4^k, T_4^k) 中两个集合的重心,$G_4^kH_4^k$ ($k=1,2,\cdots,70$) 是 S 的 4-类重心线,则对任意的 $k=1,2,\cdots,C_{2n}^4$,恒有三点 $P_{i_4}, G_4^k, H_4^k (i_4 \in I_8)$ 共线的充分必要条件是如下三个重心线三角形的面积 $a_{P_{i_1}G_4^kH_4^k}, a_{P_{i_2}G_4^kH_4^k}, a_{P_{i_3}G_4^kH_4^k}$ 中,其中一个较大的面积等于另外两个较小的面积的和;而三点 $P_{i_8}, G_4^k, H_4^k (i_8 \in I_8\backslash\{i_1,i_2,i_3,i_4\})$ 共线的充分必要条件是如下三个重心线三角形的面积 $a_{P_{i_5}G_4^kH_4^k}, a_{P_{i_6}G_4^kH_4^k}, a_{P_{i_7}G_4^kH_4^k}$ 中,其中一个较大的面积等于另外两个较小的面积的和.

证明 根据定理 9.3.12,对任意的 $k=1,2,\cdots,C_{2n}^4$,分别由 $D_{P_{i_m}G_m^kH_{2n-m}^k}=0(i_m \in I_{2n})$ 式 (9.3.21)、$D_{P_{i_{2n}}G_m^kH_{2n-m}^k}=0(i_{2n} \in I_{2n}\backslash\{i_1,i_2,\cdots,i_m\})$ 和式 (9.3.22) 中 $m=n=4$ 的几何意义,即得.

推论 9.3.26 设 $S=\{P_1,P_2,\cdots,P_{2n}\}(n \geqslant 5)$ 是 $2n$ 点的集合,$(S_4^k, T_{2n-4}^k)=(P_{i_1},P_{i_2},\cdots,P_{i_4}; P_{i_5},P_{i_6},\cdots,P_{i_{2n}})(i_1,i_2,\cdots,i_{2n}=1,2,\cdots,2n; k=1,2,\cdots,C_{2n}^4)$ 是 S 的完备集对,$G_4^k, H_{2n-4}^k(k=1,2,\cdots,C_{2n}^4)$ 分别是 (S_4^k, T_{2n-4}^k) 中两个集合的重心,$G_4^kH_{2n-4}^k(k=1,2,\cdots,C_{2n}^4)$ 是 S 的 4-类重心线,则对任意的 $k=1,2,\cdots,C_{2n}^4$,恒有三点 $P_{i_4}, G_4^k, H_{2n-4}^k(i_4 \in I_{2n})$ 共线的充分必要条件是如下三个重心线三角形的面积 $a_{P_{i_1}G_4^kH_{2n-4}^k}, a_{P_{i_2}G_4^kH_{2n-4}^k}, a_{P_{i_3}G_4^kH_{2n-4}^k}$ 中,其中一个较大的面积等于另外两个较小的面积的和;而三点 $P_{i_{2n}}, G_4^k, H_{2n-4}^k(i_{2n} \in I_{2n}\backslash\{i_1,i_2,\cdots,i_m\})$ 共线的充分必要条件是如下 $2n-5$ 个重心线三角形面积 $a_{P_{i_5}G_4^kH_{2n-4}^k}, a_{P_{i_6}G_4^kH_{2n-4}^k},\cdots,a_{P_{i_{2n-1}}G_4^kH_{2n-4}^k}$ 中,其中一个较大的面积等于另外 $2n-6$ 较小的面积的和,或其中 $t(2 \leqslant t \leqslant n-3)$ 个面积的和等于另外 $2n-t-5$ 较小的面积的和.

证明 根据定理 9.3.12,对任意的 $k=1,2,\cdots,C_{2n}^4$,分别由 $D_{P_{i_m}G_m^kH_{2n-m}^k}=0(i_m \in I_{2n})$ 式 (9.3.21)、$D_{P_{i_{2n}}G_m^kH_{2n-m}^k}=0(i_{2n} \in I_{2n}\backslash\{i_1,i_2,\cdots,i_m\})$ 和式 (9.3.22) 中 $m=4, n \geqslant 5$ 的几何意义,即得.

推论 9.3.27 设 $S=\{P_1,P_2,\cdots,P_{2n}\}(n \geqslant 5)$ 是 $2n$ 点的集合,$(S_m^k,$

$T_{2n-m}^k) = (P_{i_1}, P_{i_2}, \cdots, P_{i_m}; P_{i_{m+1}}, P_{i_{m+2}}, \cdots, P_{i_{2n}})(i_1, i_2, \cdots, i_{2n} = 1, 2, \cdots, 2n;$ $k = 1, 2, \cdots, C_{2n}^m; 5 \leqslant m \leqslant n)$ 是 S 的完备集对, $G_m^k, H_{2n-m}^k(k = 1, 2, \cdots, C_{2n}^m)$ 分别是 (S_m^k, T_{2n-m}^k) 中两个集合的重心, $G_m^k H_{2n-m}^k(k = 1, 2, \cdots, C_{2n}^m)$ 是 S 的 m-类重心线, 则对任意的 $k = 1, 2, \cdots, C_{2n}^m$, 恒有三点 $P_{i_m}, G_m^k, H_{2n-m}^k (i_m \in I_{2n})$ 共线的充分必要条件是如下 $m-1$ 个重心线三角形的面积 $a_{P_{i_1} G_m^k H_{2n-m}^k}$, $a_{P_{i_2} G_m^k H_{2n-m}^k}, \cdots, a_{P_{i_{m-1}} G_m^k H_{2n-m}^k}$ 中, 其中一个较大的面积等于另外 $m-2$ 个较小的面积的和, 或其中 $t_1(2 \leqslant t_1 \leqslant [(m-1)/2])$ 个面积的和等于另外 $m - t_1 - 1$ 个面积的和; 而三点 $P_{i_{2n}}, G_m^k, H_{2n-m}^k(i_{2n} \in I_{2n} \backslash \{i_1, i_2, \cdots, i_m\})$ 共线的充分必要条件是如下 $2n - m - 1$ 个重心线三角形的面积 $a_{P_{i_{m+1}} G_m^k H_{2n-m}^k}, a_{P_{i_{m+2}} G_m^k H_{2n-m}^k}, \cdots,$ $a_{P_{i_{2n-1}} G_m^k H_{2n-m}^k}$ 中, 其中一个较大的面积等于另外 $2n - m - 2$ 个较小的面积的和, 或其中 $t_2(2 \leqslant t_2 \leqslant [(2n-m-1)/2])$ 个面积的和等于另外 $2n - m - t - 1$ 个面积的和.

证明 根据定理 9.3.12, 对任意的 $k = 1, 2, \cdots, C_{2n}^m$, 分别由 $D_{P_{i_m} G_m^k H_{2n-m}^k} = 0 (i_m \in I_{2n})$ 和式 (9.3.21)、$D_{P_{i_{2n}} G_m^k H_{2n-m}^k} = 0 (i_{2n} \in I_{2n} \backslash \{i_1, i_2, \cdots, i_m\})$ 和式 (9.3.22) 中 $n \geqslant m \geqslant 5$ 的几何意义, 即得.

推论 9.3.28 设 $P_1 P_2 \cdots P_{2n}(n \geqslant 3 \vee n \geqslant 4 \vee n \geqslant 5 \vee n \geqslant 6 \vee n \geqslant 7)$ 是 $2n$ 角形 ($2n$ 边形), $G_m^k, H_{2n-m}^k(k = 1, 2, \cdots, C_{2n}^m)$ 分别是 m 角形 (m 边形)$P_{i_1} P_{i_2} \cdots P_{i_m}(i_1, i_2, \cdots, i_m = 1, 2, \cdots, 2n)$ 和 $2n - m$ 角形 ($2n - m$ 边形)$P_{i_{m+1}} P_{i_{m+2}} \cdots P_{i_{2n}}(i_{m+1}, i_{m+2}, \cdots, i_{2n} = 1, 2, \cdots, 2n; 3 \leqslant m \leqslant n \vee 4 \leqslant m \leqslant n \vee 5 \leqslant m \leqslant n)$ 的重心, $G_m^k H_{2n-m}^k(k = 1, 2, \cdots, C_{2n}^m)$ 是 $P_1 P_2 \cdots P_{2n}$ 的 m-级重心线, 则定理 9.3.9 ~ 定理 9.3.12 和推论 9.3.20 ~ 推论 9.3.27 的结论均成立.

证明 设 $S = \{P_1, P_2, \cdots, P_{2n}\}$ 是 $2n$ 角形 ($2n$ 边形)$P_1 P_2 \cdots P_{2n}(n \geqslant 3 \vee n \geqslant 4 \vee n \geqslant 5)$ 顶点的集合, 对不共线 $2n$ 点的集合 S 分别应用定理 9.3.9 ~ 定理 9.3.12 和推论 9.3.20 ~ 推论 9.3.27, 即得.

9.4 $2n$ 点集各点到重心包络线的有向距离与应用

本节主要应用有向距离法, 研究 $2n$ 点集重心包络线有向距离的有关问题. 首先, 给出 $2n$ 点集重心包络线的概念与引理; 其次, 给出 $2n$ 点集各点到重心包络线的有向距离的关系定理, 从而推出 $2n$ 角形 ($2n$ 边形) 中相应的结论; 最后, 利用上述关系定理, 得出 $2n$ 点集、$2n$ 角形 ($2n$ 边形) 中点在重心包络线上、两点到重心包络线的距离相等侧向相反、几条点到重心包络线的距离的和与另几条点到重心包络线的距离的和相等的充分必要条件等结论.

在本节中, 恒假设 $i_1, i_2, \cdots, i_{2n} \in I_{2n} = \{1, 2, \cdots, 2n\}$ 且互不相等.

9.4.1 $2n$ 点集重心包络线的概念与引理

定义 9.4.1 设 $S = \{P_1, P_2, \cdots, P_{2n}\}(n \geqslant 1)$ 是 $2n$ 个点的集合, G 是 S 的重心, 则称平面上通过 G 的所有直线为 S 的重心包络线. 含有两个不全为零的参数 μ, ν 的 S 的重心包络线记为 $l_{G\text{-}\mu\nu}$.

特别地, 当 $n = 1$ 时, 两点集 $S = \{P_1, P_2\}$ 的重心包络线亦称为线段 $P_1 P_2$ 的重心包络线; 而当 $S = \{P_1, P_2, \cdots, P_{2n}\}(n \geqslant 2)$ 为 $2n$ 角形 ($2n$ 边形)$P_1 P_2 \cdots P_{2n}(n \geqslant 2)$ 顶点的集合时, 则称 $P_1 P_2 \cdots P_{2n}(n \geqslant 2)$ 所在平面上通过 G 的所有直线为 $P_1 P_2 \cdots P_{2n}(n \geqslant 2)$ 的重心包络线.

引理 9.4.1 设 $S = \{P_1, P_2, \cdots, P_{2n}\}(n \geqslant 1)$ 是 $2n$ 个点的集合, G 是 S 的重心, μ, ν 是两个不全为零的实数, 则 S 的法向量为 $\boldsymbol{n} = (\mu, \nu)$ 的重心包络线的直线束的方程可以表示成

$$l_{G\text{-}\mu\nu}: \mu x + \nu y - (\mu x_G + \nu y_G) = 0. \tag{9.4.1}$$

证明 由过 S 的重心 G 的点法式方程

$$\mu(x - x_G) + \nu(y - y_G) = 0$$

化简, 即得式 (9.4.1).

9.4.2 $2n$ 点集各点到重心包络线有向距离的关系定理

定理 9.4.1 设 $S = \{P_1, P_2, \cdots, P_{2n}\}(n \geqslant 1)$ 是 $2n$ 个点的集合, G 是 S 的重心, $l_{G\text{-}\mu\nu}$ 是 S 的重心包络线, 则

$$\mathrm{D}_{P_{i_1}\text{-}l_{G\text{-}\mu\nu}} + \mathrm{D}_{P_{i_2}\text{-}l_{G\text{-}\mu\nu}} + \cdots + \mathrm{D}_{P_{i_{2n}}\text{-}l_{G\text{-}\mu\nu}} = 0. \tag{9.4.2}$$

证明 设 S 各点的坐标为 $P_i(x_i, y_i)(i = 1, 2, \cdots, n)$, 则 S 重心的坐标为

$$G\left(\frac{x_1 + x_2 + \cdots + x_{2n}}{2n}, \frac{y_1 + y_2 + \cdots + y_{2n}}{2n}\right).$$

不妨设 $l_{G\text{-}\mu\nu}$ 是 S 的形如 (9.4.1) 的直线束方程所表示的重心包络线, 于是由点到直线的有向距离公式, 可得

$$\sqrt{\mu^2 + \nu^2}\,\mathrm{D}_{P_i\text{-}l_{G\text{-}\mu\nu}} = \mu x_i + \nu y_i - (\mu x_G + \nu y_G).$$

因此

$$\sqrt{\mu^2 + \nu^2} \sum_{i=1}^{2n} \mathrm{D}_{P_i\text{-}l_{G\text{-}\mu\nu}}$$

$$= \mu \sum_{i=1}^{2n} x_i + \nu \sum_{i=1}^{2n} y_i - 2n(\mu x_G + \nu y_G)$$

$$= 2n\mu x_G + 2n\nu y_G - 2n(\mu x_G + \nu y_G) = 0.$$

因为 $\sqrt{\mu^2 + \nu^2} \neq 0$, 所以 $\sum_{i=1}^{2n} \mathrm{D}_{P_i\text{-}l_{G\text{-}\mu\nu}} = 0$, 亦即式 (9.4.2) 成立.

推论 9.4.1 设 $S = \{P_1, P_2\}$ 是两个点的集合, G 是 S 的重心, $l_{G\text{-}\mu\nu}$ 是 S 的重心包络线, 则两点 P_1, P_2 到 $l_{G\text{-}\mu\nu}$ 的距离相等侧向相反.

证明 根据定理 9.4.1, 由式 (9.4.2) 中 $n=1$ 的情形的几何意义, 即得.

推论 9.4.2 设 $S = \{P_1, P_2, \cdots, P_{2n}\}(n \geqslant 2)$ 是 $2n$ 个点的集合, G 是 S 的重心, $l_{G\text{-}\mu\nu}$ 是 S 的重心包络线, 则如下 $2n$ 条点到 $l_{G\text{-}\mu\nu}$ 的距离 $\mathrm{d}_{P_{i_1}\text{-}l_{G\text{-}\mu\nu}}$, $\mathrm{d}_{P_{i_2}\text{-}l_{G\text{-}\mu\nu}}, \cdots, \mathrm{d}_{P_{i_{2n}}\text{-}l_{G\text{-}\mu\nu}}$ 中, 其中一条较长的距离等于另外 $2n-1$ 条较短的距离的和, 或其中 $t(2 \leqslant t \leqslant n)$ 条距离的和等于另外 $2n-t$ 条距离的和.

证明 根据定理 9.4.1, 由式 (9.4.2) 中 $n \geqslant 2$ 的情形的几何意义, 即得.

推论 9.4.3 设 $P_1P_2\cdots P_{2n}(n \geqslant 2)$ 是 $2n$ 角形 ($2n$ 边形), G 是 $P_1P_2\cdots P_{2n}$ 的重心, $l_{G\text{-}\mu\nu}$ 是 $P_1P_2\cdots P_{2n}$ 的重心包络线, 则定理 9.4.1 以及推论 9.4.1 和推论 9.4.2 的结论均成立.

证明 设 $S = \{P_1, P_2, \cdots, P_{2n}\}$ 是 $2n$ 角形 ($2n$ 边形)$P_1P_2\cdots P_{2n}$ 顶点的集合, 对不共线 $2n$ 点的集合 S 应用定理 9.4.1 以及推论 9.4.1 和推论 9.4.2, 即得.

9.4.3 $2n$ 点集各点到重心包络线有向距离关系定理的应用

定理 9.4.2 设 $S = \{P_1, P_2, \cdots, P_{2n}\}(n \geqslant 2)$ 是 $2n$ 个点的集合, G 是 S 的重心, $l_{G\text{-}\mu\nu}$ 是 S 的重心包络线, 则对于任意的 $i_1, i_2, \cdots, i_{2n} \in I_{2n}$, 恒有 $\mathrm{D}_{P_{i_{2n}}\text{-}l_{G\text{-}\mu\nu}} = 0$ 的充分必要条件是

$$\mathrm{D}_{P_{i_1}\text{-}l_{G\text{-}\mu\nu}} + \mathrm{D}_{P_{i_2}\text{-}l_{G\text{-}\mu\nu}} + \cdots + \mathrm{D}_{P_{i_{2n-1}}\text{-}l_{G\text{-}\mu\nu}} = 0. \tag{9.4.3}$$

证明 根据定理 9.4.1, 由式 (9.4.2) 中 $n \geqslant 2$ 的情形, 即得: 对于任意的 $i_1, i_2, \cdots, i_{2n} \in I_{2n}$, 恒有 $\mathrm{D}_{P_{i_{2n}}\text{-}l_{G\text{-}\mu\nu}} = 0$ 的充分必要条件是式 (9.4.3) 成立.

推论 9.4.4 设 $S = \{P_1, P_2, P_3, P_4\}$ 是四个点的集合, G 是 S 的重心, $l_{G\text{-}\mu\nu}$ 是 S 的重心包络线, 则对任意的 $i_1, i_2, i_3, i_4 \in I_4$, 恒有点 P_{i_4} 在 $l_{G\text{-}\mu\nu}$ 上的充分必要条件是其余三条点到 $l_{G\text{-}\mu\nu}$ 的距离 $\mathrm{d}_{P_{i_1}\text{-}l_{G\text{-}\mu\nu}}, \mathrm{d}_{P_{i_2}\text{-}l_{G\text{-}\mu\nu}}, \mathrm{d}_{P_{i_3}\text{-}l_{G\text{-}\mu\nu}}$ 中, 其中一条较长的距离等于另外两条较短的距离的和.

证明 根据定理 9.4.2, 对任意的 $i_1, i_2, i_3, i_4 \in I_4$, 由式 (9.4.3) 中 $n=2$ 的情形的几何意义, 即得.

推论 9.4.5 设 $S=\{P_1,P_2,P_3,P_4\}$ 是四个点的集合,G 是 S 的重心,$l_{G\text{-}\mu\nu}$ 是 S 的重心包络线,则对任意的 $i_1,i_2,i_3,i_4\in I_4$,恒有 $l_{G\text{-}\mu\nu}$ 通过点 P_{i_4} 的充分必要条件是 $l_{G\text{-}\mu\nu}$ 通过其余三点 P_{i_1},P_{i_2},P_{i_3} 的重心 $H_3^{i_4}$. 即对任意的 $i_1,i_2,i_3,i_4\in I_4$,恒有三点 $P_{i_4},H_3^{i_4};G$ 共线,从而 S 的 1-类重心线 $P_1H_3^1,P_2H_3^2,P_3H_3^3,P_4H_3^4$ 共点,且该点为 S 的重心.

证明 根据推论 9.4.4,可得:对任意的 $i_1,i_2,i_3,i_4\in I_4$,若 $l_{G\text{-}\mu\nu}$ 通过 $P_{i_4}(i_4\in I_4)$,则 $l_{G\text{-}\mu\nu}$ 通过其余三点 P_{i_1},P_{i_2},P_{i_3} 的重心 $H_3^{i_4}(i_4\in I_4)$;反之亦然. 从而 S 的 1-类重心线 $P_1H_3^1,P_2H_3^2,P_3H_3^3,P_4H_3^4$ 共点,且该点为 S 的重心.

推论 9.4.6 设 $S=\{P_1,P_2,\cdots,P_{2n}\}(n\geqslant 3)$ 是 $2n$ 个点的集合,G 是 S 的重心,$l_{G\text{-}\mu\nu}$ 是 S 的重心包络线,则对任意的 $i_1,i_2,\cdots,i_{2n}\in I_{2n}$,恒有点 $P_{i_{2n}}$ 在 $l_{G\text{-}\mu\nu}$ 上的充分必要条件是其余 $2n-1$ 条点到 $l_{G\text{-}\mu\nu}$ 的距离 $\mathrm{d}_{P_{i_1}\text{-}l_{G\text{-}\mu\nu}},\mathrm{d}_{P_{i_2}\text{-}l_{G\text{-}\mu\nu}},\cdots,\mathrm{d}_{P_{i_{2n-1}}\text{-}l_{G\text{-}\mu\nu}}$ 中,其中一条较长的距离等于另外 $2n-2$ 条较短的距离的和,或其中 $t(2\leqslant t\leqslant n-1)$ 条距离的和等于另外 $2n-t-1$ 条距离的和.

证明 根据定理 9.4.2,对任意的 $i_1,i_2,\cdots,i_{2n}\in I_{2n}$,由式 (9.4.3) 中 $n\geqslant 3$ 的情形的几何意义,即得.

推论 9.4.7 设 $S=\{P_1,P_2,\cdots,P_{2n}\}(n\geqslant 3)$ 是 $2n$ 个点的集合,G 是 S 的重心,$l_{G\text{-}\mu\nu}$ 是 S 的重心包络线,则对任意的 $i_1,i_2,\cdots,i_{2n}\in I_{2n}$,恒有 $l_{G\text{-}\mu\nu}$ 通过点 $P_{i_{2n}}$ 的充分必要条件是 $l_{G\text{-}\mu\nu}$ 通过其余 $2n-1$ 个点的重心 $H_{2n-1}^{i_{2n}}$,即对任意的 $i_1,i_2,\cdots,i_{2n}\in I_{2n}$,恒有三点 $P_{i_{2n}},H_{2n-1}^{i_{2n}}(i_{2n}=1,2,\cdots,2n);G$ 共线,从而 S 的 1-类重心线 $P_1H_{2n-1}^1,P_2H_{2n-1}^2,\cdots,P_{2n}H_{2n-1}^{2n}$ 共点,且该点为 S 的重心.

证明 根据推论 9.4.6,仿推论 9.4.5 证明,即得.

定理 9.4.3 设 $S=\{P_1,P_2,\cdots,P_{2n}\}(n\geqslant 2)$ 是 $2n$ 个点的集合,G 是 S 的重心,$l_{G\text{-}\mu\nu}$ 是 S 的重心包络线,则对任意的 $i_1,i_2,\cdots,i_{2n}\in I_{2n}$,如下两式均等价:

$$\mathrm{D}_{P_{i_1}\text{-}l_{G\text{-}\mu\nu}}+\mathrm{D}_{P_{i_2}\text{-}l_{G\text{-}\mu\nu}}=0\quad(\mathrm{d}_{P_{i_1}\text{-}l_{G\text{-}\mu\nu}}=\mathrm{d}_{P_{i_2}\text{-}l_{G\text{-}\mu\nu}}), \tag{9.4.4}$$

$$\mathrm{D}_{P_{i_3}\text{-}l_{G\text{-}\mu\nu}}+\mathrm{D}_{P_{i_4}\text{-}l_{G\text{-}\mu\nu}}+\cdots+\mathrm{D}_{P_{i_{2n}}\text{-}l_{G\text{-}\mu\nu}}=0. \tag{9.4.5}$$

证明 根据定理 9.4.1,由式 (9.4.2) 中 $n\geqslant 2$ 的情形,即得:对任意的 $i_1,i_2,\cdots,i_{2n}\in I_{2n}$,式 (9.4.4) 成立的充分必要条件是式 (9.4.5) 成立.

推论 9.4.8 设 $S=\{P_1,P_2,P_3,P_4\}$ 是四个点的集合,G 是 S 的重心,$l_{G\text{-}\mu\nu}$ 是 S 的重心包络线,则对任意的 $i_1,i_2,i_3,i_4\in I_4$,均有两点 $P_{i_1},P_{i_2}(i_1<i_2)$ 到 $l_{G\text{-}\mu\nu}$ 的距离相等侧向相反的充分必要条件是另两点 $P_{i_3},P_{i_4}(i_1<i_3<i_4)$ 到 $l_{G\text{-}\mu\nu}$ 距离相等侧向相反.

证明 根据定理 9.4.3,对任意的 $i_1,i_2,i_3,i_4\in I_4$,由式 (9.4.4),(9.4.5) 中 $n=2$ 的情形的几何意义,即得.

推论 9.4.9 设 $S=\{P_1,P_2,P_3,P_4\}$ 是四个点的集合, G 是 S 的重心, $l_{G\text{-}\mu\nu}$ 是 S 的重心包络线,则对任意的 $i_1,i_2,i_3,i_4\in I_4$, 均有 $l_{G\text{-}\mu\nu}$ 通过 $P_{i_1}P_{i_2}(i_1<i_2)$ 的中点 $G_{i_1i_2}$ 的充分必要条件是 $l_{G\text{-}\mu\nu}$ 通过 $P_{i_3}P_{i_4}(i_1<i_3<i_4)$ 的中点 $G_{i_3i_4}$. 即对任意的 $i_1,i_2,i_3,i_4\in I_4$, 均有三点 $G_{i_1i_2},G_{i_3i_4};G$ 共线, 从而 S 的 2-类重心线 $G_{12},G_{34};G_{13}G_{24};G_{23},G_{14}$ 共点, 且该点为 S 的重心.

证明 根据推论 9.4.8, 可得: 对任意的 $i_1,i_2,i_3,i_4\in I_4$, 若 $l_{G\text{-}\mu\nu}$ 通过 $P_{i_1}P_{i_2}(i_1<i_2)$ 的中点 $G_{i_1i_2}$, 则 $l_{G\text{-}\mu\nu}$ 通过 $P_{i_3}P_{i_4}(i_1<i_3<i_4)$ 的中点 $G_{i_3i_4}$; 反之亦然. 从而 S 的 2-类重心线 $G_{12},G_{34};G_{13}G_{24};G_{23},G_{14}$ 共点, 且该点为 S 的重心.

推论 9.4.10 设 $S=\{P_1,P_2,\cdots,P_{2n}\}(n\geqslant 3)$ 是 $2n$ 个点的集合, $l_{G\text{-}\mu\nu}$ 是 S 的重心包络线,则对任意的 $i_1,i_2,\cdots,i_{2n}\in I_{2n}$, 均有两点 P_{i_1},P_{i_2} 到 $l_{G\text{-}\mu\nu}$ 的距离相等侧向相反的充分必要条件是其余 $2n-2$ 条点到 $l_{G\text{-}\mu\nu}$ 的距离 $\mathrm{d}_{P_{i_3}\text{-}l_{G\text{-}\mu\nu}},\mathrm{d}_{P_{i_4}\text{-}l_{G\text{-}\mu\nu}},\cdots,\mathrm{d}_{P_{i_{2n}}\text{-}l_{G\text{-}\mu\nu}}$ 中, 其中一条较长的距离等于另外 $2n-3$ 条较短的距离的和, 或其中 $t(2\leqslant t\leqslant n-1)$ 条距离的和等于另外 $2n-t-2$ 条距离的和.

证明 根据定理 9.4.3, 对任意的 $i_1,i_2,\cdots,i_{2n}\in I_{2n}$, 由式 (9.4.4) 和 (9.4.5) 中 $n\geqslant 3$ 的情形的几何意义, 即得.

推论 9.4.11 设 $S=\{P_1,P_2,\cdots,P_{2n}\}(n\geqslant 3)$ 是 $2n$ 个点的集合, $l_{G\text{-}\mu\nu}$ 是 S 的重心包络线,则对任意的 $i_1,i_2,\cdots,i_{2n}\in I_{2n}$, 均有 $l_{G\text{-}\mu\nu}$ 通过 $P_{i_1}P_{i_2}$ 的中点 $G_{i_1i_2}(i_1<i_2)$ 的充分必要条件是 $l_{G\text{-}\mu\nu}$ 通过其余 $2n-2$ 个点的重心 $H_{2n-2}^j(j=j(i_1i_2)=1,2,\cdots,\mathrm{C}_{2n}^2)$, 即对任意的 $j=j(i_1i_2)=1,2,\cdots,\mathrm{C}_{2n}^2$, 均有三点 $G_{i_1i_2},H_{2n-2}^j;G$ 共线, 从而 S 的 2-类重心线 $G_{i_1i_2}H_{2n-2}^j(j=j(i_1i_2)=1,2,\cdots,\mathrm{C}_{2n}^2;i_1<i_2)$ 共点, 且该点为 S 的重心.

证明 根据推论 9.4.10, 仿推论 9.4.9 的证明, 即得.

定理 9.4.4 设 $S=\{P_1,P_2,\cdots,P_{2n}\}(n\geqslant 3)$ 是 $2n$ 个点的集合, G 是 S 的重心, $l_{G\text{-}\mu\nu}$ 是 S 的重心包络线,则对任意的 $i_1,i_2,\cdots,i_{2n}\in I_{2n};3\leqslant m\leqslant n$, 如下两式均等价:

$$\mathrm{D}_{P_{i_1}\text{-}l_{G\text{-}\mu\nu}}+\mathrm{D}_{P_{i_2}\text{-}l_{G\text{-}\mu\nu}}+\cdots+\mathrm{D}_{P_{i_m}\text{-}l_{G\text{-}\mu\nu}}=0, \qquad(9.4.6)$$

$$\mathrm{D}_{P_{i_{m+1}}\text{-}l_{G\text{-}\mu\nu}}+\mathrm{D}_{P_{i_{m+2}}\text{-}l_{G\text{-}\mu\nu}}+\cdots+\mathrm{D}_{P_{i_{2n}}\text{-}l_{G\text{-}\mu\nu}}=0. \qquad(9.4.7)$$

证明 根据定理 9.4.1, 由式 (9.4.2) 中 $n\geqslant 3$ 的情形, 即得: 对任意的 $i_1,i_2,\cdots,i_{2n}\in I_{2n};3\leqslant m\leqslant n$, 式 (9.4.6) 成立的充分必要条件是式 (9.4.7) 成立.

推论 9.4.12 设 $S=\{P_1,P_2,\cdots,P_6\}$ 是六个点的集合, G 是 S 的重心, $l_{G\text{-}\mu\nu}$ 是 S 的重心包络线,则对任意的 $i_1,i_2,\cdots,i_6\in I_6$, 均有如下三条点到 $l_{G\text{-}\mu\nu}$ 的距离 $\mathrm{d}_{P_{i_1}\text{-}l_{G\text{-}\mu\nu}},\mathrm{d}_{P_{i_2}\text{-}l_{G\text{-}\mu\nu}},\mathrm{d}_{P_{i_3}\text{-}l_{G\text{-}\mu\nu}}$ 中, 其中一条较长的距离等于另外两条较短的距离的和的充分必要条件是其余三条点到 $l_{G\text{-}\mu\nu}$ 的距离 $\mathrm{d}_{P_{i_4}\text{-}l_{G\text{-}\mu\nu}},\mathrm{d}_{P_{i_5}\text{-}l_{G\text{-}\mu\nu}},$

$d_{P_{i_6}\text{-}l_{G\text{-}\mu\nu}}$ 中, 其中一条较长的距离等于另外两条较短的距离的和.

证明 根据定理 9.4.4, 对任意的 $i_1, i_2, \cdots, i_{2n} \in I_{2n}$, 由式 (9.4.6) 和 (9.4.7) 中 $n = m = 3$ 的情形的几何意义, 即得.

推论 9.4.13 设 $S = \{P_1, P_2, \cdots, P_{2n}\}(n \geqslant 4)$ 是 $2n$ 个点的集合, $l_{G\text{-}\mu\nu}$ 是 S 的重心包络线, 则对任意的 $i_1, i_2, \cdots, i_{2n} \in I_{2n}$, 均有如下三条点到 $l_{G\text{-}\mu\nu}$ 的距离 $d_{P_{i_1}\text{-}l_{G\text{-}\mu\nu}}, d_{P_{i_2}\text{-}l_{G\text{-}\mu\nu}}, d_{P_{i_3}\text{-}l_{G\text{-}\mu\nu}}$ 中, 其中一条较长的距离等于另外两条较短的距离的和充分必要条件是其余 $2n-3$ 条点到 $l_{G\text{-}\mu\nu}$ 的距离 $d_{P_{i_4}\text{-}l_{G\text{-}\mu\nu}}, d_{P_{i_5}\text{-}l_{G\text{-}\mu\nu}}, \cdots, d_{P_{i_{2n}}\text{-}l_{G\text{-}\mu\nu}}$ 中, 其中一条较长的距离等于另外 $2n-4$ 条较短的距离的和, 或其中 $t(2 \leqslant t \leqslant n-2)$ 条距离的和等于另外 $2n-t-3$ 条距离的和.

证明 根据定理 9.4.4, 对任意的 $i_1, i_2, \cdots, i_{2n} \in I_{2n}$, 由式 (9.4.6) 和 (9.4.7) 中 $n \geqslant 4, m = 3$ 的情形的几何意义, 即得.

推论 9.4.14 设 $S = \{P_1, P_2, \cdots, P_{2n}\}(n \geqslant 4)$ 是 $2n$ 个点的集合, $l_{G\text{-}\mu\nu}$ 是 S 的重心包络线, 则对任意的 $i_1, i_2, \cdots, i_{2n} \in I_{2n}$, 均有 $l_{G\text{-}\mu\nu}$ 通过三点 $P_{i_1}, P_{i_2}, P_{i_3}$ 的重心 $G_3^k(k = (i_1, i_2, i_3))$ 的充分必要条件是 $l_{G\text{-}\mu\nu}$ 通过其余 $2n-3$ 个点 $P_{i_4}, P_{i_5}, \cdots, P_{i_{2n}}$ 的重心 $H_{2n-3}^k(k = (i_1, i_2, i_3))$, 即对任意的 $k = k(i_1, i_2, i_3) = 1, 2, \cdots, C_{2n}^3$, 均有三点 $G_3^k, H_{2n-3}^k; G$ 共线, 从而 S 的 3-类重心线 $G_3^k H_{2n-3}^k(k = k(i_1, i_2, i_3) = 1, 2, \cdots, C_{2n}^3)$ 共点, 且该点为 S 的重心.

证明 根据推论 9.4.13, 仿推论 9.4.9 证明, 即得.

推论 9.4.15 设 $S = \{P_1, P_2, \cdots, P_{2n}\}(n \geqslant 4)$ 是 $2n$ 个点的集合, $l_{G\text{-}\mu\nu}$ 是 S 的重心包络线, 则对任意的 $i_1, i_2, \cdots, i_{2n} \in I_{2n}$, 均有如下 $m(4 \leqslant m \leqslant n)$ 条点到 $l_{G\text{-}\mu\nu}$ 的距离 $d_{P_{i_1}\text{-}l_{G\text{-}\mu\nu}}, d_{P_{i_2}\text{-}l_{G\text{-}\mu\nu}}, \cdots, d_{P_{i_m}\text{-}l_{G\text{-}\mu\nu}}$ 中, 其中一条较长的距离等于另外 $m-1$ 个较短的距离的和, 或其中 $t_1(2 \leqslant t_1 \leqslant [m/2])$ 条距离的和等于另外 $m-t_1$ 条距离的和的充分必要条件是其余 $2n-m$ 条点到 $l_{G\text{-}\mu\nu}$ 的距离 $d_{P_{i_{m+1}}\text{-}l_{G\text{-}\mu\nu}}, d_{P_{i_{m+2}}\text{-}l_{G\text{-}\mu\nu}}, \cdots, d_{P_{i_{2n}}\text{-}l_{G\text{-}\mu\nu}}$ 中, 其中一条较长的距离等于另外 $2n-m-1$ 条较短的距离的和, 或其中 $t_2(2 \leqslant t_2 \leqslant [(2n-m)/2])$ 条距离的和等于另外 $2n-m-t_2$ 条距离的和.

证明 根据定理 9.4.4, 对任意的 $i_1, i_2, \cdots, i_{2n} \in I_{2n}$, 由式 (9.4.6) 和 (9.4.7) 中 $n \geqslant m \geqslant 4$ 的情形的几何意义, 即得.

推论 9.4.16 设 $S = \{P_1, P_2, \cdots, P_{2n}\}(n \geqslant 5)$ 是 $2n$ 个点的集合, $l_{G\text{-}\mu\nu}$ 是 S 的重心包络线, 则对任意的 $i_1, i_2, \cdots, i_{2n} \in I_{2n}$, 均有 $l_{G\text{-}\mu\nu}$ 通过 $m(4 \leqslant m < n)$ 个点 $P_{i_1}, P_{i_2}, \cdots, P_{i_m}$ 的重心 $G_m^k(k = k(i_1, i_2, \cdots, i_m))$ 的充分必要条件是 $l_{G\text{-}\mu\nu}$ 通过其余 $2n-m$ 个点 $P_{i_{m+1}}, P_{i_{m+2}}, \cdots, P_{i_{2n}}$ 的重心 $H_{2n-m}^k(k = k(i_1, i_2, \cdots, i_m))$, 即对任意的 $k = k(i_1, i_2, \cdots, i_m) = 1, 2, \cdots, C_{2n}^m; 4 \leqslant m < n$, 均有三点 $G_m^k, H_{2n-m}^k; G$ 共线, 从而 S 的 m-类重心线 $G_m^k H_{2n-m}^k(k = k(i_1, i_2, \cdots,$

i_m)) 共点, 且该点为 S 的重心.

证明 根据推论 9.4.15 中 $4 \leqslant m < n$ 的情形, 仿推论 9.4.9 证明, 即得.

推论 9.4.17 设 $S = \{P_1, P_2, \cdots, P_{2n}\}(n \geqslant 3)$ 是 $2n$ 个点的集合, $l_{G\text{-}\mu\nu}$ 是 S 的重心包络线, 则对任意的 $i_1, i_2, \cdots, i_{2n} \in I_{2n}$, 均有 $l_{G\text{-}\mu\nu}$ 通过 n 个点 $P_{i_1}, P_{i_2}, \cdots, P_{i_m}$ 的重心 $G_n^k(k = k(i_1, i_2, \cdots, i_n))$ 的充分必要条件是 $l_{G\text{-}\mu\nu}$ 通过其余 n 个点 $P_{i_{n+1}}, P_{i_{n+2}}, \cdots, P_{i_{2n}}$ 的重心 $H_{2n}^k(k = k(i_1, i_2, \cdots, i_n))$. 即对任意的 $k = k(i_1, i_2, \cdots, i_n) = 1, 2, \cdots, C_{2n}^n/2$, 均有三点 G_n^k, H_n^k, G 共线, 从而 S 的 n-类重心线 $G_n^k H_n^k (k = k(i_1, i_2, \cdots, i_n) = 1, 2, \cdots, C_{2n}^n/2$ 共点, 且该点为 S 的重心.

证明 根据推论 9.4.12 和推论 9.4.15 中 $n = m \geqslant 4$ 的情形, 仿推论 9.4.9 证明, 即得.

推论 9.4.18 设 $P_1 P_2 \cdots P_{2n}(n \geqslant 2 \vee n \geqslant 3 \vee n \geqslant 4 \vee n \geqslant 5)$ 是 $2n$ 角形 ($2n$ 边形), G 是 $P_1 P_2 \cdots P_{2n}$ 的重心, $l_{G\text{-}\mu\nu}$ 是 $P_1 P_2 \cdots P_{2n}$ 的重心包络线, 则定理 9.4.2 ~ 定理 9.4.4 和推论 9.4.4 ~ 推论 9.4.17 的结论均成立.

证明 设 $S = \{P_1, P_2, \cdots, P_{2n}\}$ 是 $2n$ 角形 ($2n$ 边形)$P_1 P_2 \cdots P_{2n}(n \geqslant 2 \vee n \geqslant 3 \vee n \geqslant 4 \vee n \geqslant 5)$ 顶点的集合, 对不共线 $2n$ 点的集合 S 应用定理 9.4.2 ~ 定理 9.4.4 和推论 9.4.4 ~ 推论 9.4.17, 即得.

参 考 文 献

[1] 喻德生. 平面有向几何学 [M]. 北京: 科学出版社, 2014.

[2] 喻德生. 有向几何学: 有向距离及其应用 [M]. 北京: 科学出版社, 2016.

[3] 喻德生. 有向几何学: 有向面积及其应用 (上)[M]. 北京: 科学出版社, 2017.

[4] 喻德生. 有向几何学: 有向面积及其应用 (下)[M]. 北京: 科学出版社, 2018.

[5] 夏道行, 吴作人, 严绍宗, 舒五昌. 实变函数论与泛函分析 (下册) [M]. 2 版. 北京: 高等教育出版社, 1985.

[6] 张景中. 几何新方法和新体系 [M]. 北京: 科学出版社, 2009.

[7] 单蹲. 数学名题词典 [M]. 南京: 江苏教育出版社, 2002.

[8] 亚格龙 U M. 几何变换 3[M]. 章学成, 译. 北京: 北京大学出版社, 1987.

[9] Dergiades N, Salazar J C. Harcourt's theorem [J]. Forum Geometricorum, 2003, 3: 117-124.

[10] Ayme J L. A purely synthetic proof of the Droz-Farny line theorem[J]. Forum Geometricorum, 2004, 4: 219-224.

[11] 喻德生, 师晶. 二次曲线外切多边形中有向距离的定值定理 [J]. 南昌航空大学学报, 2009, 23(3): 38-42.

[12] 梅向明, 刘增贤, 林向岩. 高等几何 [M]. 北京: 高等教育出版社, 1983.

[13] 巴兹列夫 B T. 几何学及拓扑学习题集 [M]. 李质朴, 译. 北京: 北京师范大学出版社, 1985.

[14] 喻德生. 关于平面多边形有向面积的一些定理 [J]. 赣南师范学院学报, 1999(3): 11-14.

[15] Svrtan D, Veljan D. Vladimir volenec[J]. Geometry of Pentagons: from Gauss to Robbins. http://218.264.35.10.hdbsm/, 2006.

[16] 徐道. 正多边形中的定值问题 [J]. 安顺师专学报, 1999(2): 19-24.

[17] Dergiades N. Signed distance and the Erdös-Mordell inequality[J]. Forum Geometricorum, 2004, 4: 67-68.

[18] 喻德生. 有向面积及其应用 [J]. 吉安师专学报, 1999(6): 35-40.

[19] 喻德生. 平面四边形有向面积的两个定理及其应用 [J]. 赣南师范学院学报, 2000(3):18-21.

[20] 喻德生, 徐迎博, 刘朝霞. 四边形中有向面积的定值定理及其应用 [J]. 数学研究期刊, 2011, 12(1): 1-9.

[21] 喻德生. 关于外、内三角形有向面积的两个定理及其应用 [J]. 宜春学院学报, 2004, 26(6): 19-21.

[22] 考克瑟特 H S M, 格雷策 S L. 几何学的新探索 [M]. 陈维桓, 译. 北京: 北京大学出版社, 1986.

[23] 嘎尔别林 A, 托尔贝戈 A K. 第 1-50 届莫斯科数学奥林匹克 [M]. 苏淳, 等译. 北京: 科学出版社, 1990.

[24] 喻德生. 关于垂足三角形有向面积的一些定理 [J]. 江西师范大学学报, 2001, 25(3): 214-218.
[25] 喻德生. 一类垂足多边形的有向面积公式及其应用 [J]. 南昌航空工业学院学报, 2000, 14(4): 72-76.
[26] Ehrmann J P. Steiner's theorems on the complete quadrilateral[J]. Forum Geometricorum, 2004, 4: 35-52.
[27] 喻德生. 线型三角形有向面积公式及其应用 [J]. 南昌航空大学学报, 2010, 24(3): 51-55.
[28] 梁延堂. 关于两个三角形成正交透视的几个定理及其应用 [J]. 兰州大学学报, 2002, 38(1): 18-21.
[29] Cerin Z. Rings of squares around orthologic triangles[J]. Forum Geometricorum, 2009, 9: 58-80.
[30] Gruenberg K W, Weir A J. Linear Geometry [M]. New York: Springer-Verlag, 1977.
[31] 廖小勇. Menelaus 定理的矢量证明及其应用 [J]. 曲靖师范学院学报, 2003, 22(6): 29-31.
[32] 喻德生. 高线三角形有向面积的定值定理及其应用 [J]. 南昌航空工业学院学报, 2003, 17(3): 43-45.
[33] 喻德生. 关于切顶线三角形有向面积的定值定理及其应用 [J]. 南昌航空工业学院学报, 2002, 16(3): 1-3.
[34] Hoffmann M, Gorjanc S. On the generalized gergonne point and beyond[J]. Forum Geometricorum, 2008, 8: 151-155.
[35] 喻德生. 椭圆类二次曲线外切多边形中有向面积的定值定理及其应用 [J]. 南昌大学学报, 2003, 25(3): 94-97.
[36] 喻德生. 双曲类二次曲线外切多边形中有向面积的定值定理及其应用 [J]. 福州大学学报, 2004, 32(5): 522-525.
[37] 喻德生. 椭圆外切 $2n+1$ 边形中切定线三角形有向面积的定值定理及其应用 [J]. 南昌航空工业学院学报, 2003, 17(1): 10-12.
[38] 喻德生. 抛物类二次曲线外切多边形中有向面积的定值定理及其应用 [J]. 大学数学, 2006, 22(1): 26-29.
[39] 喻德生. 圆外切五边形中有向面积的定值定理及其应用 [J]. 南昌航空工业学院学报, 2001, 15(4): 58-62.
[40] 喻德生. 抛物线外切 $2n+1$ 边形中有向面积的定值定理及其应用 [J]. 江西师范大学学报, 2006, 30(4): 315-317.
[41] 喻德生. 双曲类二次曲线外切 $2n+1$ 边形中有向面积的定值定理及其应用 [J]. 福州大学学报, 2006, 34(2): 176-179.
[42] 喻德生. Brianchon 定理在二次曲线外切 $2n$ 边形中的推广 [J]. 数学的实践与认识, 2007, 37(13): 109-113.
[43] Konecny V, Heuver J, Pfiefer R E. Problem 1320 and solutions[J]. Math. Mag., 621989(62): 137; 1990(63): 130-131.
[44] Yu D S. On a fixed value theorem for directed areas in conic circumscribed polygons and Applications[J]. 数学季刊, 2009, 24(4): 485-490.
[45] Yu D S. On two fixed value theorems for directed areas in conic circumscribed $2n+1$

polygon and applications[J]. The 2nd International Conference on Multimedia Technology, 2011, 3(2): 2781-2784.
[46] 喻德生, 徐迎博, 刘朝霞. 四边形中有向面积的定值定理及其应用 [J]. 数学研究期刊, 2011, 1(1): 1-9.
[47] 张景中. 几何定理机器证明 20 年 [J]. 科学通报, 1997, 42(21): 2248-2256.
[48] 张景中, 李永彬. 几何定理机器证明三十年 [J]. 系统科学与数学, 2009, 29(9): 1155-1168.
[49] 吴文俊. 数学机械化 [M]. 北京: 科学出版社, 2003.
[50] 徐利治. 数学方法论十二讲 [M]. 大连: 大连理工大学出版社, 2007.
[51] 朱华伟. 从数学竞赛到竞赛数学 [M]. 北京: 科学出版社, 2009.
[52] 沈文选. 走进教育数学 [M]. 北京: 科学出版社, 2009.
[53] 中国数学奥林匹克委员会. 世界数学奥林匹克解题大辞典: 几何卷 [M]. 石家庄: 河北出版传媒集团, 河北少年儿童出版社, 2012.
[54] 胡敦复, 荣方舟. 世界著名平面几何经典著作钩沉 [M]. 哈尔滨: 哈尔滨工业大学出版社, 2011.
[55] 匡继昌. 常用不等式 [M]. 3 版. 济南: 山东科学技术出版社, 2004.
[56] 田贵辰. 利用点到平面的距离公式证明分式不等式 [J]. 高等数学研究, 2014, 7(2): 27-29.
[57] 喻德生. 关于两道数学奥林匹克题的推广与证明 [J]. 数学通报, 2017, 56(6): 61-63.

名 词 索 引

C

乘数有向面积 (乘数面积) 1.2.2

D

点集的 $(m, n-m)$ 完备集对 1.1.1
点集 $(m, n-m)$ 完备集对的重心线 1.1.2
多角形、多边形的重心线 1.1.2
多角形、多边形、的 m-级重心线 1.1.2
点集重心线的分类 1.1.3
点集的 m-类重心线 1.1.3
点集的字典排列顺序 1.1.3
点集对的排列顺序 1.1.3
点集直和 1.2.1
点集直和的对称性 1.2.1
点集直和的倍和性 1.2.1
点集直和的结合律 1.2.1
点集的单倍组 1.2.1
多角形、多边形的单倍组 1.2.1
点集的重心线三角形 1.2.2
多角形、多边形的重心线三角形 1.2.2
点到重心线的有向距离 1.3.1
点到直线的乘数有向距离 (乘数距离) 1.3.1
点到重心线的乘数有向距离 (乘数距离) 1.3.1
点到三点集 1-类重心线有向距离的定值定理 1.2.3
点到四点集 1-类重心线有向距离的定值定理 2.1.3
点到四点集 1-类 2-类重心线有向距离的定值定理 2.2.3
点到四角形、四边形 1-级 2-级重心线有向距离的定值定理 2.2.3
点到六点集 1-类重心线有向距离的定值定理 4.1.3
点到六角形、六边形 1-级重心线有向距离的定值定理 4.1.3

点到六点集 2-类重心线有向距离的定值定理 4.2.4
点到六角形、六边形 2-级重心线有向距离的定值定理 4.2.4
点集的两倍点集组 4.3.1
点到六点集 3-类重心线有向距离的定值定理 4.3.4
点到六角形、六边形 3-级重心线有向距离的定值定理 4.3.4
点到六点集 1-类 2-类重心线有向距离的定值定理 5.1.3
点到六角形、六边形 1-级 2-级重心线有向距离的定值定理 5.1.3
点到六点集 1-类 3-类重心线有向距离的定值定理 5.2.3
点到六角形、六边形 1-级 3-级重心线有向距离的定值定理 5.2.3
点到六点集 2-类 3-类重心线有向距离的定值定理 5.3.3
点到六角形、六边形 2-级 3-级重心线有向距离的定值定理 5.3.3
点到 $2n$ 点集 1-类重心线有向距离的定值定理 7.1.3
点到 $2n$ 角形、$2n$ 边形 1-级重心线有向距离的定值定理 7.1.3
点到 $2n$ 点集 2-类重心线有向距离的定值定理 7.3.1
点到 $2n$ 角形、$2n$ 边形 2-级重心线有向距离的定值定理 7.3.1
点到 $2n$ 点集 1-类 2-类重心线有向距离的定值定理 8.1.3
点到 $2n$ 角形、$2n$ 边形 1-级 2-级重心线有向距离的定值定理 8.1.3
点到 $2n$ 点集 1-类 m-类重心线有向距离的定值定理 8.3.2
点到 $2n$ 角形、$2n$ 边形 1-级 m-级重心线有向

名词索引

距离的定值定理 8.3.2
点到 $2n$ 点集 1-类 n-类重心线有向距离的定值定理 8.3.2
点到 $2n$ 角形、$2n$ 边形 1-级 n-级重心线有向距离的定值定理 8.3.2

F

(非奇异) 非退化重心线 1.1.2
非奇异重心线 1.1.3

G

共线三点集 1-类重心线有向距离定理 1.3.3
共线四点集 1-类重心线有向距离定理 2.1.4
共线四点集 1-类 2-类重心线有向距离定理 2.2.4
共线六点集 1-类重心线有向距离的定值定理 4.1.4
共线六点集 2-类重心线有向距离的定值定理 4.2.5
共线六点集 3-类重心线有向距离定理 4.3.5
共线六点集 1-类 2-类重心线有向距离定理 5.1.4
共线六点集 1-类 3-类重心线有向距离定理 5.2.4
共线六点集 2-类 3-类重心线有向距离定理 5.3.4
共线 $2n$ 点集 1-类重心线有向距离的定值定理 7.1.4
共线 $2n$ 点集 2-类重心线有向距离定理 7.3.2
共线 $2n$ 点集 1-类 2-类重心线有向距离定理 8.1.4
共线 $2n$ 点集 1-类 m-类重心线有向距离的定值定理 8.4.1
共线 $2n$ 点集 1-类 n-类重心线有向距离的定值定理 8.4.2

J

基础点集 1.2

L

两点集重心线三角形有向面积的定值定理 1.2.3
两点集重心线有向距离的定值定理 1.3.2
六点集 1-类重心线有向面积的定值定理 4.1.1
六角形、六边形 1-级重心线有向面积的定值定理 4.1.1
六点集 2-类重心线有向面积的定值定理 4.2.3
六角形、六边形 2-级重心线有向面积的定值定理 4.2.3
六角形、六边形的两倍点集组 4.3.1
六点集 3-级重心线有向面积的定值定理 4.3.3
六角形、六边形 3-级重心线有向面积的定值定理 4.3.3
六点集 1-类 2-类重心线有向面积的定值定理 5.1.1
六角形、六边形 1-级 2-级重心线有向面积的定值定理 5.1.1
六点集 1-类 3-类重心线三角形有向面积的定值定理 5.2.1
六角形、六边形 1-级 3-级重心线三角形有向面积的定值定理 5.2.1
六点集 2-类 3-类重心线三角形有向面积的定值定理 5.3.1
六角形、六边形 2-级 3-级重心线三角形有向面积的定值定理 5.3.1
六点集各类重心线的共点定理 5.4.1
六角形、六边形各级重心线的共点定理 5.4.1
六点集合 1-类重心线的定比分点定理 5.4.2
六角形、六边形 1-级重心线的定比分点定理 5.4.2
六点集合 2-类重心线的定比分点定理 5.4.2
六角形、六边形 2-级重心线的定比分点定理 5.4.2
六点集合 3-类重心线的定比分点定理 5.4.2
六角形、六边形 3-级重心线的定比分点定理 5.4.2
六点集各点到 1-类重心线有向距离公式 6.1.1
六角形、六边形各点到 1-级重心线有向距离公式 6.1.1
六点集 1-类自重心线三角形有向面积公式 6.1.3

六角形、六边形 1-级自重心线三角形有向面积公式 6.1.3
六点集各点到 2-类重心线有向距离公式 6.2.1
六角形、六边形各点到 2-级重心线有向距离公式 6.2.1
六点集 2-类自重心线三角形有向面积公式 6.2.3
六角形、六边形 2-级自重心线三角形有向面积公式 6.2.3
六点集各点到 3-类重心线有向距离公式 6.3.1
六角形、六边形各点到 3-级重心线有向距离公式 6.3.1
六点集 3-类自重心线三角形有向面积公式 6.3.3
六角形、六边形 3-级自重心线三角形有向面积公式 6.3.3

Q

奇异重心线 1.1.3

S

三角形的重心线 (中线) 1.1.2
四角形、四边形的重心线 (中位线) 1.1.2
三角形的重心线 (中线) 三角形 1.2.2
四角形、四边形的重心线 (中位线) 三角形 1.2.2
三角形的乘数有向面积 (乘数面积) 1.2.2
三角形有向面积公式 1.2.2
三点集重心线有向面积的定值定理 1.2.3
三点集重心线的共点定理 1.2.4
三角形重心线 (中线) 的共点定理 1.2.4
三点集重心线的定比分点定理 1.2.4
三角形重心线 (中线) 的定比分点定理 1.2.4
三点集各点到重心线有向距离的定值定理 1.3.2
三角形顶点到重心线的有向距离公式 1.3.3
四点集 1-类重心线三角形有向面积的定值定理 2.1.1
四角形、四边形 1-级重心线三角形有向面积的定值定理 2.1.1
四点集 1-类 2-类重心线三角形有向面积的定值定理 2.2.1
四角形、四边形 1-级重心线中位线三角形有向面积的定值定理 2.2.1
四点集重心线的共点定理 2.3.1
四角形、四边形重心线的共点定理 2.3.1
四点集 1-类重心线的定比分点定理 2.3.2
四角形、四边形 1-级重心线的定比分点定理 2.3.2
四点集 2-类重心线的定比分点定理 2.3.2
四角形、四边形中位线的定比分点定理 2.3.2
四点集各点到 1-类重心线有向距离公式 3.1.1
四角形、四边形 1-级重心线有向距离公式 3.1.1
四点集 1-类自重心线三角形有向面积公式 3.1.3
四角形、四边形 1-级自重心线三角形有向面积公式 3.1.3
四点集各点到 2-类重心线有向距离公式 3.2.2
四角形、四边形 2-级重心线有向距离公式 3.2.2

X

线段的乘数有向距离 (乘数距离) 1.3.1
线段的重心包络线 9.4.1

Y

有向面积与有向距离之间的关系 1.3.1

Z

重心线三角形 1.2.2
自重心线三角形 1.2.2
重心线三角形的乘数有向面积 (乘数面积) 1.2.2
重心线的乘数有向距离 (乘数距离) 1.3.1

其他

$2n$ 点集的 n 点子集单倍组 1.2.1
$2n$ 角形、$2n$ 边形的 n 点子集单倍组 1.2.1
$2n$ 点集重心线三角形有向面积的定值定理 1.2.3
$2n$ 点集重心线有向距离的定值定理 1.3.2
$2n$ 点集 1-类重心线三角形有向面积的定值定理 7.1.1

名词索引

$2n$ 角形、$2n$ 边形 1-级重心线三角形有向面积的定值定理 7.1.1

$2n$ 点集的两点子集单倍组 7.2.1

$2n$ 角形、$2n$ 边形的两点子集单倍组 7.2.1

$2n$ 点集 2-类重心线三角形有向面积的定值定理 7.2.2

$2n$ 角形、$2n$ 边形 2-级重心线三角形有向面积的定值定理 7.2.2

$2n$ 点集 1-类 2-类重心线三角形有向面积定值定理 8.1.1

$2n$ 角形、$2n$ 边形 1-级 2-级重心线三角形有向面积定值定理 8.1.1

$2n$ 点集 1-类 m-类重心线三角形有向面积定值定理 8.2.1

$2n$ 角形、$2n$ 边形 1-级 m-级重心线三角形有向面积定值定理 8.2.1

$2n$ 点集 1-类 n-类重心线三角形有向面积定值定理 8.2.2

$2n$ 角形、$2n$ 边形 1-级 n-级重心线三角形有向面积定值定理 8.2.2

$2n$ 点集重心线的共点定理 8.5.1

$2n$ 角形、$2n$ 边形重心线的共点定理 8.5.1

$2n$ 点集 1-类重心线的定比分点定理 8.5.2

$2n$ 角形、$2n$ 边形 1-级重心线的定比分点定理 8.5.2

$2n$ 点集 2-类重心线的定比分点定理 8.5.2

$2n$ 角形、$2n$ 边形 2-级重心线的定比分点定理 8.5.2

$2n$ 点集 m-类重心线的定比分点定理 8.5.2

$2n$ 角形、$2n$ 边形 m-级重心线的定比分点定理 8.5.2

$2n$ 点集 n-类重心线的定比分点定理 8.5.2

$2n$ 角形、$2n$ 边形 n-级重心线的定比分点定理 8.5.2

$2n$ 点集各点到 1-类重心线有向距离公式 9.1.1

$2n$ 角形、$2n$ 边形顶点到 1-级重心线有向距离公式 9.1.1

$2n$ 点集 1-类自重心线三角形有向面积公式 9.1.3

$2n$ 角形、$2n$ 边形 1-级自重心线三角形有向面积公式 9.1.3

$2n$ 点集各点到 2-类重心线有向距离公式 9.2.1

$2n$ 角形、$2n$ 边形顶点到 2-级重心线有向距离公式 9.2.1

$2n$ 点集 2-类自重心线三角形有向面积公式 9.2.3

$2n$ 角形、$2n$ 边形 2-级自重心线三角形有向面积公式 9.2.3

$2n$ 点集各点到 m-类重心线有向距离公式 9.3.1

$2n$ 角形、$2n$ 边形顶点到 m-级重心线有向距离公式 9.3.1

$2n$ 点集 m-类自重心线三角形有向面积公式 9.3.3

$2n$ 角形、$2n$ 边形 m-级自重心线三角形有向面积公式 9.3.3

$2n$ 点集重心包络线 9.4.1

$2n$ 角形、$2n$ 边形重心包络线 9.4.1

$2n$ 点集各点到重心包络线的有向距离的关系定理 9.4.2

$2n$ 角形、$2n$ 边形顶点到重心包络线的有向距离的关系定理 9.4.2